Análise de
Circuitos Elétricos
com aplicações

S124a Sadiku, Matthew N. O.
         Análise de circuitos elétricos com aplicações / Matthew N.
     O. Sadiku, Sarhan M. Musa, Charles K. Alexander ; tradução:
     Luiz Carlos do Nascimento, Warlley de Sousa Sales ; revisão
     técnica: Antonio Pertence Júnior. – Porto Alegre : AMGH,
     2014.
         xvi, 680 p. : il. ; 28 cm.

         Capítulo 19, apêndices C, D e F disponíveis apenas online.
         ISBN 978-85-8055-302-4

         1. Engenharia elétrica – Circuitos. I. Musa, Sarhan M.
     II. Alexander, Charles K. III. Título.

                                                    CDU 621.3

Catalogação na publicação: Ana Paula M. Magnus – CRB 10/2052

Matthew N. O. Sadiku
Prairie View A&M University

Sarhan M. Musa
Prairie View A&M University

Charles K. Alexander
Cleveland State University

Análise de Circuitos Elétricos com aplicações

Tradução

Luiz Carlos do Nascimento
Engenheiro Eletricista pela Universidade Estadual Paulista Júlio de Mesquita Filho
Doutor em Engenharia Elétrica pela Universidade Federal de Itajubá
Professor da Universidade Federal de São João del-Rei/MG

Warlley de Sousa Sales
Engenheiro Eletricista pela Universidade Federal de São João del-Rei
Doutor em Engenharia Elétrica pela Universidade Federal de Itajubá
Professor da Universidade Federal de São João del-Rei/MG

Revisão técnica

Antonio Pertence Júnior, MSc
Mestre em Engenharia pela Universidade Federal de Minas Gerais
Engenheiro Eletrônico e de Telecomunicações pela Pontifícia Universidade Católica de Minas Gerais
Pós-graduado em Processamento de Sinais pela Ryerson University, Canadá
Professor da Universidade FUMEC
Membro da Sociedade Brasileira de Eletromagnetismo

AMGH Editora Ltda.
2014

Obra originalmente publicada sob o título
Applied Circuit Analysis, 1st Edition
ISBN 0078028078 / 9780078028076

Original edition copyright ©2013, The McGraw-Hill Global Education Holdings, LLC, New York, New York, 10020.
All rights reserved.

Portuguese language translation copyright ©2014, AMGH Editora Ltda., a Grupo A Educação S.A. company.
All rights reserved.

Gerente editorial: *Arysinha Jacques Affonso*

Colaboraram nesta edição:

Editora: *Verônica de Abreu Amaral*

Assistente editorial: *Danielle Teixeira*

Capa: *Maurício Pamplona,* arte sobre capa original

Leitura final: *Leticia Presotto*

Editoração: *Techbooks*

Reservados todos os direitos de publicação, em língua portuguesa, à
AMGH EDITORA LTDA., uma parceria entre GRUPO A EDUCAÇÃO S.A. e McGRAW-HILL EDUCATION
Av. Jerônimo de Ornelas, 670 – Santana
90040-340 – Porto Alegre – RS
Fone: (51) 3027-7000   Fax: (51) 3027-7070

É proibida a duplicação ou reprodução deste volume, no todo ou em parte, sob quaisquer
formas ou por quaisquer meios (eletrônico, mecânico, gravação, fotocópia, distribuição na Web
e outros), sem permissão expressa da Editora.

Unidade São Paulo
Av. Embaixador Macedo Soares, 10.735 – Pavilhão 5 – Cond. Espace Center
Vila Anastácio – 05095-035 – São Paulo – SP
Fone: (11) 3665-1100   Fax: (11) 3667-1333

SAC 0800 703-3444 – www.grupoa.com.br

IMPRESSO NO BRASIL
PRINTED IN BRAZIL

Matthew Sadiku dedica este livro a:
    Seus pais, Solomon e Ayist (in memoriam).

Sarhan Musa dedica este livro a:
    Seus pais, Mahmoud e Fatmeh, e a sua esposa, Lama.

Charles Alexander dedica este livro a:
    Sua esposa, Hannah.

Prefácio

Este livro tem como objetivo apresentar a análise de circuitos aos estudantes de engenharia elétrica e áreas afins de um modo claro, mais interessante e fácil de compreender do que outros livros. Esse objetivo é alcançado do seguinte modo:

- Um curso de análise de circuitos é, talvez, a primeira exposição que os estudantes têm à engenharia elétrica. Diversos recursos foram incluídos para ajudar o estudante a se sentir em casa. Cada capítulo inicia com um perfil histórico ou uma descrição de carreiras, seguido por uma introdução que faz uma ligação com os capítulos anteriores e estabelece os objetivos do capítulo. O capítulo termina com um resumo dos principais pontos e das fórmulas.
- Todos os princípios são apresentados em passo a passo, de uma maneira lúcida e lógica: Sempre que possível, evita-se a verbosidade e o excesso de detalhes que poderiam esconder conceitos e impedir a compreensão global do material.
- Fórmulas importantes são destacas como um meio de ajudar os estudantes a separarem o que é essencial do que não é. Também, para garantir que os estudantes cheguem à essência do assunto, termos-chave são definidos e destacados.
- Exemplos cuidadosamente trabalhados são dados no final de cada seção. Os exemplos são considerados como parte do texto e são claramente explicados sem solicitar ao leitor que complete alguns passos. Exemplos completamente trabalhados dão aos estudantes uma boa compreensão da solução e confiança para resolver seus próprios problemas. Alguns dos problemas são resolvidos de duas ou três formas para facilitar a compreensão e para fazer a comparação de diferentes abordagens.
- Para dar aos estudantes oportunidade prática, cada exemplo ilustrativo é imediatamente seguido por um problema prático com resposta. Os estudantes podem seguir o exemplo passo a passo para resolver o problema prático sem recorrer às páginas anteriores ou procurar pela resposta no final do livro. O problema prático destina-se também a testar se o estudante compreendeu o exemplo anterior. Ele reforçará a compreensão do material antes de os estudantes mudarem para a próxima seção.
- A última seção de cada capítulo é dedicada aos aspectos de aplicação dos conceitos abordados no capítulo. O material abordado no capítulo é aplicado a pelo menos um problema prático ou dispositivo, ajudando os estudantes a ver como os conceitos são aplicados em situações da vida real.
- Dez questões de revisão em forma de múltipla escolha são fornecidas ao final de cada capítulo, com respostas. As questões de revisão são destina-

das a cobrir os pequenos "truques" que os exemplos e os problemas de final de capítulo não podem cobrir. Elas servem como um dispositivo de autoteste e ajudam os estudantes a determinar o quão bem eles dominaram o capítulo.

- Em reconhecimento dos requisitos por parte da ABET (*Accreditation Board for Engineering and Technology*) na integração de ferramentas computacionais, o uso do PSpice® e do NI Mutisim™ é incentivado de forma amigável. O Apêndice C funciona com um tutorial sobre PSpice, enquanto o Apêndice D fornece uma introdução ao Multisim. As últimas versões desses programas são utilizadas neste livro. É também incentivada a utilização da calculadora TI-89 *Titanium* e do MATLAB® para processamento numérico.

Organização

Este livro foi escrito para um curso de dois semestres ou três trimestres em análise de circuitos lineares. O livro pode também ser utilizado para um curso de um semestre pela seleção adequada dos capítulos e seções pelo instrutor. O livro está dividido em duas partes. A primeira parte consiste nos Capítulos 1 ao 10 e é dedicada à análise de circuitos em corrente contínua. A segunda parte, a qual contém os Capítulos 11 a 19, lida com circuitos em corrente alternada. O material nas duas partes é mais do que suficiente para um curso de dois semestres, de modo que o instrutor deve selecionar quais capítulos e seções abordar. As seções precedidas por um sinal de um punhal podem ser puladas, explicadas brevemente ou deixadas como dever de casa.

Pré-requisitos

Tal como em muitos cursos introdutórios de análise de circuitos, o principal pré-requisito para utilizar este livro é a física. Embora a familiaridade com números complexos seja útil para a parte final do livro, ela não é necessária. Para ter acesso, entre no site www.grupoa.com.br e procure pelo livro. Os professores deverão ser cadastrados

Material de apoio

O material disponível inclui um manual de soluções em inglês e uma biblioteca de imagens para os instrutores. Para ter acesso, entre no site www.grupoa.com.br e procure pelo livro. Os professores deverão ser cadastrados. Os estudantes têm livre acesso ao capítulo **Circuitos com duas portas** e a apêndices no site www.grupoa.com.br.

Agradecimentos

Agradecimentos especiais a Robert Prather e Dr. Warsame Ali pela sua ajuda com o Multisim. Agradecemos o suporte recebido do Dr. Kendall Harris, reitor da Faculdade de Engenharia da Universidade de Prairie e View A&M. Gostaríamos de agradecer ao Dr. John Attia pelo seu apoio e compreensão. Estendemos nossos agradecimentos ao Dr. Karl J.Huehne pela revisão do texto e das soluções dos problemas, certificando-se de que estão precisos. As percepções e cooperações recebidas da equipe da McGraw-Hill (Raghu Srinivasan, Darlene Schueller, Lora Neyens, Curt Reynolds, Lisa Bruflodt, Margarite Reynolds, LouAnn Wilson, Ruma Khurana e Dheeraj Chahal) são muito apreciadas.

Gostaríamos de agradecer aos seguintes revisores pelos seus comentários:

Ryan Beasley, *Texas A&M University*
Michael E. Brumbach, *York Technical College*
Thomas Cleaver, *University of Louisville*
Walter O. Craig III, *Southern University*
Chad Davis, *University of Oklahoma*
Mark Dvorak, *Minnesota State University–Mankato*
Karl Huehne, *Indiana University–Purdue University Indianapolis*
Rajiv Kapadia, *Minnesota State University–Mankato*
Mequanint Moges, *University of Houston*
Jerry Newman, *University of Memphis*
Brian Norton, *Oklahoma State University*
Norali Pernalete, *California State Polytechnic University–Pomona*
John Ray, *Louisiana Tech University*
Barry Sherlock, *University of North Carolina–Charlotte*
Ralph Tanner, *Western Michigan University*
Wei Zhan, *Texas A&M University*

M. N. O. Sadiku, S. M. Musa e C. K. Alexander

Sumário

PARTE I   Circuitos CC

Capítulo 1   Conceitos básicos   **1**

1.1   Introdução   2
1.2   Sistema Internacional de Unidades   3
1.3   Notação científica e de engenharia   4
1.4   Calculadora científica   6
1.5   Carga e corrente   8
1.6   Tensão   10
1.7   Potência e energia   13
1.8   †Aplicações   14
     1.8.1   Tubo de imagem de um televisor   14
     1.8.2   Contas de energia elétrica   16
1.9   Resumo   16
     Questões de revisão   17
     Problemas   18
     Problemas abrangentes   20

Capítulo 2   Resistência   **21**

2.1   Introdução   22
2.2   Resistência   22
2.3   Lei de Ohm   25
2.4   Condutância   27
2.5   Fios circulares   28
2.6   Tipos de resistores   30
2.7   Código de cores para resistores   33
2.8   Valores padronizados de resistores   35
2.9   Aplicações: Medições   35
2.10   Precauções de segurança elétrica   37
     2.10.1   Choque elétrico   38
     2.10.2   Precauções   38
2.11   Resumo   39
     Questões de revisão   40
     Problemas   40

Capítulo 3   Potência e energia   **44**

3.1   Introdução   45
3.2   Potência e energia   45
3.3   Potência em circuitos elétricos   46
3.4   Convenção do sinal da potência   48
3.5   Potência nominal de um resistor   49
3.6   Eficiência   50
3.7   Fusíveis, disjuntores e GFCIS   51
3.8   Aplicações: Wattímetro e medidor watt-hora   53
     3.8.1   Wattímetro   53
     3.8.2   Medidor watt-hora   54
3.9   Resumo   54
     Questões de revisão   55
     Problemas   56

Capítulo 4   Circuitos em série   **59**

4.1   Introdução   60
4.2   Nós, ramos e laços   60
4.3   Resistores em série   62
4.4   Lei de Kirchhoff para tensão   64
4.5   Fontes de tensão em série   67
4.6   Divisores de tensão   67
4.7   Conexões de aterramento   69
4.8   Análise computacional   70
     4.8.1   PSpice   70
     4.8.2   Multisim   72
4.9   Aplicações   73
4.10   Resumo   74
     Questões de revisão   74
     Problemas   75

Capítulo 5   Circuitos em paralelo   **82**

5.1   Introdução   83
5.2   Circuitos em paralelo   83
5.3   Lei de Kirchhoff para corrente   84
5.4   Fontes de corrente em paralelo   86

5.5 Resistores em paralelo 87
5.6 Divisores de corrente 91
5.7 Análise computacional 95
    5.7.1 PSpice 95
    5.7.2 Multisim 95
5.8 Solução de problemas 96
5.9 Aplicações 98
5.10 Resumo 100
    Questões de revisão 100
    Problemas 101

Capítulo 6   Circuitos série-paralelo   108

6.1 Introdução 109
6.2 Circuitos série-paralelo 109
6.3 Circuito em escada 115
6.4 Fontes dependentes 118
6.5 Efeito de carregamento dos instrumentos 119
6.6 Análise computacional 123
    6.6.1 PSpice 123
    6.6.2 Multisim 123
6.7 Aplicação: Ponte de Wheatstone 125
6.8 Resumo 126
    Questões de revisão 127
    Problemas 128

Capítulo 7   Métodos de análise   136

7.1 Introdução 138
7.2 Análise de malhas 139
7.3 Análise de malhas com fontes de corrente 145
7.4 Análise nodal 148
7.5 Análise nodal com fontes de tensão 155
7.6 Análise de malha e nodal por inspeção 158
7.7 Análise de malha *versus* análise nodal 161
7.8 Transformações em delta-estrela 162
    7.8.1 Conversão Δ para Y 162
    7.8.2 Conversão Y para Δ 164
7.9 Análise computacional 166
    7.9.1 PSpice 166
    7.9.2 Multisim 167
7.10 Aplicação: Circuitos transistorizados em CC 168
7.11 Resumo 171
    Questões de revisão 172
    Problemas 173

Capítulo 8   Teoremas de circuitos   181

8.1 Introdução 182
8.2 Propriedade da linearidade 182
8.3 Superposição 184
8.4 Transformação de fonte 187
8.5 Teorema de Thévenin 191
8.6 Teorema de Norton 196
8.7 Teorema da máxima transferência de potência 200
8.8 Teorema de Millman 202
8.9 Teorema da substituição 204
8.10 Teorema da reciprocidade 206
8.11 Verificando teoremas de circuitos com computadores 208
    8.11.1 PSpice 208
    8.11.2 Multisim 211
8.12 Aplicação: Modelagem de fonte 212
8.13 Resumo 214
    Questões de revisão 215
    Problemas 216

Capítulo 9   Capacitância   225

9.1 Introdução 226
9.2 Capacitores 226
9.3 Campos elétricos 228
9.4 Tipos de capacitores 231
9.5 Capacitores em série e em paralelo 233
9.6 Relação entre corrente e tensão 236
9.7 Carregar e descarregar um capacitor 239
    9.7.1 Ciclo de carga 239
    9.7.2 Ciclo de descarga 240
9.8 Análise computacional 243
    9.8.1 PSpice 243
    9.8.2 Multisim 246
9.9 Solução de problemas 247
9.10 Aplicações 248
    9.10.1 Circuitos de atraso 249
    9.10.2 Unidade de Flash 250
9.11 Resumo 252
    Questões de revisão 252
    Problemas 253

Capítulo 10   Indutância   260

10.1 Introdução 261
10.2 Indução eletromagnética 261
10.3 Indutores 262
10.4 Armazenamento de energia e regime permanente em CC 264
10.5 Tipos de indutores 266
10.6 Indutores em série e em paralelo 267
10.7 Transitórios em circuitos *RL* 269
10.8 Análise computacional 272
    10.8.1 PSpice 272
    10.8.2 Multisim 273
10.9 Aplicações 275

10.9.1 Circuitos de relé 275
10.9.2 Circuitos de ignição automotiva 276
10.10 Resumo 277
   Questões de revisão 278
   Problemas 279

PARTE II   Circuitos CA

Capítulo 11   Tensão e corrente CA   287

11.1 Introdução 288
11.2 Gerador de tensão CA 288
11.3 Senoide 290
11.4 Relações de fase 292
11.5 Valores médios e RMS 294
11.6 Osciloscópios 298
11.7 Medidores *True* RMS 299
11.8 Resumo 299
   Questões de revisão 300
   Problemas 300

Capítulo 12   Fasores e impedância   303

12.1 Introdução 304
12.2 Fasores e números complexos 304
12.3 Relações fasoriais para elementos de circuitos 311
12.4 Impedância e admitância 313
12.5 Combinações de impedâncias 315
12.6 Análise computacional 321
   12.6.1 MATLAB 321
   12.6.2 PSpice 321
12.7 Aplicações 323
   12.7.1 Defasador 323
   12.7.2 Pontes CA 325
12.8 Resumo 327
   Questões de revisão 328
   Problemas 328

Capítulo 13   Análise senoidal de regime permanente   334

13.1 Introdução 335
13.2 Análise de malha 335
13.3 Análise nodal 339
13.4 Teorema da superposição 343
13.5 Transformação de fonte 346
13.6 Circuitos equivalentes de Thévenin e Norton 348
13.7 Análise computacional 353
13.8 Resumo 355
   Questões de revisão 355
   Problemas 356

Capítulo 14   Análise de potência CA   363

14.1 Introdução 364
14.2 Potência instantânea e média 365
14.3 Máxima transferência de potência média 368
14.4 Potência aparente e fator de potência 371
14.5 Potência complexa 374
14.6 Conservação de potência CA 378
14.7 Correção do fator de potência 381
14.8 Aplicações 383
   14.8.1 Medida de potência 383
   14.8.2 Consumo de eletricidade 385
   14.8.3 Potência nas CPUs 387
14.9 Resumo 387
   Questões de revisão 388
   Problemas 389

Capítulo 15   Ressonância   395

15.1 Introdução 396
15.2 Ressonância em série 396
15.3 Fator de qualidade 399
15.4 Ressonância paralela 401
15.5 Análise computacional 404
   15.5.1 PSpice 404
   15.5.2 Multisim 408
15.6 Aplicações 409
15.7 Resumo 411
   Questões de revisão 412
   Problemas 413

Capítulo 16   Filtros e diagramas de Bode   416

16.1 Introdução 417
16.2 A escala Decibel 417
16.3 Função de transferência 422
16.4 Diagramas de Bode 425
16.5 Filtros 433
   16.5.1 Filtro passa-baixa 434
   16.5.2 Filtro passa-alta 435
   16.5.3 Filtro passa-faixa 435
   16.5.4 Filtro rejeita-faixa 436
16.6 Análise computacional 438
   16.6.1 PSpice 438

16.6.2 Multisim 441
16.7 Aplicações 442
16.7.1 Telefone de discagem por tom 443
16.7.2 Circuito *Crossover* 444
16.8 Resumo 446
Questões de revisão 446
Problemas 447

Capítulo 17 Circuitos trifásicos 452

17.1 Introdução 453
17.2 Gerador trifásico 454
17.3 Fontes trifásicas balanceadas 455
17.4 Conexão estrela-estrela balanceada 457
17.5 Conexão estrela-delta balanceada 461
17.6 Conexão delta-delta balanceada 464
17.7 Conexão delta-estrela balanceada 465
17.8 Potência em um sistema balanceado 468
17.9 Sistemas trifásicos desbalanceados 473
17.10 Análise computacional 477
17.11 Aplicações 481
17.11.1 Medição de Potência Trifásica 481
17.11.2 Instalação Elétrica Residencial 486
17.12 Resumo 488
Questões de revisão 489
Problemas 490

Capítulo 18 Transformadores e circuitos acoplados 495

18.1 Introdução 496
18.2 Indutância mútua 496
18.3 Energia em um circuito acoplado 503
18.4 Transformadores lineares 505
18.5 Transformadores ideais 511
18.6 Autotransformadores ideais 518
18.7 Análise computacional 521

18.8 Aplicações 526
18.8.1 Transformador como dispositivo de isolação 526
18.8.2 Transformador como dispositivo casador 528
18.8.3 Distribuição de energia 529
18.9 Resumo 531
Questões de revisão 532
Problemas 533

Capítulo 19 Circuitos com duas portas 540W*

19.1 Introdução 541W
19.2 Parâmetros de impedância 541W
19.3 Parâmetros de admitância 545W
19.4 Parâmetros híbridos 548W
19.5 Relacionamento entre parâmetros 552W
19.6 Interconexão de circuitos 554W
19.7 Análise computacional 557W
19.8 Aplicações 561W
19.9 Resumo 565W
Questões de revisão 565W
Problemas 566W

Apêndice A Equações simultâneas e inversão de matriz 571

Apêndice B Números complexos 580

Apêndice C PSpice para Windows 587W

Apêndice D Multisim 611W

Apêndice E MATLAB 621

Apêndice F Calculadora TI-89 Titanium 639W

Apêndice G Respostas dos problemas ímpares 655

Índice 677

---

* N. de E.: Este conteúdo está disponível apenas na Web. Acesse www.grupoa.com.br e procure pelo livro. Na página do livro, clique em Conteúdo online.

Nota aos estudantes

Este pode ser um dos seus primeiros livros de engenharia elétrica. Embora a engenharia elétrica seja um curso emocionante e desafiador, pode também intimidá-lo. Este livro foi escrito para que isso não aconteça. Um bom livro didático e um bom professor são uma grande vantagem, mas é você quem faz o aprendizado. Se você seguir os conselhos abaixo, você se dará bem neste curso:

- Esta disciplina é o alicerce sobre o qual a maioria dos outros cursos de engenharia elétrica se apoia. Por essa razão, esforce-se bastante. Estude o livro regularmente.
- A solução de problemas é uma parte essencial no processo de aprendizagem. Resolva o máximo de problemas que puder. Comece resolvendo os problemas práticos, seguindo cada exemplo e, então, avance para os problemas de final de capítulo. A melhor maneira de aprender é resolvendo muitos problemas. Um asterisco na frente do problema indica que ele é um problema desafiador.
- O Spice, um programa de computador para análise de circuitos, é utilizado ao longo do livro. O PSpice, uma versão do Spice para computadores pessoais, é o programa-padrão de análise de circuitos utilizado na maioria das universidades. O PSpice para Windows é descrito no Apêndice C. Faça um esforço para aprender o PSpice, porque você pode conferir qualquer exercício com ele e verificar se está indo na direção correta da solução.
- O Multisim é outra ferramenta que o ajuda a simular o que seria uma bancada completa com desenhos, peças e instrumentos. Uma rápida introdução ao Multisim é encontrada no Apêndice D.
- O MATLAB é um pacote de programas computacionais muito útil para a análise de circuitos e para outros cursos que você fará. Um breve tutorial sobre MATLAB é dado no Apêndice E para você começar. A melhor maneira para aprender o MATLAB é iniciar com alguns comandos que você conhece.
- Cada capítulo termina com uma seção sobre como o material abordado no capítulo pode ser aplicado em situações da vida real. Os conceitos nessa seção podem ser novos e avançados para você. Sem problema, você aprenderá mais detalhes em outros cursos. O interesse principal é que você adquira familiaridade com essas ideias.
- Atente para as questões de revisão ao final de cada capítulo. Elas o ajudarão a descobrir alguns "truques" não revelados em aula ou no texto.

Uma breve revisão de como encontrar determinantes é abordada no Apêndice A, números complexos no Apêndice B, PSpice para Windows no Apêndice C, Multisim no Apêndice D, MATLAB no Apêndice E e a calculadora TI-89 Titanium no Apêndice F. As respostas dos problemas ímpares são dadas no Apêndice G.

Divirta-se!

PARTE I
Circuitos CC

Capítulo 1   Conceitos básicos
Capítulo 2   Resistência
Capítulo 3   Potência e energia
Capítulo 4   Circuitos em série
Capítulo 5   Circuitos em paralelo
Capítulo 6   Circutos em série-paralelo
Capítulo 7   Métodos de análise
Capítulo 8   Teoremas de circuitos
Capítulo 9   Capacitância
Capítulo 10   Indutância

capítulo

1

Conceitos básicos

A tecnologia alimenta a si mesma. A tecnologia faz mais tecnologia.

— Alvin Toffler

Perfis históricos

Alessandro Volta (1745-1827) Físico italiano, inventou a bateria elétrica, a qual proveu o primeiro fluxo de corrente contínua, e o capacitor.

Nascido em uma família nobre de Como, na Itália, Volta começou a realizar experimentos elétricos aos 18 anos. A invenção da bateria, por Volta, em 1796, revolucionou o uso da eletricidade. O início da teoria de circuitos elétricos foi marcado com a publicação de seu trabalho em 1800. Volta recebeu diversas menções honrosas durante sua vida, e a unidade de tensão ou diferença de potencial, o volt, é assim chamada em homenagem a Volta.

Foto de Alessandro Volta
© Biblioteca Huntington, Biblioteca Burndy, San Marino, Califórnia.

André-Marie Ampère (1775-1836) Matemático e físico francês, lançou as bases da eletrodinâmica (hoje conhecida como eletromagnetismo). Durante os anos de 1820, ele definiu a corrente elétrica e desenvolveu um método para medi-la.

Nascido em Lyon, na França, Ampère dominou o latim rapidamente porque estava interessado em matemática, e muitos dos melhores trabalhos em matemática àquela época eram em latim. Foi um brilhante cientista e um escritor prolífico. Inventou o eletroímã e o amperímetro e formulou as leis do eletromagnetismo. A unidade de corrente elétrica, o Ampère, é assim chamada em sua homenagem.

Foto de André-Marie Ampère
© Pixtal/age Fotostock RF.

1.1 Introdução

A teoria de circuitos elétricos é básica para a engenharia elétrica. Muitos ramos da engenharia elétrica – tal como sistemas de potência, máquinas elétricas, sistemas de controle, eletrônica, computadores, telecomunicação e instrumentação – são baseados na teoria de circuitos elétricos. A teoria de circuitos é o ponto de partida para um aluno iniciante no ensino de engenharia elétrica e é a disciplina mais importante que você estudará. A teoria de circuitos é também valiosa para os alunos se especializarem em outros ramos da física, porque os circuitos são bons modelos para o estudo dos sistemas de energia em geral e em razão da matemática aplicada, da física e das topologias envolvidas. Praticamente tudo que se conecta a uma tomada de parede ou utiliza bateria, ou de alguma forma utiliza eletricidade, pode ser analisado com base nas técnicas descritas neste livro.

Na engenharia elétrica, estamos sempre interessados em comunicar ou transferir energia de um ponto para outro, o que requer a interconexão de dispositivos elétricos. Tal conexão é referida como um circuito elétrico, e cada componente desse circuito é conhecido com um elemento. Assim,

> um **circuito elétrico** é uma interconexão de elementos elétricos.

Um circuito elétrico simples é mostrado na Figura 1.1, o qual é constituído de três componentes básicos: uma bateria, uma lâmpada e fios conectores. Esse circuito simples é utilizado em lanternas, holofotes, entre outros dispositivos.

Um circuito elétrico mais complexo é apresentado na Figura 1.2. Trata-se de um diagrama esquemático de um transmissor de rádio. Embora pareça complicado, ele pode ser analisado utilizando as técnicas abordadas neste livro. Um dos objetivos deste texto é você aprender várias técnicas analíticas e programas de computadores para descrever o comportamento de circuitos como esse.

Os circuitos elétricos são utilizados em inúmeros sistemas elétricos para realizar diferentes tarefas. Nosso objetivo neste livro não é o estudo dos diversos usos e aplicações dos circuitos. Pelo contrário, nossa maior preocupação é a análise dos circuitos elétricos, ou seja, o estudo do comportamento do circuito: Como ele responde a uma determinada entrada? Como os elementos e dispositivos interconectados interagem?

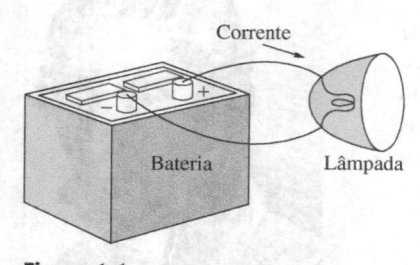

Figura 1.1
Circuito elétrico simples.

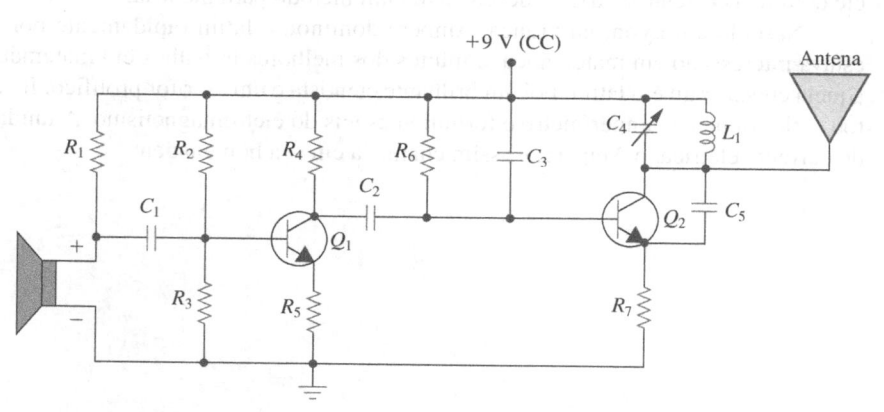

Figura 1.2
Circuito elétrico de um transmissor de rádio.

Começamos nosso estudo definindo alguns conceitos básicos, como carga, corrente, tensão, elementos de circuito, potência e energia. Antes de definir esses conceitos, devemos estabelecer o sistema de unidades que utilizaremos ao longo do texto.

1.2 Sistema Internacional de Unidades

Como engenheiros tecnologistas, lidamos com quantidades mensuráveis. Nossas medidas, entretanto, devem ser comunicadas numa linguagem padronizada, tal que todos os profissionais possam entender independentemente do país no qual a medida é realizada. Essa linguagem internacional de medidas é o Sistema Internacional (SI) de Unidades, adotado pela Conferência Geral de Pesos e Medidas, em 1960. Nesse sistema, existem sete principais unidades das quais as unidades de todas as outras quantidades físicas podem ser derivadas. A Tabela 1.1 mostra as seis unidades do SI e uma unidade derivada que é relevante para esta subseção.

Embora as unidades do SI tenham sido oficialmente adotadas pelo Instituto de Engenharia Elétrica e Eletrônica (IEEE – *Institute of Electrical and Electronics Engineers*) e são utilizadas ao longo deste livro, certas unidades inglesas (i.e., não definidas no SI) são comumente empregadas na prática nos Estados Unidos. Isso acontece porque os Estados Unidos simplesmente reconhece o sistema SI, mas não está oficialmente o seguindo. Por exemplo, as distâncias são ainda especificadas em pés e milhas, enquanto os motores elétricos são classificados em cavalos. Assim, ocasionalmente você precisará converter unidades fora do SI para unidades do SI, utilizando a Tabela 1.2.

Exemplo 1.1

Converta 42 polegadas para metros

Solução:
De acordo com a Tabela 1.2, 1 polegada = 0,0254 metro. Então,

$$42 \text{ polegadas} = 42 \times 0,0254 \text{ metro} = 1,0668 \text{ metros}.$$

Problema Prático 1.1

Converta 36 milhas para quilômetros.

Resposta: 57,924 quilômetros.

TABELA 1.1 Seis unidades básicas do SI e uma unidade derivada relevante para este livro

Grandeza física	Unidade básica	Símbolo
Comprimento	metro	m
Massa	quilograma	kg
Tempo	segundo	s
Corrente elétrica	Ampère	A
Temperatura termodinâmica	kelvin	K
Intensidade luminosa	candela	cd
Carga	coloumb	C

TABELA 1.2 Fatores de conversão

Converter	Para	Multiplica-se por
Comprimento		
polegadas (in)	metros (m)	0,0254
pés (ft)	metros (m)	0,3048
jardas (yd)	metros (m)	0,9144
milhas (mi)	quilômetros (m)	1,609
milésimos de polegada (mil)	milímetros (m)	0,0254
Volume		
galões (gal) (U.S.)	litros (L)	3,785
pés cúbicos (ft^3)	metros cúbicos (m^3)	0,0283
Massa/peso		
libras (lb)	quilograma	0,4536
Tempo		
horas (h)	segundos (s)	3600
Força		
pounds (lb)	newtons (N)	4,448
Potência		
cavalo-vapor (hp)	watts (W)	746
Energia		
libras-pé (ft-lb)	joule (J)	1,356
quilowatt-horas (kWh)	joule (J)	$3,6 \times 10^6$

Exemplo 1.2

Um motor elétrico possui potência nominal de 900 watts. Expresse essa potência em cavalo-vapor.

Solução:
De acordo com a Tabela 1.2, 1 cavalo-vapor = 746 watts. Portanto, 1 watt = 1/746 cavalo-vapor. Sendo assim,

$$900 \text{ watts} = 900 \times 1/746 = 1,206 \text{ cavalo-vapor.}$$

Problema Prático 1.2

Uma força de 50 newtons é aplicada a certo objeto. Expresse essa força em libras.

Resposta: 11,241 libras.

1.3 Notação científica e de engenharia

Em ciência e engenharia, encontramos frequentemente números muito pequenos e muito grandes. Esses números muito pequenos ou grandes podem ser expressos por uma das seguintes notações:

- Notação científica.
- Notação de engenharia.

A notação científica emprega a potência de 10. Nesse tipo de notação, um número é normalmente expresso como $X,YZ \times 10^n$.

> Na **notação científica**, expressamos um número em potência de 10 com um único dígito diferente de zero à esquerda do ponto decimal.

Para escrever um número em notação científica, utilizamo-no como um coeficiente vezes 10 elevado a um expoente. Por exemplo, convertemos o número 0,000578 para notação científica deslocando-se o ponto decimal quatro posições para a direita, i.e., $5{,}78 \times 10^{-4}$. De modo semelhante, em notação científica, o número 423,56 torna-se $4{,}2356 \times 10^2$, o qual é obtido movendo-se o ponto decimal duas posições para a esquerda. Assim, notamos que $3{,}276 \times 10^6$ está em notação científica, enquanto $32{,}76 \times 10^5$ não está.

> Em **notação de engenharia**, expressamos um número utilizando determinadas potências de 10, conforme mostrado na Tabela 1.3.

Em engenharia e geralmente na teoria de circuitos, em particular, temos maior interesse pela notação de engenharia. Isso porque a notação de engenharia refere-se à aplicação da notação científica em que as potências de 10 são múltiplas de três. Na verdade, uma grande vantagem das unidades do SI é que elas utilizam prefixos baseados na potência de 10 para se referir a unidades maiores ou menores do que a unidade básica. Tais prefixos e seus símbolos são mostrados na Tabela 1.3. Observe que os prefixos são dispostos em incrementos de três nos expoentes das potências de 10. Na notação de engenharia, um número pode ter de um a três dígitos à esquerda do ponto decimal. Por exemplo, 0,0006 s é expresso em notação de engenharia como 600 μs.

Movemos o ponto decimal seis posições para a direita, e o prefixo representando 10^{-6} é expresso como μ (micro). De modo semelhante, 145.300 m é o mesmo que 145,3 km em notação de engenharia. Nesse caso, o ponto decimal foi deslocado três posições para a esquerda, e o prefixo representando 10^{+3} é expresso como k (quilo).

Em engenharia elétrica, é melhor utilizar a notação de engenharia do que a potência de 10 e a notação científica. Certamente, você encontrará a notação de engenharia sendo utilizada em todos os livros, manuais técnicos e outro material técnico que você deverá utilizar e ler. Embora isso possa parecer difícil em um primeiro momento, esses prefixos se tornarão naturais para você à medida que for utilizando-os.

TABELA 1.3 Prefixos adotados no SI

Potência de 10	Prefixo	Símbolo
10^{24}	yotta	Y
10^{21}	zetta	Z
10^{18}	exa	E
10^{15}	peta	P
10^{12}	tera	T
10^{9}	giga	G
10^{6}	mega	M
10^{3}	quilo	k
10^{-3}	mili	m
10^{-6}	micro	μ
10^{-9}	nano	n
10^{-12}	pico	p
10^{-15}	femto	f
10^{-18}	atto	a
10^{-21}	zepto	z
10^{-24}	yocto	y

Exemplo 1.3

Expresse cada um dos números seguintes em notação científica:

(a) 621.409   (b) 0,00000548

Solução:
(a) O ponto decimal (não mostrado) está após o número 9 – isto é, 621409,0. Se deslocarmos o ponto decimal cinco posições para a esquerda, obtemos

$$621409{,}0 = 6{,}21409 \times 10^5$$

o qual está em notação científica.

(b) Se deslocarmos o ponto decimal seis posições para a direita, obtemos

$$0{,}00000548 = 5{,}48 \times 10^{-6}$$

o qual está em notação científica.

Problema Prático 1.3

Expresse os seguintes números em notação em científica:

(a) 46.013.000   (b) 0,000245

Resposta: (a) $4{,}6013 \times 10^7$ (b) $2{,}45 \times 10^{-4}$

Exemplo 1.4

Expresse os seguintes números em notação científica:

(a) 2.563 m   (b) 23,6 μs

Solução:

(a) 2563 m = $2,563 \times 10^3$ m

(b) 23,6 μs = $23,6 \times 10^{-6}$ s = $2,36 \times 10^{-5}$ s

Problema Prático 1.4

Escreva os seguintes números em notação científica:

(a) 0,921 s   (b) 145,6 km

Resposta: (a) $9,21 \times 10^{-1}$ s   (b) $1,456 \times 10^5$ m

Exemplo 1.5

Utilize notação de engenharia para representar os seguintes números:

(a) 451.000.000 m   (b) 0,0000782 s

Solução:

(a) 451.000.000 m = 451×10^6 m = 451 Mm (ou 451.000 km)

(b) 0,0000782 s = $78,2 \times 10^{-6}$ s = 78,2 μs

Problema Prático 1.5

Escreva os seguintes números em notação de engenharia.

(a) 34.700.000.000 m   (b) 0,0032 s

Resposta: (a) 34,7 Gm   (b) 3,2 ms

1.4 †Calculadora científica[1]

Como a análise de circuitos envolve uma grande quantidade de cálculos, você deve saber utilizar uma calculadora científica. A velocidade e a precisão dos cálculos de uma calculadora científica justificam o investimento. A simplicidade de uma calculadora científica é preferível à sofisticação de um computador pessoal. De vez em quando, dicas de como utilizar a calculadora serão dadas. Ao longo deste livro, os exemplos envolvendo a utilização da calculadora serão baseados na calculadora TI-89 Titanium, mostrada na Figura 1.3. Na verdade, o que foi feito nas Seções 1.2 e 1.3 (conversões, notação científica e notação de engenharia) pode ser facilmente realizado utilizando a calculadora TI-89 Titanium. Uma breve revisão de como usar a calculadora é apresentada no Apêndice F. Caso você não tenha uma calculadora desse tipo, certifique-se de que sua calculadora faça ao menos as seguintes operações: aritmética (+, −, ×, ÷), raiz quadrada, seno, cosseno, tangente, logaritmo (base 10), logaritmo (base e), x^y (potência) e exponencial (e) e possa converter de coordenadas retangular para polar e vice-versa. Não há necessidade de ter recursos para programação.

A maioria das calculadoras pode apresentar números com 8 ou 10 dígitos. Não é razoável trabalhar com todos os números que se pode ver no visor da calculadora. Na prática, em geral os números são arredondados para três ou quatro dí-

Figura 1.3
Calculadora TI-89 Titanium (Texas Instruments).
© Sarhan M. Musa

---

[1] O símbolo de um punhal precedendo o título de uma seção indica que o instrutor pode saltá-la ou deixá-la como dever de casa.

gitos significativos. Por exemplo, o número 1,648247143 é arrendado e guardado como 1,65; enquanto o número 0,007543128 é guardado como 0,00754.

Expresse o número 23.600 em notação de engenharia utilizando a calculadora.

Exemplo 1.6

Solução:
Com a calculadora TI-89, procedemos de acordo com os passos seguintes:

1. Pressione [MODE] para entrar no *menu* Mode, onde você especifica o formato dos números.
2. Utilize o botão "mover para baixo" para selecionar o formato exponencial e selecione [Engineering].
3. Presione [ENTER] para sair da tela "mode".
4. Entre com o número [2] [3] [6] [0] [0] [EE] [0] e pressione [ENTER].

O resultado será mostrado como

$$23.6E3$$

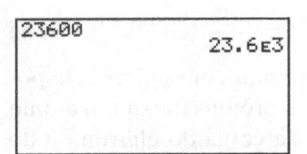

```
23600
           23.6E3
```

Utilize a calculadora para expressar 124.700 em notação de engenharia.

Problema Prático 1.6

Resposta: 124,7E3.

Utilize a calculadora para calcular

$$\sqrt{\frac{45 - 7}{2}}$$

Exemplo 1.7

Solução:
Podemos resolver esse problema de vários modos. Talvez seja mais fácil calcular o termo sob o símbolo da raiz quadrada para depois tirar a raiz quadrada.

1. Digite (45 − 7)/2 e pressione [ENTER]. O resultado é 19.
2. Pressione [2nd] e depois [√]; digite [1] [9] [ )] e pressione [♦] [ENTER].

O resultado é mostrado como 4,3589.

```
(45-7)/2
                19
√19
        4.35889894354
■
```

Com uma calculadora, encontre $\dfrac{125\pi}{\sqrt{36 + 17}}$.

Problema Prático 1.7

Resposta: 53,941.

1.5 Carga e corrente

Uma vez vistos os prefixos do SI e a calculadora científica, estamos prontos para iniciarmos a jornada pela análise de circuitos. A quantidade mais básica em um circuito elétrico é a *carga elétrica*. Todos já experimentaram o efeito da carga elétrica quando se tenta retirar uma blusa de lã, e ela fica presa ao corpo.

Cargas de mesma polaridade (ou sinal) repelem uma a outra, enquanto cargas de polaridades opostas se atraem. Isso significa que todos os fenômenos elétricos são manifestações das cargas elétricas. Cargas elétricas têm polaridade; elas são positivas (+) ou negativas (−).

> A **carga elétrica** (Q) é uma propriedade da matéria responsável por fenômenos elétricos, medidos em coloumbs (C).

Sabemos da física elementar que toda matéria é feita de blocos de construção fundamentais, conhecidos como átomos, e que cada átomo é composto por elétrons, prótons e nêutrons, conforme a Figura 1.4. Como os elétrons carregam cargas negativas, a carga transportada por um elétron é

$$e = -1{,}60 \times 10^{-19} \, \text{C} \tag{1.1}$$

Um próton carrega o mesmo montante de carga, porém com polaridade positiva. A presença de um número igual de elétrons e prótons deixa um átomo eletricamente neutro. A carga vem em múltiplos da carga do elétron ou do próton.

Qualquer material ou corpo com excesso de elétrons está com carga negativa, enquanto qualquer material ou corpo com excesso de prótons (ou deficiência de elétrons) está com carga positiva. Como mostrado na Figura 1.5, cargas diferentes atraem uma a outra, enquanto cargas iguais repelem uma a outra.

Os seguintes pontos devem ser observados sobre a carga elétrica:

1. O coloumb é uma unidade grande para as cargas. Em 1 C de carga, existem $1/(1{,}602 \times 10^{19}) = 6{,}24 \times 10^{18}$ elétrons. Assim, valores práticos ou de laboratórios para as cargas são da ordem de pC, nC ou μC.
2. De acordo com observações experimentais, as cargas que ocorrem na natureza são múltiplos inteiros da carga de um elétron $e = 1{,}602 \times 10^{-19}$ C, isto é, a carga $Q = Ne$, sendo N um número inteiro.
3. A lei da conservação de carga estabelece que a carga não pode ser criada nem destruída, apenas transferida. Assim, a soma algébrica das cargas elétricas em um sistema fechado não se altera.

Considere agora o fluxo de cargas elétricas. Quando um fio condutor consistindo em trilhões de átomos é conectado a uma bateria (uma fonte de força eletromotiva), as cargas são forçadas a se mover; as cargas positivas movem-se em uma direção, enquanto as cargas negativas movem-se na direção oposta. Esse movimento de cargas cria uma corrente elétrica. É convencionado adotar a direção da corrente como o movimento das cargas positivas (i.e., oposto ao fluxo

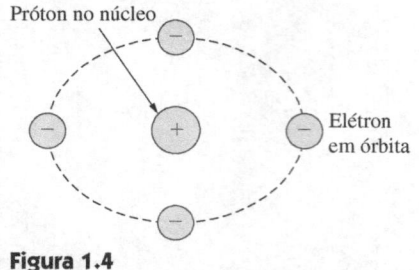

Figura 1.4
Estrutura atômica ilustrando o núcleo e os elétrons.

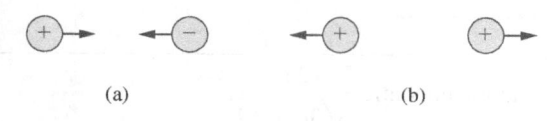

Figura 1.5
(a) Cargas opostas se atraem; (b) cargas iguais se repelem.

das cargas negativas), conforme ilustrado na Figura 1.6. (Observe também que o lado positivo da bateria é a barra maior do símbolo)

Essa convenção foi introduzida por Benjamin Franklin (1706-1790), um cientista e inventor americano[2]. Embora se saiba que a corrente elétrica em um condutor metálico se deve aos elétrons, será adotada a convenção aceita universalmente de que a corrente é o fluxo líquido de cargas positivas. Assim,

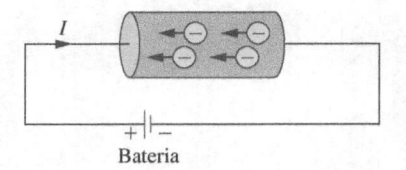

> a **corrente elétrica** é a variação no tempo da quantidade de carga medida em Ampères (A).

Figura 1.6
Corrente elétrica devido ao fluxo de cargas elétricas em um condutor.

Matematicamente, a relação entre corrente I, carga Q e tempo t é

$$I = \frac{Q}{t} \quad (1.2)$$

em que a corrente é medida em Ampères (A) – isto é, 1 ampère é 1 coloumb por segundo. Existem vários tipos de corrente; a carga pode variar no tempo de várias maneiras, as quais são representadas por diferentes tipos de funções matemáticas. Se a corrente não varia com o tempo, diz-se que a corrente é contínua (CC). Essa é a corrente criada por uma bateria. O símbolo I é utilizado para representar uma corrente constante.

> A **corrente contínua** é a corrente que permanece constante no tempo.

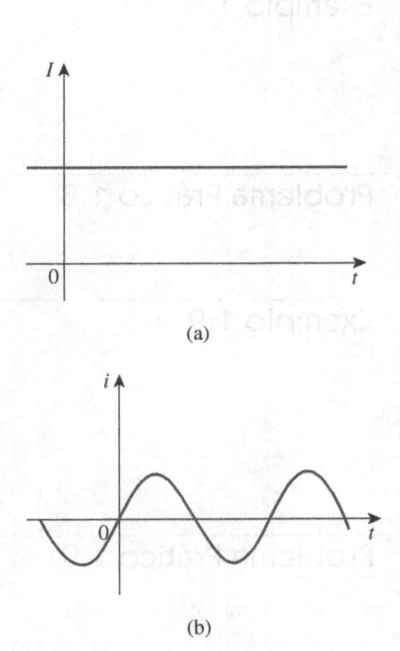

Uma corrente variante no tempo é representada pelo símbolo i. Uma forma comum de corrente variante no tempo é a corrente senoidal ou corrente alternada (CA). A corrente alternada é encontrada em sua casa, usada para que o aquecedor, o condicionador de ar, a geladeira, a máquina de lavar e outros aparelhos elétricos funcionem. A Figura 1.7 mostra gráficos de correntes ao longo do tempo para corrente contínua e corrente alternada, os dois tipos mais comuns de corrente. Em geral, as correntes alternadas são correntes que periodicamente invertem a direção do fluxo de corrente. A corrente senoidal é certamente o tipo mais comum e mais importante. Outros tipos de corrente serão considerados posteriormente neste livro.

> A **corrente alternada** é a corrente que varia periodicamente no tempo.

Uma vez definida a corrente como movimento de cargas, esperamos que a corrente tenha um sentido de fluxo associado. Como mencionado anteriormente, a direção da corrente é convencionalmente adotada como sendo a direção do movimento das cargas positivas. Baseado nessa convenção, uma corrente de 5 A pode ser positiva ou negativa, conforme mostrado na Figura 1.8. Em outras palavras, uma corrente negativa de -5 A fluindo numa direção como apresentado na Figura 1.8(b) é a mesma corrente de $+5$ A fluindo na direção contrária, conforme a Figura 1.8(a).

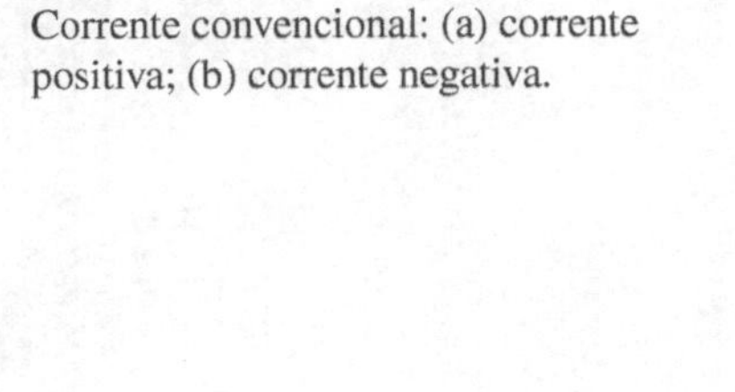

Figura 1.7
Dois tipos comuns de corrente: (a) corrente contínua (CC); (b) corrente alternada (CA).

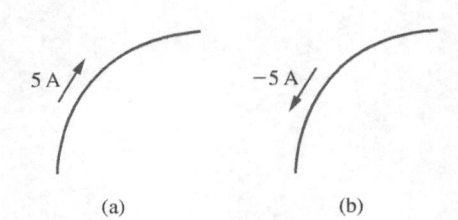

Figura 1.8
Corrente convencional: (a) corrente positiva; (b) corrente negativa.

---

[2] Utilizaremos as convenções do IEEE ao longo deste livro. A convenção é uma forma padrão de descrever algo de modo que outras pessoas possam entender o que se quis dizer.

É conveniente considerar os diferentes tipos de materiais que podem ser encontrados. De modo geral, os materiais podem ser divididos em três categorias, dependendo de quão facilmente o fluxo de carga se dará através deles:

- Condutores (p. ex., cobre, ouro, prata).
- Semicondutores (p. ex., silício, germânio).
- Isolantes (p. ex., borracha, madeira, plástico).

(Cada classe de material é baseada no número de elétrons de valência na camada externa do material). A maioria dos materiais é condutora ou isolante. Nos condutores, os elétrons estão fracamente ligados aos seus átomos de modo que eles estão livres para se mover. Em outras palavras, um condutor é um material contendo elétrons livres capazes de se mover de um átomo para outro. Nos isolantes, por outro lado, os elétrons estão fortemente ligados aos seus átomos de modo que não estão livres para se movimentar. Os semicondutores são materiais cujo comportamento está entre o de um condutor e de um isolante.

Exemplo 1.8

Qual é a carga representada por 4.600 elétrons?

Solução:
Cada elétron possui $-1{,}602 \times 10^{-19}$ C. Logo, 4.600 elétrons terão
$-1{,}602 \times 10^{-19}$ C/elétron $\times$ 4.600 elétrons $= -7{,}3692 \times 10^{-16}$ C.

Problema Prático 1.8

Calcule o montante de carga representada por 2 milhões de prótons.

Resposta: $+3{,}204 \times 10^{-13}$ C.

Exemplo 1.9

Uma carga de 4,5 C flui através de um elemento por 2 segundos; determine o montante de corrente através desse elemento.

Solução:
$$I = \frac{Q}{t} = \frac{4{,}5}{0{,}2} = 22{,}5 \text{ A}$$

Problema Prático 1.9

A corrente através de certo elemento é medida como 8,6 A. Quanto tempo será gasto para 2 mC de carga fluir pelo elemento?

Resposta: 0,2326 ms.

1.6 Tensão

Para mover um elétron em uma direção específica, exige-se algum trabalho ou transferência de energia. Esse trabalho é realizado por uma força eletromotriz (fem) externa, tipicamente representada pela bateria da Figura 1.6. Essa fem é também conhecida como diferença de potencial. A tensão V_{ab} entre dois pontos a e b de um determinado circuito é a energia (ou trabalho) W necessária para mover uma carga Q do ponto a ao ponto b, dividida pela carga. Matematicamente,

$$V_{ab} = \frac{W}{Q} \tag{1.3a}$$

em que W é a energia em joules (J) e Q é a carga em coulombs (C). A Equação (1.3a) pode ser rearranjada para se obter

$$W = QV_{ab} \tag{1.3b}$$

$$Q = \frac{W}{V_{ab}} \tag{1.3c}$$

A tensão V_{ab}, ou simplesmente V, é medida em volts (V) em homenagem ao físico italiano Alessandro Volta. Assim,

> tensão (ou diferença de potencial) é a energia necessária para mover 1 coulomb de carga através de um elemento, medida em volts (V).

A tensão através de um elemento (representado por um bloco retangular) conectado entre os pontos a e b é mostrada na Figura 1.9. Os sinais positivo (+) e negativo (−) são utilizados para definir a polaridade da tensão. A tensão V_{ab} pode ser interpretada de dois modos: (1) o ponto a está em um potencial de V_{ab} maior que o do ponto b, ou (2) o potencial no ponto a em relação ao ponto b é V_{ab}. Segue-se logicamente que, em geral,

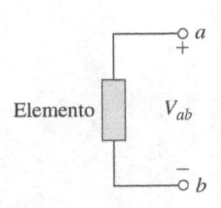

$$\boxed{V_{ab} = -V_{ba}} \tag{1.4}$$

Figura 1.9
Polaridade da tensão V_{ab}.

Por exemplo, na Figura. 1.10, são mostradas duas representações para a mesma tensão. Na Figura 1.10(a), o ponto a está $+9$ V acima do ponto b; na Figura 1.10(b), o ponto b está -9 V abaixo do ponto a. Pode-se dizer que na Figura 1.10(a) há uma queda de tensão de -9 V do ponto a para o b ou, equivalentemente, um aumento de 9 V do ponto b para o a. Em outras palavras, a queda de tensão de a para b é equivalente ao aumento de tensão de b para a.

Corrente e tensão são as duas variáveis básicas nos circuitos elétricos. Como a corrente elétrica, uma tensão constante é chamada de tensão CC, enquanto uma tensão variando no tempo de forma senoidal é conhecida como tensão CA. Uma tensão CC é comumente produzida por uma bateria como a mostrada na Figura 1.11; a tensão CA é produzida por um gerador elétrico como apresentado na Figura 1.12.

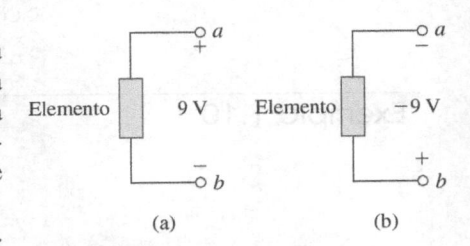

Figura 1.10
Duas representações equivalentes para a mesma tensão V_{ab}: (a) o ponto a está 9 V acima do ponto b; (b) o ponto b está -9 V abaixo do ponto a.

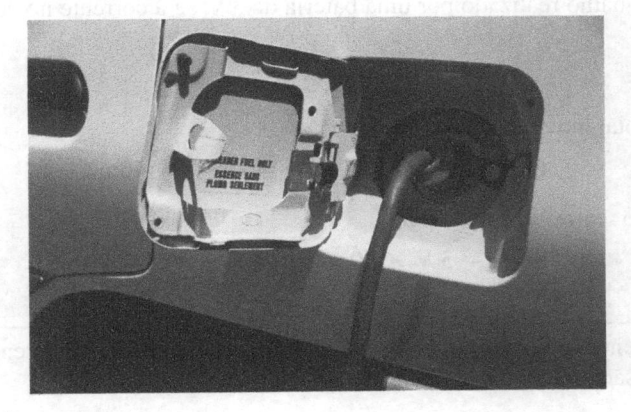

Figura 1.11
Carro elétrico.
© VisionsofAmerica/Joe Sohm/Photodisc/Getty RF.

Figura 1.12
Duas fotos de geradores CA em uma usina hidrelétrica.
© Corbis RF

Exemplo 1.10

Se 20 J de energia são necessários para mover 5 mC de carga através de um elemento, qual é a tensão através desse elemento?

Solução:

$$V = \frac{W}{Q} = \frac{20}{5 \times 10^{-3}} = 4 \times 10^3 \text{ V} = 4 \text{ kV}$$

Problema Prático 1.10

Determine a energia necessária para uma bateria de 12 V mover uma carga de 4,25 C.

Resposta: 51 J.

Exemplo 1.11

Qual o trabalho realizado por uma bateria de 3 V, se a corrente no condutor for 5 mA?

Solução:
A carga total movimentada é dada por:

$$Q = It = 5 \text{ mA} \times 8 \text{ s} = 40 \text{ mAs} = 40 \text{ mC}$$

O trabalho realizado é dado por:

$$W = VQ = 3 \text{ V} \times 40 \text{ mC} = 120 \text{ m-VC} = 120 \text{ mJ}$$

Problema Prático 1.11

Uma corrente de 0,2 A flui através de um elemento e libera 9 J de energia. Calcule a tensão através desse elemento.

Resposta: 15 V.

1.7 Potência e energia

Embora a corrente e tensão sejam duas variáveis básicas em um circuito elétrico, a entrada e a saída do circuito podem ser expressas em termos de potência e energia. Para fins práticos, precisamos saber qual a potência que um dispositivo elétrico pode lidar. Todos nós sabemos por experiência que uma lâmpada de 100 watts produz mais luminosidade que uma de 60 watts. Sabemos também que quando pagamos a conta de energia para a concessionária estamos pagando pela energia consumida durante certo período de tempo. Assim, potência e energia são conceitos importantes na análise de circuito.

Para relacionar potência e energia à tensão e corrente, lembre-se da física:

potência é a taxa de consumo ou a produção de energia medida em watts (W).

Assim,

$$P = \frac{W}{t} \tag{1.5}$$

em que P é a potência em watts (W), W é a energia em joules (J) e t é o tempo em segundos (s). Das Equações (1.2), (1.3) e (1.5), segue-se que

$$P = \frac{W}{t} = \frac{W}{Q}\frac{Q}{t} = VI \tag{1.6}$$

ou

$$P = VI \tag{1.7}$$

Desse modo, a potência absorvida ou fornecida por um elemento é o produto da tensão sobre esse elemento pela corrente que o percorre. Se a potência tem um sinal (+), ela está sendo fornecida ao elemento ou sendo consumida por ele. Se, por outro lado, a potência tem sinal (−), a potência está sendo fornecida pelo elemento. Mas como saber se a potência tem sinal positivo ou negativo?

A direção da corrente e a polaridade da tensão têm um papel importante na determinação do sinal da potência. Uma carga ou um elemento pode estar absorvendo ou fornecendo potência. Conforme mostrado na Figura 1.13(a), quando a corrente entra no elemento pelo ponto de maior potencial (+), o elemento está absorvendo potência. Por outro lado, se a corrente sai do ponto de maior potencial, o elemento está fornecendo potência. A lei da conservação de energia tem que ser obedecida em um circuito elétrico. Por essa razão, a soma algébrica das potências no circuito, em qualquer instante de tempo, deve ser zero, isto é,

$$\sum P = 0 \tag{1.8}$$

Isso confirma o fato de que a potência total fornecida ao circuito deve ser igual à potência total absorvida.

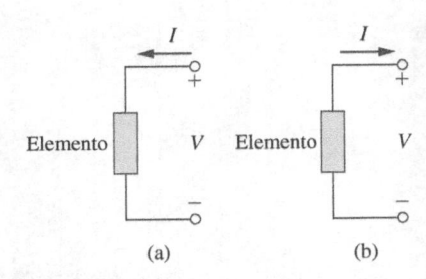

Figura 1.13
(a) Elemento absorvendo potência; (b) elemento fornecendo potência.

Energia é a capacidade de realizar trabalho e é medida em joules (J).

A partir da Equação (1.5), a energia absorvida ou fornecida por um elemento durante um período de tempo t é

$$W = Pt = VIt \quad (1.9)$$

As concessionárias de energia elétrica medem a energia em watt-horas (Wh), sendo

$$1 \text{ Wh} = 3.600 \text{ J}.$$

Exemplo 1.12

Uma fonte de 24 V entrega 3 A de seu terminal positivo. Qual a potência está sendo entregue por essa fonte?

Solução:

$$P = VI = 24 \times 3 = 72 \text{ W}$$

Problema Prático 1.12

Uma lâmpada de 30 W está conectada a uma fonte de 120 V. Qual é a corrente que circula pela lâmpada?

Resposta: 0,25 A.

Exemplo 1.13

Qual a energia consumida por uma lâmpada de 100 W durante 2 horas?

Solução:

$$W = Pt = 100 \text{ W} \times 2 \text{ h} = 200 \text{ Wh}$$

Isso é o mesmo que

$$W = Pt = 100 \text{ (W)} \times 2 \text{ (h)} \times 60 \text{ (min/h)} \times 60 \text{ (s/min)}$$
$$= 720.000 \text{ J} = 720 \text{ kJ}$$

Problema Prático 1.13

Um fogão elétrico consome 15 A quando ligado a uma fonte de 120 V. Quanto tempo leva para esse fogão consumir 30 kJ?

Resposta: 16,67 s.

1.8 †Aplicações

Nesta seção são consideradas duas aplicações práticas dos conceitos desenvolvidos neste capítulo. A primeira trata-se do tubo de imagem de um televisor, e outra aborda como as concessionárias de energia elétrica determinam a conta de energia.

1.8.1 Tubo de imagem de um televisor

Uma aplicação importante do movimento de elétrons é encontrada tanto nos receptores quanto nos transmissores de sinal de TV. Na transmissão, uma câmera de TV captura uma imagem e a converte em um sinal elétrico. A captura da imagem é feita por um feixe de elétrons em um iconoscópio.

Na recepção, a imagem é reconstruída utilizando um tubo de raios catódicos (CRT – *cathode-ray tube*) localizado no receptor de TV[3]. O CRT está repre-

---
[3] Na prática, os televisores modernos utilizam diferentes tipos de tecnologias. Muitas câmeras utilizam algum tipo de CCD para captar a luz.

sentado na Figura 1.14. Ao contrário do iconoscópio, que produz um feixe de elétrons de intensidade constante, o feixe de elétrons do CRT varia de intensidade de acordo com o sinal recebido. O canhão de elétrons, mantido a um alto potencial, dispara o feixe de elétrons, o qual passa por dois conjuntos de placas para a deflexão vertical e horizontal, de modo que o ponto na tela onde o feixe se choca pode mover-se para direita e esquerda, para cima e para baixo. Quando o feixe de elétrons atinge a tela fluorescente, emite luz naquele ponto. Assim, o feixe de elétrons "desenha" uma imagem na tela da TV. Embora o tubo de imagem ilustre o que foi feito nesse capítulo, um dispositivo mais moderno seriam as câmeras de carga acoplada (CCD – *charge-coupled device*)*. Na verdade, os televisores de cristal líquido (LCD) são superiores aos televisores que utilizam o CRT.

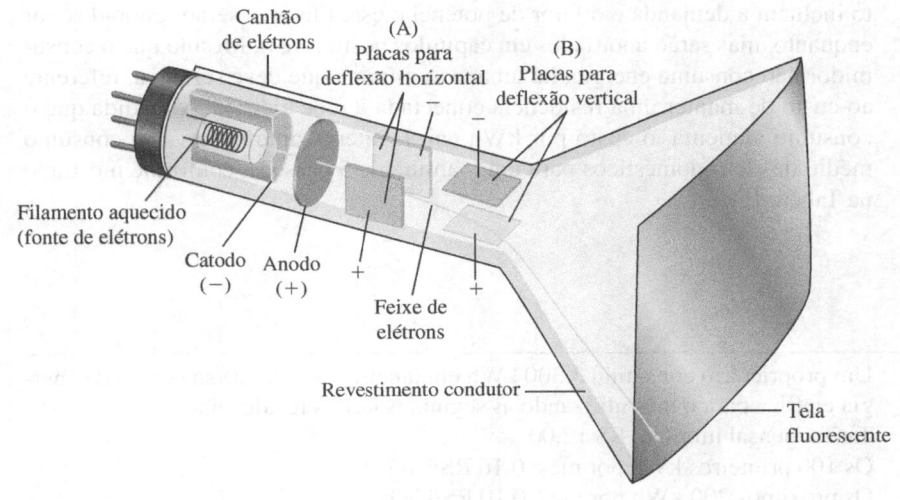

Figura 1.14
Tubo de raios catódicos.

O feixe de elétrons em um tubo de imagem de uma TV transporta 10^{15} elétrons/segundo. Como um projetista, determine a tensão V_o necessária para acelerar o feixe de elétrons para alcançar 4 W.

Exemplo 1.14

Solução:
A carga em um elétron é
$$e = -1,6 \times 10^{-19} \text{ C}$$

Se o número de elétrons é N, então $Q = Ne$ e
$$I = \frac{Q}{t} = e\frac{N}{t} = (-1,6 \times 10^{-19})(10^{15}) = -1,6 \times 10^{-4} \text{ A}$$

sendo que o sinal negativo mostra que os elétrons fluem na direção contrária ao fluxo de elétrons mostrado na Figura 1.15, a qual é um diagrama simplificado de um CRT quando as placas para deflexão vertical estão descarregadas. A potência do feixe é

$$P = V_o I \quad \text{ou} \quad V_o = \frac{P}{I} = \frac{4}{1,6 \times 10^{-4}} = 25.000 \text{ V}$$

Assim, a tensão necessária é 25 kV.

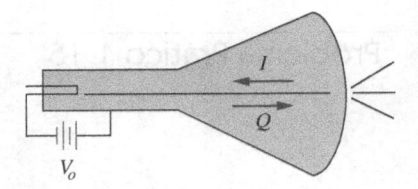

Figura 1.15
Um diagrama simplificado de um tubo de raios catódicos, para o Exemplo 1.14.

---

* N. de T.: O dispositivo de carga acoplada (CCD) é um sensor para captação de imagens, formado por um circuito integrado que contém uma matriz de capacitores acoplados.

Problema Prático 1.14

Se um feixe de elétron de um tubo de imagem de uma TV transporta 10^{13} elétrons/segundo e está passando por placas mantidas a uma diferença de potencial de 30 kV, calcule a potência do feixe de elétrons.

Resposta: 48 mW.

1.8.2 Contas de energia elétrica

A segunda aplicação trata de como as empresas concessionárias de energia elétrica cobram os seus clientes. O custo da eletricidade depende da quantidade de energia consumida em quilowatt-hora (kWh). (Outros fatores que afetam o custo incluem a demanda e o fator de potência; esses fatores serão ignorados por enquanto, mas serão abordados em capítulos posteriores). Mesmo que o consumidor não consuma energia, há uma taxa mínima que deve ser paga, referente ao custo de manter uma residência conectada à rede elétrica. À medida que o consumo aumenta, o custo por kWh cai. É interessante observar o consumo médio de eletrodomésticos para uma família de 5 pessoas, conforme mostrado na Tabela 1.4.

TABELA 1.4 Consumo médio típico de eletrodomésticos

Aparelho	kWh consumido
Aquecedor de água	500
Máquina de lavar	120
Geladeira/freezer	100
Lâmpada	100
Fogão	100
Secador	80
Lava-louças	35
Forno micro-ondas	25
Ferro elétrico	15
Computador pessoal	12
TV	10
Rádio	8
Torradeira	4
Relógio	2

Exemplo 1.15

Um proprietário consumiu 3.300 kWh em janeiro. Determine sua conta de energia elétrica para o mês utilizando as seguintes tarifas residenciais:
Tarifa mensal mínima: R$ 12,00
Os 100 primeiros kWh por mês: 0,16 R$/kWh
Os próximos 200 kWh por mês: 0,10 R$/kWh
Mais que 300 kWh por mês: 0,06 R$/kWh

Solução:
A conta de energia elétrica é calculada como segue:
Tarifa mínima mensal = R$ 12,00
100 primeiros kWh por mês a 0,16 R$/kWh = R$ 16,00
Próximos 200 kWh por mês a 0,10 R$/kWh = R$ 20,00
Restante da energia consumida
(3,300 − 300) = 3000 kWh a 0,06 R$/kWh = R$180,00
Total   = R$ 228,00
Custo médio   = R$ 228/3.300 = 0,69 R$/kWh

Problema Prático 1.15

Utilizando as tarifas residenciais do Exemplo 1.15, calcule o custo médio por kWh se apenas 400 kWh são consumidos em julho, quando a família está em férias na maior parte do tempo.

Resposta: 13,5 centavos por kWh.

1.9 Resumo

1. Um circuito elétrico consiste em elementos elétricos interligados.
2. O Sistema Internacional de Unidades (SI) é uma linguagem internacional de medidas, que permite os engenheiros transmitirem seus resulta-

dos. Das sete principais unidades, as outras quantidades físicas podem ser derivadas.

3. Quantidades muito grandes ou muito pequenas podem ser expressas em potência de 10, em notação científica, ou notação de engenharia.

4. A calculadora científica é uma ferramenta importante que o estudante deve dominar.

5. Corrente é a variação da carga no tempo em um dado ponto em uma determinada direção.

$$I = \frac{Q}{t}$$

sendo I a corrente (em ampères), Q a carga (em coulombs), e t o tempo (em segundos).

6. Tensão é a energia requerida para mover 1 C de carga através de um elemento.

$$V = \frac{W}{Q}$$

sendo V a tensão (em volts), W a energia ou trabalho realizado (em joules), e Q a carga (em coulombs).

7. Potência é a energia fornecida ou absorvida por unidade de tempo. Ela é também o produto da tensão pela corrente.

$$P = \frac{W}{t} = VI$$

sendo P a potência (em watts), W a energia (em joules), t o tempo (em segundos), V a tensão (em volts), e I a corrente (em ampères).

8. A energia fornecida ou absorvida por um elemento por um período t é

$$W = Pt = VIt$$

9. A lei de conservação de energia deve ser obedecida por um circuito elétrico. Portanto, a soma algébrica da potência em um circuito em qualquer instante deve ser zero.

$$\sum P = 0$$

10. Duas aplicações dos conceitos abordados neste capítulo são o tubo de imagem das TVs e o procedimento para determinação da conta de energia elétrica.

Questões de revisão

1.1 Um milivolt é um milionésimo de um volt.
 (a) Verdadeiro (b) Falso

1.2 O prefixo micro representa:
 (a) 10^6 (b) 10^3 (c) 10^{-3} (d) 10^{-6}

1.3 Uma tensão de 2.000.000 V pode ser expressa em notação de engenharia como:
 (a) 2 mV (b) 2 kV (c) 2 MV (d) 2 GV

1.4 Uma carga de 2 C passando por um dado ponto a cada segundo é uma corrente de 2 A.
 (a) Verdadeiro (b) Falso

1.5 Uma corrente de 4 A carregando certo material irá acumular uma carga de 24 C após 6 s.
 (a) Verdadeiro (b) Falso

1.6 A unidade de corrente é:
 (a) coulombs (b) ampères
 (c) volts (d) joules

1.7 Tensão é medida em:
 (a) watts
 (b) ampères
 (c) volts
 (d) joules por segundo

1.8 A tensão aplicada a um torradeira de 1,1 kW que produz uma corrente de 10 A é:
 (a) 11 kV
 (b) 1100 V
 (c) 110 V
 (d) 11 V

1.9 Watt é a unidade de:
 (a) carga
 (b) corrente
 (c) tensão
 (d) potência
 (e) energia

1.10 Qual dessas grandezas não é elétrica?
 (a) carga
 (b) tempo
 (c) tensão
 (d) corrente
 (e) potência

Respostas: 1.1 b, 1.2 d, 1.3 c, 1.4 a, 1.5 a, 1.6 b, 1.7 c, 1.8 c, 1.9 d, 1.10 b.

Problemas

Seção 1.2 Sistema Internacional de Unidades

1.1 Converta os seguintes comprimentos para metros
 (a) 45 pés
 (b) 4 jardas
 (c) 3,2 milhas
 (d) 420 milésimos de polegada

1.2 Expresse os valores seguintes em joules:
 (a) 28 libras-pé
 (b) 4,6 kWh

1.3 Expresse 32 cavalos-vapor em watts.

1.4 Converta 124 milhas para quilômetros.

Seção 1.3 Notação científica e de engenharia

1.5 Expresse os números seguintes em notação de engenharia.
 (a) 0,004500
 (b) 0,00926
 (c) 7.421
 (d) 26.356.000

1.6 Expresse os números seguintes em notação científica.
 (a) 0,0023
 (b) 6.400
 (c) 4.300.000

1.7 Expresse os números seguintes em notação científica.
 (a) 0,000126
 (b) 98.000
 (c) $\dfrac{1}{2.000.000}$

1.8 Expresse os números seguintes em notação de engenharia.
 (a) 160×10^{-7} s
 (b) 30×10^{4} V
 (c) $1,3 \times 10^{-3}$ J
 (d) $0,5 \times 10^{-9}$ W

1.9 Realize as operações seguintes e expresse as respostas em notação científica.
 (a) $(2 \times 10^{4})(6 \times 10^{5})$
 (b) $(3,2 \times 10^{-3})(7 \times 10^{-6})$
 (c) $\dfrac{(30.000)^{2}}{(0,04)^{2}}$
 (d) $\dfrac{(500)^{3}(100)^{2}}{10^{7}}$

1.10 Realize as operações seguintes e expresse as respostas em notação científica.
 (a) $0,003 + 542,8 + 641 \times 10^{-3}$
 (b) $(25 \times 10^{3})(0,04)^{2}$
 (c) $\dfrac{(40+10)^{-3}(6000)}{(3 \times 10^{-2})^{2}}$
 (d) $\dfrac{(0,002)^{2}(100)^{4}}{10^{6}}$

Seção 1.4 Calculadora científica

1.11 Realize as operações seguintes utilizando uma calculadora.
 (a) $12(8-6)$
 (b) $\cos^{-1}\dfrac{2}{3}$

1.12 Utilize uma calculadora para realizar as seguintes operações.
 (a) $\sqrt{\dfrac{120}{3^{2}+4^{2}}}$
 (b) $\dfrac{\pi}{6^{2}+8^{2}}$

1.13 Realize as seguintes operações utilizando uma calculadora.
 (a) $825 \times 0,0012$
 (b) $(42,8 \times 11,5)/(12,6 + 7,04)$

1.14 Avalie as seguintes expressões utilizando uma calculadora.
 (a) $(3,6 \times 10^{3})^{2}$
 (b) $(8,1 \times 10^{4})^{1/2}$
 (c) $\dfrac{2 \times 10^{2}}{5 \times 10^{-1}}$

Seção 1.5 Carga e corrente

1.15 Quantos coulombs estão representados pelos seguintes números de elétrons?
 (a) $6,482 \times 10^{17}$
 (b) $1,24 \times 10^{18}$
 (c) $2,46 \times 10^{19}$
 (d) $1,628 \times 10^{20}$

1.16 Se uma corrente de 2 mA passa através de um fio em 2 minutos e 4 segundos, determine quantos elétrons passaram.

1.17 Quanta carga existe em 10^{20} elétrons?

1.18 Se 6×10^{22} elétrons passam por um fio em 42 s, qual é a corrente resultante?

1.19 Se 36 C de carga passam através de um fio em 10 s, encontre a corrente que percorre esse fio.

1.20 Quantos elétrons uma carga de 2,4 μC representa?

1.21 Quanto tempo leva para uma carga de 50 μC passar por um ponto se a corrente é 24 mA?

1.22 Se uma carga de 700 C passa por um ponto em 5 minutos, qual o valor da corrente resultante?

1.23 Se uma corrente através de certo circuito é 4 A, qual o tempo necessário para transferir 0,65 C de carga?

1.24 Se uma carga de 8,5 mC passa por um ponto em um condutor em 120 ms, determine a corrente.

Seções 1.6 e 1.7 Tensão, e Potência e energia

1.25 Encontre as tensões V_{ab}, V_{bc}, V_{ac} e V_{ba} no circuito da Figura 1.16.

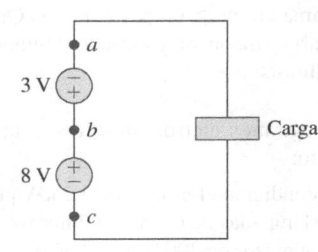

Figura 1.16
Para o Problema 1.25

1.26 A diferença de potencial entre os pontos a e b é 32 V. Quanto trabalho é necessário para mover uma carga de 2 C de a para b?

1.27 Um motor de 40 W funciona em uma fonte de 120 V. Quanta corrente esse motor irá drenar?

1.28 A tensão nominal de uma linha de transmissão é $1,04 \times 10^6$ V. Qual é a tensão em kV?

1.29 Uma energia de 450 J é necessária para mover $2,6 \times 10^{20}$ elétrons de um ponto a outro. Determine a diferença de potencial entre esses dois pontos.

1.30 Encontre a potência consumida pela lâmpada da Figura 1.17.

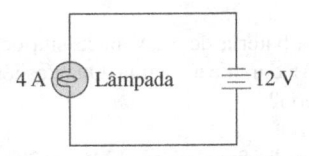

Figura 1.17
Para o Problema 1.30.

1.31 Quanta corrente flui através de uma lâmpada de 40 W e 120 V?

1.32 Uma bateria fornece 120 J de energia para uma carga de 18 C. Encontre a tensão da bateria.

1.33 Qual é a corrente no elemento de aquecimento de um ferro de solda de 45 W que funciona em 120 V?

1.34 Uma fonte de energia fornece uma corrente constante de 2 A a uma lâmpada. Se 2,3 kJ são dissipados sob a forma de luz e energia calorífica, calcule a tensão sobre a lâmpada.

1.35 Para mover uma carga Q do ponto a ao ponto b, são necessários 30 J. Encontre a queda de tensão se
(a) $Q = 2C$ (b) $Q = -6C$

1.36 Se um farol de automóvel requer uma corrente de 2,5 A em 8 V, qual a potência consumida pelo farol?

1.37 Um forno elétrico consome 38 A e 120 V. Calcule a potência.

1.38 A potência nominal de uma torradeira elétrica é 800 W e drena uma corrente de 7 A. Determine a tensão de operação dessa torradeira.

1.39 A tensão entre o ponto a e o ponto b é 120 mV. Encontre a carga Q se 360 μJ de trabalho forem necessários para mover a carga Q do ponto a ao ponto b.

1.40 Se uma lâmpada de 70 W é conectada a uma fonte de 120 V, qual é a corrente que fluirá pelo circuito?

1.41 Uma bateria de 12 V pode fornecer 100 A por 5 segundos. Determine o trabalho realizado pela bateria.

Seção 1.8 Aplicações

1.42 Oito fótons precisam atingir um fotodetector para emitir um elétron. Se 4×10^{11} fótons/segundo atingem a superfície do fotodetector, calcule a quantidade de corrente.

1.43 Encontre a potência dos aparelhos a seguir em sua casa:
(a) lâmpada   (b) rádio
(c) TV   (d) geladeira
(e) computador   (f) impressora
(g) forno micro-ondas (h) liquidificador

1.44 Um aquecedor elétrico de 1,5 kW está conectado a uma fonte de 120 V.
(a) Qual é a corrente que o aquecedor consome?
(b) Se o aquecedor for ligado por 45 minutos, qual a energia consumida, em kWh?
(c) Calcule o custo de manter o aquecedor ligado por 45 minutos para um custo da energia de 10 centavos por kWh.

1.45 Um torradeira de 1,2 kW leva cerca de 4 minutos para aquecer quatro fatias de pão. Encontre o custo de operar a torradeira uma vez por dia por um mês (30 dias). Assuma o custo da energia de 9 centavos por kWh.

1.46 Uma bateria de lanterna tem um desempenho de 0,8 ampères-hora (Ah) e um tempo de vida de 10 horas (h).

(a) Quanto de corrente ela pode suprir?
(b) Qual potência ela pode fornecer se a tensão em seus terminais é de 1,5 V?
(c) Qual a energia armazenada na bateria em quilowatt-hora (kWh)?

1.47 Uma lâmpada incandescente de 20 W está conectada a uma fonte de 120 V e é deixada continuamente acesa em uma escadaria escura. Determine: (a) a corrente através da lâmpada e (b) o custo de mantê-la acesa durante um ano bissexto se o custo da energia elétrica é de 12 centavos por kWh.

1.48 Um fogão elétrico com quatro bocas e um forno são utilizados no preparo de uma refeição:

Boca 1	20 min.
Boca 2	40 min.
Boca 3	15 min.
Boca 4	45 min.
Forno	30 min.

Se cada boca tem uma potência nominal de 1,2 kW, e o forno, 1,8 kW, e se o custo da energia elétrica é 12 centavos por kWh, calcule o custo da energia utilizada para preparar a refeição.

1.49 A PECO (concessionária de energia elétrica na Filadélfia) cobrou de um consumidor $ 34,24 em um mês por utilizar 125 kWh. Se a tarifa básica é $ 5,10, quanto a PECO cobrou por kWh?

1.50 Uma TV de 600 W ficou ligada durante 4 horas sem ninguém assistindo. Se o custo da energia é 10 centavos por kWh, quanto dinheiro foi desperdiçado?

1.51 Uma concessionária de energia elétrica cobra 8,5 centavos por kWh. Se um consumidor deixar uma lâmpada de 40 W ligada continuamente durante um dia, quanto o consumidor terá que pagar?

1.52 A Reliant Energy (concessionária de energia elétrica em Houston, Texas) cobra os seus clientes da seguinte forma:

Mensalidade = $ 6,0
Primeiros 250 kWh a 0,02 $/kWh
kWh adicionais a 0,07 $/kWh

Se um consumidor utiliza 1.218 kWh em um mês, quanto a Reliant Energy irá cobrar?

1.53 Um elevador de um edifício pode levantar 7.000 libras até uma altura de 60 pés em 30 s. Qual é a potência necessária para operar o elevador? Suponha que 1 hp = 550 pé-libras/s.

1.54 Os seguintes eletrodomésticos estavam em funcionamento:

Um condicionador de ar de 3,2 kW por 9 horas
Oito lâmpadas de 60 W por 7 horas
Um televisor de 400 W por 3 horas
(a) Determine a energia total consumida em kWh.
(b) Qual o custo total para manter esses aparelhos em funcionamento se a concessionária cobra 0,06 $/kWh?

1.55 (a) Se uma lâmpada de 70 W é deixada acesa por 8 horas todas as noites, determine a energia utilizada em uma semana.
(b) Qual é o custo mensal (assuma 30 dias) se o custo da energia é 0,09 $/kWh.

Problemas abrangentes

1.56 Uma corrente de 20 µA percorre um fio de um telefone. Quanto tempo é necessário para que uma carga de 15 C passe por esse fio?

1.57 Uma descarga atmosférica de 2 kA durou 3 ms. Quantos coulombs de carga estavam contidos nessa descarga atmosférica.

1.58 A capacidade de uma bateria pode ser dada em ampères-hora (Ah). Uma bateria alcalina tem capacidade de 160 Ah.
(a) Qual é máxima corrente que essa bateria é capaz de fornecer por 40 h?
(b) Quantos dias ela durará se a mesma for descarregada com 1 mA?

1.59 Qual o trabalho realizado por uma bateria de automóvel de 12 V ao mover 5×10^{20} elétrons do terminal positivo para o terminal negativo?

1.60 Qual a energia consumida por um motor de 10 hp durante 30 minutos? Assuma que 1 hp = 746 W.

1.61 Um ferro elétrico de 2 kW está conectado a uma rede elétrica de 120 V. Calcule a corrente consumida pelo ferro.

1.62 Uma descarga elétrica de 30 kA atinge um avião e dura 2 ms. Quantos coulombs de carga foram transferidos para o avião?

1.63 Uma bateria de 12 V necessita de uma carga total de 40 Ah durante a recarga. Quantos joules são fornecidos à bateria?

1.64 Um rádio funciona em 12 V por 20 minutos. Durante esse período, 108 J de energia foram fornecidos ao rádio.
(a) Calcule a corrente que circula pelo rádio.
(b) Quantos coulombs de carga são utilizados durante esse período?

1.65 Uma calculadora de bolso possui uma bateria de 4 V que gera 0,2 mA em 45 minutos.
(a) Calcule a carga que flui pelo circuito.
(b) Encontre a energia que a bateria fornece ao circuito da calculadora.

capítulo 2

Resistência

Sem dor, sem palma; sem espinhos, sem trono; sem fel, sem glória; sem cruz, sem coroa.
— William Penn

Perfis históricos

Georg Simon Ohm (1787-1854), físico alemão, em 1826 determinou experimentalmente a lei mais básica relacionando tensão e corrente para um resistor. O trabalho de Ohm foi inicialmente negado pelos críticos.

De origem humilde, nascido em Erlangen, Bavária, Ohm se empenhou na pesquisa elétrica. O maior interesse de Ohm foi a corrente elétrica, que teve recentes avanços devido à invenção da bateria por Alessandro Volta. Usando os resultados dos experimentos de Volta, Ohm foi capaz de definir a relação fundamental entre tensão, corrente e resistência. O resultado é sua famosa lei – lei de Ohm – que será abordada neste capítulo. Ele foi premiado com a medalha Copley em 1841 pela Royal Society de Londres. Em 1849 também obteve a cadeira de professor de física na Universidade de Munique. Para homenageá-lo, a unidade da resistência é chamada de *ohm*.

Foto de Georg Simon Ohm.
© SSPL via Getty Images

Ernst Werner von Siemens (1816-1892) foi um engenheiro eletricista e industrialista alemão, que desempenhou um importante papel no desenvolvimento do telégrafo.

Siemens nasceu em Lenthe em Hanover, Alemanha, era o mais velho de seus quatro irmãos – todos foram engenheiros e industrialistas ilustres. Depois de frequentar a escola de gramática em Lübeck, Siemens ingressou na artilharia prussiana aos 17 anos para formação em engenharia, que seu pai não podia pagar. Olhando para o primeiro modelo de um telégrafo, inventado por Charles Wheatstone em 1837, Siemens notou possibilidades para fazer melhorias e para a comunicação internacional. Ele inventou o telégrafo que usava uma agulha para apontar para a letra certa, em vez de usar o código Morse. Ele instalou a primeira linha telegráfica na Alemanha juntamente com seus irmãos, William Siemens e Carl von Siemens. A unidade de condutância é nomeada em sua homenagem.

Foto de Ernst Werner von Siemens
© Hulton Archive/Getty

2.1 Introdução

No último capítulo, introduzimos alguns conceitos básicos como corrente, tensão e potência elétrica em um circuito elétrico. Para realmente determinar os valores dessas variáveis em um dado circuito, é necessário o entendimento de algumas leis fundamentais que regem os circuitos elétricos. Essas leis – conhecidas como lei de Ohm e lei de Kirchhoff – formam a base sobre a qual a análise de circuitos elétricos é construída. A lei de Ohm será abordada neste capítulo, enquanto a lei de Kirchhoff será abordada nos Capítulos 4 e 5.

Iniciamos este capítulo discutindo, primeiramente, as características e a natureza da resistência. Em seguida, abordaremos a lei de Ohm, condutividade e condutores elétricos. Apresentaremos o código de cores para pequenos resistores físicos. Finalmente, aplicaremos os conceitos abordados neste capítulo às medições CC.

2.2 Resistência

Os materiais em geral possuem comportamento característico de oposição ao fluxo de carga elétrica. Essa oposição se deve às colisões entre elétrons que compõem o material. Essa propriedade física, ou habilidade de resistir à corrente, é conhecida como resistência e é representada pelo símbolo R. A resistência é expressa em ohms (após Georg Simon Ohm), que é simbolizada pela letra (Ω). O símbolo para resistência ou resistor é mostrado na Figura 2.1, na qual R representa a resistência do resistor.

> A **resistência** R de um elemento denota sua habilidade para resistir ao fluxo de corrente elétrica; ela é medida em ohms (Ω).

A resistência de qualquer material é ditada por quatro fatores:

1. Propriedade do material – cada material irá se opor ao fluxo de corrente diferentemente.
2. Comprimento – quanto maior for o comprimento ℓ, maior será a probabilidade de colisões e, por isso, maior a resistência.
3. Área seccional – quanto maior a área A, mais fácil será para os elétrons fluírem, por isso, menor será a resistência.
4. Temperatura – tipicamente, para os metais, à medida que a temperatura aumenta, a resistência aumenta.

Então, a resistência R para qualquer material com área uniforme de seção transversal A e comprimento ℓ (como mostrado na Fig. 2.2) é diretamente proporcional ao comprimento e inversamente proporcional à área da seção transversal. Na forma matemática,

$$R = \rho \frac{\ell}{A} \quad (2.1)$$

em que a letra grega ρ é conhecida como resistividade do material. Resistividade é uma propriedade física do material e é medida em ohm-metros (Ω-m).

A seção transversal do elemento pode ser circular, quadrada, retangular, e assim por diante. Como a maioria dos condutores tem seção transversal circular, a área de seção transversal pode ser determinada em termos do raio r ou do diâmetro d do condutor como

$$A = \pi r^2 = \pi \left(\frac{d}{2}\right)^2 = \frac{\pi d^2}{4} \quad (2.2)$$

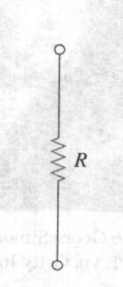

Figura 2.1
Símbolo elétrico para a resistência.

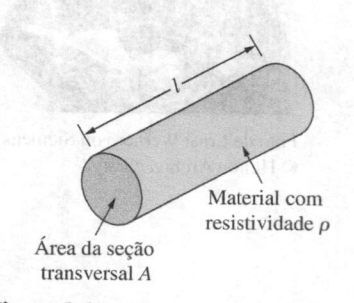

Figura 2.2
Um condutor com seção transversal uniforme.

TABELA 2.1 Resistividade de materiais comuns

Material	Resistividade (Ω-m)	Uso
Prata	$1,64 \times 10^{-8}$	Condutor
Cobre	$1,72 \times 10^{-8}$	Condutor
Alumínio	$2,8 \times 10^{-8}$	Condutor
Ouro	$2,45 \times 10^{-8}$	Condutor
Ferro	$1,23 \times 10^{-7}$	Condutor
Chumbo	$2,2 \times 10^{-7}$	Condutor
Germânio	$4,7 \times 10^{-1}$	Semicondutor
Silício	$6,4 \times 10^{2}$	Semicondutor
Papel	10^{10}	Isolante
Mica	5×10^{11}	Isolante
Vidro	10^{12}	Isolante
Teflon	3×10^{12}	Isolante

A resistividade ρ varia com a temperatura e é frequentemente especificada para a temperatura ambiente.

A Tabela 2.1 apresenta os valores de ρ para alguns materiais comuns à temperatura ambiente (20°C). A tabela também mostra que os materiais podem ser classificados em três grupos de acordo com o seu uso: condutor, isolante e semicondutor. Bons condutores, como o cobre e o alumínio, possuem baixa resistividade. Desses materiais mostrados na Tabela 2.1, a prata é o melhor condutor. Contudo, a grande maioria dos cabos é feita com cobre, porque o cobre é quase tão bom e muito mais barato. Em geral, a resistência do condutor aumenta com o aumento da temperatura. Isolantes, como a mica e o papel, possuem altas resistividades. Eles são utilizados na forma de revestimentos de isolamento de fios de cobre. Semicondutores, como o germânio e o silício, possuem resistividades que não são nem altas e nem baixas. Eles são utilizados para fazer transistores e circuitos integrados. Há ainda uma gama considerável dentro dos grupos de condutores. O nicromo (uma liga de níquel, crômio e ferro) possui uma resistividade aproximadamente 58 vezes maior que a do cobre. Por essa razão, o nicromo é utilizado para fazer resistores e elementos de aquecimento.

O elemento de circuito utilizado para modelar a resistência à passagem de corrente de um material é o resistor. Com a finalidade de construção de circuitos, os resistores mostrados na Figura 2.3 são geralmente feitos de ligas metálicas e compostos de carbono. O resistor é o mais simples elemento passivo.

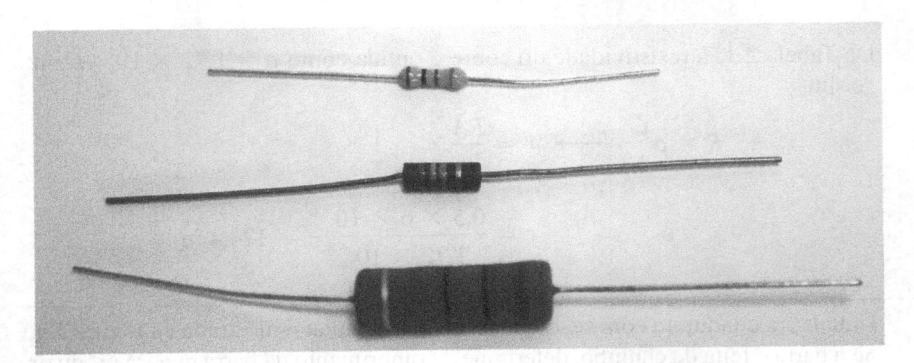

Figura 2.3
De cima para baixo, resistores de ¼ W, ½ W e 1 W.
© Sarhan M. Musa

Exemplo 2.1

Calcule a resistência de um fio de alumínio que possui 2 m de comprimento e uma seção transversal de 1,5 mm.

Solução:
Primeiramente, calculamos a área da seção transversal.

$$A = \frac{\pi d^2}{4} = \frac{\pi(1,5 \times 10^{-3})^2}{4} = 1,767 \times 10^{-6}\,\text{m}^2$$

Da Tabela 2.1, obtemos a resistência do alumínio como $\rho = 2,8 \times 10^{-8}$ Ω-m. Assim,

$$R = \frac{\rho \ell}{A} = \frac{2,8 \times 10^{-8} \times 2}{1,767 \times 10^{-6}}$$
$$= 31,69\,\text{m}\Omega$$

Problema Prático 2.1

Determine a resistência de um fio de ferro que possui um diâmetro de 2 mm e um comprimento de 30 m.

Resposta: 1,174 Ω.

Exemplo 2.2

Uma barra de cobre é mostrada na Figura 2.4. Calcule o comprimento da barra que irá produzir uma resistência de 0,5 Ω.

Solução:
A barra possui uma seção transversal uniforme, então a Equação (2.1) pode ser aplicada. Mas a seção transversal é retangular, então a área de seção transversal é

$$A = \text{largura} \times \text{altura} = (2 \times 10^{-3}) \times (3 \times 10^{-3})$$
$$= 6 \times 10^{-6}\,\text{m}^2 = 6\,\mu\text{m}^2$$

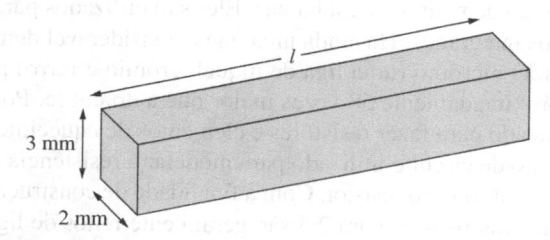

Figura 2.4
Uma barra de cobre, para o Exemplo 2.2.

Da Tabela 2.1, a resistividade do cobre é obtida como $\rho = 1,72 \times 10^{-8}$ Ω-m. Assim,

$$R = \rho \frac{\ell}{A} \longrightarrow \ell = \frac{RA}{\rho}$$

$$\ell = \frac{0,5 \times 6 \times 10^{-6}}{1,72 \times 10^{-8}} = 174,4\,\text{m}$$

Problema Prático 2.2

Uma barra condutora com seção transversal triangular é mostrada na Figura 2.5. Se a barra é feita de chumbo, determine o comprimento da barra que irá produzir uma resistência de 1,25 mΩ.

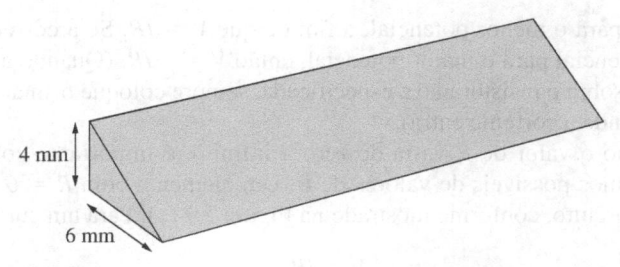

Figura 2.5
Para o Problema Prático 2.2.

Resposta: 6,28 cm.

2.3 Lei de Ohm

Georg Simon Ohm (1787 – 1854), físico alemão, é reconhecido por encontrar a relação entre corrente e tensão para um resistor, a qual é reconhecida como lei de Ohm. Isto é,

$$V \propto I \tag{2.3}$$

> a **lei de Ohm** afirma que a tensão V sobre um resistor é diretamente proporcional à corrente I que flui através do resistor.

Ohm define a constante de proporcionalidade para um resistor como sendo a resistência R. (A resistência R é uma propriedade de um material que pode mudar se as condições internas e externas de um elemento são alteradas, por exemplo, se há mudanças na temperatura.) Então, a Equação (2.3) se torna

$$V = IR \tag{2.4}$$

que é a forma matemática para a lei de Ohm. Na Equação (2.4), lembre-se que a tensão V é medida em volts, a corrente I é medida em ampères, e a resistência R é medida em ohms. Podemos deduzir da Equação (2.4) que

$$R = \frac{V}{I} \tag{2.5}$$

de modo que

$$1\,\Omega = 1\,V/1\,A \tag{2.6}$$

Podemos também deduzir da Equação (2.4) que

$$I = \frac{V}{R} \tag{2.7}$$

Assim, a lei de Ohm pode ser declarada em três diferentes formas, como nas Equações (2.4), (2.5) e (2.7).

Para aplicar a lei de Ohm como indicado na Equação (2.4), por exemplo, devemos prestar atenção no sentido da corrente e na polaridade da tensão. O sentido da corrente I e a polaridade da tensão V devem estar em conformidade com a convenção mostrada na Figura 2.6, implicando que a corrente flui do maior

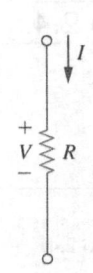

Figura 2.6
Sentido da corrente I e polaridade da tensão V no resistor R.

potencial para o menor potencial, a fim de que $V = IR$. Se a corrente fluir do menor potencial para o maior potencial, então $V = -IR$. (Quando a polaridade da tensão sobre o resistor não é especificada, sempre coloque o sinal positivo no terminal onde a corrente entra).

Como o valor de R varia de zero a infinito, é importante considerar os dois extremos possíveis de valores de R. Um elemento com $R = 0$ é chamado de curto-circuito, conforme mostrado na Figura 2.7 (a). Para um curto-circuito,

$$V = IR = 0 \qquad (2.8)$$

mostrando que a tensão é zero, mas a corrente pode ser qualquer valor. Na prática, um curto-circuito é comumente um fio de conexão assumido como sendo um condutor perfeito. Assim,

um **curto-circuito** é um elemento de circuito com resistência próxima de zero.

De forma similar, um elemento com $R = \infty$ é conhecido como um circuito aberto, conforme mostrado na Figura 2.7(b). Para um circuito aberto,

$$I = \frac{V}{R} = \frac{V}{\infty} = 0 \qquad (2.9)$$

indicando que a corrente é zero, embora a tensão possa ser qualquer valor. Assim,

um **circuito aberto** é um elemento de circuito com resistência próxima do infinito.

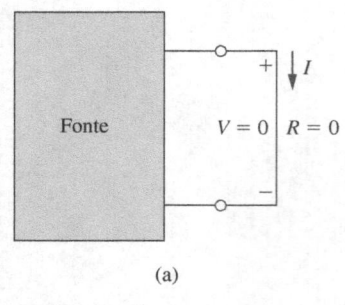

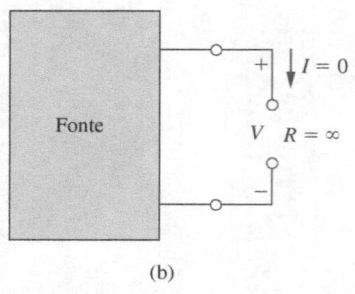

Figura 2.7
(a) Curto-circuito ($R = 0$); (b) circuito aberto ($R = \infty$).

Exemplo 2.3

Um ferro elétrico consome 2 A em 120 V. Encontre sua resistência.

Solução:
A partir da lei de Ohm,

$$R = \frac{V}{I} = \frac{120}{2} = 60 \, \Omega$$

Problema Prático 2.3

O componente essencial em uma torradeira é um elemento elétrico (um resistor) que converte energia elétrica em energia térmica. Quanta corrente é consumida pela torradeira com resistência de 12 Ω em 110 V?

Resposta: 9,17 A.

Exemplo 2.4

No circuito mostrado na Figura. 2.8, calcule a corrente I.

Solução:
A tensão sobre o resistor é a mesma da fonte de tensão (30 V) porque o resistor e a fonte de tensão estão conectados ao mesmo par de terminais. Assim,

$$I = \frac{V}{R} = \frac{30}{5 \times 10^3} = 6 \text{ mA}$$

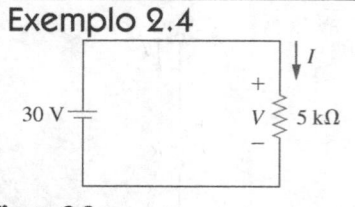

Figura 2.8
Para o Exemplo 2.4.

Se $I = 8$ mA no circuito mostrado da Figura 2.9, determine o valor da resistência R.

Resposta: 1,5 kΩ.

Problema Prático 2.4

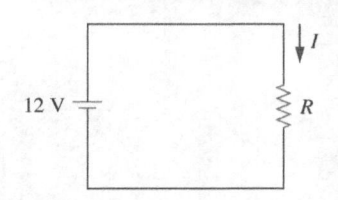

Figura 2.9
Para o Problema Prático 2.4.

2.4 Condutância

Uma quantidade útil na análise de circuito é o recíproco da resistência R, conhecida como condutância e denotada por G:

$$G = \frac{1}{R} = \frac{I}{V} \quad (2.10)$$

A condutância é a medida de quão bem um elemento irá conduzir a corrente elétrica. A unidade antiga de condutância é o *mho* (ohm escrito de trás para frente) com o símbolo (℧), o ômega invertido. Embora engenheiros ainda usem mhos, neste livro preferimos utilizar as unidades para condutância do SI, o siemens (S), em homenagem a Werner von Siemens.

$$1\ S = 1\ ℧ = 1\ A/1\ V \quad (2.11)$$

Assim,

> **condutância** é a habilidade de um elemento pra conduzir corrente elétrica; é medida em siemens (S).

[Não devemos confundir S de siemens com s (segundos) para tempo.] A mesma resistência pode ser expressa em ohms ou siemens. Por exemplo, 10 Ω é o mesmo que 0,1 S. Das Equações (2.1) e (2.10), podemos escrever

$$G = \frac{A}{\rho \ell} = \frac{\sigma A}{\ell} \quad (2.12)$$

em que a letra grega sigma $\sigma = 1/\rho$ = condutividade do material (em S/m)

Encontre a condutância dos seguintes resistores: (a) 125 Ω (b) 42 kΩ.

Exemplo 2.5

Solução:
(a) $G = 1/R = 1/(125\ \Omega) = 8$ mS
(b) $G = 1/R = 1/(42 \times 10^3\ \Omega) = 23{,}8\ \mu$S

Determine a condutância dos seguintes resistores:

(a) 120 Ω
(b) 25 MΩ

Resposta: (a) 8,33 mS (b) 40 nS

Problema Prático 2.5

2.5 Fios circulares

Os fios circulares são comumente usados em várias aplicações. Utilizamos fios para conectar elementos, mas os fios possuem resistência e um máximo permitido de corrente. Então precisamos escolher o tamanho/bitola correto. Os fios são dispostos em números de bitolas-padrão conhecidos como AWG (*American Wire Gauge*). Essa designação dos cabos e fios está no sistema Inglês. No sistema inglês,

$$1.000 \text{ mils}^* = 1 \text{ pol} \tag{2.13a}$$

ou

$$1 \text{ mil} = \frac{1}{1000} \text{ pol} = 0,001 \text{ pol} \tag{2.13b}$$

A unidade usada para área de seção transversal de fios é o circular *mil* (CM), que é a área de círculo com 1 milésimo de polegada de diâmetro. Da Equação (2.2),

$$A = \frac{\pi d^2}{4} = \frac{\pi (1 \text{ mil})^2}{4} = \frac{\pi}{4} \text{ sq mil}^{**} \tag{2.14}$$

Então,

$$1 \text{ CM} = \frac{\pi}{4} \text{ sq mil} \tag{2.15a}$$

ou

$$1 \text{ sq mil} = \frac{4}{\pi} \text{ CM} \tag{2.15b}$$

Se o diâmetro de um fio circular está em mils, a área em circular mils é

$$A_{\text{CM}} = d_{\text{mil}}^2 \tag{2.16}$$

Uma listagem-padrão de fios de cobres nus é fornecida na Tabela 2.2, onde d é o diâmetro e R é a resistência para 1.000 pés. (Note que o diâmetro do fio diminui à medida que aumenta o número da bitola) Como você pode imaginar, as correntes máximas admissíveis são apenas uma regra geral. A indústria do aço utiliza um sistema de numeração diferente para suas bitolas (por exemplo, *U.S. Steel Wire Gauge*) de modo que os dados da Tabela 2.2 não se aplicam aos fios de aço. Veja a Figura 2.10 para diferentes tamanhos de fios. A fiação típica de residências é a AWG número 12 ou 14. Os fios de telefone são usualmente os de números 22, 24 ou 26. Os exemplos seguintes ilustram como usar a tabela.

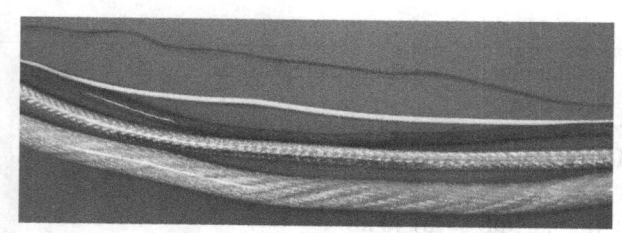

Figura 2.10
Fios isolados de diferentes bitolas.
© Sarhan M. Musa

---

* N. de T.: mil = milésimos de polegadas.
** N. de T.: sq mil = milésimos de polegada ao quadrado.

TABELA 2.2 Bitolas de fios no padrão americano (AWG) a uma temperatura de 20° C

AWG #	d(mil)	Área (CM)	R (Ω/1000 ft)	Máxima corrente suportada (A)
0000	460	211.600	0,0490	230
000	409,6	167.810	0,0618	200
00	364,8	133.080	0,0780	175
0	324,9	105.530	0,0983	150
1	289,3	83.694	0,1240	130
2	257,8	66.373	0,1563	115
3	229,4	52.634	0,1970	100
4	204,3	41.740	0,2485	85
5	181,9	33.102	0,3133	—
6	162	26.250	0,3951	65
7	144	20.820	0,4982	—
8	128,5	16.510	0,6282	50
9	114,4	13.090	0,7921	—
10	101,9	10.381	0,9989	30
11	90,74	8.234	1,260	—
12	80,81	6.530	1,588	20
13	71,96	5.178	2,003	—
14	64,08	4.107	2,525	15
15	57,07	3.257	3,184	
16	50,82	2.583	4,016	
17	45,26	2.048	5,064	
18	40,30	1.624	6,385	
19	35,89	1.288	8,051	
20	31,96	1.022	10,15	
21	28,46	810,10	12,80	
22	25,3	642,40	16,14	
23	22,6	509,5	20,36	
24	20,1	404,01	25,67	
25	17,9	320,40	32,37	
26	15,94	254,10	40,81	
27	14,2	201,50	51,57	
28	12,6	159,79	64,90	
29	11,26	126,72	81,83	
30	10,03	100,50	103,2	
31	8,928	79,70	130,1	
32	7,95	63,21	164,1	
33	7,08	50,13	206,9	
34	6,305	39,75	260,9	
35	5,6	31,52	329,0	
36	5	25	414,8	
37	4,5	19,83	523,1	
38	3,965	15,72	659,6	
39	3,531	12,47	831,8	
40	3,145	9,89	1049	

Exemplo 2.6

Calcule a resistência para um fio de cobre AWG #6 com 840 pés de comprimento.

Solução:
Da Tabela 2.2 a resistência para 1.000 pés de AWG #6 é 0,3951 Ω.
Então, para um comprimento de 840 pés,

$$R = 840 \text{ pés} \left(\frac{0,3951 \text{ } \Omega}{1000 \text{ pés}} \right) = 0,3319 \text{ } \Omega$$

Problema Prático 2.6

Encontre a resistência para um fio de cobre AWG #10 com 1.200 pés de comprimento.

Resposta: 199 Ω.

Exemplo 2.7

Encontre a área da seção transversal de um AWG #9 tendo um diâmetro de 114,4 mil.

$$A_{CM} = (114,4)^2 = 13.087 \text{ CM}$$

Problema Prático 2.7

Qual é a área da seção transversal em CM de um fio com diâmetro de 0,0036 pol.?

Resposta: 12,96 CM.

2.6 Tipos de resistores

Diferentes tipos de resistores foram criados para satisfazer diferentes finalidades. Alguns resistores são mostrados na Figura. 2.11. As funções primárias dos resistores são limitar corrente, dividir tensão e dissipar calor.

Um resistor possui valor fixo ou variável. A maioria dos resistores é do tipo fixo; ou seja, sua resistência se mantém constante. Os dois tipos comuns de resistores fixos (resistor de fio e compostos) são mostrados na Figura 2.12. Resistores de fio são usados quando há a necessidade de dissipar uma grande quantidade de calor, enquanto os resistores de compostos são usados quando

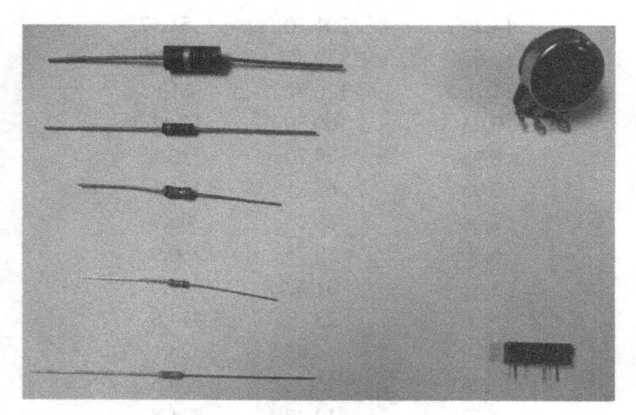

Figura 2.11
Diferentes tipos de resistores.
© Sarhan M. Musa

uma grande resistência é necessária. O circuito na Figura 2.1 é para um resistor fixo. Resistores variáveis possuem ajuste de resistência. O símbolo para o resistor variável é mostrado na Figura 2.13. Existem dois tipos principais de resistores variáveis: potenciômetro e reostato. O potenciômetro ou *pot* é um elemento de três terminais com um contato deslizante. Ao deslizar o contato, a resistência entre o contato deslizante e os terminais fixos varia. O potenciômetro é usado para ajustar a tensão fornecida para um circuito, como é mostrado na Figura 2.14. Um potenciômetro com esse ajuste é mostrado na Figura 2.15. O reostato é um dispositivo com dois ou três terminais que é usado para controlar a corrente em um circuito, como a Figura 2.16 apresenta. À medida que o reostato é ajustado para uma maior resistência, há um menor fluxo de corrente, e o motor desacelera e vice-versa. É possível usar o mesmo resistor variável como um potenciômetro ou um reostato, dependendo de como ele é conectado. Como os resistores fixos, os resistores variáveis podem ser tanto de fio quanto de compostos, conforme a Figura 2.17. Embora os resistores fixos mostrados na Figura 2.12 sejam utilizados em projetos de circuitos, hoje, a maioria dos componentes de circuitos (incluindo os resistores) ou é montada em superfície ou integrada, conforme a Figura 2.18. O processo de montagem SMT (*Surface Mount Technology*) está sendo utilizado para desenvolver tanto circuitos digitais quanto analógicos. Um resistor SMT é mostrado na Figura 2.19.

Deve ser salientado que nem todos os resistores obedecem à lei de Ohm. Um resistor que obedece à lei de Ohm é conhecido como um resistor linear. Ele possui uma resistência constante, e suas características de corrente-tensão são ilustradas na Figura 2.20(a); isto é, seu gráfico *V-I* é uma linha reta passando pela origem. Um resistor não linear não obedece à lei de Ohm. Sua resistência varia com a corrente e sua característica *V-I* é tipicamente mostrada na Figura 2.20(b). Exemplos de dispositivos com resistência não linear são

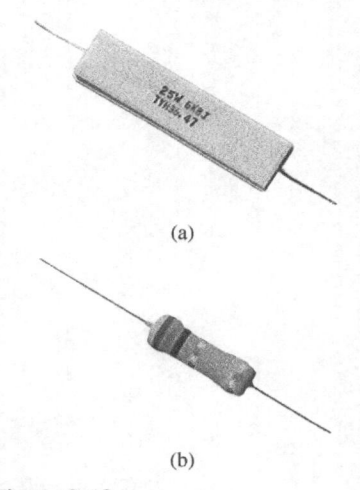

Figura 2.12
(a) Resistor de fio; (b) resistor de filme de carbono.
Cortesia da Tech America

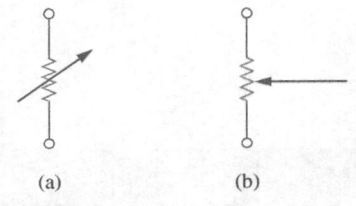

Figura 2.13
Símbolo de um resistor variável.

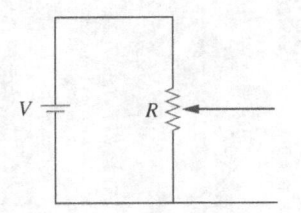

Figura 2.14
Resistor variável utilizado como um potenciômetro.

Figura 2.15
Potenciômetro com seus ajustadores.
© Sarhan M. Musa

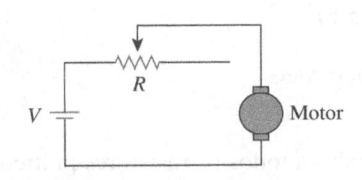

Figura 2.16
Resistor variável utilizado como reostato.

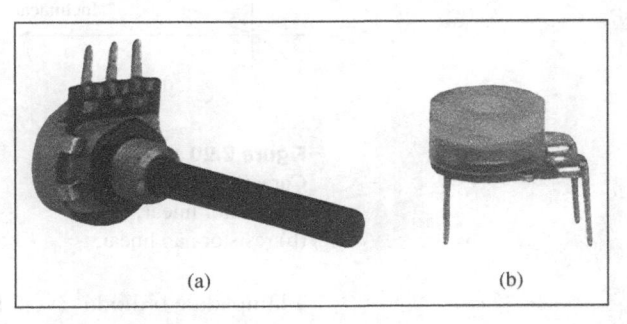

Figura 2.17
Resistores variáveis: (a) resistor de compostos; (b) pot deslizante.
Cortesia da Tech America

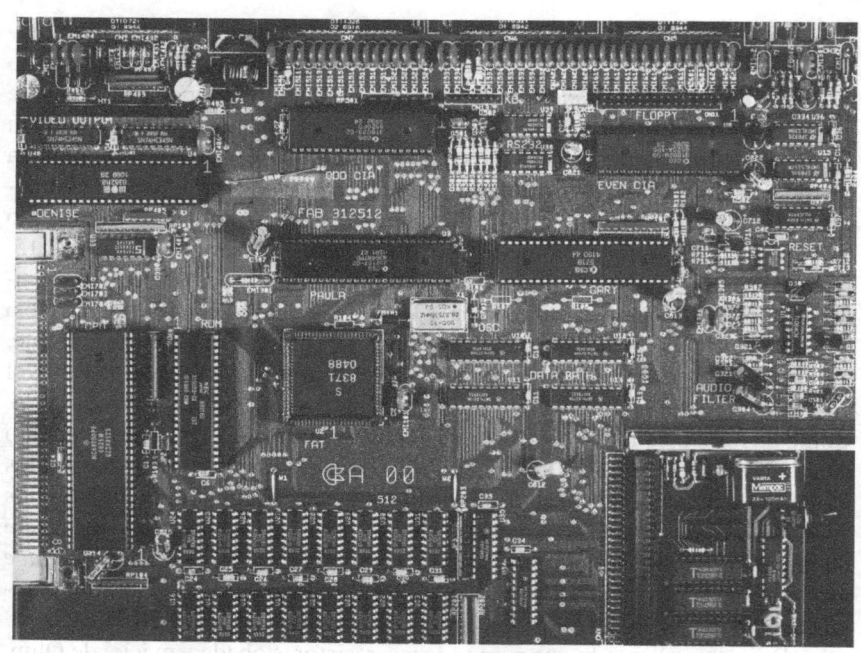

Figura 2.18
Resistor em uma placa de circuito integrado.
© Eric Tomey/Alamy RF

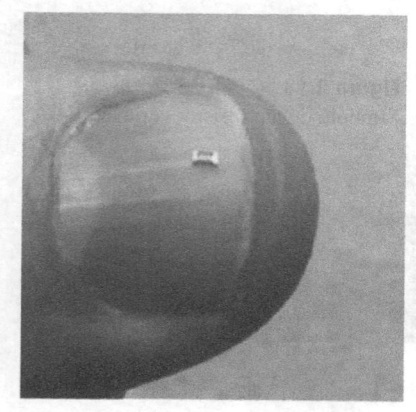

Figura 2.19
Resistor montado em superfície.
© Greg Ordy

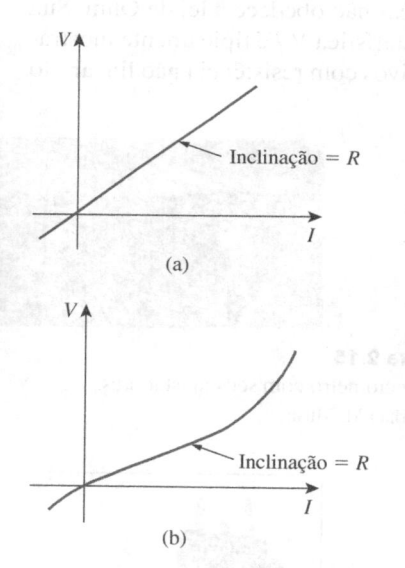

Figura 2.20
Características *V-I* de um
(a) resistor linear;
(b) resistor não linear.

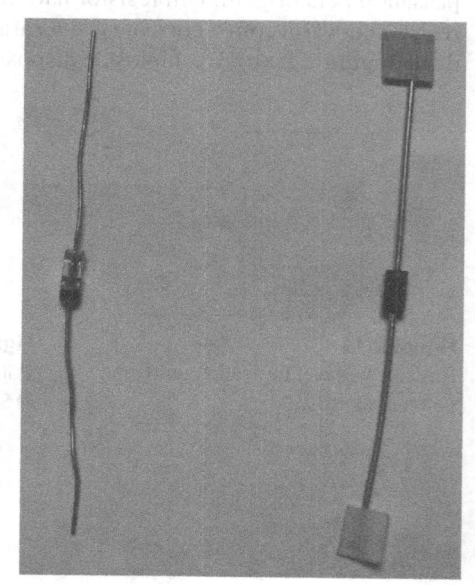

Figura 2.21
Diodos.
© Sarhan M. Musa

a lâmpada e o diodo[1] (veja Figura 2.21). Embora todos os resistores práticos possam apresentar um comportamento não linear sob certas condições, assu-

---

[1] Um diodo é um dispositivo semicondutor que atua como uma chave; ele permite que a carga/corrente flua em uma única direção.

mimos neste livro que todos os objetos na verdade designados como resistores são lineares.

2.7 Código de cores para resistores

Alguns resistores são fisicamente grandes o suficiente para ter seus valores impressos sobre eles. Outros, são muito pequenos para ter seus valores impressos sobre eles. Para tais resistores pequenos, o código de cores fornece um caminho para determinar o valar da resistência. Conforme mostra a Figura 2.22, o código de cores consiste em três, quatro ou cinco anéis de cores ao redor do resistor. As cores são ilustradas na Tabela 2.3 e explicadas a seguir:

A = valor do primeiro algarismo significativo para a resistência
B = valor do segundo algarismo significativo para a resistência
C = Valor do multiplicador da resistência
D = Porcentagem de tolerância (em %)
E = Fator de confiabilidade (em %)

Os anéis devem ser lidos da esquerda para direita.

Os primeiros três anéis (A, B e C) especificam o valor da resistência. Os anéis A e B representam o primeiro e o segundo dígito do valor da resistência. O anel C é usualmente dado como uma potência na base 10, conforme a Tabela 2.3. Se presente, o quarto anel (D) indica a porcentagem de tolerância. Por exemplo, 5% de tolerância indica que o valor atual da resistência está entre ± 5% do valor do código de cores. Quando o quarto anel não está presente, a tolerância é dada pelo valor-padrão de ± 20%. O quinto anel (E), se presente, é usado para indicar o fator de confiabilidade, que é um indicador estatístico para o número de componentes esperados que deixará de ter a resistência indicada após trabalhar durante 1.000 horas.

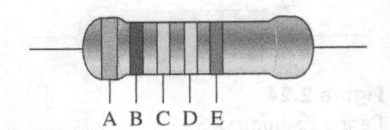

Figura 2.22
Código de cores dos resistores*.

* N. de E.: Para ver esta imagen colorida, acesse www.grupoa.com.br e procure pelo livro. Na página do livro, clique em Conteúdo online.

0	Preto
1	Marrom
2	Vermelho
3	Laranja
4	Amarelo
5	Verde
6	Azul
7	Violeta
8	Cinza
9	Branco

Figura 2.23
Código de cores.

TABELA 2.3 Código de cores dos resistores

Cor	A – primeiro dígito	B – segundo dígito	C – multiplicador	D – tolerância	E – confiabilidade
Preto	–	0	10^0		
Marrom	1	1	10^1		1%
Vermelho	2	2	10^2		0,1%
Laranja	3	3	10^3		0,01%
Amarelo	4	4	10^4		0,001%
Verde	5	5	10^5		
Azul	6	6	10^6		
Violeta	7	7	10^7		
Cinza	8	8	10^8		
Branco	9	9	10^9		
Ouro			0,1	5%	
Prata			0,01	10%	
Sem cor				20%	

Exemplo 2.8

Figura 2.24
Para o Exemplo 2.8.

Determine o valor da resistência cujo código de resistores é mostrado na Figura 2.24.

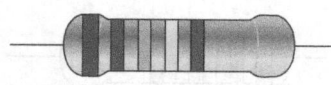

Solução:
O anel A é azul (6); o B é vermelho (2); o C é laranja (3); o D é dourado (5%); e o E é vermelho (0,1%). Então,

$$R = 62 \times 10^3 \, \Omega \pm 5\% \text{ de tolerância com confiabilidade de } 0,1\%$$
$$= 62 \, k\Omega \pm 3,1 k\Omega \text{ com confiabilidade de } 0,1\%$$

Isso significa que a resistência efetiva do código de cores do resistor estará entre 58,9 kΩ (62 − 3,1) kΩ e 65,1kΩ (62 + 3,1) kΩ. A confiabilidade de 0,1% indica que 1 em 1.000 irá sair da margem de tolerância após 1.000 horas de serviço.

Problema Prático 2.8

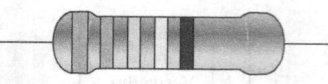

Figura 2.25
Para o Problema Prático 2.8

Qual é o valor da resistência, da tolerância e da confiabilidade para o código de cores do resistor mostrado na Figura 2.25?

Resposta: 3,3 MΩ ± 10% com confiabilidade de 1%.

Exemplo 2.9

Um resistor tem três anéis de cores somente – na ordem verde, preto e prata. Encontre o valor da resistência e a tolerância do resistor.

Solução:
O anel A é verde (5); o B é preto (0); e o C é prata (0,01).
Então,

$$R = 50 \times 0,01 = 0,5 \, \Omega$$

Pelo fato de o quarto anel estar ausente, a tolerância é, por padrão, 20%.

Problema Prático 2.9

Qual é o valor da resistência e tolerância do resistor que possui em ordem os seguintes anéis de cores: amarelo, violeta, branco e ouro?

Resposta: 47 GΩ ± 5%.

Exemplo 2.10

Uma companhia fabrica resistores de 5,4 kΩ com tolerância de 10%. Determine o código de cores do resistor.

Solução:

$$R = 5,4 \times 10^3 = 54 \times 10^2$$

Da Tabela 2.3, o verde representa 5; o amarelo =, 4; e o branco =, 10^2. A tolerância de 10% corresponde à prata. Então o código de cores para o resistor é:

Verde, amarelo, vermelho e prata.

Problema Prático 2.10

Se a companhia no Exemplo 2.10 produz resistores de 7,2 MΩ com tolerância de 5% e confiabilidade de 1%, qual será o código de cores do resistor?

Resposta: Violeta, vermelho, verde, ouro e marrom.

2.8 Valores padronizados de resistores

Alguém poderia esperar que os valores de resistência estivessem disponíveis comercialmente em todos os valores. Por razões práticas, isso não faria sentido. Somente um número limitado de valores de resistores está comercialmente disponível a um custo razoável. A lista dos valores normatizados de resistores é apresentada na Tabela 2.4. Esses são os valores-padrão que foram acordados para os resistores de compostos de carbono. Note que os valores variam de 0,1 Ω a 22 MΩ. Os resistores com 10% de tolerância são avaliados somente para os valores em negrito a preços razoáveis, resistores com 5% de tolerância são encontrados em todos os valores. Por exemplo, um resistor de 330 Ω pode ser encontrado em 5 ou em 10% de tolerância, enquanto um resistor de 110 kΩ é encontrado somente com 5% de tolerância.

Ao projetar um circuito, os valores calculados são raramente o padrão. Podemos selecionar os valores padronizados mais próximos ou combinar os valores normatizados. Na maioria dos casos, selecionar os valores mais próximos pode fornecer um desempenho adequado. Para facilitar os cálculos, a maioria dos valores de resistores utilizados neste livro é não normatizada.

2.9 Aplicações: Medições

Os resistores são frequentemente usados para modelos de dispositivos que convertem energia elétrica em calor ou em outras formas de energia. Tais disposi-

TABELA 2.4 Valores normatizados de resistores disponíveis comercialmente

Ohms (Ω)					Kilohms (kΩ)		Megohms (MΩ)	
0,10	**1,0**	**10**	**100**	**1000**	**10**	**100**	**1,0**	**10,0**
0,11	1,1	11	110	1100	11	110	1,1	11,0
0,12	**1,2**	**12**	**120**	**1200**	**12**	**120**	**1,2**	**12,0**
0,13	1,3	13	130	1300	13	130	1,3	13,0
0,15	**1,5**	**15**	**150**	**1500**	**15**	**150**	**1,5**	**15,0**
0,16	1,6	16	160	1600	16	160	1,6	16,0
0,18	**1,8**	**18**	**180**	**1800**	**18**	**180**	**1,8**	**18,0**
0,20	2,0	20	200	2000	20	200	2,0	20,0
0,22	**2,2**	**22**	**220**	**2200**	**22**	**220**	**2,2**	**22,0**
0,24	2,4	24	240	2400	24	240	2,4	
0,27	**2,7**	**27**	**270**	**2700**	**27**	**270**	**2,7**	
0,30	3,0	30	300	3000	30	300	3,0	
0,33	**3,3**	**33**	**330**	**3300**	**33**	**330**	**3,3**	
0,36	3,6	36	360	3600	36	360	3,6	
0,39	**3,9**	**39**	**390**	**3900**	**39**	**390**	**3,9**	
0,43	4,3	43	430	4300	43	430	4,3	
0,47	**4,7**	**47**	**470**	**4700**	**47**	**470**	**4,7**	
0,51	5,1	51	510	5100	51	510	5,1	
0,56	**5,6**	**56**	**560**	**5600**	**56**	**560**	**5,6**	
0,62	6,2	62	620	6200	62	620	6,2	
0,68	**6,8**	**68**	**680**	**6800**	**68**	**680**	**6,8**	
0,75	7,5	75	750	7500	75	750	7,5	
0,82	**8,2**	**82**	**820**	**8200**	**82**	**820**	**8,2**	
0,91	9,1	92	910	9100	91	910	9,1	

tivos incluem fios condutores, lâmpadas, aquecedores elétricos, fogões, fornos e alto-falantes. Também devido à sua natureza, os resistores são utilizados para controlar o fluxo de corrente. Essa propriedade é aproveitada em diversas aplicações, como no potenciômetro e nos medidores. Nesta seção, o amperímetro, o voltímetro e o ohmímetro são considerados medidores de corrente, tensão e resistência, respectivamente. Ser capaz de medir a corrente I, a tensão V e a resistência R é muito importante.

> O **voltímetro** é o instrumento usado para medir tensão; o **amperímetro** é o instrumento usado para medir corrente; e o **ohmímetro** é o instrumento usado para medir resistência.

É comum, atualmente, ter os três instrumentos combinados em um instrumento conhecido como *multímetro*, que pode ser analógico ou digital. Um medidor analógico é aquele que usa uma agulha e um medidor calibrado para exibir o valor medido; isto é, o valor da medida é indicado pelo ponteiro do medidor. Um medidor digital é aquele em que o valor da medida é mostrado sob a forma de um mostrador digital. Os medidores digitais são mais comumente usados hoje. Pelo fato de ambos os medidores digitais e analógicos serem usados na indústria, devemos estar familiarizados com ambos. A Figura 2.26 mostra um multímetro analógico típico (combinando voltímetro, amperímetros e ohmímetro) e um multímetro digital típico. O multímetro digital (DMM – *digital multimeter*) é o instrumento mais usado. Seu homólogo analógico é o volt-ohm--miliamperímetro (VOM).

Para medir tensão, conectamos o voltímetro/multímetro através do elemento para o qual a tensão é desejada, conforme mostrado na Figura 2.27. O voltímetro mede a tensão através da carga e, portanto, é ligado em paralelo[2] com o elemento.

Para medir corrente, conectamos o amperímetro/multímetro em série[3] com o elemento em teste, conforme mostrado na Figura 2.28. O medidor deve ser ligado de tal modo que a corrente entra pelo terminal positivo para obter uma

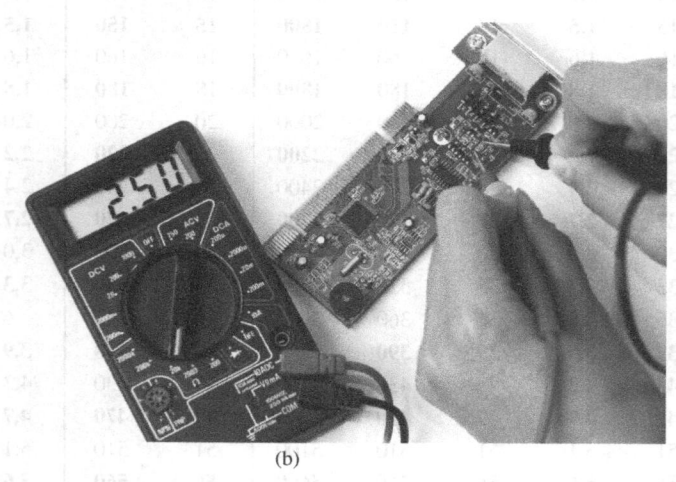

Figura 2.26
(a) Multímetro analógico; (b) Multímetro digital.
(a) © iStock; (b) © Oleksy Maksymenko/Alamy RF

---

[2] Dois elementos estão em paralelo se eles são conectados nos mesmos dois pontos.

[3] Dois elementos estão em série se eles estão em cascata ou ligados sequencialmente.

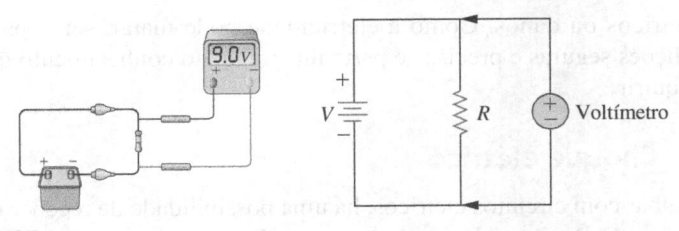

Figura 2.27
Medindo tensão.

leitura positiva. O circuito precisa ser aberto; isto é, o caminho de corrente deve ser interrompido de modo que a corrente flua através do amperímetro. (O amperímetro alicate é outro dispositivo para medir corrente CA.)

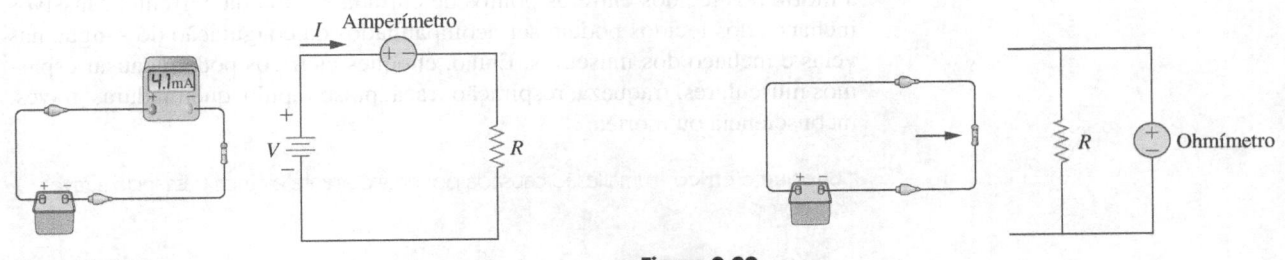

Figura 2.28
Medindo corrente.

Figura 2.29
Medindo resistência.

Para medir resistência de um elemento, conecte o ohmímetro/multímetro através dele, como mostrado na Figura 2.29. Se o elemento está conectado ao circuito, uma extremidade do elemento deve ser primeiramente desconectada do circuito antes de medir sua resistência. Devido à resistência de um fio não rompido ser zero, o ohmímetro pode ser usado para teste de continuidade. Se o fio possui um rompimento, o ohmímetro conectado através dele medirá infinito. Então, o ohmímetro pode ser usado para detectar um curto-circuito (baixa resistência) e um circuito aberto (alta resistência).

Ao trabalhar com qualquer dos medidores mencionados nesta seção, é uma boa prática observar o seguinte:

1. Se possível, desligue a energia do circuito antes de conectar o medidor.
2. Para evitar danos ao instrumento, o melhor é sempre definir o aparelho para maior escala e depois descer para o intervalo mais apropriado. (A maioria dos DMMs possui escala automática.)
3. Quando medir tensão e corrente CC, observe a polaridade adequada.
4. Quando usar um multímetro, certifique-se de que definiu o medidor no modo correto (CA, CC, V, A, Ω), incluindo a conexão das pontas de prova nos conectores apropriados.
5. Quando a medição estiver completa, desligue o medidor para evitar o consumo da bateria interna.

Esses aspectos levam à questão de segurança na medição elétrica.

2.10 Precauções de segurança elétrica

Agora que aprendemos como medir corrente, tensão e resistência é preciso termos cuidado quando lidamos com os instrumentos, de modo a evitar choques elétricos ou danos. Como a eletricidade pode matar, ser capaz de fazer medições seguras e precisas é parte integrante do conhecimento que você deve adquirir.

2.10.1 Choque elétrico

Ao trabalhar com circuitos elétricos, há uma possibilidade de receber um choque elétrico. O choque é devido à passagem de corrente através de seu corpo. Um choque elétrico pode assustá-lo e fazer com que você caia ou seja jogado no chão, causando rigorosas contrações dos músculos, que por sua vez podem resultar em fraturas, luxações e perda de consciência. O sistema respiratório pode ser paralisado e o coração pode bater de forma irregular ou até mesmo parar de bater completamente. Queimaduras elétricas podem estar presentes na pele e se estender para tecidos mais profundos. Altas correntes podem causar a morte dos tecidos entre os pontos de entrada e saída da corrente. Massivos inchaços dos tecidos podem ser acompanhados da coagulação do sangue nas veias e inchaço dos músculos. Então, choques elétricos podem causar espasmos musculares, fraqueza, respiração fraca, pulso rápido, queimaduras graves, inconsciência ou morte.

> **Choque elétrico** é uma lesão causada por uma corrente elétrica passando através do corpo.

O corpo humano tem resistência que depende de vários fatores, como a massa do corpo, a umidade da pele e os pontos de contato do corpo com o aparelho elétrico. O efeito para vários valores de corrente em miliamperes (mA) é mostrado na Tabela 2.5.

2.10.2 Precauções

Trabalhar com eletricidade pode ser perigoso a menos que você siga rigorosamente certas regras. As regras de segurança devem ser seguidas sempre que você estiver trabalhando com eletricidade:

- Certifique-se de que o circuito esteja desligado antes de começar a trabalhar com ele.
- Sempre desligue um aparelho ou lâmpada antes de repará-lo.
- Sempre coloque uma fita adesiva sobre o interruptor principal, soquete vazio do fusível ou disjuntor quando você estiver trabalhando. Deixe um bilhete para que ninguém ligue acidentalmente a eletricidade. Mantenha os fusíveis que você removeu em seu bolso.
- Manuseie as ferramentas de forma adequada e certifique-se de que o isolamento do metal esteja em bom estado.

TABELA 2.5 Choque elétrico

Corrente elétrica	Efeito fisiológico
Menor que 1 mA	Nenhuma sensação
1 mA	Sensação de formigamento
5 – 20 mA	Contração muscular involuntária
20 – 100 mA	Perda de respiração, fatal se contínuo

- Se medir *V* ou *I*, ligue a energia e registre a leitura. Se medir *R*, não ligue a energia.
- Não use roupas soltas. A roupa folgada pode ficar presa em algum aparelho.
- Sempre use calça comprida, camisa de manga comprida e sapato e mantenha-os secos.
- Não fique em um piso metálico ou úmido. (Eletricidade e água não é uma boa mistura).
- Verifique se há iluminação adequada em torno da área de trabalho.
- Não trabalhe usando anéis, relógios, pulseiras ou outras joias.
- Não trabalhe por conta própria.
- Descarregue qualquer capacitor que possa reter alta tensão.
- Trabalhar com apenas uma mão por vez em áreas onde a tensão possa ser elevada.

Proteger-se de lesão e dano é absolutamente necessário. Seguindo essas regras de segurança, podemos evitar choques e acidentes. Assim, a regra deve ser sempre "segurança em primeiro lugar".

2.11 Resumo

1. Um resistor é um elemento em que a tensão, *V*, sobre ele é diretamente proporcional à corrente, *I*, através dele. Ou seja, um resistor é um elemento que obedece a lei de Ohm.

$$V = IR$$

sendo *R* a resistência.

2. A resistência *R* de um objeto com área de seção transversal uniforme *A* é avaliada como a resistividade ρ vezes o comprimento ℓ dividido pela área da seção transversal *A*, isto é,

$$R = \frac{\rho \ell}{A}$$

3. Um curto-circuito é um resistor (um fio de condução perfeita) com resistência zero ($R = 0$). Um circuito aberto é um resistor com resistência infinita ($R = \infty$).

4. A condutância *G* de um resistor é o recíproco da resistência *R*:

$$G = \frac{1}{R}$$

5. Para um fio condutor, a área da seção transversal é medida em circular mils (CM). O diâmetro em mils está relacionado com a área em CM como

$$A_{CM} = d_{mil}^2$$

6. *American Wire Gauge* (escala americana normatizada) é um sistema-padrão para designação do diâmetro dos fios.

7. Há diferentes tipos de resistores: fixos ou variáveis, linear ou não linear. Potenciômetros ou reostatos são resistores variáveis que são usados para ajustar tensão e corrente, respectivamente. Os tipos comuns de resistores incluem os de compostos ou carbono, fio, chip, filmes e potência.

8. Um resistor possui código de cores quando ele não é fisicamente grande para ser impresso o valor numérico da resistência sobre ele.
9. Para os resistores de compostos de carbono, os valores normatizados são comercialmente disponíveis no intervalo de 0,1 Ω a 22 MΩ.
10. Tensão, corrente e resistência são medidas usando voltímetro, amperímetro e ohmímetro, respectivamente. Essas três grandezas são medidas utilizando um multímetro tal como um multímetro digital (DMM) ou um volt-ohm-miliamperímetro (VOM).
11. Segurança é tudo sobre prevenção de acidentes. Se seguirmos algumas precauções de segurança, não teremos problemas para trabalhar com circuitos elétricos.

Questões de revisão

2.1 Qual dos seguintes materiais não são condutores?

(a) Cobre   (b) Prata   (c) Mica
(d) Ouro   (e) Chumbo

2.2 A principal função do resistor em um circuito é:

(a) resistir a mudanças na corrente
(b) produzir calor
(c) aumentar a corrente
(d) limitar a corrente

2.3 Um elemento consome 10 A de uma linha de 120 V. A resistência do elemento é:

(a) 1.200 Ω   (b) 120 Ω
(c) 12 Ω   (d) 1,2 Ω

2.4 O recíproco da resistência é:

(a) tensão   (b) corrente
(c) condutância   (d) potência

2.5 Qual destas não é a unidade de condutância?

(a) Ohm   (b) Siemen
(c) Mho   (d) ℧

2.6 A condutância de um resistor de 10 mΩ é:

(a) 0,1 mS   (b) 0,1 S
(c) 10 S   (d) 100 S

2.7 Potenciômetros são tipos de:

(a) Resistores fixos   (b) Resistores variáveis
(c) Medidores   (d) Reguladores de tensão

2.8 Qual é a área em circular mils de um fio que tem um diâmetro de 0,03 pol.?

(a) 0,0009   (b) 9
(c) 90   (d) 900

2.9 Todos os resistores possuem código de cores.

(a) Verdadeiro   (b) Falso

2.10 Multímetros digitais (DMM) são o tipo de instrumento de medição mais utilizado.

(a) Verdadeiro   (b) Falso

Respostas: 2.1 c, 2.2 d, 2.3 c, 2.4 c, 2.5 a, 2.6 d, 2.7 b, 2.8 d, 2.9 b, 2.10 a.

Problemas

Seção 2.2 Resistência

2.1 Um fio de cobre de 250 m de comprimento tem um diâmetro de 2,2 mm. Calcule a resistência do fio.

2.2 Encontre o comprimento de um fio de cobre que tem uma resistência de 0,5 Ω e um diâmetro de 2 mm.

2.3 Uma barra de cobre quadrada (2 × 2 pol) tem 4 pés de comprimento. Encontre sua resistência.

2.4 Se um fogão elétrico tem uma potência de 1.200 W e consome uma corrente de 6 A, determine a sua resistência.

2.5 Um fio de nicromo ($\rho = 100 \times 10^{-8}$ Ωm) é usado para construção de elementos de aquecimento. Qual comprimento de um fio de 2 mm de diâmetro que irá produzir uma resistência de 1,2 Ω?

2.6 Um fio de alumínio de raio 3 mm tem uma resistência de 6 Ω. Qual o comprimento do fio?

2.7 Um cilindro de grafite com um diâmetro de 0,4 mm e um comprimento de 4 cm tem resistência de 2,1 Ω. Determine a resistividade do cilindro.

2.8 Certo fio condutor de 50 m de comprimento e diâmetro de 0,5 m tem resistência de 410 Ω à temperatura ambiente. Determine o material de que o fio é feito.

2.9 Se encurtarmos o comprimento de um condutor, por que o condutor diminui sua resistência?

2.10 Dois fios são feitos do mesmo material. O primeiro fio tem resistência de 0,2 Ω. O segundo fio tem o dobro do comprimento e um raio que é a metade do primeiro fio. Determine a resistência do segundo fio.

2.11 Dois fios têm a mesma resistência e comprimento. O primeiro fio é feito de cobre, enquanto o segundo é feito de alumínio. Encontre a razão entre a área da seção transversal do fio de cobre e o de alumínio.

2.12 Linhas de alta tensão são usadas para transmitir grande montante de potência em longas distâncias. Cabos de alumínio são preferidos em vez dos cabos de cobre devido ao baixo custo. Assumindo que o fio de alumínio usado para linhas de alta tensão tem uma área de seção transversal de $4,7 \times 10^{-4}$ m², encontre a resistência de 20 km desse fio.

Seção 2.3 Lei de Ohm

2.13 Qual dos gráficos na Fig. 2.30 representa a lei de Ohm?

2.14 Quando a tensão em um resistor é 60 V, a corrente através dele é 50 mA. Determine sua resistência.

2.15 A tensão em um resistor de 5 kΩ é 16 V. Encontre a corrente através do resistor.

2.16 Um resistor é conectado em uma bateria de 12 V. Calcule a corrente se o resistor tem:

(a) 2 kΩ (b) 6,2 kΩ

2.17 Um compressor de ar condicionado tem resistência de 6 Ω. Quando o compressor é conectado a uma fonte de 240 V, determine a corrente através do circuito.

2.18 Uma fonte de 12 V é conectada a uma lâmpada puramente resistiva e consome 3 A. Qual é a resistência da lâmpada?

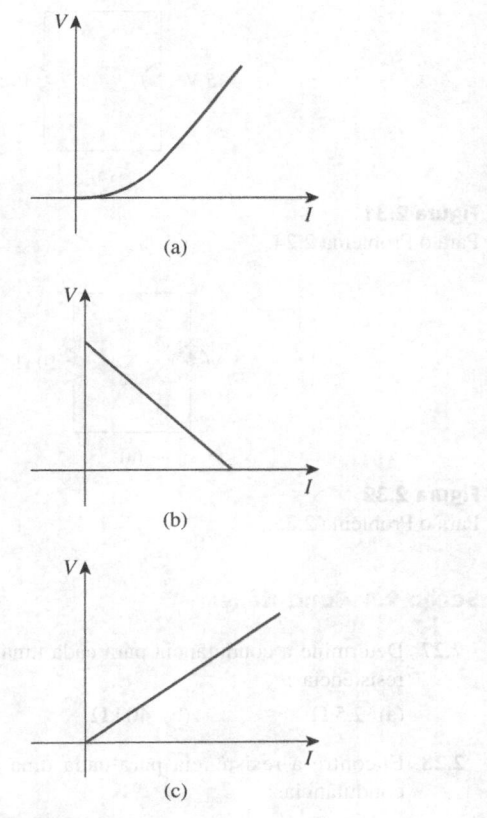

Figura 2.30
Para o Problema 2.13.

2.19 Se uma corrente de 30 μA flui através de um resistor de 5,4 MΩ, qual é a tensão?

2.20 Uma corrente de 2 mA flui através de um resistor de 25 Ω. Encontre a tensão nesse resistor.

2.21 Um elemento permite que uma corrente de 28 mA flua através dele quando uma bateria de 12 V é conectada em seus terminais. Calcule a resistência do elemento.

2.22 Encontre a tensão de uma fonte que produz uma corrente de 10 mA em um resistor de 50 Ω.

2.23 Um resistor não linear tem $I = 4 \times 10^{-2} V^2$. Encontre I para $V = 10$, 20 e 50 V.

2.24 Determine a magnitude e direção da corrente associada com cada resistor na Figura 2.31.

2.25 Determine a magnitude e polaridade da tensão no resistor em cada circuito da Figura 2.32.

2.26 Uma lanterna utiliza duas baterias de 3 V em série para fornecer uma corrente de 0,7 A no filamento. (a) Encontre a diferença de potencial na lâmpada da lanterna. (b) Calcule a resistência do filamento.

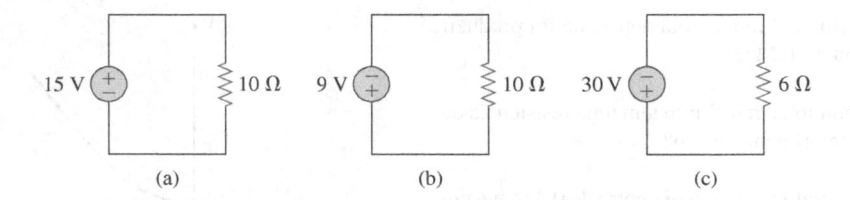

Figura 2.31
Para o Problema 2.24.

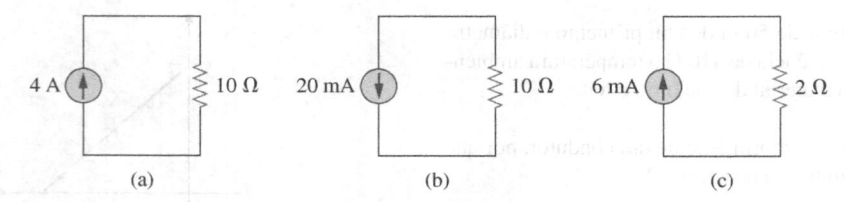

Figura 2.32
Para o Problema 2.25.

Seção 2.4 Condutância

2.27 Determine a condutância para cada uma das seguintes resistências:

(a) 2,5 Ω (b) 40 kΩ (c) 12 MΩ

2.28 Encontre a resistência para cada uma das seguintes condutâncias:

(a) 10 mS (b) 0,25 S (c) 50 S

2.29 Quando a tensão em um resistor é de 120 V, a corrente através dele é de 2,5 mA. Calcule sua condutância.

2.30 Uma haste de cobre tem 4 cm de comprimento e 500 mS de condutância. Encontre seu diâmetro.

2.31 Determine a tensão V da bateria no circuito mostrado na Figura 2.33.

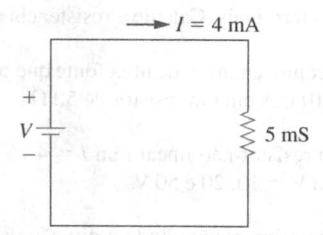

Figura 2.33
Para o Problema 2.31.

Seção 2.5 Fios circulares

2.32 Utilizando a Tabela 2.2, determine a resistência de um fio de cobre AWG #10 e #16 de 600 pés de comprimento.

2.33 A resistência de uma linha de transmissão de cobre não pode exceder 0,001 Ω, e a máxima corrente consumida pela carga é de 120 A. Qual cabo é apropriado? Assuma um comprimento de 10 pés.

2.34 Encontre o diâmetro em polegadas dos fios que possuem as seguintes áreas de seção transversal:

(a) 420 CM
(b) 980 CM

2.35 Calcule a área em circular mils dos seguintes condutores:

(a) fio condutor com diâmetro de 0,012 pol.
(b) Barra retangular com dimensões 0,2 pol. × 0,5 pol.

2.36 Qual corrente fluirá em um fio de cobre #16 com 1 mi de comprimento conectado a uma bateria de 1,5 V?

Seção 2.7 Código de cores para resistores

2.37 Encontre o valor da resistência tendo os seguintes códigos de cores:

(a) azul, vermelho, violeta, prata
(b) verde, preto, laranja, dourado

2.38 Determine a variação (em ohms) de um resistor, tendo os seguintes anéis de cores.

	Anel A	Anel B	Anel C	Anel D
(a)	Marrom	Violeta	Verde	Prata
(b)	Vermelho	Preto	Laranja	Dourado
(c)	Branco	Vermelho	Cinza	—

2.39 Determine o código de cores dos seguintes resistores com 5% de tolerância.

(a) 52 Ω (b) 320 Ω
(c) 6,8 kΩ (d) 3,2 kΩ

2.40 Encontre o código de cores dos seguintes resistores:

(a) 240 Ω (b) 45 kΩ (c) 5,6 MΩ

2.41 Para cada resistor no Problema 2.37 encontre a mínima e a máxima resistência dentro do limite de tolerância.

2.42 Determine o código de cores para os seguintes resistores:
(a) 10 Ω, 10% de tolerância
(b) 17,4 kΩ, 5% de tolerância
(c) 12 MΩ, 20% de tolerância

Seção 2.9 Aplicações: Medições

2.43 Qual o valor da tensão que o multímetro na Figura 2.34 está lendo?

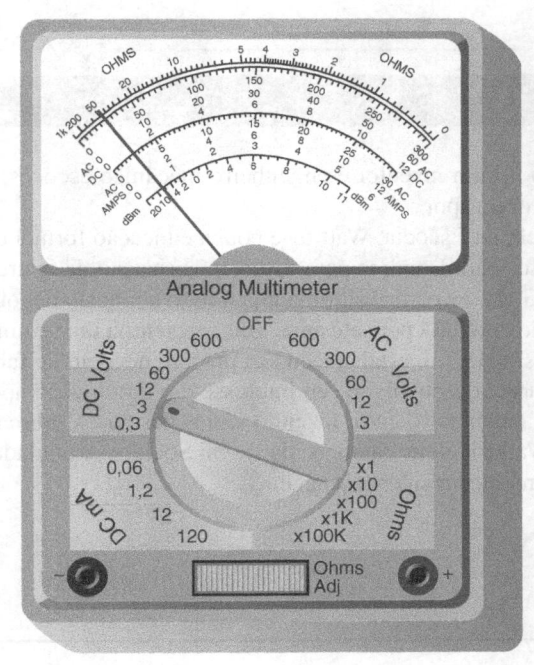

Figura 2.34
Para o Problema 2.43.

2.44 Determine a tensão lida pelo multímetro na Figura 2.35.

2.45 Você está supostamente checando se uma lâmpada está queimada ou não. Utilizando um ohmímetro, como você faria isso?

2.46 O que está errado com o esquema de medição na Figura 2.36?

2.47 Mostre como você colocaria um voltímetro para medir tensão no resistor R_1 da Figura 2.37.

2.48 Mostre como você colocaria um amperímetro para medir corrente no resistor R_2 da Figura 2.37.

2.49 Explique como se conectaria um ohmímetro para medir a resistência de R_2 da Fig. 2.37.

2.50 Como você usaria um ohmímetro para determinar o estado aberto ou fechado de uma chave?

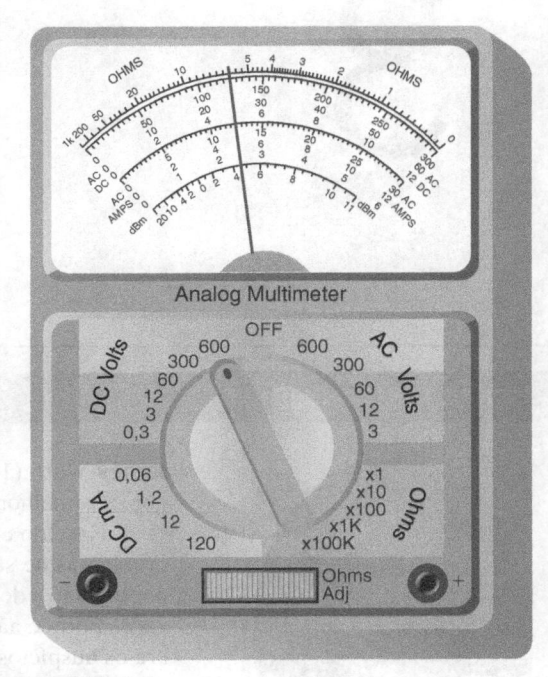

Figura 2.35
Para o Problema 2.44.

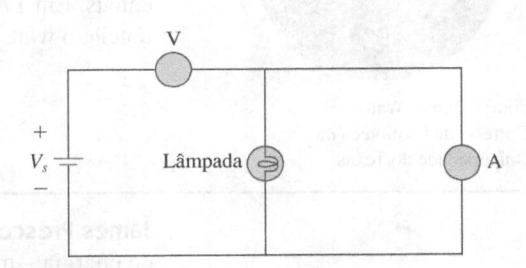

Figura 2.36
Para o Problema 2.46.

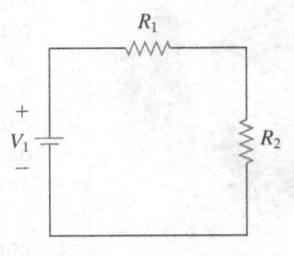

Figura 2.37
Para os Problemas 2.47, 2.48 e 2.49.

Seção 2.10 Precauções de segurança elétrica

2.51 Quais as causas de choque elétrico?

2.52 Mencione pelo menos quatro precauções de segurança que você tomaria ao realizar medições.

capítulo 3

Potência e energia

Ninguém pode fazer você se sentir inferior sem o seu consentimento.
— Eleanor Roosevelt

Perfis históricos

James Watt (1736-1819) foi um inventor e engenheiro mecânico escocês, famoso por suas melhorias no motor a vapor.

    Nascido em Greenock, na Escócia, Watt teve pouca educação formal devido a problemas de saúde. Ele foi para Londres para estudar fabricação de instrumentos por um ano e depois para Glasgow para abrir uma loja, mas o sindicato negou autorização porque não tinha sido aprendiz por sete anos. Ele apresentou um seminário sobre os auspícios da universidade. Lá, estabeleceu seu próprio negócio de fabricação de instrumentos e, mais tarde, desenvolveu seu interesse em motores a vapor. Watt foi também um renomado engenheiro civil, fazendo várias pesquisas sobre rotas de canais. Em 1785, James Watt foi eleito membro da Royal Society. A unidade de potência, o watt, é assim chamada em sua homenagem.

Foto de James Watt
Cortesia da Biblioteca da Universidade do Texas

James Prescott Joule (1818-1889), físico britânico, estabeleceu que várias formas de energia – mecânica, elétrica e calor – são basicamente iguais e podem ser mudadas de uma forma para outra.

    Nascido em Manchester, Inglaterra, filho de um próspero proprietário de cervejaria, Joule foi educado em casa. Ele foi enviado para Cambridge com 16 anos para estudar com o eminente químico inglês John Dalton. Na esperança de substituir os motores a vapor por motores elétricos, sua primeira pesquisa buscou melhorar a eficiência do motor elétrico. Ele estabeleceu a equivalência entre quantidade de calor e trabalho mecânico, o que levou à lei da conservação da energia (primeira lei da termodinâmica), que estabelece que a energia usada em uma forma transforma-se em outra e nunca é perdida. Seus experimentos levaram à lei de Joule, que descreve a quantidade de calor produzido em um condutor devido a uma corrente elétrica. A unidade internacional de energia, o joule, é assim chamada em sua homenagem.

Foto de James Prescott Joule
© National Bureau of Standards
Arquivos, cortesia AIP Emilio Segre
Arquivos visuais, E. Scott Barr

3.1 Introdução

No capítulo anterior, nosso principal interesse foi encontrar a resistência de um elemento. Introduzimos a lei de Ohm para esse fim. Neste capítulo, nosso principal interesse é calcular a potência e a energia (introduzida no Capítulo 1) e relacioná-las com circuitos elétricos.

Energia é uma quantidade que pode ser convertida em diferentes formas, incluindo a energia térmica, energia cinética, energia potencial e energia eletromagnética. É a capacidade de fazer trabalho. A maioria das energias conversíveis do mundo provém de combustíveis fósseis que são queimados para produzir calor, que é então usado como um meio de transferência para formas mecânicas ou outras, a fim de realizar uma tarefa. Potência é a taxa de fluxo de energia, ou a velocidade em que o trabalho é realizado.

Potência é a quantidade mais importante em empresas de energia elétrica e sistemas eletrônicos, pois tais sistemas envolvem a transmissão de energia de um ponto a outro. Além disso, todos os dispositivos elétricos industriais e domésticos – todos os ventiladores, motores, as lâmpadas, os ferros elétricos, televisores, computadores pessoais – têm uma potência nominal que indica a potência exigida pelo equipamento; exceder a potência pode causar danos permanentes a um dispositivo elétrico.

Começamos o capítulo definindo energia e potência e como calculá-las em um dado circuito elétrico. Introduziremos a convenção passiva do sinal para determinar o sinal da potência. Discutiremos a potência nominal dos resistores e a eficiência de conversão de energia dos dispositivos. Finalmente consideraremos duas aplicações: medida de potência utilizando o wattímetro e medida de energia utilizando um medidor watt-hora.

3.2 Potência e energia

Energia é a habilidade para fazer trabalho, ao mesmo tempo em que *potência* é a taxa de gasto de energia. Como mencionado na Seção 1.7, potência P e energia (ou trabalho) W são relacionadas como

$$P = \frac{W}{t} \quad (3.1)$$

ou

$$W = Pt \quad (3.2)$$

em que t é o tempo em segundo. Potência é medida em watts (em homenagem a James Watt) e energia é medida em joules (em homenagem a James Joule).

James Watt introduziu o hp (*horsepower*) como a unidade mecânica de potência. Embora o cavalo-vapor seja uma unidade de potência antiga, ele ainda é utilizado atualmente. A potência elétrica em watts (W) é relacionada com a potência mecânica em hp como

$$1 \text{ hp} = 746 \text{ W} \quad (3.3)$$

isto é, 1 hp é aproximadamente igual a 0,75 kW.

As concessionárias de energia cobram os clientes com base no montante de energia consumida. Como as concessionárias de energia lidam com grande quantidade de energia, em vez de usarem joules (ou watt-segundo) como unidade de energia, elas preferem usar watt-hora (Wh) ou quilowatt-hora (kWh). A partir da Equação (3.2),

$$\text{energia (watts-horas)} = \text{potência (watts)} \times \text{tempo (horas)} \qquad (3.4)$$

Exemplo 3.1

Um motor elétrico entrega 30 kJ de energia em 2 min. Qual é a potência em watts?

Solução:

$$P = \frac{W}{t} = \frac{30 \times 10^3 \text{ J}}{2 \times 60 \text{ s}} = 250 \text{ W}$$

Problema Prático 3.1

Determine a potência consumida quando 600 J de energia são gastos em 5 min.

Resposta: 2 W.

Exemplo 3.2

Quantos quilowatts-horas são consumidos por uma lâmpada de 250 W em 16 horas? Quanto custará a operação da lâmpada por esse tempo se o custo da eletricidade é 6,5 centavos/kWh?

Solução:

$$W = Pt = 250 \times 16 = 4000 \text{ Wh} = 4 \text{ kWh}$$

$$\text{Custo} = 4 \times 6{,}5 = 26 \text{ centavos}$$

Problema Prático 3.2

Se 480 watts são usados por 8 h, encontre a energia consumida em quilowatts-horas e o custo, considerando um valor de 8 centavos/kWh para eletricidade.

Resposta: 3,84 kWh, 31 centavos.

3.3 Potência em circuitos elétricos

Sempre lidamos com potência em circuitos elétricos. Em termos de corrente I e tensão V, a Equação (3.1) pode ser escrita como

$$P = \frac{W}{t} = \frac{WQ}{Qt} = VI$$

ou

$$P = VI \qquad (3.5)$$

Se agora incorporarmos a lei de Ohm ($V = IR$), podemos expressar a Equação (3.5) em termos dos valores dos circuitos. Substituindo $V = IR$ na Equação (3.5), temos

$$P = VI = (IR)I$$

ou

$$P = I^2 R \quad (3.6)$$

Substituindo $I = V/R$ na Equação (3.5), resulta em

$$P = VI = V\left(\frac{V}{R}\right)$$

isto é,

$$P = \frac{V^2}{R} \quad (3.7)$$

Observe que as fórmulas nas Equações (3.5), (3.6) e (3.7) são conhecidas como lei de Watt e são expressões equivalentes para encontrar potência dissipada em um resistor. Qual fórmula é utilizada depende da informação que você tem. Os quatros valores I, V, P e R estão relacionados conforme mostra a Figura 3.1. O termo em cada quadrante do círculo interior é igual a cada uma das três fórmulas em cada quadrante do círculo exterior. Assim, com V, por exemplo, pode ser encontrado $V = IR$, $V = P/I$ ou $V = \sqrt{PR}$.

A potência pode ser entregue ou absorvida dependendo da polaridade da tensão e direção da corrente. Toda potência entregue a um resistor é absorvida e dissipada em forma de calor.

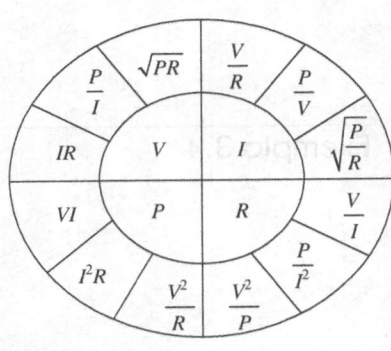

Figura 3.1
Relações entre V, I, P e R.

Determine a potência em cada circuito mostrado na Figura 3.2.

Exemplo 3.3

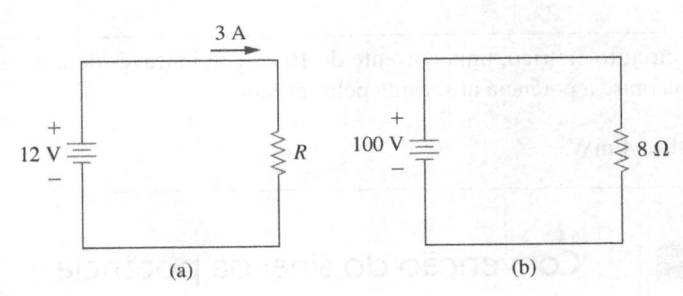

Figura 3.2
Para o Exemplo 3.3.

Solução:
(a) Para o circuito na Figura 3.2 (a),

$$P = VI = (12)(3) = 36 \text{ W}$$

(b) Para o circuito na Figura 3.2 (b),

$$P = \frac{V^2}{R} = \frac{(100)^2}{8} = 1{,}25 \text{ kW}$$

Calcule a potência em cada circuito mostrado na Figura 3.3.

Problema Prático 3.3

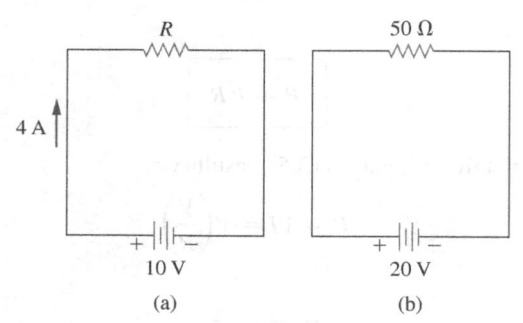

Figura 3.3
Para o Problema Prático 3.3.

Resposta: (a) 40 W (b) 8 W.

Exemplo 3.4

Encontre a máxima corrente admissível que pode fluir através de um resistor de 6 kΩ e 4 W sem exceder sua capacidade.

Solução:
Podemos rescrever a Equação (3.6) como

$$P = I^2R \longrightarrow I = \sqrt{\frac{P}{R}}$$

A máxima corrente é

$$I = \sqrt{\frac{4}{6 \times 10^3}} = 25{,}82 \text{ mA}$$

Problema Prático 3.4

Em um circuito elétrico, uma corrente de 10 mA flui através de um resistor de 40 Ω. Encontre a potência absorvida pelo resistor.

Resposta: 4 mW.

3.4 Convenção do sinal da potência

A direção da corrente e a polaridade da tensão desempenham um papel importante na determinação do sinal da potência. Portanto, é importante que prestemos atenção na relação entre a corrente I e a tensão V na Figura 3.4(a). A polaridade da tensão e a direção da corrente devem estar em conformidade com aqueles mostrados na Figura 3.4(a) para a potência ter sinal positivo. Isso é conhecido como *convenção passiva do sinal*. Pela convenção passiva do sinal, a corrente entra pela polaridade positiva da tensão. Nesse caso, $P = +VI$ ou $VI > 0$ implica que o elemento está absorvendo potência. Contudo, se $P = -VI$ ou $VI < 0$, como na Figura 3.4(b), o elemento está liberando ou fornecendo potência. Assim,

convenção passiva do sinal é satisfeita quando a corrente entra pelo terminal positivo do elemento e $P = +VI$. Caso contrário, $P = -VI$.

Figura 3.4
Polaridade de referência para potência usando a convenção passiva do sinal: (a) absorvendo potência; (b) fornecendo potência.

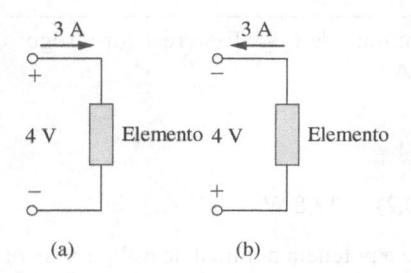

Figura 3.5
Dois casos de um elemento absorvendo uma potência de 12 W:
(a) $P = 4 \times 3 = 12$ W;
(b) $P = (-4) \times (-3) = 12$ W.

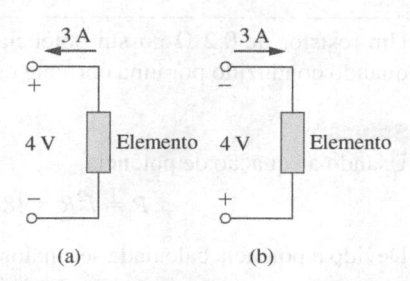

Figura 3.6
Dois casos de um elemento fornecendo uma potência de 12 W:
(a) $P = 4 \times (-3) = -12$ W;
(b) $P = 4 \times (-3) = -12$ W.

Salvo disposição em contrário, a convenção passiva do sinal será seguida ao longo deste livro.

Por exemplo, o elemento nos dois circuitos da Figura 3.5 está absorvendo uma potência de $+12$ W porque a corrente positiva entra pelo terminal positivo da tensão em ambos os casos. Na Figura 3.6, entretanto, o elemento está fornecendo uma potência de -12 W porque a corrente positiva está entrando pelo terminal negativo da tensão. Naturalmente, uma absorção de potência de $+12$ W é equivalente a fornecer uma potência de -12 W. Em geral,

$$\boxed{\text{Potência absorvida} = -\text{Potência fornecida}} \qquad (3.8)$$

3.5 Potência nominal de um resistor

Além da especificação do valor da resistência do resistor, sua potência nominal é usualmente especificada[1]. Por essa razão, resistores são classificados em watts, especificando a potência nominal.

> A **potência nominal** de um resistor é a potência máxima que ele pode dissipar sem que se torne demasiadamente quente ou possa danificá-lo.

Um resistor deve ter uma potência nominal alta o bastante para dissipar a potência produzida pela corrente que flui através dele sem ficar muito quente. A potência nominal de um resistor não depende da sua resistência, mas de seu tamanho físico. Quanto maior o tamanho físico de qualquer resistor, maior é o valor nominal da potência. Isso é verdade porque uma superfície maior irradia mais facilmente uma grande quantidade de calor. Resistores de mesmo valor de resistência são avaliados em diferentes valores de potência. Resistores de carbono, por exemplo, são comumente produzidos em potências de $\frac{1}{8}, \frac{1}{4}, \frac{1}{2}$, 1 e 2 W. Os tamanhos relativos dos resistores para diferentes potências nominais são mostrados na Figura 3.7. Como é evidente na Figura 3.7, um maior tamanho físico indica uma maior potência. Além disso, resistores de maior potência podem operar em altas temperaturas quando dissipam uma potência menor do que sua especificação. Se resistores com potência nominal maior que 5 W são necessários, resistores de fio são frequentemente usados. Resistores de fios são produzidos com potência nominal entre 5 e 200 W.

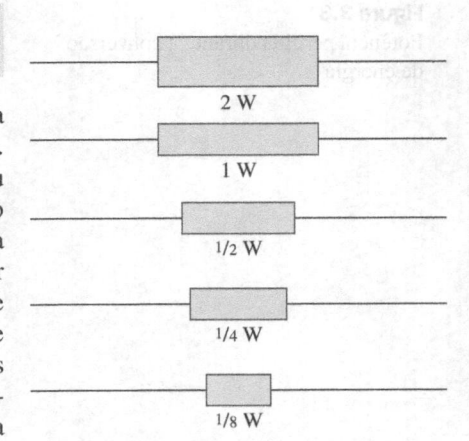

Figura 3.7
Resistores de filmes metálicos com potência nominal-padrão de $\frac{1}{8}$ W, $\frac{1}{4}$ W, $\frac{1}{2}$ W, 1 W e 2 W.

---

[1] Em geral, componentes elétricos são fornecidos em uma determinada potência nominal.

Exemplo 3.5

Um resistor de 0,2 Ω possui potência nominal de 6 W. Esse resistor é seguro quando conduzido por uma corrente de 8 A?

Solução:
Usando a equação de potência,

$$P = I^2 R = (8)^2 (0,2) = 12,8 \text{ W}$$

Devido à potência calculada ser maior que a potência nominal de 6 W, o resistor vai superaquecer e provavelmente será danificado.

Problema Prático 3.5

Calcule a máxima corrente permitida que flui em um resistor de 54 Ω e 4 W.

Resposta: 272 mA.

3.6 Eficiência

A eficiência de um dispositivo ou circuito é um meio de comparar a sua saída útil com sua entrada. A lei da conservação de energia estabelece que a energia não pode ser criada nem destruída, mas pode ser convertida de uma forma para outra. Exemplos dessa lei são encontrados na conversão de energia elétrica em térmica (ou calor) por um resistor e conversão de energia elétrica em mecânica por um motor elétrico. No processo de conversão de energia, parte da energia é convertida em uma forma que não é útil; referimo-nos a essa energia como perdida. Isso reduz a eficiência do sistema.

Eficiência é a razão entre a potência útil de saída e a potência total de entrada.

O montante de energia de entrada que um dispositivo pode converter em energia útil é a eficiência, representada pela letra grega eta (η). No processo de conversão de energia, parte da energia ou potência é perdida como mostrado na Figura 3.8.

$$P_{\text{entrada}} = P_{\text{saída}} + P_{\text{perdida}} \tag{3.9}$$

A eficiência de um dispositivo ou circuito é a razão entre a potência de saída $P_{\text{saída}}$ em relação à potência de entrada P_{entrada}.

A eficiência η pode ser expressa em termos de potência e energia (é sempre menor que 1 ou menor que 100%.) Em termos de potência

$$\eta = \frac{P_{\text{saída}}}{P_{\text{entrada}}} \times 100\% \tag{3.10}$$

Em termos de energia,

$$\eta = \frac{W_{\text{saída}}}{W_{\text{entrada}}} \times 100\% \tag{3.11}$$

Observe que as duas relações nas Equações (3.10) e (3.11) são as mesmas, porque $W = Pt$.

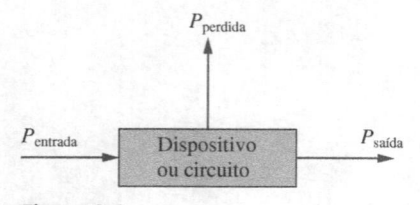

Figura 3.8
Potência perdida durante a conversão de energia.

Exemplo 3.6

Determine a eficiência de um motor a 110 V que consome 15 A e desenvolve uma potência de saída de 1,8 hp. Qual potência é perdida? (1 hp = 746 W)

Solução:

$$P_{entrada} = VI = 110 \times 15 = 1650 \text{ W}$$

$$P_{saída} = 1,8 \times 746 = 1342,8 \text{ W}$$

$$\eta = \frac{P_{saída}}{P_{entrada}} \times 100\% = \frac{1342,8}{1650} \times 100\% = 81,38\%$$

$$P_{perdida} = P_{entrada} - P_{saída} = 1650 - 1342,8 = 307,2 \text{ W}$$

Problema Prático 3.6

A potência de entrada de um motor é 3.260 W, enquanto sua potência de saída é 2.450 W. Calcule a eficiência do motor.

Resposta: 75,15%.

Exemplo 3.7

Um motor elétrico desenvolve uma potência mecânica de 20 hp com 88% de eficiência. Encontre sua potência elétrica de entrada.

Solução:

$$P_{saída} = 20 \times 746 = 14.920 \text{ W}$$

$$P_{entrada} = \frac{P_{saída}}{\eta} = \frac{14.920}{0,88} = 16.955 \text{ W} = 16,955 \text{ kW}$$

Problema Prático 3.7

Determine a potência de saída de um motor elétrico que consome 8 A de uma fonte de 220 V e é 85% eficiente. Qual potência é perdida?

Resposta: 1,496 kW, 264 W

3.7 Fusíveis, disjuntores e GFCIS*

Como sabemos, a potência dissipada em uma resistência R varia com o quadrado da corrente I, isto é, $P = I^2R$. Dobrando a corrente faz com que a potência aumente quatro vezes. Esse aumento na potência é acompanhado pelo incremento na temperatura do resistor. Pela mesma razão, os condutores em um prédio podem ficar quentes o suficiente para aquecer ou mesmo inflamar os materiais estruturais e causar fumaça ou fogo. Então, alguns dispositivos de proteção são necessários para prevenir circuitos da sobrecorrente. Os dispositivos de proteção asseguram que a corrente através da linha não exceda o valor nominal.

> O **fusível** é um dispositivo elétrico que pode interromper o fluxo da corrente elétrica quando o valor de corrente é excedido.

Os fusíveis protegem alguns dispositivos elétricos e eletrônicos em sua casa ou em seu carro. A Figura 3.9 mostra alguns fusíveis elétricos. No caso de um surto de potência, um fusível fundirá de modo que a eletricidade extra não atinja o dispositivo. Um bom fusível é quase um curto-circuito com 0 Ω, ou uma pequena fração de um ohm, enquanto um fusível fundido é um circuito aberto e

Figura 3.9
Fusíveis elétricos.
©Steve Cole/Getty RF

---

* N. de T.: Os GFCIS não são padronizados no Brasil, porém foram considerados para manter a integridade do texto original.

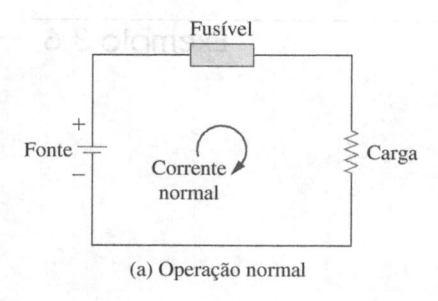

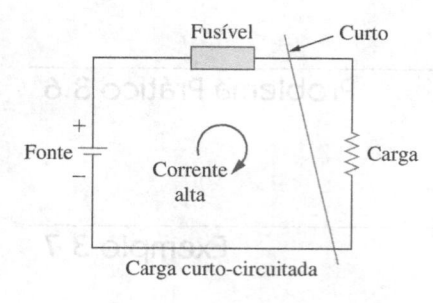

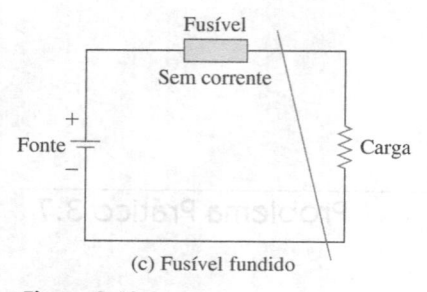

Figura 3.10
Usando um fusível para proteger uma carga.

(a) Operação normal
(b) Carga curto-circuitada
(c) Fusível fundido

Figura 3.11
Um quadro de distribuição com disjuntores.
© Tetra Images/Getty RF

possui resistência infinita quando lido por um ohmímetro. A Figura 3.10 mostra como um fusível protege um circuito. Durante a operação normal de um circuito, como na Figura 3.10(a), a corrente através do fusível não é alta o bastante para fundi-lo. Quando a carga é curto-circuitada, como mostrado na Figura 3.10(b), a alta corrente através do fusível causa a sua fundição. Consequentemente, não passa corrente através da carga e esta é protegida, conforme mostrado na Figura 3.10(c). Fusíveis são classificados de acordo com o montante de corrente que eles podem manejar. Quanto mais fino o elemento condutor em um fusível menor será a corrente suportada. Por exemplo, fusíveis automotivos estão geralmente na faixa de 10 e 30 A.

Nos últimos anos, fusíveis estão sendo substituídos por disjuntores. A função de um disjuntor é, como o fusível, bloquear um caminho do circuito quando um predeterminado valor de corrente é passado através dele. A maior diferença entre um fusível e um disjuntor é esta: quando o fusível é fundido, a falha que causou isso precisa ser corrigida, e o fusível deve ser trocado por outro de mesmo valor; enquanto um disjuntor é aberto, ele pode ser simplesmente religado para ser usado novamente. Um quadro típico de distribuição de energia residencial que contém vários disjuntores é mostrado na Figura 3.11. Um disjuntor tem uma mola que expande com o calor e abre o circuito quando a corrente excede um limite. Um disjuntor desarmado é religado empurrando sua chave. Há também disjuntores automáticos que se religam depois que eles esfriam.

> Um **interruptor de corrente de fuga para terra** (GFCI – ground fault circuit interrupter) é um dispositivo de ação rápida, como o disjuntor, que desliga o circuito associado se houver uma fuga de corrente para terra.

Um aterramento elétrico é um caminho de retorno comum para corrente elétrica. Como mostrado na Figura 3.12, qualquer aparelho elétrico deve ser aterrado para haver segurança. Um interruptor de corrente de fuga para terra é um dispositivo elétrico que protege pessoas através da detecção de fuga para terra potencialmente perigosas e rapidamente desconecta o circuito da fonte de energia. Fusíveis e disjuntores protegem dispositivos ou circuitos de uma sobrecarga mas eles não protegem pessoas de receber um choque. O GFCI, por outro lado, pode proteger uma pessoa de choques ou ser eletrocutada. Os GFCIs são encontrados em casas mais novas, normalmente em cozinhas, banheiros, lavanderias, garagens e tomadas externas, onde o risco de choque elétrico é grande.

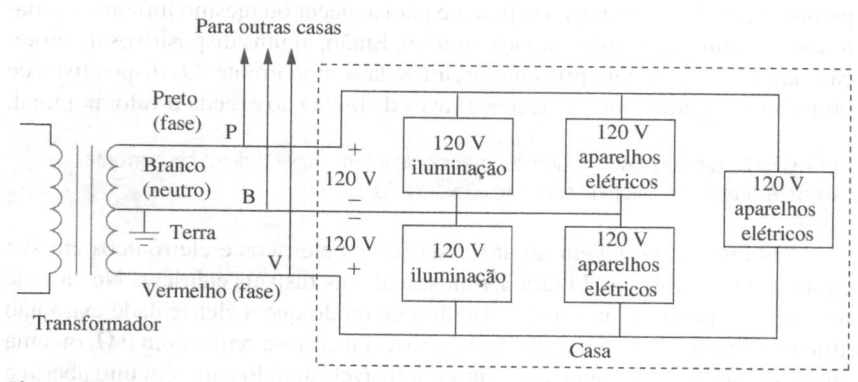

Figura 3.12
Fiação residencial a três fios.

Algumas vezes o GFCI é instalado no quadro de disjuntor principal, assim protege todo o edifício de fugas para terra. Há vários tipos de GFCIs: um típico é mostrado na Figura 3.13. Um GFCI funciona comparando o montante de corrente elétrica entrando no circuito (condutor preto) com o montante saindo do mesmo (condutor neutro ou branco). Se mais corrente entra pelo circuito pelo condutor vermelho do que deixa pelo condutor neutro, há corrente de fuga para terra. O GFCI é capaz de detectar uma fuga tão pequena como 5 mA e pode desligar o circuito dentro de 0,0025 s (25 ms), ajudando a prevenir sérios choques elétricos. Você deveria seriamente considerar a adição de GFCIs a qualquer circuito com perigo de choque. Um GFCI dever ser previsto em cada local onde alguém pode se ferir ou o ambiente possa ser úmido ou molhado. Uma pessoa pode inadvertidamente completar o circuito com a terra entrando em contato com o condutor vermelho ou preto em um dispositivo em contato com a terra, incluindo o pé em alguns lugares molhados ou úmidos.

Figura 3.13
Um típico interruptor de corrente de fuga para terra.
© TRBfoto/Getty RF

3.8 †Aplicações: Wattímetro e medidor watt-hora

Nesta seção, consideraremos duas importantes aplicações: como a potência é medida e como a energia que você consome é medida pelas companhias de energia.

3.8.1 Wattímetro

Potência elétrica é medida pelo wattímetro, mostrado na Figura 3.14. O wattímetro basicamente consiste em duas bobinas: uma bobina de corrente e uma bobina de tensão. Devido ao fato de definirmos a potência como produto entre a tensão e a corrente, qualquer medidor projetado para medir potência deve levar em conta tanto a tensão como a corrente. Wattímetros são frequentemente projetados tendo como base o movimento de medidores dinamômetros, que empregam ao mesmo tempo as bobinas de tensão e a corrente para mover a agulha, como ilustrado na Figura 3.15, a bobina medidora de corrente na horizontal e a bobina medidora de tensão na vertical. A força de movimento de um wattímetro vem do campo de sua bobina de corrente e do campo de sua bobina de tensão. A força que atua sobre a bobina móvel em qualquer instante (tendendo a movê-la) é proporcional ao produto dos valores instantâneos de corrente e tensão. Embora existam wattímetros digitais, a maior parte dos wattímetros em uso é analógica. Recente ênfase na conservação de energia resultou na disponibilidade do wattímetro digital de pequeno porte, que é conectado na tomada de parede, e o aparelho que se deseja medir é então ligado ao wattímetro.

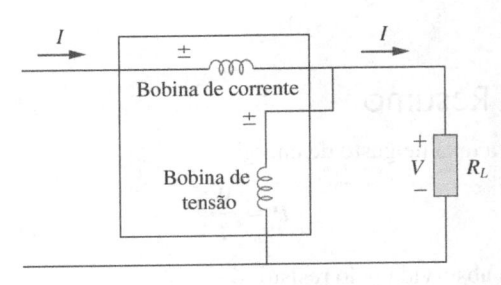

Figura 3.15
Um wattímetro conectado a uma carga.

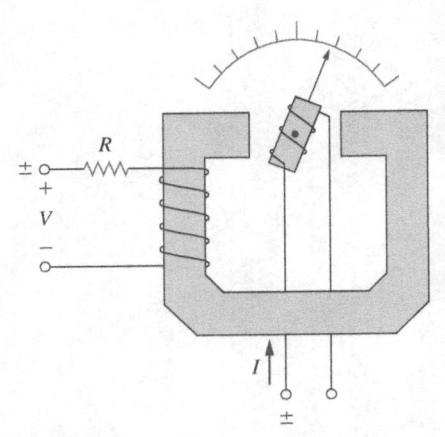

Figura 3.14
Um wattímetro analógico.

Figura 3.16
Medidor típico de watt-hora.
© Comstok Images/Jupiterimages RF

3.8.2 Medidor watt-hora

O medidor watt-hora é um instrumento para medir energia. Devido à energia ser o produto da potência no tempo. O medidor watt-hora precisa levar em consideração a potência e o tempo. Esse instrumento é projetado para medir o quilowatt-hora acumulado em qualquer sistema elétrico. Ele consiste em um motor cujo torque é proporcional à corrente fluindo através dele e em um registrador para contar o número de voltas que o motor faz. Um medidor típico de watt-hora é mostrado na Figura 3.16, nesse caso, o medidor a cinco mostradores. O ponteiro do mostrador da direita registra 1 kWh (ou 1.000 watts-horas) para cada divisão de escala. Uma revolução completa nesse ponteiro irá mover o ponteiro do segundo mostrador em uma divisão e registrar 10 kWh. Uma revolução completa no ponteiro do segundo mostrador irá mover o ponteiro do terceiro mostrador em uma divisão e registrar 100 kWh, e assim por diante. As concessionárias de energia cobram com base na diferença entra a medida passada e atual do medidor watt-hora. Muitos medidores watt-hora modernos possuem *display* digital.

Nos dias atuais de sistemas de comunicação avançados, medidores inteligentes são usados para ler a potência consumida. Um medidor inteligente é geralmente um medidor elétrico que identifica o consumo com mais detalhes (como o tempo de uso) do que um medidor convencional e comunica essa informação através de alguma rede para a concessionária de energia local para efeitos de controle e faturamento. Medidores inteligentes são sistemas de comunicação que podem capturar e transmitir informações sobre o uso de energia quando ele ocorre e permitir que consumidores mantenham um melhor controle do seu uso de energia.

3.9 Resumo

1. Potência é a taxa de gasto de energia.

$$P = \frac{W}{t}$$

2. A potência absorvida pelo resistor é

$$P = VI$$

ou
$$P = I^2R$$
ou
$$P = \frac{V^2}{R}$$

3. O hp é uma unidade ainda usada atualmente.

$$1\ hp = 746\ W$$

4. De acordo com a convenção passiva do sinal, a potência possui sinal positivo quando a corrente entra pela polaridade positiva da tensão de um elemento.

5. A potência nominal de um resistor indica a máxima potência que o resistor pode dissipar em sua condição normal de operação.

6. A eficiência η de um dispositivo é a relação entre sua saída útil de potência e sua entrada de potência.

$$\eta = \frac{P_{saída}}{P_{entrada}} \times 100\%$$

7. Fusíveis, disjuntores e GFCIs são dispositivos de proteção que são deliberadamente usados para criar um circuito aberto quando a corrente através deles excede um valor predeterminado durante um mau funcionamento de um circuito. Enquanto fusíveis e disjuntores protegem somente dispositivos, o GFCI também protege os usuários.

8. Potência é medida usando o wattímetro, enquanto energia é medida usando o medidor watt-hora.

Questões de revisão

3.1 Qual quantidade é definida como a taxa na qual a energia é utilizada?
(a) Calor (b) Tensão
(c) Corrente (d) Potência

3.2 A potência em um resistor é o produto da corrente pela tensão.
(a) Verdadeiro (b) Falso

3.3 Um aquecedor elétrico consome 2 A de uma fonte de 110 V, assim, a potência absorvida pelo aquecedor é:
(a) 220 W (b) 55 V
(c) 27,5 W (d) 18,18 mW

3.4 Um hp é igual a aproximadamente ¾ kW.
(a) Verdadeiro (b) Falso

3.5 Qual dos seguintes não é uma unidade de energia?
(a) Joule (b) Watt
(c) Watt-segundo (d) Quilowatt-hora

3.6 Quando a corrente flui através de um resistor, a energia elétrica é convertida em energia térmica.
(a) Verdadeiro (b) Falso

3.7 Qual é a energia usada por uma lâmpada de 60 W em 10 h?
(a) 6 J (b) 600 J
(c) 0,6 kWh (d) 6 kWh

3.8 Um motor particular desenvolve 2 hp de potência mecânica para uma entrada de 3 hp. Qual é a eficiência do motor?
(a) 33,33 % (b) 50 %
(c) 66,67 % (d) 120 %

3.9 É possível atingir uma eficiência de 120 %.
(a) Verdadeiro (b) Falso

3.10 Um instrumento projetado para medir energia é chamado de:
(a) Voltímetro
(b) Medidor de energia
(c) Wattímetro
(d) Medidor watt-hora

Respostas: 3.1 d, 3.2 a, 3.3 a, 3.4 a, 3.5 b, 3.6 a, 3.7 c, 3.8 c, 3.9 b, 3.10 d.

Problemas

Seção 3.2 Potência e energia

3.1 Qual potência é consumida quando 2.600 J de energia são gastos em 2 h?

3.2 Se certo dispositivo absorve 560 J de energia em 8 min, determine a potência absorvida pelo dispositivo.

3.3 Se um resistor dissipa 7 W, qual o tempo necessário para o resistor consumir uma energia de 280 J?

3.4 Um rádio de 40 W opera por 5 h. Qual o custo de operação do rádio, considerando 8 centavos/kWh?

3.5 Um aparelho elétrico usa 420 W. Se ele funciona por 6 dias, calcule quantos quilowatts-horas são consumidos.

3.6 Em quanto tempo um ferro de solda de 120 W dissipa 1,5 kJ?

3.7 Converta para quilowatt-hora:
(a) 200 W por 56 s
(b) 180 W por 2 h
(c) 40.000 W por 4 h

3.8 Um motor especial entrega 4,4 hp para uma carga. Quantos watts isso representa?

3.9 Quando um resistor é conectado em uma fonte de 8 V, uma corrente de 4 A flui nele. Determine o tempo que o resistor gasta para dissipar 600 J.

3.10 Um aquecedor de ambiente de 3 kW é conectado em uma fonte de 120 V. Determine a resistência do aquecedor.

3.11 Uma televisão de 110 V possui 185 W de potência nominal. Encontre a corrente nominal.

3.12 Uma bateria de 12 V é carregada durante 6 h com 2 A. Calcule o montante de energia consumida.

3.13 Um ferro de solda de 65 W consome 0,56 A. Qual a tensão em que o ferro de solda deve operar?

3.14 Complete a tabela seguinte

$R(\Omega)$	$V(V)$	$I(A)$	$P(W)$
—	120	0,04	—
60	—	—	0,8
—	24	—	2,2
42	—	0,1	—

3.15 Certa bateria fornece 2,4 A de corrente por 36 h. Calcule o ampère-hora nominal.

3.16 Quanto tempo levará para um rádio de 40 W consumir 0,2 kWh de energia?

3.17 A resistência de uma cafeteira elétrica de 120 V é 4 Ω. Encontre: (a) a corrente consumida pela cafeteira, (b) a potência consumida pela cafeteira. (c) a potência do calor em Btu/min se toda a potência elétrica é convertida em calor. Assuma que 1 W = 0,0569 Btu/min.

3.18 Um aspirador de pó opera com uma tensão de 120 V. Qual a potência consumida pelo aspirador de pó para uma corrente nominal de 5 A?

3.19 Um projetista elétrico decide construir um fusível de 30 A. O fusível deverá fundir em 3 s quando a energia dissipada for maior que 30 J. Qual potência é necessária para fundir o fusível?

3.20 Uma torradeira elétrica possui uma resistência de 12 Ω. Se a torradeira é conectada a uma tomada de 120 V por 1 min, qual a energia entregue à torradeira?

3.21 Um motor possui ¼ hp. Se o motor opera a partir de uma fonte de 120 V, qual corrente é consumida pelo motor?

Seção 3.3 Potência em circuitos elétricos

3.22 A tensão sobre um resistor de 10 Ω é 12 mV. Calcule a potência absorvida pelo resistor.

3.23 Encontre a potência entregue a cada resistor na Figura 3.17.

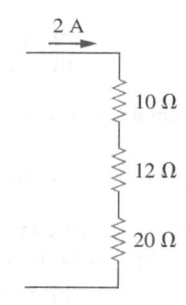

Figura 3.17
Para o Problema 3.23.

3.24 Determine a potência absorvida em cada resistor da Figura 3.18.

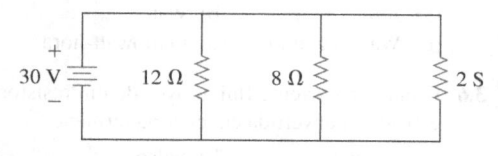

Figura 3.18
Para o Problema 3.24.

3.25 Se a potência dissipada num resistor de 50 kΩ é 400 mW, calcule a corrente e a tensão através dele.

3.26 O aquecedor de um tudo de raios catódicos opera em 8,2 V e 0,8 A. Determine a taxa com que a energia é convertida em calor.

3.27 Calcule a energia usada por um aquecedor de 30 Ω operando em 110 V durante 4 h.

3.28 Para o circuito da Figura 3.19 encontre o montante de energia que o circuito consumiria em 2 h.

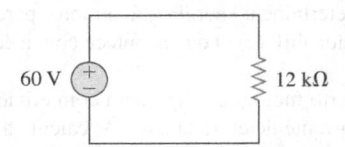

Figura 3.19
Para o Problema 3.28.

3.29 Em certo circuito, a tensão aplicada duplicou, embora a resistência tenha diminuído para a metade do seu valor original. O que aconteceu com a potência dissipada?

3.30 Calcule a potência entregue ao resistor R_1 e R_2 no circuito da Figura 3.20.

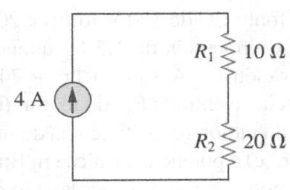

Figura 3.20
Para o Problema 3.30.

3.31 Determine a potência entregue aos resistores R_1 e R_2 no circuito da Figura 3.21.

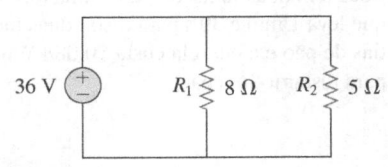

Figura 3.21
Para o Problema 3.31.

3.32 Para cada uma das combinações de tensão e resistência, determine a potência.
(a) $V = 12$ V, $R = 3,3$ kΩ
(b) $V = 8,8$ V, $R = 150$ kΩ
(c) $V = 120$ V, $R = 820$ kΩ

Seção 3.4 Convenção do sinal da potência

3.33 Para cada elemento na Figura 3.22, determine a potência.

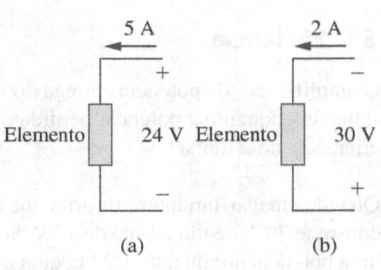

Figura 3.22
Para o Problema 3.33.

3.34 Cada elemento na Figura 3.23 pode ser uma carga ou uma fonte. Para cada elemento, encontre a potência e indique se é um fornecedor ou consumidor de potência.

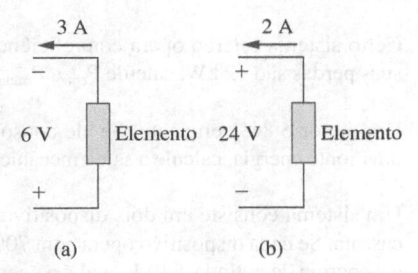

Figura 3.23
Para o Problema 3.34.

Seção 3.5 Potência nominal de um resistor

3.35 Um resistor de 1 W possui resistência de 2 kΩ. Determine a corrente máxima que ele pode suportar.

3.36 É seguro aplicar 50 V sobre um resistor de 8 kΩ e ¼ W?

3.37 Determine qual dos resistores seguintes (se houver) pode ser danificado por sobreaquecimento.
(a) 1 W, 850 Ω com 110 V aplicado
(b) ½ W, 8 Ω com 1 mA através dele
(c) 10 W, 2 Ω com 4 A através dele

3.38 Uma corrente de 5 mA através de um resistor provoca uma queda tensão de 60 V. Determine o valor da potência nominal mínima do resistor.

3.39 Determine a tensão máxima que pode ser aplicada sobre um resistor de 5,6 kΩ e 2 W.

3.40 Se um resistor de 0,3 Ω possui potência de 8 W, determine o quão seguro o resistor está na condução de uma corrente de 15 A.

3.41 Um ar-condicionado possui potência nominal de 1,5 kW e funciona 10h/dia. Se o custo da eletricidade é $0,085/kWh, quanto irá custar o funcionamento do ar-condicionado por 30 dias?

Seção 3.6 Eficiência

3.42 O amplificador de potência entrega 260 W para seu alto-falante, enquanto a potência perdida é 320 W. Qual é a eficiência do sistema?

3.43 Quando em uso, um motor de arranque de um automóvel consome 70 A de uma fonte de 12 V. Se o motor possuiu uma potência nominal de 1,2 hp, qual é sua eficiência?

3.44 Calcule a eficiência de um motor que possui uma entrada de 500 W e uma saída de 0,6 hp.

3.45 Certo sistema estéreo consome 3,2 A em 110 V quando sua saída é 200 W. Calcule sua eficiência e potência perdida.

3.46 Certo sistema estéreo opera com eficiência de 92%. Se suas perdas são 12 kW, calcule P_{ent} e $P_{saída}$.

3.47 Um motor é 84% eficiente. Se ele consome 1,6 kW de uma fonte energia, calcule a saída mecânica em hp.

3.48 Um sistema consiste em dois dispositivos idênticos em cascata. Se cada dispositivo opera com 70% de eficiência e a energia de entrada é 40 J, qual é a energia de saída?

3.49 Uma lâmpada fornece 10 W de saída útil para uma entrada de 75 W. Determine sua eficiência.

3.50 Um motor elétrico desenvolve energia mecânica a uma taxa de 2 hp com 85% de eficiência. Qual a corrente será consumida de uma fonte de 220 V?

3.51 Uma estação de rádio com uma eficiência de 60% transmite 32 kW durante 24h/dia. Determine o custo de operação da estação por um dia considerando 8 centavos/kWh.

3.52 Um motor de 5 hp funciona 20% do tempo em um período de 7 dias com uma eficiência de 80%. Se a eletricidade custa 6 centavos/kWh, qual será o custo de funcionamento?

3.53 Calcule a eficiência de um motor que tem uma entrada de potência de 800 W e uma saída de potência de 0,6 hp. Assuma que 1 hp = 746 W.

3.54 Uma lâmpada de 70 W usa 60 W para gerar luminosidade, e os outros 10 W são dissipados com calor. Calcule a eficiência da lâmpada.

3.55 Um motor desenvolve 24 kJ de saída mecânica para uma entrada de 30 kJ. (a) Determine a eficiência do motor. (b) Determine a energia que o motor perde na conversão de saída útil. (c) O que acontece com a energia perdida?

3.56 Certo motor de 5 hp opera com eficiência de 82%. Se a corrente de entrada é 8,2 A, calcule a tensão de entrada. Qual é a potência de entrada?

3.57 Um motor a 200 V consome 15 A e desenvolve uma potência de saída de 2,1 hp. (a) Determine a eficiência do motor. (b) Calcule a potência perdida.

3.58 Dois transdutores em cascata fornecem uma potência de saída de 40 mW. Se o primeiro transdutor possui eficiência de 80% e o segundo uma eficiência de 95%, determine a potência de entrada.

3.59 Uma fonte CC de 120 V fornece 20 A e desenvolve uma saída de potência de 1,5 hp quando é conectada a um motor elétrico. Assuma 1 hp = 746 W. Encontre: (a) a potência de entrada P_{ent} do motor, (b) a potência de saída $P_{saída}$ do motor, (c) a eficiência do motor, (d) as perdas no motor, (e) a potência térmica em Btu/min que é dissipada pelo motor se todas as perdas são convertidas em calor. (1 W = 0,0569 Btu/min)

Seção 3.8 Aplicações: Wattímetro e medidor watt-hora

3.60 Você tem duas fatias de pão e uma torradeira de 1200 W que leva 1 min e 30 s para tostar duas fatias. Se há 20 fatias de pão e a energia custa $0,08/kWh, calcule o custo para tostar todo o pão.

capítulo 4

Circuitos em série

O estúpido não perdoa nem esquece; o ingênuo perdoa e esquece; o sábio perdoa, mas não esquece.

— Thomas Szasz

Perfis históricos

Gustav Robert Kirchhoff (1824-1887) foi um físico alemão que contribuiu para a compreensão dos circuitos elétricos, da espectroscopia e da emissão de radiação de um corpo negro por objetos aquecidos.

Filho de um advogado em Konigsberg, na Prússia Oriental, Kirchhoff entrou na Universidade de Konigsberg aos 18 anos e mais tarde tornou-se professor em Berlim. Seu trabalho colaborativo em espectroscopia com Robert Bunse, químico alemão, levou à descoberta do césio em 1860 e do rubídio em 1861. Em 1847, ele elaborou duas leis básicas sobre a relação entre correntes e tensões em um circuito elétrico. As leis de Kirchhoff juntamente à lei de Ohm formam a base da teoria de circuitos. Devem-se também a ele os créditos pela lei de Kirchhoff da radiação. Assim, Kirchhoff é famoso entre engenheiros, químicos e físicos.

Foto de Gustav Robert Kirchhoff.
© Pixtal/age Fotostock RF

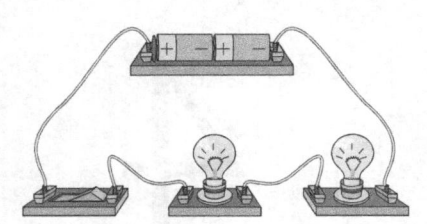

Figura 4.1
Exemplo de um circuito em série: duas lâmpadas em série com um interruptor.

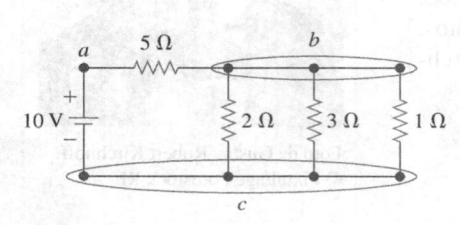

Figura 4.2
Nós, ramos e laços.

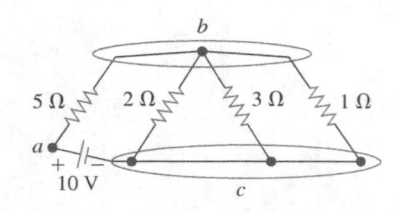

Figura 4.3
Circuito com três nós da Figura 4.2 redesenhado.

4.1 Introdução

O capítulo anterior, em sua maior parte, limitou-se aos circuitos com um simples resistor. A partir de agora, serão considerados circuitos com mais de um resistor. Tais circuitos resistivos podem ser em série ou em paralelo, ou uma combinação de ambos. Um exemplo de um circuito em série simples é mostrado na Figura 4.1.

Consideraremos como analisar circuitos em série neste capítulo, visto que os circuitos paralelos serão abordados no próximo capítulo. Circuitos que não são em série nem em paralelo serão abordados nos capítulos posteriores.

Começamos este capítulo introduzindo os conceitos básicos de nós, ramos, laços, circuitos em série e em paralelo. Em seguida, apresentamos a lei de Kirchhoff das tensões, a qual, juntamente à lei de Ohm, é muito utilizada na análise de circuitos. Depois discutimos sobre fontes de tensão ligadas em série, divisor de tensão e potência em circuitos em série. Aprendemos como analisar circuitos em série utilizando o PSpice e o Multisim. Por fim, consideramos duas aplicações simples de circuitos em série – utilizando um resistor como um limitador de corrente e um sistema elétrico de iluminação.

4.2 Nós, ramos e laços

Existem dois tipos de elementos encontrados nos circuitos elétricos: elementos *passivos* e elementos *ativos*. Um elemento ativo é capaz de gerar energia, enquanto o elemento passivo não. Exemplos de elementos passivos são os resistores, os capacitores e os indutores. Elementos ativos típicos incluem os geradores, as baterias e os amplificadores.

Como os elementos de um circuito elétrico podem ser interconectados de diferentes modos, é preciso entender alguns conceitos básicos da topologia dos circuitos. Entende-se por topologia dos circuitos as propriedades relacionadas à disposição dos elementos no circuito e à configuração geométrica do circuito. Tais propriedades incluem os nós, os ramos e os laços.

Um ramo é qualquer elemento com dois terminais. O circuito da Figura 4.2 tem cinco ramos, mais precisamente a bateria de 10 V e quatro resistores.

> Um **ramo** é um simples elemento tal como uma fonte de tensão ou um resistor.

Um nó é usualmente indicado por um ponto no circuito, embora neste livro não seja adotada essa convenção. Se um curto-circuito (i.e., um fio condutor) conecta dois nós, esses dois nós constituem um único nó. O circuito na Figura 4.2 possui três nós *a*, *b* e *c*. Observe que os três pontos que formam o nó *b* estão conectados por condutores perfeitos e, portanto, constituem um único ponto. O mesmo é valido para os quatro pontos que formam o nó *c*. Demonstramos que o circuito na Figura 4.2 possui apenas três nós redesenhando o circuito, conforme mostrado na Figura 4.3. Os dois circuitos nas Figuras 4.2 e 4.3 são idênticos. Entretanto, por uma questão de clareza, os nós *b* e *c* são espalhados utilizando condutores perfeitos, tal como na Figura 4.2.

> Um **nó** é o ponto de conexão entre dois ou mais ramos.

Por exemplo, o caminho fechado *abca* contendo o resistor de 2 Ω na Figura 4.2, é um laço. Outro laço é o caminho fechado *bcb* contendo os resistores de 3 Ω e 1 Ω. Embora seja possível identificar seis laços na Figura 4.3, somente três deles são independentes. Um laço é considerado independente se ele contém pelo menos um ramo que não faz parte de nenhum outro laço independente. Laços ou caminhos independentes resultam em equações independentes.

> Um **laço** é qualquer caminho fechado em um circuito.

Um circuito com b ramos, n nós e ℓ laços independentes satisfará o teorema fundamental da topologia de circuitos:

$$b = \ell + n - 1 \qquad (4.1)$$

Como as duas definições seguintes mostram, a topologia de circuitos é de grande valor para estudos das tensões e correntes em um circuito elétrico.

> Dois ou mais elementos estão em **série** se eles estão em cascata ou conectados sequencialmente, sendo percorridos pela mesma corrente.

> Dois ou mais elementos estão em **paralelo** se eles estão conectados nos mesmos dois nós e consequentemente têm a mesma tensão.

Os elementos estão em série quando eles estão conectados em cadeia ou sequencialmente, de ponta a ponta. Por exemplo, dois elementos estão em série se eles compartilham um nó em comum e nenhum outro elemento está conectado a esse nó em comum. Os elementos podem estar conectados de modo que eles não estejam em série nem em paralelo. No circuito mostrado na Figura 4.2, a bateria e o resistor de 5 Ω estão em série porque a mesma corrente irá percorrê-los. Os resistores de 2 Ω, 3 Ω e 1 Ω estão em paralelo porque eles estão conectados aos mesmos dois nós (b e c) e consequentemente têm a mesma tensão sobre eles. Os resistores de 5 Ω e 2 Ω não estão em série nem em paralelo.

Exemplo 4.1

Determine o número de ramos e nós no circuito mostrado na Figura 4.4. Identifique quais elementos estão em série e quais estão em paralelo.

Solução:
Como existem quatro elementos no circuito, ele possui quatro ramos, mais precisamente, 10 V, 5 Ω, 6 Ω e 12 V. O circuito tem três nós, como identificado na Figura 4.5. O resistor de 5 Ω está em série com a fonte de tensão de 10 V porque a mesma corrente circularia em ambos. O resistor de 6 Ω está em paralelo com a fonte de tensão de 12 V porque ambos estão conectados aos nós 2 e 3.

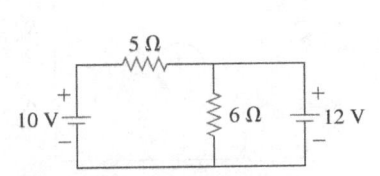

Figura 4.4
Para o Exemplo 4.1.

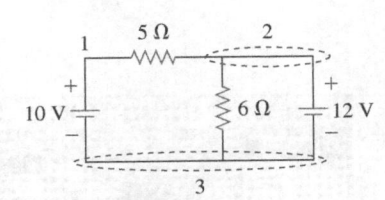

Figura 4.5
Três nós no circuito da Figura 4.4.

Problema Prático 4.1 Quantos ramos e nós o circuito da Figura 4.6 possui? Identifique quais elementos estão em série e quais em paralelo.

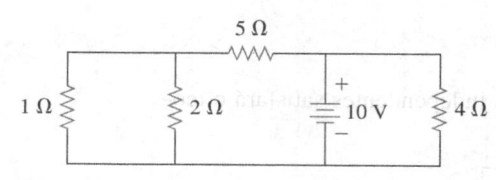

Figura 4.6
Para o Problema Prático 4.1.

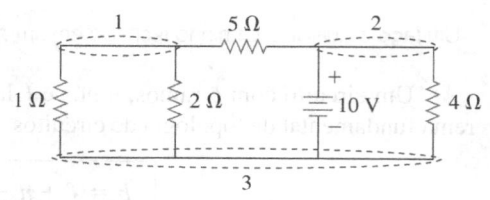

Figura 4.7
Resposta do Problema Prático 4.1.

Resposta: Cinco ramos e três nós são identificados na Figura 4.7; os resistores de 1 Ω e 2 Ω estão em paralelo; o resistor de 4 Ω e a fonte de 10 V estão em paralelo.

4.3 Resistores em série

A necessidade de combinar resistores em série (ou em paralelo) ocorre com tanta frequência que ela merece atenção especial. A Figura 4.8 mostra resistores conectados em série em uma matriz de contatos. Quando dois ou mais resistores estão conectados de ponta a ponta (ou um atrás do outro), é dito que os resistores estão em série. Como há apenas um caminho para a corrente, a mesma corrente flui através dos resistores em série. Exemplos de circuitos em série são mostrados na Figura 4.9.

> Um **circuito em série** é aquele em que os resistores estão conectados um atrás do outro e a mesma corrente flui através dos resistores.

Na Figura 4.9(a), a resistência total é $R_T = R_1 + R_2 + R_3$. Na Figura 4.9(b), a resistência total é $R_T = R_1 + R_2 + R_3 + \cdots + R_9$. Em geral,

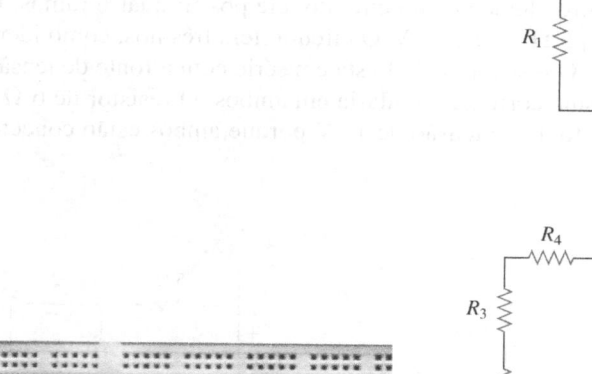

Figura 4.8
Resistores em série em uma matriz de contatos.
© Sarhan M. Musa

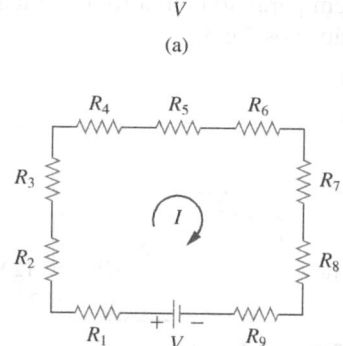

Figura 4.9
Exemplos de circuitos em série.

a **resistência total** de qualquer número de resistores conectados em série é a soma das resistências individuais.

Para N resistores em série, a resistência total é expressa como

$$R_T = R_1 + R_2 + R_3 + \cdots + R_N \tag{4.2}$$

Como a mesma corrente I flui através de cada resistor, podemos calcular a tensão sobre cada resistor (utilizando a lei de Ohm) e a potência absorvida por eles, individualmente, como:

$$\begin{aligned} V_1 &= IR_1, & P_1 &= IV_1 = I^2 R_1 \\ V_2 &= IR_2, & P_2 &= IV_2 = I^2 R_2 \\ &\vdots \\ V_N &= IR_N, & P_N &= IV_N = I^2 R_N \end{aligned} \tag{4.3}$$

Isso indica que a queda de tensão em cada resistor em um circuito em série depende da sua resistência. A potência total entregue ao circuito em série é

$$\begin{aligned} P_T &= P_1 + P_2 + P_3 + \cdots + P_N \\ &= I^2 (R_1 + R_2 + R_3 + \cdots + R_N) = I^2 R_T \end{aligned} \tag{4.4}$$

Exemplo 4.2

Considere o circuito em série da Figura 4.10. Encontre:
 (a) A resistência total
 (b) A corrente I
 (c) A tensão sobre R_1, R_2 e R_3
 (d) A potência absorvida por R_1, R_2 e R_3
 (e) A potência entregue pela fonte

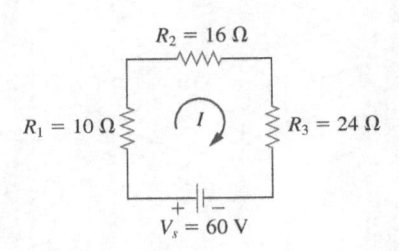

Figura 4.10
Para o Exemplo 4.2.

Solução:
 (a) A resistência total é

$$R_T = R_1 + R_2 + R_3 = 10 + 16 + 24 = 50\,\Omega$$

 (b) Utilizando a lei de Ohm

$$I = \frac{V_s}{R_T} = \frac{60}{50} = 1{,}2\,\text{A}$$

 (c) As tensões sobre resistores são

$$\begin{aligned} V_1 &= IR_1 = 1{,}2 \times 10 = 12\,\text{V} \\ V_2 &= IR_2 = 1{,}2 \times 16 = 19{,}2\,\text{V} \\ V_3 &= IR_3 = 1{,}2 \times 24 = 28{,}8\,\text{V} \end{aligned}$$

indicando que a fonte de tensão é compartilhada pelos três resistores na proporção de suas resistências.

 (d) A potência total absorvida pelos resistores é

$$\begin{aligned} P_1 &= IV_1 = 1{,}2 \times 12 = 14{,}4\,\text{W} \\ P_2 &= IV_2 = 1{,}2 \times 19{,}2 = 23{,}04\,\text{W} \\ P_3 &= IV_3 = 1{,}2 \times 28{,}8 = 34{,}56\,\text{W} \end{aligned}$$

A potência total absorvida pelos resistores é

$$P_T = P_1 + P_2 + P_3 = 14{,}4 + 23{,}04 + 34{,}56 = 72\text{ W}$$

(e) A potência total fornecida pela fonte é

$$P_d = V_s I = 60 \times 1{,}2 = 72\text{ W}$$

a qual é igual à potência total absorvida pelos resistores.

Problema Prático 4.2

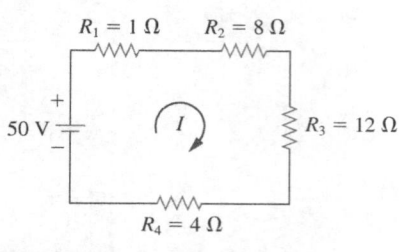

Figura 4.11
Para o Problema Prático 4.2.

Considere o circuito em série da Figura 4.11. Encontre:
(a) A resistência total
(b) A corrente I
(c) A tensão sobre R_1, R_2, R_3 e R_4
(d) A potência total absorvida por R_1, R_2, R_3 e R_4
(e) A potência total entregue pela fonte

Resposta: (a) 25 Ω (b) 2 A (c) 2, 16, 24, 8 V (d) 4, 32, 48, 16 W (e) 100 W.

4.4 Lei de Kirchhoff para tensão

A lei de Ohm por si mesma não é suficiente para analisar circuitos. Entretanto, quando ela é acoplada com as duas leis de Kirchhoff, podemos analisar uma vasta gama de circuitos elétricos. As leis de Kirchhoff foram inicialmente introduzidas em 1847 pelo físico alemão Gustav Robert Kirchhoff. Essas leis são formalmente conhecidas como lei de Kirchhoff das tensões (LKT), a qual é abordada neste capítulo, e a lei de Kirchhoff das correntes (LKC), a qual será abordada no próximo capítulo.

> A **lei de Kirchhoff para tensão** estabelece que a soma algébrica de todas as tensões ao longo de um caminho fechado (ou laço) é igual a zero.

A LKT é baseada no princípio da conservação de energia em circuitos elétricos. (Tenha em mente que o potencial elétrico ou tensão é a energia por unidade de carga). O princípio da conservação de energia implica que a soma algébrica das diferenças de potencial ao longo de um circuito deve ser zero.

Matematicamente, se existem N tensões em um laço ou caminho fechado,

$$V_1 + V_2 + V_3 + \cdots + V_N = 0 \tag{4.5}$$

ou de forma simbólica, em que $\sum$ representa o somatório, a lei de Kirchhoff das tensões pode ser expressa como

$$\boxed{\sum_{i=1}^{N} V_i = 0} \tag{4.6}$$

em que N é o número de tensões em um laço e V_i é a i-ésima tensão.

Para ilustrar a LKT, considere o circuito na Figura 4.12. O sinal em cada tensão é a polaridade do terminal encontrado primeiro, à medida que se caminha ao longo do laço. (Tenha em mente a relação entre a direção da corrente e a polaridade da tensão sobre um resistor, como mostrado na Figura 2.6). Pode-se iniciar de qualquer ramo e percorrer o sentido horário ou anti-horário[1].

Suponha o percurso começando pela fonte V_1 no sentido horário como mostrado: então, as tensões seriam $-V_1$, $+V_2$, $+V_3$, $-V_4$ e $+V_1$ nessa ordem. Por exemplo, ao se chegar ao ramo 3, o terminal positivo é encontrado primeiro; daí temos $+V_3$. Para o ramo 4, chegamos primeiro ao terminal negativo; daí $-V_4$. Assim, a LKT torna-se

$$-V_1 + V_2 + V_3 - V_4 + V_5 = 0 \tag{4.7}$$

Rearranjando os termos, temos

$$V_2 + V_3 + V_5 = V_1 + V_4 \tag{4.8}$$

a qual pode ser interpretada como

$$\sum \text{queda de tensão} = \sum \text{aumento de tensão} \tag{4.9}$$

Essa é uma forma alternativa da LKT. Observe que se o caminho fosse percorrido no sentido anti-horário, o resultado seria $+V_1$, $-V_5$, $+V_4$, $-V_3$ e $-V_2$, que é o mesmo obtido anteriormente, exceto pelos sinais que estão contrários. Assim, as Equações (4.7) e (4.8) permanecem as mesmas. Note também que a tensão cresce quando se caminha de $-$ para $+$ através de um elemento, enquanto uma queda de tensão ocorre quando se caminha de $+$ para $-$. É válido mencionar que o aumento da tensão ($+$ em relação ao $-$) ocorre em elementos ativos, enquanto a queda de tensão ($-$ em relação ao $+$) ocorre em elementos passivos.

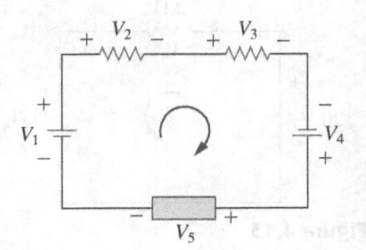

Figura 4.12
Um único laço de um circuito ilustrando a LKT.

Determine a tensão desconhecida V_x no circuito da Figura 4.13.

Exemplo 4.3

Solução:
Percorrendo o laço como mostrado pela seta, aplicamos a lei de Kirchhoff para tensão e obtemos

$$-24 + V_x + 30 = 0$$

ou

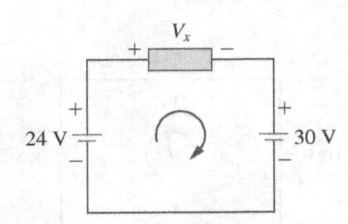

$$V_x = 24 - 30 = -6 \text{ V}$$

Figura 4.13
Para o Exemplo 4.3.

Encontre a tensão desconhecida V_x no circuito da Figura 4.14.

Problema Prático 4.3

Resposta: 8 V.

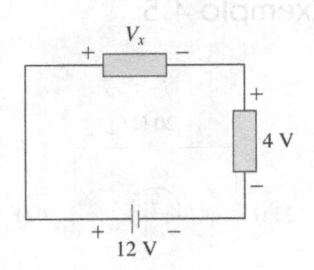

Figura 4.14
Para o Problema Prático 4.3.

---

[1] A lei de Kirchhoff para tensão pode ser aplicada de dois modos: percorrendo o laço no sentido horário ou anti-horário. Independentemente do sentido, a soma algébrica das tensões ao longo do laço é zero.

Exemplo 4.4

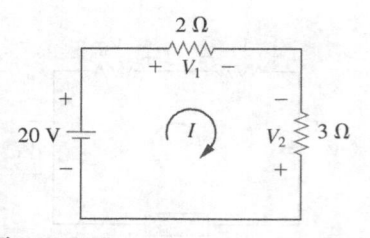

Figura 4.15
Para o Exemplo 4.4.

Para o circuito na Figura 4.15, encontre as tensões V_1 e V_2.

Solução:
Para encontrar V_1 e V_2, aplicamos a lei de Ohm e a LKT. Assumimos que a corrente I flui através do laço, conforme mostrado na Figura 4.15.
Da lei de Ohm,

$$V_1 = 2I, \quad V_2 = -3I \tag{4.4.1}$$

Aplicando a LKT ao longo do laço, obtemos

$$-20 + V_1 - V_2 = 0 \tag{4.4.2}$$

Substituindo a Equação (4.4.1) na Equação (4.4.2), obtemos

$$-20 + 2I + 3I = 0$$

ou

$$5I = 20 \longrightarrow I = \frac{20}{5} = 4 \text{ A}$$

Substituindo I na Equação (4.4.1), finalmente temos

$$V_1 = 2I = 8 \text{ V}, \quad V_2 = -3I = -12 \text{ V}$$

O fato de a polaridade da tensão V_2 ser negativa indica que sua polaridade deveria ser invertida na Figura 4.15. Isto é, esperamos que a seta na Figura 4.15 entre pelo resistor no lado + e, então, $V_2 = 12$ V.

Problema Prático 4.4

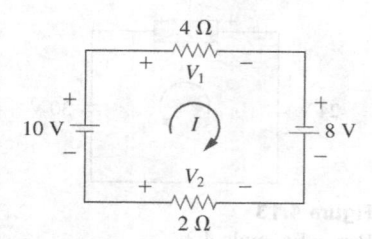

Figura 4.16
Para o Problema Prático 4.4.

Encontre V_1 e V_2 no circuito da Figura 4.16

Resposta: 12 V; −6 V.

Exemplo 4.5

Figura 4.17
Para o Exemplo 4.5.

Utilizando a lei de Kirchhoff para tensão, determine a corrente I no circuito da Figura 4.17.

Solução:
Isso pode ser resolvido de dois modos:

- **Método 1** Os resistores estão em série, então

$$R_T = 30 + 20 + 40 = 90 \text{ }\Omega$$

Utilizando a lei de Ohm,

$$I = \frac{V_s}{R_T} = \frac{60}{90} = 0{,}667 \text{ A}$$

■ **Método 2** Aplicando a LKT ao laço, obtemos

$$-60 + 30I + 20I + 40I = 0$$

ou

$$90I = 60 \quad \text{i.e.,} \quad I = 60/90 = 0{,}667 \text{ A}$$

como obtido anteriormente.

Aplique a LKT ao circuito na Figura 4.18 e encontre a corrente I.

Resposta: 0,6 A.

Problema Prático 4.5

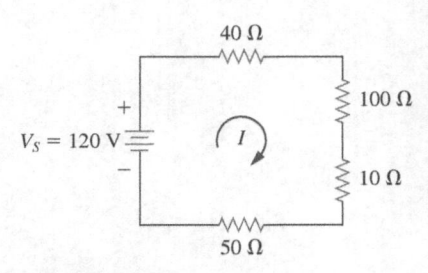

Figura 4.18
Para o Problema Prático 4.5.

4.5 Fontes de tensão em série

Duas aplicações importantes da LKT lidam com fontes de tensão em série e o conceito de divisão de tensão, os quais serão considerados nesta seção. Quando fontes de tensão são conectadas em série, a LKT pode ser aplicada para obter a tensão total. A tensão total é a soma algébrica das tensões individuais de cada fonte. Por exemplo, para a fonte de tensão mostrada na Figura 4.19(a), a fonte de tensão equivalente na Figura 4.19(b) é obtida pela aplicação da LKT na Figura 4.19(a).

$$-V_{ab} + V_1 + V_2 - V_3 = 0 \tag{4.10a}$$

ou

$$V_{ab} = V_1 + V_2 - V_3 \tag{4.10b}$$

Cabe ressaltar que a situação na Figura 4.19(a) é teórica; seria contraproducente, na prática, conectar fontes (tais como baterias) com as polaridades opostas. Alguns dispositivos tais como diodos ou LED (*light-emitting diodes*) são modelados como baterias conectadas de forma oposta.

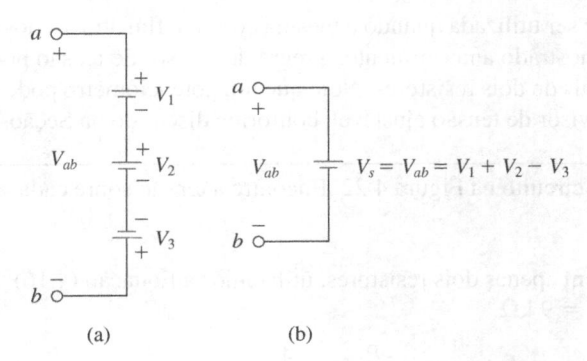

Figura 4.19
Fontes de tensão em série: (a) circuito original; (b) circuito equivalente.

4.6 Divisores de tensão

Resistores em série são frequentemente utilizados para proporcionar a divisão de tensão. Para determinar a tensão sobre um resistor, considere o circuito na Figura 4.20. Se aplicarmos a lei de Ohm a cada resistor, obtemos

$$V_1 = IR_1, \quad V_2 = IR_3, \quad \cdots \quad V_n = IR_n \tag{4.11}$$

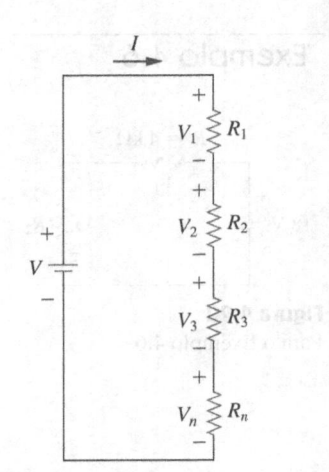

Figura 4.20
Divisor de tensão.

Como os resistores estão em série, a resistência total ou equivalente é

$$R_{eq} = R_1 + R_2 + \cdots + R_n \qquad (4.12)$$

A corrente I que flui através dos resistores é

$$I = \frac{V}{R_{eq}} \qquad (4.13)$$

Substituindo a Equação (4.13) na Equação (4.11), resulta em

$$V_1 = \left(\frac{R_1}{R_{eq}}\right)V, \quad V_2 = \left(\frac{R_2}{R_{eq}}\right)V, \quad \cdots \quad V_n = \left(\frac{R_n}{R_{eq}}\right)V \qquad (4.14)$$

em que R_n é o resistor no qual se deseja determinar a queda de tensão, R_{eq} é a resistência total dos resistores em série e V é a tensão sobre os resistores em série. Observe na Equação (4.14) que a fonte de tensão V é dividida entre os resistores numa proporção direta de suas resistências; quanto maior a resistência, maior a queda de tensão. Isso é referido como a regra do divisor de tensão (RDT) e o circuito na Figura 4.20 é chamado de divisor de tensão.

> Em um **divisor de tensão**, a queda de tensão sobre qualquer resistor é proporcional à magnitude de sua resistência.

Considere agora o caso no qual existem apenas dois resistores conectados em série, conforme mostrado na Figura 4.21. Nesse caso, a resistência equivalente é

$$R_{eq} = R_1 + R_2 \qquad (4.15)$$

e a Equação (4.14) torna-se

$$V_1 = \left(\frac{R_1}{R_1 + R_2}\right)V, \quad V_2 = \left(\frac{R_2}{R_1 + R_2}\right)V \qquad (4.16)$$

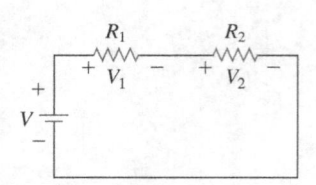

Figura 4.21
Divisor de tensão com dois resistores.

A RDT deve ser utilizada quando a mesma corrente flui através dos dois resistores. Como mostrado anteriormente, a regra do divisor de tensão pode ser estendida para mais de dois resistores. Note que um potenciômetro pode ser utilizado como um divisor de tensão ajustável, conforme discutido na Seção 2.6.

Exemplo 4.6

Considere o circuito na Figura 4.22. Encontre a tensão sobre cada resistor:

Solução:
Como existem apenas dois resistores, utilizamos a Equação (4.16).
$R_{eq} = 4 + 5 = 9$ kΩ.

$$V_1 = \frac{R_1}{R_{eq}}V = \frac{4}{9}(18) = 8 \text{ V}$$

$$V_2 = \frac{R_2}{R_{eq}}V = \frac{5}{9}(18) = 10 \text{ V}$$

Observe que a soma de V_1 e V_2 é igual à fonte de tensão de 18 V.

Figura 4.22
Para o Exemplo 4.6.

Determine V_1 e V_2 na Figura 4.23 utilizando o divisor de tensão.

Resposta: $V_1 = 60\text{ V}$; $V_2 = 40\text{ V}$.

Problema Prático 4.6

Figura 4.23
Para o Problema Prático 4.6.

Utilize a regra do divisor de tensão para encontrar V_1, V_2 e V_3 no circuito da Figura 4.24.

Exemplo 4.7

Solução:
Neste caso, utilizamos a Equação (4.14). $R_{eq} = 10 + 12 + 8 = 30\text{ k}\Omega$. Então,

$$V_1 = \frac{R_1}{R_{eq}}V = \frac{10}{30}(60) = 20\text{ V}$$

$$V_2 = \frac{R_2}{R_{eq}}V = \frac{12}{30}(60) = 24\text{ V}$$

$$V_3 = \frac{R_3}{R_{eq}}V = \frac{8}{30}(60) = 16\text{ V}$$

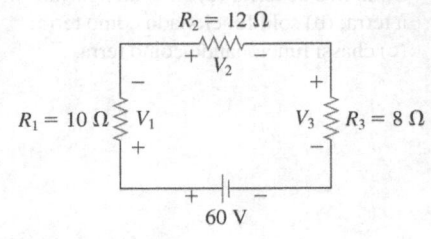

Figura 4.24
Para o Exemplo 4.7.

Determine V_1, V_2 e V_3 no circuito da Figura 4.25.

Problema Prático 4.7

Resposta: $V_1 = 25\text{ V}$; $V_2 = 10\text{ V}$; $V_3 = 15\text{ V}$.

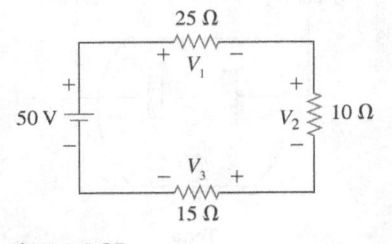

Figura 4.25
Para o Problema Prático 4.7.

4.7 Conexões de aterramento

Assim como na medição de distância, o potencial elétrico (tensão) deve ser sempre medido com relação ao ponto de referência. O ponto de referência mais utilizado é a Terra ou, mais especificamente, o solo em que as construções estão fundadas. Esse potencial de referência é declarado como sendo zero volt e é comumente referido como "terra". Equipamentos elétricos conectados à terra são ditos aterrados. Parte da instalação elétrica dos edifícios é um fio que está ligado a uma grande haste de metal cravada no solo, assegurando assim uma boa conexão à terra.

> O **aterramento** é uma conexão elétrica ao solo.

Um aterramento apropriado é vital para a utilização segura de equipamentos elétricos. (Uma exceção a isso seria um telefone sem fio ou um celular). Muitos dispositivos (e.g., osciloscópios) têm um "terra" flutuante. Considere um dispositivo elétrico não aterrado sobre uma mesa de madeira. A mesa é um isolante. Assuma que o dispositivo esteja danificado de modo que cargas comecem acumular na carcaça do dispositivo. As pessoas são condutores (embora muito pobres) e estão no potencial da terra, porque estão em contato com o piso,

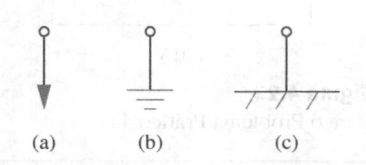

Figura 4.26
Símbolos de terra: (a) sinal de ligação à terra; (b) solo funcionado como terra; (c) chassi funcionando como terra.

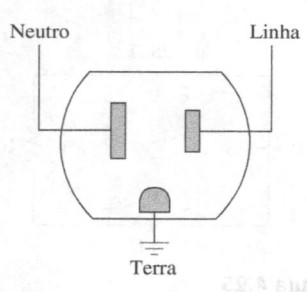

Figura 4.27
Conexão do terra em uma tomada de 120 V.

paredes e assim por diante. Uma pessoa tocando esse dispositivo, ou mesmo aproximando-se muito dele, cria um caminho para a carga acumulada fluir devido à diferença de potencial entre o dispositivo e a pessoa.

Grandes tensões e correntes podem queimar e matar. Dispositivos apropriadamente aterrados estariam no mesmo potencial das imediações e não haveria faíscas ou correntes indesejadas.

O aterramento dos sistemas elétricos em casas mais antigas era originalmente feito ligando-se um fio de cobre grosso, conhecido como fio terra, à tubulação principal de água. Naquela época, a tubulação principal era composta de tubos metálicos galvanizados, um excelente condutor. E como esses tubos estendiam-se por uma distância considerável por debaixo do solo, serviam como uma base adequada para o aterramento do sistema elétrico. Entretanto, problemas ocorreram. Como essas tubulações antigas tornaram-se enferrujadas foi preciso substituí-las. Algumas das substituições das tubulações danificadas foram feitas principalmente focadas nas questões da canalização de água, sendo dada menor atenção ao sistema elétrico. Assim, muitas dessas tubulações foram substituídas por tubos de PVC (policloreto de vinila). E como o PVC não tem capacidade para conduzir corrente elétrica, os sistemas de aterramento dessas casas foram completamente eliminados.

O "terra" é um ponto de referência ou um ponto comum em um circuito. Outros pontos no circuito tomam-no como o potencial de referência, ao qual é atribuído o valor de 0 V. Esse ponto é comumente indicado por qualquer um dos três símbolos da Figura 4.26. O tipo de terra na Figura 4.26 (c) é chamado de "terra de chassi" e é utilizado em dispositivos nos quais o invólucro ou a carcaça servem como ponto de referência para todos os circuitos. Quando o potencial da terra é utilizado como referência, utilizamos o símbolo da Figura 4.26(a) ou (b). Devemos sempre utilizar o símbolo na Figura 4.26(b). Como mostrado na Figura 4.27, o terminal arredondado da tomada de 120 V é o terminal do "terra", o qual fornece um ponto comum para os circuitos conectados a ele. Embora os circuitos elétricos possam funcionar do mesmo modo com ou sem o "terra", o "terra" é necessário como uma medida de segurança.

4.8 Análise computacional

Utilizaremos dois pacotes computacionais para análise de circuitos neste livro. Um é o PSpice da Cadence e o outro é o Multisim da Electronics Workbench, um grupo pertencente à National Instruments. Ambos são muito úteis para a simulação de circuitos elétricos antes que eles sejam construídos. Eles também possibilitam a análise do projeto final. Um breve tutorial sobre PSpice é apresentado no Apêndice C, enquanto no Apêndice D encontra-se um breve tutorial sobre o Multisim. Mais adiante é possível verificar que o PSpice e o Multisim são semelhantes.

4.8.1 PSpice

O PSpice é um programa de computador para a análise de circuitos, o qual gradualmente será ensinado neste livro. Essa seção ilustra como utilizar o PSpice para analisar os circuitos CC que foram estudados até o momento. O leitor deverá rever as Seções C.1 a C.3 do Apêndice C antes de prosseguir nesta seção. Deve notar que o PSpice só é útil na determinação de tensões e correntes nos ramos quando os valores numéricos de todos os componentes do circuito são conhecidos.

Utilize o PSpice para encontrar as tensões nodais no circuito da Figura 4.28. Determine a corrente I.

Exemplo 4.8

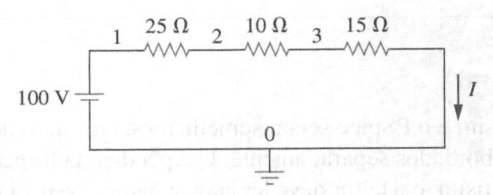

Figura 4.28
Para o Exemplo 4.8.

Solução:
O primeiro passo é desenhar o circuito dado. Seguindo as instruções apresentadas no Apêndice C, nas Seções C.2 e C.3, o diagrama esquemático na Figura 4.29 é produzido. Como essa é uma análise CC, utilizamos uma fonte de tensão VDC. Uma vez que o circuito foi desenhado e armazenado como exem48.dsn, simulamos o circuito selecionando a opção **PSpice/New Simulation Profile**. Isso conduz à caixa de diálogo Nova Simulação (**New Simulation**). Digitamos "exem48" como o nome do arquivo e clicamos em **Create**. Isso conduz à caixa de diálogo Configurações da Simulação (**Simulation Settings**). Essa caixa de diálogo é importante para as análises transitória e CA. Como o exemplo em questão trata-se de uma análise CC, simplesmente pressionamos o botão **OK**. Então selecionamos **PSpice/Run**. O circuito é simulado, e alguns dos resultados são mostrados no esquema, como ilustrado na Figura 4.29. Outros resultados são encontrados no arquivo de saída. Para ver o arquivo de saída, selecionamos **PSpice/View Output File**. O arquivo de saída contém o seguinte:

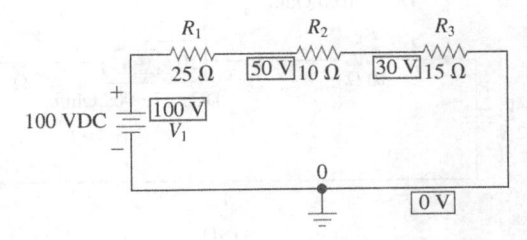

Figura 4.29
Para o Exemplo 4.8; diagrama esquemático do circuito na Figura 4.28.

```
NODE      VOLTAGE  NODE      VOLTAGE  NODE      VOLTAGE
(N00127)  30.0000  (N00131)  50.0000  (N00135)  100.0000

VOLTAGE SOURCE CURRENTS
NAME      CURRENT
V_V1      -2.000E+00
```

indicando que $V_1 = 100$ V, $V_2 = 50$ V e $V_3 = 30$ V. A corrente através da fonte de tensão é -2 A, o que implica que $I = 2$ A. Observe que V_2 é a tensão entre os nós N00131 e o terra, e não a tensão sobre R_2. O mesmo é válido para V_3.

Problema Prático 4.8

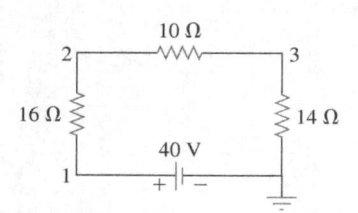

Figura 4.30
Para o Problema Prático 4.8.

Para o circuito na Figura 4.30, utilize o PSpice para encontrar as tensões nodais.

Resposta: $V_1 = 40$ V; $V_2 = 24$ V; $V_3 = 14$ V.

4.8.2 Multisim

Embora o Multisim e o PSpice sejam semelhantes, eles não são iguais. Por essa razão, eles são abordados separadamente. O Apêndice D fornece uma rápida introdução ao Multisim, e o leitor deve ler esse apêndice (especialmente as Seções D.1 e D.2) antes de prosseguir com esta seção.

Exemplo 4.9

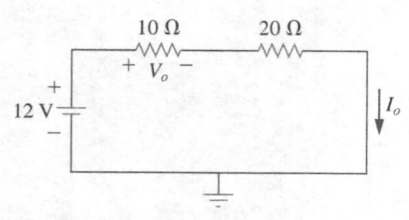

Figura 4.31
Para o Exemplo 4.9.

Utilize o Multisim para determinar V_o e I_o no circuito da Figura 4.31.

Solução:
Desenhamos o circuito seguindo as instruções dadas no Apêndice D, Seção D.2. O resultado é encontrado na Figura 4.32. Adicionamos um voltímetro para medir V_o e um amperímetro para medir I_o. Observe que o voltímetro é conectado em paralelo com o resistor de 10 Ω, enquanto o amperímetro é conectado em série com o resistor. É preciso adicionar o "terra" para simular o circuito. Simulamos o circuito pressionando a chave liga/desliga ou selecionando **Simulate/Run**. Isso produz as leituras no voltímetro e no amperímetro mostradas na Figura 4.32, isto é,

$$V_o = 4 \text{ V}, \quad I_o = 0{,}4 \text{ A}$$

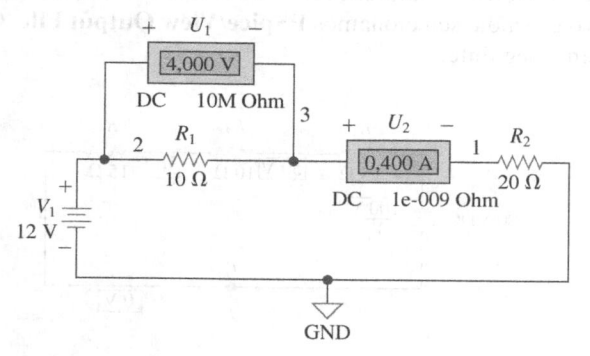

Figura 4.32
Simulação do circuito na Figura 4.31 no Multisim.

Problema Prático 4.9

Figura 4.33
Para o Problema Prático 4.9.

Utilize o Multisim para encontrar V_x e I_x no circuito da Figura 4.33.

Resposta: 12 V; 2 A.

4.9 Aplicações

Existem várias aplicações para os circuitos em série considerados neste capítulo. Um exemplo simples é o circuito de um diodo emissor de luz (LED – *light-emitting diode*), mostrado na Figura 4.34. Esse circuito é projetado para limitar a corrente que flui através do diodo em um determinado valor. Sem o resistor série R no lugar, a corrente através do diodo poderia ser muito elevada e danificar o diodo. Assim, a limitação de corrente é uma aplicação comum dos resistores em série.

Outro exemplo é o sistema de iluminação, tal como em uma casa ou em uma árvore de Natal; que muitas vezes é constituída de N lâmpadas conectadas em série ou paralelo (o que será discutido no próximo capítulo), conforme mostrado na Figura 4.35. Cada lâmpada é modelada como um resistor. Assumindo que todas as lâmpadas são idênticas e que V_o é a tensão de alimentação, a tensão sobre cada lâmpada é V_o/N para a conexão em série. A conexão em série é fácil de ser feita, mas é raramente utilizada por duas razões. Primeiro, ela é pouco confiável, pois a falha de uma lâmpada provoca o desligamento das demais. Segundo, é difícil para a manutenção, pois quando uma lâmpada está com problema, devem-se testar todas as lâmpadas, uma por uma, até encontrar aquela com defeito. Não obstante, as luzes de Natal modernas são em série para evitar a tensão de 120 V sobre cada lâmpada.

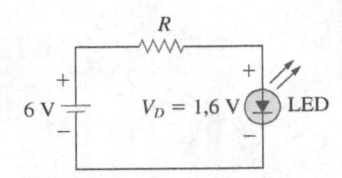

Figura 4.34
Utilizando resistor em série para limitar o fluxo de corrente.

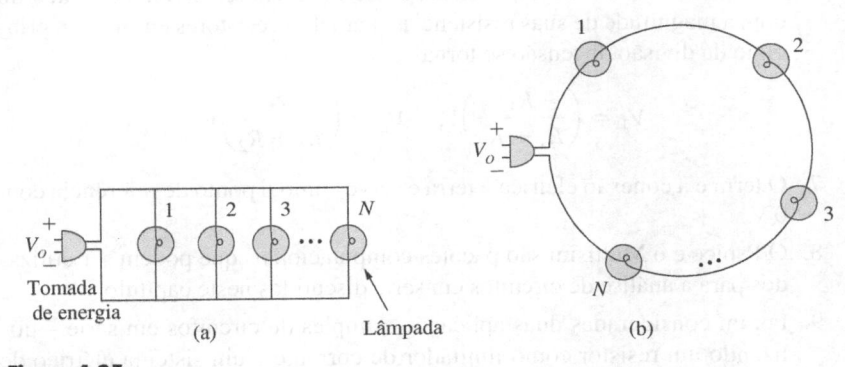

Figura 4.35
(a) Conexão de lâmpadas em paralelo; (b) conexão de lâmpadas em série.

Exemplo 4.10

Se uma corrente de 12 mA passa através do diodo na Figura 4.34, encontre R.

Solução:
Aplicando a lei de Kirchhoff para tensão ao longo do laço, obtemos

$$-6 + IR + 1{,}6 = 0$$

Daí,

$$R = \frac{6 - 1{,}6}{I} = \frac{4{,}4}{12 \text{ mA}} = 366{,}7 \ \Omega$$

Problema Prático 4.10

Se a resistência no circuito da Figura 4.34 é 270 Ω, encontre a corrente do diodo.

Resposta: 16,3 mA.

4.10 Resumo

1. Um ramo é um simples elemento de dois terminais em um circuito elétrico. Um nó é o ponto de conexão entre dois ou mais ramos. Um laço é um caminho fechado no circuito. O número de ramos b, o número de nós n e o número de laços independentes ℓ em um circuito estão relacionados da seguinte forma:

$$b = \ell + n - 1$$

2. Dois elementos estão em série quando estão conectados sequencialmente. Quando os elementos estão em série, a mesma corrente flui através deles.

3. A resistência total (ou resistência equivalente) em um circuito em série é igual à soma das resistências individuais, isto é,

$$R_T = R_1 + R_2 + R_3 + \cdots + R_N$$

4. A lei de Kirchhoff para tensão estabelece que a soma algébrica das tensões ao longo de um caminho fechado é zero. Em outras palavras, a soma das elevações de tensão é igual à soma das quedas de tensão.

5. Quando fontes de tensão são conectadas em série, a tensão total é a soma algébrica das tensões individuais.

6. Em um divisor de tensão, a tensão sobre os resistores divide-se de acordo com a magnitude de suas resistências. Para dois resistores em série, o princípio da divisão de tensão se torna

$$V_1 = \left(\frac{R_1}{R_1 + R_2}\right)V, \quad V_2 = \left(\frac{R_2}{R_1 + R_2}\right)V$$

7. O terra é a conexão elétrica à terra e serve como o ponto de referência com 0 V.

8. O Pspice e o Multisim são pacotes computacionais que podem ser utilizados para a análise de circuitos em série discutidos neste capítulo.

9. Foram consideradas duas aplicações simples de circuitos em série – utilizando um resistor como limitador de corrente e um sistema elétrico de iluminação.

Questões de revisão

4.1 Um circuito tem 12 ramos e 8 laços independentes. Quantos nós existem nesse circuito?

(a) 19   (b) 17
(c) 5   (d) 4

4.2 A grandeza elétrica comum a todos os resistores em série é:

(a) potência   (b) energia
(c) tensão   (d) corrente

4.3 Um circuito em série possui quatro resistores com valores de 40 Ω, 50 Ω, 120 Ω e 160 Ω. A resistência total é:

(a) 90 Ω   (b) 280 Ω
(c) 370 Ω   (d) 740 Ω

4.4 A corrente é zero em um circuito em série com um ou mais elementos abertos.

(a) Verdadeiro   (b) Falso

4.5 Em um circuito em série, você pode mudar fisicamente a posição dos resistores sem afetar a corrente ou a resistência total.

(a) Verdadeiro   (b) Falso

4.6 De acordo com a LKT, a soma algébrica das quedas de tensão deve ser igual à soma algébrica das tensões das fontes.

(a) Verdadeiro   (b) Falso

4.7 Um circuito em série é constituído por uma bateria de 10 V e dois resistores (12 Ω e 8 Ω). Qual a corrente que flui através desse circuito?

(a) 1,25 A (b) 0,5 A
(c) 2 A   (d) 200 A

4.8 No circuito da Figura 4.36, V_x é:

(a) 30 V   (b) 14 V
(c) 10 V   (d) 6 V

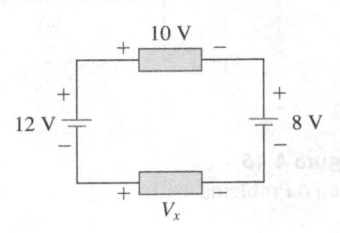

Figura 4.36
Para a Questão de Revisão 4.8.

4.9 No circuito da Figura 4.37, a tensão terminal V_{ab} é:

(a) 9 V   (b) 7 V   (c) 6 V   (d) 2 V

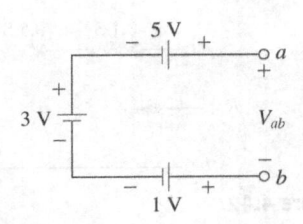

Figura 4.37
Para a Questão de Revisão 4.9.

4.10 Se um circuito em série tem três resistores (12 kΩ, 20 kΩ e 50 kΩ), o resistor que tem a menor tensão é:

(a) 12 kV   (b) 20 kV
(c) 50 kV   (d) não pode ser determinado com base nas informações dadas.

Respostas: 4.1 c, 4.2 d, 4.3 c, 4.4 a, 4.5 a, 4.6 a, 4.7 b, 4.8 d, 4.9 b, 4.10 a.

Problemas

Seção 4.2 Nós, ramos e laços

4.1 Determine o número de nós, laços e ramos no circuito da Figura 4.38.

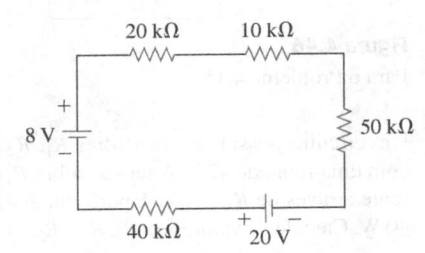

Figura 4.38
Para o Problema 4.1.

4.2 Para o circuito mostrado na Figura 4.39, determine o número de nós, ramos e laços.

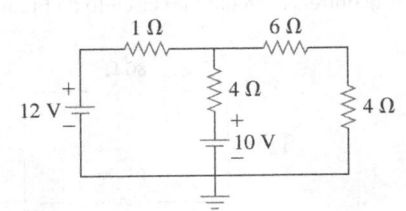

Figura 4.39
Para os Problemas 4.2 e 4.48.

4.3 Para o circuito mostrado na Figura 4.40 (na qual cada linha representa um elemento), encontre o número de nós, ramos e laços.

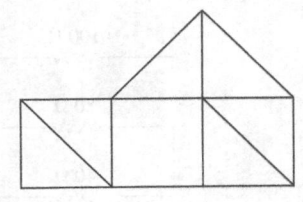

Figura 4.40
Para o Problema 4.3.

Seção 4.3 Resistores em série

4.4 Dados $R_1 = 5,6$ kΩ, $R_2 = 47$ kΩ, $R_3 = 22$ kΩ e $R_4 = 12$ kΩ, encontre a resistência total quando os resistores são conectados em série.

4.5 Encontre a resistência total do circuito na Figura 4.41.

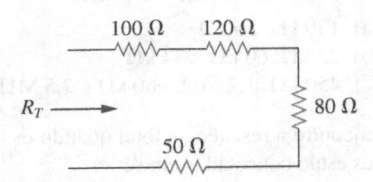

Figura 4.41
Para o Problema 4.5.

4.6 Determine R_{ab} no circuito da Figura 4.42.

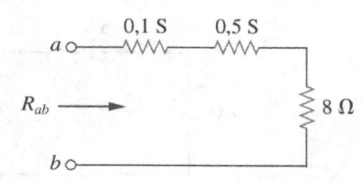

Figura 4.42
Para o Problema 4.6.

4.7 Encontre R_T no circuito da Figura 4.43.

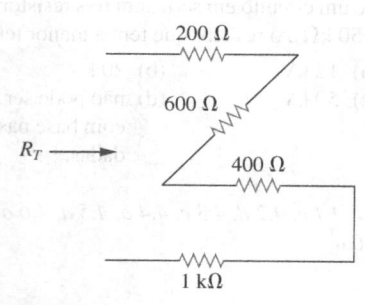

Figura 4.43
Para o Problema 4.7.

4.8 Uma sequência de quatro resistores é conectada conforme mostrado na Figura 4.44. Calcule a resistência total.

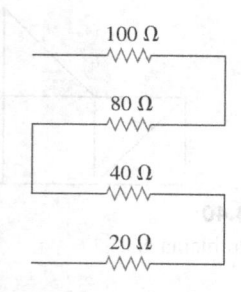

Figura 4.44
Para o Problema 4.8.

4.9 Qual é a resistência total de um circuito que contém cinco resistores de 4,7 kΩ em série?

4.10 Calcule a resistência equivalente de cada um dos seguintes grupos de resistores em série:
 (a) 120 Ω e 560 Ω
 (b) 22 kΩ, 60 kΩ e 34 kΩ
 (c) 450 kΩ, 1,2 MΩ, 960 kΩ e 2,5 MΩ

4.11 Encontre a resistência total quando os seguintes resistores estão conectados em série:

 2,4 MΩ   480 kΩ   56 kΩ   4,2 MΩ

4.12 Calcule a resistência de um resistor a ser conectado em série com um resistor de 80 Ω, tal que o resistor de 80 Ω dissipe 20 W quando a combinação dos resistores em série é conectada a uma fonte de 110 V.

4.13 Determine os valores de R_1 e R_2 no circuito da Figura 4.45.

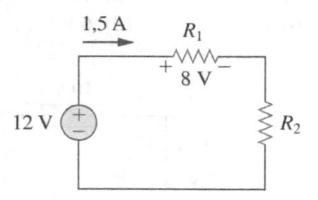

Figura 4.45
Para o Problema 4.13.

4.14 Três resistores R_1, R_2 e R_3 são conectados em série a uma fonte de 120 V. A queda de tensão sobre R_1 e R_2 é 90 V, e a queda de tensão sobre R_2 e R_3 é 80 V. Se a resistência total é 12 Ω, qual é a resistência de cada resistor?

4.15 Consulte o circuito da Figura 4.46. Seja $V_s = 120$ V, $R_1 = 8$ Ω e $P_2 = 400$ W. Calcule o valor de R_2.

Figura 4.46
Para o Problema 4.15.

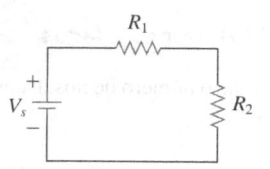

4.16 Um circuito possui três resistores R_1, R_2 e R_3 em série com uma fonte de 42 V. A tensão sobre R_1 é 10 V. A corrente através de R_2 é 2 A. A potência dissipada em R_3 é 40 W. Calcule os valores de R_1, R_2 e R_3.

4.17 Quatro resistores $R_1 = 80$ Ω, $R_2 = 120$ Ω, $R_3 = 160$ Ω e $R_4 = 40$ Ω estão conectados em série com uma bateria de 6 V. Determine a corrente que flui através dos resistores.

Seção 4.4 Lei de Kirchhoff para tensão

4.18 Encontre a corrente I no circuito da Figura 4.47.

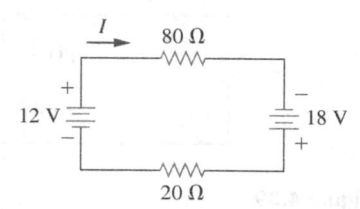

Figura 4.47
Para o Problema 4.18.

4.19 Determine a corrente I_x no circuito da Figura 4.48. Encontre a potência absorvida pelos resistores individualmente.

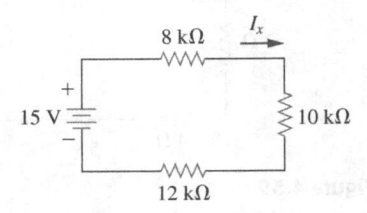

Figura 4.48
Para o Problema 4.19.

4.20 Utilize a LKT para determinar a corrente I no circuito da Figura 4.49.

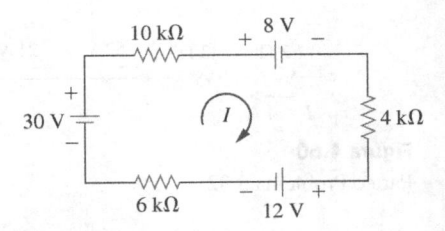

Figura 4.49
Para o Problema 4.20.

4.21 Determine a tensão V_x no circuito da Figura 4.50.

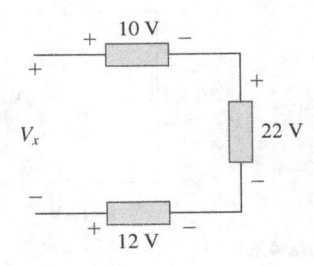

Figura 4.50
Para o Problema 4.21.

4.22 Encontre R_x no circuito da Figura 4.51.

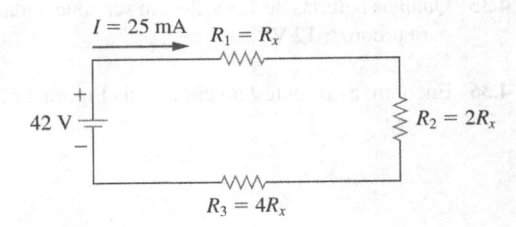

Figura 4.51
Para o Problema 4.22.

4.23 Para o circuito na Figura 4.52, encontre V e R.

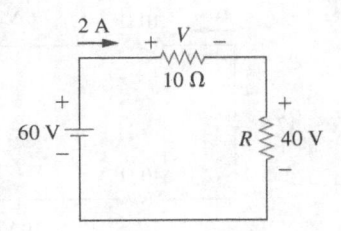

Figura 4.52
Para o Problema 4.23.

4.24 Encontre V_x e I_x no circuito da Figura 4.53.

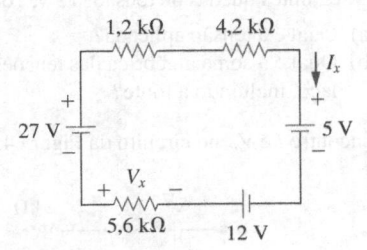

Figura 4.53
Para o Problema 4.24.

4.25 Encontre I e V no circuito mostrado na Figura 4.54.

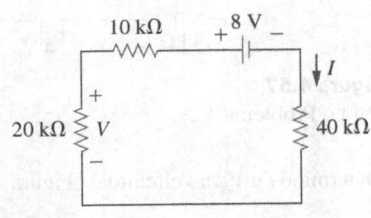

Figura 4.54
Para o Problema 4.25.

4.26 Determine V_1 e V_2 no circuito da Figura 4.55.

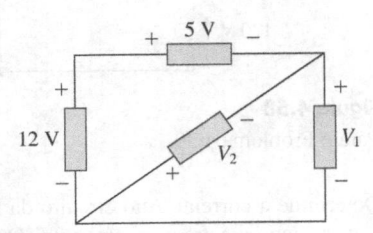

Figura 4.55
Para o Problema 4.26.

4.27 Determine I_x no circuito da Figura 4.56.

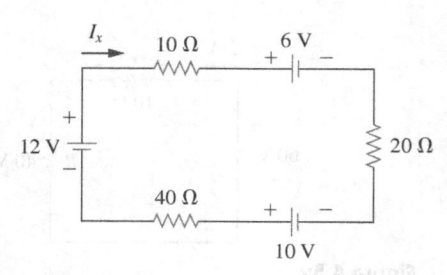

Figura 4.56
Para o Problema 4.27.

4.28 Um circuito em série possui componentes que produzem as seguintes quedas de tensão: 12 V, 16 V, 24 V e 32 V.
(a) Qual é a tensão aplicada?
(b) Qual é a soma algébrica das tensões ao longo do laço, incluindo a fonte?

4.29 Encontre I e V_{ab} no circuito da Figura 4.57.

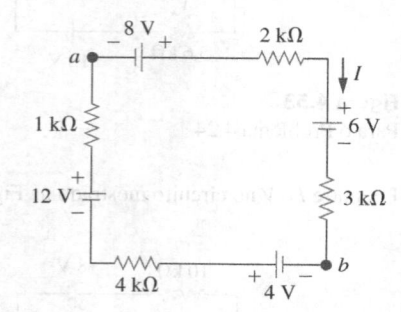

Figura 4.57
Para o Problema 4.29.

4.30 Determine I e V_{ab} no circuito da Figura 4.58.

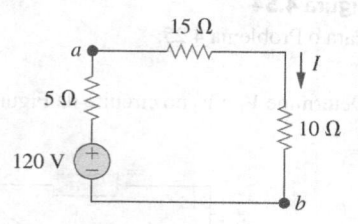

Figura 4.58
Para o Problema 4.30.

4.31 Determine a corrente I no circuito da Figura 4.59. Encontre a tensão entre os pontos x e y. Qual ponto (x ou y) está no potencial mais elevado?

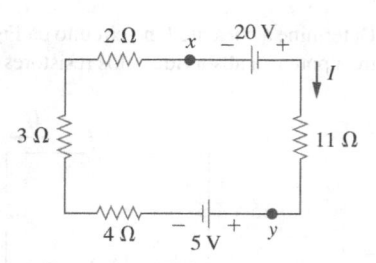

Figura 4.59
Para o Problema 4.31.

4.32 Consulte o circuito na Figura 4.60. Determine a diferença de potencial entre:
(a) x e y
(b) x e z

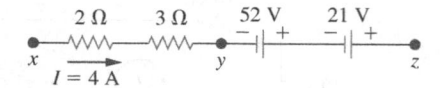

Figura 4.60
Para o Problema 3.32.

Seção 4.5 Fontes de tensão em série

4.33 Encontre a tensão V_{ab} no circuito da Figura 4.61.

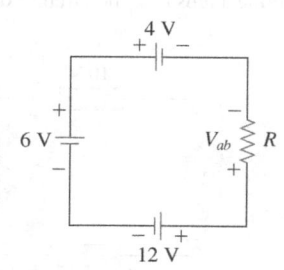

Figura 4.61
Para o Problema 4.33.

4.34 Uma das quatro baterias de 1,2 V de uma lanterna é posta em sentido oposto. Determine a tensão sobre a lâmpada.

4.35 Quantas baterias de 1,5 V devem ser conectadas em série para produzir 12 V?

4.36 Encontre a corrente I no circuito da Figura 4.62.

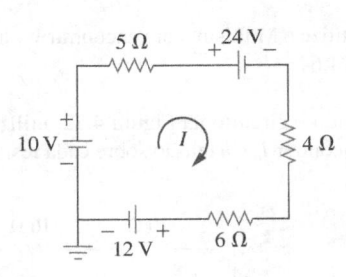

Figura 4.62
Para os Problemas 4.36 e 4.50.

4.37 Simplifique o circuito da Figura 4.63 em uma fonte em série com um resistor. Encontre a corrente que flui pelo resistor.

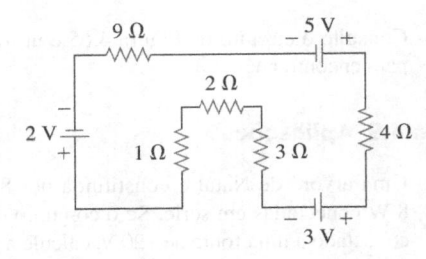

Figura 4.63
Para o Problema 4.37.

Seção 4.6 Divisores de tensão

4.38 Encontre a tensão entre os pontos a e b no circuito mostrado na Figura 4.64.

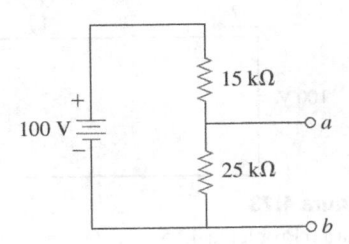

Figura 4.64
Para os Problemas 4.38 e 4.51.

4.39 Determine a tensão V_{ab} no circuito da Figura 4.65.

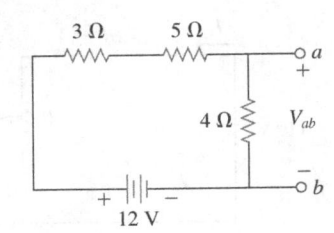

Figura 4.65
Para os Problemas 4.39 e 4.53.

4.40 Aplique a regra do divisor de tensão para encontrar a tensão sobre cada resistor no circuito da Figura 4.66.

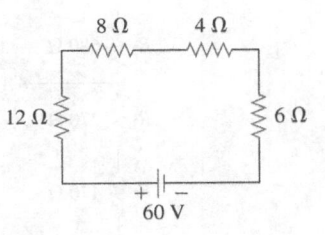

Figura 4.66
Para o Problema 4.40.

4.41 Um divisor de tensão é constituído pelos resistores R_1 e R_2 e uma bateria de 12 V. $R_1 = 5{,}6$ kΩ e a tensão sobre ele é 4,5 V. Calcule a resistência de R_2.

4.42 Consulte o circuito na Figura 4.67. Se $V_s = 24$ V e $R_s = 100$ Ω, calcule R_L tal que $V_L = V_s/2$. Qual a potência dissipada em R_L e R_s sob essa condição?

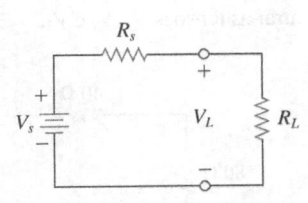

Figura 4.67
Para o Problema 4.42.

4.43 No circuito da Figura 4.68, R_2 é um potenciômetro (resistor variável) de 5 kΩ.
(a) Calcule os valores máximo e mínimo de V_x.
(b) Calcule os valores máximo e mínimo de V_x se R_3 for curto-circuitado.

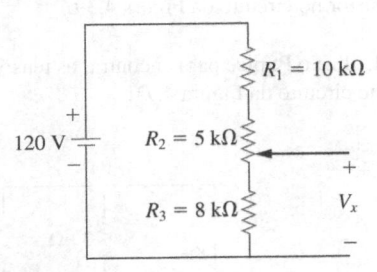

Figura 4.68
Para o Problema 4.43.

4.44 Um resistor de 30 kΩ e um resistor de 50 kΩ estão conectados em série com uma fonte de 120 V. Encontre: (a) a queda de tensão sobre o resistor de 30 kΩ; e (b) a potência dissipada no resistor de 50 kΩ.

4.45 Encontre a tensão no ponto A na Figura 4.69.

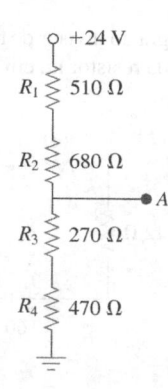

Figura 4.69
Para o Problema 4.45.

4.46 Um fonte de tensão de 28 V possui uma resistência interna de 250 mΩ. Determine a tensão terminal quando a fonte é conectada a uma carga de 7 Ω.

Seção 4.8 Análise computacional

4.47 Consulte o circuito na Figura 4.70. Utilize o PSpice para encontrar as tensões V_1, V_2 e V_3.

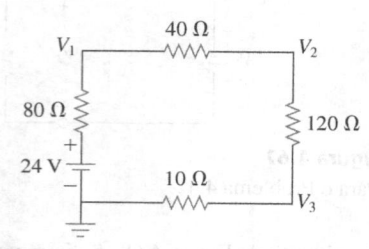

Figura 4.70
Para o Problema 4.47.

4.48 Utilize o PSpice para determinar a tensão sobre cada resistor no circuito da Figura 4.39.

4.49 Utilize o PSpice para encontrar as tensões nodais V_1 e V_2 no circuito da Figura 4.71.

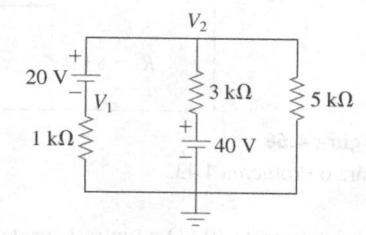

Figura 4.71
Para o Problema 4.49.

4.50 Utilize o PSpice para determinar a corrente I na Figura 4.62.

4.51 Utilize o Multisim para encontrar V_{ab} no circuito da Figura 4.64.

4.52 Dado o circuito na Figura 4.72, utilize o Multisim para encontrar I_o e a tensão sobre cada resistor.

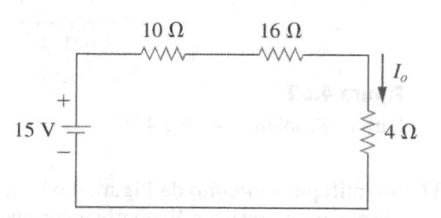

Figura 4.72
Para o Problema 4.52.

4.53 Consulte o circuito da Figura 4.65 e utilize o Multisim para encontrar V_{ab}.

Seção 4.9 Aplicações

4.54 Uma árvore de Natal é constituída por 8 lâmpadas de 8 W conectadas em série. Se o conjunto de lâmpadas é conectado a uma fonte de 120 V, calcule a resistência do filamento de cada lâmpada.

4.55 Três lâmpadas são conectadas em série a uma bateria de 100 V, conforme mostrado na Figura 4.73. Encontre a corrente I através das lâmpadas.

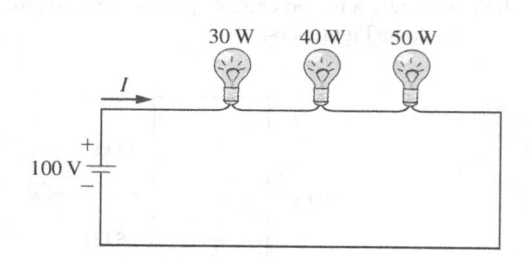

Figura 4.73
Para o Problema 4.55.

4.56 O potenciômetro (resistor ajustável) R_x na Figura 4.74 deve ser dimensionado para ajustar a corrente I_x de 1 A a 10 A. Calcule os valores de R e R_x necessários para isso.

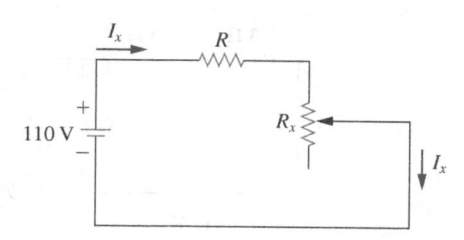

Figura 4.74
Para o Problema 4.56.

4.57 A Figura 4.75 representa um modelo de um painel fotovoltaico. Dado que $V_s = 30$ V, $R_1 = 20$ Ω e $I = 1$ A, encontre R_L.

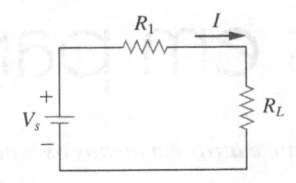

Figura 4.75
Para o Problema 4.57.

4.58 Determine o valor de R na Figura 4.76 que limitará o fluxo de corrente em 2 mA. Assuma que a queda sobre o LED seja de 1,6 V.

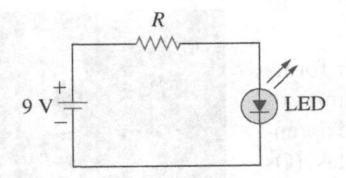

Figura 4.76
Para o Problema 4.58.

4.59 Encontre a corrente medida pelo amperímetro na Figura 4.77 para cada posição da chave.

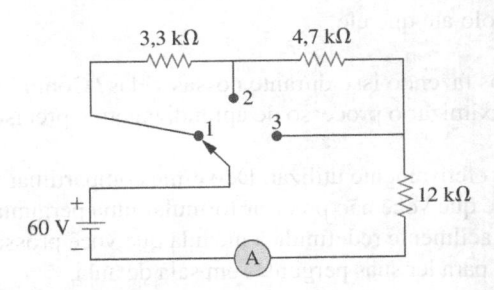

Figura 4.77
Para o Problema 4.59.

4.60 Três lâmpadas de 0,7 A estão conectadas em série, e a queda de tensão em cada lâmpada é de 120 V. Determine (a) a corrente total, (b) a tensão total, e (c) a potência total utilizada.

4.61 Uma árvore de Natal possui oito lâmpadas que estão conectadas em série. Se cada lâmpada necessita de 14 V e 0,2 A, calcule (a) a corrente total, (b) a tensão total e (c) a potência total utilizada.

4.62 Três baterias de 12 V estão conectadas em série com uma carga de 2 Ω. Assuma que as baterias possuem resistência interna de 1 Ω, 2 Ω e 3 Ω. Determine (a) a corrente através da carga, (b) a tensão sobre a carga, (c) a potência dissipada pela carga e (d) a potência suprida pelas baterias.

4.63 A Figura 4.78 mostra um circuito constituído de uma lâmpada com uma resistência de 11,7 Ω e uma bateria com resistência interna $R_i = 0,3$ Ω. Encontre (a) a corrente drenada da bateria, (b) a queda de tensão sobre a resistência interna R_i, (c) a tensão terminal da bateria, (d) a potência dissipada internamente pela bateria, (e) a potência entregue à carga e (f) a eficiência da bateria.

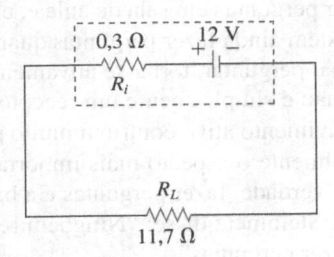

Figura 4.78
Para o Problema 4.63.

4.64 Uma lanterna possui duas baterias; cada bateria tem uma tensão terminal de circuito aberto de 3 V e uma resistência interna de 0,2 Ω. Determine (a) a tensão terminal total das baterias para a condição sem carga, (b) a resistência interna total e (c) a corrente que flui através das baterias quando elas são curto-circuitadas.

capítulo 5
Circuitos em paralelo

Aprenda a raciocinar à frente e atrás em ambos os lados de uma questão.
— Abraham Lincoln

Desenvolvendo sua carreira

Fazer perguntas

Em mais de 30 anos de ensino, tenho lutado para determinar a melhor forma de ajudar os alunos a aprenderem. Independentemente de quanto tempo os alunos passam estudando em um curso, a atividade mais útil para eles é aprender a fazer perguntas em sala de aula e, em seguida, fazer essas perguntas. (Os alunos podem ainda fazer perguntas quando os cursos são oferecidos on-line). O aluno, ao perguntar, torna-se ativamente envolvido no processo de aprendizagem e não é simplesmente um receptor passivo de informação. A meu ver, esse envolvimento ativo contribui muito para o processo de aprendizagem que é provavelmente o aspecto mais importante para o desenvolvimento da educação. Na verdade, fazer perguntas é a base da ciência e da tecnologia. Como Charles P. Steinmetz disse: "Ninguém realmente se torna um tolo até que ele pare de fazer perguntas".

Estudantes levantando a mão na aula de informática.
© Photodisc/Getty RF

Parece muito simples e fácil fazer perguntas. Não estamos fazendo isso durante nossas vidas? Contudo, a verdade é que para fazer perguntas de maneira apropriada e para maximizar o processo de aprendizagem é preciso reflexão e preparo.

Estou certo de que existem vários modelos que você pode efetivamente utilizar. Deixe-me compartilhar o que tem funcionado para mim. O mais importante para se ter em mente é que você não precisar formular uma pergunta perfeita. O formato das perguntas e repostas permite que a questão seja facilmente redefinida à medida que você prossegue. Frequentemente eu digo aos alunos que eles são muito bem-vindos para ler suas perguntas em sala de aula.

Aqui estão algumas coisas que você deve ter em mente ao fazer perguntas. Primeiro, prepare sua pergunta. Se você é como muitos alunos que são tímidos ou não aprenderam a fazer perguntas, pode começar com uma questão que tenha escrito fora da sala de aula. Segundo, espere por um momento apropriado para fazer perguntas. Utilize seu senso; por exemplo, você não iria querer fazer uma pergunta sobre disjuntores no meio de uma discussão sobre eficiência. Terceiro, esteja preparado para esclarecer sua pergunta ou fazê-la de uma forma diferente caso seja solicitado a você repeti-la.

Um último comentário: Nem todos os professores gostam que os alunos façam perguntas em sala de aula, embora eles digam que gostem. Você precisa identificar quais professores gostam de perguntas em sala de aula. Boa sorte em desenvolver uma das mais importantes habilidades com um tecnologista.

5.1 Introdução

No capítulo anterior, consideramos os circuitos série e aplicamos a lei de Kirchhoff para tensão para analisá-los. Neste capítulo, aprenderemos sobre os circuitos em paralelo e a aplicação da lei de Kirchhoff para corrente (LKC) para analisar tais circuitos. Embora circuitos complexos contenham porções que são circuitos série ou paralelos, alguns circuitos contêm somente circuitos em paralelo. Um exemplo de um circuito paralelo simples é mostrado na Figura 5.1. Por exemplo, muitos acessórios automotivos são conectados em paralelo com a bateria, utilizando circuitos em paralelo. Além disso, circuitos em paralelo são encontrados nas instalações elétricas residenciais. Isso é feito para que as lâmpadas não parem de funcionar só porque você desligou a TV.

Neste capítulo, iniciaremos com o exame das características dos circuitos em paralelo. Verificaremos que os circuitos em paralelo possuem algumas propriedades que são análogas, porém contrárias àquelas dos circuitos série. Apresentamos a lei de Kirchhoff para corrente (LKC). Aplicamos a LKC na combinação de fontes de corrente em paralelo, divisores de corrente e resistores em paralelo. Consideraremos também algumas aplicações de circuitos em paralelo. Finalmente, mostraremos como utilizar o PSpice e o Multisim para analisar circuitos em paralelo.

Figura 5.1
Resistores em paralelo em uma matriz de contatos.
© Sarhan M. Musa

5.2 Circuitos em paralelo

Dois resistores estão em paralelo quando eles estão conectados aos mesmos terminais ou nós. Em geral, quando dois ou mais resistores estão conectados aos dois nós, é dito que eles estão em paralelo.

Exemplos de circuitos em paralelo são mostrados na Figura 5.2. Desses exemplos, as características de um circuito em paralelo ficam evidentes:

1. Cada elemento está ligado a dois nós como os demais elementos.
2. Existem dois ou mais caminhos para a corrente fluir.
3. A tensão sobre cada elemento em paralelo é a mesma.

Uma das vantagens do circuito em paralelo sobre um circuito em série é que, quando um elemento se torna um circuito aberto, os outros elementos não são afetados.

Um **circuito em paralelo** consiste em resistores (ou elementos) que têm dois nós em comum; portanto, a mesma tensão aparece através de cada resistor (ou elemento).

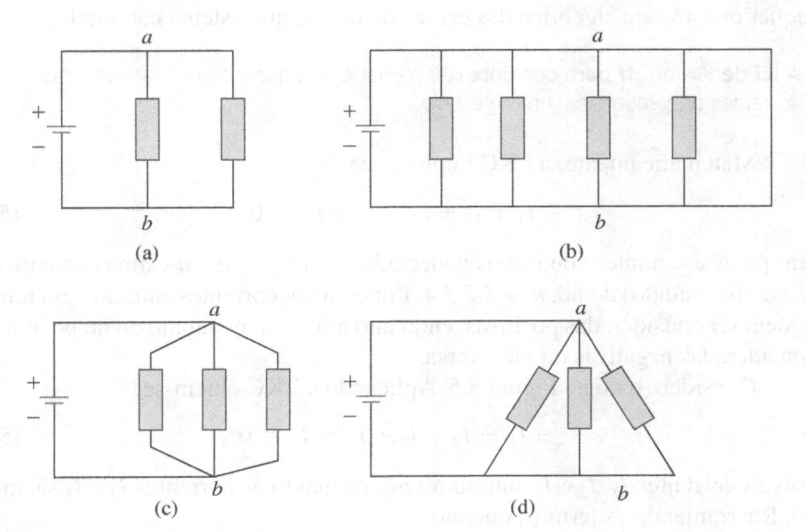

Figura 5.2
Exemplos de circuitos em paralelo.

Exemplo 5.1

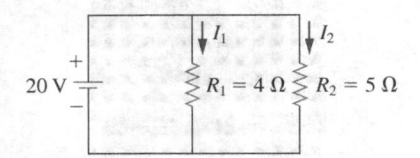

Figura 5.3
Para o Exemplo 5.1 e o Problema 5.51.

Para o circuito na Figura 5.3, encontre a corrente através de cada resistor e a potência absorvida por eles individualmente.

Solução:
Como os resistores estão em paralelo, eles devem estar sob a mesma tensão. Utilizando a lei de Ohm,

$$I_1 = \frac{V}{R_1} = \frac{20}{4} = 5 \text{ A}$$

$$I_2 = \frac{V}{R_2} = \frac{20}{5} = 4 \text{ A}$$

A potência absorvida por R_1 é

$$P_1 = VI_1 = 20 \times 5 = 100 \text{ W}$$

e a potência absorvida por R_2 é

$$P_2 = VI_2 = 20 \times 4 = 80 \text{ W}$$

Problema Prático 5.1

Calcule a potência absorvida por R_1, R_2 e R_3 no circuito da Figura 5.4.

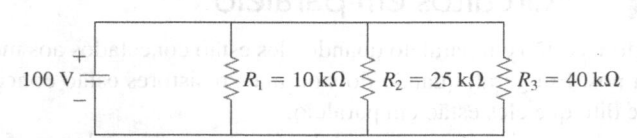

Figura 5.4
Para o Problema Prático 5.1.

Resposta: 1 W; 0,4 W; 0,25 W.

5.3 Lei de Kirchhoff para corrente

A lei de Kirchhoff para corrente é baseada na lei da conservação de carga, a qual requer que a soma algébrica das cargas dentro de um sistema não mude.

> **A lei de Kirchhoff para corrente** (LKC) estabelece que a soma algébrica das correntes que entram em um nó é zero.

Matematicamente, a LKC implica que

$$I_1 + I_2 + I_3 + \cdots + I_N = 0 \quad (5.1)$$

em que N é o número de ramos conectados ao nó e I_n é a n-ésima corrente entrando (ou saindo) do nó, $n = 1,2,3,4$. Por essa lei, correntes entrando em um nó podem ser consideradas positivas, enquanto as correntes saindo do nó podem ser consideradas negativas ou vice-versa.

Considere o nó na Figura 5.5. Aplicando a LKC obtém-se

$$+I_1 - I_2 + I_3 + I_4 - I_5 = 0 \quad (5.2)$$

pois as correntes I_1, I_3 e I_4 entram no nó, enquanto as correntes I_2 e I_5 saem do nó. Rearranjando os termos, obtemos

$$I_1 + I_3 + I_4 = I_2 + I_5 \quad (5.3)$$

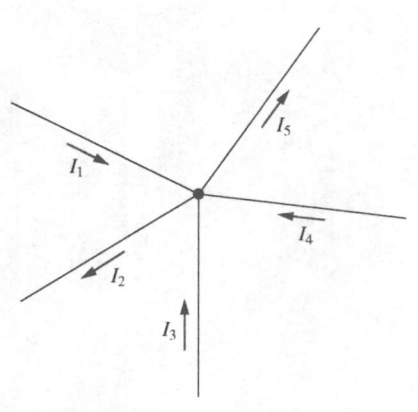

Figura 5.5
Correntes em um nó ilustrando a LKC.

A Equação (5.3) é uma forma alternativa da LKC.

> A soma das correntes que entram em um nó é igual à soma das correntes que saem do nó.

Observe que a LKC também se aplica a uma fronteira fechada. Isso pode ser considerado como um caso generalizado, porque um nó pode ser tido como uma superfície fechada reduzida a um ponto. Em duas dimensões, uma fronteira fechada é o mesmo que um caminho fechado. Como ilustrado na Figura 5.6, a corrente total entrando na superfície fechada é igual à corrente total deixando a superfície.

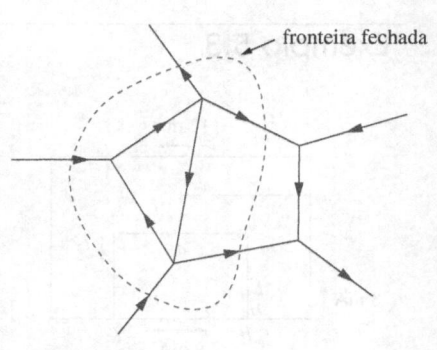

Figura 5.6
Aplicando a LKC em uma fronteira fechada.

Exemplo 5.2

Determine a corrente I_3 no circuito da Figura 5.7.

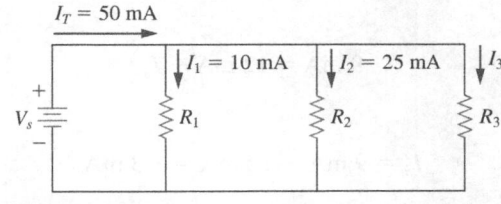

Figura 5.7
Para o Exemplo 5.2.

Solução:
Aplicamos a LKC ao nó superior e obtemos

$$I_T = I_1 + I_2 + I_3$$

ou

$$I_3 = I_T - I_1 - I_2 = 50\ \text{mA} - 10\ \text{mA} - 25\ \text{mA} = 15\ \text{mA}$$

Problema Prático 5.2

Encontre a corrente I_2 no circuito da Figura 5.8.

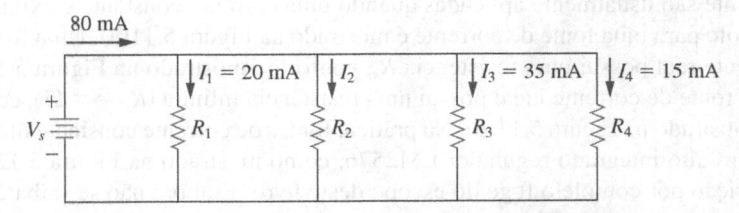

Figura 5.8
Para o Problema Prático 5.2.

Resposta: 10 mA.

Exemplo 5.3

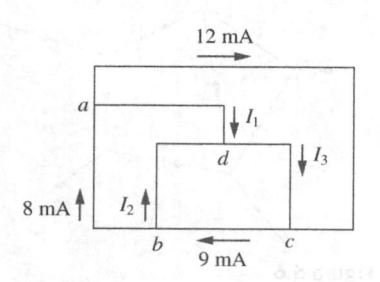

Figura 5.9 Para o Exemplo 5.3.

Utilize a LKC para obter I_1, I_2 e I_3 no circuito da Figura 5.9.

Solução:
No nó a,

$$8 \text{ mA} = 12 \text{ mA} + I_1$$

ou

$$I_1 = 8 \text{ mA} - 12 \text{ mA} = -4 \text{ mA}$$

O sinal negativo mostra que o fluxo de corrente está na direção contrária daquela que foi assumida.

No nó b,

$$9 \text{ mA} = 8 \text{ mA} + I_2$$

ou

$$I_2 = 9 \text{ mA} - 8 \text{ mA} = 1 \text{ mA}$$

No nó c,

$$9 \text{ mA} = 12 \text{ mA} + I_3$$

ou

$$I_3 = 9 \text{ mA} - 12 \text{ mA} = -3 \text{ mA}$$

Para verificar os valores das correntes, aplicamos a LKC ao nó d.

$$I_3 = I_1 + I_2 \quad \Rightarrow \quad -3 \text{ mA} = -4 \text{ mA} + 1 \text{ mA}$$

as quais satisfazem à LKC.

Problema Prático 5.3

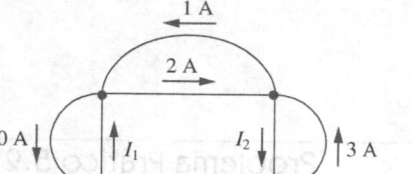

Figura 5.10 Para o Problema Prático 5.3.

Encontre I_1, I_2 e I_3 no circuito da Figura 5.10.

Resposta: 11 A; 4 A; 1 A.

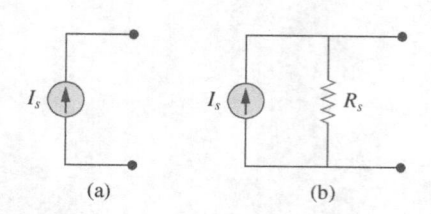

Figura 5.11 Fontes de corrente: (a) fonte de corrente ideal; (b) fonte de corrente real.

5.4 Fontes de corrente em paralelo

Uma fonte de corrente é o dual de uma fonte de tensão. É uma fonte de energia que fornece uma corrente constante à carga a ela conectada. As fontes de corrente são usualmente aplicadas quando uma corrente constante é exigida. O símbolo para uma fonte de corrente é mostrado na Figura 5.11(a). Uma fonte de corrente real possui uma resistência R_s, conforme mostrado na Figura 5.11(b). Uma fonte de corrente ideal possui uma resistência infinita ($R_s \to \infty \text{ } \Omega$), conforme mostrado na Figura 5.11(a). Na prática, fontes de corrente constante utilizam um circuito integrado regulador LM2576, como mostrado na Figura 5.12; sua descrição por completo foge do escopo deste livro. Embora não se saiba exatamente como o LM2576 funcione, sabe-se que ele funciona como uma fonte de corrente constante.

Uma aplicação simples da LKC é combinar fontes de corrente em paralelo. A corrente resultante é a soma algébrica das correntes supridas pelas fontes individuais. Por exemplo, as fontes de correntes mostradas na Figura 5.13(a) podem ser combinadas como na Figura 5.13(b). O circuito na Figura 5.13(b) é dito ser o circuito equivalente daquela da Figura 5.13(a). Dois cir-

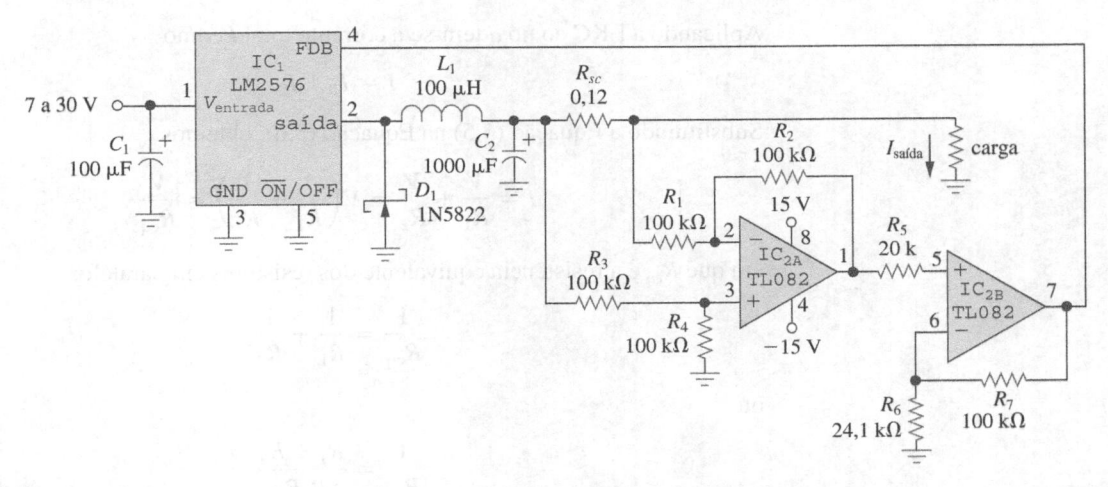

Figura 5.12
Fonte de corrente constante.
Cortesia da EDN.

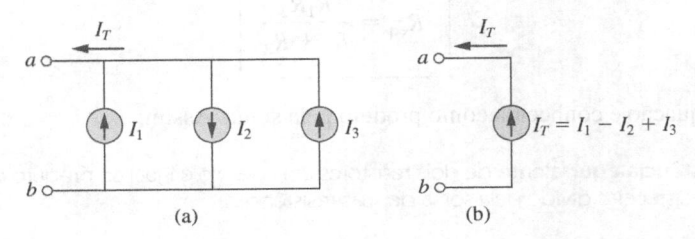

Figura 5.13
Fontes de corrente constante em paralelo: (a) circuito original; (b) circuito equivalente.

cuitos são ditos equivalentes se eles possuem as mesmas características de tensão-corrente (*V-I*). A fonte de corrente equivalente pode ser obtida pela aplicação da LKC ao nó *a*.

$$I_T + I_2 = I_1 + I_3$$

ou

$$I_T = I_1 - I_2 + I_3 \qquad (5.4)$$

Um circuito não pode conter duas fontes de corrente I_1 e I_2 diferentes em série, a menos que $I_1 = I_2$; caso contrário a LKC será violada.

5.5 Resistores em paralelo

Considere o circuito na Figura 5.14, no qual dois resistores estão conectados em paralelo e, portanto, estão sob a mesma tensão. (Os dois resistores "veem" a mesma queda de tensão, por isso estão sob a mesma tensão.) Da lei de Ohm,

$$V = I_1 R_1 = I_2 R_2$$

ou

$$I_1 = \frac{V}{R_1}, \qquad I_2 = \frac{V}{R_2} \qquad (5.5)$$

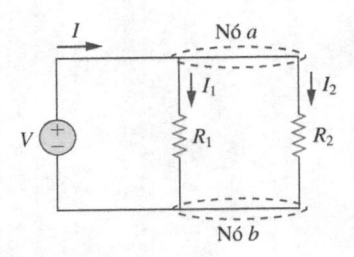

Figura 5.14
Dois resistores em paralelo.

Aplicando a LKC ao nó a tem-se a corrente total I como

$$I = I_1 + I_2 \tag{5.6}$$

Substituindo a Equação (5.5) na Equação (5.6), obtemos

$$I = \frac{V}{R_1} + \frac{V}{R_2} = V\left(\frac{1}{R_1} + \frac{1}{R_2}\right) = \frac{V}{R_{eq}} \tag{5.7}$$

em que R_{eq} é a resistência equivalente dos resistores em paralelo:

$$\frac{1}{R_{eq}} = \frac{1}{R_1} + \frac{1}{R_2} \tag{5.8}$$

ou

$$\frac{1}{R_{eq}} = \frac{R_1 + R_2}{R_1 R_2}$$

a qual pode ser interpretada como

$$\boxed{R_{eq} = \frac{R_1 R_2}{R_1 + R_2}} \tag{5.9}$$

Essa equação é conhecida como produto pela soma. Assim,

> a **resistência equivalente** de dois resistores em paralelo é igual ao produto de suas resistências divido pela soma de suas resistências.

Deve-se enfatizar que isso se aplica somente a dois resistores em paralelo. Da Equação (5.9), se $R_1 = R_2$, então, $R_{eq} = R_1/2$.

Podemos estender o resultado da Equação (5.8) para um caso geral de um circuito com N resistores em paralelo. A resistência equivalente é

$$\boxed{\frac{1}{R_{eq}} = \frac{1}{R_1} + \frac{1}{R_2} + \frac{1}{R_3} + \cdots + \frac{1}{R_N}} \tag{5.10}$$

Observe que R_{eq} é sempre menor que a menor resistência dentre os resistores em paralelo. Se $R_1 = R_2 = \ldots = R_N = R$, então,

$$R_{eq} = R/N \tag{5.11}$$

Por exemplo, se quatro resistores de 100 Ω forem conectados em paralelo, a resistência equivalente é 25 Ω.

Muitas vezes é mais conveniente utilizar a condutância ao invés da resistência quando se lida com resistores em paralelo. Da Equação (5.10), a condutância equivalente para N resistores em paralelo[1] é

$$\boxed{G_{eq} = G_1 + G_2 + G_3 + \cdots + G_N} \tag{5.12}$$

---

[1] Condutâncias em paralelo comportam-se como uma simples condutância cujo valor é igual à soma das condutâncias individuais.

em que $G_{eq} = 1/R_{eq}$, $G_1 = 1/R_1$, $G_2 = 1/R_2$, $G_3 = 1/R_3$,..., $G_N = 1/R_N$. A Equação (5.12) estabelece que:

> a **condutância equivalente** de resistores conectados em paralelo é a soma de suas condutâncias individuais.

Isso significa que podemos substituir o circuito da Figura 5.14 por aquele da Figura 5.15. Em outras palavras, o circuito na Figura 5.15 é o equivalente do circuito da Figura 5.14. Observe a similaridades entre as Equações (4.2) e (5.12) – isto é, a condutância de resistores em paralelo é obtida do mesmo modo que a resistência equivalente de resistores em série. De modo análogo, a condutância equivalente de resistores em série é obtida do mesmo modo que a resistência equivalente de resistores em paralelo.

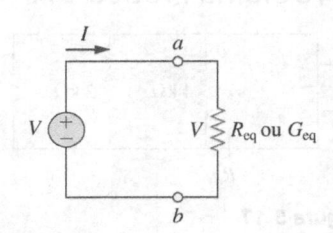

Figura 5.15
Circuito equivalente para a Figura 5.14.

Exemplo 5.4

Determine a resistência equivalente R_{eq} e a corrente I_T no circuito da Figura 5.16. Encontre a potência fornecida pela fonte de tensão.

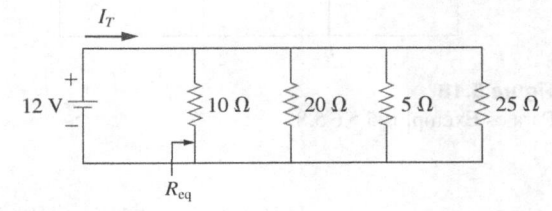

Figura 5.16
Para o Exemplo 5.4.

Solução:

$$\frac{1}{R_{eq}} = \frac{1}{R_1} + \frac{1}{R_2} + \frac{1}{R_3} + \frac{1}{R_4} = \frac{1}{10} + \frac{1}{20} + \frac{1}{5} + \frac{1}{25} = 0{,}39 \text{ S} \quad (5.4.1)$$

Para obter esse resultado na calculadora TI-89 Titanium, siga os seguintes passos. Entre com 1/10 + 1/20 + 1/5 + 1/25 e pressione ◆ Enter, no visor aparecerá 0,39.

$$R_{eq} = 1/0{,}39 = 2{,}564 \, \Omega$$

em que cada barra (/) é gerada pelo símbolo de divisão (÷). Observe que a resistência equivalente R_{eq} é menor que a menor resistência na Figura 5.16.
Utilizando a lei de Ohm,

$$I_T = \frac{V}{R_{eq}} = \frac{12}{2{,}564} = 4{,}68 \text{ A}$$

A potência fornecida é

$$P = VI_T = 12 \times 4{,}68 = 56{,}16 \text{ W}$$

Problema Prático 5.4

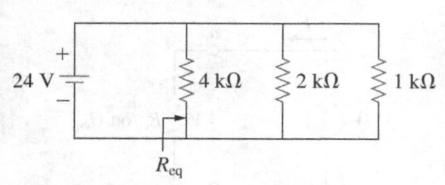

Figura 5.17
Para o Problema Prático 5.4.

Encontre a resistência equivalente R_{eq} no circuito da Figura 5.17. Determine a potência fornecida pela fonte de tensão.

Resposta: 571,43 Ω; 1,008 W.

Exemplo 5.5

Determine a tensão V_{ab} no circuito da Figura 5.18 e encontre I_1 e I_2.

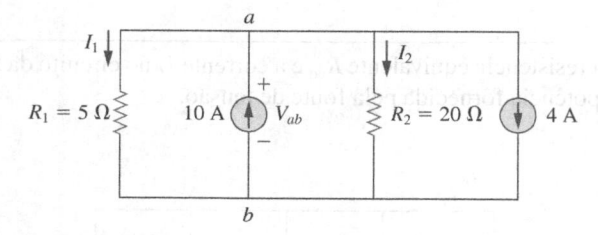

Figura 5.18
Para os Exemplos 5.5 e 5.8.

Solução:

V_{ab} é o potencial em a com relação a b. Isso pode ser encontrado de dois modos.

- **Método 1** Encontra-se a resistência equivalente como

$$R_T = \frac{R_1 R_2}{R_1 + R_2} = \frac{5 \times 20}{5 + 25} = 4\,\Omega \tag{5.5.1}$$

e a corrente líquida entrando no nó a como

$$I_T = 10 - 4 = 6\,\text{A}$$

Assim, podemos substituir o circuito da Figura 5.18 pelo circuito equivalente na Figura 5.19. Aplicando a lei de Ohm, tem-se

$$V_{ab} = I_T R_T = 6 \times 4 = 24\,\text{V} \tag{5.5.2}$$

- **Método 2** Aplicamos a LKC ao nó a

$$10 = 4 + I_1 + I_2 \tag{5.5.3}$$

Figura 5.19
Circuito equivalente ao da Figura 5.18.

Mas

$$I_1 = \frac{V_{ab}}{R_1} = \frac{V_{ab}}{5}, \qquad I_2 = \frac{V_{ab}}{R_2} = \frac{V_{ab}}{20}$$

Substituindo essas na Equação (5.5.3), obtém-se

$$6 = \frac{V_{ab}}{5} + \frac{V_{ab}}{20}$$

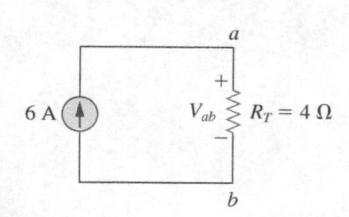

Multiplicando ambos os lados por 20, tem-se

$$120 = 4V_{ab} + V_{ab} = 5V_{ab}$$

ou

$$V_{ab} = 120/5 = 24 \text{ V}$$

conforme obtido anteriormente. Uma vez que V_{ab} foi encontrado, podemos aplicar a lei de Ohm para obter as correntes I_1 e I_2.

$$I_1 = \frac{V_{ab}}{R_1} = \frac{24}{5} = 4,8 \text{ A}$$

$$I_2 = \frac{V_{ab}}{R_2} = \frac{24}{20} = 1,2 \text{ A}$$

Problema Prático 5.5

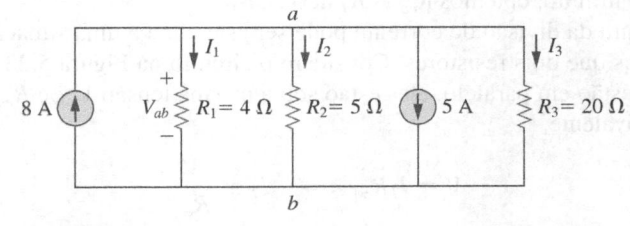

Calcule a tensão V_{ab} no circuito da Figura 5.20 e encontre I_1, I_2 e I_3.

Figura 5.20
Para os Problemas Práticos 5.5 e 5.8.

Resposta: 6 V; 1,5 A; 1,2 A; 0,3 A.

5.6 Divisores de corrente

Dada a corrente total I_T entrando no nó a na Figura 5.21, como obter as correntes I_1 e I_2? Sabemos que o resistor equivalente está sob o mesmo potencial, ou

$$V = I_T R_{eq} = \frac{I_T R_1 R_2}{R_1 + R_2} \tag{5.13}$$

Combinando as Equações (5.5) e (5.13), temos o seguinte resultado:

$$\boxed{I_1 = \frac{R_2}{R_1 + R_2} I_T, \qquad I_2 = \frac{R_1}{R_1 + R_2} I_T} \tag{5.14}$$

ou

$$I_1 = \frac{R_{eq}}{R_1} I_T, \qquad I_2 = \frac{R_{eq}}{R_2} I_T \tag{5.15}$$

a qual mostra que a corrente total é compartilhada pelos resistores na proporção inversa de suas resistências. Isso é conhecido como *princípio da divisão de corrente* ou *regra do divisor de corrente* (RDC), e o circuito na Figura

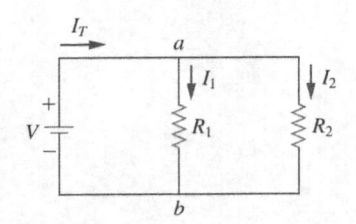

Figura 5.21
Resistores em paralelo dividindo a corrente.

5.21 é referido como *divisor de corrente*. Observe que correntes mais intensas fluem através dos resistores de menores resistências e que $I_T = I_1 + I_2$ satisfaz a LKC.

Como um caso extremo, suponha que um dos resistores na Figura 5.21 seja zero, diga-se $R_2 = 0\,\Omega$; isto é, R_2 é um curto-circuito conforme mostrado na Figura 5.22(a). Da Equação (5.14), $R_2 = 0\,\Omega$ implica que $I_1 = 0\,\text{A}$, $I_2 = I$. Isso significa que toda a corrente I ignora R_1 e flui através do curto-circuito $R_2 = 0\,\Omega$, o caminho de menor resistência. Assim, quando um circuito é curto-circuitado, conforme mostrado na Figura 5.22(a), duas coisas devem ser lembradas:

1. A resistência equivalente $R_{eq} = 0$. [Veja o que ocorre quando $R_2 = 0\,\Omega$ na Equação (5.9).]
2. Toda a corrente flui através do curto-circuito.

Como outro caso extremo, suponha $R_2 = \infty\,\Omega$; isto é, R_2 é um circuito aberto, conforme mostrado na Figura 5.22(b). A corrente flui através do caminho de menor resistência R_1. Tomando-se o limite da Equação (5.9) quando R_2 tende a ser infinito, obtemos $R_{eq} = R_1$ neste caso.

A regra da divisão de corrente pode ser estendida a uma situação quando se tem mais que dois resistores. Considere o circuito na Figura 5.23. Como os resistores estão em paralelo, eles estão sob a mesma tensão V. Se R_{eq} é a resistência equivalente,

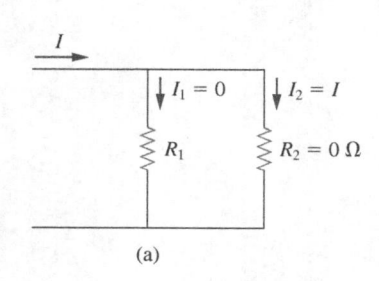

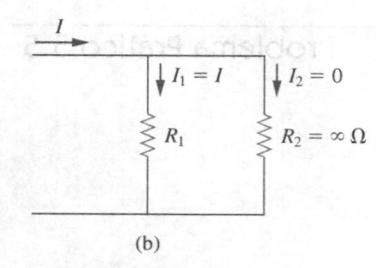

$$V = I_T R_{eq} \;\Rightarrow\; I_T = \frac{V}{R_{eq}} \qquad (5.16)$$

Figura 5.22
Curto-circuito e circuito aberto: (a) curto-circuito; (b) circuito aberto.

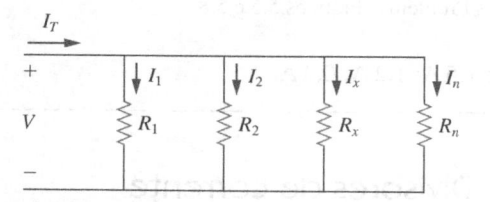

Figura 5.23
Regra do divisor de corrente para n ramos.

Semelhantemente,

$$I_x = \frac{V}{R_x} \qquad (5.17)$$

Substituindo a Equação (5.16) na Equação (5.17), obtemos

$$\boxed{I_x = \frac{R_{eq}}{R_x} I_T} \qquad (5.18)$$

A regra da divisão de corrente pode também ser expressa em termos das condutâncias. Dividindo-se tanto o numerador quanto o denominador por $R_1 R_2$, a Equação (5.14) torna-se

$$I_1 = \frac{G_1}{G_1 + G_2} I_T, \qquad I_2 = \frac{G_2}{G_1 + G_2} I_T \qquad (5.19)$$

Assim, em geral, se um divisor de corrente possui N condutâncias ($G_1, G_2, ..., G_N$) em paralelo com uma fonte de corrente I_T, a corrente que fluirá através da k-ésima condutância será

$$I_k = \frac{G_k}{G_1 + G_2 + \cdots + G_N} I_T \quad (5.20)$$

ou

$$\boxed{I_k = \frac{G_k}{G_{eq}} I_T} \quad (5.21)$$

Exemplo 5.6

Consulte o circuito na Figura 5.24. (a) Encontre R_2 tal que a resistência equivalente seja 4 Ω. (b) Encontre as correntes I_1 e I_2.

Solução:
Como os dois resistores estão conectados em paralelo, assumindo que R esteja em kΩ, obtemos

$$4 = \frac{20 \times R_2}{20 + R_2}$$

ou

$$80 + 4R_2 = 20R_2$$

ou

$$16R_2 = 80$$
$$R_2 = 80/16 = 5 \text{ kΩ}$$

Encontramos as correntes aplicando o princípio da divisão de corrente.

$$I_1 = \frac{R_2}{R_1 + R_2}(50 \text{ mA}) = \frac{5}{20 + 5}(50 \text{ mA}) = 10 \text{ mA}$$

$$I_2 = \frac{R_1}{R_1 + R_2}(50 \text{ mA}) = \frac{20}{20 + 5}(50 \text{ mA}) = 40 \text{ mA}$$

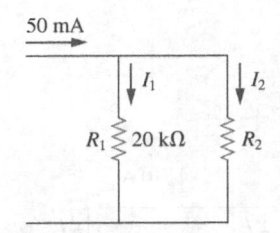

Figura 5.24
Para o Exemplo 5.6.

Problema Prático 5.6

Utilize o princípio da divisão de corrente para encontrar as correntes I_1 e I_2 no circuito da Figura 5.25.

Resposta: 37,5 mA; 12,5 mA.

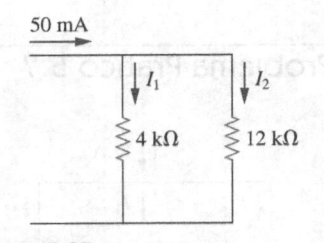

Figura 5.25
Para o Problema Prático 5.6.

Exemplo 5.7

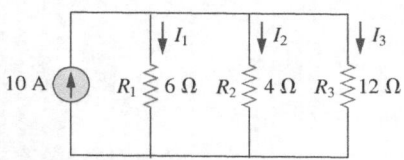

Figura 5.26
Para Exemplo 5.7.

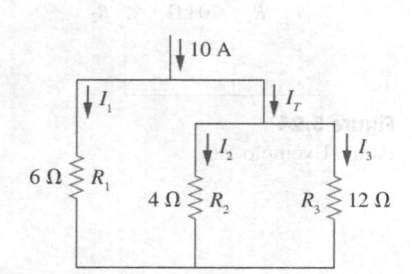

Figura 5.27
Para Exemplo 5.7.

Para o circuito na Figura 5.26, encontre as correntes I_1, I_2 e I_3.

Solução:
Pode-se resolver o problema de dois modos.

■ **Método 1** Utilizando condutâncias e aplicando a Equação (5.21)

$$G_{eq} = \frac{1}{6} + \frac{1}{4} + \frac{1}{12} = 0{,}5 \text{ S}$$

Daí,

$$I_1 = \frac{G_1}{G_{eq}}I = \frac{1/6}{0{,}5}(10) = 3{,}333 \text{ A}$$

$$I_2 = \frac{G_2}{G_{eq}}I = \frac{1/4}{0{,}5}(10) = 5 \text{ A}$$

$$I_3 = \frac{G_3}{G_{eq}}I = \frac{1/12}{0{,}5}(10) = 1{,}667 \text{ A}$$

■ **Método 2** Utilizando resistências e aplicando a Equação (5.14). Nesse caso, devemos considerar dois resistores por vez. Para tal, redesenhamos o circuito, como mostrado na Figura 5.27. A combinação em paralelo dos resistores de 4 Ω e 12 Ω é

$$R_T = 4 \parallel 12 = \frac{4 \times 12}{4 + 12} = 3 \text{ Ω}$$

Agora, dividimos a corrente de 10 A entre o resistor de 6 Ω e a resistência R_T utilizando a Equação (5.14).

$$I_1 = \frac{R_T}{R_1 + R_T}I = \frac{3}{6 + 3}(10) = 3{,}333 \text{ A}$$

$$I_T = \frac{R_1}{R_1 + R_T}I = \frac{6}{6 + 3}(10) = 6{,}667 \text{ A}$$

A corrente I_T é agora dividida entre os resistores de 4 Ω e 12 Ω.

$$I_2 = \frac{R_3}{R_2 + R_3}I_T = \frac{12}{4 + 12}(6{,}667) = 5 \text{ A}$$

$$I_3 = \frac{R_2}{R_2 + R_3}I_T = \frac{4}{4 + 12}(6{,}667) = 1{,}667 \text{ A}$$

Problema Prático 5.7

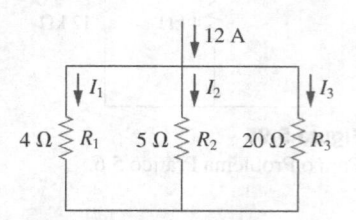

Figura 5.28
Para o Problema Prático 5.7.

Encontre as correntes I_1, I_2 e I_3 no circuito mostrado na Figura 5.28.

Resposta: 6 A; 4,8 A; 1,2 A.

5.7 Análise computacional

5.7.1 PSpice

O PSpice é uma ferramenta útil para análise de circuitos em paralelo. Os exemplos seguintes ilustram como utilizar o PSpice para lidar com tais circuitos. Supõe-se que o leitor reviu as Seções C.1 a C.3 do Apêndice C antes de prosseguir com esta seção.

Exemplo 5.8

Utilize o PSpice para resolver o Exemplo 5.5 (ver Figura 5.18).

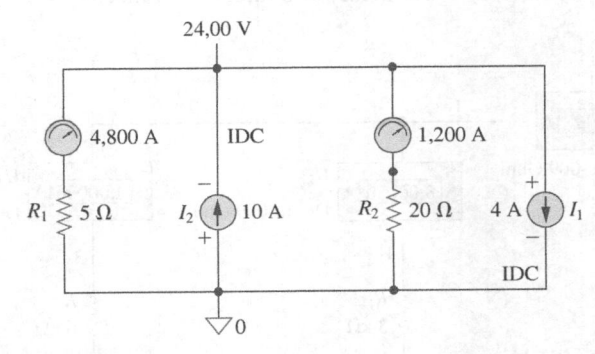

Figura 5.29
Esquema do PSpice para o Exemplo 5.8.

Solução:
O esquema é mostrado na Figura 5.29. Como essa é uma análise CC, utilizamos fontes de corrente IDC. Uma vez que o circuito foi desenhado, é armazenado como exem58.dsn, simulamos o circuito selecionando **PSpice/New Simulation Profile**. Isso conduz à caixa de diálogo Nova Simulação (**New Simulation**). Digitamos "exem58" como o nome do arquivo e clicamos em **Create**. Isso conduz à caixa de diálogo Configurações da Simulação (**Simulation Settings**). Como essa análise é CC, apenas clicamos em **OK**. Em seguida, selecionamos **PSpice/Run**. O circuito é simulado, e alguns dos resultados são mostrados no circuito, como na Figura 5.29. Outros resultados encontram-se no arquivo de saída. Para ver o arquivo de saída, selecionamos **PSpice/View Output File**. Os resultados são

$$V_{ab} = 24 \text{ V}; \quad I_1 = 4,8 \text{ A}; \quad I_2 = 1,2 \text{ A},$$

como obtido no Exemplo 5.5.

Problema Prático 5.8

Refaça o Problema Prático 5.5 utilizando o PSpice.

Resposta: 6 V; 1,5 A; 1,2 A; 0,3 A.

5.7.2 Multisim

Os circuitos em paralelo são facilmente simulados utilizando o Multisim. A maneira como o Multisim lida com esses circuitos é semelhante à dos circuitos série. Os exemplos seguintes ilustram como o Multisim é utilizado para simular circuitos em paralelo.

Exemplo 5.9

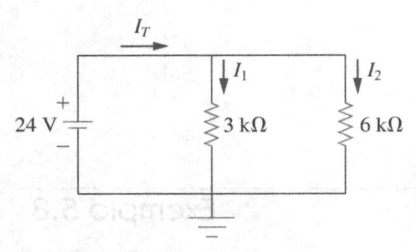

Figura 5.30
Para o Exemplo 5.9.

Utilize o Multisim para determinar as correntes I_T, I_1 e I_2 no circuito da Figura 5.30.

Solução:
Desenhamos o circuito conforme mostrado na Figura 5.31. Inserimos os amperímetros para medir as correntes I_T, I_1 e I_2. (Em vez de utilizar amperímetros, podemos utilizar multímetros, os quais são empregados para medir corrente, tensão e resistência.) Após adicionar o "terra" e salvar o circuito, simulamos o circuito pressionando a chave liga/desliga ou selecionando **Simulate/Run**. Os resultados são mostrados na Figura 5.31, isto é,

$$I_T = 12 \text{ mA}; I_1 = 8 \text{ mA}; I_2 = 4 \text{ mA}$$

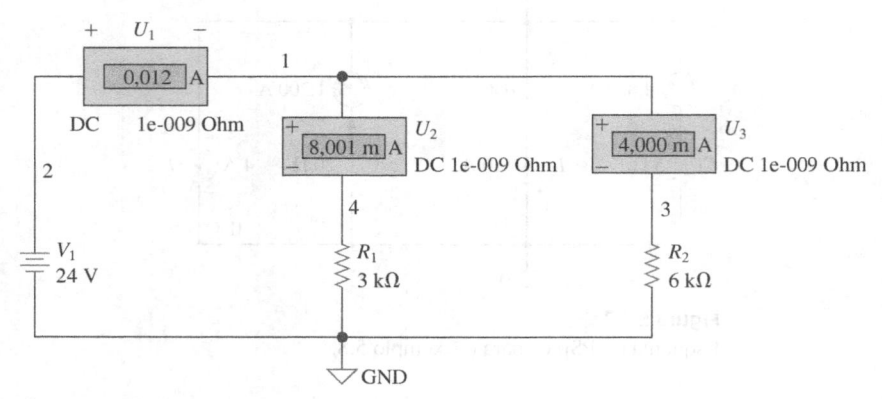

Figura 5.31
Simulação do circuito 5.30 no Multisim.

Problema Prático 5.9

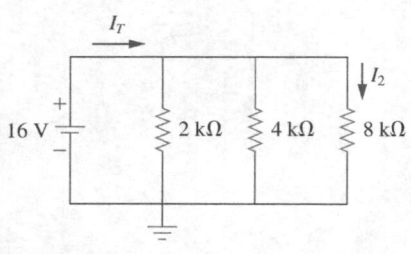

Figura 5.32
Para o Problema Prático 5.9.

Consulte o circuito na Figura 5.32. Utilize o Multisim para encontrar I_T e I_2.

Resposta: $I_T = 14$ mA; $I_2 = 2$ mA.

5.8 Solução de problemas

Um tecnologista ou um técnico pode ser solicitado a resolver problemas de um componente, dispositivo, ou sistema – de transistores dos receptores de rádios a computadores pessoais, entre outros. A solução de problemas de qualquer natureza requer experiência, pensamento, raciocínio dedutivo e rastreamento de causa e efeito.

> A **solução de problemas** é o processo pelo qual o conhecimento e a experiência são utilizados para diagnosticar um circuito defeituoso.

Um circuito pode estar com defeito ou não funcionar apropriadamente por diversas razões: a fonte de potência pode não estar conectada corretamente, uma conexão pode estar aberta, um elemento pode estar curto-circuitado ou danificado, ou um fusível pode estar queimado. A fim de solucionar tal circuito defeituoso, deve-se ter, primeiramente, uma boa compreensão de como o circuito funciona. Com experiência e conhecimento das leis básicas de circuitos, pode-se localizar a causa do defeito em um dado circuito. Algumas regras importantes a serem seguidas incluem:

- Verificar as conexões.
- Seguir cada linha, da fonte de alimentação ao "terra" e vice-versa.
- Assegure-se de que a perna de cada componente está ligada aos outros, que supostamente deviriam estar conectados, e não esteja conectada a qualquer outra coisa, a qual supostamente não deveria estar conectada.

Iniciamos com a solução de problemas de um simples componente. O objetivo é identificar o ramo ou elemento que está causando problema e substituí-lo. Existem muitas estratégias que podem ser utilizadas para localizar problemas em um circuito. Os dois problemas mais fáceis de serem encontrados são os circuitos abertos e os curtos-circuitos. Para verificar essa condição, remova a fonte de alimentação e utilize o ohmímetro.

Quando um componente em um circuito em série ou em paralelo apresenta uma resistência infinita, chama-se esse tipo de falha de "abertura". O componente está queimado. Um ou mais elementos em um circuito podem ocasionar uma abertura. Considere o circuito na Figura 5.33, o qual é um circuito em paralelo com uma abertura porque R_2 está queimado. Observam-se os seguintes sintomas:

1. Como R_2 está aberto, $R_2 = \infty\ \Omega$, $I_2 = 0\ A$.
2. A corrente total I_T será menor que a normal.
3. A tensão será normal.
4. Se R_1 e R_3 forem lâmpadas, elas estarão ligadas.
5. O dispositivo defeituoso R_2 não irá funcionar. Se R_2 for uma lâmpada, ela estará desligada.

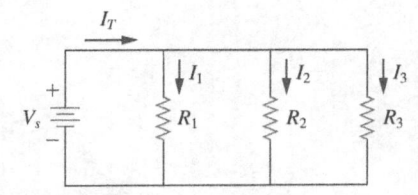

Figura 5.33
Uma abertura em um circuito em paralelo.

Um circuito pode apresentar outro tipo de falha conhecida como curto. Considere o circuito em paralelo na Figura 5.34. Existe um curto que se aproxima de 0 Ω. Observamos os seguintes sintomas no circuito:

1. Toda a corrente flui através do curto, e nenhuma corrente flui através de outros ramos porque a corrente flui através do caminho de menor resistência.
2. A corrente total será maior que a normal.
3. Nenhuma das cargas irá funcionar.

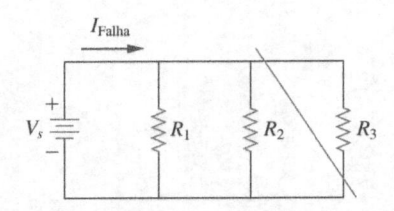

Figura 5.34
Um curto em um circuito em paralelo.

Por exemplo, para problemas elétricos residenciais, você pode seguir essa abordagem. Se alguma coisa não está funcionando, ligue-o ou substitua-o. Se duas ou mais coisas não estão funcionando, religue o disjuntor e o GFCI. Se ainda eles não funcionarem, localize a conexão imperfeita pela melhoria das conexões entre a parte energizada e a não energizada do circuito (se você conhece o circuito) ou entre as partes não energizadas e quaisquer partes próximas energizadas (se você não conhece o circuito). Se ainda eles não funcionarem, você pode substituir o disjuntor e verificar a conexão do neutro no painel.

Embora muitas vezes seja fácil dizer quando há um curto ou sobrecarga no circuito — as luzes se apagam quando você liga uma torradeira defeituosa — não é sempre simples dizer onde ocorreu o defeito no sistema. Comece desligando todos os interruptores e desconectando todas as lâmpadas e aparelhos. Em seguida, rearme o disjuntor ou substitua o fusível queimado. Após você ter tentado todas as técnicas que conhece e o problema ainda persistir, consulte uma pessoa experiente.

Exemplo 5.10

Consulte o circuito na Figura 5.33. Calcule as correntes e a potência durante a operação normal e anormal. Considere $V_s = 60$ V, $R_1 = 20\ \Omega$, $R_2 = 10\ \Omega$ e $R_3 = 5\ \Omega$.

Solução:
Sob condição normal de operação,

$$I_1 = \frac{V_s}{R_1} = \frac{60}{20} = 3\ \text{A}$$

$$I_2 = \frac{V_s}{R_2} = \frac{60}{10} = 6\ \text{A}$$

$$I_3 = \frac{V_s}{R_3} = \frac{60}{5} = 12\ \text{A}$$

A corrente total é

$$I_T = 3 + 6 + 12 = 21\ \text{A}$$

A potência total é

$$P_T = V_1 I_1 + V_2 I_2 + V_3 I_3 = 60 \times 3 + 60 \times 6 + 60 \times 12 = 1260\ \text{W}$$

Sob condição anormal de operação, R_2 está aberto, logo $I_2 = 0$ e $R = \infty$.

$$I_1 = \frac{V_s}{R_1} = \frac{60}{20} = 3\ \text{A}$$

$$I_2 = \frac{V_s}{\infty} = 0\ \text{A}$$

$$I_3 = \frac{V_s}{R_3} = \frac{60}{5} = 12\ \text{A}$$

A corrente total é

$$I_T = 3 + 0 + 12 = 15\ \text{A}$$

A potência total é

$$P_T = V_1 I_1 + V_2 I_2 + V_3 I_3 = 60 \times 3 + 0 + 60 \times 12 = 900\ \text{W}$$

mostrando que a potência é reduzida devido ao defeito.

Problema Prático 5.10

Consulte a Figura 5.35. Encontre a corrente I durante a operação normal e anormal. Sejam $V_s = 120$ V, $R_1 = 10\ \Omega$, $R_2 = 20\ \Omega$ e $R_3 = 5\Omega$.

Resposta: normal: 3,429 A; anormal: 4,8 A.

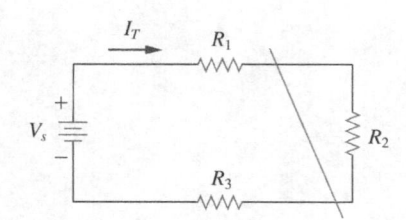

Figura 5.35
Para o Problema Prático 5.10.

5.9 †Aplicações

Os circuitos em paralelo têm diversas aplicações na vida real. Tais aplicações incluem luzes de Natal (como visto na Seção 4.9), sistema de iluminação de um automóvel e instalações elétricas residenciais. Nesta seção consideramos duas dessas aplicações.

Os circuitos em paralelo são utilizados em sistemas de distribuição, particularmente em sistemas elétricos residenciais. Todos os aparelhos e lâmpadas estão conectados em paralelo. Considere a Figura 5.36, mostrando que equi-

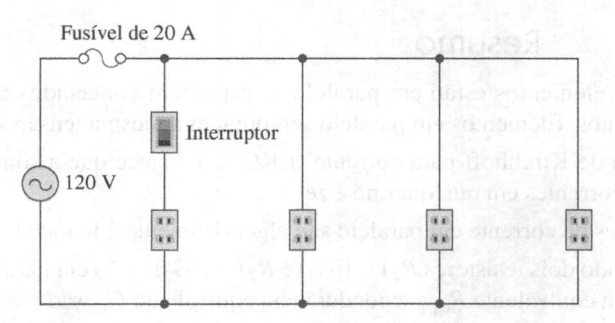

Figura 5.36
Equipamentos elétricos conectados em paralelo.

pamentos elétricos estão conectados em paralelo, ou seja, a mesma tensão está disponível para todos os equipamentos. A corrente total drenada é a soma das correntes de todos os ramos paralelos. Devido aos perigos da eletricidade, as instalações elétricas são cuidadosamente regulamentadas por um código elaborado por meio de portarias locais e pelo Código Elétrico Nacional (NEC – *National Electrical Code*)*. Para evitar problemas, isolamento, aterramento, fusíveis e disjuntores são utilizados. Os códigos modernos para instalações elétricas requerem um terceiro condutor para um aterramento separado. O condutor de aterramento não conduz corrente como o condutor de neutro, mas propicia aos aparelhos a ter uma conexão separada para o aterramento.

Outra aplicação comum de circuitos em paralelo é encontrada no sistema de iluminação de um automóvel. Uma versão simplificada do sistema é mostrada na Figura 5.37. Devido ao arranjo paralelo, quando um farol é desligado, ele não afeta as outras lâmpadas. Um sistema elétrico de um automóvel funciona em corrente contínua (CC). A bateria de 12 V é responsável por prover a corrente contínua necessária para o sistema. O sistema elétrico é basicamente um sistema paralelo. Cada componente está conectado à bateria e ao terra ou chassi.

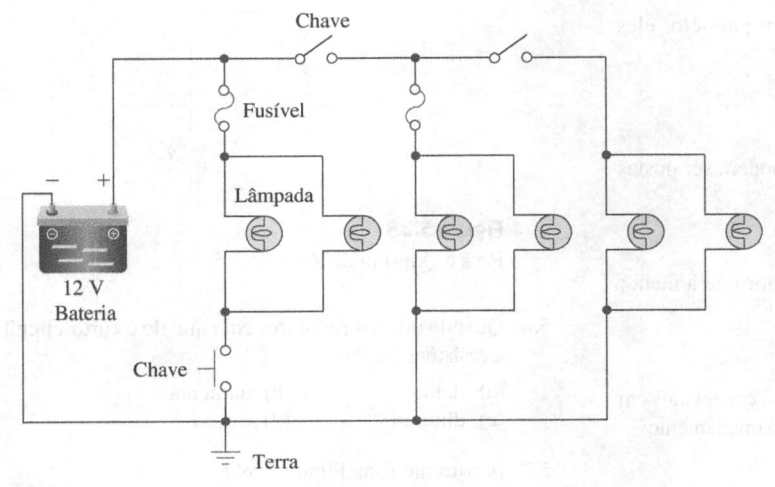

Figura 5.37
Forma simplificada de um sistema de iluminação de um automóvel.

---

* N de R.T.: No caso brasileiro, cabe à ABNT – Associação Brasileira de Normas Técnicas criar as normas que regulamentam as instalações elétricas.

5.10 Resumo

1. Dois elementos estão em paralelo se estiverem conectados aos mesmos dois nós. Elementos em paralelo sempre têm a mesma tensão sobre eles.
2. A lei de Kirchhoff para corrente (LKC) estabelece que a soma algébrica das correntes em qualquer nó é zero.
3. Fontes de corrente em paralelo são algebricamente adicionadas.
4. Quando dois resistores R_1 ($=1/G_1$) e R_2 ($=1/G_2$) estão em paralelo, a resistência equivalente R_{eq} e a condutância equivalente G_{eq} são

$$R_{eq} = \frac{R_1 R_2}{R_1 + R_2}, \qquad G_{eq} = G_1 + G_2$$

5. A regra do divisor de corrente para dois resistores em paralelo é

$$I_1 = \frac{R_2}{R_1 + R_2}I, \qquad I_2 = \frac{R_1}{R_1 + R_2}I$$

Se um divisor de corrente possui N condutâncias em paralelo ($G_1, G_2,..., G_N$) com uma fonte de corrente I, a corrente que fluirá através da k-*ésima* condutância será

$$I_k = \frac{G_k}{G_{eq}}I$$

6. A solução de problemas é o processo de localização de defeito em um circuito defeituoso.
7. Duas aplicações de circuitos em paralelo consideradas neste capítulo são as instalações elétricas residenciais e o sistema de iluminação de um automóvel.

Questões de revisão

5.1 Quando resistores estão conectados em paralelo, eles têm a mesma:

(a) corrente (b) tensão
(c) potência (d) resistência

5.2 Fontes de tensão de diferentes tensões podem ser postas em paralelo.

(a) Verdadeiro (b) Falso

5.3 O valor da resistência R_{eq} é sempre menor que a menor resistência no circuito em paralelo.

(a) Verdadeiro (b) Falso

5.4 Três resistores 240 Ω, 560 Ω e 100 Ω estão conectados em paralelo. A resistência equivalente é aproximadamente:

(a) 900 Ω (b) 63 Ω
(c) 56 Ω   (d) 22 V

5.5 Os resistores R_1 e R_2 na Figura 5.38 estão em paralelo.

(a) Verdadeiro (b) Falso

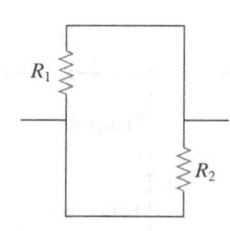

Figura 5.38
Para a Questão de Revisão 5.5.

5.6 Quando um dos resistores em paralelo é curto-circuitado, a resistência total:

(a) dobra   (b) aumenta
(c) diminui (d) é zero

5.7 A corrente I_o na Figura 5.39 é:

(a) −4 A (b) −2 A
(c) 4 A   (d) 16 A

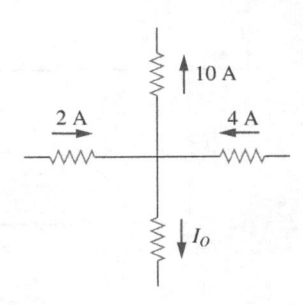

Figura 5.39
Para a Questão de Revisão 5.7.

5.8 O princípio do divisor de corrente é utilizado quando resistores estão em paralelo.
(a) Verdadeiro   (b) Falso

5.9 Se os resistores de 40 Ω, 60 Ω, 80 Ω e 100 Ω estão conectados em paralelo com uma fonte de corrente. O resistor que apresenta a menor corrente é:
(a) 40 Ω   (b) 60 Ω
(c) 80 Ω   (d) 100 Ω

5.10 Dois resistores 40 Ω e 60 Ω estão conectados em paralelo com uma fonte de corrente de 10 mA. A corrente que flui pelo resistor de 40 Ω é:
(a) 10 mA   (b) 6 mA
(a) 4 mA   (d) 0 mA

Respostas: 5.1 b, 5.2 b, 5.3 a, 5.4 b, 5.5 a, 5.6 d, 5.7 a, 5.8 a, 5.9 d, 5.10 b.

Problemas

Seção 5.3 Lei de Kirchhoff para corrente

5.1 Na Figura 5.40, sejam $I_1 = -12$ A, $I_2 = 3$ A e $I_4 = 5$ A. Encontre I_3.

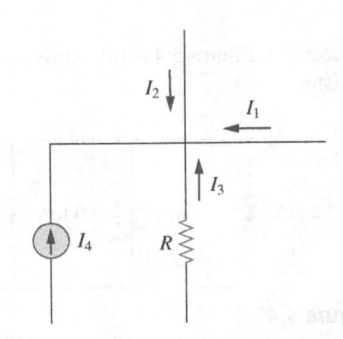

Figura 5.40
Para o Problema 5.1.

5.2 No circuito na Figura 5.41, determine as correntes desconhecidas.

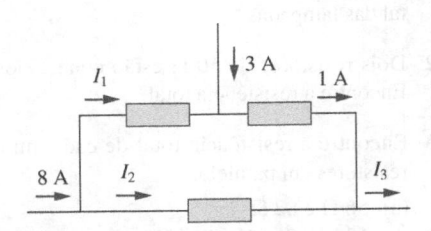

Figura 5.41
Para o Problema 5.2.

5.3 Utilize a LKC para encontrar as correntes desconhecidas I_1, I_2 e I_3 no circuito da Figura 5.42.

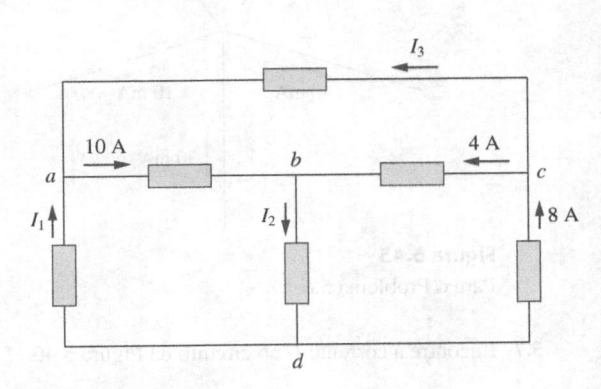

Figura 5.42
Para o Problema 5.3.

5.4 Encontre I_3 e I_4 no circuito da Figura 5.43.

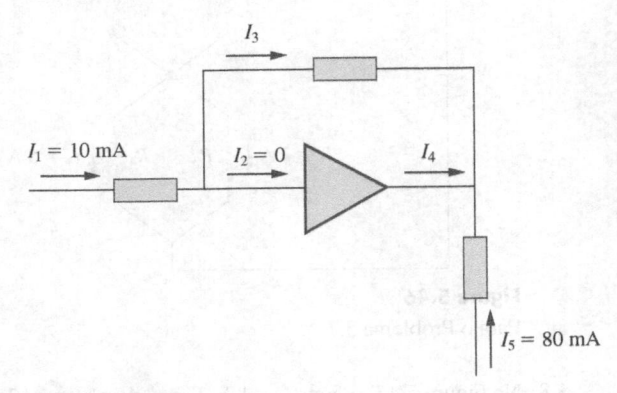

Figura 5.43
Para o Problema 5.4.

5.5 Determine I_1 e I_2 no circuito da Figura 5.44.

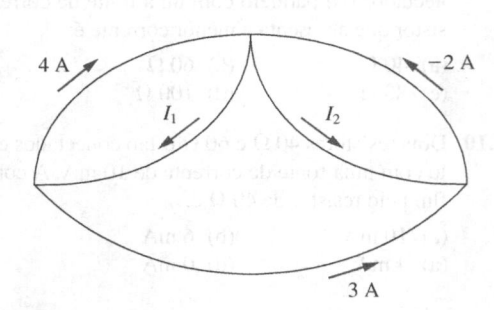

Figura 5.44
Para o Problema 5.5.

5.6 Encontre I_o na Figura 5.45.

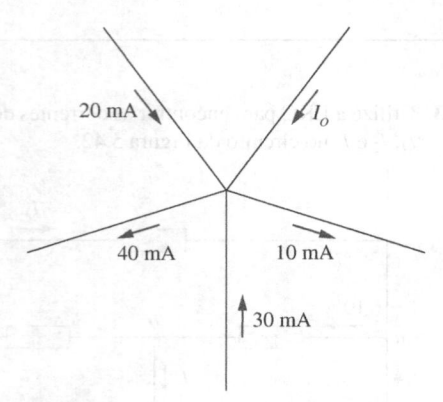

Figura 5.45
Para o Problema 5.6.

5.7 Encontre a corrente I_1 no circuito da Figura 5.46.

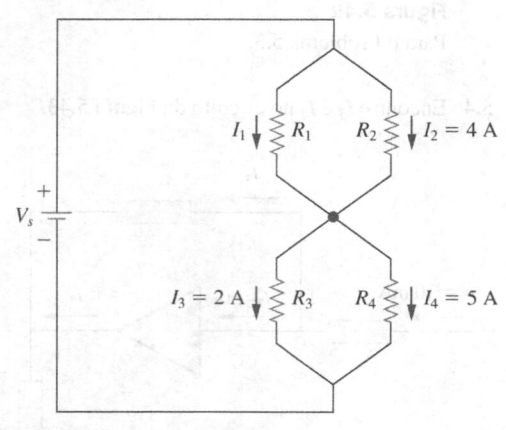

Figura 5.46
Para o Problema 5.7.

5.8 Na Figura 5.47, sejam $I_1 = 4$ A, $I_2 = 3$ A e $I_3 = -12$ A. Encontre I_4, I_5 e V.

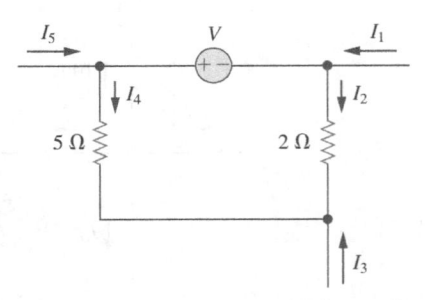

Figura 5.47
Para o Problema 5.8.

Seção 5.4 Fontes de corrente em paralelo

5.9 Encontre a corrente através do resistor na Figura 5.48.

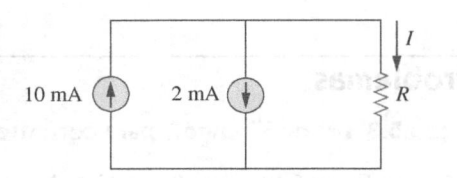

Figura 5.48
Para o Problema 5.9.

5.10 Consulte a Figura 5.49. Encontre a corrente através do resistor.

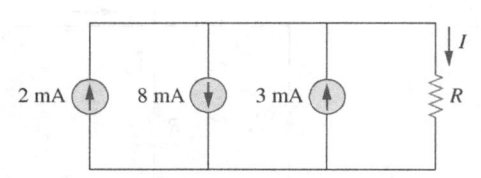

Figura 5.49
Para o Problema 5.10.

Seção 5.5 Resistores em paralelo

5.11 Três lâmpadas, cada uma com uma resistência de 30 Ω, estão conectadas em paralelo. Encontre a resistência total das lâmpadas.

5.12 Dois resistores de 50 Ω estão conectados em paralelo. Encontre a resistência total.

5.13 Encontre a resistência total de cada um dos grupos de resistores em paralelo.
(a) 56 Ω e 82 Ω
(b) 12 kΩ, 36 kΩ e 75 kΩ
(c) 1,2 MΩ, 5,6 MΩ e 680 kΩ

5.14 Qual é a resistência e a condutância total de 10 resistores de 24 kΩ em paralelo?

5.15 Qual a condutância equivalente de quatro ramos em paralelo com condutâncias de 750 mS, 640 mS, 480 mS e 300 mS, respectivamente?

5.16 Três resistores em paralelo apresentam uma resistência equivalente de 4,2 kΩ. Se $R_1 = 20$ kΩ, $R_2 = 25$ kΩ, qual a resistência de R_3?

5.17 Determine R_T para o circuito da Figura 5.50.

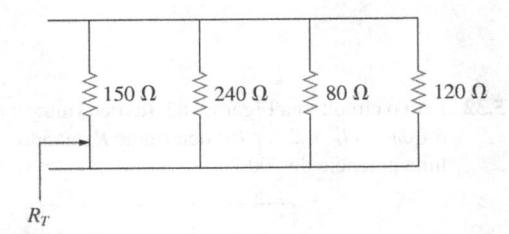

Figura 5.50
Para o Problema 5.17.

5.18 Encontre G_{eq} para o circuito da Figura 5.51.

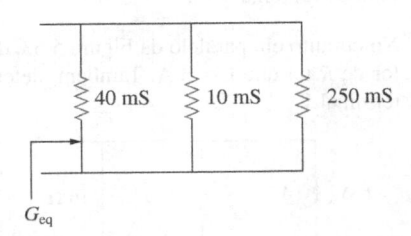

Figura 5.51
Para o Problema 5.18.

5.19 Encontre a resistência R_x no circuito da Figura 5.52.

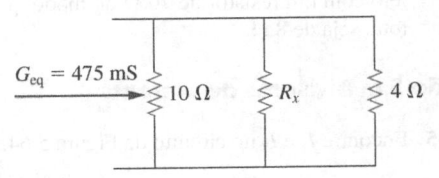

Figura 5.52
Para o Problema 5.19.

5.20 Calcule R_{eq} e G_{eq} para o circuito mostrado na Figura 5.53.

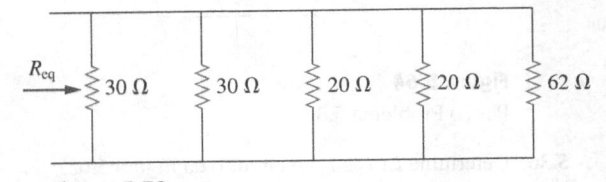

Figura 5.53
Para o Problema 5.20.

5.21 Encontre R_T no circuito da Figura 5.54.

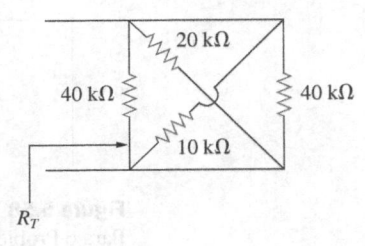

Figura 5.54
Para o Problema 5.21.

5.22 Determine a resistência equivalente do circuito da Figura 5.55.

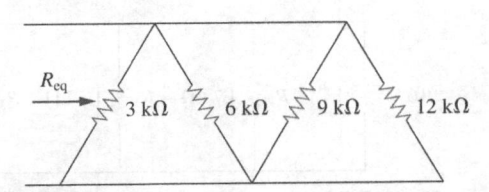

Figura 5.55
Para o Problema 5.22.

5.23 Quatro resistores de 1,2 kΩ e dois resistores de 300 Ω estão conectados em paralelo. Encontre a resistência equivalente.

5.24 Determine o valor de R_L na Figura 5.56 tal que (a) a tensão terminal da fonte de corrente seja reduzida para 8 V e (b) um quarto da corrente da fonte seja drenada.

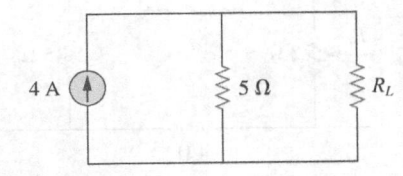

Figura 5.56
Para o Problema 5.24.

5.25 Descubra o que os dois amperímetros na Figura 5.57 lerão. Assuma que as resistências dos amperímetros sejam nulas.

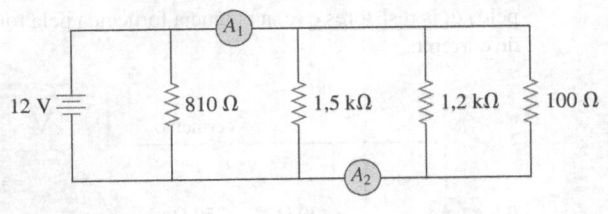

Figura 5.57
Para o Problema 5.25.

5.26 Duas condutâncias $G_1 = 750$ μS e $G_2 = 500$ μS estão conectadas em paralelo. A combinação em paralelo dessas condutâncias é ligada em paralelo com um resistor de 20 Ω. Determine a resistência total equivalente do circuito paralelo.

Figura 5.58
Para o Problema 5.27.

5.27 Determine a corrente em cada ramo e a potência absorvida por cada resistor na Figura 5.58.

5.28 Determine a corrente através de cada resistor na Figura 5.59 e a corrente total da bateria.

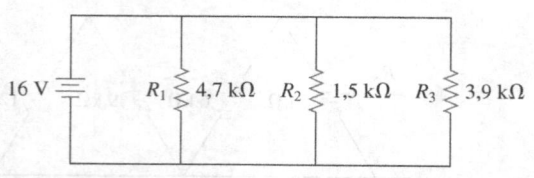

Figura 5.59
Para o Problema 5.28.

5.29 Três lâmpadas de 0,7 A estão conectadas em paralelo com uma fonte de 120 V. Determine (a) a corrente total, (b) a tensão total e (c) a potência total consumida pelas lâmpadas.

5.30 Encontre R_T no circuito da Figura 5.60.

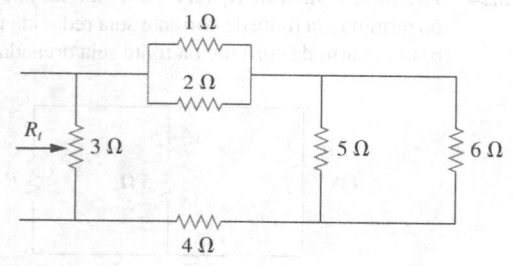

Figura 5.60
Para o Problema 5.30.

5.31 Um voltímetro ideal está conectado a um circuito em paralelo, como mostrado na Figura 5.61. Encontre (a) a tensão medida pelo voltímetro, (b) a potência absorvida pelos dois resistores e (c) a potência fornecida pela fonte de corrente.

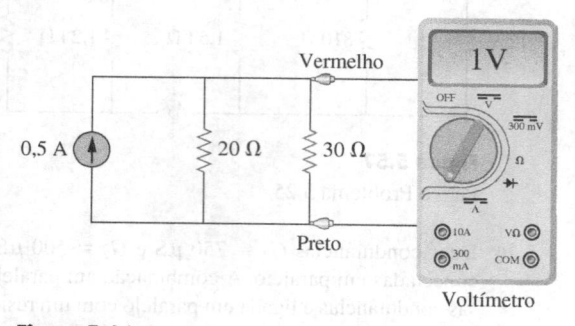

Figura 5.61
Para o Problema 5.31.

5.32 Para o circuito na Figura 5.62, (a) determine a resistência R quando $I_R = 2$ A e (b) determine R quando ele absorve uma potência de 700 W.

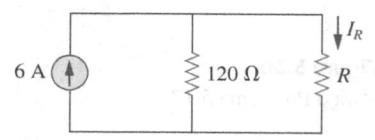

Figura 5.62
Para o Problema 5.32.

5.33 No circuito em paralelo da Figura 5.63, determine o valor de R tal que I = 3 A. Também, determine a tensão terminal V.

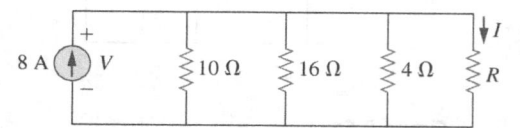

Figura 5.63
Para o Problema 5.33.

5.34 Determine a resistência que deve ser conectada em paralelo com um resistor de 20 Ω de modo que a resistência total seja de 8 Ω.

Seção 5.6 Divisores de corrente

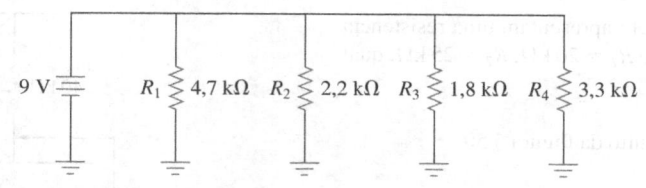

5.35 Encontre I_1 e I_2 no circuito da Figura 5.64.

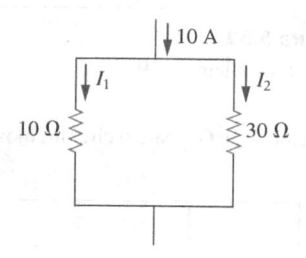

Figura 5.64
Para o Problema 5.35.

5.36 Determine I_1, I_2 e I_3 no circuito da Figura 5.65.

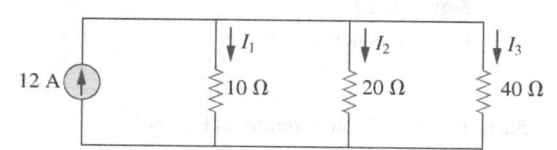

Figura 5.65
Para os Problemas 5.36 e 5.47.

5.37 Encontre I_1, I_2 e I_3 no circuito da Figura 5.66.

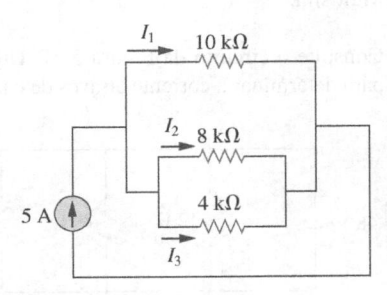

Figura 5.66
Para os Problemas 5.37 e 5.48.

5.38 Determine a corrente através de cada resistor no circuito da Figura 5.67.

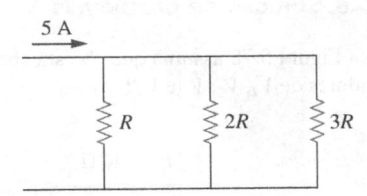

Figura 5.67
Para o Problema 5.38.

5.39 Três condutâncias 100 mS, 300 mS e 600 mS conectadas em paralelo drenam uma corrente total de 250 mA. Calcule a corrente através de cada condutância.

5.40 Quais as correntes indicadas pelos dois amperímetros inseridos no circuito da Figura 5.68?

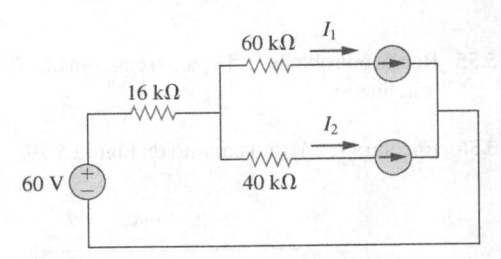

Figura 5.68
Para os Problemas 5.40 e 5.52.

5.41 Para o circuito mostrado na Figura 5.69, determine (a) G_T e (b) R_T, I_T e P_3.

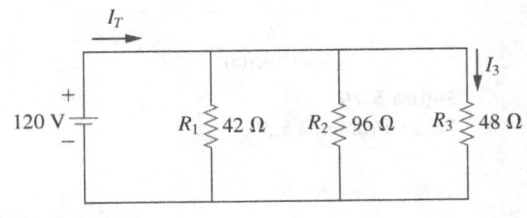

Figura 5.69
Para o Problema 5.41.

5.42 Encontre I_1 e I_2 no circuito mostrado na Figura 5.70.

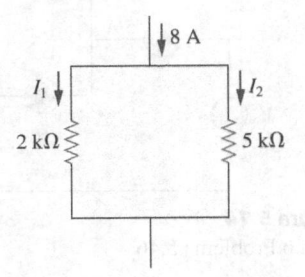

Figura 5.70
Para o Problema 5.42.

5.43 Encontre I_1, I_2 e I_3 no circuito da Figura 5.71.

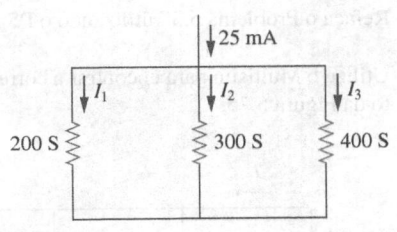

Figura 5.71
Para o Problema 5.43.

5.44 Dado o circuito na Figura 5.72, encontre (a) V_s e (b) I_x.

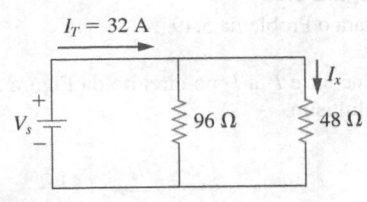

Figura 5.72
Para o Problema 5.44.

5.45 Considere o circuito na Figura 5.73; encontre (a) R_T, (b) G_T e (c) I_T e I_x.

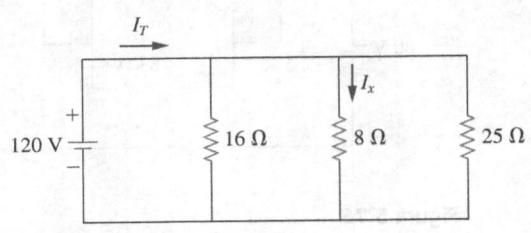

Figura 5.73
Para o Problema 5.45.

5.46 Encontre a corrente que cada amperímetro, na Figura 5.74, indicará.

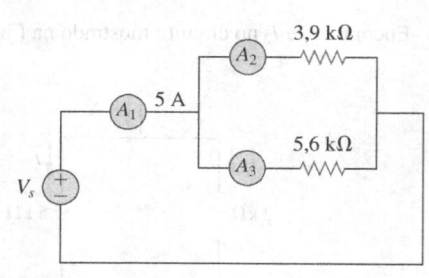

Figura 5.74
Para o Problema 5.46.

Seção 5.7 Análise computacional

5.47 Utilize o PSpice e encontre as correntes I_1 a I_3 na Figura 5.65.

5.48 Refaça o Problema 5.37 utilizando o PSpice.

5.49 Utilize o Multisim para encontrar a corrente I_T no circuito da Figura 5.75.

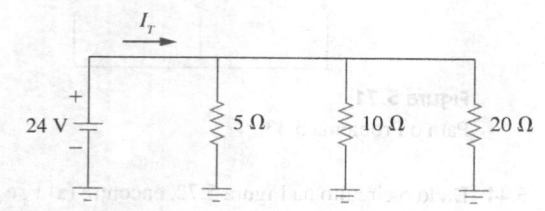

Figura 5.75
Para o Problema 5.49.

5.50 Encontre I_1 a I_5 no circuito da Figura 5.76 utilizando o Multisim.

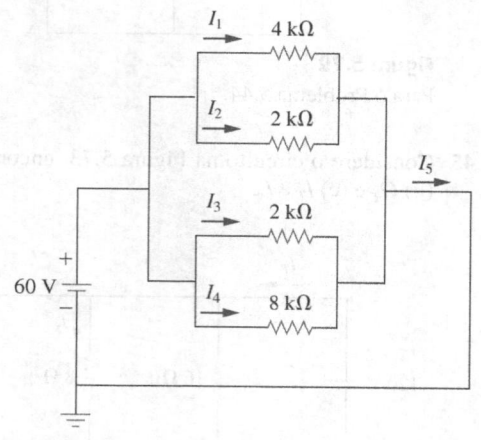

Figura 5.76
Para o Problema 5.50.

5.51 Utilize o Multisim para encontrar I_1 e I_2 na Figura 5.3 (veja o Exemplo 5.1).

5.52 Encontre I_1 e I_2 no circuito da Figura 5.68 utilizando o Multisim.

5.53 Consulte o circuito da Figura 5.77. Utilize o Multisim para determinar a corrente através de cada resistor.

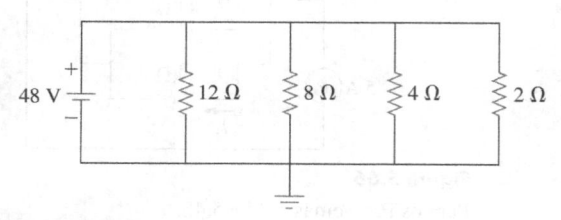

Figura 5.77
Para o Problema 5.53.

Seção 5.8 Solução de problemas

5.54 Na Figura 5.78 assuma que R_3 está aberto. Quais são os valores de V_1, V_2, V_3 e V_4?

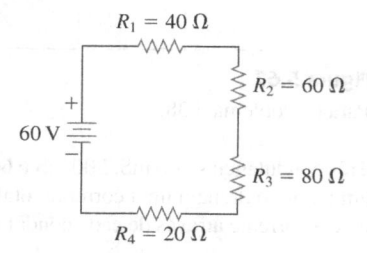

Figura 5.78
Para os Problemas 5.54 e 5.55.

5.55 Repita o Problema 5.54 para o caso em que R_3 está curto-circuitado.

5.56 Encontre I_o e V_{ab} no circuito da Figura 5.79.

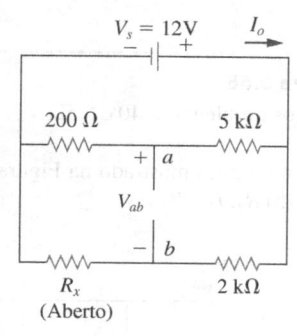

Figura 5.79
Para o Problema 5.56.

5.57 Medidas de tensão são feitas no circuito da Figura 5.80. A tabela seguinte mostra as medidas realizadas. Para cada linha, identifique qual componente está com defeito e o tipo de defeito.

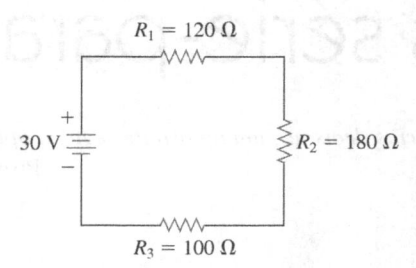

Figura 5.80
Para o Problema 5.57.

	V_1	V_2	V_3
Nominal	9	13,5	7,5
Problema 1	0	30	0
Problema 2	30	0	0
Problema 3	0	0	30

5.58 Considere o circuito na Figura 5.81. Encontre a corrente I sob condições normal e anormal quando R_2 é curto-circuitado.

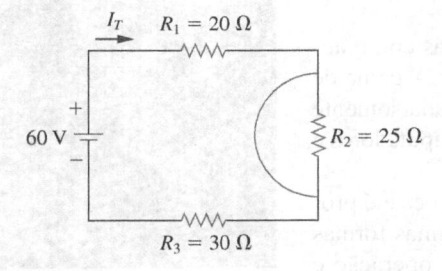

Figura 5.81
Para o Problema 5.58.

5.59 No circuito da Figura 5.82, R_2 está aberto. Calcule I_T para as condições normal e anormal (R_2 aberto).

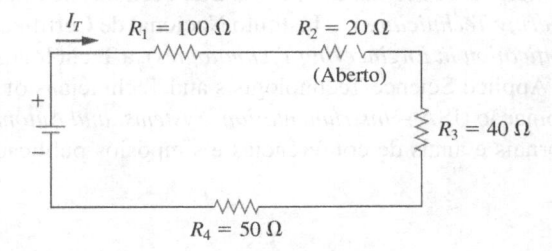

Figura 5.82
Para o Problema 5.59.

5.60 Qual a técnica necessária na solução de problemas em um circuito em série defeituoso que possui certo número de ramos em série?

Seção 5.9 Aplicações

5.61 Três lâmpadas conectadas em paralelo utilizam uma fonte de 110 V: $P_1 = 120$ W, $P_2 = 80$ W e $P_3 = 45$ W. Determine a potência de uma lâmpada adicional que pode ser conectada à fonte, se a corrente da fonte não pode exceder 4 A.

5.62 Quatro lâmpadas estão conectadas em paralelo a uma fonte de 110 V. As potências nominais das lâmpadas são: $P_1 = 120$ W, $P_2 = 80$ W, $P_3 = 60$ W e $P_4 = 40$ W. Encontre a corrente através de cada lâmpada.

5.63 Um projetista elétrico desenvolveu uma lanterna conectando três lâmpadas de resistências 7 Ω, 6 Ω e 5 Ω em paralelo com uma fonte de 9 V. Determine a corrente através de cada lâmpada. Encontre a corrente total.

5.64 Uma tomada de parede residencial fornece 120 V. Uma torradeira e uma lâmpada são conectadas em paralelo com a fonte de tensão utilizando a tomada de parede. Assuma que a potência nominal da torradeira seja 640 W e que a potência nominal da lâmpada seja 62 W. Encontre (a) a resistência da torradeira, (b) a resistência da lâmpada, (c) a resistência total vista pela fonte de tensão e (d) a corrente através da torradeira e da lâmpada.

5.65 A Figura 5.83 ilustra a unidade de cozimento de algumas grelhas elétricas. A unidade de cozimento consiste em dois elementos resistivos de aquecimento e uma chave especial que os conecta à fonte de tensão, individualmente, em série ou em paralelo. Determine a máxima e a mínima potência de aquecimento quando $R_1 = 10$ Ω, $R_2 = 14$ Ω e $V_s = 120$ V.

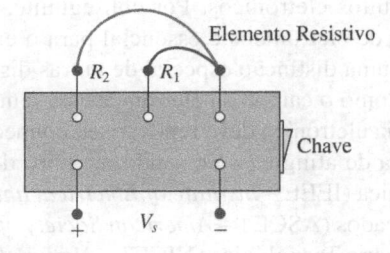

Figura 5.83
Para o Problema 5.65.

5.66 Uma cafeteira, uma torradeira e um ferro elétrico possuem resistências de 18 Ω, 17 Ω e 15 Ω, respectivamente. Se todos eles estão conectados em paralelo a uma fonte de 120 V, determine (a) a resistência total e (b) a corrente total.

capítulo 6
Circuitos série-paralelo

Um homem sábio toma suas próprias decisões, um ignorante segue a opinião pública.
— Provérbio Chinês

Desenvolvendo sua carreira

Carreira em eletrônica

Uma importante área onde a análise de circuitos elétricos é aplicada é a eletrônica. O termo eletrônico foi originalmente usado para distinguir circuitos de níveis de corrente muito baixos. Essa distinção não se sustenta mais, pois os dispositivos semicondutores operam em altos níveis de corrente. Hoje, a eletrônica é considerada como o estudo de comportamentos e efeitos de elétrons em dispositivos úteis. Envolve o movimento de cargas em gás, vácuo ou semicondutores. A eletrônica moderna envolve transistores e circuitos de transistores. Circuitos eletrônicos costumavam ser montados a partir de componentes. Muitos circuitos eletrônicos são produzidos agora como circuitos integrados, fabricados em substrato semicondutor ou chip.

Os circuitos eletrônicos possuem aplicações em várias áreas como automação, controle, radiodifusão, computadores e instrumentação. A gama de dispositivos que utilizam circuitos eletrônicos é enorme e é limitada somente por sua imaginação. Tais dispositivos incluem rádio, televisão, computadores e sistemas estéreos, entre outros.

Um engenheiro eletricista usualmente executa diversas funções e é provável que use projetos ou construa sistemas que incorporem algumas formas de circuitos eletrônicos. Por conseguinte, uma compreensão de operação e análise de eletrônicos é essencial para o engenheiro eletricista. A eletrônica possui uma distinção especial de outras disciplinas dentro da engenharia elétrica. Como o campo da eletrônica está sempre avançando, um técnico em engenharia eletrônica deve renovar seu conhecimento através de formação suplementar, seminários e aulas on-line. Outra maneira de atingir isso é sendo membro de uma organização profissional como o Instituto de Engenharia Elétrica e Eletrônica (IEEE – *Institute of Electrical and Electronics Engineers*), a Sociedade Americana de Técnicos de Engenharia Certificados (ASCET – *American Society of Certified Engineering Technicians*), o Instituto Nacional de Certificação em Engenharia Tecnológica (NICET – *National Institute for Certification in Engineering Technologies*), a Tecnólogos e Técnicos de Ciência Aplicada de British Columbia (ASTTBC – Applied Science Technologists and Technicians of British Columbia) e a Sociedade de Instrumentação, Sistemas e Automação (ISA – *Instrumentation, Systems, and Automation*). Há diversos benefícios para membros, inúmeras revistas, jornais e anais de conferências e simpósios publicados por essas organizações.

300 mm (12 pol.) pastilha de silício
© Corbis RF

6.1 Introdução

Tendo dominado circuitos em série e circuitos em paralelo, podemos ir para circuitos série-paralelo, que são geralmente mais complicados.

> Um **circuito série-paralelo** é um circuito que contém as topologias dos circuitos em série e em paralelo.

Um circuito série-paralelo combina alguns dos atributos das configurações de circuitos em série e em paralelo. Um exemplo típico de um circuito em série-paralelo é mostrado na Figura 6.1. Você notará que R_1 e R_2 estão em série, o mesmo ocorrendo com R_3 e R_4, enquanto R_5 e R_6 estão em paralelo. Embora circuitos série-paralelo sejam geralmente mais complicados que os circuitos em série e em paralelo, os mesmos princípios são aplicados. Aplicamos a lei de Ohm juntamente a LKV e LKC para analisar circuitos série-paralelo.

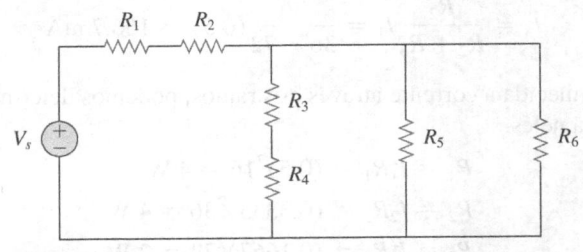

Figura 6.1
Um circuito série-paralelo típico.

Começamos o capítulo olhando para um circuito em paralelo típico. Discutiremos então o circuito em escada e a ponte de Wheatstone. Finalmente, aprenderemos como se utiliza o PSpice e o Multisim para análise de circuitos em série-paralelo usando um computador.

6.2 Circuitos série-paralelo

Para analisar circuitos série-paralelo, determinamos de cada grupo série e de cada grupo paralelo suas respectivas resistências equivalentes. Aplicamos esse processo quantas vezes forem necessárias. Em outras palavras, substituímos a resistência equivalente para várias porções em série e em paralelo de um circuito até que o circuito original seja reduzido para um circuito em série ou em paralelo simples. Assim, a análise de um circuito série-paralelo envolve o uso de uma combinação dos seguintes princípios:

- Combinação de resistores em série.
- Combinação de resistores em paralelo.
- Lei de Kirchhoff para tensão (LKV).
- Lei de Kirchhoff para corrente (LKC).
- Lei de Ohm.
- Princípio de divisão de tensão.
- Princípio de divisão de corrente.

Ilustraremos isso com os exemplos.

Determine I_1, I_2 e I_3 no circuito da Figura 6.2. Calcule a potência absorvida em cada resistor.

Exemplo 6.1

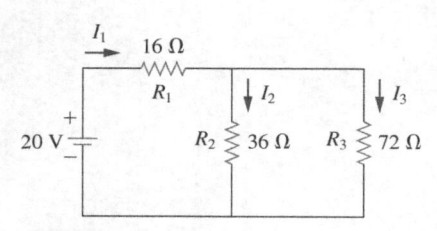

Figura 6.2
Para o Exemplo 6.1.

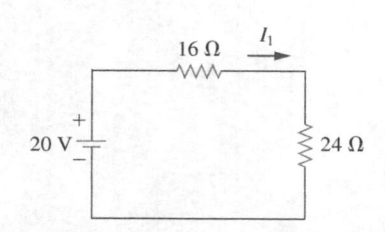

Figura 6.3
Para o Exemplo 6.1.

Solução:
Primeiro note que R_2 e R_3 estão em paralelo, pois estão conectados entre os mesmos dois pontos. Sua resistência equivalente é

$$R_{eq} = R_2 \| R_3 = \frac{R_2 R_3}{R_2 + R_3} = \frac{36 \times 72}{36 + 72} = 24 \, \Omega$$

(O símbolo $\|$ é usado para indicar uma combinação paralela.). Trocando R_2 e R_3 por R_{eq}, tem-se o circuito equivalente mostrado na Figura 6.3. Este é agora um circuito em série onde podemos facilmente aplicar LKT.

$$-20 + I_1(16 + 24) = 0 \quad \Rightarrow \quad I_1 = 20/40 = 0{,}5 \, \text{A}$$

Uma vez que obtemos I_1, podemos aplicar o princípio de divisão de tensão para obter I_2 e I_3. Observando a porção paralela da Figura 6.2,

$$I_2 = \frac{R_3}{R_2 + R_3} I_1 = \frac{72}{36 + 72}(0{,}5) = 333{,}3 \, \text{mA}$$

$$I_3 = \frac{R_2}{R_2 + R_3} I_1 = \frac{36}{36 + 72}(0{,}5) = 166{,}7 \, \text{mA}$$

Uma vez conhecida a corrente através dos ramos, podemos determinar a potência absorvida neles.

$$P_1 = I_1^2 R_1 = (0{,}5)^2 16 = 4 \, \text{W}$$
$$P_2 = I_2^2 R_2 = (0{,}3333)^2 36 = 4 \, \text{W}$$
$$P_3 = I_3^2 R_3 = (0{,}1667)^2 72 = 2 \, \text{W}$$

Assim, a potência total absorvida é 10 W. Para checar esse resultado, podemos calcular a potência total fornecida como

$$P_s = V_s I_1 = 20 \times 0{,}5 = 10 \, \text{W}$$

Problema Prático 6.1

Para o circuito na Figura 6.4 determine I_1, I_2 e I_3 e calcule a potência absorvida em cada resistor.

Resposta: 1,2 A; 0,8 A; 2 A; 57,6 W; 38,4 W; 104 W.

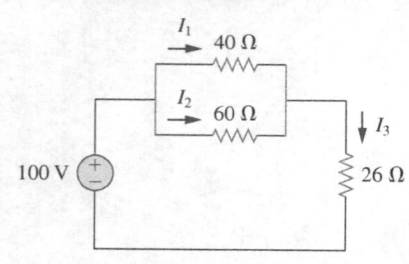

Figura 6.4
Para o Problema Prático 6.1.

Exemplo 6.2

Determine R_{eq} para o circuito mostrado na Figura 6.5.

Solução:
Para obter R_{eq}, combinamos os resistores em série e em paralelo. Os resistores de 6 Ω e 3 Ω estão em paralelo, pois estão conectados nos mesmos pontos. A resistência equivalente deles é

$$6 \| 3 = \frac{6 \times 3}{6 + 3} = 2 \, \Omega$$

Além disso, os resistores de 1 Ω e 5 Ω estão em série, pois a mesma corrente flui através deles; então, a resistência equivalente é

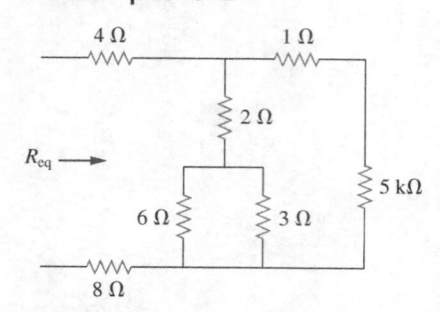

$$1 + 5 = 6 \, \Omega$$

Figura 6.5
Para o Exemplo 6.2.

Assim, o circuito na Figura 6.5 é reduzido para o da Figura 6.6(a). Na Figura 6.6(a), notamos que os dois resistores de 2 Ω estão em série, então a resistência equivalente deles é

$$2 + 2 = 4\ \Omega$$

O resistor de 4 Ω agora está em paralelo com o resistor de 6 Ω na Figura 6.6(a); a resistência equivalente deles é

$$4 \parallel 6 = \frac{4 \times 6}{4 + 6} = 2{,}4\ \Omega$$

O circuito na Figura 6.6(a) é agora trocado com o da Figura 6.6(b). Na Figura 6.6(b), os três resistores estão em série. Portanto, o resistor equivalente para esse circuito é

$$R_{eq} = 4 + 2{,}4 + 8 = 14{,}4\ \Omega$$

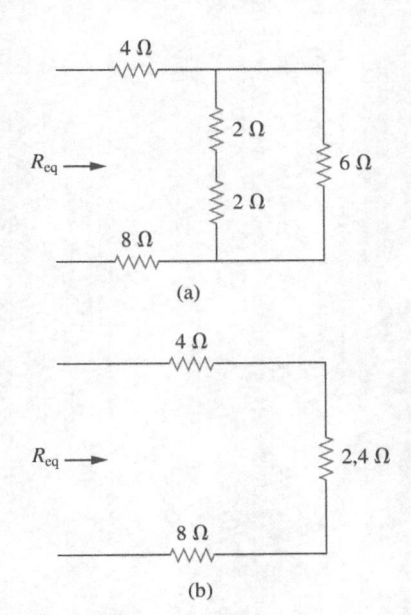

Figura 6.6
Circuito equivalente para o Exemplo 6.2.

Problema Prático 6.2

Por combinação de resistores na Figura 6.7 determine R_{eq}.

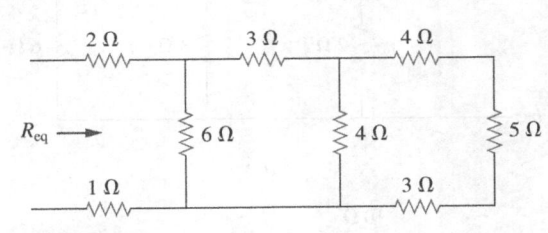

Figura 6.7
Para o Problema Prático 6.2.

Resposta: 6 Ω.

Exemplo 6.3

Calcule a resistência equivalente R_{ab} no circuito da Figura 6.8.

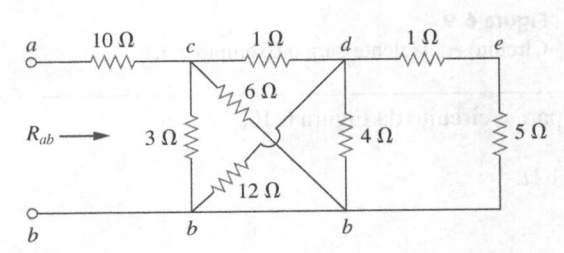

Figura 6.8
Para o Exemplo 6.3.

Solução:
Os resistores de 3 Ω e 6 Ω estão em paralelo, pois estão conectados entre os mesmos dois pontos c e b. A combinação de suas resistências é

$$3 \parallel 6 = \frac{3 \times 6}{3 + 6} = 2\ \Omega \qquad (6.3.1)$$

Similarmente, os resistores de 12 Ω e 4 Ω estão em paralelo porque eles estão conectados entre os mesmos dois pontos d e b. Assim,

$$12 \parallel 4 = \frac{12 \times 4}{12 + 4} = 3 \, \Omega \qquad (6.3.2)$$

Além disso, os resistores de 1 Ω e 5 Ω também estão em série; assim, a resistência equivalente é

$$1 + 5 = 6 \, \Omega \qquad (6.3.3)$$

Com essas três combinações, podemos trocar o circuito da Figura 6.8 com o da Figura 6.9(a). Na Figura 6.9(a), 3 Ω em paralelo com 6 Ω resulta em 2 Ω, tal como calculado na Equação (6.3.1). Essa resistência equivalente de 2 Ω está agora em série com a resistência de 1 Ω, resultando na combinação de resistências de $1 + 2 = 3 \, \Omega$. Assim, trocamos o circuito da Figura 6.9(a) com o da Figura 6.9(b). Na Figura 6.9(b), combinamos os resistores de 2 Ω e 3 Ω em paralelo para obter

$$2 \parallel 3 = \frac{2 \times 3}{2 + 3} = 1{,}2 \, \Omega$$

Esse resistor de 1,2 Ω está em série com o resistor de 10 Ω, de modo que

$$R_{ab} = 10 + 1{,}2 = 11{,}2 \, \Omega$$

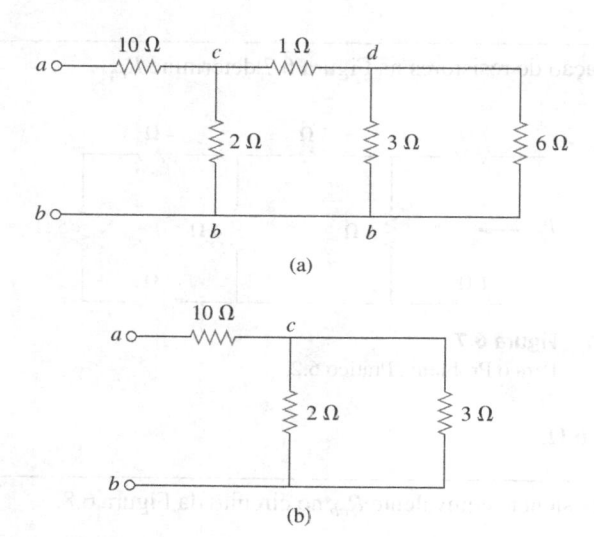

Figura 6.9
Circuito equivalente para o Exemplo 6.3.

Problema Prático 6.3

Encontre R_{ab} para o circuito da Figura 6.10.

Resposta: 11 Ω.

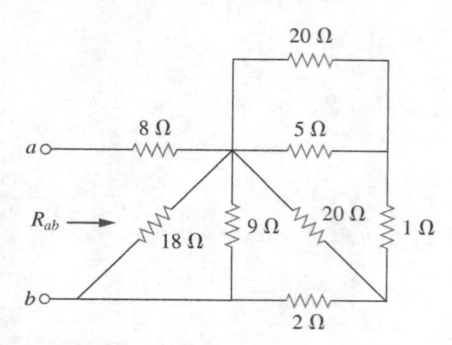

Figura 6.10
Para o Problema Prático 6.3.

Exemplo 6.4

Determine a condutância G_{eq} para o circuito da Figura 6.11(a).

Solução:
Podemos resolver isso de duas maneiras: trabalhando com condutâncias ou resistências.

■ **Método 1**   Os resistores de 8 S e 12 S então em paralelo, então a condutância deles é

$$8 + 12 = 20 \text{ S}$$

Esse resistor de 20 S está agora em série com o de 5 S como mostrado na Figura 6.11(b), então, a condutância resultante é

$$\frac{20 \times 5}{20 + 5} = 4 \text{ S}$$

Isso em paralelo com o resistor de 6 S, temos

$$G_{eq} = 6 + 4 = 10 \text{ S}$$

■ **Método 2**   Devemos notar que o circuito na Figura 6.11(c) é o mesmo da Figura 6.11(a). Enquanto os resistores na Figura 6.11(a) são expressos em siemens, na Figura 6.11(c) eles são expressos em ohms. Para mostrar que os circuitos são iguais, encontraremos R_{eq} para o circuito da Figura 6.11(c).

$$R_{eq} = \frac{1}{6} \parallel \left(\frac{1}{5} + \frac{1}{8} \parallel \frac{1}{12} \right) = \frac{1}{6} \parallel \left(\frac{1}{5} + \frac{1}{20} \right) = \frac{1}{6} \parallel \frac{1}{4} = \frac{\frac{1}{6} \times \frac{1}{4}}{\frac{1}{6} + \frac{1}{4}} = \frac{1}{10} \, \Omega$$

onde usamos

$$\frac{1}{8} \parallel \frac{1}{12} = \frac{\frac{1}{8} \times \frac{1}{12}}{\frac{1}{8} + \frac{1}{12}} = \frac{\frac{1}{96}}{\frac{20}{96}} = \frac{1}{20}$$

Assim,

$$G_{eq} = \frac{1}{R_{eq}} = 10 \text{ S}$$

Essa é a mesma resposta que obtemos usando o método 1.

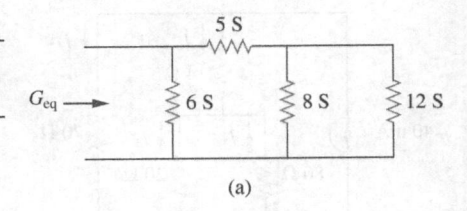

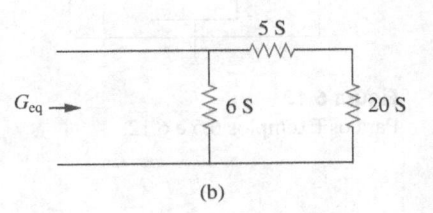

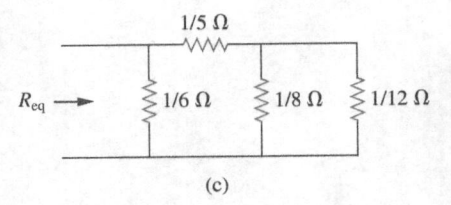

Figura 6.11
Para o Exemplo 6.4; (a) circuito original; (b) seu circuito equivalente; (c) mesmo circuito expresso em (a), mas com resistores expressos em ohms.

Problema Prático 6.4

Calcule G_{eq} no circuito da Figura 6.12.

Resposta: 4 S.

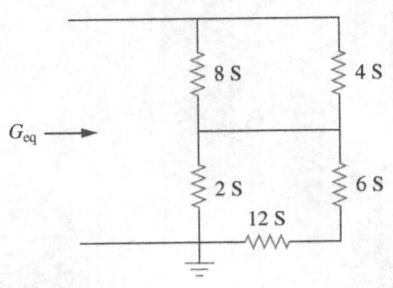

Figura 6.12
Para o Problema Prático 6.4.

Exemplo 6.5

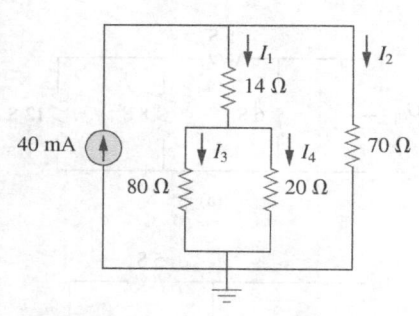

Figura 6.13
Para os Exemplos 6.5 e 6.12.

Encontre a tensão em cada resistor do circuito série-paralelo da Figura 6.13.

Solução:
Os resistores de 80 Ω e 20 Ω estão em paralelo, os quais podem ser combinados para obter

$$80 \parallel 20 = \frac{80 \times 20}{80 + 20} = 16 \, \Omega$$

Esse resistor de 16 Ω está em série com o resistor de 14 Ω, fornecendo

$$16 + 14 = 30 \, \Omega$$

Podemos aplicar a regra de divisão de corrente para encontrar a corrente I_1 e I_2.

$$I_1 = \frac{70}{70 + 30}(40 \text{ mA}) = 28 \text{ mA}$$

$$I_2 = \frac{30}{70 + 30}(40 \text{ mA}) = 12 \text{ mA}$$

Podemos aplicar a regra de divisão de corrente novamente para partilhar I_1 entre I_3 e I_4.

$$I_3 = \frac{20}{20 + 80}(28 \text{ mA}) = 5,6 \text{ mA}$$

$$I_4 = \frac{80}{20 + 80}(28 \text{ mA}) = 22,4 \text{ mA}$$

Uma vez que encontramos as correntes nos ramos, podemos aplicar a lei de Ohm para determinar a tensão em cada resistor. Para o resistor de 70 Ω,

$$V_{70} = 70 I_2 = 70 \times 12 \times 10^{-3} = 0,84 \text{ V}$$

Para o resistor de 14 Ω,

$$V_{14} = 14 I_1 = 14 \times 28 \times 10^{-3} = 0,392 \text{ V}$$

Como os resistores de 80 Ω e 20 Ω estão em paralelo, eles possuem a mesma tensão.

$$V_{20} = V_{80} = 80 I_3 = 80 \times 5,6 \times 10^{-3} = 0,448 \text{ V}$$

Problema Prático 6.5

Determine a tensão em cada resistor do circuito série-paralelo da Figura 6.14.

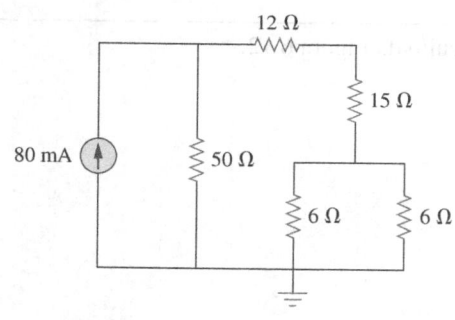

Figura 6.14
Para os Problemas Práticos 6.5 e 6.12.

Resposta: $V_{50} = 1,5 \text{ V}$; $V_{12} = 0,6 \text{ V}$; $V_{15} = 0,75 \text{ V}$; $V_6 = 0,15 \text{ V}$.

Encontre V_{ab} no circuito da Figura 6.15.

Exemplo 6.6

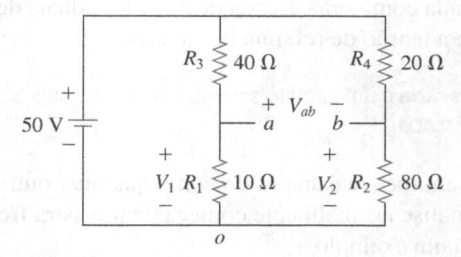

Figura 6.15
Para o Exemplo 6.6.

Solução:
Como a fonte de tensão de 50 V está em paralelo com a combinação em série dos resistores de 40 Ω e 10 Ω e a combinação em série dos resistores de 20 Ω e 80 Ω, podemos usar a regra do divisor de tensão para encontrar V_1 e V_2.

$$V_1 = \frac{10}{10 + 40}(50) = 10 \text{ V}$$

$$V_2 = \frac{80}{80 + 20}(50) = 40 \text{ V}$$

Aplicamos agora a LKT na malha *oabo* conforme mostrado na Figura 6.16.

$$-V_1 + V_{ab} + V_2 = 0$$

ou

$$V_{ab} = V_1 - V_2 = 10 - 40 = -30 \text{ V}$$

Figura 6.16
Para o Exemplo 6.6.

Determine I no circuito da Figura 6.17.

Problema Prático 6.6

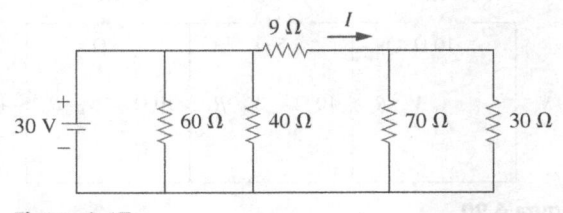

Figura 6.17
Para o Problema Prático 6.6.

Resposta: 1 A.

6.3 Circuito em escada

Um circuito em escada é um circuito série-paralelo especial. Um circuito em escada típico é mostrado na Figura 6.18. Consiste em um conjunto de resistores em série e em paralelo, cuja representação é "desenhada" como uma escada devido à semelhança visual.

Os circuitos em escada são utilizados em conversores digital-analógicos (DACs) para fornecer tensões de referência de 1/2, 1/4, 1/8, e assim por diante, de uma fonte de tensão. Uma escada especial usada em DAC é chamada de

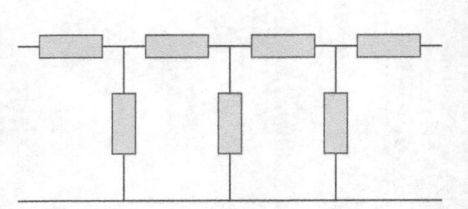

Figura 6.18
Circuito em escada.

escada *R/2R*, mostrada na Figura 6.19 (LSB = *least significant bit* – bit menos significante, MSB = *most significant* bit – bit mais significante). A informação digital é representada como uma escada de bits individuais de uma palavra digital comutada entre a tensão de referência e a terra.

> Um **circuito em escada** é um circuito série-paralelo com uma topologia que se assemelha a uma escada.

Um circuito em escada é analisado como qualquer outro circuito em série-paralelo, mas a análise normalmente começa de trás para frente. Isso será mais bem ilustrado com um exemplo.

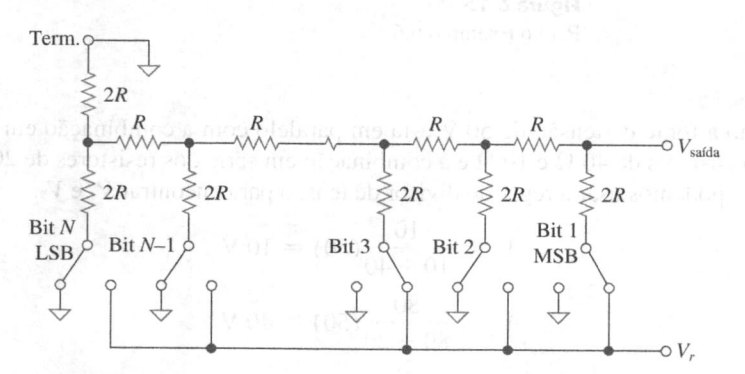

Figura 6.19
Escada *R/2R* de *N* bits usada em um conversor digital-analógico.
Cortesia do TT Electronis IRC.

Exemplo 6.7

Encontre V_o no circuito em escada da Figura 6.20

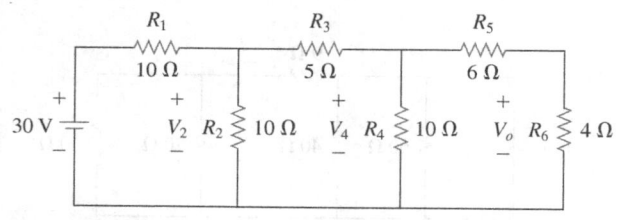

Figura 6.20
Para o Exemplo 6.7.

Solução:
Notamos a partir da Figura 6.20 que R_5 e R_6 estão em série, então a resistência combinada é

$$6 + 4 = 10\ \Omega$$

Essa resistência de 10 Ω está em paralelo com $R_4 = 10\ \Omega$, cuja combinação possui resistência de

$$10\ \|\ 10 = 5\ \Omega$$

Nesse ponto, o circuito equivalente é mostrado na Figura 6.21(a). O resistor de 5 Ω está em série com o $R_3 = 5\ \Omega$, e sua resistência combinada vale

$$5 + 5 = 10\ \Omega$$

Figura 6.21
Circuitos equivalentes para o Exemplo 6.7.

Novamente, esse resistor de 10 Ω está em paralelo com outro resistor de 10 Ω, então sua resistência combinada é 5 Ω. Assim, obtemos o circuito equivalente na Figura 6.21(b). Ao utilizar a regra do divisor de tensão,

$$V_2 = \frac{5}{5 + 10}(30 \text{ V}) = 10 \text{ V}$$

Agora podemos trabalhar de frente para trás para obter V_o. A tensão $V_2 = 10$ V é dividida igualmente entre os dois resistores de 5 Ω na Figura 6.21(a), que é $V_4 = 10/2 = 5$ V. Essa tensão, $V_4 = 5$ V, é dividida entre os resistores de 6 Ω e 4 Ω. Assim, por divisão de tensão,

$$V_o = \frac{4}{4 + 6}(5 \text{ V}) = 2 \text{ V}$$

O circuito na Figura 6.22 é chamando de escada *R/2R*. Considere $R = 10$ kΩ e encontre I_x.

Problema Prático 6.7

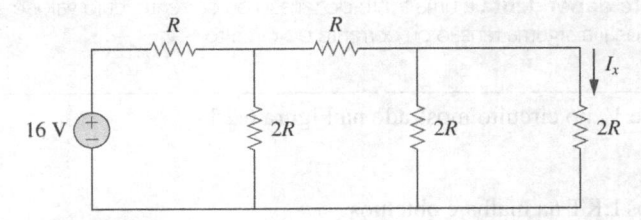

Figura 6.22
Para o Problema Prático 6.7.

Resposta: 0,2 mA.

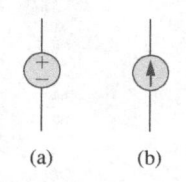

Figura 6.23
(a) Fonte de tensão independente; (b) Fonte de corrente independente.

6.4 Fontes dependentes

Até agora analisamos circuito com fontes independentes. O símbolo para tensão independente é mostrado na Figura 6.23(a), enquanto para uma fonte de corrente independente é mostrado na Figura 6.23(b). Fontes independentes produzem tensão ou corrente não afetadas pelo que ocorre no restante do circuito.

As fontes dependentes são importantes, pois elas são usadas em modelos de elementos de circuitos eletrônicos. Elas são usualmente designadas pelo símbolo em forma de diamante, conforme mostrado na Figura 6.24. Devido ao controle de uma fonte dependente ser realizado pela tensão ou corrente de algum elemento no circuito e à fonte poder ser de tensão ou de corrente, resulta em quatro tipos de possibilidade de fontes dependentes:

1. Fonte de tensão controlada por tensão; Figura 6.24(a).
2. Fonte de tensão controlada por corrente; Figura 6.24(b).
3. Fonte de corrente controlada por tensão; Figura 6.24(c).
4. Fonte de corrente controlada por corrente; Figura 6.24(d).

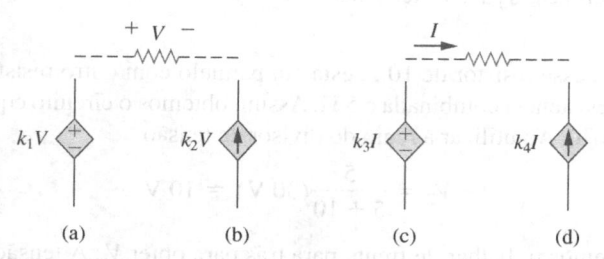

Figura 6.24
(a) Fonte de tensão controlada por tensão; (b) Fonte de tensão controlada por corrente; (c) Fonte de corrente controlada por tensão; (d) Fonte de corrente controlada por corrente.

Fontes dependentes não servem como entrada para um circuito como as fontes independentes. Eles são usados como modelos de elementos ativos de circuitos eletrônicos. Por exemplo, para descrever um amplificador operacional (AOP), precisamos de uma fonte de tensão controlada por tensão.

> Uma **fonte dependente** é uma fonte de tensão ou corrente, cujo valor é proporcional a alguma tensão ou corrente do circuito.

Exemplo 6.8

Determine V_x no circuito mostrado na Figura 6.25.

Solução:
Aplicamos LKT na malha e obtemos

$$-12 + 5I + 2V_x = 0$$

Mas $5I = V_x$,

$$-12 + V_x + 2V_x = 0 \quad \Rightarrow \quad 3V_x = 12$$

$$V_x = 4 \text{ V}$$

Figura 6.25
Para o Exemplo 6.8.

Encontre V_x no circuito mostrado na Figura 6.26.

Resposta: 20 V

Problema Prático 6.8

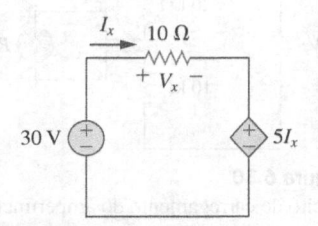

Figura 6.26
Para o Problema Prático 6.8.

Calcule V_x no circuito mostrado na Figura 6.27.

Solução:
Seja I a corrente através do resistor de 10 Ω e assumindo que a corrente está fluindo para baixo no resistor.

$$I = 2 + 0{,}2V_x$$
$$V_x = 10I = 20 + 2V_x$$

Agora podemos solucionar V_x.

$$V_x = -20\text{ V}$$

Exemplo 6.9

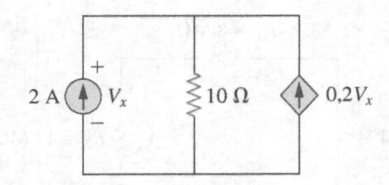

Figura 6.27
Para o Problema Prático 6.9.

Encontre V_x no circuito mostrado na Figura 6.28.

Resposta: −5 V

Problema Prático 6.9

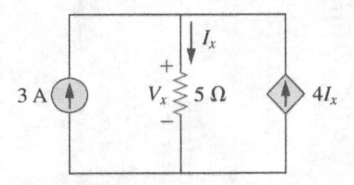

Figura 6.28
Para o Problema Prático 6.9.

6.5 Efeito de carregamento dos instrumentos

Quando um instrumento como um voltímetro ou um amperímetro é conectado em um circuito, sua presença afeta a leitura devido a sua resistência interna e ao fato de que o instrumento absorve alguma energia do circuito. Esse efeito é chamado *carregamento*. O efeito do carregamento é importante, especialmente quando a precisão é a principal preocupação.

Quando o voltímetro é conectado em paralelo com o ramo, como mostrado na Figura 6.29, seria ideal que o voltímetro tivesse uma resistência infinita, isto é, a condição de operação do circuito não seria alterada pela presença do voltímetro. Mas um voltímetro prático possui uma resistência finita R_V. A resistência do voltímetro deve ser a maior possível para minimizar o efeito do carregamento. Quanto maior o valor de R_V, menor o efeito de carregamento.

Da mesma forma, quando um amperímetro é conectado em série com o ramo, tipicamente como mostrado na Figura 6.30, a resistência do amperímetro deveria ser zero, de modo que a resistência do circuito permanecesse a mesma. Entretanto, um amperímetro prático possui uma finita, mas pequena, resistência R_A. Se o amperímetro é conectado em série com uma grande resistência, R_A pode ser ignorada. Mas se o amperímetro é conectado em série com uma resistência relativamente pequena, R_A não pode ser ignorada.

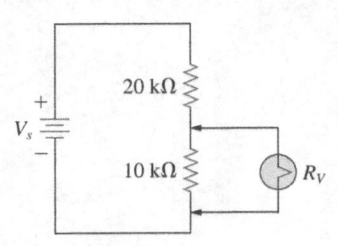

Figura 6.29
Efeito de carregamento do voltímetro.

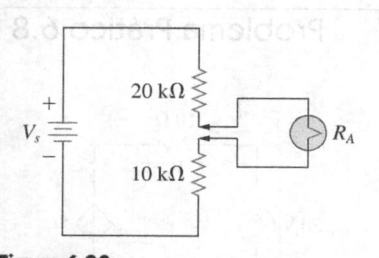

Figura 6.30
Efeito de carregamento do amperímetro.

O erro percentual introduzido pelo instrumento é calculado como

$$\text{Erro (\%)} = \frac{\text{Valor ideal} - \text{Valor medido}}{\text{Valor ideal}} \times 100 \qquad (6.1)$$

em que o valor ideal é o que conseguimos quando o instrumento está ausente ou é ideal, enquanto o valor medido é o que conseguimos quando o instrumento está conectado. O erro admissível depende da situação. Uma boa regra é ignorar o efeito do carregamento se o erro for menor que 5%.

Exemplo 6.10

Considere o circuito mostrado na Figura 6.31. Se o voltímetro com uma resistência interna de 10 MΩ é usado para medir V_1 e V_2, calcule o efeito de carregamento.

Solução:
Precisamos calcular as tensões com carregamento e sem carregamento. As tensões sem carregamento (ou ideais) são aqueles valores de V_1 e V_2 quando o voltímetro não está presente. Usando a regra do divisor de tensão,

$$V_1 = \frac{R_1}{R_1 + R_2} V_s = \frac{8 \text{ M}\Omega}{8 \text{ M}\Omega + 12 \text{ M}\Omega}(24 \text{ V}) = 9{,}6 \text{ V}$$

$$V_2 = \frac{R_2}{R_1 + R_2} V_s = \frac{12 \text{ M}\Omega}{8 \text{ M}\Omega + 12 \text{ M}\Omega}(24 \text{ V}) = 14{,}4 \text{ V}$$

As tensões com carregamento (ou medida) são os valores de V_1 e V_2 quando o voltímetro está presente. Para V_1, o voltímetro é conectado em paralelo com R_1 conforme mostrado na Figura 6.32(a). O equivalente paralelo de R_1 e R_V é

$$R_{T1} = R_1 \| R_V = \frac{R_1 R_V}{R_1 + R_V} = \frac{8 \times 10}{8 + 10} \text{ M}\Omega = 4{,}444 \text{ M}\Omega$$

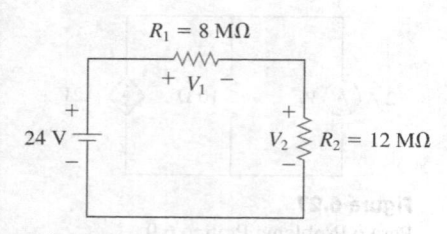

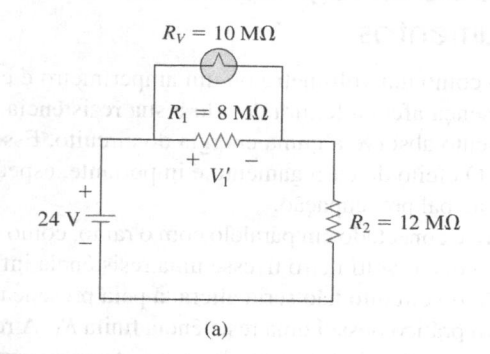

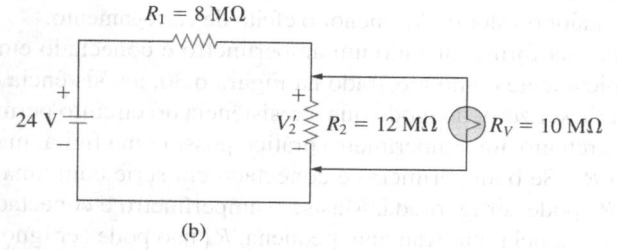

Figura 6.31
Para o Exemplo 6.10.

Figura 6.32
Efeito das medidas: (a) medindo V_1; (b) medindo V_2.

Assim,

$$V_1' = \frac{R_{T1}}{R_{T1} + R_2}V_s = \frac{4{,}444\ M\Omega}{4{,}444\ M\Omega + 12\ M\Omega}(24\ V) = 6{,}486\ V$$

Para V_2, o voltímetro é conectado em paralelo com R_2 conforme mostrado na Figura 6.32(b). O equivalente paralelo de R_2 e R_V é

$$R_{T2} = R_2 \parallel R_V = \frac{R_2 R_V}{R_2 + R_V} = \frac{12 \times 10}{12 + 10}\ M\Omega = 5{,}455\ M\Omega$$

Portanto,

$$V_2' = \frac{R_{T2}}{R_{T2} + R_1}V_s = \frac{5{,}455\ M\Omega}{5{,}455\ M\Omega + 8\ M\Omega}(24\ V) = 9{,}730\ V$$

O erro introduzido pelo voltímetro na medida V_1 é

$$\text{Erro (\%)} = \frac{V_1 - V_1'}{V_1} \times 100 = \frac{9{,}6 - 6{,}486}{9{,}6} \times 100 = 32{,}44\%$$

Enquanto o erro introduzido na medida V_2 é

$$\text{Erro (\%)} = \frac{V_2 - V_2'}{V_2} \times 100 = \frac{14{,}4 - 9{,}730}{14{,}4} \times 100 = 32{,}43\%$$

Notamos que os erros percentuais são relativamente altos devido ao fato de R_V ser comparável com os valores de R_1 e R_2. Podemos reduzir os erros pelo aumento de R_V.

Problema Prático 6.10

Para o circuito mostrado na Figura 6.33, calcule o erro percentual introduzido pela medida de V_3. Assuma que a resistência interna do voltímetro é 12 MΩ.

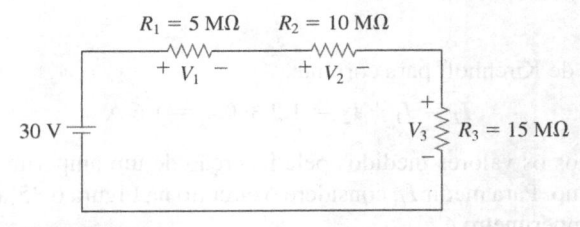

Figura 6.33
Para o Problema Prático 6.10.

Resposta: 38,46%.

Exemplo 6.11

Determine o valor ideal e o valor medido de I_1, I_2, e I_T no circuito da Figura 6.34 se um amperímetro de 5 Ω for utilizado.

Solução:
Os valores ideais são aqueles que se consegue quando o amperímetro não está presente ou sua resistência interna é zero. Pela lei de Ohm,

$$I_1 = \frac{V_s}{R_1} = \frac{12}{10} = 1{,}2\ A$$

$$I_2 = \frac{V_s}{R_2} = \frac{12}{30} = 0{,}4\ A$$

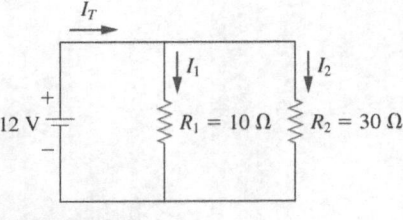

Figura 6.34
Para o Exemplo 6.11.

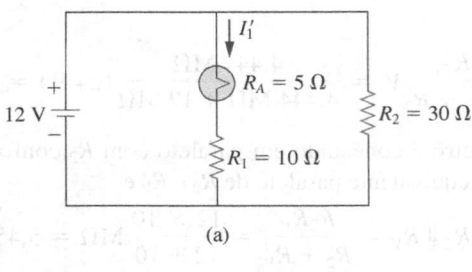

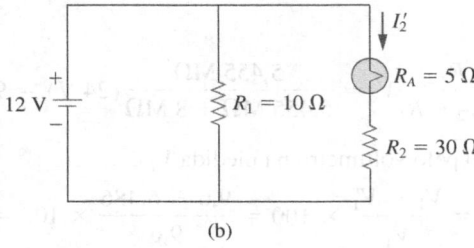

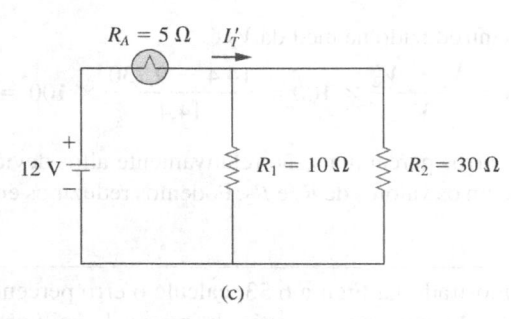

Figura 6.35
Medidas: (a) I_1; (b) I_2; (c) I_T.

Usando a lei de Kirchhoff para corrente,

$$I_T = I_1 + I_2 = 1,2 + 0,4 = 1,6 \text{ A}$$

Determinamos os valores medidos pela inserção de um amperímetro em série com cada ramo. Para medir I_1, considere o circuito na Figura 6.35(a). A corrente através do amperímetro é

$$I'_1 = \frac{V_s}{R_1 + R_A} = \frac{12}{10 + 5} = 0,8 \text{ A}$$

Para medir I_2, considere o circuito na Figura 6.35(b).

$$I'_2 = \frac{V_s}{R_2 + R_A} = \frac{12}{30 + 5} = 0,343 \text{ A}$$

Para medir I_T, consulte o circuito na Figura 6.29(c). A resistência total é

$$R_T = R_A + R_1 \parallel R_2 = 5 + \frac{10 \times 30}{10 + 30} = 5 + 7,5 = 12,5 \text{ }\Omega$$

Pela lei de Ohm,

$$I'_T = \frac{12}{12,5} = 0,96 \text{ A}$$

Note que
$$I'_T \neq I'_1 + I'_2$$

Determine o valor ideal e medido para I_T no circuito da Figura 6.36. Assuma que o amperímetro possui resistência interna de 2 Ω.

Resposta: 3,636 A; 3,175 A.

Problema Prático 6.11

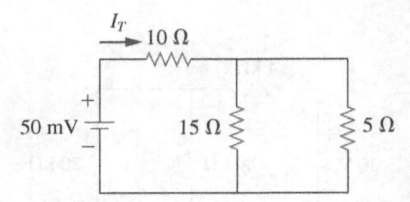

Figura 6.36
Para o Problema Prático 6.11.

6.6 Análise computacional

6.6.1 PSpice

Com pouco esforço, o PSpice pode ser utilizado para encontrar a corrente no ramo ou tensão no nó de um circuito série-paralelo, conforme ilustra o seguinte exemplo.

Encontre as correntes de I_1 a I_4 no circuito da Figura 6.13.

Exemplo 6.12

Solução:
Desenhamos o diagrama esquemático como mostrado na Figura 6.37. Para a análise CC, usamos fonte de corrente IDC. Uma vez que o circuito foi desenhado e salvo como exem612.dsn, simulamos o circuito selecionando **PSpice/NEW Simulation Profile**. Isso conduz à caixa de diálogo de Nova Simulação (**New Simulation**). Digitamos "exem612" como o nome do arquivo e clicamos **Create**, o que conduz à caixa de diálogo Configuração da Simulação (**Simulation Settings**). Como é uma análise CC, somente clicamos em OK. Então selecionamos **PSpice/Run**. O circuito é simulado, e as tensões dos nós serão mostradas no circuito conforme na Figura 6.37. Podemos calcular a corrente manualmente:

$$I_1 = \frac{840 - 448}{14} = 28 \text{ mA}$$

$$I_2 = \frac{840}{70} = 12 \text{ mA}$$

$$I_3 = \frac{448}{80} = 5,6 \text{ mA}$$

$$I_4 = \frac{448}{20} = 22,4 \text{ mA}$$

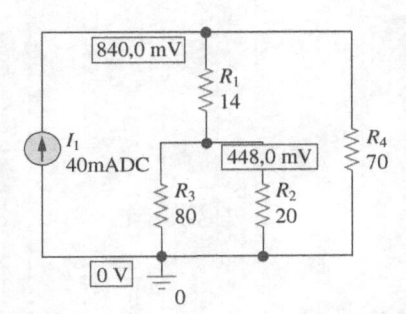

Figura 6.37
Diagrama esquemático no PSpice para o Exemplo 6.12.

que está de acordo com nossos resultados no Exemplo 6.5.

Use o PSpice para determinar a tensão em cada resistor no circuito em série-paralelo mostrado anteriormente na Figura 6.14.

Problema Prático 6.12

Resposta: $V_{50} = 1,5$ V; $V_{12} = 0,6$ V; $V_{15} = 0,75$ V; $V_6 = 0,15$ V

6.6.2 Multisim

O Multisim pode ser utilizado para analisar circuitos em série-paralelo exatamente como utilizamos para analisar circuitos em série e em paralelo nos capítulos anteriores. O Multisim também fornece um multímetro que pode ser utilizado para medir resistência e um wattímetro para medir potência. O exemplo seguinte ilustra como utilizamos o Multisim para analisar um circuito em série-paralelo.

Exemplo 6.13

Consulte o circuito na Figura 6.38. (a) Utilize o Multisim para encontrar R_{eq}. (b) Utilize o Multisim para encontrar V_0.

Solução:

(a) O circuito está ligado conforme mostrado na Figura 6.39(a). A fonte de tensão foi trocada por um multímetro, que pode medir tensão, corrente ou resistência. Aqui, o utilizamos para medir a resistência R_{eq}. Para isso damos um clique duplo no multímetro e selecionamos a função ohmímetro (Ω). Depois, salvando o circuito simulado, obtemos

$$R_{eq} = 20 \text{ k}\Omega$$

Ao contrário de voltímetros e amperímetros, que mostram os resultados medidos, o multímetro não mostra os resultados diretamente. Depois da simulação, é necessário um clique duplo no multímetro para que o resultado seja mostrado.

(b) O circuito está ligado conforme mostrado na Figura 6.39(b). Embora pudéssemos determinar V_0 utilizando um voltímetro, escolhemos utilizar um multímetro para nos familiarizarmos com ele. Assim, V_0 é medido conectando o multímetro em paralelo com o resistor de 20 kΩ e selecionando a função de voltímetro CC do multímetro. Uma vez que o circuito foi salvo e simulado, com um duplo clique sobre o multímetro obtemos

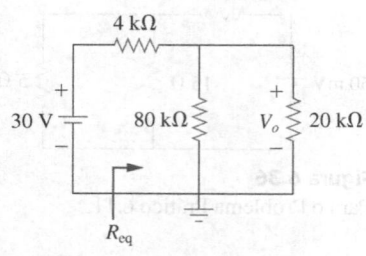

$$V_o = 24 \text{ V}$$

Figura 6.38
Para o Exemplo 6.13.

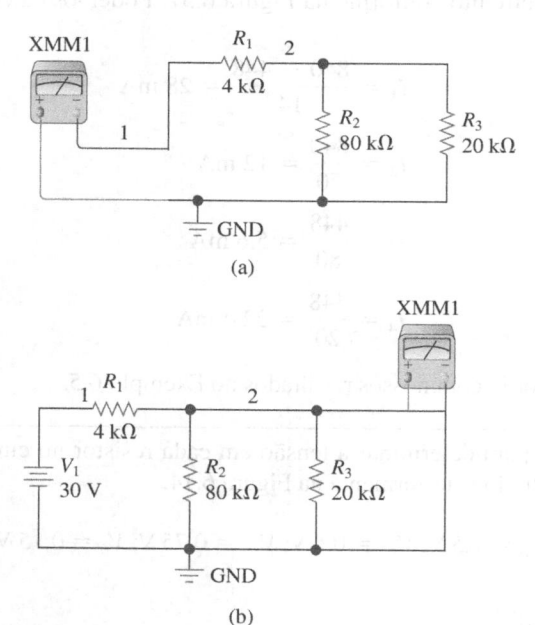

Figura 6.39
Para o Exemplo 6.13: (a) medindo R_{eq}; (b) medindo V_o.

Utilize o Multisim para determinar a corrente I_o do ramo no circuito da Figura 6.40.

Resposta: 0,5 mA.

6.7 †Aplicação: Ponte de Wheatstone

Além do circuito em escada, há várias outras aplicações de circuito série-paralelo. Muitos dispositivos eletrônicos como rádios, televisores e computadores contêm circuitos em série-paralelo. Nesta seção, consideraremos uma aplicação importante – o circuito em ponte de Wheatstone.

> A **ponte de Wheatstone** é um circuito elétrico usado para determinar uma resistência desconhecida pelo ajuste de resistências conhecidas até que a corrente medida seja zero.

Embora o método do ohmímetro forneça uma maneira simples para medir resistência, uma medida mais precisa pode ser obtida pelo uso da ponte de Wheatstone. Enquanto ohmímetros são designados para medir resistência em uma faixa baixa, média ou alta, a ponte de Wheatstone é usada para medir resistência em um faixa média, entre 1 Ω e 1 MΩ. Valores muito baixos de resistência são medidos usando o *miliohmímetro*, ao mesmo tempo que valores muito altos são medidos com o *Megger*.

O circuito em ponte de Wheatstone[1] (ou ponte de resistência) é utilizado em um grande número de aplicações. Assim, o utilizaremos para medir uma resistência desconhecida. A resistência desconhecida R_X está conectada à ponte como mostrado na Figura 6.41. A resistência variável é ajustada até que não haja fluxo de corrente através do galvanômetro (veja Figura 6.42), que é essencialmente um movimento d'Arsonval operando como um dispositivo sensível de indicação de corrente. (O movimento d'Arsonval é um movimento de uma

Problema Prático 6.13

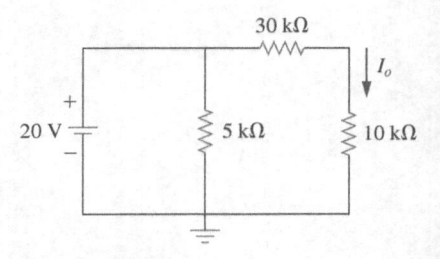

Figura 6.40
Para o Problema Prático 6.13.

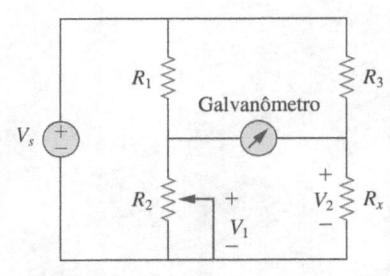

Figura 6.41
Ponte de Wheatstone; para o Exemplo 6.14 e o Problema 6.63.

Figura 6.42
Galvanômetro.
©Sarhan M. Musa

---
[1] NOTA HISTÓRICA: A ponte foi inventada por Charles Wheatstone (1802-1875), um professor britânico que também inventou o telégrafo, assim como Samuel Morse fez independentemente nos Estados Unidos.

bobina CC em que o núcleo eletromagnético é suspenso entre dois polos de um imã permanente). O galvanômetro é o nome histórico dado ao detector de corrente elétrica de bobina móvel. É similar a um amperímetro analógico. Quando a corrente está passando através da bobina no campo magnético, a bobina experimenta um torque proporcional à corrente. Quando não há corrente fluindo através do galvanômetro, $V_1 = V_2$ e a ponte está *balanceada*. Como não há fluxo de corrente através do galvanômetro, R_1 e R_2 se comportam como se estivessem em série, assim como R_3 e R_x. Aplicando o princípio de divisão de tensão,

$$V_1 = \frac{R_2}{R_1 + R_2}V = V_2 = \frac{R_x}{R_3 + R_x}V \qquad (6.2)$$

Portanto, não há fluxo de corrente através do galvanômetro quando

$$\frac{R_2}{R_1 + R_2} = \frac{R_x}{R_3 + R_x} \Rightarrow R_2 R_3 = R_1 R_x$$

ou

$$\boxed{R_x = \frac{R_3}{R_1} R_2} \qquad (6.3)$$

Se $R_1 = R_3$, e R_2 é ajustado até que não haja fluxo de corrente através do galvanômetro, então o valor de $R_x = R_2$. Além de medir resistência, a ponte de Wheatstone é utilizada para medir capacitância e indutância, como será considerado em capítulos posteriores.

A ponte de Wheatstone pode ser utilizada nos modos balanceado e desbalanceado. Como encontraremos a corrente através do galvanômetro quando a ponte de Wheatstone não está balanceada? De fato, lidamos com uma situação similar no Exemplo 6.6. Simplesmente aplicamos LKT. A ponte de Wheatstone não balanceada é útil para medida de vários tipos de quantidades físicas, como força, temperatura e pressão. O valor da quantidade medida pode ser determinado pelo grau em que a ponte está desbalanceada.

Exemplo 6.14

Na Figura 6.41, $R_1 = 500 \, \Omega$, $R_3 = 200 \, \Omega$. A ponte está balanceada quando R_2 é ajustado para 125 Ω. Determine a resistência R_x desconhecida.

Solução:
Utilizando a Equação (6.3),

$$R_x = \frac{R_3}{R_1} R_2 = \frac{200}{500} 125 = 50 \, \Omega$$

Problema Prático 6.14

Uma ponte de Wheatstone possui $R_1 = R_3 = 1 \, k\Omega$. Assim, R_2 é ajustado até que não haja fluxo de corrente através do galvanômetro. Nesse ponto, $R_2 = 3,2 \, k\Omega$. Qual é o valor da resistência desconhecida?

Resposta: 3,2 kΩ.

6.8 Resumo

1. O circuito série-paralelo combina as características de circuitos em série e em paralelo.
2. Para encontrar a resistência de um circuito série-paralelo, combinamos resistências em série e em paralelo.

3. Para encontrar a corrente em um ramo e a tensão em um nó, aplicamos LKT, LKC, lei de Ohm e a regra de divisor de tensão e corrente.
4. O circuito em escada é um circuito série-paralelo com uma topologia que lembra uma escada.
5. As fontes dependentes são usadas para modelar elementos de circuitos eletrônicos ativos.
6. Devido ao efeito de carregamento, um erro é introduzido nas medidas realizadas por um voltímetro ou um amperímetro.
7. Os circuitos em série-paralelo podem ser analisados utilizando o PSpice e o Multisim.
8. A ponte de Wheatstone é um circuito elétrico para medida precisa de resistências. A ponte é balanceada quando a saída de tensão é zero. Essa condição é encontrada quando a relação das resistências de um lado da ponte é igual à relação sobre o outro lado. Então,

$$R_x = \frac{R_3}{R_1} R_2$$

Questões de revisão

6.1 A combinação paralela dos resistores de 60 Ω e 40 Ω está em série com a combinação em série das resistências de 10 Ω e 30 Ω. A resistência total é:

(a) 140 Ω (b) 64 Ω
(c) 31,5 Ω (d) 7,5 Ω

6.2 A corrente I_X no circuito da Figura 6.43 é:

(a) 12 A (b) 7 A
(c) 5 A (d) 2 A

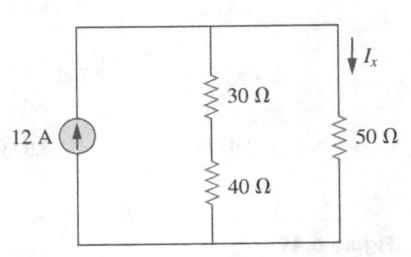

Figura 6.43
Para as Questões de Revisão 6.2 até 6.4.

6.3 Se o resistor de 30 Ω na Figura 6.43 é curto-circuitado, I_X torna-se:

(a) 12 A (b) 6,777 A
(c) 5,333 A (d) 0 A

6.4 Se o resistor de 40 Ω na Figura 6.43 está aberto, I_X torna-se:

(a) 12 A (b) 7,5 A
(c) 4,5 A (d) 0 A

6.5 Qual tipo de circuito é mostrado na Figura 6.44?

(a) Série (b) Paralelo
(c) Escada (d) Ponte de Wheatstone

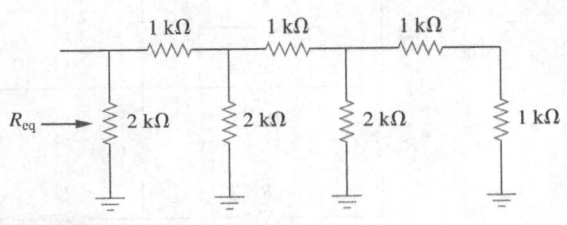

Figura 6.44
Para as Questões de Revisão 6.5 e 6.6.

6.6 A resistência equivalente R_{eq} do circuito na Figura 6.44 é:

(a) 1 kΩ (b) 2 kΩ
(c) 3 kΩ (d) 10 KΩ

6.7 No circuito escada, a simplificação do circuito deve começar:

(a) na fonte
(b) no centro
(c) no resistor perto da fonte
(d) no resistor mais distante da fonte

6.8 A ponte de Wheatstone é uma ferramenta útil para medir mudanças muito pequenas na resistência.

(a) Verdadeiro (b) Falso

6.9 A ponte de Wheatstone mostrada na Figura 6.45 está balanceada.

(a) Verdadeiro (b) Falso

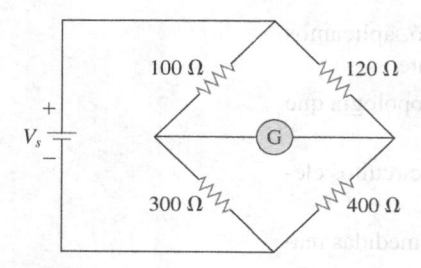

Figura 6.45
Para a Questão de Revisão 6.9.

6.10 Qual das quantidades seguintes não podem ser medidas com a ponte de Wheatstone?
(a) resistência (b) indutância
(c) temperatura (d) potência

Respostas: 6.1 b, 6.2 b, 6.3 c, 6.4 a, 6.5 c, 6.6 a, 6.7 d, 6.8 a, 6.9 b, 6.10 d.

Problemas

Seção 6.2 Circuitos em série-paralelo

6.1 Para o circuito da Figura 6.46, identifique os relacionamentos em série e em paralelo.

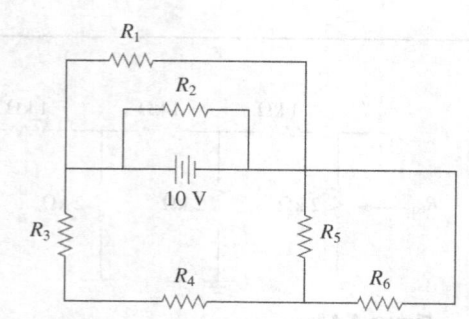

Figura 6.46
Para o Problema 6.1.

6.2 Determine R_{ab} no circuito da Figura 6.47.

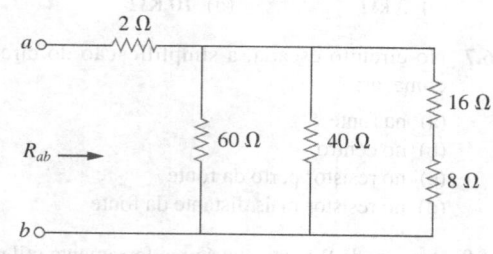

Figura 6.47
Para o Problema 6.2.

6.3 Encontre R_T no circuito da Figura 6.48.

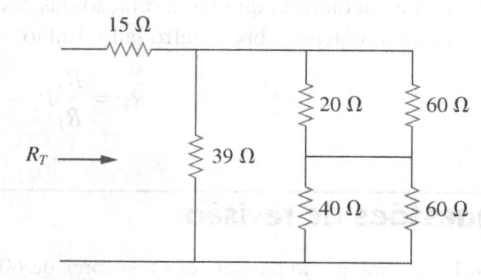

Figura 6.48
Para o Problema 6.3.

6.4 Considere o circuito da Figura 6.49. Encontre a resistência equivalente entre os terminais *a-b*.

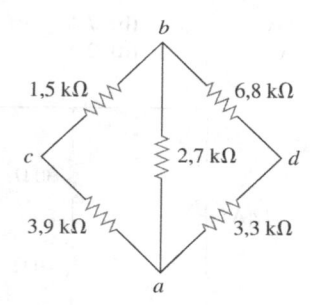

Figura 6.49
Para o Problema 6.4.

6.5 Encontre a resistência equivalente do circuito na Figura 6.50.

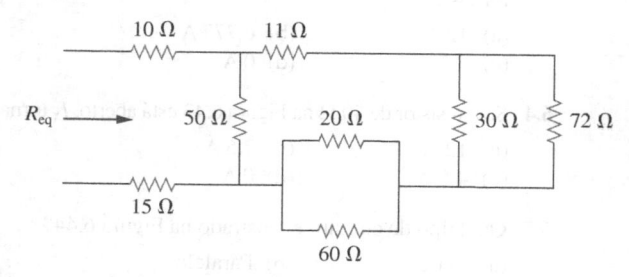

Figura 6.50
Para o Problema 6.5.

6.6 Encontre R_{eq} no circuito da Figura 6.51. Considere $R = 5\ k\Omega$.

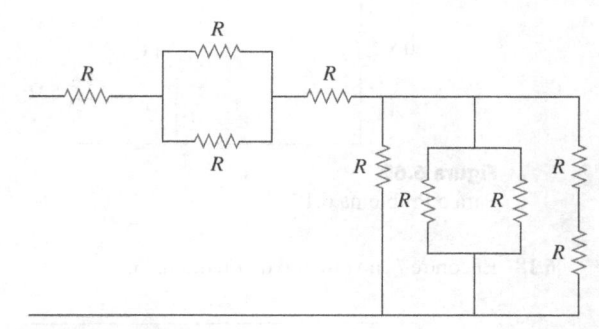

Figura 6.51
Para o Problema 6.6.

6.7 Determine R_{ab} no circuito da Figura 6.52.

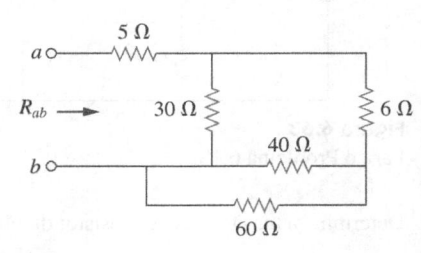

Figura 6.52
Para o Problema 6.7.

6.8 No circuito da Figura 6.53, determine a resistência equivalente R_{ab}.

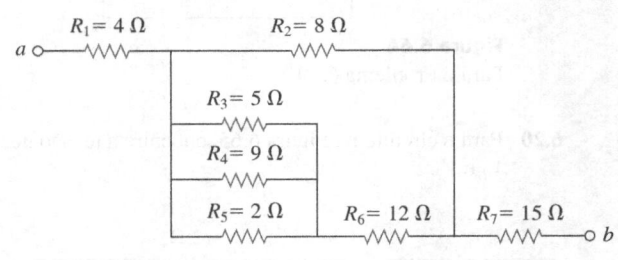

Figura 6.53
Para o Problema 6.8.

6.9 Determine a resistência total R_T no circuito da Figura 6.54.

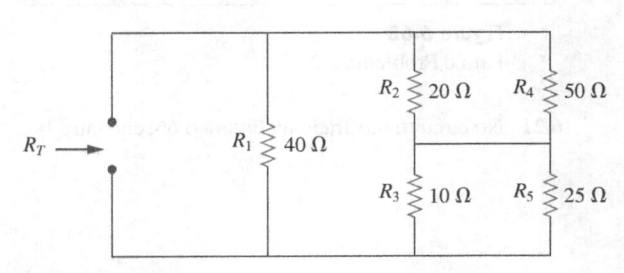

Figura 6.54
Para o Problema 6.9.

6.10 Para o circuito na Figura 6.55, encontre a resistência equivalente R_{eq} e a corrente I_T.

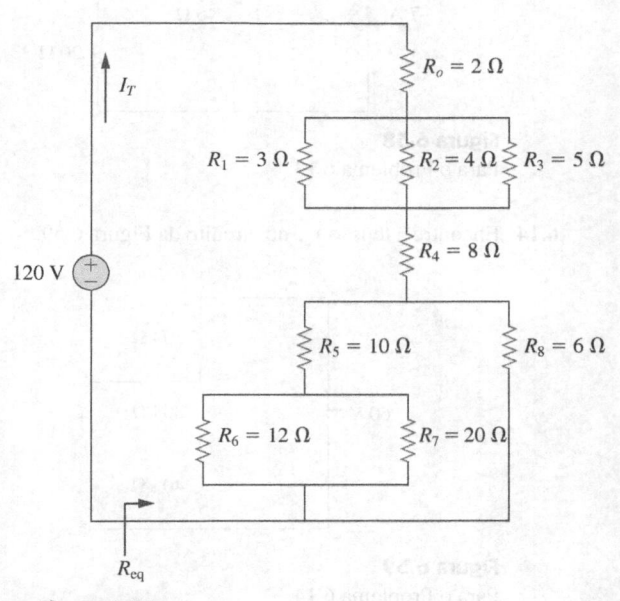

Figura 6.55
Para o Problema 6.10.

6.11 Calcule I_o no circuito da Figura 6.56.

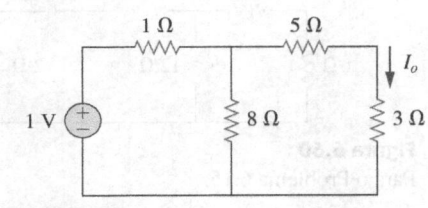

Figura 6.56
Para o Problema 6.11.

6.12 Determine a tensão em cada resistor da Figura 6.57.

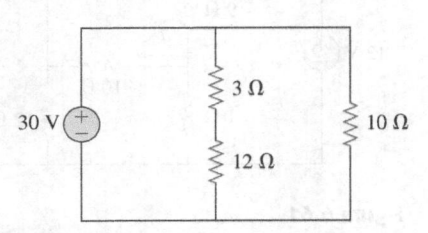

Figura 6.57
Para o Problema 6.12.

6.13 Encontre a corrente I no circuito da Figura 6.58.

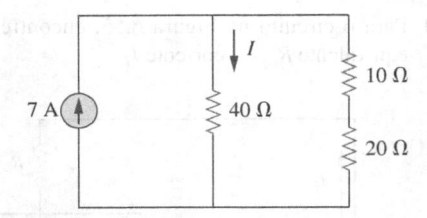

Figura 6.58
Para o Problema 6.13.

6.14 Encontre a tensão V_{ab} no circuito da Figura 6.59.

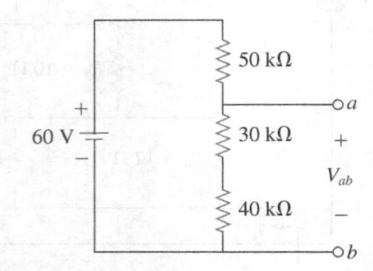

Figura 6.59
Para o Problema 6.14.

6.15 Encontre V_o no circuito da Figura 6.60.

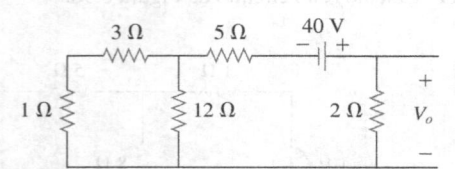

Figura 6.60
Para o Problema 6.15.

6.16 Determine I_o no circuito da Figura 6.61.

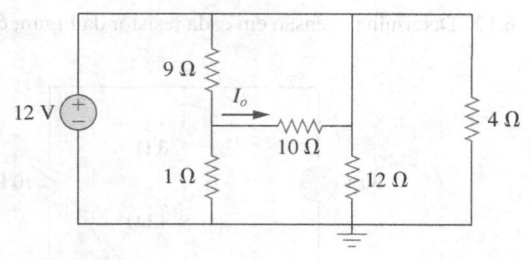

Figura 6.61
Para os Problemas 6.16 e 6.51.

6.17 Calcule a tensão em cada resistor da Figura 6.62.

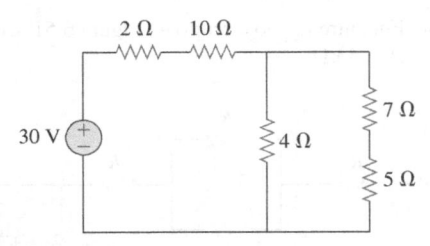

Figura 6.62
Para o Problema 6.17.

6.18 Encontre I_X no circuito da Figura 6.63.

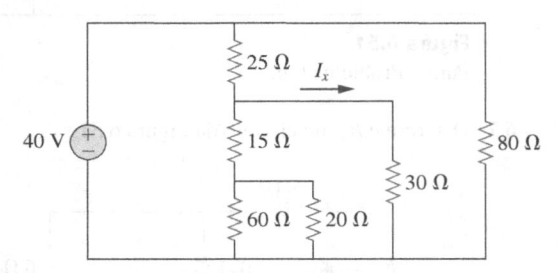

Figura 6.63
Para o Problema 6.18.

6.19 Determine a tensão em cada resistor da Figura 6.64.

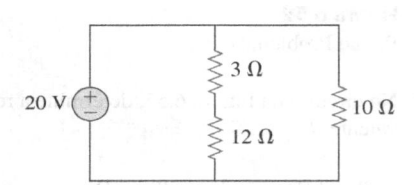

Figura 6.64
Para o Problema 6.19.

6.20 Para o circuito na Figura 6.65, encontre a tensão nos nós V_1 e V_2.

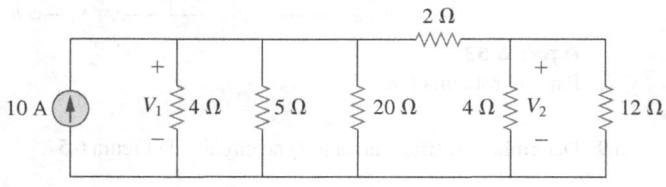

Figura 6.65
Para o Problema 6.20.

6.21 No circuito mostrado na Figura 6.66, encontre I_T.

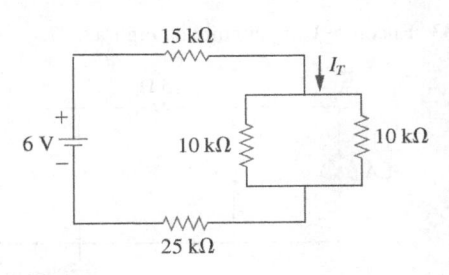

Figura 6.66
Para o Problema 6.21.

6.22 Encontre V_S e V_o no circuito na Figura 6.67.

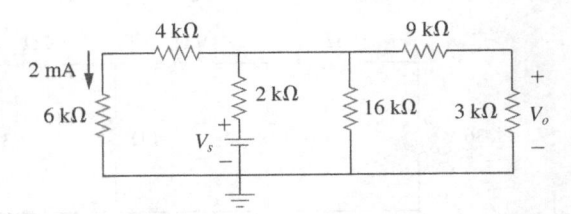

Figura 6.67
Para o Problema 6.22.

6.23 No circuito da Figura 6.68, todos os resistores são de 1 Ω. Encontre R_T (a) nos terminais *a-b* e (b) nos terminais *c-d*.

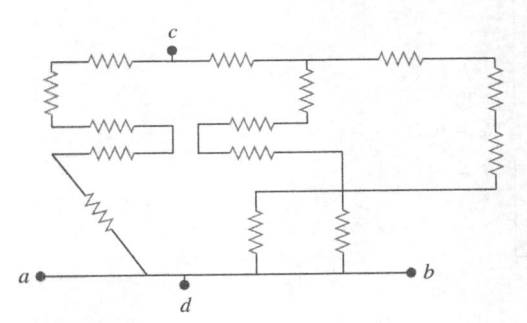

Figura 6.68
Para o Problema 6.23.

6.24 (a) Para o circuito na Figura 6.69, determine V_o. (b) Repita o item (a) com R_4 curto-circuitado. (c) Repita o item (a) com R_5 em circuito aberto.

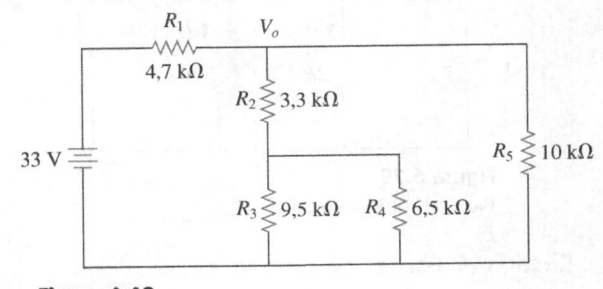

Figura 6.69
Para o Problema 6.24.

6.25 Se o trecho AB na Figura 6.70 está aberto, calcule V_{AB}.

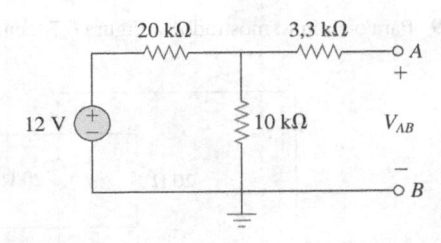

Figura 6.70
Para o Problema 6.25.

6.26 Considere o circuito na Figura 6.71. Determine a resistência R_{AB} considerando as seguintes condições: (a) os terminais de saída estão abertos, (b) os terminais de saída estão curto-circuitados, e (c) uma carga de 200 Ω é conectada nos terminais de saída.

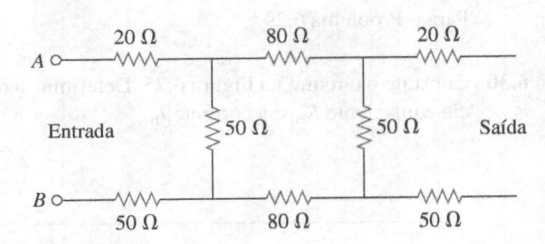

Figura 6.71
Para o Problema 6.26.

6.27 Encontre a resistência equivalente R_{AB} no circuito da Figura 6.72.

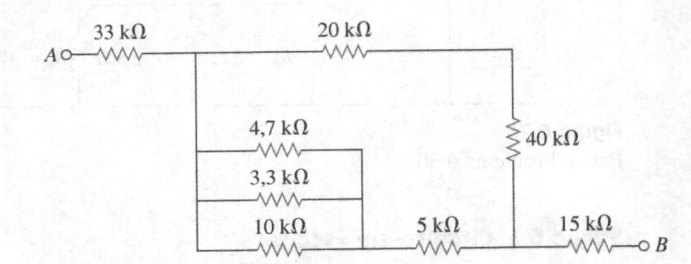

Figura 6.72
Para o Problema 6.27.

6.28 Para o circuito da Figura 6.73, encontre (a) a resistência equivalente R_{eq}, (b) a corrente I, (c) potência total dissipada e (d) as tensões V_1 e V_2.

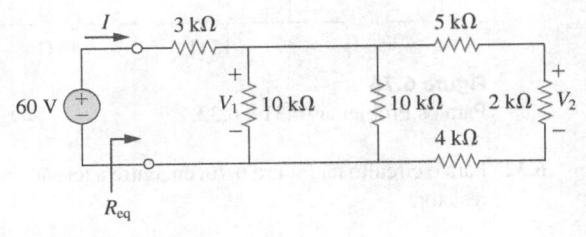

Figura 6.73
Para o Problema 6.28.

6.29 Para o circuito mostrado na Figura 6.74, encontre R_{eq} e I.

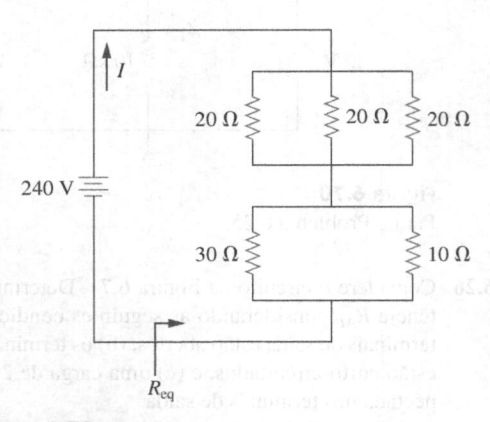

Figura 6.74
Para o Problema 6.29.

6.30 Consulte o circuito na Figura 6.75. Determine a resistência equivalente R_{eq} e a corrente I_t.

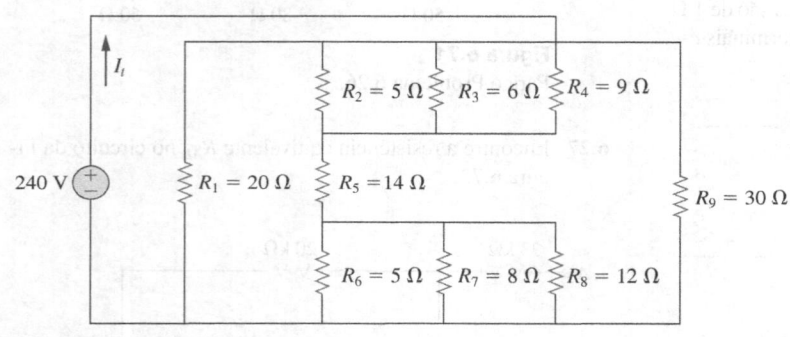

Figura 6.75
Para o Problema 6.30.

Seção 6.3 Circuito em escada

6.31 Calcule a corrente em cada resistor da Figura 6.76.

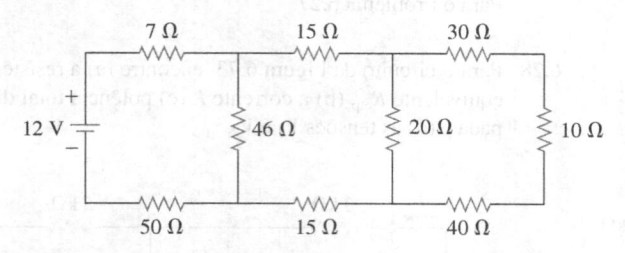

Figura 6.76
Para os Problemas 6.31 e 6.32.

6.32 Para o circuito na Figura 6.76, encontre a tensão em cada resistor.

6.33 Encontre V_o no circuito da Figura 6.77.

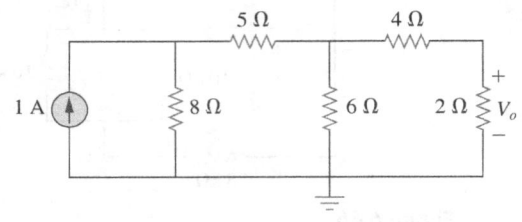

Figura 6.77
Para os Problemas 6.33 e 6.52.

6.34 Encontre V_x no circuito da Figura 6.78.

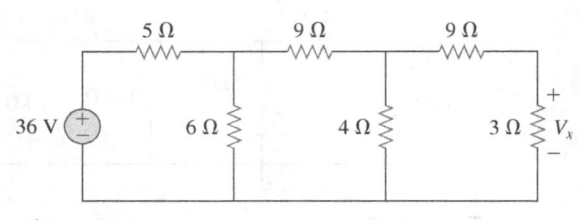

Figura 6.78
Para o Problema 6.34.

6.35 No circuito da Figura 6.79, expresse as correntes de I_1 até I_6 em termos de I_o.

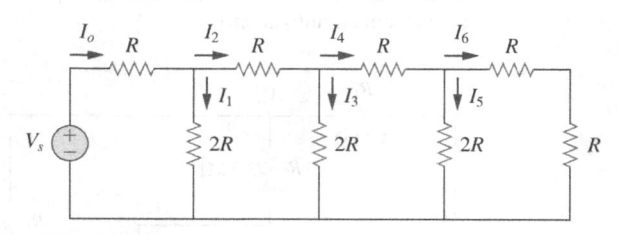

Figura 6.79
Para o Problema 6.35.

Seção 6.4 Fontes dependentes

6.36 A Figura 6.80 mostra uma fonte de tensão controlada por tensão. Encontre I e V_0.

Figura 6.80
Para o Problema 6.36.

6.37 Calcule R e V no circuito da Figura 6.81.

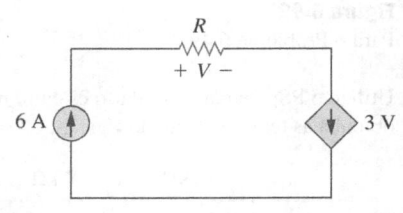

Figura 6.81
Para o Problema 6.37.

6.38 Encontre o valor de R no circuito da Figura 6.82 se a corrente I_o é 2 A.

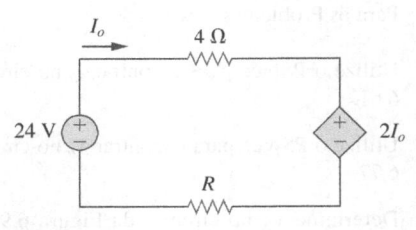

Figura 6.82
Para o Problema 6.38.

6.39 Encontre a corrente I no circuito mostrado na Figura 6.83.

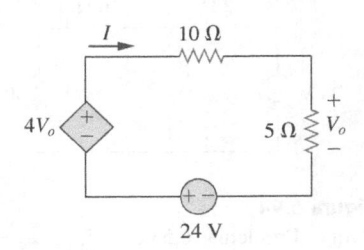

Figura 6.83
Para o Problema 6.39.

6.40 Determine I no circuito da Figura 6.84.

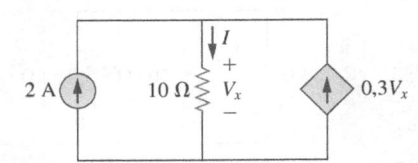

Figura 6.84
Para o Problema 6.40.

6.41 Determine V_o no circuito da Figura 6.85.

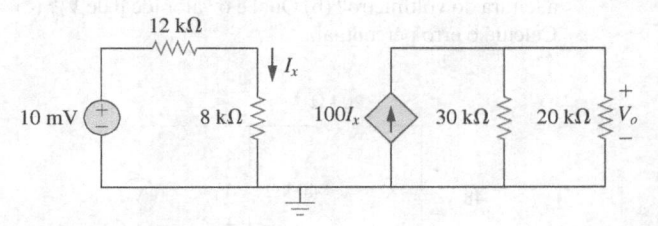

Figura 6.85
Para o Problema 6.41.

Seção 6.5 Efeito de carregamento dos instrumentos

6.42 Dado o circuito na Figura 6.86: (a) encontre V_1, (b) encontre a leitura de um voltímetro de 10 MΩ conectado em R_1 e (c) determine o erro percentual introduzido.

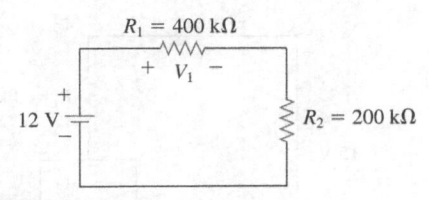

Figura 6.86
Para o Problema 6.42.

6.43 Considere o circuito mostrado na Figura 6.87. (a) Determine a tensão de circuito aberto V_{ab} e (b) encontre a leitura do voltímetro para V_{ab} se a resistência interna é 12 MΩ.

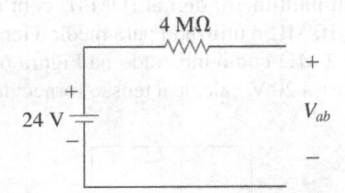

Figura 6.87
Para o Problema 6.43.

6.44 Um amperímetro com resistência interna de 0,5 Ω é usado para medir I_T no circuito da Figura 6.88. Calcule o erro percentual introduzido.

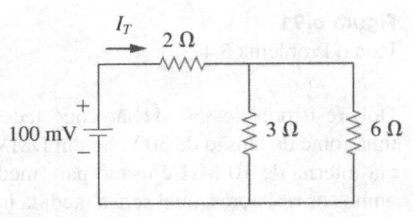

Figura 6.88
Para o Problema 6.44.

6.45 Um voltímetro de 200 kΩ é conectado em um resistor de 40 kΩ conforme mostrado na Figura 6.89. (a) Qual seria a leitura do voltímetro? (b) Qual é o valor ideal de V_1? (c) Calcule o erro percentual.

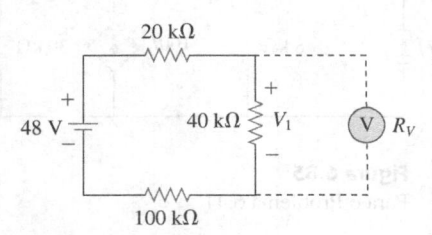

Figura 6.89
Para o Problema 6.45.

6.46 Um voltímetro é usado para medir a tensão do Resistor R_3 no circuito mostrado na Figura 6.90. Quanto menor é a tensão medida em relação à tensão ideal ou real? Assuma $R_V = 20$ kΩ.

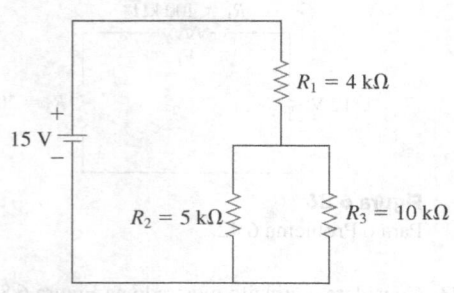

Figura 6.90
Para o Problema 6.46.

6.47 Um multímetro digital (DMM) com resistência interna de 10 MΩ é utilizado para medir a tensão de um resistor de 2 MΩ como mostrado na Figura 6.91. Se o medidor mostra 20 V, calcule a tensão fornecida V_S.

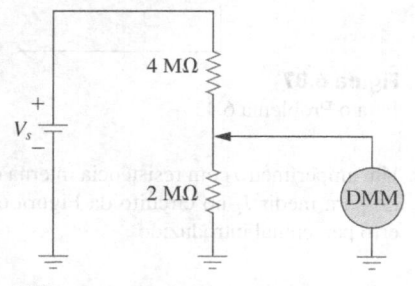

Figura 6.91
Para o Problema 6.47.

6.48 Dois resistores de 850 kΩ são conectados em série com uma fonte de tensão de 30 V. Se um DMM com resistência interna de 10 MΩ é usado para medir a tensão em ambos os resistores, qual será a medida indicada? Qual é o erro percentual?

Seção 6.6 Análise computacional

6.49 Encontre V_1, V_2 e V_3 no circuito em escada da Figura 6.92 utilizando o PSpice.

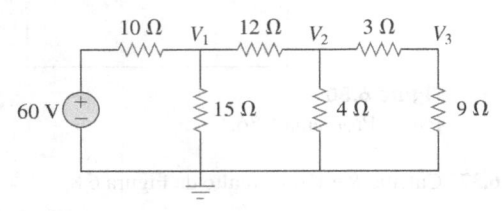

Figura 6.92
Para o Problema 6.49.

6.50 Utilize o PSpice para simular o circuito na Figura 6.93 e obtenha as tensões de nó de V_1 a V_3.

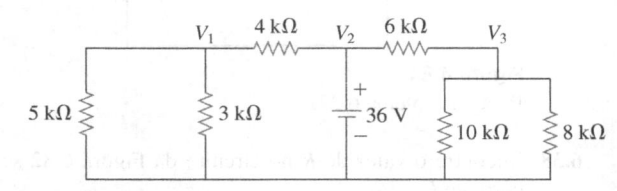

Figura 6.93
Para os Problemas 6.50 e 6.56.

6.51 Utilize o PSpice para encontrar I_o no circuito da Figura 6.61.

6.52 Utilize o PSpice para encontrar V_o no circuito da Figura 6.77.

6.53 Determine V_X no circuito da Figura 6.94 utilizando o PSpice.

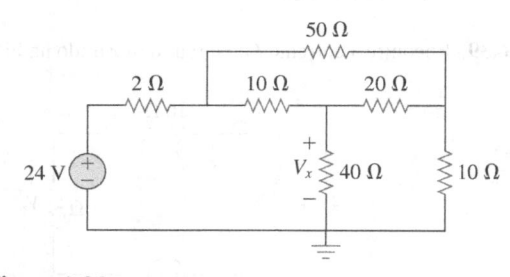

Figura 6.94
Para os Problemas 6.53 e 6.55.

6.54 Utilize o Multisim para encontrar a resistência R_o no circuito da Figura 6.95.

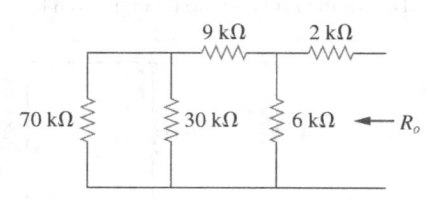

Figura 6.95
Para o Problema 6.54.

6.55 Encontre V_x no circuito da Figura 6.94 utilizando o Multisim.

6.56 Utilize o Multisim para encontrar de V_1 a V_3 no circuito da Figura 6.93.

6.57 Consulte o circuito na Figura 6.96. (a) Utilize o Multisim para encontrar a resistência equivalente R. (b) Determine as correntes I_1 e I_2 utilizando o Multisim.

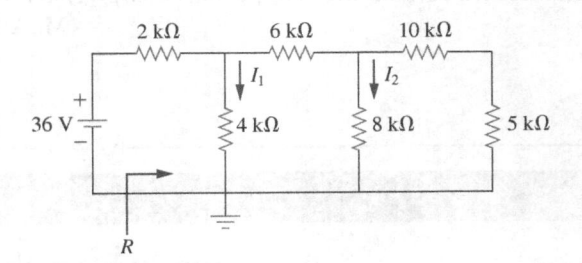

Figura 6.96
Para o Problema 6.57.

6.58 Para o circuito mostrado na Figura 6.97, utilize o Multisim ou PSpice para encontrar a tensão em cada nó em relação ao chão.

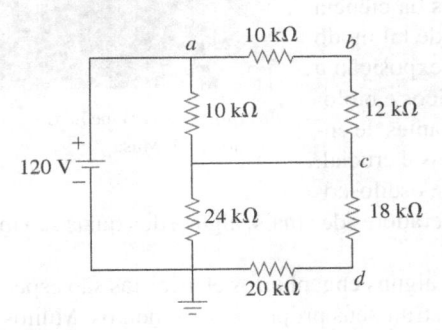

Figura 6.97
Para o Problema 6.58.

Seção 6.7 Aplicação: Ponte de Wheatstone

6.59 O circuito em ponte mostrado na Figura 6.98 está balanceado quando $R_1 = 120\ \Omega$, $R_2 = 800\ \Omega$ e $R_3 = 300\ \Omega$. Qual é o valor de R_X?

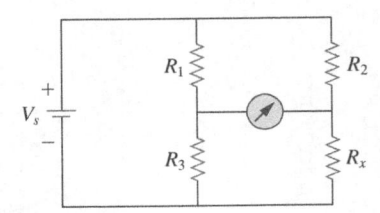

Figura 6.98
Para o Problema 6.59.

6.60 A ponte de Wheatstone na Figura 6.99 opera em condição de balanceamento. Determine R_X se $R_1 = 50\ k\Omega$, $R_2 = 30\ K\Omega$ e $R_3 = 100\ \Omega$.

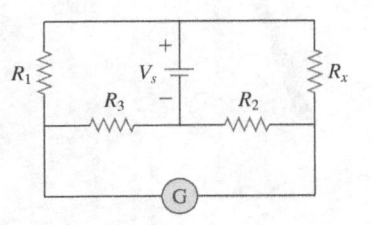

Figura 6.99
Para o Problema 6.60.

6.61 Na ponte de Wheatstone mostrada na Figura 6.100, encontre V_{ab} na condição de balanceamento.

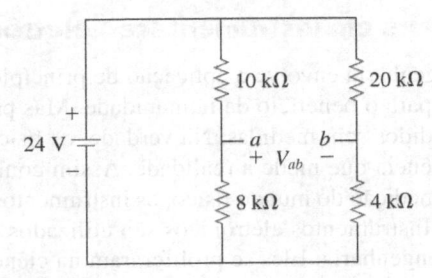

Figura 6.100
Para o Problema 6.61.

6.62 Encontre V_{ab} no circuito da Figura 6.101 em condição de balanceamento.

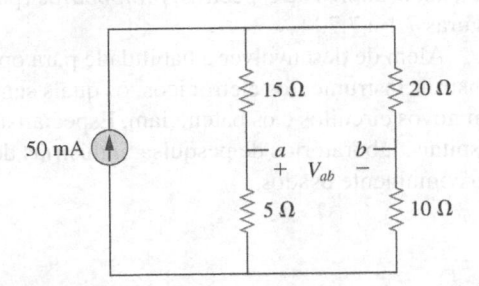

Figura 6.101
Para o Problema 6.62.

6.63 Suponha que a resistência não conhecida na Figura 6.41 representa um extensômetro com resistência $R_X = 100\ \Omega$ na condição de não carregamento, enquanto $R_1 = 250\ \Omega$ e $R_2 = 300\ \Omega$. Determine R_3 na condição de não carregamento quando a ponte está balanceada e encontre seu valor quando $R_X = 100{,}25\ \Omega$ sob condição de carregamento (o extensômetro é um dispositivo usado para medir tensão mecânica de um objeto).

capítulo 7
Métodos de análise

Sempre faça o certo. Isso irá agradar algumas pessoas e surpreender o resto.
— Mark Twain

Desenvolvendo sua carreira

Carreira em instrumentação eletrônica

A engenharia envolve a aplicação de princípios físicos para projetar dispositivos para o benefício da humanidade. Mas princípios físicos não podem ser entendidos sem medidas. Na verdade, os físicos costumam dizer que a física é a ciência que mede a realidade. Assim como as medições são ferramentas para medição do mundo físico, os instrumentos são ferramentas para medição.

Instrumentos eletrônicos são utilizados em todos os campos da ciência e da engenharia. Eles se proliferaram na ciência e na tecnologia de tal modo que seria grotesco ter uma educação científica ou técnica sem a exposição a instrumentos eletrônicos. Por exemplo, físicos, fisiologistas, químicos e biólogos devem aprender a utilizar instrumentos eletrônicos. Para estudantes de engenharia, a habilidade em operar instrumentos analógicos e digitais é crucial. Tais instrumentos incluem amperímetros, voltímetros, ohmímetros, osciloscópios, analisadores de espectros, *protoboards* (placas de ensaio) e geradores de sinais, alguns dos quais são mostrados nas Figuras 7.1 a 7.7.

Instrumentos para medidas
© Sarhan M. Musa

Além de desenvolver a habilidade para operar instrumentos, alguns engenheiros eletricistas são especializados em construir instrumentos eletrônicos, os quais sentem prazer em construir seus próprios instrumentos. Muitos deles inventam novos circuitos e os patenteiam. Especialistas em instrumentos eletrônicos encontram emprego em escolas médicas, hospitais, laboratórios de pesquisa, indústrias de aeronave e milhares de outras indústrias onde instrumentos eletrônicos são comumente usados.

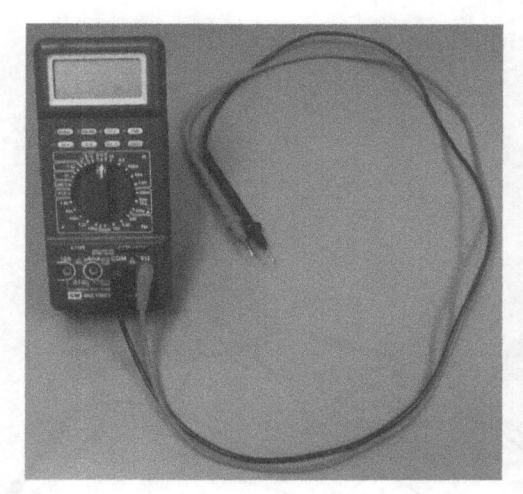

Figura 7.1
Multímetro Digital com pontas de prova.
© Sarhan M. Musa

Figura 7.2
Microamperímetros analógicos.
© Sarhan M. Musa

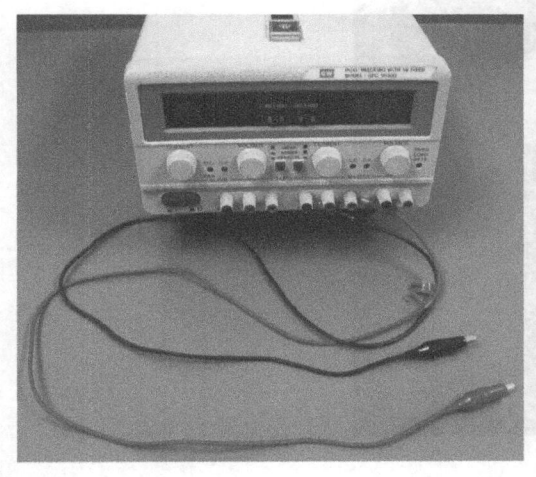

Figura 7.3
Fonte CC com pontas de prova.
© Sarhan M. Musa

Figura 7.4
Protoboard (placa de ensaio).
© Sarhan M. Musa

Figura 7.5
Gerador de funções (CA).
© Sarhan M. Musa

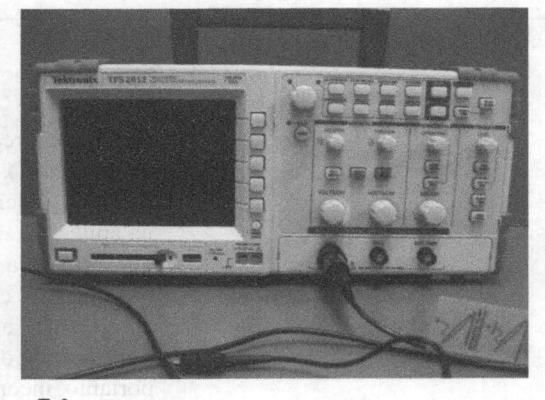

Figura 7.6
Osciloscópio digital de dois canais com ponta de prova.
© Sarhan M. Musa

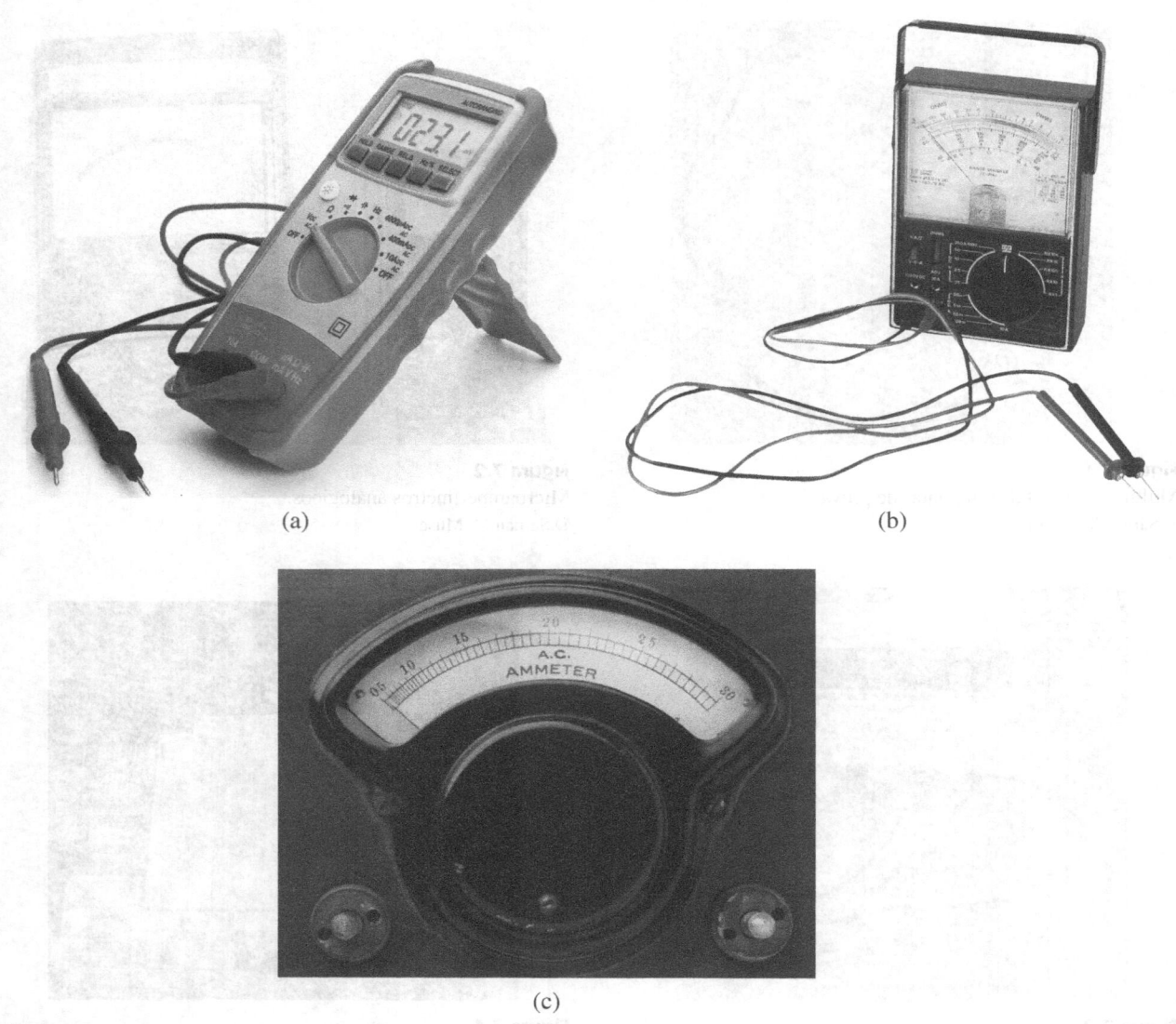

Figura 7.7
(a) Ohmímetro; (b) voltímetro; (c) amperímetro.
(a) © iStock; (b) © Comstock/Jupiter RF; (c) © Sarhan M. Musa

7.1 Introdução

Tendo compreendido as leis fundamentais da teoria de circuitos (lei de Ohm e lei de Kirchhoff), estamos preparados para aplicar essas leis para desenvolver duas técnicas poderosas em análise de circuitos: análise de malhas, que é baseada na aplicação sistemática da lei de Kirchhoff para tensão (LKT) e análise nodal, que é baseada na aplicação sistemática da lei de Kirchhoff para corrente (LKC). (Assim, este capítulo é apenas uma maneira formalizada de utilizarmos o que aprendemos nos capítulos prévios.) As duas técnicas são tão importantes que este capítulo deve ser considerado o mais importante deste livro. Os alunos são, portanto, incentivados a prestar muita atenção.

Com as duas técnicas a serem desenvolvidas neste capítulo, podemos analisar qualquer circuito gerando um sistema de equações, posteriormente solucionadas a fim de se obter os valores desejados de corrente e tensão. Um método para solucionar um sistema de equações envolve a regra de Cramer, que permite calcular variáveis de circuito através de um quociente de determinantes. Os exemplos no capítulo ilustrarão esse método. O Apêndice A resume o essencial que o leitor tem que conhecer para aplicar a regra de Cramer. Finalmente, aplicaremos a técnica estudada neste capítulo na análise transitória de circuitos.

7.2 Análise de malhas

A análise de malhas[1] é somente aplicada para um circuito que seja "planar". Um circuito planar é aquele que pode ser desenhado em um plano sem ramos se cruzando; de outra forma, ele é não planar. Um circuito pode cruzar ramos e ser planar caso possamos redesenhá-lo de tal modo que não tenha ramos se cruzando. Por exemplo, o circuito da Figura 7.8(a) possui dois ramos se cruzando, mas ele pode ser redesenhado como mostrado na Figura 7.8(b). Então, o circuito na Figura 7.89(a) é planar. Entretanto, o circuito na Figura 7.9 não é planar porque não há uma maneira de redesenhá-lo sem cruzar os ramos. Circuitos não planares podem ser manuseados utilizando a análise nodal, mas eles não serão considerados neste texto.

Para entender a análise nodal, devemos explicar primeiro o que entendemos por malha. Na Figura 7.10, por exemplo, os caminhos *abefa* e *bcdeb* são malhas, mas o caminho *abcdefa* não é uma malha.[2]

> Uma **malha** é um laço que não contém qualquer outro laço dentro dele.

A corrente em uma malha é conhecida como corrente de malha. Na análise em malha, estamos interessados em aplicar LKT para encontrar a corrente de malha em um determinado circuito. A corrente de malha não corresponde necessariamente a qualquer corrente fisicamente mensurável que efetivamente flui no circuito.

Nesta seção, iremos aplicar a análise de malha em circuitos que não contêm fontes de corrente. Na próxima seção, circuitos com fontes de corrente serão considerados. Na análise de malhas de um circuito com *n* malhas, adotamos as três seguintes etapas.

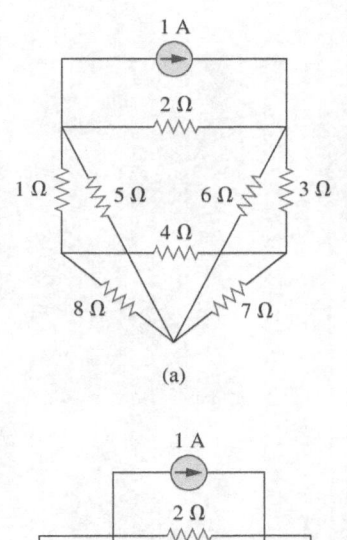

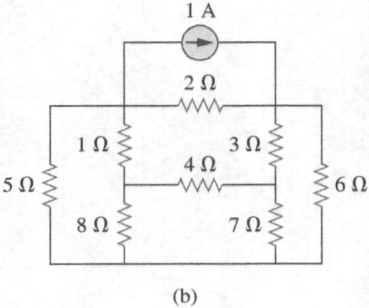

Figura 7.8
Topologia de circuito: (a) circuito planar com cruzamento dos ramos; (b) o mesmo circuito redesenhado sem o cruzamento de ramos.

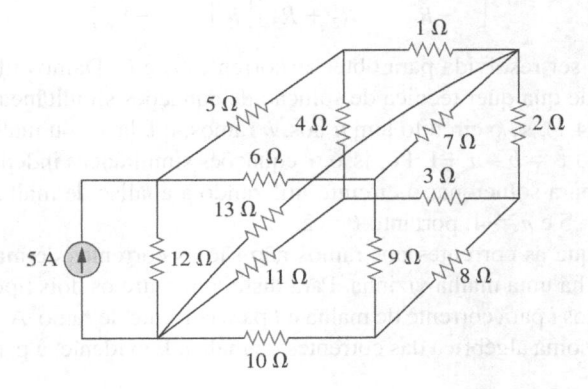

Figura 7.9
Circuito não planar.

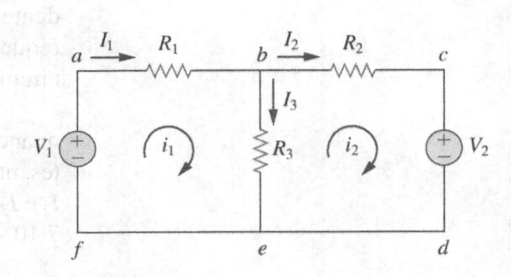

Figura 7.10
Circuito com duas malhas.

---
[1] Nota: A análise de malhas é também conhecida como método das correntes de malha.

[2] Nota: Apesar de o trajeto *abcdefa* ser uma malha dupla em vez de uma malha simples, a lei LKT permanece válida. Essa é a razão por que se utiliza, indistintamente, as expressões "análise de laço" e "análise de malha". No Brasil, não é usual a expressão "análise de laço" (loop).

1. Atribuir as correntes de malhas $i_1, i_2, ..., i_n$ para as n malhas.
2. Aplicar LKT para cada uma das n malhas. Utilizar a lei de Ohm para expressar a tensão em termos das correntes de malha.
3. Resolver as n equações resultantes para determinar as correntes de malha.

Para ilustrar os passos, considere o circuito na Figura 7.10. O primeiro passo requer que as correntes de malhas i_1 e i_2 sejam atribuídas às malhas 1 e 2. Embora uma corrente de malha possa ser atribuída a cada malha em uma direção arbitrária, é convencionalmente adotado que cada corrente de malha flui no sentido horário. Se analisarmos o mesmo circuito na Figura 7.10 adotando as correntes de malha fluindo no sentido anti-horário, teríamos o mesmo resultado.

No segundo passo, aplicamos a LKT em cada malha. Aplicando LKT na malha 1, obtemos

$$-V_1 + R_1 i_1 + R_3(i_1 - i_2) = 0$$

Note que $-i_2 R_3$ é negativo porque sua contribuição está em oposição ao sentido de movimento horário de i_1. Então,

$$(R_1 + R_3)i_1 - R_3 i_2 = V_1 \qquad (7.1)$$

Para a malha 2, aplicando a LKT temos

$$R_2 i_2 + V_2 + R_3(i_2 - i_1) = 0$$

ou

$$-R_3 i_1 + (R_2 + R_3)i_2 = -V_2 \qquad (7.2)$$

Oberve na Equação (7.1) que o coeficiente de i_1 é a soma das resistências da primeira malha, enquanto o coeficiente de i_2 é o negativo da resistência comum das malhas 1 e 2. A mesma observação pode ser feita na Equação (7.2). Este método serve como uma maneira de atalho para escrever as equações de malha. Iremos explorar essa ideia na Seção 7.6.

O terceiro passo é determinar as correntes de malha. Colocando as Equações (7.1) e (7.2) na forma matricial,

$$\begin{bmatrix} R_1 + R_3 & -R_3 \\ -R_3 & R_2 + R_3 \end{bmatrix} \begin{bmatrix} i_1 \\ i_2 \end{bmatrix} = \begin{bmatrix} V_1 \\ -V_2 \end{bmatrix} \qquad (7.3)$$

a qual pode ser resolvida para obter as correntes i_1 e i_2. Damos liberdade para o emprego de qualquer técnica de solução de equações simultâneas. Conforme a Equação (4.1), se o circuito tem n nós, b ramos, e ℓ laços ou malhas independentes, então $\ell = b - n + 1$. Por isso, ℓ equações simultâneas independentes são requeridas para solucionar o circuito utilizando a análise de malhas. Para esse circuito, $b = 5$ e $n = 4$; portanto $\ell = 2$.

Note que as correntes nos ramos não são as correntes de malhas, exceto quando não há uma malha vizinha. Para distinguir entre os dois tipos de correntes, utilizamos i para corrente de malha e I para corrente de ramo. As correntes I_1, I_2 e I_3 são a soma algébrica das correntes de malha. É evidente, a partir da Figura 7.10, que

$$I_1 = i_1, \quad I_2 = i_2, \quad I_3 = i_1 - i_2 \qquad (7.4)$$

A terceira parte da Equação (7.4) é obtida pela aplicação de LKC para o nó b (ou d).

$$i_1 = i_2 + I_3 \quad \Rightarrow \quad I_3 = i_1 - i_2$$

Para o circuito na Figura 7.11, encontre as correntes de ramo I_1, I_2 e I_3 usando análise de malhas.

Exemplo 7.1

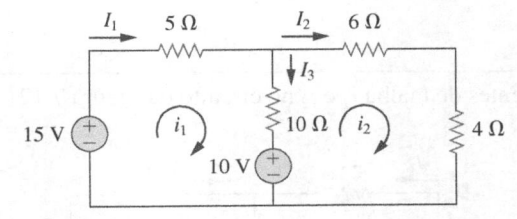

Figura 7.11
Para o Exemplo 7.1.

Solução:
Primeiro obtemos as correntes de malha utilizando a LKT. Para a malha 1,
$$-15 + 5i_1 + 10(i_1 - i_2) + 10 = 0$$
$$15i_1 - 10i_2 = 5$$

Dividindo por 5,
$$3i_1 - 2i_2 = 1 \qquad (7.1.1)$$

Para a malha 2,
$$6i_2 + 4i_2 + 10(i_2 - i_1) - 10 = 0$$
$$-10i_1 + 20i_2 = 10$$

Dividindo por 10,
$$-i_1 + 2i_2 = 1 \qquad (7.1.2)$$

■ **Método 1** Utilizando o método da substituição, isolando i_1 na Equação (7.1.2):
$$i_1 = 2i_2 - 1 \qquad (7.1.2a)$$

Substituindo isso na Equação (7.1.1),
$$6i_2 - 3 - 2i_2 = 1 \quad \Rightarrow \quad i_2 = 1 \text{ A}$$

A partir da Equação (7.1.2a),
$$i_1 = 2i_2 - 1 = 2 - 1 = 1 \text{ A}$$

Então,
$$I_1 = i_1 = 1 \text{ A}, \quad I_2 = i_2 = 1 \text{ A}, \quad I_3 = i_1 - i_2 = 0$$

■ **Método 2** Para utilizar a regra de Cramer, colocamos as Equações (7.1.1) e (7.1.2) na forma matricial.
$$\begin{bmatrix} 3 & -2 \\ -1 & 2 \end{bmatrix} \begin{bmatrix} i_1 \\ i_2 \end{bmatrix} = \begin{bmatrix} 1 \\ 1 \end{bmatrix}$$

Obtemos os determinantes
$$\Delta = \begin{vmatrix} 3 & -2 \\ -1 & 2 \end{vmatrix} = 6 - 2 = 4$$
$$\Delta_1 = \begin{vmatrix} 1 & -2 \\ 1 & 2 \end{vmatrix} = 2 + 2 = 4, \qquad \Delta_2 = \begin{vmatrix} 3 & 1 \\ -1 & 1 \end{vmatrix} = 3 + 1 = 4$$

Então,

$$i_1 = \frac{\Delta_1}{\Delta} = 1\text{ A}, \qquad i_2 = \frac{\Delta_2}{\Delta} = 1\text{ A}$$

como antes.

Problema Prático 7.1

Calcule as correntes de malha i_1 e i_2 no circuito da Figura 7.12.

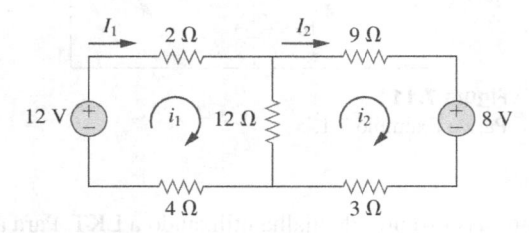

Figura 7.12
Para o Problema Prático 7.1.

Resposta: $i_1 = 0{,}667$ A; $i_2 = 0$ A.

Exemplo 7.2

Utilize a análise de malhas para encontrar a corrente I_o no circuito da Figura 7.13.

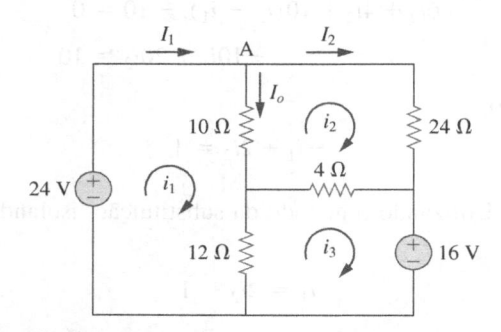

Figura 7.13
Para o Exemplo 7.2.

Solução:
Aplicamos a LKT em cada uma das três malhas. Para malha 1,

$$-24 + 10(i_1 - i_2) + 12(i_1 - i_3) = 0$$

ou

$$11i_1 - 5i_2 - 6i_3 = 12 \qquad (7.2.1)$$

Para malha 2,

$$24i_2 + 4(i_2 - i_3) + 10(i_2 - i_1) = 0$$

ou

$$-5i_1 + 19i_2 - 2i_3 = 0 \qquad (7.2.2)$$

Para malha 3,

$$+16 + 12(i_3 - i_1) + 4(i_3 - i_2) = 0$$

ou
$$-3i_1 - i_2 + 4i_3 = -4 \qquad (7.2.3)$$

Na forma matricial, as Equações (7.21) a (7.2.3) tornam-se

$$\begin{bmatrix} 11 & -5 & -6 \\ -5 & 19 & -2 \\ -3 & -1 & 4 \end{bmatrix} \begin{bmatrix} i_1 \\ i_2 \\ i_3 \end{bmatrix} = \begin{bmatrix} 12 \\ 0 \\ -4 \end{bmatrix}$$

Os determinantes são obtidos como

$$\Delta = 836 - 30 - 30 - 342 - 22 - 100 = 312$$

$$\Delta_1 = 912 + 0 - 40 - 456 - 24 - 0 = 392$$

$$\Delta_2 = 0 - 120 + 72 - 0 - 88 + 240 = 104$$

$$\Delta_3 = -836 + 60 + 0 + 684 - 0 + 100 = 8$$

Calculamos as correntes de malha utilizando a regra de Cramer como

$$i_1 = \frac{\Delta_1}{\Delta} = \frac{392}{312} = 1{,}2564 \text{ A}$$

$$i_2 = \frac{\Delta_2}{\Delta} = \frac{104}{312} = 0{,}3333 \text{ A}$$

$$i_3 = \frac{\Delta_3}{\Delta} = \frac{8}{312} = 0{,}0256 \text{ A}$$

Então,

$$I_o = i_1 - i_2 = 0{,}9231 \text{ A}$$

Problema Prático 7.2

Usando a análise de malhas, encontre I_0 no circuito da Figura 7.14.

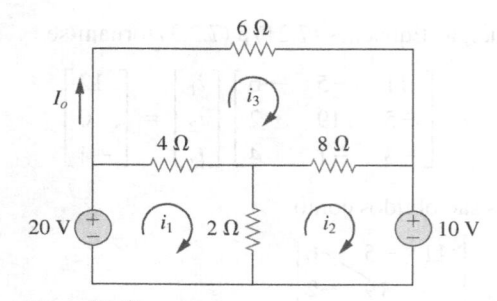

Figura 7.14
Para o Problema Prático 7.2.

Resposta: 1,667 A.

Exemplo 7.3

Determine as correntes de malha i_1 e i_2 no circuito da Figura 7.15.

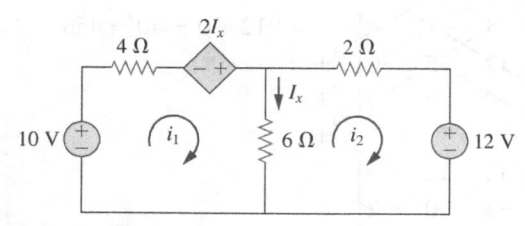

Figura 7.15
Para o Exemplo 7.3.

Solução:
Para malha 1,

$$-10 - 2I_x + 10i_1 - 6i_2 = 0$$

Mas $I_X = i_1 - i_2$. Então,

$$10 = -2i_1 + 2i_2 + 10i_1 - 6i_2 \quad \Rightarrow \quad 5 = 4i_1 - 2i_2 \quad (7.3.1)$$

Para malha 2,

$$12 + 8i_2 - 6i_1 = 0 \quad \Rightarrow \quad 6 = 3i_1 - 4i_2 \quad (7.3.2)$$

Resolvendo as Equações (7.3.1) e (7.3.2) resulta em

$$i_1 = 0,8 \text{ A}, \quad i_2 = -0,9 \text{ A}$$

O valor negativo para i_2 mostra que a corrente está atualmente fluindo no sentido anti-horário.

Aplique a análise de malhas para encontrar a tensão V_o no circuito da Figura 7.16.

Problema Prático 7.3

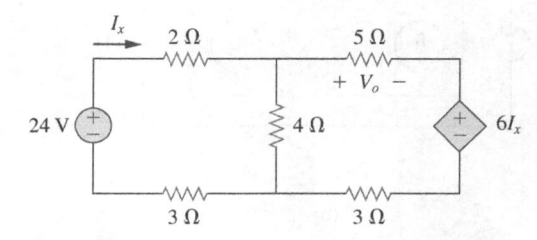

Figura 7.16
Para o Problema Prático 7.3.

Resposta: 2,4 V.

7.3 Análise de malhas com fontes de corrente

Aplicar a análise de malhas em circuitos contendo fontes de corrente pode parecer complicado. Na verdade, é mais fácil do que apresentado nas seções anteriores porque a presença de uma fonte de corrente reduz o número de equações. Considere os dois seguintes casos.

- **Caso 1** A fonte de corrente existe em somente uma malha. Considere o circuito na Figura 7.17, por exemplo. Definimos $i_2 = -5$ A; é negativo, pois o sentido de i_2 é contrário ao sentido da fonte de correntes de 5 A. Escrevemos a equação de malha para a outra malha da forma usual, que é,

$$-10 + 4i_1 + 6(i_1 - i_2) = 0$$

ou

$$10i_1 = 6i_2 + 10 = -30 + 10 = -20 \quad \Rightarrow \quad i_1 = -2 \text{ A}$$

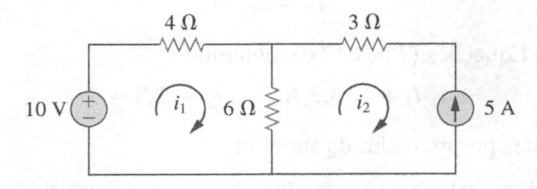

Figura 7.17
Um circuito com fonte de corrente.

- **Caso 2** Uma fonte de corrente existe entre duas malhas. Considere o circuito na Figura 7.18(a), por exemplo. Criamos uma supermalha pela exclusão da fonte de corrente e qualquer elemento conectado em série com ela, como mostrado na Figura 7.18(b). Então,

uma **supermalha** se forma quando duas malhas possuem uma fonte de corrente em comum.

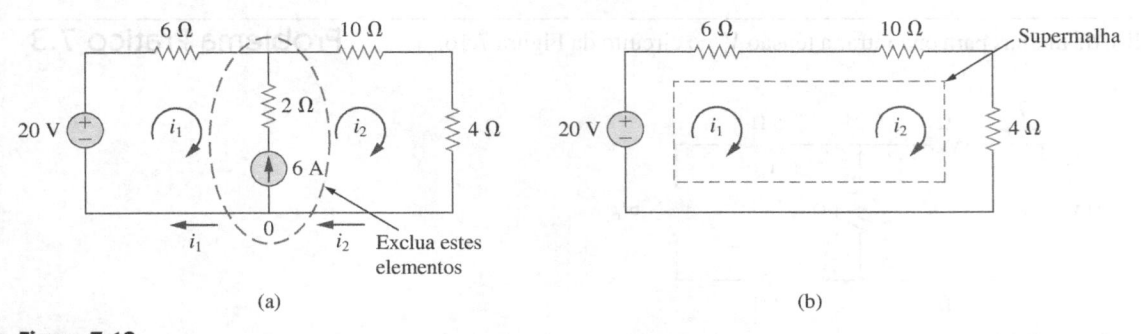

Figura 7.18
(a) Duas malhas com uma fonte de corrente em comum; (b) uma supermalha, criada pela exclusão da fonte de corrente.

Uma supermalha ocorre quando a fonte de corrente (dependente ou independente) está localizada entre duas malhas. Conforme mostrado na Figura 7.18(b), criamos a supermalha com a periferia das duas malhas e a tratamos de forma diferente. (Se um circuito possui duas ou mais supermalhas que se interceptam, eles podem ser combinados para formar uma supermalha maior.) Por que tratamos a supermalha diferentemente? A análise de malhas aplica a LKT, requerendo que conheçamos a tensão em cada ramo, e não conhecemos a tensão na fonte de corrente antecipadamente. Contudo, uma supermalha precisa satisfazer a LKT como qualquer outra malha.

Para lidar com a supermalha, consideramos que a fonte de corrente está temporariamente ausente. Portanto, aplicando a LKT para a supermalha da Figura 7.18(b), temos

$$-20 + 6i_1 + 10i_2 + 4i_2 = 0$$

ou

$$6i_1 + 14i_2 = 20 \qquad (7.5)$$

Aplicamos a LKT ao nó do ramo onde as duas malhas se interceptam. Aplicando LKC ao nó da Figura 7.18(a), temos

$$i_2 = i_1 + 6 \qquad (7.6)$$

Resolvendo as Equações (7.5) e (7.6), obtemos

$$i_1 = -3{,}2 \text{ A}, \qquad i_2 = 2{,}8 \text{ A} \qquad (7.7)$$

Note as seguintes propriedades da supermalha:

1. A fonte de corrente na supermalha não é completamente ignorada; ela fornece a equação de contorno necessária para determinar as correntes de malha.
2. Uma supermalha não possui corrente própria de malha.
3. Uma supermalha requer a aplicação da LKT e da LKC.

Exemplo 7.4

Para o circuito na Figura 7.19(a), encontre i_1 através de i_3 usando análise de malha.

Solução:
Notamos que as malhas 2 e 3 formam uma supermalha, pois elas têm uma fonte de corrente em comum. Também percebemos que $i_1 = 2$ A. Aplicando a LKT à supermalha mostrada na Figura 7.19(b) obtemos,

$$4(i_2 - i_1) + 10 + 5i_2 + 3i_3 = 0 \quad \Rightarrow \quad -4i_1 + 9i_2 + 3i_3 = -10$$

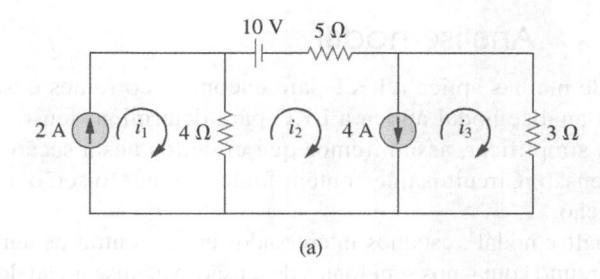

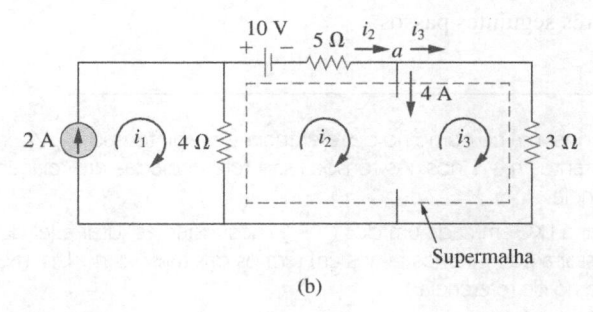

Figura 7.19
Para o Exemplo 7.4.

Porém, $i_1 = 2$ A, então
$$9i_2 + 3i_3 = -10 + 8 = -2 \tag{7.4.1}$$

No nó a da Figura 7.19(b), a LKC fornece
$$i_2 = i_3 + 4 \tag{7.4.2}$$

Substituindo isso na Equação (7.4.1) resulta em
$$9(i_3 + 4) + 3i_3 = -2 \quad \Rightarrow \quad 12i_3 = -38$$

ou
$$i_3 = -38/12 = -3{,}167 \text{ A}$$

A partir da Equação (7.4.2),
$$i_2 = i_3 + 4 = -3{,}167 + 4 = 0{,}833 \text{ A}$$

Então,
$$i_1 = 2 \text{ A}, \quad i_2 = 0{,}833 \text{ A}, \quad i_3 = -3{,}167 \text{ A}$$

Problema Prático 7.4

Utilize a análise de malhas para determinar i_1 através de i_3 no circuito da Figura 7.20.

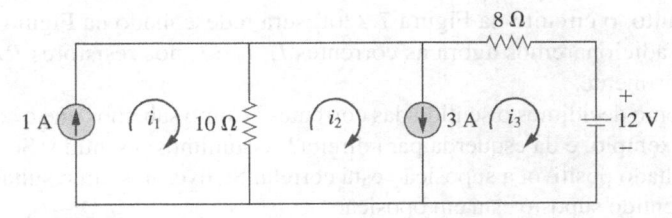

Figura 7.20
Para o Problema Prático 7.4.

Resposta: $i_1 = 1$ A; $i_2 = 1{,}222$ A; $i_3 = -1{,}778$ A.

7.4 Análise nodal

A análise de malhas aplica a LKT para encontrar correntes desconhecidas, enquanto a análise nodal aplica a LKC para determinar tensões desconhecidas. Para simplificar, assumiremos que circuitos nesta seção não contêm fontes de tensão. Circuitos que contêm fontes de tensão serão analisados na próxima seção.

Na análise nodal[3], estamos interessados em encontrar as tensões nodais. Dado um circuito com n nós sem fontes de tensão, a análise nodal de um circuito envolve os três seguintes passos.

---

1. Selecionar um nó como nó de referência. Atribuir tensão $V_1, V_2, ..., V_{n-1}$, para os restantes $n-1$ nós. As tensões são referenciadas em relação ao nó de referência.
2. Aplicar a LKC em cada um dos $(n-1)$ nós restantes. Usar a lei de Ohm para expressar a corrente nos ramos em termos das tensões nodais. (Não aplicar a LKC no nó de referência.)
3. Resolver o sistema de equações para obter as tensões não conhecidas.

Vamos agora explicar como aplicar esses passos.

O primeiro passo na análise nodal é selecionar o nó de referência. (Discutimos o terra em detalhe no Capítulo 4 e apenas repetiremos aqui para clareza.) O nó de referência é normalmente chamado de terra pois é assumido possuir potencial zero. O nó de referência é normalmente selecionado por você. Você aprenderá como selecioná-lo com a experiência. O nó de referência pode ser indicado por qualquer um dos três símbolos na Figura 7.21. O símbolo de terra mostrado na Figura 7.21(c) é chamado de aterramento de chassi e é utilizado em dispositivos onde o revestimento, gabinete ou chassi agem como um ponto de referência para todos os circuitos. Quando o potencial da terra é usado como referência, usamos o aterramento como mostrado na Figura 7.21 (a) ou (b). Neste livro utilizaremos o símbolo mostrado na Figura 7.21(b).

Uma vez que o nó de referência foi selecionado, atribuímos tensões aos outros nós. Considere, por exemplo, o circuito na Figura 7.22(a). O nó 0 é a referência ($V=0$ V), enquanto aos nós 1 e 2 são atribuídas as tensões V_1 e V_2, respectivamente. Deve-se ter em mente que as tensões nodais são definidas em relação ao nó de referência. Conforme ilustrado na Figura 7.22 (a), cada tensão de nó é a elevação de tensão entre o nó de referência e o correspondente nó ou simplesmente a tensão do nó em relação ao nó de referência.

No segundo passo, aplicamos a LKC para cada nó do circuito, com exceção do nó de referência. Para evitar colocar muita informação sobre o mesmo circuito, o circuito na Figura 7.22(a) será redesenhado na Figura 7.22(b), no qual adicionaremos agora as correntes I_1, I_2 e I_3 nos resistores R_1, R_2, R_3, respectivamente.

Como decidimos o sentido das correntes? Como sabemos que o sentido de I_2, por exemplo, é da esquerda para direita? Assumimos o sentido. Se tivermos um resultado positivo, a suposição está correta. Se tivermos um resultado negativo, o sentido suposto está em oposição.

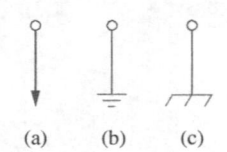

Figura 7.21
Símbolos usuais para indicar o nó de referência. (a) terra; (b) terra; (c) aterramento pelo chassi.

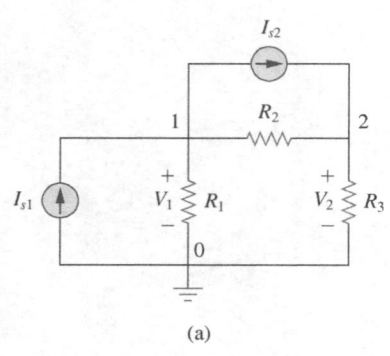

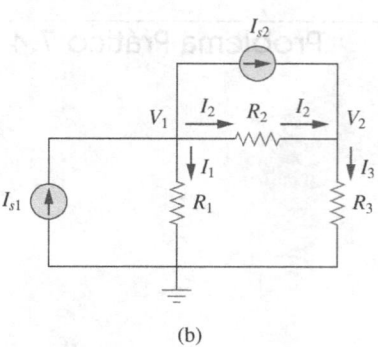

Figura 7.22
Um circuito típico para análise nodal.

---

[3] Nota: A análise nodal é também conhecida como método das tensões nodais.

No nó 1, aplicando a LKC obtemos

$$I_{s1} = I_{s2} + I_1 + I_2 \tag{7.8}$$

No nó 2,

$$I_{s2} + I_2 = I_3 \tag{7.9}$$

a corrente flui do maior potencial para o menor potencial em um resistor.

Agora aplicamos a lei de Ohm para expressar as correntes desconhecidas I_1, I_2 e I_3 em termos das tensões nodais. A ideia-chave que devemos ter em mente é que, devido à resistência ser um elemento passivo (observado pela convenção de sinal passivo), a corrente deve sempre fluir do potencial mais alto para o menor potencial. Em outras palavras, o fluxo de corrente positivo é no mesmo sentido da queda de tensão. Podemos expressar esse princípio como

$$\boxed{I = \frac{V_{\text{alto}} - V_{\text{baixo}}}{R}} \tag{7.10}$$

Observe que esse princípio está em acordo com o modo que definimos resistência no Capítulo 2 (veja a Figura 2.6).

Com isso em mente, obtemos da Figura 7.22(b),

$$I_1 = \frac{V_1 - 0}{R_1} \quad \text{ou} \quad I_1 = G_1 V_1$$

$$I_2 = \frac{V_1 - V_2}{R_2} \quad \text{ou} \quad I_2 = G_2(V_1 - V_2) \tag{7.11}$$

$$I_3 = \frac{V_2 - 0}{R_3} \quad \text{ou} \quad I_3 = G_3 V_2$$

Substituindo a Equação (7.11) nas Equações (7.8) e (7.9) resulta, respectivamente, em

$$I_{s1} = I_{s2} + \frac{V_1}{R_1} + \frac{V_1 - V_2}{R_2} \tag{7.12}$$

$$I_{s2} + \frac{V_1 - V_2}{R_2} = \frac{V_2}{R_3} \tag{7.13}$$

Em termos das condutâncias, as Equações (7.12) e (7.13) tornam-se

$$I_{s1} = I_{s2} + G_1 V_1 + G_2(V_1 - V_2) \tag{7.14}$$

$$I_{s2} + G_2(V_1 - V_2) = G_3 V_2 \tag{7.15}$$

O terceiro passo na análise nodal é resolver as equações para as tensões nodais. Se aplicarmos a LKC para $n-1$ nós, obtemos $n-1$ equações simultâneas como as Equações (7.12) e (7.13) ou (7.14) e (7.15). Para o circuito da Figura 7.22, resolvemos as Equações (7.12) e (7.13) ou (7.14) e (7.15) para obtermos as tensões nodais V_1 e V_2 utilizando qualquer método-padrão, como o método da substituição, método da eliminação, regra de Cramer[4] ou inversão de matriz.

---

[4] Nota: A regra de Cramer é discutida no Apêndice A.

Para utilizar qualquer um dos dois últimos métodos, as equações simultâneas precisam ser colocadas na forma matricial. Por exemplo, as Equações (7.14) e (7.15) podem ser reescritas como

$$(G_1 + G_2)V_1 - G_2V_2 = I_{s1} - I_{s2}$$
$$-G_2V_1 + (G_2 + G_3)V_2 = I_{s2}$$

Essas podem ser colocadas na forma matricial como

$$\begin{bmatrix} G_1 + G_2 & -G_2 \\ -G_2 & G_2 + G_3 \end{bmatrix} \begin{bmatrix} V_1 \\ V_2 \end{bmatrix} = \begin{bmatrix} I_{s1} - I_{s2} \\ I_{s2} \end{bmatrix} \quad (7.16)$$

as quais podem ser solucionadas para obter V_1 e V_2.

O sistema de equações na Equação (7.16) será generalizado na Seção 7.6. As equações simultâneas também podem ser solucionadas usando calculadoras como a TI-89 ou a HP-48G11 ou com pacotes de programas como o MATLAB, Mathcad e Quattro Pro.

Exemplo 7.5

Calcule as tensões nodais no circuito mostrado na Figura 7.23(a).

Solução:
Considere o circuito na Figura 7.23(b), onde o circuito na Figura 7.23(a) foi preparado para análise nodal. Observe como as correntes são selecionadas para a aplicação da LKC. Com exceção dos ramos com fontes de corrente, a rotulação das correntes é arbitrária, porém consistente. (Ao ser consistente, queremos dizer que se, por exemplo, assumimos que I_2 entra no resistor de 4 Ω pelo lado esquerdo, I_2 precisa deixar o resistor pelo lado direito). O nó de referência é selecionado, e as tensões nodais V_1 e V_2 serão determinadas agora.

No nó 1, aplicando a LKC e a lei de Ohm, obtemos

$$I_1 = I_2 + I_3 \quad \Rightarrow \quad 5 = \frac{V_1 - V_2}{4} + \frac{V_1 - 0}{2}$$

Multiplicando cada termo na última equação por 4, obtemos

$$20 = V_1 - V_2 + 2V_1$$

ou

$$3V_1 - V_2 = 20 \quad (7.5.1)$$

No nó 2, fazemos a mesma coisa para obter

$$I_2 + I_4 = I_1 + I_5 \quad \Rightarrow \quad \frac{V_1 - V_2}{4} + 10 = 5 + \frac{V_2 - 0}{6}$$

ou

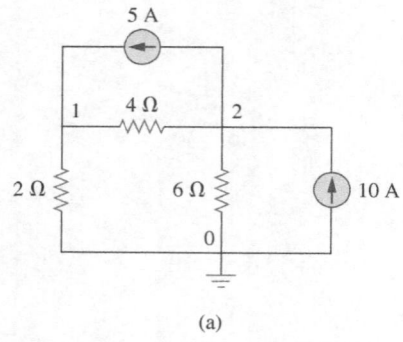

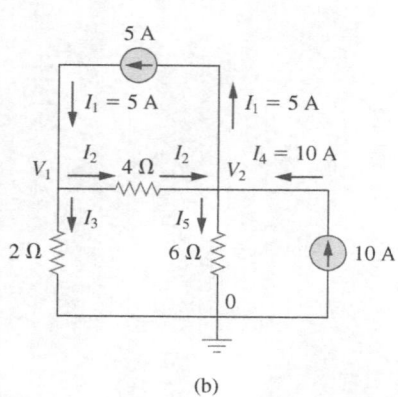

$$-3V_1 + 5V_2 = 60 \quad (7.5.2)$$

Figura 7.23
Para o exemplo 7.5: (a) circuito original; (b) circuito para análise.

Agora temos duas equações simultâneas, a Equação (7.51) e a Equação (7.5.2). Podemos resolver as equações utilizando qualquer método e obter os valores de V_1 e V_2.

■ **Método 1** Utilizando a técnica da eliminação, adicionamos as Equações (7.5.1) e (7.5.2).

$$4V_2 = 80 \quad \Rightarrow \quad V_2 = 20 \text{ V}$$

Substituindo $V_2 = 20$ V na Equação (7.5.1), obtemos

$$3V_1 - 20 = 20 \quad \Rightarrow \quad V_1 = \frac{40}{3} = 13{,}33 \text{ V}$$

■ **Método 2** Para usar a regra de Cramer, precisamos colocar as Equações (7.5.1) e (7.5.2) na forma matricial como

$$\begin{bmatrix} 3 & -1 \\ -3 & 5 \end{bmatrix} \begin{bmatrix} V_1 \\ V_2 \end{bmatrix} = \begin{bmatrix} 20 \\ 60 \end{bmatrix} \qquad (7.5.3)$$

O determinante da matriz é

$$\Delta = \begin{vmatrix} 3 & -1 \\ -3 & 5 \end{vmatrix} = 15 - 3 = 12$$

Agora obtemos V_1 e V_2 como

$$V_1 = \frac{\Delta_1}{\Delta} = \frac{\begin{vmatrix} 20 & -1 \\ 60 & 5 \end{vmatrix}}{\Delta} = \frac{100 + 60}{12} = 13{,}33 \text{ V}$$

$$V_2 = \frac{\Delta_2}{\Delta} = \frac{\begin{vmatrix} 3 & 20 \\ -3 & 60 \end{vmatrix}}{\Delta} = \frac{180 + 60}{12} = 20 \text{ V}$$

Dando-nos o mesmo resultado do método da eliminação descrito anteriormente.

Se precisarmos das correntes, podemos calcular facilmente a partir dos valores das tensões nodais.

$$I_1 = 5 \text{ A}, \qquad I_2 = \frac{V_1 - V_2}{4} = -1{,}6667 \text{ A},$$

$$I_3 = \frac{V_1}{2} = 6{,}667 \text{ A}, \qquad I_4 = 10 \text{ A}, \qquad I_5 = \frac{V_2}{6} = 3{,}333 \text{ A}$$

O fato de I_2 ser negativo mostra que a corrente flui no sentido oposto ao assumido.

Obtenha as tensões nodais do circuito na Figura 7.24.

Resposta: $V_1 = -2 \text{ V}; V_2 = -14 \text{ V}$.

Problema Prático 7.5

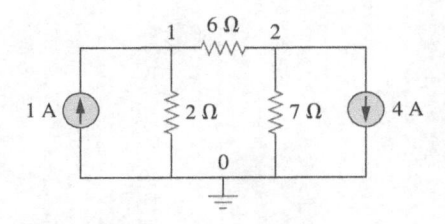

Figura 7.24
Para o Problema Prático 7.5.

Determine as tensões nodais na Figura 7.25(a).

Exemplo 7.6

Solução:
O circuito neste exemplo possui três nós além do nó de referência, em oposição ao exemplo anterior, que possui dois nós. Atribuímos tensões para os três nós e rótulos de corrente como mostrado na Figura 7.25(b).
No nó 1,

$$3 = I_1 + I_2 \quad \Rightarrow \quad 3 = \frac{V_1 - V_3}{4} + \frac{V_1 - V_2}{2}$$

Figura 7.25
Para o Exemplo 7.6: (a) circuito original; (b) circuito para análise.

Multiplicando por 4 e rearranjando os termos, obtemos

$$3V_1 - 2V_2 - V_3 = 12 \qquad (7.6.1)$$

No nó 2,

$$I_2 = I_3 + I_4 \quad \Rightarrow \quad \frac{V_1 - V_2}{2} = \frac{V_2 - 0}{4} + \frac{V_2 - V_3}{8}$$

Multiplicando por 8 e rearranjando os termos, obtemos

$$-4V_1 + 7V_2 - V_3 = 0 \qquad (7.6.2)$$

No nó 3,

$$I_1 + I_4 = 2 \quad \Rightarrow \quad \frac{V_1 - V_3}{4} + \frac{V_2 - V_3}{8} = 2$$

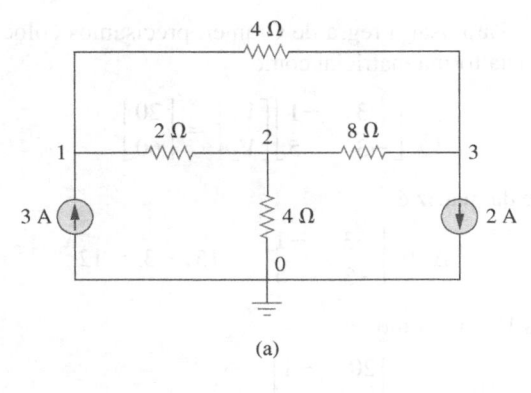

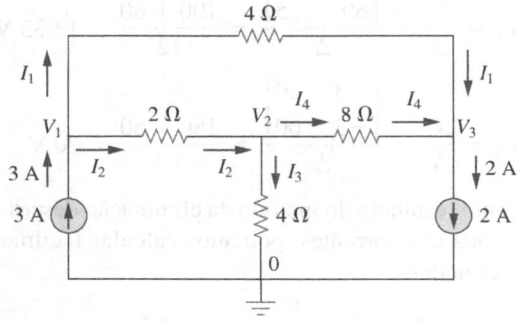

Multiplicando por 8 e rearranjando os termos, obtemos

$$2V_1 + V_2 - 3V_3 = 16 \qquad (7.6.3)$$

Temos três equações simultâneas para serem resolvidas para obtermos as tensões nodais. Vamos resolver as equações de três maneiras.

■ **Método 1** Utilizando a técnica de eliminação, tentaremos eliminar V_3. Subtraindo a Equação (7.6.2) da Equação (7.6.1):

$$7V_1 - 9V_2 = 12 \qquad (7.6.4)$$

Multiplicando a Equação (7.6.1) por 3 e subtraindo a Equação (7.6.3) dela, obtemos

$$7V_1 - 7V_2 = 20 \qquad (7.6.5)$$

Subtraindo a Equação (7.6.4) da Equação (7.6.5), obtemos
$$2V_2 = 8 \quad \Rightarrow \quad V_2 = 4 \text{ V}$$

A partir da Equação (7.6.4),
$$7V_1 = 12 + 9V_2 = 12 + 9 \times 4 = 48 \quad \Rightarrow \quad V_1 = \frac{48}{7} = 6{,}857 \text{ V}$$

A partir da Equação (7.6.1),
$$V_3 = 12 + 2V_2 - 3V_1 = 12 + 8 - 3 \times 6{,}857 = 0{,}571 \text{ V}$$

Então,
$$V_1 = 6{,}857 \text{ V}, \qquad V_2 = 4 \text{ V}, \qquad V_3 = 0{,}571 \text{ V}$$

■ **Método 2** Para utilizar a regra de Cramer, colocamos as Equações (7.6.1) a (7.6.3) na forma matricial.

$$\begin{bmatrix} 3 & -2 & -1 \\ -4 & 7 & -1 \\ 2 & 1 & -3 \end{bmatrix} \begin{bmatrix} V_1 \\ V_2 \\ V_3 \end{bmatrix} = \begin{bmatrix} 12 \\ 0 \\ 16 \end{bmatrix} \qquad (7.6.6)$$

Disso, obtemos
$$V_1 = \frac{\Delta_1}{\Delta}, \qquad V_2 = \frac{\Delta_2}{\Delta}, \qquad V_3 = \frac{\Delta_3}{\Delta}$$

onde Δ, Δ_1, Δ_2 e Δ_3 são os determinantes calculados da seguinte maneira. Como explicado no Apêndice A, para calcular o determinante de uma matriz 3×3, repetimos as duas primeiras linhas e multiplicamos em cruz.

$$\Delta = -63 + 4 + 4 + 14 + 3 + 24 = -14$$

$$\Delta_1 = -252 - 0 + 32 + 112 + 12 + 0 = -96$$

$$\Delta_2 = 0 + 64 - 24 - 0 + 48 - 144 = -56$$

$$\Delta_3 = 336 - 48 + 0 - 168 - 0 - 128 = -8$$

Então, temos

$$V_1 = \frac{\Delta_1}{\Delta} = \frac{-96}{-14} = 6{,}857 \text{ V}$$

$$V_2 = \frac{\Delta_2}{\Delta} = \frac{-56}{-14} = 4 \text{ V}$$

$$V_3 = \frac{\Delta_3}{\Delta} = \frac{-8}{-14} = 0{,}571 \text{ V}$$

como obtido anteriormente.

■ **Método 3** Podemos utilizar o MATLAB para resolver a matriz de equações. A Equação (7.6.6) pode ser escrita como

$$AV = B \quad \Rightarrow \quad V = A^{-1}B$$

em que **A** é a matiz quadrada 3 × 3, **B** é o vetor coluna, e **V** é o vetor coluna composto de V_1, V_2 e V_3 que precisamos determinar. Utilizamos o MATLAB para determinar **V** da seguinte forma.

```
»A=[3 -2 -1; -4 7 -1; 2 1 -3];
»B=[12 0 16];
»V=inv(A)*B'
V =
 6.8571
 4.0000
 0.5714*
```

Então,

$$V_1 = 6{,}857 \text{ V}, \quad V_2 = 4 \text{ V}, \quad V_3 = 0{,}571 \text{ V}$$

como obtido anteriormente.

■ **Método 4** Podemos utilizar calculadoras científicas como a TI-89 Titanium para resolver equações simultâneas. Vamos resolver as equações simultâneas na Equação (7.6.6), a saber

$$\begin{bmatrix} 3 & -2 & -1 \\ -4 & 7 & -1 \\ 2 & 1 & -3 \end{bmatrix} \begin{bmatrix} V_1 \\ V_2 \\ V_3 \end{bmatrix} = \begin{bmatrix} 12 \\ 0 \\ 16 \end{bmatrix}$$

Para usar a calculadora TI-89 Titanium para resolver equações simultâneas, pressione 2nd   MATH

Select 4: Matrix e Pressione ENTER
então pressione
Select 5: simult (e Pressione ENTER

Na linha de entrada, digite:

```
simult([3,-2,-1;-4,7,-1;2,1,-3],[12;0;16]),
```

(simult aparecerá automaticamente e você terá que digitar a parte restante.)
Pressione ♦   ENTER
O resultado:

$$V_1 = 6{,}857 \text{ V}, \quad V_2 = 4 \text{ V}, \quad V_3 = 0{,}5714 \text{ V}$$

como obtido anteriormente.

---

* N. de T.: O MATLAB utiliza o ponto (.) como separador decimal.

Utilize qualquer um dos métodos anteriores para encontrar as tensões nos três nós (1, 2, 3) do circuito da Figura 7.26.

Respostas: $V_1 = 34{,}67$ V; $V_2 = 26{,}67$ V; $V_3 = 20$ V

7.5 Análise nodal com fontes de tensão

Agora iremos observar como fontes de tensão afetam a análise nodal. Utilizaremos o circuito na Figura 7.27 para ilustrar. Considere as duas possibilidades seguintes.

- **Caso 1** Se a fonte de tensão é conectada entre o nó de referência e algum outro nó, simplesmente definimos a tensão desse outro nó igual à tensão da fonte. Na Figura 7.27, por exemplo,

$$V_1 = 10 \text{ V} \tag{7.17}$$

Então, nossa análise é um pouco simplificada devido ao conhecimento da tensão desse nó. Observe que, nesse caso, a fonte de tensão precisa estar conectada diretamente ao nó de referência, sem qualquer elemento em série com ele.

- **Caso 2** Se a fonte de tensão estiver conectada entre dois nós, com exceção do nó de referência, os dois nós formam um *nó generalizado* ou *supernó*[5]; a LKC e a LKT serão aplicadas para determinar as tensões nodais.

> Um **supernó** é formado pela exclusão de uma fonte de tensão (dependente ou independente) conectada entre dois nós, com exceção do nó de referência, e qualquer elemento conectado em paralelo com ela.

Um supernó é aquele em que a fonte de tensão está entre dois nós. Na Figura 7.27, os nós 2 e 3 formam um supernó. (Podemos ter mais que dois nós formando um supernó simples. Por exemplo, se o resistor de 2 Ω na Figura 7.27 é trocado por uma fonte de tensão, os nós 1, 2, e 3 formam um supernó). Analisaremos o circuito com supernó utilizando os mesmos três passos mencionados na seção anterior, exceto que os supernós são tratados de forma diferente. Por quê? Um componente essencial da análise nodal é aplicação da LKC, a qual requer o conhecimento da corrente através de cada elemento. Não se pode conhecer a corrente através da fonte de tensão antecipadamente. Contudo, a LKC precisa ser satisfeita para o supernó com qualquer outro nó. Então, para o supernó na Figura 7.27,

$$I_1 + I_4 = I_2 + I_3 \tag{7.18}$$

ou

$$\frac{V_1 - V_2}{2} + \frac{V_1 - V_3}{4} = \frac{V_2 - 0}{8} + \frac{V_3 - 0}{6} \tag{7.19}$$

Para aplicar a LKT no supernó na Figura 7.27, redesenharemos o circuito conforme mostrado na Figura 7.28. Indo ao redor do laço (que contém a fonte de 5 V) no sentido horário, temos

$$-V_2 + 5 + V_3 = 0 \quad \Rightarrow \quad V_2 - V_3 = 5 \tag{7.20}$$

Problema Prático 7.6

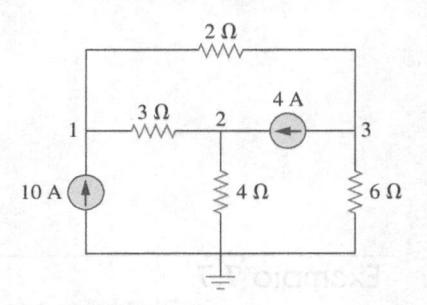

Figura 7.26
Para o Problema Prático 7.6.

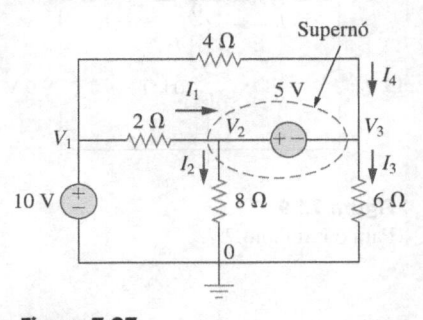

Figura 7.27
Um circuito com supernó.

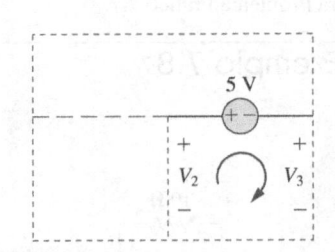

Figura 7.28
Aplicando a LKT em um supernó.

---
[5] Nota: Um supernó pode ser considerado como uma superfície fechada envolvendo a fonte de tensão.

Das Equações (7.17), (7.19) e (7.20), obtemos as tensões nodais. Observe as seguintes propriedades do supernó.

> 1. As fontes de tensão dentro do supernó fornecem uma equação de restrição necessária para determinar as tensões nodais.
> 2. Um supernó não tem tensão própria.
> 3. Um supernó requer a aplicação da LKC e da LKT.

Exemplo 7.7

Encontre V_o no circuito da Figura 7.29

Figura 7.29 Para o Exemplo 7.7.

Solução:
O circuito na Figura 7.29 possui duas fontes de tensão que são conectadas ao nó de referência, mas não há supernó. No nó O, a LKC fornece

$$I_1 + I_3 = I_2$$

ou

$$\frac{15 - V_o}{5k} + \frac{9 - V_o}{10k} = \frac{V_o - 0}{20k}$$

Multiplicando por $20k$,

$$60 - 4V_o + 18 - 2V_o = V_o$$

ou

$$78 = 7V_o \quad \Rightarrow \quad V_o = \frac{78}{7} = 11{,}143 \text{ V}$$

Problema Prático 7.7

Determine V_X no circuito da Figura 7.30.

Resposta: 20 V.

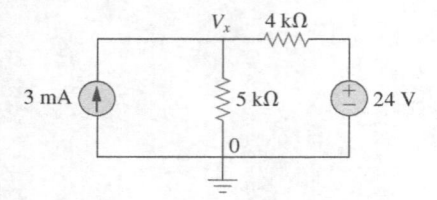

Figura 7.30 Para Problema Prático 7.7.

Exemplo 7.8

Para o circuito mostrado na Figura 7.31, encontre as tensões nodais.

Solução:
O supernó possui uma fonte de 2 V, nós 1 e 2 e um resistor de 10 Ω. Aplicando a LKC no supernó conforme mostrado na Figura 7.32(a), obtemos

$$2 = I_1 + I_2 + 7$$

Expressando I_1 e I_2 em termos das tensões nodais,

$$2 = \frac{V_1 - 0}{2} + \frac{V_2 - 0}{4} + 7 \quad \Rightarrow \quad 8 = 2V_1 + V_2 + 28$$

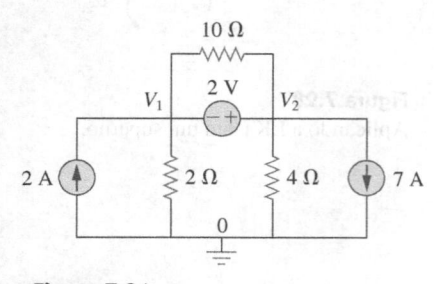

Figura 7.31 Para o Exemplo 7.8.

ou
$$V_2 = -20 - 2V_1 \quad (7.8.1)$$

Para obter a relação entre V_1 e V_2, aplicamos a LKT no circuito da Figura 7.32(b). Percorrendo o laço, obtemos

$$-V_1 - 2 + V_2 = 0 \quad \Rightarrow \quad V_2 = V_1 + 2 \quad (7.8.2)$$

Das Equações (7.8.1) e (7.8.2), temos

$$V_2 = V_1 + 2 = -20 - 2V_1$$

ou

$$3V_1 = -22 \quad \Rightarrow \quad V_1 = -7{,}333 \text{ V}$$

e

$$V_2 = V_1 + 2 = -5{,}333 \text{ V}$$

Observe que o resistor de 10 Ω não afeta variáveis em outros ramos, pois está conectado ao supernó e incluído nele.

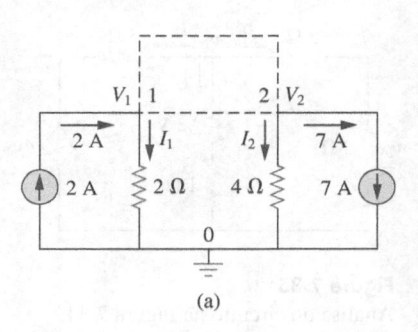

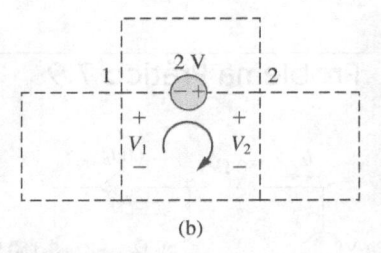

Figura 7.32
Aplicando (a) LKC no supernó; (b) LKT no laço.

Encontre V e I no circuito da Figura 7.33.

Resposta: $-0{,}2$ V; $1{,}4$ A.

Problema Prático 7.8

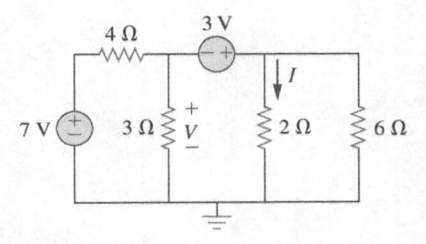

Figura 7.33
Para o Problema Prático 7.8.

Utilizando a análise nodal, encontre v_0 no circuito da Figura 7.34.

Exemplo 7.9

Solução:
Considere o circuito conforme mostrado na Figura 7.35.

$$i_1 + i_2 + i_3 = 0 \quad \Rightarrow \quad \frac{v_1 - 0}{5} + \frac{v_1 - 3}{1} + \frac{v_1 - 4v_o}{5} = 0$$

Multiplicando por 5, temos

$$v_1 + 5v_1 - 15 + v_1 - 4v_o = 0$$

Mas

$$v_0 = \frac{2}{5}v_1$$

(utilizando a divisão de tensão) de modo que

$$7v_1 - 15 - \frac{8}{5}v_1 = 0$$

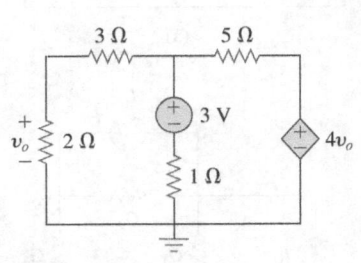

Figura 7.34
Para o Exemplo 7.9.

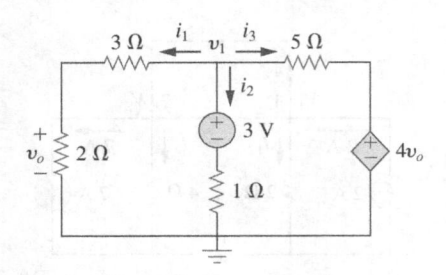

Figura 7.35
Análise do circuito na Figura 7.34.

ou

$$\frac{27}{5}v_1 = 15$$

$$v_1 = 15 \times 5/(27) = 2{,}778 \text{ V}$$

Portanto, $v_0 = 2v_1/5 = 1{,}111$ V

Problema Prático 7.9

Determine I_b no circuito da Figura 7.36 utilizando a análise nodal.

Resposta: 79,34 mA.

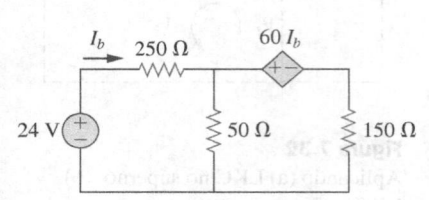

Figura 7.36
Para o Problema Prático 7.9.

7.6 †Análise de malha e nodal por inspeção

Esta seção apresenta o procedimento generalizado para a análise nodal ou de malha. É um atalho baseado em uma mera inspeção do circuito.

As equações de corrente de malha podem ser obtidas por inspeção quando um circuito resistivo linear possuir somente fontes independentes. Por exemplo, considere o circuito na Figura 7.10, o qual é mostrado na Figura 7.37(a) por conveniência. O circuito possui dois nós, desconsiderando o nó de referência, e as equações dos nós são deduzidas na Seção 7.2 [veja Equação (7.3)] como

$$\begin{bmatrix} R_1 + R_3 & -R_3 \\ -R_3 & R_2 + R_3 \end{bmatrix} \begin{bmatrix} I_1 \\ I_2 \end{bmatrix} = \begin{bmatrix} V_1 \\ -V_2 \end{bmatrix} \quad (7.21)$$

Observamos que cada termo da diagonal é o somatório das resistências na malha correspondente, enquanto cada termo fora da diagonal é o negativo da resistência comum entres as malhas 1 e 2. Cada termo do lado direito da Equação (7.21) é a soma algébrica considerando o sentido horário de todas as fontes de tensão independentes na malha considerada.

Em geral, se o circuito possui N malhas, as equações de corrente podem ser expressas em termos das resistências como

$$\begin{bmatrix} R_{11} & R_{12} & \dots & R_{1N} \\ R_{21} & R_{22} & \dots & R_{2N} \\ \vdots & \vdots & \vdots & \vdots \\ R_{N1} & R_{N2} & \dots & R_{NN} \end{bmatrix} \begin{bmatrix} I_1 \\ I_2 \\ \vdots \\ I_N \end{bmatrix} = \begin{bmatrix} V_1 \\ V_2 \\ \vdots \\ V_N \end{bmatrix} \quad (7.22)$$

ou simplesmente

$$\mathbf{RI} = \mathbf{V} \quad (7.23)$$

em que

R_{kk} = soma das resistências na malha k
$R_{kj} = R_{jk}$ = o negativo do somatório das resistências comuns entre as malhas k e j, $k \neq j$
I_k = correntes de malha não conhecidas para malha k considerando o sentido horário

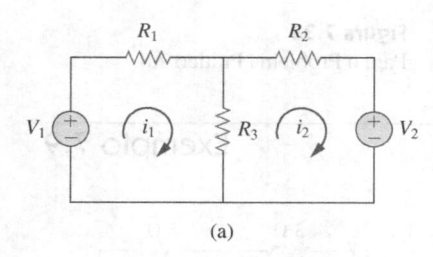

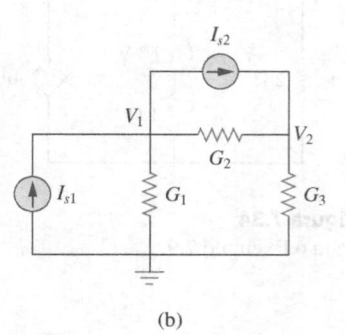

Figura 7.37
(a) Circuito da Figura 7.10; (b) Circuito da Figura 7.22.

V_k = soma algébrica, considerando o sentido horário, de todas as fontes de tensão independentes na malha k, com o aumento de tensão tratado como positivo.

R = *matriz de resistências*

I = vetor de saída

V = vetor de entrada

Podemos resolver a Equação (7.22) para obter as correntes de malhas não conhecidas. Observe que assumimos que todas as correntes de malhas fluem no sentido horário. Devemos notar que a Equação (7.23) é válida somente para circuitos com fontes de tensão independentes e resistores lineares. A fonte de tensão é independente se o valor não depende de variáveis de outros ramos.

Similarmente, quando todas as fontes em um circuito são fontes de corrente independentes, não precisamos aplicar a LKC em cada nó para obter as equações de tensão dos nós como feito na Seção 7.4. As equações de tensão dos nós podem ser obtidas por mera inspeção do circuito. Como exemplo, vamos reexaminar o circuito na Figura 7.22, conforme mostrado na Figura 7.37(b) por conveniência. O circuito possui dois nós, desconsiderando o nó de referência, e as equações de nós são deduzidas na Seção 7.4 [veja a Equação (7.16)] como

$$\begin{bmatrix} G_1 + G_2 & -G_2 \\ -G_2 & G_2 + G_3 \end{bmatrix} \begin{bmatrix} V_1 \\ V_2 \end{bmatrix} = \begin{bmatrix} I_{s1} - I_{s2} \\ I_{s2} \end{bmatrix} \quad (7.24)$$

Observamos que cada termo da diagonal é a soma das condutâncias conectadas diretamente no nó 1 ou 2, enquanto os termos fora da diagonal são os negativos das condutância conectadas entre os nós. Também, cada termo do lado direito da Equação (7.24) é a soma algébrica das correntes que entram no nó.

Em geral, se um circuito com fontes de corrente independentes possui N nós, desconsiderando o nó de referência, as equações das tensões nodais podem ser escritas em termos das condutâncias como

$$\begin{bmatrix} G_{11} & G_{12} & \dots & G_{1N} \\ G_{21} & G_{22} & \dots & G_{2N} \\ \vdots & \vdots & \vdots & \vdots \\ G_{N1} & G_{N2} & \dots & G_{NN} \end{bmatrix} \begin{bmatrix} V_1 \\ V_2 \\ \vdots \\ V_N \end{bmatrix} = \begin{bmatrix} I_1 \\ I_2 \\ \vdots \\ I_N \end{bmatrix} \quad (7.25)$$

ou simplesmente

$$\mathbf{GV} = \mathbf{I} \quad (7.26)$$

onde

G_{kk} = soma das condutâncias conectadas no nó k

$G_{kj} = G_{jk}$ = negativo do somatório das condutâncias diretamente conectas nos nós k e j, $k \neq j$

V_k = tensão não conhecida no nó k

I_k = soma algébrica de todas as fontes de corrente independentes diretamente conectadas no nó k, considerando como positivas as correntes entrando nos nós

G = *matriz de condutâncias*

V = vetor de saída

I = vetor de entrada

A Equação (7.25) pode ser resolvida para obter as nodais não conhecidas. Devemos ter em mente que isso é valido somente para circuitos com fontes de corrente independentes e resistores lineares. A fonte de corrente é independente se seu valor não depende de variáveis de outros ramos.

Exemplo 7.10

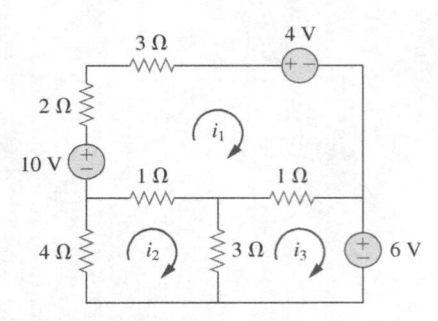

Figura 7.38
Para o Exemplo 7.10.

Por inspeção, escreva as equações de malha para o circuito na Figura 7.38.

Solução:
Temos três malhas de modo que a matriz de resistências é 3×3. Os termos da diagonal em ohm são:

$$R_{11} = 2 + 3 + 1 + 1 = 7$$
$$R_{22} = 4 + 1 + 3 = 8$$
$$R_{33} = 3 + 1 = 4$$

Os termos fora da diagonal são:

$$R_{12} = -1, \quad R_{13} = -1,$$
$$R_{21} = -1, \quad R_{23} = -3,$$
$$R_{31} = -1, \quad R_{32} = -3$$

O vetor de tensão de entrada **v** possui os seguintes termos em volts:

$$V_1 = 10 - 4 = 6, \quad V_2 = 0, \quad V_3 = -6$$

Então, as equações de corrente de malha são:

$$\begin{bmatrix} 7 & -1 & -1 \\ -1 & 8 & -3 \\ -1 & -3 & 4 \end{bmatrix} \begin{bmatrix} i_1 \\ i_2 \\ i_3 \end{bmatrix} = \begin{bmatrix} 6 \\ 0 \\ -6 \end{bmatrix}$$

A partir disso, podemos obter as correntes de malha i_1, i_2, e i_3.

Problema Prático 7.10

Figura 7.39
Para Problema Prático 7.10.

Por inspeção, obtenha as equações de corrente de malha para o circuito na Figura 7.39.

Resposta:

$$\begin{bmatrix} 170 & -40 & -80 \\ -40 & 80 & -10 \\ -80 & -10 & 150 \end{bmatrix} \begin{bmatrix} i_1 \\ i_2 \\ i_3 \end{bmatrix} = \begin{bmatrix} 24 \\ 0 \\ 0 \end{bmatrix}$$

Exemplo 7.11

Escreva a matriz de equações das tensões nodais para o circuito na Figura 7.40 por inspeção.

Solução:
O circuito na Figura 7.40 possui quatro nós, desconsiderando o nó de referência, de modo que precisamos de quatro equações de nó, o que implica uma matriz de condutância 4×4. Os termos da diagonal de **G** em siemens são:

$$G_{11} = \frac{1}{5} + \frac{1}{10} = 0,3; \quad G_{22} = \frac{1}{5} + \frac{1}{8} + \frac{1}{1} = 1,325;$$

$$G_{33} = \frac{1}{8} + \frac{1}{8} + \frac{1}{4} = 0,5; \quad G_{44} = \frac{1}{8} + \frac{1}{2} + \frac{1}{1} = 1,625.$$

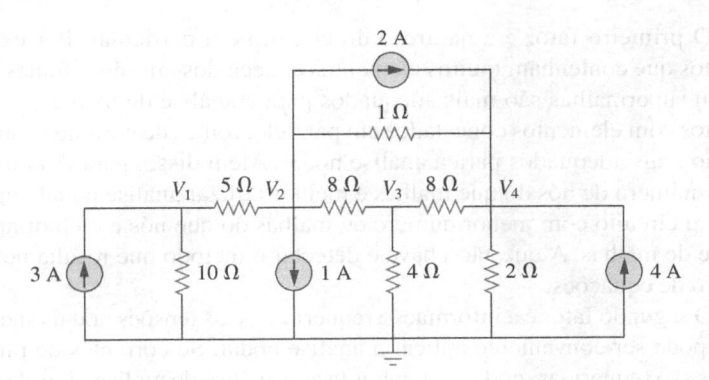

Figura 7.40
Para o Exemplo 7.11.

Os termos fora da diagonal são:

$$G_{12} = -\frac{1}{5} = -0{,}2; \quad G_{13} = G_{14} = 0;$$

$$G_{21} = -0{,}2; \quad G_{23} = -\frac{1}{8} = -0{,}125; \quad G_{24} = -\frac{1}{1} = -1;$$

$$G_{31} = 0; \quad G_{32} = -0{,}125; \quad G_{34} = -\frac{1}{8} = -0{,}125;$$

$$G_{41} = 0; \quad G_{42} = -1; \quad G_{43} = -0{,}125.$$

O vetor de corrente de entrada **I** possui os seguintes termos em ampères:

$$I_1 = 3, \quad I_2 = -1 - 2 = -3, \quad I_3 = 0, \quad I_4 = 2 + 4 = 6$$

Então, as equações das tensões nodais são:

$$\begin{bmatrix} 0{,}3 & -0{,}2 & 0 & 0 \\ -0{,}2 & 1{,}325 & -0{,}125 & -1 \\ 0 & -0{,}125 & 0{,}5 & -0{,}125 \\ 0 & -1 & -0{,}125 & 1{,}625 \end{bmatrix} \begin{bmatrix} V_1 \\ V_2 \\ V_3 \\ V_4 \end{bmatrix} = \begin{bmatrix} 3 \\ -3 \\ 0 \\ 6 \end{bmatrix}$$

que podem ser resolvidas para obter as tensões nodais V_1, V_2, V_3 e V_4.

Por inspeção, obtenha as equações das tensões nodais para o circuito na Figura 7.41.

Resposta:
$$\begin{bmatrix} 1{,}3 & -0{,}2 & -1 & 0 \\ -0{,}2 & 0{,}2 & 0 & 0 \\ -1 & 0 & 1{,}25 & -0{,}25 \\ 0 & 0 & -0{,}25 & 0{,}75 \end{bmatrix} \begin{bmatrix} V_1 \\ V_2 \\ V_3 \\ V_4 \end{bmatrix} = \begin{bmatrix} 0 \\ 1 \\ 1 \\ 3 \end{bmatrix}$$

7.7 Análise de malha *versus* análise nodal

As análises de malha e nodal fornecem um caminho sistemático para estudar circuitos complexos. Alguém pode perguntar: Dado um circuito para ser analisado, como podemos saber qual método é melhor ou mais eficiente? A escolha do melhor método é definida por dois fatores.

Problema Prático 7.11

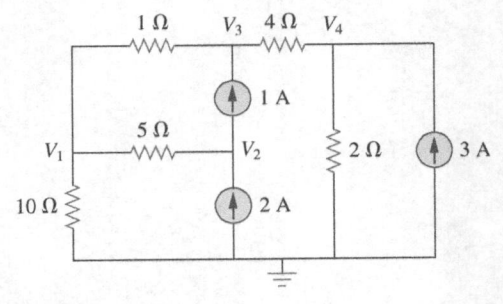

Figura 7.41
Para Problema Prático 7.11.

O primeiro fator é a natureza do circuito em particular. Por exemplo, circuitos que contenham muitos elementos conectados em série, fontes de tensão, ou supermalhas são mais adequados para a análise de malhas, enquanto circuitos com elementos conectados em paralelo, fontes de correntes, ou supernós são mais adequados para a análise nodal. Além disso, para circuitos com menor número de nós do que malhas é melhor utilizar análise nodal, enquanto para um circuito com menor número de malhas do que nós é melhor aplicar a análise de malhas. A questão-chave é detectar o método que resulta no menor número de equações.

O segundo fator é a informação requerida. Se as tensões nodais são requeridas, pode ser conveniente aplicar a análise nodal. Se correntes de ramos ou malhas são requeridas, pode ser melhor usar a análise de malhas. É útil se familiarizar com ambos os métodos de análise por pelo menos duas razões. Primeiro, um método pode ser utilizado para checar os resultados do outro método, se possível. Segundo, cada método possui limitações. Por essa razão, somente um método pode ser conveniente para o problema prático. Por exemplo, a análise de malhas é o único método usado em análise de circuitos transistorizados, como veremos na Seção 7.10. Para circuitos não planares, a análise nodal é a única opção que temos, porque a análise de malhas somente pode ser aplicada em circuitos planares. Além disso, análise nodal possui uma solução mais favorável por meio de computadores, pois é mais fácil de programar. Isso permite uma análise de circuitos complicados que desafiam os cálculos manuais. O PSpice, um programa de computador que é baseado em análise nodal, é abrangido na Seção 7.91.

7.8 †Transformações em delta-estrela

Muitas situações surgem nas análises de circuito em que os resistores não estão em paralelo nem em série. Por exemplo, considere o circuito em ponte na Figura 7.42. Como combinamos os resistores R_1 a R_6, quando os resistores não estão em série nem em paralelo? Muitos circuitos do tipo mostrado na Figura 7.42 podem ser simplificados utilizando um circuito equivalente de três terminais. Estes são os circuitos em estrela (Y) ou T mostrado na Figura 7.43 e os circuitos em delta (Δ) ou pi (π) mostrados na Figura 7.44.

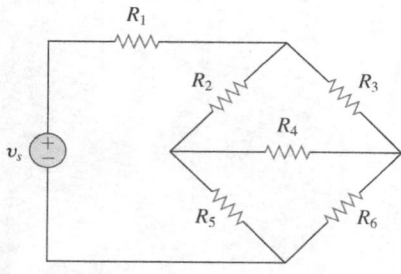

Figura 7.42
Circuito em ponte.

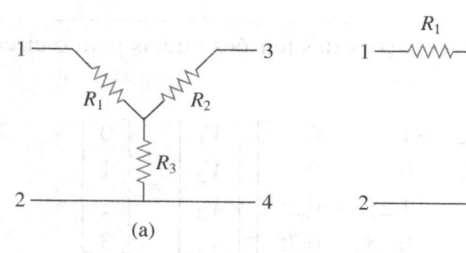

Figura 7.43
Duas formas do mesmo circuito: (a) Y; (b) T.

7.8.1 Conversão Δ para Y

Suponha que é mais conveniente trabalhar com um circuito em estrela em lugar de um circuito com configuração delta. Vamos sobrepor um circuito em estrela sobre um circuito delta existente e encontrar as resistências equivalentes no cir-

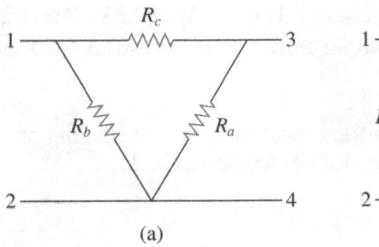

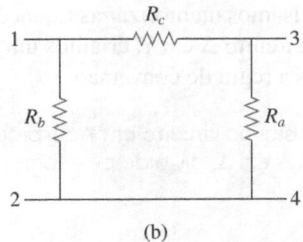

Figura 7.44
Duas formas do mesmo circuito: (a) Δ; (b) π.

cuito em estrela. Para obter as resistências equivalentes no circuito em estrela, comparamos os dois circuitos e certificamo-nos de que a resistência entre cada par de nós do circuito em Δ (ou π) possui a mesma resistência entre o mesmo par de nós do circuito em Y (ou T). Para os terminais 1 e 2 na Figura 7.43 e 7.44, por exemplo,

$$R_{12}(Y) = R_1 + R_3 \tag{7.27}$$

$$R_{12}(\Delta) = R_b \parallel (R_a + R_c) \tag{7.28}$$

Definindo $R_{12}(\Delta) = R_{12}(Y)$, temos

$$R_{12} = R_1 + R_3 = \frac{R_b(R_a + R_c)}{R_a + R_b + R_c} \tag{7.29a}$$

Similarmente,

$$R_{13} = R_1 + R_2 = \frac{R_c(R_a + R_b)}{R_a + R_b + R_c} \tag{7.29b}$$

$$R_{34} = R_2 + R_3 = \frac{R_a(R_b + R_c)}{R_a + R_b + R_c} \tag{7.29c}$$

Subtraindo a Equação (7.29c) da Equação (7.29a), obtemos

$$R_1 - R_2 = \frac{R_c(R_b - R_a)}{R_a + R_b + R_c} \tag{7.30}$$

Adicionando as Equações (7.29b) e (7.30), temos

$$\boxed{R_1 = \frac{R_b R_c}{R_a + R_b + R_c}} \tag{7.31}$$

e subtraindo a Equação (7.30) da Equação (7.29b), resulta em

$$\boxed{R_2 = \frac{R_c R_a}{R_a + R_b + R_c}} \tag{7.32}$$

Subtraindo a Equação (7.31) da Equação (7.29a), obtemos

$$\boxed{R_3 = \frac{R_a R_b}{R_a + R_b + R_c}} \tag{7.33}$$

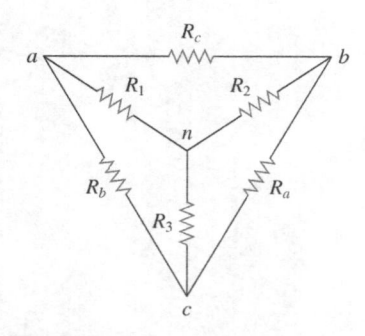

Figura 7.45
Superposição de circuito em Y e em Δ é uma ajuda na transformação de um no outro.

Não precisamos memorizar as Equações (7.31), (7.32) e (7.33). Para transformarmos um circuito Δ em Y, criamos um nó extra *n* como mostrado na Figura 7.45 e seguimos a regra de conversão:

> cada resistor no **circuito em Y** é o produto dos resistores nos dois ramos adjacentes em Δ, dividido pela soma dos três resistores em Δ.

7.8.2 Conversão Y para Δ

Para obter a conversão das equações para transformação de um circuito em estrela para um circuito equivalente em delta, observamos a partir das Equações (7.31), (7.32), e (7.33) que

$$R_1R_2 + R_2R_3 + R_3R_1 = \frac{R_aR_bR_c(R_a + R_b + R_c)}{(R_a + R_b + R_c)^2} \qquad (7.34)$$
$$= \frac{R_aR_bR_c}{R_a + R_b + R_c}$$

Dividindo a Equação (7.34) por cada uma das Equações (7.31), (7.32) e (7.33), leva às seguintes equações:

$$\boxed{R_a = \frac{R_1R_2 + R_2R_3 + R_3R_1}{R_1}} \qquad (7.35)$$

$$\boxed{R_b = \frac{R_1R_2 + R_2R_3 + R_3R_1}{R_2}} \qquad (7.36)$$

$$\boxed{R_c = \frac{R_1R_2 + R_2R_3 + R_3R_1}{R_3}} \qquad (7.37)$$

Das Equações (7.35), (7.36) e (7.37) e da Figura 7.45, a regra de conversão de Y para Δ é a seguinte:

> cada resistor em um **circuito em** Δ é o somatório de todos os três possíveis produtos dos resistores em Y, considerados dois a dois, dividido pelo resistor oposto em Y.

Os circuitos em Y e Δ são ditos balanceados quando

$$R_1 = R_2 = R_3 = R_Y, \quad R_a = R_b = R_c = R_\Delta \qquad (7.38)$$

Sob essas condições, as equações de conversão tornam-se

$$R_Y = \frac{R_\Delta}{3} \quad \text{ou} \quad R_\Delta = 3R_Y \qquad (7.39)$$

Observe que ao fazer a transformação, não consideramos nada fora do circuito e nem colocamos alguma coisa nova. Estamos meramente substituindo circuitos de três terminais diferentes, mas matematicamente equivalentes, para criar um circuito em que os resistores estão em série ou em paralelo, permitindo-nos calcular o R_{eq} se necessário.

Converta o circuito em Δ na Fig 7.46(a) para um circuito equivalente em Y.

Exemplo 7.12

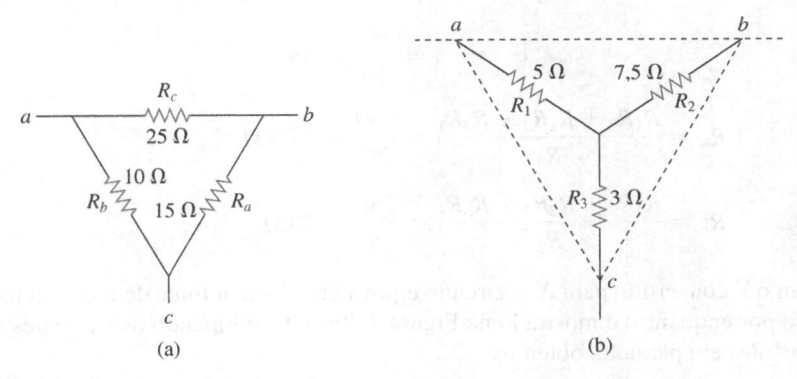

Figura 7.46
Para o Exemplo 7.12: (a) circuito em Δ original; (b) circuito equivalente em Y.

Solução:
Utilizando as Equações (7.31), (7.32) e (7.33), obtemos

$$R_1 = \frac{R_b R_c}{R_a + R_b + R_c} = \frac{25 \times 10}{25 + 10 + 15} = \frac{250}{50} = 5\ \Omega$$

$$R_2 = \frac{R_c R_a}{R_a + R_b + R_c} = \frac{25 \times 15}{50} = 7{,}5\ \Omega$$

$$R_3 = \frac{R_a R_b}{R_a + R_b + R_c} = \frac{15 \times 10}{50} = 3\ \Omega$$

O circuito equivalente em Y é mostrado na Figura 7.46(b).

Transforme o circuito em Y na Figura 7.47 em circuito em Δ.

Problema Prático 7.12

Resposta: $R_a = 140\ \Omega$; $R_b = 70\ \Omega$; $R_c = 35\ \Omega$.

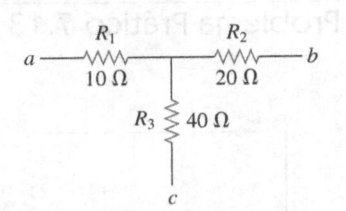

Figura 7.47
Para o Problema Prático 7.12.

Obtenha a resistência equivalente R_{ab} para o circuito na Figura 7.48 e utilize-a para encontrar a corrente i.

Exemplo 7.13

Solução:
Neste circuito, há dois circuitos em Y e um em Δ. Transformando apenas um deles irá simplificar o circuito. Se convertermos o circuito em Y composto pelos resistores de 5 Ω, 10 Ω e 20 Ω, podemos selecionar

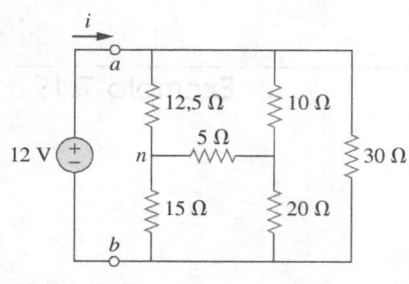

Figura 7.48
Para o Exemplo 7.13.

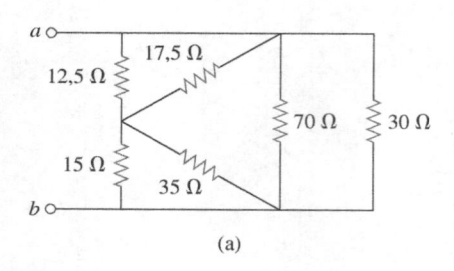

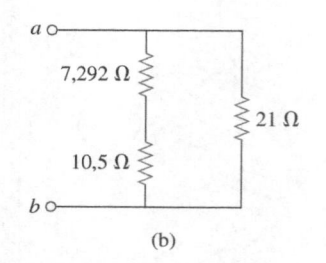

Figura 7.49
Circuito equivalente para a Figura 7.48 com a fonte de tensão removida.

$$R_1 = 10\ \Omega \quad R_2 = 20\ \Omega \quad R_3 = 5\ \Omega$$

Então a partir das Equações (7.35), (7.36) e (3.37),

$$R_a = \frac{R_1R_2 + R_2R_3 + R_3R_1}{R_1} = \frac{10 \times 20 + 20 \times 5 + 5 \times 10}{10}$$

$$= \frac{350}{10} = 35\ \Omega$$

$$R_b = \frac{R_1R_2 + R_2R_3 + R_3R_1}{R_2} = \frac{350}{20} = 17{,}5\ \Omega$$

$$R_c = \frac{R_1R_2 + R_2R_3 + R_3R_1}{R_3} = \frac{350}{5} = 70\ \Omega$$

Com o Y convertido para Δ, o circuito equivalente (com a fonte de tensão removida por enquanto) é mostrado na Figura 7.49(a). Combinando os três pares de resistores em paralelo, obtemos

$$70 \parallel 30 = \frac{70 \times 30}{70 + 30} = 21\ \Omega$$

$$12{,}5 \parallel 17{,}5 = \frac{12{,}5 \times 17{,}5}{12{,}5 + 17{,}5} = 7{,}2917\ \Omega$$

$$15 \parallel 35 = \frac{15 \times 35}{15 + 35} = 10{,}5\ \Omega$$

de modo que o circuito equivalente é mostrado na Figura 7.44(b). Por isso,

$$R_{ab} = (7{,}292 + 10{,}5) \parallel 21 = \frac{17{,}792 \times 21}{17{,}792 + 21} = 9{,}632\ \Omega$$

Então,

$$i = \frac{v_s}{R_{ab}} = \frac{12}{9{,}632} = 1{,}246\ \text{A}$$

Problema Prático 7.13

Para o circuito em ponte na Figura 7.50, encontre R_{ab} e i.

Resposta: 40 Ω; 2,5 A.

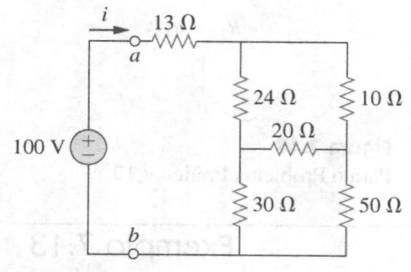

Figura 7.50
Para o Problema Prático 7.13.

7.9 Análise computacional

O PSpice e o Multisim podem ser utilizados para analisar os tipos de circuitos que estudamos neste capítulo. Esta seção demonstra como isso ocorre.

7.9.1 PSpice

De fato, o PSpice é baseado em análise nodal como desenvolvido neste capítulo. O leitor deve rever as Seções C.1 a C.3 do Apêndice C antes de prosseguir com esta seção. Deve-se notar que o PSpice é útil na determinação de tensões e corrente de ramos somente quando os valores numéricos de todos os componentes são conhecidos.

Utilize o PSpice para encontrar as tensões nodais no circuito da Figura 7.51.

Exemplo 7.14

Solução:
O primeiro passo é desenhar o circuito dado. Seguindo as instruções apresentadas na Seção C.2 e C.3 no Apêndice C, o diagrama esquemático na Figura 7.52 é produzido. Como se trata de uma análise CC, utilizamos uma fonte de tensão VDC e uma fonte de corrente IDC. Uma vez o que circuito foi desenhado e salvo como exem714.dsn, selecionamos **PSpice/New Simulation Profile**. Isso conduz à caixa de diálogo Nova Simulação (**New Simulation**). Digitamos "exem714" como nome do arquivo e clicamos em **Create**. Isso leva à caixa de diálogo Configurações da Simulação (**Simulations Settings**). Então, selecionamos **Pspice/Run**. O circuito é simulado, e os resultados são mostrados sobre o circuito conforme a Figura 7.52. A partir da Figura 7.52, observamos que:

$$V_1 = 120 \text{ V}; \quad V_2 = 81,29 \text{ V}; \quad V_3 = 89,03 \text{ V}$$

$$V_1 = 120 \text{ V}, \quad V_2 = 81,29 \text{ V}, \quad V_3 = 89,03 \text{ V},$$

Figura 7.51
Para o Exemplo 7.14.

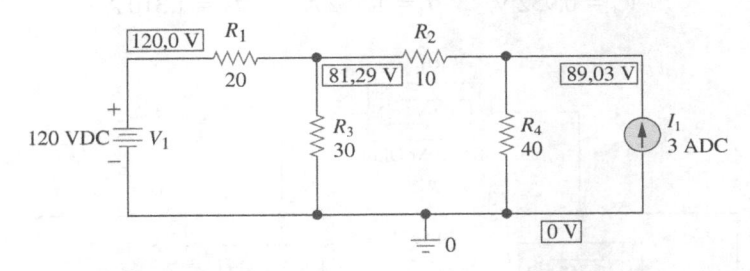

Figura 7.52
Para o Exemplo 7.14; diagrama esquemático do circuito na Figura 7.51.

Para o circuito na Figura 7.53, utilize o PSpice para encontrar as tensões nodais.

Problema Prático 7.14

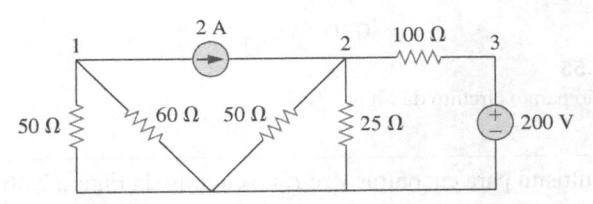

Figura 7.53
Para o Problema Prático 7.14.

Resposta: $V_1 = -54,54$ V; $V_2 = 57,13$ V; $V_3 = 200$ V.

7.9.2 Multisim

Todos os passos envolvidos na criação do circuito são apresentados no Apêndice D e não serão repetidos aqui. O leitor é encorajado a ler a Seção D.1 e D.2 antes de prosseguir com esta seção.

Exemplo 7.15

Utilizando o Multisim, determine V_0, I_1 e I_2 no circuito da Figura 7.54.

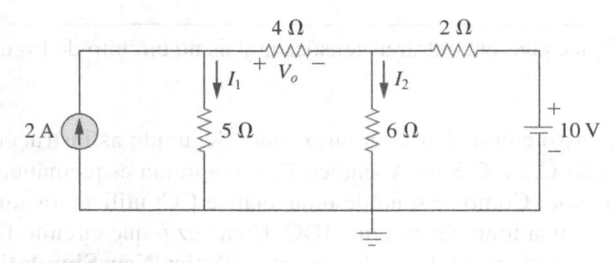

Figura 7.54
Para o Exemplo 7.15.

Solução:
Primeiro utilizaremos o Multisim para criar o circuito como na Figura 7.55. Conectamos o voltímetro em paralelo com o resistor de 4 Ω para medir V_o. Conectamos dois amperímetros para mediar as correntes I_1 e I_2. Salvamos o circuito e o simulamos clicando sobre liga/desliga. Depois da simulação, obtemos os resultados como mostrado na Figura 7.55, que são,

$$V_o = 0{,}952 \text{ V}; \qquad I_1 = 1{,}762 \text{ A}; \qquad I_2 = 1{,}310 \text{ A}$$

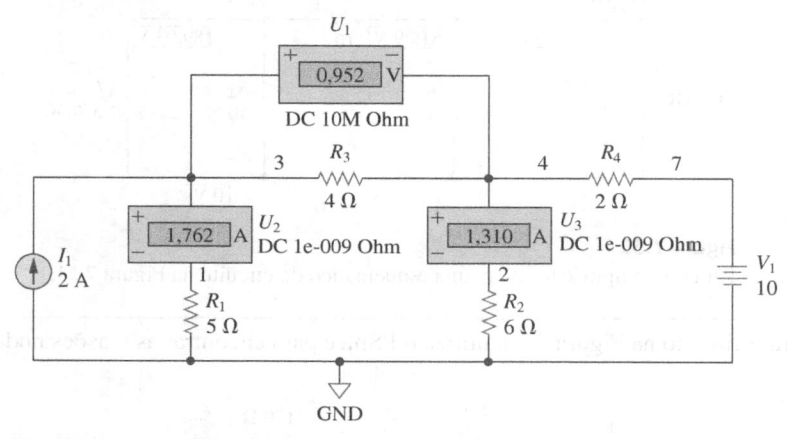

Figura 7.55
Simulação para o circuito da Figura 7.54.

Problema Prático 7.15

Utilize o Multisim para encontrar V_x e I_x no circuito da Figura 7.56.

Resposta: 4,421 V; 2,211 A.

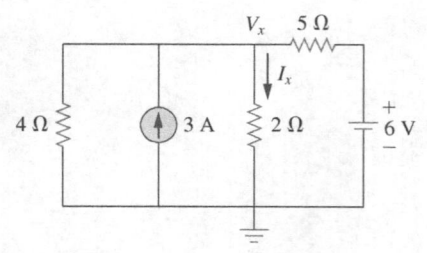

Figura 7.56
Para o Problema Prático 7.15.

7.10 †Aplicação: Circuitos transistorizados em CC

A maioria das pessoas utiliza produtos eletrônicos em sua rotina básica e tem alguma experiência com computadores. Os componentes básicos para circuitos integrados encontrados nesses eletrônicos e computadores são dispositivos de três terminais ativos conhecidos como *transistores*. Um transistor é um dispositivo semicondutor que é utilizado em uma ampla variedade de aplicações incluindo amplificadores, chaves, reguladores de tensão, moduladores de sinal, microprocessadores e osciladores. Inventados em 1947 no Bell Labs, os transistores podem ser considerados a invenção mais importante do século XX.[6] Entender o transistor é essencial antes de começarmos um projeto de circuitos eletrônicos.

A Figura 7.57 retrata vários tipos de transistores disponíveis comercialmente. Há dois tipos básicos de transistores: transistores de junção bipolar (BJTs – *bipolar junction transistors*) e transistores de efeito de campo (FETs – *field-effect transistors*). Aqui, consideraremos somente os BJTs, que foram desenvolvidos antes dos FETs e ainda são usados hoje. Nosso objetivo é apresentar detalhes suficientes sobre o BJT para permitir-nos aplicar as técnicas desenvolvidas neste capítulo para análise de circuitos transistorizados CC.

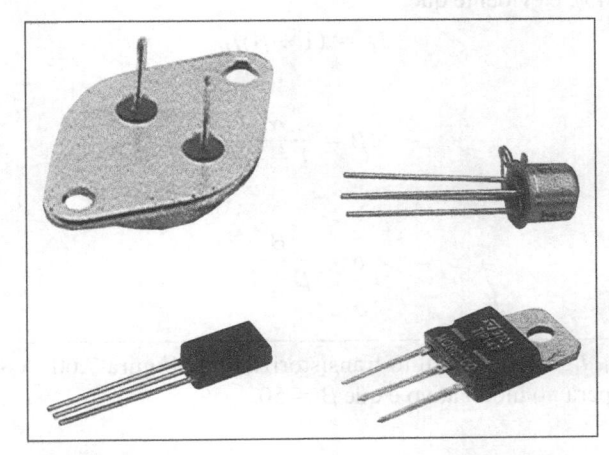

Figura 7.57
Vários tipos de transistores.
Cortesia da Tech America

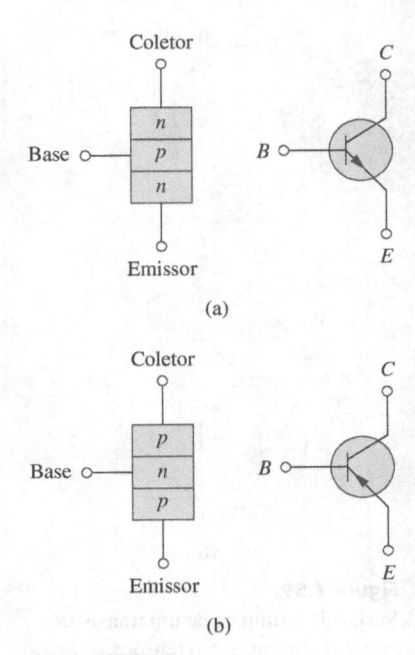

Figura 7.58
Dois tipos de BJTs e seus símbolos: (a) *npn*; (b) *pnp*.

Há dois tipos de BJT: *npn* e *pnp*, com seus símbolos mostrados na Figura 7.58. Cada tipo possui três terminais designados como emissor (E), base (B) e coletor (C). Se considerarmos o transistor *npn*, por exemplo, a corrente e a tensão do transistor são especificadas na Figura 7.59. Aplicando a LKC para a Figura 7.59(b), temos

$$I_E = I_B + I_C \qquad (7.40)$$

em que I_E, I_C e I_B são as correntes do emissor, coletor e base, respectivamente. Similarmente, aplicando a LKT para a Figura 7.59(b), temos

$$V_{CE} + V_{EB} + V_{BC} = 0 \qquad (7.41)$$

em que V_{CE}, V_{EB} e V_{BC} são as tensões coletor-emissor, emissor-base e base-coletor, respectivamente. O BJT pode ser operado em um dos três modos: ativos,

---

[6] Os cientistas responsáveis pela invenção do transistor em 1947 foram John Bardeen, Walter Brattain e William Shockley.

corte, ou saturação. Quando transistores *npn* de silício operam no modo ativo, tipicamente $V_{BE} \approx 0{,}7$ V, e

$$I_C = \alpha I_E \quad (7.42)$$

em que α é chamado de *ganho de corrente base-comum*. Torna-se evidente da Equação (7.42) que α denota que uma fração de elétrons injetados pelo emissor é coletada pelo coletor. Também.

$$\boxed{I_C = \beta I_B} \quad (7.43)$$

em que β é conhecido como *ganho de corrente de emissor-comum*. Por isso, α e β são propriedades características de um dado transistor e assumem valores quase constantes para esse transistor. Tipicamente, α possui valores entre 0,98 e 0,999, enquanto β possui valores entre 50 e 1.000. A partir das Equações (7.40), (7.42) e (7.43), é evidente que

$$I_E = (1 + \beta)I_B \quad (7.44)$$

e

$$\beta = \frac{\alpha}{1 - \alpha} \quad (7.45)$$

ou

$$\alpha = \frac{\beta}{\beta + 1} \quad (7.46)$$

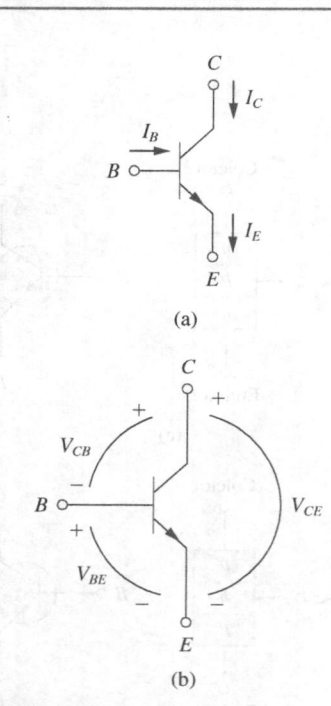

Figura 7.59
Variáveis terminais de um transistor *npn*: (a) correntes; (b) tensões.

Exemplo 7.16

Encontre I_B, I_C e V_o no circuito transistorizado da Figura 7.60. Assuma que o transistor opera no modo ativo e que $\beta = 50$.

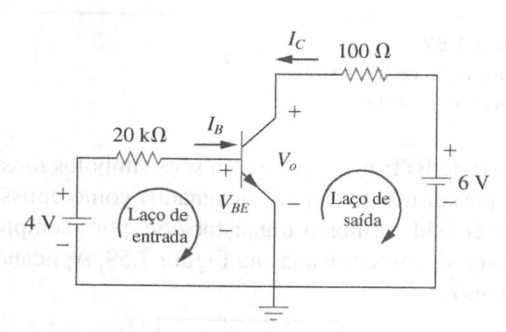

Figura 7.60
Para o Exemplo 7.16.

Solução:
Para o laço de entrada, a LKT fornece

$$-4 + I_B(20 \times 10^3) + V_{BE} = 0$$

Como $V_{BE} = 0{,}7$ no modo ativo,

$$I_B = \frac{4 - 0{,}7}{20 \times 10^3} = 165 \ \mu A$$

Mas

$$I_C = \beta I_B = 50 \times 165 \ \mu A = 8{,}25 \ mA$$

Para o laço de saída, a LKT fornece

$$-V_o - 100I_C + 6 = 0$$

ou

$$V_o = 6 - 100I_C = 6 - 0{,}825 = 5{,}175 \text{ V}$$

Note que $V_o = V_{CE}$ nesse caso.

Para o circuito transistorizado na Figura 7.61, considere $\beta = 100$ e $V_{BE} = 0{,}7$. Determine V_o e V_{CE}.

Problema Prático 7.16

Resposta: 2,876 V; 2,004 V.

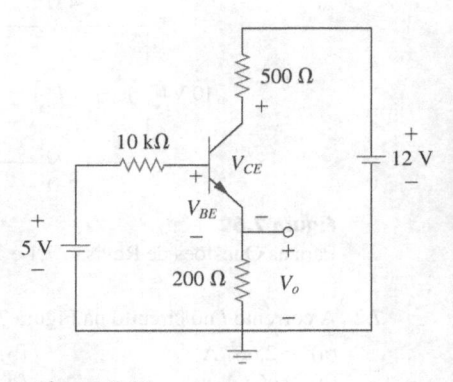

Figura 7.61
Para o Problema Prático 7.16.

7.11 Resumo

1. A análise de malha é a aplicação da lei de Kirchhoff para tensão ao redor de malhas em um circuito planar. Expressando o resultado em termos das correntes de malha. Resolvendo o sistema de equações resulta nas correntes de malha.

2. Uma supermalha consiste em duas malhas que possuem uma fonte de corrente em comum.

3. A análise nodal é a aplicação da lei de Kirchhoff para corrente para os nós. (Ela é aplicada em circuito planares e não planares). Espessamos o resultado em termos das tensões nodais. Resolvendo o sistema de equações resulta nas tensões nodais.

4. Um supernó consiste em dois nós, desconsiderando o nó de referência, conectados por uma fonte de tensão.

5. A análise de malhas é normalmente utilizada quando um circuito possui menor número de equações de malha do que equações de nós. Por outro lado, a análise nodal é normalmente usada quando um circuito possui menor número de equações de nós do que equações de malhas.

6. As equações para a transformação em delta para estrela são

$$R_1 = \frac{R_b R_c}{R_a + R_b + R_c}$$

$$R_2 = \frac{R_c R_a}{R_a + R_b + R_c}$$

$$R_3 = \frac{R_a R_b}{R_a + R_b + R_c}$$

7. As equações para transformação em estrela para delta são

$$R_a = \frac{R_1 R_2 + R_2 R_3 + R_3 R_1}{R_1}$$

$$R_b = \frac{R_1 R_2 + R_2 R_3 + R_3 R_1}{R_2}$$

$$R_c = \frac{R_1 R_2 + R_2 R_3 + R_3 R_1}{R_3}$$

8. A análise de circuitos pode ser feita utilizando o PSpice ou o Multisim.

9. Circuitos transistorizados em CC podem ser analisados utilizando as técnicas consideradas neste capítulo.

Questões de revisão

7.1 A equações de laço para o circuito na Figura 7.62 é:
(a) $-10 + 4I + 6 + 2I = 0$
(b) $10 + 4I + 6 + 2I = 0$
(c) $10 + 4I - 6 + 2I = 0$
(d) $-10 + 4I - 6 + 2I = 0$

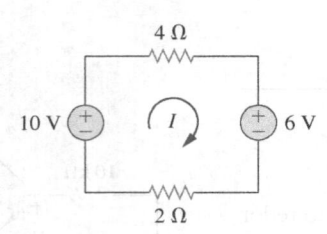

Figura 7.62
Para as Questões de Revisão 7.1 e 7.2.

7.2 A corrente I no circuito na Figura 7.62 é:
(a) $-2{,}667$ A   (b) $-0{,}667$ A
(c) $0{,}667$ A   (d) $2{,}667$ A

7.3 No circuito da Figura 7.63, a corrente I_1 é:
(a) 4 A   (b) 3 A   (c) 2 A   (d) 1 A

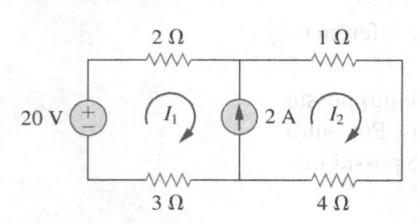

Figura 7.63
Para as Questões de Revisão 7.3 e 7.4.

7.4 A tensão V na fonte de corrente do circuito da Figura 7.63 é:
(a) 20 V   (b) 15 V   (c) 10 V   (d) 5 V

7.5 A análise de malha utiliza principalmente:
(a) Lei de Ohm e lei de Kirchhoff para corrente
(b) Lei de Kirchhoff para tensão e lei de Ohm
(c) Lei de Kirchhoff para tensão e corrente
(d) Lei de Ohm e lei de Kirchhoff para tensão e corrente

7.6 No nó 1 do circuito da Figura 7.64, aplicando a LKC obtemos:
(a) $2 + \dfrac{12 - V_1}{3} = \dfrac{V_1}{6} + \dfrac{V_1 - V_2}{4}$
(b) $2 + \dfrac{V_1 - 12}{3} = \dfrac{V_1}{6} + \dfrac{V_2 - V_1}{4}$
(c) $2 + \dfrac{12 - V_1}{3} = \dfrac{0 - V_1}{6} + \dfrac{V_1 - V_2}{4}$
(d) $2 + \dfrac{V_1 - 12}{3} = \dfrac{0 - V_1}{6} + \dfrac{V_2 - V_1}{4}$

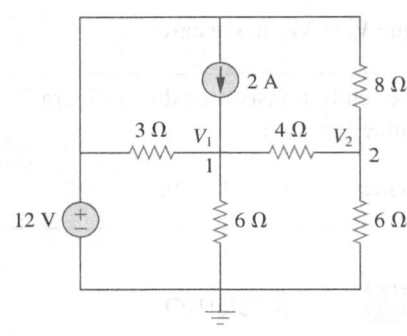

Figura 7.64
Para as Questões de Revisão 7.6 e 7.7.

7.7 No circuito na Figura 7.64, aplicando a LKC no nó 2 obtemos:
(a) $\dfrac{V_2 - V_1}{4} + \dfrac{V_2}{8} = \dfrac{V_2}{6}$
(b) $\dfrac{V_1 - V_2}{4} + \dfrac{V_2}{8} = \dfrac{V_2}{6}$
(c) $\dfrac{V_1 - V_2}{4} + \dfrac{12 - V_2}{8} = \dfrac{V_2}{6}$
(d) $\dfrac{V_2 - V_1}{4} + \dfrac{V_2 - 12}{8} = \dfrac{V_2}{6}$

7.8 Para o circuito na Figura 7.65, V_1 e V_2 estão relacionados como:
(a) $V_1 = 6I + 8 + V_2$ (b) $V_1 = 6I - 8 + V_2$
(c) $V_1 = -6I + 8 + V_2$ (d) $V_1 = -6I - 8 + V_2$

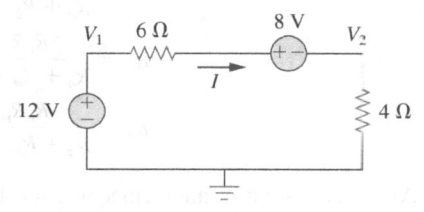

Figura 7.65
Para as Questões de Revisão 7.8 e 7.9.

7.9 Consulte o circuito na Figura 7.65, a tensão V_2 é:
(a) -8 V   (b) $-1{,}6$ V   (c) $1{,}6$ V   (d) 8 V

7.10 O nome do componente no PSpice para fonte de tensão controlada é:
(a) EX   (b) FX   (c) HX   (d) GX

Respostas: 7.1 a, 7.2 c, 7.3 d, 7.4 b, 7.5 b, 7.6 a, 7.7 c, 7.8 a, 7.9 c, 7.10 c.

Problemas

Seções 7.2 e Análise de malhas 7.3 Análise de malhas com fontes de corrente

7.1 Avalie os seguintes determinantes:

(a) $\begin{vmatrix} 50 & -2 \\ 6 & 1 \end{vmatrix}$ (b) $\begin{vmatrix} 5 & 1 & 0 \\ 2 & -3 & 4 \\ 6 & 8 & 10 \end{vmatrix}$

7.2 Encontre os seguintes determinantes:

(a) $\begin{vmatrix} 4 & 8 \\ -3 & 5 \end{vmatrix}$ (b) $\begin{vmatrix} 5 & 3 & 7 \\ 1 & 1 & 4 \\ 2 & 2 & 8 \end{vmatrix}$

7.3 Determine I_1 e I_2 nos seguintes conjuntos de equações.

$$2I_1 - I_2 = 4$$
$$8I_1 + 3I_2 = 5$$

7.4 Resolva V_1, V_2 e V_3 para os seguintes conjuntos de equações.

$$3V_1 - V_2 + 2V_3 = 4$$
$$2V_1 + 3V_2 - V_3 = 14$$
$$7V_1 - 4V_2 + 3V_3 = -4$$

7.5 Utilize a análise de malha para encontrar I no circuito da Figura 7.66.

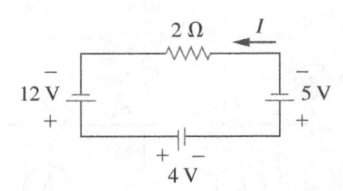

Figura 7.66
Para o Problema 7.5.

7.6 Utilizando a análise de malha encontre V_o no circuito da Figura 7.67.

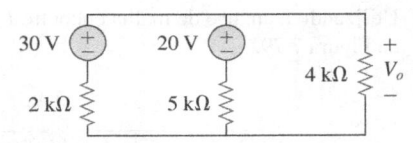

Figura 7.67
Para os Problemas 7.6 e 7.27.

7.7 Utilize análise de malhas para encontrar i_1 e i_2 no circuito da Figura 7.68.

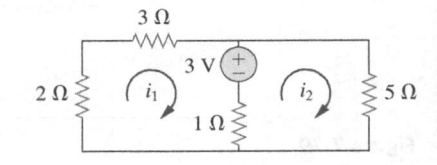

Figura 7.68
Para os Problemas 7.7 e 7.60.

7.8 Para o circuito em ponte da Figura 7.69 encontre as correntes de malha.

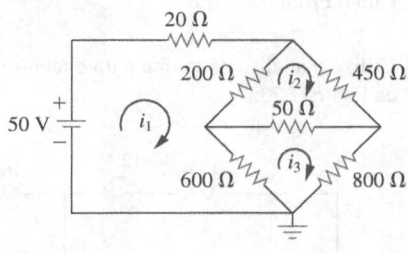

Figura 7.69
Para os Problemas 7.8 e 7.61.

7.9 Aplique a análise de malhas para encontrar I_x na Figura 7.70.

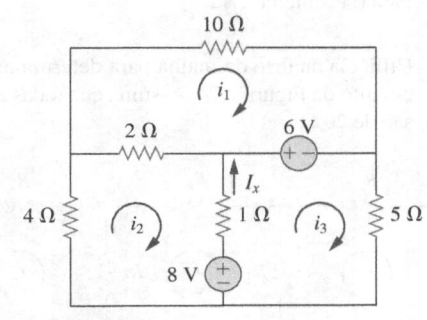

Figura 7.70
Para o Problema 7.9.

7.10 Aplique a análise de malha para encontrar V_o na Figura 7.71.

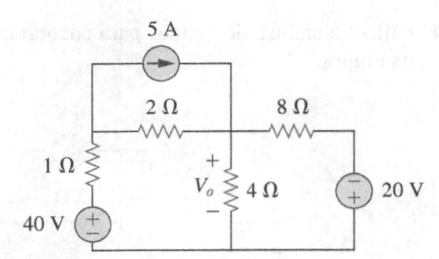

Figura 7.71
Para os Problemas 7.10 e 7.65.

7.11 Encontre as correntes de malha i_1, i_2 e i_3 no circuito da Figura 7.72.

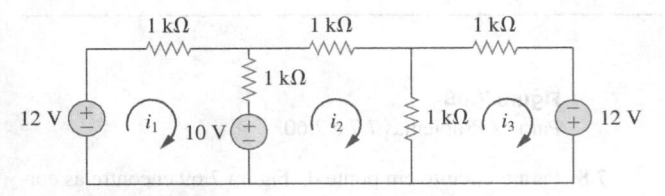

Figura 7.72
Para o Problema 7.11.

7.12 Utilize a análise de malha para encontrar I_X no circuito da Figura 7.73.

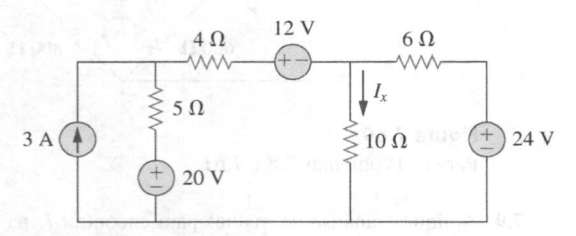

Figura 7.73
Para o Problema 7.12.

7.13 Utilize a análise de malha para determinar I_a, I_b e I_c no circuito da Figura 7.74. Assuma que todas as resistências são de 20 Ω.

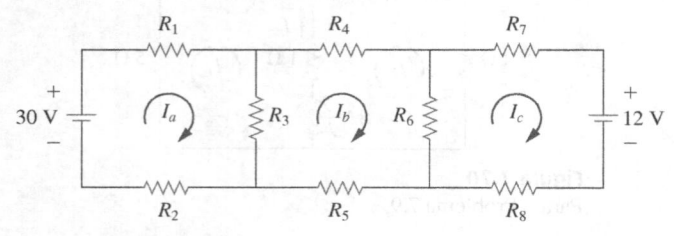

Figura 7.74
Para o Problema 7.13.

7.14 Utilize a análise de malhas para encontrar a corrente I_o na Figura 7.75.

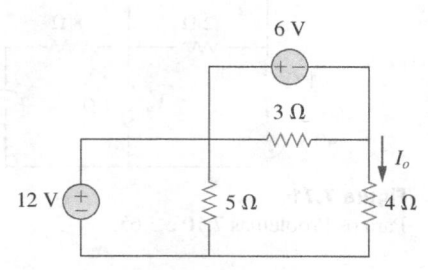

Figura 7.75
Para o Problema 7.14.

7.15 Obtenha as correntes de malha no circuito mostrado na Figura 7.76.

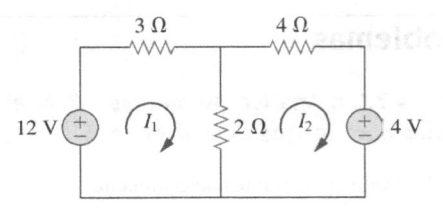

Figura 7.76
Para o Problema 7.15.

7.16 Escreva as equações de malha para o circuito na Figura 7.77.

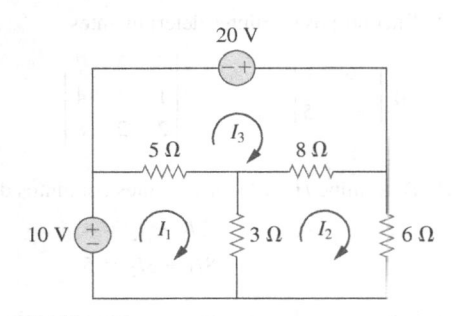

Figura 7.77
Para o Problema 7.16.

7.17 Escreva as equações de malha para os circuitos na Figura 7.78.

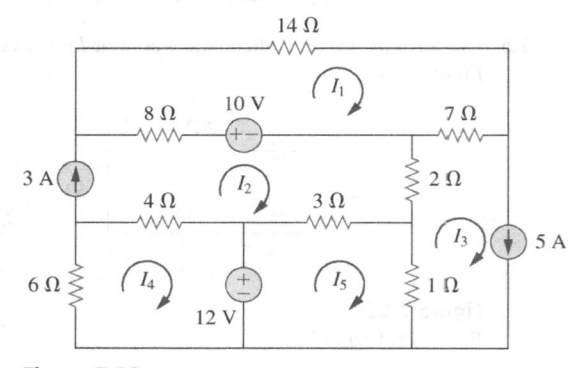

Figura 7.78
Para o Problema 7.17.

7.18 Utilizando a análise de malha encontre I e V no circuito da Figura 7.79.

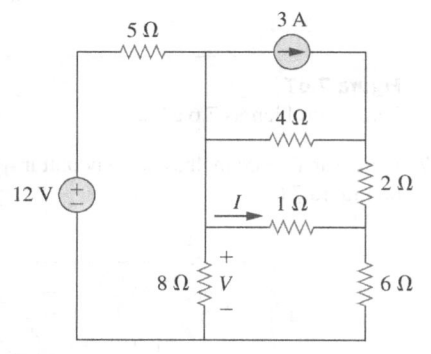

Figura 7.79
Para o Problema 7.18.

7.19 Encontre V_o e I_o no circuito da Figura 7.80.

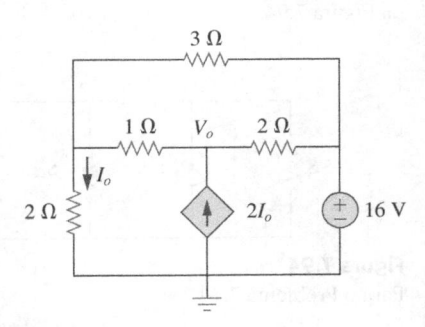

Figura 7.80
Para o Problema 7.19.

7.20 Utilize a análise de malha para encontrar a corrente I_o no circuito da Figura 7.81.

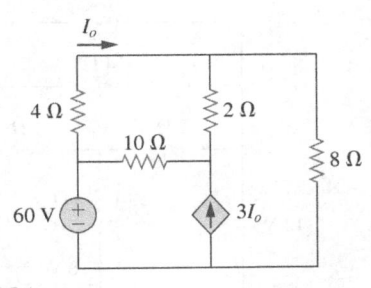

Figura 7.81
Para o Problema 7.20.

7.21 Utilize a análise de malha para encontrar i_1, i_2 e i_3 no circuito da Figura 7.82.

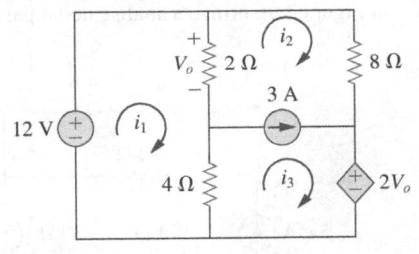

Figura 7.82
Para o Problema 7.21.

Seções 7.4 Análise nodal e 7.5 Análise nodal com fontes de tensão

7.22 Para o circuito na Figura 7.83 obtenha V_1 e V_2.

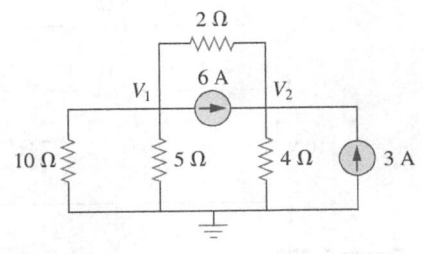

Figura 7.83
Para o Problema 7.22.

7.23 Determine a tensão V_o no circuito da Figura 7.84.

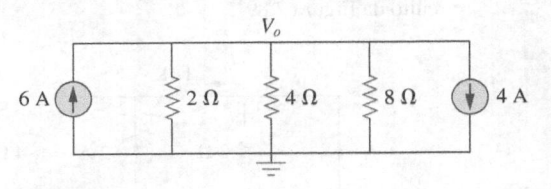

Figura 7.84
Para o Problema 7.23.

7.24 Utilizando a análise nodal encontre V_X no circuito da Figura 7.85.

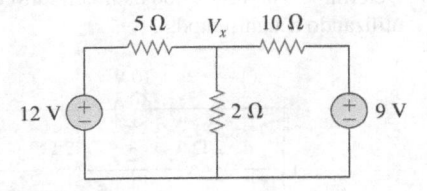

Figura 7.85
Para o Problema 7.24.

7.25 Encontre V_1, V_2 e V_3 no circuito da Figura 7.86.

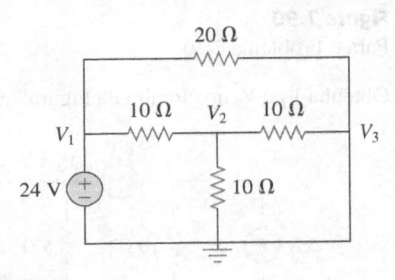

Figura 7.86
Para os Problemas 7.25 e 7.62.

7.26 Dado o circuito na Figura 7.87, calcule V_1 e V_2.

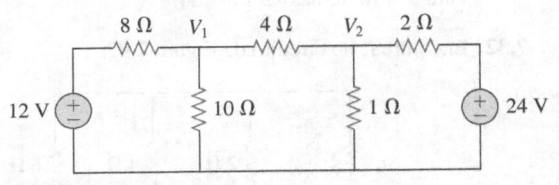

Figura 7.87
Para o Problema 7.26.

7.27 Obtenha V_o no circuito da Figura 7.67.

7.28 Calcule V_1 e V_2 no circuito da Figura 7.88.

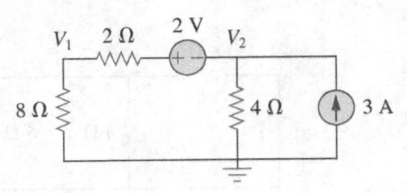

Figura 7.88
Para o Problema 7.28.

7.29 Utilize a análise nodal para encontrar a corrente I_o no circuito da Figura 7.89.

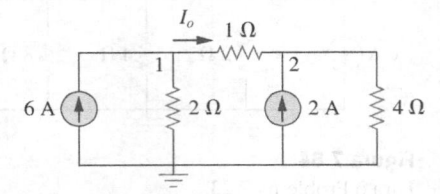

Figura 7.89
Para o Problema 7.29.

7.30 Determine as tensões nodais no circuito da Figura 7.90 utilizando a análise nodal.

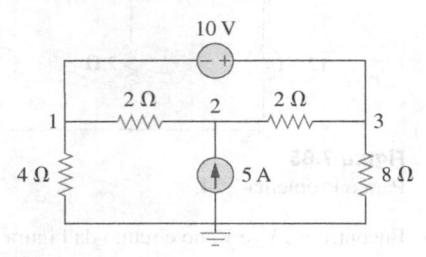

Figura 7.90
Para o Problema 7.30.

7.31 Obtenha V_1 e V_2 no circuito da Figura 7.91.

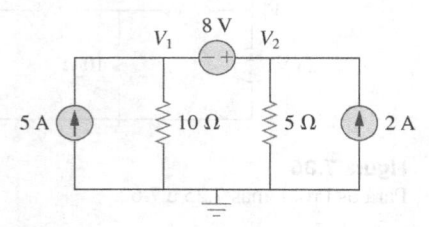

Figura 7.91
Para os Problemas 7.31 e 7.64.

7.32 Encontre i_S no circuito da Figura 7.92.

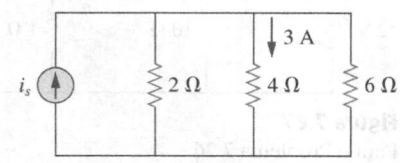

Figura 7.92
Para o Problema 7.32.

7.33 Calcule v_S no circuito da Figura 7.93.

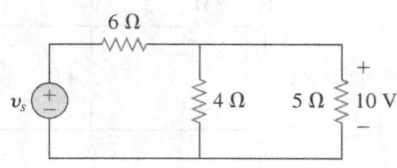

Figura 7.93
Para o Problema 7.33.

7.34 Utilize a análise nodal para encontrar V_1 e V_2 no circuito da Figura 7.94.

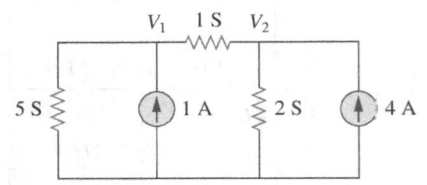

Figura 7.94
Para o Problema 7.34.

7.35 Utilize a análise nodal para encontrar V_1 e V_2 no circuito da Figura 7.95.

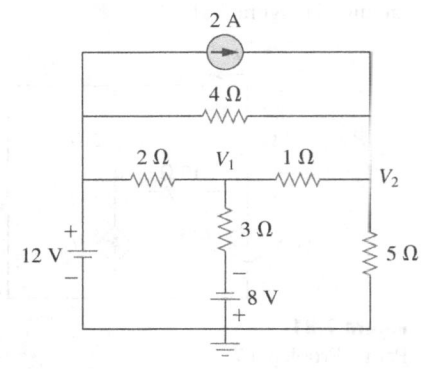

Figura 7.95
Para o Problema 7.35.

7.36 Na Figura 7.96 utilize a análise nodal para encontrar V_o.

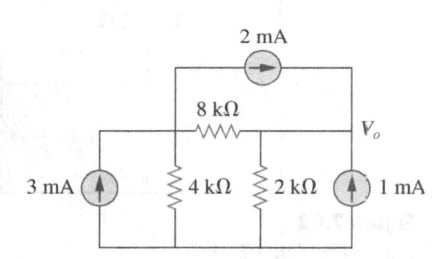

Figura 7.96
Para o Problema 7.36.

7.37 Determine as tensões nodais no circuito da Figura 7.97.

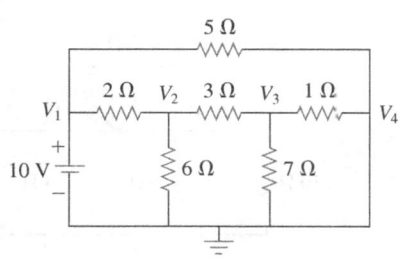

Figura 7.97
Para o Problema 7.37.

7.38 Para o circuito da Figura 7.98, utilize a análise nodal para encontrar V e I.

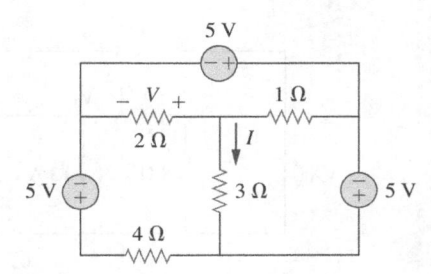

Figura 7.98
Para o Problema 7.38.

*7.39 Considere o circuito na Figura 7.99. Utilize a análise nodal para encontrar V e I.[7]

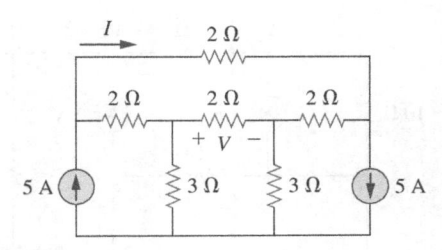

Figura 7.99
Para o Problema 7.39.

7.40 Para o circuito na Figura 7.100, utilize a análise nodal para encontrar V e I.

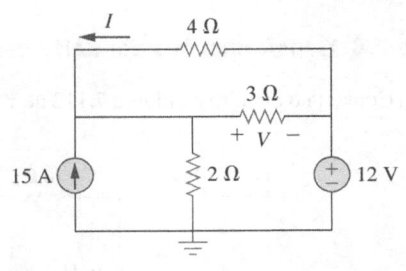

Figura 7.100
Para o Problema 7.40.

7.41 Determine V_1, V_2 e a potência dissipada em todos os resistores no circuito da Figura 7.101.

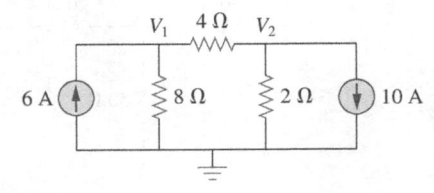

Figura 7.101
Para o Problema 7.41.

7.42 Aplique a análise nodal para resolver V_x no circuito da Figura 7.102.

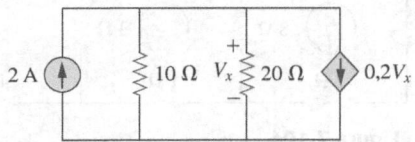

Figura 7.102
Para o Problema 7.42.

7.43 Determine I_b no circuito da Figura 7.103 utilizando a análise nodal.

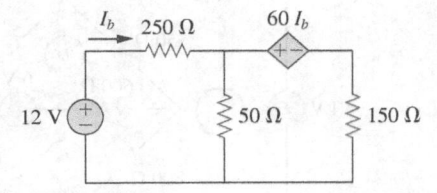

Figura 7.103
Para o Problema 7.43.

7.44 Encontre I_o no circuito da Figura 7.104.

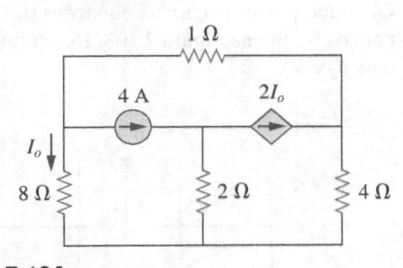

Figura 7.104
Para o Problema 7.44.

Seção 7.6 Análise de malhas e nodal por inspeção

7.45 Obtenha as equações de corrente de malha para o circuito na Figura 7.105 por inspeção. Calcule a potência absorvida pelo resistor de 8 Ω.

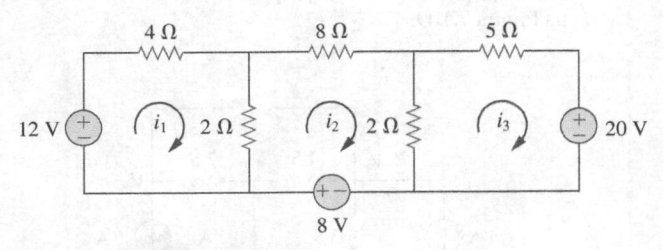

Figura 7.105
Para o Problema 7.45.

7.46 Por inspeção escreva as equações de corrente de malha para o circuito na Figura 7.106.

---

[7] Um asterisco indica um problema desafiador.

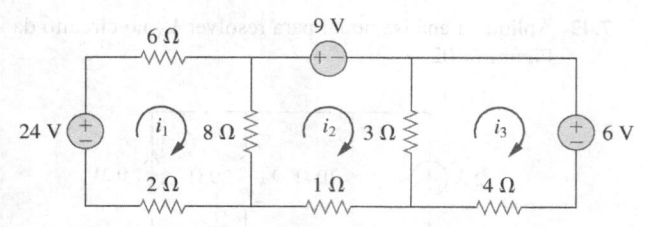

Figura 7.106
Para o Problema 7.46.

7.47 Por inspeção obtenha as equações de corrente de malha para o circuito na Figura 7.107.

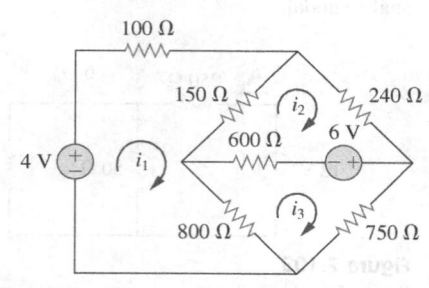

Figura 7.107
Para o Problema 7.47.

7.48 Obtenha, por inspeção, as equações das tensões nodais para o circuito na Figura 7.108. Determine as tensões nodais V_1 e V_2.

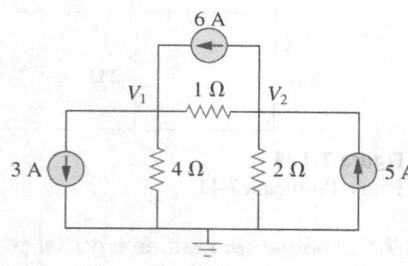

Figura 7.108
Para o Problema 7.48.

7.49 Por inspeção escreva as equações nodais para o circuito na Figura 7.109.

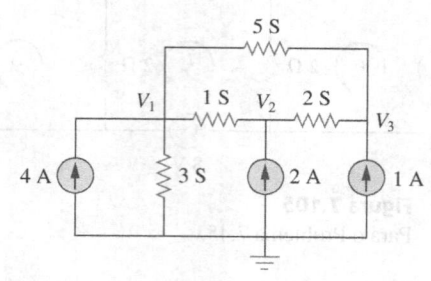

Figura 7.109
Para o Problema 7.49.

7.50 Escreva, por inspeção, as equações das tensões nodais do circuito na Figura 7.110.

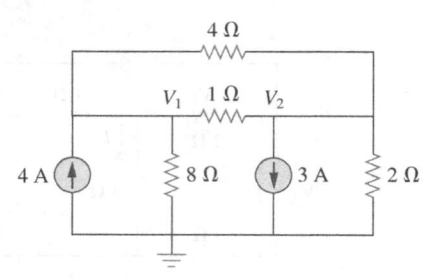

Figura 7.110
Para o Problema 7.50.

7.51 Obtenha, por inspeção, as equações das tensões nodais para o circuito na Figura 7.111.

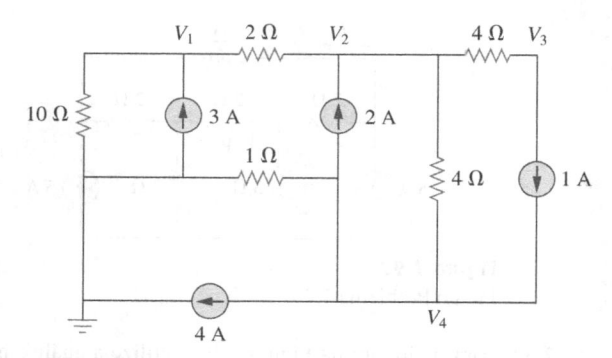

Figura 7.111
Para os Problemas 7.51 e 7.63.

Seção 7.8 Transformações em delta-estrela

7.52 Converta o circuito na Figura 7.112 de Y para Δ.

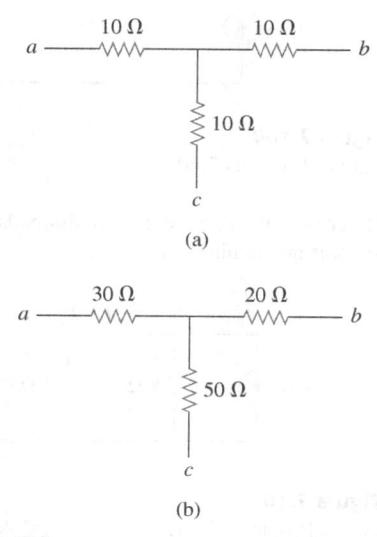

Figura 7.112
Para o Problema 7.52.

7.53 Transforme os circuitos na Figura 7.13 de Δ para Y.

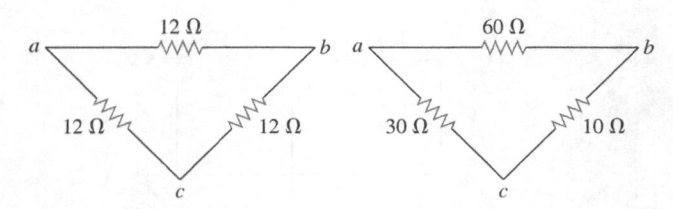

Figura 7.113
Para o Problema 7.53.

7.54 Obtenha a resistência equivalente nos terminais *a-b* do circuito na Figura 7.114.

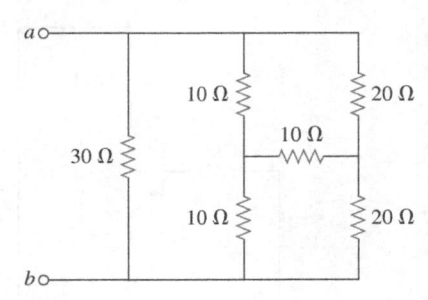

Figura 7.114
Para o Problema 7.54.

*7.55 Obtenha a resistência equivalente R_{ab} em cada um dos circuitos da Figura 7.115. Em (b), todos os resistores possuem o valor de 30 Ω.

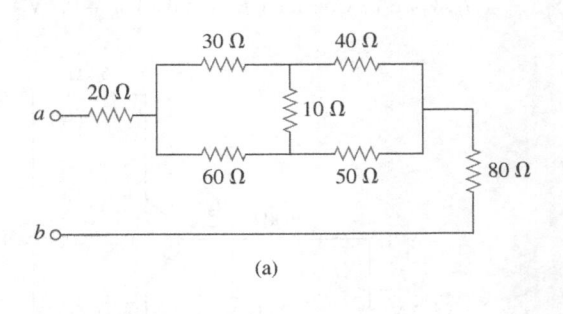

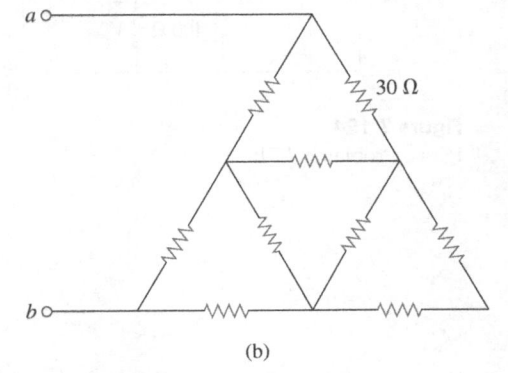

Figura 7.115
Para o Problema 7.55.

7.56 Considere o circuito na Figura 7.116. Encontre a resistência equivalente nos terminais (a) *a-b* e (b) *c-d*.

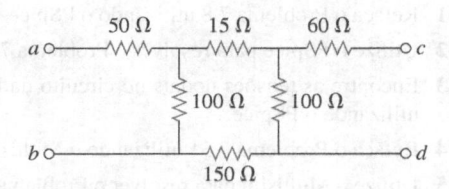

Figura 7.116
Para o Problema 7.56.

7.57 Calcule I_o no circuito da Figura 7.117.

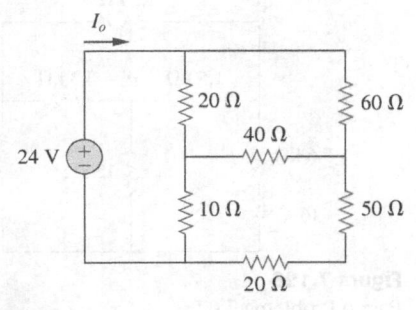

Figura 7.117
Para o Problema 7.57.

7.58 Determine *V* no circuito da Figura 7.118.

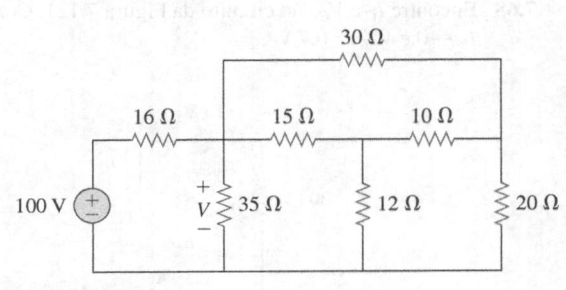

Figura 7.118
Para o Problema 7.58.

7.59 Calcule I_X no circuito da Figura 7.119.

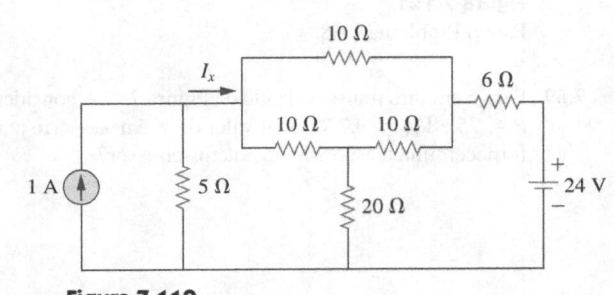

Figura 7.119
Para o Problema 7.59.

Seção 7.9 Análise computacional

7.60 Utilize o PSpice para resolver o Problema 7.7.

7.61 Refaça o Problema 7.8 utilizando o PSpice.

7.62 Utilize o PSpice para resolver o Problema 7.25.

7.63 Encontre as tensões nodais no circuito da Figura 7.111 utilizando o PSpice.

7.64 Refaça o Problema 7.31 utilizando o Multisim.

7.65 Utilize o Multisim para resolver o Problema 7.10.

7.66 Resolva o Problema 7.59 utilizando o Multisim.

7.67 Utilizando o PSpice, encontre V_o no circuito da Figura 7.120.

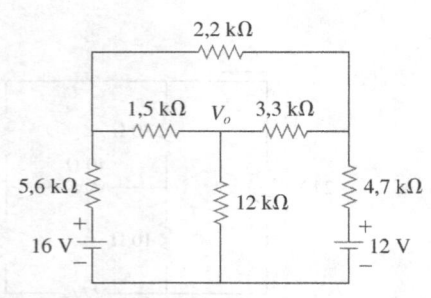

Figura 7.120
Para o Problema 7.67.

Seção 7.10 Aplicação: Circuitos transistorizados em CC

7.68 Encontre I_C e V_{CE} no circuito da Figura 7.121. Considere $I_B \approx 0$ e $V_{BE} = 0{,}7$ V.

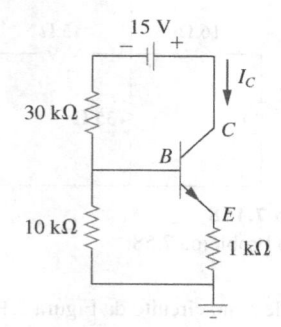

Figura 7.121
Para o Problema 7.68.

7.69 Para o circuito transistorizado da Figura 7.122, considere $\beta = 75$ e $V_{BE} = 0{,}7$ V. Qual valor de V_i é necessário para fornecer uma tensão 2 V no coletor-emissor?

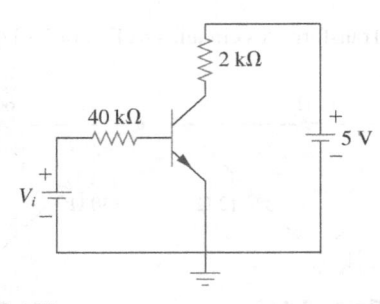

Figura 7.122
Para o Problema 7.69.

7.70 Calcule V_S para o transistor na Figura 7.123 dado que $V_o = 4$ V, $\beta = 150$ e $V_{BE} = 0{,}7$ V.

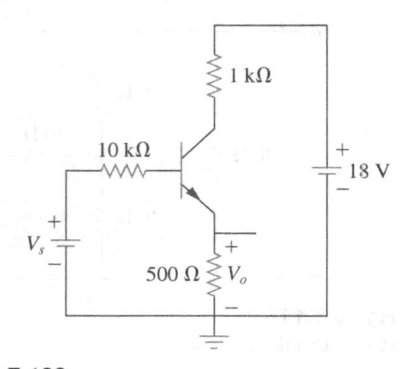

Figura 7.123
Para o Problema 7.70.

7.71 Para o circuito transistorizado da Figura 7.124, encontre I_B, V_{CE} e V_o. Considere $\beta = 200$ e $V_{BE} = 0{,}7$ V.

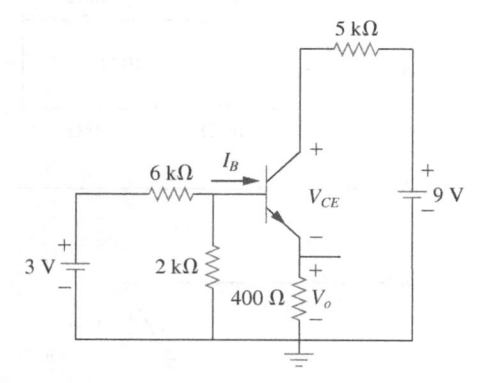

Figura 7.124
Para o Problema 7.71.

capítulo 8

Teoremas de circuitos

Quem não faz nada não erra, e quem não erra nunca faz qualquer progresso.
— Paul Winkler

Desenvolvendo sua carreira

Carreiras em engenharia da computação

O ensino de engenharia da computação passou por transformações drásticas nos últimos anos. Os computadores ocupam um lugar de destaque na sociedade moderna e na educação. Eles estão ajudando a mudar o perfil da pesquisa, do desenvolvimento, da produção, dos negócios e do entretenimento. Os cientistas, tecnólogos, médicos, advogados, pilotos de avião, empresários – quase todos se beneficiam da habilidade dos computadores de armazenar uma grande quantidade de informações e processá-las em curtos períodos de tempo. A Internet, uma rede de comunicação de computadores, tornou-se essencial na indústria, na medicina, nos negócios, na educação e na biblioteconomia, e o uso do computador está crescendo a passos largos.

Policiais utilizando o computador.
© The McGraw-Hill Companies, Inc./Kefover/Opatrany

Três disciplinas principais estudam os sistemas de computadores: ciências da computação, engenharia da computação e ciências do gerenciamento de informações. A engenharia da computação tem crescido tão rápido e amplamente que ela está se desmembrando da engenharia elétrica. Porém, em muitas escolas de engenharia, a engenharia da computação ainda é parte integral da engenharia elétrica.

Um curso de engenharia de computação deve fornecer abrangência em *softwares*, projeto de *hardware* e técnicas básicas de modelagem. Deve incluir cursos em estrutura de dados, sistemas digitais, arquitetura de computadores, microprocessadores, interfaces, programação, engenharia de *software* e sistemas operacionais. Engenheiros eletricistas que se especializam em engenharia da computação encontram trabalho na indústria de computadores e em inúmeras outras áreas nas quais computadores são utilizados. As empresas que produzem *softwares* estão crescendo rapidamente em número e tamanho e promovendo emprego para aqueles com habilidades em programação. Uma excelente maneira de avançar os seus conhecimentos em computadores é juntar-se a *IEEE Computer Society,* que patrocina diversas revistas, periódicos e conferências.

8.1 Introdução

Uma grande vantagem de analisar circuitos utilizando as leis de Kirchhoff, como foi visto nos capítulos anteriores, é que se pode analisar um circuito sem interferir em sua configuração original. Uma grande desvantagem dessa abordagem é que uma computação tediosa é necessária para circuitos grandes e complexos.

O crescimento na área de aplicações de circuitos elétricos conduziu a uma evolução de circuitos simples para circuitos complexos. Para reduzir a complexidade dos circuitos, ao longo dos anos os engenheiros têm desenvolvido teoremas para simplificar a análise de circuitos. Tais teoremas incluem os teoremas de Thévenin, Norton, Millman, substituição e reciprocidade[1]. Esses teoremas podem ser considerados como aplicações especiais da aplicação das análises de malhas e nós, discutidas no capítulo anterior. Como os teoremas são aplicados a circuitos lineares, inicialmente discutimos o conceito de linearidade dos circuitos. Adicionalmente aos teoremas de circuitos, os conceitos de superposição, transformação de fonte e máxima transferência de potência serão discutidos neste capítulo. Os conceitos desenvolvidos neste capítulo são, então, aplicados à modelagem de fontes.

8.2 Propriedade da linearidade

Linearidade é a propriedade de um elemento descrevendo uma relação constante de causa e efeito. É a combinação das propriedades da homogeneidade e aditividade. Embora essa propriedade seja aplicada a muitos elementos de circuitos, neste capítulo a aplicação se limita aos resistores.

> **Linearidade** é uma condição em que a alteração no valor de uma quantidade é diretamente proporcional à de outra quantidade.

A propriedade da homogeneidade exige que, se a entrada (também chamada de excitação) é multiplicada por uma constante, então, a saída (também chamada resposta) é multiplicada pela mesma constante. Para um resistor, por exemplo, a lei de Ohm relaciona a entrada I com a saída V,

$$V = IR \tag{8.1}$$

Se a corrente é aumentada por uma constante k, então, a tensão aumenta correspondentemente por k; isto é,

$$kIR = kV \tag{8.2}$$

A propriedade da aditividade exige que a resposta à soma das entradas seja a soma das respostas de cada entrada aplicada separadamente. Utilizando a relação tensão-corrente de um resistor, se

$$V_1 = I_1 R \tag{8.3a}$$

e

$$V_2 = I_2 R \tag{8.3b}$$

então, aplicando $(I_1 + I_2)$ obtém-se

$$V = (I_1 + I_2)R = I_1 R + I_2 R = V_1 + V_2 \tag{8.4}$$

---

[1] Uma das aplicações mais comum do teorema de Thévenin, por exemplo, é na análise de uma ponte de Wheatstone desbalanceada (veja a Figura 6.41).

Um **circuito linear** é aquele que contém apenas elementos lineares.

Dizemos que um resistor é um elemento linear porque a relação tensão/corrente satisfaz às propriedades da homogeneidade e aditividade. Em geral, um circuito linear é constituído apenas de elementos e fontes lineares. Um elemento linear é aquele em que a relação entrada/saída é linear. Exemplos de elementos lineares incluem resistores, capacitores e indutores. Exemplos de elementos não lineares incluem diodos, transistores e amplificadores operacionais.

Ao longo deste livro consideraremos somente circuitos lineares. Observe que como $P = I^2R = V^2/R$ (tornando a uma função quadrática ao invés de linear), a relação entre potência e tensão (ou corrente) é não linear. Portanto, os teoremas abordados neste capítulo não se aplicam à potência.

Para compreender o princípio da linearidade, considere o circuito mostrado na Figura 8.1. O circuito linear não possui fontes independentes dentro dele. Ele é excitado por uma fonte de tensão V_s, a qual funciona como a entrada. O circuito é terminado por uma carga R. (A fonte pode ser um tocador de CD, enquanto a carga pode ser o alto-falante). Pode-se tomar a corrente através de R como a saída. Suponha que $V_s = 10$ V origine uma corrente $I = 2$ A. De acordo com a propriedade da linearidade, $V_s = 1$ V originará $I = 0,2$ A. Pela mesma razão, $I = 1$ mA é devido a $V_s = 5$ mV.

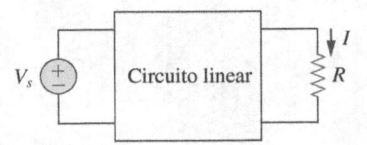

Figura 8.1
Um circuito linear com entrada V_s e saída I_s.

Exemplo 8.1

Para o circuito na Figura 8.2, encontre I_o quando $V_s = 12$ V e $V_s = 24$ V.

Solução:
Aplicando a LKT ao laço, obtém-se

$$(6 + 2 + 4)I_o - V_s = 0$$

ou

$$I_o = \frac{V_s}{12}$$

Quando $V_s = 12$ V,

$$I_o = \frac{12}{12} = 1 \text{ A}$$

Quando $V_s = 24$ V,

$$I_o = \frac{24}{12} = 2 \text{ A}$$

mostrando que quando a tensão dobra, I_o dobra.

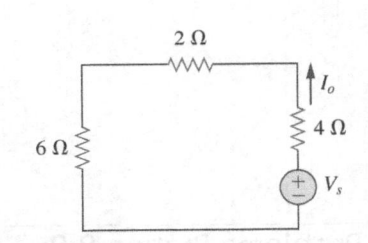

Figura 8.2
Para o Exemplo 8.1.

Problema Prático 8.1

Para o circuito na Figura 8.3, encontre V_o quando $I_s = 15$ A e $I_s = 30$ A.

Resposta: 10 V; 20 V.

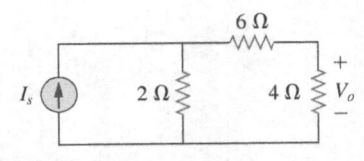

Figura 8.3
Para o Problema Prático 8.1.

Exemplo 8.2

Assuma que $I_o = 1$ A e utilize a linearidade para encontrar o valor real de I_o no circuito da Figura 8.4.

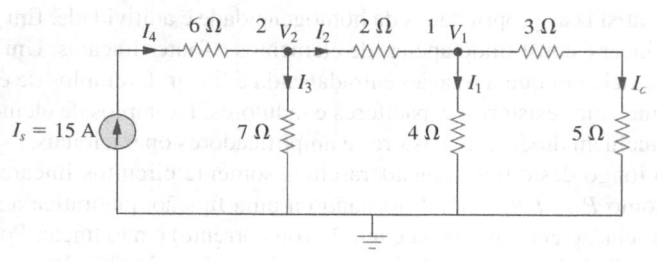

Figura 8.4
Para o Exemplo 8.2.

Solução:
Se $I_o = 1$ A, então $V_1 = (3 + 5) I_o = 8$ V e $I_1 = V_1/4 = 2$ A.
Aplicando a LKC ao nó 1, obtém-se

$$I_2 = I_1 + I_o = 3 \text{ A}$$

Observe que

$$V_2 = V_1 + 2I_2 = 8 + 2 \times 3 = 14 \text{ V}$$
$$I_3 = V_2/7 = 14/7 = 2 \text{ A}$$

Aplicando a LKC ao nó 2, obtém-se

$$I_4 = I_3 + I_2 = 5 \text{ A}$$

Portanto, $I_s = 5$ A, ou seja, assumindo $I_o = 1$ A obtém-se $I_s = 5$ A, o valor real da fonte de corrente de 15 A originará $I_o = 3$ A como o valor real.

Problema Prático 8.2

Assuma que $V_o = 1$ V e utilize a linearidade para calcular o valor real de V_o no circuito da Figura 8.5.

Resposta: 4 V.

Figura 8.5
Para o Problema Prático 8.2.

8.3 Superposição

A propriedade da linearidade leva à ideia de superposição[2]. O princípio da superposição auxilia na análise de um circuito linear com mais de uma fonte independente, por meio do cálculo da contribuição de cada fonte independente separadamente e posteriormente adicionando as contribuições. Entretanto, para aplicar o princípio da superposição, devemos ter uma coisa em mente. Consideramos uma fonte independente por vez, enquanto todas as outras são *desligadas* ou *reduzidas à zero*[3]. Isso implica que cada fonte de tensão é substituída por uma fonte de 0 V, ou um curto-circuito, e cada fonte de corrente por fonte de 0 A, ou um circuito aberto. (Isso é uma técnica teórica e não um

---

[2] Nota: A superposição não se limita à análise de circuitos, mas é aplicável em muitos campos em que a causa e o efeito tenham uma relação linear.

[3] Nota: Outros termos como *matar*, *tornar inativa*, *suprimir* ou *tornar nula* são frequentemente utilizados em vez de *desligar* para transmitir a mesma ideia.

método a ser utilizado no laboratório). Desse modo, obtém-se um circuito mais simples e mais manejável.

> O princípio da **superposição** estabelece que a tensão sobre (ou corrente através) de um elemento em um circuito linear é a soma algébrica das tensões sobre (ou correntes através) desse elemento devido a cada fonte independente agindo sozinha.

Com isso, aplicamos o princípio da superposição seguindo estes passos:

Passos para aplicar o princípio da superposição

1. Desligue todas as fontes independentes, exceto uma. Encontre a saída (tensão ou corrente) devido à fonte ativa, utilizando as leis de Kirchhoff.
2. Repita o passo 1 para cada uma das outras fontes independentes.
3. Encontre a contribuição total adicionando algebricamente as contribuições das fontes independentes.

Analisando um circuito utilizando superposição, tem-se uma grande desvantagem: ela envolve mais trabalho. Por exemplo, se o circuito tem três fontes independentes, é preciso analisar cada um dos três circuitos simples separadamente para encontrar a contribuição de cada fonte individual. Entretanto, a superposição ajuda a reduzir um circuito complexo a circuitos mais simples pela substituição das fontes de corrente por curtos-circuitos e as fontes de corrente por circuitos abertos.

Tenha em mente que a superposição é baseada na linearidade. Por essa razão, como mencionado anteriormente, ela não pode ser utilizada para determinar o efeito na potência devido a cada fonte, pois a potência absorvida por um resistor depende do quadrado da tensão ou da corrente, tornando a equação não linear. Se a potência é necessária, a corrente através (ou a tensão sobre) o elemento deve ser calculada primeiramente utilizando a superposição. Também, cada vez que uma fonte é ligada/desligada mudamos o circuito de modo que qualquer cálculo já feito não é mais aplicável e uma nova análise é requerida.

Exemplo 8.3

Utilize o teorema da superposição para encontrar V no circuito da Figura 8.6.

Solução:
Como existem duas fontes, seja

$$V = V_1 + V_2$$

em que V_1 e V_2 são as contribuições devido à fonte de tensão de 6 V e a fonte de corrente de 3 A, respectivamente. Para obter V_1, reduzimos a fonte de corrente a zero, conforme mostrado na Figura 8.7(a). Aplicando a LKT ao laço na Figura 8.7(a), obtém-se

$$12i_1 - 6 = 0 \quad \Rightarrow \quad i_1 = 0{,}5 \text{ A}$$

Assim,

$$V_1 = 4i_1 = 2 \text{ V}$$

Podemos também utilizar a divisão de tensão para obter V_1; isto é,

$$V_1 = \frac{4}{4+8}(6) = 2 \text{ V}$$

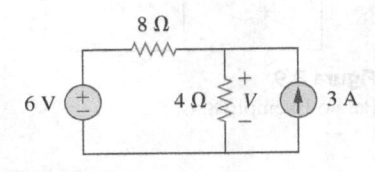

Figura 8.6
Para o Exemplo 8.3.

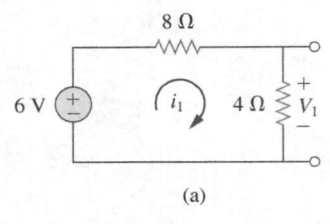

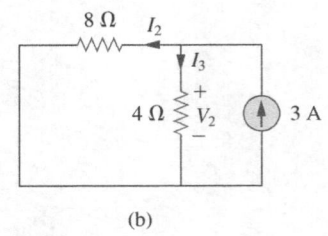

Figura 8.7
Para o Exemplo 8.3: (a) Calculando V_1; (b) calculando V_2.

Para obter V_2, ajustamos a tensão para zero, como apresentado na Figura 8.7(b). Utilizando o divisor de corrente,

$$I_3 = \frac{8}{4+8}(3) = 2\text{ A}$$

Assim,

$$V_2 = 4I_3 = 8\text{ V}$$

Então,

$$V = V_1 + V_2 = 2 + 8 = 10\text{ V}$$

Problema Prático 8.3

Utilizando o teorema da superposição, encontre V_o no circuito da Figura 8.8.

Resposta: 12 V.

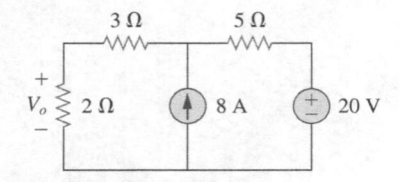

Figura 8.8
Para o Problema Prático 8.3.

Exemplo 8.4

Para o circuito na Figura 8.9, utilize o teorema da superposição para encontrar I.

Solução:
Nesse caso, temos três fontes. Seja

$$I = I_1 + I_2 + I_3$$

em que I_1, I_2 e I_3 são devido às fontes de 12 V, 24 V e 3 A, respectivamente. Para obter I_1, considere o circuito na Figura 8.10(a). Combinando 4 Ω (no lado direito) em série com 8 Ω, obtém-se 12 Ω. Assim, 12 Ω em paralelo com 4 Ω dá $12 \times 4/16 = 3\text{ Ω}$. Então,

$$I_1 = \frac{12}{6} = 2\text{ A}$$

Para obter I_2, considere o circuito na Figura 8.10(b). Aplicando a análise de malhas,

$$16i_a - 4i_b + 24 = 0 \quad \Rightarrow \quad 4i_a - i_b = -6 \quad \text{(8.4.1)}$$

$$7i_b - 4i_a = 0 \quad \Rightarrow \quad i_a = \frac{7}{4}i_b \quad \text{(8.4.2)}$$

Substituindo a Equação (8.4.2) na Equação (8.4.1), obtém-se

$$I_2 = i_b = -1\text{ A}$$

Para encontrar I_3, considere o circuito na Figura 8.10(c). Utilizando a análise nodal,

$$3 = \frac{V_2}{8} + \frac{V_2 - V_1}{4} \quad \Rightarrow \quad 24 = 3V_2 - 2V_1 \quad \text{(8.4.3)}$$

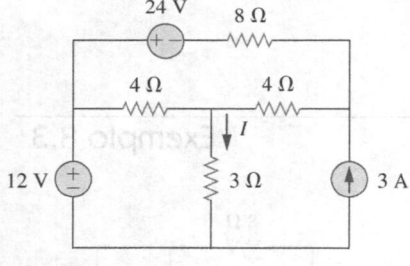

Figura 8.9
Para o Exemplo 8.4.

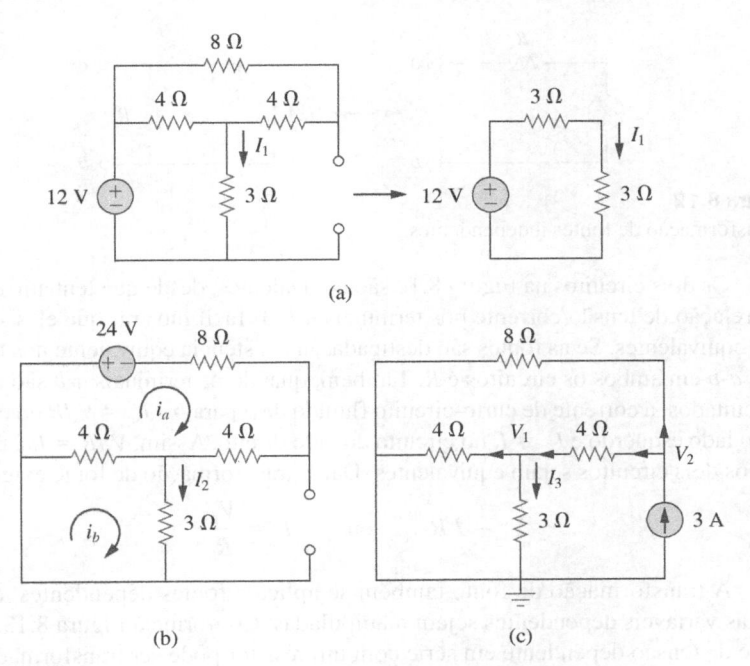

Figura 8.10
Para o Exemplo 8.4.

$$\frac{V_2 - V_1}{4} = \frac{V_1}{4} + \frac{V_1}{3} \quad \Rightarrow \quad V_2 = \frac{10}{3}V_1 \qquad (8.4.4)$$

Substituindo a Equação (8.4.4) na Equação (8.4.3) leva a $V_1 = 3$ V e

$$I_3 = \frac{V_1}{3} = 1 \text{ A}$$

Assim,

$$I = I_1 + I_2 + I_3 = 2 - 1 + 1 = 2 \text{ A}$$

Encontre I no circuito da Figura 8.11 utilizando o princípio da superposição.

Resposta: 0,75 A.

Problema Prático 8.4

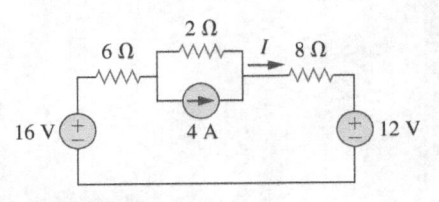

Figura 8.11
Para o Problema Prático 8.4.

8.4 Transformação de fonte

Na Seção 7.6, pôde ser observado que as equações de tensão nodal (ou a corrente de malha) podem ser obtidas pela mera inspeção de um circuito quando todas as fontes são independentes (fontes de tensão ou corrente). Por conseguinte, é conveniente na análise de circuitos substituir uma fonte de tensão em série com um resistor por uma fonte de corrente em paralelo com um resistor, ou vice-versa, conforme mostrado na Figura 8.12. Ambas as substituições são conhecidas como *transformação de fonte*.

A **transformação de fonte** é o processo de substituição de uma fonte de tensão V_s em série com um resistor R por uma fonte de corrente I_s em paralelo com um resistor R ou vice-versa.

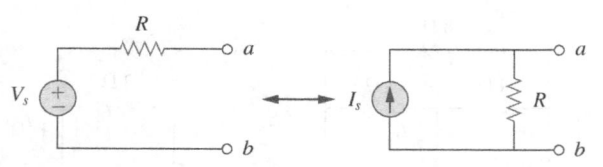

Figura 8.12
Transformação de fontes independentes.

Os dois circuitos na Figura 8.12 são equivalentes, desde que tenham a mesma relação de tensão/corrente nos terminais *a-b*. É fácil mostrar que eles são de fato equivalentes. Se as fontes são desligadas, a resistência equivalente nos terminais *a-b* em ambos os circuitos é R. Também, quando os terminais *a-b* são curto-circuitados, a corrente de curto-circuito fluindo de *a* para *b* é $I_{sc} = V_s/R$ no circuito do lado esquerdo e $I_{sc} = I_s$ no circuito do lado direito. Assim, $V_s/R = I_s$ a fim de que os dois circuitos sejam equivalentes. Daí, a transformação de fonte exige que

$$V_s = I_s R \quad \text{ou} \quad I_s = \frac{V_s}{R} \tag{8.5}$$

A transformação de fonte também se aplica a fontes dependentes, desde que as variáveis dependentes sejam manipuladas. Conforme a Figura 8.13, uma fonte de tensão dependente em série com um resistor pode ser transformada em uma fonte de corrente dependente em paralelo com um resistor ou vice-versa, sendo que devemos ter a certeza de que a Equação (8.5) seja satisfeita.

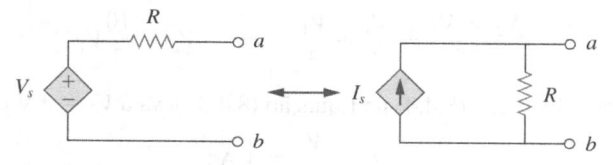

Figura 8.13
Transformação de fontes dependentes.

Assim como a transformação em estrela-delta estudada no Capítulo 7, a transformação de fonte não afeta a parte remanescente do circuito. Quando aplicável, a transformação de fonte é uma ferramenta poderosa que permite manipulações para facilitar a análise de circuitos. Entretanto, devemos ter em mente os seguintes pontos quando lidamos com a transformação de fonte.

1. Observe na Figura 8.12 que a seta da fonte de corrente aponta na direção do terminal positivo da fonte de tensão.
2. Observe na Equação (8.5) que a transformação de fonte não é possível quando $R = 0$, que é o caso de uma fonte de tensão ideal. Entretanto, na prática, para uma fonte não ideal, $R \neq 0$. De modo semelhante, uma fonte de corrente ideal com $R = \infty$ não pode ser substituída por uma fonte de tensão. Mais detalhes sobre as fontes ideais e não ideais se encontram na Seção 8.12.

Exemplo 8.5

Encontre a corrente I no circuito da Figura 8.14(a) antes e depois da transformação de fonte.

Solução:
Antes da transformação de fonte,

$$I = \frac{30}{6 + 4} = 3 \text{ A}$$

Agora, transformando a fonte de tensão de 30 V em série com um resistor de 6 Ω em uma fonte de corrente de 5 A (i.e., 30/6) em paralelo com o resistor de 6 Ω, conforme mostrado na Figura 8.14(b). Utilizando a regra do divisor de corrente,

$$I = \frac{6}{6+4}(5) = 3 \text{ A}$$

mostrando que os resultados são os mesmos.

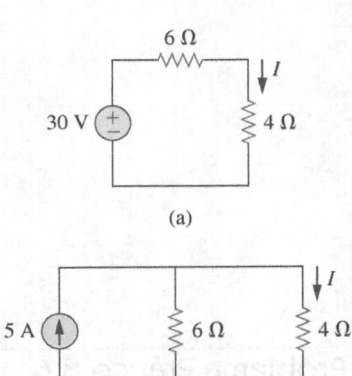

Figura 8.14
Para o Exemplo 8.5.

Considere o circuito na Figura 8.15. Encontre V_o antes e depois da transformação de fonte.

Resposta: 40 V; 40 V.

Problema Prático 8.5

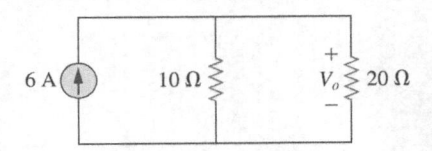

Figura 8.15
Para o Problema Prático 8.5.

Exemplo 8.6

Utilize a transformação de fonte para encontrar V_o no circuito da Figura 8.16.

Solução:
Primeiro, transformamos as fontes de tensão e corrente para obtermos o circuito na Figura 8.17(a). Combinando os resistores de 4 Ω e 2 Ω em série e transformando a fonte de tensão de 12 V, obtemos o circuito da Figura 8.17(b). Agora, combinamos os resistores de 3 Ω e 6 Ω em paralelo para obtermos 2 Ω. Também combinamos as fontes de corrente de 2 A e 4 A para obtermos a fonte de 2 A. Assim, por várias vezes aplicando a transformação de fonte, obtemos o circuito visto na Figura 8.17(c). (Observe que o resistor de 8 Ω não é transformado, mas mantido intacto, porque estamos interessados na tensão sobre ele).

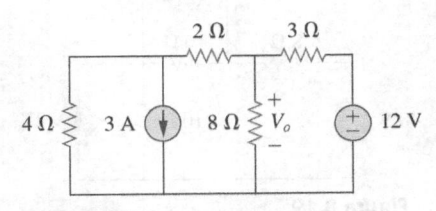

Figura 8.16
Para o Exemplo 8.6.

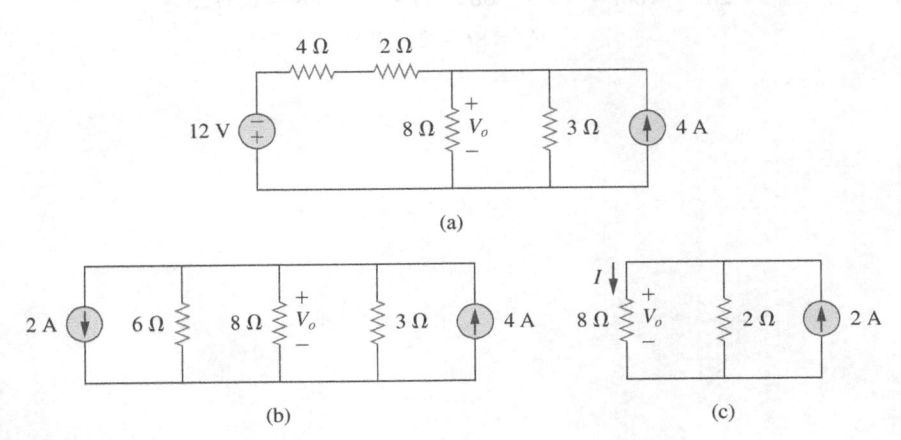

Figura 8.17
Para o Exemplo 8.6.

Utilizamos o divisor de corrente na Figura 8.17(c) para obter

$$I = \frac{2}{2+8}(2) = 0{,}4 \text{ A}$$

$$V_o = 8I = 8(0{,}4) = 3{,}2 \text{ V}$$

De modo alternativo, como os resistores de 8 Ω e 2 Ω na Figura 8.17(c) estão em paralelo, eles têm a mesma tensão sobre eles. Daí

$$V_o = (8 \parallel 2)(2A) = \frac{8 \times 2}{10}(2) = 3{,}2 \text{ V}$$

Problema Prático 8.6

Encontre I_o no circuito da Figura 8.18 utilizando a transformação de fonte.

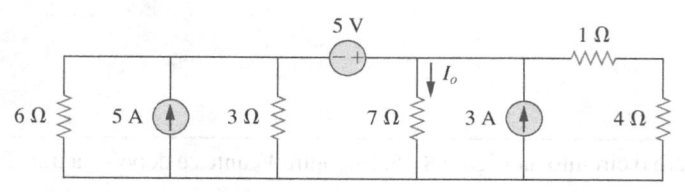

Figura 8.18
Para o Problema Prático 8.6.

Resposta: 1,78 A.

Exemplo 8.7

Utilize a transformação de fonte para encontrar a tensão V_x no circuito da Figura 8.19.

Solução:
Transformamos as duas fontes de corrente (dependente e independente) em paralelo com seus resistores em suas fontes de tensão equivalentes, conforme a Figura 8.20. Aplicando a LKT à malha na Figura 8.20, obtemos

$$I(8 + 10 + 10) - 40 - 30 + 20V_x = 0$$

ou

$$28I + 20V_x = 70$$

Mas $V_x = 8I$, o que leva a

$$28I + 160I = 70 \quad \text{ou} \quad I = 70/188 = 0{,}3723 \text{ A}$$

$$V_x = 8I = 2{,}978 \text{ V}$$

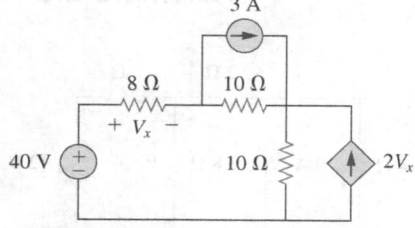

Figura 8.19
Para o Exemplo 8.7.

Figura 8.20
Análise do circuito da Figura 8.19.

Utilize a transformação de fonte para encontrar *I* na Figura 8.21.

Resposta: 2 A.

Problema Prático 8.7

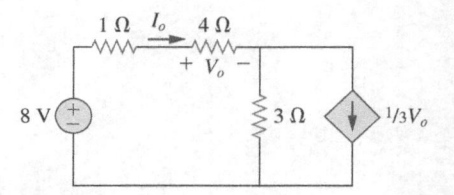

Figura 8.21
Para o Problema Prático 8.7.

8.5 Teorema de Thévenin

Muitas vezes, na prática, um elemento particular de um circuito (às vezes chamado de carga) é variável enquanto os outros elementos são fixos. Como um exemplo típico, uma tomada residencial pode ser conectada a diferentes aparelhos, então, a carga irá variar dependendo do que está sendo utilizado em um determinado momento. Cada vez que o elemento variável muda, o circuito completo tem que ser todo analisado novamente. Para evitar isso, o teorema de Thévenin oferece uma técnica com a qual a parte fixa do circuito é substituída por um circuito equivalente. O teorema de Thévenin estabelece que é possível simplificar um circuito linear, independentemente da complexidade, em um circuito equivalente com uma simples fonte de tensão em série com uma resistência.

> O **teorema de Thévenin** estabelece que um circuito linear com dois terminais pode ser substituído por um circuito equivalente constituído de uma fonte de tensão V_{Th} em série com uma resistência R_{Th}, em que V_{Th} é a tensão de circuito aberto nos terminais e R_{Th} é a resistência de entrada nos terminais quando as fontes independentes são desligadas ou reduzidas a zero.

De acordo com o teorema de Thévenin, o circuito linear na Figura 8.22(a) pode ser substituído por aquele na Figura 8.22(b). (A carga na Figura 8.22 pode ser um simples resistor ou outro circuito). O circuito à esquerda dos terminais *a-b* na Figura 8.22(b) é conhecido como *circuito equivalente de Thévenin*[4].

Nossa maior preocupação é como encontrar a tensão equivalente de Thévenin V_{Th} e a resistência equivalente de Thévenin R_{Th}. Para tal, suponha que os dois circuitos na Figura 8.22 sejam equivalentes. Dois circuitos são ditos equivalentes se têm a mesma relação tensão/corrente em seus terminais. Vamos descobrir o que faz os dois circuitos na Figura 8.22 serem equivalentes. Se os terminais *a-b* são abertos (i.e., removendo-se a carga), nenhuma corrente flui, e a tensão de circuito aberto nos terminais *a-b* na Figura 8.22(a) deve ser igual à fonte de tensão V_{Th} na Figura 8.22(b) porque os dois circuitos são equivalentes. Assim, V_{Th} é tensão de circuito aberto nos terminais conforme mostrado na Figura 8.23(a); isto é,

$$V_{Th} = V_{oc} \tag{8.6}$$

Novamente, com a carga desconectada e os terminais *a-b* abertos, desligamos todas as fontes dependentes. A resistência de entrada (ou resistência equivalente) do circuito "morto" nos terminais *a-b* na Figura 8.22(a) deve ser igual a R_{Th} na Figura 8.22(b) porque os dois circuitos são equivalentes. Assim, R_{Th} é a resistência de entrada nos terminais quando as fontes independentes são desligadas, como mostrado na Figura 8.23(b); ou seja,

$$R_{Th} = R_{ent} \tag{8.7}$$

Portanto, R_{Th} é a resistência de entrada do circuito olhando entre os terminais *a* e *b* conforme mostrado na Figura 8.23(b).

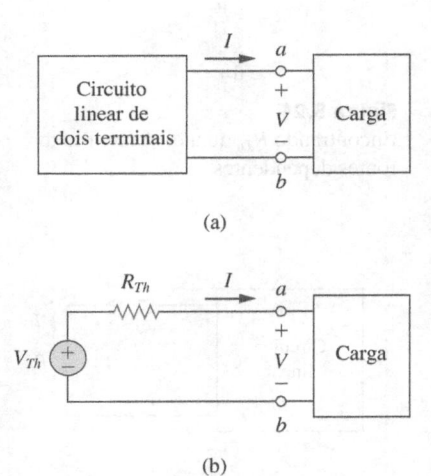

Figura 8.22
Substituindo um circuito linear de dois terminais pelo seu equivalente de Thévenin: (a) circuito original; (b) circuito equivalente de Thévenin.

---

[4] O teorema foi descoberto pela primeira vez pelo cientista alemão Hermann von Helmholtz em 1853, mas foi redescoberto em 1883 por Thévenin. Por essa razão, é também conhecido como teorema de Helmholtz.

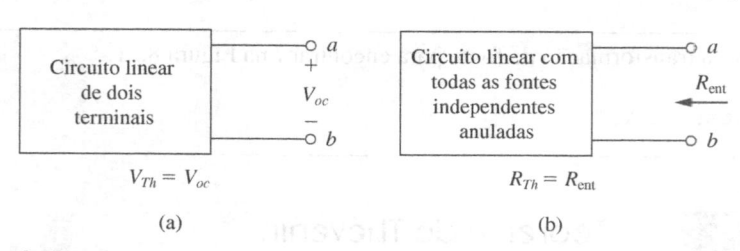

Figura 8.23
(a) Encontrando V_{Th}; (b) encontrando R_{Th}.

A fim de aplicar essa ideia para encontrar a resistência equivalente de Thévenin R_{Th}, é necessário considerar dois casos.

- **Caso 1** Se o circuito não possui fontes dependentes, desligamos todas as fontes independentes. R_{Th} é a resistência de entrada do circuito vista dos terminais a e b, conforme mostrado na Figura 8.23(b).

- **Caso 2** Se o circuito possui fontes dependentes, desligamos todas as fontes independentes. As fontes dependentes não são desligadas porque elas são controladas por variáveis do circuito. Aplicamos uma tensão v_o aos terminais a e b e determinamos a corrente resultante i_o. Então, $R_{Th} = v_o/i_o$, conforme mostrado na Figura 8.24(a). Alternativamente, podemos inserir uma fonte de corrente i_o nos terminais a-b como mostrado na Figura 8.24(b) e encontrar a tensão terminal v_o. Novamente, $R_{Th} = v_o/i_o$. Qualquer uma das duas abordagens dará o mesmo resultado. Em qualquer abordagem poderemos assumir qualquer valor de v_o e i_o. Por exemplo, poderíamos utilizar $v_o = 1$ V ou $i_o = 1$ A, ou até mesmo utilizar valores não especificados de v_o e i_o.

O teorema de Thévenin é muito importante na análise de circuitos. Primeiro, ele ajuda a simplificar um circuito. Segundo, ele ajuda a simplificar o projeto de circuitos. Um grande circuito pode ser substituído por uma simples fonte de tensão independente e um simples resistor. Essa técnica de substituição é uma ferramenta poderosa no projeto de circuitos.

Como mencionado anteriormente, um circuito linear com uma carga variável pode ser substituído pelo equivalente de Thévenin, exclusivo da carga. O circuito equivalente comporta-se externamente do mesmo modo que o circuito original. Por exemplo, considere um circuito linear terminado por uma carga R_L, conforme mostrado na Figura 8.25(a). A corrente I_L através da carga e a tensão V_L sobre a carga são facilmente determinadas uma vez que o equivalente de Thévenin nos terminais da carga foi obtido, como mostrado na Figura 8.25(b). A partir da Figura 8.25(b), obtemos

$$I_L = \frac{V_{Th}}{R_{Th} + R_L} \quad (8.8a)$$

$$V_L = R_L I_L = \frac{R_L}{R_{Th} + R_L} V_{Th} \quad (8.8b)$$

Observe da Figura 8.25(b) que o equivalente de Thévenin é um simples divisor de tensão, e V_L pode ser obtida por mera inspeção.

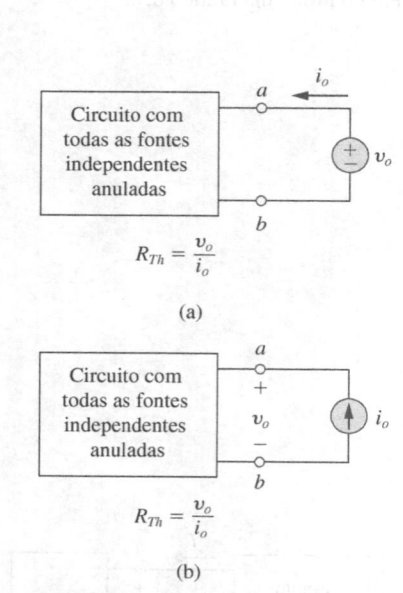

Figura 8.24
Encontrando R_{Th} quando o circuito tem fontes dependentes.

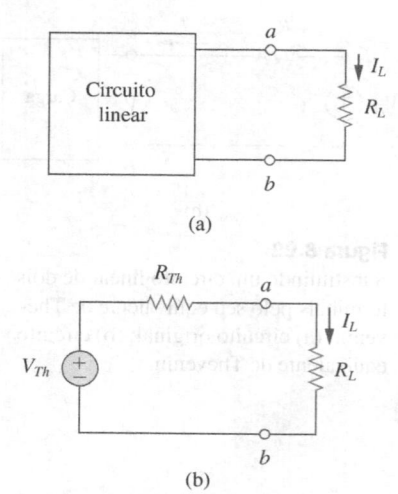

Figura 8.25
Circuito com uma carga: (a) circuito original; (b) equivalente de Thévenin.

A aplicação do teorema de Thévenin envolve os quatro passos seguintes:

1. Remova temporariamente a porção do circuito que não será substituída pelo equivalente de Thévenin. Marque os terminais da porção restante.
2. Determine a resistência de Thévenin R_{Th}, como a resistência vista dos terminais com todas as fontes anuladas (fontes de tensão substituídas por curtos-circuitos e fontes de corrente substituídas por circuitos abertos).
3. Determine a tensão de Thévenin V_{Th}, como a tensão de circuito aberto (sem carga) entre os terminais.
4. Construa o circuito equivalente de Thévenin conectando V_{Th} e R_{Th} em série. Observe a polaridade adequada para V_{Th}. Recoloque a porção do circuito que foi removida no passo 1.

Exemplo 8.8

Determine o equivalente de Thévenin para o circuito à esquerda dos terminais *a-b* na Figura 8.26.

Solução:
Precisamos encontrar R_{Th} e V_{Th} nos terminais *a-b* com o resistor R removido. Para encontrar R_{Th}, a fonte de tensão é reduzida a zero substituindo-a por um curto-circuito, conforme mostrado na Figura 8.27(a).

$$R_{Th} = 28 + 30 \parallel 20 = 28 + \frac{30 \times 20}{30 + 20} = 28 + 12 = 40\ \Omega$$

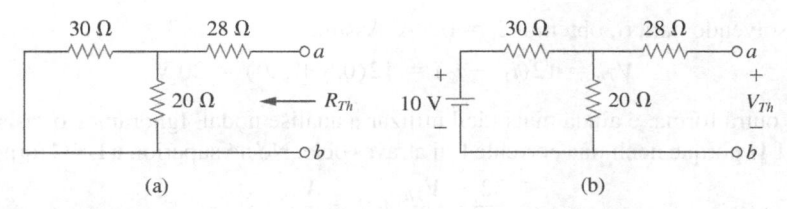

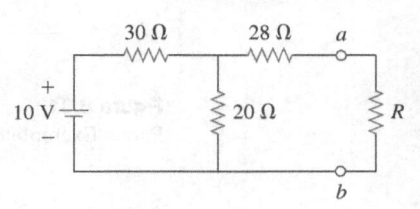

Figura 8.26
Para o Exemplo 8.8.

Figura 8.27
Para o Exemplo 8.8: (a) encontrando R_{Th}; (b) encontrando V_{Th}.

Para encontrar V_{Th}, consideramos a tensão de circuito aberto entre os terminais *a-b*, conforme mostrado na Figura 8.27(b). Como nenhuma corrente flui através do resistor de 28 Ω, aplicamos a regra da divisão de tensão para obter V_{Th}.

$$V_{Th} = \frac{20}{20 + 30}(10) = 4\ \text{V}$$

O equivalente de Thévenin com o resistor R no lugar é mostrado na Figura 8.28.

Figura 8.28
Circuito equivalente de Thévenin para o Exemplo 8.8.

Problema Prático 8.8

Obtenha o equivalente de Thévenin para o circuito à esquerda dos terminais *a-b* na Figura 8.29.

Resposta: $R_{Th} = 3\ \Omega$; $V_{Th} = 6\ \text{V}$.

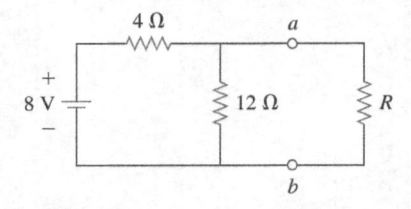

Figura 8.29
Para o Problema Prático 8.8.

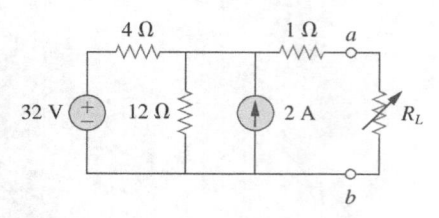

Exemplo 8.9

Encontre o circuito equivalente de Thévenin do circuito mostrado na Figura 8.30, à esquerda dos terminais *a-b*. Em seguida, encontre a corrente através de $R_L = 6$, 16 e 30 Ω.

Figura 8.30
Para o Exemplo 8.9.

Solução:

Encontramos R_{Th} anulando a fonte de tensão de 32 V, pela sua substituição por um curto-circuito, e anulando a fonte de corrente de 2 A, substituindo-a por um circuito aberto. O circuito se torna o que se tem na Figura 8.31(a). Assim,

$$R_{Th} = 4 \parallel 12 + 1 = \frac{4 \times 12}{16} + 1 = 4 \, \Omega$$

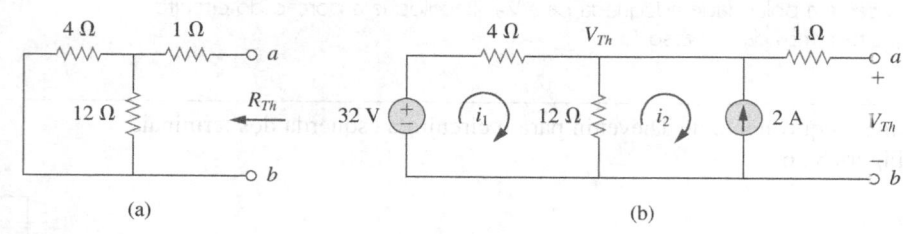

Figura 8.31
Para o Exemplo 8.9: (a) encontrando R_{Th}; (b) encontrando V_{Th}.

Para encontrar V_{Th}, considere o circuito na Figura 8.31(b). Aplicando a análise de malha aos dois laços, obtemos

$$-32 + 4i_1 + 12(i_1 - i_2) = 0, \quad i_2 = -2 \, \text{A}$$

Resolvendo para i_1, obtemos $i_1 = 0{,}5$ A. Assim,

$$V_{Th} = 12(i_1 - i_2) = 12(0{,}5 + 2{,}0) = 30 \, \text{V}$$

De outra forma, é ainda mais fácil utilizar a análise nodal. Ignoramos o resistor de 1 Ω porque nenhuma corrente flui através dele. No nó superior, a LKC fornece

$$\frac{32 - V_{Th}}{4} + 2 = \frac{V_{Th}}{12}$$

ou

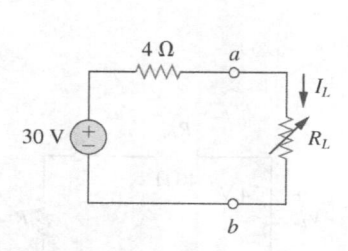

$$96 - 3V_{Th} + 24 = V_{Th} \quad \Rightarrow \quad V_{Th} = 30 \, \text{V}$$

Figura 8.32
Circuito equivalente de Thévenin para o Exemplo 8.9.

como obtido anteriormente. Poderia também ter utilizado a transformação de fonte para encontrar V_{Th}. O circuito equivalente de Thévenin é mostrado na Figura 8.32. A corrente através de R_L é

$$I_L = \frac{30}{4 + R_L}$$

Quando $R_L = 6 \, \Omega$,

$$I_L = \frac{30}{4 + 6} = 3 \, \text{A}$$

Quando $R_L = 16 \, \Omega$,

$$I_L = \frac{30}{4 + 16} = 1{,}5 \, \text{A}$$

Quando $R_L = 36 \, \Omega$,

$$I_L = \frac{30}{4 + 36} = 0{,}75 \, \text{A}$$

Utilizando o teorema de Thévenin, encontre o circuito equivalente à esquerda dos terminais *a-b* no circuito da Figura 8.33. Em seguida encontre *I*.

Resposta: $V_{Th} = 6$ V; $R_{Th} = 3\,\Omega$; $I = 1{,}5$ A.

Problema Prático 8.9

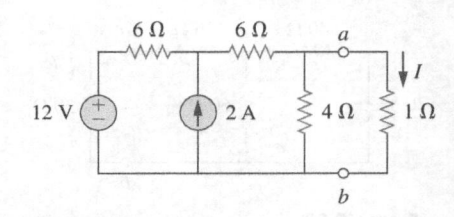

Figura 8.33
Para o Problema Prático 8.9.

Encontre o equivalente de Thévenin nos terminais *a-b* para o circuito em ponte na Figura 8.34. Utilize o equivalente para encontrar a corrente através do resistor de 30 Ω.

Exemplo 8.10

Solução:
Removemos o resistor de 30 Ω porque estamos interessados em obter o circuito equivalente nos terminais *a-b*. Para encontrar R_{Th}, anulamos a fonte de tensão, substituindo-a por um curto-circuito, conforme mostrado na Figura 8.35(a).

Você observará que os resistores de 40 Ω e 60 Ω estão em paralelo, enquanto os resistores de 20 Ω e 80 Ω estão também em paralelo. As duas combinações estão em série. Daí,

$$R_{Th} = 40\,\|\,60 + 20\,\|\,80 = \frac{40 \times 60}{100} + \frac{20 \times 80}{100} = 24 + 16 = 40\,\Omega$$

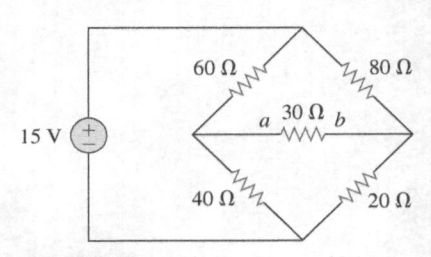

Figura 8.34
Para o Exemplo 8.10.

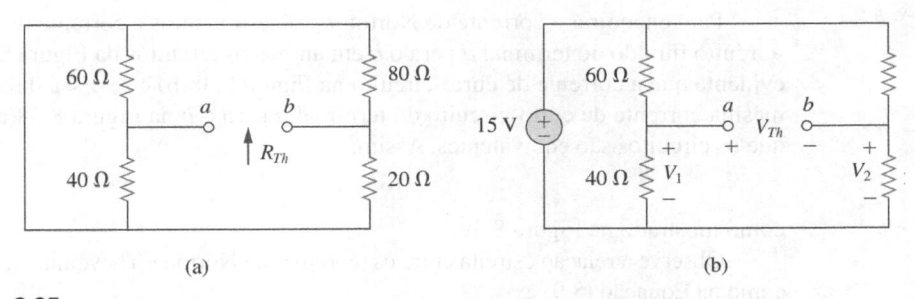

Figura 8.35
Para o Exemplo 8.10.

Para encontrar V_{Th}, utilizamos o circuito da Figura 8.35(b). Podemos usar o princípio da divisão de tensão para encontrar V_1 e V_2.

$$V_1 = \frac{40}{40 + 60}(15) = 6\text{ V}$$

$$V_2 = \frac{20}{20 + 80}(15) = 3\text{ V}$$

Aplicando a LKT ao longo do laço *aboa*, obtém-se

$$-V_1 + V_{Th} + V_2 = 0 \quad \Rightarrow \quad V_{Th} = V_1 - V_2 = 6 - 3 = 3\text{ V}$$

Uma vez obtidos R_{Th} e V_{Th}, temos o circuito equivalente como mostrado na Figura 8.36. A corrente através do resistor de 30 Ω é

$$\frac{V_{Th}}{R_{Th} + 30} = \frac{3}{40 + 30} = 42{,}86\text{ mA}$$

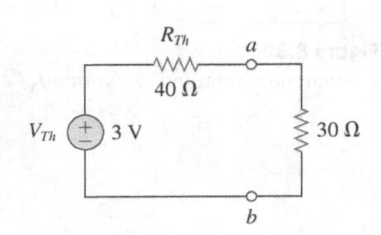

Figura 8.36
Circuito equivalente ao circuito da Figura 8.34.

Problema Prático 8.10

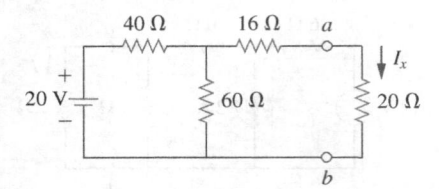

Figura 8.37
Para o Problema Prático 8.10 e para o Exemplo 8.19.

Encontre o circuito equivalente de Thévenin para o circuito à esquerda dos terminais *a-b* na Figura 8.37. Utilize o circuito equivalente para encontrar a corrente I_x.

Resposta: $V_{Th} = 12$ V; $R_{Th} = 40\ \Omega$; $I_x = 0{,}2$ A.

8.6 Teorema de Norton

Em 1926, aproximadamente 43 anos após Thévenin ter publicado o seu teorema, E. L. Norton, um engenheiro americano da Bell Telephone Laboratories, propôs um teorema similar ao de Thévenin.

> O **teorema de Norton** estabelece que um circuito linear de dois terminais pode ser substituído por um circuito equivalente constituído de uma fonte de corrente I_N em paralelo com um resistor R_N, em que I_N é a corrente de curto-circuito nos terminais e R_N é a resistência de entrada ou resistência equivalente vista dos terminais quando todas as fontes independentes são desligadas.

Assim, o circuito na Figura 8.38(a) pode ser substituído por aquele da Figura 8.38(b).

Nossa principal preocupação é como encontrar R_N e I_N. Encontramos R_N do mesmo modo que R_{Th}. Na realidade, do que se sabe sobre transformação de fonte, as resistências de Thévenin e Norton são iguais, ou seja,

$$R_N = R_{Th} \qquad (8.9)$$

Para encontrar a corrente de Norton I_N, determinamos a corrente de curto-circuito fluindo do terminal *a* para o *b* em ambos os circuitos da Figura 8.38. É evidente que a corrente de curto-circuito na Figura 8.38(b) é I_N. Essa deve ser a mesma corrente de curto-circuito do terminal *a* para o *b* na Figura 8.38(a) porque os circuitos são equivalentes. Assim,

$$I_N = I_{sc} \qquad (8.10)$$

como mostrado na Figura 8.39.

Observe a relação estreita entre os teoremas de Norton e Thévenin: $R_N = R_{Th}$ como na Equação (8.9) e

$$I_N = \frac{V_{Th}}{R_{Th}} \qquad (8.11)$$

Isso é essencialmente a transformação de fonte. Por essa razão, a transformação de fonte é frequentemente chamada de transformação Thévenin-Norton.

A aplicação do teorema de Norton envolve os quatro passos seguintes:

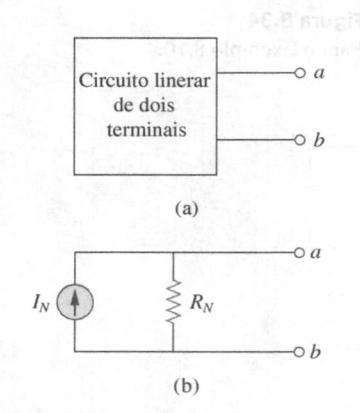

Figura 8.38
(a) Circuito original; (b) Circuito equivalente de Norton.

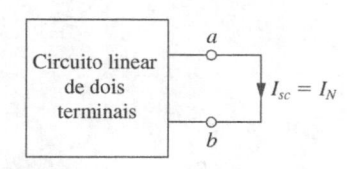

Figura 8.39
Encontrando a corrente de Norton I_N.

> 1. Remova temporariamente a porção do circuito que não será substituída pelo circuito equivalente de Norton. Marque os terminais *a-b* da porção remanescente.
> 2. Determine a resistência de Norton R_N como a resistência vista dos terminais *a-b* com todas as fontes anuladas (fontes de tensão substituídas por curtos-circuitos e fontes de corrente substituídas por circuitos abertos).
> 3. Determine a corrente de Norton I_N como a corrente de curto-circuito através dos terminais *a-b*.
> 4. Construa o circuito equivalente de Norton conectando I_N e R_N em paralelo. Observe a polaridade adequada da fonte de corrente de Norton. Recoloque a porção do circuito que foi removida no passo 1.

Como V_{Th}, I_N e R_{Th} estão relacionadas de acordo com a Equação (8.11), a fim de determinar o equivalente de Norton ou de Thévenin, é preciso encontrar:

- A tensão de circuito aberto V_{oc} nos terminais *a-b*.
- A corrente de curto-circuito I_{sc} nos terminais *a-b*.
- A resistência equivalente ou de entrada nos terminais *a-b* quando todas as fontes independentes são desligadas.

Podemos calcular quaisquer duas das três grandezas usando o método que requer o menor esforço e utilizar os resultados para obter a terceira utilizando a lei de Ohm. Isso é ilustrado no Exemplo 8.11. Também,

$$V_{Th} = V_{oc} \quad (8.12a)$$

$$I_N = I_{sc} \quad (8.12b)$$

$$R_{Th} = \frac{V_{oc}}{I_{sc}} = R_N \quad (8.12c)$$

os testes de circuito aberto e curto-circuito são suficientes para encontrar tanto o equivalente de Norton quanto o de Thévenin.

Exemplo 8.11

Encontre o equivalente de Norton do circuito na Figura 8.40.

Solução:
Encontramos R_N do mesmo modo que R_{Th} no circuito equivalente de Thévenin. Anulamos as fontes independentes, o que leva ao circuito da Figura 8.41(a), do qual se encontra R_N. Assim,

$$R_N = 5 \parallel (8 + 4 + 8) = 5 \parallel 20 = \frac{5 \times 20}{25} = 4 \; \Omega$$

Para encontrar I_N, fazemos um curto-circuito nos terminais *a-b*, conforme mostrado na Figura 8.41(b). Ignoramos o resistor de 5 Ω porque o mesmo está curto-circuitado. Aplicando a análise de malha, obtemos

$$i_1 = 2 \; A, \quad 20 i_2 - 4 i_1 - 12 = 0$$

Figura 8.40
Para o Exemplo 8.11.

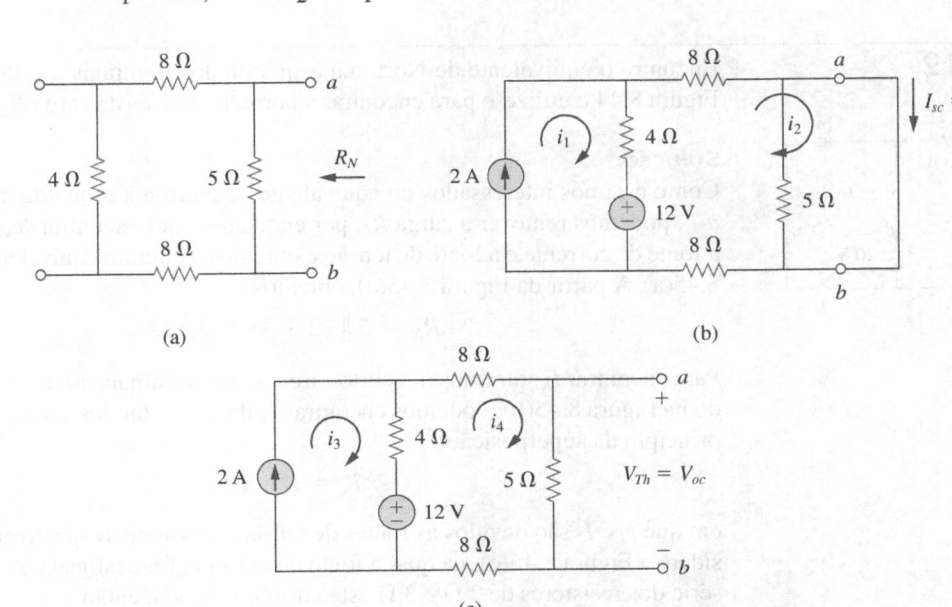

Figura 8.41
Para o Exemplo 8.11: (a) R_N; (b) $I_N = I_{sc}$; (c) $V_{Th} = V_{oc}$.

Dessas equações, obtemos

$$i_2 = 1\text{ A} = I_{sc} = I_N$$

Por outro lado, podemos determinar I_N de V_{Th}/R_{Th}. Obtemos V_{Th} como a tensão de circuito aberto nos terminais a-b na Figura 8.41(c). Utilizando a análise de malha, obtemos

$$i_3 = 2\text{ A}$$
$$25i_4 - 4i_3 - 12 = 0 \Rightarrow i_4 = 0{,}8\text{ A}$$

e

$$V_{oc} = V_{Th} = 5i_4 = 4\text{ V}$$

Então,

$$I_N = \frac{V_{Th}}{R_{Th}} = \frac{4}{4} = 1\text{ A}$$

como obtido anteriormente. Isso também serve para confirmar a Equação (8.12c), que

$$R_{Th} = \frac{V_{oc}}{I_{sc}} = \frac{4}{1} = 4\ \Omega$$

Assim, o circuito equivalente de Norton é mostrado na Figura 8.42.

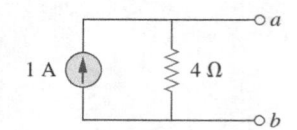

Figura 8.42
Para o Exemplo 8.11: Equivalente de Norton do circuito na Figura 8.40.

Problema Prático 8.11

Encontre o circuito equivalente de Norton para o circuito na Figura 8.43.

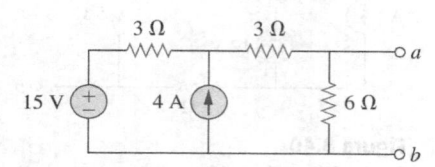

Resposta: $R_N = 3\ \Omega$; $I_N = 4{,}5\text{ A}$.

Figura 8.43
Para o Problema Prático 8.11.

Exemplo 8.12

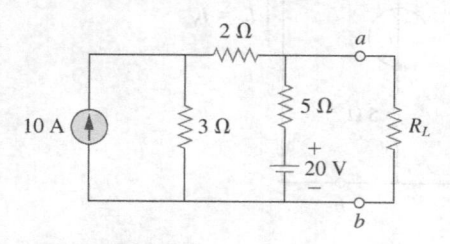

Encontre o equivalente de Norton à esquerda dos terminais a-b do circuito na Figura 8.44 e utilize-o para encontrar a corrente através da carga $R_L = 10\ \Omega$.

Solução:
Como estamos interessados no equivalente de Norton à esquerda dos terminais a-b, podemos remover a carga R_L, por enquanto. Para encontrar R_N, desligamos a fonte de corrente e a fonte de tensão e obtemos o circuito equivalente na Figura 8.45(a). A partir da Figura 8.45(a), obtemos

$$R_N = 5 \parallel (2 + 3) = 2{,}5\ \Omega$$

Para encontrar I_N, fazemos um curto-circuito nos terminais a-b conforme indicado na Figura 8.45(b). Podemos encontrar I_N de vários modos. Aqui, utilizamos o princípio da superposição.

$$I_N = I_1 + I_2$$

em que I_1 e I_2 são devidos às fontes de tensão e corrente, respectivamente. Considere a Figura 8.45(c), na qual a fonte de corrente foi desligada. A combinação série dos resistores de 2 Ω e 3 Ω está curto-circuitada, então

$$I_1 = \frac{20}{5} = 4\text{ A}$$

Figura 8.44
Para o Exemplo 8.12.

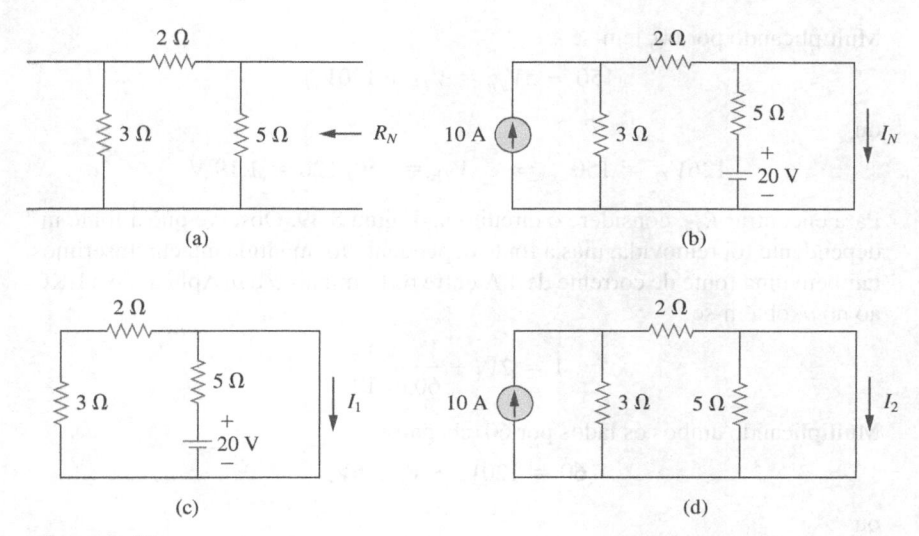

Figura 8.45
Para o Exemplo 8.12.

Para encontrar I_2, considere o circuito na Figura 8.45(d). O resistor de 5 Ω pode ser ignorado porque o mesmo se encontra curto-circuitado. Utilizando a regra do divisor de corrente,

$$I_2 = \frac{3}{3+2}(10) = 6 \text{ A}$$

Assim,

$$I_N = I_1 + I_2 = 4 + 6 = 10 \text{ A}$$

O circuito equivalente de Norton é mostrado na Figura 8.46. Para encontrar a corrente através da carga $R_L = 10$ Ω, aplica-se a regra do divisor de corrente,

$$I_L = \frac{2,5}{2,5+10}(10) = 2 \text{ A}$$

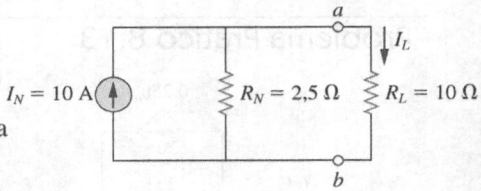

Figura 8.46
Para o Exemplo 8.12.

Encontre o circuito equivalente de Norton à esquerda dos terminais *a-b* do circuito na Figura 8.47. Utilize o equivalente para encontrar a corrente através do resistor de 2 Ω.

Resposta: $R_N = 0,8$ Ω; $I_N = 5$ A; 1,429 A.

Problema Prático 8.12

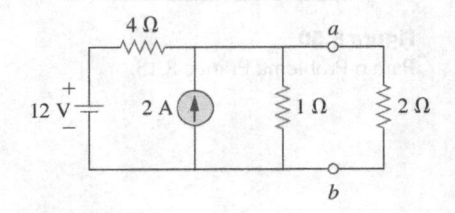

Figura 8.47
Para o Problema Prático 8.12.

Exemplo 8.13

Obtenha os circuitos equivalentes de Norton e Thévenin do circuito na Figura 8.48 em relação aos terminais *a* e *b*.

Solução:
Como $V_{Th} = V_{ab} = V_x$, aplicamos a LKC ao nó *a* e obtemos

$$\frac{30 - V_{Th}}{12} = \frac{V_{Th}}{60} + 2V_{Th}$$

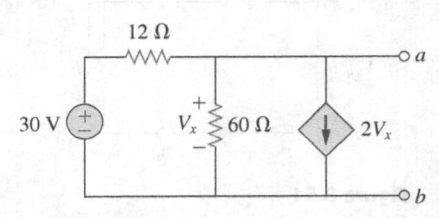

Figura 8.48
Para o Exemplo 8.13.

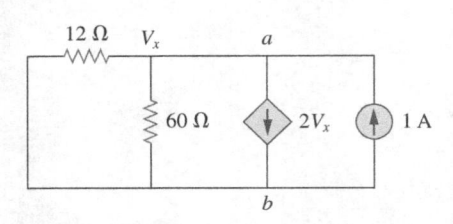

Figura 8.49
Encontrando R_{Th} no circuito da Figura 8.48.

Multiplicando por 60, tem-se

$$150 - 5V_{Th} = V_{Th} + 120V_{Th}$$

ou

$$126V_{Th} = 150 \quad \Rightarrow \quad V_{Th} = 150/126 = 1{,}19 \text{ V}$$

Para encontrar R_{Th}, considere o circuito na Figura 8.49. Observe que a fonte independente foi removida, mas a fonte dependente foi mantida intacta. Inserimos também uma fonte de corrente de 1 A entre os terminais a e b. Aplicando a LKC ao nó a, obtém-se

$$1 = 2V_x + \frac{V_x}{60} + \frac{V_x}{12}$$

Multiplicando ambos os lados por 60, chega-se a

$$60 = 120V_x + V_x + 5V_x$$

ou

$$126V_x = 60 \quad \Rightarrow \quad V_x = 60/126 = 0{,}4762 \text{ V}$$

$$R_{Th} = \frac{V_x}{1} = 0{,}4762 \text{ }\Omega, \quad I_N = \frac{V_{Th}}{R_{Th}} = 1{,}19/0{,}4762 = 2{,}5 \text{ A}$$

Assim,

$$V_{Th} = 1{,}19 \text{ V}, \quad R_{Th} = R_N = 0{,}4762 \text{ }\Omega, \quad I_N = 2{,}5 \text{ A}$$

Problema Prático 8.13

Figura 8.50
Para o Problema Prático 8.13.

Determine os circuitos equivalentes de Thévenin e Norton nos terminais a-b para o circuito na Figura 8.50.

Resposta: $V_{Th} = 3 \text{ V}$; $R_{Th} = R_N = 3 \text{ }\Omega$; $I_N = 1 \text{ A}$.

8.7 Teorema da máxima transferência de potência

O conceito de casar uma carga à fonte para máxima transferência de potência é muito importante em sistemas de potência, fornos micro-ondas, aparelhos de som, usinas de geração elétrica, células solares e veículos elétricos híbridos. Em muitas situações práticas, um circuito é projetado para fornecer potência a uma carga. (e.g., motor, aquecedor, ou amplificador de áudio). Isso também é o caso das concessionárias de energia elétrica, cuja maior preocupação é gerar energia, transmiti-la e distribuí-la a vários usuários. Minimizar a perda de potência no processo de transmissão e distribuição é crítico para a eficiência e por razões econômicas.

O equivalente de Thévenin é útil para encontrar a máxima potência que um circuito linear pode entregar à carga. Assumimos que a resistência R_L pode ser ajustada. Se o circuito todo é substituído pelo seu equivalente de Thévenin, exceto a carga, conforme mostrado na Figura 8.51, a potência entregue à carga é

$$P = I^2 R = \left(\frac{V_{Th}}{R_{Th} + R_L}\right)^2 R_L \quad (8.13)$$

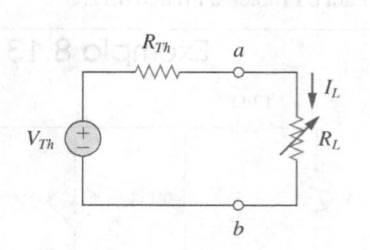

Figura 8.51
Circuito usado para demonstrar a máxima transferência de potência.

Para um determinado circuito, V_{Th} e R_{Th} são fixos. Variando-se a carga R_L, a potência entregue à carga varia conforme o esboço na Figura 8.52. Observamos na Figura 8.52 que a potência é menor para valores pequenos ou grandes de R_L, mas máximo para algum valor de R_L entre 0 e ∞. Podemos mostrar que a máxima potência ocorre quando R_L é igual a R_{Th}[5], como vista da carga; isto é

$$R_L = R_{Th} \tag{8.14}$$

Isso é conhecido como o teorema da máxima transferência de potência.

O teorema da máxima transferência de potência não é um método de análise, é uma ajuda para o projeto de sistemas. Foi Moritz von Jacobi (1801-1874), um engenheiro e físico russo, quem descobriu o teorema da máxima transferência de potência, conhecido como lei de Jacobi.

Figura 8.52
Potência entregue à carga como função de R_L.

> A **potência máxima** é transferida à carga quando a resistência da carga é igual à resistência de Thévenin como vista da carga ($R_L = R_{Th}$).

A máxima transferência de potência é obtida pela substituição da Equação (8.14) na Equação (8.13); isto é,

$$P_{máx} = \frac{V_{Th}^2}{4R_{Th}} \tag{8.15}$$

A Equação (8.15) é aplicada somente quando $R_L = R_{Th}$. (Qualquer valor de R_L maior ou menor resulta em menos potência entregue à carga). Quando $R_L \neq R_{Th}$, calculamos a potência entregue à carga utilizando a Equação (8.13).

A eficiência da transferência de potência é dada por

$$\eta = \frac{P_{saída}}{P_{entrada}} = \frac{I^2 R_L}{I^2 R_L + I^2 R_{Th}} = \frac{R_L}{R_L + R_{Th}} \tag{8.16}$$

Observe que a eficiência é apenas 0,5 ou 50% para a máxima transferência de potência quando $R_L = R_{Th}$. A eficiência aumenta para 100% à medida que a resistência R_L tende a infinito.

Exemplo 8.14

Encontre o valor de R_L para a máxima transferência de potência no circuito da Figura 8.53. Encontre a máxima potência.

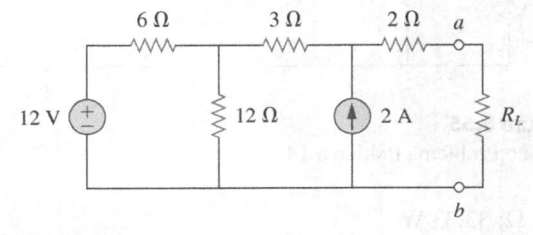

Figura 8.53
Para o Exemplo 8.14.

Solução:
Precisamos encontrar a resistência de Thévenin R_{Th} e a tensão de Thévenin V_{Th} nos terminais a-b. Para obter R_{Th}, utilizamos o circuito da Figura 8.54(a) e obtemos

$$R_{Th} = 2 + 3 + 6 \| 12 = 5 + \frac{6 \times 12}{18} = 9 \, \Omega$$

Para obter V_{Th}, consideramos o circuito na Figura 8.54(b). Aplicando a análise de malha, obtemos

$$-12 + 18i_1 - 12i_2 = 0, \quad i_2 = -2 \text{ A}$$

---

[5] Nota: Diz-se que houve um casamento de impedâncias quando $R_L = R_{Th}$.

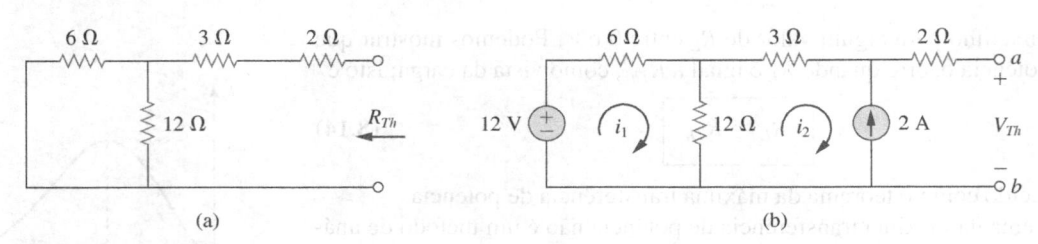

Figura 8.54
Para o Exemplo 8.14: (a) encontrando R_{Th}; (b) encontrando V_{Th}.

Resolvendo para i_1, obtemos $i_1 = -2/3$ A. Aplicando a LKT ao longo do laço externo para encontrar V_{Th}, obtemos

$$-12 + 6i_1 + 3i_2 + 2(0) + V_{Th} = 0 \Rightarrow$$
$$V_{Th} = 12 + -6(-2/3) - 3(-2) = 22 \text{ V}$$

Para máxima transferência de potência,

$$R_L = R_{Th} = 9 \text{ Ω}$$

e a máxima potência é

$$P_{máx} = \frac{V_{Th}^2}{4R_L} = \frac{22^2}{4 \times 9} = 13{,}44 \text{ W}$$

Problema Prático 8.14

Determine o valor de R_L que irá drenar a máxima potência do restante do circuito na Figura 8.55. Calcule a máxima potência.

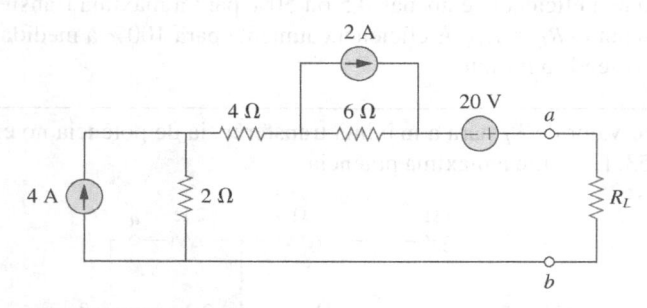

Figura 8.55
Para o Problema Prático 8.14.

Resposta: 12 Ω; 33,33 W

8.8 †Teorema de Millman

O teorema de Millman é assim chamado em homenagem ao professor de engenharia elétrica Jacob Millman (1911-1991), da universidade de Columbia. Esse teorema é uma combinação da transformação de fonte com os teoremas de Thévenin e Norton. É utilizado para reduzir um número de fontes de tensão em paralelo em um circuito equivalente contendo somente uma fonte. Apresenta a vantagem de ser mais fácil de aplicar do que a análise nodal, de malha ou superposição.

> O **teorema de Millman** estabelece que qualquer número de fontes de tensão (com resistências em série) em paralelo pode ser substituído por uma simples fonte de tensão (com resistência em série).

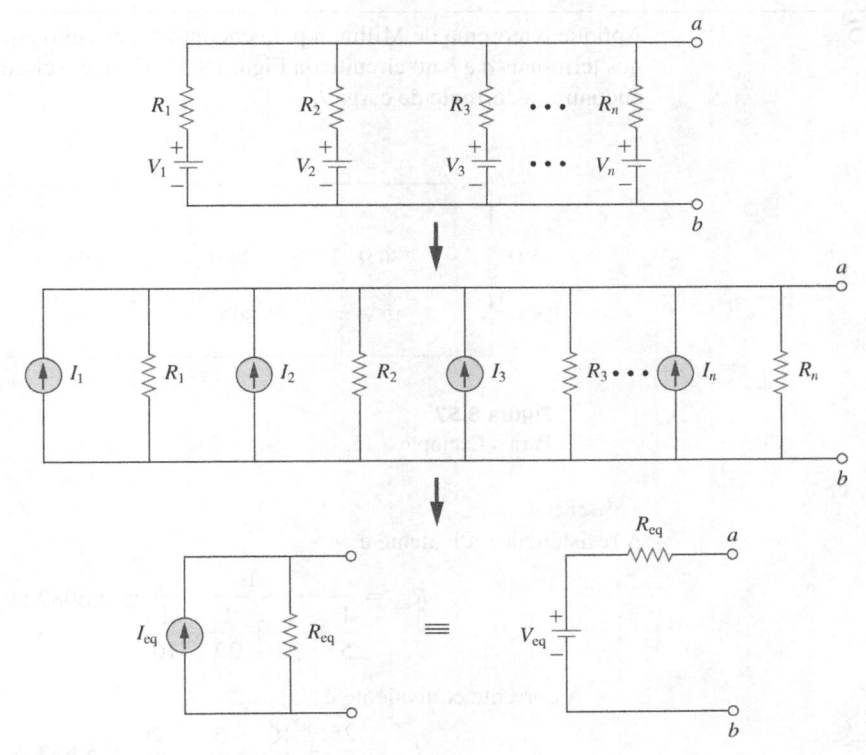

Figura 8.56
Ilustrando o teorema de Millman.

A aplicação do teorema de Millman evolve os três passos seguintes:

1. Converta todas as fontes de tensão em fontes de corrente, conforme mostrado na Figura 8.56.
2. Combine algebricamente todas as fontes de corrente em paralelo e determine a resistência equivalente das resistências em paralelo.
3. Converta a fonte de corrente resultante em uma fonte de tensão. Isso resulta no circuito equivalente desejado.

Em geral, a corrente equivalente a ser encontrada no passo 2 é calculada como

$$I_{eq} = I_1 + I_2 + I_3 + \cdots + I_n = \frac{V_1}{R_1} + \frac{V_2}{R_2} + \frac{V_3}{R_3} + \cdots + \frac{V_n}{R_n} \quad (8.17)$$

e a resistência equivalente como

$$R_{eq} = \frac{1}{\dfrac{1}{R_1} + \dfrac{1}{R_2} + \dfrac{1}{R_3} + \cdots + \dfrac{1}{R_n}} \quad (8.18)$$

Observe que o somatório na Equação (8.17) é algébrico, com base na polaridade das fontes de tensão. Utilizando a lei de Ohm,

$$V_{eq} = I_{eq}R_{eq} = \frac{\dfrac{V_1}{R_1} + \dfrac{V_2}{R_2} + \dfrac{V_3}{R_3} + \cdots + \dfrac{V_n}{R_n}}{\dfrac{1}{R_1} + \dfrac{1}{R_2} + \dfrac{1}{R_3} + \cdots + \dfrac{1}{R_n}} \quad (8.19)$$

Exemplo 8.15

Aplique o teorema de Millman para encontrar o circuito equivalente à esquerda dos terminais a e b no circuito da Figura 8.57. Utilize o circuito equivalente para encontrar a corrente de carga I_L.

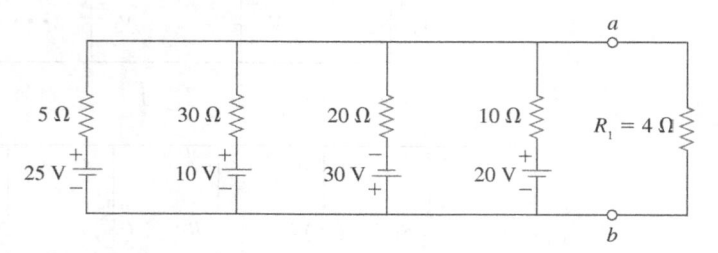

Figura 8.57
Para o Exemplo 8.15.

Solução:
A resistência equivalente é

$$R_{eq} = \frac{1}{\frac{1}{5} + \frac{1}{30} + \frac{1}{20} + \frac{1}{10}} = 2{,}6087 \; \Omega$$

A corrente equivalente é

$$I_{eq} = \frac{25}{5} + \frac{10}{30} - \frac{30}{20} + \frac{20}{10} = 5{,}833 \; \text{A}$$

$$V_{eq} = I_{eq} R_{eq} = 2{,}6087 \times 5{,}833 = 15{,}216 \; \text{V}$$

O circuito equivalente é mostrado na Figura 8.58. Utilizando o circuito, temos

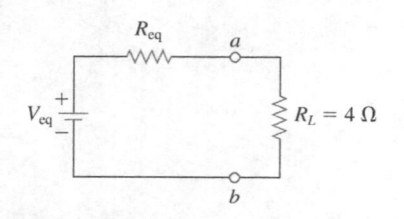

$$I_L = \frac{V_{eq}}{R_{eq} + R_L} = \frac{15{,}216}{2{,}6087 + 4} = 2{,}303 \; \text{A}$$

Figura 8.58
Para o Exemplo 8.15.

Problema Prático 8.15

Utilize o teorema de Millman para simplificar o circuito na Figura 8.59 e em seguida obtenha a tensão na carga.

Resposta: 6,67 V.

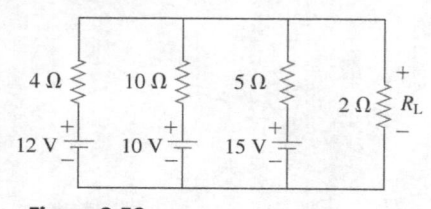

Figura 8.59
Para o Problema Prático 8.15.

8.9 †Teorema da substituição

Agora estamos familiarizados com a ideia de substituir uma rede de resistores por sua resistência equivalente e um circuito por seu circuito equivalente. Esse princípio da substituição pode ser estendido a um teorema. Ilustraremos o teorema considerando o ramo a-b do circuito na Figura 8.60. A tensão e a corrente através do ramo são dadas por

$$V = \frac{2}{8+2}(20) = 4 \; \text{V}, \qquad I = \frac{20}{8+2} = 2 \; \text{A} \tag{8.20}$$

O **teorema da substituição** estabelece que em um circuito linear qualquer ramo pode ser substituído por qualquer combinação de elementos de circuitos que produzam a mesma tensão e corrente no ramo.

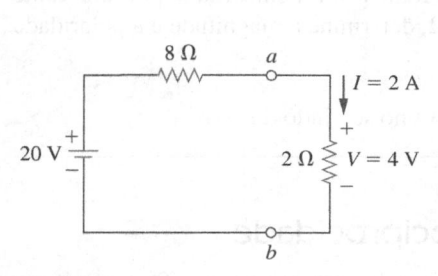

Figura 8.60
Ilustração do teorema da substituição.

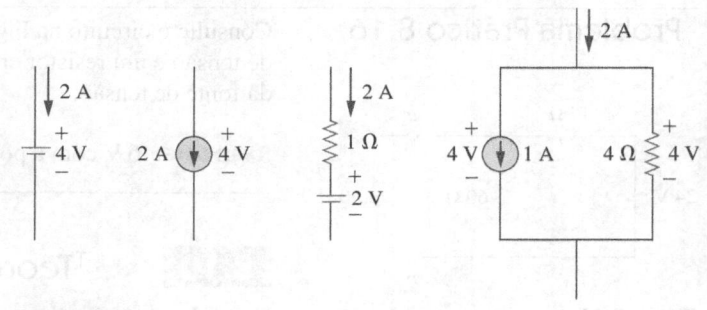

Figura 8.61
Ramos equivalentes para o ramo *a-b* na Figura 8.60.

De acordo com o teorema da substituição, o resistor de 2 Ω poderia ser substituído por qualquer combinação de elementos de circuito, desde que o elemento substituído mantesse a mesma tensão e corrente no ramo. Isso é conseguido para cada ramo na Figura 8.61.

Como o teorema da substituição requer o conhecimento prévio da tensão e corrente no ramo selecionado, o teorema não é muito útil para a análise de circuitos. Ele é, muitas vezes, utilizado por projetistas de circuitos para aperfeiçoarem seus projetos.

Exemplo 8.16

Consulte o circuito na Figura 8.26(a). Se o ramo *a-b* for substituído por uma fonte de corrente e um resistor de 20 Ω, conforme mostrado na Figura 8.62(b), determine a magnitude e a direção da fonte de corrente.

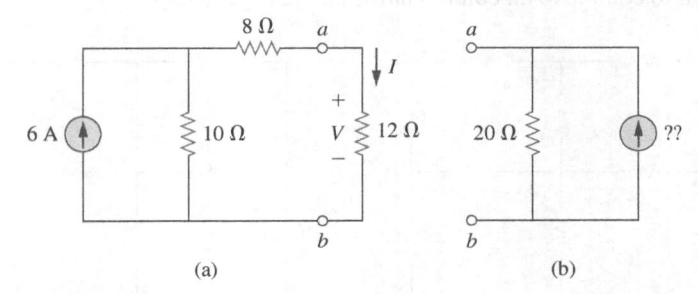

Figura 8.62
Para o Exemplo 8.16.

Solução:
A corrente através do ramo *a-b* é obtida utilizando a regra do divisor de corrente.

$$I = \frac{10}{10 + 8 + 12}(6) = 2 \text{ A}$$

A tensão sobre o ramo é

$$V = 12I = 24 \text{ V}$$

O resistor de 20 Ω na Figura 8.62(b) deve ter a mesma tensão sobre ele de modo que a corrente nesse resistor seja

$$I_{20} = \frac{24}{20} = 1{,}2 \text{ A}$$

Para satisfazer a lei de Kirchhoff para corrente no nó *a* da Figura 8.63, a fonte de corrente deve ter uma magnitude de 2 − 12 = 0,8 A, e seu sentido deve ser para baixo, como mostrado na Figura 8.63.

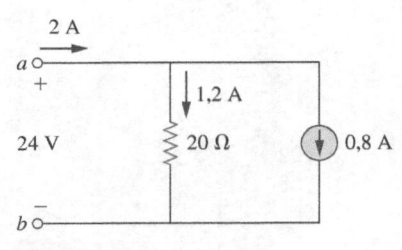

Figura 8.63
Para o Exemplo 8.16.

Problema Prático 8.16

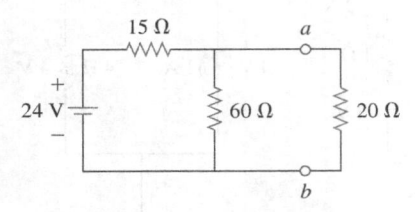

Figura 8.64
Para o Problema Prático 8.16.

Consulte o circuito na Figura 8.64. Se o ramo *a-b* for substituído por uma fonte de tensão e um resistor em série de 10 Ω, determine a magnitude e a polaridade da fonte de tensão.

Resposta: 6 V com a polaridade positiva no sentindo do nó *a*.

8.10 †Teorema da reciprocidade

Esse teorema se aplica somente a circuitos de uma única fonte. Se um circuito possui mais que uma fonte, então o teorema da reciprocidade não se aplica. Como a fonte pode ser de tensão ou corrente, há dois casos especiais do teorema:

- **Caso 1** Fonte de tensão

> O **teorema da reciprocidade** estabelece que em um circuito linear com uma única fonte, se a fonte localizada no ramo A provoca uma corrente I no ramo B, então ao mover a fonte de tensão para o ramo B provocar-se-á uma corrente I no ramo A.

Quando a fonte de tensão é movida para o ramo *B*, ela deve ser conectada em série com um elemento do ramo *B* (se houver) e substituída por um curto-circuito no seu local de origem, isto é, no ramo *A*. Além disso, a polaridade da tensão no ramo *B* deve ser tal que o sentido da corrente no ramo *B* permaneça o mesmo. Embora o teorema da reciprocidade se aplique a circuitos com uma única fonte de tensão ou corrente, o seu poder pode ser demonstrado pela consideração de um circuito complexo tal como o mostrado na Figura 8.65.

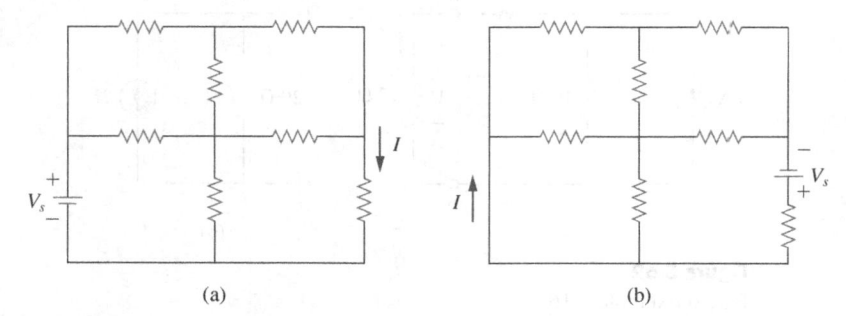

Figura 8.65
Ilustração do teorema da reciprocidade.

- **Case 2** Fonte de corrente

> O **teorema da reciprocidade** estabelece que em um circuito linear com uma única fonte de corrente, se a fonte localizada no ramo A provoca uma tensão V no ramo B, então ao mover a fonte de corrente para o ramo B provocar-se-á uma tensão V no ramo A.

Isso é o mesmo que o caso 1. Quando a fonte de corrente é movida para o ramo *B*, ela deve ser substituída por um circuito aberto na sua localização original e conectada em paralelo com qualquer elemento no ramo *B*. O sentido da fonte de corrente no ramo B deve ser tal que a polaridade da tensão no ramo B permaneça a mesma.

(a) Encontre *I* no circuito da Figura 8.66(a).
(b) Remova a fonte de tensão e coloque-a no ramo que contém o resistor de 1 Ω, conforme mostrado na Figura 8.66(b), e determine a corrente I novamente.

Exemplo 8.17

Solução:
(a) A resistência total vista pela fonte de tensão é

$$R_T = 2 + 4 \| (3 + 1) = 2 + 2 = 4$$

A corrente I_T na Figura 8.66(a) é dada por $I_T = \dfrac{12}{4} = 3$ A. Daí, a corrente desejada *I* é dada por

$$I = \frac{1}{2}I_T = 1{,}5 \text{ A}$$

(b) Como mostrado na Figura 8.66(b), substituímos a fonte de tensão por um curto-circuito e a colocamos no ramo que possui o resistor de 1 Ω. Observe que ela é conectada em série com o resistor de 1 Ω e que sua polaridade está em conformidade com o sentido da corrente *I* na Figura 8.66(a). Novamente, a resistência total vista pela fonte de tensão é

$$R'_T = 1 + 3 + 2 \| 4 = 16/3 \text{ Ω}$$

A corrente I'_T é obtida como

$$I'_T = \frac{-12}{16/3} = -9/4 \text{ A}$$

Utilizando o princípio da divisão de corrente,

$$I = -\frac{4}{4+2}I'_T = -\frac{4}{6}\left(-\frac{9}{4}\right) = 1{,}5 \text{ A}$$

como obtido anteriormente. Isso valida o teorema da reciprocidade.

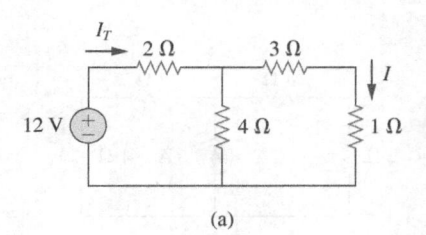

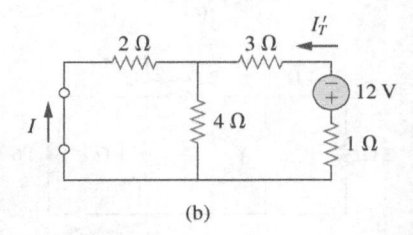

Figura 8.66
Para o Exemplo 8.17.

(a) Calcule a corrente *I* na Figura 8.67.
(b) Coloque a fonte de tensão no ramo que contém o resistor de 5 Ω e determine *I* na localização original da fonte de tensão.

Resposta: (a) 1,2 A; (b) 1,2 A.

Problema Prático 8.17

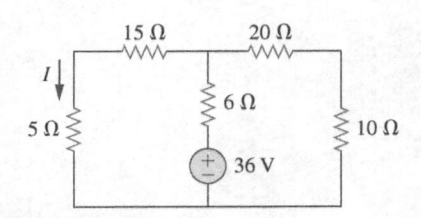

Figura 8.67
Para o Problema Prático 8.17.

(a) Calcule V_o no circuito da Figura 8.68(a).
(b) Remova a fonte de corrente e conecte-a em paralelo com o resistor de 1 Ω. Mostre que a tensão sobre o ramo onde a fonte de tensão estava localizada é a mesma que V_o.

Exemplo 8.18

Solução:

(a) Utilizando o princípio da divisão de corrente, a corrente I através do resistor de 1 Ω é

$$I = \frac{2+4}{2+4+1+2}(6) = 4 \text{ A}$$

Então,

$$V_o = 1 \times I = 4 \text{ V}$$

(b) Agora, removemos a fonte de corrente e a conectamos em paralelo com o resistor de 1 Ω, conforme mostrado na Figura 8.68(b). Utilizando a regra do divisor de corrente,

$$I' = \frac{1}{1+2+4+2}(6) = \frac{2}{3} \text{ A}$$

Assim,

$$V_o = I'(4+2) = \frac{2}{3} \times 6 = 4 \text{ V}$$

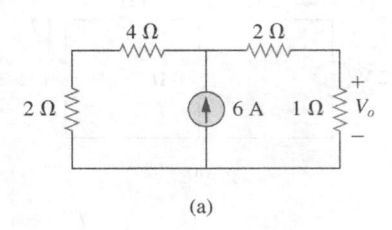

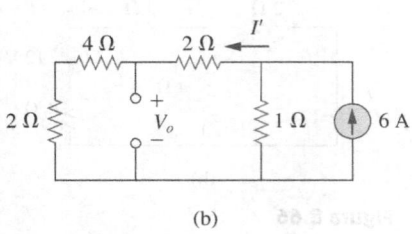

Figura 8.68
Para o Exemplo 8.18.

Problema Prático 8.18

(a) Encontre V_x no circuito da Figura 8.69.
(b) Remova a fonte de corrente e conecte-a em paralelo com o resistor de 3 Ω; calcule a tensão sobre o local de origem da fonte de corrente.

Resposta: (a) 15 V; (b) 15 V.

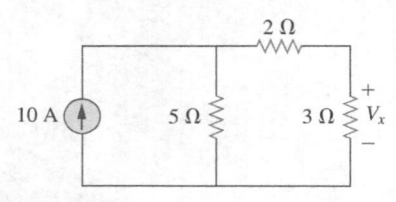

Figura 8.69
Para o Problema Prático 8.18.

8.11 Verificando teoremas de circuitos com computadores

8.11.1 PSpice

Nesta seção, ensinamos como utilizar o PSpice para verificar os teoremas abordados neste capítulo. Especificamente, consideraremos a análise de varredura CC para encontrar o equivalente de Thévenin ou de Norton em qualquer par de nós em um circuito e a máxima transferência de potência para uma carga. É aconselhável que o leitor veja a Seção C.3 do Apêndice C para se preparar para esta seção.

Para encontrar o equivalente de Thévenin de um circuito em um par de terminais abertos, utilizamos o editor de esquemas para desenhar o circuito e inserir uma fonte de corrente independente, isto é, I_p, nesses terminais. A fonte de corrente de teste deve ter o nome ISRC. Realizamos, então, a varredura CC em I_p, conforme discutido na seção C.3 do Apêndice C. Tipicamente, poderíamos deixar a corrente I_p variar de 0 a 1 A em incrementos de 0,1 A. Após simular o circuito, utilizamos o **PSpice A/D Demo** para mostrar um gráfico da tensão sobre a fonte I_p *versus* a corrente através de I_p. A interseção do gráfico no ponto zero fornece a tensão equivalente de Thévenin, enquanto a inclinação do gráfico é igual à resistência de Thévenin.

Para encontrar o equivalente de Norton, realizamos passos semelhantes, exceto pelo fato de inserir uma fonte de tensão independente de teste (com nome de VSRC), isto é, V_p, nos terminais. Realizamos uma varredura CC em V_p, com V_p variando de 0 a 1 V em incrementos de 0,1 V. Um gráfico da corrente através de V_p *versus* a tensão sobre ela é obtido utilizando-se a opção **PSpice A/D Demo** após a simulação. A interseção do gráfico no ponto zero é igual à corrente de Norton, enquanto a inclinação do gráfico é igual à condutância de Norton.

Para encontrar a máxima transferência de potência para a carga utilizando o PSpice, realizamos uma varredura CC paramétrica no valor do componente R_L na Figura 8.51 e traçamos um gráfico da potência entregue à carga como função de R_L. De acordo com a Figura 8.52, a máxima potência ocorre quando $R_L = R_{Th}$. Isso pode ser compreendido pelo Exemplo 8.19.

Utilizamos VSRC e ISRC como nomes para as fontes independentes de tensão e corrente.

Exemplo 8.19

Considere o circuito na Figura 8.37 (veja o Problema Prático 8.10). Utilize o PSpice para encontrar os circuitos equivalentes de Norton e Thévenin.

Solução:

(a) Para encontrar a resistência de Thévenin R_{Th} e a tensão de Thévenin V_{Th}, nos terminais a-b na Figura 8.37, primeiramente, utilizamos o **Orcade Capture** para desenhar o circuito mostrado na Figura 8.70(a). Observe que uma fonte de corrente de teste I_1 é inserida entre terminais. Selecione **PSpice/New Simulation Profile**. Na caixa de diálogo Nova Simulação (**New Simulation**), entre com o nome do arquivo (e.g., exem819) e clique em **Create**. Na caixa de diálogo Configurações da Simulação (**Simulation Settings**), selecione o seguinte: **DC Sweep** em **Analysis Type**, **Current Source** em **Sweep Variable**, **Linear** em **Sweep Type**, 0 em **Start Value**, 1 em **End Value**, 0,1 em **Increment**, e *I1* na caixa **Name**. Clique em **Apply**, em seguida em **OK**. Selecione **PSpice/Run**. A janela de teste aparecerá.

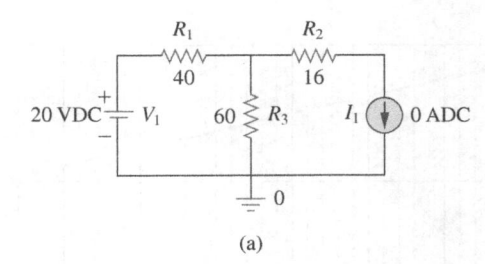

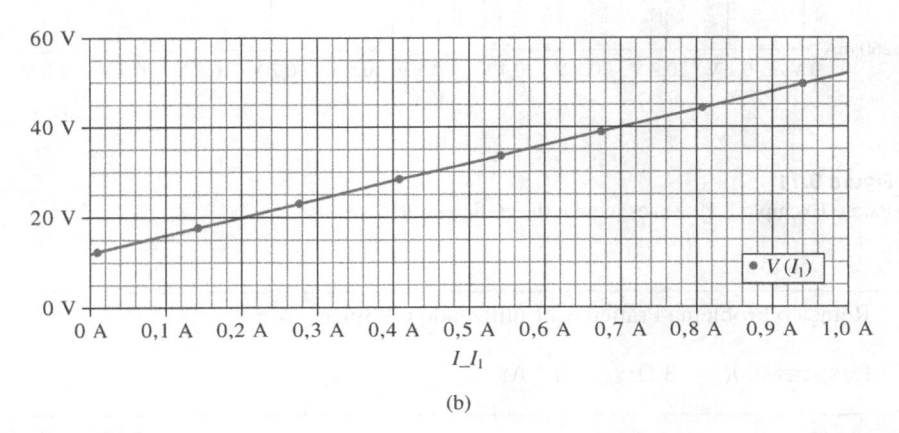

Figura 8.70
Para o Exemplo 8.19.

Selecione **Traced/Add Trace** e escolha V(I1:-). A tensão sobre *I1* será desenhada conforme mostrado na Figura 8.70(b). Do gráfico, obtemos

$$V_{Th} = \text{interseção em zero} = 12\,\text{V}, \quad R_{Th} = \text{inclinação} = \frac{52 - 12}{1} = 40\,\Omega$$

o que está de acordo com o que foi obtido analiticamente no Problema Prático 8.10.

(b) Para encontrar o equivalente de Norton, modificamos o esquema na Figura 8.70(a), substituindo a fonte de corrente de teste por uma fonte de tensão de teste *V2*. O resultado é o esquema mostrado na Figura 8.71(a). Novamente, selecionamos **PSpice/New Simulation**. Na caixa de diálogo Nova Simulação (**New Simulation**), digite o nome do arquivo e clique em **Create**. Na caixa de diálogo Configurações da Simulação (**Simulation Settings**), selecione **Linear** em **Sweep Type** e **Voltage Source** em **Sweep Variable**. Entre com *V2* na caixa **Name**, 0 em **Start Value**, 1 em **End Value**, e 0,1 em **Increment**. Clique em **Apply**, e em seguida em **OK**. Selecione **PSpice/Run**. Na janela de teste que aparecer, selecione **Trace/Add Trace** e escolha **trace** I(V2). Será obtido um gráfico como o mostrado na Figura 8.70(b). Do gráfico, obtemos

$$I_N = \text{interseção em zero} = 300\,\text{mA}$$

$$G_N = \text{inclinação} = \frac{(300 - 275) \times 10^{-3}}{1} = 25\,\text{mS}$$

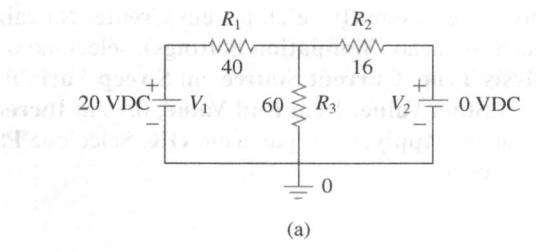

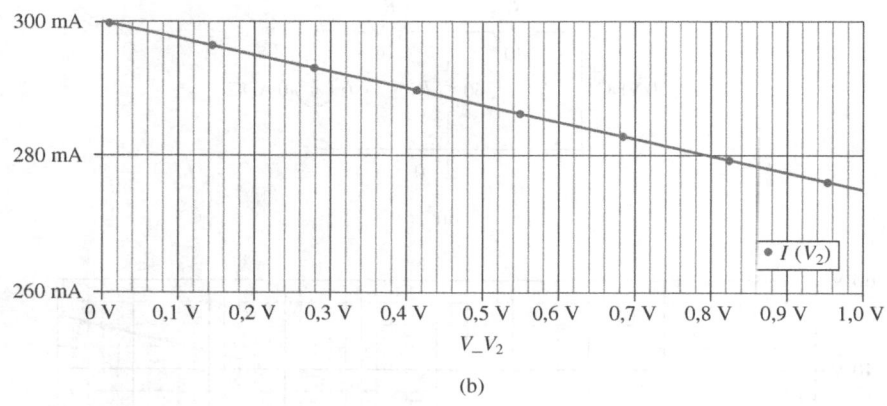

Figura 8.71
Para o Exemplo 8.19: (a) esquema; (b) gráfico de $I(V_2)$.

Problema Prático 8.19

Refaça o Problema Prático 8.11 utilizando o PSpice.

Resposta: $R_N = 3\,\Omega$; $I_N = 4{,}5\,\text{A}$.

8.11.2 Multisim

O Multisim pode ser utilizado para ilustrar os teoremas abordados neste capítulo. Ilustraremos com um exemplo como encontrar os equivalentes de Thévenin e Norton de um circuito.

Utilize o Multisim para encontrar os circuitos equivalentes de Thévenin e Norton do circuito na Figura 8.40 (Exemplo 8.11).

Exemplo 8.20

Solução:
Para determinar a resistência de Thévenin, removemos a fonte de tensão e a fonte de corrente. Conectamos os terminais a e b ao multímetro. Dê um duplo clique sobre o multímetro e selecione a função Ohmímetro. O circuito resultante do Multisim é mostrado na Figura 8.72. Após o circuito ter sido salvo e simulado, selecionando-se **Simulate/Run**, damos um duplo clique sobre o multímetro para mostrar os resultados, assim,

$$R_{Th} = R_N = 4\ \Omega$$

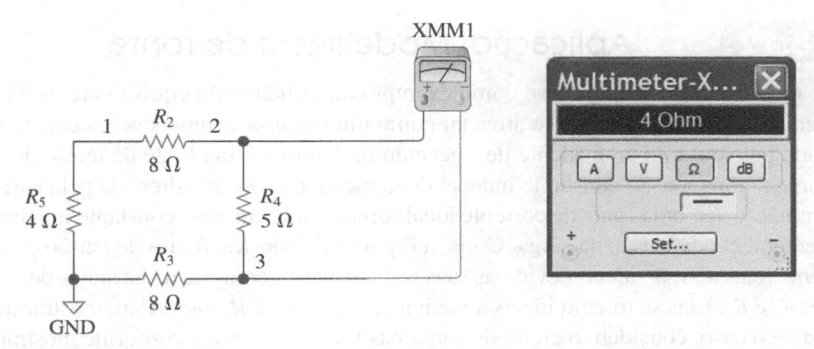

Figura 8.72
Para o Exemplo 8.20: encontrando a resistência de Thévenin.

Para encontrar a tensão de Thévenin, devemos, primeiramente, construir o circuito mostrado na Figura 8.73. Conectamos o multímetro entre os terminais a e b, configurando-o para medir tensão, por meio de um duplo clique sobre o mesmo, e em seguida selecionamos a função tensão. Após ter salvado e simulado o circuito, damos um duplo clique sobre o multímetro para mostrar os resultados. Assim,

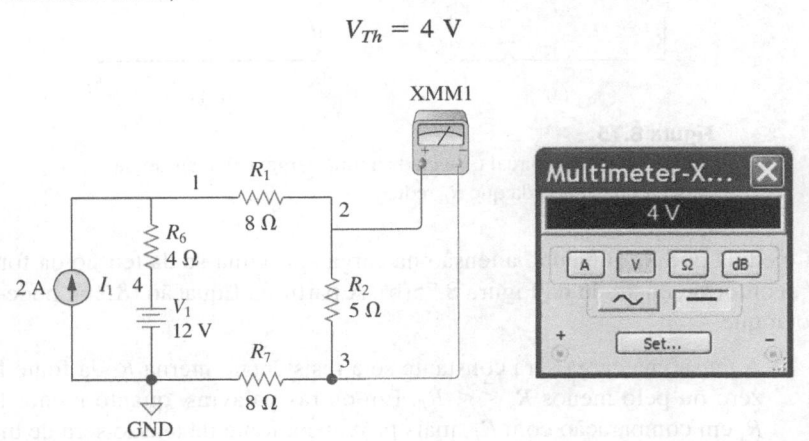

$$V_{Th} = 4\ \text{V}$$

Figura 8.73
Para o Exemplo 8.20: encontrando a tensão de Thévenin.

Para obter a corrente de Norton, conectamos o multímetro entre os terminais *a* e *b*, configurando-o para medir corrente por meio de um duplo clique sobre o mesmo, e em seguida selecionamos a função corrente. O circuito passa a ser o mesmo que o da Figura 8.73, exceto pelo fato de que agora o multímetro está configurado para medir corrente. Após ter salvado e simulado o circuito, damos um duplo clique sobre o multímetro para mostrar os resultados. Assim,

$$I_N = 1\,\text{A}$$

Observe que os valores da resistência e da corrente de Norton estão de acordo com aqueles obtidos no Exemplo 8.11.

Problema Prático 8.20

Para o circuito na Figura 8.43 (Problema Prático 8.11), encontre os circuitos equivalentes de Thévenin e Norton utilizando o Multisim.

Resposta: $R_{Th} = R_N = 3\,\Omega$; $V_{Th} = 13,5\,\text{V}$; $I_N = 4,5\,\text{A}$

8.12 †Aplicação: Modelagem de fonte

A modelagem de fonte serve como exemplo da utilidade do equivalente de Thévenin ou Norton. Uma fonte ativa tal como uma bateria é muitas vezes caracterizada pelo circuito equivalente de Thévenin ou Norton. Uma fonte de tensão ideal fornece uma tensão constante independentemente da corrente drenada pela carga, enquanto que uma fonte de corrente ideal fornece uma corrente constante independentemente da tensão da carga. Como a Figura 8.74 mostra, fontes de tensão e corrente reais não são ideais devido as suas resistências internas ou resistências de fontes R_s e R_p. Elas se tornam ideais à medida que $R_s \to 0$ e $R_p \to \infty$. Para mostrar que este é o caso, considere o efeito da carga nas fontes de tensão, conforme mostrado na Figura 8.75(a). Pelo princípio da divisão de tensão, a tensão sobre a carga é

$$V_L = \frac{R_L}{R_s + R_L} V_s \qquad (8.21)$$

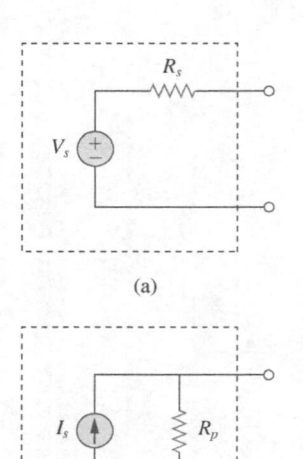

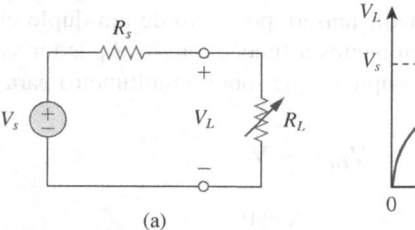

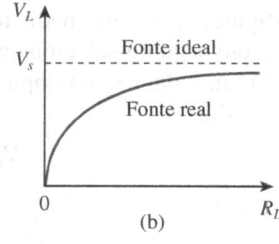

Figura 8.74
(a) Fonte de tensão real; (b) fonte de corrente real.

Figura 8.75
(a) Fonte de tensão real conectada a uma carga; (b) a tensão na carga reduz à medida que R_L reduz.

À medida que R_L aumenta, a tensão na carga aproxima-se da tensão da fonte V_s, conforme ilustrado na Figura 8.75(b). A partir da Equação (8.21), pode-se notar que:

1. A tensão na carga será constante se a resistência interna R_s da fonte for zero ou pelo menos $R_s \ll R_L$. Em outras palavras, quanto menor for R_s em comparação com R_L, mais próxima a fonte de tensão será de uma fonte ideal.

2. Quando a carga é desconectada (i.e., a fonte é um circuito aberto, tal que $R_L \to \infty$), $V_{oc} = V_s$. Assim, V_s pode ser considerada como a tensão da fonte sem carga. A conexão da carga provoca a queda da magnitude da tensão terminal, e isso é conhecido como *efeito da carga*.

O mesmo argumento pode ser utilizado para uma fonte de corrente real quando conectada a uma carga conforme mostrado na Figura 8.76(a). Pela regra do divisor de corrente,

$$I_L = \frac{R_p}{R_p + R_L} I_s \qquad (8.22)$$

A Figura 8.76(b) mostra a variação da corrente na carga à medida que a resistência da carga aumenta. Novamente, observamos uma queda na corrente devido à carga (efeito da carga) e que a corrente na carga é constante (fonte de corrente ideal) quando a resistência interna é muito grande, isto é, $R_p \to \infty$ ou pelo menos $R_p \gg R_L$.

Às vezes é preciso conhecer a tensão da fonte sem carga V_s e a resistência interna R_s da fonte de tensão. Para encontrar V_s e R_s, utilizamos o circuito na Figura 8.77. Primeiramente, medimos a tensão de circuito aberto V_{oc}, como na Figura 8.77(a) e estabelecemos

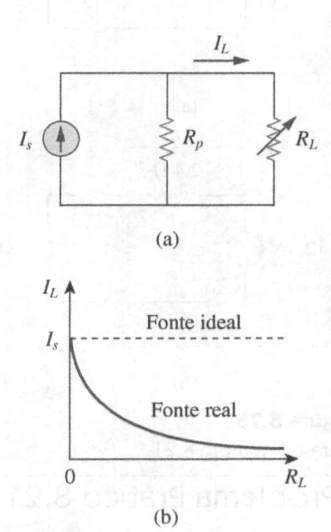

$$V_s = V_{oc} \qquad (8.23)$$

Figura 8.76
(a) Fonte de corrente real conectada a uma carga; (b) a corrente na carga reduz à medida que R_L aumenta.

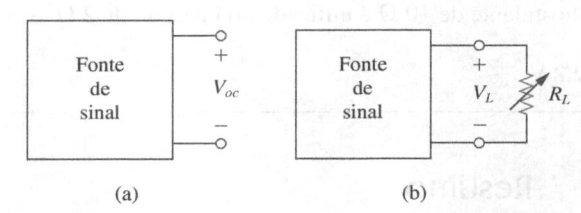

Figura 8.77
(a) Medindo V_{oc}; (b) medindo V_L.

Em seguida, conectamos uma carga variável R_L entre os terminais como na Figura 8.77(b). Ajustamos a resistência R_L até que a tensão sobre a carga seja exatamente metade da tensão de circuito aberto; isto é, $V_L = V_{oc}/2$, porque $R_L = R_{Th} = R_s$. Nesse ponto, desconectamos R_L e a medimos. Então, estabelecemos

$$R_s = R_L \qquad (8.24)$$

Por exemplo, uma bateria de carro pode ter $V_s = 12$ V e $R_s = 0,05$ Ω. Além da modelagem de fonte, outra ilustração simples do que é abordado neste capítulo é o casamento de alto-falantes (carga) com a resistência de saída de um amplificador.

Exemplo 8.21

A tensão terminal de uma fonte de tensão é 12 V quando conectada a uma carga de 2 W. Quando a carga é desconectada, a tensão terminal sobe para 12,4 V. (a) Calcule a tensão da fonte V_s e a resistência interna R_s. (b) Determine a tensão quando uma carga de 8 Ω é conectada à fonte.

Solução:
(a) Substituímos a fonte pelo seu equivalente de Thévenin. A tensão terminal quando a carga está desconectada é a tensão de circuito aberto; isto é,

$$V_s = V_{oc} = 12,4 \text{ V}$$

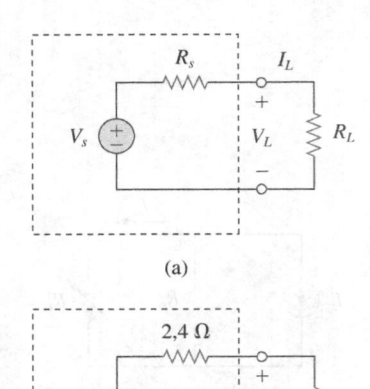

Quando a carga é conectada, conforme mostrado na Figura 8.78(a), $V_L = 12$ V e $P_L = 2$ W. Então,

$$P_L = \frac{V_L^2}{R_L} \Rightarrow R_L = \frac{V_L^2}{P_L} = \frac{12^2}{2} = 72 \ \Omega$$

A corrente na carga é

$$I_L = \frac{V_L}{R_L} = \frac{12}{72} = \frac{1}{6} \ \text{A}$$

A tensão sobre R_s é a diferença entre a tensão da fonte V_s e tensão na carga V_L, ou

$$12,4 - 12 = 0,4 = R_s I_L \Rightarrow R_s = \frac{0,4}{I_L} = 2,4 \ \Omega$$

(b) Agora que o equivalente de Thévenin é conhecido, conectamos a carga de 8 Ω ao equivalente de Thévenin conforme mostrado na Figura 8.78(b). Utilizando a divisão de tensão, obtemos

$$V_L = \frac{R_L}{R_s + R_L} V_{Th} = \frac{8}{8 + 2,4}(12,4) = 9,538 \ \text{V}$$

Figura 8.78
Para o Exemplo 8.21.

Problema Prático 8.21

A tensão de circuito aberto de determinado amplificador é 9 V. A tensão cai para 8 V quando um alto-falante de 2 Ω é conectado ao amplificador. Calcule a tensão quando um alto-falante de 10 Ω é utilizado ao invés do de 2 Ω.

Resposta: 7,2 V.

8.13 Resumo

1. Um circuito linear é constituído de elementos lineares, fontes lineares dependentes e fontes lineares independentes.
2. Os teoremas de circuitos são utilizados para reduzir um circuito complexo em um circuito simples, tornando, desse modo, a análise de circuito muito simples.
3. O princípio da superposição estabelece que para um circuito contendo múltiplas fontes independentes, a tensão sobre (ou a corrente através) de um elemento é igual à soma algébrica de todas as tensões individuais (ou correntes) devido a cada fonte independente agindo de cada vez.
4. A transformação de fonte é um procedimento para mudar uma fonte de tensão em série com um resistor em uma fonte de corrente em paralelo com um resistor ou vice-versa.
5. Os teoremas de Thévenin e Norton permitem isolar uma porção de um circuito enquanto a porção remanescente é substituída por um circuito equivalente. O equivalente de Thévenin consiste em uma fonte de tensão V_{Th} em série com um resistor R_{Th}, enquanto o equivalente de Norton consiste em uma fonte de corrente I_s em paralelo com um resistor R_N. Os dois teoremas estão relacionados pela transformação de fonte.

$$R_N = R_{Th}, \qquad I_N = \frac{V_{Th}}{R_{Th}}$$

6. Para um dado circuito equivalente de Thévenin, a máxima transferência de potência ocorre quando $R_L = R_{Th}$; isto é, a resistência da carga é igual à resistência de Thévenin.

7. O teorema de Millman fornece um método de combinação de várias fontes de tensão em paralelo.

8. O teorema da substituição estabelece que qualquer ramo de um circuito linear pode ser substituído por um ramo equivalente que produz a mesma tensão e corrente no ramo.

9. O teorema da reciprocidade estabelece que em um circuito linear com uma única fonte de tensão, se essa fonte localizada no ramo A provoca uma corrente I no ramo B, ao mover a fonte de tensão para o ramo B, provocar-se-á a corrente I no ramo A.

10. O PSpice e o Multisim podem ser utilizados para verificar os teoremas de circuitos abordados neste capítulo.

11. A modelagem de fonte exemplifica a aplicação do teorema de Thévenin.

Questões de revisão

8.1 A corrente através de um ramo em um circuito linear é 2 A quando a fonte de tensão é 10 V. Se a tensão é reduzida para 1 V e a polaridade invertida, a corrente através do ramo é

(a) −2 A (b) −0,2 A
(c) 0,2 A (d) 2 A (e) 20 A

8.2 Por superposição não é necessário que somente uma fonte independente seja considerada por vez; qualquer número de fontes independentes pode ser considerado simultaneamente.

(a) Verdadeiro (b) Falso

8.3 O princípio da superposição se aplica ao cálculo de potência.

(a) Verdadeiro (b) Falso

8.4 Consulte a Figura 8.79. A resistência de Thévenin nos terminais a-b é:

(a) 25 Ω (b) 20 Ω (c) 5 Ω (d) 4 Ω

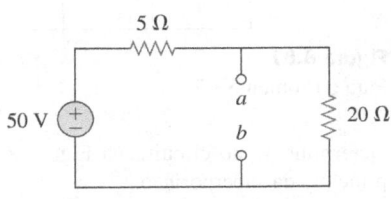

Figura 8.79
Para as Questões de Revisão 8.4, 8.5 e 8.6.

8.5 A tensão de Thévenin nos terminais a-b do circuito na Figura 8.79 é

(a) 50 V (b) 40 V (c) 20 V (d) 10 V

8.6 A corrente de Norton nos terminais a-b do circuito na Figura 8.79 é

(a) 10 A (b) 2,5 A (c) 2 A (d) 0 A

8.7 A resistência de Norton R_N é exatamente igual à resistência de Thévenin R_{Th}.

(a) Verdadeiro (b) Falso

8.8 Quais pares de circuitos na Figura 8.80 são equivalentes?

(a) a e b (b) b e d (c) a e c (d) c e d

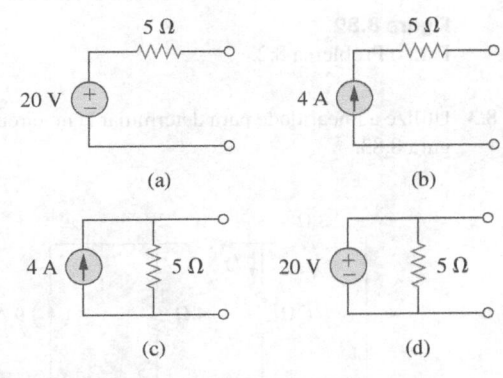

Figura 8.80
Para a Questão de Revisão 8.8.

8.9 Uma carga está conectada a um circuito. Nos terminais em que a carga está conectada, R_{Th} = 10 Ω e V_{Th} = 40 V. A máxima potência fornecida à carga é

(a) 160 W (b) 80 W (c) 40 W (d) 1 W

8.10 Se um circuito possui mais que uma fonte, então, o teorema da reciprocidade não se aplica.

(a) Verdadeiro (b) Falso

Respostas: 8.1 b, 8.2 a, 8.3 b, 8.4 d, 8.5 b, 8.6 a, 8.7 a, 8.8 c, 8.9 c, 8.10 a.

Problemas

Seção 8.2 Propriedade da linearidade

8.1 Calcule a corrente I_o no circuito da Figura 8.81. Quanto vale a corrente quando a fonte de tensão cai para 10 V?

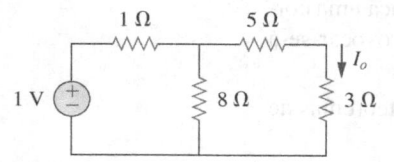

Figura 8.81
Para o Problema 8.1.

8.2 Enconte V_o no circuito na Figura 8.82. Se a fonte de corrente é reduzida para 1 μA, qual é o valor de V_o?

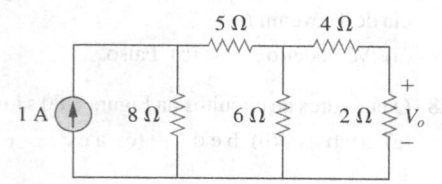

Figura 8.82
Para o Problema 8.2.

8.3 Utilize a linearidade para determinar I_o no circuito na Figura 8.83.

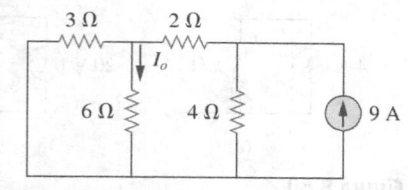

Figura 8.83
Para o Problema 8.3.

8.4 Para o circuito na Figura 8.84, assuma $V_o = 1$ V e utilize a linearidade para encontrar o valor verdadeiro de V_o.

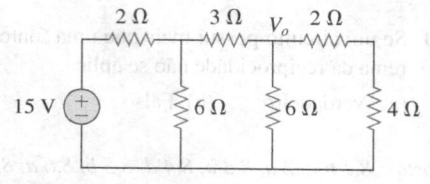

Figura 8.84
Para o Problema 8.4.

Seção 8.3 Superposição

8.5 Aplique superposição para encontrar I no circuito na Figura 8.85.

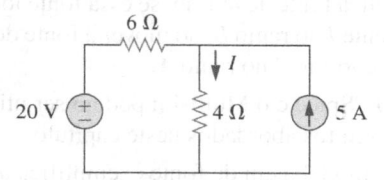

Figura 8.85
Para o Problema 8.5.

8.6 Dado o circuito na Figura 8.86, calcule I_x e a potência dissipada pelo resistor de 10 Ω utilizando superposição.

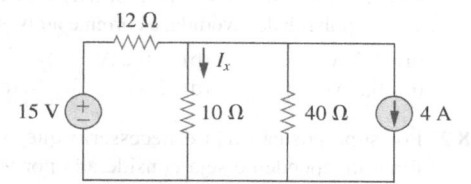

Figura 8.86
Para o Problema 8.6.

8.7 Utilize o princípio da superposição para encontrar I no circuito mostrado na Figura 8.87.

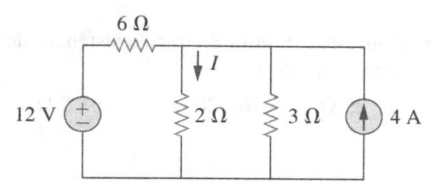

Figura 8.87
Para o Problema 8.7.

8.8 Determine V_o no circuito na Figura 8.88 utilizando o princípio da superposição.

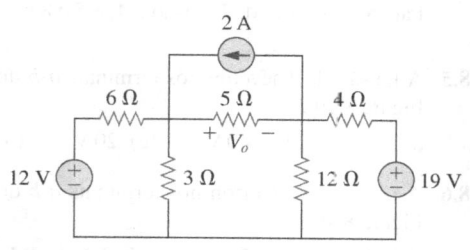

Figura 8.88
Para o Problema 8.8.

8.9 Utilizando o princípio da superposição, encontre I_o no circuito mostrado na Figura 8.89.

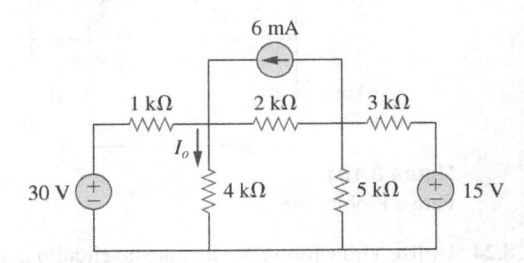

Figura 8.89
Para o Problema 8.9.

8.10 Aplique o princípio da superposição para encontrar V_o no circuito na Figura 8.90.

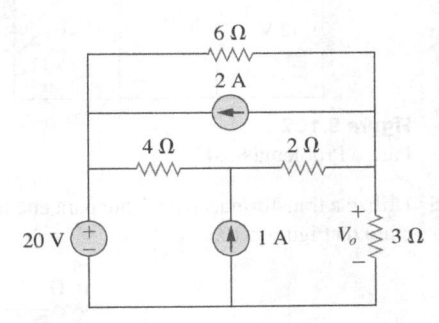

Figura 8.90
Para o Problema 8.10.

8.11 Para o circuito na Figura 8.91, utilize superposição para encontrar I. Calcule a potência entregue ao resistor de 3 Ω.

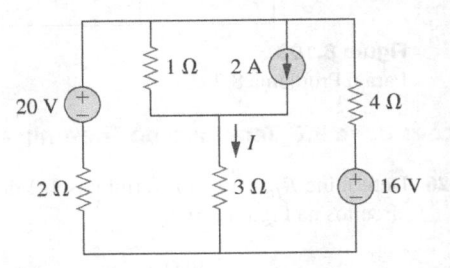

Figura 8.91
Para o Problema 8.11.

8.12 Dado o circuito na Figura 8.92, utilize superposição para obter I_o.

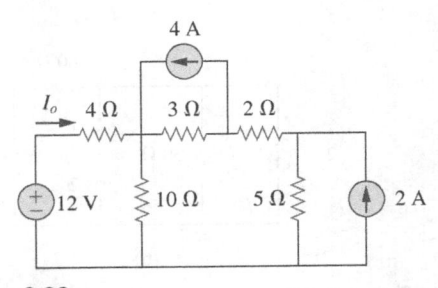

Figura 8.92
Para o Problema 8.12.

8.13 Aplique o princípio da superposição para encontrar V_o no circuito da Figura 8.93.

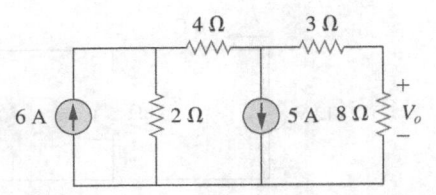

Figura 8.93
Para o Problema 8.13.

8.14 Utilize o teorema da superposição para encontrar V_o no circuito da Figura 8.94.

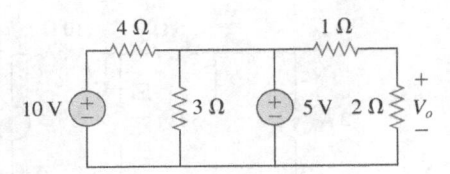

Figura 8.94
Para o Problema 8.14.

8.15 Consulte o circuito na Figura 8.95. Utilize o teorema da superposição para encontrar V_o.

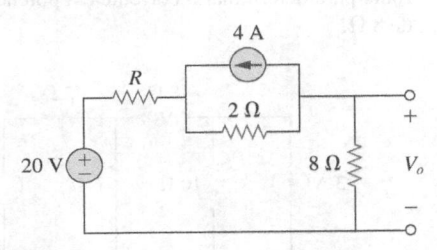

Figura 8.95
Para o Problema 8.15.

8.16 Obtenha V_o no circuito da Figura 8.96 utilizando o princípio da superposição.

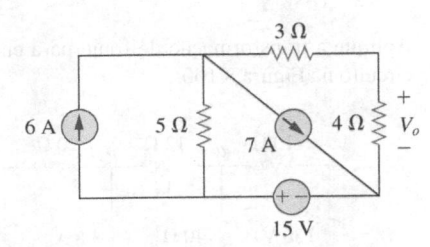

Figura 8.96
Para o Problema 8.16.

Seção 8.4 Transformação de fonte

8.17 Encontre I no Problema 8.7 utilizando transformação de fonte.

8.18 Aplique a transformação de fonte para determinar V_o e I_o no circuito na Figura 8.97.

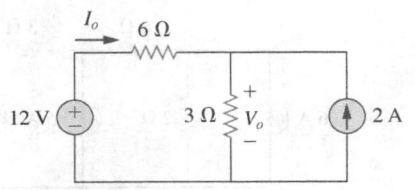

Figura 8.97
Para o Problema 8.18.

8.19 Para o circuito na Figura 8.98, utilize a transformação de fonte para encontrar I.

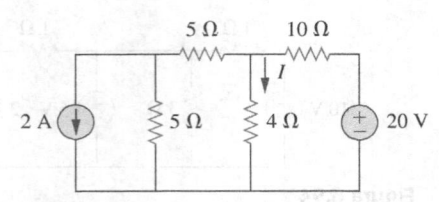

Figura 8.98
Para o Problema 8.19.

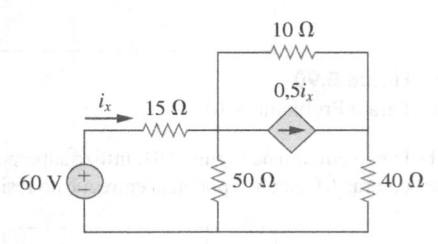

8.20 Referindo-se à Figura 8.99, utilize a transformação de fonte para determinar a corrente e a potência no resistor de 8 Ω.

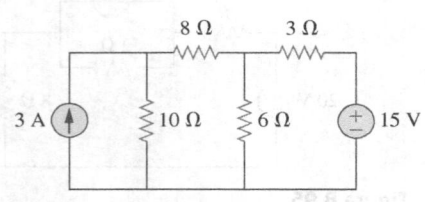

Figura 8.99
Para o Problema 8.20.

8.21 Utilize sucessivas transformações de fonte para encontrar V_o no Problema 8.8.

8.22 Aplique a transformação de fonte para encontrar V_x no circuito na Figura 8.100.

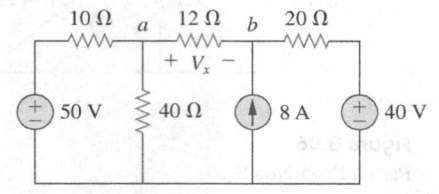

Figura 8.100
Para os Problemas 8.22 e 8.31.

8.23 Utilize a transformação de fonte para encontrar V_o no circuito da Figura 8.101.

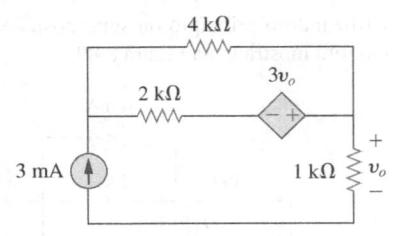

Figura 8.101
Para o Problema 8.23.

8.24 Utilize a transformação de fonte no circuito mostrado na Figura 8.102 para encontrar i_x.

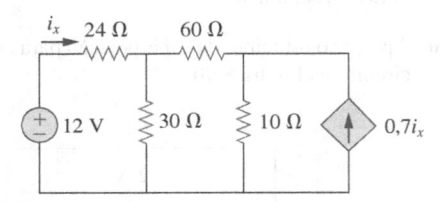

Figura 8.102
Para o Problema 8.24.

8.25 Utilize a transformação de fonte para encontrar i_x no circuito da Figura 8.103.

Figura 8.103
Para o Problema 8.25.

Seções 8.5 e 8.6 Teoremas de Thévenin e de Norton

8.26 Determine R_{Th} e V_{Th} nos terminais 1-2 de cada um dos circuitos na Figura 8.104.

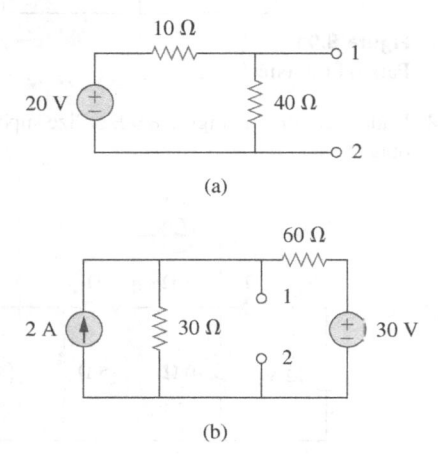

(a)

(b)

Figura 8.104
Para o Problema 8.26.

8.27 Encontre o equivalente de Thévenin nos terminais *a-b* do circuito na Figura 8.105.

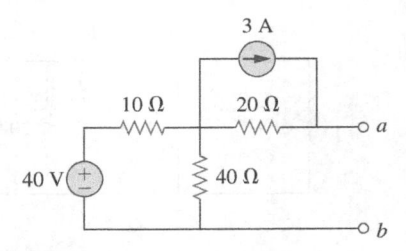

Figura 8.105
Para os Problemas 8.27 e 8.36.

8.28 Utilize o teorema de Thévenin para encontrar V_o no Problema 8.8.

8.29 Encontre a corrente *I* no circuito na Figura 8.106 utilizando o teorema de Thévenin. (Sugestão: Encontre o equivalente de Thévenin visto do resistor de 12 Ω).

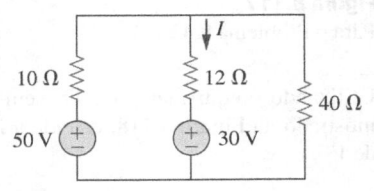

Figura 8.106
Para o Problema 8.29.

8.30 Aplique o teorema de Thévenin para encontrar V_o no circuito da Figura 8.107.

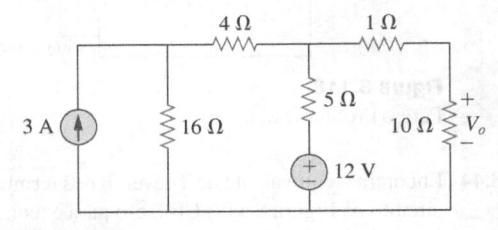

Figura 8.107
Para o Problema 8.30.

8.31 Dado o circuito na Figura 8.100, obtenha o equivalente de Thévenin nos terminais *a-b* e utilize o resultado para encontrar V_x.

8.32 Encontre os equivalentes de Thévenin e Norton nos terminais *a-b* do circuito na Figura 8.108.

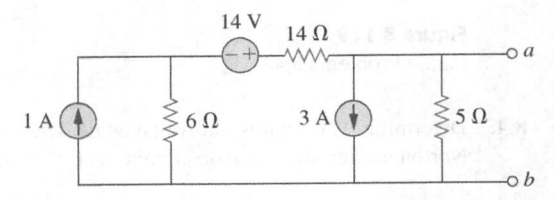

Figura 8.108
Para o Problema 8.32.

8.33 Encontre o equivalente de Thévenin visto dos terminais *a-b* do circuito na Figura 8.109 e obtenha I_x.

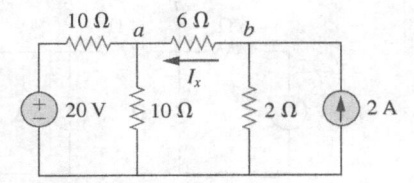

Figura 8.109
Para o Problema 8.33.

8.34 Para o circuito na Figura 8.110, obtenha o equivalente de Thévenin visto dos terminais: (a) *a-b* e (b) *b-c*.

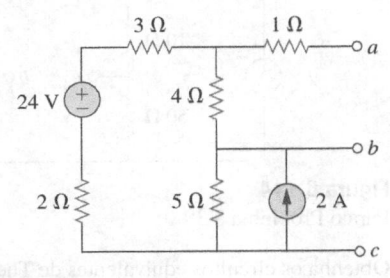

Figura 8.110
Para o Problema 8.34.

8.35 Encontre o equivalente de Norton na Figura 8.111.

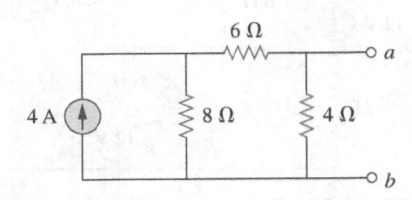

Figura 8.111
Para os Problemas 8.35 e 8.74.

8.36 Encontre o equivalente de Norton visto dos terminais *a-b* do circuito na Figura 8.105.

8.37 Obtenha o equivalente de Norton do circuito na Figura 8.112 à esquerda dos terminais *a-b*. Utilize o resultado para encontrar a corrente *I*.

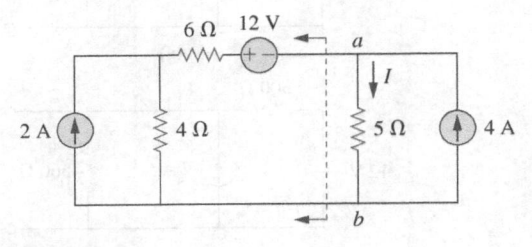

Figura 8.112
Para o Problema 8.37.

8.38 Dado o circuito na Figura 8.113, obtenha o equivalente de Norton visto dos terminais: (a) *a-b* e (b) *c-d*.

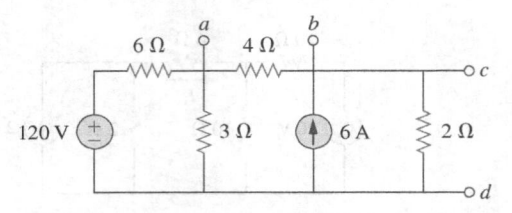

Figura 8.113
Para o Problema 8.38.

8.39 Determine os equivalentes de Thévenin e Norton nos terminais *a-b* do circuito na Figura 8.114.

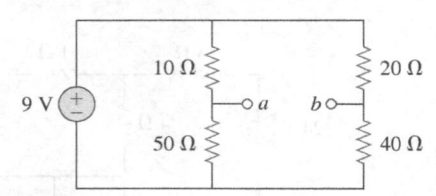

Figura 8.114
Para o Problema 8.39.

8.40 Obtenha os circuitos equivalentes de Thévenin e de Norton nos terminais *a-b* do circuito na Figura 8.115.

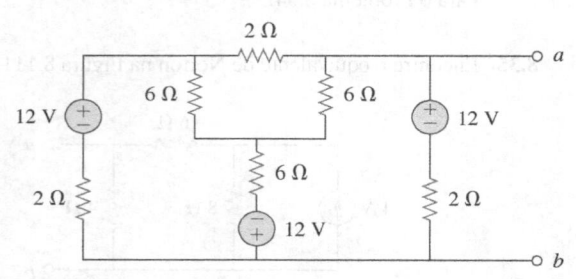

Figura 8.115
Para o Problema 8.40.

8.41 Encontre os circuitos equivalentes de Thévenin e Norton nos terminais *a-b* dos circuitos na Figura 8.116.

(a)

(b)

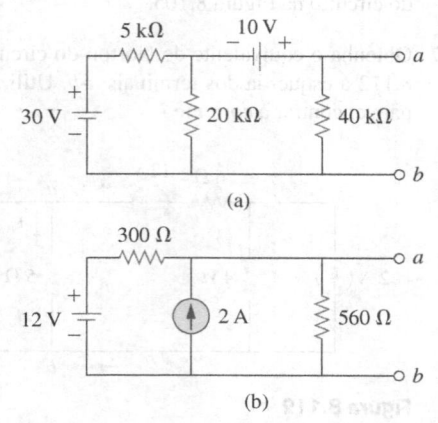

Figura 8.116
Para o Problema 8.41.

8.42 Obtenha os circuitos equivalentes de Thévenin e de Norton nos terminais *a-b* dos circuitos na Figura 8.117.

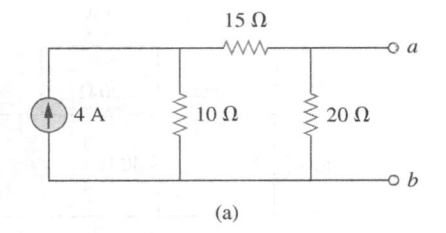

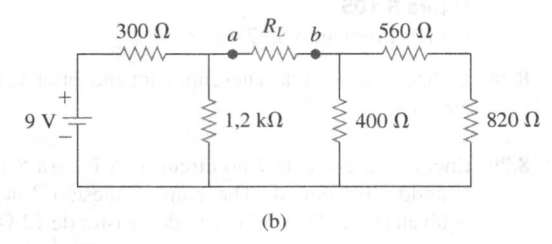

(a)

(b)

Figura 8.117
Para o Problema 8.42.

8.43 Utilizando o equivalente de Thévenin para o circuito mostrado na Figura 8.118, calcule a faixa de variação de V_L.

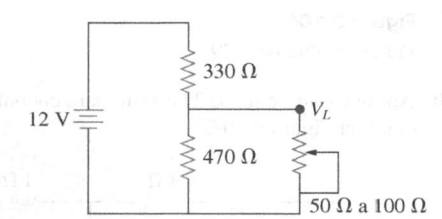

Figura 8.118
Para o Problema 8.43.

8.44 Encontre o equivalente de Thévenin nos terminais *a-b* do circuito na Figura 8.119. Utilize-o para encontrar V_o.

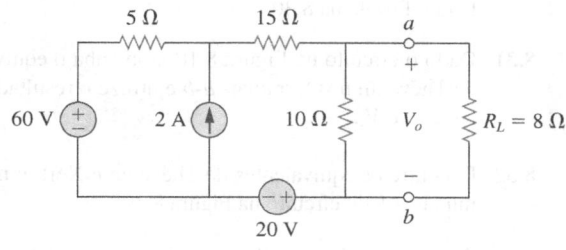

Figura 8.119
Para o Problema 8.44.

8.45 Determine os circuitos equivalentes de Thévenin e de Norton nos terminais *a-b* do circuito na Figura 8.120.

Figura 8.120
Para o Problema 8.45.

8.46 Determine o equivalente de Norton nos terminais a-b para o circuito na Figura 8.121.

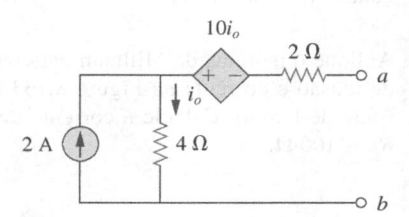

Figura 8.121
Para o Problema 8.46.

8.47 Para o modelo de um transistor na Figura 8.122, obtenha o equivalente de Thévenin nos terminais a-b.

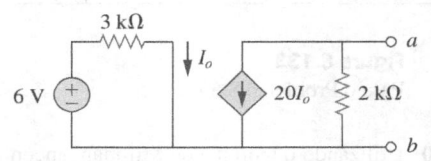

Figura 8.122
Para o Problema 8.47.

8.48 Encontre o equivalente de Thévenin entre os terminais a-b do circuito na Figura 8.123.

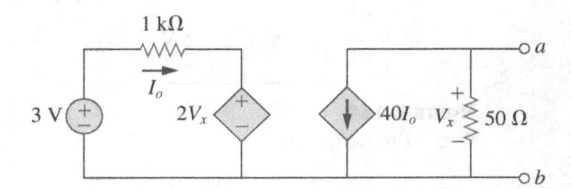

Figura 8.123
Para o Problema 8.48.

8.49 Obtenha os circuitos equivalentes de Thévenin e de Norton nos terminais a-b para o circuito na Figura 8.124.

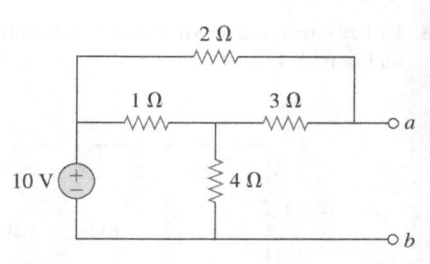

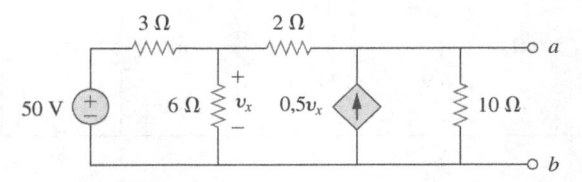

Figura 8.124
Para o Problema 8.49.

Seção 8.7 Teorema da máxima transferência de potência

8.50 Um circuito é reduzido a $V_{eq} = 30$ V e $R_{eq} = 2$ kΩ. Calcule a máxima potência que o circuito pode fornecer.

8.51 Encontre a máxima potência que pode ser entregue ao resistor R no circuito na Figura 8.125.

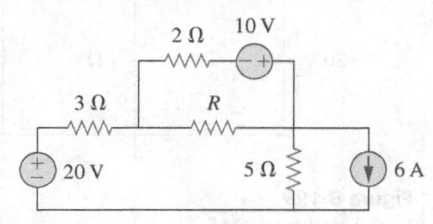

Figura 8.125
Para o Problema 8.51.

8.52 Consulte o circuito na Figura 8.126. Para qual valor de R ocorre a máxima de dissipação de potência. Calcule essa potência.

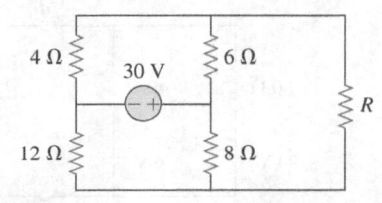

Figura 8.126
Para o Problema 8.52.

8.53 (a) Para o circuito na Figura 8.127, obtenha o equivalente de Thévenin nos terminais a-b. (b) Calcule a corrente em $R_L = 8$ Ω. Encontre R_L para a máxima potência entregue a R_L. (d) Determine essa potência máxima.

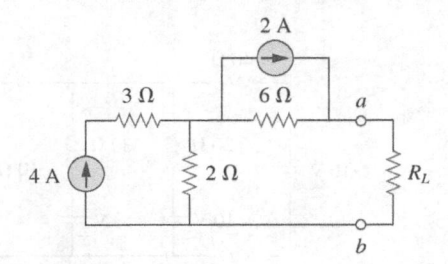

Figura 8.127
Para o Problema 8.53.

8.54 Para o circuito em ponte mostrado na Figura 8.128, determine a máxima potência que pode ser entregue ao resistor variável R_L.

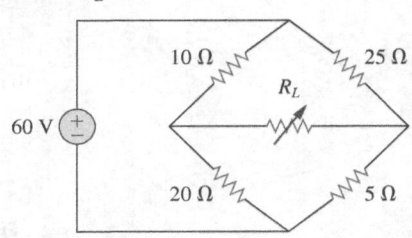

Figura 8.128
Para o Problema 8.54.

Seção 8.8 Teorema de Millman

8.55 Encontre V_o no circuito na Figura 8.129 utilizando o teorema de Millman.

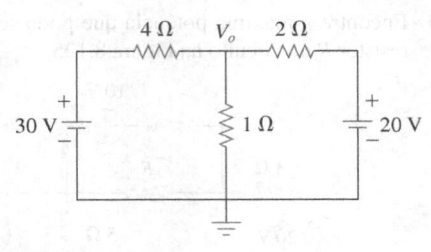

Figura 8.129
Para o Problema 8.55.

8.56 Aplique o teorema de Millman para encontrar I_x no circuito na Figura 8.130.

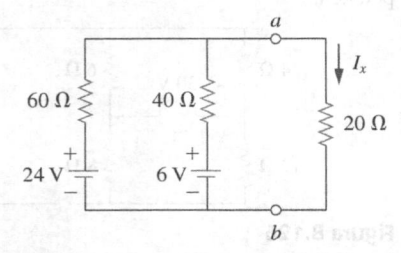

Figura 8.130
Para o Problema 8.56.

8.57 Utilize o teorema de Millman para encontrar V_o no circuito na Figura 8.131.

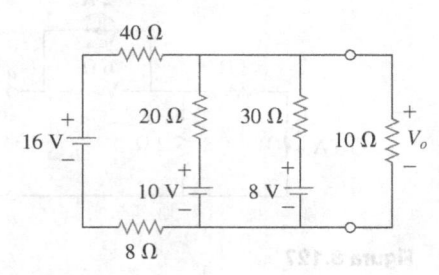

Figura 8.131
Para o Problema 8.57.

8.58 Utilize o teorema de Millman para encontrar a corrente I_o na Figura 8.132.

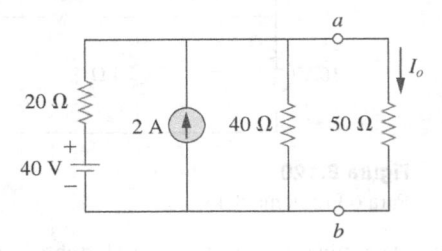

Figura 8.132
Para o Problema 8.58.

8.59 Aplique o teorema de Millman para reduzir as fontes de tensão e corrente na Figura 8.133 a uma simples fonte de tensão. Calcule a corrente de carga quando $R_L = 100\ \Omega$.

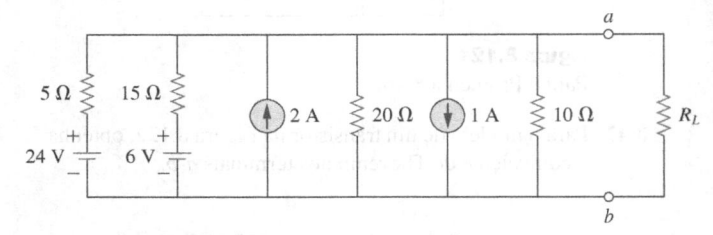

Figura 8.133
Para o Problema 8.59.

8.60 Utilizando o teorema de Millman, encontre V e I no circuito da Figura 8.134.

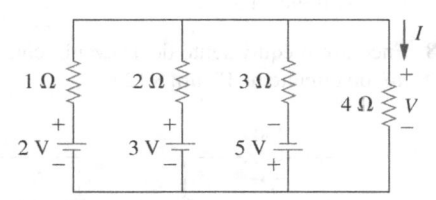

Figura 8.134
Para o Problema 8.60.

8.61 Determine I_x no circuito na Figura 8.135 utilizando o teorema de Millman.

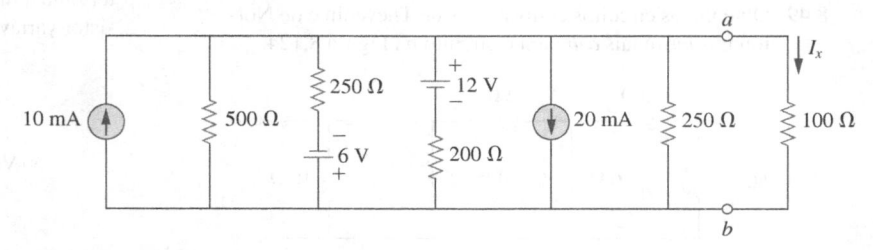

Figura 8.135
Para o Problema 8.61.

Seção 8.9 Teorema da substituição

8.62 Consulte o circuito na Figura 8.136. Se o resistor de 10 Ω for substituído por uma fonte de tensão em série com um resistor de 20 Ω, determine a magnitude da fonte de tensão.

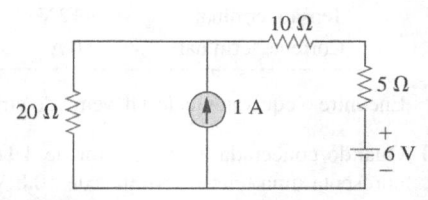

Figura 8.136
Para os Problemas 8.62 e 8.63.

8.63 Se o resistor de 10 Ω na Figura 8.136 for substituído por uma fonte de corrente em paralelo com o resistor de 20 Ω, determine a magnitude da fonte de corrente.

8.64 Utilize o teorema da substituição para desenhar dois ramos equivalentes para o ramo a-b do circuito na Figura 8.137.

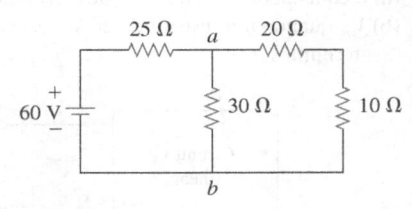

Figura 8.137
Para o Problema 8.64.

Seção 8.10 Teorema da reciprocidade

8.65 Determine a corrente I_x no circuito na Figura 8.138. Mostre que o teorema da reciprocidade é satisfeito.

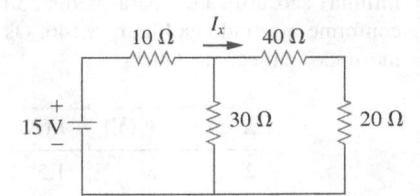

Figura 8.138
Para o Problema 8.65.

8.66 Encontre a tensão V_o no circuito na Figura 8.139. Mostre que o teorema da reciprocidade se aplica ao circuito.

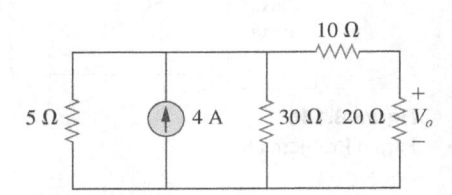

Figura 8.139
Para o Problema 8.66.

8.67 (a) Para o circuito na Figura 8.140(a), determine a corrente I.
(b) Repita o item (a) para o circuito na Figura 8.140(b).
(c) O teorema da reciprocidade é satisfeito?

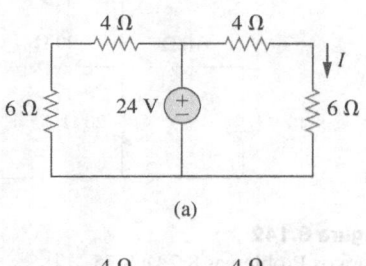

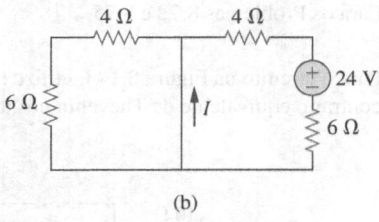

Figura 8.140
Para o Problema 8.67.

8.68 (a) Encontre V no circuito na Figura 8.141(a).
(b) Determine V no circuito na Figura 8.141(b).
(c) O teorema da reciprocidade é satisfeito?

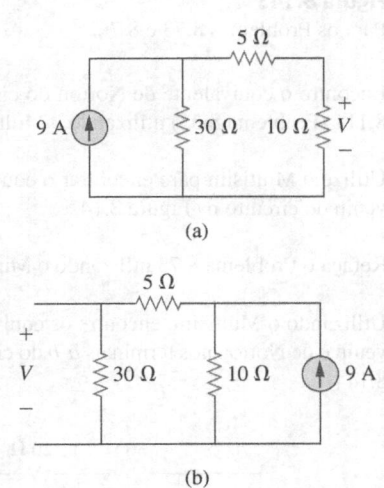

Figura 8.141
Para os Problemas 8.68 e 8.71.

Seção 8.11 Verificando os teoremas de circuitos com computadores

8.69 Resolva o Problema 8.39 utilizando o PSpice.

8.70 Utilize o PSpice para resolver o Problema 8.61.

8.71 Utilize o PSpice para resolver o Problema 8.68.

8.72 Obtenha o equivalente de Thévenin do circuito na Figura 8.142 utilizando o PSpice.

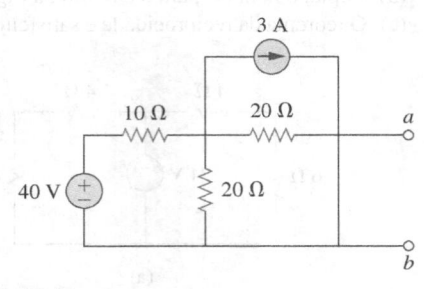

Figura 8.142
Para os Problemas 8.72 e 8.75.

8.73 Para o circuito na Figura 8.143, utilize o PSpice para encontrar o equivalente de Thévenin nos terminais *a-b*.

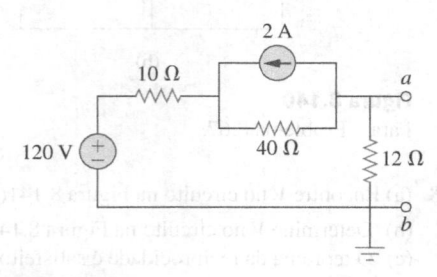

Figura 8.143
Para os Problemas 8.73 e 8.76.

8.74 Encontre o equivalente de Norton do circuito na Figura 8.111 (Problema 8.35) utilizando o Multisim.

8.75 Utilize o Multisim para encontrar o equivalente de Thévenin do circuito na Figura 8.142.

8.76 Refaça o Problema 8.73 utilizando o Multisim.

8.77 Utilizando o Multisim, encontre os equivalentes de Thévenin e de Norton nos terminais *a-b* do circuito na Figura 8.144.

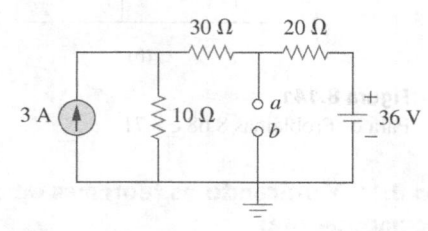

Figura 8.144
Para o Problema 8.77.

Seção 8.12 Aplicação: Modelagem de fonte

8.78 Uma bateria apresenta uma corrente de curto-circuito de 20 A e uma tensão de circuito aberto de 12 V. Se a bateria for conectada a uma lâmpada com resistência de 2 Ω, calcule a potência dissipada pela lâmpada.

8.79 Os resultados seguintes foram obtidos de medidas realizadas entre dois terminais de um circuito resistivo.

Tensão terminal	12 V	0 V
Corrente terminal	0 A	1,5 A

Encontre o equivalente de Thévenin do circuito.

8.80 Quando conectada a um resistor de 4 Ω, uma bateria apresenta uma tensão terminal de 10,8 V, mas produz 12 V em circuito aberto. Determine o circuito equivalente de Thévenin da bateria.

8.81 O equivalente de Thévenin nos terminais *a-b* do circuito linear mostrado na Figura 8.145 será determinado por medição. Quando um resistor de 10 kΩ é conectado aos terminais *a-b*, a tensão V_{ab} é medida como 6 V. Quando um resistor de 30 kΩ é conectado aos terminais, V_{ab} é medida como 12 V. Determine:

(a) o equivalente de Thévenin nos terminais *a-b*
(b) V_{ab} quando um resistor de 20 kΩ está conectado aos terminais *a-b*.

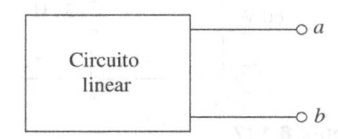

Figura 8.145
Para o Problema 8.81.

8.82 Uma caixa preta com um circuito dentro é conectada a um resistor variável. Um amperímetro ideal (com resistência nula) e um voltímetro ideal (com resistência infinita) são utilizados para medir corrente e tensão, conforme mostrado na Figura 8.146. Os resultados são mostrados na seguinte tabela.

R (Ω)	V (V)	I (A)
2	3	1,5
8	8	1,0
14	10,5	0,75

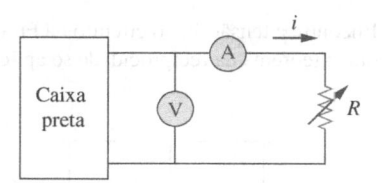

Figura 8.146
Para o Problema 8.82.

(a) Encontre *I* quando R = 4 Ω.
(b) Determine a máxima potência da caixa.

capítulo 9

Capacitância

Aguardamos ansiosos por um mundo fundado sobre quatro liberdades humanas essenciais. A primeira é a liberdade de falar e de se expressar – em todo o mundo. A segunda é a liberdade de cada pessoa adorar seu próprio Deus – em todo o mundo. A terceira é a liberdade de desejo – em todo o mundo. A quarta é a liberdade do medo – em qualquer lugar do mundo.

— Franklin D. Roosevelt

Perfis históricos

Michael Faraday (1791-1867), um químico e físico inglês, foi provavelmente o maior experimentalista do mundo.

Nascido perto de Londres, Faraday realizou seu sonho de infância, trabalhando com o grande químico Sir Humphry Davy na *Roy Institution*, onde trabalhou por 54 anos. Fez diversas contribuições em todas as áreas da física e inventou palavras como eletrólise, anodo e catodo. Sua descoberta da indução magnética em 1831 foi um grande avanço na engenharia, porque isso proporcionou uma forma de gerar eletricidade. O motor elétrico e o gerador operam segundo esse princípio. A unidade de capacitância, o farad, foi escolhida em sua homenagem.

Foto de Michael Faraday.
© The Huntington Library, Burndy Library, San Marino, California

Benjamin Franklin (1706-1790), um inventor, cientista, filósofo economista e estadista americano, foi um dos mais extraordinários seres humanos que o mundo já conheceu.

Embora tenha nascido em Boston, a cidade de Filadélfia é lembrada como a casa de Franklin. Na Filadélfia, é possível encontrar o Memorial Nacional de Benjamin Franklin. A lista de invenções de Benjamin Franklin revela um homem de muitos talentos e interesses. Foi a partir do seu perfil de cientista que surgiu o inventor. Dentre outras coisas, ele inventou o para-raios, que protegia construções e navios dos danos causados por relâmpagos.

Franklin tinha uma fórmula simples para o sucesso. Ele acreditava que as pessoas bem-sucedidas trabalhavam mais do que as outras pessoas. Ele ajudou a fundar uma nova nação e a definir o caráter americano. Franklin foi um dos fundadores dos Estados Unidos da América.

Foto de Benjamin Franklin.
Library of Congress Prints and Photographs Division
(LC-USZ62-25564)

9.1 Introdução

Até agora, tínhamos limitados os estudos a circuitos resistivos. Neste capítulo e no próximo, introduzimos dois novos e importantes elementos de circuitos lineares: o capacitor e o indutor. Ao contrário dos resistores, os quais dissipam energia, capacitores e indutores não dissipam energia, mas armazenam energia que pode ser recuperada em um momento posterior. Por essa razão, os capacitores e os indutores são chamados de elementos de armazenamento[1].

A aplicação de circuitos resistivos é bastante limitada, embora os circuitos resistivos sejam predominantes em circuitos digitais. Por exemplo, eles são utilizados no circuito de sintonia de um receptor de rádio e como elemento de memória dinâmica em sistemas de computador. Com a introdução dos capacitores neste capítulo e dos indutores no próximo, torna-se possível analisar circuitos mais importantes e práticos. É reconfortante notar que algumas das técnicas de análise de circuitos abordadas nos Capítulos 7 e 8 são igualmente aplicáveis a circuitos com capacitores e indutores.

Os capacitores podem ser os heróis desconhecidos no mundo dos componentes eletrônicos. O capacitor é um dos componentes eletrônicos mais utilizados devido a sua característica de se opor à variação de tensão, de bloquear a passagem de corrente e armazenar carga elétrica ou energia. Por exemplo, a proliferação dos telefones celulares nos últimos anos tem trazido não só conveniência para a comunicação e toques irritantes, mas também a inovação dos capacitores.

Iniciamos este capítulo introduzindo o capacitor e descrevendo como ele armazena energia em seus campos elétricos. Consideramos os diferentes tipos de capacitores disponíveis comercialmente. Examinamos como os capacitores se combinam em série ou em paralelo. Analisamos circuitos RC (circuitos contendo resistência R e capacitância C) e discutimos como os computadores podem ser utilizados para a modelagem dos capacitores. Por fim, discutimos duas aplicações de capacitores na vida real.

9.2 Capacitores

Além dos resistores, os capacitores são os componentes elétricos mais comuns. Um capacitor é um elemento passivo projetado para armazenar energia em seu campo elétrico. Os capacitores encontram uso extensivo em eletrônica, comunicação, computadores e sistemas de potência. Por exemplo, eles são utilizados no circuito sintonizador de um rádio e como elemento de memória dinâmica em sistemas de computador. Um capacitor é tipicamente construído como representado na Figura 9.1.

> Um **capacitor** é constituído por duas placas condutoras separadas por um isolante (ou dielétrico).

Em muitas aplicações práticas, as placas podem ser folhas de alumínio, enquanto o material do dielétrico pode ser vidro, mica, cerâmica, papel ou plástico, como polietileno ou policarbonato. Até mesmo o ar pode ser utilizado como dielétrico. Os tipos de capacitores são determinados pelo dielétrico. Assim, temos capacitores de cerâmica, mica, poliéster, papel e ar. O dielétrico previne uma placa encostar-se à outra. Usualmente um capacitor possui mais de duas placas.

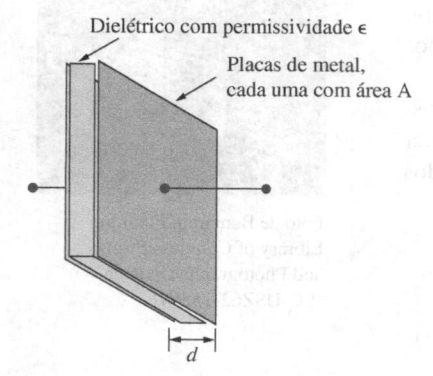

Figura 9.1
Um capacitor típico.

---
[1] Nota: Em oposição a um resistor, que absorve ou dissipa a energia de forma irreversível, um indutor ou capacitor armazena ou libera energia; isto é, ele possui uma memória.

Quando uma fonte de tensão V é conectada a um capacitor, conforme mostrado na Figura 9.2, a fonte deposita uma carga positiva $+Q$ em uma das placas e uma carga negativa $-Q$ na outra, de modo que o capacitor fica neutro. Diz-se que o capacitor armazena carga elétrica. O montante de carga armazenada, representada por Q, é diretamente proporcional à tensão aplicada V, tal que

$$Q = CV \quad (9.1)$$

em que C, a constante de proporcionalidade, é conhecida como capacitância do capacitor. (C aqui não deve ser confundido com coulomb, a unidade de carga). A capacitância é a habilidade do capacitor de armazenar energia em seu campo. A unidade de capacitância é o farad (F), em homenagem ao físico inglês Michael Faraday (1791-1867). Todavia, 1 F é muito grande, e muitos capacitores são somente frações de um farad. Assim, prefixos (multiplicadores) são utilizados para mostrar valores menores. Por exemplo, 1 μF é um milionésimo de 1 F. Da Equação (9.1),

$$1\ C = 1\text{F} - V \quad (9.2)$$

Figura 9.2
Um capacitor com uma tensão aplicada.

Rearranjando os termos da Equação (9.1), podemos reescrever a fórmula como

$$C = \frac{Q}{V} \quad (9.3a)$$

$$V = \frac{Q}{C} \quad (9.3b)$$

A partir da Equação (9.3a), deriva-se a seguinte definição[2]:

capacitância é razão entre a carga sobre uma placa de um capacitor e a diferença de tensão entre as duas placas, medida em farads (F).

Embora a capacitância C de um capacitor seja a relação da carga Q por placa e a tensão V aplicada, ela não depende de Q ou V. Ela depende das dimensões físicas do capacitor. Isso será esclarecido na próxima seção.

Podemos encontrar a energia armazenada no campo eletrostático de um capacitor. Relembramos que

$$C = \frac{Q}{V}, \qquad Q = It, \qquad C = \frac{It}{V} \quad (9.4)$$

Assim,

$$I = \frac{CV}{t} \quad (9.5)$$

A energia elétrica é

$$W = (\text{Tensão média}) \times \text{Corrente} \times \text{Tempo}$$
$$= \frac{(V-0)}{2} It = \frac{1}{2} V \left(\frac{CV}{t}\right) t$$

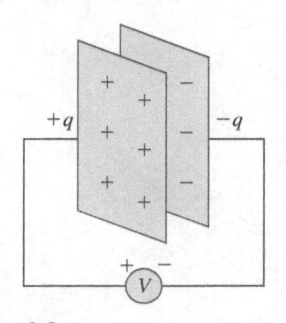

---

[2] Nota: A capacitância é o montante de carga armazenado por placa por unidade da diferença de tensão em um capacitor.

ou

$$W = \frac{1}{2}CV^2 \qquad (9.6)$$

em que V está em volts e C está em farads, de modo que W está em joules. Consideramos o fato de que a tensão no capacitor cresce desde zero até o seu valor final V, de modo que a tensão média é $V/2$. Se for introduzido $V = Q/C$, a Equação (9.6) pode ser reescrita como

$$W = \frac{Q^2}{2C} \qquad (9.7)$$

Esse é um modo alternativo para mostrar a Equação (9.6).

Exemplo 9.1

(a) Calcule a carga armazenada em um capacitor de 3 pF com 20 V sobre ele.
(b) Encontre a energia armazenada no capacitor.

Solução:
(a) Como $Q = CV$,

$$Q = 3 \times 10^{-12} \times 20 = 60 \text{ pC}$$

(b) A energia armazenada é

$$W = \frac{1}{2}CV^2 = \frac{1}{2} \times 3 \times 10^{-12} \times 400 = 600 \text{ pJ}$$

Problema Prático 9.1

Qual é a tensão sobre um capacitor de 3,3 μF se a carga sobre uma placa é 0,12 mC. Qual é a quantidade de energia armazenada?

Resposta: 36,36 V; 2,182 mJ.

9.3 Campos elétricos

Um capacitor armazena energia em seu campo elétrico, que é estabelecido por cargas opostas em suas placas. Os campos elétricos são os campos de força que existem onde há corpos carregados. Para as placas paralelas de um capacitor, o campo elétrico é representado por linhas de força como mostrado na Figura 9.3. A intensidade do campo elétrico, o fluxo elétrico e a densidade do fluxo elétrico podem ser todos calculados.

Como foi visto no Capítulo 1, a carga elétrica é medida em coulombs. O fluxo elétrico é a medida do número de linhas do campo elétrico passando através de uma área, o qual é também medido em coulombs. Portanto, se um capacitor possui Q coulombs de carga, o fluxo elétrico Ψ total entre suas placas é Q, isto é,

$$\Psi = Q \qquad (9.8)$$

A densidade de fluxo elétrico D é o fluxo elétrico por unidade de área, i.e.

$$D = \frac{\Psi}{A} = \frac{Q}{A} \qquad (9.9)$$

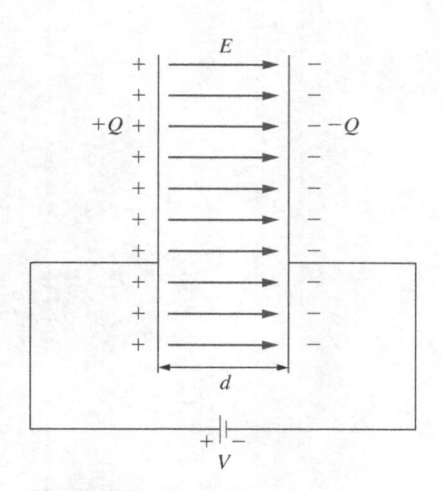

Figura 9.3
Campo elétrico dentro de um capacitor.

A intensidade do campo E (ou intensidade do campo elétrico) é a razão entre a tensão aplicada V e a distância d entre as placas; ou seja,

$$E = \frac{V}{d} \qquad (9.10)$$

Tanto a intensidade do campo E (em V/m) quanto a densidade de fluxo D (em C/m^2) crescem à medida que a carga nas placas do capacitor aumenta e elas estão relacionadas.

$$D = \varepsilon E \qquad (9.11)$$

em que ε é chamado de permissividade do material dielétrico. A permissividade especifica a facilidade com que o fluxo elétrico pode passar através do material.

Para um capacitor de placas paralelas (tal como mostrado nas Figuras 9.1 a 9.3), como $\Psi = DA$, $V = Ed$ e $D/E = \varepsilon$, segue-se que

$$C = \frac{Q}{V} = \frac{\Psi}{V} = \frac{DA}{Ed} = \frac{\varepsilon A}{d} \qquad (9.12)$$

ou

$$\boxed{C = \frac{\varepsilon A}{d}} \qquad (9.13)$$

em que A é a área da superfície de cada placa, d é a distância entre as placas e ε é a permissividade do material dielétrico entre as placas. Observe das Equações (9.12) e (9.13) que a capacitância não depende de Q e V, mas da razão entre elas e das dimensões físicas do capacitor. Embora a Equação (9.13) aplique-se somente aos capacitores de placas paralelas, podemos inferir dela que três fatores determinam o valor da capacitância:

1. A área da superfície das placas – quanto maior a área maior a capacitância.
2. O espaço entre as placas – quanto menor o espaço maior a capacitância.
3. A permissividade do material – quanto maior a permissividade maior a capacitância.

A permissividade de um material dielétrico pode ser escrita como

$$\varepsilon = \varepsilon_o \varepsilon_r \qquad (9.14)$$

em que $\varepsilon_0 = 8{,}85 \times 10^{-12}$ farads por metro (F/m) é a permissividade no vácuo e $\varepsilon_r = \dfrac{\varepsilon}{\varepsilon_o}$ é a permissividade relativa ou a constate dielétrica do material.

As constantes dielétricas de materiais comuns são apresentadas na Tabela 9.1. As constantes dielétricas listadas na Tabela 9.1 são aproximadas; a constante dielétrica varia bastante para um dado material. Devemos ter mente que a constante dielétrica de um material é adimensional porque se trata de uma medida relativa.

Se a tensão na Figura 9.3 aumenta de certo valor, o material dielétrico que separa as placas pode se romper. A intensidade do campo elétrico na ruptura é conhecida como rigidez dielétrica do material. A rigidez dielétrica de um dado material é a tensão por unidade de espessura em que o material pode se romper. As rigidezes dielétricas de materiais comuns são mostradas na Tabela 9.2. Nova-

TABELA 9.1 Constantes dielétricas de materiais comuns

Material	Constante dielétrica (ε_r)
Vácuo	1,0
Ar	1,0006
Teflon	2,0
Papel (seco)	2,5
Poliestireno	2,5
Borracha	3,0
Óleo (transformador)	4,0
Mica	5,0
Porcelana	6,0
Vidro	7,5
Óxido de tântalo	30
Água (destilada)	80
Cerâmica	7.500

TABELA 9.2 Rigidez dielétrica de materiais comuns

Material	Rigidez dielétrica (kV/cm)
Ar	30
Cerâmica	30
Porcelana	70
Papel	500
Teflon (plástico)	600
Vidro	1.200
Mica	2.000

mente, as rigidezes dielétricas listadas na Tabela 9.2 são aproximadas; a rigidez dielétrica varia bastante para um dado material. Tipicamente, a tensão de ruptura pode ser ampliada pelo aumento da distância de separação das placas (a espessura do dielétrico), mas isso reduz a capacitância.

Exemplo 9.2

(a) Calcule a capacitância de um capacitor de placas paralelas com a área de cada placa de 4 cm² e uma separação de 0,3 cm. Assuma que o isolante é o ar.
(b) Repita os cálculos no item (a) se o dielétrico for cerâmica.

Solução:
(a) Para o ar, $\varepsilon_r \approx 1$, então

$$C = \varepsilon_o \frac{A}{d} = 8{,}85 \times 10^{-12} \frac{4 \times 10^{-4}}{0{,}3 \times 10^{-2}} = 1{,}18 \text{ pF}$$

(b) Para cerâmica, $\varepsilon_r \approx 7.500$, então

$$C = \varepsilon_o \varepsilon_r \frac{A}{d} = 8{,}85 \times 10^{-12} \times 7.500 \frac{4 \times 10^{-4}}{0{,}3 \times 10^{-2}}$$

$$= 8.850 \text{ pF} = 8{,}85 \text{ nF}$$

mostrando que a natureza do dielétrico pode fazer diferença significativa no valor da capacitância.

Determine a capacitância de um capacitor de placas paralelas com a área de cada placa de 0,02 m² e uma separação de placas de 5 mm. Assuma que o dielétrico que separa as placas seja teflon.

Resposta: 70,8 pF.

9.4 Tipos de capacitores

Os capacitores estão disponíveis comercialmente em diferentes valores e tipos. Tipicamente os capacitores têm valores na faixa de picofarads (pF) a microfarads (μF). Eles são descritos pelo material do dielétrico e se são fixos ou variáveis. A Fig 9.4 mostra os símbolos dos capacitores do tipo fixo e do tipo variável. Observe que, de acordo com a convenção passiva de sinal, considera-se que a corrente está entrando pelo terminal positivo do capacitor quando o mesmo está sendo carregado, e saindo terminal negativo quando está descarregando.

Tipos comuns de capacitores de valor fixo são mostrados na Figura 9.5. Os capacitores de poliéster são leves, estáveis e suas variações com a temperatura são previsíveis. Em vez do poliéster, outros materiais dielétricos, tais como mica, cerâmica e poliestireno, podem ser utilizados. Como se pode observar na Tabela 9.1, a cerâmica proporciona uma constante dielétrica elevada e uma alta rigidez dielétrica. Como resultado, um valor elevado de capacitância pode ser obtido em um espaço reduzido. Os capacitores eletrolíticos produzem capacitâncias elevadas, mas apresentam uma baixa tensão de ruptura.

Problema Prático 9.2

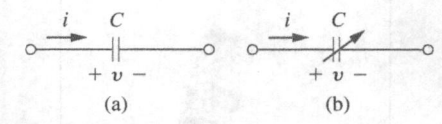

Figura 9.4
Símbolos de capacitores (a) fixo (b) variável.

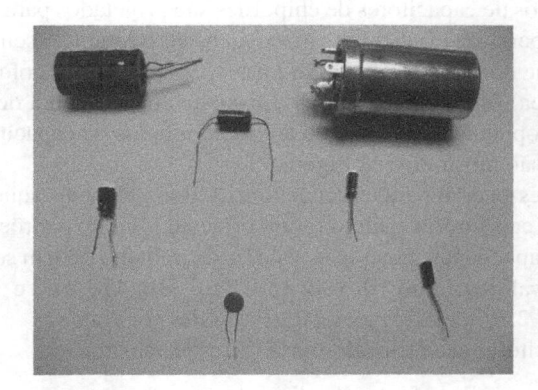

Figura 9.5
Diferentes tipos de capacitores fixos.
© Sarhan M. Musa

Os capacitores variáveis ou ajustáveis são utilizados em circuitos que requerem capacitância ajustável. Exemplos de tais circuitos são encontrados nos receptores de rádio, nos sintonizadores de TV ou no casamento de impedância de antenas. A Figura 9.6 mostra os tipos mais comuns de capacitores variáveis. A capacitância de um capacitor trimmer (ou padder) ou um capacitor de pistão de vidro é variada pelo ajuste de um parafuso. O capacitor trimmer é muitas vezes colocado em paralelo com outro capacitor de modo que a capacitância equivalente possa ser variada ligeiramente. A capacitância de um capacitor de ar variável (malha de placas) é variada pelo ajuste do eixo. Os capacitores variáveis são utilizados em receptores de rádio permitindo-se sintonizar várias estações.

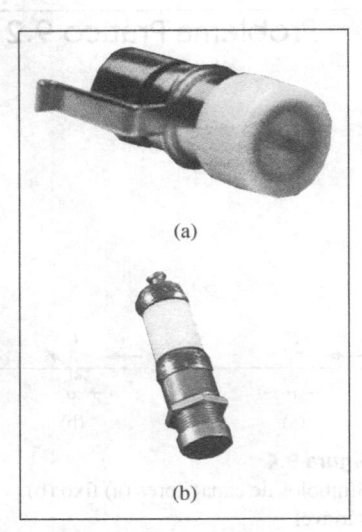

Figura 9.6
Capacitores variáveis: (a) capacitor trimmer, (b) capacitor fimltrim.
© Johanson Manufacturing Corporation

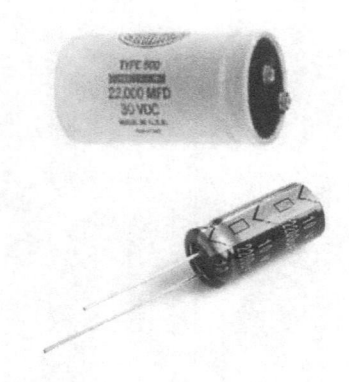

Figura 9.7
Capacitores eletrolíticos.
Cortesia da Surplus Sales of Nebraska

Os valores de capacitância e de tensão nominal são geralmente indicados no corpo do capacitor. A capacitância nos diz o quanto de carga elétrica o capacitor pode armazenar [ver Equação (9.1)]. A tensão nominal indica qual a tensão o capacitor suporta. Assim como os resistores, alguns capacitores utilizam a codificação por cores devido ao tamanho reduzido. Alguns dos códigos de cores não estão mais em uso. Eles podem se encontrados em livros antigos e em manuais de referência. Embora não seja importante aprender as marcações do código de cores neste ponto, você deve estar ciente da sua existência. Outros capacitores, tais como os eletrolíticos, são grandes o suficiente para que informações sobre capacitância, tensão nominal e tolerância possam ser impressas neles; entretanto, alguns são codificados por cores e alguns têm códigos alfanuméricos.

Os capacitores eletrolíticos são aqueles em que uma ou ambas as placas é uma substância não metálica, um eletrólito. Os eletrólitos possuem uma condutividade menor do que metais, então, eles são utilizados em capacitores quando uma placa metálica não é apropriada, quando a superfície do dielétrico é frágil ou áspera. Os capacitores eletrolíticos são mostrados na Figura 9.7. Eles usualmente possuem os maiores valores de capacitância com valores na faixa de 0,1 a 200.000 μF. Os capacitores eletrolíticos são usualmente polarizados com uma das placas sendo positiva e outra negativa. Por essa razão, a não observação da polaridade correta pode destruir (explodir) o capacitor. Os capacitores não eletrolíticos podem ser conectados em um circuito sem se preocupar com a polaridade.

Assim como os resistores, os capacitores estão disponíveis como componentes montados em superfície. Os capacitores montados em superfície são, às vezes, chamados de capacitores de chip. Eles são projetados para aplicações que requerem temperatura estável e características de frequência semelhante ao capacitor de filme de poliéster. Eles são ideais para aplicações como interferência eletromagnética, filtragem de ruídos, filtros de entrada/saída de fontes de alimentação e acoplamento de sinal ou áudio. Exemplos de capacitores montados em superfície são mostrados na Figura 9.8.

Os valores-padrão para os capacitores são semelhantes àqueles para os resistores. Esses capacitores-padrão foram projetados como padrões de referência primários de capacitância em que os valores de trabalho podem ser comparados. Eles incluem valores como 10, 100, 150, 220, 330, 470, 560 e 1.000 pF, e em seguida 1; 1,5; 2,2; 3,3; 4,7; 5,6; e 10 μF e assim por diante.

Os capacitores são utilizados para vários propósitos:

- Suavizar a saída de fontes de alimentação.
- Bloquear o fluxo de corrente sem interromper a passagem de corrente alternada.

Figura 9.8
Capacitores montados em superfície.
Cortesia da Surplus Sales of Nebraska

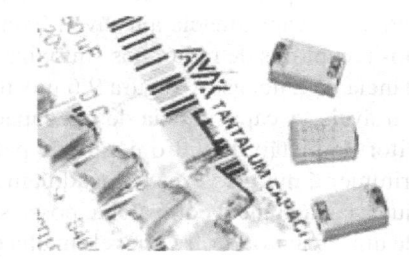

- Armazenar energia tal como em um circuito do flash de uma câmera fotográfica.
- Para temporização, tal como no circuito integrado temporizador 555 controlando o carregamento e descarregamento.
- Para acoplamento, tal como entre os estágios de um sistema de áudio e conexão ao alto-falante.
- Para filtragem, tal como no controle de tonalidade de um sistema de áudio.
- Para sintonia, tal como no sistema de um rádio.

9.5 Capacitores em série e em paralelo

A conexão em série-paralelo de capacitores às vezes é encontrada. Desejamos substituir esses capacitores por um simples capacitor equivalente C_{eq}.

Com o intuito de obter o capacitor equivalente C_{eq} de N capacitores em paralelo, considere o circuito na Figura 9.9(a). O circuito equivalente é mostrado na Figura 9.9(b). Observe que os capacitores estão sob a mesma tensão V, mas a carga total é a soma das cargas individuais,

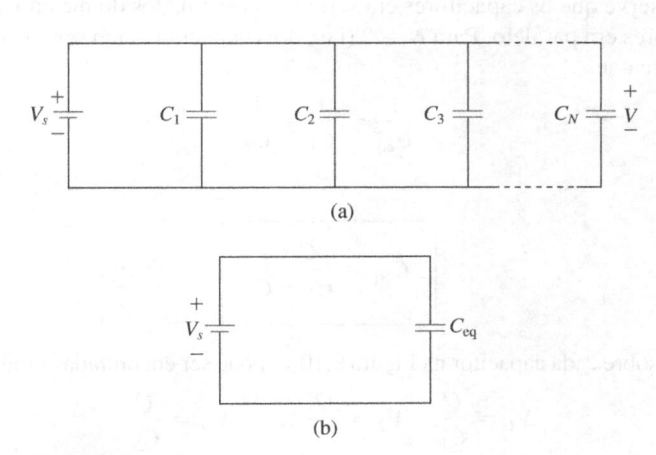

$$Q_T = Q_1 + Q_2 + Q_3 + \cdots + Q_N \qquad (9.15)$$

Figura 9.9
(a) N capacitores conectados em paralelo; (b) circuito equivalente para os capacitores em paralelo.

Mas $Q = CV$. Daí,

$$C_{eq}V = C_1V + C_2V + C_3V + \cdots + C_NV$$

ou

$$C_{eq} = C_1 + C_2 + C_3 + \cdots + C_N \qquad (9.16)$$

Observe que os capacitores em paralelo são combinados do mesmo modo que os resistores em série.

A **capacitância equivalente** de N capacitores conectados em paralelo é a soma das capacitâncias individuais.

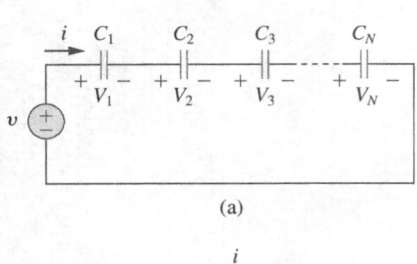

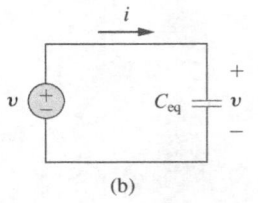

Figura 9.10
(a) N capacitores conectados em série;
(b) circuito equivalente dos capacitores em série.

Agora será obtido C_{eq} para N capacitores conectados em série pela comparação do circuito na Figura 9.10(a) com o circuito equivalente na Figura 9.10(b). Observe que a mesma corrente i (e consequentemente a mesma carga se acumula nas placas de cada capacitor) flui através dos capacitores. Aplicando a LKT ao laço na Figura 9.1(a),

$$V = V_1 + V_2 + V_3 + \cdots + V_N \tag{9.17}$$

Mas $V = Q/C$. Portanto,

$$\frac{Q}{C_{eq}} = \frac{Q}{C_1} + \frac{Q}{C_2} + \frac{Q}{C_3} + \cdots + \frac{Q}{C_N}$$

ou

$$\boxed{\frac{1}{C_{eq}} = \frac{1}{C_1} + \frac{1}{C_2} + \frac{1}{C_3} + \cdots + \frac{1}{C_N}} \tag{9.18}$$

A **capacitância equivalente** de capacitores conectados em série é o recíproco da soma dos recíprocos das capacitâncias individuais.

Observe que os capacitores em série são combinados do mesmo modo que os resistores em paralelo. Para $N = 2$ (i.e., dois capacitores em série), a Equação (9.18) torna-se

$$\frac{1}{C_{eq}} = \frac{1}{C_1} + \frac{1}{C_2}$$

ou

$$\boxed{C_{eq} = \frac{C_1 C_2}{C_1 + C_2}} \tag{9.19}$$

A tensão sobre cada capacitor na Figura 9.10(a) pode ser encontrada como se segue.

$$V_1 = \frac{Q}{C_1}, \quad V_2 = \frac{Q}{C_2}, \ldots, \quad V_N = \frac{Q}{C_N}$$

Mas $V = Q/C_{eq}$ ou $Q = C_{eq}V$. Então,

$$V_1 = \frac{C_{eq}}{C_1}V, \quad V_2 = \frac{C_{eq}}{C_2}V, \ldots, \quad V_N = \frac{C_{eq}}{C_N}V \tag{9.20}$$

Observe que os capacitores atuam como divisores de tensão.

Exemplo 9.3

Três capacitores $C_1 = 4\mu F$, $C_2 = 5\ \mu F$ e $C_3 = 10\ \mu F$ estão conectados em paralelo com uma fonte de 110 V.
(a) Determine a capacitância total. (b) Encontre a energia total armazenada.

Solução:
(a) Como os capacitores estão conectados em paralelo, a capacitância total ou equivalente é

$$C_{eq} = C_1 + C_2 + C_3 = 4 + 5 + 10 = 19\ \mu F$$

(b) A energia total armazenada é

$$W = \frac{1}{2}C_{eq}V^2 = \frac{1}{2} \times 19 \times 10^{-6} \times 110^2 = 0{,}115\ J$$

Problema Prático 9.3

Refaça o Exemplo 9.3 para os capacitores conectados em série.

Resposta: 1,818 μF; 11,01 mJ.

Exemplo 9.4

Encontre a capacitância equivalente vista dos terminais *a-b* do circuito na Figura 9.11

Solução:
Os capacitores de 20 μF e 5 μF estão em série; a capacitância equivalente é

$$\frac{20 \times 5}{20 + 5} = 4 \ \mu F$$

Esse capacitor de 4 μF está em paralelo com os capacitores de 6 μF e 20 μF; a capacitância equivalente é

$$4 + 6 + 20 = 30 \ \mu F$$

Esse capacitor de 30 μF está em série com o capacitor de 60 μF. Daí, a capacitância equivalente para o circuito como um todo é

$$C_{eq} = \frac{30 \times 60}{30 + 60} = 20 \ \mu F$$

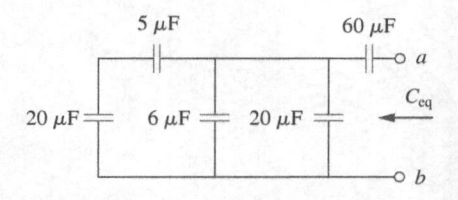

Figura 9.11
Para o Exemplo 9.4.

Problema Prático 9.4

Encontre a capacitância equivalente vista dos terminais *a-b* do circuito na Figura 9.12.

Resposta: 40 μF.

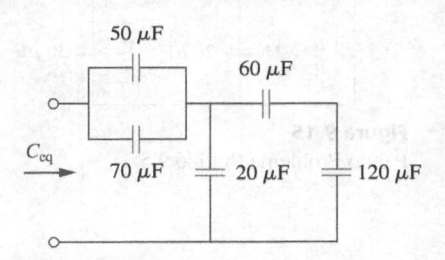

Figura 9.12
Para o Problema Prático 9.4.

Exemplo 9.5

Para o circuito na Figura 9.13, encontre a tensão sobre cada capacitor.

Solução:
Primeiramente, encontramos a capacitância equivalente, mostrada na Figura 9.14. Os dois capacitores em paralelo na Figura 9.13 podem ser combinados para obter 40 + 20 = 60 μF. Esse capacitor de 60 μF está em série com os capacitores de 20 μF e 30 μF. Então,

$$C_{eq} = \frac{1}{\frac{1}{60} + \frac{1}{30} + \frac{1}{20}} \ \mu F = 10 \ \mu F$$

A carga total é

$$Q = C_{eq}V = 10 \times 10^{-6} \times 30 = 0,3 \ mC$$

Essa é a carga nos capacitores de 20 μF e 30 μF porque eles estão em série com a fonte de 30 V. (Uma forma grosseira de ver isso é imaginar que a carga age como a corrente, pois $I = Q/t$). Portanto,

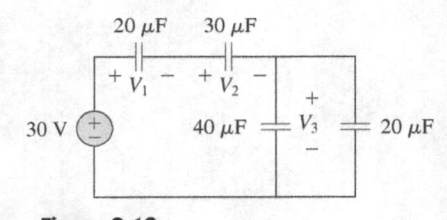

Figura 9.13
Para o Exemplo 9.5.

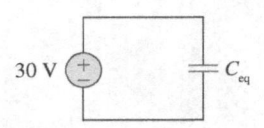

Figura 9.14
Circuito equivalente para o da Figura 9.12.

$$V_1 = \frac{Q}{C_1} = \frac{0,3 \times 10^{-3}}{20 \times 10^{-6}} = 15 \text{ V}$$

$$V_2 = \frac{Q}{C_2} = \frac{0,3 \times 10^{-3}}{30 \times 10^{-6}} = 10 \text{ V}$$

Tendo determinado V_1 e V_2, podemos, agora, utilizar a LKT para determinar V_3; isto é,

$$V_3 = 30 - V_1 - V_2 = 5 \text{ V}$$

Alternativamente, como os capacitores de $40\mu\text{F}$ e $20\mu\text{F}$ estão em paralelo, eles têm a mesma tensão V_3 e a combinação da capacitância é $40\mu\text{F} + 20\mu\text{F} = 60\mu\text{F}$. Essa combinação de capacitâncias está em série com os capacitores de $20\mu\text{F}$ e $30\mu\text{F}$ e, consequentemente, eles têm a mesma carga. Portanto,

$$V_3 = \frac{Q}{60\ \mu\text{F}} = \frac{0,3 \times 10^{-3}}{60 \times 10^{-6}} = 5 \text{ V}$$

Problema Prático 9.5

Encontre a tensão sobre cada capacitor na Figura 9.15.

Resposta: $V_1 = 30$ V; $V_2 = 30$ V; $V_3 = 10$ V; $V_4 = 20$ V.

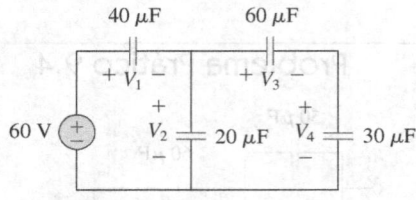

Figura 9.15
Para o Problema Prático 9.5.

9.6 Relação entre corrente e tensão

A relação entre carga e tensão para um capacitor é dada pela Equação (9.1) que implica que

$$Q = Cv \tag{9.1}$$

Taxa de variação da carga $Q = C \times$ taxa de variação da tensão v

porque a capacitância C é constante. Mas

Taxa de variação de $Q =$ Corrente $= i$

Isto é,

$i = C \times$ Taxa de variação de v

Utilizando a notação de cálculo,

$$\boxed{i = C\frac{dv}{dt}} \tag{9.21}$$

em que dv/dt é a taxa de variação em v ou derivada de v. A Equação (9.21) é relação entre corrente e tensão para um capacitor, assumindo a convenção de sinal passivo (veja a Figura 9.4). A Equação (9.21) implica que quanto mais rápida for a variação da tensão sobre o capacitor maior será a corrente e vice-

-versa. Se a tensão cresce no tempo, a derivada *dv/dt* é positiva. Ela é negativa se a tensão diminui no tempo. Se a tensão se mantém constante (não varia), a corrente é zero.

Observe que utilizamos as letras minúsculas v e i para designar tensão e corrente instantâneas, enquanto as letras V e I maiúsculas são utilizadas para tensão e corrente contínuas.

Devemos observar as seguintes propriedades de um capacitor:

1. Observe a partir da Equação (9.21) que, quando a tensão sobre o capacitor não varia no tempo (i.e., tensão CC), a corrente através do capacitor é zero.

Um capacitor é um circuito aberto em corrente contínua (CC).

Entretanto, se uma bateria (tensão CC) é conectada ao capacitor, o capacitor se carrega.

2. A tensão sobre um capacitor dever ser contínua; isto é,

a tensão sobre um capacitor não pode mudar abruptamente.

O capacitor resiste a uma variação abrupta de tensão sobre ele. De acordo com a Equação (9.21), uma mudança instantânea na tensão requer uma corrente infinita, o que é fisicamente impossível. Por exemplo, a tensão sobre o capacitor pode assumir a forma mostrada na Figura 9.16(a), enquanto não é fisicamente possível para o capacitor que a tensão assuma a forma mostrada na Figura 9.16(b) devido à mudança abrupta. Por outro lado, a corrente no capacitor pode mudar instantaneamente.

3. O capacitor ideal não dissipa energia. Ele recupera potência do circuito quando armazena energia em seu campo e devolve para o circuito a energia previamente armazenada quando entrega potência para o circuito.

4. Um capacitor real (não ideal) possui uma resistência paralela de fuga, conforme mostrado na Figura 9.17. A resistência de fuga pode apresentar valores superiores a 100 MΩ e pode ser desconsiderada na maioria das aplicações práticas. Por essa razão assumimos o capacitor ideal neste livro.

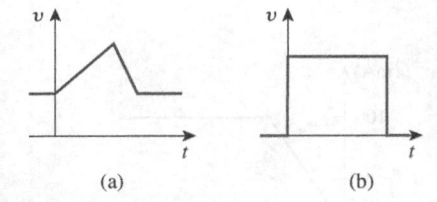

Figura 9.16
Tensão sobre um capacitor: (a) permitida; (b) não permitida. Observe que uma mudança abrupta não é permitida.

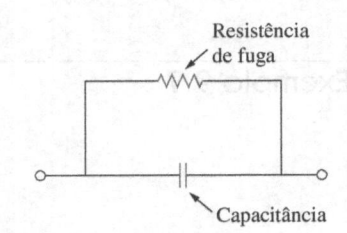

Figura 9.17
Modelo de um capacitor não ideal.

Exemplo 9.6

Determine a corrente através de um capacitor de 200 μF cuja tensão sobre ele é mostrada na Figura 9.18.

Solução:
Como $i(t) = C\,\Delta v/\Delta t$ e $C = 200\ \mu F$, toma-se a derivada de v ou a inclinação de v para obter $i(t)$.

De $t = 0$ s até $t = 1$ s, $\Delta v = 50$ V, enquanto $\Delta t = 1$ tal que a inclinação $\Delta v/\Delta t = 50/1 = 50$ V/s.

De $t = 1$ s até $t = 3$ s, $\Delta v = -100$ V, enquanto $\Delta t = 2$ tal que a inclinação $\Delta v/\Delta t = -100/2 = -50$ V/s.

De $t = 3$ s até $t = 4$ s, $\Delta v = 50$ V, enquanto $\Delta t = 1$ s tal que a inclinação $\Delta v/\Delta t = 50/1 = 50$ V/s.

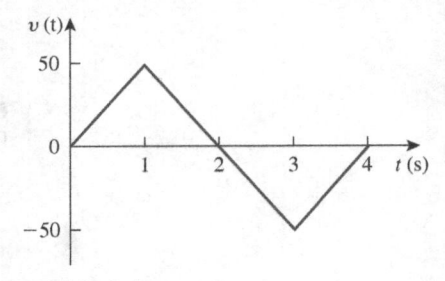

Figura 9.18
Para o Exemplo 9.6.

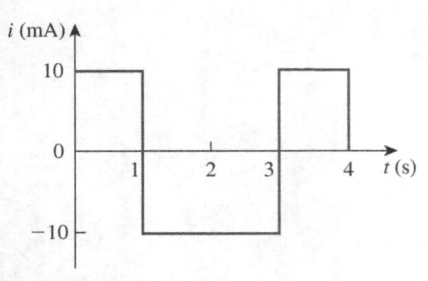

Figura 9.19
Para o Exemplo 9.6.

Assim, $i(t) = C \Delta v/\Delta t$ torna-se

$$i(t) = 200 \times 10^{-6} \times \begin{cases} 50, & 0 < t < 1 \\ -50, & 1 < t < 3 \\ 50, & 3 < t < 4 \\ 0, & \text{caso contrário} \end{cases}$$

$$= \begin{cases} 10 \text{ mA}, & 0 < t < 1 \\ -10 \text{ mA}, & 1 < t < 3 \\ 10 \text{ mA}, & 3 < t < 4 \\ 0, & \text{caso contrário} \end{cases}$$

Problema Prático 9.6

A forma de onda da corrente é mostrada na Figura 9.19.

Um capacitor de 1 mF inicialmente descarregado tem uma corrente mostrada na Figura 9.20. Calcule a tensão sobre o capacitor em $t = 2$ ms e em $t = 5$ ms.

Resposta: 100 mV; 400 mV.

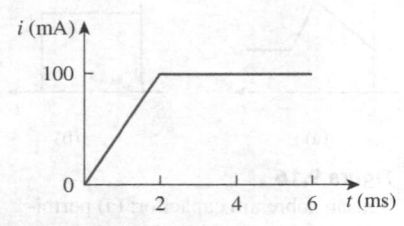

Figura 9.20
Para o Problema Prático 9.6.

Exemplo 9.7

Obtenha a energia armazenada em cada capacitor na Figura 9.21(a) sob condições CC.

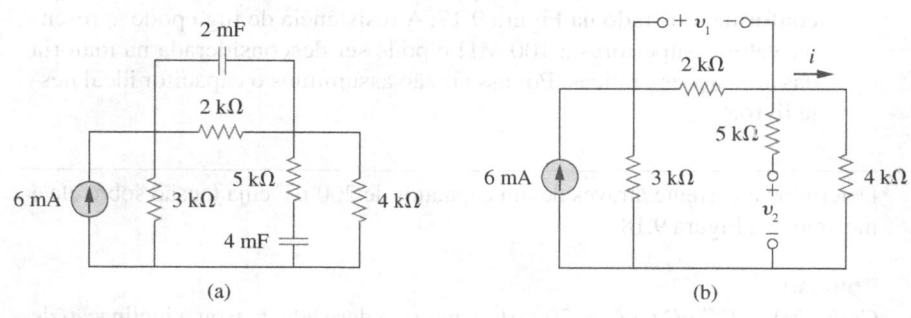

Figura 9.21
Para o Exemplo 9.7.

Solução:
Sob condições CC, substituímos o capacitor por um circuito aberto, conforme mostrado na Figura 9.21(b). A corrente através da combinação em série dos resistores de 2 kΩ e 4 kΩ é obtida pela divisão de corrente como

$$i = \frac{3}{3 + 2 + 4}(6 \text{ mA}) = 2 \text{ mA}$$

Daí, as tensões v_1 e v_2 sobre os capacitores são

$$v_1 = 2.000i = 4 \text{ V}, \qquad v_2 = 4.000i = 8 \text{ V}$$

e a energia armazenada neles é

$$w_1 = \frac{1}{2}C_1 v_1^2 = \frac{1}{2}(2 \times 10^{-3})(4)^2 = 16 \text{ mJ}$$

$$w_2 = \frac{1}{2}C_2 v_2^2 = \frac{1}{2}(4 \times 10^{-3})(8)^2 = 128 \text{ mJ}$$

Sob condições CC, encontre a energia armazenada nos capacitores na Figura 9.22.

Resposta: 405 µJ; 90 µJ.

9.7 Carregar e descarregar um capacitor

Agora consideramos como um capacitor se carrega ou descarrega. Em ambos os casos, o capacitor se carrega ou descarrega através de um resistor.

9.7.1 Ciclo de carga

Considere uma bateria conectada a uma combinação em série de um resistor e um capacitor, conforme mostrado na Figura 9.23. (Em geral, o resistor e o capacitor na Figura 9.23 podem ser a resistência e a capacitância equivalentes da combinação de resistores e capacitores). Assuma que o capacitor na Figura 9.23 não esteja carregado e que a chave seja fechada em $t = 0$. Começamos a carregar o capacitor pelo fechamento da chave na Figura 9.23. Aplicando a LKT ao circuito na Figura 9.23,

$$V_s = v_R + v_C \tag{9.22}$$

A tensão sobre o capacitor em qualquer instante de tempo t pode ser obtida por cálculo diferencial como

$$v_C = V_s - (V_s - V_o)e^{-t/RC} \tag{9.23}$$

em que V_s é tensão da fonte e V_o é a tensão inicial. No caso em questão, o capacitor encontra-se inicialmente descarregado, então, $V_o = 0$ e

$$v_C = V_s(1 - e^{-t/RC}) \tag{9.24}$$

em que a carga do capacitor armazena energia no campo elétrico entre as placas.

O capacitor (C) no circuito está sendo carregado por uma fonte de tensão (V_s) com a corrente passando através de um resistor (R). Assumimos que a tensão inicial sobre o capacitor (v_c) é zero, mas ela cresce à medida que o capacitor se carrega, conforme mostrado na Figura 9.24. O capacitor está completamente carregado quando $v_c = V_s$.

A corrente de carregamento é determinada pela tensão sobre o resistor com base nas Equações (9.22) e (9.24)

$$v_R = V_s - v_C = V_s - V_s(1 - e^{-t/RC}) = V_s e^{-t/RC}$$

A corrente de carregamento é

$$i = \frac{v_R}{R} = \frac{V_s}{R} e^{-t/RC} \tag{9.25}$$

Problema Prático 9.7

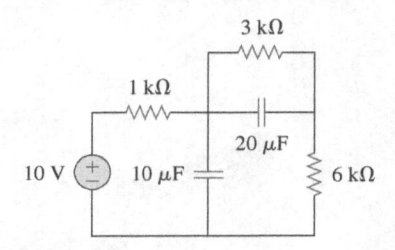

Figura 9.22
Para o Problema Prático 9.7.

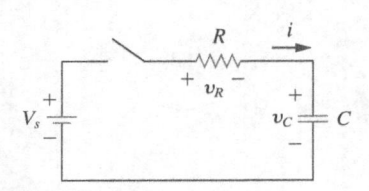

Figura 9.23
Circuito de carga.

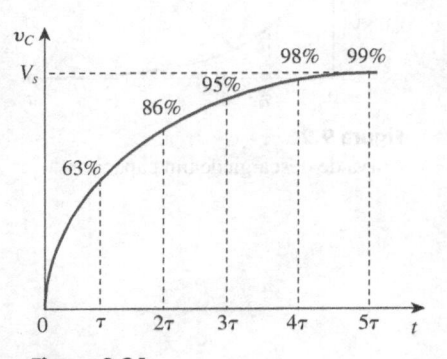

Figura 9.24
Curva de carregamento para um capacitor.

À medida que *t* aumenta, a corrente tende para zero. A velocidade com que a corrente decresce é expressa em termos da constante de tempo, denotada por τ, a letra grega tau.

> A **constante de tempo** (em segundos) τ de um circuito é o tempo necessário para a resposta (corrente) diminuir de um fator de 1/*e* ou 36,8% do seu valor inicial.

Isso implica que em t = τ, a Equação (9.25) torna-se

$$\frac{V_s}{R}e^{-\tau/RC} = \frac{V_s}{R}e^{-1} = 0{,}368\frac{V_s}{R}$$

ou

$$\boxed{\tau = RC} \qquad (9.26)$$

A constante de tempo pode também ser considerada como o tempo que o circuito necessitaria para atingir o seu estado final se a taxa inicial de variação fosse mantida. Em termos da constante de tempo, a Equação (9.24) pode ser escrita como

$$\boxed{v_C(t) = V_s(1 - e^{-t/\tau}), \qquad \tau = RC} \qquad (9.27)$$

9.7.2 Ciclo de descarga

Para a descarga, considere o circuito RC sem fonte na Figura 9.25 e assuma que a chave é fechada em *t* = 0. Como o capacitor está inicialmente carregado, podemos assumir que em *t* = 0, a tensão inicial é

$$v_C(0) = V_o$$

Agora, aplicamos a Equação (9.23) com $V_s = 0$ e obtemos

$$\boxed{v_C(t) = V_o e^{-t/\tau}, \qquad \tau = RC} \qquad (9.28)$$

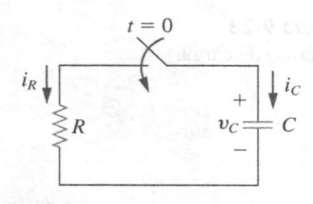

Figura 9.25
Circuito de descarga.

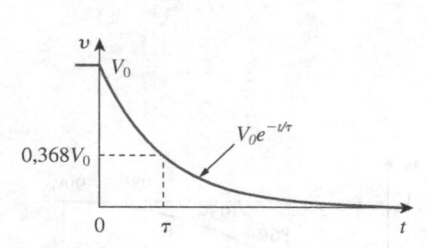

Figura 9.26
Curva de descarga de um capacitor.

Isso mostra que o processo de descarga é um caimento exponencial da tensão inicial, conforme ilustrado na Figura 9.26, implicando *t* = τ, e a Equação (9.28) torna-se

$$V_o e^{-\tau/RC} = V_o e^{-1} = 0{,}368 V_o$$

Com uma calculadora é fácil mostrar que o valor de *v(t)*/V_o varia conforme se mostra na Tabela 9.3. Considerando a Tabela 9.3, fica evidente que a tensão *v(t)* é menor do que 1% de V_o após 5τ (cinco constantes de tempo). O período transitório é considerado como sendo cinco constantes de tempo. Assim, é habitual assumir (para todos os fins práticos) que o capacitor está completamente descarregado (ou carregado) após cinco constantes de tempo. Em outras palavras, leva-se aproximadamente 5τ para o circuito atingir seu estado final ou estado de regime permanente quando nenhuma mudança ocorre durante esse período.

Conforme ilustrado na Figura 9.27, um circuito com uma pequena constante de tempo (τ = RC, tanto R ou C ou ambos pode mudar para diminuir ou

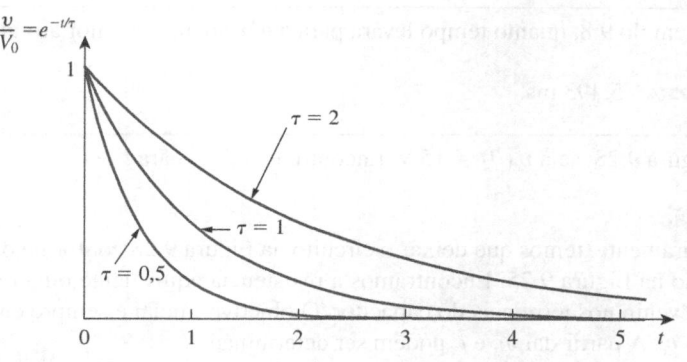

Figura 9.27
Gráfico de $v/V_o = e^{-t/\tau}$ para vários valores de constante de tempo.

TABELA 9.3 Valores de $v(t)/V_o = e^{-t/\tau}$

t	$v(t)/V_o$	Percentual
0	1	100
τ	0,36788	36,79
2τ	0,13534	13,53
3τ	0,04979	4,98
4τ	0,01832	1,83
5τ	0,00674	0,67

aumentar a constante de tempo) apresenta uma resposta mais rápida de modo que ele atinge o estado permanente de forma rápida, devido à ligeira dissipação da energia armazenada, enquanto um circuito com uma constante de tempo elevada apresenta resposta lenta porque ele leva mais tempo para atingir o regime permanente. A qualquer taxa, independente de a constante de tempo ser pequena ou grande, o circuito atinge o estado de regime permanente em cinco constantes de tempo.

A ideia desenvolvida nesta seção pode ser estendida ao caso geral da análise de transitórios em circuitos RC sem fonte. Com o valor inicial e a constante de tempo especificados, podemos obter a tensão sobre o capacitor como:

$$v_C(t) = v(0)e^{-t/\tau}$$

Uma vez que a tensão sobre o capacitor foi obtida, outras variáveis (corrente no capacitor i_c, tensão sobre o resistor v_R, e corrente no resistor i_R) podem ser determinadas. Ao encontrar a constante de tempo $\tau = RC$, R é frequentemente a resistência equivalente de Thévenin nos terminais do capacitor, isto é, retiramos o capacitor C e encontramos $R = R_{Th}$ em seus terminais.[3]

Exemplo 9.8

Para o circuito na Figura 9.23, seja $R = 500\ \Omega$, $C = 10\ \mu F$ e $V_s = 15$ V.
(a) Calcule o período transitório;
(b) Encontre v_c, v_R e i.

Solução:
(a) A constante de tempo é $RC = \tau = 500 \times 10 \times 10^{-6} = 5$ ms. O período transitório é $5\tau = 25$ ms.
(b) A partir da Equação (9.27),

$$v_C(t) = V_s(1 - e^{-t/\tau}) = 15(1 - e^{-t/\tau})\ V$$

$$v_R(t) = V_S - v_C = V_s e^{-t/\tau} = 15e^{-t/\tau}$$

$$i(t) = \frac{v_R}{R} = \frac{V_s}{R}e^{-t/\tau} = \frac{15}{500}e^{-t/\tau}$$

---

[3] Nota: Quando um circuito contém um único capacitor e muitos resistores, o equivalente de Thévenin pode ser encontrado nos terminais do capacitor para formar um circuito RC simples. Além disso, o teorema de Thévenin pode ser utilizado quando muitos capacitores podem ser combinados para formar um único capacitor equivalente.

Problema Prático 9.8

No Exemplo 9.8, quanto tempo levará para a tensão no capacitor atingir 10 V?

Resposta: 5,493 ms.

Exemplo 9.9

Figura 9.28 Para o Exemplo 9.9.

Figura 9.29 Circuito equivalente para o circuito na Figura 9.28.

Na Figura 9.28, seja $v_c(0) = 15$ V. Encontre v_c, v_x e i_x para $t > 0$.

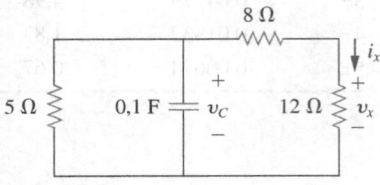

Solução:
Primeiramente, temos que deixar o circuito na Figura 9.28 conforme o circuito-padrão na Figura 9.25. Encontramos a resistência equivalente ou a resistência de Thévenin nos terminais do capacitor. O objetivo inicial é sempre encontrar a tensão v_c. A partir daí, v_x e i_x podem ser determinados.

Os resistores de 8 Ω e 12 Ω em série podem ser combinados para formar uma resistência de 20 Ω. Esse resistor de 20 Ω em paralelo com o resistor de 5 Ω pode ser combinado, tal que a resistência equivalente é

$$R_{eq} = \frac{20 \times 5}{20 + 5} = 4\,\Omega$$

O circuito equivalente é mostrado na Figura 9.29, a qual é similar à Figura 9.25. A constante de tempo é

$$\tau = R_{eq}C = 4(0,1) = 0,4\text{ s}$$

Assim,

$$v(t) = v(0)e^{-t/\tau} = 15e^{-t/0,4}\text{ V}, \qquad v_C(t) = v(t) = 15e^{-2,5t}\text{ V}$$

Da Figura 9.28, podemos utilizar a divisão de tensão para obtermos v_x, isto é,

$$v_x = \frac{12}{12 + 8}v_C = 0,6(15e^{-2,5t}) = 9e^{-2,5t}\text{ V}$$

Finalmente,

$$i_x = \frac{v_x}{12} = 0,75e^{-2,5t}\text{ A}$$

Problema Prático 9.9

Figura 9.30 Para o Problema Prático 9.9 e para o Problema 9.68.

Consulte o circuito na Figura 9.30. Seja $v_c(0) = 30$ V. Determine v_c, v_x e i_x para $t \geq 0$.

Resposta: $30e^{-0,25t}$ V; $10e^{-0,25t}$ V; $-2,5e^{-0,25t}$ A.

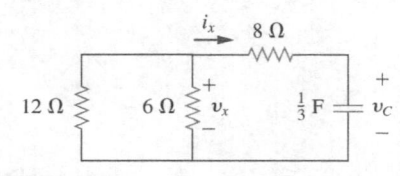

Exemplo 9.10

Figura 9.31 Para o Exemplo 9.10.

A chave no circuito na Figura 9.31 esteve fechada por um longo tempo e foi aberta em $t = 0$. Encontre $v(t)$ para $t \geq 0$. Calcule a energia inicial armazenada no capacitor.

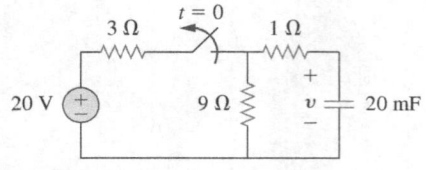

Solução:
Para $t < 0$, a chave está fechada; o capacitor é um circuito aberto em CC, conforme representado na Figura 9.32(a). Utilizando a divisão de tensão

$$v_C(t) = \frac{9}{9 + 3}(20) = 15\text{ V}, \qquad t < 0$$

Como a tensão sobre o capacitor não pode variar instantaneamente, a tensão sobre o capacitor em $t = 0^-$ (instantes antes de $t = 0$) é a mesma que em $t = 0$, isto é,

$$v_C(0) = V_o = 15 \text{ V}$$

Para $t > 0$, a chave está aberta, e temos o circuito RC mostrado na Figura 9.32(b). [Observe que o circuito na Figura 9.32(b) não possui fonte; a fonte independente na Figura 9.31 é necessária somente para fornecer V_o ou a energia inicial no capacitor]. Os resistores de 1 Ω e 9 Ω em série resultam em

$$R_{eq} = 1 + 9 = 10 \text{ Ω}$$

A constante de tempo é

$$\tau = R_{eq}C = 10 \times 20 \times 10^{-3} = 0{,}2 \text{ s}$$

Assim, a tensão sobre o capacitor para $t \geq 0$ é

$$v(t) = v_C(0)e^{-t/\tau} = 15e^{-t/0{,}2} \text{ V}$$

ou

$$v(t) = 15e^{-5t} \text{ V}$$

A energia inicial armazenada no capacitor é

$$w_C(0) = \frac{1}{2}Cv_C^2(0) = \frac{1}{2} \times 20 \times 10^{-3} \times 15^2 = 2{,}25 \text{ J}$$

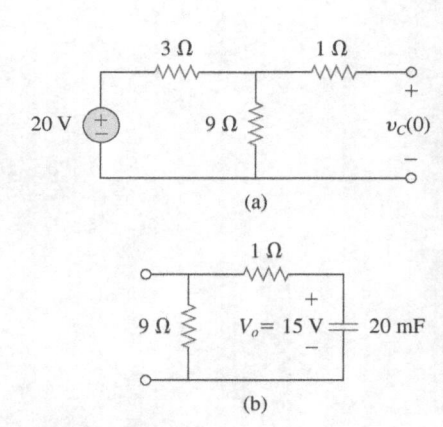

Figura 9.32
Para o Exemplo 9.10: (a) $t < 0$; (b) $t > 0$.

Se a chave na Figura 9.33 abrir em $t = 0$, encontre $v(t)$ para $t \geq 0$ e $w_c(0)$.

Resposta: $8e^{-2t}$ V; 5,33 J.

Problema Prático 9.10

Figura 9.33
Para o Problema Prático 9.10.

9.8 Análise computacional

9.8.1 PSpice

O PSpice pode ser utilizado para obter a resposta de um circuito com elementos armazenadores de energia. A Seção C.4, no Apêndice C, fornece uma revisão da análise transitória utilizando o PSpice para Windows. É recomendado revisar a Seção C.4 antes de continuar nesta seção.

Se necessária, a análise CC do PSpice pode ser executada para determinar as condições iniciais. Então, as condições iniciais são utilizadas na análise transitória do PSpice para obter a resposta transitória. É recomendado, mas não necessário, que durante essa análise CC, todos os capacitores estejam abertos enquanto todos os indutores estejam curto-circuitados.

No circuito na Figura 9.34, determine a resposta $v(t)$.

Exemplo 9.11

Solução:
Há duas formas de resolver esse problema utilizando o PSpice.

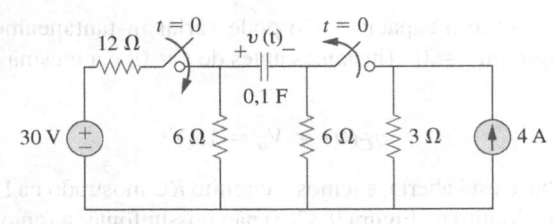

Figura 9.34
Para o Exemplo 9.11.

■ **Método 1** Uma forma é, primeiramente, executar uma análise CC do PSpice para determinar a tensão inicial do capacitor. O diagrama esquemático da porção relevante do circuito está na Figura 9.35(a). Como essa é uma análise CC, utilizamos uma fonte de corrente IDC. Uma vez que o circuito foi desenhado é salvo como exem911a.dsn, selecionamos **PSpice/New Simulation Profile**, o que conduz à caixa de diálogo Nova Simulação (**New Simulation**). Digite "exem911a" como o nome do arquivo e clique em **Create**. Isso conduz à caixa de diálogo Configurações da Simulação (**Simulation Settings**). Clique em **OK** e em seguida, em **PSpice/Run**. Quando o circuito é simulado, obtemos os valores mostrados na Figura 9.35(a) como $V_1 = 0$ V e $V_2 = 8$ V. Assim, a tensão inicial do capacitor é $v(0) = V1 - V2 = -8$ V. Esse valor, juntamente com o esquema na Figura 9.35, é utilizado no PSpice na análise transitória.

Uma vez que o circuito na Figura 9.35(b) foi desenhado, inserimos a tensão inicial do capacitor como IC = −8. Fazemos isso com um clique duplo no símbolo do capacitor e digitamos −8 em IC. Selecionamos **PSpice/New Simulation Profile**. Na caixa de diálogo Nova Simulação (**New Simulation**), digita-

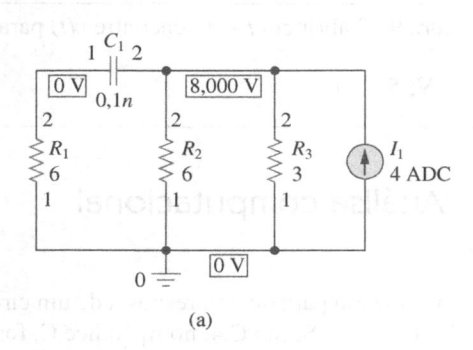

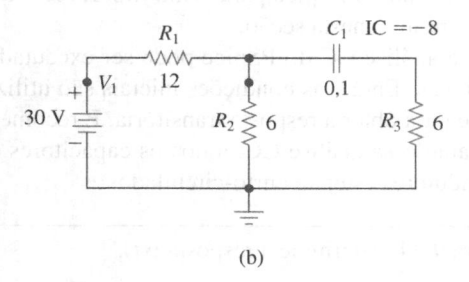

Figura 9.35
(a) Diagrama esquemático para a análise CC para obter $v(0)$.
(b) diagrama esquemático para a análise transitória para obter a resposta $v(t)$.

mos "exam911b" no nome e clicamos em **Create**. Em Configurações da Simulação (**Simulation Settings**), selecionamos Domínio do Tempo [**Time Domain (Transiente)**] em Tipo da Análise (**Analisis Type**) e $4\tau = 4s$ como Tempo de Execução (**Run to Time**). Clicamos em Aplicar (**Apply**) e em seguida em **OK**. Após salvar o circuito, selecionamos **PSpice/Run** para simular o circuito. Na janela que aparece, selecionamos **Trace/Add** e mostramos V(R2:2) – V(R3:2) ou V(C1:1) – V(C1:2) como a tensão do capacitor $v(t)$. O gráfico de $v(t)$ é mostrado na Figura 9.36. Isso está de acordo com o resultado obtido pelos cálculos feitos manualmente, $v(t) = 10 - 18e^{-t}$ V.

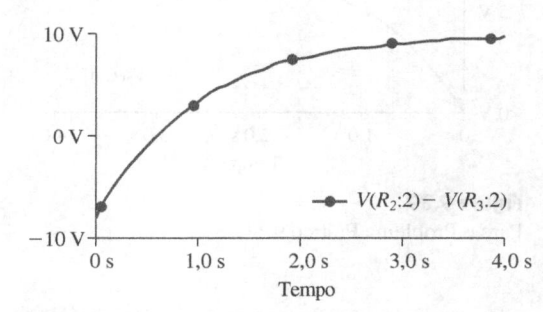

Figura 9.36
Resposta $v(t)$ para o circuito na Figura 9.34.

- **Método 2** Podemos simular o circuito na Figura 9.34 diretamente, pois o PSpice pode lidar com abertura e o fechamento de chaves, e determinar as condições iniciais automaticamente. (Os nomes dos componentes para as chaves abertas e fechadas são *Sw_topen* e *Sw_tclose*, respectivamente). Utilizando essa abordagem, o esquema é desenhado conforme mostrado na Figura 9.37. Após desenhar o circuito, selecionamos **PSpice/New Simulation Profile**, conduzindo à caixa de diálogo Nova Simulação (**New Simulation**). Digitamos "exem911a" como o nome do arquivo e clicamos em **Create**. Isso leva à caixa de diálogo Configurações da Simulação (**Simulation Settings**). Em **Simulation Settings**, selecionamos Domínio do Tempo [**Time Domain (Transient)**] em Tipo da Análise (**Analysis Type**) e $4\tau = 4$ s como o Tempo de Execução (**Run to time**). Clique em Aplicar (**Apply**) e em seguida clique em **OK**. Após salvar o circuito, selecionamos **PSpice/Run** para o simular o circuito. Na janela que surge, selecionamos **Trace/Add Trace** e mostramos V(R2:2) – V(R3:2) ou V(C1:1) – V(C2:2) como a tensão no capacitor $v(t)$. O gráfico de $v(t)$ é o mesmo que aquele mostrado na Figura 9.36.

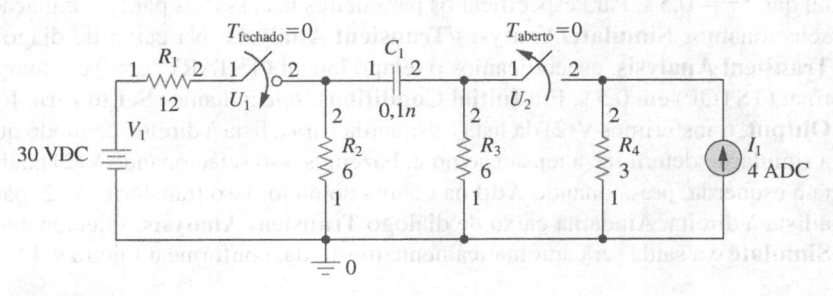

Figura 9.37
Para o Exemplo 9.11.

Problema Prático 9.11

A chave na Figura 9.38 está aberta por um longo tempo, mas é fechada em t = 0. Utilize o PSpice para encontrar $v(t)$ para $t > 0$.

Resposta: Ver a Figura 9.39.

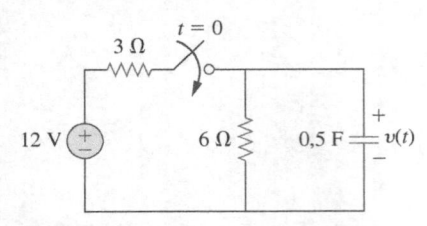

Figura 9.38
Para o Problema Prático 9.11.

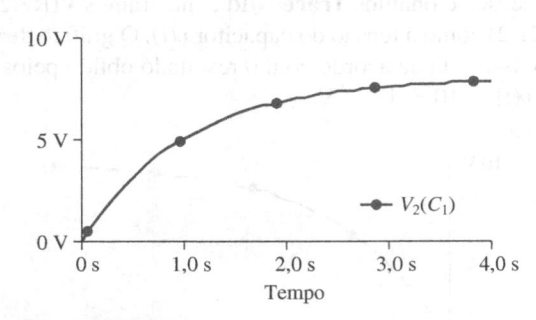

Figura 9.39
Para o Problema Prático 9.11.

9.8.2 Multisim

Podemos utilizar o Multisim para analisar os circuitos RC considerados neste capítulo. É recomendado que você leia a Seção D.3 no Apêndice D sobre análise transitória antes de prosseguir nesta seção.

Exemplo 9.12

Utilize o Multisim para determinar a resposta v_o do circuito na Figura 9.40.

Solução:
Primeiramente utilizamos o Multisim para desenhar o circuito como mostrado na Figura 9.41. O Multisim automaticamente numera os nós. Caso os números dos nós não sejam mostrados, selecione **Options/Sheet Properties**. Em Net Names, selecionamos "Show all". Isso nomeará os nós como mostrado na Figura 9.41.

Precisamos determinar quanto tempo a simulação durará. Um valor razoável é 5τ, em que τ é a constante de tempo do circuito. No caso em questão,

$$\tau = RC = 10 \times 10^3 \times 10 \times 10^{-6} = 0,1 \text{ s}$$

tal que $5\tau = 0,5$ s. Para especificar os parâmetros necessários para a simulação, selecionamos **Simulate/Analyses/Transient Analysis**. Na caixa de diágolo **Transient Analysis**, especificamos o tempo inicial (TSTART) em 0 e o tempo final (TSTOP) em 0,5 s. Em **Initial Conditions**, selecionamos **Set to zero**. Em **Output**, transferimos V(2) da lista à esquerda para a lista à direita, de modo que a simulação determine a tensão ao nó 2. Fazemos isso selecionando V(2) na lista à esquerda, pressionando **Add** na coluna do meio. Isso transferirá V(2) para a lista à direita. Ainda na caixa de diálogo **Transient Analysis**, selecionamos **Simulate** e a saída será automaticamente mostrada, conforme a Figura 9.42.

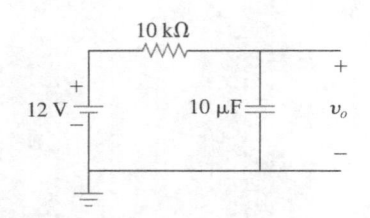

Figura 9.40
Para o Exemplo 9.12.

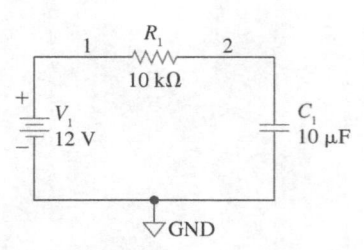

Figura 9.41
Simulação do circuito na Figura 9.40.

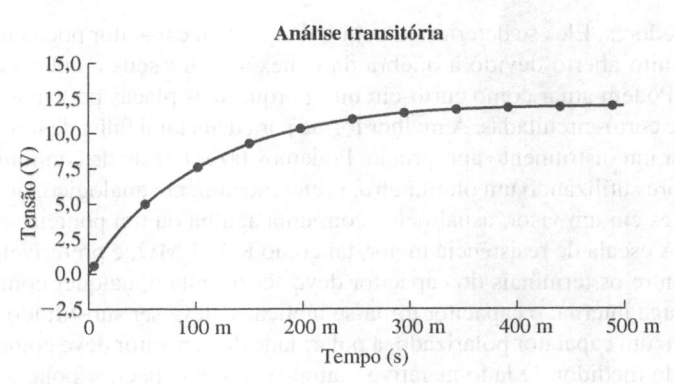

Figura 9.42
Reposta de v_0 do circuito na Figura 9.40.

Encontre V_x no circuito da Figura 9.43 utilizando o Multisim.

Resposta: Veja a Figura 9.44.

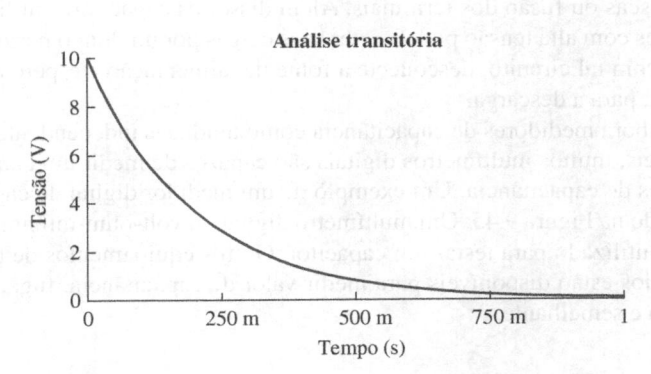

Figura 9.44
Para o Problema Prático 9.12.

Problema Prático 9.12

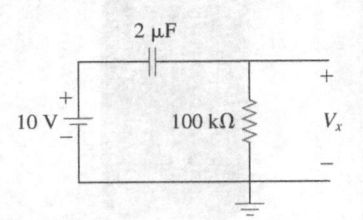

Figura 9.43
Para o Problema Prático 9.12.

9.9 Solução de problemas

A habilidade de localização de áreas em um circuito é muito valiosa. Porque aprender a solucionar problemas é realmente uma arte e ciência, aprendê-la só pode ser feito praticando. Embora possamos iniciar com o esquema, devemos ter em mente que o esquema não é o circuito de fato. Você deve sempre começar por um ponto conhecido e prosseguir com uma análise de causa e efeito para localizar a falha.

Com base na experiência, os capacitores desenvolvem problemas mais frequentemente que os resistores. Perdendo somente para os cabos de alimentação, os capacitores são os componentes mais propensos à falha nos rádios antigos. Alguns tipos de capacitores – papel, papel moldado e eletrolítico – são propensos à falha e precisam ser substituídos após algum tempo. Outros tipos, tais como mica e cerâmica, quase nunca precisam ser substituídos. Um capacitor pode falhar devido à temperatura ambiente, à idade, ao curto-circuito ou ao circuito aberto. Os capacitores são definitivamente afetados pela temperatura aos seus arredores. Eles se deterioram com o tempo. Um capacitor pode atuar como um circuito aberto devido à quebra da conexão entre seus condutores e suas placas. Podem atuar como curto-circuito porque suas placas podem estar internamente curto-circuitadas. A melhor forma para detectar a falha de um capacitor é utilizar um instrumento apropriado. Podemos fazer o teste de continuidade em capacitores utilizando um ohmímetro, preferencialmente analógico, pois mostra os valores em um visor, usualmente com uma agulha ou um ponteiro em movimento. A escala de resistência maior, tal como R $\times$ 1 MΩ, é preferível. A resistência entre os terminais do capacitor deve ser infinita. Qualquer continuidade indica fuga interna; o capacitor torna-se ineficaz e deve ser substituído.

Em um capacitor polarizado, a polaridade do capacitor deve coincidir com aquela do medidor. O lado negativo (catodo) de um capacitor polarizado deve sempre ser conectado ao terra. (Explosões podem ocorrer quando capacitores polarizados são ligados invertidos em um circuito). Para proteger o medidor, certifique-se de que o capacitor está completamente descarregado antes de testá-lo. O capacitor é descarregado por meio de um curto-circuito nos seus terminais. Esteja ciente de que capacitores grandes ou capacitores carregados em tensões elevadas contêm uma grande quantidade de energia. Simplesmente fazer um curto-circuito nos terminais do capacitor pode ocasionar resultados indesejáveis como faíscas ou fusão dos terminais. Além disso, os capacitores utilizados em aplicações com alta tensão podem reter suas cargas por um longo período. Antes de lidar com tal circuito, desconecte a fonte de alimentação e espere um tempo suficiente para a descarga.

Embora medidores de capacitância como unidades independentes estejam disponíveis, muitos multímetros digitais são capazes de medir uma ampla faixa de valores de capacitância. Um exemplo de um medidor digital de capacitância é mostrado na Figura 9.45. Um multímetro digital ou volt-ohm-miliamperímetro pode ser utilizado para testar um capacitor. Outros equipamentos de teste mais sofisticados estão disponíveis para medir valor de capacitância, fuga, absorção dielétrica e semelhante.

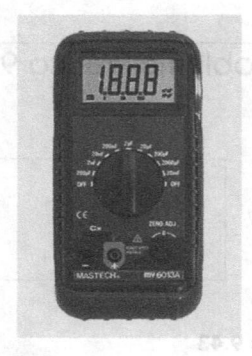

Figura 9.45
Medidor digital de capacitância.
©Mastech

9.10 †Aplicações

Elementos de circuitos como resistores e capacitores estão disponíveis tanto na forma discreta quanto na forma de circuitos integrados (CI). Os capacitores são utilizados em muitas aplicações tais como circuitos temporizadores, circuitos sintonizadores, fontes de alimentação, filtros e memórias de computadores. Por exemplo, os capacitores podem ser utilizados para bloquear a passagem de corrente contínua enquanto permite a passagem de corrente alternada. Os capacitores, juntamente a resistores e indutores, são encontrados em dispositivos eletrônicos e microeletrônicos. Os circuitos analógicos comumente contêm resistores e capacitores.

Os capacitores (e indutores) possuem as três propriedades especiais seguintes, as quais os fazem muito úteis em circuitos elétricos:

1. A capacidade de armazenar energia os torna úteis como fontes temporárias de tensão ou corrente. Assim, eles podem ser utilizados para gerar uma grande quantidade de corrente ou tensão por um curto período de tempo.
2. Os capacitores se opõem a qualquer mudança na tensão.
3. Os capacitores são sensíveis à frequência. Essa propriedade os tornam úteis para a discriminação de frequências.

As duas primeiras propriedades são utilizadas em circuitos de corrente contínua, enquanto a terceira é aproveitada em circuitos de corrente alternada. Será visto o quão útil essas propriedades são em capítulos posteriores. Por enquanto, serão consideradas duas aplicações simples envolvendo os capacitores.

9.10.1 Circuitos de atraso

A aplicação de circuitos RC é encontrada em diversos dispositivos, como filtragem em fontes de alimentação, circuitos de suavização em comunicação digital, diferenciadores, integradores, circuitos de atraso e circuitos de relé. Algumas dessas aplicações se aproveitam de pequenas ou grandes constantes de tempo dos circuitos RC.

Um circuito RC pode ser utilizado para prover vários tempos de atraso. Tal circuito é mostrado na Figura 9.46. Ele é constituído de um circuito RC com o capacitor conectado em paralelo com uma lâmpada de neon. A fonte de tensão pode prover tensão suficiente para acender a lâmpada. Quando a chave é fechada, a tensão do capacitor cresce gradualmente até atingir 120 V a uma taxa determinada pela constante de tempo do circuito $(R_1 + R_2)C$. A lâmpada atuará como um circuito aberto e não emitirá luz até que a tensão sobre ela exceda um determinado nível, por exemplo, 70 V. Quando o nível de tensão é atingido, a lâmpada acende, e o capacitor se descarrega através dela. Devido à baixa resistência da lâmpada quando a mesma está acesa, a tensão do capacitor cai rapidamente e a lâmpada é desligada. A lâmpada atua novamente como um circuito aberto, e o capacitor se carrega.

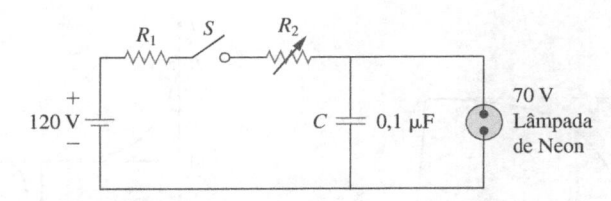

Figura 9.46
Um circuito RC de atraso.

Ajustando R_2, podemos introduzir pequenos ou grandes tempos de atraso no circuito e fazer com que a lâmpada se acenda e se apague repetidamente a cada constante de tempo $\tau = (R_1 + R_2)C$, pois se leva um período τ para que a tensão no capacitor atinja um valor elevado suficiente para acender a lâmpada ou um valor baixo suficiente para desligá-la. Tal circuito RC de atraso encontra aplicação em pisca-alertas comumente encontrados em obras de construção de estradas.

Considere o circuito na Figura 9.46 e assuma que $R_1 = 1{,}5$ MΩ e $0 < R_2 < 2{,}5$ MΩ. Calcule os limites extremos da constante de tempo do circuito.

Exemplo 9.13

Solução:
O menor valor de R_2 é 0 Ω, e a correspondente constante de tempo para o circuito é

$$\tau = (R_1 + R_2)C = (1{,}5 \times 10^6 + 0) \times 0{,}1 \times 10^{-6} = 0{,}15 \text{ s}$$

O maior valor de R_2 é 2,5 MΩ, e a correspondente constante de tempo para o circuito é

$$\tau = (R_1 + R_2)C = (1{,}5 + 2{,}5) \times 10^6 \times 0{,}1 \times 10^{-6} = 0{,}4 \text{ s}$$

Assim, pelo projeto apropriado do circuito, a constante de tempo pode ser ajustada para introduzir um atraso apropriado no circuito.

Problema Prático 9.13

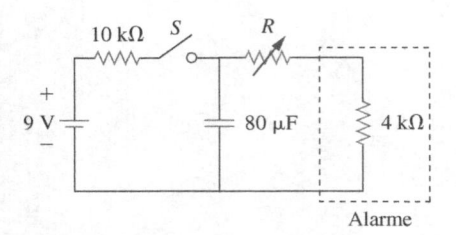

Figura 9.47
Para o Problema Prático 9.13.

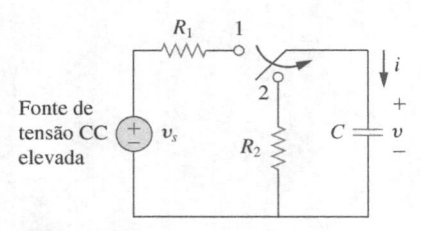

Figura 9.48
Circuito para uma unidade flash fornecendo um carregamento lento na posição 1 e uma rápida descarga na posição 2.

O circuito RC na Figura 9.47 é projetado para tocar um alarme que opera quando a corrente através dele exceder 120 µA. Se $0 \leq R \leq 6$ kΩ, encontre a faixa do tempo de atraso que o circuito pode gerar.

Resposta: 47,32 ms e 79,4 ms.

9.10.2 Unidade de Flash

Uma aplicação comum de um circuito RC é encontrada em uma unidade de flash. Essa aplicação explora a habilidade de o capacitor se opor à mudança abrupta na tensão. Um circuito simplificado é mostrado na Figura 9.48. Ele é constituído de uma fonte de tensão contínua elevada, de um resistor limitador de corrente de grande valor R_1 e de um capacitor C em paralelo com a lâmpada do flash de baixa resistência R_2. Quando a chave está na posição 1, o capacitor se carrega lentamente devido à grande constante de tempo ($\tau_1 = R_1C$). Conforme mostrado na Figura 9.49(a), a tensão no capacitor cresce lentamente de zero até V_s enquanto sua corrente cai gradualmente de $I_1 = V_s/R_1$ até zero. O tempo de carregamento é aproximadamente cinco vezes a constante de tempo; isto é,

$$t_{carga} = 5R_1C \tag{9.29}$$

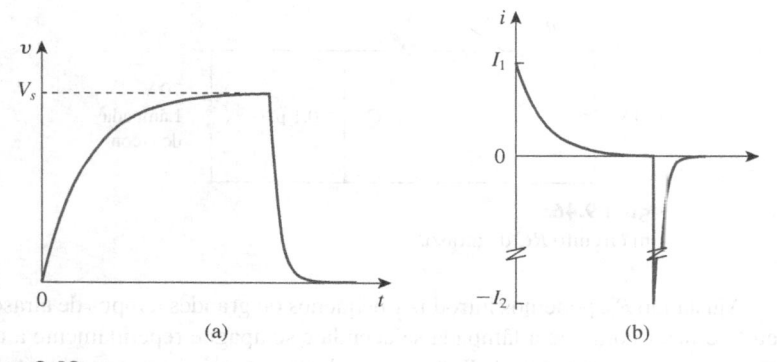

Figura 9.49
(a) Tensão no capacitor mostrando um carregamento lento e uma rápida descarga; (b) corrente no capacitor mostrando o pico da corrente de carga $I_1 = V_s/R_1$ e o pico da corrente de descarga $I_2 = V_s/R_2$.

Com a chave na posição 2, a tensão no capacitor é descarregada. A baixa resistência R_2 da lâmpada do flash permite uma elevada corrente de descarga com o pico da corrente $I_2 = V_s/R_2$ em um curto intervalo de tempo, conforme representado na Figura 9.49(b). A descarga dura aproximadamente cinco vezes a constante de tempo; isto é,

$$t_{descarga} = 5R_2C \tag{9.30}$$

Assim, o simples circuito RC da Figura 9.48 provê um pulso de corrente de curta duração. Tal circuito também encontra aplicações em soldagem elétrica e em transmissores de radar.

Um flash eletrônico possui um resistor limitador de corrente de 6 kΩ e um capacitor eletrolítico de 200 μF carregado em 240 V. Se a resistência da lâmpada é 12 Ω, encontre:

(a) o pico da corrente de carga,

(b) o tempo necessário para o capacitor carregar-se completamente,

(c) o pico da corrente de descarga,

(d) a energia total armazenada no capacitor,

(e) a potência média dissipada na lâmpada.

Exemplo 9.14

Solução:
Utilizamos o circuito da Figura 9.48.

(a) O pico da corrente de carga é

$$I_1 = \frac{V_s}{R_1} = \frac{240}{6 \times 10^3} = 40 \text{ mA}$$

(b) Da Equação (9.29),

$$t_{\text{carga}} = 5R_1C = 5 \times 6 \times 10^3 \times 2.000 \times 10^{-6} = 60 \text{ s} = 1 \text{ min}$$

(c) O pico da corrente de descarga é

$$I_2 = \frac{V_s}{R_2} = \frac{240}{12} = 20 \text{ A}$$

(d) A energia armazenada é

$$W = \frac{1}{2}CV_s^2 = \frac{1}{2} \times 2.000 \times 10^{-6} \times 240^2 = 57,6 \text{ J}$$

(e) A energia armazenada no capacitor é dissipada na lâmpada durante o período de descarga. Da Equação (9.30),

$$t_{\text{descarga}} = 5R_2C = 5 \times 12 \times 2.000 \times 10^{-6} = 0,12 \text{ s}$$

Assim, a potência média dissipada é

$$P = \frac{W}{t_{\text{descarga}}} = \frac{57,6}{0,12} = 480 \text{ W}$$

A unidade de flash de uma câmera tem um capacitor de 2 mF carregado em 80 V.

(a) Qual a carga no capacitor?

(b) Qual a energia armazenada no capacitor?

(c) Se o flash dispara em 0,8 ms, qual a corrente média através da lâmpada?

(d) Qual a potência entregue à lâmpada?

(e) Após a foto ter sido tirada, o capacitor precisa ser recarregado por uma fonte que fornece uma corrente máxima de 5 mA. Qual o tempo necessário para carregar o capacitor?

Problema Prático 9.14

Resposta: (a) 0,16 C; (b) 6,4 J; (c) 200 A; (d) 8 kW; (e) 32 s.

9.11 Resumo

1. Um capacitor é constituído de duas (ou mais) placas paralelas separadas por um material dielétrico.
2. A capacitância de um capacitor é a razão entre a carga em uma placa e a tensão sobre as placas.

$$C = \frac{Q}{V}$$

3. Um capacitor armazena energia no campo elétrico entre suas placas. Em qualquer instante de tempo t, a energia armazenada em um capacitor é

$$W = \frac{1}{2}CV^2$$

4. Capacitores em série e em paralelo são combinados do mesmo modo que as condutâncias.
5. A corrente através de um capacitor é proporcional à taxa de variação no tempo da tensão sobre ele, isto é,

$$i = C\frac{dv}{dt}$$

6. A corrente em um capacitor é zero, a menos que a tensão esteja variando. Assim, o capacitor age como um circuito aberto em corrente contínua.
7. A tensão sobre um capacitor não pode mudar instantaneamente.
8. Um capacitor carrega e descarrega de acordo com uma curva exponencial. A resposta natural (a equação de descarga neste caso) tem a forma

$$v_C(t) = V_o e^{-t/\tau}, \qquad \tau = RC$$

em que V_0 é a tensão inicial e τ é a constante de tempo, a qual é o tempo necessário para a resposta decrescer a $1/e$ do seu valor inicial.

9. Solucionar problemas de um circuito com capacitores é uma habilidade desenvolvida com a prática.
10. Circuitos RC podem ser analisados utilizando o PSpice e o Multisim.
11. Duas aplicações de circuitos consideradas neste capítulo foram os circuitos de atraso e a unidade de flash.

Questões de revisão

9.1 Qual é a carga de um capacitor de 5 mF quando ele é conectado a uma fonte de 120 V?

(a) 600 mC   (b) 300 mC
(c) 24 mC   (d) 12 mC

9.2 A capacitância é medida em

(a) coulombs   (b) joules
(c) henrys   (d) farads

9.3 Quando a carga total em um capacitor é dobrada, a energia armazenada:

(a) continua a mesma
(b) é reduzida para metade
(c) é duplicada
(d) é quadruplicada

9.4 Capacitores cerâmicos polarizados não existem.

(a) Verdadeiro   (b) Falso

9.5 A onda de tensão na Figura 9.50 pode estar associada a um capacitor?

(a) Sim   (b) Não

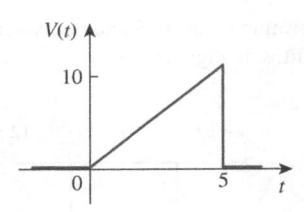

Figura 9.50
Para a Questão de Revisão 9.5.

9.6 A capacitância total de dois capacitores de 40 mF conectados em série e em paralelo com um capacitor de 4 mF é:
(a) 3,8 mF (b) 5 mF
(c) 24 mF (d) 44 mF (e) 84 mF

9.7 A capacitância de um capacitor de placas paralelas aumenta pela
(a) diminuição da constante dielétrica
(b) diminuição da área da placa
(c) diminuição da distância de separação
(d) diminuição da carga por placa

9.8 Um circuito RC possui $R = 2\,\Omega$ e $C = 4$ F. A constante de tempo é:
(a) 0,5 s (b) 2 s
(c) 4 s   (d) 8 s   (e) 15 s

9.9 Um capacitor em um circuito RC com $R = 2\,\Omega$ e $C = 4$ F está sendo carregado. O tempo necessário para a tensão no capacitor atingir 63,2 % do seu valor em estado permanente é
(a) 2 s (b) 4 s
(c) 8 s (d) 16 s (e) nenhuma das opções

9.10 No circuito da Figura 9.51, a tensão do capacitor pouco antes de $t = 0$ é:
(a) 10 V (b) 7V
(c) 6 V   (d) 4 V (e) 0 V

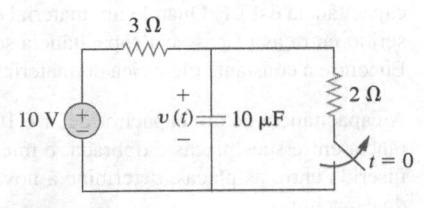

Figura 9.51
Para a Questão de Revisão 9.10.

Respostas: 9.1 a, 9.2 d, 9.3 d, 9.4 a, 9.5 b, 9.6 c, 9.7 c, 9.8 d, 9.9 c, 9.10 d.

Problemas

Seção 9.2 Capacitores

9.1 (a) Converta 268 pF para μF.
(b) Converta 0,045 μF para pF.
(c) Converta 0,0024 nF para pF.

9.2 (a) Encontre a carga sendo que $C = 2\,\mu$F e $V = 100$ V.
(b) Determine a tensão quando $C = 40\,\mu$F e $Q = 30$ mC.
(c) Calcule a capacitância quando $Q = 50$ mC e $V = 2$ kV.

9.3 Um capacitor de 20 μF possui 450 μC de carga em suas placas. Determine a tensão sobre o capacitor.

9.4 Determine a carga e a energia armazenada em cada um dos seguintes capacitores:
(a) um capacitor de 5 μF com tensão de 20 V.
(b) um capacitor de 6 nF com tensão de 9 V.

9.5 Aplicando 30 V sobre as placas de um capacitor de placas paralelas resulta em uma carga de 450 μC sobre suas placas. Encontre a capacitância do capacitor.

9.6 Os terminais de um capacitor de 20 mF são mantidos em 12 V. Calcule a energia armazenada no capacitor.

9.7 Dois capacitores são idênticos exceto pelo fato de o segundo ser carregado em uma tensão cinco vezes maior que a do primeiro. Compare a energia armazenada nos capacitores.

9.8 Uma carga de 2 μC aumenta a diferença de potência de um capacitor para 100 V. (a) Encontre a capacitância do capacitor. (b) Determine quanta carga deve ser removida para que a tensão caia para 20 V. (c) Qual a diferença de potencial sobre o capacitor quando a carga aumenta para 4 μC?

Seção 9.3 Campos elétricos

9.9 Um capacitor cerâmico de placas paralelas possui placas com áreas de 0,2 m^2 e uma distância de separação de 0,5 mm. Calcule a capacitância.

9.10 Calcule a capacitância de um capacitor de placas paralelas quando a área de cada placa é 40 cm^2, as placas estão distanciadas por 0,25 mm e o dielétrico é: (a) ar, (b) mica e (c) cerâmica.

9.11 Um capacitor de placas paralelas tem suas placas distanciadas de 1 cm, com área de 0,02 m^2 e separadas por mica. Se 120 V é aplicado sobre as placas, determine:
(a) a capacitância
(b) a intensidade do campo elétrico entre as placas
(c) a carga em cada placa

9.12 Um capacitor possui 56 μC de carga em cada placa. Se a densidade do fluxo elétrico é 2 mC/m², encontre a área das placas.

9.13 Encontre a intensidade do campo elétrico em um capacitor quando 75 V são aplicados sobre suas placas. Considere que a espessura do dielétrico seja 0,2 mm.

9.14 Um capacitor de placas paralelas tem dimensões de 1,2 cm × 1,6 cm e separação entre as placas de 0,15 mm. Se as placas são separadas por mica, calcule a capacitância.

9.15 Quando um capacitor utiliza o ar como dielétrico, sua capacitância é 4 μF. Quando um material dielétrico é inserido entre as placas, sua capacitância se torna 12 μF. Encontre a constante dielétrica do material.

9.16 A capacitância de um capacitor de ar é 10 nF. Se a distância entre suas placas é dobrada, e mica ($\varepsilon_r = 5{,}0$) é inserida entre as placas, determine a nova capacitância do capacitor.

9.17 Compare as capacitâncias de dois capacitores de placas paralelas C_1 e C_2 que são idênticos, exceto pelo fato de que C_1 é preenchido com ar, enquanto C_2 tem porcelana como dielétrico.

9.18 Um capacitor de 5 μF será construído com folhas de alumínio laminadas separadas por uma camada de papel seco de 0,2 mm de espessura. Calcule a área de cada folha de alumínio.

Seção 9.5 Capacitores em série e em paralelo

9.19 Qual a capacitância total de quatro capacitores de 30 mF conectados em: (a) paralelo; (b) série.

9.20 Dois capacitores (20 μF e 30 μF) estão conectados a uma fonte de 100 V. Encontre a energia armazenada em cada capacitor se estiverem conectados: (a) em paralelo; (b) em série.

9.21 A capacitância equivalente nos terminais *a-b* no circuito da Figura 9.52 é 30 μF. Calcule o valor de *C*.

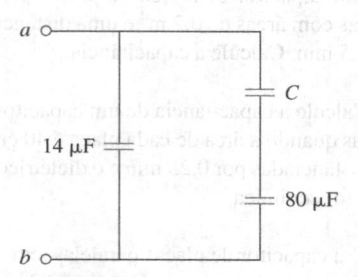

Figura 9.52
Para o Problema 9.21.

9.22 Determine a capacitância equivalente em cada um dos circuitos na Figura 9.53.

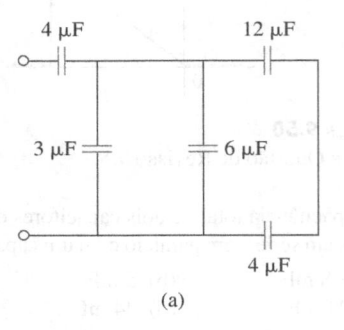

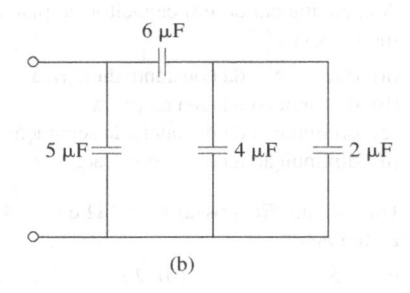

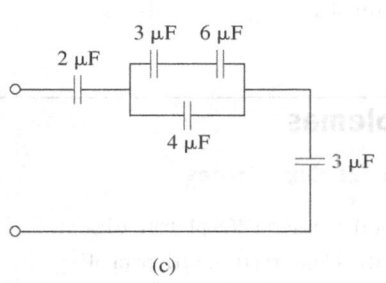

Figura 9.53
Para o Problema 9.22.

9.23 Encontre C_{eq} para o circuito na Figura 9.54.

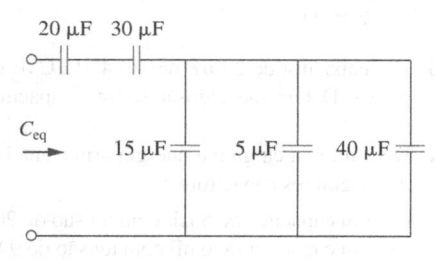

Figura 9.54
Para o Problema 9.23.

9.24 Encontre a capacitância equivalente entre os terminais *a* e *b* no circuito da Figura 9.55. Todas as capacitâncias estão em μF.

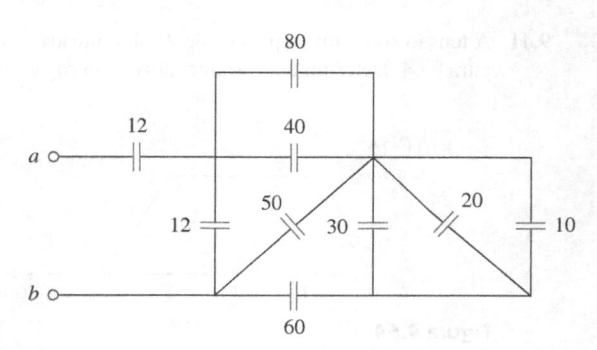

Figura 9.55
Para o Problema 9.24.

9.25 Calcule a capacitância equivalente para o circuito na Figura 9.56. Todas as capacitâncias estão em mF.

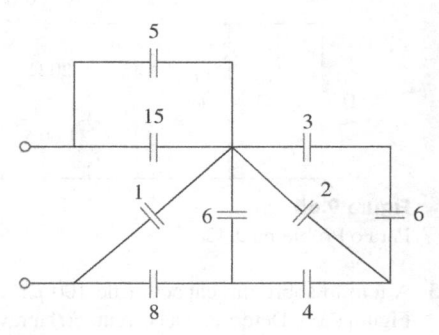

Figura 9.56
Para o Problema 9.25.

9.26 Para o circuito na Figura 9.57, determine: (a) a tensão sobre cada capacitor e (b) a energia armazenada em cada capacitor.

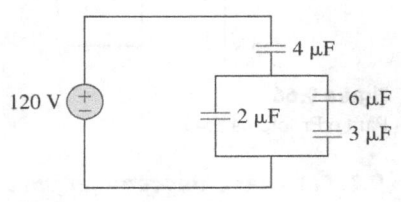

Figura 9.57
Para o Problema 9.26.

9.27 Três capacitores $C_1 = 5$ μF, $C_2 = 10$ μF e $C_3 = 20$ μF estão conectados em paralelo sob uma tensão de 150 V. Determine: (a) a capacitância total, (b) a carga em cada capacitor, e (c) a energia armazenada na combinação dos capacitores em paralelo.

9.28 Os três capacitores do Problema 9.27 são postos em série com uma fonte de 200 V. Calcule: (a) a capacitância total, (b) a carga em cada capacitor, e (c) a energia total armazenada na combinação dos capacitores em série.

9.29 Um capacitor de 20 μF e um capacitor de 50 μF estão conectados em paralelo a uma fonte de 200 V. (a) Encontre a capacitância total. (b) Determine a magnitude da carga armazenada por cada capacitor. (c) Calcule a tensão sobre cada capacitor.

9.30 A tensão sobre o capacitor de 10 μF na Figura 9.58 é 20 V. (a) Qual é a tensão da fonte V_s? (b) Determine a carga total nos capacitores.

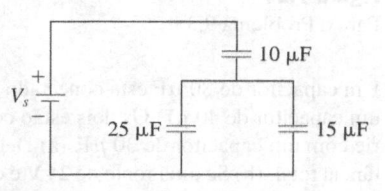

Figura 9.58
Para o Problema 9.30.

9.31 Três capacitores estão conectados em série tal que a capacitância equivalente é 2,4 nF. Se $C_1 = 2C_2$ e $C_3 = 10C_1$, determine os valores de C_1, C_2 e C_3.

9.32 Um circuito em série contém capacitores de 10, 40 e 60 μF ligados a uma fonte CC de 120 V. Calcule a tensão sobre o capacitor de 40 μF.

9.33 Encontre a capacitância total da conexão em série-paralelo de capacitores na Figura 9.59.

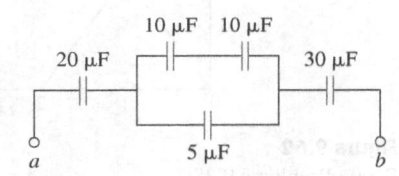

Figura 9.59
Para o Problema 9.33.

9.34 Os pontos A e B na Figura 9.60 estão conectados a uma fonte CC de 120 V. Encontre a energia total armazenada.

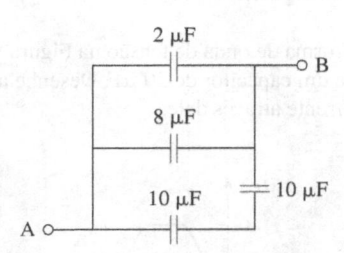

Figura 9.60
Para o Problema 9.34.

9.35 Calcule a capacitância equivalente para o circuito na Figura 9.61.

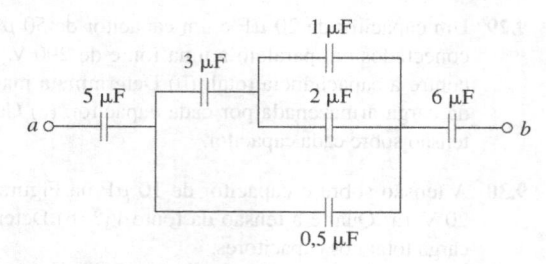

Figura 9.61
Para o Problema 9.35.

9.36 Um capacitor de 80 μF está conectado em paralelo com um capacitor de 40 μF. Os dois estão conectados em série com um capacitor de 30 μF. (a) Determine a capacitância total. (b) Se uma fonte de 24 V é conectada à combinação em série, calcule a tensão sobre cada capacitor.

Seção 9.6 Relação entre corrente e tensão

9.37 Em 5 s, a tensão sobre um capacitor de 40 mF muda de 160 para 220 V. Calcule a corrente média através do capacitor.

9.38 Se a forma de onda de tensão na Figura 9.62 é aplicada a um capacitor de 20 μF, encontre a corrente $i(t)$ através do capacitor.

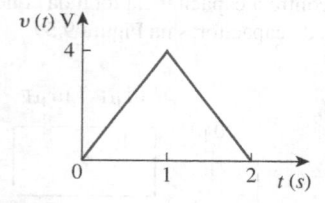

Figura 9.62
Para o Problema 9.38.

9.39 Um capacitor de 20 μF está conectado em paralelo com um capacitor de 40 μF e a uma fonte de tensão variável. Se a corrente total fornecida pela fonte é 5 A em um dado instante, qual é a corrente instantânea através de cada capacitor?

9.40 A forma de onda de tensão na Figura 9.63 é aplicada sobre um capacitor de 30 μF. Desenhe a forma de onda da corrente através dele.

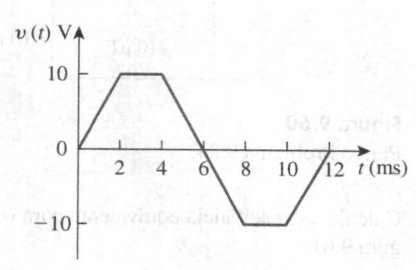

Figura 9.63
Para o Problema 9.40.

9.41 A tensão sobre um capacitor de 2 mF é mostrada na Figura 9.64. Determine a corrente através do capacitor.

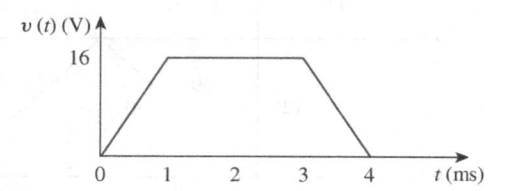

Figura 9.64
Para o Problema 9.41.

9.42 Encontre a tensão sobre os capacitores no circuito da Figura 9.65 sob condições CC.

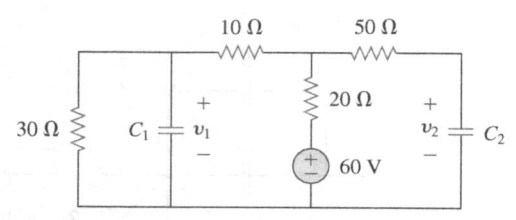

Figura 9.65
Para o Problema 9.42.

9.43 A tensão sobre um capacitor de 100 μF é mostrada na Figura 9.66. Determine a corrente $i(t)$ através dele.

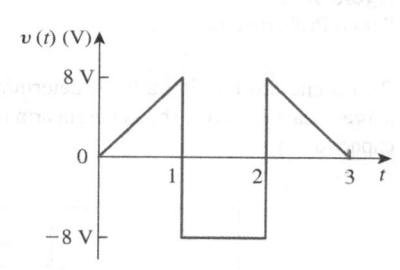

Figura 9.66
Para o Problema 9.43.

Seção 9.7 Carregar e descarregar um capacitor

9.44 Encontre a constante de tempo para o circuito RC na Figura 9.67.

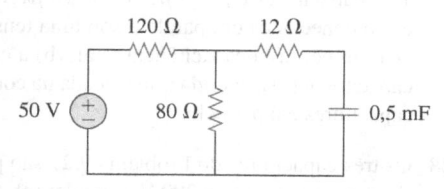

Figura 9.67
Para o Problema 9.44.

9.45 Encontre a constante de tempo de cada circuito na Figura 9.68.

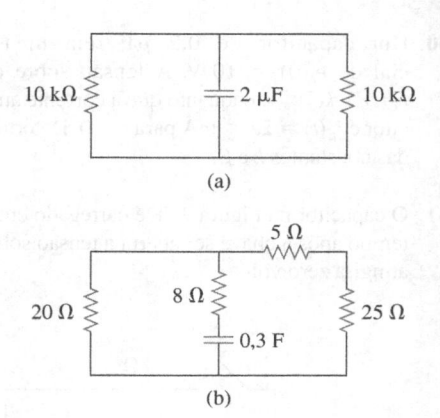

Figura 9.68
Para o Problema 9.45.

9.46 Calcule a constante de tempo para cada um dos seguintes circuitos RC:
(a) $R = 56\,\Omega$, $C = 2\,\mu F$
(b) $R = 6{,}4\,M\Omega$, $C = 50\,pF$

9.47 A chave na Figura 9.69 esteve fechada por um longo tempo, e é aberta em $t = 0$. Encontre $v(t)$ para $t \geq 0$.

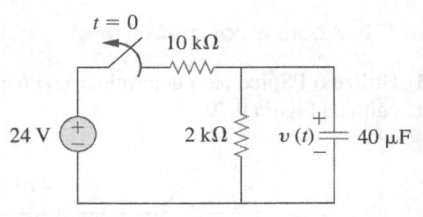

Figura 9.69
Para os Problemas 9.47 e 9.67.

9.48 Para o circuito na Figura 9.70,
$v(t) = 10e^{-4t}$ V e $i(t) = 0{,}2e^{-4t}$ A, $t > 0$
(a) encontre R e C,
(b) determine a constante de tempo.

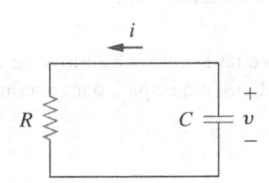

Figura 9.70
Para o Problema 9.48.

9.49 No circuito da Figura 9.71, $v(0) = 20$ V. Encontre $v(t)$ para $t > 0$.

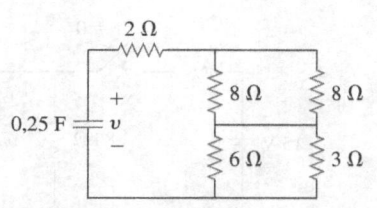

Figura 9.71
Para o Problema 9.49.

9.50 Dado que $i(0) = 3$ A, encontre $i(t)$ para $t > 0$ no circuito na Figura 9.72.

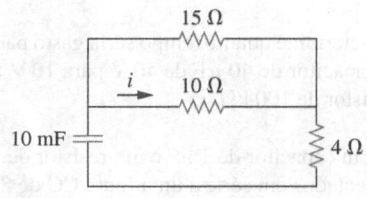

Figura 9.72
Para o Problema 9.50.

9.51 A chave na Figura 9.73 é fechada em $t = 0$. Encontre v_C e i_C para $t > 0$.

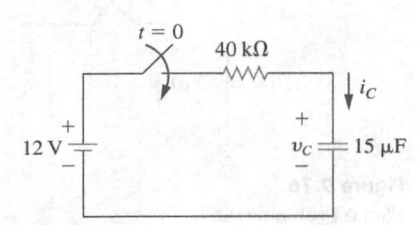

Figura 9.73
Para o Problema 9.51.

9.52 A chave na Figura 9.74 esteve na posição 1 por um longo tempo. Se a chave é movida para a posição 2 em $t = 0$, determine v_C e i_C.

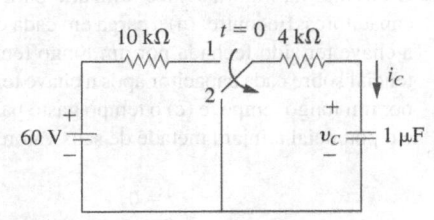

Figura 9.74
Para o Problema 9.52.

9.53 Após estar aberta por um longo tempo, a chave na Figura 9.75 é fechada em $t = 0$. Escreva a equação para v_C.

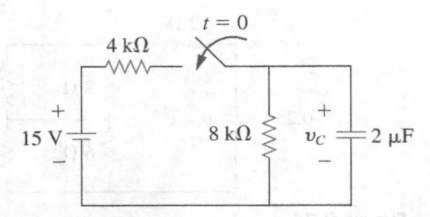

Figura 9.75
Para o Problema 9.53.

9.54 Quanto tempo seria gasto para descarregar um capacitor de 500 pF de 120 V para 80 V através de um resistor de 200 kΩ?

9.55 Determine quanto tempo seria gasto para descarregar um capacitor de 40 μF de 40 V para 10 V através de um resistor de 100 kΩ.

9.56 Um capacitor de 1 nF e um resistor de 200 kΩ estão conectados em série a uma fonte CC de 80 V. Quanto tempo seria gasto para carregar o capacitor de 0 V a 40 V?

9.57 Determine quanto tempo será gasto para que o capacitor na Figura 9.76 se descarregue a 20 V após a chave ser fechada.

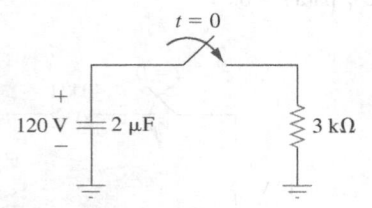

Figura 9.76
Para o Problema 9.57.

9.58 Um capacitor de 2 μF está conectado em série com um resistor de 6 MΩ e uma bateria de 24 V. Se o capacitor estiver descarregado em $t = 0$, encontre: (a) a constante de tempo, (b) a fração da carga final no instante $t = 34$ s, e (c) a fração da corrente inicial que resta no instante $t = 34$ s.

9.59 O circuito na Figura 9.77 é utilizado para carregar dois capacitores. Encontre: (a) a carga em cada capacitor após a chave ter sido fechada por um longo tempo, (b) o potencial sobre cada capacitor após a chave ter sido fechada por um longo tempo, e (c) o tempo gasto para que a carga e o potencial atinjam metade de seus valores finais.

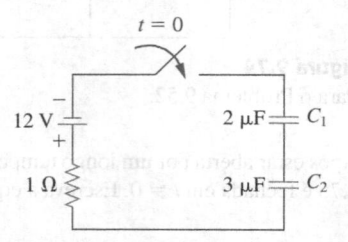

Figura 9.77
Para o Problema 9.59.

9.60 Um capacitor de 0,2 μF tem uma tensão inicial de $v_c(0) = 10$ V. A tensão sobre o capacitor é $v_C(t) = ke^{-\beta t}$ V, enquanto que a corrente através do capacitor é $i_C(t) = 2e^{-\beta t}$ mA para $t > 0$. Determine os valores das constantes k e β.

9.61 O capacitor na Figura 9.78 é carregado em 12 V. Quanto tempo após a chave ser aberta a tensão sobre o capacitor atingirá zero volt?

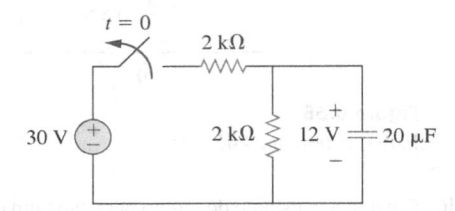

Figura 9.78
Para o Problema 9.61.

9.62 Um capacitor de 120 nF está conectado em série com um resistor de 400 kΩ. Determine o tempo gasto para o capacitor ser carregado.

Seção 9.8 Análise computacional

9.63 Utilize o PSpice para determinar $v(t)$ para $t > 0$ no circuito da Figura 9.79.

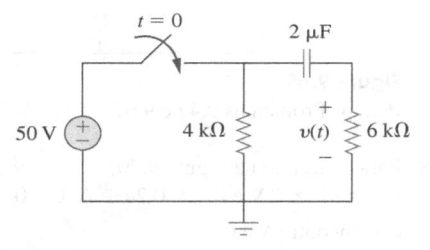

Figura 9.79
Para o Problema 9.63.

9.64 A chave na Figura 9.80 move-se do ponto A para B em $t = 0$. Utilize o PSpice para encontrar $v(t)$ para $t > 0$.

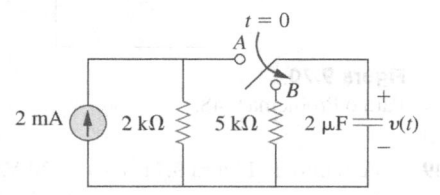

Figura 9.80
Para o Problema 9.64.

9.65 Utilize o PSpice para encontrar $v(t)$ para $t > 0$ para o circuito na Figura 9.81.

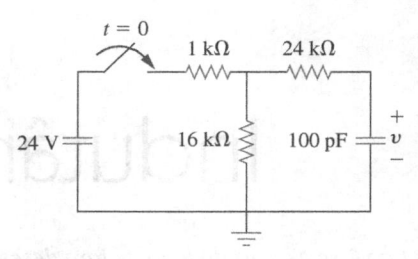

Figura 9.81
Para o Problema 9.65.

9.66 A chave na Figura 9.82 fecha-se em $t = 0$. Utilize o PSpice para determinar $v(t)$ para $t > 0$.

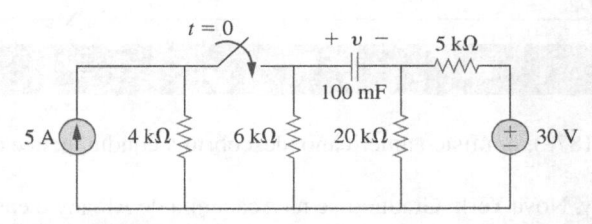

Figura 9.82
Para o Problema 9.66.

9.67 Utilize o PSpice para resolver o Problema 9.47.

9.68 Utilize o Multisim para encontrar v_C na Figura 9.30 (ver Problema Prático 9.9).

9.69 Utilize o Multisim para determinar $v(t)$ no circuito da Figura 9.83.

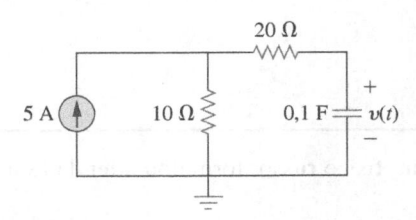

Figura 9.83
Para o Problema 9.69.

9.70 A fonte de tensão na Figura 9.84 produz uma onda quadrada que oscila entre 0 V e 10 V com frequência de 2.000 Hz. Utilize o Multisim para encontrar $v_0(t)$.

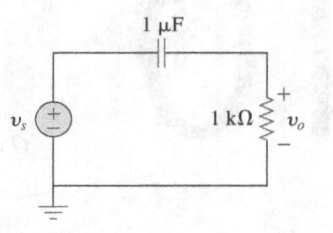

Figura 9.84
Para o Problema 9.70.

Seção 9.9 Solução de problemas

9.71 Você está testando um capacitor com um ohmímetro. Após conectar os cabos no capacitor, você nota que o mostrador vai a zero e permanece em zero. O que poderia estar errado com o capacitor?

Seção 9.10 Aplicações

9.72 No projeto de um circuito de sinal de comutação, foi encontrado um capacitor de 100 μF necessário para uma constante de tempo de 3 ms. Qual o valor do resistor necessário para o circuito?

9.73 Em seu laboratório, há muitos capacitores de 10 μF com tensão nominal de 300 V. Para projetar um banco de capacitores de 40 μF com tensão nominal de 600 V, quantos capacitores de 10 μF são necessários e como eles devem ser conectados?

9.74 Quando um capacitor é conectado a uma fonte CC, sua tensão cresce de 20 V para 35 V em 4 μs com uma corrente de carga média de 0,6 A. Determine o valor da capacitância.

9.75 Em uma subestação, um banco de capacitores é composto por 10 sequências de capacitores conectados em paralelo. Cada sequência é constituída de oito capacitores de 1.000 μF conectados em série, com cada capacitor carregado em 100 V. (a) Calcule a capacitância total do banco. (b) Determine a energia total armazenada no banco.

capítulo 10

Indutância

O casamento é como uma gaiola; vê-se as aves do lado de fora desesperadas para entrar, e as que estão dentro igualmente desesperadas para sair.
— Michel de Monteigne

Perfis históricos

Joseph Henry (1797-1878), um físico americano, descobriu a condutância e construiu um motor elétrico.

Nasceu em Albany, Nova York. Graduou-se na Academia de Albany e ensinou filosofia na Universidade de Princeton de 1832 a 1846. Foi o primeiro secretário do Instituto Smithsoniano. Conduziu vários experimentos sobre eletromagnetismo e desenvolveu eletroímãs poderosos que podiam elevar objetos pesando milhares de quilos. É interessante notar que Joseph Henry descobriu a indução eletromagnética antes de Faraday, mas falhou em publicar suas descobertas. A unidade de indutância, o henry, foi nomeada em sua homenagem.

Joseph Henry Administração
Atmosférica e Oceânica Nacional/
Departamento de Comércio

Heinrich Lenz (1804-1865), um físico russo, formulou a lei de Lenz, a lei fundamental do eletromagnetismo.

Nasceu e foi educado em Dorpat (agora Tartu, Estônia), estudou química e física na Universidade de Dorpat. Ele viajou com Otto von Kotzebue em sua terceira expedição ao redor do mundo entre 1823 e 1826. Depois da viagem, Lenz começou a trabalhar e estudar eletromagnetismo na Universidade de São Petersburgo. Por meio de vários experimentos, Lenz descobriu o princípio do eletromagnetismo, que define a polaridade da tensão de uma indutância em uma bobina. Lenz também estudou a relação entre calor e corrente. Independentemente do físico inglês James Joule, em 1842, Lenz descobriu a lei que chamamos de lei de Joule.

Heinrich Lenz
Arquivos visuais AIP Emílio Segre,
Coleção E. Scott Barr

10.1 Introdução

Até agora consideramos dois tipos de elementos passivos: resistores e capacitores. Neste capítulo, estudaremos o terceiro elemento passivo – o indutor. Um indutor é um componente elétrico que armazena energia em seu campo magnético. É um componente eletrônico simples – em sua forma mais simples, um indutor é simplesmente uma bobina de fio. Entretanto, uma bobina de fio pode fazer algumas coisas interessantes devido às propriedades eletromagnéticas da bobina. Indutores são amplamente usados em circuito analógicos. Embora as aplicações utilizando indutores sejam menos comuns do que aquelas usando capacitores, indutores são muito comuns em circuito de alta frequência. Indutores não são frequentemente utilizados em circuitos integrados (CI), pois é difícil fabricá-los sobre os chips.

Começamos o capítulo introduzindo a indução eletromagnética, os fundamentos das leis de Faraday e Lenz. Descrevemos os indutores como elementos de armazenamento. Examinaremos diferentes tipos de indutores e como combiná-los em série e em paralelo. Depois, consideraremos circuitos *RL* (circuitos contendo resistores e indutores) e como modelá-los utilizando o PSpice e o Multisim. Como aplicação típica de indutores, discutiremos relés e circuitos de ignição automotiva.

10.2 Indução eletromagnética

Um imã é envolto por um campo magnético. Um campo magnético pode ser imaginado como linhas de força ou linhas de fluxo. A força da atração e repulsão magnética move-se ao longo das linhas de força. Uma força eletromotriz (fem) é gerada quando um fluxo magnético passa através de uma bobina ou condutor. Isso é conhecido como *indução eletromagnética*. Michael Faraday e Joseph Henry observaram, independentemente, que quando o fluxo magnético através de um condutor varia, uma tensão é induzida através dos terminais do condutor, o que leva à lei de Faraday:

> a **Lei de Faraday** afirma que a tensão induzida em um circuito é proporcional à variação de fluxo magnético através do circuito.

Matematicamente,

$$v = N\frac{d\phi}{dt} = N \times \text{Taxa de variação do fluxo} \tag{10.1}$$

em que v = tensão induzida em volts (V), N é o número de espiras na bobina, e $d\phi/dt$ é a taxa de variação do campo magnético em webers por segundo (Wb/s).

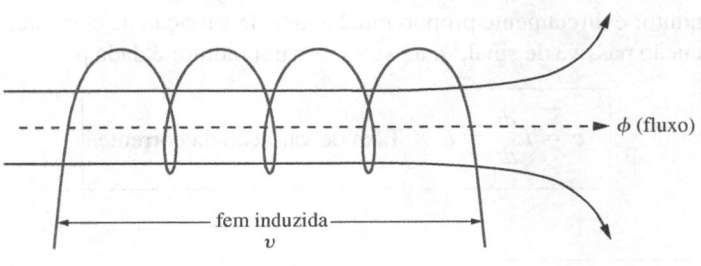

Figura 10.1
Fluxo produzido externamente através de uma bobina de N espiras.

Como ilustrado na Figura 10.1, uma fem é induzida na bobina somente quando o fluxo magnético através da bobina varia; isto é, $d\phi/dt \neq 0$. Quando o fluxo não varia com o tempo, $d\phi/dt = 0$ e $v = 0$.

A polaridade da fem induzida e o sentido do fluxo da corrente são determinados pela lei de Lenz:

a **Lei de Lenz** afirma que a corrente induzida cria um fluxo que se opõem ao que produziu a corrente.

Aplicamos a lei de Faraday para determinar a magnitude da tensão induzida e utilizamos a lei de Lenz para determinar a polaridade.

Exemplo 10.1

Uma bobina com 200 espiras está localizada em um campo magnético que muda a uma taxa de 30 mWb/s. Encontre a tensão induzida.

Solução:

$$v = N\frac{d\phi}{dt} = N \times \text{Taxa de mudança no fluxo} = 200 \times 30 \times 10^{-3} = 6\text{ V}$$

Problema Prático 10.1

O fluxo em uma bobina aumenta de 0 para 40 mWb em 2 segundos. Encontre o número de espiras se a tensão induzida é de 2,5 V.

Resposta: 125

10.3 Indutores

Um indutor é um elemento passivo projetado para armazenar energia na forma magnética. Os indutores possuem muitas aplicações em eletrônica e sistemas de potência. Por exemplo, eles são utilizados em fontes de energia, transformadores, rádio, TVs, radar e motores elétricos.

Qualquer condutor de corrente elétrica possui propriedades indutivas e pode ser considerado como um indutor. Mas a fim de aumentar o efeito indutivo, um indutor real é normalmente construído em forma de bobina cilíndrica com muitas espiras de condutor de fio, como mostrado na Figura 10.2. Então,

um **indutor** consiste em uma bobina de condutor de fio em volta de algum núcleo que pode ser o ar ou algum material magnético.

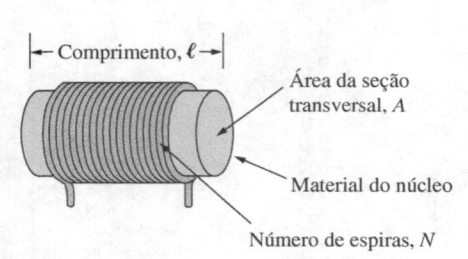

Figura 10.2 Forma típica de um indutor.

Figura 10.3 Símbolo para um indutor ideal.

(Essa definição é verdadeira para a maioria dos indutores, mas não é correta para alguns indutores.) O símbolo para um indutor é mostrado na Figura 10.3, ele é parecido com uma bobina de fio.

Se uma corrente circula através de um indutor, verifica-se que a tensão sobre o indutor é diretamente proporcional à taxa de variação da corrente. Usando a convenção passiva de sinal,[1] a tensão sobre um indutor é dada por

$$v = L\frac{di}{dt} = L \times \text{Taxa de variação da corrente} \tag{10.2}$$

---

[1] Nota: Tendo em vista a Equação (10.2), para um indutor possuir tensão entre seus terminais, sua corrente precisa variar no tempo. Assim, $v = 0$ para uma corrente constante através do indutor.

em que L é a constante de proporcionalidade chamada de indutância do indutor[2] e di/dt é a taxa de variação instantânea da corrente no indutor. A unidade para indutância é o henry (H) em homenagem ao inventor americano Joseph Henry (1797 – 1878).

> A **indutância** é uma medida da capacidade de um indutor para apresentar oposição à variação de corrente através dele, medida em henrys (H).

A indutância de um indutor depende de suas dimensões físicas e construção (veja a Figura 10.2). Equações para calcular a indutância de indutores de diferentes formatos são derivadas da teoria eletromagnética e podem ser encontradas em manuais de engenharia elétrica. Por exemplo, para o indutor (solenoide[3]) mostrado na Figura 10.2,

$$L = \frac{\mu_o \mu_r N^2 A}{\ell} \quad (10.3)$$

em que

N = número de espiras do fio
ℓ = comprimento da bobina em metros
A = área da seção transversal em metros quadrados
μ_0 = permeabilidade do ar ou vácuo = $4\pi \times 10^{-7}$ H/m
μ_r = Permeabilidade relativa do núcleo

A permeabilidade ($\mu = \mu_0 \mu_r$) é a habilidade do material suportar o fluxo magnético. Em outras palavras, é a propriedade que descreve a facilidade com que o fluxo magnético é estabelecido no material. A permeabilidade relativa (μ_r) é a razão entre a permeabilidade do material (μ) e a permeabilidade do vácuo (μ_0). Para o ar e metais não magnéticos, como cobre, ouro e prata, $\mu_r = 1$. A Tabela 10.1 apresenta valores de permeabilidade relativa de alguns materiais comuns. Podemos ver pela Equação (10.3) que a indutância pode ser incrementada aumentando o número de espiras, utilizando um material com maior permeabilidade como núcleo, aumentando a área da seção transversal ou reduzindo o comprimento da espira.

O símbolo mostrado na Figura 10.3 assume que o indutor é ideal. Assim como os capacitores, os indutores são não ideais. Uma bobina é feita de um con-

TABELA 10.1 Permeabilidade relativa de alguns materiais*

Material	Permeabilidade relativa (μ_r)
Ar	1
Cobalto	250
Níquel	600
Ferro mole	5.000
Ferro silício	7.000
Metais não magnéticos	1

*Os valores dados são típicos; eles variam de uma publicação para outra devido à grande variedade da maioria dos materiais.

---

[2] Tanto a tensão v quanto a taxa de variação da corrente di/dt são *instantâneas*, ou seja, em relação a um instante de tempo específico; por esse motivo a letra minúscula v e i.

[3] Um solenoide é um laço de fio enrolado em torno de um núcleo metálico, o qual produz um campo magnético quando uma corrente elétrica é passada através dele. Solenoides possuem um grande número de aplicações práticas.

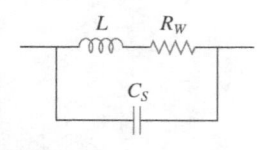

Figura 10.4
Símbolo para um indutor prático.

dutor de fio e, portanto, possui uma resistência muito pequena mas finita (R_ω). Assim, o equivalente prático de um indutor é mostrado na Figura 10.4. Também devemos considerar que as espiras condutoras da bobina são separadas e, por conseguinte, uma pequena capacitância (C_S) é contabilizada no modelo da Figura 10.4. A menos que indicado de outra forma, R_ω e C_S podem ser ignorados. C_S apenas se torna significante em aplicações de altas frequências. Assumiremos indutores ideais neste livro.

Exemplo 10.2

A corrente através de um indutor de 100 mH varia de 300 a 500 mA em 2 ms. Encontre a tensão sobre o indutor.

Solução:
Como $v = L\, di/dt$ e L = 100 mH = 0,1 H,

$$v = 0{,}1 \times \frac{(500 - 300) \times 10^{-3}}{2 \times 10^{-3}} = 10\ \text{V}$$

Problema Prático 10.2

Se a corrente em uma bobina de 2 mH aumenta de 0 a 8 A em 0,4 s, encontre a tensão induzida.

Resposta: 40 mV.

Exemplo 10.3

Um solenoide com núcleo de ar possui 1,2 cm de diâmetro e 18 cm de comprimento. Caso possua 500 espiras, encontre sua indutância. Considere a permeabilidade do ar como $4\pi \times 10^{-7}$ H/m.

Solução:
A área obtida é

$$A = \pi(d/2)^2 = \pi(0{,}6 \times 10^{-2})^2 = 1{,}131 \times 10^{-4}\ \text{m}^2$$

Como o solenoide é de núcleo de ar, sua permeabilidade é a mesma do vácuo. Assim,

$$L = \frac{N^2 \mu A}{\ell} = \frac{500^2 \times 4\pi \times 10^{-7} \times 1{,}131 \times 10^{-4}}{18 \times 10^{-2}} = 0{,}1974\ \text{mH}$$

Problema Prático 10.3

Um indutor longo de 15 cm possui 40 espiras, uma área de seção transversal de 0,02 m² e permeabilidade de $0{,}3 \times 10^{-4}$ H/m. Encontre a indutância.

Resposta: 6,4 mH.

10.4 Armazenamento de energia e regime permanente em CC

O indutor é projetado para armazenar energia em seu campo magnético. Para encontrar a energia armazenada ($W = Pt = vit$), assumimos um aumento linear de corrente e selecionamos o valor final da corrente I_m fluindo através do indutor.

O valor médio da corrente à medida que aumenta de zero a I_m é $0,5I_m$. Portanto

$$W = v \times 0,5I_m \times t \qquad (10.4)$$

Mas a partir da Equação (10.2),

$$v = L\frac{di}{dt} = L \times \text{Taxa de mudança da corrente} \qquad (10.2)$$

Como a taxa de mudança da corrente é constante,

$$v = L \times \frac{I_m}{t}$$

Substituindo na Equação (10.4), tem-se a energia armazenada como

$$W = L \times \frac{I_m}{t} \times 0,5I_m \times t$$

ou

$$\boxed{W = \frac{1}{2}LI_m^2} \qquad (10.5)$$

Devemos notar que as seguintes propriedades importantes de um indutor.

1. Note a partir da Equação (10.2) que a tensão do indutor é zero quando a corrente é constante. Então, no estado estacionário,

   um indutor atua como um curto-circuito em CC.

2. Uma importante propriedade do indutor é sua oposição à variação na corrente fluindo através dele; isto é,

   a corrente através do indutor não pode variar abruptamente.

   De acordo com a Equação (10.2), uma mudança descontínua na corrente através do indutor requer uma tensão infinita, o que não é fisicamente possível. Então, um indutor se opõe a uma mudança abrupta de corrente através dele. Por exemplo, a corrente através de um indutor pode ter a forma mostrada na Figura 10.5(a), no entanto, a corrente no indutor não pode ter a forma mostrada na Figura 10.5(b) em situações reais devido às descontinuidades. No entanto, a tensão através de um indutor pode variar abruptamente.

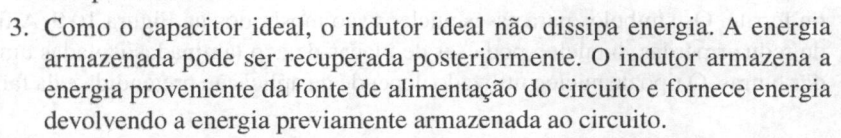

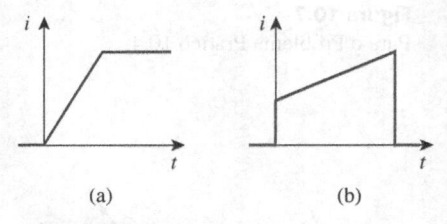

3. Como o capacitor ideal, o indutor ideal não dissipa energia. A energia armazenada pode ser recuperada posteriormente. O indutor armazena a energia proveniente da fonte de alimentação do circuito e fornece energia devolvendo a energia previamente armazenada ao circuito.

4. Na prática, um indutor não ideal possui uma resistência e capacitância bastante significativa, conforme mostrado na Figura 10.4.

Figura 10.5
Corrente através de um indutor: (a) permitida; (b) não permitida. Nota: Uma mudança abrupta não é possível.

Considere o circuito na Fig. 10.6(a). Levando em conta as condições CC, encontre:
(a) i, v_C e i_L;
(b) a energia armazenada no capacitor e no indutor.

Exemplo 10.4

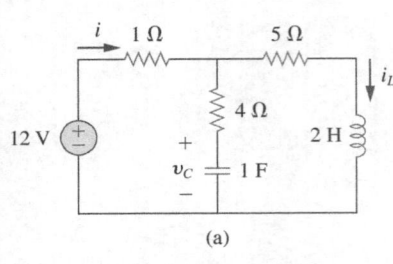

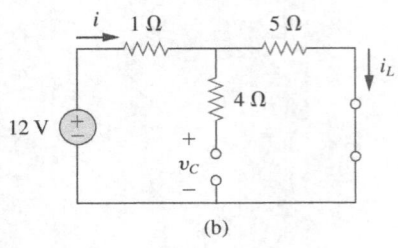

Figura 10.6
Para o exemplo 10.4.

Solução:
(a) Considerando as condições CC, trocamos o capacitor por um circuito aberto e o indutor por um curto-circuito, como mostrado na Figura 10.6(b). Fica claro a partir da Figura 10.6(b) que

$$i = i_L = \frac{12}{1+5} = 2 \text{ A}$$

A tensão v_c é a mesma que a tensão sobre o resistor de 5 Ω. Assim,

$$v_C = 5i = 10 \text{ V}$$

(b) A energia no capacitor é

$$W_C = \frac{1}{2}Cv_C^2 = \frac{1}{2}(1)(10^2) = 50 \text{ J}$$

e no indutor é

$$W_L = \frac{1}{2}Li_L^2 = \frac{1}{2}(2)(2^2) = 4 \text{ J}$$

Problema Prático 10.4

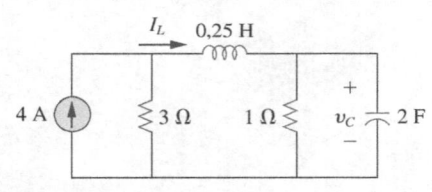

Figura 10.7
Para o Problema Prático 10.4.

Determine v_c, i_L e a energia armazenada no capacitor e no indutor no circuito da Figura 10.7 considerando as condições CC.

Resposta: 3 V; 3 A; 9 J; 1,125 J

10.5 Tipos de indutores

Como os capacitores, os indutores são comercialmente disponíveis em diferentes valores e tipos. Indutores práticos típicos possuem valores de indutância variando de poucos micro-henrys (μH) em sistemas de comunicação a dezenas de henrys (H) em sistemas de potência. Os indutores podem ser fixos ou variáveis (ajustáveis). Os símbolos para indutores fixos ou variáveis são mostrados na Figura 10.8. Indutores fixos ou variáveis podem ser classificados de acordo com o tipo de material utilizado no núcleo. Os núcleos comuns são feitos de ar, ferro ou ferrite. Os símbolos para esses núcleos são mostrados na Figura 10.9. A fim de reduzir perdas, o núcleo pode ser de placas de aço laminadas isoladas umas das outras. O tipo de núcleo utilizado depende da aplicação pretendida e da faixa

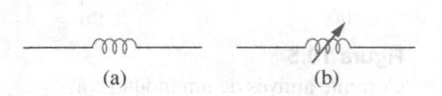

Figura 10.8
Símbolos para indutores (a) fixo e (b) variável.

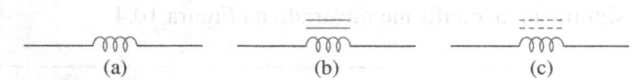

Figura 10.9
Símbolos para vários indutores: (a) núcleo de ar; (b) núcleo de ferro; (c) núcleo de ferrite.

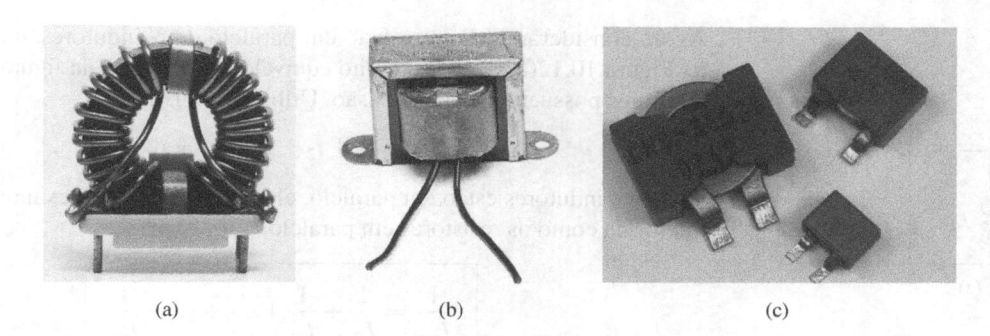

Figura 10.10
Vários tipos de indutores: (a) indutor toroidal; (b) indutor de núcleo de ferro; (c) indutor de montagem de superfície.
(a) © GIPhotoStock/Photo Researchers (b) © The McGraw-Hill Companies, Inc./ Fotógrafo Cindy Schroeder (c) © Foto cedida pela Coil Winding Specialists, Inc

de d do indutor. Indutores de núcleo de ferro possuem grande indutância e são utilizados em aplicações de áudio ou em fontes de alimentação. Indutores com núcleo de ar ou ferrite são geralmente usados em aplicações de radiofrequência. Indutores com núcleo de ar são tipicamente na faixa de micro-henrys. Os termos bobina e *choke* são também utilizados para indutores. Indutores típicos são mostrados na Figura 10.10. Indutores de laboratório podem ser feitos em forma de caixa de década, que é um conjunto de resistores, indutores ou capacitores com valores individuais variando em múltiplos de 10.

10.6 Indutores em série e em paralelo

Em circuitos práticos, precisamos ter indutores em série ou em paralelo. Por isso, é importante saber como determinar a indutância equivalente de um conjunto de indutores conectados em série ou em paralelo.

Considere a conexão em série de N indutores, como mostrado na Figura 10.11(a), com o circuito equivalente mostrado na figura 10.11(b). Os indutores possuem a mesma corrente através deles. Aplicando LKT para o laço,

$$v = v_1 + v_2 + v_3 + \cdots + v_N \quad (10.6)$$

em que $v_K = L_k \, di/dt$. Indutores em série são combinados exatamente da mesma forma como os resistores em série. Assim,

$$\boxed{L_{eq} = L_1 + L_2 + L_3 + \cdots + L_N} \quad (10.7)$$

Então,

> a **indutância equivalente** de indutores conectados em série é a soma das indutâncias individuais.

Figura 10.11
(a) Conexão em série de N indutores;
(b) circuito equivalente para indutores em série.

Como indutores em série são combinados exatamente da mesma forma que os resistores em série, a tensão sobre L_K é igual a um divisor de tensão.

$$v_k = \frac{L_k}{L_{eq}} v \quad (10.8)$$

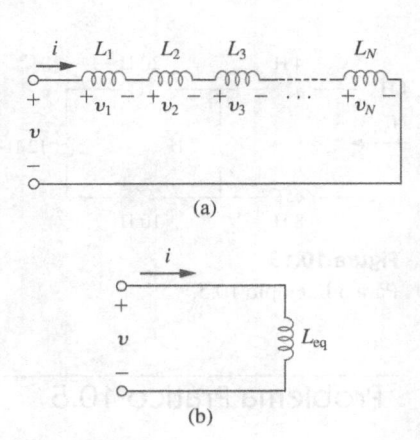

Agora consideraremos a conexão em paralelo de N indutores, como mostrado na Figura 10.12(a), com o circuito equivalente mostrado na figura 10.12(b). Os indutores possuem a mesma tensão. Utilizando a LKC,

$$i = i_1 + i_2 + i_3 + \cdots + i_N \quad (10.9)$$

Como os indutores estão em paralelo, eles são combinados exatamente da mesma forma como os resistores em paralelo,

$$\boxed{\frac{1}{L_{eq}} = \frac{1}{L_1} + \frac{1}{L_2} + \frac{1}{L_3} + \cdots + \frac{1}{L_N}}$$

Figura 10.12
(a) Conexão em paralelo de N indutores; (b) circuito equivalente para indutores em paralelo.

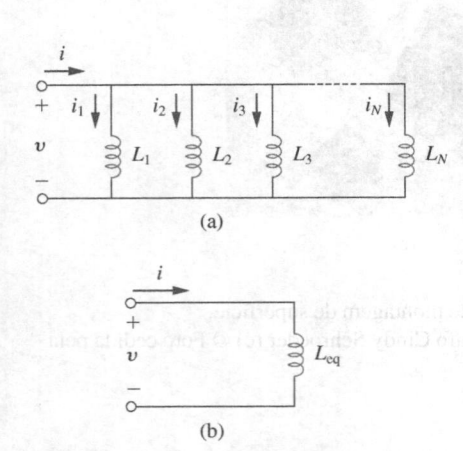

Para dois indutores em paralelo ($N = 2$), a Equação (10.10) torna-se

$$\frac{1}{L_{eq}} = \frac{1}{L_1} + \frac{1}{L_2}$$

ou

$$L_{eq} = \frac{L_1 L_2}{L_1 + L_2} \quad (10.11)$$

Note que a Equação (10.11) é somente válida para dois indutores.

A **indutância equivalente** de indutores em paralelo é o inverso da soma das indutâncias individuais inversas.

Exemplo 10.5

Encontre a indutância equivalente do circuito na Figura 10.13.

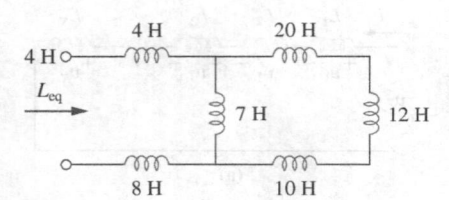

Solução:
Os indutores de 10, 12 e 20 H estão em série, combinando-os temos uma indutância de 42 H. Esse indutor de 42 H está em paralelo com o indutor de 7 H, de modo que, combinando-os, temos

$$\frac{7 \times 42}{7 + 42} = 6 \text{ H}$$

Esse indutor de 6 H está em série com os indutores de 4 e 8 H. Assim,

$$L_{eq} = 6 + 4 + 8 = 18 \text{ H}$$

Figura 10.13
Para o Exemplo 10.5.

Problema Prático 10.5

Calcule a indutância equivalente para a circuito em escada indutiva na Figura 10.14

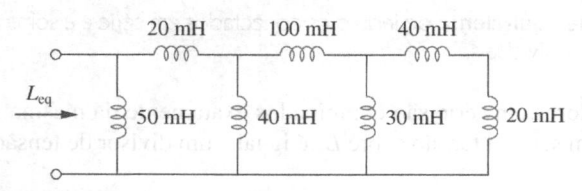

Figura 10.14
Para o Problema Prático 10.5.

Resposta: 25 mH

Exemplo 10.6

Para o circuito na figura 10.15, $i(t) = 4(2 - e^{-10t})$ mA. Se $i_2(0) = -1$ mA, encontre:
 (a) $i_1(0)$ (b) L_{eq}

Solução:
(a) A partir de $i(t) = 4(2 - e^{-10})$ mA, $i(0) = 4(2 - 1) = 4$ mA.
 Como $i = i_1 + i_2$

$$i_1(0) = i(0) - i_2(0) = 4 - (-1) = 5 \text{ mA}$$

(b) A indutância equivalente é

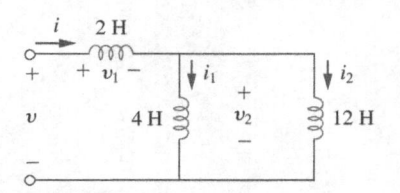

$$L_{eq} = 2 + 4 \| 12 = 2 + 3 = 5 \text{ H}$$

Figura 10.15
Para o Exemplo 10.6.

Problema Prático 10.6

No circuito da Figura 10.16, $i_1(t) = 0{,}6e^{-2t}$ A. Se $i(0) = 1{,}4$ A, encontre $i_2(0)$.

Resposta: 0,8 A

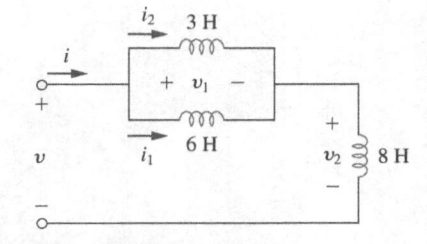

Figura 10.16
Para o Problema Prático 10.6.

10.7 Transitórios em circuitos RL

Um circuito *RL* é aquele que contém somente resistores e indutores. Um circuito *RL* típico consiste em resistores e indutores conectados em série, como mostrado na Figura 10.17. Nosso objetivo é determinar a resposta do circuito, que é assumido ser a corrente $i(t)$ através do indutor. Selecionamos a corrente do indutor como a resposta para reforçar a ideia de que a corrente do indutor não pode mudar instantaneamente. Em $t = 0$, assumimos que o indutor possui uma corrente inicial I_o; que é

$$i(0) = I_o \tag{10.12}$$

Aplicando a LKT ao redor do laço na Figura 10.17,

$$v_L + v_R = 0 \tag{10.13}$$

Podemos aplicar o cálculo diferencial para mostrar que a corrente através do circuito *RL* é

$$i(t) = I_o e^{-Rt/L} \tag{10.14}$$

Isso mostra que a resposta natural do circuito *RL* é uma exponencial decrescente a partir da corrente inicial. A corrente de resposta é mostrada na Figura 10.18. Fica evidente a partir da Equação (10.14) que a constante de tempo[4] para o circuito *RL* é

$$\boxed{\tau = \frac{L}{R}} \tag{10.15}$$

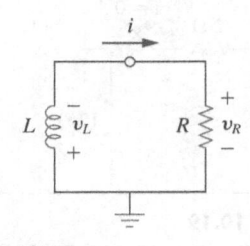

Figura 10.17
Circuito *RL* sem a presença de uma fonte.

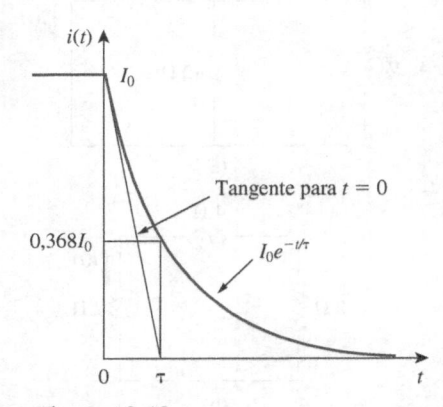

Figura 10.18
Resposta de corrente para um circuito *RL*.

---

[4] Relembre: Quanto menor for a constante de tempo τ de um circuito, mais rápido será a taxa de decaimento da resposta. Contudo, quanto maior a constante de tempo, menor será a taxa de decaimento da resposta. Independentemente da taxa, a resposta decai para menos de 1% de seu valor inicial (isto é, atinge o estado estacionário) após 5τ.

com τ tendo novamente a unidade de segundos, enquanto R está em ohms e L em henrys. Então, a Equação (10.14) pode ser escrita como

$$i(t) = I_o e^{-t/\tau} \qquad (10.16)$$

Com a corrente na Equação (10.16), podemos encontrar a tensão na resistência como

$$v_R(t) = iR = I_o R e^{-t/\tau} \qquad (10.17)$$

Em síntese,

Regras para trabalhar com um circuito RL sem fonte:
1. Encontre a corrente inicial $i(0) = I_o$ através do indutor.
2. Encontre a constante de tempo τ do circuito.

Com esses dois itens, obtemos a corrente de resposta $i_L(t) = i(t) = i(0) e^{-t/\tau}$ no indutor. Uma vez que determinamos a corrente i_L do indutor, outras variáveis (tensão v_L no indutor, tensão v_R no resistor, e corrente i_R no resistor) podem ser obtidas. Note que, em geral, R na Equação (10.7) é a resistência de Thévenin que pode ser vista dos terminais do indutor[5].

Exemplo 10.7

A chave no circuito da Figura 10.9 está fechada por um longo tempo. Em $t = 0$, a chave é aberta. Calcule $i(t)$ para $t > 0$.

Solução:
Quando $t < 0$, a chave está fechada, e o indutor atua como um curto-circuito CC, pois o circuito está em regime permanente. O circuito resultante é mostrado na Figura 10.20(a). Para determinar i_1 na Figura 10.20(a), combinamos os resistores em paralelo de 4 e 12 Ω para obtermos

$$\frac{4 \times 12}{4 + 12} = 3 \, \Omega$$

Daí,

$$i_1 = \frac{40}{2 + 3} = 8 \, \text{A}$$

Obtemos $i(t)$ a partir de i_1 na Figura 10.20(a) utilizando a regra do divisor de corrente.

$$i(t) = \frac{12}{12 + 4} i_1 = 6 \, \text{A}, \quad t < 0$$

Como a corrente através do indutor não pode mudar instantaneamente,

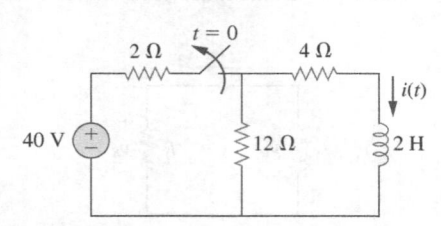

$$i(0) = 6 \, \text{A}$$

Figura 10.19
Para o Exemplo 10.7.

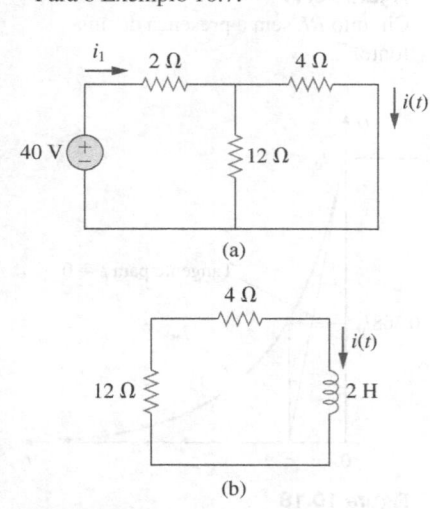

Figura 10.20
Resolvendo o circuito da Figura 10.19: (a) $t < 0$, (b) $t > 0$.

---
[5] Nota: Quando o circuito possui um único indutor e vários resistores e fontes dependentes, o equivalente de Thévenin pode ser encontrado para os terminais do indutor para formar um circuito RL simples. Além disso, o teorema de Thévenin pode ser usado quando vários indutores podem ser combinados para formar um indutor equivalente único.

Quando $t > 0$, a chave está aberta e a tensão da fonte é desconectada. Agora nós temos uma fonte RL livre dada na Fig. 10.20(b). Combinando os resistores, temos:

$$R_{eq} = 12 + 4 = 16 \ \Omega$$

A constante de tempo é:

$$\tau = \frac{L}{R_{eq}} = \frac{2}{16} = \frac{1}{8} \ s$$

Portanto,

$$i(t) = i(0)e^{-t/\tau} = 6e^{-8t} \ A$$

Para o circuito na Figura 10.21, encontre $i_o(t)$ para $t > 0$.

Resposta: $1,4118e^{-3t}$ A, $t > 0$

Problema Prático 10.7

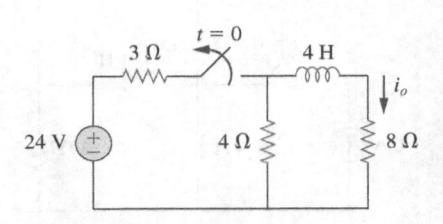

Figura 10.21
Para o Problema Prático 10.7.

No circuito mostrado na Figura 10.22, encontre v_o e i para todo o tempo, assumindo que a chave estava aberta por um logo período.

Exemplo 10.8

Solução:
Primeiramente é melhor encontrar a corrente i no indutor e então os outros resultados a partir de i.

Para $t < 0$, a chave está aberta. Como o indutor atua como um curto-circuito em CC, o resistor de 6 Ω está curto-circuitado de modo que temos o circuito mostrado na Figura 10.23(a). Assim,

$$i(t) = \frac{20}{2+3} = 4 \ A, \quad t < 0$$

$$v_o(t) = 3i(t) = 12 \ V, \quad t < 0$$

Assim, $i(0) = 4$ A.

Para $t > 0$, a chave é fechada curto-circuitando a fonte de alimentação. Agora temos um circuito RL sem fonte, como mostrado na Figura 10.23 (b). Nos terminais do indutor,

$$R_{Th} = 3 \parallel 6 = 2 \ \Omega$$

de modo que a constante de tempo é

$$\tau = \frac{L}{R_{Th}} = \frac{2,5}{2} = 1,25 \ s$$

Então,

$$i(t) = i(0)e^{-t/\tau} = 4e^{-t/1,25} = 4e^{-0,8t} \ A, \quad t > 0$$

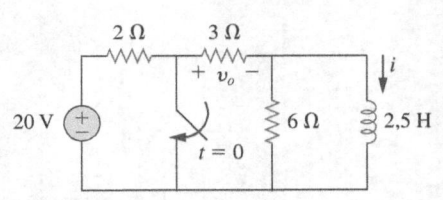

Figura 10.22
Para o Exemplo 10.8.

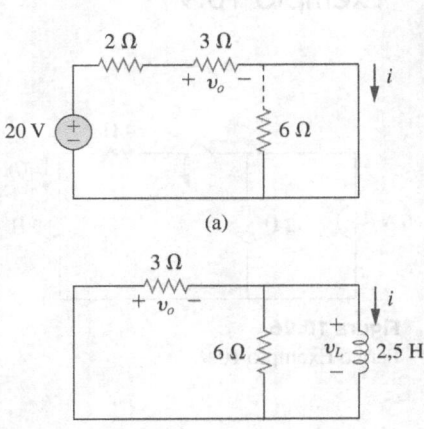

Figura 10.23
Circuito na Figura 10.22: (a) $t < 0$, (b) $t > 0$.

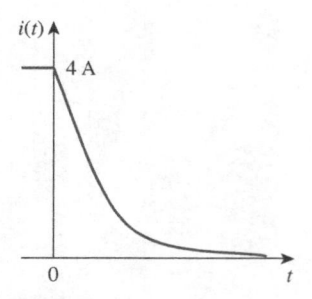

Figura 10.24
Gráfico de $i(t)$.

Assim, para todo tempo,

$$i(t) = \begin{cases} 4\,\text{A}, & t < 0 \\ 4e^{-0,8t}\,\text{A}, & t > 0 \end{cases}$$

Notamos que a corrente do indutor é constante em $t = 0$; $i(t)$ é esboçada na Figura 10.24.

Problema Prático 10.8

Determine $i(t)$ para todo tempo t no circuito mostrado na Figura 10.25. Assuma que a chave está fechada por um longo tempo.

Resposta: $i(t) = \begin{cases} 4\,\text{A}, & t < 0 \\ 4e^{-2t}\,\text{A}, & t > 0 \end{cases}$

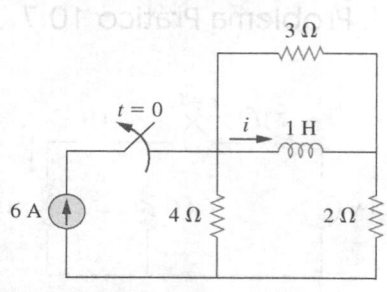

Figura 10.25
Para o Problema Prático 10.8.

10.8 Análise computacional

10.8.1 PSpice

Assim como utilizamos o PSpice para modelar um circuito RC na Seção 9.8, podemos utilizar o PSpice para modelar um circuito RL. O PSpice pode ser utilizado para obter a resposta transitória de um circuito RL. A Seção C.4 no Apêndice C fornece uma revisão sobre análise transitória utilizando o PSpice para Windows. É recomendado que a Seção C.4 seja revisada antes de prosseguir com esta seção.

Se necessário, a análise CC no PSpice deve ser realizada primeiro para determinar as condições iniciais. Então, as condições iniciais são utilizadas na análise transitória do PSpice para obter a resposta transitória. É recomendado, mas não necessário, que durante a análise CC todos os indutores estejam curto-circuitados.

Exemplo 10.9

Utilize o PSpice para encontrar a resposta $i(t)$ para $t > 0$ no circuito da Figura 10.26.

Solução:
Para utilizar o PSpice, primeiro desenhamos o diagrama esquemático conforme mostrado na Figura 10.27. Relembramos que o nome da chave fechada é *Sw_tcose*. Não precisamos especificar a condição inicial do indutor porque o PSpice irá determiná-la a partir do circuito. Depois de desenhar o circuito, selecionamos **PSpice/New Simulation Profile**. Isso conduz à caixa de diálogo Nova Simulação (*New Simulation*). Digite "exem109" como o nome do arquivo e clique em **Create**. Isso leva à caixa de diálogo Configurações da Simulação (*Simulation Settings*). Em *Simulation Settings*, selecionamos *Time Domain – Transiente* (Domínio do Tempo – Transitório) na opção Tipo de Análise (*Analyisis Type*) e $5\tau = 2{,}5$ como *Run to time* (Tempo de Execução). Clicamos em *Apply* e então clicamos em OK. Depois de salvar o circuito, selecionamos **PSpice/Run** para simulá-lo. Na janela que aparece, selecionamos **Trace/Add Trace** e I(L1) é exibida como a corrente através do indutor. O gráfico de $i(t)$ é mostrado na Figura 10.28.

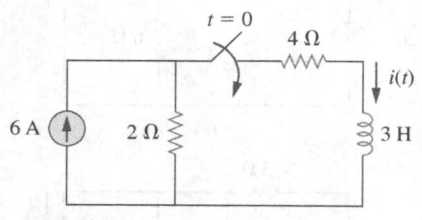

Figura 10.26
Para o Exemplo 10.9.

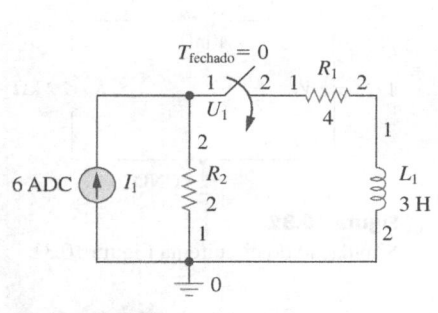

Figura 10.27
Diagrama esquemático para o circuito da Figura 10.26.

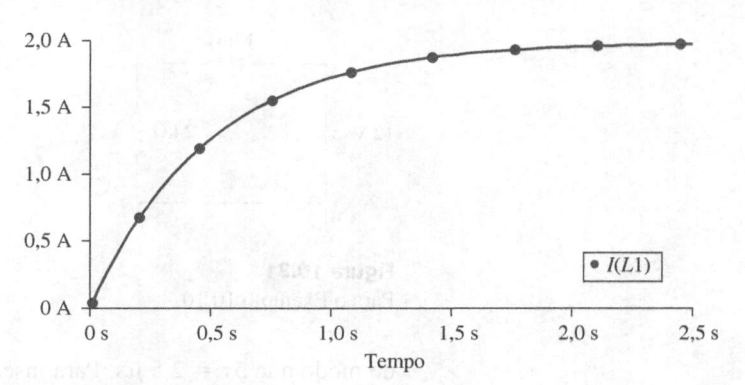

Figura 10.28
Para o Exemplo 10.9; a resposta do circuito na Figura 10.26.

A chave na Figura 10.29 está aberta por um longo tempo, mas é fechada em $t = 0$. Encontre $i(t)$ utilizando o PSpice.

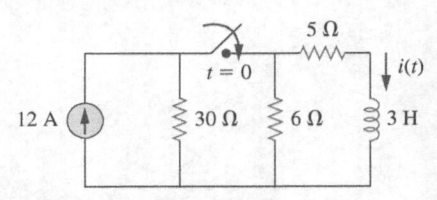

Resposta: O gráfico de $i(t)$ é mostrado na Figura 10.30.

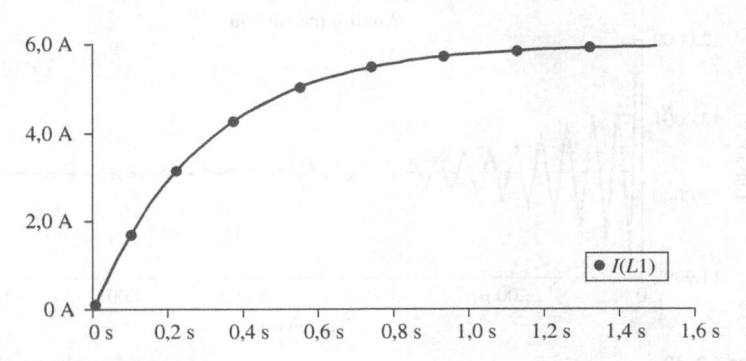

Problema Prático 10.9

Figura 10.29
Para o Problema Prático 10.9.

Figura 10.30
Para o Problema Prático 10.9.

10.8.2 Multisim

O Multisim pode ser utilizado para modelar um circuito *RL* assim como fizemos com o circuito *RC* na Seção 9.7. (É aconselhado ler a Seção D.3 no Apêndice D antes de prosseguir com esta seção.) O único problema é que o Multisim não possui uma maneira direta de apresentar o gráfico da corrente. A fim de determinar a corrente, você precisa aplicar a lei de Ohm para a correspondente forma de onda de tensão.

Utilize o Multisim para encontrar v_0 no circuito da Figura 10.31.

Exemplo 10.10

Solução:
Primeiramente, criamos o circuito como mostrado na Figura 10.32. A constante de tempo nesse caso é

$$\tau = \frac{L}{R} = \frac{10^{-3}}{2 \times 10^3} = 0,5 \ \mu s$$

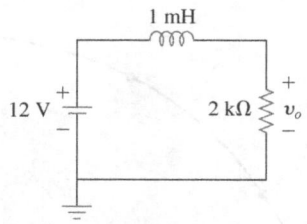

Figura 10.31
Para o Exemplo 10.10.

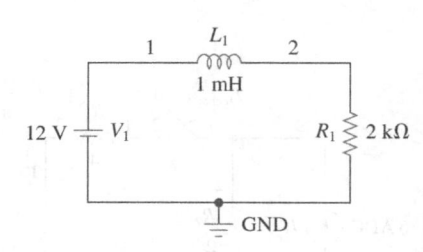

Figura 10.32
Simulação do circuito na Figura 10.31.

de modo que $5\tau = 2{,}5$ μs. Para inserir os parâmetros de simulação, selecionamos **Simulation/Analyses/Transient Analysis**. Na Caixa de diálogo *Transient Analysis*, selecionamos *Set to zero* (definir como zero) em *Initial Conditions* (Condição Inicial). Definimos TSTART (tempo inicial) como 0 ou 0,000001 e TSTOP (tempo final) como 2,5 μs ou 0,0000025s. Para saída, movemos V(2) da lista da esquerda para a lista da direita, de modo que a tensão no nó 2 seja mostrada depois da simulação. Finalmente, selecionamos **Simulate**. A saída é mostrada na Figura 10.33.

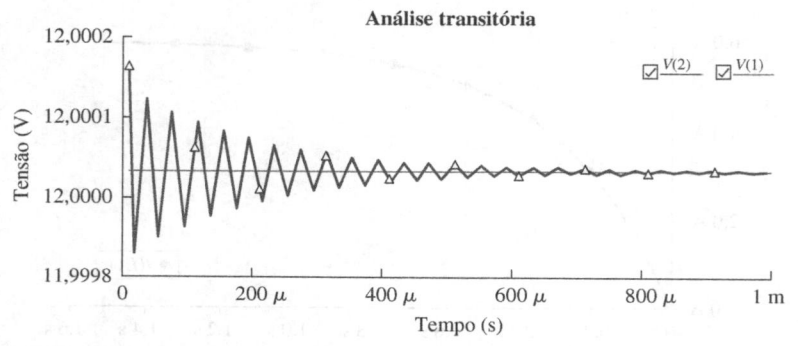

Figura 10.33
Resposta do circuito na Figura 10.31.

Problema Prático 10.10

Consulte o circuito *RL* da Figura 10.34. Utilize o Multisim para determinar $v(t)$.

Resposta: Veja a Figura 10.35.

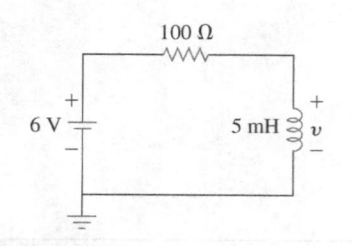

Figura 10.34
Para o Problema Prático 10.10.

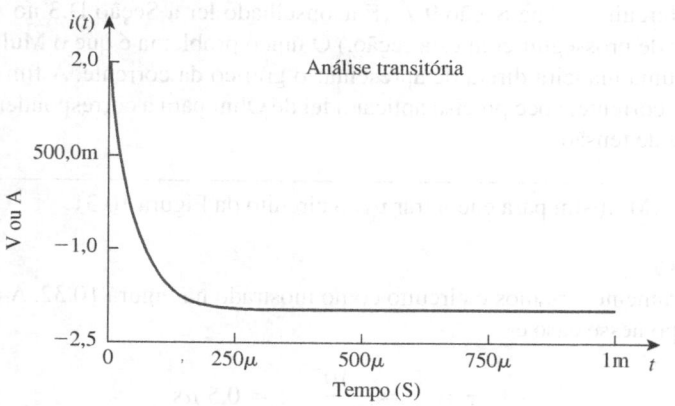

Figura 10.35
Para o Problema Prático 10.10.

10.9 †Aplicações

Muitos indutores (bobinas) usualmente estão em forma discreta e tendem ser mais volumosos e caros. (Isso não é tipicamente verdade para indutores usados em chaveamentos de potência e filtros EMI/RFI[6]). Por essa razão, indutores não são versáteis como os capacitores e resistores e são mais limitados em aplicações. No entanto, há várias aplicações em que indutores não possuem substitutos. São comumente usados em relés, atrasadores, dispositivos de detecção, *pick-up heads*, circuitos de telefone, circuitos sintonizadores, receptores de rádio e TV, filtros de fonte de energia, motores elétricos, microfones e alto-falantes, por exemplo. Aqui, consideraremos duas aplicações simples envolvendo indutores.

10.9.1 Circuitos de relé

Uma chave controlada magneticamente é chamada de relé. Relés típicos são mostrados na Figura 10.36. Um relé é um dispositivo eletromagnético utilizado para abrir ou fechar uma chave que controla outro circuito. Um circuito de relé típico é mostrado na Figura 10.37(a). Note que o relé utiliza um eletroímã. Este é um dispositivo que consiste em uma bobina de fio enrolado em volta de um núcleo de ferro. Quando a bobina é energizada, por meio de corrente, fica magnetizada – por isso o temo *eletroímã*. O circuito de uma bobina é um circuito *RL*, como mostrado na Figura 10.37(b), em que *R* e *L* são a resistência e a indutância da bobina. Quando a chave S_1 na Figura 10.37(a) é fechada, o circuito da bobina é energizado. A corrente na bobina aumenta gradualmente e produz um campo magnético. Por fim, o campo magnético é suficientemente forte para puxar o contato móvel no outro circuito e fechar a chave S_2. O intervalo de tempo t_d entre o fechamento da chave S_1 e S_2 é chamado de tempo de atraso do relé. A equação para encontrar t_d é

$$t_d = \tau \ln \frac{i(0) - i(\infty)}{i(t_d) - i(\infty)} \qquad (10.18)$$

em que ln representa o logaritmo natural, $i(0)$ é a corrente inicial do indutor, $i(\infty)$ é o valor final da corrente no indutor, e $i(t_d)$ é a corrente para $t = t_d$.

Figura 10.36
Relés típicos.
© Sarhan M. Musa

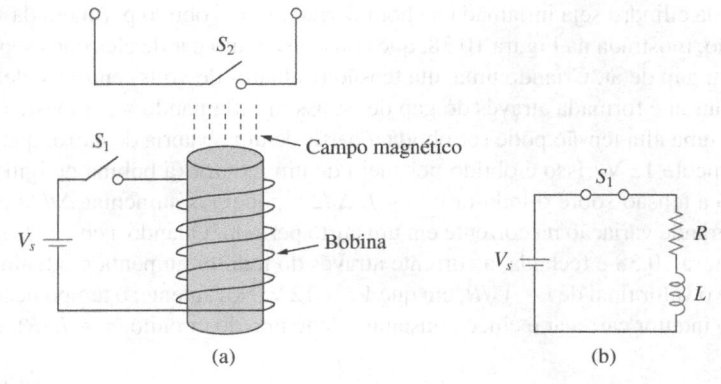

Figura 10.37
Circuito de relé.

---

[6] EMI (*Eletromagnetic interference*) é um padrão para interferência eletromagnética, enquanto RFI (*radio-frequency interference*) denota interferência de radiofrequência

Os relés são muito úteis quando temos a necessidade de controlar uma grande quantidade de corrente e/ou tensão com um pequeno sinal elétrico. Tal corrente/tensão elevada é gerada pelo colapso do campo do relé. Os relés eram utilizados nos primeiros circuitos digitais e ainda são utilizados para chavear circuitos de alta potência.

Exemplo 10.11

A bobina de certo relé é operada por uma bateria de 12 V. Se a bobina possui resistência de 150 Ω e uma indutância de 30 mH e a corrente necessária para chavear é 50 mA, calcule o tempo de atraso do relé.

Solução:
Para utilizar a Equação (10.18), primeiro precisamos calcular os seguintes itens.

$$i(0) = 0, \quad i(\infty) = \frac{12}{150} = 80 \text{ mA}$$

$$\tau = \frac{L}{R} = \frac{30 \times 10^{-3}}{150} = 0{,}2 \text{ ms}$$

Se $i(t_d) = 50$ mA, então

$$t_d = 0{,}2 \ln \frac{(0 - 80) \text{ mA}}{(50 - 80) \text{ mA}} \text{ ms} = 0{,}1962 \text{ ms} = 196{,}2 \text{ μs}$$

Problema Prático 10.11

Um relé possui uma resistência de 200 Ω e uma indutância de 500 mH. Os contatos do relé fecham quando a corrente através da bobina atinge 350 mA. Qual o tempo decorrido entre a aplicação de 110 V na bobina e o fechamento do contato?

Resposta: 2,529 ms

10.9.2 Circuitos de ignição automotiva

A habilidade dos indutores a se oporem a rápidas mudanças de corrente os tornam úteis para a geração de arco ou faísca. Esse recurso é aplicado no sistema de ignição automotivo.

O motor a gasolina de um automóvel requer que a mistura ar-combustível em cada cilindro seja inflamada na hora correta. Isso é obtido por meio da vela de ignição, mostrada na Figura 10.38, que consiste em um par de eletrodos separados por um gap de ar. Criando uma alta tensão (milhares de volts) entre os eletrodos, uma faísca é formada através do gap de ar, assim inflamando o combustível. Mas como uma alta tensão pode ser obtida a partir de uma bateria de carro, que fornece somente 12 V? Isso é obtido por meio de um indutor (a bobina de ignição) L. Como a tensão sobre o indutor é $v = L \, \Delta i/\Delta t$, podemos aumentar $\Delta i/\Delta t$ criando uma grande variação na corrente em um curto período. Quando a chave de ignição na Figura 10.38 é fechada, a corrente através do indutor aumenta gradualmente e atinge o valor final de $i = V_S/R$, em que $V_S = 12$ V. Novamente, o tempo necessário para o indutor carregar é cinco constantes de tempo do circuito ($\tau = L/R$); que é,

$$t_{\text{carga}} = 5\frac{L}{R} = 5\tau \tag{10.19}$$

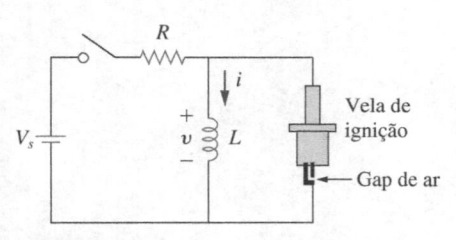

Figura 10.38
Circuito para um sistema de ignição automotiva.

Devido ao estado estacionário, i é constante, $\Delta i/\Delta t = 0$ e a tensão no indutor $v = 0$. Quando a chave abre repentinamente, uma grande tensão é desenvolvida através do indutor, pois, por definição, no instante que a chave é aberta, *i* tem que passar para 0 (rapidamente ocasionando um colapso no campo) causando uma faísca ou arco no gap de ar. A faísca continua até que a energia armazenada no indutor seja dissipada na descarga da faísca. Este mesmo efeito pode causar um choque muito desagradável em laboratórios quando alguém está trabalhando com circuitos indutivos, então tenha cautela.

Exemplo 10.12

Um solenoide com resistência de 4 Ω e uma indutância de 6 mH são utilizados em um circuito de ignição de um automóvel similar ao da Figura 10.38. Se a bateria fornece 12 V, determine:

(a) a corrente final através do solenoide quando a chave é fechada.

(b) a energia armazenada na bobina

(c) a tensão através do gap de ar assumindo que a chave leva 1 μs para abrir.

Solução:

(a) A corrente final através da bobina é

$$I = \frac{V_s}{R} = \frac{12}{4} = 3 \text{ A}$$

(b) A energia armazenada na bobina é

$$w = \frac{1}{2}LI^2 = \frac{1}{2} \times 6 \times 10^{-3} \times 3^2 = 27 \text{ mJ}$$

(c) A tensão através do gap é

$$v = L\frac{\Delta I}{\Delta t} = 6 \times 10^{-3} \times \frac{3}{1 \times 10^{-6}} = 18 \text{ kV}$$

Problema Prático 10.12

A bobina de ignição de um automóvel possui 20 mH de indutância e 5 Ω de resistência. Com uma fonte de tensão de 12 V, calcule:

(a) o tempo necessário para a bobina ter carga completa,

(b) a energia armazenada na bobina,

(c) a tensão desenvolvida no gap de centelhamento se a chave abrir em 2 μs.

Resposta: (a) 20 ms; 9b) 57,6 mJ; (c) 24 kV

10.10 Resumo

1. A lei de Faraday estabelece a relação entre tensão induzida em um circuito e a taxa de variação do fluxo magnético através do circuito.

$$v = N\frac{d\phi}{dt}$$

A lei de Lenz estabelece a polaridade da tensão induzida.

2. A indutância *L* é a propriedade de um elemento de circuito elétrico que apresenta oposição à variação da corrente fluindo através dele. Indutância é medida em henrys (H).

3. A tensão em um indutor é diretamente proporcional à taxa de mudança da corrente através dele; isto é;

$$v = L\frac{di}{dt}$$

4. A tensão no indutor é zero a menos que a corrente através dele esteja variando. Então, um indutor atua como um curto-circuito para uma fonte CC.
5. A corrente através do indutor não pode variar instantaneamente.
6. Um indutor armazena energia em forma de campo magnético quando a corrente aumenta e retorna energia quando a corrente diminui. A energia armazenada é

$$W = \frac{1}{2}Li^2$$

7. Indutores possuem uma variedade de formas e tamanhos.
8. Indutores em série e em paralelo são combinados do mesmo modo que resistores em série e em paralelo são combinados.
9. Em um circuito RL, a constante de tempo é $\tau = L/R$. Se a corrente inicial é I_o, a corrente através do indutor é

$$i(t) = I_o e^{-t/\tau}$$

10. Aprendemos como modelar circuito RL usando PSpice e Multisim.
11. Duas aplicações de circuitos RL consideradas neste capítulo são relé e circuito de ignição de automóveis.

Questões de revisão

10.1 A tensão induzida na bobina está relacionada com:
(a) a resistência da bobina
(b) a energia inicial da bobina
(c) a indutância da bobina
(d) a taxa de variação da corrente

10.2 A indutância de um indutor com núcleo de ar aumenta quando:
(a) o fio com maior diâmetro é usado
(b) o comprimento é aumentado
(c) o número de espiras é aumentado
(d) o núcleo é trocado por um material com maior permeabilidade

10.3 Um indutor de 5 H varia sua corrente para 3 A em 0,2 s. A tensão produzida nos terminais do indutor é:
(a) 75 V
(b) 8,888 V
(c) 3 V
(d) 1,2 V

10.4 A corrente através de um indutor de 10 mH é incrementada de 0 a 2 A. Qual energia é armazenada no indutor?
(a) 40 mJ (b) 20 mJ
(c) 10 mJ (d) 5 mJ

10.5 Indutores em paralelo podem ser combinados da mesma forma que resistores em paralelo.
(a) Verdadeiro (b) Falso

10.6 A indutância total de indutores conectados em série é calculada da mesma forma que:
(a) resistências em série
(b) resistências em paralelo
(c) capacitores em série
(d) nenhuma das acima

10.7 Se indutores de 40 e 60 mH são conectados em série, sua indutância equivalente é:
(a) 2400 mH (b) 100 mH
(c) 80 mH   (d) 24 mH

10.8 Se indutores de 40 e 60 mH são conectados em paralelo, sua indutância equivalente é:
(a) 24 mH
(b) 80 mH
(c) 100 mH
(d) 2400 mH

10.9 O valor final (estado estacionário) da corrente i na Figura 10.39 é:
(a) 2,8 A
(b) 2 A
(c) 1,75 A
(d) 0 A

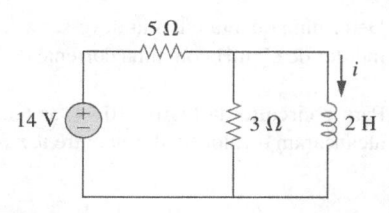

Figura 10.39
Para a Questão de Revisão 10.9.

10.10 Se um circuito RL tem $R = 2\,\Omega$ e $L = 8$ mH, a constante de tempo do circuito é:
(a) 16 ms   (b) 8 ms
(c) 4 ms   (d) 0,25 ms

Resposta: 10.1 c,d, 10.2 a,c,d, 10.3 a, 10.4 b, 10.5 a, 10.6 a, 10.7 b, 10.8 a, 10.9 a, 10.10 c

Problemas

Seção 10.2 Indução eletromagnética

10.1 Determine a tensão induzida em uma bobina de 300 espiras quando um fluxo magnético varia de 0,6 μWb para 0,8 μWb em 2 ms.

10.2 Uma bobina possui 250 espiras, e a taxa de variação do fluxo é 2 Wb/s. Calcule a tensão induzida.

10.3 5 V são induzidos em uma bobina quando o fluxo varia de 0,3 para 0,8 mWb em 5 ms. Calcule o número de espiras.

10.4 O fluxo através da uma bobina com 400 espiras varia de 2 para 7 Wb em 1 s. Qual é a tensão induzida?

10.5 O fluxo em uma bobina varia a uma taxa de 40 mWb/s. Se a bobina tem 60 espiras, determine a tensão induzida na bobina.

10.6 Uma bobina com 500 espiras é exposta a um fluxo magnético de 200 Wb em 5 μs. Calcule a tensão induzida na bobina.

Seção 10.3 Indutores

10.7 A corrente através de um indutor de 0,25 H é mostrada na Figura 10.40. Esboce a tensão induzida.

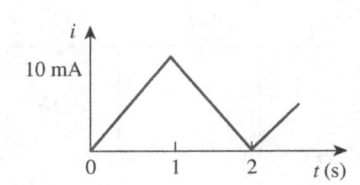

Figura 10.40
Para o Problema 10.7.

10.8 O gráfico de *i versus t* para um indutor de 4 H é mostrado na Figura 10.41. Construa o gráfico de v *versus t*.

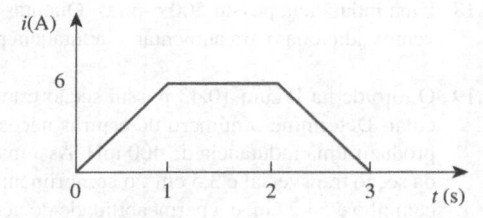

Figura 10.41
Para o Problema 10.8.

10.9 Um indutor de 40 mH tem o número de espiras dobradas mantendo os mesmos comprimento, seção transversal e material do núcleo. Qual é o novo valor da indutância?

10.10 A corrente fluindo através de um indutor varia com uma taxa de 50 mA/s, quando a tensão induzida é 10 mV. Calcule a indutância do indutor.

10.11 Calcule a indutância de uma bobina com tensão induzida de 6 V quando há uma variação de 0,2 A/s na corrente.

10.12 A corrente no indutor varia de 0 a 4 A em 1 s. Se a tensão induzida é 6,5 V, determine: (a) a taxa de variação da corrente e (b) a indutância do indutor.

10.13 Encontre a tensão induzida em uma bobina de 200 mH quando a variação da corrente é 240 mA/s.

10.14 A corrente mostrada na Figura 10.42 flui através do indutor de 20 mH. Desenhe o gráfico da tensão no indutor.

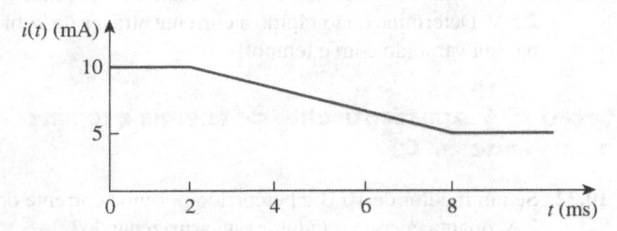

Figura 10.42
Para o Problema 10.14.

10.15 Um voltímetro conectado em uma bobina fornece uma leitura de 26 mV. Se a corrente é incrementada de 12 mA a cada 1,5 ms, determine a indutância da bobina.

10.16 Um solenoide com núcleo de ar deverá ser construído com um diâmetro de 1,2 cm e um comprimento de 8 cm. Se a indutância da bobina deve ser 800 μH, determine o número de espiras requerido.

10.17 Uma bobina com núcleo de ar possui 4 cm de comprimento e 2 cm de diâmetro. Quantas espiras precisamos enrolar para obter uma indutância de 50 μH?

10.18 Uma indutância possui 500 espiras. Quantas espiras devemos adicionar para aumentar a indutância para 6 mH?

10.19 O toroide na Figura 10.43 possui seção transversal circular. Determine o número de espiras necessárias para produzir uma indutância de 400 mH. Assuma que a área da seção transversal é 3,5 cm^2, o comprimento médio do caminho é 54,2 cm, e a permeabilidade do aço fundido é $7,6 \times 10^{-4}$ H/m.

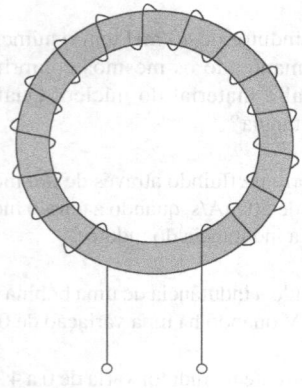

Figura 10.43
Para o Problema 10.19.

10.20 Duas bobinas com núcleo de ar têm a mesma área de seção transversal, mas a segunda bobina possui três vezes o número de espiras e metade do comprimento da primeira bobina. Determine a relação entre suas indutâncias.

10.21 Um voltímetro conectado em uma bobina de 4 H mostra 2,5 V. Determine quão rápido a corrente através da bobina está variando com o tempo.

Seção 10.4 Armazenamento de energia e regime permanente em CC

10.22 Se um indutor de 10 H é percorrido por uma corrente de 2 A, quanta energia o indutor está armazenando?

10.23 Se um indutor de 400 mH está armazenando 0,25 J, qual corrente é requerida?

10.24 Determine quanta energia deve ser armazenada em um indutor de 60 mH com uma corrente de 2 A.

10.25 Para o circuito da Figura 10.44, as tensões e correntes alcançaram o valor final. Encontre v, i_1, e i_2.

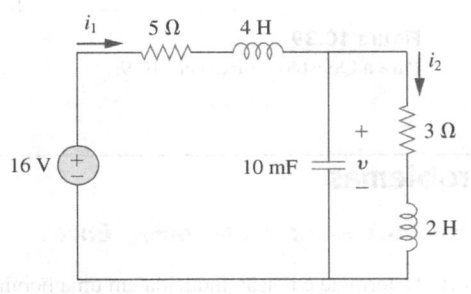

Figura 10.44
Para o Problema 10.25.

10.26 Encontre v_C, i_L e a energia armazenada no capacitor e no indutor no circuito da Figura 10.45 sob condição de regime permanente CC.

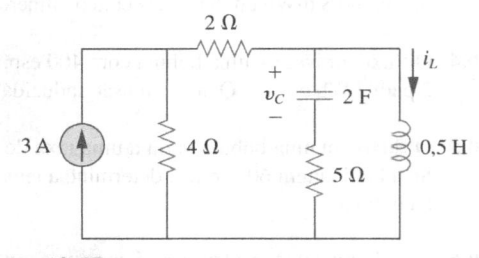

Figura 10.45
Para o Problema 10.26.

10.27 Sob condição de estado estacionário CC, encontre a tensão nos capacitores e nos indutores no circuito da Figura 10.46.

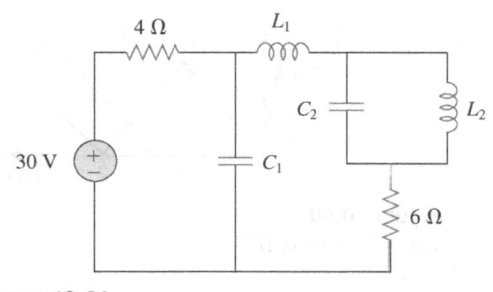

Figura 10.46
Para o Problema 10.27.

Seção 10.6 Indutores em série e em paralelo

10.28 Cinco indutores, cada um com uma indutância de 80 mH, estão conectados em série. Qual é a indutância total?

10.29 Um indutor de 200 μH e um de 800 μH estão conectados em paralelo. Qual é a indutância total equivalente?

10.30 Encontre a indutância equivalente para cada circuito na Figura 10.47.

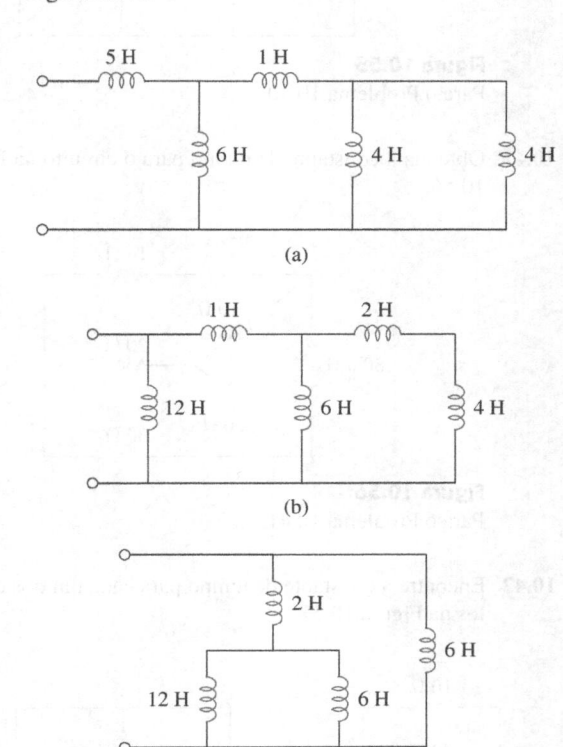

Figura 10.47
Para o Problema 10.30.

10.31 Obtenha L_{eq} para o circuito indutivo da Figura 10.48.

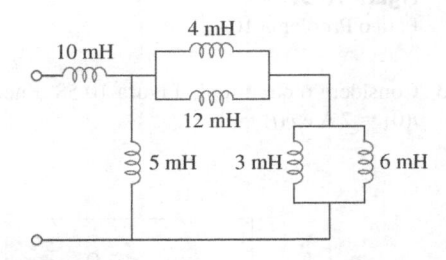

Figura 10.48
Para o Problema 10.31.

10.32 Determine L_{eq} nos terminais *a-b* do circuito na Figura 10.49.

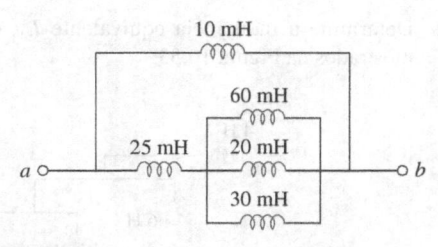

Figura 10.49
Para o Problema 10.32.

10.33 Encontre L_{eq} nos terminais *a-b* do circuito na Figura 10.50.

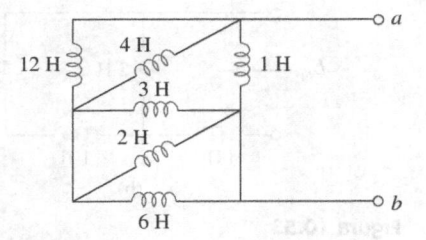

Figura 10.50
Para o Problema 10.33.

10.34 Encontre a indutância equivalente olhando entre os terminais *a-b* do circuito na Figura 10.51.

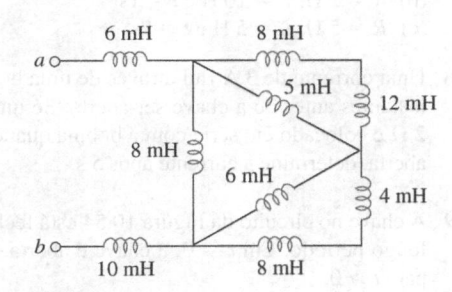

Figura 10.51
Para o Problema 10.34.

10.35 Encontre L_{eq} no circuito da Figura 10.52.

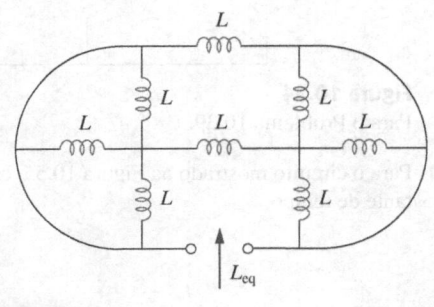

Figura 10.52
Para o Problema 10.35.

10.36 Determine a indutância equivalente L_{eq} dos circuitos mostrados na Figura 10.53.

(a)

(b)

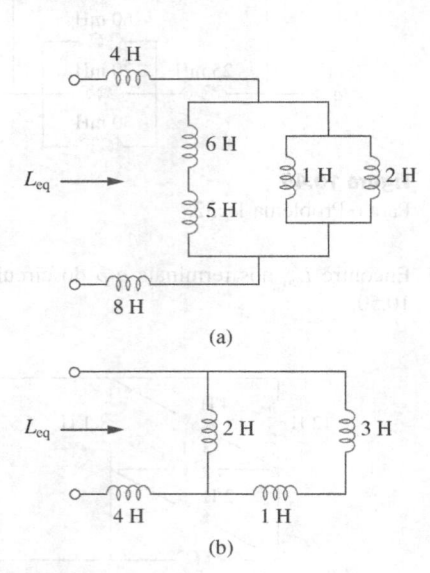

Figura 10.53
Para o Problema 10.36.

Seção 10.7 Transitórios em circuitos RL

10.37 Calcule o valor de $e^{-tR/L}$ para os seguintes valores de R, L e t.
 (a) $R = 1\,\Omega$, $L = 5$ H e $t = 1$s
 (b) $R = 2\,\Omega$, $L = 10$ H e $t = 1$s
 (c) $R = 5\,\Omega$, $L = 5$ H e $t = 2$s

10.38 Uma corrente de 3 A flui através de uma bobina de 4 H instantes antes de a chave ser aberta. Se um resistor de 2 Ω é colocado em série com a bobina quando a chave é aberta, determine a corrente após 5 s.

10.39 A chave no circuito da Figura 10.54 está fechada por um longo período. Em $t = 0$, a chave é aberta. Calcule $i(t)$ para $t > 0$.

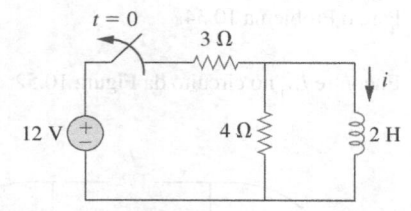

Figura 10.54
Para o Problema 10.39.

10.40 Para o circuito mostrado na Figura 10.55, calcule a constante de tempo.

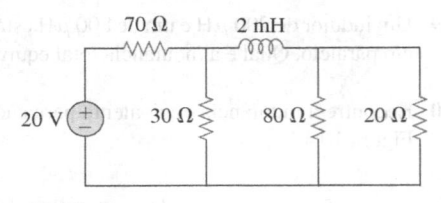

Figura 10.55
Para o Problema 10.40.

10.41 Obtenha a constante de tempo para o circuito na Figura 10.56.

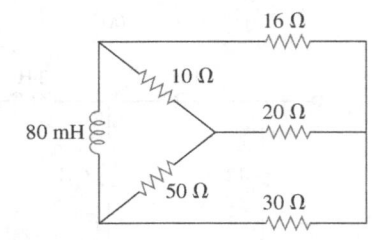

Figura 10.56
Para o Problema 10.41.

10.42 Encontre a constante de tempo para cada um dos circuitos na Figura 10.57.

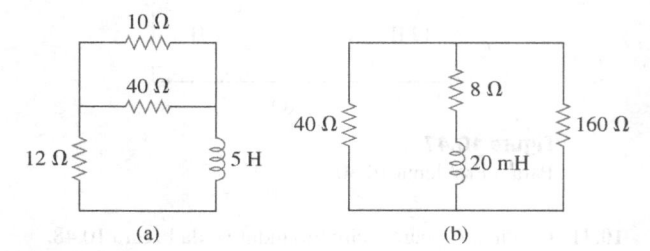

(a)   (b)

Figura 10.57
Para o Problema 10.42.

10.43 Considere o circuito da Figura 10.58. Encontre $v_o(t)$ se $i(0) = 2$ A e $v(t) = 0$.

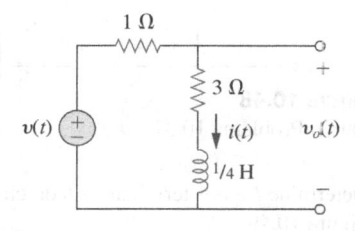

Figura 10.58
Para o Problema 10.43.

10.44 Para o circuito na Figura 10.59, determine $v_o(t)$ quando $i(0) = 1$ A e $v(t) = 0$.

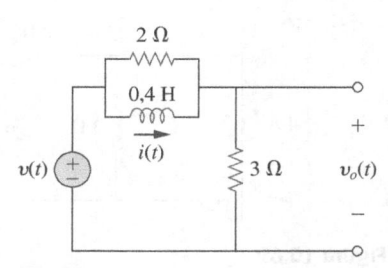

Figura 10.59
Para o Problema 10.44.

10.45 Para o circuito na Figura 10.60, $v(t) = 120e^{-50t}$ V e $i = 30\,e^{-50t}$ A, $t > 0$.

(a) Determine a constante de tempo.
(b) Encontre L e R.

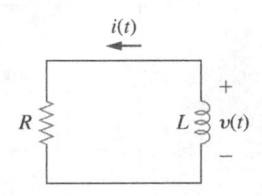

Figura 10.60
Para o Problema 10.45.

10.46 Encontre $i(t)$ e $v(t)$ para $t > 0$ no circuito da Figura 10.61 se $i(0) = 10$ A.

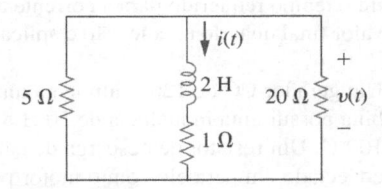

Figura 10.61
Para os Problemas 10.46 e 10.53.

10.47 Considere o circuito na Figura 10.62. Dado que $v_o(0) = 2$ V, encontre v_o e v_x para $t > 0$.

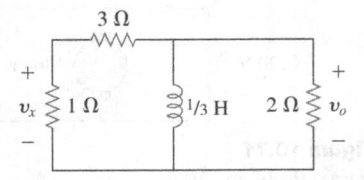

Figura 10.62
Para o Problema 10.47.

10.48 A chave na Figura 10.63 está na posição A por um longo tempo. Em $t = 0$, a chave passa da posição A para B. A chave se fecha instantaneamente, então não há interrupção na corrente do indutor.

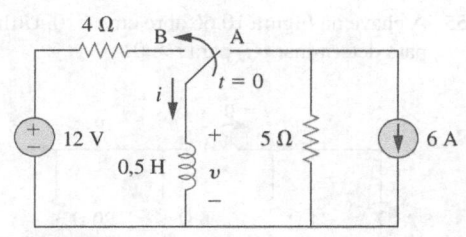

Figura 10.63
Para os Problemas 10.48 e 10.54.

10.49 Encontre a constante de tempo do circuito na Figura 10.64.

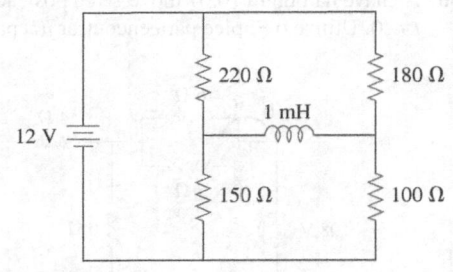

Figura 10.64
Para o Problema 10.49.

10.50 Um indutor possui um fio com indutância de 2 Ω. Calcule o tempo para a corrente através dele atingir o valor máximo.

10.51 Um circuito RL está conectado a uma fonte de 6 V e possui $R = 120$ Ω. Se demorar 40 μs para a corrente aumentar de 0 para 5 mA, calcule: (a) a corrente final, (b) a indutância L e (c) a constante de tempo.

10.52 No circuito na Figura 10.65, a chave S_2 é aberta, enquanto a chave S_1 é fechada e deixada até que uma corrente constante é atingida.

(a) Determine a corrente inicial no resistor instantes após S_2 ser fechada e S_1 ser aberta.
(b) Encontre o tempo necessário para a corrente diminuir para a metade de seu valor inicial.

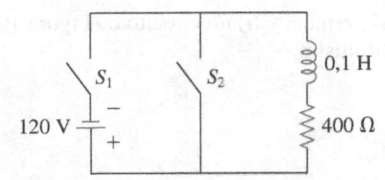

Figura 10.65
Para o Problema 10.52.

Seção 10.8 Análise computacional

10.53 Encontre $i(t)$ no Problema 10.46 utilizando o PSpice.

10.54 Resolva o Problema 10.48 utilizando o PSpice.

10.55 A chave na Figura 10.66 abre em $t = 0$. Utilize o PSpice para determinar $v(t)$ para $t > 0$.

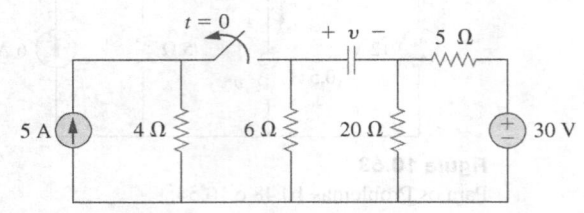

Figura 10.66
Para o Problema 10.55.

10.56 A chave na Figura 10.67 move-se da posição a para b em $t = 0$. Utilize o PSpice para encontrar $i(t)$ para $t > 0$.

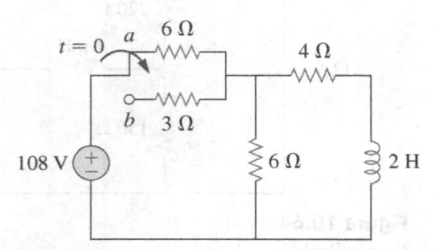

Figura 10.67
Para o Problema 10.56.

10.57 No circuito da Figura 10.68, a chave está na posição a por um longo período, mas move-se instantaneamente para posição b em $t = 0$. Determine $i_o(t)$ utilizando o Multisim.

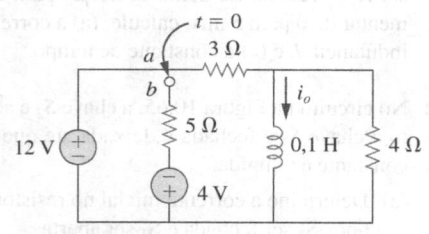

Figura 10.68
Para o Problema 10.57.

10.58 Determine $v_o(t)$ no circuito da Figura 10.69 utilizando o Multisim.

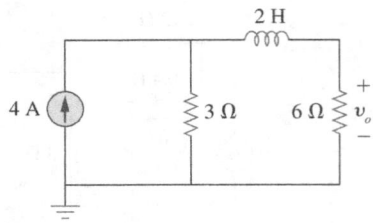

Figura 10.69
Para o Problema 10.58.

10.59 Uma fonte de tensão v_s no circuito da Figura 10.70 produz uma onda quadrada com ciclos de 0 e 12 V em uma frequência de 2 kHz. Utilize o Multisim para encontrar $v_o(t)$.

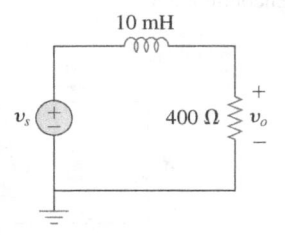

Figura 10.70
Para o Problema 10.59.

Seção 10.9 Aplicações

10.60 A resistência de uma bobina de 160 mH é 8 Ω. Encontre o tempo requerido para a corrente alcançar 60% do valor final quando uma tensão é aplicada na bobina.

10.61 Um gerador CC de 120 V alimenta um motor cuja bobina possui uma indutância de 50 H e a resistência de 100 Ω. Um resistor de descarga de campo de 400 Ω é conectado em paralelo com o motor para evitar danos no motor, como mostrado na Figura 10.71. O sistema está em regime permanente. Encontre a corrente através do resistor de descarga 100 ms após o disjuntor ser desarmado.

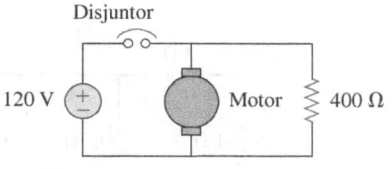

Figura 10.71
Para o Problema 10.61.

10.62 Um circuito RL pode ser usado como um diferenciador se a saída é considerada sobre o indutor e $\tau << T$ (considerar, $\tau < 0{,}1T$), onde T é a largura do pulso de entrada. Se R é fixado em 200 kΩ, determine o máximo valor de L requerido para diferenciar um pulso com $T = 10\ \mu$s.

10.63 O circuito na Figura 10.72 é utilizado por uma estudante de biologia para estudar "pontapé de rã". Ela notou que a rã chutou um pouco quando a chave estava fechada, mas chutou violentamente por 5 s quando a chave estava aberta. Modele a rã como um resistor e calcule sua resistência. Assuma um consumo de 10 mA para a rã chutar violentamente.

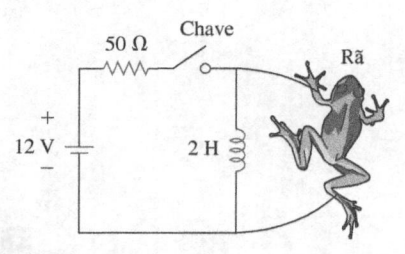

Figura 10.72
Para o Problema 10.63.

PARTE II
Circuitos CA

Capítulo 11   Tensão e corrente CA

Capítulo 12   Fasores e impedância

Capítulo 13   Análise senoidal de regime permanente

Capítulo 14   Análise de potência CA

Capítulo 15   Ressonância

Capítulo 16   Filtros e diagramas de bode

Capítulo 17   Circuitos trifásicos

Capítulo 18   Transformadores e circuitos acoplados

Capítulo 19   Circuitos com duas portas*

---

*N. de E.: Este capítulo está disponível apenas online.

capítulo 11

Tensão e corrente CA

Natureza, tempo e paciência são os três grandes médicos

— Provérbio

Perfis históricos

Heinrich Rudorf Hertz (1857-1894), um físico experimental germânico, demonstrou que ondas eletromagnéticas obedecem as mesmas leis fundamentais da luz. Seu trabalho confirmou a célebre teoria e previsão de James Clerk Maxwell, de 1864, de que tais ondas existiam.

Nasceu em uma família próspera de Hamburgo, Alemanha. Hertz participou da Universidade de Berlin e fez seu doutorado sob orientação do proeminente físico Hermann von Helmholtz e se tornou professor em Karlsruhe, onde começou sua busca por ondas eletromagnéticas. Gerou e detectou ondas eletromagnéticas com sucesso. Foi o primeiro a mostrar que a luz é uma energia eletromagnética. Em 1887, Hertz foi o primeiro a notar o efeito fotoelétrico dos elétrons em uma estrutura molecular. Embora Hertz tenha morrido precocemente aos 37 anos, suas descobertas sobre ondas eletromagnéticas pavimentaram o caminho para o uso prático como as ondas de rádio, televisão e outros sistemas de comunicação. A unidade de frequência, o hertz, leva seu nome.

Heinrich Rudorf Hertz
©The Huntington Library, Burndy Biblioteca, San Marino, California

Charles Proteus Steinmetz (1865-1923), um matemático e engenheiro austríaco-alemão, introduziu o método do fasor (abordado no próximo capítulo) em análise CA. Ele também é conhecido pelo seu trabalho sobre teoria de histerese.

Nasceu em Breslau, Alemanha. Steinmetz perdeu sua mãe com um ano de idade. Ele foi forçado a deixar a Alemanha devido às suas atividades políticas quando estava prestes a completar sua tese de doutorado em matemática na Universidade de Breslau. Migrou para a Suíça e depois para os Estados Unidos. Começou a trabalhar na General Electric em 1893. No mesmo ano, publicou pela primeira vez um artigo em que números complexos eram usados para analisar circuitos CA, o que levou a um dos seus principais livros didáticos, *Theory and Calcultion of AC Phenomena* (Teoria e Cálculos de Fenômenos CA) publicado pela McGraw-Hill em 1897. Em 1901, tornou-se presidente do Instituto Americano de Engenharia Elétrica que mais tarde tornou-se o IEEE.

Charles Proteus Steinmetz
©Bettmann/Corbis

11.1 Introdução

Até agora nossa análise foi limitada a circuitos CC, que são circuitos excitados por fontes constantes ou invariantes no tempo. Restringimos nosso estudo a fontes CC por questão de simplicidade, por razões pedagógicas e também por razões históricas. Historicamente, fontes CC eram o principal meio de fornecer eletricidade até o final de 1800. No final do século IXX, a batalha entre corrente contínua (CC) *versus* corrente alternada (CA) começou. Ambos possuíam seus defensores entre engenheiros eletricistas da época. Como a corrente alternada (CA) era mais eficiente e econômica para gerar e transmitir em longas distâncias em relação à corrente contínua (CC), o sistema CA acabou sendo o vencedor. Então, de acordo com a sequência histórica de eventos, consideramos primeiro as fontes CC.

Agora começaremos a análise de circuitos em que fontes de tensão ou corrente são variáveis no tempo. Neste capítulo, estamos particularmente interessados em excitações senoidalmente variáveis no tempo ou simplesmente *excitação por uma senoide*. Uma corrente senoidal é usualmente referida como *corrente alternada* (CA). Como a corrente reverte em intervalos regulares de tempo e possui valores positivos e negativos alternados. Circuitos alimentados por fontes de corrente ou tensão senoidal são chamados de *circuitos CA*.

> Uma **senoide** é um sinal na forma de uma função seno ou cosseno

Estamos interessados em senoidais por um número de razões. Primeiro, a própria natureza é caracteristicamente senoidal. Experimentamos variações senoidais no movimento de um pêndulo, na vibração de uma corda, nas ondulações na superfície do oceano e na resposta natural de sistemas de segunda ordem, para mencionar algumas. Segundo, um sinal senoidal é facilmente gerado e transmitido. É a forma da tensão gerada por todo o mundo e fornecida para casas, fábricas, laboratórios, e assim por diante. Terceiro, é a forma dominante do sinal em comunicações e sistemas elétricos de potência industriais. Quarto, as senoides desempenham um importante papel na análise de sinais periódicos. Por último, uma senoide é facilmente manuseada matematicamente. Por essas e outras razões, a senoide é uma função extremamente importante na análise de circuitos.

Começaremos com a geração de tensão CA. Então, discutiremos as senoides e a relação de fases. Introduziremos o conceito de valores médios e RMS. Finalmente falaremos sobre as medidas no domínio do tempo utilizando os osciloscópios.

11.2 Gerador de tensão CA

Recordamos que a tensão CC é gerada por uma bateria, que é capaz de manter uma tensão terminal constante por um tempo considerável. A bateria não fornece um meio adequado para a geração de grande quantidade de energia requerida por uma casa ou indústria. No capítulo anterior, discutimos a lei de Faraday de indução eletromagnética como um meio de geração de tensão CA. Isso envolve a rotação de uma bobina de fio em um campo magnético estático, tipicamente como mostrado na Figura 11.1. Como a tensão gerada pela rotação da bobina é alternadamente positiva e negativa, ela é designada como uma tensão alternada, o que pode ser expresso matematicamente como

$$v = V_m \operatorname{sen} \theta \qquad (11.1)$$

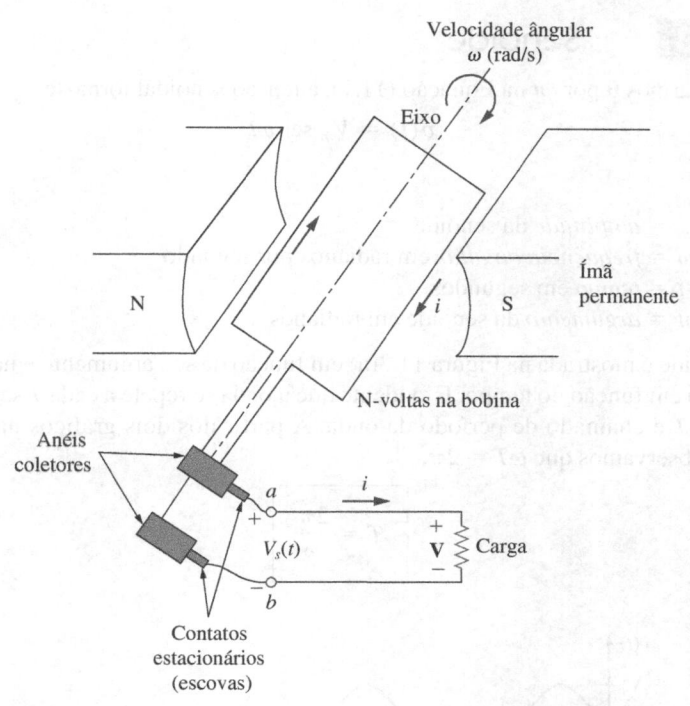

Figura 11.1
Gerador CA.

Figura 11.2
Tensão alternada.

em que V_m é o valor máximo e θ é o ângulo (em radianos) da rotação da bobina. O valor da tensão v em qualquer instante de tempo é chamado de *valor instantâneo*. O valor instantâneo é usualmente representado pela designação em minúscula $v(t)$. Como mostrado na Figura 11.2, o valor de pico V_p é o valor máximo, que é $V_p = V_m$.[1] O valor pico a pico V_{pp} é o valor da tensão entre o pico positivo e o pico negativo; que é, $V_{pp} = 2V_p$.

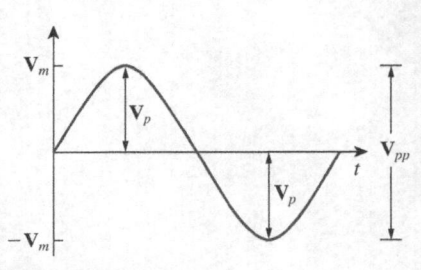

Exemplo 11.1

Uma tensão CA é representada por $40 \operatorname{sen}(10^3 t)$ V.
(a) Encontre o valor instantâneo em 0,2 ms.
(b) Determine o valor pico a pico.

Solução:
(a) Em t = 0,2 ms,

$$v = 40 \operatorname{sen} 10^3 \times 0,2 \times 10^{-3} = 40 \operatorname{sen} 0,2 = 7,947 \text{ V}$$

(b) O pico a pico é

$$V_{pp} = 2 \times 40 = 80 \text{ V}$$

Problema Prático 11.1

Um gerador de tensão produz $25 \operatorname{sen}(10^6 t)$ V.
(a) Determine o valor de pico.
(b) Calcule o valor instantâneo em 3 μs.

Resposta: (a) 25 V; (b) 3,528 V

---

[1] Se houver um offset CC, então $V_p \neq V_m$.

11.3 Senoide

Se trocarmos θ por ωt na Equação (11.1), a tensão senoidal torna-se

$$v(t) = V_m \operatorname{sen} \omega t \tag{11.2}$$

em que

V_m = *amplitude* da senoide
ω = *frequência angular* em radianos por segundo
t = *tempo* em segundos
ωt = *argumento* da senoide em radianos

A senoide é mostrada na Figura 11.3(a) em função de seu argumento e na Figura 11.3(b) em função do tempo. É evidente que a onda se repete a cada *T* segundos; assim, *T* é chamado de período da onda. A partir dos dois gráficos na Figura 11.3, observamos que $\omega T = 2\pi$,

$$\boxed{T = \frac{2\pi}{\omega}} \tag{11.3}$$

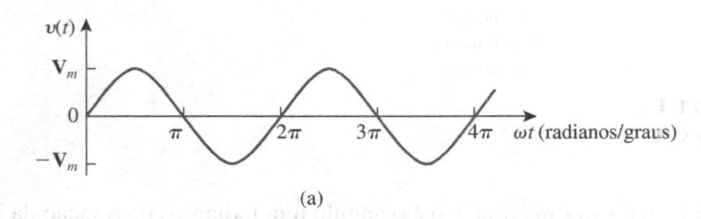

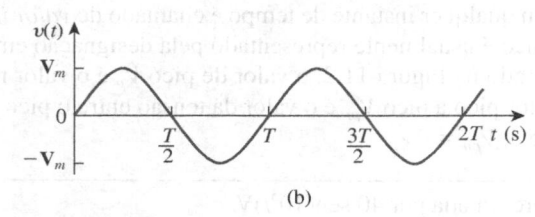

Figura 11.3
Esboço de $V_m \operatorname{sen}(\omega t)$: (a) em função de ωt; (b) em função de *t*.

O fato de v(t) se repetir a cada *T* segundos é mostrado pela troca de *t* por *t* + *T* na Equação (11.2)

$$v(t + T) = V_m \operatorname{sen} \omega(t + T) = V_m \operatorname{sen}\left(\omega t + \omega \frac{2\pi}{\omega}\right)$$

$$= V_m \operatorname{sen}(\omega t + 2\pi) = V_m \operatorname{sen} \omega t = v(t)$$

Assim, v(t + T) = v(t); isto é, v possui o mesmo valor em t + T como em t, e v(t) é dito ser uma função *periódica*.

Como mencionado anteriormente, o período *T* de uma função periódica é o tempo de um ciclo completo ou o número de segundos por ciclo. O inverso desse valor é o número de ciclos por segundo, conhecido como frequência de uma onda. Assim,

$$\boxed{f = \frac{1}{T}} \tag{11.4}$$

A partir das Equações (11.3) e (11.4), é claro que

$$\omega = 2\pi f \quad (11.5)$$

em que ω está em radianos por segundo (rad/s) e f em hertz[2] (Hz).

A partir da Figura 11.3, notamos que o eixo horizontal pode ser em tempo, graus, ou radianos. É apropriado neste ponto estabelecer a relação entre graus e radianos. Uma revolução de 360 graus corresponde a 2π radianos, isto é,

$$2\pi \text{ rad} \equiv 360° \quad (11.6a)$$

ou

$$1 \text{ rad} \equiv \frac{360°}{2\pi} = 57{,}3° \quad (11.6b)$$

As equações de conversão entre graus e radianos são:

$$\text{Radianos} = \left(\frac{\pi}{180°}\right) \times \text{Graus} \quad (11.7)$$

$$\text{Graus} = \left(\frac{180°}{\pi}\right) \times \text{Radianos} \quad (11.8)$$

A Tabela 11.1 fornece diferentes valores de graus e o correspondente em radianos.

Se a onda senoidal não é zero em $t = 0$ como na Figura 11.3, ela possui um *deslocamento de fase* (também chamado de *fase* ou *ângulo de fase*). Como mostrado na Figura 11.4, a onda senoidal pode ser deslocada para a direita ou para a esquerda. Se a onda é deslocada para a esquerda, como na Figura 11.4(a).

$$v(t) = V_m \text{sen}(\omega t + \theta) \quad (11.9a)$$

em que θ é o deslocamento de fase em radianos ou graus. Se a onda deslocada para a direita, como na Figura 11.4(b),

$$v(t) = V_m \text{sen}(\omega t - \theta) \quad (11.9b)$$

TABELA 11.1 Alguns graus e seus radianos correspondentes

Graus (°)	Radianos (rad)
0	0
30	$\pi/6$
45	$\pi/4$
60	$\pi/3$
90	$\pi/2$
135	$3\pi/4$
180	π
225	$5\pi/4$
270	$3\pi/2$
315	$7\pi/4$
360	2π

(a) $v(t) = V_m \text{sen}(\omega t + \theta)$

(b) $v(t) = V_m \text{sen}(\omega t - \theta)$

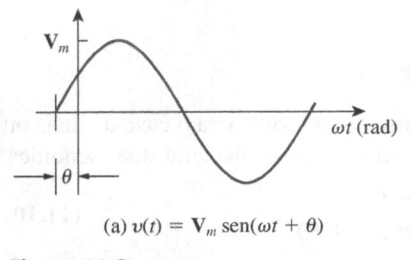

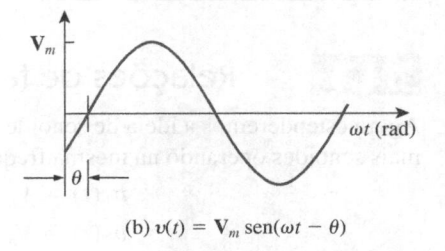

Figura 11.4
Deslocamento de fase de ondas senoidais.

---

[2] Nota histórica: Nomeada em homenagem ao físico germânico Heinrich R. Hertz (1857-1894)

Exemplo 11.2

Encontre a amplitude, a fase, a frequência angular, o período e a frequência da seguinte senoide.

$$v(t) = 12\cos(50t + 10°)$$

Solução:
A amplitude é $V_m = 12$ V.
A fase é $\theta = 10°$.
A frequência angular é $\omega = 50$ rad/s.

O período é $T = \dfrac{2\pi}{\omega} = \dfrac{2\pi}{50} = 0,1257$ s.

A frequência é $f = \dfrac{1}{T} = 7,958$ Hz.

Problema Prático 11.2

Dada a senoide $5\operatorname{sen}(4\pi t - 60°)$, calcule a amplitude, a fase, a frequência angular, o período e a frequência.

Resposta: 5; −60 graus; 12,566 rad/s; 0,5 s 2 Hz

Exemplo 11.3

(a) Converta 150 graus para radianos.
(b) Converta $4\pi/3$ radianos para graus.

Solução:
(a) Utilizando a Equação (11.7),

$$\text{Radianos} = \left(\dfrac{\pi}{180°}\right) \times 150° = 2,618 \text{ rad}$$

(b) Utilizando a Equação (11.8),

$$\text{Graus} = \left(\dfrac{180°}{\pi}\right) \times \dfrac{4\pi}{3} = 240°$$

Problema Prático 11.3

(a) Converta 210 graus para radianos.
(b) Converta $5\pi/6$ radianos para graus.

Resposta: (a) 3,6652 rad; (b) 150 graus

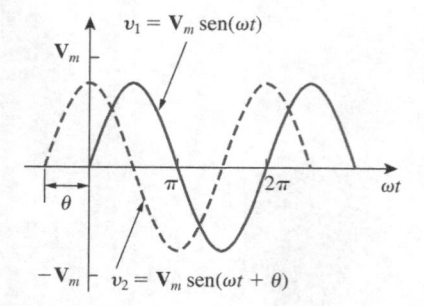

Figura 11.5
Duas senoides com diferentes fases.

11.4 Relações de fase

Agora estenderemos a ideia de senoide da seção anterior para o caso de duas ou mais senoides operando na mesma frequência. Vamos considerar duas senoides

$$v_1(t) = V_m \operatorname{sen} \omega t$$
$$v_2(t) = V_m \operatorname{sen}(\omega t + \theta) \qquad (11.10)$$

mostradas na Figura 11.5. O ponto inicial de v_2 na Figura 11.5 ocorre primeiro. Portanto, dizemos que v_2 está adiantado de v_1 por θ ou que v_1 está atrasado de v_2 por θ. Se $\theta \neq 0$, também podemos dizer que v_1 e v_2 estão *fora de fase*. Se $\theta = 0$, então v_1 e v_2 são considerados *em fase*; elas alcançam a excitação mínima e máxima exatamente ao mesmo tempo. Podemos comparar v_1 e v_2 dessa maneira porque elas operam na mesma frequência; não precisam ter a mesma amplitude. A diferença angular precisar ter uma magnitude menor de 180 graus para determinar o adiantamento ou atraso.

Até agora, expressamos as senoides como funções seno. A senoide pode ser também expressa em forma de cossenos. Quando comparamos duas senoides, é oportuno expressar ambas como seno ou cosseno com amplitudes positivas, ou seja, usando as seguintes relações trigonométricas.

$$\begin{aligned} \text{sen}(-\omega t) &= -\text{sen}(\omega t) \\ \cos(-\omega t) &= \cos(\omega t) \\ \text{sen}(\omega t \pm 180°) &= -\text{sen}\,\omega t \\ \cos(\omega t \pm 180°) &= -\cos\omega t \\ \text{sen}(\omega t \pm 90°) &= \pm\cos\omega t \\ \cos(\omega t \pm 90°) &= \mp\text{sen}\,\omega t \end{aligned} \quad (11.11)$$

Utilizando essas relações, podemos transformar facilmente uma senoide de seno para cosseno ou vice-versa.

Exemplo 11.4

Calcule o ângulo de fase entres as seguintes expressões:

$$v_1(t) = -10\cos(\omega t + 50°)$$
$$v_2(t) = 12\,\text{sen}(\omega t - 10°)$$

Veja qual senoide está adiantada.

Solução:
A fase será calculada de duas formas.

- **Método 1** A fim de comparar v_1 e v_2, precisamos expressá-las da mesma forma. Se expressarmos em forma de cosseno com amplitudes positivas,

$$v_1 = -10\cos(\omega t + 50°) = 10\cos(\omega t + 50° - 180°)$$

ou

$$v_1 = 10\cos(\omega t - 130°) = 10\cos(\omega t + 230°) \quad (11.4.1)$$

e

$$v_2 = 12\,\text{sen}(\omega t - 10°) = 12\cos(\omega t - 10° - 90°)$$

ou

$$v_2 = 12\cos(\omega t - 100°) \quad (11.4.2)$$

Pode ser deduzido das Equações (11.4.1) e (11.4.2) que a diferença de fase entre v_1 e v_2 é 30 graus. Podemos escrever v_2 como

$$v_2 = 12\cos(\omega t - 130° + 30°)$$

ou

$$v_2 = 12\cos(\omega t + 260°) = 12\cos(\omega t + 230° + 30°) \quad (11.4.3)$$

Comparando as Equações (11.4.1) (11.4.3), vê-se claramente que v_2 está adiantado de v_1 por 30 graus.

■ **Método 2** De outro modo, podemos expressar v_1 em forma de seno:

$$v_1 = -10\cos(\omega t + 50°) = 10\,\text{sen}(\omega t + 50° - 90°)$$
$$= 10\,\text{sen}(\omega t - 40°) = 10\,\text{sen}(\omega t - 10° - 30°)$$

Mas,

$$v_2 = 12\,\text{sen}(\omega t - 10°)$$

Comparando as duas, percebe-se que v_1 está atrasado de v_2 por 30 graus. Isto é o mesmo que dizer que v_2 está adiantando de v_1 de 30 graus.

Problema Prático 11.4

Encontre o ângulo de fase entre as seguintes expressões:

$$i_1 = -4\,\text{sen}(377t + 25°)$$
$$i_2 = 5\cos(377t - 40°)$$

i_1 está adiantado ou atrasado de i_2?

Resposta: 155 graus, i_1 está adiantado de i_2

11.5 Valores médios e RMS

Para qualquer função periódica $f(t)$ (pode ser corrente ou tensão) com período T, o valor médio é definido como

$$F_{\text{med}} = \frac{1}{T} \times [\text{Área sob a curva } f(t) \text{ considerando um período}] \quad (11.12)$$

Tenha em mente que áreas acima do eixo são positivas, enquanto áreas abaixo do eixo são negativas.

Para a forma de onda senoidal, a área útil sobre um período é sempre zero devido à simetria natural da forma de onda, como ilustrado na Figura 11.6(a). Como é evidente na Figura 11.6(a), para cada valor positivo da forma de onda durante metade do ciclo, há um valor similar negativo durante o próximo semi-ciclo. Assim, para uma tensão CA $v(t) = V_m\text{sen}\,\omega t$,

$$V_{\text{med}} = 0 \quad (11.13)$$

Da mesma forma, para uma corrente CA $i(t) = I_m\,\text{sen}\,\omega t$,

$$I_{\text{med}} = 0 \quad (11.14)$$

Para a forma de onda completa retificada, mostrada na Figura 11.6(b), aplicando a Equações (11.12), obtemos

$$V_{\text{med}} = 0{,}637V_m \quad (11.15)$$
$$I_{\text{med}} = 0{,}637I_m \quad (11.16)$$

> O **valor efetivo (ou RMS)** de uma corrente (ou tensão) periódica é a corrente (ou tensão) CC que entrega a mesma potência média para um resistor que uma corrente (ou tensão) periódica.

Outra propriedade importante de uma forma de onda periódica é o valor efetivou ou RMS (*root means square* – valor médio quadrado). A ideia do valor efetiva surge em entregar potência para uma carga resistiva.

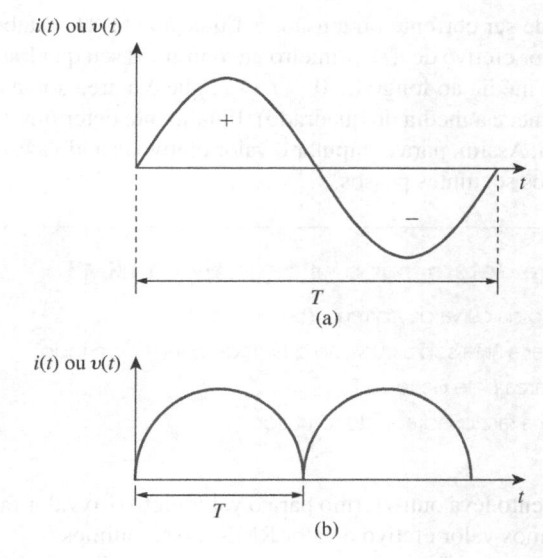

Figura 11.6
(a) Forma de onda seno; (b) Forma de onda seno completa retificada.

> O **valor efetivo** (ou equivalente CC) de uma corrente ou tensão senoidal é 0,707 de sua amplitude.

O valor efetivo de uma grandeza senoidal pode ser considerado como o equivalente valor CC. Como mostrado na Figura 11.7, o circuito em (a) é CA enquanto (b) é CC. Nosso objetivo é encontrar I_{ef} que transferirá a mesma potência para o resistor R com a senoide $i(t)$. A potência média absorvida pelo resistor no circuito CA é

$$I_{ef}^2 R = P_{med} = \frac{1}{2}I_m^2 R \qquad (11.17)$$

Por isso, para uma corrente senoidal $i(t)$,

$$I_{ef} = I_{RMS} = \frac{I_m}{\sqrt{2}} = 0{,}707 I_m \qquad (11.18)$$

Similarmente, para uma tensão senoidal $v(t)$,

$$V_{ef} = V_{RMS} = \frac{V_m}{\sqrt{2}} = 0{,}707 V_m \qquad (11.19)$$

A potência média em uma carga R é dada por

$$P_{med} = V_{ef} I_{ef} = \frac{V_{ef}^2}{R} = I_{ef}^2 R \qquad (11.20)$$

isto é, o mesmo que no caso CC.

O fator 0,707 é válido somente para senoides. Para outras funções periódicas, precisamos usar a equação geral. Para qualquer forma de onda periódica $f(t)$,

$$F_{ef} = \sqrt{\frac{1}{T} \times \pi[\text{Área sob } f(t) \text{ ao quadrado}]} \qquad (11.21)$$

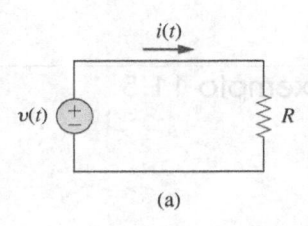

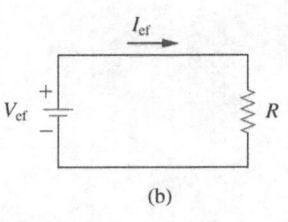

Figura 11.7
Encontrando a corrente efetiva: (a) circuito CA; (b) circuito CC.

em que $f(t)$ pode ser corrente ou tensão. A Equação (11.21) estabelece que para encontrar o valor efetivo de $f(t)$, primeiro encontramos seu quadrado $f^2(t)$ e então encontramos a média ao longo de $0 < t < T$, que é a área sob a curva dividida por T. (Isso fornece a média do quadrado). Finalmente determinamos a raiz quadrada da média. Assim, para computar o valor efetivo usando a Equação (11.21), consideramos os seguintes passos.

> **Passos para determinar o valor efetivo ou RMS**
> 1. Quadrado da curva de corrente (ou tensão).
> 2. Determinar a área sob a curva ao quadrado para um período.
> 3. Dividir a área pelo período T.
> 4. Encontrar a raiz quadrada do resultado.

Esse procedimento leva outro termo para o valor efetivo, o valor médio quadrado (RMS). Os termos valor efetivo e valor RMS são sinônimos.

Quando uma tensão ou corrente senoidal é especificada, é frequentemente em temo do seu valor máximo (ou pico ou amplitude) ou de seu valor RMS, pois seu valor médio é zero. Em companhias de energia, a tensão e a corrente são especificadas em termos de seus valores RMS em vez de valores pico. Por exemplo, os 120 V* disponíveis em todos os lares é o valor RMS da tensão da concessionária de energia. É conveniente em análise de potência expressar a tensão e a corrente em temos de seus valores RMS. Também, os voltímetros e os amperímetros analógicos são projetados para ler diretamente o valor RMS da tensão ou corrente, respectivamente.

Exemplo 11.5

A corrente através de um resistor é

$$i(t) = 4 \operatorname{sen}(377t + 30°) \text{ A}$$

enquanto a tensão é

$$v(t) = 60 \operatorname{sen}(377t + 30°) \text{ A}$$

Calcule a potência média dissipada no resistor.

Solução:
Os valores RMS da corrente e da tensão são:

$$I_{RMS} = \frac{I_m}{\sqrt{2}} = \frac{4}{\sqrt{2}} = 2{,}828 \text{ A}$$

$$V_{RMS} = \frac{V_m}{\sqrt{2}} = \frac{60}{\sqrt{2}} = 42{,}43 \text{ V}$$

A potência é

$$P_{med} = V_{RMS} I_{RMS} = 42{,}43 \times 2{,}828 = 120 \text{ W}$$

Problema Prático 11.5

A tensão em um resistor de 8 Ω é $v(t) = 50 \operatorname{sen}(628t + 25°)$ V. Encontre o valor RMS da tensão e a potência média dissipada no resistor.

Resposta: 35,35 V; 156,25 W

---

* N. de R.T.: No Brasil é usado o padrão de 127 V.

Exemplo 11.6

Encontre o valor médio e RMS do sinal mostrado na Figura 11.8.

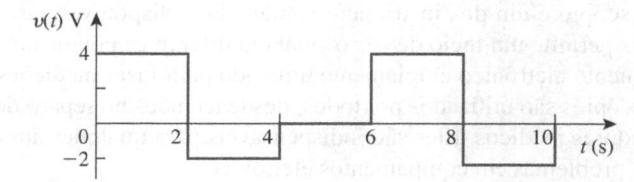

Figura 11.8
Para o Exemplo 11.6.

Solução:
Primeiro notamos que o sinal se repete a cada 6s, isto é, o período $T = 6$ s. O valor médio é encontrado usando a Equação (11.2).

$$V_{med} = \frac{1}{T} \times [\text{Área sob a curva } v(t) \text{ considerando um período}]$$

$$= \frac{1}{6} \times [4 \times 2 + (-2) \times 2 + 0 \times 2] = \frac{4}{6} = 0{,}6667 \text{ V}$$

Encontramos o valor RMS utilizando os quatro passos dados anteriormente. Primeiro o quadrado de $v(t)$ como mostrado na Figura 11.9.

Segundo, encontramos a área sob $v^2(t)$ considerando um período, isto é

$$\text{Área} = 16 \times 2 + 4 \times 2 + 0 \times 2 = 40$$

Terceiro, dividimos a área por T, ou seja, 40/6. Por último, determinamos a raiz quadrada. Assim,

$$V_{RMS} = \sqrt{\frac{40}{6}} = 2{,}582 \text{ V}$$

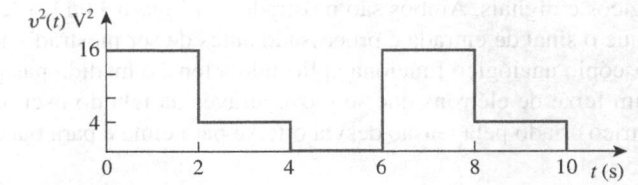

Figura 11.9
Quadrado de $v(t)$ da Figura 11.8.

Problema Prático 11.6

Consulte a Figura 11.10.

(a) Encontre o período de $i(t)$. (b) Calcule seu valor médio.
(c) Determine seu valor RMS.

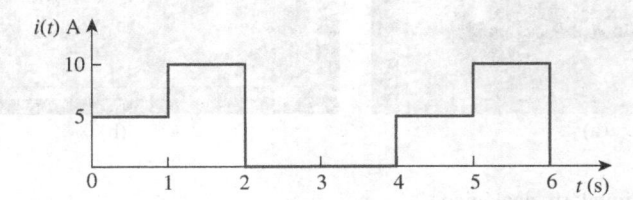

Figura 11.10
Para o Problema Prático 11.6.

Resposta: (a) 4s; (b) 3,75 A; (c) 5,59 A

11.6 Osciloscópios

Um osciloscópio é um dos instrumentos mais úteis disponível para testar circuitos, pois permite um meio de *ver* o sinal em diferentes pontos no circuito. É um instrumento eletrônico amplamente utilizado para fazer medições elétricas. Os osciloscópios são utilizados por todos, desde técnicos no reparo de televisão a pesquisadores médicos. Eles são indispensáveis para qualquer um reparar ou solucionar problemas em equipamentos eletrônicos.

Um osciloscópio mede tensão diretamente. Para utilizar o equipamento para medir corrente, seria necessário um conversor corrente para tensão (como um resistor).

O osciloscópio é basicamente um dispositivo com display gráfico – mostra o gráfico de um sinal elétrico. O gráfico pode fornecer muitas informações sobre o sinal. Por exemplo, é possível:

- determinar valores de tempo e tensão do sinal.
- calcular a frequência do sinal
- medir o nível CC ou médio do sinal.
- dizer se o mau funcionamento do componente está causando distorção no sinal.
- descobrir quanto do sinal é corrente contínua (CC) ou corrente alternada (CA).
- dizer quanto do sinal é ruído e se o ruído está mudando no tempo.

Um osciloscópio parece uma pequena caixa de televisão, exceto pelo fato de possuir uma grade desenhada em sua tela e mais controles do que uma televisão. Muitos osciloscópios possuem capacidade de traços duplos, o que significa que podem mostrar simultaneamente duas formas de onda.

Como a maioria dos dispositivos de medida, os osciloscópios possuem tipos analógicos e digitais. Ambos são mostrados na Figura 11.11. Eles diferem na forma que o sinal de entrada é processado antes de ser mostrado no display. Um osciloscópio analógico funciona aplicando a tensão medida nas placas em torno de um feixe de elétrons que se move através da tela do osciloscópio. O campo elétrico criado pela tensão desvia o feixe para cima e para baixo propor-

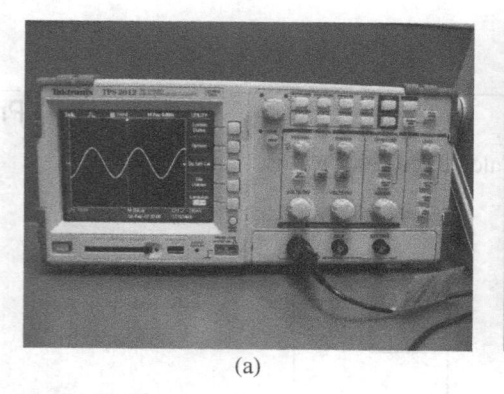

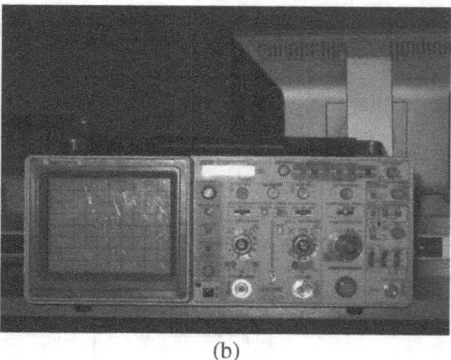

(a)   (b)

Figura 11.11
Osciloscópios: (a) digital; (b) analógico.
© Sarhan M. Musa

cionalmente, traçando, assim, a forma de onda na tela, o que permite um gráfico da forma de onda. Em contraste, um osciloscópio digital mostra a forma de onda da tensão e usa um conversor analógico-digital (ou CAD) para converter a tensão medida em informação digital. Então, utiliza essa informação digital para reconstruir a forma de onda na tela. Para muitas aplicações, tanto os osciloscópios analógicos quanto os digitais são recomendados. Entretanto, o osciloscópio digital está se tornando o instrumento de escolha devido às suas capacidades expandidas, como o armazenamento de formas de ondas, cálculos e medidas de formas de onda.

Um osciloscópio pode ser utilizado para medir tensão e frequência de um sinal. É calibrado para volts por divisão na escala vertical e segundos por divisão na escala horizontal. Para medir a frequência, primeiro obtemos o período a partir da escala horizontal. O período é calculado como segue:

$$T = (\text{Divisão/Ciclo}) \times (\text{Tempo/Divisão}) \tag{11.22}$$

A frequência do sinal é computada como

$$f = \frac{1}{T} \tag{11.23}$$

Torna-se familiar com a operação de osciloscópios. Pratique operando-o e lendo mais sobre ele. Em breve sua operação será mais natural.

11.7 Medidores *True* RMS

Como mencionado anteriormente, a potência é o produto da corrente e da tensão. Em corrente contínua ou circuito CC, a potência é simples de ser medida, pois a tensão e a corrente são constantes. Mas em circuitos CA, a tensão e a corrente estão continuamente variando, de zero para o valor máximo e, então, volta para zero novamente, e em seguida para o valor máximo. Portanto, a tensão efetiva e a corrente serão menores que o valor máximo. Os valores efetivos (valor RMS ou médio quadrado) são 0,707 do valor máximo.

Medidores *True* RMS utilizam circuitos integrados, que computam os valores RMS verdadeiros de sinais complexos como uma onda quadrada ou um sinal CA retificado ou recortado com meia onda. Se parecem exatamente com um multímetro digital normal, mas o preço é maior. Muitos multímetros digitais são projetados para ler valores RMS somente de formas de onda senoidais. O medidor True RMS, por ler valores RMS de qualquer forma de onda, não é limitado à forma de onda senoidal. Um medidor True RMS terá um alcance muito mais amplo, e o manual provavelmente irá informar qual é esse intervalo, para que você saiba quando parar de confiar nele. Um medidor True RMS é mostrado na Figura 11.12.

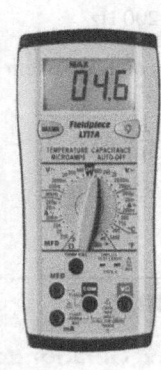

Figura 11.12
Multímetro True RMS.
© Sarhan M. Musa

11.8 Resumo

1. Tensão CA é gerada com base na lei de Faraday da indução eletromagnética.
2. Uma senoide é um sinal em forma de função seno ou cosseno. Possui a forma geral

$$v(t) = V_m \text{sen}(\omega t + \phi)$$

em que V_m é a magnitude, $\omega = 2\pi f$ é a frequência angular, $(\omega t + \phi)$ é o argumento, e ϕ é a fase.

3. O valor médio de um sinal periódico é igual à área algébrica total entre o sinal e o eixo horizontal, considerando um período, dividido pelo período.
4. O valor efetivo (ou RMS) de um sinal periódico é seu equivalente valor CC que produziria a mesma potência em uma dada resistência.
5. O osciloscópio é um voltímetro no domínio do tempo usado para estudar, medir e mostrar os parâmetros de uma forma de onda variante no tempo.
6. O medidor True RMS mede valores RMS de qualquer forma de onda.

Questões de revisão

11.1 Qual dessas afirmações é verdadeira apenas para CC?
   (a) Corrente flui em uma única direção.
   (b) Corrente alterna periodicamente.
   (c) Tensão poder subir ou descer.
   (d) CC é um meio eficiente de transferir energia sobre longas distâncias.
   (e) CC é útil para todo propósito.

11.2 Uma função que se repete depois de intervalos fixos é dita como:
   (a) um fasor   (b) harmônico
   (c) periódica   (d) reativa

11.3 Qual dessas frequências tem o período mais curto?
   (a) 1 krad/s   (b) 1 kHz

11.4 Uma onda seno com período de 5 ms possui frequência de:
   (a) 5 Hz   (b) 100 Hz
   (c) 200 Hz   (d) 2 kHz

11.5 Uma onda seno tem um frequência de 60 Hz. Em 2s, ela passa
   (a) $\frac{1}{30}$ ciclos   (b) 60 ciclos
   (c) 120 ciclos   (d) 600 ciclos

11.6 Se $v_1 = 30 \text{ sen}(\omega t + 10°)$ V e $v_2 = 20 \text{ sen}(\omega t + 50°)$ V, qual dessas afirmações é verdadeira?
   (a) v_1 adiantado de v_2 (b) v_2 adiantado de v_1
   (c) v_2 atrasado de v_1 (d) v_1 atrasado de v_2
   (e) v_1 e v_2 estão em fase

11.7 O valor médio de $10 \text{ sen}(\omega t - 30°)$ é:
   (a) 0   (b) 5   (c) 7,07
   (d) 10   (e) 14,14

11.8 O valor efetivo de $10 \text{ sen}(\omega t - 30°)$ é:
   (a) 0   (b) 5   (c) 7,07
   (d) 10   (e) 14,14

11.9 Um osciloscópio mede diretamente corrente.
   (a) Verdadeiro   (b) Falso

11.10 Um osciloscópio não pode medir esta grandeza:
   (a) Tensão   (b) Frequência
   (c) Deslocamento de fase (d) Potência

Respostas: 11.1 a, 11.2 c, 11.3 b, 11.4 c, 11.5 c, 11.6 b, d, 11.7 a, 11.8 c, 11.9 b, 11.10 d

Problemas

Seção 11.2 Gerador de tensão CA

11.1 Uma senoide possui um valor de pico de 1,2 V. Calcule o valor pico a pico.

11.2 Uma tensão alternada é descrita por $v = 120 \text{ sen}(2000t)$ V. Encontre: (a) o valor de pico, (b) o valor de pico a pico, e (c) tensão instantânea em $t = 1$ ms.

11.3 Dado que $i(t) = 24 \cos(377t)$ mA, encontre $i(t)$ em $t = 0$, 10 e 40 ms.

11.4 Certa corrente alternada é descrita por $i(t) = I_m \text{sen}(754t)$ A. Se a corrente é 10 A quando $t = 2$ ms, qual é a corrente de pico?

11.5 Uma tensão senoidal é dada por $v = 10 \text{ sen}(337t)$ V. Calcule seu valor instantâneo em $t = 2$ ms; 14,5 ms e 25,2 ms.

Seção 11.3 Senoide

11.6 Converta os seguintes graus para radianos.
   (a) 22,5   (b) 65
   (c) 122   (d) 270

11.7 Converta os seguintes radianos em graus.
 (a) π/5 (b) 6π/7
 (c) 2,368 (d) 4,5

11.8 Determine o período em cada um dos seguintes valores de frequência.
 (a) 50 Hz (b) 600 Hz
 (c) 2 kHz (d) 1 MHz

11.9 Determine a frequência de cada um dos seguintes valores de período.
 (a) 0,4 s (b) 2 ms (c) 30 μs

11.10 Calcule a amplitude e frequência das seguintes formas de onda.
 (a) 5 sen(2πt) (b) 10 sen(377t)
 (c) 30 sen($10^6 t$) (d) 0,04 sen(42,56t)

11.11 Para a forma de onda mostrada na Figura 11.13:
 (a) Determine o período.
 (b) Encontre a frequência.
 (c) Quantos ciclos são mostrados?

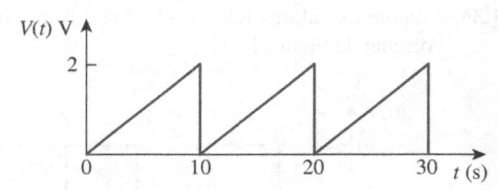

Figura 11.13
Para o Problema 11.11.

11.12 Uma forma de onda periódica possui frequência de 60 Hz. Quanto tempo levará para completar 10 ciclos?

11.13 Uma forma de onda periódica completa 100 ciclos em 2 s. Determine a frequência da forma de onda.

11.14 Qual é a frequência de um gerador CA que produz 1 ciclo em 2 ms?

11.15 Uma onda quadrada possui nível de tensão de +20 V por um intervalo de tempo de 40 ms e um nível de tensão de −20 V por 40 ms, em seguida se repete. Determine a frequência da onda quadrada.

11.16 A frequência de um sinal CA dobrou. Determine o que acontece com o período do sinal.

11.17 Uma forma de onda possui um período de 4 ms. Determine a frequência angular da forma de onda.

11.18 Uma forma de onda triangular de corrente é mostrada na Figura 11.14. Encontre (a) o período, (b) a frequência, (c) a frequência em radianos, (d) o pico da corrente e (e) a corrente de pico a pico.

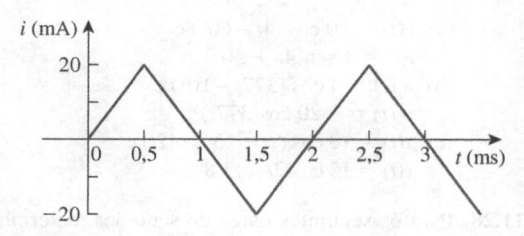

Figura 11.14
Para o Problema 11.18.

11.19 Em um circuito, a fonte de tensão é
$v_S(t) = 12\,\text{sen}(10^3 t + 24°)$ V.
 (a) Qual é a frequência angular da tensão?
 (b) Qual é a frequência da fonte?
 (c) Encontre o período da tensão.
 (d) Determine v_S em t = 2,5 ms.

11.20 A fonte de corrente em um circuito tem
$i_S(t) = 8\cos(500\pi t - 25°)$ A.
 (a) Qual é amplitude da corrente?
 (b) Qual é a frequência angular?
 (c) Encontre a frequência da corrente.
 (d) Calcule i em t = 2 ms.

11.21 Expresse as seguintes funções em forma de cosseno:
 (a) 4 sen(ωt − 30°)
 (b) −2 sen(6t)
 (c) −10 sen(ωt + 20°)

11.22 Expresse as seguintes funções em forma de seno:
 (a) 2 cos(ωt)
 (b) 10 cos(ωt + 20°)
 (c) −70 cos(ωt + 30°)

11.23 (a) Expresse $v(t) = 8\cos(7t + 15°)$ na forma de seno.
 (b) Converta $i(t) = -10\,\text{sen}(3t - 85°)$ para a forma de cosseno.

11.24 A onda senoidal de tensão $v = A\,\text{sen}\,\theta$ tem um valor instantâneo de 8 V em θ = 30°. Encontre o valor da onda quando θ = 120°.

11.25 A forma de onda de tensão é dada por $v = 200\,\text{sen}(521t + 25°)$. Encontre (a) a amplitude da forma de onda, (b) a frequência, (c) o período e (d) o ângulo de fase.

Seção 11.4 Relações de fase

11.26 Dado $v_1(t) = 20\,\text{sen}(\omega t + 60°)$ e $v_2(t) = 60\cos(\omega t - 10°)$, determine a ângulo de fase entre as duas senoides e qual está atrasada em relação a outra.

11.27 Para os seguintes pares de senoides, determine qual e quanto está adiantada.

(a) $v(t) = 10 \cos(4t - 60°)$ e
   $i(t) = 4 \operatorname{sen}(4t + 50°)$
(b) $v_1(t) = 4 \cos(377t - 10°)$ e
   $v_2(t) = -20 \cos(377t)$
(c) $x(t) = 13 \cos(2t) + 5 \operatorname{sen}(2t)$ e
   $y(t) = 15 \cos(2t - 11,8°)$

11.28 Para os seguintes pares de senoides, determine qual e quanto está adiantada ou atrasada.
(a) $v = 20 \operatorname{sen}(\omega t - 30°)$ e $i = 2 \operatorname{sen}(\omega t - 90°)$
(b) $v = 20 \operatorname{sen}(\omega t + 15°)$ e $i = 2 \operatorname{sen}(\omega t + 60°)$
(c) $v = 20 \operatorname{sen}(\omega t + 45°)$ e $i = 2 \operatorname{sen}(\omega t - 45°)$

Seção 11.5 Valores médios e RMS

11.29 Qual é o valor RMS da onda seno que possui valor de 10 V pico a pico?

11.30 Uma forma de onda de corrente é mostrada ao longo de seu período na Figura 11.15. Determine o valor médio.

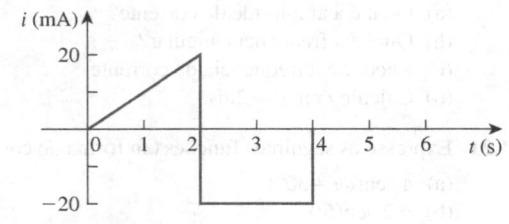

Figura 11.15
Para o Problema 11.30.

11.31 Determine os valores RMS das seguintes senoides.
(a) $v = 10 \operatorname{sen}(377t)$ V
(b) $i = 2 \operatorname{sen}(200t + 30°)$ mA

11.32 Se $V_{RMS} = 6$ V para uma onda seno, qual é sua amplitude?

11.33 Encontre os valores RMS e médio do sinal periódico na Figura 11.16.

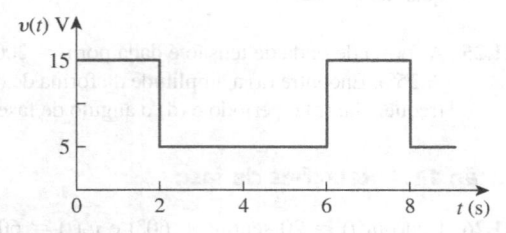

Figura 11.16
Para o Problema 11.33.

11.34 Determine o valor RMS da forma de onda na Figura 11.17.

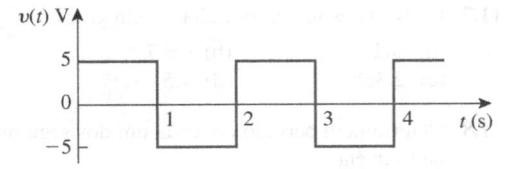

Figura 11.17
Para o Problema 11.34.

11.35 Encontre o valor efetivo da forma de onda de tensão na Figura 11.18.

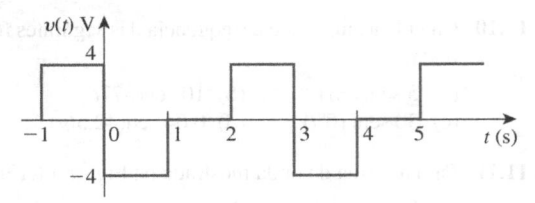

Figura 11.18
Para o Problema 11.35.

11.36 Calcule os valores RMS e médio da forma de onda da corrente da Figura 11.19.

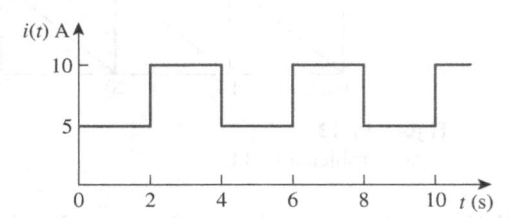

Figura 11.19
Para o Problema 11.36.

11.37 Um espremedor de frutas está conectado a uma fonte de 120 V e consome 1,6 kW. Determine (a) a resistência do espremedor e (b) o valor RMS da corrente.

11.38 Um PC consome 3,2 A de uma fonte de 120 V. Encontre (a) a corrente média, (b) a corrente RMS, (c) o valor médio do quadrado da corrente e (d) a amplitude da corrente.

Seção 11.6 Osciloscópios

11.39 Explique como um osciloscópio é usado para medir tensão e frequência.

11.40 A linha de varredura horizontal de um osciloscópio representa 0,2 ms por divisão. Calcule a frequência do sinal se um ciclo mostrado usa quatro divisões horizontais.

capítulo 12

Fasores e impedância

Liderança é a arte de realizar mais do que a ciência da gestão diz ser possível.
— Colin Powell

Desenvolvendo sua carreira

Códigos de ética

A engenharia é uma profissão que faz significativas contribuições para a economia e para o bem-estar das pessoas por todo o mundo. Como membro dessa importante profissão, espera-se que os engenheiros apresentem o mais alto padrão de honestidade e integridade. Infelizmente, o currículo de engenharia é tão extenso que não há espaço para um curso sobre ética na maioria das escolas. O Código de Ética do Instituto de Engenheiros Eletricistas e Eletrônicos (ou IEEE – *Institute of Electrical and Electronics Engineers*) é apresentado aqui para familiarizar os alunos com o comportamento ético em profissões de engenharia.

Foto: Engenheiro no trabalho.
© Getty RF

Nós, membros do IEEE, em reconhecimento de a importância de nossas tecnologias afetarem a qualidade de vida em todo o mundo e em aceitar uma obrigação pessoal de nossa profissão, seus membros e a comunidade que servirmos, por meio dela, nos comprometemos a mais alta conduta ética e profissional e concordamos em:

1. Aceitar a responsabilidade na tomada de decisões de engenharia compatível com a segurança, a saúde e o bem-estar do público e divulgar prontamente os fatores que possam pôr em perigo o público ou o meio ambiente;
2. Evitar conflitos reais ou percebidos de interesse, sempre que possível, e não divulgá-los para afetar as partes, quando elas existirem;
3. Ser honesto e realista em alegações ou estimativas baseadas em dados disponíveis;
4. Rejeitar suborno de todas as formas;
5. Melhorar a compreensão da tecnologia, sua aplicação adequada e suas potenciais consequências;
6. Manter e melhorar a nossa competência tecnológica e realizar tarefas tecnológicas para outros somente se qualificado por treinamento ou experiência, ou após a completa divulgação das limitações pertinentes.
7. Procurar, aceitar e oferecer crítica honesta de trabalho técnico, reconhecer e corrigir erros e creditar corretamente a contribuição de outros;
8. Tratar de forma justa todas as pessoas, independentemente de fatores como raça, religião, sexo, deficiência, idade, ou nacionalidade;
9. Evitar ferir os outros, sua propriedade, reputação ou emprego, por ação falsa ou maliciosa;
10. Ajudar os colegas de trabalho em seu desenvolvimento profissional e apoiá-los em seguir seus códigos de ética.

— Cortesia do IEEE. © 2011 IEEE.
Reimpresso com permissão do IEEE.

12.1 Introdução

No capítulo anterior, estudamos as senoides. As senoides são facilmente expressas em termos de fasores, os quais são mais convenientes para trabalhar do que as funções seno e cosseno.

> Um **fasor** é um número complexo que representa a amplitude e a fase de uma senoide.

As senoides são definidas por três propriedades (magnitude, fase e frequência). Muitas vezes um circuito envolve tensões e correntes de mesma frequência, e, assim, beneficiaríamos em definir tensões e correntes utilizando um simples número contendo duas medidas (magnitude e fase da senoide) tal como um fasor.

Os fasores fornecem uma maneira simples de analisar circuitos excitados por fontes senoidais; a solução de tais circuitos demandaria muito tempo caso contrário. A noção de resolver circuitos de corrente alternada utilizando fasores foi introduzida pela primeira vez por Charles Steinmetz[1], em 1893. Será observado que as técnicas apresentadas neste Capítulo (lei de Ohm, LKC, LKT, divisor de corrente, divisor de tensão, entre outros) são uma extensão das técnicas utilizadas para circuitos em corrente contínua. A única diferença é que as quantidades CA são números complexos, enquanto as quantidades CC são reais. Enquanto isso complica as coisas para os circuitos em corrente alternada, nada se altera para os princípios básicos.

12.2 Fasores e números complexos

Antes de definir completamente fasores e aplicá-los à análise de circuitos, é preciso estar bem familiarizado com os números complexos.

Um número complexo[2] z pode ser escrito na forma retangular como

$$z = x + jy \tag{12.1}$$

em que $j = \sqrt{-1}$; x é a parte real de z; y é a parte imaginária[3] de z.

O número complexo z pode também ser escrito na forma polar como

$$z = r\underline{/\phi} \tag{12.2}$$

em que r é a magnitude de z, e ϕ é a fase de z. Observa-se que z pode ser representado de duas maneiras

$$\begin{aligned} z &= x + jy \quad \text{(Forma retangular)} \\ z &= r\underline{/\phi} \quad \text{(Forma polar)} \end{aligned} \tag{12.3}$$

A relação entre as formas retangular e polar é mostrada na Figura 12.1, na qual o eixo x representa a parte real, e o eixo y representa a parte imaginária do número complexo. A partir de x e y, pode-se obter r e ϕ como

$$r = \sqrt{x^2 + y^2}, \qquad \phi = \text{tg}^{-1}\frac{y}{x} \tag{12.4}$$

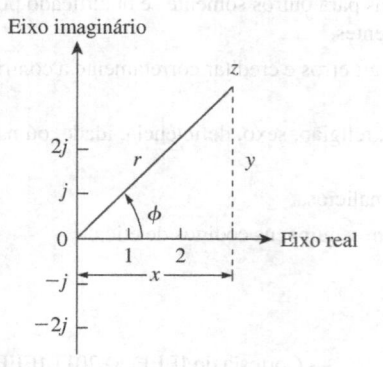

Figura 12.1
Representação de um número complexo $z = x + jy = r\underline{/\phi}$.

---

[1] Nota Histórica: Charles Proteus Steinmetz (1865-1923) foi um matemático e engenheiro eletricista austríaco-alemão. Ver página 287 para mais informações.

[2] Um breve tutorial sobre número complexo é apresentado no Apêndice B.

[3] Na matemática, o símbolo i é utilizado para indicar um número imaginário. Entretanto, em engenharia, o símbolo j é utilizado porque i é empregado para corrente variante com o tempo.

[Deve-se ter cuidado na determinação do valor correto de ϕ na Equação (12.4). Veja o Apêndice B para detalhes]. Por outro lado, se r e ϕ são conhecidos, pode-se obter x e y como

$$x = r\cos\phi, \qquad y = r\operatorname{sen}\phi$$

Assim, z pode ser escrito como

$$\boxed{z = x + jy = r\underline{/\phi} = r(\cos\phi + j\operatorname{sen}\phi)} \qquad (12.5)$$

A adição e subtração de números complexos são melhores realizadas na forma retangular; a multiplicação e divisão são melhores realizadas na forma polar. Dados os números complexos:

$$z = x + jy = r\underline{/\phi}$$
$$z_1 = x_1 + jy_1 = r_1\underline{/\phi_1}$$
$$z_2 = x_2 + jy_2 = r_2\underline{/\phi_2}$$

As seguintes operações são importantes:

Adição:

$$z_1 + z_2 = (x_1 + x_2) + j(y_1 + y_2) \qquad (12.6a)$$

Subtração:

$$z_1 - z_2 = (x_1 - x_2) + j(y_1 - y_2) \qquad (12.6b)$$

Multiplicação:

$$z_1 z_2 = r_1 r_2 \underline{/(\phi_1 + \phi_2)} \qquad (12.6c)$$

Divisão:

$$\frac{z_1}{z_2} = \frac{r_1}{r_2}\underline{/(\phi_1 - \phi_2)} \qquad (12.6d)$$

Recíproco:

$$\frac{1}{z} = \frac{1}{r}\underline{/-\phi} \qquad (12.6e)$$

Raiz quadrada:

$$\sqrt{z} = \sqrt{r}\underline{/\phi/2} \qquad (12.6f)$$

Conjugado Complexo:

$$z^* = x - jy = r\underline{/-\phi} \qquad (12.6g)$$

Observe que, a partir da Equação (12.6e),

$$\frac{1}{j} = -j \qquad (12.7a)$$

e

$$j^2 = -1 \qquad (12.7b)$$

[Pode-se também obter a Equação (12.7b) do fato de que $j = \sqrt{-1}$]. Essas são as propriedades básicas dos números complexos que são necessárias. Outras propriedades dos números complexos podem ser encontradas no Apêndice B.

As ideias da representação fasorial são baseadas na identidade de Euler. A identidade de Euler é uma representação de z em termos de suas coordenadas; isto é,

$$\boxed{e^{\pm j\phi} = \cos\phi \pm j\,\text{sen}\,\phi} \tag{12.8}$$

a qual mostra que pode-se considerar cos φ e sen φ como as partes real e imaginária de $e^{j\phi}$; isto é

$$\cos\phi = \text{Re}(e^{j\phi}) \tag{12.9a}$$
$$\text{sen}\,\phi = \text{Im}(e^{j\phi}) \tag{12.9b}$$

em que Re e Im representam a parte real e parte imaginária, respectivamente. Dado uma senóide

$$v(t) = V_m\,\text{sen}(\omega t + \phi),$$

ela pode ser reescrita como

$$v(t) = V_m\,\text{sen}\,(\omega t + \phi) = \text{Im}(V_m e^{j(\omega t + \phi)}) = \text{Im}(V_m e^{j\phi} e^{j\omega t})$$

Assim,

$$\boxed{v(t) = \text{Im}(\mathbf{V}e^{j\omega t})} \tag{12.10}$$

em que

$$\mathbf{V} = V_m e^{j\phi} = V_m\underline{/\phi} \tag{12.11}$$

e **V** é definido como a representação fasorial da senoide $v(t)$. Em outras palavras, um fasor é uma representação complexa da magnitude e fase de uma senoide. Um fasor pode também ser considerado um equivalente matemático de uma senoide com a dependência do tempo desconsiderada.

Uma maneira de visualizar a Equação (12.10) é considerar o gráfico do sinor $\mathbf{V}e^{j\omega t} = V_m e^{j(\omega t+\theta)}$ sobre o plano complexo. À medida que o tempo cresce, o sinor gira em um círculo de raio V_m a uma velocidade angular ω no sentido horário, conforme mostrado na Figura 12.2(a). Pode-se considerar $v(t)$ como uma projeção do sinor $\mathbf{V}e^{j\omega t}$ no eixo imaginário, conforme mostrado na Figura 12.2(b). O valor do sinor no instante t = 0 é a fase **V** da senoide $v(t)$. O sinor

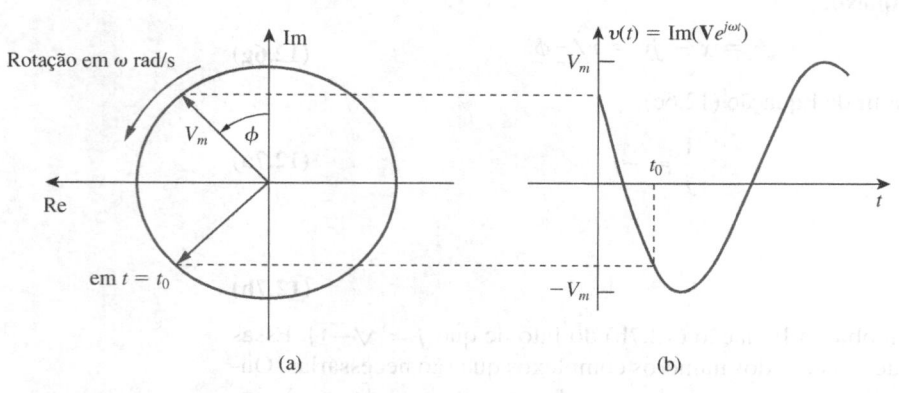

Figura 12.2
Representação de $Ve^{j\omega t}$: (a) fasor girando no sentido horário; (b) sua projeção no eixo real, como função do tempo.

pode ser considerado um fasor girante. Assim, independentemente de a senoide ser expressa como um fasor, o termo $e^{j\omega t}$ está implicitamente presente.

Portanto, é importante, quando se lida com fasores, ter em mente a frequência ω do fasor; caso contrário pode-se cometer sérios erros.

A Equação (12.10) estabelece que para obter a senoide correspondente a um dado fasor **V**, multiplica-se o fasor pelo fator tempo $e^{j\omega t}$ e toma-se a parte imaginária. Como uma quantidade complexa, um fasor pode ser expresso na forma retangular, na forma polar ou na forma exponencial. Como um fasor tem magnitude e fase ("direção"), ele se comporta como um vetor e é escrito em negrito. Por exemplo, os fasores $\mathbf{V} = V_m\underline{/\phi}$ e $\mathbf{I} = I_m\underline{/-\phi}$ são graficamente representados na Figura 12.3. Tal representação gráfica de fasores é conhecida como *diagrama fasorial*.

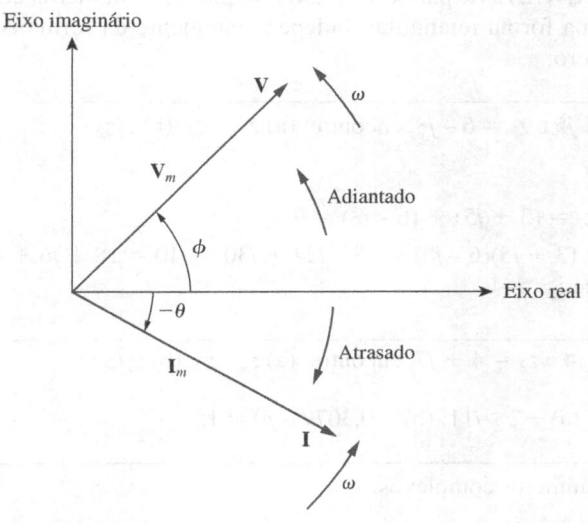

Figura 12.3
Diagrama fasorial mostrando $\mathbf{V} = V_m\underline{/\phi}$ e $\mathbf{I} = I_m\underline{/-\theta}$.

As Equações (12.10) e (12.11) mostram que para o fasor corresponder à senoide, primeiramente, se expressa a senoide na forma de seno, de modo que a senoide possa ser escrita como a parte imaginária de um número complexo. Então, toma-se o fator tempo $e^{j\omega t}$, e independentemente do que estiver à esquerda, é o fasor correspondente à senoide. Essa transformação é resumida como se segue:

$$\begin{array}{ccc} v(t) = V_m\operatorname{sen}(\omega t + \phi) & \Leftrightarrow & \mathbf{V} = V_m\underline{/\phi} \\ \text{(Representação no} & & \text{(Representação no} \\ \text{domínio do tempo)} & & \text{domínio fasorial)} \end{array} \quad (12.12)$$

Observe que na Equação (12.12), o fator frequência (ou tempo) $e^{j\omega t}$ é suprimido e a frequência não é explicitamente mostrada na representação no domínio fasorial porque ω é constante. Entretanto, a resposta depende de ω.

As diferenças entre $v(t)$ e **V** devem ser enfatizadas:

1. $v(t)$ é instantâneo ou a representação no domínio do tempo, enquanto **V** é a representação no domínio da frequência ou fasorial.

2. $v(t)$ é dependente do tempo, enquanto **V** não. (Esse fato é frequentemente esquecido pelos estudantes).

3. $v(t)$ é sempre real sem termo complexo, enquanto V é geralmente complexo.

Deve-se ter em mente que a análise fasorial se aplica somente quando a frequência é constante; se aplica à manipulação de dois os mais sinais senoidais somente se eles tiverem a mesma frequência.

Finalmente, a álgebra com números complexos abordada nesta seção pode ser manuseada facilmente com a calculadora TI-89. Entra-se com o número complexo $x + jy$ na calculadora como (x,y), na forma retangular ou como $(r\underline{/\phi})$. Na forma polar, pressione MODE para selecionar a configuração de modo (*mode setting*). Isso determina se o ângulo está em radianos ou em graus e se o resultado final da calculadora é retangular ou polar. Uma vez selecionado o modo, pressiona-se ENTER para aceitá-lo. Por exemplo, selecionando-se RETANGULAR para o formato complexo, os números complexos são mostrados na forma retangular, independentemente da forma como se entra com o número.

Exemplo 12.1

Se $z_1 = 3 + j5$ e $z_2 = 6 - j8$, encontre: (a) $z_1 + z_2$, (b) $z_1 z_2$

Solução:

(a) $z_1 + z_2 = (3 + j5) + (6 - j8) = 9 - j3$

(b) $z_1 z_2 = (3 + j5)(6 - j8) = 18 - j24 + j30 - j^2 40 = 18 + j6 + 40 = 58 + j6$
em que $j^2 = -1$

Problema Prático 12.1

Se $z_1 = 2 - j4$ e $z_2 = 4 + j7$, encontre: (a) $z_1 - z_2$, (b) z_1/z_2

Resposta: (a) $-2 - j11$; (b) $-0,3077 - j0,4615$

Exemplo 12.2

Calcule os números complexos:

(a) $(40\underline{/50°} + 20\underline{/-30°})^{1/2}$

(b) $\dfrac{10\underline{/-30°} + (3 - j4)}{(2 + j4)(3 - j5)}$

Solução:

(a) Podemos calcular os números complexos de duas formas.

■ **Método 1** Com uma calculadora de mão e utilizando a transformação de polar para retangular,

$$40\underline{/50°} = 40(\cos 50° + j\sen 50°) = 25,71 + j30,64$$
$$20\underline{/-30°} = 20[\cos(-30°) + j\sen(-30°)] = 17,32 - j10$$

Adicionando-os, obtém-se

$$40\underline{/50°} + 20\underline{/-30°} = 43,03 + j20,64 = 47,72\underline{/25,63°}$$

Tomando-se a raiz quadrada,

$$(40\underline{/50°} + 20\underline{/-30°})^{1/2} = \sqrt{47,72}\underline{/25,63°/2} = 6,91\underline{/12,82°}$$

■ **Método 2** Alternativamente, podemos utilizar a calculadora TI-89 Titanium. Como desejamos o resultado final na forma polar, pressionamos

$\boxed{\text{MODE}}$. Selecionamos POLAR como o formato complexo e pressionamos $\boxed{\text{ENTER}}$ duas vezes.

Em seguida, digitamos o número na linha de entrada como:

$$\sqrt{((40\underline{/50°}) + (20\underline{/-30°}))}$$

Depois pressionamos $\boxed{\blacklozenge}$ $\boxed{\text{ENTER}}$, e o resultado é mostrado como:

$$6,908\underline{/12,81}$$

(b) Utilizando a transformação polar-retangular,

$$\frac{10\underline{/-30°} + (3 - j4)}{(2 + j4)(3 - j5)} = \frac{8,66 - j5 + (3 - j4)}{(2 + j4)(3 + j5)} = \frac{11,66 - j9}{-14 + j22}$$

$$= \frac{14,73\underline{/-37,66°}}{26,08\underline{/122,47°}} = 0,565\underline{/-160,13°}$$

De outro modo, podemos utilizar a calculadora TI-89 Titanium. Digitamos o número como:

$$((10\underline{/-30°}) + (3 - 4*i))/((2 + 4*i)*(3 + 5*i))$$

Pressionamos $\boxed{\blacklozenge}$ $\boxed{\text{ENTER}}$

O resultado é mostrado como:

$$0,5648\underline{/-160,134}$$

Problema Prático 12.2

Calcule os seguintes números complexos:

(a) $[(5 + j2)(-1 + j4) - 5\underline{/60°}]^*$

(b) $\dfrac{10 + j5 + 3\underline{/40°}}{-3 + j4} + 10\underline{/30°}$

Resposta: (a) $-15,5 - j13,67$; (b) $8,292 + j2,2$

Exemplo 12.3

Transforme essas senoides em fasores:
(a) $v(t) = 4\,\text{sen}(30t + 20°)$
(b) $i(t) = 6\cos(50t - 40°)$

Solução:
(a) A forma fasorial de $v(t)$ é

$$\mathbf{V} = 4\underline{/20°}$$

(b) Primeiro, expressamos o cosseno em forma de seno utilizando a Equação (11.11)

$$i(t) = 6\cos(50t - 40°) = 6\,\text{sen}(50t - 40° + 90°)$$
$$= 6\,\text{sen}(50t + 50°)$$

Daí, a forma fasorial de $i(t)$ é

$$\mathbf{I} = 6\underline{/50°}$$

Observe que um fasor é um número complexo, o qual está expresso na forma polar.

Problema Prático 12.3

Expresse essas senoides como fasores:
(a) $i(t) = 4\,\text{sen}(10t + 10°)$ A
(b) $v(t) = -7\cos(2t + 40°)$ V

Resposta: (a) $4\underline{/-10°}$ A (b) $7\underline{/-50°}$ V

Exemplo 12.4

Encontre as senoides representadas pelos fasores:
(a) $\mathbf{I} = -3 + j4$ A
(b) $\mathbf{V} = j8e^{-j20°}$ V

Solução:
(a) $\mathbf{I} = -3 + j4 = 5\underline{/126,87°}$. Transformando para o domínio do tempo, tem-se

$$i(t) = 5\,\text{sen}(\omega t + 126,87°)\text{ A}$$

(b) Como $j = 1\underline{/90°}$,

$$\mathbf{V} = j8\underline{/-20°} = (1\underline{/90°})(8\underline{/-20°}) = 8\underline{/(90° - 20°)} = 8\underline{/70°}\text{ V}$$

Convertendo para o domínio do tempo, obtém-se

$$v(t) = 8\,\text{sen}(\omega t + 70°)\text{ V}$$

Problema Prático 12.4

Encontre as senoides correspondentes aos fasores:
(a) $\mathbf{V} = -10\ \underline{/30°}$
(b) $\mathbf{I} = j(5 - j12)$

Resposta: (a) $v(t) = 10\,\text{sen}(\omega t + 210°)$; (b) $i(t) = 13\,\text{sen}(\omega t + 22,62°)$

Exemplo 12.5

A partir de $i_1(t) = 4\cos(\omega t + 30°)$ e $i_2(t) = 5\,\text{sen}(\omega t - 20°)$, encontre a soma de i_1 e i_2.

Solução:
Aqui está uma importante aplicação de fasores – soma de senoides de mesma frequência. A corrente i_1 não está na forma padrão, a qual é na forma de seno. A regra para converter cosseno para seno é adicionar 90°. Mas,

$$i_1(t) = 4\cos(\omega t + 30°) = 4\,\text{sen}\,(\omega t + 30° + 90°)$$

Daí, seu fasor é

$$\mathbf{I}_1 = 4\underline{/120°}$$

e i_2 já está na forma padrão. Logo,

$$\mathbf{I}_2 = 5\underline{/-20°}$$

Seja $i = i_1 + i_2$, então

$$\mathbf{I} = \mathbf{I}_1 + \mathbf{I}_2 = 4\underline{/120°} + 5\underline{/-20°}$$
$$= -2 + j3,464 + 4,698 - j1,71 = 2,698 + j1,754$$
$$= 3,218\underline{/33,03°}\text{ A}$$

Transformando para o domínio o tempo, tem-se

$$i(t) = 3{,}218 \cos(\omega t + 33{,}03°) \text{ A}$$

Se $v_1 = 10 \operatorname{sen}(\omega t + 30°)$ e $v_2 = 20 \cos(\omega t - 45°)$, encontre $v_1 + v_2$.

Resposta: $v(t) = 10{,}66 \operatorname{sen}(\omega t + 59{,}05°)$ V

Problema Prático 12.5

12.3 Relações fasoriais para elementos de circuitos

Agora que já foi ensinado como representar uma tensão ou corrente no domínio fasorial ou da frequência, podemos perguntar como aplicar isso em circuitos envolvendo elementos passivos R, L e C. O que é preciso aprender é transformar a relação tensão-corrente do domínio do tempo para o domínio fasorial para cada elemento. Novamente, será assumida a convenção passiva de sinal.

Iniciamos com o resistor. Se a corrente através de um resistor R é i, a tensão sobre ele é dada pela lei de Ohm como

$$v = iR = RI_m \operatorname{sen}(\omega t + \phi) \tag{12.13}$$

A forma fasorial dessa tensão é

$$\mathbf{V} = RI_m \underline{/\phi} \tag{12.14}$$

Mas a representação fasorial da corrente é $\mathbf{I} = I_m \underline{/\phi}$. Daí,

$$\mathbf{V} = R\mathbf{I} \tag{12.15}$$

mostrando que a relação tensão-corrente para um resistor no domínio fasorial continua obedecendo à lei de Ohm, assim como no domínio do tempo, como ilustrado na Figura 12.4. Devemos notar da Equação (12.15) que a tensão e a corrente estão em fase, conforme ilustrado no diagrama fasorial na Figura 12.5.

Para o indutor L, assuma que a corrente através dele seja $i(t) = I_m \operatorname{sen}(\omega t + \phi)$. A tensão sobre o indutor é

$$v = L\frac{di}{dt} = \omega L I_m \cos(\omega t + \phi) \tag{12.16}$$

Lembrando-se da trigonometria que $\cos A = \operatorname{sen}(A + 90°)$, podemos escrever a tensão como

$$v = \omega L I_m \operatorname{sen}(\omega t + \phi + 90°) \tag{12.17}$$

a qual se transforma no fasor

$$\mathbf{V} = \omega L I_m e^{j(\phi+90°)} = \omega L I_m e^{j\phi} e^{j90°} = \omega L I_m \underline{/\phi} e^{j90°} \tag{12.18}$$

Mas $I_m \underline{/\phi} = \mathbf{I}$ e, a partir da Equação (12.8), $e^{j90°} = j$. Então

$$\boxed{\mathbf{V} = j\omega L \mathbf{I}} \tag{12.19}$$

mostrando que a tensão tem magnitude de $\omega L I_m$ e a fase de $\phi + 90°$. Assim, a tensão e a corrente estão defasadas de 90°. Mais precisamente, a corrente está atrasada de 90° em relação à tensão. As relações tensão-corrente para um indutor são mostradas na Figura 12.6. O diagrama fasorial está na Figura 12.7.

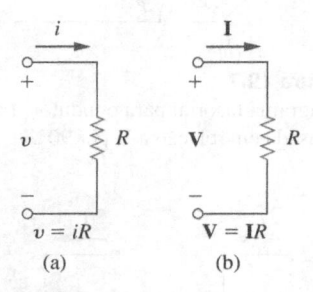

Figura 12.4
Relação tensão-corrente para um resistor: (a) domínio do tempo; (b) domínio da frequência.

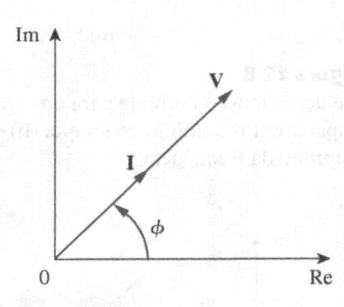

Figura 12.5
Diagrama fasorial para o resistor.

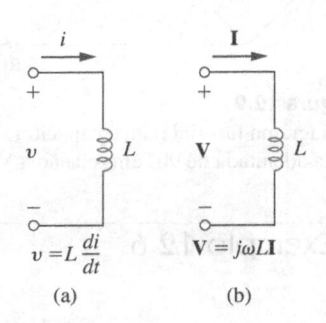

Figura 12.6
Relações tensão-corrente para um indutor: (a) domínio do tempo; (b) domínio da frequência.

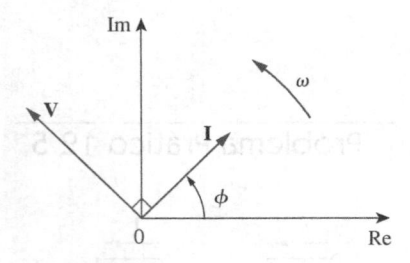

Figura 12.7
Diagrama fasorial para o indutor; **I** está atrasada em relação a **V** por 90°.

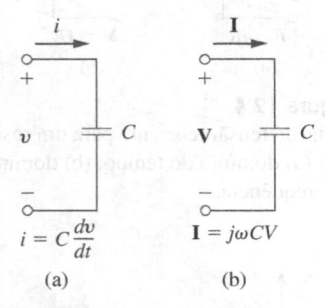

Figura 12.8
Relações tensão-corrente para um capacitor: (a) domínio do tempo; (b) domínio da frequência.

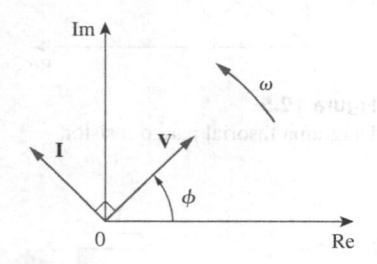

Figura 12.9
Diagrama fasorial para o capacitor: **I** está adiantada de 90° em relação a **V**.

Para o Capacitor, assuma que a tensão sobre ele seja $v(t) = V_m \text{sen}(\omega t + \phi)$. A corrente através do capacitor é

$$i = C\frac{dv}{dt} \quad (12.20)$$

Seguindo-se os mesmos passos realizados para o indutor, obtém-se

$$\mathbf{I} = j\omega C \mathbf{V}$$

ou

$$\boxed{\mathbf{V} = \mathbf{I}/j\omega C} \quad (12.21)$$

mostrando que a corrente e a tensão estão defasadas de 90°. Mais especificamente, a corrente está adiantada de 90° em relação à tensão. As relações tensão-corrente para o capacitor são mostradas na Figura 12.8; enquanto o diagrama fasorial é mostrado na Figura 12.9. As representações no domínio do tempo e no domínio fasorial para os elementos de circuitos são resumidas na Tabela 12.1. Observe que, a menos que o problema solicite o contrário, a resposta deve ser dada na forma das perguntas: fasor em fasor, senoide em senoide, retangular em retangular e polar em polar.

TABELA 12.1 Resumo das relações tensão-corrente

Elemento	Domínio do tempo	Domínio da frequência
R	$v = Ri$	$\mathbf{V} = R\mathbf{I}$
L	$v = L\dfrac{di}{dt}$	$\mathbf{V} = j\omega L \mathbf{I}$
C	$i = C\dfrac{dv}{dt}$	$\mathbf{V} = \mathbf{I}/j\omega C$

Para lembrar a relação entre corrente e tensão no indutor e no capacitor, basta pensar nas palavras ELI e ICE.

E = Tensão (fem); I = Corrente; L = Indutor; C = Capacitor

- ELI (Circuito indutivo) – A tensão está adiantada em à corrente.
- ICE (Circuito capacitivo) – A corrente está adiantada em relação à tensão.

Exemplo 12.6

A tensão $v(t) = 12 \text{sen}(60t + 45°)$ é aplicada em um indutor de 0,1 H. Encontre a corrente de regime permanente através do indutor.

Solução:
Para o indutor, $\mathbf{V} = j\omega L \mathbf{I}$, em que $\omega = 60$ rad/s e $\mathbf{V} = 12\underline{/45°}$ V. Daí,

$$\mathbf{I} = \frac{\mathbf{V}}{j\omega L} = \frac{12\underline{/45°}}{j60 \times 0,1} = \frac{12\underline{/45°}}{6\underline{/90°}} = 2\underline{/-45°} \text{ A}$$

Convertendo para o domínio do tempo,

$$i(t) = 2 \text{sen}(60t - 45°) \text{ A}$$

Se a tensão $v(t) = 6\cos(100t - 30°)$ é aplicada em um capacitor de 50 μF, calcule a corrente através do capacitor.

Resposta: $30\cos(100t + 60°)$ mA

Problema Prático 12.6

12.4 Impedância e admitância

Na seção anterior foram obtidas as relações tensão-corrente para três elementos passivos como

$$\mathbf{V} = R\mathbf{I}, \quad \mathbf{V} = j\omega L\mathbf{I}, \quad \mathbf{V} = \mathbf{I}/j\omega C \tag{12.22}$$

Essas equações podem ser escritas em função da razão entre o fasor tensão e o fasor corrente; isto é,

$$\frac{\mathbf{V}}{\mathbf{I}} = R, \quad \frac{\mathbf{V}}{\mathbf{I}} = j\omega L, \quad \frac{\mathbf{V}}{\mathbf{I}} = \frac{1}{j\omega C} \tag{12.23}$$

Dessas três expressões, obtém-se a lei de Ohm na forma fasorial para qualquer tipo de elemento como

$$\boxed{\mathbf{Z} = \mathbf{V}/\mathbf{I} \quad \text{ou} \quad \mathbf{V} = \mathbf{Z}\mathbf{I}} \tag{12.24}$$

em que $\mathbf{Z}$ é uma quantidade dependente da frequência, conhecida como impedância e medida em ohms.

> A **impedância Z** de um circuito é a razão entre o fasor tensão **V** e o fasor corrente **I**, medida em ohms (Ω).

A impedância representa a oposição exibida pelo circuito ao fluxo de corrente senoidal. Embora a impedância seja a razão de dois fasores, ela não é um fasor, pois não corresponde a uma quantidade com variação senoidal.

As impedâncias de resistores, indutores e capacitores podem ser rapidamente obtidas da Equação (12.23). Elas estão resumidas na Tabela 12.2. Da Tabela 12.2, observa-se que $\mathbf{Z}_L = j\omega L$ para um indutor e $\mathbf{Z}_C = -j/\omega C$ para um capacitor. Considere dois casos extremos de ω. Quando $\omega = 0$ (i.e., para fontes de corrente contínua), $\mathbf{Z}_L = 0$ e $\mathbf{Z}_C \to \infty$ confirmando o que já se sabe – que o indutor age como um curto-circuito, enquanto o capacitor age como um circuito aberto. Quando $\omega \to \infty$ (i.e., para altas frequências), $\mathbf{Z}_L \to \infty$ e $\mathbf{Z}_C = 0$, indicando que o indutor é um circuito aberto em altas frequências, enquanto o capacitor é um curto-circuito. Isso é ilustrado na Figura 12.10.

Como uma grandeza complexa, a impedância pode ser expressa na forma retangular

$$\mathbf{Z} = R + jX \tag{12.25}$$

em que $R = \text{Re}(\mathbf{Z})$ é a resistência e $X = \text{Im}(\mathbf{Z})$ é a reatância. A reatância pode ser positiva ou negativa. Diz-se que a impedância é indutiva quando X é positivo e capacitiva quando X é negativo. Assim, a impedância $\mathbf{Z} = R + jX$ é dita indutiva ou atrasada (porque a corrente é atrasada em relação à tensão no indutor), enquanto a impedância $\mathbf{Z} = R - jX$ é capacitiva ou adiantada (porque corrente é adiantada em relação à tensão no capacitor). A impedância, resistência e reatância são todas medidas em ohms. A impedância pode também ser expressa na forma polar

$$\mathbf{Z} = |\mathbf{Z}|\underline{/\theta} \tag{12.26}$$

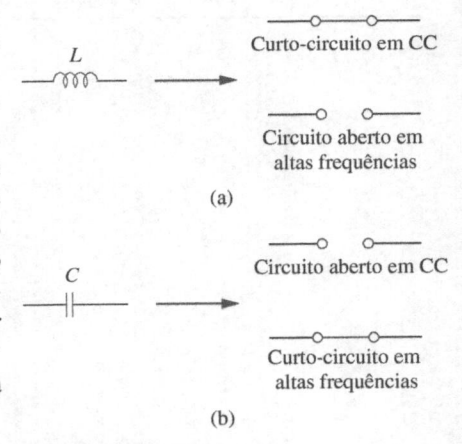

Figura 12.10
Circuitos equivalentes em corrente contínua (CC) e altas frequências: (a) indutor; (b) capacitor.

Comparando as Equações (12.25) e (12.26), infere-se que

$$\mathbf{Z} = R + jX = |\mathbf{Z}|\underline{/\theta} \qquad (12.27)$$

em que

$$|Z| = \sqrt{R^2 + X^2}, \qquad \theta = \text{tg}^{-1}\frac{X}{R} \qquad (12.28a)$$

e

$$R = |\mathbf{Z}|\cos\theta, \qquad X = |\mathbf{Z}|\,\text{sen}\,\theta \qquad (12.28b)$$

Às vezes, é conveniente trabalhar com o recíproco da impedância, conhecido como admitância. A admitância de um circuito é a razão entre o fasor corrente através dele e o fasor tensão sobre o mesmo; isto é,

$$\mathbf{Y} = \frac{1}{\mathbf{Z}} = \frac{\mathbf{I}}{\mathbf{V}} \qquad (12.29)$$

a **admitância Y** é o recíproco da impedância, medida em siemens (S).

A admitância de resistores, indutores e capacitores pode ser obtida da Equação (12.23). Elas são resumidas na Tabela 12.2.

Como uma grandeza complexa, pode-se escrever **Y** como

$$\mathbf{Y} = G + jB \qquad (12.30)$$

TABELA 12.2 Impedâncias e admitâncias de elementos passivos

Elemento	Impedância	Admitância
R	$\mathbf{Z} = R$	$\mathbf{Y} = 1/R$
L	$\mathbf{Z} = j\omega L$	$\mathbf{Y} = 1/j\omega L$
C	$\mathbf{Z} = 1/j\omega C$	$\mathbf{Y} = j\omega C$

em que $G = \text{Re}(\mathbf{Y})$ é a condutância e $B = \text{Im}(\mathbf{Y})$ é a susceptância. A admitância, condutância e susceptância são todas expressas em unidades de siemens. A partir das Equações (12.25) e (12.30),

$$G + jB = \frac{1}{R + jX} \qquad (12.31)$$

Racionalizando,

$$G + jB = \frac{1}{R + jX} \cdot \frac{R - jX}{R - jX} = \frac{R - jX}{R^2 + X^2} \qquad (12.32)$$

Igualando as partes real e imaginária, obtém-se

$$G = \frac{R}{R^2 + X^2}, \qquad B = -\frac{X}{R^2 + X^2} \qquad (12.33)$$

mostrando que $G \neq 1/R$ como é nos circuitos resistivos. Obviamente, se $X = 0$, então $G = 1/R$. Observe que na Equação (12.33) um sinal negativo indica que uma impedância **Z** com a parte imaginária positiva resultará em uma admitância com parte imaginária negativa e vice-versa.

Exemplo 12.7

Encontre $v(t)$ e $i(t)$ no circuito mostrado na Figura 12.11.

Solução:
Da fonte de tensão 10 sen(4t), $\omega = 4$,

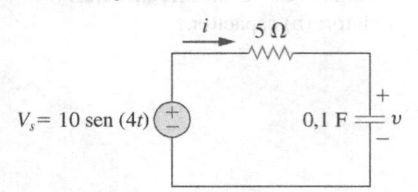

$$\mathbf{V}_s = 10\underline{/0°}\ \text{V}$$

Figura 12.11
Para o Exemplo 12.7.

A impedância é

$$Z = R + \frac{1}{j\omega C} = 5 + \frac{1}{j4 \times 0{,}1} = 5 - j2{,}5 \ \Omega$$

Então, a corrente é

$$I = \frac{V_s}{Z} = \frac{10\underline{/0°}}{5 - j2{,}5} = \frac{10(5 + j2{,}5)}{(5 - j2{,}5)(5 + j2{,}5)}$$

$$= \frac{10(5 + j2{,}5)}{5^2 + 2{,}5^2}$$

$$= 1{,}6 + j0{,}8 = 1{,}789\underline{/26{,}57°} \ \text{A} \quad (12.13.1)$$

e a tensão sobre o capacitor é

$$V = IZ_C = \frac{I}{j\omega C} = \frac{1{,}789\underline{/26{,}57°}}{j4 \times 0{,}1}$$

$$= \frac{1{,}789\underline{/26{,}57°}}{0{,}4\underline{/90°}}$$

$$= 4{,}47\underline{/-63{,}43°} \ \text{V} \quad (12.13.2)$$

Convertendo I e V nas Equações (12.13.1) e (12.13.2) para o domínio do tempo,

$$i(t) = 1{,}789 \ \text{sen}(4t + 26{,}57°) \ \text{A}$$
$$v(t) = 4{,}47 \ \text{sen}(4t - 63{,}43°) \ \text{V}$$

Observe que *i(t)* está adiantada de 90° em relação à *v(t)*, como esperado. Também, utilizando uma calculadora os cálculos poderiam ser feitos mais facilmente.

Consulte a Figura 12.12. Determine *v(t)* e *i(t)*.

Resposta: $2{,}236 \ \text{sen}(10t + 63{,}44°)$ V; $1{,}118 \ \text{sen}(10t - 26{,}56°)$ A

Problema Prático 12.7

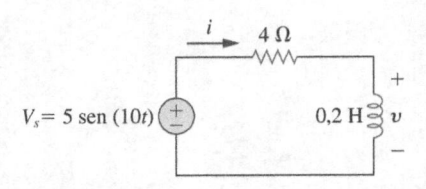

Figura 12.12
Para o Problema Prático 12.7.

12.5 Combinações de impedâncias

Considere as *N* impedâncias conectadas em série mostradas na Figura 12.13. A mesma corrente **I** flui através das impedâncias. Aplicando a LKT ao longo do laço, tem-se

$$V = V_1 + V_2 + \cdots + V_N = I(Z_1 + Z_2 + \cdots + Z_N) \quad (12.34)$$

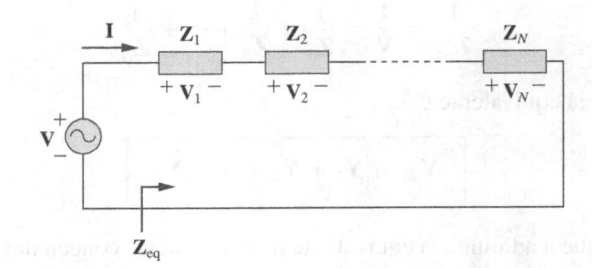

Figura 12.13
N impedâncias em série.

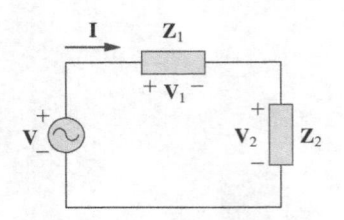

Figura 12.14
Divisor de tensão.

A impedância equivalente nos terminais de entrada é

$$\mathbf{Z}_{eq} = \mathbf{V}/\mathbf{I} = \mathbf{Z}_1 + \mathbf{Z}_2 + \cdots + \mathbf{Z}_N$$

ou

$$\mathbf{Z}_{eq} = \mathbf{Z}_1 + \mathbf{Z}_2 + \cdots + \mathbf{Z}_N \qquad (12.35)$$

mostrando que impedância total ou equivalente de impedâncias conectadas em série é a soma das impedâncias individuais, o que é similar à conexão de resistores em série.

Se $N = 2$, conforme mostrado na Figura 12.14, a corrente através das impedâncias é

$$\mathbf{I} = \frac{\mathbf{V}}{\mathbf{Z}_1 + \mathbf{Z}_2} \qquad (12.36)$$

como $\mathbf{V}_1 = \mathbf{Z}_1\mathbf{I}$ e $\mathbf{V}_2 = \mathbf{Z}_2\mathbf{I}$, então

$$\mathbf{V}_1 = \frac{\mathbf{Z}_1}{\mathbf{Z}_1 + \mathbf{Z}_2}\mathbf{V}, \qquad \mathbf{V}_2 = \frac{\mathbf{Z}_2}{\mathbf{Z}_1 + \mathbf{Z}_2}\mathbf{V} \qquad (12.37)$$

o que é regra do divisor de tensão.

De modo semelhante, podemos obter a impedância ou admitância equivalente das N impedâncias conectadas em paralelo mostradas na Figura 12.15. A tensão sobre cada impedância é a mesma. Aplicando LKC no nó superior,

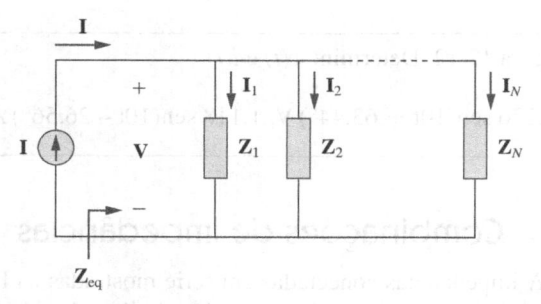

$$\mathbf{I} = \mathbf{I}_1 + \mathbf{I}_2 + \cdots + \mathbf{I}_N = \mathbf{V}\left(\frac{1}{\mathbf{Z}_1} + \frac{1}{\mathbf{Z}_2} + \cdots + \frac{1}{\mathbf{Z}_N}\right) \qquad (12.38)$$

Figura 12.15
N impedâncias conectadas em paralelo.

A impedância equivalente é

$$\frac{1}{\mathbf{Z}_{eq}} = \frac{\mathbf{I}}{\mathbf{V}} = \frac{1}{\mathbf{Z}_1} + \frac{1}{\mathbf{Z}_2} + \cdots + \frac{1}{\mathbf{Z}_N} \qquad (12.39)$$

e a admitância equivalente é

$$\mathbf{Y}_{eq} = \mathbf{Y}_1 + \mathbf{Y}_2 + \cdots + \mathbf{Y}_N \qquad (12.40)$$

Isso indica que a admitância equivalente de admitâncias conectadas em paralelo é a soma das admitâncias individuais.

Quando $N = 2$, conforme mostrado na Figura 12.16, a impedância equivalente se torna

$$\mathbf{Z}_{eq} = 1/\mathbf{Y}_{eq} = \frac{1}{\mathbf{Y}_1 + \mathbf{Y}_2} = \frac{1}{1/\mathbf{Z}_1 + 1/\mathbf{Z}_2} = \frac{\mathbf{Z}_1\mathbf{Z}_2}{\mathbf{Z}_1 + \mathbf{Z}_2} \quad (12.41)$$

Também, como

$$\mathbf{V} = \mathbf{I}\mathbf{Z}_{eq} = \mathbf{I}_1\mathbf{Z}_1 = \mathbf{I}_2\mathbf{Z}_2,$$

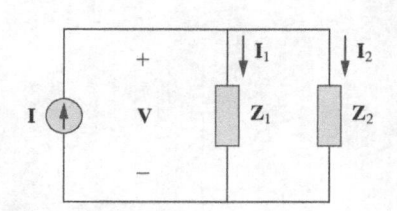

Figura 12.16
Divisor de corrente.

as correntes nas impedâncias são

$$\mathbf{I}_1 = \frac{\mathbf{Z}_2}{\mathbf{Z}_1 + \mathbf{Z}_2}\mathbf{I}, \quad \mathbf{I}_2 = \frac{\mathbf{Z}_1}{\mathbf{Z}_1 + \mathbf{Z}_2}\mathbf{I} \quad (12.42)$$

a qual é a regra do divisor de corrente.

As transformações em delta-estrela e em estrela-delta aplicadas em circuitos resistivos são também válidas para as impedâncias. Com referência à Figura 12.17, as fórmulas para conversão são:

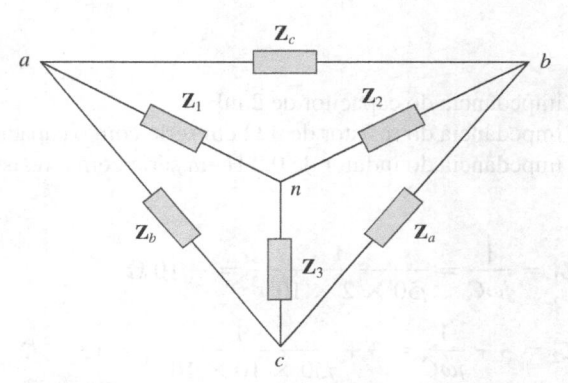

Figura 12.17
Circuitos Y e Δ sobrepostos.

Conversão Y – Δ

$$\mathbf{Z}_a = \frac{\mathbf{Z}_1\mathbf{Z}_2 + \mathbf{Z}_2\mathbf{Z}_3 + \mathbf{Z}_3\mathbf{Z}_1}{\mathbf{Z}_1}$$

$$\mathbf{Z}_b = \frac{\mathbf{Z}_1\mathbf{Z}_2 + \mathbf{Z}_2\mathbf{Z}_3 + \mathbf{Z}_3\mathbf{Z}_1}{\mathbf{Z}_2} \quad (12.43)$$

$$\mathbf{Z}_c = \frac{\mathbf{Z}_1\mathbf{Z}_2 + \mathbf{Z}_2\mathbf{Z}_3 + \mathbf{Z}_3\mathbf{Z}_1}{\mathbf{Z}_3}$$

Conversão Δ – Y

$$\mathbf{Z}_1 = \frac{\mathbf{Z}_b\mathbf{Z}_c}{\mathbf{Z}_a + \mathbf{Z}_b + \mathbf{Z}_c}$$

$$\mathbf{Z}_2 = \frac{\mathbf{Z}_c\mathbf{Z}_a}{\mathbf{Z}_a + \mathbf{Z}_b + \mathbf{Z}_c} \quad (12.44)$$

$$\mathbf{Z}_3 = \frac{\mathbf{Z}_a\mathbf{Z}_b}{\mathbf{Z}_a + \mathbf{Z}_b + \mathbf{Z}_c}$$

Um circuito Δ ou Y é dito **balanceado** se ele contém impedâncias iguais nos três ramos.

Quando um circuito delta-estrela é balanceado, as Equações (12.43) e (12.44) se tornam

$$\mathbf{Z}_\Delta = 3\mathbf{Z}_Y \quad \text{ou} \quad \mathbf{Z}_Y = \frac{1}{3}\mathbf{Z}_\Delta \qquad (12.45)$$

em que $\mathbf{Z}_Y = \mathbf{Z}_1 = \mathbf{Z}_2 = \mathbf{Z}_3$ e $\mathbf{Z}_\Delta = \mathbf{Z}_c = \mathbf{Z}_b = \mathbf{Z}_a$.

Como se nota nesta seção, os princípios da divisão de tensão, corrente, redução de circuitos, equivalência de impedância e a transformação Y-Δ se aplicam aos circuitos CA. Como será visto no próximo capítulo, outras técnicas de circuitos tais como superposição, análise nodal, análise de malha, transformação de fonte, teorema de Thévenin e Norton são aplicadas aos circuitos CA de modo semelhante às aplicações em circuitos CC.

Exemplo 12.8

Encontre a impedância de entrada do circuito na Figura 12.18. Assuma que o circuito opera em $\omega = 50$ rad/s.

Solução:
Seja

$\mathbf{Z}_1 = $ a impedância do capacitor de 2 mF
$\mathbf{Z}_2 = $ a impedância do resistor de 3 Ω em série com o capacitor de 10 mF
$\mathbf{Z}_3 = $ a impedância do indutor de 0,2 H em série com o resistor de 8 Ω

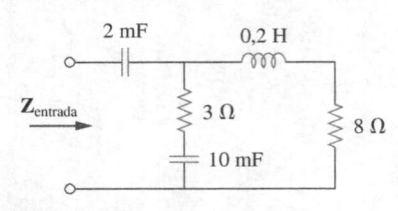

Figura 12.18
Para o Exemplo 12.8.

Então,

$$\mathbf{Z}_1 = \frac{1}{j\omega C} = \frac{1}{j50 \times 2 \times 10^{-3}} = -j10 \text{ Ω}$$

$$\mathbf{Z}_2 = 3 + \frac{1}{j\omega C} = 3 + \frac{1}{j50 \times 10 \times 10^{-3}} = (3 - j2) \text{ Ω}$$

$$\mathbf{Z}_3 = 8 + j\omega L = 8 + j50 \times 0{,}2 = (8 + j10) \text{ Ω}$$

A impedância de entrada é

$$\mathbf{Z}_{\text{entrada}} = \mathbf{Z}_1 + \mathbf{Z}_2 \parallel \mathbf{Z}_3 = -j10 + \frac{(3-j2)(8+j10)}{11 + j8}$$

$$= -j10 + \frac{(44 + j14)(11 - j8)}{11^2 + 8^2}$$

$$= -j10 + 3{,}22 - j1{,}07 \text{ Ω}$$

Assim,

$$\mathbf{Z}_{\text{entrada}} = 3{,}22 - j12{,}07 \text{ Ω}.$$

Problema Prático 12.8

Determine a impedância de entrada do circuito na Figura 12.19 para $\omega = 10$ rad/s.

Resposta: $32{,}376 - j73{,}76$ Ω

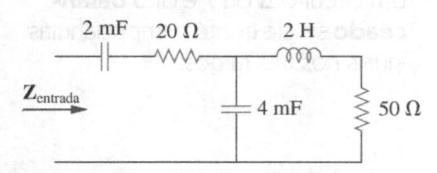

Figura 12.19
Para o Problema Prático 12.8.

Exemplo 12.9

Determine $v_o(t)$ no circuito na Figura 12.20.

Solução:
Para realizar a análise no domínio da frequência, devemos, primeiramente, transformar o circuito no domínio do tempo na Figura 12.20 para o circuito equivalente no domínio fasorial, na Figura 12.21. Assim, a transformação produz:

$$v_s = 20\,\text{sen}(4t - 15°) \Rightarrow \mathbf{V}_s = 20\underline{/-15°}\text{ V}, \quad \omega = 4\text{ rad/s}$$

$$10\text{ mF} \Rightarrow \frac{1}{j\omega C} = \frac{1}{j4 \times 10 \times 10^{-3}} = -j25\text{ Ω}$$

$$5\text{ H} \Rightarrow j\omega L = j4 \times 5 = j20\text{ Ω}$$

Então

$$\mathbf{Z}_1 = 60\text{ Ω} \quad \text{e}$$

$$\mathbf{Z}_2 = -j25 \parallel j20 = \frac{-j25 \times j20}{-j25 + j20} = j100\text{ Ω}$$

Pela regra do divisor de tensão,

$$\mathbf{V}_o = \frac{\mathbf{Z}_2}{\mathbf{Z}_1 + \mathbf{Z}_2}\mathbf{V}_s = \frac{j100}{60 + j100}(20\underline{/-15°})$$
$$= (0{,}8575\underline{/30{,}96°})(20\underline{/-15°}) = 17{,}15\underline{/15{,}96°}\text{ V}$$

Convertendo para o domínio do tempo, tem-se

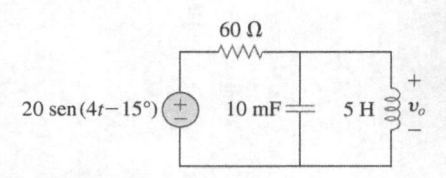

$$v_o(t) = 17{,}15\,\text{sen}(4t + 15{,}96°)\text{ V}$$

Figura 12.20
Para o Exemplo 12.9.

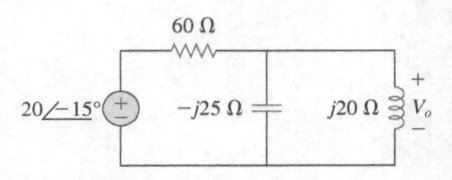

Figura 12.21
Circuito equivalente no domínio da frequência para o circuito da Figura 12.19.

Problema Prático 12.9

Calcule v_o no circuito na Figura 12.22.

Resposta: $v = (t) = 17{,}071\cos(10t - 60°)$ V.

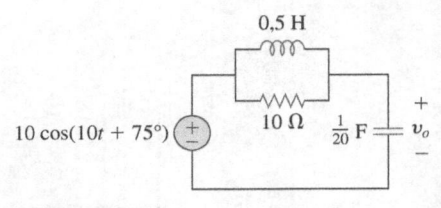

Figura 12.22
Para o Problema Prático 12.9.

Exemplo 12.10

Encontre a corrente **I** no circuito na Figura 12.23.

Figura 12.23
Para o Exemplo 12.10.

Solução:

O circuito em delta conectado aos nós a, b e c pode ser convertido em um circuito em estrela. Obtemos o circuito na Figura 12.24. As impedâncias do circuito em estrela são obtidas com se segue, utilizando a Equação (12.44).

$$\mathbf{Z}_{an} = \frac{j4(2-j4)}{j4+2-j4+8} = \frac{4(4+j2)}{10} = (1{,}6+j0{,}8)\ \Omega$$

$$\mathbf{Z}_{bn} = \frac{j4(8)}{10} = j3{,}2\ \Omega$$

$$\mathbf{Z}_{cn} = \frac{8(2-j4)}{10} = (1{,}6-j3{,}2)\ \Omega$$

A impedância total nos terminais da fonte é

$$\mathbf{Z} = 12 + \mathbf{Z}_{an} + (\mathbf{Z}_{bn} - j3) \parallel (\mathbf{Z}_{cn} + j6 + 8)$$
$$= 12 + 1{,}6 + j0{,}8 + (j0{,}2) \parallel (9{,}6 + j2{,}8)$$
$$= 13{,}6 + j0{,}8 + \frac{j0{,}2(9{,}6 + j2{,}8)}{9{,}6 + j2{,}8 + j0{,}2}$$
$$= 13{,}6 + j1 = 13{,}64\underline{/4{,}2°}\ \Omega$$

A corrente desejada é

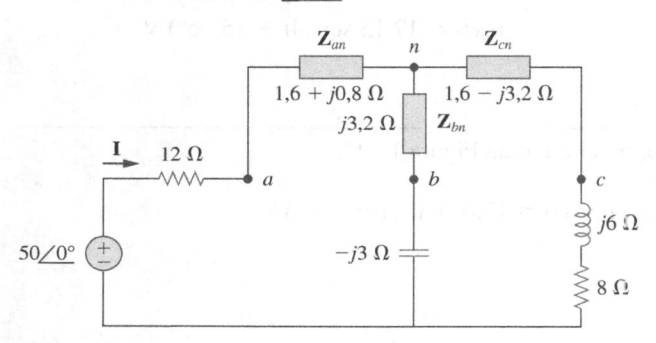

$$\mathbf{I} = \frac{\mathbf{V}}{\mathbf{Z}} = \frac{50\underline{/0°}}{13{,}64\underline{/4{,}2°}} = 3{,}666\underline{/-4{,}2°}\ \text{A}$$

Figura 12.24
Circuito na Figura 12.22 após a transformação em delta-estrela.

Problema Prático 12.10

Encontre $\mathbf{I}$ no circuito na Figura 12.25.

Resposta: $6{,}364\ \underline{/4{,}22°}$ A.

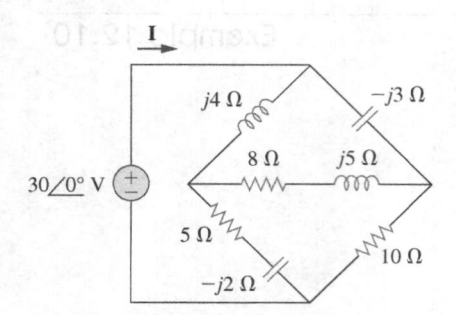

Figura 12.25
Para o Problema Prático 12.10.

12.6 Análise computacional

Serão considerados o MATLAB e o PSpice como as duas ferramentas computacionais que podem ser utilizadas para lidar com o material abordado neste capítulo.

12.6.1 MATLAB

O MATLAB pode ser utilizado para plotar uma senoide. Pode também ser utilizado para lidar com a álgebra complexa encontrada neste capítulo. Por exemplo, para plotar $v(t) = 10\,\text{sen}(2\pi t - 20°)$ V para $0 < t < 2$, utilizam-se os seguintes comandos:

```
»t=0:0.01:2;      % inicia t de 0, com incrementos
                    de 0,01 e para em 2
»ang=20*pi/180    % converte o ângulo para radianos
»v=10*sin(2*pi*t - ang);
»plot(t,v)
```

e a senoide $v(t)$ é plotada na Figura 12.26.

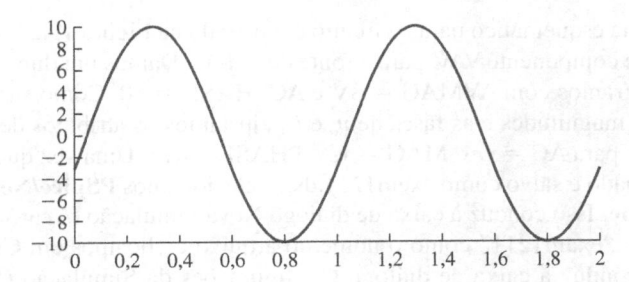

Figura 12.26
Gráfico de $v(t) = 10\,\text{sen}(2\pi t - 20°)$.

O MATLAB pode lidar com números complexos. Por exemplo, para calcular o número complexo no Exemplo 12.1, procede-se como se segue.

```
»z1= 3   + j*5;
»z2= 6   - j*8;
»z3= z1  + z2
z3 =
   9.0000 - 3.0000i
»z4=z1*z2
z4 =
   58.0000 + 6.0000i
```

confirmando o que foi feito anteriormente. O MATLAB permite utilizar tanto *i* quanto *j* para representar $\sqrt{-1}$. Embora o emprego do MATLAB como uma calculadora não seja permitido em exames, você pode utilizá-lo para verificar suas lições de casa.

12.6.2 PSpice

O PSpice pode ser utilizado para realizar análises fasoriais. Aconselha-se ao leitor ler a Seção C.5 no Apêndice C para rever os conceitos do PSpice para análise CA. Embora a análise CA utilizando o PSpice envolva a varredura CA, as análises abordadas aqui exigem uma única frequência. A análise de circuitos CA é realizada no domínio fasorial ou da frequência, e todas as fontes devem ter a mes-

Exemplo 12.11

Obtenha v_o e i_o no circuito da Figura 12.27 utilizando o PSpice.

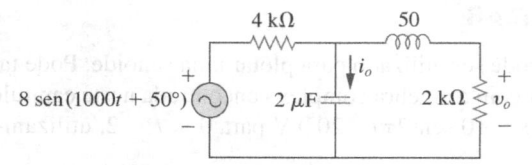

Figura 12.27
Para o Exemplo 12.11.

Solução:
A frequência f é obtida de ω como

$$f = \frac{\omega}{2\pi} = \frac{1000}{2\pi} = 159{,}155 \text{ Hz}$$

O diagrama esquemático para o circuito é mostrado na Figura 12.28. Utilizamos o nome de componente VAC para a fonte de tensão. Damos um duplo clique em VAC e entramos com AVMAG = 8V e ACPHASE = 50. Como são desejadas apenas as magnitudes e as fases de v_o e i_o, ajustamos os atributos de IPRINT e VPRINT1 para AC = *yes*, MAG = *yes*, PHASE = *yes*. Uma vez que o circuito foi desenhado e salvo como exem1211.dsn, selecionamos **PSpice/New Simulation Profile**. Isso conduz à caixa de diálogo Nova Simulação (*New Simulation*). Digitamos "exam1211" como o nome do arquivo e clicamos em Criar (*Create*). Isso conduz à caixa de diálogo Configurações da Simulação (*Simulation Settings*). Selecionamos *AC Sweep/Noise* em *Analysis Type*. Para a análise em uma única frequência, digitamos 159,155 como a frequência inicial (*Start Freq*), 159,155 como a frequência final (*Final Freq*) e 1 como o número total de pontos (*Total Point*). Após ter salvado o diagrama esquemático, o mesmo é simulado selecionando-se **PSpice/Run**. Isso conduz à janela de processamento gráfico. Retornamos à janela com o diagrama esquemático e selecionando **PSpice/View Output File**. O arquivo de saída inclui a frequência da fonte, além dos atributos marcados para os pseudocomponentes IPRINT e VPRINT1; isto é

```
FREQ         VM(3)            VP(3)
1.592E+02    9.412E-01        -2.077E+01

FREQ         IM(V_PRINT1)     IP(V_PRINT1)
1.592E+02    1.883E-03        7.067E+01
```

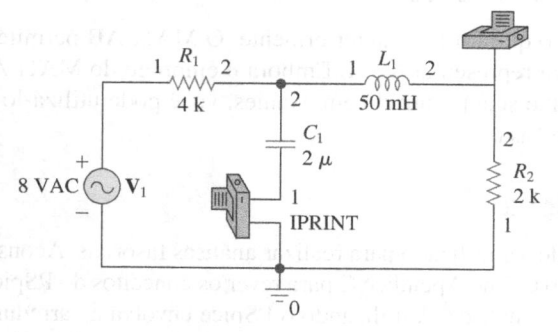

Figura 12.28
Diagrama esquemático para o Exemplo 12.11.

Desse arquivo de saída, obtém-se

$$\mathbf{V}_o = 0{,}941 \underline{/-20{,}71°} \text{ V}, \quad \mathbf{I}_o = 1{,}883 \underline{/70{,}67°} \text{ mA}$$

os quais são fasores para

$$v_o(t) = 0{,}941 \operatorname{sen}(1000t - 20{,}71°) \text{ V}$$

e

$$i_o(t) = 1{,}883 \operatorname{sen}(1000t + 70{,}67°) \text{ mA}$$

Problema Prático 12.11

Utilize o PSpice para obter v_o e i_o no circuito na Figura 12.29.

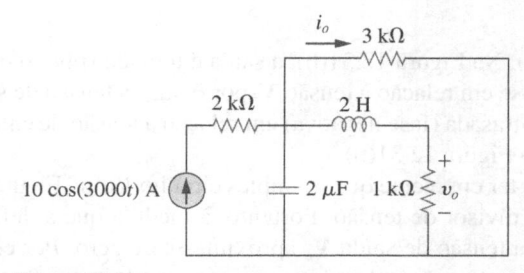

Figura 12.29
Para o Problema Prático 12.11.

Resposta: $0{,}2772 \cos(3000t - 153{,}7°)$ V; $0{,}562 \cos(3000t - 77{,}13°)$ mA.

12.7 †Aplicações

Nos capítulos 9 e 10, os circuitos RC e RL mostraram-se úteis em certas aplicações CC. Esses circuitos têm também aplicações CA como circuitos de acoplamento, circuitos de defasamento, filtros, circuitos ressonantes, circuitos de ponte CA e transformadores (para mencionar apenas alguns deles). Nesta seção, serão consideradas duas aplicações simples: Circuitos RC defasadores e um circuito de ponte CA.

12.7.1 Defasador

Um circuito defasador é muitas vezes empregado para corrigir um deslocamento de fase indesejado presente em um circuito ou produzir efeitos especiais desejados. Um circuito RC é adequado para esse propósito porque seu capacitor provoca o adiantamento da corrente em relação à tensão. Dois circuitos RC comumente utilizados são mostrados na Figura 12.30 (Circuitos RL ou qualquer circuito reativo serviria para o mesmo propósito).

Na Figura 12.30(a), a corrente do circuito $\mathbf{I}$ adianta-se em relação à tensão $\mathbf{V}_i$ por um ângulo de fase θ, em que $0 < \theta < 90°$ dependendo dos valores de R e C. Se $X_C = 1/\omega C$, então a impedância total é $\mathbf{Z} = R + jX_C$ e o ângulo de fase é dado por

$$\theta = \operatorname{tg}^{-1}\frac{X_C}{R} \quad (12.46)$$

Isso mostra que a defasagem depende do valor de R, C e da frequência de operação. Como a tensão de saída $\mathbf{V}_o$ sobre o resistor está em fase com a corrente, $\mathbf{V}_o$ adianta-se (ângulo de fase positivo) em relação a $\mathbf{V}_i$, conforme mostrado na

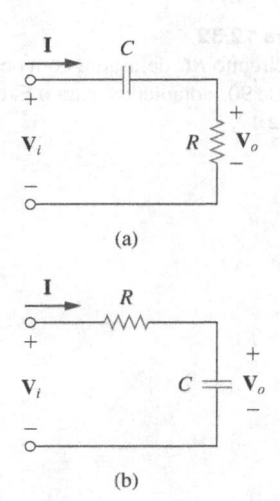

Figura 12.30
Circuitos RC defasadores: (a) saída adiantada; (b) saída atrasada.

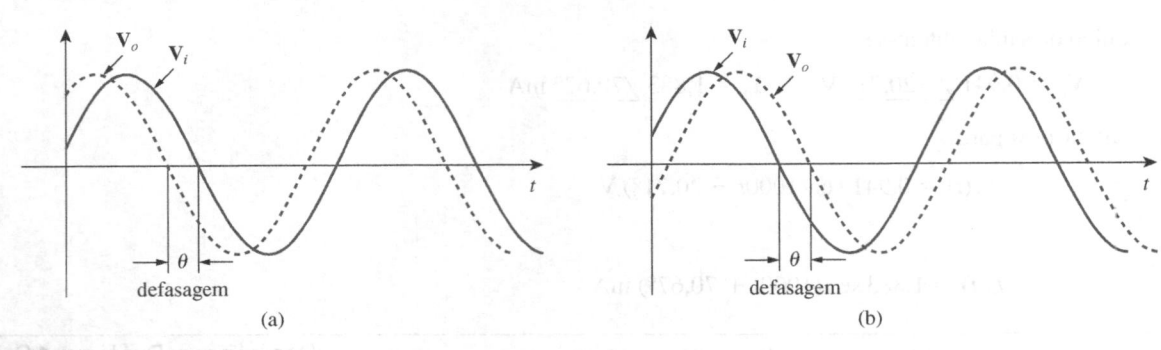

Figura 12.31
Defasagem em circuitos *RC*: (a) saída adiantada; (b) saída atrasada.

Figura 12.31(a). Na Figura 12.31(b), a saída é tomada sobre o capacitor. A corrente **I** adianta-se em relação à tensão $\mathbf{V}_i$ por θ, mas a tensão de saída $\mathbf{V}_o$ sobre o capacitor está atrasada (fase negativa) em relação à tensão de entrada $\mathbf{V}_i$, conforme ilustrado na Figura 12.31(b).

Devemos ter em mente que o simples circuito *RC* na Figura 12.30 também atua como um divisor de tensão. Portanto, à medida que a defasagem aproxima-se de 90°, a tensão de saída $\mathbf{V}_o$ aproxima-se de zero. Por essa razão, esses circuitos *RC* simples são utilizados somente quando pequenas defasagens são requeridas. Se defasagens maiores que 60° são desejadas, circuitos *RC* simples são postos em cascata, proporcionando assim uma defasagem total igual à soma individual das defasagens.

Exemplo 12.12

Projete um circuito *RC* para fornecer uma defasagem de 90° atrasados.

Figura 12.32
Um circuito *RC* defasador com defasagem de 90° adiantados, para o Exemplo 12.12.

Solução:
Selecionando-se componentes de mesmo valor ôhmico, ou seja, R = |X$_C$| = 20 Ω, numa determinada frequência, de acordo com a Equação (12.46), a defasagem é exatamente 45°. Pondo em cascata dois circuitos *RC* similares, como na Figura 12.30(a), obtemos o circuito na Figura 12.32, fornecendo um ângulo positivo ou adiantado de 90°, como será mostrado. Utilizando a técnica da combinação em série-paralelo, **Z** na Figura 12.32 é obtida como

$$\mathbf{Z} = 20 \parallel (20 - j20) = \frac{20(20-j20)}{40-j20} = 12 - j4 \ \Omega \quad (12.12.1)$$

Utilizando a regra do divisor de tensão,

$$\mathbf{V}_1 = \frac{\mathbf{Z}}{\mathbf{Z} - j20}\mathbf{V}_i = \frac{12-j4}{12-j24}\mathbf{V}_i = \frac{\sqrt{2}}{3}\underline{/45°}\ \mathbf{V}_i \quad (12.12.2)$$

e

$$\mathbf{V}_o = \frac{20}{20 - j20}\mathbf{V}_1 = \frac{\sqrt{2}}{2}\underline{/45°}\ \mathbf{V}_1 \quad (12.12.3)$$

Substituindo a Equação (12.12.2) na Equação (12.12.3), chega-se a

$$\mathbf{V}_o = \left(\frac{\sqrt{2}}{2}\underline{/45°}\right)\left(\frac{\sqrt{2}}{3}\underline{/45°}\ \mathbf{V}_i\right) = \frac{1}{3}\underline{/90°}\ \mathbf{V}_i$$

Assim, a saída adianta-se da entrada por 90°, mas sua magnitude é somente 33% da entrada.

Projete um circuito RC para fornecer uma defasagem de 90° atrasados. Se uma tensão de 10 V for aplicada, qual é a tensão de saída?

Resposta: A Figura 12.33 mostra um projeto típico; 3,33 V.

Problema Prático 12.12

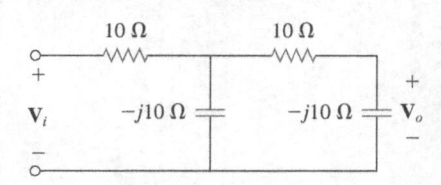

Figura 12.33
Para o Problema Prático 12.12.

12.7.2 Pontes CA

Um circuito de ponte CA é utilizado para medir a indutância L de um indutor ou a capacitância C de um capacitor. Ele tem forma semelhante à ponte de Wheatstone, também utilizada para medir uma resistência desconhecida (discutido na Seção 6.5) e segue o mesmo princípio. Para medir L e C, entretanto, uma fonte CA é necessária, e um medidor CA substitui o galvanômetro. O medidor CA pode ser um amperímetro ou voltímetro CA com boa sensibilidade.

Considere o circuito de ponte CA mostrado na Figura 12.34. A ponte está balanceada quando nenhuma corrente flui pelo medidor. Isso significa que $\mathbf{V}_1 = \mathbf{V}_2$. Aplicando a regra do divisor de tensão,

$$\mathbf{V}_1 = \frac{\mathbf{Z}_2}{\mathbf{Z}_1 + \mathbf{Z}_2}\mathbf{V}_s = \mathbf{V}_2 = \frac{\mathbf{Z}_x}{\mathbf{Z}_3 + \mathbf{Z}_x}\mathbf{V}_s \qquad (12.47)$$

Assim,

$$\frac{\mathbf{Z}_2}{\mathbf{Z}_1 + \mathbf{Z}_2} = \frac{\mathbf{Z}_x}{\mathbf{Z}_3 + \mathbf{Z}_x} \quad\Rightarrow\quad \mathbf{Z}_2\mathbf{Z}_3 = \mathbf{Z}_1\mathbf{Z}_x \qquad (12.48)$$

ou

$$\boxed{\mathbf{Z}_x = \frac{\mathbf{Z}_3}{\mathbf{Z}_1}\mathbf{Z}_2} \qquad (12.49)$$

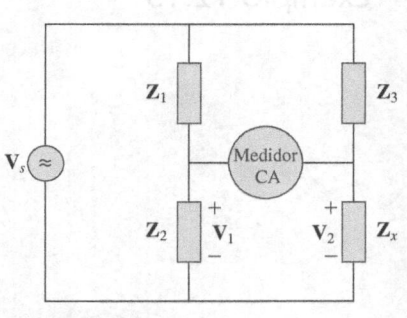

Figura 12.34
Ponte CA genérica.

Essa é a equação balanceada para a ponte CA, a qual é similar à Equação (6.3) para a ponte de resistência, exceto pelo fato de R_2 ser substituído por $\mathbf{Z}_s$.

Pontes CA específicas para medir L e C são mostradas na Figura 12.35, nas quais L_x e C_x são a indutância e a capacitância desconhecidas e que serão medidas, enquanto L_s e C_s são indutâncias e capacitâncias padrão (cujos valores são de alta precisão). Em cada caso, dois resistores R_1 e R_2 são variados até

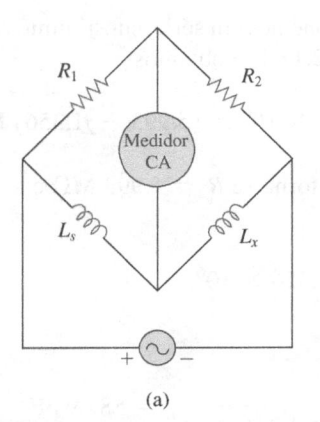

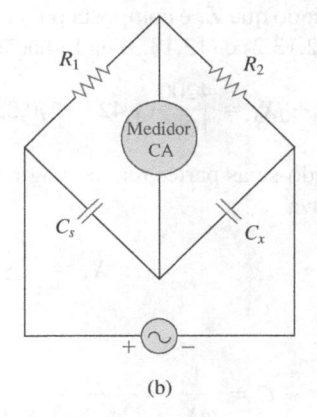

Figura 12.35
Pontes CA específicas: (a) para medir L; (b) para medir C.

que o medidor CA seja zerado. Então, a ponte CA está balanceada. Da equação (12.49), obtém-se

$$L_x = \frac{R_2}{R_1} L_s \qquad (12.50)$$

e

$$C_x = \frac{R_1}{R_2} C_s \qquad (12.51)$$

Observe que o equilíbrio da ponte CA na Figura 12.35 não depende da frequência f da fonte CA, pois f não aparece nas relações nas Equações (12.50) e (12.51).

Exemplo 12.13

O circuito de ponte CA da Figura 12.34 torna-se equilibrado quando Z_1 é um resistor de 1 kΩ, Z_2 é um resistor de 4,2 kΩ, Z_3 é uma combinação em paralelo de um resistor de 1,5 MΩ e um capacitor de 12 pF e $f = 2$ kHz. Encontre os componentes em série que compõem Z_x.

Solução:
Da Equação (12.49),

$$\mathbf{Z}_x = \frac{\mathbf{Z}_3}{\mathbf{Z}_1} \mathbf{Z}_2 \qquad (12.13.1)$$

em que $\mathbf{Z}_x = R_x + jX_x$

$$\mathbf{Z}_1 = 1000 \; \Omega, \quad \mathbf{Z}_2 = 4200 \; \Omega \qquad (12.13.2)$$

e

$$\mathbf{Z}_3 = R_3 \parallel \frac{1}{j\omega C} = \frac{\dfrac{R_3}{j\omega C_3}}{R_3 + 1/j\omega C_3} = \frac{R_3}{1 + j\omega R_3 C_3}$$

Como $R_3 = 1,5$ MΩ e $C_3 = 12$ pF,

$$\mathbf{Z}_3 = \frac{1,5 \times 10^6}{1 + j2\pi \times 2 \times 10^3 \times 1,5 \times 10^6 \times 12 \times 10^{-12}} = \frac{1,5 \times 10^6}{1 + j0,2262}$$

ou

$$\mathbf{Z}_3 = 1,427 - j0,3228 \; \text{MΩ} \qquad (12.13.3)$$

Assumindo que $\mathbf{Z}_x$ é composta por componentes em série, substituímos as Equações (12.13.2) e (12.13.3) na Equação (12.13.1) e obtemos

$$R_x + jX_x = \frac{4200}{1000}(1,427 - j0,3228) \times 10^6 = (5,993 - j1,356) \; \text{MΩ}$$

Igualando-se as partes real e imaginária, torna-se $R_x = 5,993$ MΩ e a reatância capacitiva

$$X_x = \frac{1}{\omega C} = 1,356 \times 10^6$$

ou

$$C = \frac{1}{\omega X_x} = \frac{1}{2\pi \times 2 \times 10^3 \times 1,356 \times 10^6} = 58,69 \; \text{pF}$$

No circuito de ponte CA da Figura 12.34, suponha que o equilíbrio seja encontrado quando $\mathbf{Z}_1$ é um resistor de 4,8 kΩ, $\mathbf{Z}_2$ é um resistor de 10 Ω em série com um indutor de 0,25 μH, $\mathbf{Z}_3$ é um resistor de 12 kΩ e $f = 6$ MHz. Determine os componentes em série que compõem $\mathbf{Z}_x$.

Problema Prático 12.13

Resposta: Um resistor de 25 Ω em série com um indutor de 0,625 μH.

12.8 Resumo

1. Um fasor é uma quantidade complexa que representa tanto a magnitude quanto a fase de uma senoide. Dada a senoide $v(t) = V_m \text{sen}(\omega t + \phi)$, seu fasor $\mathbf{V}$ é $\mathbf{V} = V_m \underline{/\phi}$.

2. Em circuitos CA, a tensão e a corrente fasoriais têm sempre uma relação fixa uma com a outra em qualquer instante de tempo. Se $v(t) = V_m \text{sen}(\omega t + \phi_v)$ representa a tensão sobre um elemento e $i(t) = I_m \text{sen}(\omega t + \phi_i)$ representa a corrente através do elemento, então $\phi_i = \phi_v$ se o elemento é um resistor, ϕ_i está adiantado em relação a ϕ_v de 90° se o elemento é um capacitor, e ϕ_i está atrasado de ϕ_v 90° se o elemento é um indutor.

3. As leis básicas de circuitos (Ohm e Kirchhoff) aplicam-se aos circuitos CA do mesmo modo como elas são aplicadas em circuitos CC; i.e.,

$$\mathbf{V} = \mathbf{ZI}$$

$$\sum \mathbf{I}_k = 0 \quad (\text{KCL})$$

$$\sum \mathbf{V}_k = 0 \quad (\text{KVT})$$

4. A impedância $\mathbf{Z}$ de um circuito é a razão entre o fasor da tensão sobre ele e o fasor da corrente através dele:

$$\mathbf{Z} = \frac{\mathbf{V}}{\mathbf{I}} = R(\omega) + jX(\omega)$$

em que $R = \text{Re}(\mathbf{Z})$ é a resistência, e $X = \text{Im}(\mathbf{Z})$ é a reatância. Diz-se que a impedância é indutiva quando X é positivo e capacitiva quando X é negativo.

5. A admitância $\mathbf{Y}$ é o recíproco da impedância:

$$\mathbf{Y} = \frac{1}{\mathbf{Z}} = G(\omega) + jB(\omega)$$

As impedâncias são combinadas em série ou em paralelo como as resistências; nesse caso, impedâncias em série são adicionadas, enquanto admitâncias em paralelo são adicionadas.

6. Para um resistor $\mathbf{Z} = R$, para um indutor $\mathbf{Z} = jX = j\omega L$ e para um capacitor $\mathbf{Z} = -jX = 1/j\omega C$.

7. As técnicas de divisão de tensão/corrente, combinação em série/paralelo de impedância/admitância, redução de circuito e a transformação Y-Δ são todas aplicadas à análise de circuitos CA.

8. O MATLAB e o PSpice são ferramentas computacionais comuns para a análise de circuitos CA.

9. Circuitos CA são aplicados em defasadores e em pontes.

Questões de revisão

12.1 O ângulo negativo $-50°$ é equivalente a:
(a) $40°$ (b) $50°$ (c) $130°$ (d) $310°$

12.2 O número complexo $6 + j6$ é equivalente a:
(a) $6\angle 45°$ (b) $36\angle 0°$
(c) $8{,}485\angle 45°$ (d) $8{,}485\angle 135°$

12.3 $(12 + j5) + (3 - j6)$ é igual a:
(a) $15 - j$ (b) $17 + j3$
(c) $18 - j6$ (d) $17 - j3$

12.4 $(10\angle 30)(2\angle -15°)$ pode ser expresso como
(a) $12\angle -45°$ (b) $20\angle 15°$ (c) $5\angle -55°$

12.5 A tensão sobre um indutor está adiantada da corrente por $90°$.
(a) Verdadeiro (b) Falso

12.6 A parte imaginária de uma impedância é chamada de
(a) resistência (b) admitância
(c) susceptância (d) condutância
(e) reatância

12.7 A impedância de um capacitor aumenta com o aumento da frequência.
(a) Verdadeiro (b) Falso

12.8 O fasor não fornece a frequência da senoide que ele representa.
(a) Verdadeiro (b) Falso

12.9 Um circuito RC em série tem $V_R = 12$ V e $V_C = 5$ V. A tensão da fonte é:
(a) -7 V (b) 7 V
(c) 13 V (d) 17 V

12.10 Um circuito RLC tem $R = 30\ \Omega$, $X_C = 50\ \Omega$ e $X_L = 90\ \Omega$. A impedância do circuito é:
(a) $30 + j140$ V (b) $30 + j40$ V
(c) $30 - j40$ V (d) $-30 - j40$ V
(e) $-30 + j40$ V

Respostas: 12.1 d, 12.2 c, 12.3 a, 12.4 b, 12.5 a, 12.6 e, 12.7 b, 12.8 a, 12.9 c, 12.10 b

Problemas

Seção 12.2 Fasores e números complexos

12.1 Simplifique e expresse o resultado de cada uma das seguintes operações na forma retangular.
(a) $(5 + j6) - (2 - j3)$
(b) $(25 + j7)^* (1 + j2)$
(c) $20\angle 30° - 10\angle 45°$
(d) $\dfrac{26\angle 40° + 5\angle -10°}{6 + j8}$

12.2 Simplifique cada uma das seguintes expressões complexas e expresse o resultado na forma retangular
(a) $(2 + j) + (4 - j7)$ (b) $(j3)^*(3 + j5)$
(c) $\dfrac{4 + j3}{1 - j2}$ (d) $\dfrac{2 - j5}{2 + j4}$

12.3 Calcule os números complexos e expresse o resultado na forma retangular.
(a) $\dfrac{15\angle 45°}{3 - j4} + j2$
(b) $\dfrac{8\angle -20°}{(2 + j)(3 - j4)} + \dfrac{10}{-5 + j12}$
(c) $10 + (8\angle 50°)(5 - j12)$

12.4 Dado que $z_1 = 6 - j8$, $z_2 = 10\angle -30°$ e $z_3 = 8\angle -120°$, encontre:
(a) $z_1 + z_2 + z_3$, (b) $\dfrac{Z_1 Z_2}{Z_3}$

12.5 Dados os números complexos $z_1 = -3 + j4$ e $z_2 = 12 + j5$, encontre:
(a) $z_1 z_2$, (b) $\dfrac{Z_1}{Z_2^*}$, (c) $\dfrac{Z_1 + Z_2}{Z_1 - Z_2}$

12.6 Seja $\mathbf{X} = 8\angle 40°$ e $\mathbf{Y} = 10\angle -30°$. Calcule as seguintes quantidades e expresse os resultados na forma polar.
(a) $(\mathbf{X} + \mathbf{Y})\mathbf{X}^*$, (b) $(\mathbf{X} - \mathbf{Y})^*$, (c) $(\mathbf{X} + \mathbf{Y})/\mathbf{X}$

12.7 Calcule os números complexos seguintes:
(a) $\dfrac{2 + j3}{1 - j6} + \dfrac{7 - j8}{-5 + j11}$
(b) $\dfrac{(5\angle 10°)(10\angle -40°)}{(4\angle -80°)(-6\angle 50°)}$
(c) $\begin{vmatrix} 2 + j3 & -j2 \\ -j2 & 8 - j5 \end{vmatrix}$

12.8 Obtenha as senoides correspondentes a cada um dos seguintes fasores:
(a) $\mathbf{V}_1 = 60\angle 15°$ V, $\omega = 1$
(b) $\mathbf{V}_2 = 6 + j8$ V, $\omega = 40$
(c) $\mathbf{I}_1 = 2{,}8\angle -\pi/3$ A, $\omega = 377$
(d) $\mathbf{I}_2 = -0{,}5 - j1{,}2$ A, $\omega = 10^3$

12.9 Encontre uma senoide correspondente a cada um desses fasores:
(a) $\mathbf{V} = 40\angle{-60°}$ V
(b) $\mathbf{V} = -30\angle{10°} + 50\angle{60°}$ V
(c) $\mathbf{I} = j6\angle{-10°}$ A
(d) $\mathbf{I} = \dfrac{2}{j} + 10\angle{-45°}$ A

12.10 Expresse as senoides seguintes na forma fasorial.
(a) $v = 10\,\text{sen}(\omega t + 20°)$ V
(b) $v = 25\,\text{sen}(\omega t - 30°)$ V
(c) $i = 40\,\text{sen}(\omega t + 270°)$ A
(d) $i = 50\cos(\omega t - 33°)$ A

12.11 Expresse as senoides seguintes na forma fasorial.
(a) $v = 20\,\text{sen}(\omega t - 60°)$ V
(b) $i = -5\cos(\omega t + 70°)$ A

12.12 Utilizando fasores, encontre:
(a) $3\cos(20t + 10°) - 5\cos(20t - 30°)$,
(b) $40\,\text{sen}(50t) + 30\cos(50t - 45°)$,
(c) $20\,\text{sen}(400t) + 10\cos(400t + 60°) - 5\,\text{sen}(400t - 20°)$.

Seção 12.3 Relações fasoriais para elementos de circuitos

12.13 Determine a corrente que flui através de um resistor de 8 Ω conectado a uma fonte de tensão $v_s(t) = 110\cos(377t)$ V.

12.14 Calcule a reatância de um indutor de 2 H em:
(a) 60 Hz (b) 1 MHz (c) 600 rad/s

12.15 Um indutor de 40 mH é alimentado por uma fonte de 110 V com frequência de 60 Hz. Calcule a reatância e a corrente.

12.16 Uma fonte de alimentação de 220 V, 60 Hz é aplicada a um capacitor de 50 μF. Determine a reatância e a corrente que fluem através do capacitor.

12.17 Qual a tensão instantânea sobre um capacitor de 2 μF quando a corrente através dele é $i(t) = 4\,\text{sen}(10^6 t + 25°)$ A?

12.18 A tensão sobre um indutor de 4 mH é $v(t) = 60\cos(500t - 65°)$ V. Encontre a corrente instantânea através dele.

12.19 Uma fonte de corrente de $i(t) = 10\,\text{sen}(377t + 30°)$ A é aplicada a uma carga composta por um elemento simples. A tensão resultante sobre o elemento é $v(t) = -65\cos(377t + 120°)$ V. Que tipo de elemento é esse? Calcule seu valor.

12.20 Dois elementos estão conectados em série conforme mostrado na Figura 12.36. Se $i = 12\cos(2t - 30°)$ A, encontre os valores dos elementos.

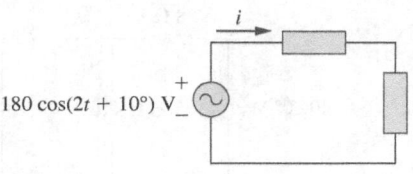

Figura 12.36
Para o Problema 12.20.

12.21 Um circuito RL em série está conectado a uma fonte de 110 V CA. Se a tensão sobre o resistor é 85 V, encontre a tensão sobre o indutor.

12.22 Qual valor de ω anula a resposta v_o na Figura 12.37?

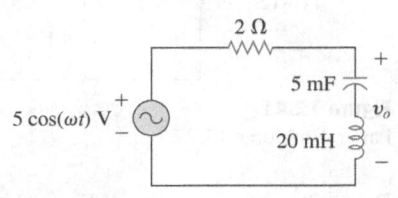

Figura 12.37
Para o Problema 12.22.

12.23 Uma tensão de $120\,\text{sen}(1000t + 40°)$ V está conectada a uma combinação em série de um resistor de 50 Ω e um capacitor de 40 μF. Encontre a expressão senoidal para a corrente.

Seção 12.4 Impedância e admitância

12.24 Se $v_s(t) = 5\cos(2t)$ V no circuito da Figura 12.38, encontre v_o.

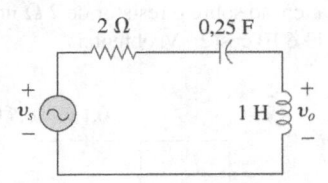

Figura 12.38
Para os Problemas 12.24 e 12.53.

12.25 Encontre $i(t)$ e $v_o(t)$ no circuito da Figura 12.39.

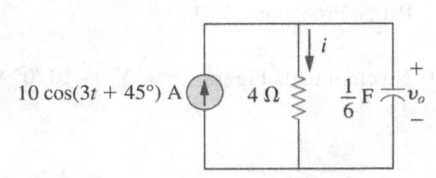

Figura 12.39
Para o Problema 12.25.

12.26 Calcule $i_1(t)$ e $i_2(t)$ no circuito da Figura 12.40 se a frequência da fonte é 60 Hz.

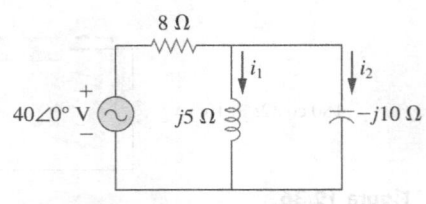

Figura 12.40
Para o Problema 12.26.

12.27 Determine $i_o(t)$ no circuito *RLC* da Figura 12.41.

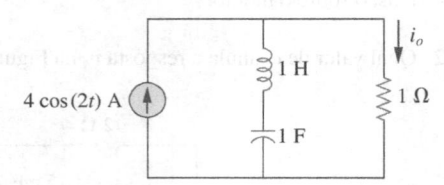

Figura 12.41
Para o Problema 12.27.

12.28 Determine $v_x(t)$ no circuito da Figura 12.42. Seja $i_s(t) = 5\cos(100t + 40°)$ A.

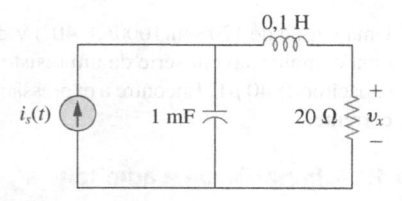

Figura 12.42
Para o Problema 12.28.

12.29 Se a tensão sobre o resistor de 2 Ω no circuito da Figura 12.43 é $10\cos(2t)$ V, obtenha i_s.

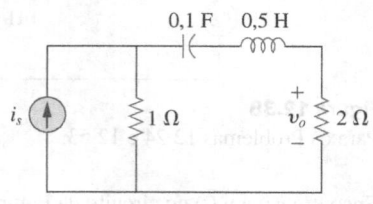

Figura 12.43
Para o Problema 12.29.

12.30 No circuito da Figura 12.44, $\mathbf{V}_s = 10\underline{/0°}$ V. Encontre $\mathbf{I}$.

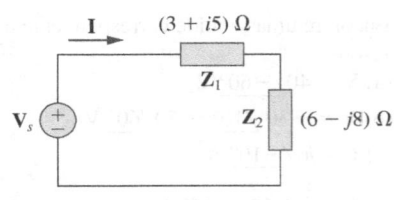

Figura 12.44
Para o Problema 12.30.

12.31 Qual é o pico da corrente através de um capacitor de 10 μF em 10 MHz se o pico da tensão sobre ele é 0,42 mV?

12.32 Determine o pico da corrente através de um indutor de 80 mH quando o pico da tensão é 12 mV. Considere a frequência de operação como 2 kHz.

Seção 12.5 Combinações de impedâncias

12.33 Determine $\mathbf{Z}_{eq}$ para o circuito na Figura 12.45.

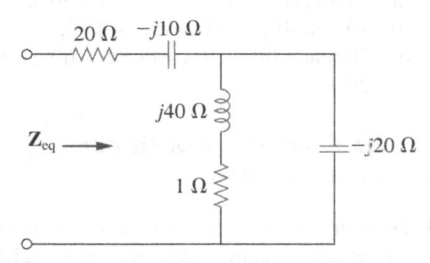

Figura 12.45
Para o Problema 12.33.

12.34 Em $\omega = 50$ rad/s, determine $\mathbf{Z}_{ent}$ para o circuito na Figura 12.46.

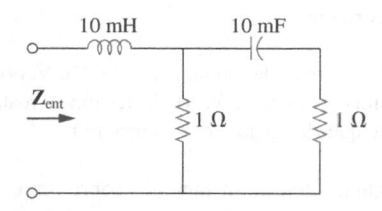

Figura 12.46
Para o Problema 12.34.

12.35 Em $\omega = 1$ rad/s, obtenha a admitância de entrada no circuito da Figura 12.47.

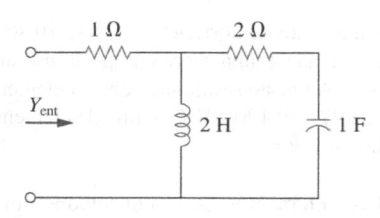

Figura 12.47
Para o Problema 12.35.

12.36 Calcule Z_{eq} para o circuito na Figura 12.48.

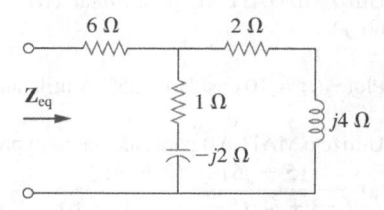

Figura 12.48
Para o Problema 12.36.

12.37 Encontre Z_{eq} no circuito da Figura 12.49.

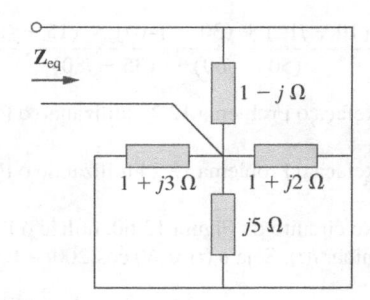

Figura 12.49
Para o Problema 12.37.

12.38 Para o circuito na Figura 12.50, encontre o valor de Z_T.

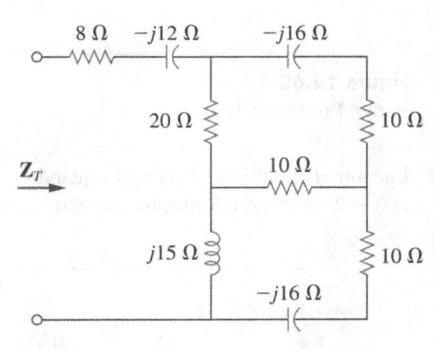

Figura 12.50
Para o Problema 12.38.

12.39 Encontre Z_T e **I** no circuito da Figura 12.51.

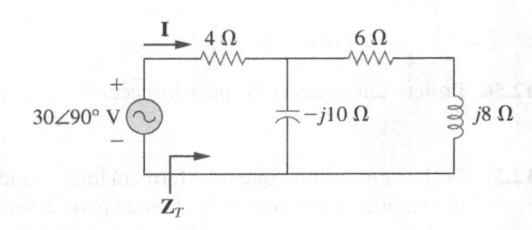

Figura 12.51
Para o Problema 12.39.

12.40 Em $\omega = 10^3$ rad/s, encontre a admitância de entrada do circuito na Figura 12.52.

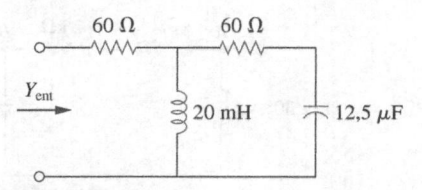

Figura 12.52
Para o Problema 12.40.

12.41 Determine Y_{eq} para o circuito na Figura 12.53.

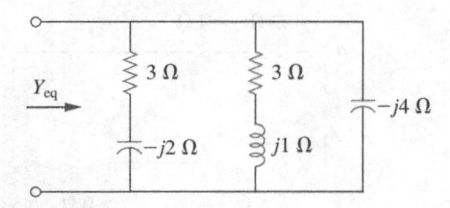

Figura 12.53
Para o Problema 12.41.

12.42 Encontre a impedância equivalente do circuito na Figura 12.54.

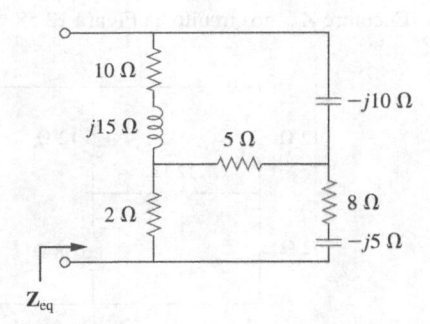

Figura 12.54
Para o Problema 12.42.

12.43 Calcule o valor de Z_{ab} no circuito da Figura 12.55.

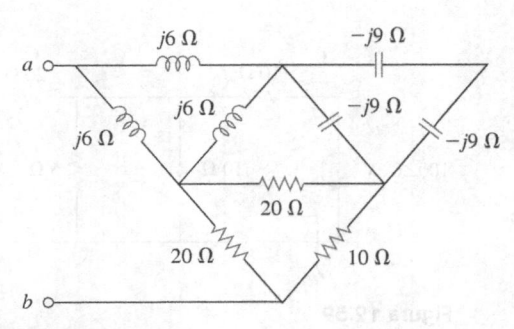

Figura 12.55
Para o Problema 12.43.

12.44 Utilize a regra de divisão de tensão para encontrar V_{AB} no circuito na Figura 12.56.

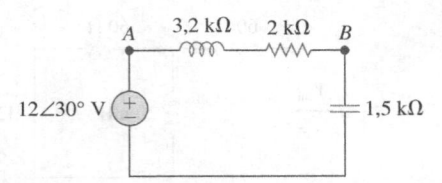

Figura 12.56
Para o Problema 12.44.

12.45 Determine Z_{ab} no circuito na Figura 12.57.

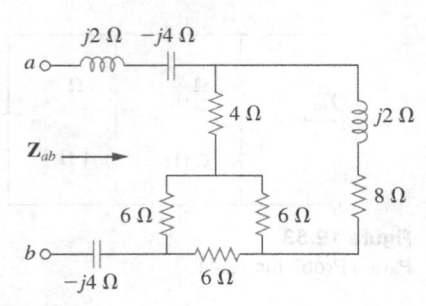

Figura 12.57
Para o Problema 12.45.

12.46 Encontre Z_{ent} no circuito na Figura 12.58.

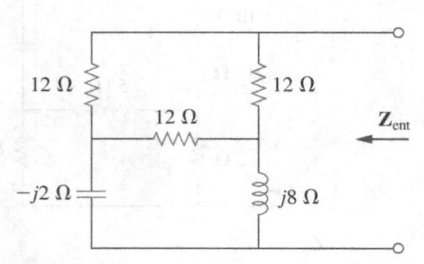

Figura 12.58
Para o Problema 12.46.

12.47 Consulte o circuito na Figura 12.59. Encontre a impedância de entrada Z_i e a corrente de entrada I_i.

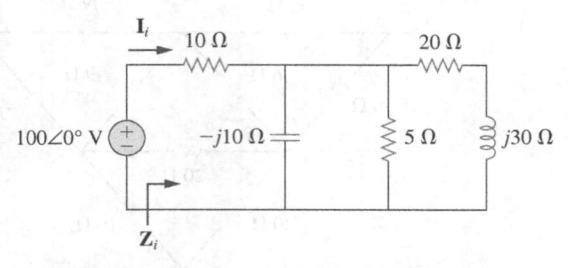

Figura 12.59
Para o Problema 12.47.

Seção 12.6 Análise computacional

12.48 Utilize o MATLAB para plotar $v(t) = 60\,\text{sen}(377t + 60°)$ V.

12.49 Plote $i(t) = 10\cos(4\pi t - 25°)$ A utilizando o MATLAB.

12.50 Utilize o MATLAB para calcular as expressões seguintes:

(a) $\dfrac{(5-j6)-(2+j8)}{(-3+j4)(5-j)+(4-j6)}$

(b) $\left(\dfrac{10+j20}{3+j4}\right)^2 \sqrt{(10+j5)(16-j20)}$

12.51 Calcule a expressão seguinte utilizando o MATLAB.

$$\dfrac{[(10+j12)+(30-j40)] \times (15+j18)}{(50-j60)-(35+j80)}$$

12.52 Refaça o Problema 12.28 utilizando o PSpice.

12.53 Refaça o Problema 12.24 utilizando o PSpice.

12.54 No circuito da Figura 12.60, utilize o PSpice para determinar $i(t)$. Seja $v_s(t) = 60\cos(200t - 10°)$ V.

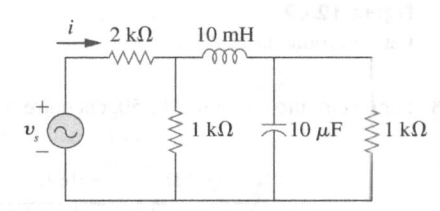

Figura 12.60
Para o Problema 12.54.

12.55 Encontre $i_x(t)$ utilizando o PSpice quando $i_s(t) = 2\,\text{sen}(5t)$ A é fornecida ao circuito da Figura 12.61.

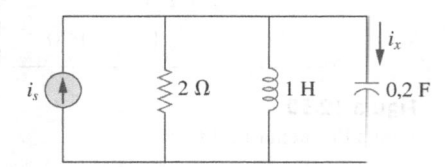

Figura 12.61
Para o Problema 12.55.

Seção 12.7 Aplicações

12.56 Projete um circuito RL para fornecer 90° de avanço de fase.

12.57 Projete um circuito que transformará uma entrada senoidal em uma saída cossenoidal. Você pode assumir que a saída é uma tensão.

12.58 Um capacitor em série com um resistor de 66 Ω está conectado a uma fonte de 120 V, 60 Hz. Se a impedância do circuito é 116 Ω, determine o valor do capacitor.

12.59 Consulte o circuito RC na Figura 12.62.
(a) Calcule o deslocamento de fase em 2 MHz.
(b) Encontre a frequência na qual a defasagem é de 45°.

Figura 12.62
Para o Problema 12.59.

12.60 Considere o circuito defasador na Figura 12.63. Seja $V_i = 120$ V operando em 60 Hz. Encontre (a) V_o quando R é máximo, (b) V_o quando R é mínimo e (c) o valor de R que produzirá uma defasagem de 45°.

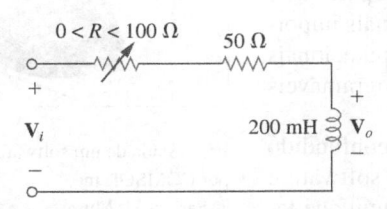

Figura 12.63
Para o Problema 12.60.

12.61 A ponte CA na Figura 12.34 está balanceada quando $R_1 = 400$ Ω, $R_2 = 600$ Ω, $R_3 = 1,2$ kΩ e $C2 = 0,3$ μF. Encontre R_x e C_x. Assuma que R_2 e C_2 estão em série e que R_x e C_x estão também em série.

12.62 Uma ponte para medição de capacitância fica balanceada quando $R_1 = 100$ Ω, $R_2 = 2$ kΩ e $C_s = 40\mu$F. Qual é o valor de C_x, a capacitância do capacitor em teste?

12.63 Uma ponte para medição de indutância fica balanceada quando $R_1 = 1,2$ kΩ, $R_2 = 500$ Ω e $L_s = 250$ mH. Qual é o valor de L_x, a indutância do indutor em teste?

12.64 O circuito mostrado na Figura 12.64 é utilizado em um receptor de televisão. Qual é a impedância total desse circuito?

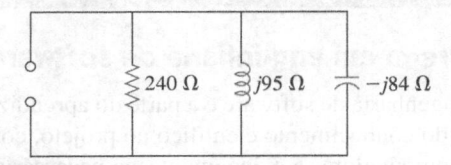

Figura 12.64
Para o Problema 12.64.

12.65 Uma linha de transmissão possui uma impedância em série de $\mathbf{Z} = 100\underline{/75°}$ Ω e uma admitância em derivação (*shunt*) $\mathbf{Y} = 450\underline{/48°}$ μS. Encontre: (a) a impedância característica $\mathbf{Z}_o = \sqrt{\mathbf{Z}/\mathbf{Y}}$ e (b) a constante de propagação $\gamma = \sqrt{\mathbf{ZY}}$.

capítulo 13
Análise senoidal de regime permanente

Um líder é um homem que tem a habilidade de conquistar as pessoas para que elas façam o que não querem fazer e, ainda assim, gostem disso.
— Henry S. Truman

Desenvolvendo sua carreira

Carreira em engenharia de software

A engenharia de software é a parte do aprendizado que lida com a aplicação prática do conhecimento científico no projeto, construção, validação de programas de computadores e a documentação necessária para desenvolvê-los, operá-los e mantê-los. É um ramo da engenharia que está se tornando cada vez mais importante à medida que as disciplinas assumem a forma de pacotes computacionais para realizar tarefas rotineiras e como sistemas microeletrônicos programáveis utilizados em muitas aplicações.

O papel de um técnico de engenharia de software não deve ser confundido com o de um cientista da computação: o técnico de engenharia de software é um prático, não um teórico. Um técnico de engenharia de software tem que ter boas habilidades com programação de computadores e estar familiarizado com linguagens de programação, em especial C^{++}, a qual está se tornando cada vez mais popular. Como hardware e software estão intimamente ligados, é essencial que um técnico de engenharia de software tenha uma compreensão abrangente sobre o projeto de hardware e seja hábil para resolver problemas de circuitos. Mais importante, o técnico de engenharia de software deve ter algum conhecimento especializado da área na qual a habilidade de desenvolvimento de software possa ser aplicada.

De modo geral, o campo da engenharia de software oferece uma grande carreira para quem gosta de programação e desenvolvimento de pacotes computacionais. As maiores recompensas vão para aqueles que têm melhor preparação, com as oportunidades mais interessantes e desafiadoras indo para aqueles com um curso de graduação.

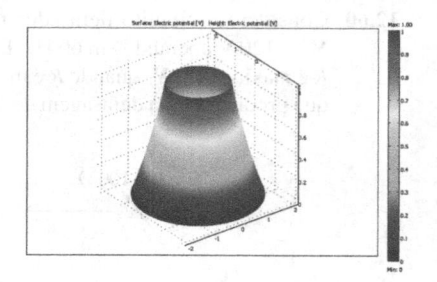

Foto: Saída de um software de modelagem por COMSOL Inc.*
© Sarhan M. Musa

* N. de E.: Para ver esta imagem colorida, acesse www.grupoa.com.br e procure pelo livro. Na página do livro, clique em Conteúdo online.

13.1 Introdução

No capítulo anterior, aprendemos que a resposta de um circuito à entrada senoidal pode ser obtida pela utilização de fasores. Também vimos que as leis de Ohm e Kirchhoff são aplicáveis aos circuitos CA. Neste capítulo, pretendemos ver como a análise de malha, a análise nodal, o teorema de Thévenin, o teorema de Norton, a superposição e a transformação de fonte são aplicadas à análise de circuitos CA. Como essas técnicas já foram introduzidas para os circuitos CC, nosso maior esforço aqui será ilustrar com exemplos.

Analisar circuitos CA normalmente requer três passos:

Passos para analisar circuitos CA

1. Transforme o circuito para o domínio fasorial ou da frequência.
2. Resolva o problema utilizando técnicas, tais como regra do divisor de corrente, regra do divisor de tensão, análise nodal, análise de malha e superposição.
3. Transforme o fasor resultante para o domínio do tempo.

O passo 1 não é necessário se o problema for especificado no domínio na frequência. No passo 2, a análise é feita do mesmo modo que a análise de circuitos CC, exceto pelo fato de que números complexos estão envolvidos. Tendo lido o capítulo 12, estamos aptos para lidar com o passo 3.[1] No final do capítulo, aprenderemos aplicar o PSpice para resolver circuitos CA.

13.2 Análise de malha

A lei de Kirchhoff das tensões forma a base para a análise de malha. A validade da LKT para circuitos CA foi demonstrada no Capítulo 12. Como mencionado na Seção 7.2, na análise de malha de um circuito CA com n malhas, adotamos os três passos seguintes:

---

1. Atribuir as correntes de malha I_1, I_2, I_3, ..., I_n às n malhas.
2. Aplicar a LKT a cada uma das n malhas. Utilizar a lei de Ohm para expressar as tensões em termos das correntes de malha.
3. Resolver as n equações simultâneas resultantes para obter as correntes de malha.

Esses passos serão ilustrados nos seguintes exemplos.

---

[1] Nota: A análise de circuitos CA no domínio da frequência é muito mais fácil do que a análise do circuito no domínio do tempo.

Exemplo 13.1

Determine a corrente I_o no circuito da Figura 13.1 utilizando a análise de malha.

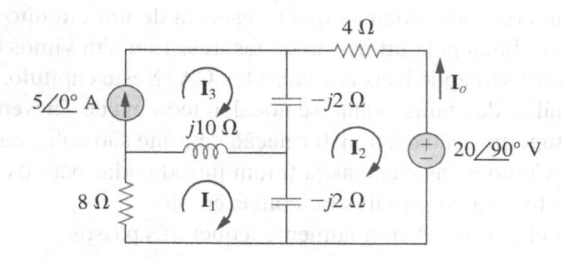

Figura 13.1
Para os Exemplos 13.1 e 13.6.

Solução:
Aplicando a LKT à malha 1, obtemos

$$(8 + j10 - j2)I_1 - (-j2)I_2 - j10I_3 = 0 \quad (13.1.1)$$

Para a malha 2,

$$(4 - j2 - j2)I_2 - (-j2)I_1 - (-j2)I_3 + 20\underline{/90°} = 0 \quad (13.1.2)$$

Para a malha 3, $I_3 = 5$. Substituindo esse valor nas Equações (13.1.1) e (13.1.2), temos

$$(8 + j8)I_1 + j2I_2 = j50 \quad (13.1.3)$$

$$j2I_1 + (4 - j4)I_2 = -j20 - j10 \quad (13.1.4)$$

As Equações (13.1.3) e (13.1.4) podem ser postas na forma matricial como

$$\begin{bmatrix} 8+j8 & j2 \\ j2 & 4-j4 \end{bmatrix} \begin{bmatrix} I_1 \\ I_2 \end{bmatrix} = \begin{bmatrix} j50 \\ -j30 \end{bmatrix}$$

da qual obtemos os determinantes

$$\Delta = \begin{vmatrix} 8+j8 & j2 \\ j2 & 4-j4 \end{vmatrix} = 32(1+j)(1-j) + 4 = 68$$

$$\Delta_2 = \begin{vmatrix} 8+j8 & j50 \\ j2 & -j30 \end{vmatrix} = 340 - j240 = 416{,}17\underline{/-35{,}22°}$$

$$I_2 = \frac{\Delta_2}{\Delta_1} = \frac{416{,}17\underline{/-35{,}22°}}{68} = 6{,}12\underline{/-35{,}22°} \text{ A}$$

A corrente desejada é

$$I_o = -I_2 = 6{,}12\underline{/(-35{,}22° + 180°)} = 6{,}12\underline{/144{,}78°} \text{ A}$$

Problema Prático 13.1

Encontre I_o na Figura 13.2 utilizando a análise de malha.

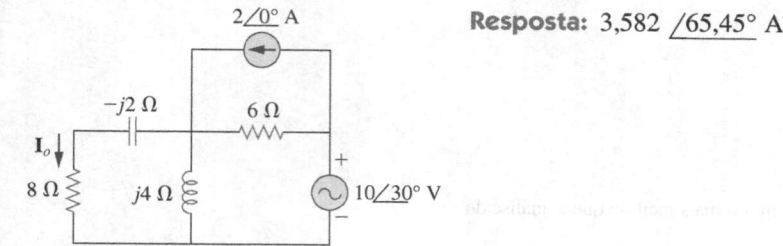

Resposta: $3{,}582\ \underline{/65{,}45°}$ A

Figura 13.2
Para o Problema Prático 13.1.

Encontre $\mathbf{V}_o$ no circuito na Figura 13.3 utilizando análise de malha.

Exemplo 13.2

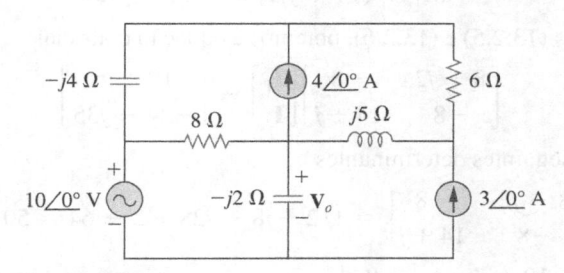

Figura 13.3
Para o Exemplo 13.2.

Solução:
Como mostrado na Figura 13.4, as malhas 3 e 4 formam uma supermalha devido à fonte de corrente entre as malhas. Para a malha 1, a LKT, dá

$$-10 + (8 - j2)\mathbf{I}_1 - (-j2)\mathbf{I}_2 - 8\mathbf{I}_3 = 0$$

ou

$$(8 - j2)\mathbf{I}_1 + j2\mathbf{I}_2 - 8\mathbf{I}_3 = 10 \quad (13.2.1)$$

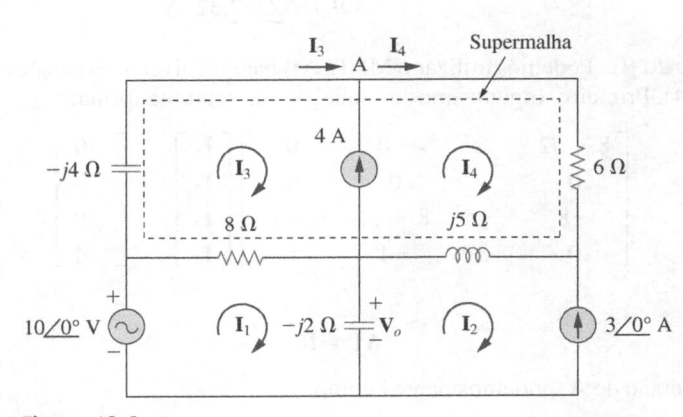

Figura 13.4
Análise do circuito na Figura 13.3.

Para a malha 2,

$$\mathbf{I}_2 = -3 \quad (13.2.2)$$

Para a supermalha,

$$(8 - j4)\mathbf{I}_3 - 8\mathbf{I}_1 + (6 + j5)\mathbf{I}_4 - j5\mathbf{I}_2 = 0 \quad (13.2.3)$$

Considerando a fonte de corrente entre as malhas 3 e 4, no nó A,

$$\mathbf{I}_4 = \mathbf{I}_3 + 4 \quad (13.2.4)$$

Podemos resolver essas equações de três modos:

- **Método 1** Em vez de resolver as quatro equações anteriores, reduzimos as mesmas a duas equações por eliminação. Combinando as Equações (13.2.1) e (13.2.2),

$$(8 - j2)\mathbf{I}_1 - 8\mathbf{I}_3 = 10 + j6 \quad (13.2.5)$$

Combinando as Equações (13.2.2) a (13.2.4),

$$-8\mathbf{I}_1 + (14 + j)\mathbf{I}_3 = -24 - j35 \qquad (13.2.6)$$

Das Equações (13.2.5) e (13.2.6), obtemos a equação matricial

$$\begin{bmatrix} 8 - j2 & -8 \\ -8 & 14 + j \end{bmatrix} \begin{bmatrix} \mathbf{I}_1 \\ \mathbf{I}_3 \end{bmatrix} = \begin{bmatrix} 10 + j6 \\ -24 - j35 \end{bmatrix}$$

Obtemos os seguintes determinantes

$$\Delta = \begin{vmatrix} 8 - j2 & -8 \\ -8 & 14 + j \end{vmatrix} = 112 + j8 - j28 + 2 - 64 = 50 - j20$$

$$\Delta_1 = \begin{vmatrix} 10 + j6 & -8 \\ -24 - j35 & 14 + j \end{vmatrix} = 140 + j10 + j84 - 6 - 192 - j280$$

$$= -58 - j186$$

A corrente $\mathbf{I}_1$ é obtida como

$$\mathbf{I}_1 = \frac{\Delta_1}{\Delta} = \frac{-58 - j186}{50 - j20} = 3{,}618\underline{/274{,}5°}\ \text{A}$$

A tensão desejada $\mathbf{V}_o$ é

$$\mathbf{V}_o = -j2(\mathbf{I}_1 - \mathbf{I}_2) = -j2(3{,}618\underline{/274{,}5°} + 3)$$
$$= -7{,}2134 - j6{,}568$$
$$= 9{,}756\underline{/222{,}32°}\ \text{V}$$

■ **Método 2** Podemos utilizar o MATLAB para resolver as Equações (13.2.1) a (13.2.4). Primeiro, organizamos as equações da seguinte forma:

$$\begin{bmatrix} 8 - j2 & j2 & -8 & 0 \\ 0 & 1 & 0 & 0 \\ -8 & -j5 & 8 - j4 & 6 + j5 \\ 0 & 0 & -1 & 1 \end{bmatrix} \begin{bmatrix} \mathbf{I}_1 \\ \mathbf{I}_2 \\ \mathbf{I}_3 \\ \mathbf{I}_4 \end{bmatrix} = \begin{bmatrix} 10 \\ -3 \\ 0 \\ 4 \end{bmatrix} \qquad (13.2.7)$$

ou

$$\mathbf{AI} = \mathbf{B}$$

Pela inversão de $\mathbf{A}$, podemos obter $\mathbf{I}$ como

$$\mathbf{I} = \mathbf{A}^{-1}\mathbf{B}$$

Agora, aplicamos o MATLAB do seguinte modo:

```
>> A = [(8-j*2)   j*2     -8        0;
        0         1        0        0;
        -8        -j*5    (8-j*4)  (6+j*5);
        0         0       -1        1];
>> B = [10 -3 0 4]';
>> I = inv(A)*B

I =
  0.2828 - 3.6069i
 -3.0000
 -1.8690 - 4.4276i
  2.1310 - 4.4276i
>> Vo = -2*j*(I(1) - I(2))

Vo =
 -7.2138 - 6.5655i
```

como obtido anteriormente.

■ **Método 3** Utilizando a calculadora TI-89 Titanium, podemos resolver a Equação (13.2.7) como se segue. Como queremos que o resultado final esteja na forma retangular, primeiro, precisamos ajustar o modo.

Pressionamos MODE

E mudamos o formato complexo para RECTANGULAR e pressionamos ENTER

Pressionamos 2nd   MATH

Selecionamos 4: Matriz e pressionamos ENTER

Selecionamos 5: simult(ENTER

Digitamos o seguinte:

```
simult([8-2*i,2*i,-8,0;0,1,0,0;-8,-5*i,8-4*i,
6+5*i;0,0,-1,1],[10;-3;0;4])
```

e pressionamos ♦   ENTER
O resultado:

$$\mathbf{I}_1 = 0{,}2828 - j3{,}607, \quad \mathbf{I}_2 = -3 + j0,$$
$$\mathbf{I}_3 = -1{,}869 - 4{,}427, \quad 2{,}131 - j4{,}428$$

o que é essencialmente o que foi feito anteriormente no método 2.

Calcule a corrente $\mathbf{I}_0$ no circuito da Figura 13.5.

Resposta: $0{,}197 \underline{/-5{,}84°}$ A.

Problema Prático 13.2

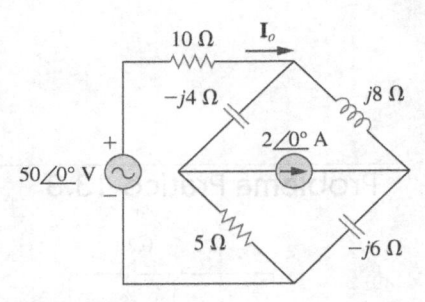

Figura 13.5
Para o Problema Prático 13.2.

13.3 Análise nodal

A base da análise nodal é a lei de Kirchhoff das correntes (LKC). Como a LKC é válida para fasores, como demonstrado no Capítulo 12, podemos analisar circuitos CA pela análise nodal. Como mencionado na Seção 7.4, a análise nodal de um circuito CA envolve os seguintes três passos:

> 1. Selecionar um nó como nó de referência (ou terra). Atribuir as tensões V_1, V_2, ... V_{n-1} aos restantes $(n-1)$ nós. As tensões são referidas com relação ao nó de referência.
> 2. Aplicar a LKC a cada um dos $(n-1)$ nós não referenciais. Utilizar a lei de Ohm para expressar as correntes nos ramos em termos das tensões.
> 3. Resolver as equações simultâneas resultantes para obter as tensões desconhecidas.

Ilustraremos esses passos com os seguintes exemplos.

Exemplo 13.3

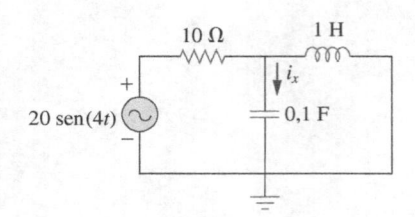

Figura 13.6
Para o Exemplo 13.3.

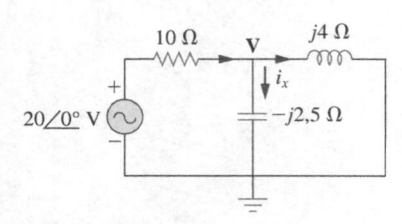

Figura 13.7
Equivalente no domínio da frequência para o circuito da Figura 13.6.

Encontre i_x no circuito da Figura 13.6 utilizando a análise nodal.

Solução:
Primeiro, convertemos o circuito para o domínio da frequência.

$$20\,\text{sen}(4t) \Rightarrow 20\underline{/0°}, \quad \omega = 4 \text{ rad/s}$$
$$1\,\text{H} \Rightarrow j\omega L = j4\,\Omega$$
$$0,1\,\text{F} \Rightarrow \frac{1}{j\omega C} = -j2,5\,\Omega$$

Assim, o circuito equivalente no domínio da frequência fica como mostrado na Figura 13.7.

Aplicando a LKC ao nó superior,

$$\frac{20 - \mathbf{V}}{10} = \frac{\mathbf{V}}{-j2,5} + \frac{\mathbf{V}}{j4}$$

Multiplicando por 10,

$$20 - \mathbf{V} = j4\,\mathbf{V} - j2,5\,\mathbf{V} \quad \text{ou} \quad 20 = \mathbf{V}(1 + j1,5)$$

Assim,

$$\mathbf{V} = \frac{20}{1 + j1,5}$$

Mas

$$\mathbf{I}_x = \frac{\mathbf{V}}{-j2,5} = \frac{20}{-j2,5(1 + j1,5)} = 3,6923 + j2,4615$$
$$= 4,438\underline{/33,69°}\,\text{A}$$

Transformando para o domínio do tempo

$$i_x(t) = 4,438\,\text{sen}(4t + 33,69°)\,\text{A}$$

Problema Prático 13.3

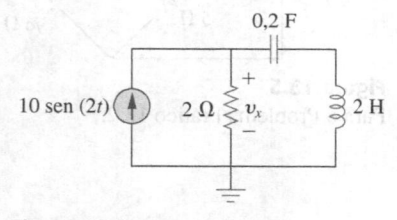

Figura 13.8
Para o Problema Prático 13.3.

Utilizando a análise nodal, encontre v_x no circuito da Figura 13.8.

Resposta: $12\,\text{sen}(2t + 53,13°)\,\text{V}$

Exemplo 13.4

Calcule $\mathbf{V}_1$ e $\mathbf{V}_2$ no circuito da Figura 13.9.

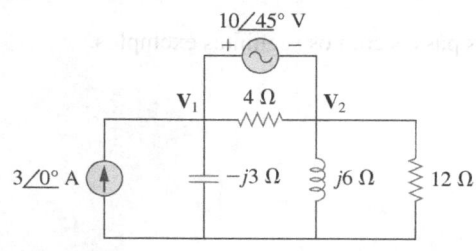

Figura 13.9
Para o Exemplo 13.4.

Solução:
Os nós 1 e 2 formam um supernó conforme mostrado na Figura 13.10. Aplicando a LKC ao supernó, tem-se

$$3 = \frac{V_1}{-j3} + \frac{V_2}{j6} + \frac{V_2}{12}$$

ou

$$36 = j4V_1 + (1 - j2)V_2 \qquad (13.4.1)$$

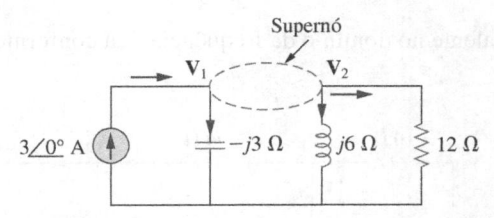

Figura 13.10
Supernó no circuito da Figura 13.9.

Mas a fonte de tensão está conectada entre os nós 1 e 2, tal que

$$V_1 = V_2 + 10\underline{/45°} \qquad (13.4.2)$$

Substituindo a Equação (13.4.2) na Equação (13.4.1), resulta em

$$36 - 40\underline{/135°} = (1 + j2)V_2 \quad\Rightarrow\quad V_2 = 31{,}41\underline{/-87{,}18°} \text{ V}$$

A partir da Equação (13.4.2),

$$V_1 = V_2 + 10\underline{/45°} = 25{,}78\underline{/-70{,}48°} \text{ V}$$

Problema Prático 13.4

Calcule V_1 e V_2 no circuito mostrado na Figura 13.11.

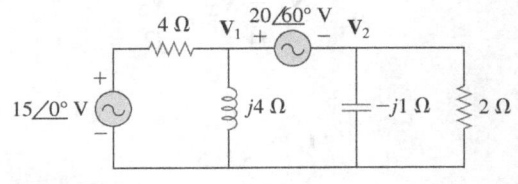

Figura 13.11
Para o Problema Prático 13.4.

Resposta: $V_1 = 17{,}81\underline{/67{,}8°}$ V; $V_2 = 3{,}376\underline{/165{,}72°}$ V.

Exemplo 13.5

Deixe nos modificar o circuito na Figura 13.6 e introduzir uma fonte de corrente controlada conforme mostrado na Figura 13.12. Nosso objetivo é determinar i_x.

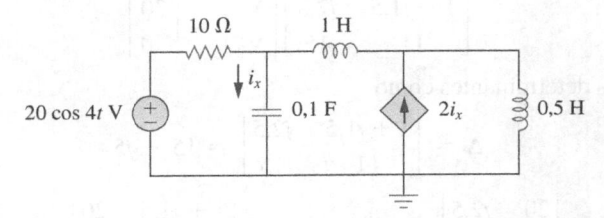

Figura 13.12
Para o Exemplo 13.5.

Solução:
Como de costume, primeiro, convertemos o circuito para o domínio da frequência:

$$20\cos(4t) \Rightarrow 20\underline{/0°}, \quad \omega = 4 \text{ rad/s}$$
$$1 \text{ H} \Rightarrow j\omega L = j4 \text{ }\Omega$$
$$0{,}5 \text{ H} \Rightarrow j\omega L = j2 \text{ }\Omega$$
$$0{,}1 \text{ F} \Rightarrow \frac{1}{j\omega C} = -j2{,}5 \text{ }\Omega$$

O circuito equivalente no domínio da frequência fica conforme mostrado na Figura 13.13.

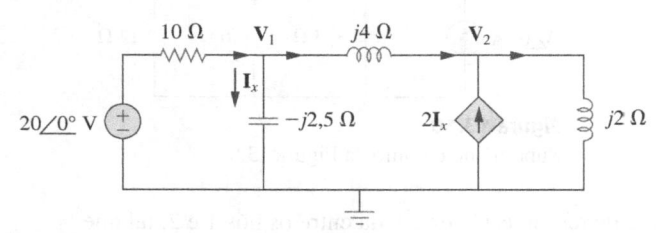

Figura 13.13
Circuito equivalente no domínio da frequência do circuito na Figura 13.12.

Aplicando a LKC ao nó 1,

$$\frac{20 - \mathbf{V}_1}{10} = \frac{\mathbf{V}_1}{-j2{,}5} + \frac{\mathbf{V}_1 - \mathbf{V}_2}{j4}$$

ou

$$(1 + j1{,}5)\mathbf{V}_1 + j2{,}5\mathbf{V}_2 = 20 \qquad (13.5.1)$$

No nó 2,

$$2\mathbf{I}_x + \frac{\mathbf{V}_1 - \mathbf{V}_2}{j4} = \frac{\mathbf{V}_2}{j2}$$

Mas

$$\mathbf{I}_x = \frac{\mathbf{V}_1}{-j2{,}5}$$

Substituindo $\mathbf{I}_x$, tem-se

$$\frac{2\mathbf{V}_1}{-j2{,}5} + \frac{\mathbf{V}_1 - \mathbf{V}_2}{j4} = \frac{\mathbf{V}_2}{j2}$$

Simplificando, obtemos

$$11\mathbf{V}_1 + 15\mathbf{V}_2 = 0 \qquad (13.5.2)$$

As Equações (13.5.1) e (13.5.2) podem ser postas na forma matricial como

$$\begin{bmatrix} 1 + j1{,}5 & j2{,}5 \\ 11 & 15 \end{bmatrix} \begin{bmatrix} \mathbf{V}_1 \\ \mathbf{V}_2 \end{bmatrix} = \begin{bmatrix} 20 \\ 0 \end{bmatrix}$$

Obtemos os determinantes como

$$\Delta = \begin{vmatrix} 1 + j1{,}5 & j2{,}5 \\ 11 & 15 \end{vmatrix} = 15 - j5$$

$$\Delta_1 = \begin{vmatrix} 20 & j2{,}5 \\ 0 & 15 \end{vmatrix} = 300, \quad \Delta_2 = \begin{vmatrix} 1 + j1{,}5 & 20 \\ 11 & 0 \end{vmatrix} = -220$$

$$V_1 = \frac{\Delta_1}{\Delta} = \frac{300}{15 - j5} = 18{,}97\underline{/18{,}43°}\ V$$

$$V_2 = \frac{\Delta_2}{\Delta} = \frac{-220}{15 - j5} = 13{,}91\underline{/198{,}3°}\ V$$

A corrente I_x é dada por

$$I_x = \frac{V_1}{-j2{,}5} = \frac{18{,}97\underline{/18{,}43°}}{2{,}5\underline{/-90°}} = 7{,}59\underline{/108{,}4°}\ A$$

Transformando para o domínio do tempo,

$$i_x = 7{,}50 \cos(4t + 108{,}4°)\ A$$

Problema Prático 13.5

Utilizando a análise nodal, encontre v_1 e v_2 no circuito da Figura 13.14.

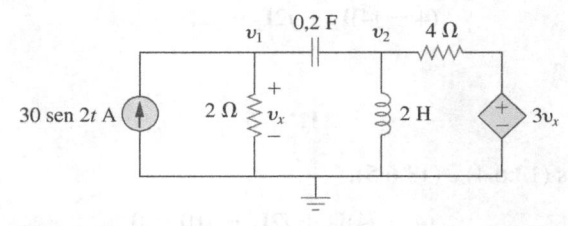

Figura 13.14
Para o Problema Prático 13.5.

Resposta: $v_1(t) = 33{,}96\ \text{sen}(2t + 60{,}01°)\ V;\ v_2(t) = 99{,}6\ \text{sen}(2t + 57{,}12°)\ V.$

13.4 Teorema da superposição

Como os circuitos CA são lineares, o teorema da superposição se aplica aos circuitos CA do mesmo modo que nos circuitos CC. O teorema se torna importante se o circuito tiver fontes operando em diferentes frequências. Nesse caso, como a impedância depende da frequência, devemos ter um circuito no domínio da frequência diferente para cada frequência. A resposta total deve ser obtida pela adição individual das respostas no domínio do tempo. É incorreto tentar adicionar as respostas no domínio fasorial ou da frequência. Por quê? Porque o fator exponencial $e^{j\omega t}$ está implícito na análise senoidal e esse fator mudaria para cada ω. Portanto, não faria sentido adicionar repostas em diferentes frequências no domínio fasorial. Assim, quando um circuito tem fontes operando em frequências diferentes, as respostas devido às frequências individuais devem ser adicionadas no domínio do tempo.

Exemplo 13.6

Utilize o teorema da superposição para encontrar I_o no circuito na Figura 13.1.

Solução:
Seja

$$I_o = I'_o + I''_o \qquad (13.6.1)$$

em que I'_o e I''_o se devem às fontes de tensão e corrente, respectivamente. Para encontrar I'_o, considere o circuito na Figura 13.15(a). Se fizermos Z igual à combinação em paralelo de $-j2$ e $8 + j10$, então

Figura 13.15
Solução do Exemplo 13.6.

$$Z = \frac{-j2(8 + j10)}{-2j + 8 + j10} = 0,25 - j2,25$$

e a corrente I_o' é

$$I_o' = \frac{j20}{4 - j2 + Z} = \frac{j20}{4,25 - j4,25}$$

ou

$$I_o' = -2,353 + j2,353 \qquad (13.6.2)$$

Para obter I_o'', considere o circuito na Figura 13.15(b). Para a malha 1,

$$(8 + j8)I_1 - j10I_3 + j2I_2 = 0 \qquad (13.6.3)$$

Para a malha 2,

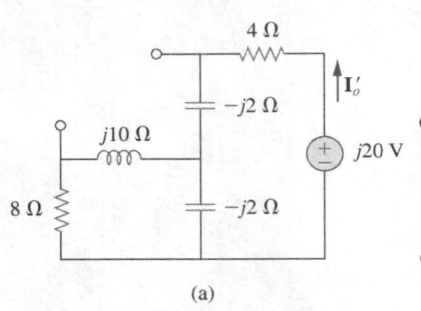

$$(4 - j4)I_2 + j2I_1 + j2I_3 = 0 \qquad (13.6.4)$$

Para a malha 3,

$$I_3 = 5 \qquad (13.6.5)$$

Das Equações (13.6.4) e (13.6.5),

$$(4 - j4)I_2 + j2I_1 + j10 = 0$$

Expressando I_1 em termos de I_2, tem-se

$$I_1 = (2 + j2)I_2 - 5 \qquad (13.6.6)$$

Substituindo as Equações (13.6.5) e (13.6.6) na Equação (13.6.3), obtemos

$$(8 + j8)[(2 + j2)I_2 - 5] - j50 + j2I_2 = 0$$

ou

$$I_2 = \frac{90 - j40}{34} = 2,647 - j1,176$$

A corrente I_o'' é obtida como

$$I_o'' = -I_2 = -2,647 + j1,176 \qquad (13.6.7)$$

Da Equação (13.6.2) e (13.6.7),

$$I_o = I_o' + I_o'' = -5 + j3,529 = 6,12\underline{/144,78°}\ A$$

Deve-se notar que aplicar o teorema da superposição não é a melhor forma de resolver esse problema. Parece que tornamos o problema duas vezes mais difícil do que ele era originalmente, utilizando superposição. Entretanto, no Exemplo 13.7, a superposição é claramente a abordagem mais fácil.

Problema Prático 13.6

Encontre I_o no circuito da Figura 13.2 utilizando o teorema da superposição.

Resposta: $3,582\underline{/65,45°}$ A.

Encontre v_o no circuito na Figura 13.16, utilizando o teorema da superposição.

Exemplo 13.7

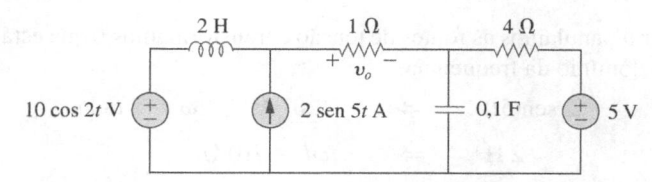

Figura 13.16
Para o Exemplo 13.7.

Solução:
Como o circuito opera em três frequências diferentes ($\omega = 0$ para fonte de tensão CC), uma forma de obter a solução é utilizar superposição, a qual separa o problema em três problemas de uma única frequência. Então, façamos

$$v_o = v_1 + v_2 + v_3 \quad (13.7.1)$$

em que v_1 é devido à fonte de tensão CC de 5 V, v_2 é devido à fonte de tensão de $10\cos(2t)$ V e v_3 é devido à fonte de corrente de $2\sen(5t)$ A.

Para encontrarmos v_1, anulamos todas as fontes exceto a fonte CC de 5 V. Lembramos que em regime permanente um capacitor é um circuito aberto em CC, enquanto um indutor é um curto-circuito em CC. Há uma forma alternativa de visualizar isso. Como $\omega = 0$, $1/j\omega C = \infty$. De qualquer forma, o circuito equivalente fica conforme mostrado na Figura 13.17(a). Pela divisão de tensão,

$$-v_1 = \frac{1}{1+4}(5) = 1 \text{ V} \quad (13.7.2)$$

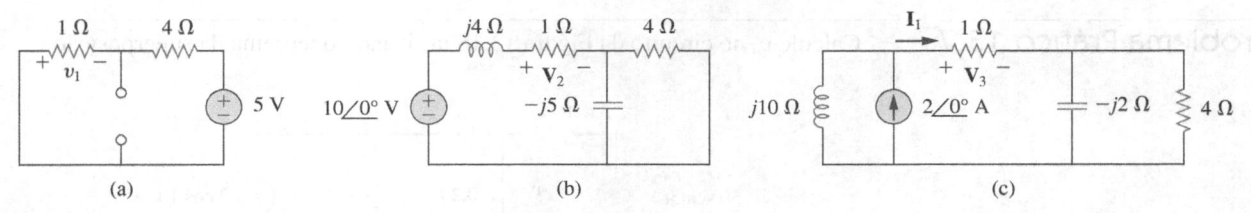

Figura 13.17
Solução do Exemplo 13.7: (a) anulando todas as fontes exceto a fonte CC de 5 V; (b) anulando todas as fontes exceto a fonte de tensão CA; (c) anulando todas as fontes exceto a fonte de corrente CA.

Para encontrar v_2, anulamos a fonte de tensão de 5 V CC e a fonte de corrente de $2\sen(5t)$ A e transformamos o circuito para o domínio da frequência.

$$10\cos(2t) \implies 10\underline{/90°} \text{ A}, \quad \omega = 2 \text{ rad/s}$$

$$2\text{ H} \implies j\omega L = j4 \text{ }\Omega$$

$$0{,}1 \text{ F} \implies \frac{1}{j\omega C} = -j5 \text{ }\Omega$$

O circuito equivalente fica conforme mostrado na Figura 13.17(b). Seja

$$\mathbf{Z} = -j5 \parallel 4 = \frac{-j5 \times 4}{4 - j5} = 2{,}439 - j1{,}951$$

Pela divisão de tensão,

$$\mathbf{V}_2 = \frac{1}{1 + j4 + \mathbf{Z}}(10\underline{/90°}) = \frac{10\underline{/90°}}{3{,}439 + j2{,}049} = 2{,}498\underline{/59{,}21°}$$

No domínio do tempo,
$$v_2(t) = 2{,}498 \operatorname{sen}(2t + 59{,}21°) = 2{,}498 \cos(2t - 30{,}79°) \quad (13.7.3)$$

Para obter v_3, anulamos as fontes de tensão e transformamos o que está à esquerda para o domínio da frequência.

$$2\operatorname{sen}(5t) \Rightarrow 2\underline{/0°}\text{ A}, \quad \omega = 5 \text{ rad/s}$$

$$2\text{ H} \Rightarrow j\omega L = j10 \text{ }\Omega$$

$$0{,}1\text{ F} \Rightarrow \frac{1}{j\omega C} = -j2 \text{ }\Omega$$

O circuito equivalente está na Figura 13.17(c). Seja

$$\mathbf{Z}_1 = -j2 \parallel 4 = \frac{-j2 \times 4}{4 - j2} = 0{,}8 - j1{,}6 \text{ }\Omega$$

Pela divisão de corrente,

$$\mathbf{I}_1 = \frac{j10}{j10 + 1 + \mathbf{Z}_1}(2\underline{/0°}) \text{ A}$$

$$\mathbf{V}_3 = \mathbf{I}_1 \times 1 = \frac{j10}{1{,}8 + j8{,}4}(2) = 2{,}328\underline{/12{,}09°} \text{ V}$$

No domínio do tempo,
$$v_3(t) = 2{,}33 \operatorname{sen}(5t + 12{,}09°) \text{ V} \quad (13.7.4)$$

Substituindo as Equações (13.7.2) a (13.7.4) na Equação (13.7.1), temos
$$v_o(t) = -1 + 2{,}498 \cos(2t - 30{,}79°) + 2{,}33 \operatorname{sen}(5t + 12{,}09°) \text{ V}$$

Problema Prático 13.7

Calcule v_o no circuito da Figura 13.18 utilizando o teorema da superposição.

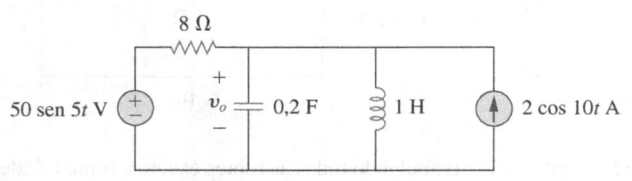

Figura 13.18
Para o Problema Prático 13.7.

Resposta: $4{,}631 \operatorname{sen}(5t - 81{,}12°) + 0{,}42 \cos(10t - 86{,}24°)$

13.5 Transformação de fonte

Conforme mostrado na Figura 13.19, a transformação de fonte no domínio da frequência envolve a transformação de uma fonte de tensão em série com uma impedância em uma fonte de corrente em paralelo com uma impedância ou vice-versa. Como vamos de um tipo de fonte para outro, devemos ter a seguinte relação em mente:

$$\boxed{\mathbf{V}_s = \mathbf{Z}_s \mathbf{I}_s \quad \Leftrightarrow \quad \mathbf{I}_s = \mathbf{V}_s/\mathbf{Z}_s} \quad (13.1)$$

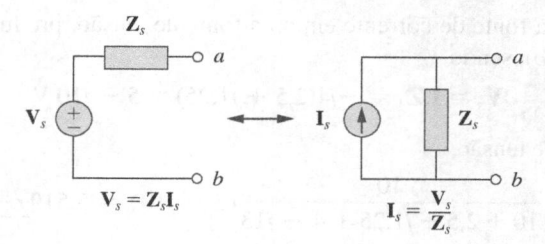

Figura 13.19
Transformação de fonte.

Lembre-se de que o terminal positivo da fonte de tensão deve corresponder à ponta da seta da fonte de corrente, conforme mostrado na Figura 13.19. A transformação de fonte também se aplica às fontes dependentes (ver Figura 8.13).

Exemplo 13.8

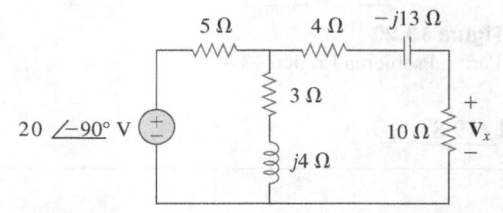

Calcule V_x no circuito da Figura 13.20 utilizando o método da transformação de fonte.

Figura 13.20
Para o Exemplo 13.8, Figura 13.9 transformação de fonte.

Solução:
Transformamos a fonte de tensão em uma fonte de corrente e obtemos o circuito na Figura 13.21(a), sendo

$$I_s = \frac{20\angle-90°}{5} = 4\angle-90° = -j4 \text{ A}$$

A combinação em paralelo da resistência de 5 Ω e a impedância de $(3 + j4)$ Ω resulta em

$$Z_1 = \frac{5(3 + j4)}{8 + j4} = 2,5 + j1,25 \text{ Ω}$$

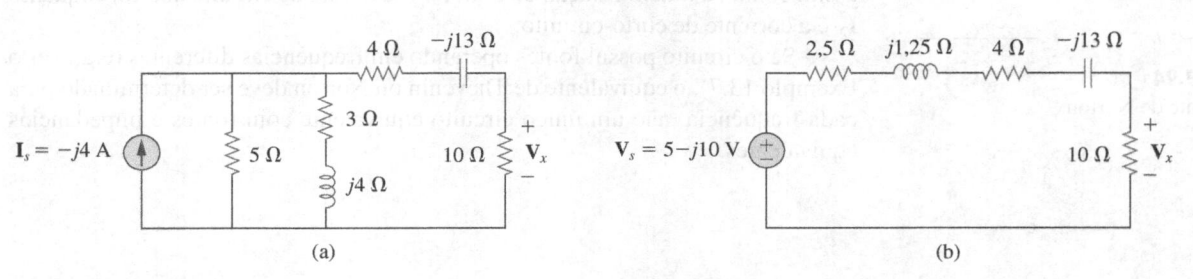

Figura 13.21
Solução do circuito na Figura 13.19.

Convertendo a fonte de corrente em uma fonte de tensão, produz o circuito na Figura 13.21(b), sendo

$$\mathbf{V}_s = \mathbf{I}_s\mathbf{Z}_1 = -j4(2,5 + j1,25) = 5 - j10 \text{ V}$$

Pela divisão de tensão,

$$\mathbf{V}_x = \frac{10}{10 + 2,5 + j1,25 + 4 - j13}(5 - j10) = 5,519\underline{/-28°} \text{ V}$$

Problema Prático 13.8

Encontre $\mathbf{I}_o$ no circuito da Figura 13.22 utilizando o conceito de transformação de fonte.

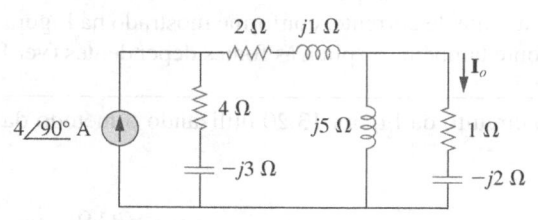

Figura 13.22
Para o Problema Prático 13.8.

Resposta: $2,21\underline{/19,8°}$ A.

13.6 Circuitos equivalentes de Thévenin e Norton

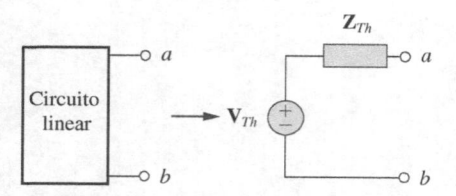

Os teoremas de Thévenin e Norton são aplicados a circuitos CA do mesmo modo que são aplicados em circuitos CC. O único esforço adicional vem da necessidade de manipular números complexos. A versão do circuito equivalente de Thévenin no domínio da frequência é representada na Figura 13.23, na qual um circuito linear é substituído por uma fonte de tensão em série com uma impedância. O circuito equivalente de Norton é ilustrado na Figura 13.24, na qual um circuito linear é substituído por uma fonte de corrente em paralelo com uma impedância. Tenha em mente que os dois circuitos equivalentes estão relacionados por

$$\mathbf{V}_{Th} = \mathbf{Z}_N\mathbf{I}_N, \qquad \mathbf{Z}_{Th} = \mathbf{Z}_N \qquad (13.2)$$

Figura 13.23
Equivalente de Thévenin.

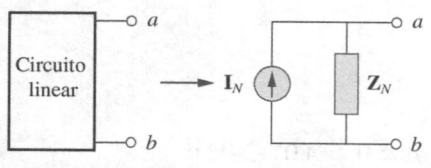

Figura 13.24
Equivalente de Norton.

assim como na transformação de fonte; $\mathbf{V}_{Th}$ é tensão de circuito aberto, enquanto $\mathbf{I}_N$ é a corrente de curto-circuito.

Se o circuito possui fontes operando em frequências diferentes (e.g., ver o Exemplo 13.7), o equivalente de Thévenin ou Norton deve ser determinado para cada frequência, não um único circuito equivalente com fontes e impedâncias equivalentes.

Obtenha o equivalente de Thévenin nos terminais *a-b* do circuito na Figura 13.25.

Exemplo 13.9

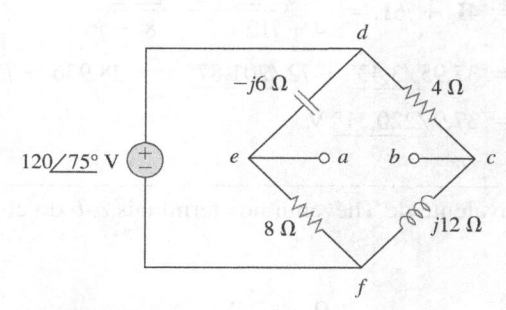

Figura 13.25
Para o Exemplo 13.9.

Solução:
Encontramos Z_{Th} anulando as fontes de tensão. Conforme mostrado na Figura 13.26(a), o resistor de 8 Ω está agora em paralelo com a reatância de $-j6$ Ω, tal que a combinação dá

$$\mathbf{Z}_1 = -j6 \parallel 8 = \frac{-j6 \times 8}{8 - j6} = 2{,}88 - j3{,}84 \; \Omega$$

De forma semelhante, o resistor de 4 Ω está em paralelo com a reatância de $j12$ Ω e a combinação deles resulta em

$$\mathbf{Z}_2 = 4 \parallel j12 = \frac{j12 \times 4}{4 + j12} = 3{,}6 + j1{,}2 \; \Omega$$

A impedância de Thévenin é a combinação em série de $\mathbf{Z}_1$ e $\mathbf{Z}_2$; isto é,

$$\mathbf{Z}_{Th} = \mathbf{Z}_1 + \mathbf{Z}_2 = 6{,}48 - j2{,}64 \; \Omega$$

Para encontrar $\mathbf{V}_{Th}$, considere o circuito na Figura 13.26(b). As correntes I_1 e I_2 são obtidas como

$$\mathbf{I}_1 = \frac{120\underline{/75°}}{8 - j6} \; \text{A}, \qquad \mathbf{I}_2 = \frac{120\underline{/75°}}{4 + j12} \; \text{A}$$

Aplicando a LKT em torno do laço *bcdeab* na Figura 13.26(b), tem-se

$$\mathbf{V}_{Th} - 4\mathbf{I}_2 + (-j6)\mathbf{I}_1 = 0$$

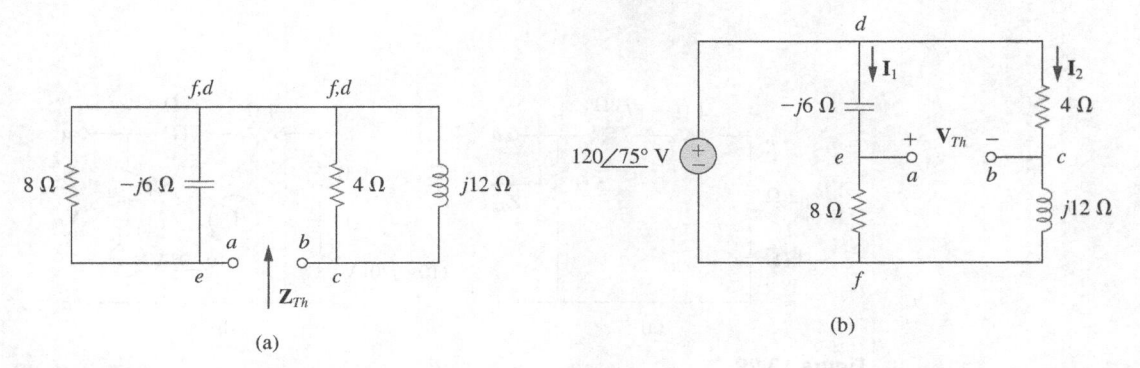

Figura 13.26
Solução do circuito na Figura 13.25: (a) encontrando Z_{Th}; (b) encontrando V_{Th}.

ou

$$V_{Th} = 4I_2 + j6I_1 = \frac{480/75°}{4+j12} + \frac{720/75°+90°}{8-j6}$$

$$= 37{,}95/3{,}43° + 72/201{,}87° = -28{,}936 - j24{,}55$$

$$= 37{,}9/220{,}31° \text{ V}$$

Problema Prático 13.9

Encontre o equivalente de Thévenin nos terminais *a-b* do circuito na Figura 13.27.

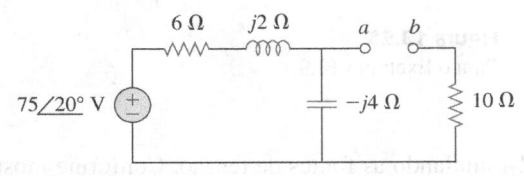

Figura 13.27
Para o Problema Prático 13.9.

Resposta: $Z_{Th} = 12{,}4 - j3{,}2 \ \Omega$; $V_{Th} = 47{,}42 /\!-\!51{,}57°$ V.

Exemplo 13.10

Encontre o equivalente de Thévenin visto dos terminais *a-b* do circuito na Figura 13.28.

Figura 13.28
Para o Exemplo 13.10.

Solução:
Para encontrar Z_{Th}, desligamos as fontes de modo a obtermos o circuito na Figura 13.29(a).

$$Z_{Th} = 5 \parallel (4 + j3 + 2 - j4) = \frac{5(6-j)}{5+6-j} = 2{,}746 - j0{,}205 \ \Omega$$

Para obter V_{Th}, convertemos a fonte de corrente em sua fonte de tensão equivalente conforme mostrado na Figura 13.29(b). Aplicando a LKT ao laço, tem-se

$$-(10 - j20) + I(2 - j4 + 4 + j3 + 5) + 10 = 0 \quad \Rightarrow \quad I = \frac{-j20}{11-j}$$

Mas

$$V_{Th} = 5I + 10 = \frac{-j100}{11-j} + 10 = 10{,}82 - j9{,}016 = 14{,}08/\!-\!39{,}81°$$

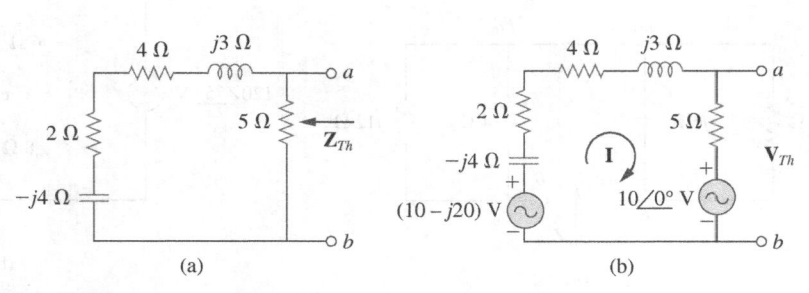

Figura 13.29
Solução do problema na Figura 13.28: (a) encontrando Z_{Th}; (b) encontrando V_{Th}.

Determine o equivalente de Thévenin visto dos terminais *a-b* do circuito na Figura 13.30.

Resposta: $Z_{Th} = 4,024 - j0,2195\ \Omega$; $V_{Th} = 10,748\ \underline{/15,8°}\ V$

Problema Prático 13.10

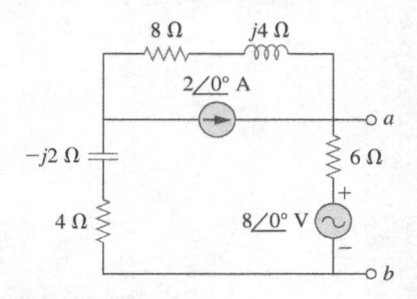

Figura 13.30
Para o Problema Prático 13.10.

Exemplo 13.11

Obtenha a corrente I_o na Figura 13.31 utilizando o teorema de Norton.

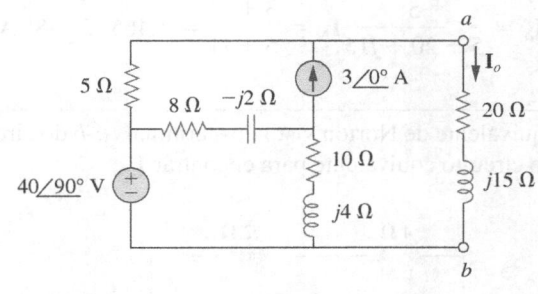

Figura 13.31
Para o Exemplo 13.11.

Solução:
Nosso primeiro objetivo é encontrar o equivalente de Norton nos terminais *a-b*. Z_N é encontrada do mesmo modo que Z_{Th}. Anulamos as fontes conforme mostrado na Figura 13.32(a). Como evidente da figura, as impedâncias $(8 - j2)$ e $(10 + j4)$ estão curto-circuitadas de modo que

$$Z_N = 5\ \Omega$$

Para obter I_N, curto-circuitamos os terminais *a-b* como na Figura 13.32(b) e aplicamos a análise de malha. Observe que as malhas 2 e 3 formam uma supermalha, pois a fonte de corrente conecta ambas as malhas. Para a malha 1,

$$-j40 + (18 + j2)I_1 - (8 - j2)I_2 - (10 + j4)I_3 = 0 \quad (13.13.1)$$

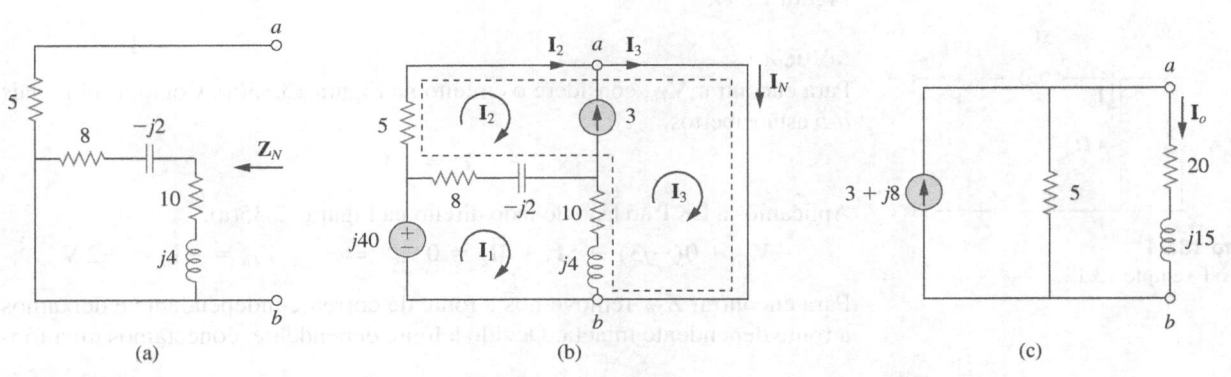

Figura 13.32
Solução do circuito na Figura 13.30: (a) encontrando Z_N; (b) encontrando I_N; (c) encontrando I_o.

Para a supermalha,
$$(13 - j2)\mathbf{I}_2 + (10 + j4)\mathbf{I}_3 - (18 + j2)\mathbf{I}_1 = 0 \quad (13.13.2)$$

No nó a, devido à fonte de corrente entre as malhas 2 e 3,
$$\mathbf{I}_3 = \mathbf{I}_2 + 3 \quad (13.13.3)$$

Adicionando as Equações (13.13.1) e (13.13.2), tem-se
$$-j40 + 5\mathbf{I}_2 = 0 \quad \Rightarrow \quad \mathbf{I}_2 = j8$$

A partir da Equação (13.13.3),
$$\mathbf{I}_3 = \mathbf{I}_2 + 3 = 3 + j8$$

A corrente de Norton é
$$\mathbf{I}_N = \mathbf{I}_3 = (3 + j8) \text{ A}$$

O circuito equivalente de Norton juntamente com a impedância nos terminais a-b é mostrado na Figura 13.32(c). Pela regra do divisor de corrente,
$$\mathbf{I}_o = \frac{5}{5 + 20 + j15}\mathbf{I}_N = \frac{3 + j8}{5 + j3} = 1{,}465\underline{/38{,}48°} \text{ A}$$

Problema Prático 13.11

Determine o equivalente de Norton visto dos terminais a-b do circuito na Figura 13.33. Utilize o circuito equivalente para encontrar $\mathbf{I}_o$.

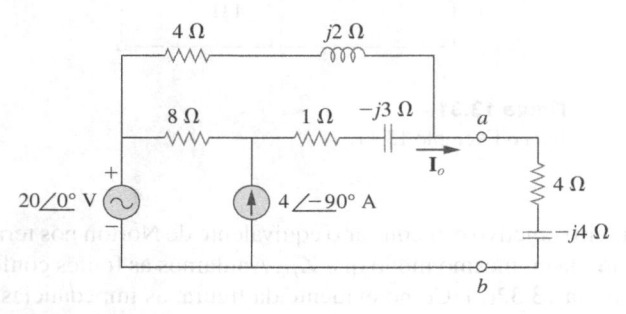

Figura 13.33
Para o Problema Prático 13.11.

Resposta: $\mathbf{Z}_N = 3{,}176 + j0{,}706 \text{ }\Omega$; $\mathbf{I}_N = 8{,}395\underline{/-7{,}62°}$ A; $\mathbf{I}_o = 1{,}971\underline{/22{,}95°}$ A.

Exemplo 13.12

Obtenha os equivalentes de Thévenin e Norton nos terminais a-b do circuito na Figura 13.34.

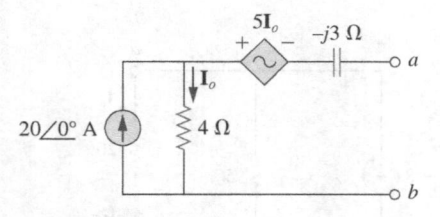

Figura 13.34
Para o Exemplo 13.12.

Solução:
Para encontrar $\mathbf{V}_{Th}$, considere o circuito na Figura 13.35(a). Como os terminais a-b estão abertos,
$$\mathbf{I}_o = 2 \text{ A}$$

Aplicamos a LKT ao laço do lado direito na Figura 13.35(a),
$$-\mathbf{V}_{Th} + 0(-j3) - 5\mathbf{I}_o + 4\mathbf{I}_o = 0 \quad \Rightarrow \quad V_{Th} = -\mathbf{I}_o = -2 \text{ V}$$

Para encontrar $\mathbf{Z}_{Th}$, removemos a fonte de corrente independente e deixamos a fonte dependente intacta. Devido à fonte dependente, conectamos uma fonte de 1 A aos terminais *a-b*, conforme mostrado na Figura 13.35(b). É evidente que

$$\mathbf{I}_o = \mathbf{I}_s = 1 \text{ A}$$

Aplicando a LKT ao longo do laço, tem-se

$$-\mathbf{V}_s - 5\mathbf{I}_o + \mathbf{I}_o(4 - j3) = 0 \quad \Rightarrow \quad \mathbf{V}_s = -1 - j3$$

Assim,

$$\mathbf{Z}_{Th} = \mathbf{Z}_N = \frac{\mathbf{V}_s}{\mathbf{I}_s} = \mathbf{V}_s = -1 - j3 = 3,162\underline{/251,57°} \text{ V}$$

$$\mathbf{I}_N = \frac{\mathbf{V}_{Th}}{\mathbf{Z}_{Th}} = \frac{-2}{3,162\underline{/251,57°}} = 0,632\underline{/(180° - 251,57°)}$$

$$= 0,632\underline{/-71,57°} \text{ A}$$

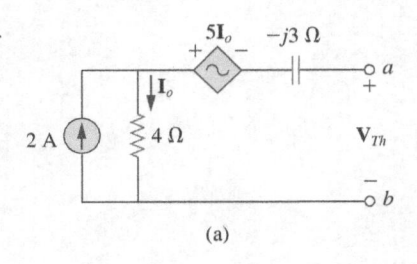

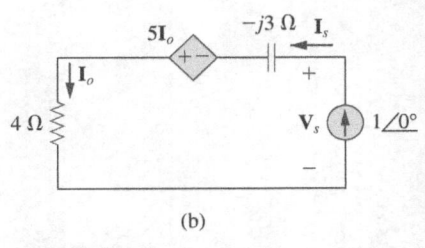

Figura 13.35
Para o Exemplo 13.12: (a) encontrando V_{Th}; (b) encontrando Z_{Th}.

Encontre os equivalentes de Thévenin e Norton nos terminais *a-b* do circuito da Figura 13.36.

Resposta: $\mathbf{V}_{Th} = 5,25$ V; $\mathbf{Z}_{Th} = \mathbf{Z}_N = 2,828\underline{/225°}$ Ω; $\mathbf{I}_N = 1,856\underline{/-225°}$ A.

Problema Prático 13.12

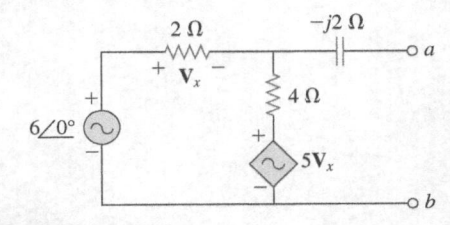

Figura 13.36
Para o Problema Prático 13.12.

13.7 Análise computacional

O PSpice proporciona um grande alívio na tarefa tediosa de manipular números complexos na análise de circuitos CA. O procedimento para utilizar o PSpice para análise CA é bem parecido com aquele necessário para análise CC. O leitor deve ler a Seção C.5 no Apêndice C para uma revisão dos conceitos de PSpice para análise CA. A análise de circuitos CA é feita no domínio da frequência, e todas as fontes devem ter a mesma frequência. Embora a análise CA com o Pspice envolva a varredura CA (*AC Sweep*), nossa análise neste capítulo requer uma única frequência $f = \omega/2\pi$. O arquivo de saída do PSpice contém os fasores de tensão e corrente. Se necessário, as impedâncias podem ser calculadas utilizando as tensões e correntes no arquivo de saída.

Encontre $\mathbf{V}_1$ e $\mathbf{V}_2$ no circuito da Figura 13.37.

Exemplo 13.13

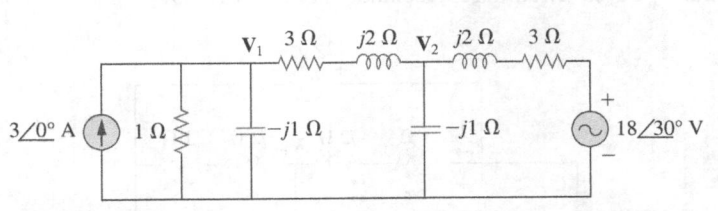

Figura 13.37
Para o Exemplo 13.13.

Solução:
O modo como nós utilizamos o PSpice aqui é semelhante ao modo como o utilizamos no Capítulo 12 (ver Exemplo 12.11). O circuito na Figura 12.27 está no domínio do tempo, enquanto aquele na Figura 13.37 está no domínio da frequên-

cia. A única diferença aqui é que o circuito é mais complicado. Como não nos foi dada uma frequência específica e o PSpice requer uma, selecionamos qualquer frequência consistente com as impedâncias dadas. Por exemplo, se selecionarmos $\omega = 1$ rad/s, a frequência correspondente será $f = \omega/2\pi = 0{,}159155$ Hz. Obtemos os valores das capacitâncias ($C = 1/\omega X_C$) e das indutâncias ($L = X_L/\omega$). Fazendo essas alterações, obtemos o diagrama esquemático na Figura 13.38.

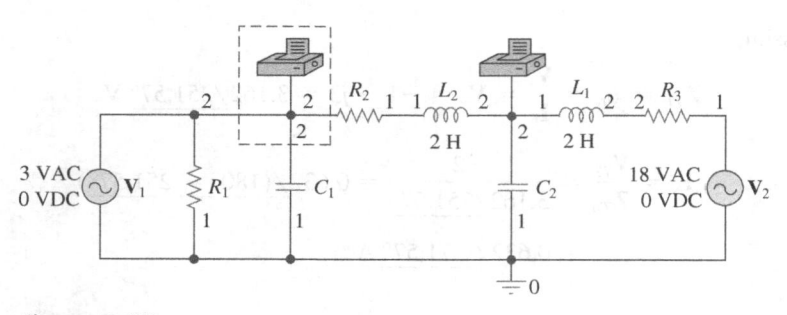

Figura 13.38
Diagrama esquemático para o circuito na Figura 13.37.

Uma vez que o circuito foi desenhado e salvo como exem1313.dsn, selecionamos **PSpice/New Simulation Profile**. Isso conduz à caixa de diálogo Nova Simulação (*New Simulation*). Digitamos "exem1313" como o nome do arquivo e clicamos em **Create**, o que leva à caixa de diálogo Configurações da Simulação (*Simulation Settings*). Selecionamos **AC Sweep/Noise** para o tipo de análise. Para a análise em uma única frequência, digitamos 0,159155 como a frequência inicial (*Start Freq*), 0,159155 como a frequência final (*Final Freq*), e 1 como o número total de pontos (*Total Point*). Após ter salvado o diagrama esquemático, simulamos o circuito selecionando **PSpice/Run**. Isso leva à janela de processamento gráfico (Probe). Voltamos ao diagrama esquemático e selecionamos **PSpice/View Output File**. O arquivo de saída inclui a frequência da fonte além dos atributos marcados para os pseudocomponentes VPRINT1; isto é,

```
FREQ           VM(1)          VP(1)
1.592E-01      2.230E+00      1.724E+02

FREQ           VM(2)          VP(2)
1.592E-01      5.430E+00      -5.521E+01
```

de onde obtemos

$$\mathbf{V}_1 = 2{,}23\underline{/172{,}4°}\ \text{V}, \qquad \mathbf{V}_2 = 5{,}43\underline{/-55{,}21°}\ \text{V}$$

Problema Prático 13.13

Obtenha $\mathbf{V}_x$ e $\mathbf{I}_x$ no circuito representado na Figura 13.39.

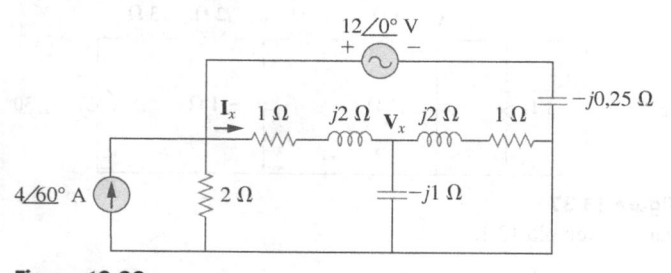

Figura 13.39
Para o Problema Prático 13.13.

Resposta: $13{,}02\underline{/103{,}9°}$ V; $8{,}234\underline{/175{,}5°}$ A.

13.8 Resumo

1. Aplicamos as análises nodal de malha aos circuitos CA pela aplicação da LKT e LKC aos circuitos na forma fasorial.

2. Na resolução da resposta em estado permanente de um circuito contendo fontes independentes de diferentes frequências, cada fonte independente deve ser considerada separadamente. A abordagem mais natural para analisar tais circuitos é o teorema da superposição. Um circuito fasorial separado para cada frequência deve ser resolvido independentemente, e a resposta correspondente deve ser obtida no domínio do tempo. A resposta completa é a soma das respostas no domínio do tempo de todos os circuitos fasoriais individuais.

3. O conceito de transformação de fonte é também aplicado no domínio da frequência.

4. O equivalente de Thévenin de um circuito CA consiste em uma fonte de tensão $\mathbf{V}_{Th}$ em série com a impedância de Thévenin $\mathbf{Z}_{Th}$.

5. O equivalente de Norton de um circuito CA consiste em uma fonte de corrente $\mathbf{I}_N$ em paralelo com a impedância de Norton $\mathbf{Z}_N (= \mathbf{Z}_{Th})$.

6. O PSpice é uma ferramenta simples e poderosa para resolver problemas de circuitos CA. Ela nos livra da tarefa tediosa de trabalhar com números complexos, envolvidos na análise de regime permanente.

Questões de revisão

13.1 No circuito da Figura 13.40, a corrente $i(t)$ é:

(a) $10 \cos(t)$ A (b) $10 \,\text{sen}(t)$ A
(c) $5 \cos(t)$ A (d) $5 \,\text{sen}(t)$ A
(e) $4{,}472 \cos(t - 63{,}43°)$ A

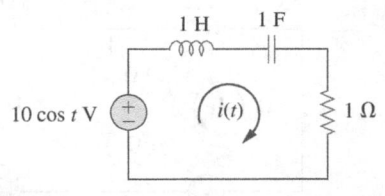

Figura 13.40
Para a Questão de Revisão 13.1.

13.2 A tensão $\mathbf{V}_o$ sobre o capacitor na Figura 13.41 é:

(a) $5 \underline{/0°}$ V (b) $7{,}071 \underline{/45°}$ V
(c) $7{,}071 \underline{/-45°}$ V (d) $5 \underline{/-45°}$ V

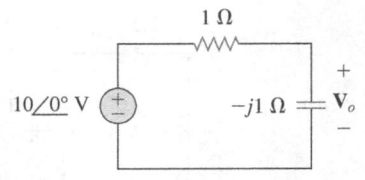

Figura 13.41
Para a Questão de Revisão 13.2.

13.3 O valor da corrente $\mathbf{I}_o$ no circuito na Figura 13.42 é:

(a) $4 \underline{/0°}$ A (b) $2{,}4 \underline{/-90°}$ A
(c) $0{,}6 \underline{/0°}$ A (d) -1 A

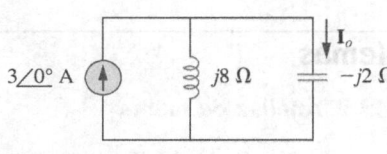

Figura 13.42
Para a Questão de Revisão 13.3.

13.4 Utilizando a análise nodal, o valor de $\mathbf{V}_o$ no circuito da Figura 13.43 é:

(a) -24 V (b) -8 V (c) 8 V (d) 24 V

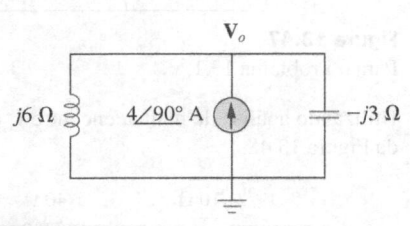

Figura 13.43
Para a Questão de Revisão 13.4.

13.5 Consulte o circuito na Figura 13.44 e observe que as duas fontes não têm a mesma frequência. A corrente $i_x(t)$ pode ser obtida por:

(a) transformação de fonte
(b) teorema da superposição
(c) PSpice

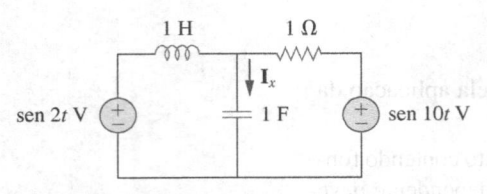

Figura 13.44
Para a Questão de Revisão 13.5.

13.6 Para o circuito na Figura 13.45, a impedância de Thévenin nos terminais *a-b* é:
(a) $1\,\Omega$ (b) $0,5 - j0,5\,\Omega$ (c) $0,5 + j0,5\,\Omega$
(d) $1 + j2\,\Omega$ (e) $1 - j2\,\Omega$

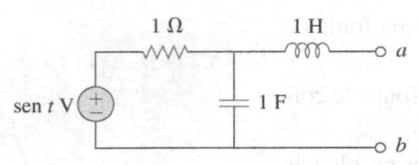

Figura 13.45
Para as Questões de Revisão 13.6 e 13.7.

13.7 No circuito da Figura 13.45 a tensão de Thévenin nos terminais *a-b* é:
(a) $0,7071\underline{/-45°}\,\text{V}$ (b) $7,071\underline{/45°}\,\text{V}$
(c) $0,3535\underline{/-45°}\,\text{V}$ (d) $0,3535\underline{/45°}\,\text{V}$

13.8 Consulte o circuito na Figura 13.46. A impedância equivalente de Norton nos terminais *a-b* é:
(a) $-j4\,\text{V}$ (b) $-j2\,\text{V}$ (c) $j2\,\text{V}$ (d) $j4\,\text{V}$

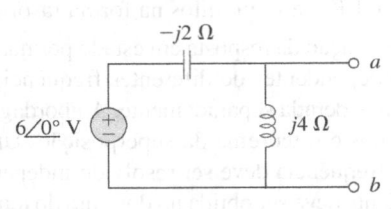

Figura 13.46
Para as Questões de Revisão 13.8 e 13.9.

13.9 A corrente de Norton nos terminais *a-b* do circuito da Figura 13.46 é:
(a) $1\underline{/0°}\,\text{A}$ (b) $1,5\underline{/-90°}\,\text{A}$
(c) $1,5\underline{/90°}\,\text{A}$ (d) $3\underline{/90°}\,\text{A}$

13.10 O PSpice pode lidar com um circuito com duas fontes independentes de frequências diferentes.
(a) Verdadeiro (b) Falso

Respostas: 13.1 a, 13.2 c, 13.3 a, 13.4 d, 13.5 b, 13.6 c, 13.7 a, 13.8 a, 13.9 d, 13.10 b

Problemas

Seção 13.2 Análise de malha

13.1 Encontre i_o na Figura 13.47 utilizando análise de malha.

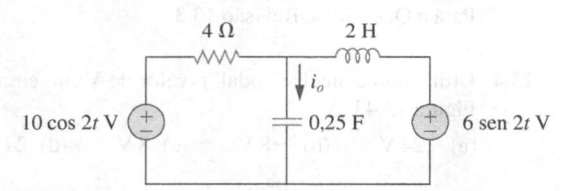

Figura 13.47
Para o Problema 13.1.

13.2 Utilizando análise de malha, encontre $\mathbf{I}_1$ e $\mathbf{I}_2$ no circuito da Figura 13.48.

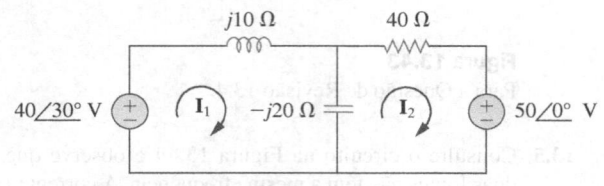

Figura 13.48
Para os Problemas 13.2 e 13.36.

13.3 Utilizando análise de malha, encontre $\mathbf{I}_1$ e $\mathbf{I}_2$ no circuito representado na Figura 13.49.

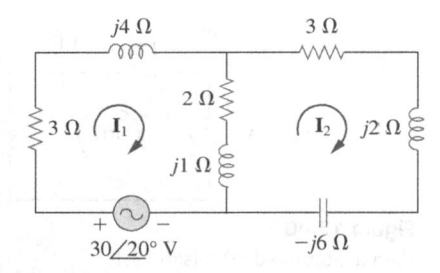

Figura 13.49
Para o Problema 13.3.

13.4 Utilizando análise de malha, encontre i_o no circuito da Figura 13.50

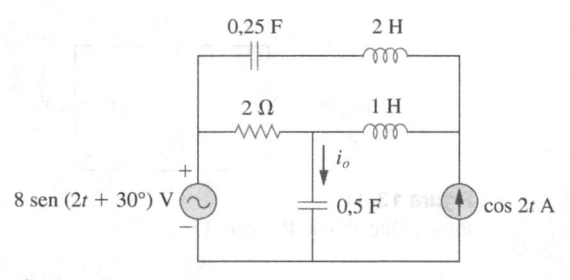

Figura 13.50
Para os Problemas 13.4 e 13.14.

13.5 Encontre I_1, I_2 e I_3 no circuito da Figura 13.51.

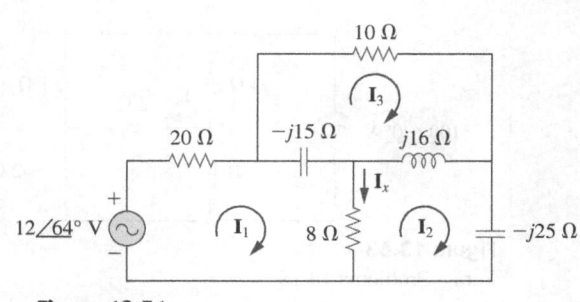

Figura 13.51
Para o Problema 13.5.

13.6 Utilize a análise de malha para encontrar V_o no circuito da Figura 13.52.

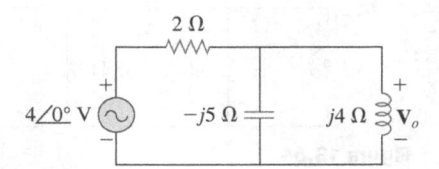

Figura 13.52
Para os Problemas 13.6, 13.20 e 13.36.

13.7 Utilize a análise de malha para encontrar i_o no circuito na Figura 13.53.

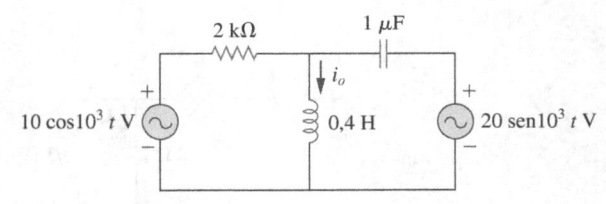

Figura 13.53
Para o Problema 13.7.

13.8 Utilize a análise de malha para encontrar V_o no circuito da Figura 13.54. Seja $v_{s1} = 120\cos(100t + 90°)$ V, $v_{s2} = 80\cos 100t$ V.

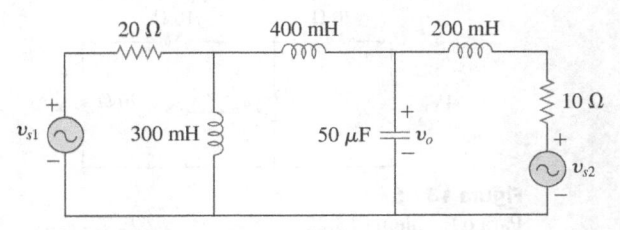

Figura 13.54
Para o Problema 13.8.

13.9 Aplique a análise de malha para encontrar I_1 e I_2 no circuito da Figura 13.55.

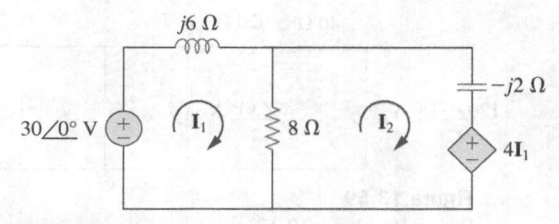

Figura 13.55
Para o Problema 13.9.

13.10 Escreva as quatro equações de malha para o circuito na Figura 13.56. Você não precisa resolvê-las.

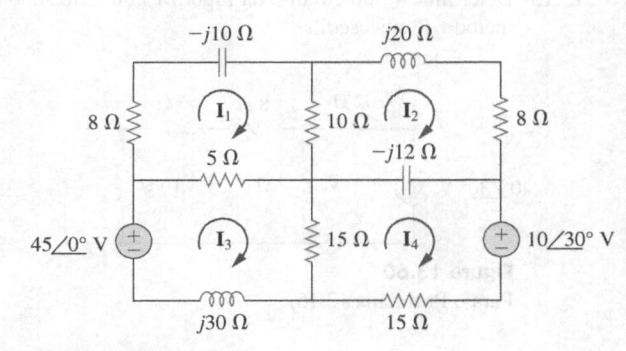

Figura 13.56
Para o Problema 13.10.

13.11 Utilize a análise de malha para encontrar **I** no circuito da Figura 13.57.

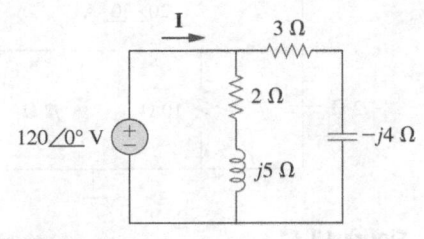

Figura 13.57
Para o Problema 13.11.

Seção 13.3 Análise nodal

13.12 Encontre v_x no circuito na Figura 13.58.

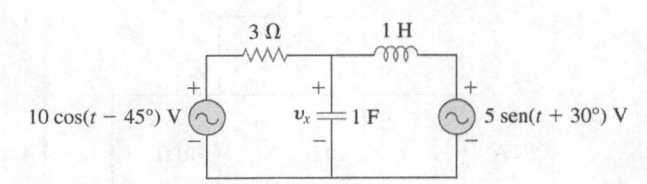

Figura 13.58
Para o Problema 13.12.

13.13 Utilize a análise nodal para encontrar V_o no circuito da Figura 13.59.

Figura 13.59
Para o Problema 13.13.

13.14 Utilizando a análise nodal, encontre i_o no circuito da Figura 13.50.

13.15 Determine V_x no circuito da Figura 13.60 utilizando um método de sua escolha.

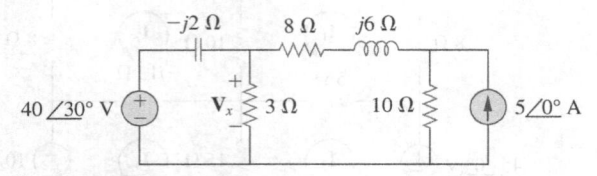

Figura 13.60
Para o Problema 13.15.

13.16 Calcule as tensões nos nós 1 e 2 no circuito da Figura 13.61 utilizando a análise nodal.

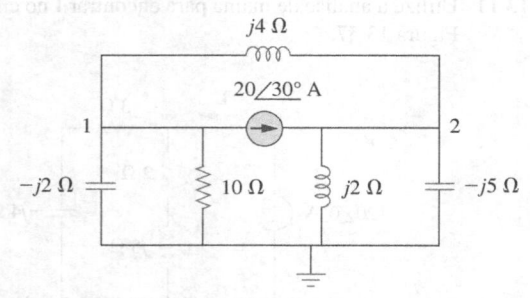

Figura 13.61
Para o Problema 13.53.

13.17 Utilizando a análise nodal, encontre V_1 e V_2 no circuito da Figura 13.62.

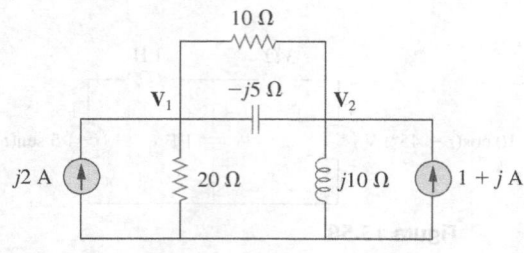

Figura 13.62
Para o Problema 13.17.

13.18 Por análise nodal, obtenha I_o no circuito na Figura 13.63.

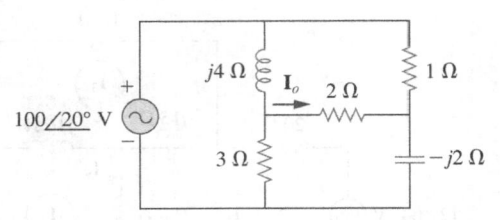

Figura 13.63
Para o Problema 13.18.

13.19 Utilize a análise nodal para encontrar V_x no circuito mostrado na Figura 13.64.

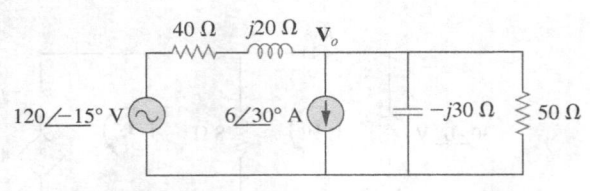

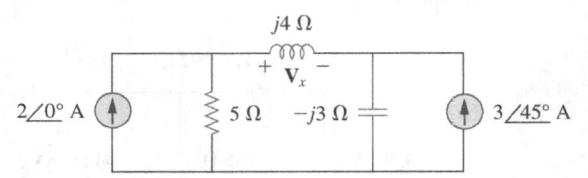

Figura 13.64
Para os Problemas 13.19 e 13.54.

13.20 Encontre V_o no circuito mostrado na Figura 13.52 utilizando a análise nodal.

13.21 Calcule o valor de I_x na Figura 13.65.

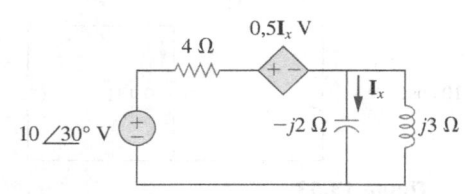

Figura 13.65
Para o Problema 13.21.

13.22 Determine V_x na Figura 13.66.

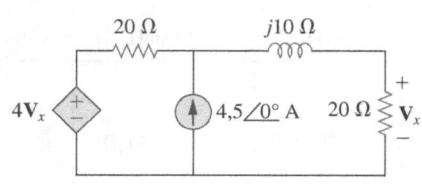

Figura 13.66
Para o Problema 13.22.

13.23 Para o circuito na Figura 13.67, encontre V_o, I_1 e I_2.

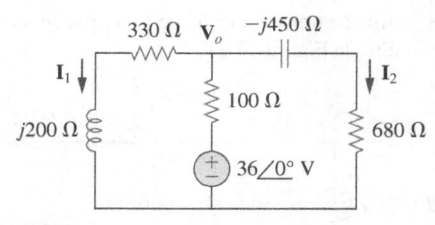

Figura 13.67
Para o Problema 13.23.

13.24 Utilize a análise nodal para encontrar **I** no circuito da Figura 13.68.

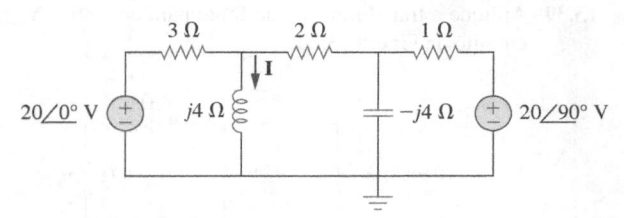

Figura 13.68
Para o Problema 13.24.

Seção 13.4 Teorema da superposição

13.25 Encontre i_o no circuito mostrado na Figura 13.69 utilizando superposição.

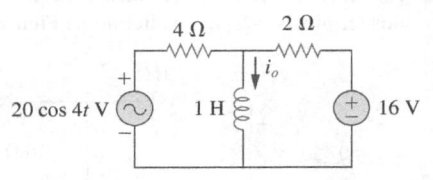

Figura 13.69
Para o Problema 13.25.

13.26 Utilize o princípio da superposição para calcular v_x no circuito da Figura 13.70.

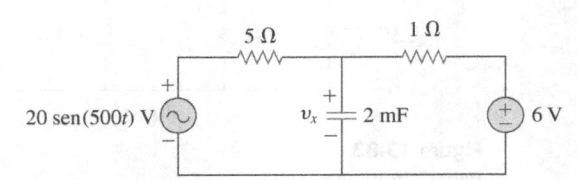

Figura 13.70
Para o Problema 13.26.

13.27 Utilizando o teorema da superposição, encontre i_x no circuito da Figura 13.71.

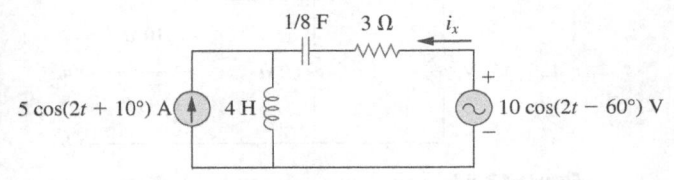

Figura 13.71
Para o Problema 13.27.

13.28 Utilize o princípio da superposição para obter v_x no circuito da Figura 13.72. Seja $v_s = 50\,\text{sen}(2t)$ V e $i_s = 12\cos(6t + 10°)$ A.

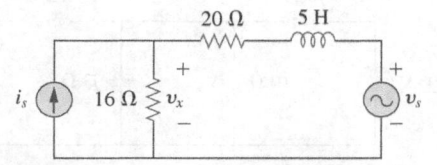

Figura 13.72
Para o Problema 13.28.

13.29 Encontre $v_o(t)$ no circuito da Figura 13.73 utilizando o princípio da superposição.

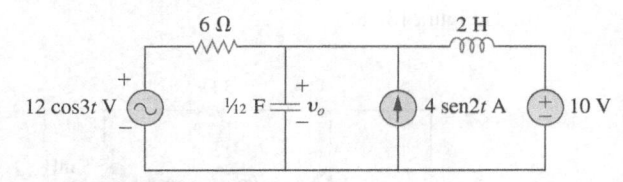

Figura 13.73
Para o Problema 13.29.

13.30 Determine i_o no circuito da Figura 13.74.

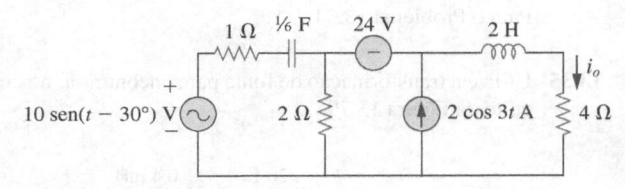

Figura 13.74
Para o Problema 13.30.

13.31 Utilize superposição para encontrar $i(t)$ no circuito da Figura 13.75.

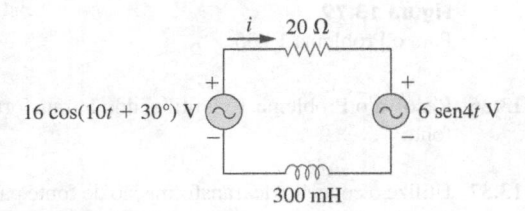

Figura 13.75
Para o Problema 13.31.

13.32 Encontre v_o para o circuito na Figura 13.76 assumindo que $v_s = 6\cos 2t + 4\,\text{sen}\,4t$ V.

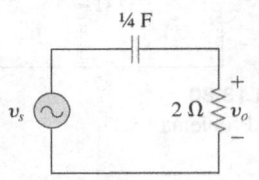

Figura 13.76
Para o Problema 13.32.

13.33 Utilizando o teorema de Thévenin, encontre V_o no circuito da Figura 13.77.

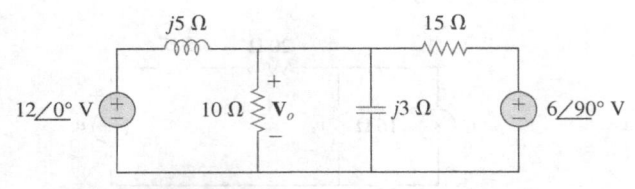

Figura 13.77
Para o Problema 13.33.

Seção 13.5 Transformação de fonte

13.34 Utilizando a transformação de fonte, encontre i no circuito da Figura 13.78.

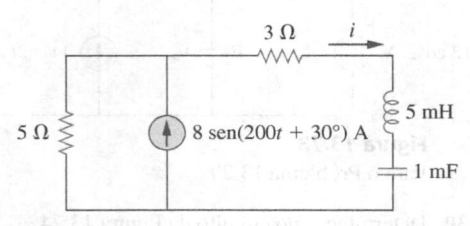

Figura 13.78
Para o Problema 13.34.

13.35 Utilize a transformação de fonte para encontrar v_o no circuito da Figura 13.79.

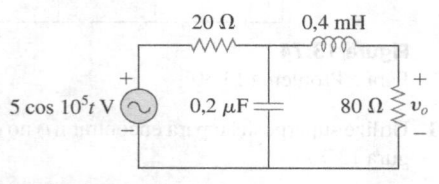

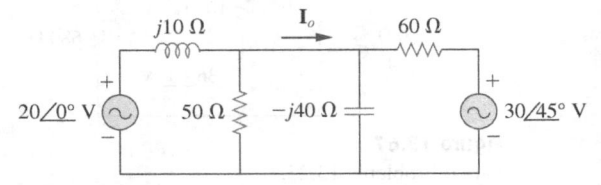

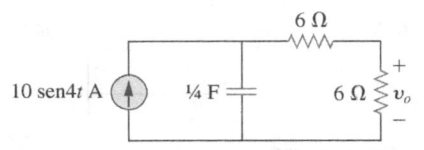

Figura 13.79
Para o Problema 13.35.

13.36 Resolva o Problema 13.2 utilizando a transformação de fonte.

13.37 Utilize o conceito de transformação de fonte para encontrar V_o no circuito da Figura 13.80.

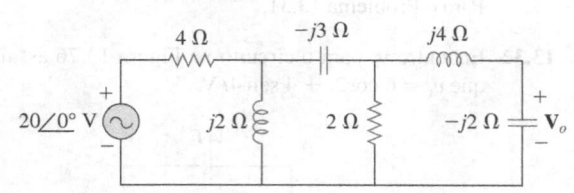

Figura 13.80
Para o Problema 13.37.

13.38 Utilize a transformação de fonte para encontrar I_o no circuito da Figura 13.81.

Figura 13.81
Para o Problema 13.38.

13.39 Aplique a transformação de fonte para encontrar V_o no circuito da Figura 13.82.

Figura 13.82
Para o Problema 13.39.

Seção 13.6 Circuitos equivalentes de Thévenin e Norton

13.40 Encontre os circuitos equivalentes de Thévenin e Norton nos terminais a-b para o circuito na Figura 13.83.

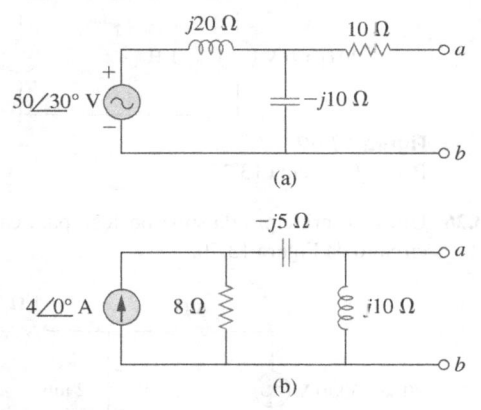

Figura 13.83
Para o Problema 13.40.

13.41 Para o circuito mostrado na Figura 13.84, obtenha os equivalentes de Thévenin e Norton nos terminais a-b.

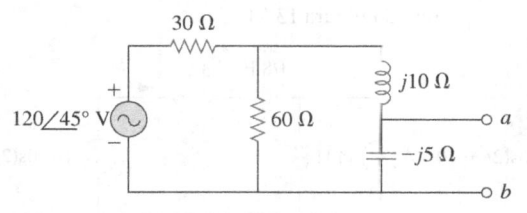

Figura 13.84
Para o Problema 13.41.

13.42 Encontre os circuitos equivalentes de Thévenin e Norton para o circuito mostrado na Figura 13.85.

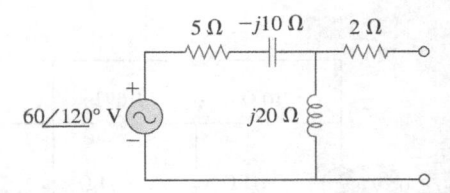

Figura 13.85
Para o Problema 13.42.

13.43 Para o circuito mostrado na Figura 13.86, encontre o circuito equivalente de Thévenin nos terminais *a-b*.

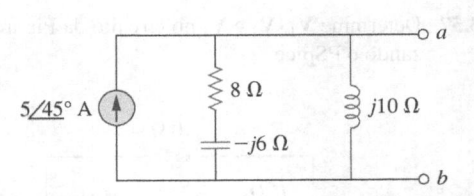

Figura 13.86
Para o Problema 13.43.

13.44 Encontre o equivalente de Thévenin do circuito na Figura 13.87 vista dos (a) terminais *a-b* e (b) terminais *c-d*.

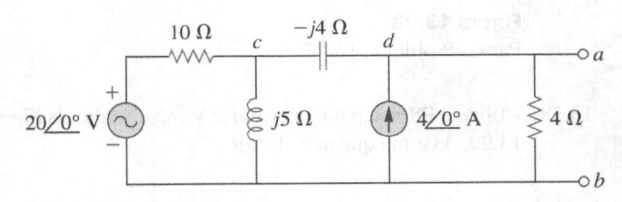

Figura 13.87
Para o Problema 13.44.

13.45 Para o circuito mostrado na Figura 13.88, encontre o circuito equivalente de Norton nos terminais *a-b*.

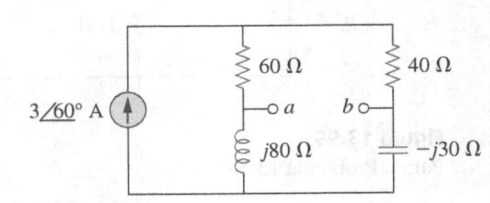

Figura 13.88
Para o Problema 13.45.

13.46 Calcule i_o na Figura 13.89 utilizando o teorema de Norton.

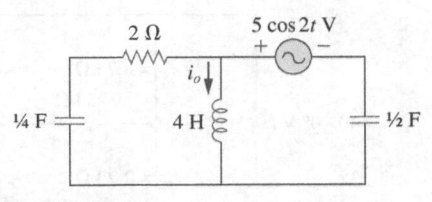

Figura 13.89
Para o Problema 13.46.

13.47 Encontre o circuito equivalente de Thévenin e de Norton nos terminais *a-b* no circuito da Figura 13.90.

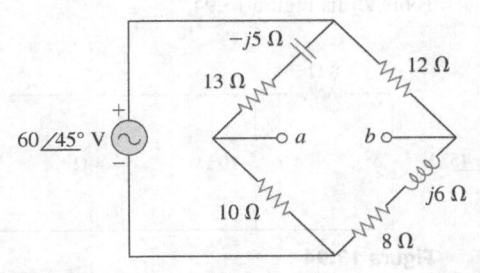

Figura 13.90
Para o Problema 13.47.

13.48 Utilizando o teorema de Thévenin, encontre v_o no circuito na Figura 13.91.

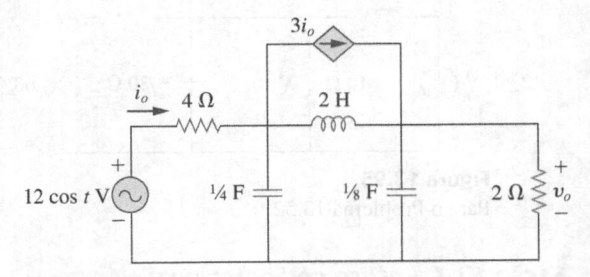

Figura 13.91
Para o Problema 13.48.

13.49 Nos terminais *a-b*, obtenha os circuitos equivalentes de Thévenin e Norton para o circuito representado na Figura 13.92. Considere $\omega = 10$ rad/s.

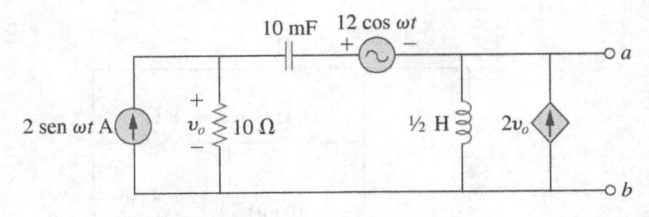

Figura 13.92
Para o Problema 13.49.

13.50 Encontre o circuito equivalente de Thévenin nos terminais *a-b* do circuito mostrado na Figura 13.93.

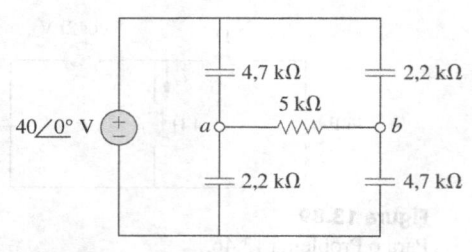

Figura 13.93
Para o Problema 13.50.

13.51 Utilize o teorema de Thévenin para encontrar a tensão sobre Z_L na Figura 13.94.

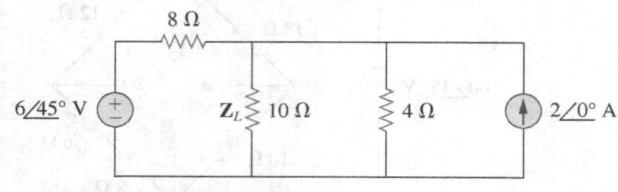

Figura 13.94
Para o Problema 13.51.

13.52 Aplique o teorema de Thévenin para encontrar V_o no circuito da Figura 13.95.

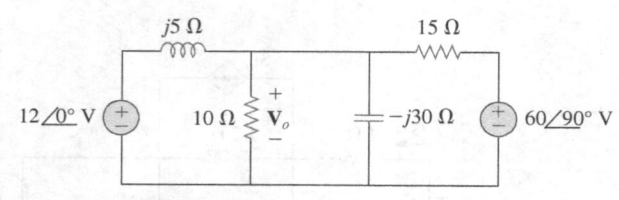

Figura 13.95
Para o Problema 13.52.

Seção 13.7 Análise computacional

13.53 Utilize o PSpice para resolver o Problema 13.16.

13.54 Refaça o Problema 13.19 utilizando o PSpice.

13.55 Utilize o PSpice para encontrar v_o no circuito da Figura 13.96. Seja $i_s = 2\cos(10^3 t)$ A.

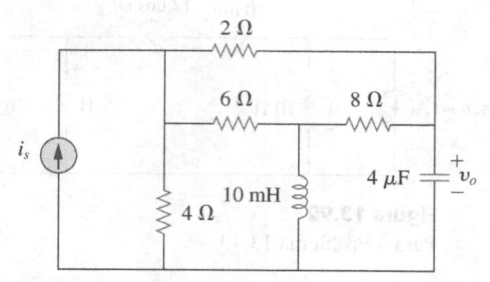

Figura 13.96
Para o Problema 13.55.

13.56 Utilize o PSpice para encontrar V_1, V_2 e V_3 no circuito da Figura 13.97.

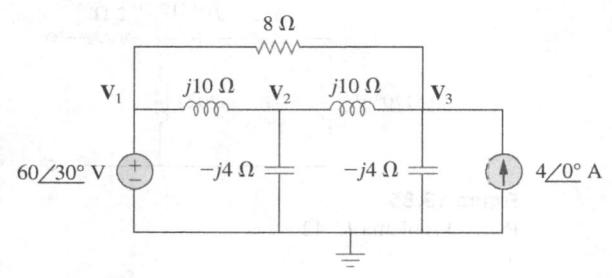

Figura 13.97
Para o Problema 13.56.

13.57 Determine V_1, V_2 e V_3 no circuito da Figura 13.98 utilizando o PSpice.

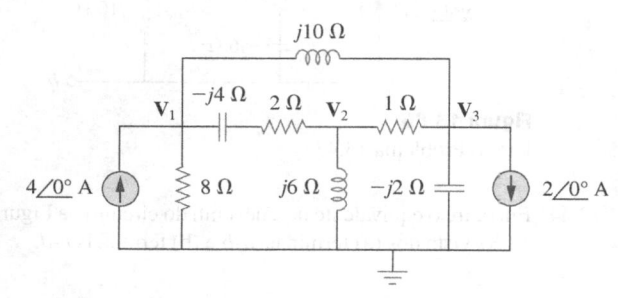

Figura 13.98
Para o Problema 13.57.

13.58 Utilize o PSpice para determinar V_o no circuito da Figura 13.99. Assuma que $\omega = 1$ rad/s.

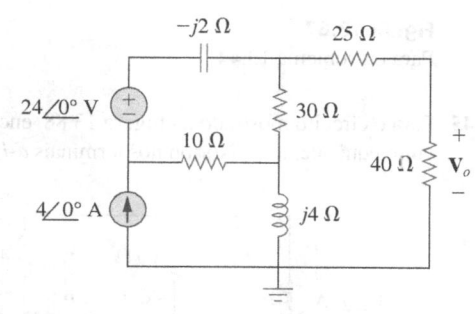

Figura 13.99
Para o Problema 13.58.

capítulo 14

Análise de potência CA

O melhor conselho de carreira para dar aos jovens é: "Descubra o que você mais gosta de fazer e arranje alguém que pague bem para você fazê-lo."

— Katharine Whitehorn

Desenvolvendo sua carreira

Carreira em sistemas de potência

A análise de circuitos Elétricos é aplicada em muitas áreas em engenharia elétrica. Uma dessas áreas são os sistemas de potência. A descoberta do princípio da geração CA por Micheal Faraday em 1831 foi o maior avanço em engenharia; ele levou o desenvolvimento de uma forma conveniente de gerar energia elétrica que agora é necessária em todo dispositivo eletrônico, elétrico ou eletromecânico.

A energia elétrica é obtida pela conversão de energia de diferentes formas, como combustíveis fósseis (gás, petróleo e carvão), energia nuclear (urânio), energia hidráulica (quedas de água através de diferença de altura), energia geotérmica e biomassas (resíduos). Essas várias maneiras de gerar energia elétrica são estudadas em detalhes em engenharia de potência, que se tornou uma indispensável disciplina em engenharia elétrica. Um engenheiro eletricista precisa se familiarizar com a análise, geração, transmissão, distribuição e com o custo de energia elétrica.

Linhas de energia elétrica
©Sarhan M. Musa

O setor de energia elétrica é um grande empregador de engenheiros eletricistas. A indústria inclui milhares de sistemas de energia elétrica, que vão de grandes sistemas interligados servindo uma grande área a pequenas concessionárias servindo comunidades individuais ou fábricas. Devido à complexidade do setor de energia, há numerosos trabalhos de engenharia elétrica em diferentes áreas da indústria: usinas (geração) transmissão e distribuição, manutenção, pesquisa, aquisição de dados e controle de fluxo e gerenciamento. Devido à energia elétrica ser utilizada em qualquer lugar, as concessionárias de energia são também encontradas em qualquer lugar, oferecendo treinamento e um emprego estável para homens e mulheres em milhares de comunidades em todo o mundo.

14.1 Introdução

Nosso esforço em análise de circuito CA tem sido focado principalmente no cálculo de tensão e corrente. Nosso maior interesse neste capítulo é a análise de potência de circuitos CA.

A análise de potência é de extrema importância. A potência é a grandeza de maior importância em concessionárias de energia, eletrônica e sistemas de comunicação, porque todos envolvem transmissão de potência de um ponto a outro. Também, toda indústria e todo dispositivo elétrico doméstico (por exemplo, ventiladores motores, lâmpadas, ferros, TVs e computadores pessoais) possuem uma potência que indica quanta energia o equipamento requer: exceder a potência pode causar danos permanentes a um dispositivo.

O sistema de transmissão de energia elétrica refere-se à transferência em grande quantidade de potência elétrica de um lugar para outro. Isso ocorre tipicamente entre uma usina e uma subestação próxima a uma área populacional. Esse aspecto é diferente da distribuição de eletricidade, que lida com a entrega de potência da subestação para os consumidores. Devido ao grande montante de potência envolvido, a transmissão normalmente ocorre em alta tensão (110 kV ou acima). A potência é usualmente transmitida em longas distâncias através de linhas de transmissão de energia como mostrado na Figura 14.1. A tabela 14.1 resume as informações sobre sistemas elétricos em uso em alguns países do mundo.

Iremos começar pela definição e derivação de *potência instantânea* e *potência média*. Então, iremos introduzir outros conceitos de potência. Como aplicações práticas desses conceitos, discutiremos como as concessionárias de energia cobram seus consumidores.

Figura 14.1
Um típico sistema de distribuição de energia.
©Sarhan M. Musa

TABELA 14.1 Eletricidade ao redor do mundo

País	Tensão (RMS)	Frequência
Austrália	240 V	50 Hz
Bangladesh	240 V	50 Hz
Brasil	127/220 V	60 Hz
Canadá	120 V	60 Hz
China	220 V	50 Hz
França	230 V	50 Hz
Egito	220 V	50 Hz
Alemanha	230 V	50 Hz
Índia	230 V	50 Hz
Israel	220 V	50 Hz
Japão	100 V	50/60 Hz
Nigéria	240 V	50 Hz
Rússia	220 V	50 Hz
África do Sul	220/230 V	50 Hz
Espanha	220 V	50 Hz
Reino Unido	230 V	50 Hz
Estados Unidos	120 V	60 Hz

14.2 Potência instantânea e média

A *potência instantânea* $p(t)$ absorvida por uma elemento é o produto da tensão instantânea $v(t)$ sobre o elemento e a corrente instantânea $i(t)$ através dele.

$$p(t) = v(t)i(t) \qquad (14.1)$$

É a taxa com que um elemento absorve energia.[1]

A **potência instantânea** é a potência absorvida por um elemento em um dado instante de tempo.

Considere agora o caso geral de potência instantânea absorvida por uma combinação arbitrária de elementos de circuitos sob excitação senoidal como mostrado na Figura 14.2. Considere a tensão e a corrente nos terminais do circuito como

$$v(t) = V_m \cos(\omega t + \theta_v) \qquad (14.2a)$$

$$i(t) = I_m \cos(\omega t + \theta_i) \qquad (14.2b)$$

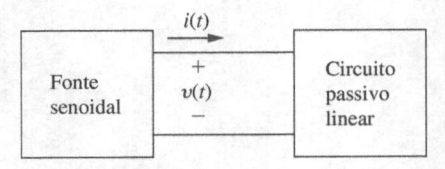

Figura 14.2
Fonte senoidal e circuito linear passivo.

em que V_m e I_m são as amplitudes (ou valores de pico), e θ_v e θ_i são os ângulos de fase da tensão e corrente, respectivamente. A potência instantânea absorvida pelo circuito é

$$p(t) = v(t)i(t) = V_m I_m \cos(\omega t + \theta_v)\cos(\omega t + \theta_i) \qquad (14.3)$$

Utilizando uma identidade trigonométrica,

$$\cos A \cos B = \frac{1}{2}[\cos(A-B) + \cos(A+B)],$$

$$p(t) = \frac{1}{2}V_m I_m \cos(\theta_v - \theta_i) + \frac{1}{2}V_m I_m \cos(2\omega t + \theta_v + \theta_i) \qquad (14.4)$$

A potência instantânea varia com o tempo e é, portanto, difícil de mensurar. A potência *média* é mais conveniente de se medir. De fato, o wattímetro, instrumento para medir potência, fornece a potência média.

A **potência média** é a média da potência instantânea em um período.

Um olhar mais atento na potência instantânea na Equação (14.4) mostra que $p(t)$ possui dois termos. O primeiro termo é constante, enquanto o segundo termo varia com o tempo. Devido à média do seno sobre um período ser zero, a média do segundo termo é zero. Então, a potência média é dada por

$$P = \frac{1}{2}V_m I_m \cos(\theta_v - \theta_i) \qquad (14.5)$$

Como $\cos(\theta_v - \theta_i) = \cos(\theta_i - \theta_v)$, o que é importante é a diferença na fase da tensão e corrente.

Note que $p(t)$ é variável com o tempo, enquanto P não depende do tempo. Para encontrar a potência instantânea, precisamos necessariamente ter $v(t)$ e $i(t)$ no domínio do tempo. Mas a potência média pode ser obtida quando a tensão e a corrente são expressas no domínio do tempo, como na Equação (14.2), ou

---
[1] Nota: A potência instantânea pode ser também considerada como a potência absorvida pelo elemento em um instante específico de tempo. Como mencionado no Capítulo 1, grandezas instantâneas ou variantes com o tempo são representadas por letras minúsculas.

quando são expressas no domínio da frequência. A forma fasorial de $v(t)$ e $i(t)$ na Equação (14.2) são $\mathbf{V} = V_m\underline{/\theta_v}$ e $\mathbf{I} = I_m\underline{/\theta_i}$, respectivamente. P é calculado utilizando a Equação (14.5) ou utilizando os fasores $\mathbf{V}$ e $\mathbf{I}$. Para usar fasores, precisamos notar que

$$\frac{1}{2}\mathbf{VI}^* = \frac{1}{2}V_mI_m\underline{/(\theta_v - \theta_i)}$$
$$= \frac{1}{2}V_mI_m[\cos(\theta_v - \theta_i) + j\operatorname{sen}(\theta_v - \theta_i)] \quad (14.6)$$

[O asterisco (*) refere-se para o conjugado complexo, como na Equação (12.6g).]

Reconhecemos a parte real da expressão como a potência média P, conforme a Equação (14.5). Assim,

$$\boxed{P = \frac{1}{2}\operatorname{Re}[\mathbf{VI}^*] = \frac{1}{2}V_mI_m\cos(\theta_v - \theta_i)} \quad (14.7)$$

Considere dois casos especiais da Equação (14.7).

- **Caso 1** Quando $\theta_v = \theta_i$, a tensão e corrente estão em fase. Isso implica um circuito puramente resistivo ou carga resistiva R e

$$P = \frac{1}{2}V_mI_m = \frac{1}{2}I_m^2R = \frac{1}{2}|\mathbf{I}|^2R \quad (14.8)$$

em que $|\mathbf{I}|^2 = \mathbf{I} \times \mathbf{I}^*$. A Equação (14.8) mostra que um circuito puramente resistivo absorve potência em todos os momentos.

- **Caso 2** Quando $\theta_v - \theta_i = \pm 90°$, temos um circuito puramente reativo e

$$P = \frac{1}{2}V_mI_m\cos 90° = 0 \quad (14.9)$$

mostrando que um circuito puramente reativo não absorve potência. Resumindo,

uma **carga resistiva** (R) absorve potência em todos os momentos, enquanto uma carga reativa (L ou C) absorve zero de potência média.

Exemplo 14.1

Dado que
$$v(t) = 120\cos(377t + 45°) \text{ V e } i(t) = 10\cos(377t - 10°) \text{ A},$$

encontre a potência instantânea e a potência média absorvida pelo circuito passivo linear da Figura 14.2.

Solução:
A potência instantânea é dada por.

$$p(t) = v(t)i(t) = 1200\cos(377t + 45°)\cos(377t - 10°)$$

Aplicando a identidade trigonométrica

$$\cos A \cos B = \frac{1}{2}[\cos(A + B) + \cos(A - B)]$$

obtém-se

$$p = 600[\cos(754t + 35°) + \cos 55°]$$

ou

$$p(t) = 344{,}15 + 600\cos(754t + 35°) \text{ W}$$

A potência média é

$$P = \frac{1}{2}V_m I_m \cos(\theta_v - \theta_i) = \frac{1}{2}120(10)\cos[45° - (-10°)]$$

$$= 600\cos 55° = 344{,}15 \text{ W}$$

que é a parte constante de $p(t)$ dada anteriormente.

Problema Prático 14.1

Calcule a potência instantânea e a potência média absorvida pelo circuito passivo linear da Figura 14.2 se

$$v(t) = 80\cos(10t + 20°) \text{ V} \quad \text{e} \quad i(t) = 15\,\text{sen}(10t + 60°) \text{ A}$$

Resposta: $385{,}67 + 600\cos(20t - 10°)$ W; 385,67 W

Exemplo 14.2

Calcule a potência média absorvida pela impedância $\mathbf{Z} = 30 - j70\ \Omega$ quando uma tensão $\mathbf{V} = 120\underline{/0°}$ é aplicada.

Solução:
A corrente através da impedância é

$$\mathbf{I} = \mathbf{V}/\mathbf{Z} = \frac{120\underline{/0°}}{30 - j70} = \frac{120\underline{/0°}}{76{,}16\underline{/-66{,}8°}} = 1{,}576\underline{/66{,}8°} \text{ A}$$

A potência média é

$$P = \frac{1}{2}V_m I_m \cos(\theta_v - \theta_i) = \frac{1}{2}(120)(1{,}576)\cos(0° - 66{,}8°) = 37{,}25 \text{ W}$$

Problema Prático 14.2

A corrente $\mathbf{I} = 10\underline{/30°}$ A flui através de uma impedância $\mathbf{Z} = 20\underline{/22°}\ \Omega$. Encontre a potência média entregue para impedância.

Resposta: 927,18 W

Exemplo 14.3

Para o circuito mostrado na Figura 14.3, encontre a potência média fornecida pela fonte e a potência média absorvida pelo resistor.

Solução:
A corrente $\mathbf{I}$ é dada por

$$\mathbf{I} = \frac{5\underline{/30°}}{4 - j2} = \frac{5\underline{/30°}}{4{,}472\underline{/-26{,}57°}} = 1{,}118\underline{/56{,}57°} \text{ A}$$

A potência média fornecida pela fonte de tensão é

$$P = \frac{1}{2}(5)(1{,}118)\cos(30° - 56{,}57°) = 2{,}5 \text{ W}$$

A corrente através do resistor é

$$\mathbf{I}_R = \mathbf{I} = 1{,}118\underline{/56{,}57°} \text{ A}$$

e a tensão nele é

$$\mathbf{V}_R = 4\mathbf{I}_R = 4{,}471\underline{/56{,}57°} \text{ V}$$

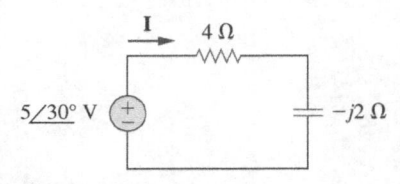

Figura 14.3
Para o Exemplo 14.3.

A potência absorvida pelo resistor é

$$P = \frac{1}{2}(4{,}472)(1{,}118) = 2{,}5 \text{ W}$$

que é a mesma potência média fornecida. Uma potência média zero é absorvida pelo capacitor.

Problema Prático 14.3

No circuito da Figura 14.4, calcule a potência média absorvida pelo resistor e pelo indutor. Encontre a potência média fornecida pela fonte de tensão.

Resposta: 9,6 W; 0 W; 9,6 W

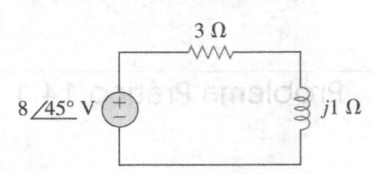

Figura 14.4
Para o Problema Prático 14.3.

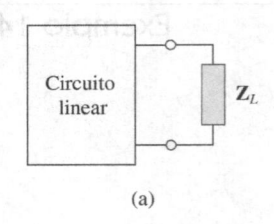

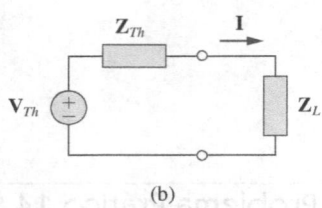

Figura 14.5
Encontrando a máxima potência média transferida: (a) circuito com uma carga; (b) equivalente de Thévenin.

14.3 Máxima transferência de potência média

O problema de maximização de potência entregue por um circuito resistivo fornecedor de energia para uma carga R_L foi resolvido na Seção 8.7. Pela representação do circuito por seu equivalente de Thévenin, provamos que a máxima potência transferida ocorre quando a carga resistiva é igual à resistência de Thévenin; isto é, quando $R_L = R_{Th}$. Agora estenderemos o resultado para circuitos CA.

Considere o circuito na Figura 14.59(a), na qual um circuito CA é representado pelo seu equivalente de Thévenin e é conectado em uma carga $\mathbf{Z}_L$ como mostrado na Figura 14.5(b). A carga é usualmente representada por uma impedância, que pode modelar um motor elétrico, uma antena, uma TV ou afins. Na forma retangular, a impedância $\mathbf{Z}_{Th}$ e a impedância da carga $\mathbf{Z}_L$ são expressas como

$$\mathbf{Z}_{Th} = R_{Th} + jX_{Th} \quad (14.10)$$

$$\mathbf{Z}_L = R_L + jX_L \quad (14.11)$$

A corrente através da carga é

$$\mathbf{I} = \frac{\mathbf{V}_{Th}}{\mathbf{Z}_{Th} + \mathbf{Z}_L} = \frac{\mathbf{V}_{Th}}{(R_{Th} + jX_{Th}) + (R_L + jX_L)} \quad (14.12)$$

Da Equação (14.8), a potência média entregue para a carga é

$$P = \frac{1}{2}|\mathbf{I}|^2 R = \frac{|\mathbf{V}_{Th}|^2 R_L / 2}{(R_{Th} + R_L)^2 + (X_{Th} + X_L)^2} \quad (14.13)$$

Nosso objetivo é ajustar os parâmetros da carga R_L e X_L para que P seja máximo. Podemos ter certeza de que a corrente do circuito é máxima quando a impedância total é mínima. Isso é alcançado através da definição

$$X_L = -X_{Th} \quad (14.14)$$

e

$$R_L = \sqrt{R_{Th}^2 + (X_{Th} + X_L)^2} \quad (14.15)$$

Combinando as Equações (14.14) e (14.15), conclui-se que para a máxima transferência de potência média $\mathbf{Z}_L$ precisa ser selecionado de modo que $X_L = -X_{Th}$ e $R_L = R_{Th}$; isto é,

$$\mathbf{Z}_L = \mathbf{Z}_{Th}^*$$
ou
$$R_L + jX_L = R_{Th} - jX_{Th} \qquad (14.16)$$

Assim,[2]

> para **máxima transferência de potência média**, a impedância da carga $\mathbf{Z}_L$ precisa ser igual ao complexo conjugado da impedância de Thévenin $\mathbf{Z}_{Th}$.

Esse resultado é conhecido como teorema de máxima potência média transferida para um regime permanente senoidal. Definindo $R_L = R_{Th}$ e $X_L = -X_{Th}$ na Equação (14.3), resulta na máxima potência média como

$$P_{\text{máx}} = \frac{|\mathbf{V}_{Th}|^2}{8R_{Th}} \qquad (14.17)$$

Em uma situação em que a carga é puramente real (ou resistiva), a condição para a máxima potência transferida é obtida da Equação (14.15) definindo $X_L = 0$; isto é,

$$R_L = \sqrt{R_{Th}^2 + X_{Th}^2} = |\mathbf{Z}_{Th}| \qquad (14.18)$$

Isso significa que para a máxima potência média transferida para uma carga puramente resistiva, a impedância (ou resistência) é igual à magnitude da impedância de Thévenin.

Exemplo 14.4

Determine a impedância Z_L da carga que maximiza o consumo de potência do circuito da Figura 14.6. Qual é a máxima potência média?

Solução:
Primeiro, obtemos o equivalente de Thévenin nos terminais da carga. Para conseguir $\mathbf{Z}_{Th}$, considere o circuito mostrado na Figura 14.7(a).

$$\mathbf{Z}_{Th} = j5 + 4 \parallel (8 - j6) = j5 + \frac{4(8 - j6)}{4 + 8 - j6} = 2,933 + j4,4667\ \Omega$$

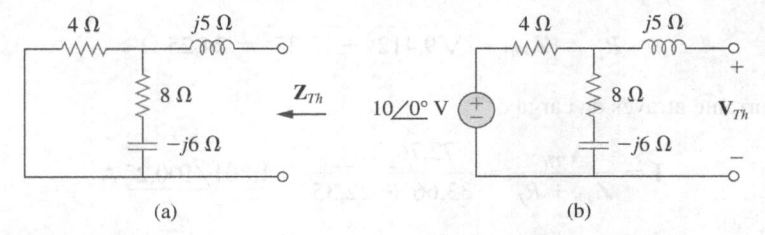

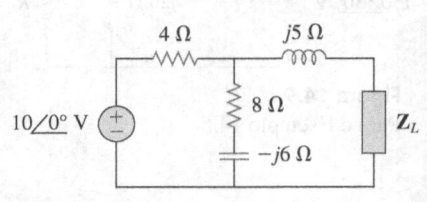

Figura 14.6
Para o Exemplo 14.4.

Figura 14.7
Encontrando o equivalente de Thévenin do circuito na Figura 14.6.

---

[2] Nota: Quando $\mathbf{Z}_L = \mathbf{Z}_{Th}^*$, dizemos que a carga está combinada com a fonte.

Para encontrar $\mathbf{V}_{Th}$, considere o circuito na Figura 14.7(b). Pela regra do divisor de tensão,

$$\mathbf{V}_{Th} = \frac{8 - j6}{4 + 8 - j6}(10) = 7{,}454\underline{/-10{,}3°}$$

A impedância da carga consome a máxima potência do circuito quando

$$\mathbf{Z}_L = \mathbf{Z}_{Th}^* = 2{,}933 - j4{,}4667 \; \Omega$$

De acordo com a Equação (14.17), a potência máxima média é

$$P_{\text{máx}} = \frac{|\mathbf{V}_{Th}|^2}{8R_{Th}} = \frac{(7{,}454)^2}{8(2{,}933)} = 2{,}368 \text{ W}$$

Problema Prático 14.4

Para o circuito mostrado na Figura 14.8, encontre a impedância $\mathbf{Z}_L$ que absorve a máxima potência média. Calcule a máxima potência média.

Resposta: $3{,}413 - j0{,}731 \; \Omega$; $1{,}431$ W

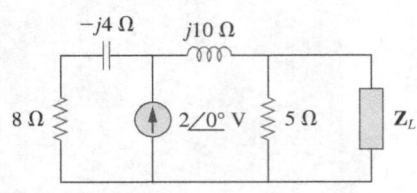

Figura 14.8
Para o Problema Prático 14.4.

Exemplo 14.5

No circuito da Figura 14.9, encontre o valor de R_L que irá absorver a máxima potência média. Calcule a potência.

Solução:
Primeiro, precisamos encontrar o equivalente de Thévenin.

$$\mathbf{Z}_{Th} = (40 - j30) \parallel j20 = \frac{j20(40 - j30)}{j20 + 40 - j30} = 9{,}412 + j22{,}35 \; \Omega$$

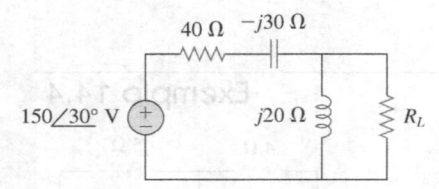

Figura 14.9
Para o Exemplo 14.5.

Pela regra do divisor de tensão,

$$\mathbf{V}_{Th} = \frac{j20}{j20 + 40 - j30}(150\underline{/30°}) = 72{,}76\underline{/134°} \text{ V}$$

O valor de R_L que irá absorver a máxima potência média é

$$R_L = |\mathbf{Z}_{Th}| = \sqrt{9{,}412^2 + 22{,}35^2} = 24{,}25 \; \Omega$$

A corrente através da carga é

$$\mathbf{I} = \frac{\mathbf{V}_{Th}}{\mathbf{Z}_{Th} + R_L} = \frac{72{,}76\underline{/134°}}{33{,}66 + j22{,}35} = 1{,}801\underline{/100{,}2°} \text{ A}$$

A máxima potência média absorvida por R_L é

$$P_{\text{máx}} = \frac{1}{2}|\mathbf{I}|^2 R = \frac{1}{2}(1{,}801)^2(24{,}25) = 39{,}33 \text{ W}$$

Na Figura 14.10, o resistor R_L é ajustado até que absorva a máxima potência média. Calcule R_L e a máxima potência absorvida por ele.

Problema Prático 14.5

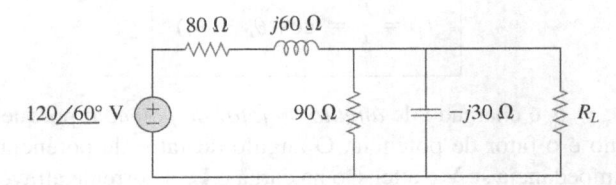

Figura 14.10
Para o Problema Prático 14.5.

Resposta: 29,98 Ω; 5,472 W

14.4 Potência aparente e fator de potência

Na Seção 14.2, vimos que a tensão e a corrente nos terminais de um circuito são

$$v(t) = V_m \cos(\omega t + \theta_v) \quad \text{e} \quad i(t) = I_m \cos(\omega t + \theta_i) \quad (14.19)$$

Ou, em forma de fasor,

$$\mathbf{V} = V_m \underline{/\theta_v} \quad \text{e} \quad \mathbf{I} = I_m \underline{/\theta_i}$$

A potência média é

$$P = \frac{1}{2} V_m I_m \cos(\theta_v - \theta_i) \quad (14.20)$$

A tensão média quadrada (V_{RMS}) é o valor efetivo da tensão variante no tempo. É o valor de estado CC equivalente que fornece o mesmo efeito. A tensão ou corrente RMS é 0,7 da tensão de pico (V_m) ou corrente de pico (I_m). A potência média na Equação (14.20) pode ser escrita em termos dos valores RMS como

$$P = \frac{1}{2} V_m I_m \cos(\theta_v - \theta_i) = \frac{V_m}{\sqrt{2}} \frac{I_m}{\sqrt{2}} \cos(\theta_v - \theta_i)$$
$$= V_{RMS} I_{RMS} \cos(\theta_v - \theta_i) \quad (14.21)$$

ou

$$P = S \cos(\theta_v - \theta_i) \quad (14.22)$$

em que

$$\boxed{S = V_{RMS} I_{RMS}} \quad (14.23)$$

A partir da Equação (14.22), notamos que a potência média é um produto de dois termos. O produto $V_{RMS} I_{RMS}$ é conhecido como *potência aparente* S, e o fator $\cos(\theta_v - \theta_i)$ é chamado de *fator de potência* (fp).

> A **potência aparente** (em volt-ampères, VA) é o produto dos valores RMS da tensão e da corrente.

A potência aparente (em volt-ampères, VA) é assim chamada por ser aparentemente a potência que deveria ser o produto tensão-corrente pela analogia com circuitos resistivos CC. É medida em volt-ampères (ou VA) para distinguir da potência real ou média, que é medida em watts. O fator de potência é adimensional por ser a razão da potência média e a potência aparente; isto é

$$\boxed{fp = \frac{P}{S} = \cos(\theta_v - \theta_i)} \qquad (14.24)$$

O ângulo $\theta_v - \theta_i$ é chamado de *ângulo do fator de potência* porque é o ângulo cujo cosseno é o fator de potência. O ângulo do fator de potência é igual ao ângulo da impedância se **V** é a tensão na carga e **I** é a corrente através dela. Isso fica claro por meio de

$$\mathbf{Z} = \mathbf{V}/\mathbf{I} = \frac{V_m \underline{/\theta_v}}{I_m \underline{/\theta_i}} = \frac{V_m}{I_m} \underline{/(\theta_v - \theta_i)} \qquad (14.25)$$

Alternativamente, como

$$\mathbf{V}_{\text{RMS}} = \mathbf{V}/\sqrt{2} = V_{\text{RMS}}\underline{/\theta_v} \qquad (14.26a)$$

e

$$\mathbf{I}_{\text{RMS}} = \mathbf{I}/\sqrt{2} = I_{\text{RMS}}\underline{/\theta_i} \qquad (14.26b)$$

a impedância é

$$\mathbf{Z} = \mathbf{V}/\mathbf{I} = \mathbf{V}_{\text{RMS}}/\mathbf{I}_{\text{RMS}} = \frac{V_{\text{RMS}}}{I_{\text{RMS}}}\underline{/(\theta_v - \theta_i)} \qquad (14.27)$$

> O **fator de potência** é o cosseno da diferença de fase entre tensão e corrente. Ele também é o cosseno do ângulo da impedância da carga.[3]

TABELA 14.2 Fator de potência para ângulos de fatores de potência típicos

Ângulo do fator de potência ($\theta_v - \theta_i$)	Fator de potência [$\cos(\theta_v - \theta_i)$]
+90°	0
+60°	0,5
+45°	0,7071
+30°	0,8660
0°	1,0
−30°	0,8660
−45°	0,07071
−60°	0,5
−90°	0

Da Equação (14.24), o fator de potência também pode ser definido como o fator pelo qual a potência aparente deve ser multiplicada para obter a potência real ou média. Como mostrado na Tabela 14.2, o valor de *fp* varia entre zero e a unidade. Para uma carga puramente resistiva, a tensão e a corrente estão em fase de modo que $\theta_v - \theta_i = 0$ e $fp = 1$, implicando que a potência aparente é igual à potência média. Para uma carga puramente reativa, $\theta_v - \theta_i = \pm 90°$ e $fp = 0$. Nesse caso, a potência média é zero. Entre esses dois casos extremos, o *fp* é dito ser *adiantado* ou *atrasado*. Fator de potência adiantado significa que a corrente está adiantada em relação à tensão (implicando uma carga capacitativa). Fator de potência atrasado significa que a corrente está atrasada em relação à tensão (implicando uma carga indutiva). O fator de potência afeta as contas de energia elétrica pagas pelos consumidores industriais. Tal aspecto será discutido na Seção 14.8.2

Exemplo 14.6

Uma carga conectada em série consome uma corrente $i(t) = 4\cos(100\pi t + 10°)$ A quando a tensão aplicada é $v(t) = 120\cos(100\pi t - 20°)$ V. Encontre a potência aparente e o fator de potência da carga. Determine o valor do elemento que forma a carga conectada em série.

---
[3] Nota: A partir da Equação (14.24), o fator de potência precisa também ser considerado como uma razão da potência real (P) dissipada em uma carga em relação à potência aparente (S) na carga. Embora P e S tenham diferentes unidades, eles ainda são potências distintas somente pela unidade e sua razão P/S é adimensional. De fato, a unidade para todas as formas de potência é o watt (W). Na prática, entretanto, isso é geralmente reservado para a potência real.

Solução:
A potência aparente é

$$S = V_{RMS}I_{RMS} = \frac{120}{\sqrt{2}} \frac{4}{\sqrt{2}} = 240 \text{ VA}$$

O fator de potência é

$$fp = \cos(\theta_v - \theta_i) = \cos(-20° - 10°) = 0,866$$

O *fp* está adiantado, pois a corrente está adiantada da tensão. O *fp* também pode ser obtido a partir da impedância da carga.

$$\mathbf{Z} = \mathbf{V}/\mathbf{I} = \frac{120\underline{/-20°}}{4\underline{/10°}} = 30\underline{/-30°} = 25,98 - j15 \text{ Ω}$$

$$fp = \cos(-30°) = 0,866 \quad \text{(adiantado)}$$

A impedância da carga **Z** pode ser modelada por um resistor de 25,98 Ω em série com um capacitor, com

$$X_C = 15 = \frac{1}{\omega C}$$

ou

$$C = \frac{1}{15\omega} = \frac{1}{15 \times 100\pi} = 212,2 \text{ μF}$$

Problema Prático 14.6

Obtenha o fator de potência e a potência aparente da carga cuja impedância é $Z = 60 + j40$ Ω quando a tensão aplicada é $v(t) = 150\cos(377t + 10°)$ V.

Resposta: 0,832 atrasado; 156 VA

Exemplo 14.7

Determine o fator de potência do circuito da Figura 14.11 visto pela fonte. Qual é a potência fornecida pela fonte?

Solução:
A impedância total é

$$\mathbf{Z} = 6 + 4 \parallel (-j2) = 6 + \frac{-j2 \times 4}{4 - j2} = 6,8 - j1,6 = 7\underline{/-13,24°} \text{ Ω}$$

O fator de potência é

$$fp = \cos(-13,24°) = 0,9734 \quad \text{(adiantado)}$$

Está adiantado porque a impedância é capacitiva. O valor RMS da corrente é

$$\mathbf{I}_{RMS} = \mathbf{V}_{RMS}/\mathbf{Z} = \frac{30\underline{/0°}}{7\underline{/-13,24°}} = 4,294\underline{/13,24°}$$

A potência média fornecida pela fonte é

$$P = V_{RMS}I_{RMS}\,fp = (30)(4,294)0,9734 = 125 \text{ W}$$

ou

$$P = I_{RMS}^2 R = (4,294)^2(6,8) = 125 \text{ W}$$

em que *R* é a parte resistiva de **Z**.

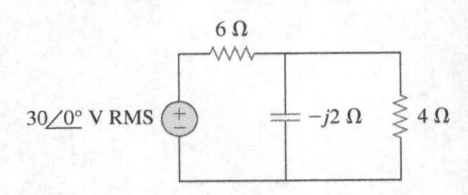

Figura 14.11
Para o Exemplo 14.7.

Problema Prático 14.7

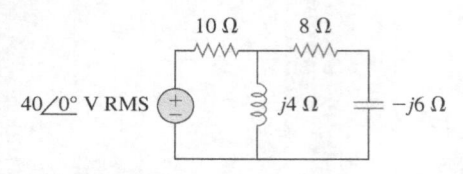

Figura 14.12
Para o Problema Prático 14.7.

Calcule o fator de potência do circuito na Figura 14.12 visto pela fonte. Qual é a potência fornecida pela fonte?

Resposta: 0,936 atrasado; 118 W

14.5 Potência complexa

Considerável esforço tem sido dispendido ao logo dos anos para expressar relações de potência tão simples quanto possível. Engenheiros de potência criaram o termo potência complexa, o qual é usado para encontrar o efeito total de cargas paralelas. A potência complexa é importante em análise de potência porque ela contém toda a informação relativa à potência absorvida por uma dada carga.[4]

Considera a carga CA na Figura 14.13. Dada a forma fasorial $\mathbf{V} = V_m \underline{/\theta_v}$ e $\mathbf{I} = I_m \underline{/\theta_i}$ da tensão $v(t)$ e corrente $i(t)$, a *potência complexa* $\mathbf{S}$ absorvida pela carga CA é o produto da tensão e do complexo conjugado da corrente: isto é

$$\mathbf{S} = \frac{1}{2}\mathbf{VI}^* \quad (14.28)$$

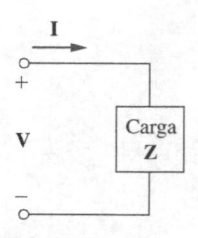

Figura 14.13
Os fasores de tensão e corrente associados com a carga.

assumindo a convenção passiva de sinal (ver a Figura 14.13). Em termos do valor RMS

$$\mathbf{S} = \mathbf{V}_{RMS}\mathbf{I}^*_{RMS} \quad (14.29)$$

em que

$$\mathbf{V}_{RMS} = \mathbf{V}/\sqrt{2} = V_{RMS}\underline{/\theta_v} \quad (14.30)$$

e

$$\mathbf{I}_{RMS} = \mathbf{I}/\sqrt{2} = I_{RMS}\underline{/\theta_I} \quad (14.31)$$

Assim, podemos escrever a Equação (14.29) como[5]

$$\mathbf{S} = V_{RMS}I_{RMS}\underline{/(\theta_v - \theta_i)}$$
$$= V_{RMS}I_{RMS}\cos(\theta_v - \theta_i) + jV_{RMS}I_{RMS}\operatorname{sen}(\theta_v - \theta_i) \quad (14.32)$$

Essa equação também pode ser obtida da Equação (14.6). Notamos da Equação (14.32) que a magnitude da potência complexa é a potência aparente; por isso, a potência complexa é medida em volt-ampères (VA). Também, notamos que o ângulo da potência complexa é o ângulo do fator de potência.

A potência complexa pode ser expressa em termos da impedância da carga $\mathbf{Z}$. Da Equação (14.27), a impedância da carga $\mathbf{Z}$ pode ser escrita como

$$\mathbf{Z} = \mathbf{V}/\mathbf{I} = \mathbf{V}_{RMS}/\mathbf{I}_{RMS} = \frac{V_{RMS}}{I_{RMS}}\underline{/\theta_v - \theta_i} \quad (14.33)$$

Assim, $\mathbf{V}_{RMS} = \mathbf{Z}\mathbf{I}_{RMS}$. Substituindo isso na Equação (14.28), temos

---

[4] Potência complexa não possui significado físico; ela é puramente um conceito matemático que ajuda no entendimento de análise de potência.

[5] Nota: Quando se trabalha com os valores RMS de correntes e tensões, podemos retirar o subscrito RMS se não há confusão ao fazê-lo.

$$\boxed{\mathbf{S} = I_{\text{RMS}}^2 \mathbf{Z} = \frac{V_{\text{RMS}}^2}{\mathbf{Z}^*} = \mathbf{V}_{\text{RMS}} \mathbf{I}_{\text{RMS}}^*} \quad (14.34)$$

Como $\mathbf{Z} = R + jX$, a Equação (14.34) torna-se

$$\mathbf{S} = I_{\text{RMS}}^2 (R + jX) = P + jQ \quad (14.35)$$

em que P e Q são a parte real e imaginária da potência complexa, respectivamente; isto é,

$$P = \text{Re}(\mathbf{S}) = I_{\text{RMS}}^2 R \quad (14.36)$$
$$Q = \text{Im}(\mathbf{S}) = I_{\text{RMS}}^2 X \quad (14.37)$$

Aqui, P é a potência real ou média e depende da resistência da carga R; Q depende da reatância X da carga e é chamada de potência reativa (ou potência em quadratura).

Comparando a Equação (14.32) com a Equação (14.35), notamos que

$$\begin{aligned} P &= V_{\text{RMS}} I_{\text{RMS}} \cos(\theta_v - \theta_i), \\ Q &= V_{\text{RMS}} I_{\text{RMS}} \operatorname{sen}(\theta_v - \theta_i) \end{aligned} \quad (14.38)$$

A unidade de Q é o *volt-ampère reativo* (VAR) para distinguir da potência real cuja unidade é o watt. A potência real P é a potência média entregue para carga, que é a única potência útil. É a potência atual dissipada pela carga. A potência reativa é transferida e absorvida entre a carga e a fonte. Serve como uma medida da capacidade de armazenamento de energia do componente reativo da carga. Representa o intercâmbio sem perdas entre a carga e a fonte. Note que:

1. $Q = 0$ para carga resistiva (*fp* unitário).
2. $Q <$ para cargas capacitivas (*fp* adiantado).
3. $Q > 0$ para cargas indutivas (*fp* atrasado).

Assim,

> **potência complexa** (em VA) é o produto do fasor tensão em RMS e do conjugado complexo do fasor corrente. Como uma grandeza complexa, sua parte real é a potência real P, e sua parte imaginária é a potência reativa Q.

Apresentando a potência complexa, permite-nos obter a potência real e reativa diretamente dos fasores de tensão e corrente. Em resumo,

$$\boxed{\begin{aligned} \text{Potência complexa} = \mathbf{S} &= P + jQ = \frac{1}{2}\mathbf{VI}^* \\ &= V_{\text{RMS}} I_{\text{RMS}} \underline{/(\theta_v - \theta_i)} \\ \text{Potência aparente} = S = |\mathbf{S}| &= V_{\text{RMS}} I_{\text{RMS}} = \sqrt{P^2 + Q^2} \\ \text{Potência real} = P = \text{Re}(\mathbf{S}) &= S \cos(\theta_v - \theta_i) \\ \text{Potência reativa} = Q = \text{Im}(\mathbf{S}) &= S \operatorname{sen}(\theta_v - \theta_i) \\ \text{Fator de potência} = \frac{P}{S} &= \cos(\theta_v - \theta_i) \end{aligned}} \quad (14.39)$$

que mostra como a potência complexa contém *toda* informação relevante em uma dada carga.[6]

É uma prática-padrão representar S, P e Q em forma de um triângulo, conhecido como *triângulo de potência*, como mostrado na Figura 14.14(a). Isso é similar ao triângulo de impedância mostrado na relação entre **Z**, R e X, como ilustrado na Figura 14.14(b). O triângulo de potência possui quatro itens (potência aparente/complexa, potência real, potência reativa e ângulo do fator de potência). Dado dois desses itens, os outros dois podem ser facilmente obtidos a partir do triângulo. Como mostrado na Figura 14.15, quando **S** reside no primeiro quadrante, temos uma carga indutiva e *fp* atrasado. Quando **S** reside no quarto quadrante, a carga é capacitiva e o *fp* é adiantado. É também possível para a potência complexa residir no segundo ou terceiro quadrante. Isso requer que a impedância da carga tenha uma impedância negativa, que é possível com circuitos ativos. (Um circuito ativo é aquele que possui elementos ativos como transistores e amplificadores operacionais.)

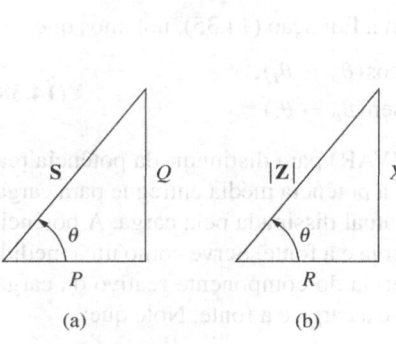

Figura 14.14
(a) Triângulo de potência.
(b) triângulo de impedância.

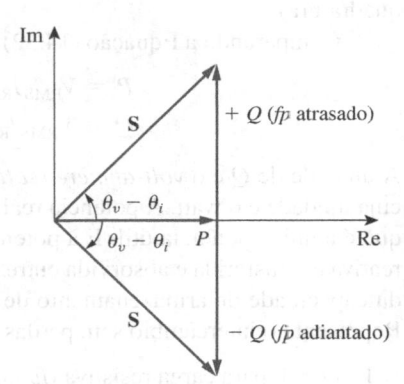

Figura 14.15
Triângulo de potência.

Exemplo 14.8

A tensão em uma carga é $v(t) = 60\cos(\omega t - 10°)$ V e a corrente através da carga em direção à queda de tensão é $i(t) = 1{,}5\cos(\omega t + 50°)$ A. Encontre:

(a) a potência complexa e aparente

(b) a potência real e reativa

(c) o fator de potência e a impedância da carga.

Solução:

(a) o valor RMS da tensão e da corrente é dado por

$$\mathbf{V}_{RMS} = \frac{60}{\sqrt{2}}\angle{-10°} \qquad \mathbf{I}_{RMS} = \frac{1{,}5}{\sqrt{2}}\angle{+50°}$$

A potência complexa é

$$\mathbf{S} = \mathbf{V}_{RMS}\mathbf{I}^*_{RMS} = \left(\frac{60}{\sqrt{2}}\angle{-10°}\right)\left(\frac{1{,}5}{\sqrt{2}}\angle{-50°}\right) = 45\angle{-60°} \text{ VA}$$

---

[6] Nota: Note que **S** contém toda informação de potência da carga. A parte real de **S** é a potência real P, sua parte imaginária é a potência reativa Q, sua magnitude é a potência aparente S e o cosseno do seu ângulo é o fator de potência *fp*.

A potência aparente é

$$S = |\mathbf{S}| = 45 \text{ VA}$$

(b) Podemos expressar a potência complexa na forma retangular como

$$\mathbf{S} = 45\underline{/-60°} = 45[\cos(-60°) + j\,\text{sen}(-60°)] = 22{,}5 - j38{,}97$$

Como $S = P + jQ$, a potência real é

$$P = 22{,}5 \text{ W}$$

enquanto a potência reativa é

$$Q = -38{,}97 \text{ VAR}$$

(c) O fator de potência é

$$fp = \cos(-60°) = 0{,}5 \quad \text{(adiantado)}$$

Está adiantado porque o fator de potência é negativo. A impedância da carga é

$$\mathbf{Z} = \mathbf{V}/\mathbf{I} = \frac{60\underline{/-10°}}{1{,}5\underline{/+50°}} = 40\underline{/-60°}\ \Omega$$

que é a impedância capacitiva.

Problema Prático 14.8

Para uma carga, $\mathbf{V}_{RMS} = 110\underline{/85°}$ V, $\mathbf{I}_{RMS} = 0{,}4\underline{/15°}$ A. Determine:
(a) as potências complexa e aparente
(b) as potências real e reativa
(c) o fator de potência e a impedância da carga.

Resposta: (a) $44\underline{/70°}$ VA, 44 VA; (b) 15,05 W, 41,35 VAR; (c) 0,342 atrasado, $94{,}06 + j258{,}4\ \Omega$.

Exemplo 14.9

Se a carga $\mathbf{Z}$ consome 12 kVA com um fator de potência de 0,856 atrasado de uma fonte senoidal de 120 V RMS, calcule:
(a) as potências média e reativa entregue para a carga
(b) o pico de corrente
(c) a impedância da carga.

Solução:
(a) Dado que $fp = \cos\theta = 0{,}856$, obtemos o ângulo de potência como

$$\theta = \cos^{-1} 0{,}856 = 31{,}13°$$

Se a potência aparente é $S = 12.000$ VA, então a potência real ou média é

$$P = S\cos\theta = 12.000 \times 0{,}856 = 10{,}272 \text{ kW}$$

enquanto a potência reativa

$$Q = S\,\text{sen}\,\theta = 12.000 \times 0{,}517 = 6{,}204 \text{ kVA}$$

(b) Como o fp está atrasado, a potência complexa é

$$\mathbf{S} = P + jQ = 10{,}272 + j6{,}204 \text{ kVA}$$

De $\mathbf{S} = \mathbf{V}_{RMS}\mathbf{I}^*_{RMS}$, obtemos

$$\mathbf{I}^*_{RMS} = \mathbf{S}/\mathbf{V}_{RMS} = \frac{10.272 + j6204}{120\underline{/0°}} = 85,6 + j51,7\text{ A} = 100\underline{/31,13°}\text{A}$$

Assim, $\mathbf{I}_{RMS} = 100\underline{/-31,13°}$, e a corrente de pico é

$$I_p = I_m = \sqrt{2}I_{RMS} = \sqrt{2}(100) = 141,4\text{ A}$$

(c) A impedância da carga

$$\mathbf{Z} = \mathbf{V}_{RMS}/\mathbf{I}_{RMS} = \frac{120\underline{/0°}}{100\underline{/-31,13°}} = 1,2\underline{/31,13°}\text{ }\Omega$$

que é uma impedância redutiva.

Problema Prático 14.9

Uma fonte senoidal fornece 10 kVA a uma carga $\mathbf{Z} = 250\underline{/-75°}$ Ω. Determine:

(a) o fator de potência

(b) a potência aparente entregue à carga

(c) o pico da tensão.

Resposta: (a) 0,2588 (adiantado); (b) 10,353 kVA; (c) 2,275 kV

14.6 †Conservação de potência CA

O princípio de conservação de potência é aplicado aos circuitos CA como aos circuitos CC (ver Seção 1.7).[7] Se as cargas estão conectadas em série ou em paralelo (ou outras configurações), a potência total fornecida pela fonte é igual à potência total entregue para as cargas. Assim, em geral, para uma fonte conectada a N cargas,

$$\mathbf{S} = \mathbf{S}_1 + \mathbf{S}_2 + \mathbf{S}_3 + \cdots + \mathbf{S}_N \qquad (14.40)$$

(tenha em mente que as cargas podem ser conectadas em qualquer configuração.) Isso significa que a potência total complexa em uma rede é a soma das potências complexas dos componentes individuais. (Isso também é verdadeiro para potência real e potência reativa, mas não para a potência aparente.) Esse fato expressa o princípio de conservação da potência CA, o que implica que a potência real (ou reativa) das fontes em um circuito é igual à potência real (ou reativa) nos outros elementos do circuito.

> As potências complexa, real e reativa de uma fonte são iguais à soma das respectivas potências complexas, reais e reativas das cargas individuais.

Exemplo 14.10

A Figura 14.16 mostra uma carga sendo alimentada por uma fonte de tensão através de uma linha de transmissão. A impedância da linha é representada pela impedância $(4 + j2)$ Ω e por um caminho de retorno. Encontre a potência real e a potência reativa absorvida pela:

(a) fonte

(b) linha

(c) carga.

---

[7] Nota: De fato, já vimos no Exemplo 14.3 que a potência média é conservada em circuitos CA.

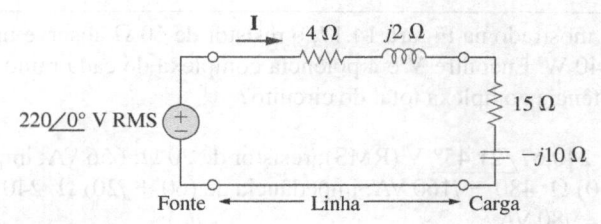

Figura 14.16
Para o Exemplo 14.10.

Solução:
A impedância total é

$$\mathbf{Z} = (4 + j2) + (15 - j10) = 19 - j8 = 20{,}62\,\underline{/-22{,}83°}\ \Omega$$

A corrente através do circuito é

$$\mathbf{I} = \mathbf{V}_f/\mathbf{Z} = \frac{220\,\underline{/0°}}{20{,}62\,\underline{/-22{,}83°}} = 10{,}67\,\underline{/22{,}83°}\ \text{A RMS}$$

(a) Para a fonte, a potência complexa é

$$\mathbf{S}_f = \mathbf{V}_f \mathbf{I}^* = (220\,\underline{/0°})(10{,}67\,\underline{/-22{,}83°})$$
$$= 2347{,}4\,\underline{/-22{,}83°} = (2163{,}5 - j910{,}8)\ \text{VA}$$

Disso, obtemos a potência real como 2163,5 W e a potência reativa como 910,8 VAR (adiantada).

(b) Para a linha, a tensão é

$$\mathbf{V}_{\text{linha}} = (4 + j2)\mathbf{I} = (4{,}472\,\underline{/26{,}57°})(10{,}67\,\underline{/22{,}83°})$$
$$= 47{,}72\,\underline{/49{,}4°}\ \text{V RMS}$$

A potência complexa absorvida pela linha é

$$\mathbf{S}_{\text{linha}} = \mathbf{V}_{\text{linha}} \mathbf{I}^* = (47{,}72\,\underline{/49{,}4°})(10{,}67\,\underline{/-22{,}83°})$$
$$= 509{,}2\,\underline{/26{,}57°} = 455{,}4 + j227{,}76\ \text{VA}$$

ou

$$\mathbf{S}_{\text{linha}} = |\mathbf{I}|^2 \mathbf{Z}_{\text{linha}} = (10{,}67)^2\,(4 + j2) = 455{,}4 + j227{,}7\ \text{VA}$$

isto é, a potência real é 455,4 W e a potência reativa é 227,76 VAR (atrasada).

(c) Para a carga, a tensão é

$$\mathbf{V}_C = (15 - j10)\mathbf{I} = (18{,}03\,\underline{/-33{,}7°})(10{,}67\,\underline{/22{,}83°})$$
$$= 192{,}38\,\underline{/-10{,}87°}\ \text{V RMS}$$

A potência complexa absorvida pela carga é

$$\mathbf{S}_C = \mathbf{V}_C \mathbf{I}^* = (192{,}38\,\underline{/-10{,}87°})(10{,}67\,\underline{/-22{,}83°})$$
$$= 2053\,\underline{/-33{,}7°} = (1708 - j1139)\ \text{VA}$$

A potência real é 1780 W, e a potência reativa é 1139 VAR (adiantada). Note que

$$\mathbf{S}_f = \mathbf{S}_{\text{linha}} + \mathbf{S}_C$$

como esperado. Temos utilizado o termo de valor RMS para tensões e corrente em todo esse problema.

Problema Prático 14.10

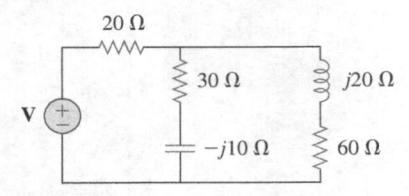

Figura 14.17
Para o Problema Prático 14.10.

No circuito mostrado na Figura 14.17, o resistor de 60 Ω absorve uma potência média de 240 W. Encontre **V** e a potência complexa de cada ramo do circuito. Qual é a potência complexa total do circuito?

Resposta: 240,67 $\underline{/21,45°}$ V (RMS); resistor de 20 Ω: 656 VA; impedância de (30 − j10) Ω: 480 − j160 VA; impedância de (60 + j20) Ω: 240 + j80 VA; total: 1376 − j80 VA.

Exemplo 14.11

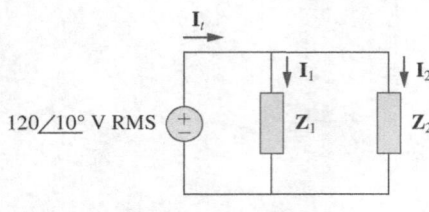

Figura 14.18
Para o Exemplo 14.11.

No circuito mostrado na Figura 14.18, $\mathbf{Z}_1 = 60\underline{/-30°}$ Ω e $\mathbf{Z}_2 = 40\underline{/45°}$ Ω. Calcule os valores totais:

(a) potência aparente (b) potência real
(c) potência reativa   (d) fp

Solução:
A corrente através de $\mathbf{Z}_1$ é

$$\mathbf{I}_1 = \mathbf{V}/\mathbf{Z}_1 = \frac{120\underline{/10°}}{60\underline{/-30°}} = 2\underline{/40°} \text{ A RMS}$$

Enquanto a corrente através de $\mathbf{Z}_2$ é

$$\mathbf{I}_2 = \mathbf{V}/\mathbf{Z}_2 = \frac{120\underline{/10°}}{40\underline{/45°}} = 3\underline{/-35°} \text{ A RMS}$$

As potências complexas absorvidas pela impedância são

$$\mathbf{S}_1 = \frac{V_{RMS}^2}{\mathbf{Z}_1^*} = \frac{120^2}{60\underline{/30°}} = 240\underline{/-30°} = 207,85 - j120 \text{ VA}$$

$$\mathbf{S}_2 = \frac{V_{RMS}^2}{\mathbf{Z}_2^*} = \frac{120^2}{40\underline{/-45°}} = 360\underline{/45°} = 254,6 + j254,6 \text{ VA}$$

A potência complexa total é

$$\mathbf{S}_t = \mathbf{S}_1 + \mathbf{S}_2 = 462,45 + j134,6 \text{ VA}$$

(a) A potência aparente total é

$$|\mathbf{S}_t| = \sqrt{462,45^2 + 134,6^2} = 481,64 \text{ VA}$$

(b) A potência real total é

$$P_t = \text{Re}(\mathbf{S}_t) = 462,45 \text{ W} \quad \text{ou} \quad P_t = P_1 + P_2$$

(c) A potência reativa total é

$$Q_t = \text{Im}(\mathbf{S}_t) = 134,6 \text{ VAR} \quad \text{ou} \quad Q_t = Q_1 + Q_2$$

(d) O $fp = P_t/|\mathbf{S}_t| = 462,45/481,64 = 0,96$ (atrasado).

Podemos comparar o resultado encontrando com a potência complexa $\mathbf{S}_F$ fornecida pela fonte.

$$\mathbf{I}_t = \mathbf{I}_1 + \mathbf{I}_2 = (1,532 + j1,286) + (2,457 - j1,721)$$
$$= 4 - j0,435 = 4,024\underline{/-6,21°} \text{ A RMS}$$

$$\mathbf{S}_f = \mathbf{V}\mathbf{I}_t^* = (120\underline{/10°})(4,024\underline{/6,21°})$$
$$= 482,88 \underline{/16,21°} = 463 + j135 \text{ VA}$$

que é o mesmo dado anteriormente.

Duas cargas conectadas em paralelo são respectivamente 2 kW com um *fp* 0,75 adiantado e 4 kW com um *fp* de 0,95 atrasado. Calcule o *fp* das duas cargas. Encontre a potência complexa fornecida pela fonte.

Problema Prático 14.11

Resposta: 0,9972 (adiantado); $6 - j0,4495$ kVA

14.7 Correção do fator de potência

Muitas cargas residenciais (como máquinas de lavar, ar-condicionados e refrigeradores) e cargas industriais (como motores de indução) são indutivas e, portanto, operam com fator de potência atrasado. Embora a natureza indutiva da carga não possa ser alterada, podemos aumentar o fator de potência.

> O processo de aumento do fator de potência sem alterar a potência real da carga original é chamado de **correção do fator de potência**.[8]

Como a maioria das cargas é indutiva, de acordo com a Figura 14.19(a),[9] o fator de potência das cargas é aumentado ou corrigido pela instalação deliberada de capacitores em paralelo com a carga total, como mostrado na Figura 14.19(b). O efeito da adição do capacitor pode ser ilustrado utilizando o triângulo de potência ou o diagrama fasorial das correntes envolvidas. O último é apresentado na Figura 14.20, na qual é assumido que o circuito na Figura 14.19(a) possui um fator de potência de $\cos \theta_1$, enquanto na Figura 14.19(b) possui um fator de potência de $\cos \theta_2$. É evidente, a partir da Figura 14.20, que a adição de capacitores provocou a redução do ângulo de fase entre a tensão e corrente fornecidas de θ_1 para θ_2, aumentado o fator de potência.

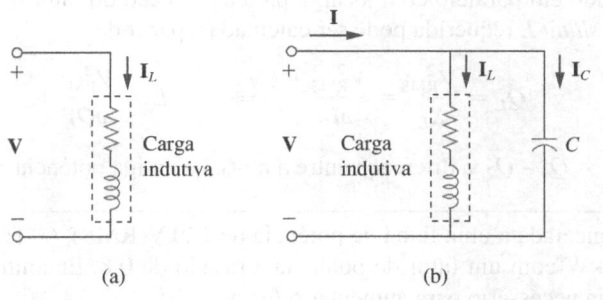

Figura 14.19
Correção do fator de potência: (a) carga indutiva original; (b) carga indutiva com aumento do fator de potência.

Figura 14.20
Diagrama fasorial mostrando o efeito da adição de capacitores em paralelo com a carga indutiva.

Também notamos, a partir da magnitude dos vetores na Figura 14.20, que com a mesma tensão fornecida o circuito na Figura 14.19(a) consome uma maior corrente I_L do que a corrente I consumida pelo circuito na Figura 14.19(b). As concessionárias de energia cobram mais por corrente maiores porque elas resultam em maiores perdas de energia (pelo fator quadrático, pois $P = I_L^2 R$). Portanto, é benéfico para ambos, concessionária de energia e consumidor, que todo esforço seja feito para minimizar o nível de corrente ou manter o fator de

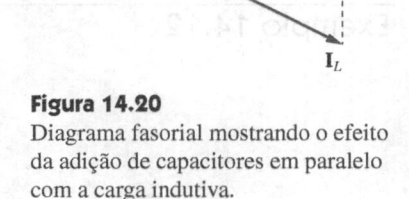

---

[8] Nota: Alternativamente, a correção do fator de potência poder ser vista como adição de elementos reativos (usualmente um capacitor) em paralelo com a carga total, de modo a levar o fator de potência à unidade.

[9] Relembre: Uma carga indutiva é modelada como uma combinação em série de um indutor e um resistor.

potência perto da unidade tanto quanto possível. Ao escolher um capacitor de um tamanho adequado, a corrente pode ser colocada totalmente em fase com a tensão, implicando um fator de potência unitário.

Podemos olhar para a correção do fator de potência de outra perspectiva. Considere o triângulo de potência na Figura 14.21. Se a carga indutiva original possui a potência aparente S_1, então

$$P = S_1 \cos\theta_1, \qquad Q_1 = S_1 \sen\theta_1 \qquad (14.41)$$

Se desejamos aumentar o fator de potência de $\cos\theta_1$ para $\cos\theta_2$ sem alterar a potência real – isto é, $P = S_2 \cos\theta_2$ – então, a nova potência reativa é

$$Q_2 = P\tg\theta_2 \qquad (14.42)$$

A redução na potência reativa é causada pelo capacitor em derivação (*shunt*)

$$Q_C = Q_1 - Q_2 = P(\tg\theta_1 - \tg\theta_2) \qquad (14.43)$$

Mas a partir da Equação (14.34), $Q_C = V_{RMS}^2/X_C = \omega C V_{RMS}^2$. O valor requerido pela capacitância *shunt* é determinado como

$$\boxed{C = \frac{Q_C}{\omega V_{RMS}^2} = \frac{P(\tg\theta_1 - \tg\theta_2)}{\omega V_{RMS}^2}} \qquad (14.44)$$

Note que a potência real P dissipada pela carga não é afetada pela correção do fator de potência.

Embora na prática a maioria das situações usuais seja para uma carga indutiva, também é possível que uma carga seja capacitiva, isto é, que a carga esteja operando com fator de potência adiantado. Nesse caso, um indutor pode ser conectado em paralelo com a carga para a correção do fator de potência. A indutância *shunt* L requerida pode ser calculada a partir de

$$Q_L = \frac{V_{RMS}^2}{X_L} = \frac{V_{RMS}^2}{\omega L} \quad \Rightarrow \quad L = \frac{V_{RMS}^2}{\omega Q_L} \qquad (14.45)$$

em que $Q_L = Q_1 - Q_2$, a diferença entre a nova e a antiga potência reativa.

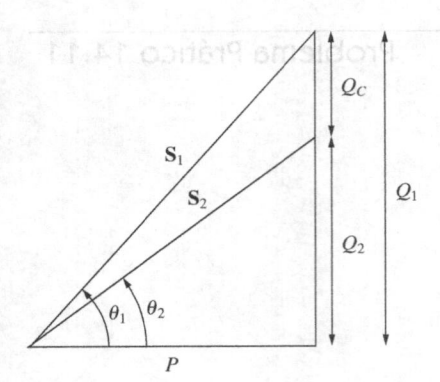

Figura 14.21
Triângulo de potência ilustrando a correção do fator de potência.

Exemplo 14.12

Quando conectada a uma linha de potência de 120 V(RMS), 60 Hz, uma carga absorve 4 kW com um fator de potência atrasado de 0,8. Encontre o valor da capacitância necessário para aumentar o *fp* para 0,95.

Solução:
Se $fp = 0,8$, então

$$\cos\theta_1 = 0,8 \quad \Rightarrow \quad \theta_1 = 36,87°$$

em que θ_1 é a diferença de fase entre a tensão e a corrente. Obtemos a potência aparente a partir da potência real e do *fp*, como segue

$$S_1 = \frac{P}{\cos\theta_1} = \frac{4000}{0,8} = 5000 \text{ VA}$$

A potência reativa é

$$Q_1 = S_1 \sen\theta_1 = 5000 \sen 36,87 = 3000 \text{ VAR}$$

Quando o *fp* é aumentado para 0,95,

$$\cos\theta_2 = 0,95 \quad \Rightarrow \quad \theta_2 = 18,19°$$

A potência real P não mudou porque a potência média para a capacitância é zero. Mas a potência aparente mudou; seu novo valor é

$$S_2 = \frac{P}{\cos\theta_2} = \frac{4000}{0,95} = 4210,5 \text{ VA}$$

A nova potência reativa é

$$Q_2 = S_2 \text{ sen } \theta_2 = 1314,4 \text{ VAR}$$

A diferença entre a nova e antiga potência reativa é devido à adição do capacitor em paralelo com a carga. A potência reativa devido ao capacitor é

$$Q_C = Q_1 - Q_2 = 3000 - 1314,4 = 1685,6 \text{ VAR}$$

e

$$C = \frac{Q_C}{\omega V_{RMS}^2} = \frac{1685,6}{2\pi \times 60 \times 120^2} = 310,5 \text{ }\mu\text{F}$$

Problema Prático 14.12

Encontre o valor da capacitância em paralelo necessário para corrigir a carga de 140 kVAR com *fp* de 0,85 atrasado para um *fp* unitário. Assuma que a carga é alimentada por uma linha de 110 V(RMS) e 60 Hz.

Resposta: 30,69 mF

14.8 †Aplicações

Nesta seção, consideraremos três importantes áreas de aplicação: como a potência é medida, como a concessionária de energia determina o custo do consumo de eletricidade e a potência em CPUs.

14.8.1 Medida de potência

A potência média absorvida pela carga é medida por um instrumento chamado *wattímetro*.[10]

> O **wattímetro** é o instrumento para medir potência média.

Como mostrado na Figura 14.22, um wattímetro consiste essencialmente de duas bobinas:[11] a bobina de corrente e a bobina de tensão. A bobina de corrente com uma impedância muito baixa (idealmente zero) é conectada em série com a carga, como mostrado na Figura 14.23, e responde à corrente de carga. A bobina de tensão com impedância muito alta (idealmente infinita) é conectada em paralelo com a carga, como mostrado na Figura 14.23, e responde à tensão da carga. A bobina de corrente atua como um curto-circuito devido a sua baixa impedância, enquanto a bobina de tensão se comporta como um circuito aberto devido a sua alta impedância. Como resultado, idealmente, a presença de um wattímetro não perturba o circuito ou possui algum efeito sobre a medida de potência.

Figura 14.22
Um wattímetro.

---

[10] Nota: A potência reativa é medida por um instrumento chamado *varmeter*. O *varmeter* é frequentemente conectado da mesma maneira que o wattímetro.

[11] Nota: Alguns wattímetros não possuem bobinas; o wattímetro considerado aqui é do tipo eletromagnético.

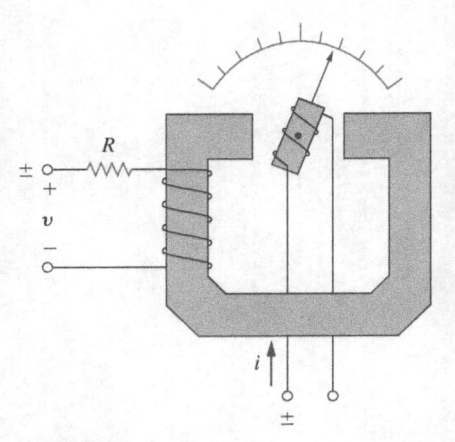

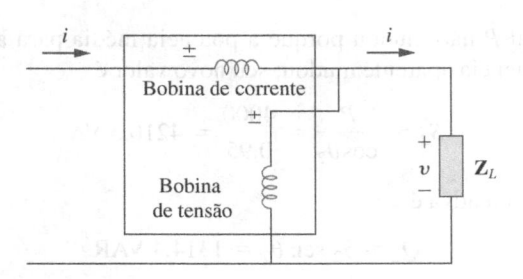

Figura 14.23
O wattímetro conectado na carga.

Quando as duas bobinas são energizadas, a inércia de movimento mecânico do sistema produz um ângulo de reflexão que é proporcional ao valor médio do produto $v(t)i(t)$. Se a tensão e a corrente da carga são $v(t) = V_m \cos(\omega t + \theta_v)$ e $i(t) = I_m \cos(\omega t + \theta_i)$, seus fasores correspondentes são

$$\mathbf{V}_{RMS} = \frac{V_m}{\sqrt{2}} \underline{/\theta_v} \quad \text{e} \quad \mathbf{I}_{RMS} = \frac{I_m}{\sqrt{2}} \underline{/\theta_i} \quad (14.46)$$

e o wattímetro mede a potência média dada por

$$P = |\mathbf{V}_{RMS}||\mathbf{I}_{RMS}|\cos(\theta_v - \theta_I) = \frac{1}{2} V_m I_m \cos(\theta_v - \theta_I) \quad (14.47)$$

Como mostrado na Figura 14.22, cada bobina do wattímetro possui dois pares de terminais sendo cada um marcado com ± (mais/menos). Para garantir a deflexão positiva da escala, o terminal mais/menos da bobina de corrente é colocado perto da fonte, enquanto o terminal mais/menos da bobina de tensão é conectado na mesma linha que o terminal final da bobina de corrente, como mostrado na Figura 14.23. Invertendo ambas as conexões das bobinas, ainda resulta em deflexão positiva. Entretanto, invertendo somente uma bobina, resulta em deflexão negativa, e o wattímetro não poderá fazer a leitura.

Exemplo 14.13

Encontre a leitura do wattímetro para o circuito na Figura 14.24.

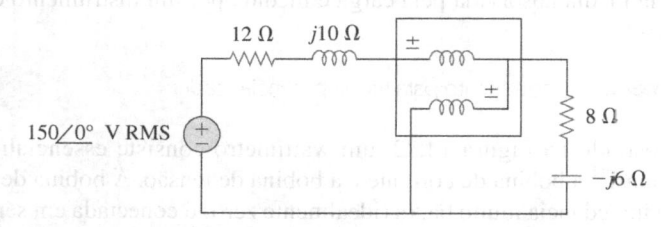

Figura 14.24
Para o Exemplo 14.13.

Solução:
Na Figura 14.24, o wattímetro realiza a leitura da potência média absorvida pela impedância de $(8 - j6)\ \Omega$ porque a bobina de corrente está em série com a impedância, enquanto a bobina de tensão está em paralelo. A corrente através do circuito é

$$\mathbf{I}_{RMS} = \frac{150\underline{/0°}}{(12 + j10) + (8 - j6)} = \frac{150}{20 + j4} \text{ A}$$

A tensão na impedância de $(8 - j6)\ \Omega$ é

$$\mathbf{V}_{RMS} = \mathbf{I}_{RMS}(8 - j6) = \frac{150(8 - j6)}{20 + j4} \text{ V}$$

A potência complexa é

$$S = V_{RMS}I^*_{RMS} = \frac{150(8-j6)}{20+j4} \cdot \frac{150}{20-j4} = \frac{150^2(8-j6)}{20^2+4^2}$$
$$= 423{,}7 - j324{,}5 \text{ VA}$$

O wattímetro realiza a leitura de

$$P = \text{Re}(S) = 423{,}7 \text{ W}$$

Problema Prático 14.13

Para o circuito na Figura 14.25, encontre a leitura do wattímetro.

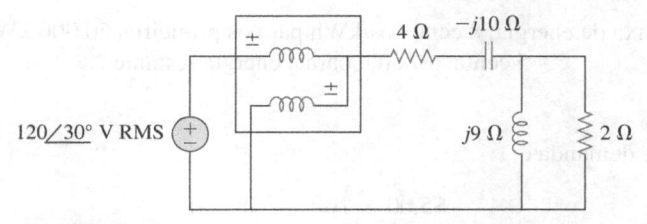

Figura 14.25
Para o Problema Prático 14.13.

Resposta: 1437,3 W

14.8.2 Consumo de eletricidade

Na Seção 1.7, consideramos um modelo simplificado de modo que o custo do consumo de eletricidade seja determinado, mas o conceito de fator de potência não está incluído nos cálculos. Agora consideraremos a importância do fator de potência no custo do consumo de eletricidade.

Cargas com baixo fator de potência são caras para alimentar porque requerem uma grande corrente, como explicado na Seção 14.7. A situação ideal seria consumir uma corrente mínima da fonte de modo que $S = P$, $Q = 0$ e $fp = 1$. Uma carga com Q diferente de zero significa que a energia flui para frente e para trás entre a carga e a fonte, dando origem a perdas de potência adicionais. Em vista disso, as concessionárias de energia frequentemente encorajam seus consumidores comerciais e industriais a terem fatores de potência tão próximos quanto possível da unidade e penalizam alguns consumidores que não melhoram os fatores de potência de suas cargas.

Concessionárias de energia dividem seus consumidores dentro de categorias como residencial (doméstica), comercial e industrial ou como potência pequena, média e grande, com diferentes estruturas para cada categoria. O montante de energia consumida em unidades de kWh (quilowatt-hora) é medido por um medidor quilowatt-hora (discutido no Capítulo 3, Seção 3.8; ver a Figura 3.15), colocado nas instalações do cliente.

Embora as companhias de energia utilizem diferentes métodos para taxar os consumidores, a tarifa ou taxa para o consumo frequentemente possui duas partes. A primeira parte é fixa e corresponde ao custo de geração, transmissão e distribuição da eletricidade para atender os requisitos de carga de consumidores industriais. Essa parte da tarifa é geralmente expressa como um determinado preço do kW da demanda máxima. Ou pode, em vez disso, basear-se em kVA da máxima demanda para levar em conta o fator de potência (*fp*) do consumidor. Uma penalização do *fp* pode ser imposta sobre o consumidor, de tal modo que uma determinada porcentagem de kW ou kVA da demanda máxima seja taxada por cada 0,01 de queda no *fp* abaixo do valor prescrito. A segunda parte é proporcional à energia consumida em kWh, que pode ser de forma graduada (por exemplo, os primeiros 100 kWh em 16 centavos/kWh, próximos 200 kWh em 10 centavos/kWh, etc.). Assim, a conta é determinada com base na seguinte equação:

$$\text{Custo total} = \text{Custo fixo} + \text{Custo da energia} \tag{14.48}$$

Exemplo 14.14

Uma indústria de manufatura consome 200 MWh em um mês. Se a máxima demanda é 1600 kW, calcule a conta de eletricidade baseada nas seguintes duas partes da tarifa.

Taxa de demanda: $5,00 ao mês/kW da demanda do faturamento

Taxa de energia: 8 centavos/kWh para os primeiros 50.000 kWh,
5 centavos/kWh para a energia restante.

Solução:
A taxa de demanda é:

$$\$5,00 \times 1600 = \$8.000 \tag{14.14.1}$$

A taxa de energia para os primeiros 50.000 kWh é:

$$\$0,08 \times 50.000 = \$4.000 \tag{14.14.2}$$

A energia restante é

$$200.000 \text{ kWh} - 50.000 \text{ kWh} = 150.000 \text{ kWh}$$

e a taxa correspondente da energia é:

$$\$0,05 \times 150.000 = \$7.500 \tag{14.14.3}$$

Adicionando as Equações (14.15.1), (14.15.2) e (14.15.3), obtemos a conta total para o mês

$$\$8.000 + \$4.000 + \$7.500 = \$19.500$$

Pode parecer que o custo de eletricidade é muito alto, mas isso é frequentemente uma pequena fração de todo o custo de produção do mês ou do preço de venda do produto acabado.

Problema Prático 14.14

A leitura mensal do medidor de uma fábrica de papel é a seguinte:
Máxima demanda: 32.000 kW

Energia consumida: 500 MWh

Usando as duas partes da tarifa do Exemplo 14.14, calcule a conta mensal para a fábrica de papel.

Resposta: $ 186.500

Exemplo 14.15

Uma carga de 300 kW alimentada em 13 kV (RMS) opera 520 horas por mês com um fator de potência de 80%. Calcule o custo médio por mês baseado na tarifa simplificada:

Taxa de energia: 6 centavos/kWh

Penalidade do fator de potência: 0,1% da energia consumida a cada 0,01 que o *fp* descer além de 0,85

Crédito do fator de potência: 0,1% de energia consumida para cada 0,01 que o *fp* exceder 0,85

Solução:

A energia consumida é

$$W = 300 \text{ kW} \times 520 \text{ h} = 156.000 \text{ kWh}$$

O fator de potência em operação $fp = 80\% = 0,8$ está $5 \times 0,01$ abaixo do fator de potência prescrito. Como há 0,1% de energia consumida para cara 0,01, há uma penalidade de consumo de 0,5%. Essa quantidade de energia consumida é

$$\Delta W = 156.000 \times \frac{5 \times 0,1}{100} = 780 \text{ kWh}$$

A energia total é

$$W_t = W + \Delta W = 156.000 + 780 = 156.780 \text{ kWh}$$

O custo por mês é dado por

$$\text{Custo} = 6 \text{ centavos} \times W_t = \$0,06 \times 156.780 = \$9.406,80$$

Problema Prático 14.15

Um forno de indução de 800 kW com fator de potência de 0,88 opera 20 horas por dia por 26 dias no mês. Determine a conta de eletricidade por mês baseada na tabela de cobrança apresentada no Exemplo 14.15.

Resposta: $24.885,12

14.8.3 Potência nas CPUs

A Unidade Central de Processamento (CPU – *Central processing units*) encontrada em computadores consome certa quantidade de potencia elétrica. Essa potência é dissipada tanto pelo chaveamento de dispositivos contidos na CPU (como os transistores), bem como pela energia perdida em forma de calor devido à resistividade dos circuitos elétricos. Por um lado, as CPUs de baixa potência, como as encontradas em telefones móveis, usam pouquíssima potência. Por outro lado, as CPUs em microcomputadores, em geral, dissipam significativamente mais potência devido à sua complexidade e velocidade. Antigas CPUs implantadas em tubos de vácuos consumiram potência na ordem de vários quilowatts.

14.9 Resumo

1. A potência instantânea absorvida por um elemento é o produto da tensão terminal do elemento pela corrente através do elemento: $p = vi$.

2. A potência real ou média P (em watts) é a média da potência instantânea $p(t)$. Se $v(t) = V_m\cos(\omega t + \theta_v)$ e $i(t) = I_m\cos(\omega t + \theta_i)$, então $V_{RMS} = V_m/\sqrt{2}$, $I_{RMS}/\sqrt{2}$ e

$$P = \frac{1}{2} V_m I_m \cos(\theta_v - \theta_i)$$

3. Indutores e capacitores não absorvem potência, entretanto a potência média absorvida pelo resistor é

$$\frac{1}{2}I_m^2 R = I_{RMS}^2 R$$

4. A potência máxima média é transferida para a carga quando a impedância da carga é o complexo conjugado da impedância de Thévenin vista dos terminais da carga: isto é,

$$Z_L = Z_{Th}^*$$

5. O fator de potência é o cosseno da diferença de fase entre a tensão e a corrente: $fp = \cos(\theta_v - \theta_i)$. Também é o cosseno do ângulo da impedância da carga ou a razão entre a potência real e a potência aparente. O *fp* está atrasado se a corrente está atrasada da tensão (carga indutiva) e está adiantado quando a corrente está adiantada da tensão (carga capacitiva).

6. A potência aparente S (em VA) é o produto dos valores RMS da tensão e corrente:

$$S = V_{RMS} I_{RMS}$$

Também é dada por $S = |\mathbf{S}| = \sqrt{P^2 + Q^2}$, em que Q é a potência reativa.

7. A potência reativa (em VAR) é:

$$Q = \frac{1}{2} V_m I_m \operatorname{sen}(\theta_v - \theta_i) = V_{RMS} I_{RMS} \operatorname{sen}(\theta_v - \theta_i)$$

8. A potência complexa S (em VA) é o produto do fasor tensão em RMS e do complexo conjugado do fasor corrente em RMS. Também é a soma complexa da potência real P e da potência reativa Q.

$$\mathbf{S} = \mathbf{V}_{RMS} \mathbf{I}_{RMS}^* = V_{RMS} I_{RMS} \underline{/(\theta_v - \theta_i)} = P + jQ$$

Além disso,

$$\mathbf{S} = I_{RMS}^2 \mathbf{Z} = V_{RMS}^2 / \mathbf{Z}^*$$

9. A potência total complexa em uma rede é a soma das potências complexas dos componentes individuais. A potência real total e a potência reativa total são também a soma das potências reais individuais e das potências reativas individuais, respectivamente, mas a potência aparente total não é calculada pelo processo de soma.

10. A correção do fator de potência é necessária por razões econômicas; que é o processo para melhorar o fator de potência da carga pela redução global da potência reativa.

11. O wattímetro é o instrumento para medir a potência média. A energia consumida é medida pelo medidor quilowatt-hora.

Questões de revisão

14.1 A potência média absorvida por um indutor é zero.
(a) Verdadeiro (b) Falso

14.2 A impedância de Thévenin de um circuito vista dos terminais da carga é $80 + j55\ \Omega$. Para a máxima potência transferida, a impedância da carga precisa ser:
(a) $-80 + j55\ \Omega$ (b) $-80 - j55\ \Omega$
(c) $80 - j55\ \Omega$ (d) $80 + j55\ \Omega$

14.3 A amplitude da tensão disponível em 60 Hz, 120 V encontrada na tomada elétrica de sua casa é:
(a) 110 V (b) 120 V (c) 170 V (d) 210 V

14.4 Se a impedância da carga é $20 - j20$, o fator de potência é
(a) $\underline{/-45°}$ (b) 0 (c) 1
(d) 0,7071 (e) Nenhum dos anteriores

14.5 A grandeza que contém toda a informação da potência em uma dada carga é
(a) fator de potência
(b) potência aparente
(c) potência média
(d) potência reativa
(e) potência complexa

14.6 A potência reativa é medida em:
(a) watts   (b) VA
(c) VAR   (d) nenhum dos anteriores

14.7 No triângulo de potência mostrado na Figura 14.26(a), a potência reativa é:
(a) 1000 VAR adiantada
(b) 1000 VAR atrasada
(c) 866 VAR adiantada
(d) 866 VAR atrasada

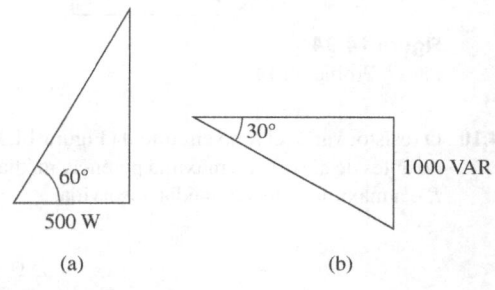

Figura 14.26
Para as Questões de Revisão 14.7 e 14.8.

14.8 Para o triângulo de potência na Figura 14.26(b), a potência aparente é:
(a) 2000 VAR   (b) 1000 VAR
(c) 866 VAR   (d) 500 VAR

14.9 Uma fonte é conectada em três cargas em paralelo Z_1, Z_2 e Z_3. Qual destas não é verdadeira?
(a) $P = P_1 + P_2 + P_3$
(b) $Q = Q_1 + Q_2 + Q_3$
(c) $S = S_1 + S_2 + S_3$
(d) $\mathbf{S} = \mathbf{S}_1 + \mathbf{S}_2 + \mathbf{S}_3$

14.10 O instrumento para medir potência média é:
(a) voltímetro
(b) amperímetro
(c) wattímetro
(d) varmeter
(e) medidor quilowatt-hora

Respostas: 14.1 a, 14.2 c, 14.3 c 14.4 d, 14.5 e, 14.6 c, 14.7 d, 14.8 a, 14.9 c, 14.10 c

Problemas

Seção 14.2 Potência instantânea e média

14.1 Se $v(t) = 160\cos(50t)$ V e $i(t) = -20\,\text{sen}(50t - 30°)$ A, calcule a potência instantânea e a potência média.

14.2 Em $t = 2$s, encontre a potência instantânea em cada um dos elementos no circuito da Figura 14.27.

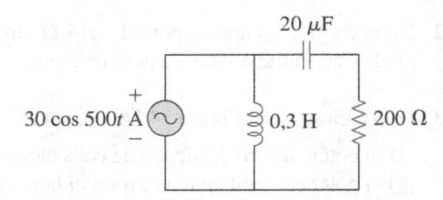

Figura 14.27
Para o Problema 14.2.

14.3 Consulte o circuito retratado na Figura 14.28. Encontre a potência média absorvida por cada elemento.

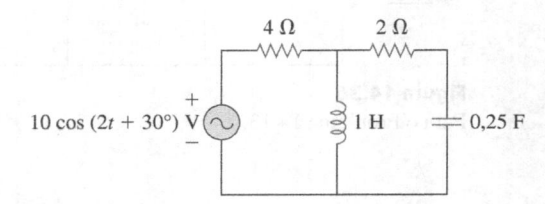

Figura 14.28
Para o Problema 14.3.

14.4 Dado o circuito na Figura 14.29, encontre a potência média absorvida pelos elementos individualmente.

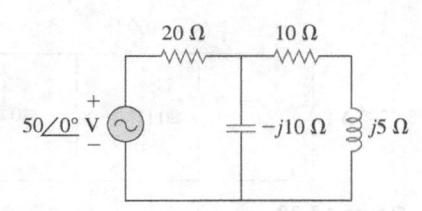

Figura 14.29
Para o Problema 14.4.

14.5 Assumindo que $v_s(t) = 8\cos(2t - 40°)$ V no circuito da Figura 14.30, encontre a potência média entregue para cada elemento passivo.

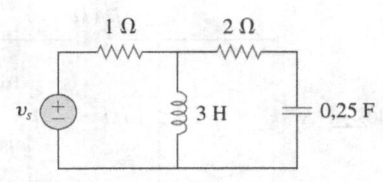

Figura 14.30
Para o Problema 14.5.

Seção 14.3 Máxima transferência de potência média

14.6 Para cada um dos circuitos na Figura 14.31, determine o valor da carga Z para máxima transferência de potência e a máxima potência média transferida.

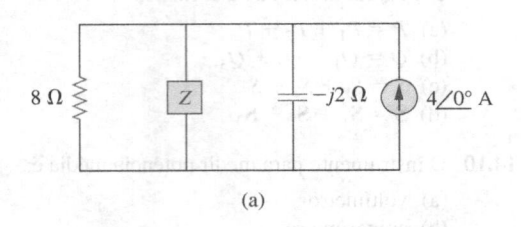

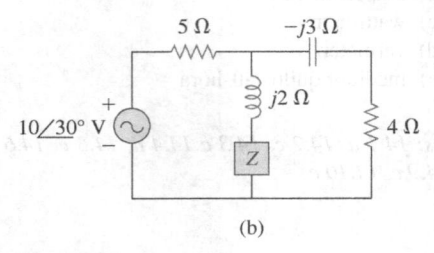

(a) 8 Ω, Z, −j2 Ω, 4∠0° A

(b) 10∠30° V, 5 Ω, −j3 Ω, j2 Ω, Z, 4 Ω

Figura 14.31
Para o Problema 14.6.

14.7 Para o circuito na Figura 14.32 encontre: (a) o valor da impedância da carga que absorve a máxima potência média e (b) o valor da máxima potência média absorvida.

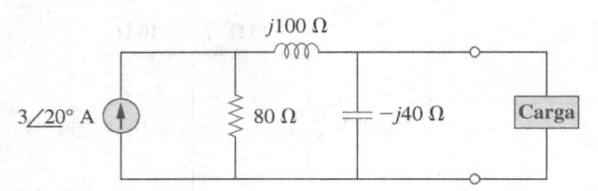

3∠20° A, j100 Ω, 80 Ω, −j40 Ω, Carga

Figura 14.32
Para o Problema 14.7.

14.8 No circuito da Figura 14.33, encontre o valor de **Z** que irá resultar na máxima potência sendo entregue para **Z**. Calcule a máxima potência entregue para **Z**.

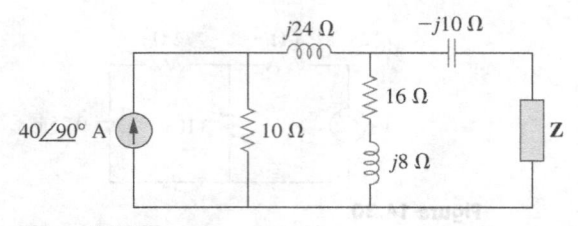

40∠90° A, j24 Ω, −j10 Ω, 10 Ω, 16 Ω, j8 Ω, Z

Figura 14.33
Para o Problema 14.8.

14.9 Calcule o valor de Z_L no circuito da Figura 14.34 de modo que Z_L receba a máxima potência média. Qual a máxima potência média recebida por Z_L?

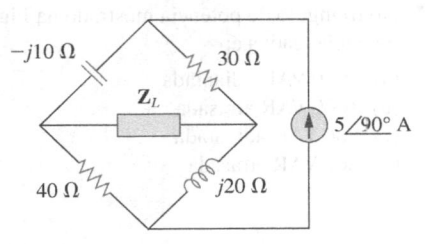

−j10 Ω, 30 Ω, Z_L, 40 Ω, j20 Ω, 5∠90° A

Figura 14.34
Para o Problema 14.9.

14.10 O resistor variável R no circuito da Figura 14.35 é ajustado antes de absorver a máxima potência média. Encontre R e a máxima potência média absorvida.

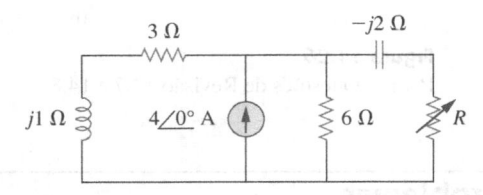

3 Ω, −j2 Ω, j1 Ω, 4∠0° A, 6 Ω, R

Figura 14.35
Para o Problema 14.10.

Seção 14.4 Potência aparente e fator de potência

14.11 Uma bobina de relé é conectada em uma fonte de 210 V e 50 Hz. Se o relé possui uma resistência de 30 Ω e uma indutância de 0,5 H, calcule a potência aparente e o fator de potência.

14.12 Certa carga é composta por $12 - j18$ Ω em paralelo com $j4$ Ω. Determine o fator de potência total.

14.13 Para o circuito na Figura 14.36, encontre:
(a) a potência real dissipada de cada elemento
(b) a potência total aparente fornecida para o circuito
(c) o fator de potência do circuito

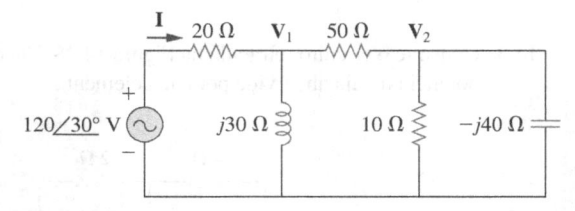

120∠30° V, I, 20 Ω, V_1, 50 Ω, V_2, j30 Ω, 10 Ω, −j40 Ω

Figura 14.36
Para o Problema 14.13.

14.14 Obtenha o fator de potência para cada um dos circuitos na Figura 14.37. Especifique o fator de potência como adiantado ou atrasado.

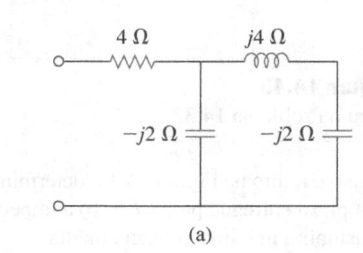

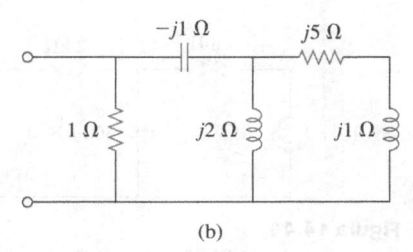

(a) [circuito com $4\,\Omega$, $j4\,\Omega$, $-j2\,\Omega$, $-j2\,\Omega$]

(b) [circuito com $-j1\,\Omega$, $j5\,\Omega$, $1\,\Omega$, $j2\,\Omega$, $j1\,\Omega$]

Figura 14.37
Para o Problema 14.14.

Seção 14.5 Potência complexa

14.15 Em um circuito RL em série, $V_R = 220$ V (RMS), $V_L = 150$ V (RMS), e a corrente é 6 A (RMS). Calcule a potência real, a potência reativa e a potência aparente.

14.16 Em um circuito, a potência real é 4,2 W, enquanto a potência reativa é 6,2 VAR. Calcule a potência aparente.

14.17 Para o circuito na Figura 14.38, encontre a potência complexa entregue pela fonte. Considere $v = 20\cos(10t)$ V.

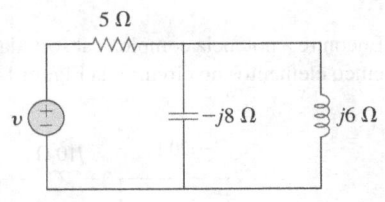

[circuito com $5\,\Omega$, $-j8\,\Omega$, $j6\,\Omega$, fonte v]

Figura 14.38
Para o Problema 14.17.

14.18 Uma fonte de 240 V (RMS) é conectada em um motor indutivo CA. Se o motor consome 100 A e é classificado como 10 kW, determine: (a) o fator de potência fp, (b) a potência reativa Q e a Z_{eq} do motor.

14.19 Um motor de 240 V (RMS) possui um potência real de saída de 4 hp. Se o motor consome uma corrente de 15 A, encontre: (a) a potência aparente, (b) o fator de potência e (c) a potência reativa.

14.20 Uma carga consome 5 kVAR com um fator de potência de 0,86 (adiantado) de uma fonte de 220 V. Calcule o pico da corrente e a potência aparente fornecida para a carga.

14.21 Um fonte entrega 50 kVA para uma carga com fator de potência de 65% atrasado. Encontre a potências média e reativa da carga.

14.22 Para os seguintes fasores de tensão e corrente, calcule a potência complexa, potência aparente, potência real e potência reativa. Especifique se o fp é adiantado ou atrasado.
(a) $\mathbf{V} = 220\,\underline{/30°}$ V (RMS), $\mathbf{I} = 0,5\,\underline{/60°}$ A (RMS)
(b) $\mathbf{V} = 250\,\underline{/-10°}$ V (RMS), $\mathbf{I} = 6,2\,\underline{/-25°}$ A (RMS)
(c) $\mathbf{V} = 120\,\underline{/0°}$ V (RMS), $\mathbf{I} = 2,4\,\underline{/-15°}$ A (RMS)
(d) $\mathbf{V} = 160\,\underline{/45°}$ V (RMS), $\mathbf{I} = 8,5\,\underline{/90°}$ A (RMS)

14.23 Para cada um dos seguintes casos, encontre a potência complexa, a potência média e a potência reativa:
(a) $v(t) = 112\cos(\omega t + 10°)$ V, $i(t) = 4\cos(\omega t - 50°)$ A
(b) $v(t) = 160\cos 377t$ V, $i(t) = 4\cos(377t + 45°)$ A
(c) $\mathbf{V} = 80\,\underline{/60°}$ V (RMS), $\mathbf{Z} = 50\,\underline{/30°}\,\Omega$
(d) $\mathbf{I} = 10\,\underline{/60°}$ V (RMS), $\mathbf{Z} = 100\,\underline{/45°}\,\Omega$

14.24 Determine a potência complexa para os seguintes casos:
(a) $P = 269$ W, $Q = 150$ VAR (capacitivo)
(b) $Q = 2000$ VAR, $fp = 0,9$ (adiantado)
(c) $S = 600$ VA, $Q = 450$ VAR (indutivo)
(d) $V_{RMS} = 220$ V, $P = 1$ kW, $|\mathbf{Z}| = 40\,\Omega$ (indutivo)

14.25 Obtenha a impedância total dos seguintes casos:
(a) $P = 1000$ W, $fp = 0,8$ (adiantado), $V_{RMS} = 220$ V
(b) $P = 1500$ W, $Q = 2000$ VAR (indutivo), $I_{RMS} = 12$ A
(c) $\mathbf{S} = 4500\,\underline{/60°}$ VA, $\mathbf{V} = 120\,\underline{/45°}$ V

14.26 Para o circuito completo na Figura 14.39, calcule:
(a) o fator de potência
(b) a potência média entregue pela fonte
(c) a potência reativa
(d) a potência aparente
(e) a potência complexa

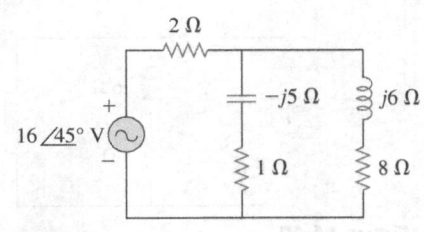

[circuito com $2\,\Omega$, $-j5\,\Omega$, $j6\,\Omega$, $1\,\Omega$, $8\,\Omega$, fonte $16\,\underline{/45°}$ V]

Figura 14.39
Para o Problema 14.26.

14.27 No circuito da Figura 14.40, o dispositivo A recebe 2 kW com um fp 0,8 atrasado, o dispositivo B recebe 3 kVA com um fp 0,4 adiantado, enquanto o dispositivo C é indutivo e consome 1 kW e recebe 500 VAR. (a) Determine o fator de potência de todo o sistema. (b) Encontre **I** dado que $\mathbf{V}_F = 120\ \underline{/45°}$ V RMS.

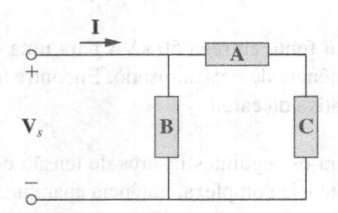

Figura 14.40
Para o Problema 14.27.

14.28 Um circuito RL em série possui uma potência real de 100 W e uma potência aparente de 240 VA. Qual é a potência reativa?

14.29 Uma fonte de tensão de 60 Hz fornece uma corrente de $4\ \underline{/30°}$ A (RMS) para uma carga $\mathbf{Z} = 100\ \underline{/45°}$ Ω. (a) Encontre a potência aparente S. (b) Calcule a potência real P. (c) Determine a potência reativa Q. (d) Desenhe o triângulo de potência.

14.30 Consulte a Figura 14.41. (a) Encontre a potência total aparente entregue pela fonte. (b) Esboce o triângulo de potência.

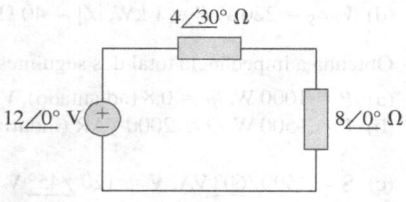

Figura 14.41
Para o Problema 14.30.

4.31 Determine a impedância não conhecida **Z** na Figura 14.42 se o circuito possui uma potência aparente total de 600 VA e um fator de potência total atrasado de 0,84. Considere V = $50\ \underline{/0°}$ V(RMS).

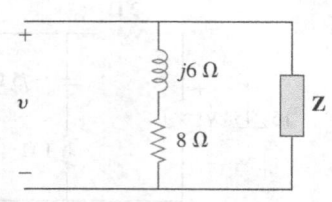

Figura 14.42
Para o Problema 14.31.

14.32 Para o circuito na Figura 14.43, encontre: (a) I (RMS), (b) a potência real P e (c) a potência reativa Q.

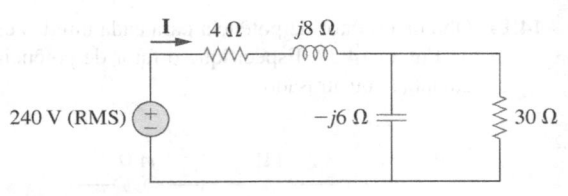

Figura 14.43
Para o Problema 14.32.

14.33 Para o circuito na Figura 14.44, determine: (a) a potência complexa entregue para RL e (b) a impedância Z_L que irá consumir a máxima potência média.

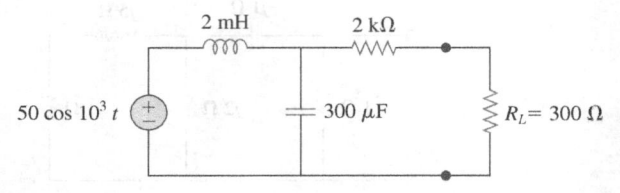

Figura 14.44
Para o Problema 14.33.

Seção 14.6 Conservação de potência CA

14.34 Para a rede na Figura 14.45, encontre a potência complexa absorvida pelos elementos individualmente.

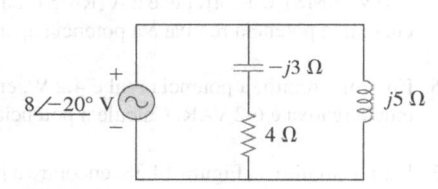

Figura 14.45
Para o Problema 14.34.

14.35 Encontre a potência complexa absorvida em cada um dos cinco elementos no circuito na Figura 14.46.

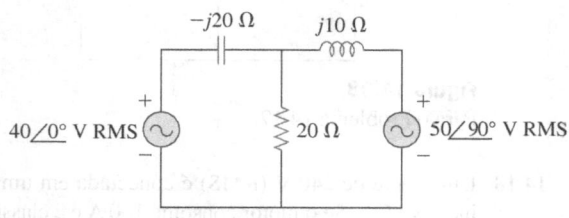

Figura 14.46
Para o Problema 14.35.

14.36 Obtenha a potência complexa entregue pela fonte no circuito na Figura 14.47.

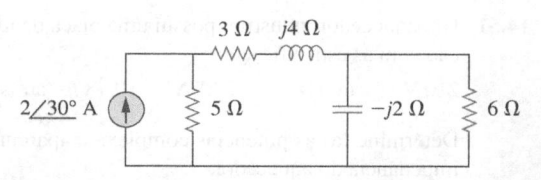

Figura 14.47
Para o Problema 14.36.

14.37 Para o circuito na Figura 14.48, encontre $\mathbf{V}_0$ e o fator de potência de entrada.

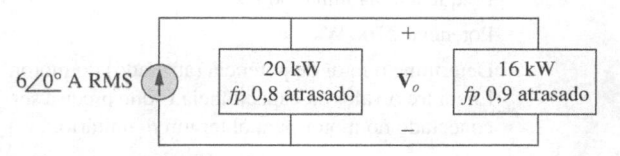

Figura 14.48
Para o Problema 14.37.

14.38 Dado o circuito na Figura 14.49, encontre $\mathbf{I}_0$ e o fator de potência complexo total.

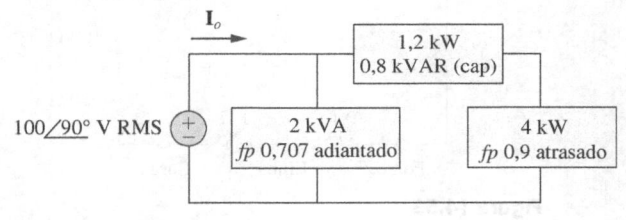

Figura 14.49
Para o Problema 14.38.

Seção 14.7 Correção do fator de potência

14.39 Consulte o circuito mostrado na Figura 14.50.
(a) Qual é o fator de potência?
(b) Qual é a potência média dissipada?
(c) Qual é o valor da capacitância que irá fornecer um fator de potência unitário quando conectada à carga?

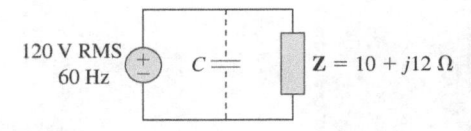

Figura 14.50
Para o Problema 14.39.

14.40 Uma carga com 880 VA, 220 V e 50 Hz possui um fator de potência de 0,8 atrasado. Qual o valor da capacitância em paralelo irá corrigir o fator de potência para a unidade?

14.41 Duas cargas são colocadas em paralelo em uma linha de 120 V RMS e 60 Hz. A primeira carga consome 150 VA com um fator de potência de 0,707 atrasado, enquanto a segunda carga consome 50 VAR com um fator de potência de 0,8 adiantado. Uma terceira carga puramente capacitiva é colocada em paralelo na linha de 120 V de modo a fazer o fp do sistema igual à unidade. Calcule o valor da capacitância.

14.42 Um motor de indução de 40 kW, com um fator de potência de 0,76 atrasado, é alimentado por uma fonte de tensão senoidal de 120 V RMS e 60 Hz. Encontre a capacitância paralela com o motor necessária para aumentar o fator de potência para: (a) 0,9 atrasado e (b) 1,0.

14.43 Uma fonte de 240 V RMS e 60 Hz alimenta uma carga com 10 kW (resistiva), 15 kVAR (capacitiva) e 22 kVAR (indutiva). Encontre: (a) potência aparente, (b) corrente consumida da fonte, (c) valor de kVAR e capacitância requerida para aumentar o fator de potência para 0,96 atrasado, e (d) a corrente fornecida pela fonte sob o novo fator de potência.

14.44 Um fonte de 50 V (RMS) e 400 Hz é conectada em uma carga de 6 kW com uma fator de potência de 75% atrasado. Calcule a capacitância necessária para a correção do fator de potência quando o fator de potência é corrigido para 95% atrasado.

Seção 14.8 Aplicações

14.45 Determine a leitura do wattímetro para o circuito na Figura 14.51.

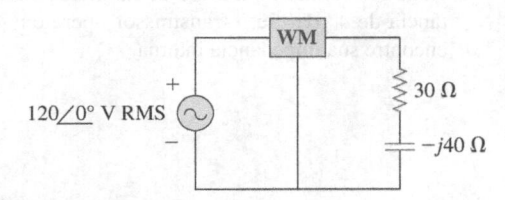

Figura 14.51
Para o Problema 14.45.

14.46 Qual é a leitura do wattímetro no circuito da Figura 14.52?

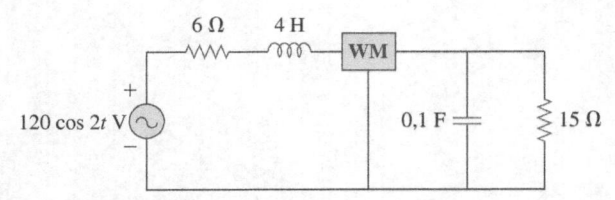

Figura 14.52
Para o Problema 14.46.

14.47 O quilowatt-hora de uma casa é medido uma vez por mês. Para um mês em particular, a medição anterior e atual são as seguintes:

Medição anterior: 3246 kWh

Medição atual: 4017 kWh

Calcule a conta de eletricidade para o mês baseada nas seguintes regras para contas residenciais:

Taxa mensal mínima – $12,00

Primeiros 100 kWh por mês em 16 centavos/kWh

Até 200 kWh por mês em 10 centavos/kWh

Mais que 200 kWh por mês em 6 centavos/kWh

14.48 Uma fonte de 240 V RMS e 60 Hz alimenta uma combinação paralela de um aquecedor de 5 kW e um motor de indução de 30 kVA, cujo fator de potência é 0,82. Determine: (a) a potência aparente do sistema, (b) a potência reativa do sistema, (c) o valor em kVA do capacitor requerido para ajustar o fator de potência do sistema em 0,9 atrasado e (d) o valor do capacitor requerido.

14.49 Um consumidor possui um consumo anual de 1.200 MWh com uma demanda máxima de 2,4 MVA. A taxa da demanda máxima é $30 por kVA por ano, e a taxa da energia por kWh é 4 centavos.

(a) Determine o custo anual da energia.
(b) Calcule o custo por kWh com uma tarifa fixa se a receita para a concessionária manter-se a mesma para a segunda parcela da tarifa.

14.50 Um transmissor entrega uma potência máxima para uma antena quando a antena é ajustada para representar uma carga com resistência de 75 Ω em série com uma indutância de 4 μH. Se o transmissor opera em 4,12 MHz encontre sua impedância interna.

14.51 Um aquecedor industrial possui uma placa de identificação com as especificações:

210 V   60 Hz   12 kVA   0,78 fp (atrasado)

Determine (a) as potências complexa e aparente e (b) a impedância do aquecedor.

14.52 A placa de identificação de um motor elétrico possui as seguintes informações:

Tensão de linha: 220 V RMS

Corrente de linha: 15 A RMS

Frequência na linha: 60 Hz

Potência: 2700 W

Determine o fator de potência (atrasado) do motor. Encontre o valor da capacitância C que precisa ser conectado no motor para obter um fp unitário.

14.53 Um sistema de transmissão é modelado como mostra a Figura 14.53. Se $\mathbf{V}_F = 240\underline{/0°}$ V, encontre a potência média absorvida pela carga.

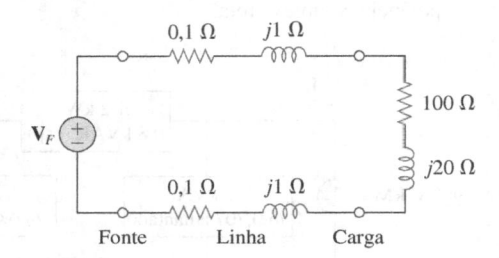

Figura 14.53
Para o Problema 14.53.

capítulo 15

Ressonância

Não preste atenção ao que os críticos dizem. Nenhuma estátua foi construída para um crítico.

—Jean Sibelius

Desenvolvendo sua carreira

Melhorar suas habilidades de comunicação

Fazer um curso de análise de circuitos é um meio de prepará-lo para uma carreira de engenheiro eletricista. Melhorar suas habilidades de comunicação ainda na escola deve ser parte da preparação, pois, como tecnologista ou técnico, uma grande parte de seu tempo será gasta em comunicação.

Pessoas na indústria queixam-se repetidamente que os tecnologistas graduados são mal preparados em comunicação oral e escrita. Eles querem que tecnologistas se comuniquem efetivamente para se tornarem ativos.

Você provavelmente pode falar e escrever fácil e rapidamente. Mas até que ponto você pode se comunicar assim? A arte de comunicação efetiva é de extrema importância para seu sucesso como um tecnologista. Para tecnologistas na indústria, comunicação é a chave para sua possibilidade de promoção. Considere o resultado da pesquisa das corporações dos Estados Unidos que perguntaram quais fatores influenciam majoritariamente a promoção. A pesquisa incluía uma lista de 22 qualidades pessoais e sua importância na promoção. Você ficará surpreso em notar que "habilidades técnicas baseadas na experiência" ficou nas quatro últimas posições. Atributos como autoconfiança, ambição, flexibilidade, maturidade, habilidade para fazer decisões sólidas, fazer com que as coisas sejam feitas com e por meio das pessoas e capacidade para trabalho árduo, todos foram classificados como superior. No topo da lista ficou "a habilidade de comunicação". À medida que sua carreira profissional progride, você precisará se comunicar mais frequentemente. Portanto, você deve considerar uma comunicação eficaz como uma importante ferramenta em sua caixa de ferramentas de engenharia.

Habilidade para comunicação efetiva é considerada por muitos como o mais importante passo para uma promoção executiva.
©IT Stock/Punchstock RF

Aprender a se comunicar efetivamente é uma tarefa que você deve trabalhar ao longo da vida. O melhor lugar para começar o desenvolvimento de suas habilidades de comunicação efetiva é na escola. Procure sempre oportunidades para desenvolver e fortalecer suas habilidades de leitura, escrita, escuta e fala. Você pode fazer isso através de apresentações em classe, projetos em equipe, participação ativa em organizações estudantis e inscrição em cursos de comunicação. Aprenda a escrever bons relatórios de laboratório em termos de gramática, ortografia e coerência. Os riscos são menores agora do que no local de trabalho.

15.1 Introdução

Em nossa análise de circuito senoidal, aprendemos como encontrar as tensões e correntes em um circuito devido a uma fonte com frequência constante. Agora voltaremos nossa atenção para circuitos CA em que a frequência na fonte varia. Se deixarmos a amplitude da fonte senoidal constante e variarmos a frequência, obteremos a *resposta em frequência* do circuito. A resposta em frequência pode ser considerada como uma descrição completa do estado estacionário de um circuito em função da frequência.

A característica mais importante da resposta em frequência de um circuito ressonante pode ser o pico (ou *pico ressoante*) exibido em sua amplitude caraterística. O conceito de ressonância é aplicado em várias áreas da ciência e engenharia. Sem a ressonância não poderíamos ter rádio, televisão ou música. Claro, a ressonância também possui um lado negativo; ela, ocasionalmente, causa o colapso de uma ponte ou a quebra de um helicóptero.

Ressonância é a causa de oscilações de energia armazenada de um lado para outro. É o fenômeno que permite seleção de frequências em redes de comunicação. Ressonância eletrônica ocorre em qualquer circuito que tenha pelo menos um indutor e um capacitor. Circuitos ressonantes (em série ou em paralelo) são úteis para construção de filtros porque sua resposta em frequência pode ser altamente seletiva em frequência. Eles também são utilizados para selecionar as estações desejadas nos receptores de rádio e TVs.

Começaremos com circuitos ressonantes RLC em série. Discutiremos a importância do fator de qualidade. Depois consideraremos as respostas de circuitos ressonantes RLC em paralelo. Utilizaremos o PSpice para obter a resposta em frequência dos circuitos RLC. Finalmente, consideraremos um receptor de rádio como uma aplicação prática de circuitos ressonantes.

15.2 Ressonância em série

A configuração básica de circuitos RLC é mostrada na Figura 15.1. O circuito ressonante consiste em uma fonte de tensão com frequência variável em série com um resistor (opcional), um capacitor e um indutor. Tal circuito irá causar ressonância com a variação da frequência.

Ressonância é a condição em um circuito RLC em que as reatâncias capacitivas e indutivas são iguais em magnitude, mas, pelo fato de possuírem sinais opostos, resultam em um sistema puramente resistivo.

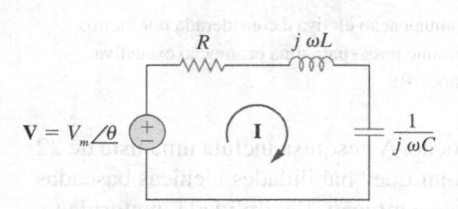

Figura 15.1
Circuito ressonante em série.

Considere um circuito RLC em série mostrado na Figura 15.1 no domínio da frequência. A impedância de entrada é

$$\mathbf{Z} = \frac{\mathbf{V}}{\mathbf{I}} = R + j\omega L + \frac{1}{j\omega C} \tag{15.1}$$

ou

$$\mathbf{Z} = R + j\left(\omega L - \frac{1}{\omega C}\right) \tag{15.2}$$

O gráfico na Figura 15.2 mostra a variação da parte imaginária da impedância de entrada; isto é,

$$X(\omega) = \omega L - \frac{1}{\omega C} \tag{15.3}$$

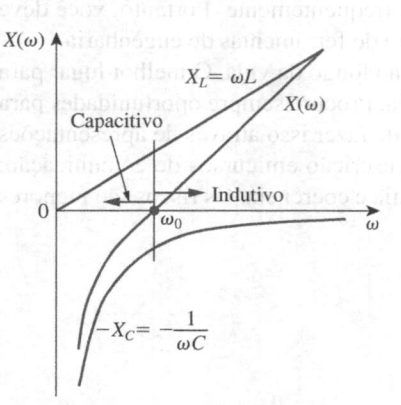

Figura 15.2
Gráfico de X, X_L e X_C.

A ressonância resulta quando X, a parte imaginária da impedância de entrada, é zero; isto é

$$\text{Im}(\mathbf{Z}) = X(\omega) = \omega L - \frac{1}{\omega C} = 0 \qquad (15.4)$$

O valor de ω que satisfaz essa condição é chamado de frequência ressonante. Então, a condição de ressonância é

$$\omega_0 L = \frac{1}{\omega_0 C} \qquad (15.5)$$

ou

$$\boxed{\omega_0 = \frac{1}{\sqrt{LC}} \text{ (rad/s)}} \qquad (15.6)$$

Devido a $\omega_0 = 2\pi f_0$

$$f_0 = \frac{1}{2\pi\sqrt{LC}} \text{ (Hz)} \qquad (15.7)$$

Note que na ressonância:

1. A impedância é puramente resistiva; isto é, $\mathbf{Z} = R$. Em outras palavras, a combinação LC em série atua como um curto-circuito, e toda a tensão da fonte fica em R.
2. A tensão $\mathbf{V}_S$ e a corrente $\mathbf{I}$ estão em fase, então o fator de potência é unitário.
3. A magnitude da impedância $\mathbf{Z}(\omega)$ é mínima.
4. A tensão no indutor e no capacitor pode ser maior do que a tensão da fonte.

$$\left(V_L = IX_L = \frac{V_m}{R}\omega_o L, \qquad V_C = -IX_C = -\frac{V_m}{R}\frac{1}{\omega_o C} \right)$$

A resposta em frequência da magnitude de corrente do circuito

$$I = |\mathbf{I}| = \frac{V_m}{\sqrt{R^2 + (\omega L - 1/\omega C)^2}} \qquad (15.8)$$

é mostrada na Figura 15.3; o gráfico apresenta a simétrica quando a escala de frequência é logarítmica. A potência média dissipada pelo circuito RLC é

$$P(\omega) = \frac{1}{2}I^2 R \qquad (15.9)$$

A maior potência ocorre na ressonância, quando $I = V_m/R$, então

$$P(\omega_0) = \frac{1}{2}\frac{V_m^2}{R} \qquad (15.10)$$

Na frequência $\omega = \omega_1, \omega_2$, a potência dissipada é a metade do valor máximo; isto é,

$$P(\omega_1) = P(\omega_2) = \frac{(V_m/\sqrt{2})^2}{2R} = \frac{V_m^2}{4R} \qquad (15.11)$$

Assim, ω_1 e ω_2 são chamados de *frequência de meia potência*.

As frequências de meia potência são obtidas colocando Z igual a $\sqrt{2}R$

$$\sqrt{R^2 + \left(\omega L - \frac{1}{\omega C}\right)^2} = \sqrt{2}R \qquad (15.12)$$

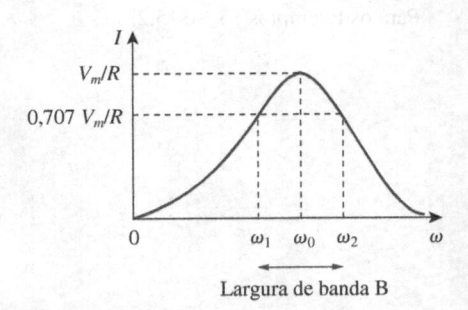

Figura 15.3
Amplitude da corrente *versus* frequência para o circuito ressonante em série da Figura 15.1.

Resolvendo para ω, obtemos

$$\omega_1 = -\frac{R}{2L} + \sqrt{\left(\frac{R}{2L}\right)^2 + \frac{1}{LC}} \qquad (15.13a)$$

$$\omega_2 = \frac{R}{2L} + \sqrt{\left(\frac{R}{2L}\right)^2 + \frac{1}{LC}} \qquad (15.13b)$$

Podemos relacionar a frequência de meia potência coma frequência ressonante. A partir das Equações (15.6) e (15.13),

$$\omega_0 = \sqrt{\omega_1 \omega_2} \qquad (15.14)$$

mostrando que a frequência ressonante é a média geométrica da frequência de meia potência. Note que ω_1 e ω_2, em geral, não são igualmente equidistantes da frequência ressonante ω_0, porque a resposta em frequência geralmente é não simétrica. Entretanto, como será explicada em breve, a simetria aritmética da frequência de meia potência ao redor da frequência de ressonância é frequentemente uma aproximação razoável.

Embora a altura da curva na Figura 15.3 seja determinada por R, a largura da curva depende de outros fatores como a frequência de meia potência. A largura de banda (*LB*) é definida como a diferença entre as duas frequências de meia potência: isto é,

$$LB = \omega_2 - \omega_1 \qquad (15.15)$$

largura de banda (*LB*) é a diferença entre as duas potências de meia onda.

Essa definição de largura de banda é somente uma de várias definições que são comumente utilizadas.[1] Rigorosamente falando, *LB* na Equação (15.15) é a banda de meia potência porque é a largura da banda de frequência entre as duas frequências de meia potência.

Exemplo 15.1

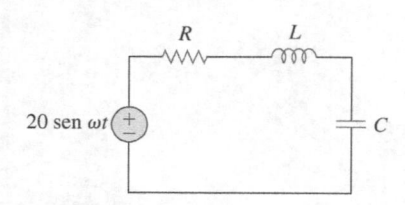

Figura 15.4
Para os Exemplos 15.1 e 15.2.

No circuito da Figura 15.4, $R = 2\ \Omega$, $L = 1$ mH e $C = 0,4\ \mu$F:

(a) Encontre a frequência ressonante e as frequências de meia potência.
(b) Encontre a largura de banda.
(c) Determine a amplitude da corrente em ω_0, ω_1 e ω_2.
(d) Calcule a potência dissipada nas frequências ressonante e de meia potência.

Solução:

(a) A frequência ressonante é

$$\omega_0 = \frac{1}{\sqrt{LC}} = \frac{1}{\sqrt{10^{-3} \times 0,4 \times 10^{-6}}} = 50\ \text{krad/s}$$

A menor frequência de meia potência é

$$\omega_1 = -\frac{R}{2L} + \sqrt{\left(\frac{R}{2L}\right)^2 + \frac{1}{LC}}$$

$$= -\frac{2}{2 \times 10^{-3}} + \sqrt{(10^3)^2 + (50 \times 10^3)^2}$$

$$= -1 + \sqrt{1 + 2500}\ \text{krad/s}$$

$$= 49\ \text{krad/s}$$

---
[1] Em uma rede de comunicação de computador, largura de banda é a taxa de transferência menos a quantidade de dados que podem ser transportados de um ponto para outro em 1 s.

Similarmente, a maior frequência de meia potência é

$$\omega_2 = 1 + \sqrt{1 + 2500} \text{ krad/s}$$
$$= 51 \text{ krad/s}$$

(b) A largura de banda é

$$LB = \omega_2 - \omega_1 = 51 - 49 = 2 \text{ krad/s}$$

(c) Em $\omega = \omega_0$,

$$I = \frac{V_m}{R} = \frac{20}{2} = 10 \text{ A}$$

Em $\omega = \omega_1$ e ω_2

$$I = \frac{V_m}{\sqrt{2}R} = \frac{10}{\sqrt{2}} = 7{,}071 \text{ A}$$

(d) A potência dissipada na frequência de meia potência é

$$P = \frac{V_m^2}{4R} = \frac{20^2}{4 \times 2} = 50 \text{ W}$$

Problema Prático 15.1

Um circuito conectado em série possui $R = 4 \, \Omega$, $C = 0{,}625 \, \mu\text{F}$ e $L = 25 \text{ mH}$.

(a) Calcule a frequência ressonante
(b) Encontre ω_1, ω_2 e LB.
(c) Determine a potência média dissipada em $\omega = \omega_0, \omega_1, \omega_2$. Considere $V_m = 100$ V.

Resposta: (a) 8 krad/s; (b) 7920 rad/s, 8080 rad/s, 160 rad/s; (c) 1,25 kW, 0,625 kW, 0,625 kW.

15.3 Fator de qualidade

A "agudeza" da curva ressonante em um circuito ressonante é medida quantitativamente pelo fator de qualidade Q.[2] Na ressonância, a energia reativa no circuito oscila entre o indutor e o capacitor. Para qualquer circuito ressonante, o fator de qualidade é a razão da potência reativa e a potência média na frequência de ressonância; isto é,

$$Q = \frac{\text{Potência reativa}}{\text{Potência média}} \quad (15.16)$$

No circuito RLC em série,

$$Q = \frac{I^2 X_L}{I^2 R} = \frac{\omega_o L}{R} = \frac{I^2 X_c}{I^2 R} = \frac{1}{\omega_o CR} \quad (15.17)$$

ou

$$\boxed{Q = \frac{\omega_0 L}{R} = \frac{1}{\omega_0 CR}} \quad (15.18)$$

---

[2] Nota: Embora o mesmo símbolo Q seja usado para potência reativa, os dois não são iguais e não devem ser confundidos. Suas unidades irão ajudar a distinguir os dois.

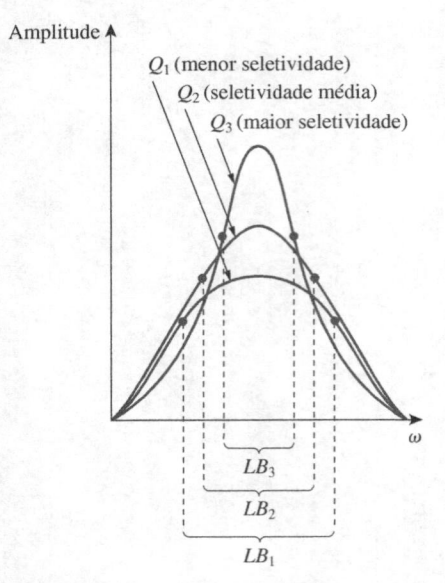

Figura 15.5
Quanto maior o Q do circuito, menor a largura de banda.

Observe que o fator de qualidade é adimensional. A relação entre a largura de banda LB e o fator de qualidade Q é obtida substituindo a Equação (15.13) na Equação (15.15). O resultado é

$$LB = \frac{R}{L}$$

Utilizando a Equação (15.18), obtemos

$$LB = \frac{R}{L} = \frac{\omega_0}{Q} \quad \Rightarrow \quad Q = \frac{\omega_0}{LB} \qquad (15.19)$$

ou

$$LB = \omega_0^2 CR.$$

Assim,

> o **fator de qualidade** de um circuito ressonante é a razão entre sua frequência ressoante e sua largura de banda.

Quanto maior o Q, maior será a corrente na ressonância e pontiaguda a curva. Como ilustrado na Figura 15.5, quanto maior o valor de Q, mais seletivo é o circuito e menor é a largura de banda. A *seletividade* de um circuito *RLC* é a habilidade do circuito para responder à certa frequência e discriminar todas as outras frequências.[3] Se a banda de frequência do interesse é ampla, o fator de qualidade precisa ser baixo.

Um circuito ressonante é desenvolvido para operar em sua frequência ressonante ou próximo dela. Um circuito é dito ser de *alto Q* quando seu fator de qualidade é igual ou maior que 10. Para um circuito de alto Q ($Q \geq 10$), a frequência de meia potência, para todos os propósitos, é aritmeticamente simétrica ao redor da frequência ressonante e pode ser aproximada como

$$\boxed{\omega_1 \cong \omega_0 - \frac{LB}{2}, \qquad \omega_2 \cong \omega_0 + \frac{LB}{2}} \qquad (15.20)$$

Circuitos com *alto Q* são usados frequentemente em redes de comunicação.

Notamos que um circuito ressonante é caracterizado por cinco parâmetros relacionados: as duas frequências de meia potência ω_1 e ω_2, a frequência ressonante ω_0, a largura de banda LB e o fator de qualidade Q. Note também que as Equações (15.18) e (15.19) somente são aplicadas em um circuito ressonante em série.

Exemplo 15.2

No circuito da Figura 15.4, $R = 2\,\Omega$, $L = 1$ mH e $C = 0{,}4\,\mu$F. Calcule a fator de qualidade e obtenha as frequências de meia potência.

Solução:
Isso pode ser feito de duas maneiras:

- **Método 1** A partir do Exemplo 14.1, $LB = 2$ krad/s

$$LB = \frac{R}{L} = \frac{2}{10^{-3}} = 2 \text{ krad/s}$$

---
[3] Nota: O fator de qualidade é a medida da seletividade (ou "agudos" da ressonância) do circuito.

O fator de qualidade é

$$Q = \frac{\omega_0}{LB} = \frac{50 \times 10^3}{2 \times 10^3} = 25$$

A menor frequência de meia potência é

$$\omega_1 = -\frac{R}{2L} + \sqrt{\left(\frac{R}{2L}\right)^2 + \frac{1}{LC}}$$

$$= -\frac{2}{2 \times 10^{-3}} + \sqrt{\left(\frac{2}{2 \times 10^3}\right)^2 + \frac{1}{10^{-3} \times 0.4 \times 10^{-6}}}$$

$$= -10^3 + \sqrt{(10^3)^2 + (50 \times 10^3)^2}$$

$$= -1 + \sqrt{1 + 2500} \text{ krad/s} = 49 \text{ krad/s}$$

Similarmente, a maior potência de meia potência é

$$\omega_2 = 1 + \sqrt{1 + 2500} \text{ krad/s} = 51 \text{ krad/s}$$

■ **Método 2** De outro modo, podemos encontrar

$$Q = \frac{\omega_0 L}{R} = \frac{50 \times 10^3 \times 10^{-3}}{2} = 25$$

A partir de Q, encontramos

$$LB = \frac{\omega_0}{Q} = \frac{50 \times 10^3}{25} = 2 \text{ krad/s}$$

Devido a $Q > 10$, este circuito possui um alto Q e podemos obter as potências de meia potência como

$$\omega_1 = \omega_0 - \frac{LB}{2} = 50 - 1 = 49 \text{ krad/s}$$

$$\omega_1 = \omega_0 + \frac{LB}{2} = 50 + 1 = 51 \text{ krad/s}$$

Um circuito conectado em série possui $R = 4\ \Omega$ e $L = 25$ mH.

Problema Prático 15.2

(a) Calcule o valor de C que irá produzir um fator de qualidade de 50.
(b) Encontre ω_0, ω_1, ω_2 e LB.

Resposta: (a) 0,625 μF; (b) 7920 rad/s, 8080 rad/s, 160 rad/s.

15.4 Ressonância paralela

O circuito RLC em paralelo na Figura 15.6 é o dual do circuito em série RLC. Então iremos evitar repetições desnecessárias. A admitância é

$$\mathbf{Y} = \mathbf{I}/\mathbf{V} = \frac{1}{R} + j\omega C + \frac{1}{j\omega L} \quad (15.21)$$

ou

$$\mathbf{Y} = \frac{1}{R} + j\left(\omega C - \frac{1}{\omega L}\right) \quad (15.22)$$

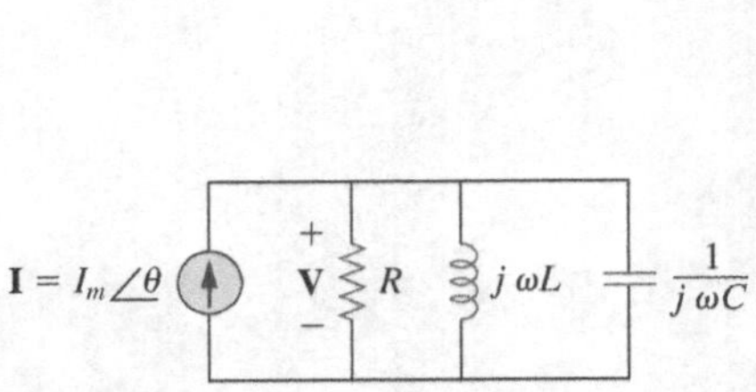

Figura 15.6
Circuito ressonante em paralelo.

A ressonância ocorre quando a parte imaginária de **Y** é zero; isto é,

$$\omega C - \frac{1}{\omega L} = 0 \tag{15.23}$$

ou

$$\boxed{\omega_0 = \frac{1}{\sqrt{LC}} \text{ (rad/s)}} \tag{15.24}$$

que é igual à Equação (15.6) do circuito ressonante em série. A tensão $|\mathbf{V}|$ é esboçada na Figura 15.7 em função da frequência. Note que, em ressonância, a combinação paralela LC atua como um circuito aberto, então toda a corrente flui pelo resistor R.

Exploramos a dualidade entre as Figuras 15.1 e 15.6 comparando a Equação (15.21) com a Equação (15.2). Substituindo R, L e C nas expressões para circuitos em série por $1/R$, C e L, respectivamente, obtemos para o circuito em paralelo:

$$\boxed{\omega_1 = -\frac{1}{2RC} + \sqrt{\left(\frac{1}{2RC}\right)^2 + \frac{1}{LC}}} \tag{15.25a}$$

$$\boxed{\omega_2 = \frac{1}{2RC} + \sqrt{\left(\frac{1}{2RC}\right)^2 + \frac{1}{LC}}} \tag{15.25b}$$

$$\boxed{LB = \omega_2 - \omega_1 = \frac{1}{RC}} \tag{15.26}$$

$$\boxed{Q = \frac{\omega_0}{LB} = \omega_0 RC = \frac{R}{\omega_0 L}} \tag{15.27}$$

Novamente para circuitos com alto Q ($Q \geq 10$),

$$\boxed{\omega_1 \cong \omega_0 - \frac{LB}{2}, \quad \omega_2 \cong \omega_0 + \frac{LB}{2}}$$

Um resumo das características de circuitos ressonantes em série e em paralelo é apresentado na Tabela 15.1. Além dos circuitos RLC em série e em paralelo,

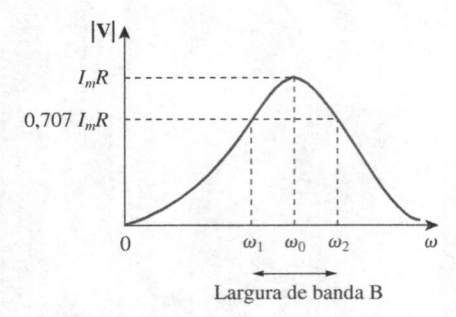

Figura 15.7
Amplitude da tensão *versus* a frequência para um circuito ressonante em paralelo da Figura 15.6.

TABELA 15.1 Resumo das características de circuitos ressonantes RLC*

Característica	Circuito em série	Circuito em paralelo
Frequência ressonante, ω_0	$\dfrac{1}{\sqrt{LC}}$	$\dfrac{1}{\sqrt{LC}}$
Fator de qualidade, Q	$\dfrac{\omega_0 L}{R}$ ou $\dfrac{1}{\omega_0 RC}$	$\dfrac{R}{\omega_0 L}$ ou $\omega_0 RC$
Largura de banda, LB	$\dfrac{\omega_0}{Q}$	$\dfrac{\omega_0}{Q}$
Frequências de meia potência ω_1, ω_2	$\omega_0 \pm \dfrac{LB}{2}$	$\omega_0 \pm \dfrac{LB}{2}$

*As frequências de meia potência somente são válidas para um Q alto.

considerados aqui e em seções anteriores, existem outros circuitos ressonantes. Um exemplo típico é tratado no Exemplo 15.4.

Nossa discussão sobre ressonância estaria incompleta sem mencionar a ressonância indesejada. Ressonância indesejada é uma oscilação próxima da oscilação da tensão ou corrente em um circuito elétrico. É ocasionada quando um pulso elétrico causa capacitâncias e indutâncias parasitas em um circuito (isto é, aquelas causadas pelos produtos dos materiais que são usados para construir o circuito, mas não fazem parte do projeto) ressonante. A ressonância indesejada leva a uma corrente extra, gastando, assim, mais energia e causando calor extra para os componentes.

Exemplo 15.3

No circuito RLC em paralelo da Figura 15.8, considere $R = 8$ kΩ, $L = 0{,}2$ mH e $C = 8$ μF.

(a) Calcule ω_0, Q e LB. (b) Encontre ω_1 e ω_2.

(c) Determine a potência dissipada em ω_0, ω_1 e ω_2.

Solução:

(a)

$$\omega_0 = \frac{1}{\sqrt{LC}} = \frac{1}{\sqrt{0{,}2 \times 10^{-3} \times 8 \times 10^{-6}}} = \frac{10^5}{4} = 25 \text{ krad/s}$$

$$Q = \frac{R}{\omega_0 L} = \frac{8 \times 10^3}{25 \times 10^3 \times 0{,}2 \times 10^{-3}} = 1.600$$

$$LB = \frac{\omega_0}{Q} = 15{,}625 \text{ rad/s}$$

(b) Devido ao valor de Q, podemos considerar um circuito com alto Q. Por isso,

$$\omega_1 = \omega_0 - \frac{LB}{2} = 25.000 - 7{,}812 = 24.992 \text{ rad/s}$$

$$\omega_2 = \omega_0 + \frac{LB}{2} = 25.000 + 7{,}812 = 25.008 \text{ rad/s}$$

(c) Em $\omega = \omega_0$, $\mathbf{Y} = 1/R$ ou $\mathbf{Z} = R = 8$ kΩ. Por isso,

$$\mathbf{I}_o = \mathbf{V}/\mathbf{Z} = \frac{10\underline{/0°}}{8.000} = 1{,}25\underline{/0°} \text{ mA}$$

Como toda corrente flui através de R na ressonância, a potência média dissipada em $\omega = \omega_0$ é

$$P = \frac{1}{2}|\mathbf{I}_o|^2 R = \frac{1}{2}(1{,}25 \times 10^{-3})^2(8 \times 10^3) = 6{,}25 \text{ mW}$$

ou

$$P = \frac{V_m^2}{2R} = \frac{10^2}{2 \times 8 \times 10^3} = 6{,}25 \text{ mW}$$

Em $\omega = \omega_1, \omega_2$,

$$P = \frac{V_m^2}{4R} = 3{,}125 \text{ mW}$$

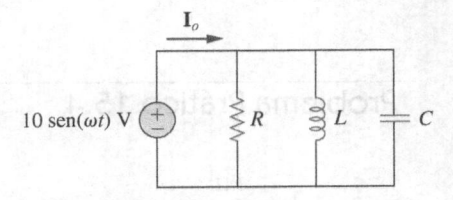

Figura 15.8
Para o Exemplo 15.3.

Problema Prático 15.3

Um circuito em paralelo ressonante possui $R = 100$ kΩ, $L = 20$ mH e $C = 5$ nF. Calcule ω_0, ω_1, ω_2, Q e LB.

Resposta: 100 krad/s; 99 krad/s; 101 krad/s; 50; 2 krad/s

Exemplo 15.4

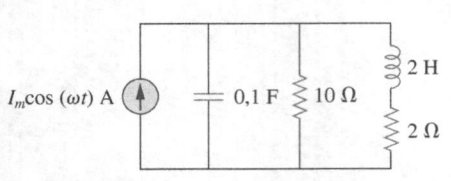

Figura 15.9
Para o Exemplo 15.4.

Determine a frequência ressonante do circuito na Figura 15.9.

Solução:
A impedância de entrada é

$$Y = j\omega 0{,}1 + \frac{1}{10} + \frac{1}{2 + j\omega 2} = 0{,}1 + j\omega 0{,}1 + \frac{2 - j\omega 2}{4 + 4\omega^2}$$

$$= \left(0{,}1 + \frac{1}{2 + 2\omega^2}\right) + j\omega\left(0{,}1 - \frac{1}{2 + 2\omega^2}\right)$$

Na ressonância, Im(**Y**) = 0; isto é,

$$\omega_0 0{,}1 - \frac{\omega_0}{2 + 2\omega_0^2} = 0 \quad \Rightarrow \quad \omega_0 = 2 \text{ rad/s}$$

Problema Prático 15.4

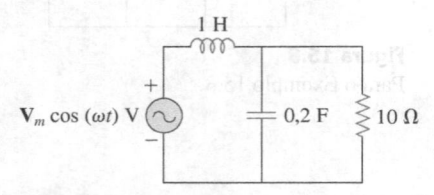

Figura 15.10
Para o Problema Prático 15.4.

Calcule a frequência ressonante do circuito na Figura 15.10.

Resposta: 2,179 rad/s

15.5 Análise computacional

15.5.1 PSpice

O PSpice é uma ferramenta útil disponível para projetistas de circuitos modernos obterem a resposta em frequência dos circuitos. A resposta em frequência é obtida usando a varredura CA (*AC Sweep*) como discutido na Seção C.5 (Apêndice C). Isso requer que especifiquemos na caixa de diálogo *AC Sweep* os campos Total de pontos (*Total Pts*), Frequência inicial (*Start Freq*), Frequência Final (*End Freq*) e tipo de varredura (*sweep type*). *Total Pts* é o número de pontos na varredura de frequência, e *Start Freq* e *End Freq* são as frequências inicial e final, respectivamente, em hertz. Para conhecer quais frequências estabelecer em *Start Freq* e *End Freq*, precisamos ter uma ideia da variação de frequência de interesse fazendo um esboço da resposta em frequência. Em um circuito complexo onde isso não é possível, um meio é usar a abordagem de tentativa e erro.

Há três tipos de varredura:

- **Linear:** A frequência varia linearmente de *Start Freq* até *End Freq* com *Total Pts* igualmente espaçados (ou respostas).

- **Oitava (*Octave*):** A frequência varia logaritmicamente por oitavas de *Start Freq* até *End Freq* com *Total Pts* por oitavas. Duas frequências são uma oitava se a razão da maior frequência em relação à menor frequência é 2:1, por exemplo, de 100 Hz a 200 Hz, de 200 Hz a 400 Hz, de 400 Hz a 800 Hz e assim por diante.

- **Década (*Decade*):** A frequência varia logaritmicamente por décadas de *Start Freq* até *End Freq* com *Total Pts* por década. A década é um fator de 10, por exemplo, de 1 Hz a 10 Hz, de 10 Hz a 100 Hz, de 100 a 1kHz e assim por diante.

Com as especificações anteriores, o PSpice executa uma análise senoidal de regime permanente do circuito com a frequência de todas as fontes independentes variáveis (ou varridas) de *Start Freq* até *End Freq*.

A janela *Probe* é utilizada para produzir uma saída gráfica. Os tipos de dados de saída podem ser especificados na caixa de diálogo *Trace Command*, adicionando os seguintes sufixos para V ou I:

M   **Amplitude da senoide**
P   **fase da senoide**
dB   **Amplitude da senoide em decibéis, por exemplo, 20 $\log_{10}$ (amplitude)**

Utilize o PSpice para determinar a frequência de resposta do circuito ressonante da Figura 15.11.

Exemplo 15.5

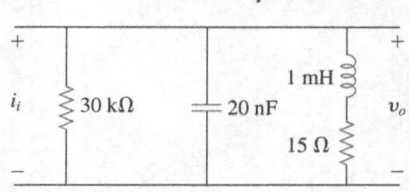

Figura 15.11
Para o Exemplo 15.5.

Solução:
O diagrama esquemático é mostrado na Figura 15.12. Utilizamos como entrada uma fronte de corrente CA IAC com magnitude 1 mA e fase 0°. A resposta em frequência é tomada como a saída de tensão v_0 na Figura 15.11. Uma vez o circuito estando desenhado e salvo como exem155.dsn, selecionamos **PSpice/ New Simulation Profile**. Isso conduz à caixa de diálogo Nova Simulação (*New Simulation*). Digitamos "exem155" como nome do arquivo e clicamos em *Create*, o que leva à caixa de diálogo Configurações da Simulação (*Simultion Settings*). Na caixa de diálogo Configurações da de Simulação, selecionamos *AC Sweep/Noise* em *Analyis Type* e selecionamos *Linear* em *AC Sweep Type*. Entramos com 10 k em *Start Freq*, 80 k em *Final Freq* e 10 k em *Total Points*.

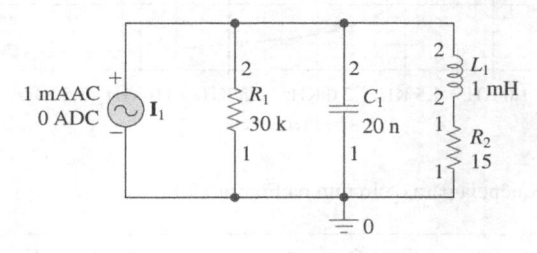

Figura 15.12
Diagrama esquemático do PSpice para o Exemplo 15.5.

Agora estamos prontos para realizar a varredura CA para 10kHz $< f <$ 80 kHz. Selecionamos **PSpice/Run** para simular o circuito. A saída gráfica irá aparecer automaticamente. Selecionamos **Trace/Add Trace** e selecionamos V(C1:2). (Poderíamos realizar a mesma coisa colocando um marcador de tensão no nó 2 no diagrama esquemático.) O resultado é mostrado na Figura 15.13. Você irá notar que a frequência ressonante é aproximadamente 36 kHz.

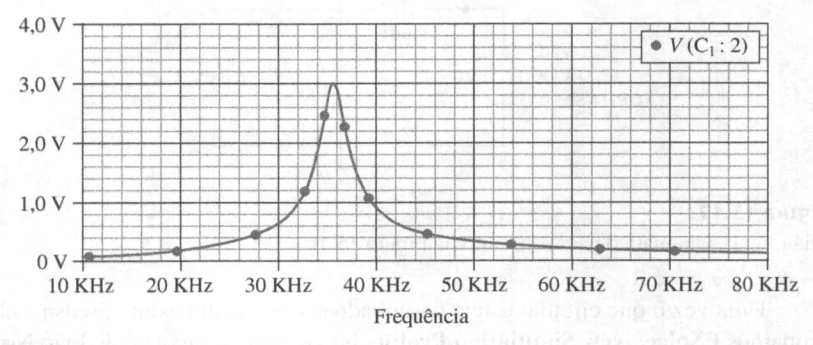

Figura 15.13
Resposta em frequência do circuito na Figura 15.11.

Problema Prático 15.5

Obtenha a resposta em frequência (i_0) do circuito na Figura 15.14 utilizando o PSpice.

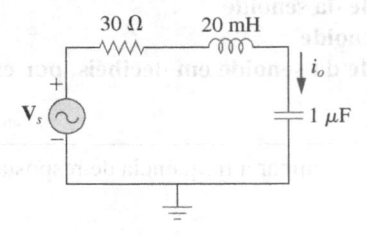

Figura 15.14
Para o Problema Prático 15.5 e para o Exemplo 15.7.

Resposta: Ver o gráfico da Figura 15.15

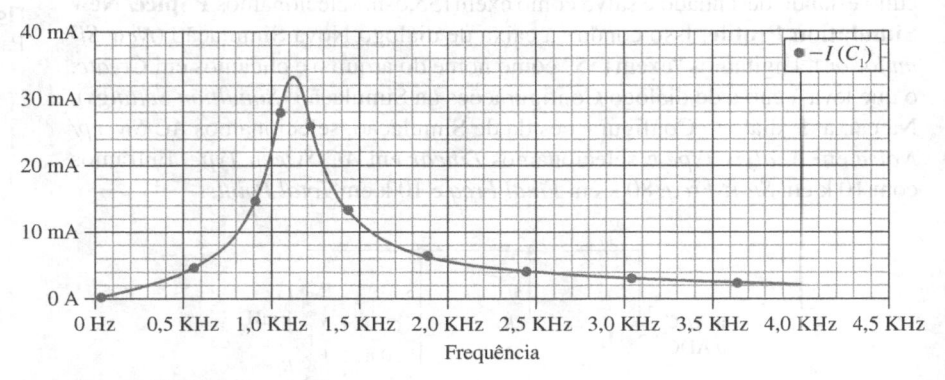

Figura 15.15
Resposta em frequência para o circuito na Figura 15.14.

Exemplo 15.6

Determine a resposta em frequência do circuito mostrado na Figura 15.16.

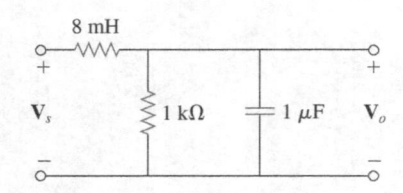

Figura 15.16
Para o Exemplo 15.6.

Solução:
Enquanto os circuitos no exemplo e no problema prático anteriores são em paralelo e em série, respectivamente, na Figura 15.16 não é nem em paralelo nem em série. Deixaremos a tensão de entrada v_S ser uma senoide de amplitude 1 V e fase 0°. O diagrama esquemático para o circuito está na Figura 15.17. O marcador de tensão é inserido na tensão de saída através do capacitor.

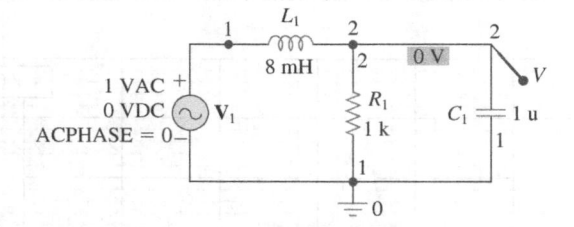

Figura 15.17
Diagrama esquemático para o circuito na Figura 15.16.

Uma vez o que circuito esteja desenhado e salvo como exem156.dsn, selecionamos **PSpice/ New Simulation Profile**. Isso conduz à caixa de diálogo Nova Simulação (*New Simulation*). Digitamos "exem156" como nome do arquivo e clicamos em *Create*, levando à caixa de diálogo Configurações da Simulação (*Simu-*

lation Settings). Na caixa de diálogo Configurações da Simulação, selecionamos *AC Sweep/Noise* em *Analyis Type* e selecionamos *Linear* em *AC Sweep Type*. Entramos com 500 k em *Start Freq*, 4 k em *Final Freq* e 10 em *Points/Decade*.

Agora estamos prontos para realizar a varredura CA para 500 kHz < f < 4 kHz. Selecionamos **PSpice/Run** para simular o circuito. A saída gráfica irá aparecer automaticamente. Selecionamos **Trace/Add Trace** e V(C1:2) ou VM(C1:2). O resultado é mostrado na Figura 15.18(a). Você irá notar que a frequência ressonante é aproximadamente 1,8 kHz. Para obter a fase, selecionamos **Trace/Add Trace** e digitamos VP(C1:1) na caixa **Trace Command**. O resultado é mostrado na Figura 18.18(b).

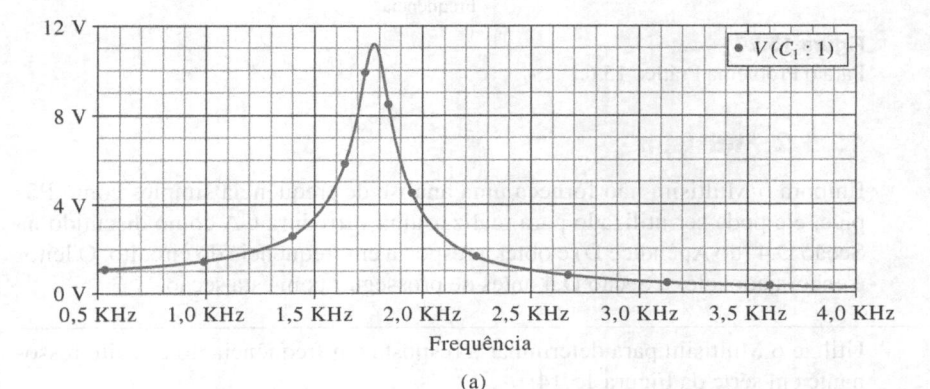

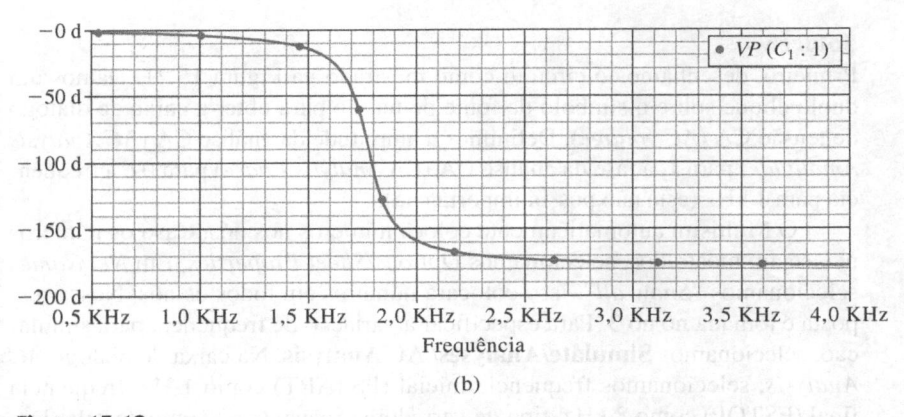

Figura 15.18
Para o Exemplo 15.6: (a) gráfico da magnitude; (b) gráfico de fase da resposta em frequência.

Problema Prático 15.6

Obtenha a resposta em frequência do circuito na Figura 15.19 utilizando o PSpice. Utilize uma varredura de frequência linear e considere 1 < f < 10.000 Hz com 1.001 pontos.

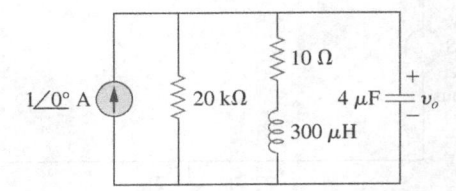

Figura 15.19
Para o Problema Prático 15.6.

Resposta: Ver a Figura 15.20.

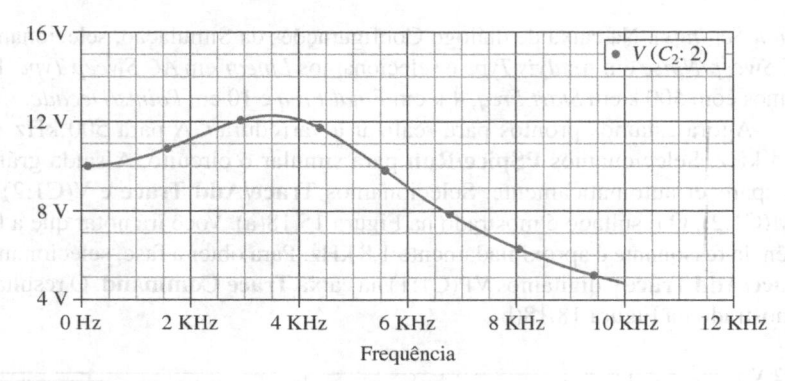

Figura 15.20
Para o Problema Prático 15.6.

15.5.2 Multisim

Embora o Multisim não forneça uma análise de frequência simples como PSpice, ele pode ser utilizado para realizar uma varredura CA como discutido na Seção D.4 (do Apêndice D) e obter a resposta em frequência do circuito. O leitor é encorajado a ler a Seção D.4 antes de prosseguir com esta seção.

Exemplo 15.7

Utilize o Multisim para determinar a resposta em frequência do circuito ressonante em série da Figura 15.14.

Solução:
Primeiro, desenhamos o circuito como mostrado na Figura 15.21. Damos um duplo clique sobre o símbolo da fonte de tensão para obter a caixa de diálogo de tensão CA (*AC voltage*). Definimos a amplitude da análise CA (*AC Analysis Amplitude*) para 1, a fase da análise CA (*CA Analylis Phase*) para 0 e a frequência para 1 kHz (esta não possui importância).

O Multisim automaticamente coloca números nos nós. Caso os números não sejam mostrados, selecionamos *Options/Sheet Properties*. Em *Net Names* selecionamos "*Show all*". Isso colocará números em todos os nós. Nossa resposta é tomada no nó 3. Para especificar a variação de frequência para simulação, selecionamos **Simulate/Analyses/ AC Analysis**. Na caixa de diálogo *AC Analysis*, selecionamos frequência inicial (FSTART) como 1 Hz, frequência final (FSTOP) como 8 kHz, tipo de varredura (*Sweep type*) como década (Decade), número de pontos por década (*Number of points per decade*) como 100

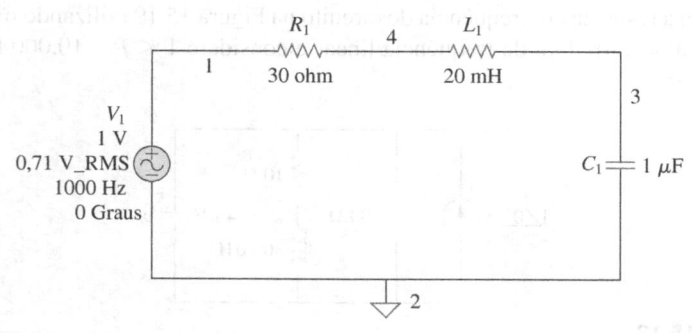

Figura 15.21
Para o Exemplo 15.7.

e escala vertical (*Vertical scale*) como Linear. (Sabemos a variação da frequência da Figura 15.15. Se não soubéssemos antecipadamente, selecionaríamos por tentativa e erro.) Em variáveis de saída, movemos V(3) da lista da esquerda para a lista da direita, então a tensão no nó 3 é mostrada. Finalmente selecionamos *Simulate*. A resposta em frequência (magnitude e fase) é mostrada na Figura 15.22

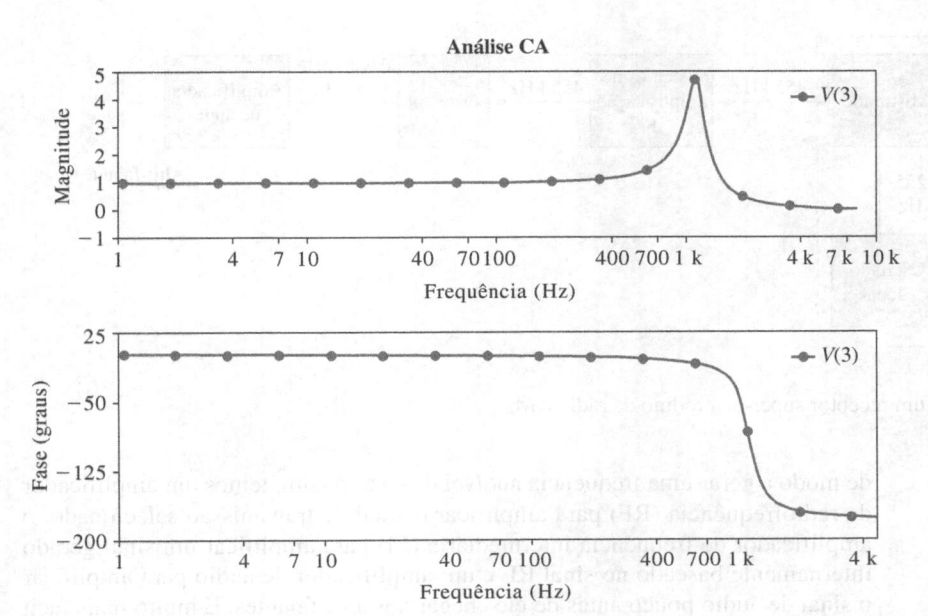

Figura 15.22
Resposta em frequência do circuito na Figura 15.21.

Determine a resposta em frequência do circuito na Figura 15.11 utilizando o Multisim.

Resposta: Ver a Figura 15.13.

Problema Prático 15.7

15.6 †Aplicações

Os circuitos ressonantes são amplamente utilizados, particularmente em eletrônicos, sistemas de potência e sistemas de comunicações. Nesta seção, consideraremos uma aplicação prática de circuitos ressonantes. O foco da aplicação não é entender os detalhes de como o dispositivo funciona, mas ver como os circuitos considerados neste capítulo são aplicados em dispositivos práticos.

Circuitos ressonantes em série e em paralelo são comumente usados em receptores de rádio e TV para sintonizar as estações e para separar o sinal de áudio da onda portadora de radiofrequência. Como um exemplo, considere o diagrama de blocos de um receptor de rádio AM mostrado na Figura 15.23. As ondas de rádio moduladas por amplitude de entrada (milhares delas em diferentes frequências de diferentes estações de radiodifusão) são recebidas pela antena. Um circuito ressonante (ou um filtro passa faixa) é necessário para selecionar apenas uma onda de entrada. (Esta é a parte do amplificador RF na Figura 15.23.) O sinal selecionado é muito fraco e é amplificado em estágios

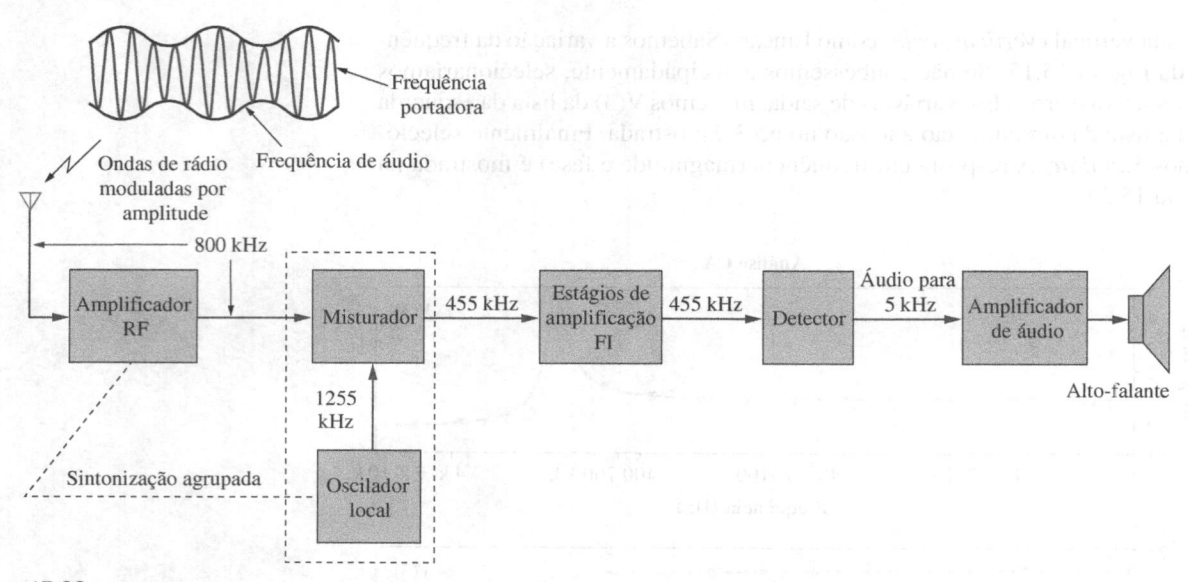

Figura 15.23
Diagrama de blocos simplificado para um receptor super-heteródino de rádio AM.

de modo a gerar uma frequência audível de som. Assim, temos um amplificador de radiofrequência (RF) para amplificar o sinal de transmissão selecionado, o amplificador de frequência intermediária (FI) para amplificar um sinal gerado internamente baseado no sinal RF e um amplificador de áudio para amplificar o sinal de áudio pouco antes de ele chegar aos alto-falantes. É muito mais fácil amplificar o sinal nos três estágios do que construir um amplificador que forneça a mesma amplificador para a banda inteira.

O receptor AM mostrado na Figura 15.23 é conhecido como *receptor super-heteródino*. No começo do desenvolvimento do rádio, cada estágio de amplificação tinha que ser sintonizado para frequência do sinal de entrada. Nesse caso, cada estágio precisava ter vários circuitos sintonizadores para cobrir toda a banda AM (530 a 1.600 kHz). Para evitar o problema de ter vários circuitos ressonantes, receptores modernos utilizam um *misturador de frequência*, ou circuito heteródino, que sempre produz o mesmo sinal FI (455 kHz), mas mantém a frequência de áudio transportada pelo sinal de entrada. Para produzir uma frequência FI constante, os rotores de dois capacitores variáveis são mecanicamente acoplados um com outro, de modo que eles possam ser girados simultaneamente com um único controle; isso é chamado de sintonização agrupada. Um oscilador local agrupado com o amplificador RF produz um sinal RF que é combinado com a onda de entrada pelo misturador de frequência para produzir um sinal de saída que contém a soma e a diferença entre os dois sinais. Por exemplo, se o circuito ressonante é sintonizado para receber um sinal de entrada de 800 kHz, o oscilador precisa produzir um sinal de 1.255 kHz, de modo que a soma (1.255 + 800 = 2.055 kHz) e a diferença (1.255 – 800 = 455 kHz) das frequências são disponíveis na saída do misturador. Contudo, somente a diferença (455 KHz) é usada na prática. Esta é a única frequência para a qual todos os estágios amplificadores FI são sintonizados indiferentemente da estação selecionada. O sinal de áudio original (contendo a "informação") é extraído em um estágio detector. O detector basicamente remove a FI do sinal, deixando o sinal de áudio. O áudio é amplificado para acionar o alto-falante, que atua como um transdutor, convertendo sinal elétrico em som.

Nosso exemplo aqui é um circuito sintonizador para um receptor de rádio AM. A operação do receptor de rádio AM discutida aqui é aplicada em receptores de rádio FM, mas em bandas de frequência muito diferentes.

Exemplo 15.8

O circuito ressonante ou sintonizador de rádio AM é retratado na Figura 15.24. Dado que $L = 1\ \mu H$, qual deve ser a variação de C para ter uma frequência ressonante ajustável de uma extremidade da banda AM para outra?

Solução:
A frequência de radiodifusão AM varia de 530 a 1.600 kHz. Devemos considerar a menor e a maior frequência da banda. Como o circuito ressonante na Figura 15.24 é do tipo paralelo, aplicamos o conceito da Seção 15.4. Da Equação (15.24),

$$\omega_0 = 2\pi f_0 = \frac{1}{\sqrt{LC}}$$

ou

$$C = \frac{1}{4\pi^2 f_0^2 L}$$

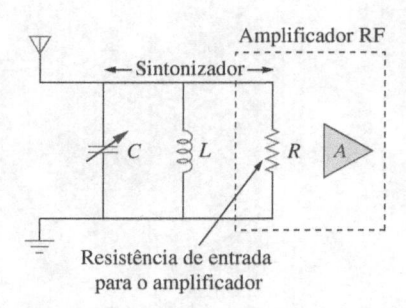

Figura 15.24
Para o Exemplo 15.8.

Para a banda superior AM, $f_0 = 1.600$ kHz, e o correspondente C é

$$C_1 = \frac{1}{4\pi^2 \times 1.600^2 \times 10^6 \times 10^{-6}} = 9{,}9\ nF$$

Para a banda inferior AM, $f_0 = 530$ kHz e o correspondente C é

$$C_2 = \frac{1}{4\pi^2 \times 530^2 \times 10^6 \times 10^{-6}} = 90{,}18\ nF$$

Desse modo, C precisa ser um capacitor variável de 9,9 a 90,2 nF.

Problema Prático 15.8

Para um receptor FM, a onda de entrada possui uma variação de frequência de 88 a 180 MHz. O circuito sintonizador é um circuito em paralelo RLC com uma bobina de 4 μH. Se o oscilador local de frequência precisa ser sempre 10,7 MHz acima da frequência da portadora, calcule a variação do capacitor variável necessária para cobrir toda banda.

Resposta: De 0,543 a 0,8177 pF.

15.7 Resumo

1. A frequência ressonante é a frequência na qual a parte imaginária da impedância ou da admitância desaparece. Para circuitos RLC em série e em paralelo,

$$\omega_0 = \frac{1}{\sqrt{LC}} = 2\pi f_o$$

2. As frequências de meia potência (ω_1, ω_2) são as frequências na qual a potência dissipada é a metade daquela dissipada na frequência de ressonân-

cia. A média geométrica das frequências de meia potência é a frequência ressonante; isto é,

$$\omega_0 = \sqrt{\omega_1 \omega_2}$$

3. A largura de banda é a banda de frequência entre as frequências de meia potência.

$$LB = \omega_2 - \omega_1$$

4. O fator de qualidade é a medida da "agudez" do pico de ressonância. É a razão da frequência ressonante (angular) e a largura de banda.

$$Q = \frac{\omega_0}{LB}$$

5. O PSpice e o Multisim podem ser utilizados para se obter a resposta em frequência do circuito se a variação da frequência para resposta e o número de pontos desejados entre a variação são especificados na varredura CA.

6. O receptor de rádio é tratado como uma aplicação prática de circuito ressonante. Emprega um circuito ressonante para sintonizar uma frequência entre todos os sinais de radiodifusão captados pela antena.

Questões de revisão

15.1 A frequência ressonante para um capacitor de 40 pF em série com um indutor de 90 μF é:
(a) 36 MHz (b) 24,5 MHz
(c) 16,67 MHz (d) 2,65 MHz

15.2 Qual impedância é necessária para uma ressonância em 5 kHz com uma capacitância de 12 nF?
(a) 2652 H (b) 11,844 H
(c) 3,333 H (d) 84,43 H

15.3 A frequência em que a tensão sobre o indutor no circuito em série se reduz à 0,707 do seu valor na ressonância é chamada:
(a) frequência ressonante
(b) frequência de corte
(c) frequência de meia potência
(d) largura de banda

15.4 A diferença entre as frequências de meia potência é chamada:
(a) fator de qualidade
(b) frequência ressonante
(c) largura de banda
(d) frequência de corte

15.5 No circuito RLC em série, o fator de qualidade é diretamente proporcional a R.
(a) Verdadeiro (b) Falso

15.6 No circuito RLC em série, qual desses fatores de qualidade possuem a mais íngreme curva de ressonância?
(a) $Q = 20$ (b) $Q = 12$
(c) $Q = 8$ (d) $Q = 4$

15.7 Qual é o fator de qualidade para um circuito ressonante em série que possui uma resistência de 40 Ω e um X_L de 2.800 Ω?
(a) 70 (b) 1,75 (c) 0,5714

15.8 No circuito RLC em paralelo, a largura de banda LB é diretamente proporcional à R.
(a) Verdadeiro (b) Falso

15.9 Dois parâmetros que são iguais quando um circuito ressonante em paralelo está operando em sua frequência de ressonância são:
(a) L e C (b) R e C
(c) R e L (d) X_C e X_L

15.10 Um circuito ressonante é dito ser de alto Q quando seu fator de qualidade é maior que:
(a) 1 (b) 10
(c) 100 (d) 1000

Resposta: 15.1 d, 15.2 d, 15.3 c, 15.4 c, 15.5 b, 15.6 a, 15.7 a, 15.8 b, 15.9 d, 15.10 b

Problemas

Seções 15.2 Ressonância em série e 15.3 Fator de qualidade

15.1 Um circuito RLC em série possui $R = 2\text{ k}\Omega$, $L = 40\text{ mH}$ e $C = 1\text{ }\mu\text{F}$. Calcule a impedância na frequência ressonante e em um quarto, duas vezes e quatro vezes a frequência ressonante.

15.2 Um circuito RLC em série possui $R = 0{,}1\text{ k}\Omega$, $L = 10\text{ mH}$ e $C = 5\text{ nF}$. Encontre: (a) a frequência ressonante, (b) a largura de banda e (c) o fator de qualidade.

15.3 Projete um circuito RLC em série que terá uma impedância de 10 Ω na frequência de $\omega_0 = 50\text{ rad/s}$ e um fator de qualidade de 80. Encontre a largura de banda.

15.4 Projete um circuito RLC em série com $LB = 20\text{ rad/s}$ e $\Omega_0 = 1000\text{ rad/s}$. Encontre o Q do circuito.

15.5 Para o circuito na Figura 15.25, encontre a frequência ω_0 para a qual $v(t)$ e $i(t)$ estão em fase.

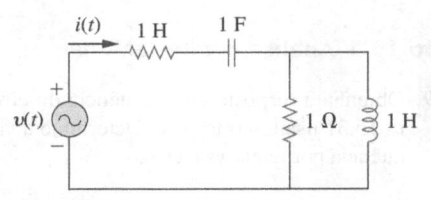

Figura 15.25
Para o Problema 15.5.

15.6 Para o circuito RLC em série na Figura 15.26, encontre: (a) o valor de X_C na ressonância, (b) a magnitude da corrente $i(t)$ na ressonância, (c) o fator de qualidade e (d) a largura de banda.

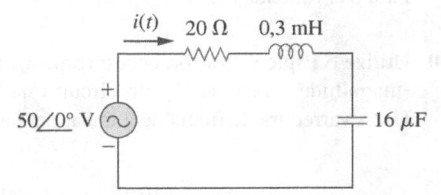

Figura 15.26
Para o Problema 15.6.

15.7 Um circuito em série possui um frequência ressonante de 8 kHz e seu fator de qualidade é 20. (a) Encontre a largura de banda. (b) Calcule as frequências de meia potência. (c) Determine X_C se $R = 10\text{ }\Omega$.

15.8 Um circuito composto de uma bobina com uma indutância de 10 mH e uma resistência de 20 Ω é conectado em série com um capacitor e um gerador com uma tensão RMS de 120 V. Encontre: (a) o valor da capacitância que irá provocar uma ressonância no circuito em 15 kHz, (b) a corrente através da bobina na ressonância e (c) o Q do circuito.

15.9 Um circuito RLC em série possui $R = 4\text{ k}\Omega$, $X_L = 40\text{ k}\Omega$ e $X_C = 30\text{ k}\Omega$ em $f = 4\text{ MHz}$. Determine a largura de banda e o fator qualidade.

15.10 Uma fonte de tensão de 60 Hz com $V = 12\underline{/0°}\text{ V}$ é aplicada em um circuito RLC em série. Considere $R = 10\text{ }\Omega$ e $X_L = 160\text{ }\Omega$. (a) Determine o valor de C para produzir uma ressonância em série. (b) Encontre a corrente máxima na ressonância. (c) Calcule a tensão no indutor na ressonância.

15.11 Qual o valor de capacitância necessária para produzir uma ressonância em série com uma bobina de 2,4 mH em 4,5 kHz?

15.12 Um circuito RLC em série possui uma largura de banda de 6 Mrad/s e uma impedância de 20 Ω na frequência de ressonância de 40 Mrad/s. Calcule: (a) a indutância L, (b) a capacitância C, (c) o fator de qualidade Q e (d) as frequências de corte superior e inferior.

15.13 Um indutor de 10 mH que possui uma resistência interna de 5 Ω é conectado em série com um capacitor e uma fonte de tensão com resistência equivalente de Thévenin de 15 Ω. Encontre: (a) o valor da capacitância que irá produzir ressonância em 2 krad/s, (b) o fator de qualidade do circuito, (c) a largura de banda do circuito.

Seção 15.4 Ressonância paralela

15.14 Projete um circuito RLC ressonante em paralelo com $\omega_0 = 10\text{ rad/s}$ e $Q = 20$. Calcule a largura de banda do circuito. Considere $R = 10\text{ }\Omega$.

15.15 Em 10 MHz, um circuito em paralelo possui $R = 5{,}6\text{ k}\Omega$, $X_L = 40\text{ k}\Omega$ e $X_C = 40\text{ k}\Omega$. Calcule a largura de banda.

15.16 Um circuito ressonante em paralelo com fator de qualidade de 120 possui uma frequência ressonante de $6 \times 10^6\text{ rad/s}$. Calcule a largura de banda e as frequências de meia potência.

15.17 Um circuito RLC em paralelo é ressonante em 5,6 MHz, possui Q de 80 e um ramo de resistência de 40 kΩ. Determine os valores de L e C nos outros dois ramos.

15.18 Um circuito RLC em paralelo possui $R = 5\text{ k}\Omega$, $L = 8\text{ mH}$ e $C = 60\text{ }\mu\text{F}$. Determine: (a) a frequência ressonante, (b) a largura de banda e (c) o fator de qualidade.

15.19 É esperado que um circuito ressonante RLC em paralelo tenha uma admitância de banda média de 25 mS, um fator de qualidade de 80 e uma frequência ressonante de 200 krad/s. Calcule os valores de R, L, e C. Encontre a largura de banda e as frequências de meia potência.

15.20 Refaça o Problema 15.1 se os elementos são conectados em paralelo.

15.21 Para circuito "tanque" na Figura 15.27, encontre a frequência ressonante.

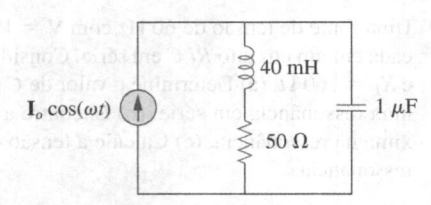

Figura 15.27
Para os Problemas 15.21 e 15.31.

15.22 Um circuito em paralelo ressonante possui resistência de 2 kΩ e frequências de meia potência de 86 kHz e 90 kHz. Determine: (a) a capacitância, (b) a indutância, (c) a frequência ressonante, (d) a largura de banda e (e) o fator de qualidade.

15.23 Para o circuito na Figura 15.28, encontre a frequência ressonante ω_0, o fator de qualidade Q e a largura de banda LB.

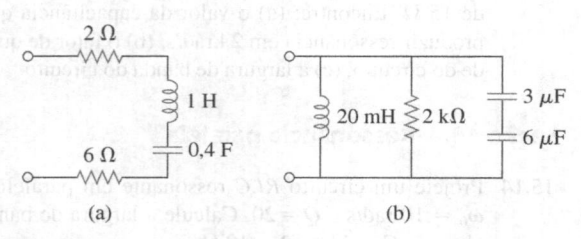

Figura 15.28
Para o Problema 15.23.

15.24 Para o circuito RLC em paralelo na Figura 15.29 determine: (a) ω_0, (b) a impedância total em ω_0, (c) Q e (d) largura de banda.

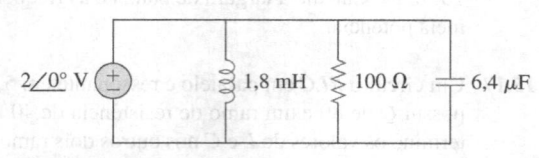

Figura 15.29
Para o Problema 15.24.

15.25 Um circuito RLC em paralelo é ressonante em 2 MHz e possui um $Q = 80$ e $R = 300$ kΩ. Calcule os valores de L e C.

15.26 Um circuito RLC em paralelo possui uma resistência de 2 kΩ e é ressonante em 300 kHz. Encontre Q, L e C requeridos para fornecer uma largura de banda de 5 kHz.

15.27 Qual valor de indutância é necessário para produzir uma ressonância paralela com um capacitor de 5 pF em 200 Hz?

15.28 Consulte o circuito na Figura 15.30. Considere $v = 10\,\text{sen}(\omega t)$. (a) Encontre a frequência ressonante. (b) Calcule a potência entregue pela fonte de tensão em ressonância. (c) Obtenha o fator de qualidade e a largura de banda.

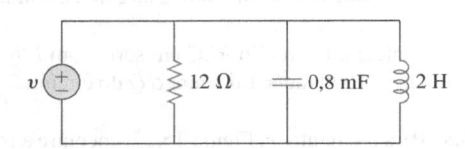

Figura 15.30
Para o Problema 15.28.

Seção 15.5 Análise computacional

15.29 Obtenha a resposta em frequência do circuito na Figura 15.31 usando o PSpice. Determine a variação de frequência por tentativa e erro.

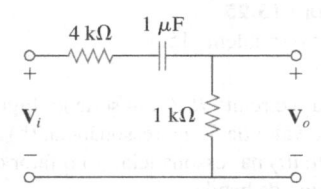

Figura 15.31
Para os Problemas 15.29 e 15.33.

15.30 Utilize o Pspice para fornecer a resposta em frequência (magnitude e fase de V_0) do circuito na Figura 15.32. Use a varredura de frequência linear de 1 a 1000 Hz.

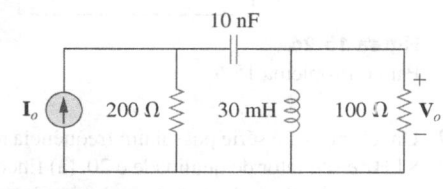

Figura 15.32
Para o Problema 15.30.

15.31 Resolva o Problema 15.21 utilizando o PSpice.

15.32 Utilize o PSpice para determinar a frequência ressonante do circuito na Figura 15.33.

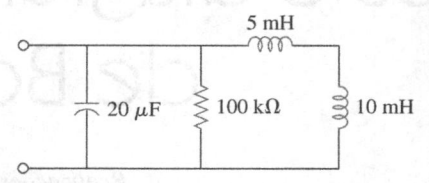

Figura 15.33
Para o Problema 15.32.

15.33 Repita o Problema 15.29 utilizando o Multisim.

15.34 Utilize o Multisim para obter a resposta em frequência do circuito mostrado na Figura 15.34. Considere 10 Hz < f < 10 kHz.

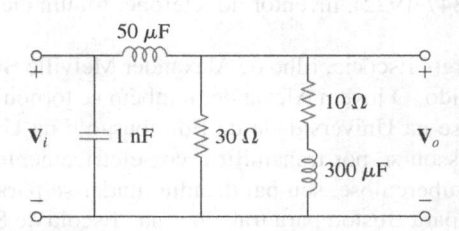

Figura 15.34
Para o Problema 15.34.

15.35 Determine a resposta em frequência do circuito na Figura 15.35 utilizando o Multisim.

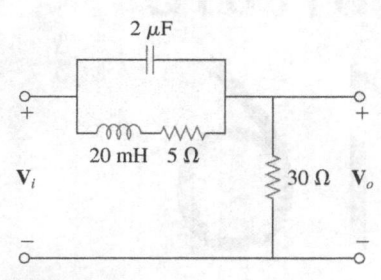

Figura 15.35
Para o Problema 15.35.

Seção 15.6 Aplicações

15.36 O circuito ressonante para uma transmissão de rádio consiste em um capacitor de 120 pF em paralelo com um indutor de 240 μH. Se o indutor possui uma resistência interna de 400 Ω, qual é a frequência ressonante do circuito? Qual seria a frequência se a resistência do indutor fosse reduzida para 40 Ω?

15.37 Um circuito de uma antena sintonizadora em série consiste de um capacitor variável (40 a 360 pF) e em uma bobina de antena de 240 μH que possui uma resistência CC de 12 Ω. (a) Encontre a variação de frequência de sinal de rádio ao qual o rádio é sintonizável. (b) Determine o valor de Q para cada extremidade da variação de frequência.

15.38 Certo circuito eletrônico de teste produz uma curva ressonante com pontos de meia potência em 432 e 452 Hz. Se $Q = 20$, qual é a frequência do circuito?

15.39 Em um dispositivo eletrônico é empregado um circuito em série que possui uma resistência de 100 Ω, uma reatância capacitiva de 5 kΩ e uma reatância indutiva de 300 Ω quando usado em 2 MHz. Encontre a frequência ressonante e a largura de banda do circuito.

capítulo 16
Filtros e diagramas de Bode

Realizações não têm cor.
— Leontyne Price

Perfis históricos

Alexander Graham Bell (1847-1922), inventor do telefone, foi um cientista escocês-americano.

Bell nasceu em Edimburgo, Escócia, filho de Alexander Melville Bell, um professor de línguas bem conhecido. O jovem Alexander também se tornou um professor de línguas após graduar-se na Universidade de Edimburgo e na Universidade de Londres. Em 1866, interessou-se por transmitir a voz eletricamente. Após seu irmão mais velho morrer de tuberculose, seu pai decidiu mudar-se para o Canadá. Alexander foi convidado a ir para Boston para trabalhar na "Escola de Surdos". Lá ele encontrou Thomas A. Watson, o qual se tornou seu assistente nos experimentos eletromagnéticos. Em 10 de março de 1876, Alexander enviou a primeira famosa mensagem por telefone, "Watson, venha aqui, preciso de você". O bel, a unidade logarítmica introduzida neste capítulo, é em sua homenagem.

Foto de Alexander Graham Bell
© Ingram Publishing

Hendrik W. Bode (1905-1982) foi um engenheiro americano que inventou o diagrama de Bode, discutido neste capítulo.

Nascido em Madison, Wisconsin, recebeu seu diploma de bacharel e mestre em artes pela Universidade Estadual de Ohio. Trabalhou na Bell Telephone Laboratories, onde começou sua carreira com filtros elétricos e projeto de equalizadores. Enquanto trabalhava na Bell Laboratories, recebeu seu diploma de doutor pela universidade de Columbia. O trabalho de Bode em filtros elétricos e equalizadores resultou na publicação de seu livro, Análise de Circuitos e Amplificadores Realimentados, o qual é considerado um clássico em sua área. Bode aposentou-se na Bell Telefone Laboratories aos 61 anos e foi imediatamente eleito Professor Gordon McKay de engenharia de sistemas na universidade de Harvard. Em sua nova carreira, Bode ensinou e direcionou pesquisas de alunos de graduação. Bode foi membro ou "fellow" de várias sociedades científicas e de engenharia.

Foto de Hendrik W. Bode
AIP Emilio Segre Arquivo Visual,
Coleção Physics Today

16.1 Introdução

A resposta em frequência de regime permanente dos circuitos é importante em muitas aplicações, especialmente em comunicações e sistemas de controle. Uma aplicação específica é em filtros eletrônicos, os quais bloqueiam ou eliminam sinais com frequências indesejadas e passam os sinais com frequências desejadas. Os filtros são encontrados em rádio, TV e sistema de telefonia celular para separar uma frequência de transmissão da outra.

Começamos este capítulo aprendendo como expressar o ganho de potência e tensão em decibéis. Para tal, consideramos as funções de transferência e o diagrama de Bode, os quais são o modo-padrão para representação da resposta em frequência. Discutimos diferentes tipos de filtro – passa-baixa, passa-alta, passa-faixa e rejeita-faixa. Na última seção, consideraremos duas aplicações práticas de filtros.

16.2 A escala Decibel

Uma maneira sistemática de obter a resposta em frequência é por meio da utilização dos diagramas de Bode. Antes de começarmos a construir os diagramas de Bode, devemos tratar de duas questões importantes: a utilização de logaritmos e os decibéis para expressar ganho. A escala logarítmica é necessária porque ela torna a escala mais conveniente para representar uma ampla faixa de frequências envolvidas no traçado da resposta em frequência.

Como os diagramas de Bode são baseados em logaritmos, é importante que tenhamos em mente as seguintes propriedades dos logaritmos:

1. $\log P_1 P_2 = \log P_1 + \log P_2$ (16.1)

2. $\log \dfrac{P_1}{P_2} = \log P_1 - \log P_2$ (16.2)

3. $\log P^n = n \log P$ (16.3)

4. $\log 1 = 0$ (16.4)

As Equações de (16.1) a (16.4) aplicam-se a qualquer logaritmo em qualquer base. As razões expressando ganho de tensão ou potência podem ser muito pequenas ou muito grandes para serem mostradas e discutidas facilmente. Por essa razão, o ganho em sistemas de comunicação é medido em bels.[1] Historicamente, o bel é utilizado na medida da razão de dois níveis de potência ou ganho de potência G_p; isto é,

$$G_p = \text{Número de bels} = \log_{10} \dfrac{P_2}{P_1} \quad (16.5)$$

O decibel (dB) é um décimo de um bel e é, portanto, dado por

$$\boxed{G_p(\text{dB}) = \text{Número de decibéis} = 10 \log_{10} \dfrac{P_2}{P_1}} \quad (16.6)$$

---

[1] Nota Histórica: Nomeado após Alexander Graham Bell, inventor do telefone.

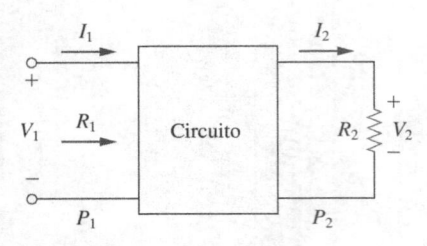

Figura 16.1
Relação entre tensão e corrente para um circuito de quatro terminais.

Quando $P_1 = P_2$, não há mudança na potência e o ganho é 0 dB. Se $P_2 = 2P_1$, o ganho de potência é

$$G_p(\text{dB}) = 10 \log_{10} 2 = 3{,}01 \text{ dB} \tag{16.7}$$

e quando $P_2 = 0{,}5P_1$, o ganho é

$$G_p(\text{dB}) = 10 \log_{10} 0{,}5 = -3{,}01 \text{ dB} \tag{16.8}$$

As Equações (16.7) e (16.8) mostram outra razão pela qual o logaritmo é utilizado; isto é, o logaritmo do recíproco de uma quantidade é simplesmente o negativo do logaritmo daquela quantidade. Um valor de dB positivo indica ganho, enquanto um valor negativo de dB indica perda ou atenuação.

Alternativamente, o ganho G pode ser expresso em termos da razão das tensões ou correntes. Para tal, considere o circuito mostrado na Figura 16.1. Se P_1 é a potência de entrada, P_2 a potência de saída (carga), R_1 é a resistência de entrada e R_2 é a resistência da carga, então

$$P_1 = \frac{V_1^2}{R_1} \tag{16.9}$$

e

$$P_2 = \frac{V_2^2}{R_2} \tag{16.10}$$

e a Equação (16.6) torna-se

$$G_p(dB) = 10 \log_{10} \frac{P_2}{P_1} = 10 \log_{10} \frac{V_2^2/R_2}{V_1^2/R_1}$$
$$= 20 \log_{10} \frac{V_2}{V_1} - 10 \log_{10} \frac{R_2}{R_1} \tag{16.11}$$

Para o caso quando $R_2 = R_1$ (uma condição frequentemente assumida, embora nem sempre seja a realidade), quando comparamos os níveis de tensão, obtemos o ganho de tensão em dB da Equação (16.11) como

$$\boxed{G_v(\text{dB}) = 20 \log_{10} \frac{V_2}{V_1}} \tag{16.12}$$

TABELA 16.1 dB para vários ganhos de tensão

Ganho (V_o/V_1)	dB = $20 \log(V_o/V_1)$
1	0
2	6
10	20
20	26
100	40
1.000	60
10.000	80
100.000	100

A Tabela 16.1 especifica os dB para vários ganhos de tensão.

De outro modo, se $P_1 = I_1^2 R_1$ e $P_2 = I_2^2 R_2$ e quando $R_2 = R_1$, obtemos o ganho de corrente em dB como

$$G_I(\text{dB}) = 20 \log_{10} \frac{I_2}{I_1} \tag{16.13}$$

Dois aspectos importantes são observados nas Equações (16.6), (16.12) e (16.13):

1. 10 log é utilizado para o ganho de potência, enquanto 20 log é utilizado para ganho de tensão ou corrente, devido à relação quadrática entre eles ($P = V^2/R = I^2 R$).

2. O valor em dB é uma medida logarítmica da razão de uma variável em relação a outra de mesmo tipo.

A medida em decibel pode também ser utilizada para indicar níveis absolutos de potência com relação a algum nível de referência. O dBm é o nível de potência em decibéis com relação a 1 mW; ou seja,

$$\text{dBm} = 10 \log_{10} \left(\frac{\text{Nível atual de potência em watts}}{1 \text{ mW}} \right) \tag{16.14}$$

TABELA 16.2 Alguns casos típicos úteis de dBm

Nível em dBm	Potência	Aplicação
80 dBm	100.000 W	Potência de transmissão de uma estação de rádio FM
60 dBm	1.000 W	Potência irradiada dentro de um forno de micro-ondas
27 dBm	500 mW	Potência de transmissão de um celular
26 dBm	400 mW	Potência máxima de saída de um celular de 1.800 MHz
20 dBm	100 mW	Rádio Bluetooth classe 1, 100 m de alcance
−70 dBm	0,0000001 mW	Média típica de um sinal de rede sem fio (wireless)
−127,5 dBm	0,00000000000018 mW	Potência típica de um sinal recebido de satélite

Se a potência atual é P, então

$$\text{dBm} = 10 \log_{10}\left(\frac{P}{1 \text{ mW}}\right) \quad (16.15a)$$

ou

$$P = (1 \text{ mW}) \times 10^{\text{dBm}/10} \quad (16.15b)$$

O sufixo m após o dB significa que 1 miliwatt é o valor de referência para 0 dB; dBm ou (dBmW) é utilizado em rádio, micro-ondas e redes de fibras óticas como uma medida conveniente da potência absoluta. A Tabela 16.2 resume casos úteis de dBm.

Exemplo 16.1

Determine as seguintes expressões logarítmicas.
(a) $\log_{10}(0,6)(400)$
(b) $\log_{10}\dfrac{8 \times 10^3}{10^{-2}}$
(c) $\log_{10} 200^3$

Solução:
(a) $\log_{10}(0,6)(400) = \log_{10}(0,6) + \log_{10}(400) = 0,2218 + 2,602 = 2,3802$.
Alternativamente, utilizando a calculadora TI-89 Titanium, primeiro selecionamos a função log. Pressionamos $\boxed{\text{CATALOG}}$ e rolamos a tela para baixo até vermos log(e pressionamos $\boxed{\text{ENTER}}$
Digitamos o número

```
Log (0,6*400)
```

Então, pressionamos $\boxed{\blacklozenge}$ $\boxed{\text{ENTER}}$
O resultado é 2,3802.

(b) $\log_{10}\dfrac{8 \times 10^3}{10^{-2}} = \log_{10} 8 + \log_{10} 10^3 - \log_{10} 10^{-2}$
$= 0,903 + 3 - (-2) = 5,903$

Ou utilizando a calculadora TI-89 Titanium,

```
log (8*10^3/10^-2) = 5,903
```

(c) $\log_{10} 200^3 = 3 \log_{10} 200 = 3(2,301) = 6,903$.

Utilizando a calculadora TI-89 Titanium,

```
log(200^3) = 6,903
```

Problema Prático 16.1

Calcule as seguintes expressões logarítmicas:
(a) $\log_{10} (0,001)(56)$
(b) $\log_{10} (0,62)^4$
(c) $\log_{10} \dfrac{58.000}{48}$

Resposta: (a) $-1,2518$ (b) $-0,8304$ (c) $3,082$.

Exemplo 16.2

Encontre o ganho em dB de um sistema com as seguintes condições:
(a) $P_{ent} = 2$ mW, $P_{saída} = 40$ mW
(b) $P_{ent} = 6$ μW, $P_{saída} = 1$ μW
(c) $V_{ent} = 0,4$ mV, $V_{saída} = 2,1$ mV
(d) $V_{ent} = 1$ V, $V_{saída} = 0,8$ V

Solução:

(a) $G_p(\text{dB}) = 10 \log_{10} \dfrac{P_{\text{Saída}}}{P_{\text{Entrada}}} = 10 \log_{10} \dfrac{40 \text{ mW}}{2 \text{ mW}} = 13,01$ dB

(b) $G_p(\text{dB}) = 10 \log_{10} \dfrac{P_{\text{Saída}}}{P_{\text{Entrada}}} = 10 \log_{10} \dfrac{1 \text{ μW}}{6 \text{ μW}} = -7,782$ dB

(c) $G_v(\text{dB}) = 20 \log_{10} \dfrac{V_{\text{Saída}}}{V_{\text{Entrada}}} = 20 \log_{10} \dfrac{2,1 \text{ mV}}{0,4 \text{ mV}} = 14,403$ dB

(d) $G_v(\text{dB}) = 20 \log_{10} \dfrac{V_{\text{Saída}}}{V_{\text{Entrada}}} = 20 \log_{10} \dfrac{0,8 \text{ V}}{1 \text{ V}} = -1,9382$ dB

Problema Prático 16.2

(a) Determine o ganho de potência em dB de um sistema no qual a potência de entrada é 1 mW e a potência de saída é 60 mW.

(b) Encontre o ganho de tensão em dB se a tensão aplicada é 10 mV, enquanto a de saída é 2,4 V.

Resposta: (a) $17,781$ dB; (b) $47,604$ dB.

Exemplo 16.3

Converta as seguinte potências dadas em dB para razões.
(a) $42,3$ dB
(b) $-26,5$ dB

Solução:
(a) Se

$$42,3 \text{ dB} = 10 \log_{10} \dfrac{P_2}{P_1},$$

então,

$$42{,}3/10 = 4{,}23 = \log_{10}\frac{P_2}{P_1} \quad \Rightarrow \quad \frac{P_2}{P_1} = 10^{4,23} = 16.982{,}44$$

(b) Semelhantemente,

$$-26{,}5/10 = -2{,}65 = \log_{10}\frac{P_2}{P_1} \quad \Rightarrow \quad \frac{P_2}{P_1} = 10^{-2,65} = 0{,}00224$$

Problema Prático 16.3

Determine as razões correspondentes às seguintes potências em dB:
(a) 16,5 dB   (b) −47,6 dB

Resposta: (a) 44,67; (b) $1{,}737 \times 10^{-5}$

Exemplo 16.4

Um circuito apresenta um ganho de tensão de 25 dB. Encontre a tensão de saída quando uma entrada de 2 mV for aplicada.

Solução:
Primeiro, convertemos o ganho em dB para uma razão de tensões.

$$25 \text{ dB} = 20 \log_{10}\frac{V_{\text{Saída}}}{V_{\text{Entrada}}} \quad \Rightarrow \quad \log_{10}\frac{V_{\text{Saída}}}{V_{\text{Entrada}}} = 25/20 = 1{,}25$$

Assim,

$$\frac{V_{\text{Saída}}}{V_{\text{Entrada}}} = 10^{1,25} = 17{,}78$$

$$V_{\text{Saída}} = 17{,}78 \, V_{\text{Entrada}} = 17{,}78 \, (2 \text{ mV}) = 35{,}56 \text{ mV}$$

Problema Prático 16.4

Se um sistema apresenta um ganho de tensão de 34 dB, determine a tensão de entrada aplicada quando a tensão de saída for 4,6 V.

Resposta: 0,1155 V.

Exemplo 16.5

(a) Converta os níveis de potência seguintes para níveis em dB referentes a 1 mW; 1 nW; 0,5 W e 12 W.
(b) Encontre os níveis de potência em unidades de mW dos seguintes valores em dB: −13, 5 e 30 dBm.

Solução:
(a) Esse problema pode ser resolvido de duas formas:

■ **Método 1** Utilizando a Equação (16.15a)

Para 1 nW,

$$1 \text{ nW} = 10^{-9} \text{ W} = 10^{-6} \text{ mW}$$

$$\text{dBm} = 10 \log_{10}\left(\frac{10^{-6} \text{ mW}}{1 \text{ mW}}\right) = 10(-6) = -60 \text{ dBm}$$

Para 0,5 W

$$0{,}5\text{ W} = 500\text{ mW}$$

$$\text{dBm} = 10\log_{10}\left(\frac{500\text{ mW}}{1\text{ mW}}\right) = 10(2{,}7) = 27\text{ dBm}$$

Para 12 W,

$$12\text{ W} = 12.000\text{ mW}$$

$$\text{dBm} = 10\log_{10}\left(\frac{12000\text{ mW}}{1\text{ mW}}\right) = 10(4{,}079) = 40{,}79\text{ dBm}$$

- **Método 2** A Equação (16.15a) pode ser escrita como

$$\text{dBm} = 10\log_{10}\left(\frac{P(\text{em W})}{10^{-3}}\right) = 30 + 10\log_{10}(P(\text{em W}))$$

Para 1 nW,

$$\text{dBm} = 30 + 10\log_{10}(10^{-9}) = 30 - 90 = -60$$

Para 0,5 W,

$$\text{dBm} = 30 + 10\log_{10}(0{,}5) = 30 - 3 = 27$$

Para 12 W,

$$\text{dBm} = 30 + 10\log_{10}(12) = 30 + 10{,}79 = 40{,}79$$

(b) Utilizando a Equação (16.15b)

$$P = (1\text{ mW}) \times 10^{\text{dBm}/10}$$

Para −13 dBm,

$$P = 10^{-13/10} = 10^{-1{,}3} = 50{,}12 \times 10^{-3}\text{ mW}$$

Para 5 dBm,

$$P = 10^{5/10} = 10^{0{,}5} = 3{,}16\text{ mW}$$

Para 30 dBm,

$$P = 10^{30/10} = 10^3 = 1000\text{ mW}$$

Problema Prático 16.5

(a) Expresse a potência de 300 μW em dBm.
(b) Qual o nível de potência em mW correspondente a 25 dBm?

Resposta: (a) −5,23 dBm; (b) 316,23 mW

16.3 Função de transferência

Ter uma boa compreensão da resposta em frequência é importante em muitas áreas. A função de transferência $\mathbf{H}(\omega)$ (também conhecida como função da rede) é uma ferramenta analítica útil para encontrar a resposta em frequência de um circuito. Na verdade, a resposta em frequência de um circuito é o gráfico da função de transferência do circuito $\mathbf{H}(\omega)$ *versus* ω, com ω variando de $\omega = 0$ até $\omega = \infty$.

A função de transferência é a relação dependente da frequência entre a saída e a entrada. A ideia de função de transferência estava implícita quando utilizamos os conceitos de impedância e admitância para relacionar tensão e corrente. Em geral, um circuito linear pode ser representado pelo diagrama de blocos mostrado na Figura 16.2.

Assim,[2]

$$\mathbf{H}(\omega) = \mathbf{Y}(\omega)/\mathbf{X}(\omega) \tag{16.16}$$

Na definição geral de função de transferência, condições iniciais nulas são assumidas. Mas na análise de circuitos CA, lidamos com regime permanente, e as condições iniciais são irrelevantes.

Como a entrada e a saída podem ser tanto a tensão quanto a corrente em quaisquer pontos do circuito, há quatro funções de transferência possíveis:

$$\mathbf{H}(\omega) = \text{ganho de tensão} = \frac{\mathbf{V}_o(\omega)}{\mathbf{V}_i(\omega)} \tag{16.17a}$$

$$\mathbf{H}(\omega) = \text{ganho de corrente} = \frac{\mathbf{I}_o(\omega)}{\mathbf{I}_i(\omega)} \tag{16.17b}$$

$$\mathbf{H}(\omega) = \text{transferência de impedância} = \frac{\mathbf{V}_o(\omega)}{\mathbf{I}_i(\omega)} \tag{16.17c}$$

$$\mathbf{H}(\omega) = \text{transferência de admitância} = \frac{\mathbf{I}_o(\omega)}{\mathbf{V}_i(\omega)} \tag{16.17d}$$

em que os subscritos i e o denotam os valores de entrada e saída, respectivamente. Sendo uma grandeza complexa, $\mathbf{H}(\omega)$ tem uma magnitude $H(\omega)$ e uma fase ϕ; isto é, $\mathbf{H}(\omega) = H(\omega)\underline{/\phi}$. Observe que as funções de transferência nas Equações (16.17c) e (16.17d) não podem ser expressas em dB porque elas são razões de parâmetros diferentes.

Para obter a função de transferência utilizando a Equação (16.17), primeiro, obtemos o circuito equivalente no domínio da frequência pela substituição dos resistores, indutores e capacitores pelas suas impedâncias R, $j\omega L$ e $1/j\omega C$. Então, utilizamos qualquer técnica de circuito para obter a quantidade apropriada na Equação (16.17). Podemos obter a resposta em frequência do circuito plotando a magnitude e a fase da função de transferência em função da frequência. Um computador proporciona uma economia de tempo considerável para plotar a função de transferência como veremos na Seção 16.6, na qual o PSpice e o Multisim serão utilizados.

Para evitar álgebra complexa, é conveniente substituir $j\omega$ temporariamente por s quando se lida com $\mathbf{H}(\omega)$ e substituir s por $j\omega$ no final.

Figura 16.2
Uma representação por diagrama de blocos de um circuito linear.

A função de transferência $\mathbf{H}(\omega)$ de um circuito é a razão entre o fasor de saída $\mathbf{Y}(\omega)$ e o fasor de entrada $\mathbf{X}(\omega)$. No primeiro caso, pode ser uma tensão ou uma corrente e, no segundo caso, pode ser uma fonte de tensão ou uma fonte de corrente.

Exemplo 16.6

Para o circuito RC mostrado na Figura 16.3(a), obtenha a função de transferência $V_o(\omega)/V_s(\omega)$ e sua resposta em frequência. Seja $v_s(t) = V_m \cos(\omega t)$.

Solução:
O equivalente no domínio da frequência do circuito é mostrado na Figura 16.3(b). Pela divisão de tensão, a função de transferência é dada por

$$\mathbf{H}(\omega) = \mathbf{V}_o(\omega)/\mathbf{V}_s(\omega) = \frac{1/j\omega C}{R + 1/j\omega C} = \frac{1}{1 + j\omega RC}$$

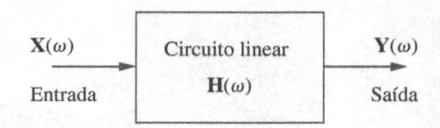

---

[2] Nota: Nesse contexto, $\mathbf{X}(\omega)$ e $\mathbf{Y}(\omega)$ denotam os fasores de entrada e saída de um circuito, respectivamente; eles não devem ser confundidos com o mesmo símbolo utilizado para reatância e impedância. A utilização múltipla de símbolos é convencionalmente permitida devido à falta de letras na língua inglesa para expressar todas as variáveis de circuitos distintamente.

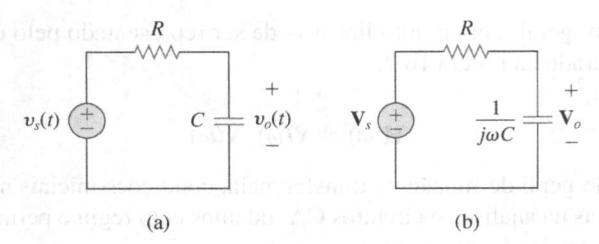

Figura 16.3
Para o Exemplo 16.6: (a) circuito RC no domínio do tempo; (b) circuito RC no domínio da frequência.

A magnitude e a fase de **H**(ω) são:

$$H = \frac{1}{\sqrt{1 + (\omega/\omega_0)^2}}, \qquad \phi = -\tan^{-1}\frac{\omega}{\omega_0}$$

em que $\omega_o = 1/RC$. Para plotar H e ϕ para $0 < \omega < \infty$, obtemos seus valores em alguns pontos críticos e, então, esboçamos o gráfico.

Em $\omega = 0$, $H = 1$ e $\phi = 0°$. Em $\omega = \infty$, $H = 0$ e $\phi = -90°$. Também, em $\omega = \omega_o$, $H = 1/\sqrt{2}$ e $\phi = -45°$. Com esse e mais alguns pontos conforme mostrado na Tabela 16.3, a resposta em frequência fica como na Figura 16.4. As características adicionais da resposta em frequência na Figura 16.4 serão explicadas na Seção 16.5.1 nos filtros passa-baixa.

TABELA 16.3 Para o Exemplo 16.6

ω/ω₀	H	φ	ω/ω₀	H	φ
0	1	0	10	0,1	−84°
1	0,71	−45°	20	0,05	−87°
2	0,45	−63°	100	0,01	−89°
3	0,32	−72°	∞	0	−90°

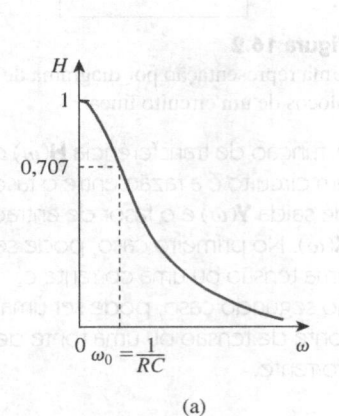

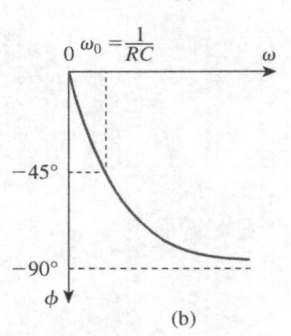

Figura 16.4
Resposta em frequência do circuito RC da Figura 16.3: (a) amplitude; (b) fase.

Problema Prático 16.6

Obtenha a função de transferência $V_o(\omega)/V_s(\omega)$ do circuito RL na Figura 16.5, assumindo $v_s = V_m \cos(\omega t)$. Esboce a resposta em frequência.

Resposta: $j\omega L/(R + j\omega L)$; ver a Figura 16.6 para a resposta.

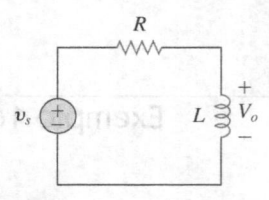

Figura 16.5
Circuito RL para o Problema Prático 16.6.

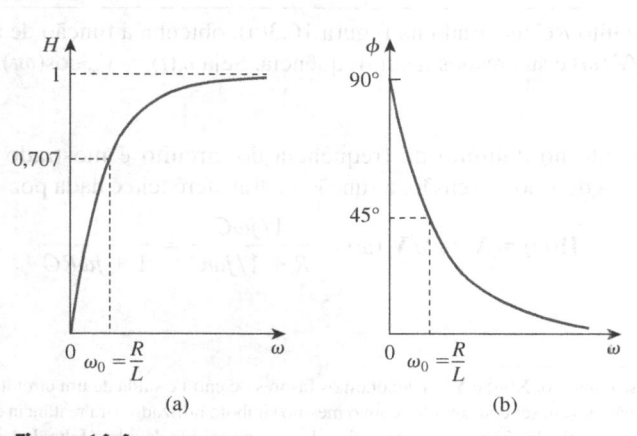

Figura 16.6
Resposta em frequência do circuito RL na Figura 16.5.

Para o circuito na Figura 16.7, calcule o ganho $\mathbf{I}_o(\omega)/\mathbf{I}_i(\omega)$.

Exemplo 16.7

Solução:
Pela divisão de corrente,

$$\mathbf{I}_o(\omega) = \frac{4 + j2\omega}{4 + j2\omega + 1/j0,5\omega}\mathbf{I}_i(\omega)$$

ou

$$\mathbf{I}_o(\omega)/\mathbf{I}_i(\omega) = \frac{j0,5\omega(4 + j2\omega)}{1 + j2\omega + (j\omega)^2} = \frac{s(s + 2)}{s^2 + 2s + 1}, \qquad s = j\omega$$

Figura 16.7
Para o Exemplo 16.7.

Encontre a função de transferência $\mathbf{V}_o(\omega)/\mathbf{I}_i(\omega)$ para o circuito da Figura 16.8.

Problema Prático 16.7

Resposta: $\dfrac{10(s + 1)(s + 3)}{s^2 + 8s + 5}, \qquad s = j\omega$

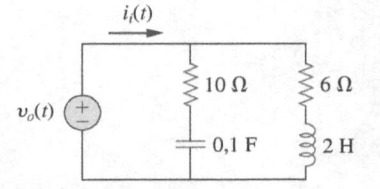

Figura 16.8
Para o Problema Prático 16.7.

16.4 Diagramas de Bode

Obter a resposta em frequência da função de transferência como fizemos na seção anterior é uma tarefa árdua. A faixa de frequência necessária na resposta em frequência é, às vezes, tão ampla que se torna inconveniente utilizar uma escala linear para o eixo da frequência. Adicionalmente, existe um modo mais sistemático de localização das características importantes dos gráficos da magnitude e da fase da função de transferência. Por essa razão, tornou-se uma prática-padrão utilizar uma escala logarítmica para o eixo da frequência e uma escala linear para a magnitude (em dB) e a fase. Tais gráficos semilogarítmicos da função de transferência são conhecidos como diagramas de Bode[3], o qual se tornou um padrão da indústria. Os diagramas de Bode contêm as mesmas informações que os gráficos não logarítmicos discutidos na seção anterior, mas eles são muito mais fáceis de se construir, como veremos em breve.

> Os **diagramas de Bode** são gráficos semilogarítmicos da magnitude (em decibéis) e da fase (em graus) de uma função de transferência *versus* a frequência.

A função de transferência pode ser escrita como

$$\mathbf{H} = H\underline{/\phi} = He^{j\phi} \qquad (16.18)$$

Tomando-se o logaritmo natural de ambos os lados

$$\ln \mathbf{H} = \ln H + \ln e^{j\phi} = \ln H + j\phi \qquad (16.19)$$

Assim, a parte real de $\ln \mathbf{H}$ é a função da magnitude, enquanto a parte imaginária é a fase. No diagrama de Bode da magnitude, o ganho

$$\boxed{H(\text{dB}) = 20 \log_{10} H} \qquad (16.20)$$

é plotado em decibéis (dB) *versus* a frequência. A Tabela 16.4 fornece alguns valores de H com os correspondentes valores em decibéis. No diagrama de Bode da fase, ϕ é plotado em graus versus a frequência. Tanto a magnitude quanto a fase são plotadas em uma escala semilogaritmica.

TABELA 16.4 Ganhos específicos (tensão/corrente) e seus correspondentes valores em decibéis

Magnitude (H)	$20 \log_{10} H$ (DB)
0,001	-60
0,01	-40
0,1	-20
0,5	-6
$1/\sqrt{2}$	-3
1	0
$\sqrt{2}$	3
2	6
10	20
20	26
100	40
1.000	60

---
[3] Nota Histórica: Nomeado após Hendrik W. Bode (1905-1982), um engenheiro da Bell Telephone Laboratories, pelo seu trabalho pioneiro nas décadas de 1930 e 1940.

Uma função de transferência na forma da Equação (16.16) pode ser escrita em termos dos fatores que têm partes real e imaginária. Tal representação poderia ser

$$\mathbf{H}(\omega) = \frac{K(j\omega)^{\pm 1}(1 + j\omega/z_1)[1 + j2\zeta_1\omega/\omega_k + (j\omega/\omega_k)^2]}{(1 + j\omega/p_1)[1 + j2\zeta_2\omega/\omega_n + (j\omega/\omega_n)^2]} \quad (16.21)$$

A representação de $\mathbf{H}(\omega)$ como na Equação (16.21) é chamada de *forma-padrão*. A Equação (16.21) pode parecer complexa agora, mas quando a separarmos em sete fatores individuais, ela se tornará menos intimidante. Nesse caso particular, $\mathbf{H}(\omega)$ tem sete fatores diferentes que podem aparecer em várias combinações em uma função de transferência, quais sejam

1. Um ganho K
2. Um fator $(j\omega)^{-1}$ ou $(j\omega)$ na origem[4]
3. Um fator linear $1/(1 + j\omega/p_1)$ ou $(1 + j\omega_o/z_1)$ no eixo da frequência
4. Um fator quadrático $1/[1 + j2\xi_2\omega/\omega_n + (j\omega/\omega_n)^2]$ ou $[1 + j2\zeta_1\omega/\omega_k + (j\omega/\omega_k)^2]$

Na construção de um diagrama de Bode, plotamos cada fator separadamente e, então, combinamo-os graficamente. Os fatores podem ser considerados um a um e, então, combinados algebricamente devido aos logaritmos envolvidos. Essa é a conveniência matemática dos logaritmos que faz do diagrama de Bode uma poderosa ferramenta para engenharia.

Plotaremos agora retas para os sete fatores. Veremos que essas retas, conhecidas como diagrama de Bode, aproximam-se dos gráficos reais com um surpreendente grau de precisão.

1. **Termo constante:** Para o ganho K, a magnitude é $20 \log_{10} K$ e a fase é $0°$; ambos constantes com a frequência. Assim, os gráficos da magnitude e da fase do ganho são mostrados na Figura 16.9. Se K for negativo, a magnitude mantém-se $20 \log_{10} |K|$, mas a fase é $\pm 180°$.

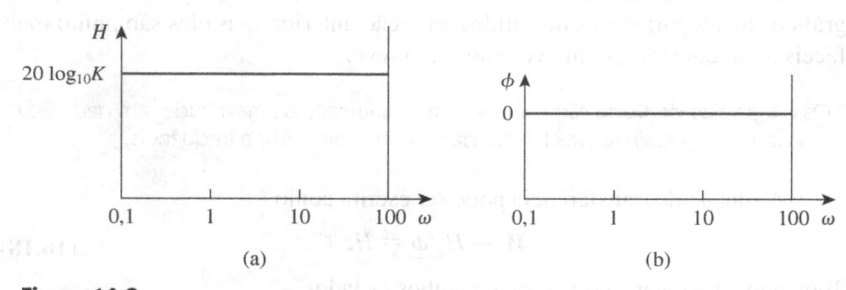

Figura 16.9
Diagramas de Bode para o ganho K: (a) magnitude; (b) fase.

2. **Fatores que passam pela origem:** Para os fatores $(j\omega)$ na origem, a magnitude é $20 \log_{10} \omega$ e a fase é $90°$. Os gráficos da magnitude e da fase são mostrados na Figura 16.10, na qual notamos que a inclinação no gráfico da magnitude é de 20 dB/década[5], enquanto a fase permanece constante com a frequência.

O diagrama de Bode para o fator $(j\omega)^{-1}$ é similar, exceto pelo fato de a inclinação da magnitude ser de -20 dB/década, enquanto a fase é $-90°$.

---

[4] Nota: A origem é em $\omega = 1$ e o log do ganho é nulo.

[5] Nota: Uma década é um intervalo entre duas frequências em uma razão de 10; e.g. entre ω_0 e $10\omega_0$ ou 10 e 100 Hz.

Em geral, para $(j\omega)^N$, em que N é um inteiro, o gráfico da magnitude terá uma inclinação de $20N$ dB/década, enquanto a fase será $90N°$, sendo que N pode ser positivo ou negativo.

3. **Fatores lineares no eixo da frequência:** Para o fator $(1 + j\omega/z_1)$, a magnitude é $20 \log_{10} |1 + j\omega/z_1|$ e a fase é $\text{tg}^{-1} \omega/z_1$. Notamos que

$$H(\text{dB}) = 20 \log_{10} \left|1 + \frac{j\omega}{z_1}\right| \Rightarrow 20 \log_{10} 1 = 0$$
$$\text{como} \quad \omega \to 0 \quad (16.22)$$

$$H(\text{dB}) = 20 \log_{10} \left|1 + \frac{j\omega}{z_1}\right| \Rightarrow 20 \log_{10} \frac{\omega}{z_1}$$
$$\text{como} \quad \omega \to \infty \quad (16.23)$$

mostrando que podemos aproximar a magnitude de zero (uma reta sem inclinação) para pequenos valores de ω e por uma reta com inclinação de 20 dB/década para valores grandes de ω. A frequência $\omega = z_1$ onde as duas retas assintóticas se encontram é chamada de *frequência de canto* ou *frequência de corte*. Assim, o gráfico aproximado da magnitude é mostrado na Figura 16.11(a), na qual o gráfico real é também mostrado. Observe que o gráfico aproximado fica próximo do real, exceto perto da frequência de corte, onde $\omega = z_1$ e o desvio é

$$20 \log_{10} |(1 + j_1)| = 20 \log_{10} \sqrt{2} = 3 \text{ dB}$$

A fase $\text{tg}^{-1}(\omega/z_1)$ pode ser expressa como

$$\phi = \text{tg}^{-1}\left(\frac{\omega}{z_1}\right) = \begin{cases} 0, & \omega = 0 \\ 45°, & \omega = z_1 \\ 90°, & \omega \to \infty \end{cases} \quad (16.24)$$

Como uma aproximação por uma reta, fazemos $\phi \approx 0$ para $\omega \leq z_1/10$; $\phi \cong 45°$ para $\omega = z_1$ e $\phi \cong 90°$ para $\omega \geq 10z_1$ conforme mostrado na Figura 16.11(b) juntamente com o gráfico real.

Os diagramas de Bode para o fator $1(1 + j\omega p_1)$ são similares àqueles na Figura 16.11, exceto a frequência de corte que é em $\omega = p_1$, a magnitude tem uma inclinação de -20 dB/década, e a fase tem uma inclinação de $-45°$ por década.

4. **Fatores quadráticos:** A magnitude do fator quadrático $1/[1 + j2\zeta_2\omega/\omega_n + (j\omega/\omega_n)^2]$ é $-20 \log_{10}[1 + j2\zeta_2\omega/\omega_n + (j\omega/\omega_n)^2]$ e a fase é $-\text{tg}^{-1}(2\zeta_2\omega/\omega_n)/(1 - \omega^2/\omega_n^2)$.

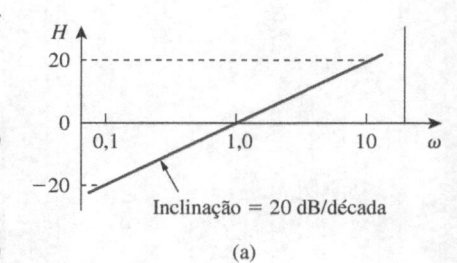

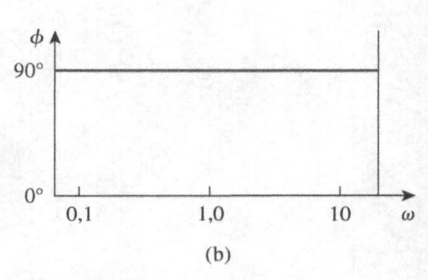

Figura 16.10
Diagramas de Bode para $(j\omega)$: (a) magnitude; (b) fase.

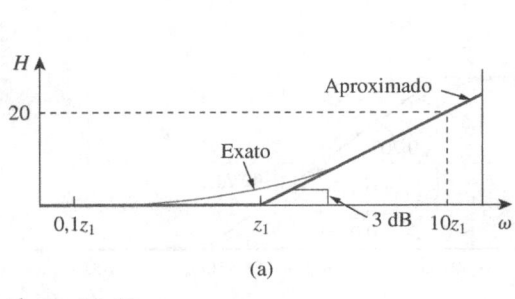

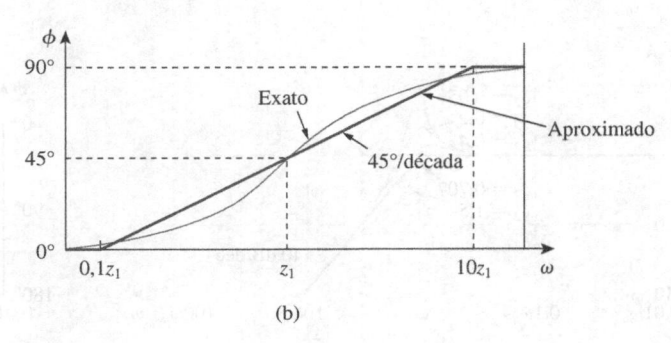

Figura 16.11
Diagramas de Bode do fator $(1 + j\omega/z_1)$: (a) magnitude; (b) fase.

Mas

$$H_{dB} = -20 \log_{10} \left| 1 + \frac{j2\zeta_2\omega}{\omega_n} + \left(\frac{j\omega}{\omega_n}\right)^2 \right| \Rightarrow 0$$

como $\omega \to 0$

(16.25)

e

$$H_{dB} = -20 \log_{10} \left| 1 + \frac{j2\zeta_2\omega}{\omega_n} + \left(\frac{j\omega}{\omega_n}\right)^2 \right| \Rightarrow -40 \log_{10} \frac{\omega}{\omega_n}$$

como $\omega \to \infty$

(16.26)

Assim, a amplitude do gráfico consiste em duas retas assintóticas: uma com inclinação nula para $\omega < \omega_n$, e outra com inclinação de -40 dB/década para $\omega > \omega_n$, com ω_n como a frequência de canto. Os gráficos aproximado e real da amplitude são mostrados na Figura 16.12(a). Observe que o gráfico real depende do fator de amortecimento ζ_2 bem como da frequência de corte ω_n. O pico significativo na vizinhança da frequência de corte deve ser adicionado à reta de aproximação se um elevado nível de precisão for desejado. Entretanto, utilizaremos a aproximação por uma reta por questão de simplificação. A fase pode ser expressa como

$$\phi = -\text{tg}^{-1} \frac{2\zeta_2\omega/\omega_n}{1 - \omega^2/\omega_n^2} = \begin{cases} 0, & \omega = 0 \\ -90°, & \omega = \omega_n \\ -180°, & \omega \to \infty \end{cases} \quad (16.27)$$

O gráfico da fase é uma reta com uma inclinação de $-90°$ por década começando em $\omega_n/10$ e terminado em $10\omega_n$, conforme mostrado na Figura 16.12(b). Novamente, notamos que a diferença entre o gráfico real e o aproximado se deve ao fator de amortecimento. A aproximação por uma reta é razoável na vizinhança da frequência de corte. Observe que as retas aproximadas para a magnitude e a fase para o fator quadrático são as mesmas que aquelas para o fator linear; isso é esperado porque o fator duplo $(1 + j\omega/\omega_n)^2$ é igual ao fator quadrático $1/[1 + j2\zeta_2\omega/\omega_n + (j\omega/\omega_n)^2]$ quando $\zeta_2 = 1$. Assim, o fator quadrático pode ser tratado como o quadrado de uma fator linear considerando a aproximação por uma reta.

Para o fator quadrático $[1 + j2\zeta_1\omega/\omega_k + (j\omega/\omega_k)^2]$, os gráficos na Figura 16.12 são invertidos porque o gráfico da magnitude tem uma inclinação de 40 dB/década, enquanto o gráfico da fase tem uma inclinação de $+90°$ por década.

Um resumo dos diagramas de Bode para os sete fatores é apresentado na Tabela 16.5. Para esboçar os diagramas de Bode para a função $\mathbf{H}(\omega)$ na forma da

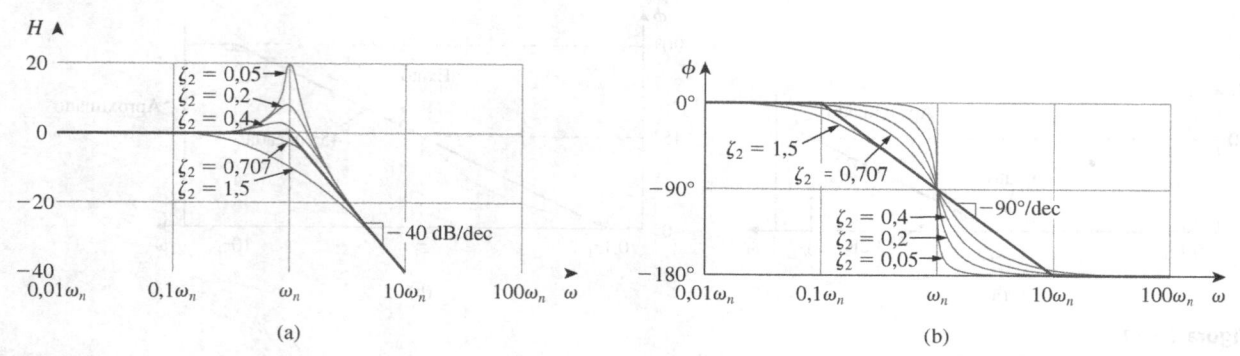

Figura 16.12

Diagramas de Bode para o fator quadrático $[1 + j2\zeta\omega/\omega_n - (\omega/\omega_n)^2]^{-1}$: (a) magnitude; (b) fase.

TABELA 16.5 Resumo dos diagramas de Bode para magnitude e fase

Fator	Magnitude	Fase
K	$20 \log_{10} K$ (horizontal line vs ω)	$0°$ (horizontal line vs ω)
$(j\omega)^N$	$20N$ dB/década, cruzando em $\omega = 1$	$90N°$ (constante)
$\dfrac{1}{(j\omega)^N}$	$-20N$ dB/década, cruzando em $\omega = 1$	$-90N°$ (constante)
$\left(1 + \dfrac{j\omega}{z}\right)^N$	$20N$ dB/década a partir de $\omega = z$	$0°$ até $z/10$, subindo até $90N°$ em $10z$
$\dfrac{1}{(1 + j\omega/p)^N}$	$-20N$ dB/década a partir de $\omega = p$	$0°$ até $p/10$, descendo até $-90N°$ em $10p$
$\left[1 + \dfrac{2j\omega\zeta}{\omega_n} + \left(\dfrac{j\omega}{\omega_n}\right)^2\right]^N$	$40N$ dB/década a partir de $\omega = \omega_n$	$0°$ até $\omega_n/10$, subindo até $180N°$ em $10\omega_n$
$\dfrac{1}{[1 + 2j\omega\zeta/\omega_k + (j\omega/\omega_k)^2]^N}$	$-40N$ dB/década a partir de $\omega = \omega_k$	$0°$ até $\omega_k/10$, descendo até $-180N°$ em $10\omega_k$

Equação (16.21), por exemplo, primeiro, marcamos as frequências de cortes em um papel para gráfico com escala semilogarítmica, esboçamos os fatores um por um, conforme discutido anteriormente, e então adicionamos os gráficos dos fatores. A combinação dos gráficos é geralmente desenhada da esquerda para a direita, mudando a inclinação apropriadamente a cada frequência de corte encontrada.

Esse procedimento será ilustrado com os seguintes exemplos.

Exemplo 16.8

Construa os diagramas de Bode para a função de transferência

$$\mathbf{H}(\omega) = \frac{200\, j\omega}{(j\omega + 2)(j\omega + 10)}$$

Solução:
Primeiro, colocamos $\mathbf{H}(\omega)$ na forma-padrão como se segue.

$$\mathbf{H}(\omega) = \frac{10\, j\omega}{(1 + j\omega/2)(1 + j\omega/10)}$$

$$= \frac{10\,|j\omega|}{|1 + j\omega/2|\,|1 + j\omega/10|} \underline{/(90° - \mathrm{tg}^{-1}\,\omega/2 - \mathrm{tg}^{-1}\,\omega/10)}$$

Então, a magnitude e a fase são:

$$H_{\mathrm{dB}} = 20\log_{10} 10 + 20\log_{10}|j\omega| - 20\log_{10}\left|1 + j\frac{\omega}{2}\right|$$

$$- 20\log_{10}\left|1 + j\frac{\omega}{10}\right|$$

$$\phi = 90° - \mathrm{tg}^{-1}\frac{\omega}{2} - \mathrm{tg}^{-1}\frac{\omega}{10}$$

Observamos que existem duas frequências de corte em $\omega = 2$ rad/s e 10 rad/s. Para os gráficos da magnitude e da fase, esboçamos cada termo conforme mostrado pelas linhas pontilhadas na Figura 16.13. Começando do eixo y, adicionamos essas linhas graficamente para obter os gráficos completos, mostrados pelas linhas contínuas.

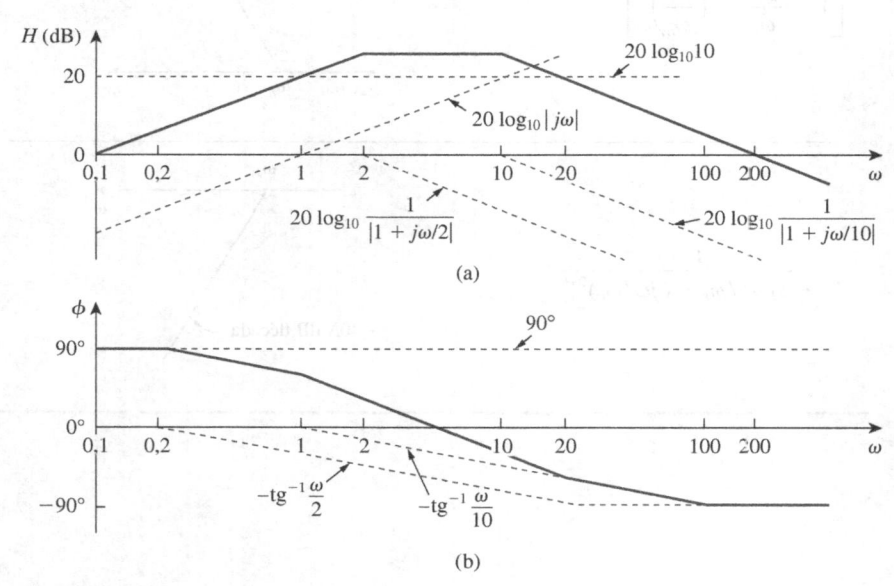

Figura 16.13
Para o Exemplo 16.8: (a) magnitude; (b) fase.

Problema Prático 16.8

Desenhe os diagramas de Bode para a função teste

$$\mathbf{H}(\omega) = \frac{5(j\omega + 2)}{j\omega(j\omega + 10)}$$

Resposta: Veja a Figura 16.14.

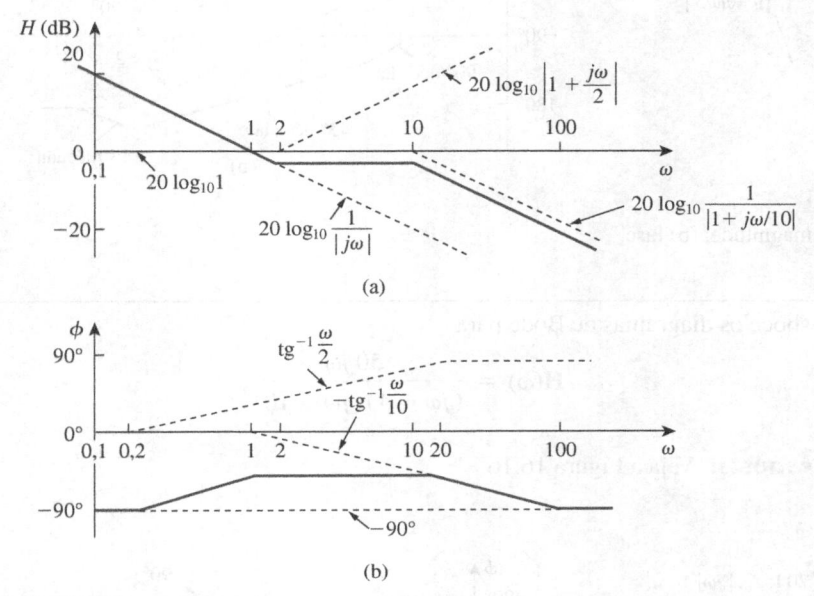

Figura 16.14
Para o Problema Prático 16.8: (a) magnitude; (b) fase.

Exemplo 16.9

Obtenha os diagramas de Bode para

$$\mathbf{H}(\omega) = \frac{j\omega + 10}{j\omega(j\omega + 5)^2}$$

Solução:
Colocando $\mathbf{H}(\omega)$ na forma-padrão, obtemos

$$\mathbf{H}(\omega) = \frac{0{,}4(1 + j\omega/10)}{j\omega(1 + j\omega/5)^2}$$

A partir disso, a magnitude e a fase são obtidas como

$$H_{dB} = 20\log_{10} 0{,}4 + 20\log_{10}\left|1 + \frac{j\omega}{10}\right| - 20\log_{10}|j\omega|$$

$$- 40\log_{10}\left|1 + \frac{j\omega}{5}\right|$$

$$\phi = 0° + \text{tg}^{-1}\frac{\omega}{10} - 90° - 2\,\text{tg}^{-1}\frac{\omega}{5}$$

Existem duas frequências de corte em $\omega = 5$ rad/s e 10 rad/s. Para o fator com a frequência de corte em $\omega = 5$ rad/s, a inclinação do gráfico da magnitude é -40 dB/década e para o gráfico da fase é $-90°$ por década devido ao termo quadrático. Os gráficos para magnitude e fase, para os termos individuais (linhas pontilhadas) e a função de transferência $\mathbf{H}(\omega)$ (linha contínua) são mostrados na Figura 16.15.

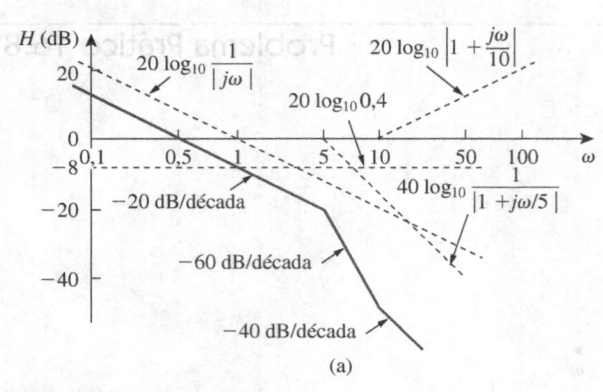

Figura 16.15
Diagramas de Bode para o Exemplo 16.9: (a) magnitude; (b) fase.

Problema Prático 16.9

Esboce os diagramas de Bode para

$$\mathbf{H}(\omega) = \frac{50\, j\omega}{(j\omega + 4)(j\omega + 10)^2}$$

Resposta: Veja a Figura 16.16

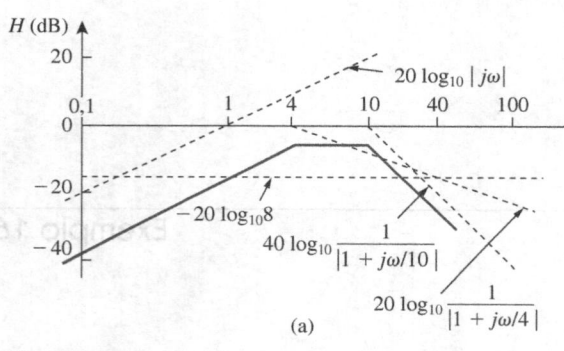

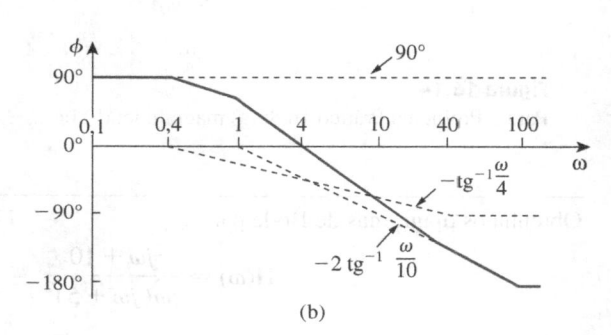

Figura 16.16
Para o Problema Prático 16.9: (a) magnitude; (b) fase.

Exemplo 16.10

Desenhe os diagramas de Bode para

$$\mathbf{H}(s) = \frac{s + 1}{s^2 + 60s + 100}, \qquad s = j\omega$$

Solução:
Expressamos $\mathbf{H}(s)$ como

$$\mathbf{H}(\omega) = \frac{1/100(1 + j\omega)}{1 + j\omega 6/10 + (j\omega/10)^2}$$

Para o fator quadrático, $\omega_n = 10$ rad/s, o qual serve como frequência de corte. A magnitude e a fase são

$$H_{dB} = -20 \log_{10} 100 + 20 \log_{10} |1 + j\omega| - 20 \log_{10} \left| 1 + \frac{j6\omega}{10} - \frac{\omega^2}{100} \right|$$

$$\phi = 0° + \text{tg}^{-1}\omega - \text{tg}^{-1}\left[\frac{\omega 6/10}{1 - \omega^2/100} \right]$$

Os diagramas de Bode são mostrados na Figura 16.17. Observe que o fator quadrático é tratado como repetidos fatores lineares em ω_k; isto é, $(1 + j\omega/\omega_k)^2$, o que é uma aproximação.

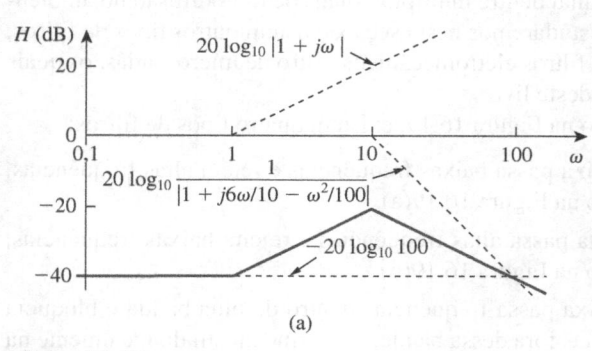

Figura 16.17
Para o Exemplo 16.10: (a) magnitude; (b) fase.

Construa os diagramas de Bode para

Problema Prático 16.10

$$H(s) = \frac{10}{s(s^2 + 80s + 400)}$$

Resposta: Veja a Figura 16.18.

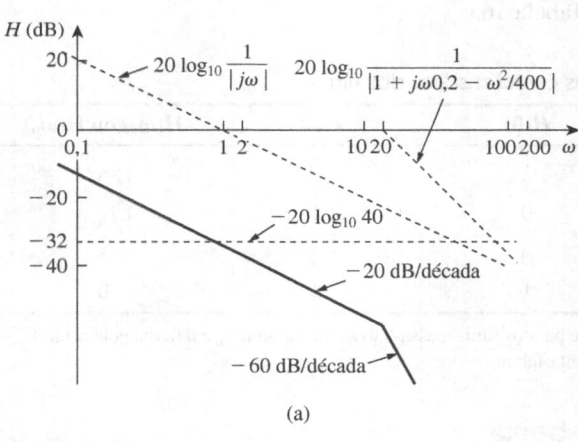

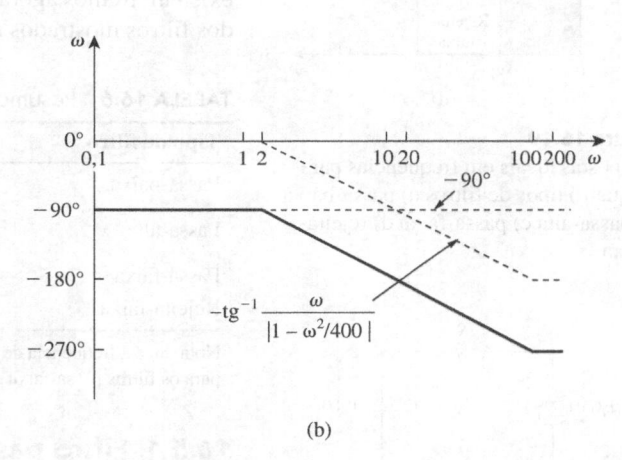

Figura 16.18
Para o Problema Prático 16.10: (a) magnitude; (b) fase.

16.5 Filtros

O conceito de filtros tem sido uma parte integral da evolução da engenharia elétrica desde o início. Várias conquistas tecnológicas não teriam sido possíveis sem os filtros elétricos. Devido a esse papel proeminente dos filtros, muito esforço tem sido despendido na sua teoria, no seu projeto e na sua construção de filtros, e muitos artigos e livros têm sido escritos sobre o assunto. Nossa discussão neste capítulo deve ser considerada introdutória.

> Um **filtro** é um circuito elétrico projetado para passar sinais com uma desejada frequência e rejeitar (atenuar) outros ou rejeitar (atenuar) sinais com frequências indesejadas e permitir que outras passem.

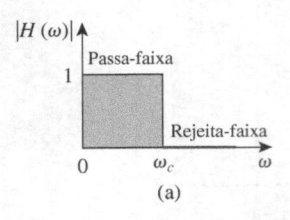

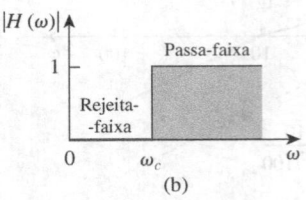

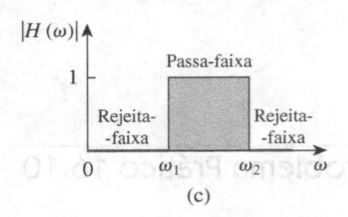

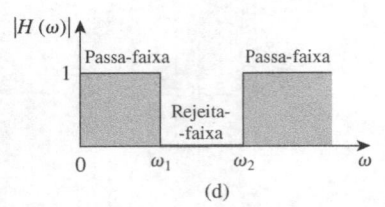

Figura 16.19
Respostas ideais em frequências para os quatro tipos de filtros a) passa-baixa b) passa-alta c) passa-faixa d) rejeita-faixa.

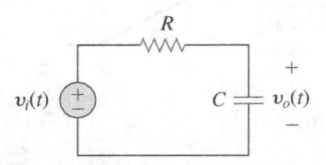

Figura 16.20
Filtro passa-baixa.

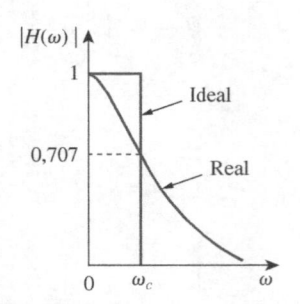

Figura 16.21
Respostas ideal e real em frequência de um filtro passa-baixa.

Como um dispositivo seletor de frequência, um filtro pode ser utilizado para limitar o espectro de frequência de um sinal a uma banda específica de frequências. Os filtros são os circuitos utilizados em rádio e TV para nos permitir selecionar um desejado sinal dentre múltiplos sinais de radiodifusão no ambiente. Além dos filtros que estudaremos nesta seção, existem outros tipos de filtros, tais como filtros digitais, filtros eletromecânicos, filtro de micro-ondas, os quais estão para além do nível deste livro.

Conforme mostrado na Figura 16.19, existem quatro tipos de filtros:

1. Um filtro passa-baixa passa baixas frequências e retém altas frequências, conforme mostrado na Figura 16.19(a).
2. Um filtro passa-alta passa altas frequências e rejeita baixas frequências, conforme mostrado na Figura 16.19(b).
3. Um filtro passa-faixa passa frequências dentro de uma banda e bloqueia ou atenua frequências fora dessa banda, conforme mostrado idealmente na Figura 16.19(c)
4. Um filtro rejeita-faixa passa frequências fora de uma banda e bloqueia ou atenua frequências dentro da banda, conforme mostrado idealmente na Figura 16.19(d).

Um resumo das características desses filtros é apresentado na Tabela 16.6. Deve ser enfatizado que as características na Tabela 16.6 são somente válidas para filtros simples e não se deve ter a impressão que somente filtros como esses existem. Iremos agora considerar os circuitos típicos utilizados para a realização dos filtros mostrados na Tabela 16.6.

TABELA 16.6 Resumo das características dos filtros

Tipo de filtro	$H(0)$	$H(\infty)$	$H(\omega_c)$ ou $H(\omega_0)$
Passa-baixa	1	0	$1/\sqrt{2}$
Passa-alta	0	1	$1/\sqrt{2}$
Passa-faixa	0	0	1
Rejeita-faixa	1	1	0

Nota: ω_c é a frequência de corte para os filtros passa-baixa e passa-alta; ω_0 é a frequência central para os filtros passa-faixa e rejeita-faixa.

16.5.1 Filtro passa-baixa

Um típico filtro passa-baixa é formado quando a saída de um circuito RC em série é tomada dos terminais do capacitor, conforme mostrado na Figura 16.20. A função de transferência (ver também Exemplo 16.6) é

$$\mathbf{H}(\omega) = \mathbf{V}_o/\mathbf{V}_i = \frac{1/j\omega C}{R + 1/j\omega C}$$

$$\mathbf{H}(\omega) = \frac{1}{1 + j\omega RC} \qquad (16.28)$$

Observe que $\mathbf{H}(0) = 1$, $\mathbf{H}(\infty) = 0$. O gráfico de $|\mathbf{H}(\omega)|$ é mostrado na Figura 16.21, onde as características ideais são também apresentadas. A frequência de meia potência, a qual é equivalente à frequência de corte no diagrama de Bode, mas no contexto de filtros, é usualmente conhecida como frequência de corte ω_c e é obtida fazendo-se a magnitude $\mathbf{H}(\omega)$ igual a $1/\sqrt{2}$; isto é,

$$H(\omega_c) = \frac{1}{\sqrt{1 + \omega_c^2 R^2 C^2}} = \frac{1}{\sqrt{2}} \quad (16.29)$$

em que

$$\omega_c = \frac{1}{RC} \quad (16.30)$$

A frequência de corte[6] é também chamada de frequência "rolloff". Assim,

> um **filtro passa-baixa** é projetado para passar somente frequências de zero até a frequência de corte ω_c.

Um circuito passa-baixa pode também ser formado quando a saída de um circuito *RL* em série é tomada nos terminais do resistor. Obviamente, existem muitos outros circuitos para os filtros passa-baixa.

16.5.2 Filtro passa-alta

Um filtro passa-alta é formado quando a saída de um circuito *RC* em série é tomada dos terminais do resistor, conforme mostrado na Figura 16.22. A função de transferência é

$$\mathbf{H}(\omega) = \mathbf{V}_o/\mathbf{V}_i = \frac{R}{R + 1/j\omega C}$$

$$\mathbf{H}(\omega) = \frac{j\omega RC}{1 + j\omega RC} \quad (16.31)$$

Observe que $\mathbf{H}(0) = 0$, $\mathbf{H}(\infty) = 1$. O gráfico de $|\mathbf{H}(\omega)|$ é mostrado na Figura 16.23. Novamente, a frequência de corte é

$$\omega_c = \frac{1}{RC} \quad (16.32)$$

Assim,

> um **filtro passa-alta** é projetado para passar todas as frequências acima de sua frequência de corte ω_c.

Um filtro passa-alta pode também ser formado quando a saída de um circuito *RL* em série é tomada dos terminais do indutor.

16.5.3 Filtro passa-faixa

O circuito *RLC* ressonante em série fornece um filtro passa-faixa quando a saída é tomada dos terminais do resistor, conforme mostrado na Figura 16.24. A função de transferência é

$$\mathbf{H}(\omega) = \mathbf{V}_o/\mathbf{V}_i = \frac{R}{R + j(\omega L - 1/\omega C)} \quad (16.33)$$

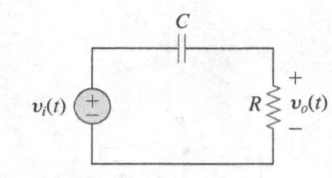

Figura 16.22
Um filtro passa-alta.

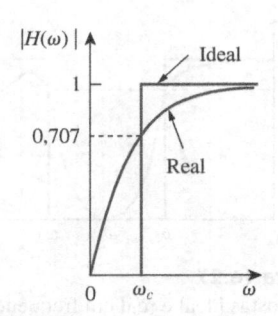

Figura 16.23
Respostas ideal e real em frequência de um filtro passa-alta.

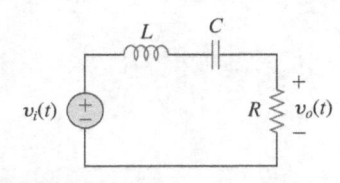

Figura 16.24
Um filtro passa-faixa.

---

[6] Nota: A frequência de corte é a frequência na qual a função de transferência H cai, em magnitude, a 70,71% de seu máximo valor. Essa é também a frequência na qual a potência dissipada no circuito é a metade de seu valor máximo.

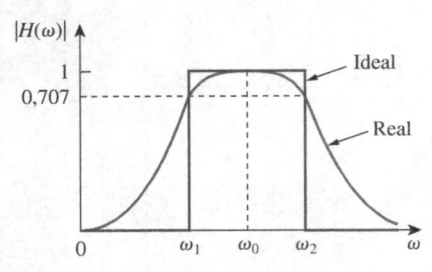

Figura 16.25
Respostas ideal e real em frequência de um filtro passa-faixa.

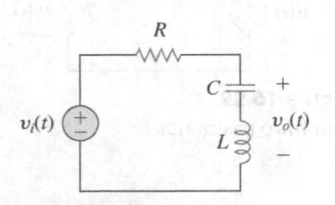

Figura 16.26
Um filtro rejeita-faixa; para o Exemplo 16.12.

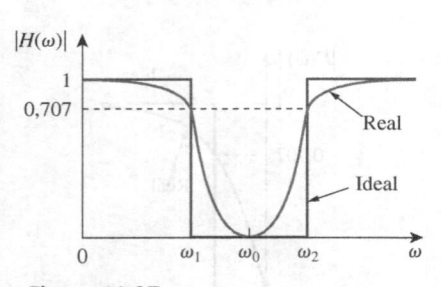

Figura 16.27
Respostas ideal e real em frequência de um filtro rejeita-faixa.

Observamos que $H(0) = 0$ e $H(\infty) = 0$. O gráfico de $|H(\omega)|$ é mostrado na Figura 16.25. O filtro passa-faixa passa uma banda de frequências ($\omega_1 < \omega < \omega_2$) centrada em ω_0, a frequência de corte, a qual é dada por

$$\omega_0 = \frac{1}{\sqrt{LC}} \qquad (16.34)$$

Assim,

> um filtro passa-faixa é projetado para passar todas as frequências dentro da banda de frequências $\omega_1 < \omega < \omega_2$.

Como o filtro passa-faixa na Figura 16.24 é um circuito ressonante em série, as frequências de meia potência, a largura da banda e o fator de qualidade são determinados como na Seção 15.2.

Um filtro passa-faixa pode também ser formado por um filtro passa-baixa com $\omega_2 = \omega_c$, na Figura 16.20, em cascata com um filtro passa-alta com $\omega_1 = \omega_c$, na Figura 16.22.

16.5.4 Filtro rejeita-faixa

Um filtro que impede a passagem de uma banda de frequências entre dois valores determinados (ω_1 e ω_2) é conhecido como filtro rejeita-faixa. Um filtro rejeita-faixa é formado quando a saída de um circuito ressonante RLC em série é tomada da combinação em série LC, conforme mostrado na Figura 16.26. A função de transferência é

$$\mathbf{H}(\omega) = \mathbf{V}_o/\mathbf{V}_i = \frac{j(\omega L - 1/\omega C)}{R + j(\omega L - 1/\omega C)} \qquad (16.35)$$

Observe que $\mathbf{H}(0) = 1$ e $\mathbf{H}(\infty) = 1$. O gráfico de $|\mathbf{H}(\omega)|$ é mostrado na Figura 16.27. Novamente, a frequência de centro é dada por

$$\omega_0 = \frac{1}{\sqrt{LC}} \qquad (16.36)$$

enquanto as frequências de meia potência, a largura da banda e o fator de qualidade são calculados utilizando as fórmulas na Seção 15.2, para um circuito ressonante em série. Aqui, ω_0 é chamado de frequência de rejeição, enquanto a largura de banda correspondente ($LB = \omega_2 - \omega_1$) é conhecida como largura da banda de rejeição. Assim,

> um filtro rejeita-faixa é projetado para reter ou eliminar todas as frequências dentro da banda de frequências $\omega_1 < \omega < \omega_2$.

Observe que a adição das funções de transferência dos filtros passa-faixa e rejeita-faixa é unitária em qualquer frequência e para os mesmos valores de R, L e C. Obviamente, isso não é sempre verdadeiro, mas o é para os dois circuitos tratados aqui. Isso se deve ao fato de a característica de um filtro ser inversa à do outro.

Concluindo essa seção, devemos notar o seguinte:

1. Das Equações (16.29), (16.31), (16.33) e (16.35), o ganho máximo de filtros passivos é unitário (ou 0 dB). Para gerar um ganho maior que o unitário, um filtro ativo deve ser utilizado. Os filtros ativos estão fora do escopo deste livro.

2. Existem outras formas de obter os filtros tratados nesta seção.
3. Os filtros tratados aqui são do tipo simples. Existem muitos outros filtros com formatos e respostas em frequência mais complexas.

Exemplo 16.11

Determine qual o tipo do filtro mostrado na Figura 16.28. Calcule a frequência de corte. Considere $R = 2\ k\Omega$, $L = 2\ H$ e $C = 2\ \mu F$.

Solução:
A função de transferência é

$$\mathbf{H}(s) = \mathbf{V}_o/\mathbf{V}_i = \frac{R \parallel 1/sC}{sL + R \parallel 1/sC}, \qquad s = j\omega \qquad (16.11.1)$$

Mas,

$$R \parallel \frac{1}{sC} = \frac{R/sC}{R + 1/sC} = \frac{R}{1 + sRC}$$

Substituindo-a na Equação (16.10.1), obtém-se

$$\mathbf{H}(s) = \frac{R/(1 + sRC)}{sL + R/(1 + sRC)} = \frac{R}{s^2 RLC + sL + R}, \qquad s = j\omega$$

ou

$$\mathbf{H}(\omega) = \frac{R}{-\omega^2 RLC + j\omega L + R} \qquad (16.11.2)$$

Como $\mathbf{H}(0) = 1$, $\mathbf{H}(\infty) = 0$, concluímos da Tabela 16.6 que o circuito na Figura 16.28 é um filtro passa-baixa de segunda ordem. A magnitude de $\mathbf{H}$ é

$$H = \frac{R}{\sqrt{(R - \omega^2 RLC)^2 + \omega^2 L^2}} \qquad (16.11.3)$$

A frequência de corte é igual à frequência de meia potência, isto é, onde H é reduzido por um fator de $1/\sqrt{2}$. Como o valor CC de $H(\omega)$ é 1, na frequência de corte, a Equação (16.11.3), após ser elevado ao quadrado, torna-se

$$H^2 = \frac{1}{2} = \frac{R^2}{(R - \omega_c^2 RLC)^2 + \omega_c^2 L^2}$$

ou

$$2 = (1 - \omega_c^2 LC)^2 + \left(\frac{\omega_c LC}{R}\right)^2$$

Substituindo os valores de R, L e C, obtemos

$$2 = (1 - \omega_c^2\, 4 \times 10^{-6})^2 + (\omega_c\, 10^{-3})^2$$

Assumindo que ω_c está em rad/s,

$$2 = (1 - 4\omega_c)^2 + \omega_c^2 \quad \Rightarrow \quad 16\omega_c^4 - 7\omega_c^2 - 1 = 0$$

Resolvendo a equação quadrática em ω_c^2, obtemos $\omega_c^2 = 0{,}5509$ ou $\omega_c = 0{,}742$ krad/s = 742 rad/s. Como $\omega_c = 2\pi f_c$, isso é o mesmo que $f_c = 118{,}6$ Hz.

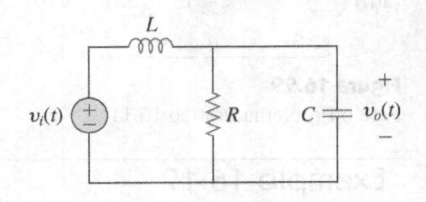

Figura 16.28
Para o Exemplo 16.11.

Problema Prático 16.11

Para o circuito na Figura 16.29, obtenha a função de transferência $V_o(\omega)/V_i(\omega)$. Identifique o tipo de filtro que o circuito representa e determine a frequência de corte. Considere $R_1 = 100\ \Omega = R_2$, $L = 2$ mH.

Resposta: $\dfrac{R_2}{R_1 + R_2}\left(\dfrac{j\omega}{j\omega + \omega_c}\right)$; Filtro passa-alta

$$\omega_c = \dfrac{R_1 R_2}{(R_1 + R_2)L} = 25\ \text{krad/s}.$$

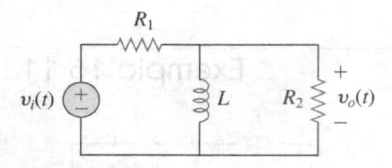

Figura 16.29
Para o Problema Prático 16.11.

Exemplo 16.12

Se o filtro rejeita-faixa na Figura 16.26 é designado para rejeitar uma senoide de 200 Hz e deixar passar outras frequências, calcule os valores de L e C. Considere $R = 150\ \Omega$ e a largura da banda como 100 Hz.

Solução:
Utilizamos as fórmulas para o circuito ressonante em série na Seção 15.2.

$$LB = 2\pi(100) = 200\pi\ \text{rad/s}$$

Mas

$$LB = \dfrac{R}{L} \quad \Rightarrow \quad L = \dfrac{R}{LB} = \dfrac{150}{200\pi} = 0{,}2387\ \text{H}$$

Rejeição da senoide de 200 Hz significa que f_0 é 200 Hz, tal que ω_0 na Figura 16.27 é

$$\omega_0 = 2\pi f_0 = 2\pi(200) = 400\pi$$

Como $\omega_0 = 1/\sqrt{LC}$,

$$C = \dfrac{1}{\omega_0^2 L} = \dfrac{1}{(400\pi)^2 (0{,}2387)} = 2{,}66\ \mu\text{F}$$

Problema Prático 16.12

Projete um filtro passa-faixa na forma daquele na Figura 16.24 com a frequência de corte inferior a 20,1 kHz e a frequência de corte superior a 20,3 kHz. Considere $R = 20\ \text{k}\Omega$. Calcule L, C e Q.

Resposta: 7,96 H; 3,9 pF; 101.

16.6 Análise computacional

16.6.1 PSpice

O PSpice pode ser utilizado de uma maneira semelhante ao modo como foi utilizado no capítulo anterior. A única diferença aqui é a introdução do uso do PSpice para obter os diagramas de Bode para magnitude e fase.

Conforme mencionado na Seção 15.5, existem três tipos de varredura:

- **Linear:** A frequência é variada linearmente da frequência inicial (*Start Freq*) até a frequência final (*End Freq*) com o total de pontos igualmente espaçados (ou respostas).
- **Oitava:** A frequência é varrida logaritmicamente por oitavas desde a frequência inicial (*Start Freq*) até a frequência final (*End Freq*) com o total de

pontos por oitava. Um fator de 2 na frequência é chamado de oitava. Por exemplo, a faixa de frequência de 20 a 40 kHz é uma oitava.

- **Década:** A frequência é variada logaritmicamente por décadas desde a frequência inicial (*Start Freq*) até a frequência final (*End Freq*) com o total de pontos por década. Um intervalo entre duas frequências com uma razão de 1:10 é chamado de uma década. Por exemplo, a faixa de frequência de 20 até 200 kHz é uma década.

Com as especificações anteriores, o PSpice realiza uma análise de circuito senoidal em regime permanente à medida que a frequência de todas as fontes independentes é variada desde a frequência inicial (*Start Freq*) até a frequência final (*Freq End*).

A janela A/D do PSpice é utilizada para produzir uma saída gráfica. O tipo do dado de saída pode ser especificado na caixa de diálogo "*Trace Command*" pela adição de um dos seguintes sufixos para V ou I:

M   Amplitude da senoide (valor de pico);
P   Fase da senoide;
dB   Amplitude da senoide em decibéis; isto é, $20 \log_{10}$ (amplitude).

Exemplo 16.13

Utilize o PSpice para gerar os diagramas de Bode da magnitude e da fase de V_o no circuito da Figura 16.30.

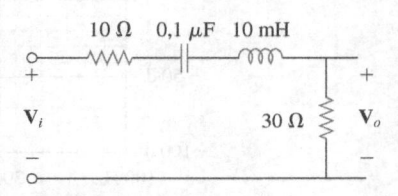

Figura 16.30
Para o Exemplo 16.13 e para o Problema Prático 16.15.

Solução:
Como estamos interessados nos diagramas de Bode, utilizaremos a varredura de frequência em décadas para 300 Hz $< f <$ 30 kHz com 101 pontos por década. Selecionamos essa faixa porque sabemos que a frequência de ressonância do circuito está dentro dela. Relembre que

$$\omega_0 = \frac{1}{\sqrt{LC}} = 31{,}62 \text{ krad/s} \quad \text{ou} \quad f_0 = \frac{\omega_0}{2\pi} = 5{,}03 \text{ kHz}$$

Após desenharmos o circuito como na Figura 16.31 e salvá-lo como exem1613.dsn, selecionamos **PSpice/New Simulation Profile**. Isso conduz à caixa de diálogo Nova Simulação (*New Simulation*). Digitamos "exem1613" como o nome do arquivo e clicamos em *Create*, o que leva à caixa de diálogo Configurações da Simulação (*Simulation Settings*). Na caixa de diálogo das configurações da simulação, selecionamos *AC Sweep/Noise* em *Analysis Type*, selecionamos *Logarithmic/Decade* em *AC Sweep Type*. Digitamos 300 em *Start Freq*, 30k em *End Freq* e 101 em *Points/Decade*.

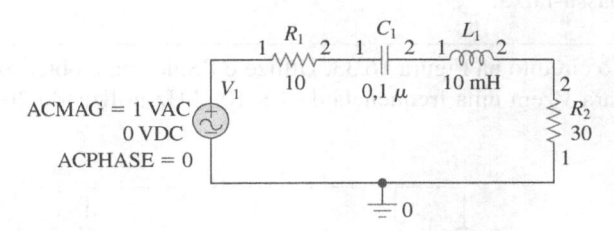

Figura 16.31
Diagrama esquemático para o circuito na Figura 16.30.

Simulamos o circuito selecionando **PSpice/Run**. Automaticamente, surgirá a janela de diagnóstico se não houver erros. Como estamos interessados nos diagramas de Bode, selecionamos **Trace/Add** na janela **PSpice**

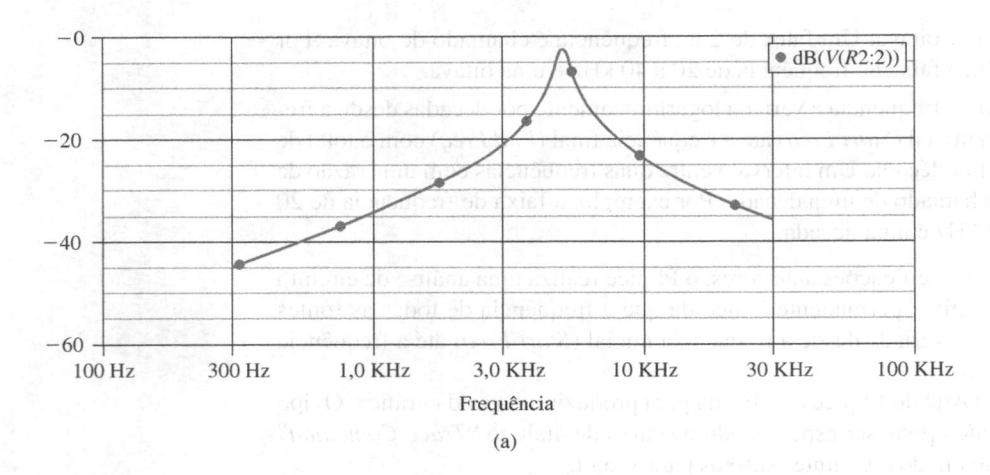

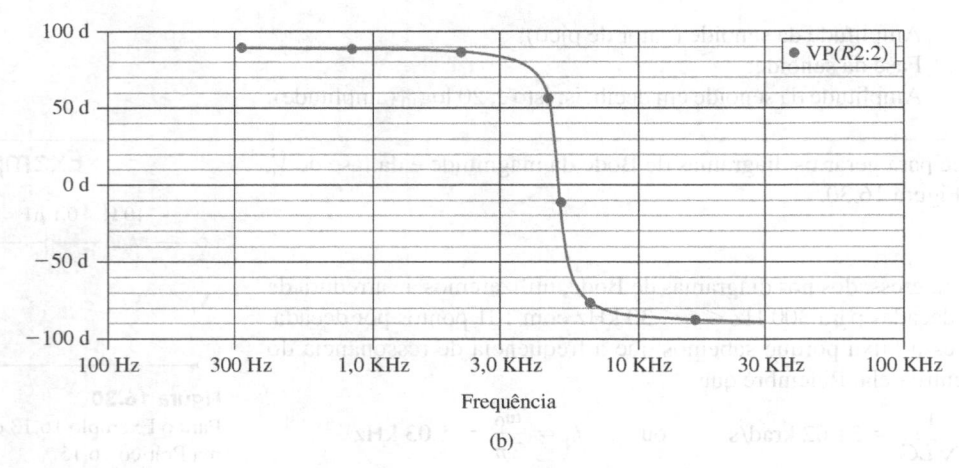

Figura 16.32
Para o Exemplo 16.13: (a) diagrama de Bode para magnitude; (b) diagrama de Bode para fase.

A/D e digitamos dB(V(R2:2)) na caixa **Trace Command**. O resultado é o diagrama de Bode da magnitude como na Figura 16.32(a). Para o diagrama da fase, selecionamos **Trace/Add Trace** na janela de diagnóstico e digitamos VP(R2:2) na caixa **Trace Command**. O resulto é o diagrama de Bode da fase como na Figura 16.32(b). Observe, a partir da Figura 16.32, que o circuito é um filtro passa-faixa.

Problema Prático 16.13 Considere o circuito na Figura 16.33. Utilize o PSpice para obter os diagramas de Bode para V_o em uma frequência de 1 a 100 kHz utilizando 20 pontos por década.

Figura 16.33
Para os Problemas Práticos 16.13 e 16.14.

Resposta: Ver a Figura 16.34.

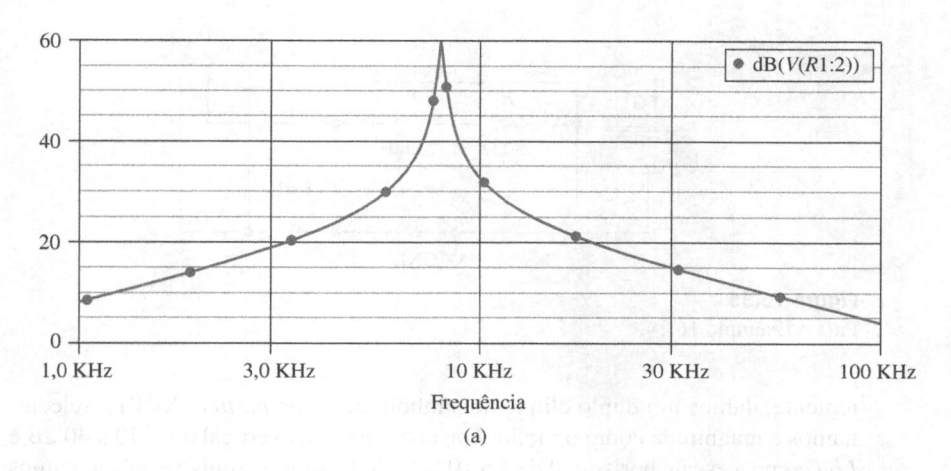

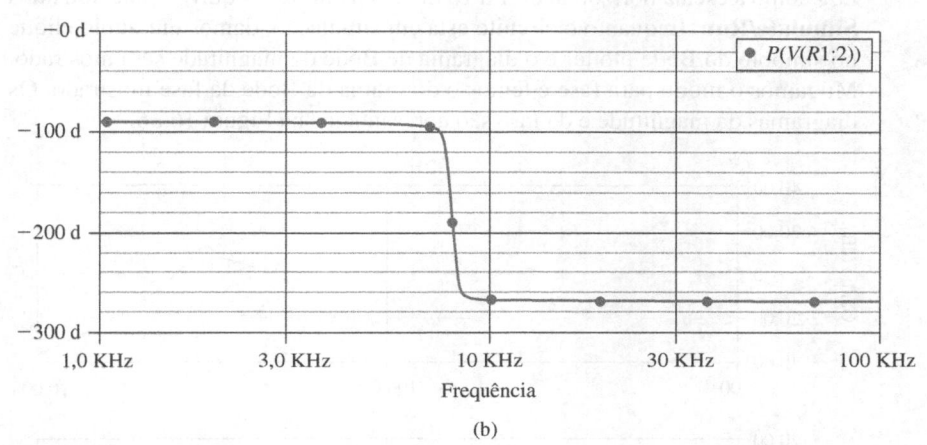

Figura 16.34
Para o Problema Prático 16.13: (a) Diagrama de Bode para a magnitude; (b) Diagrama de Bode para a fase.

16.6.2 Multisim

O Multisim tem um instrumento especial para desenhar os diagramas de Bode. O Bode *plotter* (um instrumento) é frequentemente utilizado para prover uma visualização tanto da resposta do ganho na tensão quanto da resposta da fase. Quando o modo de magnitude é selecionado, o Bode *plotter* mede a razão das magnitudes (em decibéis) entre dois pontos. Quando o modo fase é selecionado, ele mede o deslocamento de fase (em graus) entre os dois pontos. O *plotter* desenha o ganho ou o deslocamento de fase *versus* a frequência (em Hz). Os exemplos seguintes ilustram como utilizar o Bode *plotter*.

Construa os diagramas de Bode para o circuito na Figura 15.14 (ver Capítulo 15) utilizando o Multisim.

Exemplo 16.14

Solução:
Primeiro, desenhamos o circuito como mostrado na Figura 16.35. Ao invés de usarmos uma fonte CA como fizemos na Figura 15.21, podemos utilizar um gerador de funções. Dando um duplo clique no símbolo do gerador de funções (XFG1), mudamos a frequência para 1 kHz e a amplitude para 1 V. Semelhan-

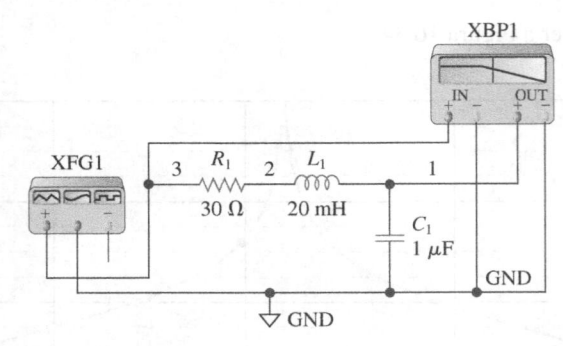

Figura 16.35
Para o Exemplo 16.14.

temente, damos um duplo clique no símbolo do Bode *plotter* (XBP1), selecionamos a magnitude como o modo, *Log* como a escala vertical de −40 a 40 dB e *Log* como a escala horizontal de 1 a 10 kHz. Salvamos o arquivo e selecionamos **Simulate/Run**. Enquanto o circuito está em simulação, damos um duplo clique no símbolo do Bode plotter e o diagrama de Bode da magnitude será mostrado. Mudamos o modo para fase e temos o diagrama de Bode da fase mostrado. Os diagramas da magnitude e da fase são apresentados na Figura 16.36.

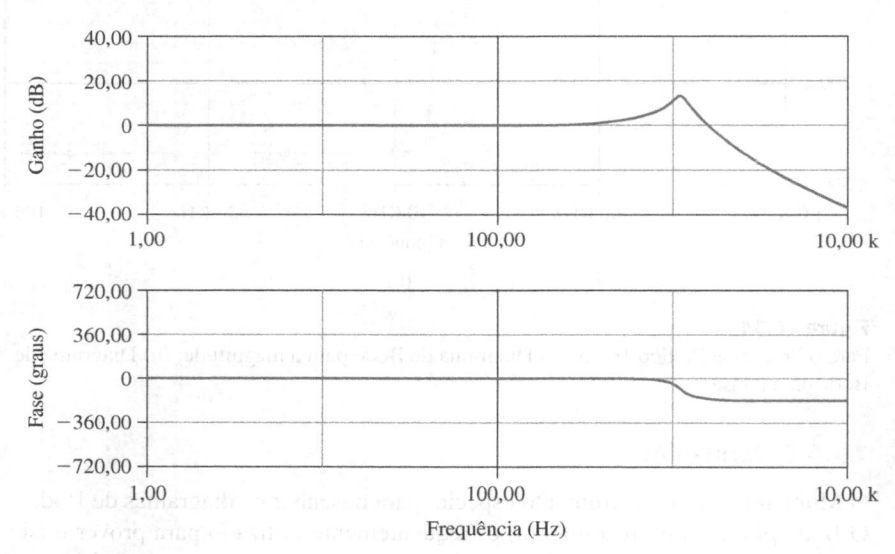

Figura 16.36
Para o Exemplo 16.14; Diagramas de Bode da magnitude e da fase.

Problema Prático 16.14

Repita o Problema Prático 16.13 utilizando o Multisim.

Resposta: Ver a Figura 16.34.

16.7 Aplicações

Os filtros são largamente utilizados, particularmente em eletrônicos, sistemas de potência e sistemas de comunicação. Por exemplo, um filtro passa-alta com frequência de corte acima de 60 Hz pode ser utilizado para eliminar o ruído de

60 Hz do sistema de alimentação em vários equipamentos de comunicação. A filtragem de sinais em sistemas de comunicação é necessária para selecionar o sinal desejado dentre uma série de outros na mesma faixa (como no caso dos receptores de rádio abordados na Seção 15.6) e também para minimizar os efeitos de ruídos de interferência no sinal desejado. Nesta seção, consideraremos duas aplicações práticas para os filtros.

16.7.1 Telefone de discagem por tom

Uma típica aplicação de filtragem é no telefone de discagem por tom esquematizado na Figura 16.37. O teclado possui 12 botões dispostos em quatro linhas e três colunas. A disposição fornece 12 sinais distintos pela utilização de sete tons divididos em dois grupos: o grupo de baixa frequência (697 a 941 Hz) e o grupo de alta frequência (1.209 a 1.477 Hz). Pressionar um botão gera a soma de duas senoides correspondentes aos seus únicos pares de frequências. Por exemplo, pressionar o botão número 6 gera tons senoidais com frequências de 770 e 1.477 Hz.

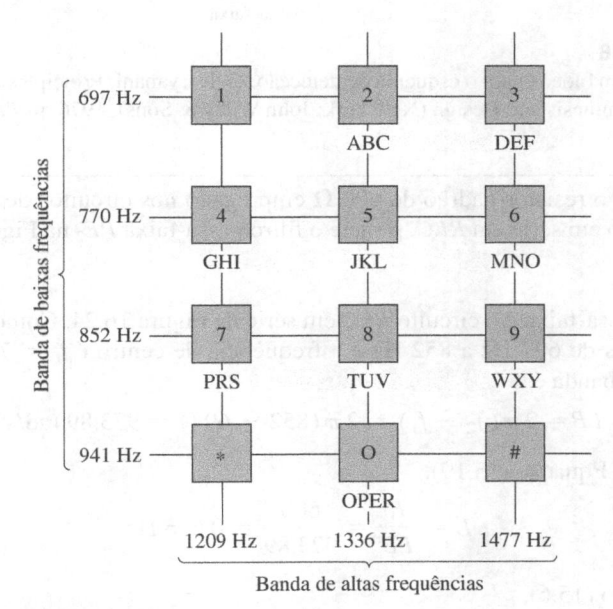

Figura 16.37
Atribuições de frequência para a discagem por tom. Adaptado de G. Daryanani, Principles of Active Network Synthesis and Design (New York: John Wiley & Sons), 1976, p. 79.

Quando uma pessoa digita um número de um telefone, o conjunto de sinais é transmitido à central, onde os sinais de tons são decodificados pela detecção das frequências que eles contêm. O diagrama de blocos para o esquema de detecção é mostrado na Figura 16.38. Os sinais são, primeiramente, amplificados e separados em seus respectivos grupos pelos filtros passa-baixa (PB) e passa-alta (PA). Os limitadores (L) são utilizados para converter os tons separados em ondas quadradas. Os tons individuais são identificados utilizando sete filtros passa-faixa (PF), com cada filtro passando um tom e rejeitando os demais. Cada filtro é seguido por um detector (D), o qual é energizado quando a tensão em sua entrada excede um determinado nível. A saída do detector fornece o sinal CC necessário para chavear o sistema para conectar o discador (telefone que efetua a chamada) com o número (telefone) desejado.

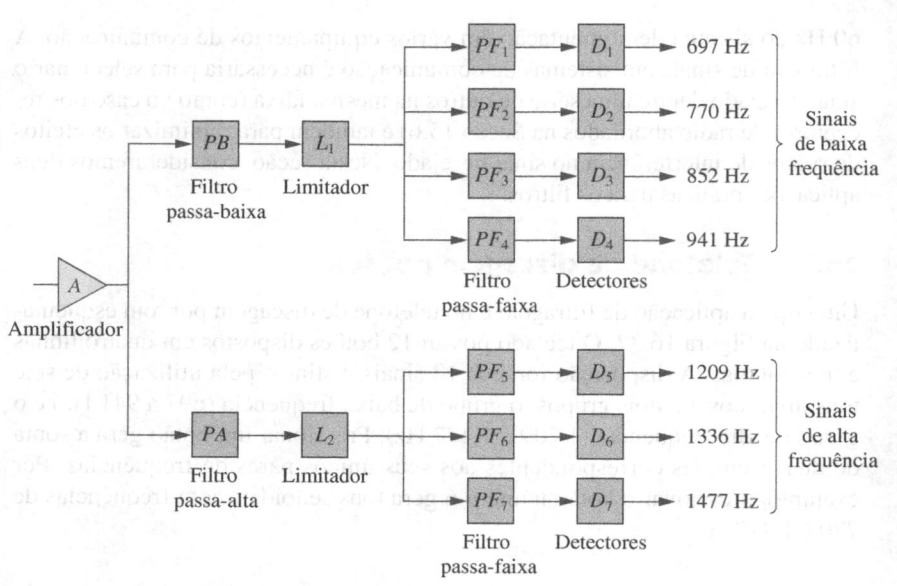

Figura 16.38
Diagrama em blocos para o esquema de detecção. G. Daryanani, Principles of Active Network Synthesis and Design (New York: John Wiley & Sons), 1976, p. 79.

Exemplo 16.15

Utilizando o resistor-padrão de 600 Ω empregado nos circuitos de telefones e um circuito em série em *RLC*, projete o filtro passa-faixa PF_2 na Figura 16.38.

Solução:

O filtro passa-faixa é o circuito *RLC* em série da Figura 16.24. Como PF_2 passa frequências de 697 Hz a 852 Hz e a frequência de centro é $f_0 = 770$ Hz, sua largura de banda é

$$LB = 2\pi(f_2 - f_1) = 2\pi(852 - 697) = 973{,}89 \text{ rad/s}$$

A partir da Equação (15.19),

$$L = \frac{R}{LB} = \frac{600}{973{,}89} = 0{,}616 \text{ H}$$

Da Equação (15.6),

$$C = \frac{1}{\omega_0^2 L} = \frac{1}{4\pi^2 f_0^2 L} = \frac{1}{4\pi^2 \times 770^2 \times 0{,}616} = 69{,}36 \text{ nF}$$

Problema Prático 16.15

Repita o Exemplo 16.13 para o filtro passa-faixa PF_6.

Resposta: 0,356 H; 39,86 nF.

16.7.2 Circuito *Crossover*

Outra aplicação típica de filtros é o circuito *crossover* que acopla a saída de um amplificador de áudio aos alto-falantes (*woofer* e *tweeter*), conforme mostrado na Figura 16.39(a). O circuito consiste basicamente em um filtro *RC* passa-alta e em um filtro *RL* passa-baixa. Ele direciona as frequências maiores que uma frequência de cruzamento f_c pré-definida para o *tweeter* (alto-falante para altas frequências) e frequências abaixo de f_c para o *woofer* (alto-falante para baixas frequências). Esses alto-falantes foram projetados para responderem a certas frequências. Um *woofer* é um alto-falante para baixas frequências, projetado para reproduzir a menor parte do espectro de frequência, até 3 kHz. Um *tweeter* pode reproduzir frequências de áudio de cerca de 3 até 20 kHz. Os dois tipos de alto-falantes podem ser combinados para reproduzir o espectro completo de frequências de áudio e fornecer uma ótima resposta em frequência.

Substituindo o amplificador por uma fonte de tensão, o equivalente aproximado do circuito de cruzamento é mostrado na Figura 16.39(b), na qual os alto-falantes são modelados por resistores. Como um filtro passa-alta, a função de transferência V_1/V_s é dada por

$$H_1(\omega) = \frac{V_1}{V_s} = \frac{j\omega R_1 C}{1 + j\omega R_1 C} \quad (16.37)$$

Semelhantemente, a função de transferência do filtro passa-baixa é dada por

$$H_2(\omega) = \frac{V_2}{V_s} = \frac{R_2}{R_2 + j\omega L} \quad (16.38)$$

Os valores de R_1, R_2, L e C podem ser selecionados tal como se os dois filtros tivessem a mesma frequência de corte, conhecida como frequência de cruzamento, conforme mostrado na Figura 16.40.

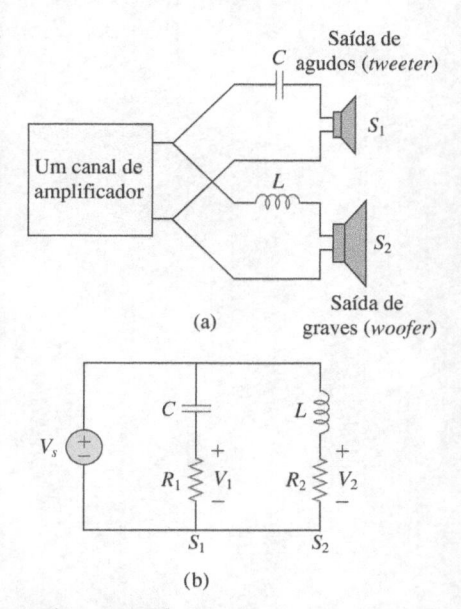

Figura 16.39
(a) Circuito *crossover* para dois alto-falantes; (b) modelo equivalente.

Exemplo 16.16

No circuito de cruzamento da Figura 16.39, suponha que cada alto-falante atue como um resistor de 6 Ω. Encontre C e L se a frequência de cruzamento for 2,5 kHz.

Solução:
Para o filtro passa-alta,

$$\omega_c = 2\pi f_c = \frac{1}{R_1 C}$$

ou

$$C = \frac{1}{2\pi f_c R_1} = \frac{1}{2\pi \times 2,5 \times 10^3 \times 6} = 10,61 \ \mu F$$

Para o filtro passa-baixa,

$$\omega_c = 2\pi f_c = \frac{R_2}{L}$$

ou

$$L = \frac{R_2}{2\pi f_c} = \frac{6}{2\pi \times 2,5 \times 10^3} = 382 \ \mu H$$

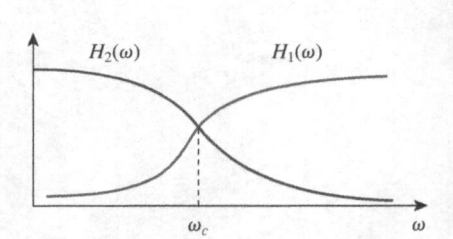

Figura 16.40
Resposta em frequência do circuito de cruzamento da Figura 16.39.

Problema Prático 16.16

Se cada alto-falante na Figura 16.39 tem uma resistência de 8 Ω e $C = 10 \ \mu F$, encontre L e a frequência de cruzamento.

Resposta: 0,64 mH; 1,989 kHz.

16.8 Resumo

1. A função de transferência $\mathbf{H}(\omega)$ é a razão entre a saída $\mathbf{Y}(\omega)$ e a entrada $\mathbf{X}(\omega)$, isto é, $\mathbf{H}(\omega) = \mathbf{Y}(\omega)/\mathbf{X}(\omega)$.

2. A resposta em frequência é a variação da função de transferência com a frequência.

3. O decibel é a unidade de ganho logarítmico. Para o ganho de potência G, seu equivalente em decibel é

$$G_{dB} = 10 \log_{10} G$$

Para o ganho de tensão (ou corrente) G, seu equivalente em decibel é

$$G_{dB} = 20 \log_{10} G$$

Observe que dBm é uma abreviação para a razão da potência em decibéis (dB) da medida de potência referente a um miliwatt (1 mW).

4. Os diagramas de Bode são restas semilogarítmicas da magnitude da fase de funções de transferência *versus* a frequência. As restas de aproximação de H (em dB) e ϕ (em graus) são construídas utilizando as frequências de corte definidas pelos fatores de $\mathbf{H}(\omega)$.

5. Um filtro é um circuito projetado para passar (ou rejeitar) uma banda de frequências e rejeitar (ou permitir) outras. Filtros passivos são construídos com resistores, capacitores e indutores.

6. Os quatro tipos comuns de filtros são passa-baixa, passa-alta, passa-faixa e rejeita-faixa.

7. Um filtro passa-baixa passa somente sinais cujas frequências estão abaixo da frequência de corte ω_c.

8. Um filtro passa-alta passa somente os sinais cujas frequências estão acima da frequência de corte ω_c.

9. Um filtro passa-faixa passa somente os sinais cujas frequências estão dentro de uma faixa pré-definida ($\omega_1 < \omega < \omega_2$).

10. Um filtro rejeita-faixa passa somente os sinais cujas frequências estão fora de uma faixa pré-definida ($\omega_1 < \omega < \omega_2$).

11. O PSpice pode ser utilizado para obter a resposta em frequência de um circuito se a faixa de frequência para a resposta e o número desejado de pontos dentro dessa faixa forem especificados na varredura AC (*AC Sweep*).

12. O telefone de discagem por tom e o circuito *crossover* são apresentados como duas aplicações típicas de filtros. O sistema de tons do telefone emprega filtros para separar tons de diferentes frequências para ativar chaves eletrônicas. O circuito *crossover* separa sinais em diferentes faixas de frequência tal que eles podem ser entregues a diferentes dispositivos, como *tweeter* e *woofers* em um sistema de alto-falantes.

Questões de revisão

16.1 Se a razão entre a potência de saída e a potência de entrada é 1.000:1, essa razão pode ser expressa em dB como:

(a) 3 dB (b) 30 dB
(c) 300 dB (d) 1.000 dB

16.2 Em certo circuito, a tensão de entrada é 2 mV, enquanto a tensão de saída é 4 V. O ganho de tensão expresso em dB é

(a) -33 dB (b) 33 dB
(c) 66 dB (d) 152 dB

16.3 No diagrama de Bode da magnitude, a inclinação do fator $\dfrac{1}{(5 + j\omega)^2}$ é

(a) 20 dB/década (b) 40 dB/década
(c) -40 dB/década (d) -20 dB/década

16.4 No diagrama de Bode da fase, a inclinação de $[1 + j10\omega - \omega^2/25]^2$ é
(a) 45°/década (b) 90°/década
(c) 135°/década (d) 180°/década

16.5 Se a tensão máxima de saída de um filtro passa-alta é 1 V, a tensão de saída na frequência de corte é:
(a) 0 V (b) 0,707 V
(c) 1 V (d) 1,414 V

16.6 Na frequência de corte, a saída de um filtro fica abaixo de seu valor máximo por
(a) −10 dB (b) −3 dB
(c) 0 dB (d) 3 dB

16.7 Um filtro que passa somente sinais cujas frequências estão acima de uma determinada frequência é chamado:
(a) passa-baixa (b) passa-alta
(c) passa-faixa (d) rejeita-faixa

16.8 Que tipo de filtro pode ser utilizado para selecionar o sinal de uma determinada estação de rádio?
(a) passa-baixa (b) passa-alta
(c) passa-faixa (d) rejeita-faixa

16.9 Uma fonte de tensão fornece um sinal de amplitude constante, de 0 a 40 kHz, a um filtro RC passa-baixa. O resistor de carga experimenta a máxima tensão em:
(a) CC (b) 10 kHz
(c) 20 kHz (d) 40 kHz

16.10 Um filtro rejeita-faixa atenua sinais de qualquer frequência, exceto a frequência para a qual ele foi sintonizado.
(a) Verdadeiro (b) Falso

Respostas: 16.1 b, 16.2 c, 16.3 c, 16.4 d, 16.5 b, 16.6 b, 16.7 b, 13.6 c, 16.9 a, 16.10 a

Problemas

Seção 16.2 A escala Decibel

16.1 Encontre $\log_{10} X$ dado que X é:
(a) 10^{-4} (b) 46.000
(c) 10^8 (d) 0,2114

16.2 Se $Y = \log_{10} X$, determine X dado que Y é:
(a) 4 (b) 0,003
(c) 6,5 (d) −2,3

16.3 Determine o número de decibéis do ganho para as seguintes condições:
(a) $P_{ent} = 6$ mW, $P_{saída} = 100$ mW
(b) $V_{ent} = 3$ mV, $V_{saída} = 40$ V
(c) $P_{ent} = 10\,\mu$W, $P_{saída} = 60$ mW
(b) $V_{ent} = 300\,\mu$V, $V_{saída} = 8$ V

16.4 A tensão de saída de um amplificador é 3,8 V quando a tensão de entrada é 20 mV. Qual é o ganho do amplificador adimensional (V_o/V_i) e em decibéis?

16.5 Calcule $|\mathbf{H}(\omega)|$ se H_{dB} é igual a.
(a) 0,05 dB (b) −6,2 dB (c) 104,7 dB

16.6 Determine a magnitude (em dB) e a fase (em graus) de $\mathbf{H}(\omega)$ em $\omega =$ rad/s se H(ω) é igual a
(a) 0,05 (b) 125
(c) $\dfrac{10j\omega}{2+j\omega}$ (d) $\dfrac{3}{1+j\omega} + \dfrac{6}{2+j\omega}$

16.7 Um medidor de potência está conectado à saída de um circuito transmissor. O medidor lê 24 W. Qual é a potência em dBm?

16.8 Expresse as seguintes potências em dBm: 10 μW, 13 mW e 50 W.

16.9 Obtenha o nível de potência dos seguintes valores em dBm: −5, 6 e 40 dBm.

16.10 Considere o sistema na Figura 16.41. Determine o ganho total do sistema em dB.

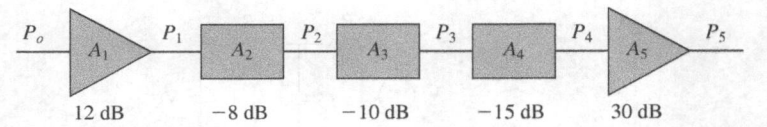

Figura 16.41
Para o Problema 16.10.

$P_o \to A_1$ (12 dB) $\to P_1 \to A_2$ (−8 dB) $\to P_2 \to A_3$ (−10 dB) $\to P_3 \to A_4$ (−15 dB) $\to P_4 \to A_5$ (30 dB) $\to P_5$

16.11 O sistema mostrado na Figura 16.42 consiste em três estágios. Determine a potência de saída e o ganho total de potência do sistema em dB.

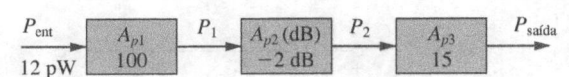

P_{ent} = 12 pW $\to A_{p1}$ (100) $\to P_1 \to A_{p2}$ (dB) (−2 dB) $\to P_2 \to A_{p3}$ (15) $\to P_{saída}$

Figura 16.42
Para o Problema 16.11.

16.12 Certo amplificador tem uma potência de entrada de 60 mW e uma potência de saída de 10 mW. Calcule a atenuação em decibéis.

16.13 Em uma determinada frequência, a razão $V_{saída}/V_{ent}$ é 0,2. Expresse essa razão em dB.

16.14 Um amplificador tem um ganho de potência de 4. Expresse o ganho de potência em dB.

Seção 16.3 Função de transferência

16.15 Encontre a função de transferência V_o/V_i do circuito RC na Figura 16.43. Expresse-a utilizando $\omega_o = 1/RC$.

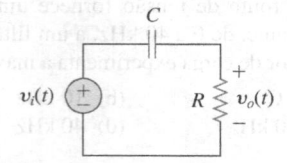

Figura 16.43
Para o Problema 16.15.

16.16 Obtenha a função de transferência V_o/V_i do circuito RL da Figura 16.44. Expresse-a utilizando $\omega_o = R/L$.

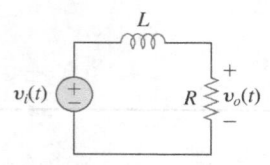

Figura 16.44
Para os Problemas 16.16 e 16.34.

16.17 Dado o circuito na Figura 16.45, determine a função de transferência $H(s) = V_o(s)/V_i(s)$.

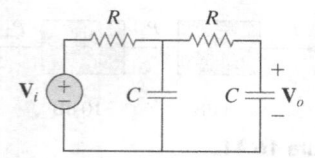

Figura 16.45
Para o Problema 16.17.

16.18 Encontre a função de transferência $\mathbf{H}(\omega)$ do circuito mostrado na Figura 16.46.

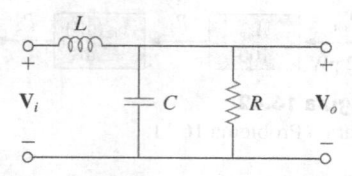

Figura 16.46
Para o Problema 16.18.

16.19 Repita o problema anterior para o circuito na Figura 16.47.

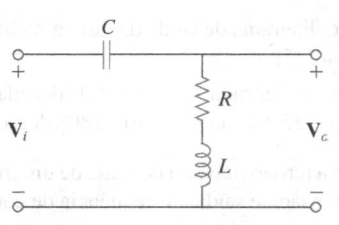

Figura 16.47
Para o Problema 16.19.

16.20 Determine a função de transferência V_o/V_i do circuito RLC na Figura 16.48.

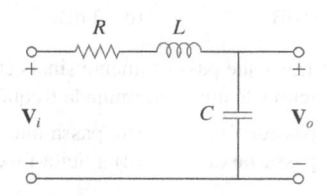

Figura 16.48
Para o Problema 16.20.

16.21 Repita o Problema 16.13 para o circuito na Figura 16.49.

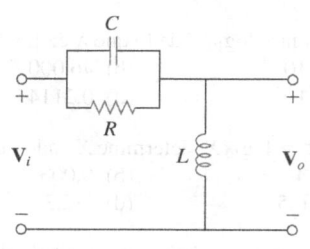

Figura 16.49
Para o Problema 16.21.

16.22 Determine a função de transferência $H(\omega)$ para o circuito na Figura 16.50.

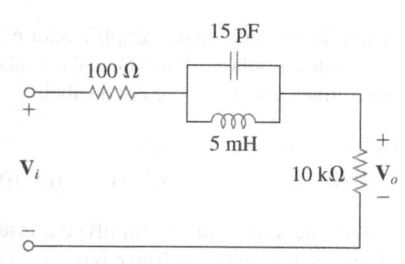

Figura 16.50
Para o Problema 16.22.

Seção 16.4 Diagramas de Bode

16.23 Um circuito em escada apresenta um ganho de tensão de

$$\mathbf{H}(\omega) = \frac{10}{(1 + j\omega)(10 + j\omega)}$$

Esboce os diagramas de Bode para o ganho.

16.24 Esboce os diagramas de Bode para
$$H(\omega) = \frac{50}{j\omega(5 + j\omega)}$$

16.25 Construa os diagramas de Bode para
$$H(\omega) = \frac{10 + j\omega}{j\omega(2 + j\omega)}$$

16.26 Uma função de transferência é dada por
$$T(s) = \frac{s + 1}{s(s + 10)}, \quad s = j\omega$$

Esboce os diagramas de Bode da magnitude e da fase.

16.27 Construa os diagramas de Bode para
$$G(s) = \frac{s + 1}{s^2(s + 10)}$$

16.28 Desenhe os diagramas de Bode para
$$H(\omega) = \frac{50(j\omega + 1)}{j\omega(-\omega^2 + 10j\omega + 25)}$$

16.29 Construa os diagramas de Bode da amplitude e da fase para
$$H(s) = \frac{40(s + 1)}{(s + 2)(s + 10)}, \quad s = j\omega$$

16.30 Esboce os diagramas de Bode para
$$G(s) = \frac{s}{(s + 2)^2(s + 1)}, \quad s = j\omega$$

16.31 Desenhe os diagramas de Bode para
$$G(s) = \frac{(s + 2)^2}{s(s + 5)^2(s + 10)}, \quad s = j\omega$$

16.32 Construa os diagramas de Bode para
$$T(\omega) = \frac{10j\omega(1 + j\omega)}{(10 + j\omega)(100 + 10j\omega - \omega^2)}$$

16.33 Construa um diagrama de Bode da magnitude para $H(s)$ igual a: (a) $10/(s + 1)$ e (b) $(s + 1)/(s + 10)$.

Seção 16.5 Filtros

16.34 Mostre que o circuito na Figura 16.44 é um filtro passa-baixa. Calcule a frequência de corte f_c se $L = 2$ mH e $R = 10$ kΩ.

16.35 Encontre a função de transferência V_o/V_i do circuito na Figura 16.51. Mostre que o circuito é um filtro passa-baixa.

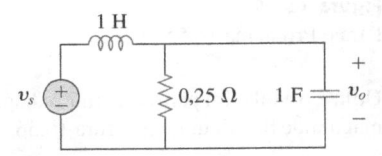

Figura 16.51
Para o Problema 16.35.

16.36 Determine a frequência de corte do filtro passa-baixa descrito por
$$H(\omega) = \frac{4}{2 + j\omega 10}$$

Encontre o ganho em dB e a fase de $H(\omega)$ em $\omega = 2$ rad/s.

16.37 Determine qual o tipo do filtro mostrado na Figura 16.52. Calcule a frequência de corte f_c.

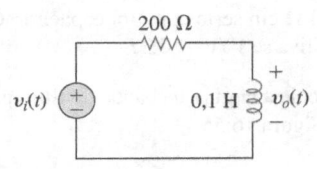

Figura 16.52
Para o Problema 16.37.

16.38 Projete um filtro *RL* passa-baixa que utiliza uma bobina de 40 mH e tem uma frequência de corte de 5 kHz.

16.39 Em um filtro *RL* passa-alta com frequência de corte de 100 kHz, $L = 40$ mH, encontre R.

16.40 Projete um filtro *RLC* passa-faixa com frequências de corte de 10 kHz e 11 kHz. Assuma que $C = 80$ pF, encontre R, L e Q.

16.41 Projete um filtro *RC* passa-alta que tenha frequência de corte de 2 kHz e utilize um capacitor de 300 pF.

16.42 Determine a faixa de frequências que passará por um filtro *RLC* passa-faixa com $R = 10$ Ω, $L = 25$ mH e $C = 0,4$ μF. Encontre o fator de qualidade.

16.43 Os parâmetros de circuito de um filtro *RLC* rejeita-faixa são $R = 2$ kΩ, $L = 0,1$ H, $C = 40$ pF. Calcule (a) a frequência central, (b) as frequências de meia potência e (c) o fator de qualidade.

16.44 Encontre a largura da banda e a frequência de centro do filtro rejeita-faixa da Figura 16.53.

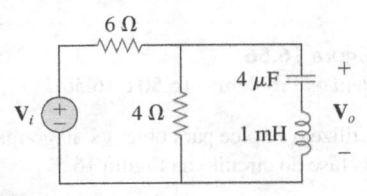

Figura 16.53
Para o Problema 16.44.

16.45 Encontre a frequência de ressonância do filtro mostrado na Figura 16.54. É um filtro passa-faixa ou rejeita-faixa?

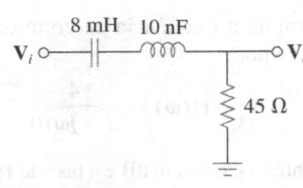

Figura 16.54
Para o Problema 16.45.

16.46 Um filtro passa-baixa é constituído por um resistor de 1,8 kΩ em série com um capacitor. Qual a reatância capacitiva se $V_o/V_i = 0{,}2$?

16.47 Calcule a largura da banda do filtro passa-faixa mostrado na Figura 16.55.

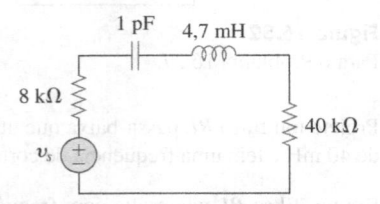

Figura 16.55
Para o Problema 16.47.

16.48 Construa um filtro RC passa-baixa que terá uma frequência de corte em 500 Hz. Considere $C = 0{,}45$ μF. Confirme seu projeto utilizando simulações.

16.49 Um filtro passa-baixa tem uma tensão de saída de 800 μV com uma entrada de 20 mV. Determine o ganho do filtro em dB.

Seção 16.6 Análise computacional

16.50 Obtenha a resposta em frequência do circuito na Figura 16.56 utilizando o PSpice.

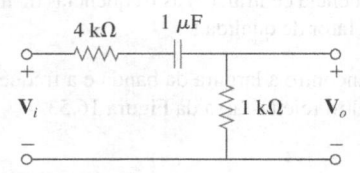

Figura 16.56
Para os Problemas 16.50 e 16.56.

16.51 Utilize o PSpice para obter os diagramas da magnitude e da fase do circuito na Figura 16.57.

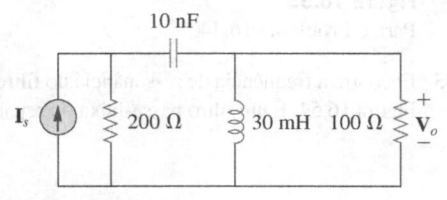

Figura 16.57
Para os Problemas 16.51 e 16.57.

16.52 No intervalo $0{,}1 < f < 100$ Hz, plote a resposta em frequência do circuito na Figura 16.58. Classifique esse filtro e obtenha ω_0.

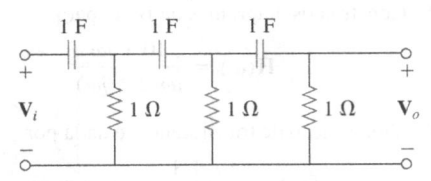

Figura 16.58
Para o Problema 16.52.

16.53 Utilize o PSpice para gerar os diagramas de Bode da magnitude e da fase de V_o no circuito da Figura 16.59.

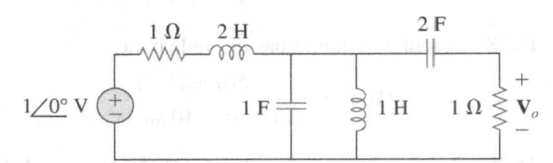

Figura 16.59
Para o Problema 16.53.

16.54 Utilizando o PSpice, plote a magnitude da resposta em frequência do circuito na Figura 16.60.

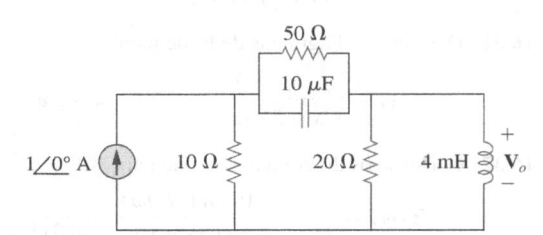

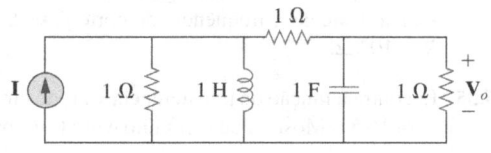

Figura 16.60
Para o Problema 16.54.

16.55 Utilizando o PSpice, plote a magnitude da resposta em frequência do circuito na Figura 16.61.

Figura 16.61
Para o Problema 16.55.

16.56 Utilize o Multisim para construir o diagrama de Bode da magnitude do circuito na Figura 16.56.

16.57 Refaça o Problema 16.51 utilizando o Multisim.

16.58 Obtenha os diagramas de Bode para o circuito na Figura 16.62 utilizando o Multisim.

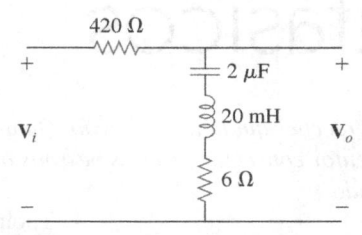

Figura 16.62
Para o Problema 16.58.

Seção 16.7 Aplicações

16.59 Para uma situação de emergência, um engenheiro precisa fazer um filtro RC passa-alta. Ele possui um capacitor de 10 pF, um capacitor de 30 pF, um resistor de 1,8 kΩ e um resistor de 3,3 kΩ disponíveis. Encontre a maior frequência de corte possível utilizando esses elementos.

16.60* O circuito *crossover* na Figura 16.63 é um filtro passa-baixa que está conectado a um *woofer*. Encontre a função de transferência $\mathbf{H}(\omega) = \mathbf{V}_o/\mathbf{V}_i$.

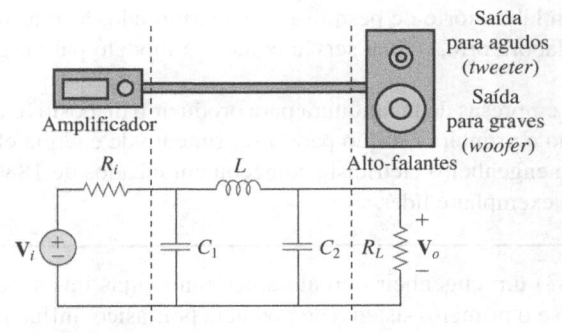

Figura 16.63
Para o Problema 16.60.

16.61* O circuito crossover na Figura 16.64 é um filtro passa-alta que está conectado a um *tweeter*. Determine a função de transferência $\mathbf{H}(\omega) = \mathbf{V}_o/\mathbf{V}_i$.

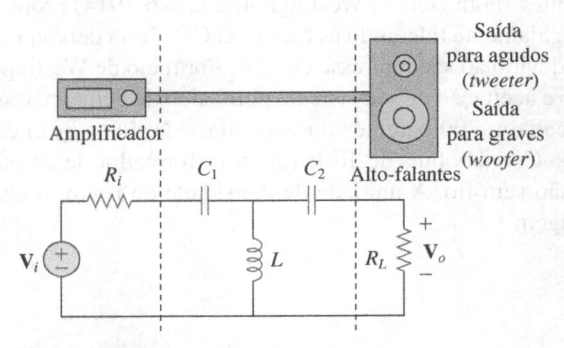

Figura 16.64
Para o Problema 16.61.

16.62 Em determinada aplicação, um simples filtro RC passa-baixa é projetado para reduzir ruído de alta frequência. Se a frequência de corte desejada for 20 kHz e C = 0,5 μF, encontre o valor de R.

16.63 Em um circuito amplificador, um simples filtro RC passa-alta é necessário para bloquear a componente CC, enquanto deixa passar a componente variável com o tempo. Se a frequência de corte desejada for 15 Hz e C = 10 μF, encontre o valor de R.

16.64 Um projeto de um filtro RC real deve permitir a fonte e a resistência da carga, conforme mostrado na Figura 16.65. Seja R = 4 kΩ e C = 40 nF, obtenha a frequência de corte quando:
(a) $R_S = 0, R_L = \infty$
(b) $R_S = 1$ kΩ, $R_L = 5$ kΩ

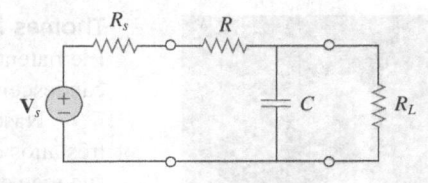

Figura 16.65
Para o Problema 16.64.

16.65 Um filtro passa-baixa de baixo fator de qualidade e dupla sintonia é mostrado na Figura 16.66. Utilize o PSpice para gerar o diagrama da magnitude de $V_o(\omega)$.

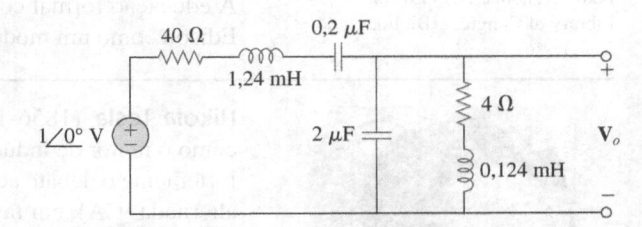

Figura 16.66
Para o Problema 16.65.

16.66 Um transmissor de satélite tem uma potência de saída de 2 kW e uma potência de entrada de 1 W. Determine o ganho de potência em dB.

capítulo 17
Circuitos trifásicos

A sociedade nunca está preparada para receber qualquer invenção. Qualquer coisa nova sofre resistência, e leva anos para o inventor conseguir fazer as pessoas ouvi-lo e mais anos antes da invenção poder ser aplicada.

— Thomas Alva Edison

Perfis históricos

Thomas Alva Edison (1847-1931) foi, talvez, o maior inventor norte-americano. Ele patenteou 1.093 invenções, incluindo invenções históricas, como a lâmpada incandescente, o fonógrafo e o primeiro cinema.

Nascido em Milan, Ohio, o mais jovem de sete filhos, Edison recebeu somente três anos de educação formal porque ele odiava a escola. Foi educado em casa pela sua mãe e logo começou a ler por conta própria. Em 1868, Edison leu um dos livros de Faraday e encontrou sua vocação. Mudou-se para Menlo Park, Nova Jersey, em 1876, onde gerenciou um laboratório de pesquisa bem estruturado. Muitas de suas invenções vieram desse laboratório, o qual serviu como um modelo para organizações modernas.

Edison estabeleceu empresas de manufatura para produzir o dispositivo que ele inventou e designou como a primeira estação para o suprimento de energia elétrica. A educação formal como engenheiro eletricista começou em meados de 1880, com Edison como um modelo exemplar e líder.

Foto de Thomas Alva Edison
Library of Congress (Biblioteca do Congresso)

Nikola Tesla (1856-1943) um engenheiro croata-americano cujas invenções, tais como o motor de indução e o primeiro sistema de potência polifásico, influenciaram fortemente o debate acerca da utilização de corrente contínua (CC) *versus* a corrente alternada (CA), em favor da CA. Ele foi também responsável pela adoção do 60 Hz como padrão CA para os sistemas de potência nos Estudos Unidos.

Nascido na Áustria-Hungria (hoje a Croácia) de um clérigo, Tesla tinha uma memória incrível e uma afinidade com matemática. Mudou-se para os Estados Unidos em 1884 e trabalhou inicialmente para Thomas Edison. Naquela época, o país estava na "batalha de correntes" com George Westinghouse (1846-1914) promovendo a CA e Thomas Edison rigidamente liderando as forças da CC. Tesla deixou Edison e aliou-se a Westinghouse devido ao seu interesse em CA. Por meio de Westinghouse, Tesla ganhou a reputação e aceitação de seu sistema polifásico de geração, transmissão e distribuição. Ele realizou 700 patentes durante sua vida. Suas invenções incluem o motor de indução CA; a bobina de Tesla (um transformador de alta-tensão) e o sistema de transmissão sem fio. A unidade de densidade de fluxo, o tesla, foi nomeada em sua homenagem.

Foto de Nikola Tesla
Cortesia do Instituto Smithsonian

17.1 Introdução

Até agora neste livro lidamos com circuitos monofásicos. Um sistema de potência em CA consiste em um gerador conectado à carga por um par de fios. Um sistema monofásico a dois fios é retratado na Figura 17.1(a), na qual V_p (pico, não RMS) é a magnitude da fonte de tensão e ϕ é a fase. O que é mais comum na prática é um sistema monofásico a três fios, mostrado na Figura 17.1(b). Ele contém duas fontes idênticas (magnitudes iguais e a mesma fase) que são conectadas às duas cargas por dois fios e um condutor de neutro. Por exemplo, o sistema elétrico residencial é um sistema monofásico a três fios, no qual as tensões terminais têm a mesma magnitude e a mesma fase.[1]

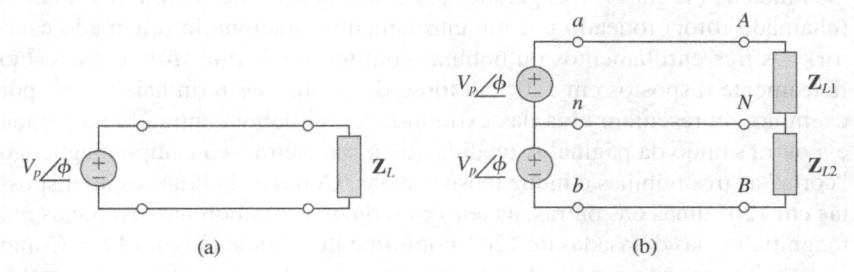

Figura 17.1
Sistema monofásico: (a) a dois fios; (b) a três fios.

Circuitos ou sistemas nos quais as fontes CA operam na mesma frequência, mas com ângulos de fases diferentes são conhecidos como polifásicos. Um sistema bifásico a três fios é mostrado na Figura 17.2, enquanto um sistema trifásico a quatro fios é apresentado na Figura 17.3. Distinto de um sistema monofásico, um sistema bifásico é produzido por um gerador constituído de duas bobinas dispostas perpendicularmente, tal que a tensão produzida por uma esteja 90° defasada da outra. Do mesmo modo, um sistema trifásico é produzido por um gerador constituído por três fontes tendo a mesma amplitude e frequência, mas defasadas umas das outras por 120°. Como o sistema trifásico é de longe o mais prevalente e mais econômico, as discussões neste capítulo centram-se principalmente nos sistemas trifásicos.

Os sistemas trifásicos são importantes por pelo menos três razões. Primeiro, quase toda a energia elétrica é gerada e distribuída em sistemas trifásicos operando na frequência de 60 Hz (ou $\omega = 377$ rad/s) nos Estados Unidos ou 50 Hz (ou $\omega = 314$ rad/s) em algumas outras partes do mundo (Ver Tabela 14.1). Quando uma ou duas fases são requeridas, elas são tomadas de um sistema trifásico ao invés de serem geradas independentemente. Mesmo quando mais do que três fases são necessárias, tal como na indústria de alumínio, onde 48 fases são requeridas para fins de fundição, elas podem ser conseguidas pela manipulação das três fases. Segundo, a potência instantânea em um sistema trifásico pode ser constante (sem pulsos), como será mostrado na Seção 17.8. Isso resulta na transmissão uniforme de potência e menos vibração dos sistemas trifásicos. Terceira, para o mesmo montante de potência, o sistema trifásico é mais econômico que o monofásico. O montante de fio necessário por um sistema trifásico é substancialmente menor que o requerido por um sistema monofásico equivalente.

Figura 17.2
Sistema bifásico a dois fios.

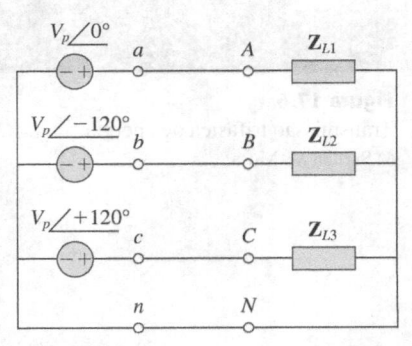

Figura 17.3
Sistema trifásico a quatro fios.

---
[1] Nota Histórica: Thomas Edison inventou o sistema a três fios utilizando três fios ao invés de quatro.

Começamos com uma discussão das tensões trifásicas balanceadas. Em seguida, analisamos cada uma das quatro possíveis configurações dos sistemas trifásicos balanceados. A análise de sistemas trifásicos desbalanceados é também discutida. Aprendemos como utilizar o PSpice para analisar um sistema trifásico balanceado ou desbalanceado. Finalmente, aplicamos os conceitos desenvolvidos neste capítulo à medição de potência em um sistema trifásico e na instalação elétrica residencial.

17.2 Gerador trifásico

As tensões trifásicas são frequentemente produzidas com um gerador trifásico (frequentemente chamado alternador) cuja vista em corte transversal é mostrada na Figura 17.4. O gerador em essência consiste em um imã rotativo (chamado rotor) rodeado por um enrolamento estacionário (chamado estator). Os três enrolamentos ou bobinas com terminais *a-a'*, *b-b'* e *c-c'* estão fisicamente dispostos em 120° em torno do estator. Os terminais *a* e *a'*, por exemplo, representam uma das extremidades da bobina entrando na página e a outra saindo da página. À medida que o rotor gira, seu campo magnético "corta" as três bobinas e induz tensões nelas. Como as bobinas estão dispostas em 120° umas das outras, as tensões induzidas nas bobinas são iguais em magnitude, mas defasadas de 120°, conforme ilustrado na Figura 17.5. Como cada bobina pode ser considerada como um gerador monofásico, o gerador trifásico pode suprir potência tanto para cargas monofásicas quanto trifásicas. Veja a Figura 17.6 para uma típica configuração trifásica de transmissão de energia elétrica.

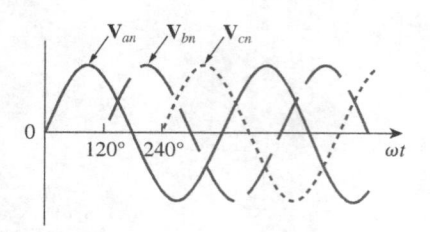

Figura 17.5
As tensões geradas estão defasadas de 120° umas das outras.

Figura 17.6
Transmissão trifásica de energia.
© Sarhan M. Musa

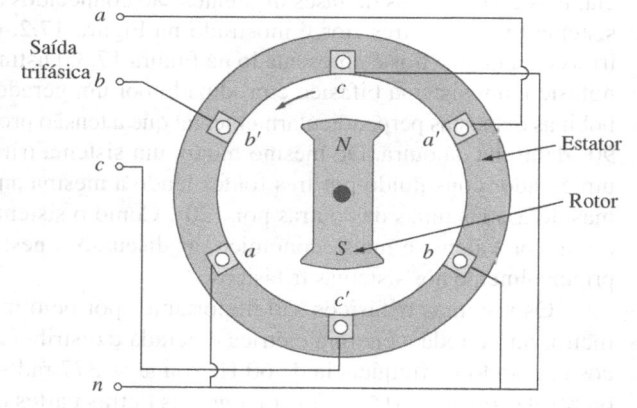

Figura 17.4
Um gerador trifásico.

Um típico sistema trifásico consiste em três fontes de tensão conectadas às cargas por três ou quatro fios (ou linhas de transmissão) (Fontes de corrente trifásicas são muito raras). Um sistema trifásico é equivalente a três circuitos monofásicos. As fontes de tensão podem estar conectadas tanto em estrela, conforme mostrado na Figura 17.7(a), quanto em delta, como na Figura 17.7(b).

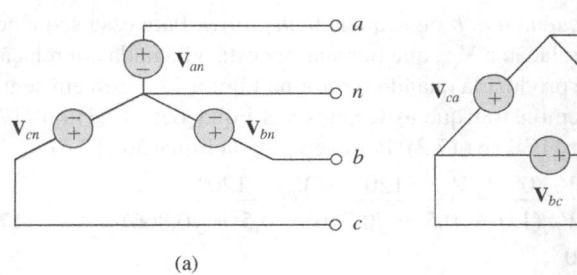

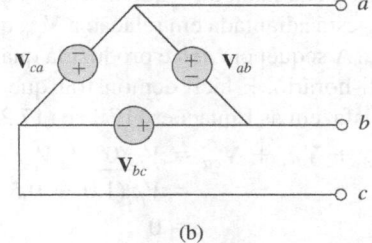

Figura 17.7
Fontes de tensões trifásicas: (a) fontes conectadas em Y; (b) fontes conectadas em Δ.

17.3 Fontes trifásicas balanceadas

Por enquanto, consideremos as tensões conectadas em estrela na Figura 17.7(a). As tensões V_{an}, V_{bn} e V_{cn} são entre as linhas a, b e c, respectivamente, e o neutro n. Essas tensões são chamadas de *tensões de fase*. Se as fontes de tensão têm a mesma amplitude e frequência ω e estão defasadas umas das outras de 120°, as tensões são ditas *balanceadas*. Isso implica que

$$\mathbf{V}_{an} + \mathbf{V}_{bn} + \mathbf{V}_{cn} = 0 \tag{17.1}$$

$$|\mathbf{V}_{an}| = |\mathbf{V}_{bn}| = |\mathbf{V}_{cn}| \tag{17.2}$$

Assim,

tensões de fase balanceadas são iguais em magnitude e estão defasadas umas das outras de 120°.

Como as tensões trifásicas estão 120° defasadas umas das outras, existem duas combinações possíveis. Uma possibilidade é mostrada na Figura 17.8(a) e é expressa matematicamente como

$$\begin{aligned}\mathbf{V}_{an} &= V_p \underline{/0°} \\ \mathbf{V}_{bn} &= V_p \underline{/-120°} \\ \mathbf{V}_{cn} &= V_p \underline{/-240°} = V_p \underline{/+120°}\end{aligned} \tag{17.3}$$

em que V_p é o valor efetivo ou RMS[2] da tensão de fase. Isso é conhecido como *sequência abc* ou *sequência positiva*. Nessa sequência de fase, V_{an} está adiantada em relação a V_{bn}, a qual, por sua vez, está adiantada em relação a V_{cn}. Essa sequência é produzida quando o rotor na Figura 17.4 gira no sentido horário. Outra possibilidade é mostrada na Figura 17.8(b) e é dada por

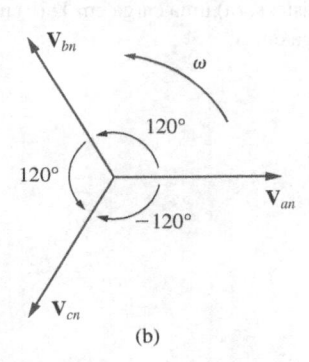

$$\begin{aligned}\mathbf{V}_{an} &= V_p \underline{/0°} \\ \mathbf{V}_{cn} &= V_p \underline{/-120°} \\ \mathbf{V}_{bn} &= V_p \underline{/-240°} = V_p \underline{/+120°}\end{aligned} \tag{17.4}$$

Figura 17.8
Sequência de fase: (a) *abc* ou sequência positiva; (b) *acb* ou sequência negativa.

---

[2] Nota: Como uma tradição comum em sistemas de potência, as tensões e correntes neste capítulo estão em RMS a menos que indicado de outra forma.

Essa é chamada de *sequência acb* ou sequência *negativa*. Para essa sequência, V_{an} está adiantada em relação a V_{cn}, que por sua vez está adiantada em relação a V_{bn}. A sequência *acb* é produzida quando o rotor na Figura 17.4 gira em sentido anti-horário. É fácil demonstrar que as tensões nas Equações (17.3) ou (17.4) satisfazem as Equações (17.1) e (17.2). Por exemplo, da Equação (17.3),

$$\mathbf{V}_{an} + \mathbf{V}_{bn} + \mathbf{V}_{cn} = V_p\underline{/0°} + V_p\underline{/-120°} + V_p\underline{/+120°}$$
$$= V_p(1,0 - 0,5 - j0,866 - 0,5 + j0,866) \quad (17.5)$$
$$= 0$$

> A **sequência de fase** é o instante ou a ordem em que as tensões passam pelos seus respectivos valores máximos.

A sequência de fase é determinada pela ordem em que os fasores passam por um ponto fixo no diagrama de fases.[3]

Na Figura 17.8(a), à medida que os fasores giram no sentido horário com frequência ω, eles passam pelo eixo horizontal na sequência *abcabca*...Assim, a sequência é *abc* ou *bca* ou *cab*. Similarmente, para os fasores na Figura 17.8(b), à medida que eles giram no sentido horário, eles passam pelo eixo horizontal na sequência *acbacba*...Isso descreve a sequência *acb*. A sequência de fase é importante em sistemas de distribuição trifásicos porque ela determina o sentido de rotação de motores conectados ao sistema, por exemplo[4].

Assim como as conexões do gerador, uma carga trifásica pode também ser conectada em estrela ou em delta, dependendo da aplicação. Uma carga conectada em estrela é mostrada na Figura 17.9(a), enquanto uma carga conectada em delta pode ser vista na Figura 17.9(b). O condutor de neutro na Figura 17.9(a) pode ou não existir, dependendo se o sistema é a quatro ou três fios (obviamente, a conexão do condutor neutro é topologicamente impossível para a conexão em delta). Uma carga conectada em estrela é dita desbalanceada se as impedâncias das fases não são iguais em magnitude ou fase.

> Uma **carga balanceada** é aquela na qual as impedâncias das fases são iguais em magnitude e fase.

Para uma carga balanceada conectada em estrela[5],

$$\mathbf{Z}_1 = \mathbf{Z}_2 = \mathbf{Z}_3 = \mathbf{Z}_Y \quad (17.6)$$

em que $\mathbf{Z}_Y$ é a impedância da carga por fase. Para uma carga balanceada conectada em delta,

$$\mathbf{Z}_a = \mathbf{Z}_b = \mathbf{Z}_c = \mathbf{Z}_\Delta \quad (17.7)$$

em que $\mathbf{Z}_\Delta$ é a impedância da carga por fase. Recordamos da Equação (11.70) que

$$\mathbf{Z}_\Delta = 3\mathbf{Z}_Y \quad \text{ou} \quad \mathbf{Z}_Y = \frac{1}{3}\mathbf{Z}_\Delta \quad (17.8)$$

então, vemos que uma carga conectada em estrela pode ser transformada em uma carga conectada em delta ou vice-versa, utilizando a Equação (17.8).

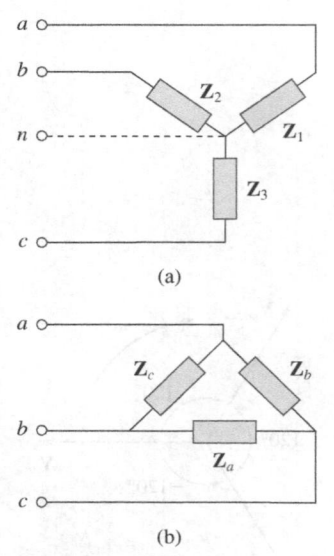

Figura 17.9
Duas configurações possíveis de cargas trifásicas: (a) uma carga em Y; (b) uma carga em Δ.

---

[3] Nota: A sequência de fase pode também ser considerada como a ordem em que as tensões atingem seus valores de pico (ou máximo) em relação ao tempo.

[4] Lembrete: À medida que o tempo cresce, cada fasor gira a uma velocidade angular ω.

[5] Lembrete: Uma carga conectada em estrela consiste em três impedâncias conectadas ao neutro, enquanto uma carga conectada em delta consiste em três impedâncias conectadas em um laço. Em ambos os casos, a carga é balanceada quando as três impedâncias são iguais.

Como tanto as fontes trifásicas quanto as cargas trifásicas podem ser conectadas em estrela ou em delta, temos quatro possíveis conexões fonte/carga:

- Conexão estrela-estrela – isto é, fonte conectada em estrela com a carga conectada em estrela.
- Conexão estrela-delta.
- Conexão delta-delta.
- Conexão delta-estrela.

Nas subseções seguintes, consideraremos cada uma dessas configurações.

Exemplo 17.1

Determine a sequência de fase do seguinte conjunto de tensões

$$v_{an}(t) = 200 \cos(\omega t + 10°)$$
$$v_{bn}(t) = 200 \cos(\omega t - 230°)$$
$$v_{cn}(t) = 200 \cos(\omega t - 100°)$$

Solução:
A tensão pode ser expressa em forma fasorial como:

$$\mathbf{V}_{an} = 200\underline{/10°}, \quad \mathbf{V}_{bn} = 200\underline{/-230°}, \quad \mathbf{V}_{cn} = 200\underline{/-110°}$$

Notamos que $\mathbf{V}_{an}$ está adiantada de 120° em relação a $\mathbf{V}_{cn}$, que por sua vez está adiantada de 120° em relação a $\mathbf{V}_{bn}$. Daí, temos uma sequência acb.

Problema Prático 17.1

Dado que $\mathbf{V}_{bn} = 110\underline{/30°}$, encontre $\mathbf{V}_{an}$ e $\mathbf{V}_{bn}$ assumindo uma sequência positiva (abc).

Resposta: $110\underline{/150°}$; $110\underline{/-90°}$.

17.4 Conexão estrela-estrela balanceada

Começamos com o sistema Y-Y balanceado porque qualquer sistema trifásico balanceado pode ser reduzido a um sistema equivalente Y-Y, o qual é mais facilmente analisado. Por essa razão, a análise desse sistema pode ser considerada como a chave para a solução de todos os sistemas trifásicos balanceados.

> Um **sistema Y-Y balanceado** é um sistema trifásico com fonte balanceada conectada em Y e uma carga balanceada conectada em Y.

Os sistemas estrela-estrela são os mais utilizados pelas concessionárias de energia elétrica. Existem duas razões para isso. Primeiro, as conexões estrela-estrela fornecem um ponto conveniente para aterramento no neutro da fonte, indiferentemente da direção do fluxo de potência. Segundo, a conexão estrela-estrela custa um pouco menos que a delta-estrela ou a delta-delta.

Considere o sistema balanceado estrela-estrela a quatro fios mostrado na Figura 17.10, onde uma carga conectada em Y está ligada a uma fonte conectada em Y. Assumimos uma carga balanceada tal que as impedâncias da carga são iguais. Embora a impedância $\mathbf{Z}_Y$ seja a impedância por fase, ela pode também ser considerada como a soma da impedância da fonte $\mathbf{Z}_S$, da linha $\mathbf{Z}_\ell$ e da carga $\mathbf{Z}_L$ para cada fase porque essas impedâncias estão em série. Conforme ilustrado na Figura 17.10, $\mathbf{Z}_S$ representa a impedância interna de cada enrolamento de fase

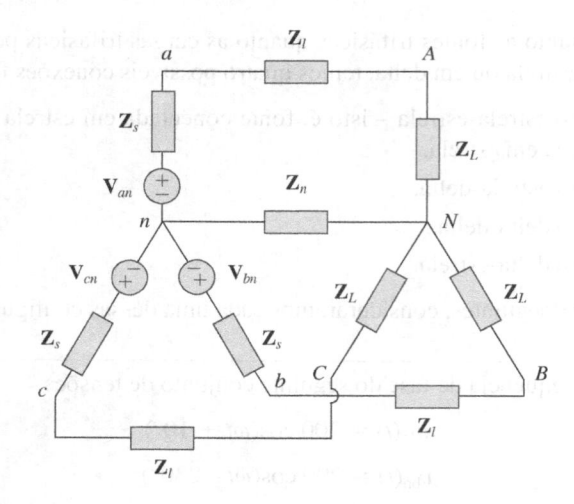

Figura 17.10
Um sistema balanceado Y-Y a quatro fios, mostrando a fonte, a linha e a carga.

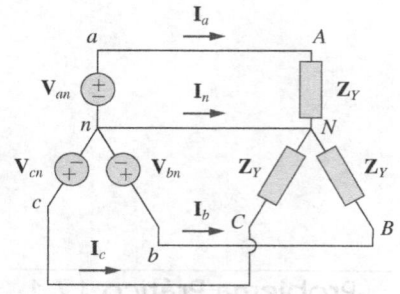

Figura 17.11
Uma conexão Y-Y balanceada.

do gerador, $\mathbf{Z}_\ell$ é a impedância da linha que interliga uma fase da fonte a uma fase da carga; $\mathbf{Z}_L$ representa a impedância de cada fase da carga; e $\mathbf{Z}_n$ é a impedância do condutor do neutro. Assim, em geral

$$\mathbf{Z}_Y = \mathbf{Z}_s + \mathbf{Z}_\ell + \mathbf{Z}_L \tag{17.9}$$

Observe que $\mathbf{Z}_S$, $\mathbf{Z}_\ell$ e $\mathbf{Z}_n$ são frequentemente muito pequenas comparadas a $\mathbf{Z}_L$ tal que podemos assumir que $\mathbf{Z}_Y = \mathbf{Z}_L$ quando não são dadas as impedâncias da fonte e da linha. Em qualquer caso, ao tratar as impedâncias juntas, o sistema Y-Y na Figura 17.10 pode ser simplificado àquele mostrado na Figura 17.11.

Assumindo a sequência positiva, as tensões de fase (ou tensões entre a linha e o neutro)[6] são

$$\mathbf{V}_{an} = V_p \underline{/0°}$$
$$\mathbf{V}_{bn} = V_p \underline{/-120°} \tag{17.10}$$
$$\mathbf{V}_{cn} = V_p \underline{/+120°}$$

As tensões entre linha (chamadas de tensões de linha) $\mathbf{V}_{ab}$, $\mathbf{V}_{bc}$ e $\mathbf{V}_{ca}$ estão relacionadas às tensões de fase[7]. Por exemplo,

$$\mathbf{V}_{ab} = \mathbf{V}_{an} + \mathbf{V}_{nb} = \mathbf{V}_{an} - \mathbf{V}_{bn} = V_p \underline{/0°} - V_p \underline{/-120°}$$
$$= V_p \left(1 + \frac{1}{2} + j\frac{\sqrt{3}}{2}\right) = \sqrt{3} V_p \underline{/30°} \tag{17.11a}$$

De forma semelhante, obtemos

$$\mathbf{V}_{bc} = \mathbf{V}_{bn} - \mathbf{V}_{cn} = \sqrt{3} V_p \underline{/-90°} \tag{17.11b}$$

$$\mathbf{V}_{ca} = \mathbf{V}_{cn} - \mathbf{V}_{an} = \sqrt{3} V_p \underline{/-210°} \text{ ou } 150° \tag{17.11c}$$

---

[6] Utilizamos o termo fase para nos referir a cada ramo, seja da fonte ou da carga, para as conexões estrela e delta.

[7] As tensões de linhas são as tensões entre as linhas, enquanto as tensões de fase são as tensões sobre as impedâncias. As tensões de fase são referenciadas ao neutro, enquanto uma tensão de linha é referenciada a outra linha.

Assim, a magnitude das tensões de linha V_L é $\sqrt{3}$ vezes a magnitude das tensões de fase V_p; isto é,

$$V_L = \sqrt{3} V_p \qquad (17.12)$$

em que

$$V_p = |\mathbf{V}_{an}| = |\mathbf{V}_{bn}| = |\mathbf{V}_{cn}| \qquad (17.13)$$

e

$$V_L = |\mathbf{V}_{ab}| = |\mathbf{V}_{bc}| = |\mathbf{V}_{ca}| \qquad (17.14)$$

As tensões de linha estão adiantas de 30° em relação às correspondentes tensões de fase. A Figura 17.12(a) ilustra essa situação. A Figura 17.12(a) também mostra como determinar V_{ab} com base nas tensões de fase, enquanto a Figura 17.12(b) mostra o mesmo para todas as três tensões. Observe que $\mathbf{V}_{ab}$ está adiantada de 120° em relação a $\mathbf{V}_{bc}$ e $\mathbf{V}_{bc}$ está adiantada de 120° em relação a $\mathbf{V}_{ca}$, tal que a soma das tensões de linha é nula, assim como das tensões de fase.

Aplicando a LKT a cada fase na Figura 17.11, obtemos as correntes de linha como

$$\mathbf{I}_a = \mathbf{V}_{an}/\mathbf{Z}_Y = \frac{V_p \underline{/0°}}{Z_Y}$$

$$\mathbf{I}_b = \mathbf{V}_{bn}/\mathbf{Z}_Y = \frac{V_{an}\underline{/-120°}}{Z_Y} = \mathbf{I}_a \underline{/-120°} \qquad (17.15)$$

$$\mathbf{I}_c = \mathbf{V}_{cn}/\mathbf{Z}_Y = \frac{V_{an}\underline{/-240°}}{Z_Y} = \mathbf{I}_a \underline{/-240°} \quad \text{ou} \quad \mathbf{I}_a < +120°$$

Podemos inferir rapidamente que a soma das correntes de linha é nula; isto é

$$\mathbf{I}_a + \mathbf{I}_b + \mathbf{I}_c = 0 \qquad (17.16)$$

tal que

$$\mathbf{I}_n = -(\mathbf{I}_a + \mathbf{I}_b + \mathbf{I}_c) = 0 \qquad (17.17a)$$

ou

$$\mathbf{V}_{nN} = \mathbf{Z}_n \mathbf{I}_n = 0 \qquad (17.17b)$$

isto é, a tensão sobre o condutor neutro é nula. O condutor de neutro pode ser removido da configuração sem afetar o sistema. Na realidade, em sistemas de transmissão de longa distância, condutores em múltiplos de três são utilizados com a terra funcionando como o condutor de neutro. Sistemas de potência projetados dessa forma são bem aterrados em todos os pontos críticos para garantir a segurança.

Enquanto a corrente de linha é a corrente em cada linha, a corrente de fase é a corrente em cada fase da fonte ou da carga. No sistema Y-Y, a corrente de linha é a mesma que a corrente de fase. Utilizaremos subscritos únicos para as correntes de linha porque é natural e convencional adotar que as correntes de linha fluem da fonte para a carga.

Uma maneira alternativa de analisar um sistema Y-Y balanceado é fazê-lo por "fase". Olhando para uma fase – mais especificamente a fase *a* – e analisar o

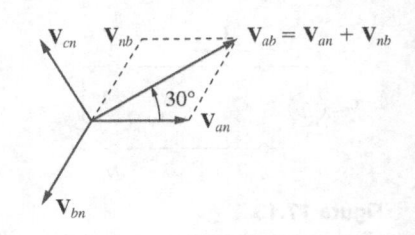

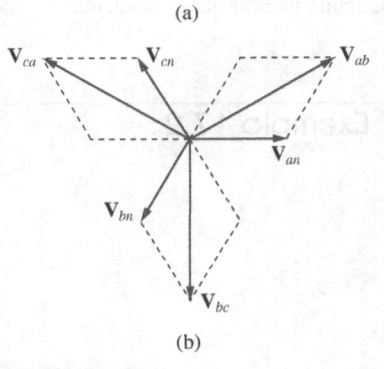

Figura 17.12
Diagramas de fases ilustrando a relação entre as tensões de linha e de fase.

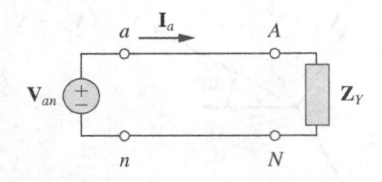

Figura 17.13
Circuito monofásico equivalente.

circuito monofásico equivalente na Figura 17.13. A análise monofásica produz a corrente de linha $\mathbf{I}_a$ como

$$\mathbf{I}_a = \mathbf{V}_{an}/\mathbf{Z}_Y \qquad (17.18)$$

Partindo de $\mathbf{I}_a$, utilizamos a sequência de fase para obtermos as outras correntes de linha. Assim, desde que o sistema seja balanceado, precisamos analisar somente uma fase. Fazemos isso, mesmo que o condutor de neutro não esteja presente, isto é, para um sistema a três fios.

Exemplo 17.2

Calcule as correntes de linha no sistema Y-Y a três fios da Figura 17.14.

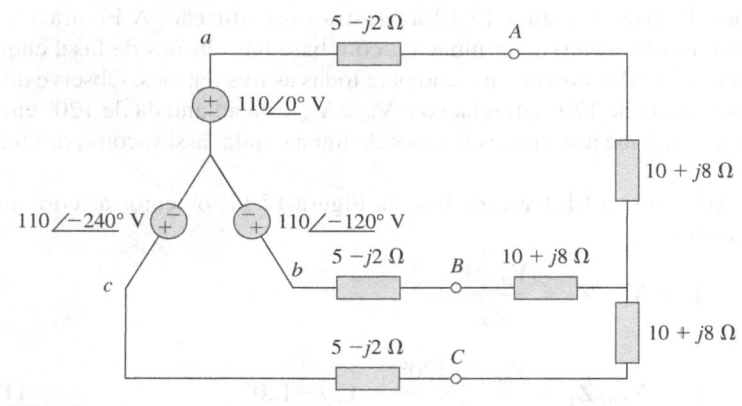

Figura 17.14
Sistema Y-Y a três fios; para os Exemplos 17.2 e 17.6.

Solução:
O circuito trifásico na Figura 17.14 é balanceado, portanto, podemos substituí-lo pelo seu equivalente monofásico tal como na Figura 17.13. Obtemos $\mathbf{I}_a$ da análise do circuito monofásico como

$$\mathbf{I}_a = \mathbf{V}_{an}/\mathbf{Z}_Y$$

em que $\mathbf{Z}_Y = (5 - j2) + (10 + j8) = 15 + j6 = 16{,}155\underline{/21{,}8°}\ \Omega$. Então,

$$\mathbf{I}_a = \frac{110\underline{/0°}}{16{,}155\underline{/21{,}8°}} = 6{,}81\underline{/-21{,}8°}\ \text{A}$$

Como as fontes de tensão na Figura 17.14 estão na sequência positiva, as correntes de linhas também estão na sequência positiva,

$$\mathbf{I}_b = \mathbf{I}_a\underline{/-120°} = 6{,}81\underline{/-141{,}8°}\ \text{A}$$
$$\mathbf{I}_c = \mathbf{I}_a\underline{/-240°} = 6{,}81\underline{/-261{,}8°}\ \text{A} = 6{,}81\underline{/98{,}2°}\ \text{A}$$

Problema Prático 17.2

Um gerador trifásico balanceado, conectado em Y com uma impedância de $0{,}4 + j0{,}3\ \Omega$ por fase está ligado a uma carga balanceada, conectada em Y com uma impedância de $24 + j19\ \Omega$ por fase. A linha que interconecta o gerador e a carga possui uma impedância de $0{,}6 + j0{,}7\ \Omega$ por fase. Assumindo a sequência positiva para as fontes de tensão e $\mathbf{V}_{an} = 120\underline{/30°}$ V, encontre (a) as tensões de linha; e (b) as correntes de linha.

Resposta: (a) $207{,}85\underline{/60°}$ V, $207{,}85\underline{/-60°}$ V, $207{,}85\underline{/-180°}$ V;
(b) $3{,}75\underline{/-8{,}66°}$ A, $3{,}75\underline{/-128{,}66°}$ A, $3{,}75\underline{/-248{,}66°}$ A

17.5 Conexão estrela-delta balanceada

Uma típica aplicação da conexão estrela-delta pelas concessionárias de energia elétrica é a construção de bancos de transformadores em estrela-delta (os transformadores serão abordados no próximo capítulo). Essa conexão tem a habilidade de suprir simultaneamente cargas monofásicas e trifásicas.

> Um **sistema Y-Δ balanceado** consiste em uma fonte balanceada conectada em Y alimentando uma carga balanceada conectada em Δ.

Um sistema estrela-delta balanceado[8] é mostrado na Figura 17.15, na qual a fonte está conectada em estrela e a carga está conectada em delta. Evidentemente, não há conexão entre o neutro da fonte e a carga para esse caso. Assumindo a sequência positiva, as tensões de fase são

$$\mathbf{V}_{an} = V_p\underline{/0°}$$
$$\mathbf{V}_{bn} = V_p\underline{/-120°} \qquad (17.19)$$
$$\mathbf{V}_{cn} = V_p\underline{/+120°}$$

Como mostrado na Seção 17.4, as tensões de linha são

$$\mathbf{V}_{ab} = \sqrt{3}V_p\underline{/30°} = \mathbf{V}_{AB}$$
$$\mathbf{V}_{bc} = \sqrt{3}V_p\underline{/-90°} = \mathbf{V}_{BC} \qquad (17.20)$$
$$\mathbf{V}_{ca} = \sqrt{3}V_p\underline{/-210°} \quad \text{ou} \quad \sqrt{3}V_p\underline{/+150°} = \mathbf{V}_{CA}$$

mostrando que as tensões de linha são iguais às tensões sobre as impedâncias para essa configuração. Dessas tensões, podemos obter as correntes de fase como

$$\mathbf{I}_{AB} = \mathbf{V}_{AB}/\mathbf{Z}_\Delta, \qquad \mathbf{I}_{BC} = \mathbf{V}_{BC}/\mathbf{Z}_\Delta, \qquad \mathbf{I}_{CA} = \mathbf{V}_{CA}/\mathbf{Z}_\Delta \qquad (17.21)$$

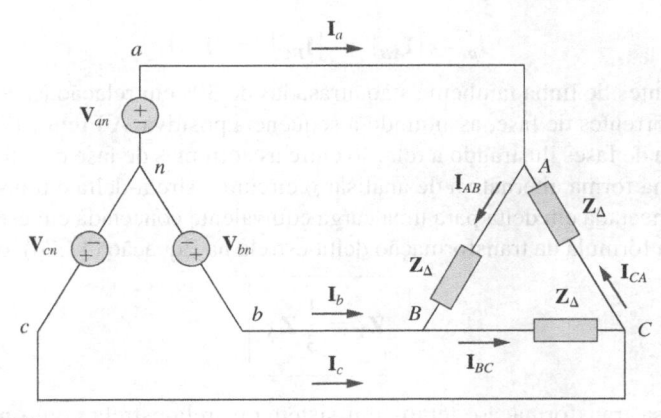

Figura 17.15
Conexão Y-Δ balanceada.

---

[8] Nota: Esse é talvez o sistema trifásico mais prático porque as fontes trifásicas são usualmente conectadas em estrela, enquanto as cargas são usualmente conectadas em delta.

Essas correntes têm as mesmas magnitudes, mas estão defasadas umas das outras de 120°.

Outra forma de obter essas correntes é aplicar a LKT. Por exemplo, aplicando a LKT ao longo do laço $aABbna$, tem-se

$$-\mathbf{V}_{an} + \mathbf{Z}_\Delta \mathbf{I}_{AB} + \mathbf{V}_{bn} = 0$$

ou

$$\mathbf{I}_{AB} = \frac{\mathbf{V}_{an} - \mathbf{V}_{bn}}{\mathbf{Z}_\Delta} = \frac{\mathbf{V}_{ab}}{\mathbf{Z}_\Delta} = \frac{\mathbf{V}_{AB}}{\mathbf{Z}_\Delta} \quad (17.22)$$

a qual é a mesma que aquela obtida anteriormente. Esse é o modo mais geral de encontrar as correntes de fase.

As correntes de linha são obtidas das correntes de fase pela aplicação da LKC nos nós A, B e C. Assim,

$$\begin{aligned}\mathbf{I}_a &= \mathbf{I}_{AB} - \mathbf{I}_{CA} \\ \mathbf{I}_b &= \mathbf{I}_{BC} - \mathbf{I}_{AB} \\ \mathbf{I}_c &= \mathbf{I}_{CA} - \mathbf{I}_{BC}\end{aligned} \quad (17.23)$$

Como

$$\begin{aligned}\mathbf{I}_{CA} &= \mathbf{I}_{AB}\,\underline{/-240°}, \\ \mathbf{I}_a &= \mathbf{I}_{AB} - \mathbf{I}_{CA} = \mathbf{I}_{AB}\,(1 - 1\underline{/-240°}) \\ &= \mathbf{I}_{AB}\,(1 + 0{,}5 - j0{,}866) \\ &= \mathbf{I}_{AB}\,\sqrt{3}\,\underline{/-30°}\ \text{A}\end{aligned} \quad (17.24)$$

podemos mostrar que a magnitude I_L das correntes de linha é $\sqrt{3}$ vezes a magnitude I_p das correntes de fase; isto é,

$$\boxed{I_L = \sqrt{3}\,I_p} \quad (17.25)$$

em que

$$I_L = |\mathbf{I}_a| = |\mathbf{I}_b| = |\mathbf{I}_c| \quad (17.26)$$

e

$$I_p = |\mathbf{I}_{AB}| = |\mathbf{I}_{BC}| = |\mathbf{I}_{CA}| \quad (17.27)$$

As correntes de linha também estão atrasadas de 30° em relação às correspondentes correntes de fase, assumindo a sequência positiva. A Figura 17.16 é um diagrama de fases ilustrando a relação entre as correntes de fase e de linha.

Uma forma alternativa de analisar o circuito estrela-delta é transformar a carga conectada em delta para uma carga equivalente conectada em estrela. Utilizando a fórmula da transformação delta-estrela na Equação (11.70), obtemos

$$\boxed{\mathbf{Z}_Y = \frac{1}{3}\mathbf{Z}_\Delta} \quad (17.28)$$

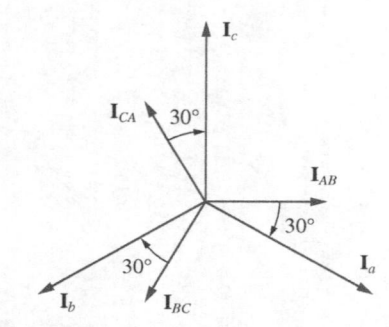

Figura 17.16
Diagrama de fase ilustrando a relação entre as correntes de fase e de linha.

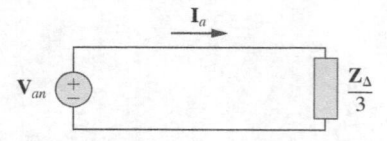

Figura 17.17
Um circuito monofásico equivalente de um circuito Y-Δ balanceado.

Após essa transformação, temos um sistema estrela-estrela como na Figura 17.11. O sistema trifásico estrela-delta na Figura 17.15 pode ser substituído pelo circuito monofásico equivalente na Figura 17.17, o que nos permite calcular somente as correntes de linha. As correntes de fase são obtidas utilizando a Equação (17.25) e usando o fato de as correntes de fase estarem adiantadas de 30° em relação às correspondentes correntes de linha.

Exemplo 17.3

Uma fonte balanceada, conectada em delta, com sequência de fase abc, com $\mathbf{V}_{an} = 100\underline{/10°}$ V está ligada a uma carga balanceada, conectada em delta de $(8 + j4)\,\Omega$ por fase. Calcule as correntes de fase e de linha.

Solução:
Esse problema pode ser resolvido de dois modos.

- **Método 1**   A impedância da carga é

$$\mathbf{Z}_\Delta = 8 + j4 = 8{,}944\underline{/26{,}57°}\,\Omega$$

Se a tensão de fase $\mathbf{V}_{an} = 100\underline{/10°}$, então a tensão de linha é

$$\mathbf{V}_{ab} = \mathbf{V}_{an}\sqrt{3}\underline{/30°} = 100\sqrt{3}\underline{/(10° + 30°)} = \mathbf{V}_{AB}$$

ou

$$\mathbf{V}_{AB} = 173{,}2\underline{/40°}\,\text{V}$$

As correntes de fase são

$$\mathbf{I}_{AB} = \mathbf{V}_{AB}/\mathbf{Z}_\Delta = \frac{173{,}2\underline{/40°}}{8{,}944\underline{/26{,}57°}} = 19{,}36\underline{/13{,}43°}\,\text{A}$$

$$\mathbf{I}_{BC} = \mathbf{I}_{AB}\underline{/-120°} = 19{,}36\underline{/-106{,}57°}\,\text{A}$$

$$\mathbf{I}_{CA} = \mathbf{I}_{AB}\underline{/+120°} = 19{,}36\underline{/133{,}43°}\,\text{A}$$

As correntes de linha são

$$\mathbf{I}_a = \mathbf{I}_{AB}\sqrt{3}\underline{/-30°} = \sqrt{3}(19{,}36)\underline{/(13{,}43° - 30°)}$$
$$= 33{,}53\underline{/-17{,}57°}\,\text{A}$$

$$\mathbf{I}_b = \mathbf{I}_a\underline{/-120°} = 33{,}53\underline{/-136{,}57°}\,\text{A}$$

$$\mathbf{I}_c = \mathbf{I}_a\underline{/+120°} = 33{,}53\underline{/103{,}43°}\,\text{A}$$

- **Método 2**   Alternativamente, utilizando a análise monofásica

$$\mathbf{I}_a = \frac{\mathbf{V}_{an}}{\mathbf{Z}_\Delta/3} = \frac{100\underline{/10°}}{2{,}981\underline{/26{,}57°}} = 33{,}54\underline{/-16{,}57°}\,\text{A}$$

como demonstrado anteriormente. As outras correntes de linha são obtidas utilizando a sequência de fase abc.

Problema Prático 17.3

Uma tensão de linha de uma fonte balanceada conectada em estrela é $\mathbf{V}_{ab} = 180\underline{/20°}$ V. Se a fonte for ligada a uma carga conectada em delta de $20\underline{/40°}\,\Omega$, encontre as correntes de linha. Assuma a sequência abc.

Resposta: $9\underline{/-60°}$; $9\underline{/-180°}$; $9\underline{/60°}$; $15{,}59\underline{/-90°}$; $15{,}59\underline{/-210°}$; $15{,}59\underline{/-30°}$

17.6 Conexão delta-delta balanceada

A fonte, bem como a carga, pode ser conectada em delta, conforme mostrado na Figura 17.18. Nosso objetivo é obter as correntes de fase e de linhas, como de costume. Assumindo a sequência positiva, as tensões de fase para uma fonte conectada em delta são

$$\mathbf{V}_{ab} = V_p\underline{/0°}$$
$$\mathbf{V}_{bc} = V_p\underline{/-120°} \qquad (17.29)$$
$$\mathbf{V}_{ca} = V_p\underline{/+120°}$$

> Um **sistema Δ-Δ balanceado** é aquele no qual tanto a fonte quanto carga são balanceadas e conectadas em Δ.

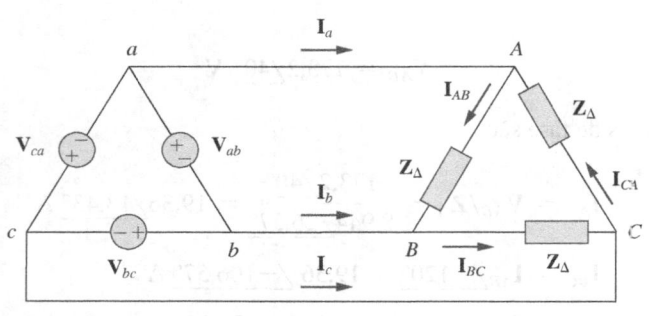

Figura 17.18
Uma conexão Δ-Δ balanceada.

As tensões de linha são iguais às tensões de fase. Da Figura 17.18, assumindo que não há impedância das linhas, as tensões de fase da fonte em delta são iguais às tensões sobre as impedâncias; i.e.,

$$\mathbf{V}_{ab} = \mathbf{V}_{AB}, \qquad \mathbf{V}_{bc} = \mathbf{V}_{BC}, \qquad \mathbf{V}_{ca} = \mathbf{V}_{CA} \qquad (17.30)$$

Daí, as correntes de fase são

$$\mathbf{I}_{AB} = \mathbf{V}_{AB}/\mathbf{Z}_\Delta = \mathbf{V}_{ab}/\mathbf{Z}_\Delta$$
$$\mathbf{I}_{BC} = \mathbf{V}_{BC}/\mathbf{Z}_\Delta = \mathbf{V}_{bc}/\mathbf{Z}_\Delta \qquad (17.31)$$
$$\mathbf{I}_{CA} = \mathbf{V}_{CA}/\mathbf{Z}_\Delta = \mathbf{V}_{ca}/\mathbf{Z}_\Delta$$

Como a carga está conectada em delta, como na seção anterior, algumas fórmulas derivadas lá se aplicam aqui. As correntes de linha são obtidas das correntes de fase pela aplicação da LKC nos nós A, B e C, como fizemos na seção anterior:

$$\mathbf{I}_a = \mathbf{I}_{AB} - \mathbf{I}_{CA}$$
$$\mathbf{I}_b = \mathbf{I}_{BC} - \mathbf{I}_{AB} \qquad (17.32)$$
$$\mathbf{I}_c = \mathbf{I}_{CA} - \mathbf{I}_{BC}$$

Também, como mostrado na seção anterior, cada corrente de linha está atrasada em relação à correspondente corrente de fase por 30°; a magnitude I_L da corrente de linha é $\sqrt{3}$ vezes a magnitude I_p da corrente de fase; isto é,

$$I_L = \sqrt{3}I_p \qquad (17.33)$$

Uma maneira alternativa de analisar um circuito Δ-Δ é converter tanto a fonte quanto a carga e seus equivalentes em Y. Para a carga conectada em delta, já sabemos que $Z_Y = \frac{1}{3}Z_\Delta$. Para converter uma fonte conectada em delta em uma fonte conectada em estrela, veja a próxima seção.

A conexão delta-delta é apropriada para os sistemas a três fios de 240/120 V. Essa conexão é frequentemente alimentada por três unidades monofásicas. Geralmente, ela não deve ser utilizada a menos que a carga trifásica seja muito maior que a carga monofásica.

Exemplo 17.4

Uma cara balanceada conectada em delta com uma impedância de $20 - j15\ \Omega$ está ligada a um gerador conectado em delta, sequência positiva, tendo $\mathbf{V}_{ab} = 330\underline{/0°}$ V. Calcule as correntes de fase e de linha.

Solução:
A impedância da carga por fase é

$$\mathbf{Z}_\Delta = 20 - j15 = 25\underline{/-36{,}87°}\ \Omega$$

As correntes de fase são

$$\mathbf{I}_{AB} = \mathbf{V}_{AB}/\mathbf{Z}_\Delta = \frac{330\underline{/0°}}{25\underline{/-36{,}87°}} = 13{,}2\underline{/36{,}87°}\ \text{A}$$

$$\mathbf{I}_{BC} = \mathbf{I}_{AB}\underline{/-120°} = 13{,}2\underline{/-83{,}13°}\ \text{A}$$

$$\mathbf{I}_{CA} = \mathbf{I}_{AB}\underline{/+120°} = 13{,}2\underline{/156{,}87°}\ \text{A}$$

Para uma carga em delta, a corrente de linha sempre está atrasada de 30° em relação à correspondente corrente de fase e tem uma magnitude $\sqrt{3}$ vezes a magnitude da corrente de fase. Então, as correntes de linha são:

$$\mathbf{I}_a = \mathbf{I}_{AB}\ \sqrt{3}\underline{/-30°} = (13{,}2\underline{/36{,}87°})(\sqrt{3}\underline{/-30°}) = 22{,}86\underline{/6{,}87°}\ \text{A}$$

$$\mathbf{I}_b = \mathbf{I}_a\underline{/-120°} = 22{,}86\underline{/-113{,}13°}\ \text{A}$$

$$\mathbf{I}_c = \mathbf{I}_a\underline{/+120°} = 22{,}86\underline{/126{,}87°}\ \text{A}$$

Problema Prático 17.4

Uma fonte balanceada, conectada em estrela e sequência positiva alimenta uma carga balanceada conectada em delta. Se a impedância por fase da carga é $(18 + j12)\ \Omega$ e $\mathbf{I}_a = 22{,}5\underline{/35°}$ A, encontre $\mathbf{I}_{AB}$ e $\mathbf{V}_{AB}$.

Resposta: $13\underline{/65°}$ A; $281{,}2\underline{/98{,}69°}$ V

17.7 Conexão delta-estrela balanceada

A conexão delta-estrela é popular em transformadores trifásicos nos sistemas de distribuição. Isso porque você pode utilizar o circuito do secundário para prover um neutro para suprir energia entre linha e neutro, alimentar cargas monofásicas e aterrar o neutro por questões de segurança.

> Um **sistema Δ-Y balanceado** consiste em uma fonte balanceada conectada em Δ alimentando uma carga balanceada conectada em Y.

Considere o circuito Δ-Y na Figura 17.19. Novamente, assumindo a sequência abc, as tensões de fase de uma fonte conectada em delta são:

$$\begin{aligned}\mathbf{V}_{ab} &= V_p\underline{/0°}\\ \mathbf{V}_{bc} &= V_p\underline{/-120°}\\ \mathbf{V}_{ca} &= V_p\underline{/+120°}\end{aligned} \qquad (17.34)$$

Essas são as tensões de linha, bem como as tensões de fase.

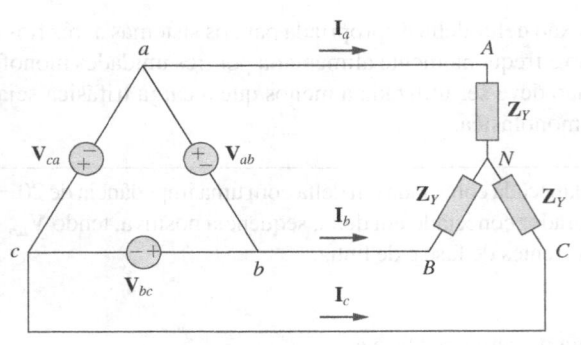

Figura 17.19
Uma conexão Δ-Y balanceada.

Podemos obter as correntes de linha de várias maneiras. Uma forma é aplicar a LKT ao laço *aANBba* na Figura 17.19.

$$-\mathbf{V}_{ab} + \mathbf{Z}_Y \mathbf{I}_a - \mathbf{Z}_Y \mathbf{I}_b = 0$$

ou

$$\mathbf{Z}_Y(\mathbf{I}_a - \mathbf{I}_b) = \mathbf{V}_{ab} = V_p\underline{/0°}$$

Assim,

$$\mathbf{I}_a - \mathbf{I}_b = \frac{V_p\underline{/0°}}{\mathbf{Z}_Y} \qquad (17.35)$$

Mas $\mathbf{I}_b$ está atrasada de 120° de $\mathbf{I}_a$ porque assumimos a sequência *abc*; isto é, $\mathbf{I}_b = \mathbf{I}_a\underline{/-120°}$. Então,

$$\mathbf{I}_a - \mathbf{I}_b = \mathbf{I}_a(1 - 1\underline{/-120°}) = \mathbf{I}_a\left(1 + \frac{1}{2} + j\frac{\sqrt{3}}{2}\right) \qquad (17.36)$$

$$= \mathbf{I}_a\sqrt{3}\underline{/30°}$$

Substituindo a Equação (17.36) na Equação (17.35), tem-se

$$\mathbf{I}_a = \frac{\frac{V_p}{\sqrt{3}}\underline{/-30°}}{\mathbf{Z}_Y} = \frac{V_p}{\sqrt{3}\mathbf{Z}_Y}\underline{/-30°} \qquad (17.37)$$

A partir disso, obtemos as outras correntes de linha $\mathbf{I}_b$ e $\mathbf{I}_c$ utilizando a sequência positiva; isto é, $\mathbf{I}_b = \mathbf{I}_a\underline{/-120°}$, $\mathbf{I}_c = \mathbf{I}_a\underline{/+120°}$. As correntes de fase são iguais às correntes de linha.

Outra forma de obter as correntes de linha é substituir a fonte conectada em delta por sua fonte equivalente conectada em estrela, conforme mostrado na Figura 17.20. Na Seção 17.4, vimos que as tensões de linha de uma fonte conectada em estrela estão adiantadas de 30° das correspondentes de tensões de fase. Portanto, obtemos cada tensão de fase da fonte equivalente conectada em estrela pela divisão da tensão de linha correspondente a fonte conectada em delta por $\sqrt{3}$ e deslocando o ângulo de fase de −30°. Assim, a fonte de tensão equivalente conectada em estrela tem as tensões de fase

$$\mathbf{V}_{an} = \frac{V_p}{\sqrt{3}}\underline{/-30°}$$

$$\mathbf{V}_{bn} = \frac{V_p}{\sqrt{3}}\underline{/-150°} \qquad (17.38)$$

$$\mathbf{V}_{cn} = \frac{V_p}{\sqrt{3}}\underline{/+90°}$$

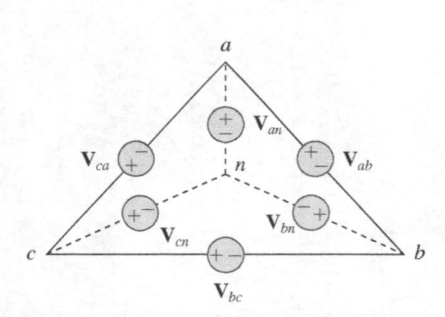

Figura 17.20
Transformando uma fonte conectada em delta numa fonte equivalente conectada em Y.

Se a fonte conectada em delta possui impedância $\mathbf{Z}_S$ por fase, a fonte equivalente conectada em estrela terá impedância de $\mathbf{Z}_S/3$ por fase, de acordo com a Equação (17.28).

Uma vez que a fonte foi transformada para estrela, o circuito se torna um sistema estrela-estrela. Portanto, podemos utilizar o circuito equivalente monofásico mostrado na Figura 17.21, no qual a corrente de linha para a fase a é

$$\mathbf{I}_a = \frac{\frac{V_p}{\sqrt{3}}\angle -30°}{Z_Y} = \frac{V_p}{\sqrt{3}Z_Y}\angle -30° \qquad (17.39)$$

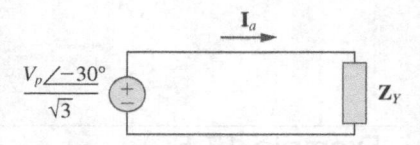

Figura 17.21
Circuito monofásico equivalente.

a qual é a mesma da Equação (17.37).

Deve ser mencionado que a carga conectada em delta é mais desejada que a carga conectada em estrela. É mais fácil alterar as cargas em qualquer uma das fases da conexão em delta porque as cargas individuais são conectadas diretamente entre as linhas. Entretanto, a fonte conectada em delta é raramente utilizada na prática porque qualquer desequilíbrio nas tensões de fase resultará na circulação de correntes indesejadas.

Um resumo das fórmulas para as correntes e tensões de fase e correntes e tensões de linha para as quatro conexões é apresentado na Tabela 17.1.

TABELA 17.1 Resumo das tensões/correntes de fase e de linha para sistemas trifásicos balanceados

Conexão	Tensões/correntes de fase	Tensões/correntes de linha
Y-Y	$\mathbf{V}_{an} = V_p\angle 0°$	$\mathbf{V}_{ab} = \sqrt{3}V_p\angle 30°$
	$\mathbf{V}_{bn} = V_p\angle -120°$	$\mathbf{V}_{bc} = \mathbf{V}_{ab}\angle -120°$
	$\mathbf{V}_{cn} = V_p\angle +120°$	$\mathbf{V}_{ca} = \mathbf{V}_{ab}\angle +120°$
		$\mathbf{I}_a = \mathbf{V}_{an}/\mathbf{Z}_Y$
	Igual às correntes de linha	$\mathbf{I}_b = \mathbf{I}_a\angle -120°$
		$\mathbf{I}_c = \mathbf{I}_a\angle +120°$
Y-Δ	$\mathbf{V}_{an} = V_p\angle 0°$	$\mathbf{V}_{ab} = \mathbf{V}_{AB} = \sqrt{3}V_p\angle 30°$
	$\mathbf{V}_{bn} = V_p\angle -120°$	$\mathbf{V}_{bc} = \mathbf{V}_{BC} = \mathbf{V}_{ab}\angle -120°$
	$\mathbf{V}_{cn} = V_p\angle +120°$	$\mathbf{V}_{ca} = \mathbf{V}_{CA} = \mathbf{V}_{ab}\angle +120°$
	$\mathbf{I}_{AB} = \mathbf{V}_{AB}/\mathbf{Z}_\Delta$	$\mathbf{I}_a = \mathbf{I}_{AB}\sqrt{3}\angle -30°$
	$\mathbf{I}_{BC} = \mathbf{V}_{BC}/\mathbf{Z}_\Delta$	$\mathbf{I}_b = \mathbf{I}_a\angle -120°$
	$\mathbf{I}_{CA} = \mathbf{V}_{CA}/\mathbf{Z}_\Delta$	$\mathbf{I}_c = \mathbf{I}_a\angle +120°$
		Igual às tensões de fase
Δ-Δ	$\mathbf{V}_{ab} = V_p\angle 0°$	$\mathbf{I}_a = \mathbf{I}_{AB}\sqrt{3}\angle -30°$
	$\mathbf{V}_{bc} = V_p\angle -120°$	$\mathbf{I}_b = \mathbf{I}_a\angle -120°$
	$\mathbf{V}_{ca} = V_p\angle +120°$	$\mathbf{I}_c = \mathbf{I}_a\angle +120°$
	$\mathbf{I}_{AB} = \mathbf{V}_{ab}/\mathbf{Z}_\Delta$	
	$\mathbf{I}_{BC} = \mathbf{V}_{bc}/\mathbf{Z}_\Delta$	Igual às tensões de fase
	$\mathbf{I}_{CA} = \mathbf{V}_{ca}/\mathbf{Z}_\Delta$	
Δ-Y	$\mathbf{V}_{ab} = V_p\angle 0°$	$\mathbf{I}_a = \dfrac{V_p\angle -30°}{\sqrt{3}\,Z_Y}$
	$\mathbf{V}_{bc} = V_p\angle -120°$	
	$\mathbf{V}_{ca} = V_p\angle +120°$	$\mathbf{I}_b = \mathbf{I}_a\angle -120°$
	Igual às correntes de linha	$\mathbf{I}_c = \mathbf{I}_a\angle +120°$

Aconselha-se aos estudantes não memorizarem as fórmulas, mas entender como elas são derivadas. As fórmulas podem sempre ser obtidas pela aplicação direta da LKC e da LKT ao circuito trifásico apropriado.

Exemplo 17.5

Uma carga balanceada conectada em Y com resistência por fase de 40 Ω e reatância de 25 Ω é suprida por uma fonte conectada em Δ, sequência positiva e com tensão de linha de 210 V. Calcule as correntes de fase. Utilize $\mathbf{V}_{ab}$ como referência.

Solução:
A impedância da carga é

$$\mathbf{Z}_Y = 40 + j25 = 47{,}17\underline{/32°}\ \Omega$$

e a tensão da fonte é

$$\mathbf{V}_{ab} = 210\underline{/0°}\ \text{V}$$

Quando a fonte conectada em Δ é transformada em uma fonte conectada em Y,

$$\mathbf{V}_{an} = \frac{\mathbf{V}_{ab}}{\sqrt{3}}\underline{/-30°} = 121{,}3\underline{/-30°}\ \text{V}$$

As correntes de linha são

$$\mathbf{I}_a = \mathbf{V}_{an}/\mathbf{Z}_Y = \frac{121{,}2\underline{/-30°}}{47{,}17\underline{/32°}} = 2{,}57\underline{/-62°}\ \text{A}$$

$$\mathbf{I}_b = \mathbf{I}_a\underline{/-120°} = 2{,}57\underline{/-182°}\ \text{A}$$

$$\mathbf{I}_c = \mathbf{I}_a\underline{/120°} = 2{,}57\underline{/58°}\ \text{A}$$

as quais são iguais às correntes de fase.

Problema Prático 17.5

Em um circuito Δ-Y balanceado, $\mathbf{V}_{ab} = 240\underline{/15°}$ e $\mathbf{Z}_Y = (12 + 15)\ \Omega$. Calcule as correntes de linha.

Resposta: $7{,}21\underline{/-66{,}34°}$; $7{,}21\underline{/-186{,}34°}$; $7{,}21\underline{/53{,}66°}$ A

17.8 Potência em um sistema balanceado

Agora consideramos a potência em um sistema trifásico balanceado. Iniciamos pelo exame da potência instantânea absorvida pela carga. Isso requer que a análise seja feita no domínio do tempo. Para uma carga conectada em Y, as tensões de fase são

$$\begin{aligned} v_{AN} &= \sqrt{2}V_p \cos(\omega t) \\ v_{BN} &= \sqrt{2}V_p \cos(\omega t - 120°) \\ v_{CN} &= \sqrt{2}V_p \cos(\omega t + 120°) \end{aligned} \quad (17.40)$$

em que $\sqrt{2}$ é necessário porque V_p foi definido como sendo o valor RMS da tensão de fase. Se $\mathbf{Z}_Y = Z\underline{/\theta}$, as correntes de fase ficam atrasadas em relação às correspondentes tensões de fase por θ. A potência total instantânea na carga é a soma das potências instantâneas nas três fases; isto é,

$$\begin{aligned} p &= p_a + p_b + p_c = v_{AN}i_a + v_{BN}i_b + v_{CN}i_c \\ &= 2V_pI_p\{\cos \omega t \cos(\omega t - \theta) \\ &\quad + \cos(\omega t - 120°)\cos(\omega t - \theta - 120°) \\ &\quad + \cos(\omega t + 120°)\cos(\omega t - \theta + 120°)\} \end{aligned} \quad (17.41)$$

em que I_p é o valor RMS da corrente de fase. Pela aplicação de algumas identidades trigonométricas, podemos mostrar que

$$p = 3V_pI_p\cos\theta \quad (17.42)$$

Assim, a potência total instantânea em um sistema trifásico balanceado é constante em vez de mudar com o tempo como a potência instantânea de cada fase. Esse resultado é verdadeiro esteja a carga conectada em Y ou em Δ. Essa é umas das razões importantes por utilizar um sistema trifásico para gerar e distribuir energia. Veremos outras razões em breve.

Como a potência total instantânea é dependente do tempo, a potência média por fase P_P para uma carga conectada em Y ou em Δ é $p/3$; isto é,

$$P_P = V_PI_P\cos\theta \quad (17.43)$$

e a potência reativa por fase é

$$Q_P = V_PI_P\,\text{sen}\,\theta \quad (17.44)$$

A potência aparente por fase é

$$S_p = V_p I_p \quad (17.45)$$

A potência complexa por fase é

$$\mathbf{S}_p = P_P + jQ_p = \mathbf{V}_p \mathbf{I}_P^* \quad (17.46)$$

em que $\mathbf{V}_p$ e $\mathbf{I}_p$ são a tensão e corrente de fase com magnitudes V_p e I_p, respectivamente. A potência média total é a soma das potências médias nas fases; isto é,

$$P = P_a + P_b + P_c = 3P_P = 3V_pI_p\cos\theta = \sqrt{3}V_LI_L\cos\theta \quad (17.47)$$

Para uma carga conectada em Y, $I_L = I_p$, mas $V_L = \sqrt{3}V_p$, enquanto para uma carga conectada em Δ, $I_L = \sqrt{3}I_p$ mas $V_L = V_p$. Assim, a Equação (17.47) é aplicada tanto para a carga conectada em Y quanto para a carga conectada em Δ. Semelhantemente, a potência reativa total é

$$Q = 3V_pI_p\,\text{sen}\,\theta = 3Q_p = \sqrt{3}V_LI_L\,\text{sen}\,\theta \quad (17.48)$$

e a potência complexa total é

$$\boxed{\mathbf{S} = 3\mathbf{S}_p = 3\mathbf{V}_p\mathbf{I}_P^* = 3\mathbf{I}_p^2\mathbf{Z}_p = 3V_p^2/\mathbf{Z}_p^*} \quad (17.49)$$

em que $\mathbf{Z}_p = Z_p\,\underline{/\theta}$ é a impedância por fase ($\mathbf{Z}_p$ poderia ser $\mathbf{Z}_Y$ ou $\mathbf{Z}\Delta$). Alternativamente, podemos escrever a Equação (17.49) como

$$\mathbf{S} = P + jQ = \sqrt{3}V_LI_L\,\underline{/\theta} \quad (17.50)$$

Lembre-se que V_p, I_p, V_L e I_L são valores RMS e θ é ângulo da impedância ou ângulo entre a tensão de fase e a corrente de fase.

A segunda maior razão pela qual os sistemas trifásicos são utilizados para a distribuição de energia é que o sistema trifásico utiliza um montante menor de fios (cobre) do que um sistema monofásico para uma mesma tensão de linha V_L e uma potência absorvida P_L. Pode-se mostrar que o sistema monofásico utiliza 33% a mais de material que o sistema trifásico ou que o sistema trifásico utiliza somente 75% do material utilizado no sistema monofásico equivalente (ao invés de cobre, pode-se ter um caso similar para o alumínio). Em outras palavras, menos material é consideravelmente necessário para entregar a mesma potência com um sistema trifásico do que o que é necessário para um sistema monofásico.

Exemplo 17.6

Consulte o circuito na Figura 17.14 (no Exemplo 17.2). Determine a potência média total, a potência reativa e a potência complexa na fonte e na carga.

Solução:
É suficiente considerar uma fase porque o sistema é balanceado. Para a fase a,

$$\mathbf{V}_p = 110\underline{/0°}\ \text{V}$$
$$\mathbf{I}_p = 6{,}81\underline{/-21{,}8°}\ \text{A}$$

Assim, na fonte, a potência complexa suprida é

$$\mathbf{S}_s = -3\mathbf{V}_p\mathbf{I}_p^* = 3(110\underline{/0°})(6{,}81\underline{/21{,}8°})$$
$$= -2247{,}4\underline{/21{,}8°} = -(2.086{,}6 + j834{,}6)\ \text{VA}$$

A potência real ou média suprida é $-2.086{,}6$ W e a potência reativa é $-834{,}6$ VAR.

Na carga, a potência complexa absorvida é

$$\mathbf{S}_L = 3|\mathbf{I}_p|^2\mathbf{Z}_p$$

em que

$$\mathbf{Z}_p = 10 + j8 = 12{,}81\underline{/38{,}66°}$$
$$\mathbf{I}_p = \mathbf{I}_a = 6{,}81\underline{/-21{,}8°}$$

Então,

$$\mathbf{S}_L = 3(6{,}81)^2\ 12{,}81\underline{/38{,}66°} = 1782{,}2\underline{/38{,}66°}$$
$$= (1391{,}7 + j1113{,}3)\ \text{VA}$$

A potência real absorvida é 1.391,7 W, e a potência reativa absorvida é 1.113,3 VAR. A diferença entre as duas potências complexas é absorvida pela impedância da linha $(5 - j2)\ \Omega$. Para mostrar que este é o caso, encontramos a potência absorvida pela linha como

$$\mathbf{S}_\ell = 3|\mathbf{I}_p|^2\ \mathbf{Z}_\ell = 3(6{,}81)^2(5 - j2) = 695{,}64 - j278{,}3\ \text{VA}$$

que é a diferença entre $\mathbf{S}_S$ e $\mathbf{S}_L$; isto é, $\mathbf{S}_S + \mathbf{S}_l + \mathbf{S}_L = 0$, como esperado.

Problema Prático 17.6

Para o circuito Y-Y no Problema Prático 17.2, calcule a potência complexa na fonte e na carga.

Resposta: $(1.054{,}2 + j843{,}3)$ VA; $(1.017{,}45 + j801{,}6)$ VA

Exemplo 17.7

Um motor trifásico pode ser considerado como uma carga em Y balanceada. Um motor trifásico drena 5,6 kW quando a tensão de linha é 220 V e a corrente de linha é 18,2 A. Determine o fator de potência do motor.

Solução:
A potência aparente é

$$S = \sqrt{3}\,V_L I_L = \sqrt{3}(220)(18,2) = 6935,13 \text{ VA}$$

Uma vez que a potência real é

$$P = S\cos\theta = 5.600 \text{ W}$$

o fator de potência é

$$fp = \cos\theta = \frac{P}{S} = \frac{5600}{6935,13} = 0,8075$$

Problema Prático 17.7

Calcule a corrente de linha requerida por um motor trifásico de 30 kW, com um fator de potência de 0,85 atrasado, se ele for conectado a uma fonte balanceada com tensão de linha de 440 V.

Resposta: 46,31 A.

Exemplo 17.8

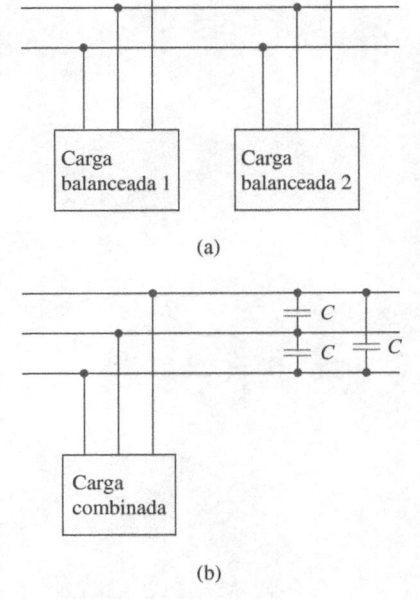

Duas cargas balanceadas estão conectadas em uma linha de 240 kV RMS, 60 Hz, conforme mostrado na Figura 17.22(a). A carga 1 drena 30 kW com fator de potência 0,6 atrasado, enquanto a carga 2 drena 45 kVAR com fator de potência 0,8 atrasado. Assumindo a sequência *abc*, determine:

(a) as potências complexa, real e reativa absorvidas pela combinação das cargas;

(b) as correntes de linha;

(c) o kVAR de um capacitor trifásico conectado em Δ em paralelo com as cargas que irá elevar o fator de potência para 0,9 atrasado. Calcule também a capacitância de cada capacitor.

Solução:
(a) Para a carga 1, dado que $P_1 = 30$ kW e $\cos\theta_1 = 0,6$, então $\operatorname{sen}\theta_1 = 0,8$. Assim,

$$S_1 = \frac{P_1}{\cos\theta_1} = \frac{30 \text{ kW}}{0,6} = 50 \text{ kVA}$$

e $Q_1 = S_1 \operatorname{sen}\theta_1 = 50(0,8) = 40$ kVAR. Assim, a potência complexa da carga 1 é

$$\mathbf{S}_1 = P_1 + jQ_1 = 30 + j40 \text{ kVA} \qquad (17.8.1)$$

Para a carga 2, se $Q_2 = 45$ kVA e $\cos\theta_2 = 0,8$, então $\operatorname{sen}\theta_2 = 0,6$. Encontramos

$$S_2 = \frac{Q_2}{\operatorname{sen}\theta_2} = \frac{45 \text{ kVAR}}{0,6} = 75 \text{ kVA}$$

e $P_2 = S_2 \cos\theta_2 = 75(0,8) = 60$ kW. Daí, a potência complexa devido à carga 2 é

$$\mathbf{S}_2 = P_2 + jQ_2 = 60 + j45 \text{ kVA} \qquad (17.8.2)$$

Figura 17.22
Para o Exemplo 17.8: (a) carga balanceada original; (b) carga combinada com o fator de potência melhorado.

A partir das Equações (17.8.1) e (17.8.2), a potência complexa total absorvida pela carga é

$$S = S_1 + S_2 = 90 + j85 \text{ kVA} = 123,8\underline{/43,36°} \text{ kVA} \quad (17.8.3)$$

a qual tem um fator de potência de cos 43,36° = 0,727 atrasado. A potência real é 90 kW, enquanto a potência reativa é 85 kVAR.

(b) Como $S = \sqrt{3}V_L I_L$, a corrente de linha é

$$I_L = \frac{S}{\sqrt{3}V_L} \quad (17.8.4)$$

Aplicamos isso para cada carga, tendo em mente que para ambas as cargas $V_L = 240$ kV. Para a carga 1,

$$I_{L1} = \frac{50.000}{\sqrt{3} \times 240.000} = 120,28 \text{ mA}$$

Como o fator de potência está atrasado, a corrente de linha está atrasada em relação à tensão de linha por $\theta_1 = \cos^{-1} 0,6 = 53,13°$. Assim,

$$\mathbf{I}_{a1} = 120,28\underline{/-53,13°} \text{ mA}$$

Para a carga 2,

$$I_{L1} = \frac{75.000}{\sqrt{3}\,240.000} = 180,42 \text{ mA}$$

e as correntes de linha estão atrasadas em relação às tensões de linha por $\theta_2 = \cos^{-1} 0,8 = 36,87°$. Então,

$$\mathbf{I}_{a2} = 180,42\underline{/-36,87°} \text{ mA}$$

A corrente de linha total é

$$\mathbf{I}_a = \mathbf{I}_{a1} + \mathbf{I}_{a2} = 120,28\underline{/-53,13°} + 180,42\underline{/-36,87°}$$
$$= (72,168 - j96,224) + (144,336 - j108,252)$$
$$= 217,5 - j204,47 = 297,8\underline{/-43,36°} \text{ mA}$$

Alternativamente, podemos obter a corrente de linha pela potência complexa total utilizando a Equação (17.8.4)

$$I_L = \frac{123.800}{\sqrt{3}\,240.000} = 297,82 \text{ mA}$$

e

$$\mathbf{I}_a = 297,82\underline{/-43,36°} \text{ mA}$$

o que é igual ao que foi obtido anteriormente.

As outras correntes de linha $\mathbf{I}_b$ e $\mathbf{I}_c$ podem ser obtidas de acordo com a sequência *abc*; isto é,

$$\mathbf{I}_b = 297,82\underline{/-163,36°} \text{ mA} \quad \text{e} \quad \mathbf{I}_c = 297,82\underline{/76,64°} \text{ mA}$$

(c) A potência reativa necessária para trazer o fator de potência para 0,9 atrasado é encontrada utilizando a Equação (14.43); isto é,

$$Q_c = P(\text{tg } \theta_{\text{antigo}} - \text{tg } \theta_{\text{novo}})$$

em que P = 90 kW, $\theta_{\text{antigo}} = 43,36°$ e $\theta_{\text{novo}} = \cos^{-1} 0,9 = 25,84°$. Então,

$$Q_C = 90.000\,(\text{tg } 43,36° - \text{tg } 25,84°) = 41,4 \text{ kVAR}$$

Essa potência reativa é para os três capacitores. Para cada capacitor, a potência nominal é $Q'_C = 13,8$ kVAR. Da Equação (14.44), a capacitância necessária é

$$C = \frac{Q'_C}{\omega V_{RMS}^2}$$

Como os capacitores estão conectados em delta, conforme mostrado na Figura 17.22(b), V_{RMS} na fórmula anterior se refere à tensão de linha, a qual é 240 kV. Assim,

$$C = \frac{13.800}{(2\pi 60)(240.000)^2} = 635,5 \text{ pF}$$

Problema Prático 17.8

Assuma que as duas cargas balanceadas na Figura 17.22(a) sejam supridas por uma linha de 840 V RMS, 60 Hz. A carga 1 conectada em estrela, com impedância de $30 + j40$ Ω por fase, enquanto a carga 2 é um motor trifásico balanceado drenando 48 kW com fator de potência 0,8 atrasado. Considerando a sequência *abc*, calcule:

(a) a potência complexa absorvida pela combinação das cargas,

(b) o kVAR de três capacitores conectados em delta em paralelo com a carga necessária para elevar o fator de potência para 1,0.

(c) a corrente drenada da fonte na condição do fator de potência unitário.

Resposta: (a) $56,47 + j47,29$ kVA; (b) 15,7 kVAR; (c) 38,813 A.

17.9 †Sistemas trifásicos desbalanceados

Este capítulo estaria incompleto sem mencionar os sistemas trifásicos desbalanceados. Um sistema desbalanceado é provocado por duas situações possíveis: (1) as fontes de tensão não são iguais em magnitudes e/ou diferem na defasagem por ângulos que não são iguais ou (2) as impedâncias da carga não são iguais. Assim,

> um **sistema desbalanceado** é devido a fontes de tensão desbalanceadas ou a uma carga desbalanceada.

Todavia, para simplificar a análise, assumiremos as fontes de tensão balanceadas, mas uma carga desbalanceada.

Sistemas trifásicos desbalanceados são resolvidos pela aplicação direta da análise de malhas e análise nodal, abordadas no Capítulo 13, bem como aplicadas aos sistemas CA. A Figura 17.23 mostra um exemplo de sistema trifásico desbalanceado, o qual consiste em fontes de tensão balanceadas (não mostradas na Figura 17.23) e uma carga desbalanceada conectada em *Y* (mostrada na Figura 17.23). Como a carga é desbalanceada, $\mathbf{Z}_A$, $\mathbf{Z}_B$ e $\mathbf{Z}_C$ não são iguais. As correntes de linha são determinadas pela lei de Ohm como

$$\boxed{\mathbf{I}_a = \mathbf{V}_{AN}/\mathbf{Z}_A, \quad \mathbf{I}_b = \mathbf{V}_{BN}/\mathbf{Z}_B, \quad \mathbf{I}_c = \mathbf{V}_{CN}/\mathbf{Z}_C} \qquad (17.51)$$

Esse conjunto de correntes de linha produz correntes no condutor do neutro, a qual é diferente de zero como no sistema balanceado. Aplicando a LKC no nó N, tem-se a corrente no neutro como

$$\mathbf{I}_n = -(\mathbf{I}_a + \mathbf{I}_b + \mathbf{I}_c) \qquad (17.52)$$

No caso em que o condutor de neutro não existe, de modo que temos um sistema a três fios, podemos ainda encontrar as correntes de linha $\mathbf{I}_a$, $\mathbf{I}_b$ e $\mathbf{I}_c$ utilizando a análise de malha. No nó N, a LKC deve ser satisfeita de modo que $\mathbf{I}_a + \mathbf{I}_b + \mathbf{I}_c = 0$ neste caso. O mesmo deve ser feito para um sistema a três fios Δ-Y, Y-Δ ou Δ-Δ. Como mencionado anteriormente, sistemas de transmissão de longa distância com condutores em múltiplos de três (sistema de três fios múltiplos) são utilizados com a terra agindo como o condutor de neutro.

Para calcular a potência em um sistema trifásico desbalanceado, é necessário encontrar a potência em cada fase utilizando as Equações (17.43) a (17.46). A potência total não é simplesmente três vezes a potência em uma fase, mas a soma das potências nas três fases.

Exemplo 17.9

A carga desbalanceada em Y da Figura 17.23 possui tensões balanceadas de 100 V e sequência acb. Calcule as correntes de linha e a corrente de neutro. Considere $\mathbf{Z}_A = 15\ \Omega$, $\mathbf{Z}_B = 10 + j5\ \Omega$ e $\mathbf{Z}_C = 6 - j8\ \Omega$.

Solução:
Utilizando a Equação (17.51), as correntes de linha são

$$\mathbf{I}_a = \frac{100\angle 0°}{15} = 6{,}67\angle 0°\ \text{A}$$

$$\mathbf{I}_b = \frac{100\angle 120°}{10 + j5} = \frac{100\angle 120°}{11{,}18\angle 26{,}56°} = 8{,}94\angle 93{,}44°\ \text{A}$$

$$\mathbf{I}_c = \frac{100\angle -120°}{6 - j8} = \frac{100\angle -120°}{10\angle -53{,}13°} = 10\angle -66{,}87°\ \text{A}$$

Utilizando a Equação (17.52), a corrente de neutro é

$$\mathbf{I}_n = -(\mathbf{I}_a + \mathbf{I}_b + \mathbf{I}_c) = -(6{,}67 - 0{,}54 + j8{,}92 + 3{,}93 - j9{,}2)$$
$$= -10{,}06 + j0{,}28$$
$$= 10{,}06\angle 178{,}4°\ \text{A}$$

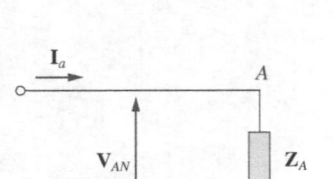

Figura 17.23
Carga trifásica desbalanceada conectada em Y; para os Exemplos 17.9 e 17.13.

Problema Prático 17.9

A carga desbalanceada em Δ da Figura 17.24 é suprida por tensões de 200 V na sequência positiva. Encontre as correntes de linha. Considere $\mathbf{V}_{ab}$ como referência.

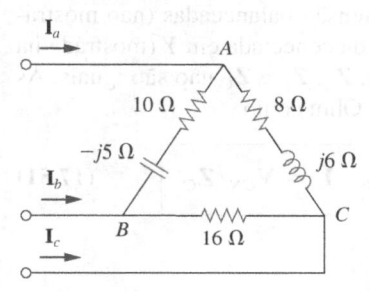

$15{,}08\angle -15°$; $29{,}15\angle 220{,}2°$; $24\angle 71{,}33°$ A

Figura 17.24
Carga desbalanceada em Δ; para os Problemas Práticos 17.9 e 17.13.

Para o circuito desbalanceado na Figura 17.25, encontre:

(a) as correntes de linha,
(b) a potência complexa total absorvida pela carga,
(c) a potência complexa total suprida pela fonte.

Exemplo 17.10

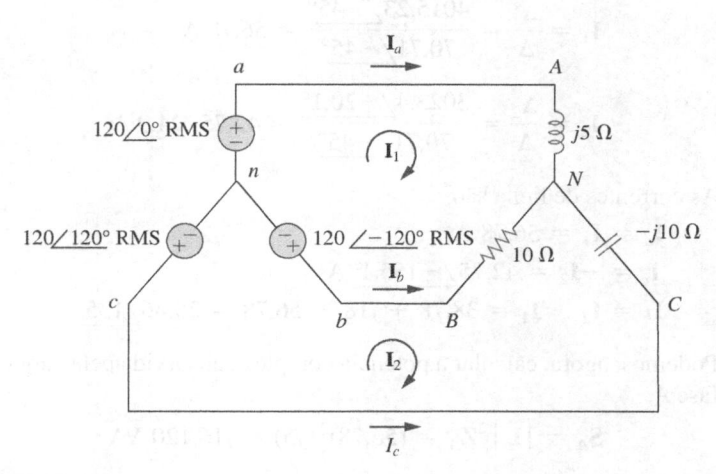

Figura 17.25
Para o Exemplo 17.10.

Solução:
(a) Utilizamos a análise de malha para encontrar as correntes desejadas. Para a malha 1,
$$120\underline{/-120°} - 120\underline{/0°} + (10 + j5)\mathbf{I}_1 - 10\mathbf{I}_2 = 0$$

ou

$$(10 + j5)\mathbf{I}_1 - 10\mathbf{I}_2 = 120\sqrt{3}\underline{/30°} \qquad (17.9.1)$$

Para a malha 2,
$$120\underline{/120°} - 120\underline{/-120°} + (10 - j10)\mathbf{I}_2 - 10\mathbf{I}_1 = 0$$

ou

$$-10\mathbf{I}_1 + (10 - j10)\mathbf{I}_2 = 120\sqrt{3}\underline{/-90°} \qquad (17.9.2)$$

As Equações (17.9.1) e (17.9.2) formam uma equação matricial:

$$\begin{bmatrix} 10 + j5 & -10 \\ -10 & 10 - j10 \end{bmatrix} \begin{bmatrix} I_1 \\ I_2 \end{bmatrix} = \begin{bmatrix} 120\sqrt{3}\underline{/30°} \\ 120\sqrt{3}\underline{/-90°} \end{bmatrix}$$

Os determinantes são

$$\Delta = \begin{vmatrix} 10 + j5 & -10 \\ -10 & 10 - j10 \end{vmatrix} = 50 - j50 = 70{,}71\underline{/-45°}$$

$$\Delta_1 = \begin{vmatrix} 120\sqrt{3}\underline{/30°} & -10 \\ 120\sqrt{3}\underline{/-90°} & 10 - j10 \end{vmatrix} = 207{,}85(13{,}66 - j13{,}66)$$

$$= 4015\underline{/-45°}$$

$$\Delta_2 = \begin{vmatrix} 10 + j5 & 120\sqrt{3}\underline{/30°} \\ -10 & 120\sqrt{3}\underline{/-90°} \end{vmatrix} = 207{,}85(13{,}66 - j5)$$

$$= 3023\underline{/-20{,}1°}$$

As correntes de malha são

$$\mathbf{I}_1 = \frac{\Delta_1}{\Delta} = \frac{4015{,}23\underline{/-45°}}{70{,}71\underline{/-45°}} = 56{,}78 \text{ A}$$

$$\mathbf{I}_2 = \frac{\Delta_2}{\Delta} = \frac{3023{,}4\underline{/-20{,}1°}}{70{,}71\underline{/-45°}} = 42{,}75\underline{/24{,}9} \text{ A}$$

As correntes de linha são

$$\mathbf{I}_a = \mathbf{I}_1 = 56{,}78 \text{ A}$$
$$\mathbf{I}_c = -\mathbf{I}_2 = 42{,}75\underline{/-155{,}1°} \text{ A}$$
$$\mathbf{I}_b = \mathbf{I}_2 - \mathbf{I}_1 = 38{,}78 + j18 - 56{,}78 = 25{,}46\underline{/135°} \text{ A}$$

(b) Podemos, agora, calcular a potência complexa absorvida pela carga. Para a fase A,

$$\mathbf{S}_A = |\mathbf{I}_a|^2 \mathbf{Z}_A = (56{,}78)^2 (j5) = j16.120 \text{ VA}$$

Para a fase B,

$$\mathbf{S}_B = |\mathbf{I}_b|^2 \mathbf{Z}_B = (25{,}46)^2 (10) = 6.480 \text{ VA}$$

Para a fase C,

$$\mathbf{S}_C = |\mathbf{I}_c|^2 \mathbf{Z}_C = (42{,}75)^2 (-j10) = -j18.276 \text{ VA}$$

A potência complexa total absorvida pela carga é

$$\mathbf{S}_L = \mathbf{S}_A + \mathbf{S}_B + \mathbf{S}_C = 6.480 - j2.159 \text{ VA}$$

(c) Verificamos o resultado anterior encontrando a potência suprida pela fonte. Para fonte de tensão na fase a,

$$\mathbf{S}_a = -\mathbf{V}_{an} \mathbf{I}_a^* = -(120\underline{/0°})(56{,}78) = -6.813{,}6 \text{ VA}$$

Para a fonte na fase b,

$$\mathbf{S}_b = -\mathbf{V}_{bn} \mathbf{I}_b^* = -(120\underline{/-120°})(25{,}46\underline{/-135°})$$
$$= -3.055{,}2\underline{/105°}$$
$$= 790 - j2951{,}1 \text{ VA}$$

Para a fonte na fase c,

$$\mathbf{S}_c = -\mathbf{V}_{cn} \mathbf{I}_c^* = -(120\underline{/0°})(42{,}75\underline{/155{,}1°}) = -5.130\underline{/275{,}1°}$$
$$= -456{,}03 + j5.109{,}7 \text{ VA}$$

A potência complexa total suprida pela fonte é

$$\mathbf{S}_s = \mathbf{S}_a + \mathbf{S}_b + \mathbf{S}_c = -6.480 + j2.156 \text{ VA}$$

mostrando que $\mathbf{S}_S + \mathbf{S}_L = 0$ e confirmando o princípio da conservação da potência CA.

Problema Prático 17.10 Encontre as correntes de linha e a potência real absorvida pela carga no sistema trifásico desbalanceado da Figura 17.26.

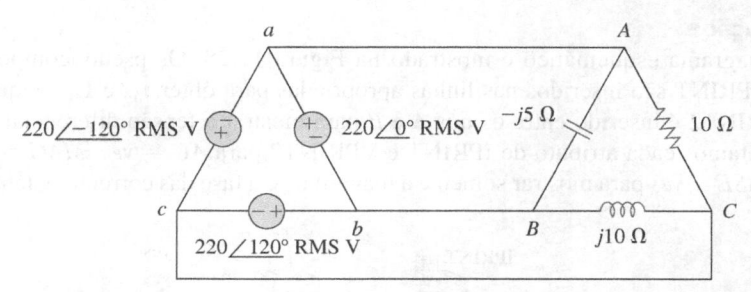

Figura 17.26
Para o Problema Prático 17.10.

Resposta: 64 /80,1°; 38,1 /−60°; 42,5 /225° A; 4,84 kW

17.10 Análise computacional

O PSpice pode ser utilizado para analisar circuitos trifásicos balanceados ou desbalanceados do mesmo modo que ele é utilizado para analisar circuitos CA monofásicos. Todavia, uma fonte conectada em delta apresenta dois grandes problemas para o PSpice. Primeiro, uma fonte conectada em delta é um laço de fontes de tensão que o PSpice não aceita. Para evitar esse problema, inserimos um resistor com valor de resistência desprezível (por exemplo, 1 $\mu\Omega$ por fase) em cada fase da fonte conectada em delta. Segundo, uma fonte conectada em delta não fornece um nó conveniente para o nó de aterramento (nó 0), o qual é necessário para executar o PSpice. Esse problema pode ser eliminado pela inserção de resistores de grande valor conectados em estrela (por exemplo, 1 MΩ por fase) na fonte conectada em delta de modo que o neutro dos resistores conectados em estrela sirva como o nó de aterramento (nó 0). Isso será ilustrado no Exemplo 17.12.

Exemplo 17.11

Para o circuito Y-Δ balanceado na Figura 17.27, utilize o PSpice para encontrar a corrente de linha I_{aA}, a tensão de fase V_{AB} e a corrente de fase I_{AC}. Assuma que a frequência da fonte seja 60 Hz.

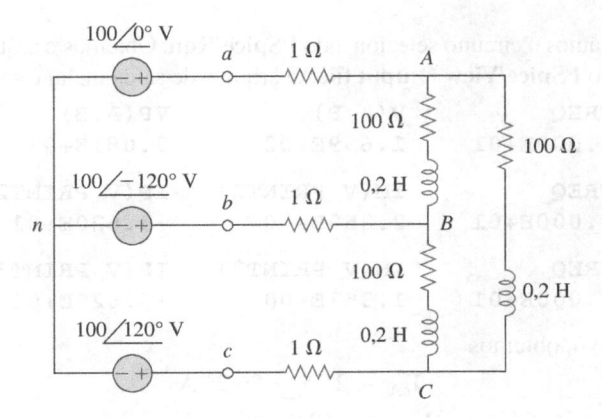

Figura 17.27
Para o Exemplo 17.11.

Solução:
O diagrama esquemático é mostrado na Figura 17.28. Os pseudocomponentes IPRINT são inseridos nas linhas apropriadas para obter $\mathbf{I}_{aA}$ e $\mathbf{I}_{AC}$, enquanto VPRINT2 é inserido entre os nós A e B para mostrar a tensão diferencial $\mathbf{V}_{AB}$. Ajustamos cada atributo de IPRINT e VPRINT2 para $AC = yes$, $MAG = yes$, $PHASE = yes$ para mostrar somente a magnitude e a fase das correntes e tensões.

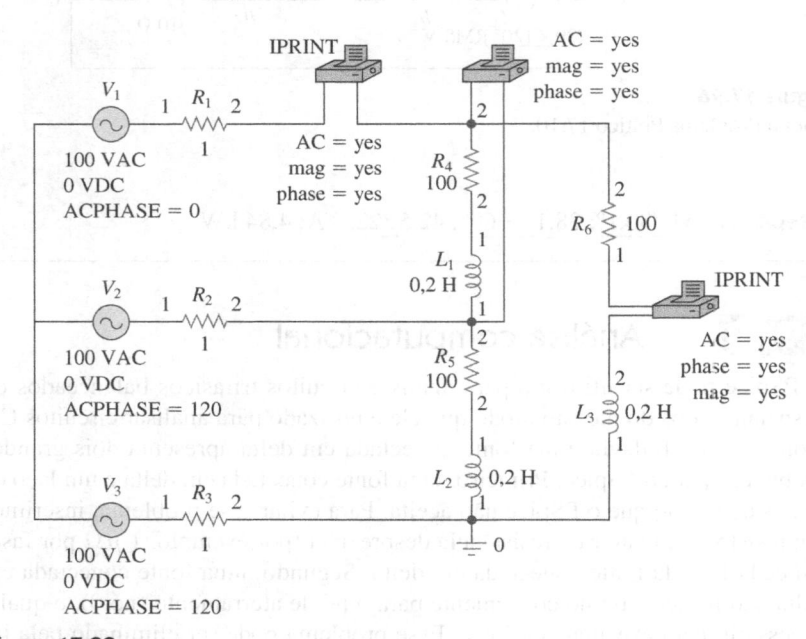

Figura 17.28
Diagrama esquemático para o circuito na Figura 17.27.

Após desenhar o circuito como na Figura 17.31 e salvá-lo como exem1711.dsn, selecionamos **PSpice/New Simulation Profile**. Isso conduz à caixa de diálogo Nova Simulação (*New Simulation*). Digitamos "exem1711" como o nome do arquivo e clicamos em *Create*, o que leva à caixa de diálogo Configurações da Simulação (*Simulation Settings*). Na caixa de diálogo Configurações da Simulação, selecionamos *AC Sweep/Noise* em *Analysis Type*, selecionamos *Linear* em AC *Sweep Type*. Digitamos 60 em *Start Freq*, 60 em *End Freq* e 1 em (*Total Points*).

Simulamos o circuito selecionando **PSpice/Run**. Obtemos o arquivo de saída selecionando **PSpice/View Output file**. O arquivo de saída inclui o seguinte:

```
FREQ            V(A,B)           VP(A,B)
6.000E+01       1.699E+02        3.081E+01

FREQ            IM(V_PRINT2)     IP(V_PRINT2)
6.000E+01       2.350E+00        -3.620E+01

FREQ            IM(V_PRINT3)     IP(V_PRINT3)
6.000E+01       1.357E+00        -6.620E+01
```

Desse arquivo, obtemos

$$\mathbf{I}_{aA} = 2{,}35 \underline{/-36{,}2°} \text{ A}$$
$$\mathbf{V}_{AB} = 169{,}9 \underline{/30{,}81°} \text{ V}$$
$$\mathbf{I}_{AC} = 1{,}357 \underline{/-66{,}2°} \text{ A}$$

Problema Prático 17.11

Consulte o circuito Y-Y balanceado da Figura 17.29. Utilize o PSpice para encontrar a corrente de linha $\mathbf{I}_{aA}$ e tensão de fase $\mathbf{V}_{AN}$. Considere $f = 100$ Hz.

Figura 17.29
Para o Problema Prático 17.11.

Resposta: $8{,}547 \underline{/-91{,}27°}$ A; $100{,}9 \underline{/60{,}87°}$ V.

Exemplo 17.12

Considere o circuito Δ-Δ desbalanceado na Figura 17.30. Utilize o PSpice para encontrar a corrente no gerador $\mathbf{I}_{ab}$, a corrente de linha $\mathbf{I}_{bB}$ e a corrente de fase $\mathbf{I}_{BC}$.

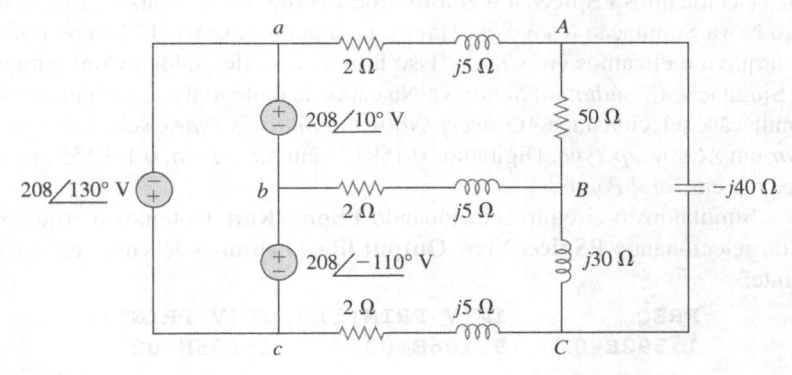

Figura 17.30
Para o Exemplo 17.12.

Solução:

Como mencionado anteriormente, evitamos o laço de fontes de tensão pela inserção de um resistor de 1 μΩ em cada uma das fontes conectadas em delta. Para fornecer o nó de aterramento (nó 0), inserimos resistores balanceados conectados em estrela (1 MΩ por fase) em cada uma das fontes conectadas em delta, conforme mostrado no diagrama esquemático na Figura 17.31. Três pseudocomponentes IPRINT com seus respectivos atributos são inseridos para permitir obter as correntes $\mathbf{I}_{ab}$, $\mathbf{I}_{bB}$ e $\mathbf{I}_{BC}$. Como a frequência de operação não é dada e as indutâncias e capacitâncias devem ser especificadas em vez das impedâncias, assumimos $\omega = 1$ rad/s de modo que $f = 1/2\pi = 0{,}159155$ Hz. Assim,

$$L = \frac{X_L}{\omega} \quad \text{e} \quad C = \frac{1}{\omega X_C}$$

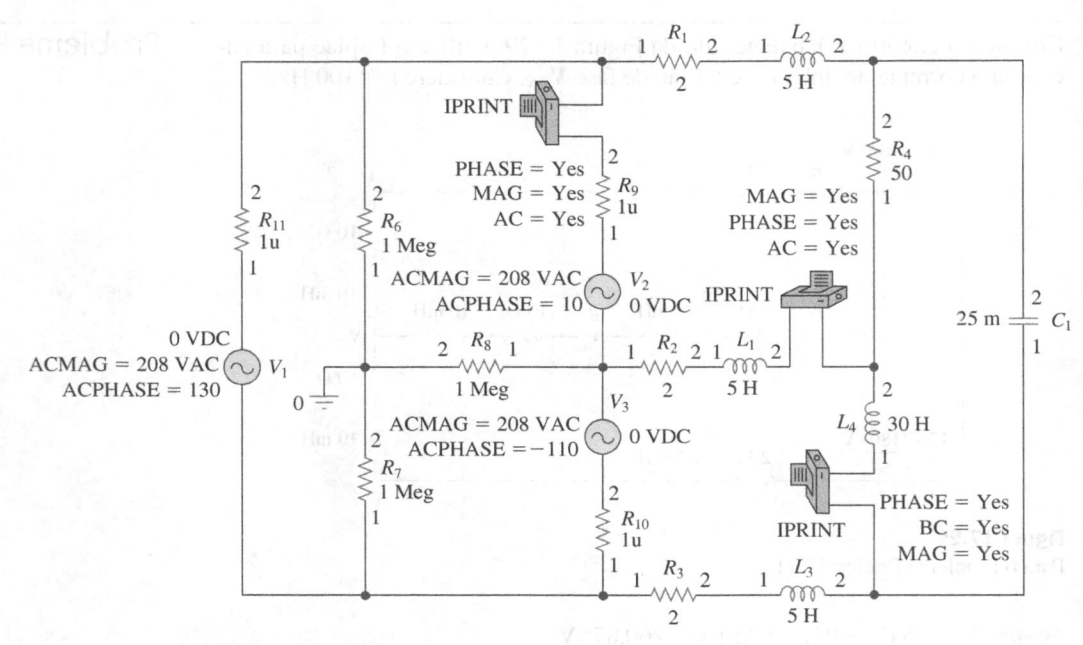

Figura 17.31
Diagrama esquemático para o circuito na Figura 17.30.

Após desenhar o circuito como na Figura 17.31 e salvá-lo como exem1712.dsn, selecionamos **PSpice/New Simulation Profile**. Isso conduz à caixa de diálogo Nova Simulação (*New Simulation*). Digitamos "exem1712" como o nome do arquivo e clicamos em *Create*. Isso leva à caixa de diálogo Configurações da Simulação (*Simultation Settings*). Na caixa de diálogo das Configurações da Simulação, selecionamos *AC Sweep/Noise* em *Analysis Type* e selecionamos *Linear* em *AC Sweep Type*. Digitamos 0,159155 em *Start Freq*, 0,159155 em *End Freq* e 1 em *Total Points*.

Simulamos o circuito selecionando **PSpice/Run**. Obtemos o arquivo de saída selecionando **PSpice/ View Output file**. O arquivo de saída inclui o seguinte:

```
FREQ          IM(V_PRINT1)      IP(V_PRINT1)
1.592E-01     9.106E+00         1.685E+02

FREQ          IM(V_PRINT2)      IP(V_PRINT2)
1.592E-01     5.959E+00         2.821E+00

FREQ          IM(V_PRINT3)      IP(V_PRINT3)
1.592E-01     5.500E+00         -7.532E+00
```

do qual obtemos

$$\mathbf{I}_{ab} = 5,96 \underline{/2,82°} \text{ A}$$

$$\mathbf{I}_{bB} = 9,106 \underline{/168,5°} \text{ A}$$

$$\mathbf{I}_{BC} = 5,5 \underline{/-7,53°} \text{ A}$$

Problema Prático 17.12 Para o circuito desbalanceado na Figura 17.32, utilize o PSpice para encontrar a corrente no gerador $\mathbf{I}_{ca}$, a corrente de linha $\mathbf{I}_{cC}$ e a corrente de fase $\mathbf{I}_{AB}$.

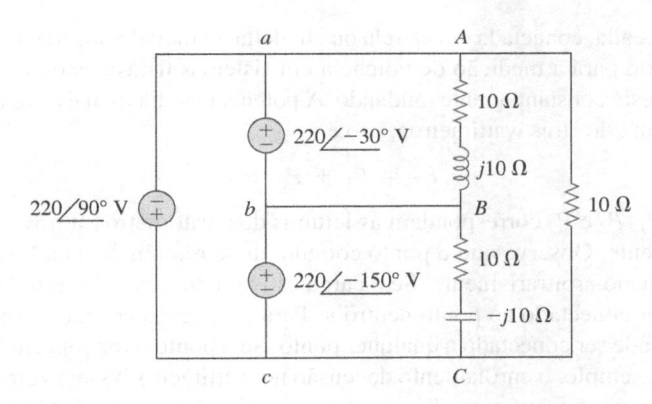

Figura 17.32
Para o Problema Prático 17.12.

Resposta: $24{,}68\underline{/-90°}$ A; $15{,}56\underline{/105°}$ A; $37{,}24\underline{/83{,}79°}$ A.

17.11 †Aplicações

Tanto as conexões em estrela quanto em delta são encontradas em importantes aplicações práticas. A conexão de fontes em estrela é utilizada para a transmissão de energia elétrica a longa distância, em que as perdas resistivas (I^2R) precisam ser mínimas. Isso é verdade devido ao fato de a conexão em estrela proporcionar uma tensão de linha que é $\sqrt{3}$ vezes maior que na conexão em delta; daí, para a mesma potência, a corrente de linha é $\sqrt{3}$ vezes menor. Adicionalmente, a conexão em delta é indesejada devido ao potencial de haver correntes desastrosas circulando. Algumas vezes, utilizando transformadores, criamos equivalentes das fontes conectadas em delta. Essa conversão de trifásico para monofásico é necessária em instalações elétricas residenciais, porque a iluminação e aparelhos domésticos são monofásicos. A energia trifásica é utilizada em instalações elétricas industriais onde uma grande potência é requerida. Em algumas aplicações, é irrelevante se a carga está conectada em estrela ou em delta. Por exemplo, ambas as conexões podem ser utilizadas em motores de indução. Na realidade, alguns fabricantes conectam o motor em delta para 220 V e em estrela para 311 V (na razão de 1:$\sqrt{3}$) de modo que uma linha de motores possa ser rapidamente adaptada para diferentes tensões.

Aqui, consideramos duas aplicações práticas do que tem sido abordado neste capítulo: medição de potência em circuitos trifásicos e instalação elétrica residencial.

17.11.1 Medição de Potência Trifásica

A Seção 3.7 apresentou o wattímetro como um instrumento para a medida da potência média (ou real) em circuitos monofásicos. Um simples wattímetro pode também medir a potência média em um sistema trifásico balanceado, de modo que $P_1 = P_2 = P_3$; a potência total é três vezes a leitura de um wattímetro. Entretanto, dois ou três wattímetros monofásicos são necessários para medir a potência se o sistema for desbalanceado. O método dos três wattímetros para medição de potência, mostrado na Figura 17.33, funcionará, seja a carga balanceada ou

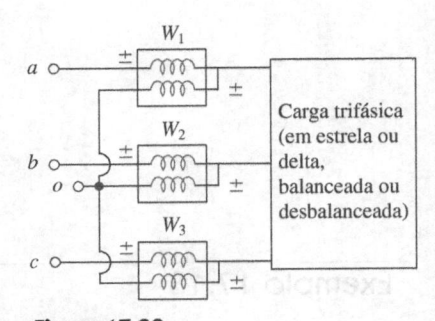

Figura 17.33
Métodos dos três wattímetros para a medição de potência trifásica.

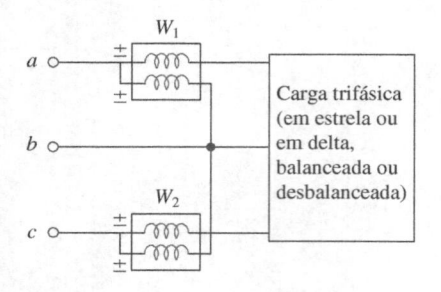

Figura 17.34
Método dos dois wattímetros para a medição de potência trifásica.

desbalanceada, conectada em estrela ou em delta. O método dos três wattímetros é adequado para a medição de potência em sistemas trifásicos onde o fator de potência está constantemente mudando. A potência média total é a soma algébrica da leitura dos três wattímetros; isto é,

$$P_T = P_1 + P_2 + P_3 \qquad (17.53)$$

em que P_1, P_2 e P_3 correspondem às leituras dos wattímetros W_1, W_2 e W_3, respectivamente. Observe que o ponto comum ou de referência o na Figura 17.33 é selecionado arbitrariamente. Se a carga estiver conectada em estrela, o ponto o pode ser conectado ao ponto neutro n. Para uma carga conectada em delta, o ponto o pode ser conectado a qualquer ponto. Se o ponto o for conectado ao ponto b, por exemplo, o enrolamento de tensão no wattímetro W_2 lerá zero e $P_2 = 0$, indicando que o wattímetro W_2 não é necessário. Assim, dois wattímetros são necessários para medir a potência total.

O método dos dois wattímetros é o método mais utilizado para a medição de potência trifásica. Os dois wattímetros devem ser apropriadamente conectados a quaisquer duas fases, tipicamente como mostrado na Figura 17.34. Observe que o enrolamento de corrente de cada wattímetro mede a corrente de linha, enquanto o respectivo enrolamento de tensão está conectado entre as linhas e mede a tensão de linha. Observe também que o terminal ± (positivo/negativo) do enrolamento de tensão é conectado à linha em que o correspondente enrolamento de corrente está conectado. Embora os wattímetros individuais não leiam a potência absorvida por uma determinada fase, a soma algébrica da leitura dos dois wattímetros é igual à potência média total absorvida pela carga, independentemente se a carga está conectada em estrela ou em delta, balanceada ou desbalanceada. A potência real total é igual à soma algébrica da leitura dos dois wattímetros; isto é,

$$\boxed{P_T = P_1 + P_2} \qquad (17.54)$$

A diferença da leitura dos wattímetros é proporcional à potência reativa total, ou

$$\boxed{Q_T = \sqrt{3}(P_2 - P_1)} \qquad (17.55)$$

Podemos mostrar que o método trabalha para um sistema trifásico balanceado. Dividindo a Equação (17.55) pela Equação (17.54), tem-se a tangente do ângulo do fator de potência

$$\operatorname{tg}\theta = \frac{Q_T}{P_T} \qquad (17.56)$$

Devemos observar que:

1. Se $P_2 = P_1$, a carga é resistiva.
2. Se $P_2 > P_1$, a carga é indutiva.
3. Se $P_2 < P_1$, a carga é capacitiva.

Exemplo 17.13

Três wattímetros W_1, W_2 e W_3 estão conectados respectivamente às fases a, b e c para medir a potência total absorvida pela carga desbalanceada conectada em estrela no Exemplo 17.9 (ver a Figura 17.23).

(a) Estime a leitura dos wattímetros.
(b) Encontre a potência total absorvida.

Solução:
Parte do problema já foi resolvida no Exemplo 17.9. Assuma que os wattímetros estão conectados apropriadamente conforme mostrado na Figura 17.35.

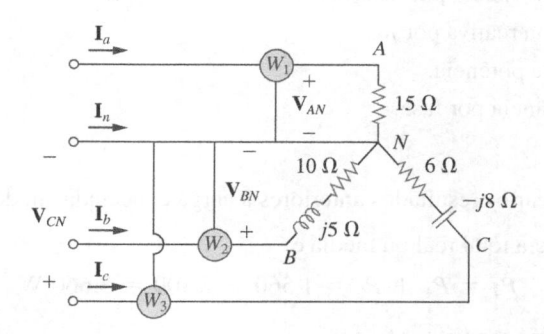

Figura 17.35
Para o Exemplo 17.13.

(a) Do Exemplo 17.9

$$\mathbf{V}_{AN} = 100\underline{/0°}$$
$$\mathbf{V}_{BN} = 100\underline{/120°}$$
$$\mathbf{V}_{CN} = 100\underline{/-120°} \text{ V}$$

enquanto

$$\mathbf{I}_a = 6{,}67\underline{/0°}$$
$$\mathbf{I}_b = 8{,}94\underline{/93{,}44°}$$
$$\mathbf{I}_c = 10\underline{/-66{,}87°} \text{ A}$$

As leituras dos wattímetros são calculadas como se segue

$$P_1 = \text{Re}(\mathbf{V}_{AN}\mathbf{I}_a^*) = V_{AN}I_a \cos(\theta_{\mathbf{V}_{AN}} - \theta_{\mathbf{I}_a})$$
$$= 100 \times 6{,}67 \times \cos(0° - 0°) = 667 \text{ W}$$

$$P_2 = \text{Re}(\mathbf{V}_{BN}\mathbf{I}_b^*) = V_{BN}I_b \cos(\theta_{\mathbf{V}_{BN}} - \theta_{\mathbf{I}_b})$$
$$= 100 \times 8{,}94 \times \cos(120° - 93{,}44°) = 800 \text{ W}$$

$$P_3 = \text{Re}(\mathbf{V}_{CN}\mathbf{I}_c^*) = V_{CN}I_c \cos(\theta_{\mathbf{V}_{CN}} - \theta_{\mathbf{I}_c})$$
$$= 100 \times 10 \times \cos(-120° + 66{,}87°) = 600 \text{ W}$$

(b) A potência total absorvida é

$$P_T = P_1 + P_2 + P_3 = 667 + 800 + 600 = 2.067 \text{ W}$$

Podemos encontrar a potência absorvida pelos resistores na Figura 17.35 e utilizá-la para verificar o resultado.

$$P_T = |\mathbf{I}_a|^2(15) + |\mathbf{I}_b|^2(10) + |\mathbf{I}_c|^2(6)$$
$$= 6{,}67^2(15) + 8{,}94^2(10) + 10^2(6)$$
$$= 667 + 800 + 600 = 2.067 \text{ W}$$

o que é exatamente a mesma coisa.

Problema Prático 17.13

Repita o Exemplo 17.13 para o circuito na Figura 17.24 (ver Problema Prático 17.9). Sugestão: Conecte o ponto de referência o na Figura 17.32 ao ponto B.

Resposta: (a) 2.913,23 W; 0 W; 4.706,46 W; (b) 7.619,29 W.

Exemplo 17.14

O método dos dois wattímetros produz as leituras $P_1 = 1560$ W e $P_2 = 2100$ W quando conectados a uma carga em delta. Se a tensão de linha é 220 V, calcule:

(a) a potência média por fase,
(b) a potência reativa por fase,
(c) o fator de potência,
(d) a impedância por fase.

Solução:
Podemos aplicar os resultados anteriores à carga conectada em delta.

(a) A potência total real ou média é

$$P_T = P_1 + P_2 = 1.560 + 2.100 = 3.660 \text{ W}$$

A potência média por fase é

$$P_p = \frac{1}{3} P_T = 1.220 \text{ W}$$

(b) A potência reativa total é

$$Q_T = \sqrt{3}(P_2 - P_1) = \sqrt{3}(2.100 - 1.560) = 935{,}3 \text{ VAR}$$

de modo que a potência reativa por fase é

$$Q_p = \frac{1}{3} Q_T = 311{,}77 \text{ VAR}$$

(c) O ângulo do fator de potência é

$$\theta = \text{tg}^{-1} \frac{Q_T}{P_T} = \text{tg}^{-1} \frac{935{,}3}{3660} = 14{,}33°$$

Então, o fator de potência é

$$\cos \theta = 0{,}9689 \text{ (atrasado)}$$

O fator de potência é indutivo porque Q_T é positivo ou $P_2 > P_1$.

(d) A impedância por fase é $\mathbf{Z}_p = Z_p\underline{/\theta}$. Sabemos que θ é igual ao ângulo do fator de potência; isto é, $= 14{,}33°$.

$$Z_p = \frac{V_p}{I_p}$$

Relembramos que para uma carga conectada em delta, $\mathbf{V}_p = \mathbf{V}_L = 220$ V. Da Equação (17.43),

$$P_p = V_p I_p \cos \theta \quad \Rightarrow \quad I_p = \frac{1220}{220 \times 0{,}9689} = 5{,}723 \text{ A}$$

Assim,

$$Z_p = \frac{V_p}{I_p} = \frac{220}{5{,}723} = 38{,}44 \text{ }\Omega$$

e

$$\mathbf{Z}_p = 38{,}39\underline{/14{,}33°} \text{ }\Omega$$

Problema Prático 17.14

Sejam a tensão de linha $V_L = 208$ V e a leitura dos wattímetros do sistema balanceado na Figura 17.34 $P_1 = -560$ W (o sinal negativo indica que o enrolamento de corrente está invertido) e $P_2 = 800$ W. Determine:

(a) a potência média total,
(b) a potência reativa total,
(c) o fator de potência,
(d) a impedância por fase. A impedância é indutiva ou capacitiva?

Resposta: (a) 240 W; (b) 2.355,6 VAR; (c) 0,9948; (d) $179,1\underline{/5,8174°}$; indutiva.

Exemplo 17.15

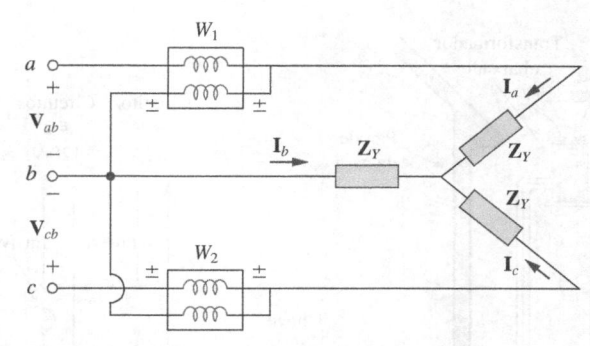

A carga trifásica balanceada na Figura 17.36 tem impedância por fase $\mathbf{Z}_Y = 8 + j6\ \Omega$. Se a carga é conectada a uma linha de 208 V, estime as leituras dos wattímetros W_1 e W_2. Encontre P_T e Q_T.

Figura 17.36
Método dos dois wattímetros aplicados a uma carga balanceada em estrela.

Solução:
A impedância por fase é

$$\mathbf{Z}_Y = 8 + j6 = 10\underline{/36,87°}\ \Omega$$

de modo que o ângulo do *fp* é 36,87°.
Como a tensão de linha é $\mathbf{V}_L = 208$ V, a corrente de linha é

$$I_L = \frac{V_P}{|\mathbf{Z}_Y|} = \frac{208/\sqrt{3}}{10} = 12\ \text{A}$$

Então,

$$P_1 = V_L I_L \cos(\theta + 30°) = 208 \times 12 \times \cos(36,87° + 30°)$$
$$= 980,48\ \text{W}$$
$$P_2 = V_L I_L \cos(\theta - 30°) = 208 \times 12 \times \cos(36,87° - 30°)$$
$$= 2478,1\ \text{W}$$

Assim, o wattímetro 1 lê 980,48 W, enquanto o wattímetro 2 lê 2.478,1 W. Como $P_2 > P_1$, a carga é indutiva. Isso é evidente da própria carga Z_Y.

$$P_T = P_1 + P_2 = 3.458,1\ \text{kW}$$

e

$$Q_T = \sqrt{3}(P_2 - P_1) = \sqrt{3}(1.497,62)\ \text{VAR} = 2,594\ \text{kVAR}$$

Problema Prático 17.15

Se a carga na Figura 17.36 está conectada em delta com impedância por fase de $Z_Y = 30 - j40\ \Omega$ e $V_L = 440$ V, estime as leituras dos wattímetros W_1 e W_2. Calcule P_T e Q_T.

Resposta: 6,166 kW; 0,8021 kW; 6,968 kW; −9,291 kVAR.

17.11.2 Instalação Elétrica Residencial

Nos Estados Unidos, a maiorias dos sistemas de iluminação residencial e aparelhos domésticos opera em 120 V, 60 Hz monofásicos em corrente alternada (a eletricidade pode também ser fornecida em 110, 115 ou 117 V, dependendo do local). A concessionária local supre a residência com um sistema CA a três fios. Conforme mostrado na Figura 17.37, a tensão de linha, isto é, 12.000 V é tipicamente reduzida para 120/240 V com um transformador (mais detalhes sobre os transformadores no próximo capítulo). Os três fios vindos do transformador são tipicamente coloridos vermelho (linha), preto (linha) e branco (neutro). Conforme mostrado na Figura 17.38, as duas tensões de 120 V são opostas em fase e, daí somam zero. Ou seja,

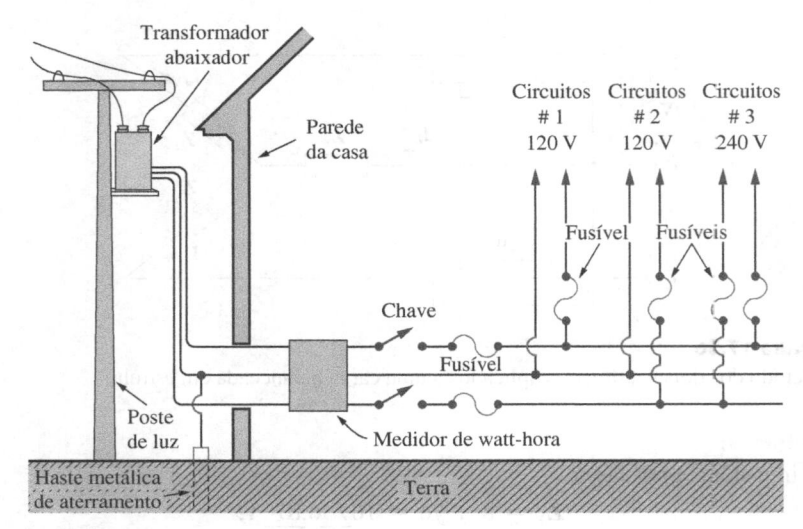

Figura 17.37
Um sistema residencial de 120/240.
A. Marcus e C. M. Thomson, Electricity for Technicians, 2nd edition, © 1975, p. 324. Reimpresso com permissão da Pearson Education, Inc. Upper Saddle Rives, NJ.

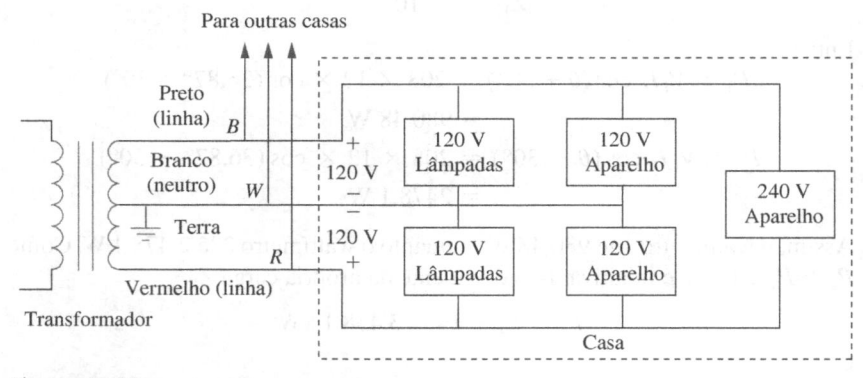

Figura 17.38
Instalação elétrica residencial monofásica a três fios.

Como a maioria dos aparelhos é projetada para operar em 120 V, a iluminação e os aparelhos em um quarto são conectados à linha de 120 V, conforme ilustrado na Figura 17.39. Observe na Figura 17.38 que todos os aparelhos estão conectados em paralelo. Aparelhos pesados (aqueles que consomem muita energia)

– tais como condicionadores de ar, lava-louças, fornos, máquinas de lavar e secadoras – são conectados à linha de 240 V.

Devido aos perigos potencias da eletricidade, as instalações elétricas residenciais são cuidadosamente regulamentas por um código estabelecido por portarias locais e pelo National Electrical Code (NEC) nos Estados Unidos [No Canadá, os serviços elétricos são governados pelo Canadian Electrical Code (CEC)][9]. Para evitar problema, isolação, aterramento, fusíveis e disjuntores são utilizados. Os códigos modernos de instalação requerem um terceiro conector para um aterramento separado. O condutor de aterramento não carrega corrente como o condutor de neutro, mas permite aos aparelhos terem uma conexão com a terra separada. Por exemplo, a conexão do receptáculo a uma linha de 120 V RMS e à terra é mostrada na Figura 17.40. De acordo com a figura, o condutor do neutro é conectado à terra em alguns locais críticos. Embora o condutor de terra pareça redundante, o aterramento é importante por muitas razões.

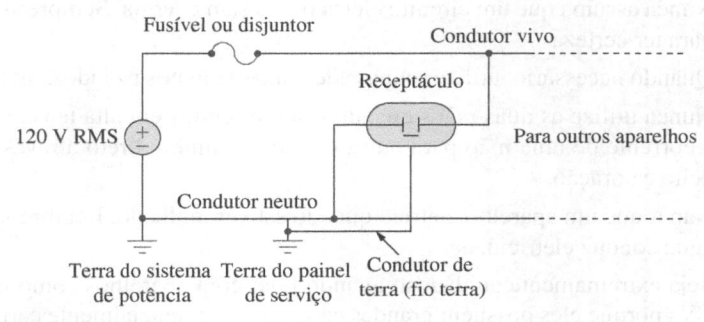

Figura 17.40
Conexão de um receptáculo à linha e ao terra.

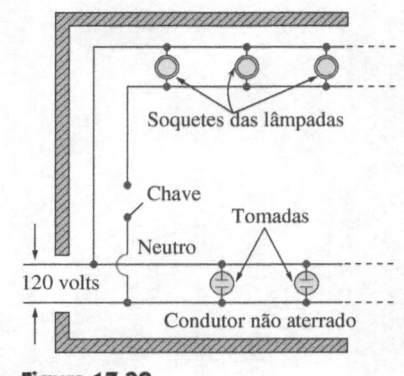

Figura 17.39
Um típico diagrama de instalação de uma sala.
A. Marcus e C. M. Thomson, Electricity for Technicians, 2nd edition, © 1975, p. 325.
Re-impresso com a permissão da Pearson Education, Inc., Upper Saddle River, NJ.

Primeiro, é exigido pelo NEC. Segundo, o aterramento fornece um caminho conveniente para o raio que atinge a linha de alimentação. Terceira, o condutor de terra minimiza o risco de choque elétrico. O que causa o choque elétrico é a passagem da corrente de uma parte do corpo para outra. O corpo humano é como um grande resistor R. Se V for a diferença de potencial entre o corpo e a terra, a corrente através do corpo é determinada pela lei de Ohm como

$$I = \frac{V}{R} \quad (17.58)$$

O valor de R varia de pessoa para pessoa e depende se o corpo está molhado ou seco. Você nunca pode dizer quando o contato com a eletricidade será fatal, mas você pode ter certeza de que ele sempre ferirá. O choque elétrico pode causar espasmos musculares, fraqueza, respiração superficial, pulso rápido, queimaduras graves, inconsciência ou morte. A intensidade do choque ou quão mortal o choque é depende do montante de corrente, o caminho da corrente pelo corpo e o tempo que o corpo é percorrido pela corrente. Correntes menores que 1 mA podem não ser prejudiciais para o corpo, mas correntes maiores que 10 mA podem causar choque severo. Uma aproximação geral dos efeitos do choque é apresentada na Tabela 17.2.

Um dispositivo moderno de segurança é o interruptor de falha de aterramento (GFCI – *Ground-Fault Circuit Interrupter*), utilizado em circuitos externos e em banheiros, onde o risco de choque elétrico é maior. É essencialmente um disjuntor que se abre quando a soma das correntes iR, iW e iB através dos

---

[9] N. de T.: No caso do Brasil, as normas que regem as instalações elétricas são estabelecidas pela Associação Brasileira de Normas Técnicas (ABNT).

TABELA 17.2 Choque elétrico

Corrente elétrica	Efeito fisiológico
Menor que 1 mA	Nenhuma sensação
1 mA	Sensação de formigamento
5 – 20 mA	Contração muscular involuntária
20 – 100 mA	Perda da respiração, fatal se contínuo.

condutores vermelho, branco e preto é diferente de zero (se há outro caminho para a corrente, e.g., através de uma pessoa); isto é,

$$i_R + i_W + i_B \neq 0$$

A melhor maneira de evitar choque elétrico é seguir as diretrizes de segurança. Aqui estão algumas delas:

- Nunca assuma que um circuito elétrico está sem energia. Sempre verifique para ter certeza.
- Quando necessário, utilize roupas adequadas (sapatos isolados, luvas, etc).
- Nunca utilize as duas mãos quando testar circuitos em alta tensão porque a corrente de uma mão para outra tem um caminho direto através de seu peito e coração.
- Não toque um aparelho elétrico quando estiver molhado. Lembre-se que a água conduz eletricidade.
- Seja extremamente cuidadoso quando lidar com aparelhos como rádios e TVs porque eles possuem grandes capacitores, potencialmente carregados em alta tensão, contendo uma grande quantidade de energia. Os capacitores levam um tempo para se descarregarem após a fonte de energia ser desconectada.
- Sempre tenha outra pessoa presente em caso de um acidente.
- Caso você encontre alguém enfrentando um choque elétrico, não toque a vítima ainda em contado com a fonte elétrica para evitar dano a si próprio. Utilize uma haste de madeira para separar a vítima da fonte de energia. Desligue a fonte de energia, se possível, e chame o serviço de emergência imediatamente.

17.12 Resumo

1. A sequência de fase é a ordem na qual as tensões de fase de um gerador trifásico ocorrem com relação ao tempo. Em uma sequência *abc* de fontes de tensão balanceadas, $\mathbf{V}_{an}$ está adiantada de 120° em relação a $\mathbf{V}_{bn}$, que por sua vez está 120° adiantada em relação a $\mathbf{V}_{cn}$. Em uma sequência *acb* de fontes de tensão balanceadas, $\mathbf{V}_{an}$ está adiantada de 120° em relação a $\mathbf{V}_{cn}$, que por sua vez está 120° adiantada em relação a $\mathbf{V}_{bn}$.
2. Uma carga balanceada conectada em estrela ou em delta é aquela em que as três impedâncias das fases são iguais.
3. O modo mais fácil de analisar um circuito trifásico balanceado é transformar tanto a fonte quanto a carga em um sistema *Y-Y* e, então, analisar o circuito monofásico equivalente. A Tabela 17.1 apresenta um resumo das fórmulas para correntes e tensões de fase e de linha para as quatro configurações de sistemas balanceados.

4. A corrente de linha I_L é a corrente que flui do gerador para a carga em cada linha de transmissão em um sistema trifásico. A tensão de linha V_L é a tensão entre cada par de linhas, excluindo o neutro se ele existir. A corrente de fase I_p é a corrente que flui através de cada fase em uma carga trifásica. A tensão de fase V_p é a tensão em cada fase.

   Para uma carga conectada em estrela,
   $$V_L = \sqrt{3}V_P \quad \text{e} \quad I_L = I_p$$

   Para uma carga conectada em delta,
   $$V_L = V_P \quad \text{e} \quad I_L = \sqrt{3}I_p$$

5. A potência total instantânea em um sistema trifásico balanceado é constante e igual à potência média.

6. A potência total complexa absorvida por uma carga balanceada conectada em estrela ou em delta é
   $$\mathbf{S} = P + jQ = \sqrt{3}V_L I_L \underline{/\theta}$$
   em que é ângulo da impedância da carga.

7. Um sistema trifásico desbalanceado pode ser analisado utilizando análise nodal ou de malha.

8. O PSpice é utilizado para analisar circuitos trifásicos do mesmo modo que é utilizado para analisar circuitos monofásicos.

9. A potência total real é medida em sistemas trifásicos utilizando tanto o método dos três wattímetros quanto o método dos dois wattímetros.

10. As instalações elétricas de residências nos Estados Unidos e no Canadá utilizam um sistema monofásico a três fios de 120/240 V.

Questões de revisão

17.1 Qual é a sequência de fase de um motor trifásico para o qual $\mathbf{V}_{AN} = 220\underline{/-100°}$ V e $\mathbf{V}_{BN} = 220\underline{/140°}$ V?

(a) abc (b) acb

17.2 Se em uma sequência de fase, $\mathbf{V}_{an} = 100\underline{/-20°}$, então $\mathbf{V}_{cn}$ é

(a) $100\underline{/-140°}$ (b) $100\underline{/100°}$
(c) $100\underline{/-50°}$ (d) $100\underline{/10°}$

17.3 Qual dessas condições não é necessária para um sistema balanceado?

(a) $|\mathbf{V}_{an}| = |\mathbf{V}_{bn}| = |\mathbf{V}_{cn}|$
(b) $\mathbf{I}_a + \mathbf{I}_b + \mathbf{I}_c = 0$
(c) $\mathbf{V}_{an} + \mathbf{V}_{bn} + \mathbf{V}_{ac} = 0$
(d) As fontes de tensão estarem defasadas de 120° uma das outras.
(e) As impedâncias da carga são iguais para as três fases.

17.4 Em uma carga conectada em Y, as correntes de linha e de fase são iguais.

(a) Verdadeiro (b) Falso

17.5 Em uma carga conectada em Δ, as correntes de linha e de fase são iguais.

(a) Verdadeiro (b) Falso

17.6 Em um sistema Y-Y, a tensão de linha de 220 V produz uma tensão de fase de:

(a) 381 V (b) 311 V (c) 220 V
(d) 156 V (e) 127 V

17.7 Em um sistema Δ-Δ, uma tensão de fase de 100 V produz uma tensão de linha de:

(a) 58 V (b) 71 V
(c) 100 V (d) 173 V
(e) 141 V

17.8 Quando uma carga conectada em Y é suprida por tensões na sequência de fase abc, a tensão de linha está atrasada em relação à correspondente tensão de fase por 30°.

(a) Verdadeiro (b) Falso

17.9 Em um circuito trifásico balanceado, a potência instantânea total é igual à potência média.

(a) Verdadeiro (b) Falso

17.10 A potência total entre uma carga balanceada em delta é encontrada do mesmo modo que para uma carga balanceada em Y.

(a) Verdadeiro (b) Falso

Respostas: 17.1 a, 17.2 a, 17.3 c, 17.4 a, 17.5 b, 17.6 e, 17.7 c, 17.8 b, 17.9 a, 17.10 a

Problemas

Seção 17.3 Fontes trifásicas balanceadas

17.1 Se $V_{ab} = 400$ V em um gerador balanceado conectado em Y, encontre as tensões de fase, assumindo que a sequência de fase seja: (a) *abc* e (b) *acb*.

17.2 Qual é a sequência de fase de um circuito trifásico balanceado para o qual $V_{an} = 160\underline{/30°}$ V e $V_{cn} = 160\underline{/-90°}$ V? Encontre V_{bn}.

17.3 Determine a sequência de fase de um circuito trifásico balanceado no qual $V_{bn} = 208\underline{/130°}$ V e $V_{cn} = 208\underline{/10°}$ V. Obtenha V_{an}.

17.4 Assumindo a sequência *abc*, se $V_{ca} = 208\underline{/20°}$ V em um circuito trifásico balanceado, encontre V_{ab}, V_{bc}, V_{an} e V_{bn}.

17.5 Se $V_{An} = 440\underline{/30°}$ V, determine V_{nA}.

17.6 Para um determinado circuito, conhecemos $V_{12} = 120\underline{/30°}$ V, $V_{42} = 60\underline{/-60°}$ V e $V_{45} = 40\underline{/90°}$ V. Encontre V_{14} e V_{25}.

Seção 17.4 Conexão estrela-estrela balanceada

17.7 Um gerador trifásico conectado em estrela tem uma tensão de linha de 440 V. Determine a tensão de fase.

17.8 Uma carga trifásica conectada em estrela tem uma tensão de fase de 127 V. Determine a tensão de linha.

17.9 Um gerador trifásico conectado em estrela tem uma sequência de fase *abc*. Se a tensão de uma fase é $V_{AN} = 230\underline{/15°}$ V, encontre as tensões de fase restantes e as tensões de linha V_{AB}, V_{BC} e V_{CA}.

17.10 Para o circuito Y-Y da Figura 17.41, encontre as correntes de linha, as tensões de linha e as tensões na carga.

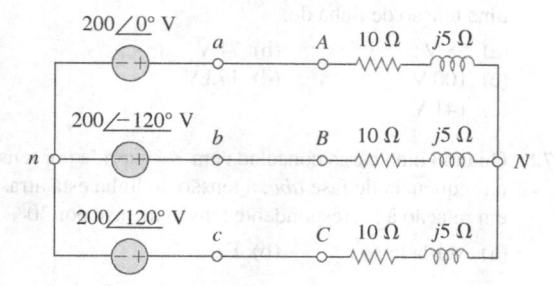

Figura 17.41
Para o Problema 17.10.

17.11 Calcule as correntes de linha no circuito trifásico da Figura 17.42.

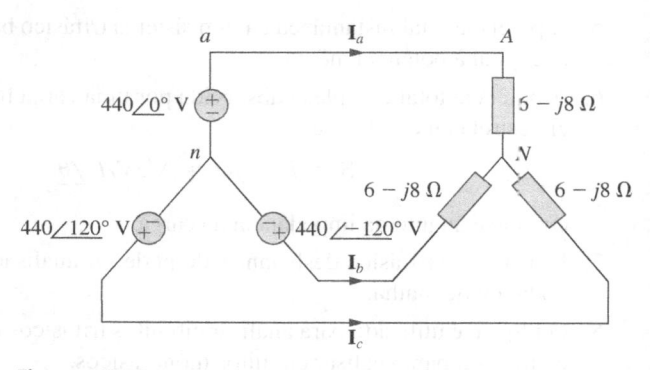

Figura 17.42
Para os Problemas 17.11 e 17.44.

17.12 Uma carga balanceada conectada em Y com impedância por fase de $16 + j9\ \Omega$ está ligada a uma fonte trifásica balanceada com uma tensão de linha de 220 V. Calcule a corrente de linha I_L.

17.13 Um sistema balanceado a quatro fios tem tensões de fase $V_{an} = 120\underline{/0°}$, $V_{bn} = 120\underline{/-120°}$ e $V_{cn} = 120\underline{/120°}$ V. A impedância total por fase é $19 + j13\ \Omega$ e a impedância da linha é $1 + j2\ \Omega$. Encontre a corrente de linha e a corrente de neutro.

17.14 Em um sistema a quatro fios, as correntes de linha são $8\underline{/-30°}$ A, $12\underline{/60°}$ A e $-j16$ A. Encontre a corrente no neutro.

Seção 17.5 Conexão estrela-delta balanceada

17.15 Para o circuito trifásico da Figura 17.43, $I_{bB} = 30\underline{/60°}$ A e $V_{BC} = 220\underline{/10°}$ V. Encontre V_{an}, V_{AB}, I_{AC} e Z.

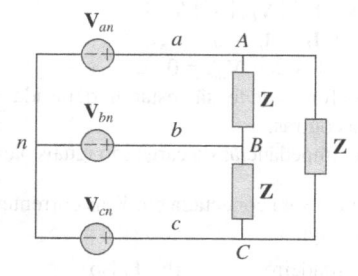

Figura 17.43
Para o Problema 17.15.

17.16 Encontre as correntes de linha no circuito Y-Δ da Figura 17.44. Considere $Z_\Delta = 60\underline{/45°}\ \Omega$.

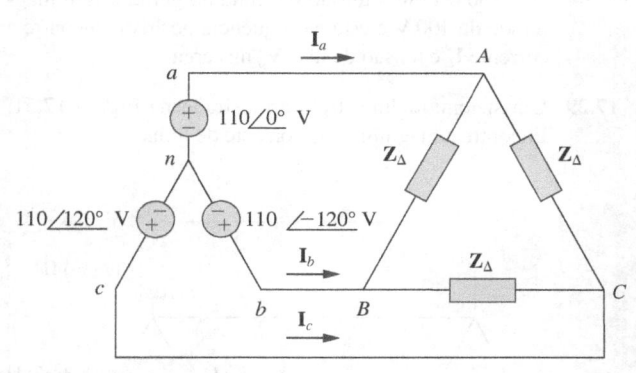

Figura 17.44
Para o Problema 17.16.

17.17 O circuito na Figura 17.45 é excitado por uma fonte trifásica balanceada com tensão de linha de 210 V. Se $Z_l = 1 + j1\ \Omega$, $Z_\Delta = 24 - j30\ \Omega$ e $Z_Y = 12 + j5\ \Omega$, determine a magnitude da corrente de linha das cargas combinadas.

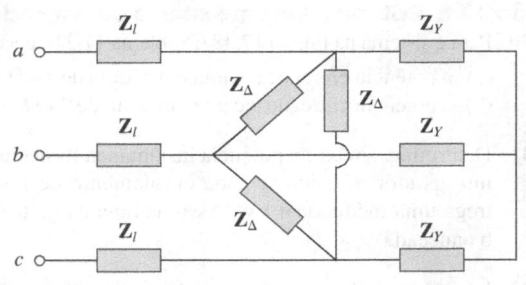

Figura 17.45
Para o Problema 17.17.

17.18 Uma carga balanceada conectada em delta tem uma corrente de fase $I_{AC} = 10\underline{/-30°}$ A.

(a) Determine as correntes de linha, assumindo que o circuito opera na sequência positiva.
(b) Calcule a impedância da carga se a tensão de linha é $V_{AB} = 110\underline{/0°}$ V.

17.19 Um sistema trifásico fornece 25 kW a uma carga balanceada conectada em delta com fator de potência de 0,8 atrasado. Encontre: (a) as correntes de linha; (b) as correntes de fase; e (c) a impedância por fase.

Seção 17.6 Conexão delta-delta balanceada

17.20 Para o circuito Δ-Δ da Figura 17.46, calcule as correntes de fase e de linha.

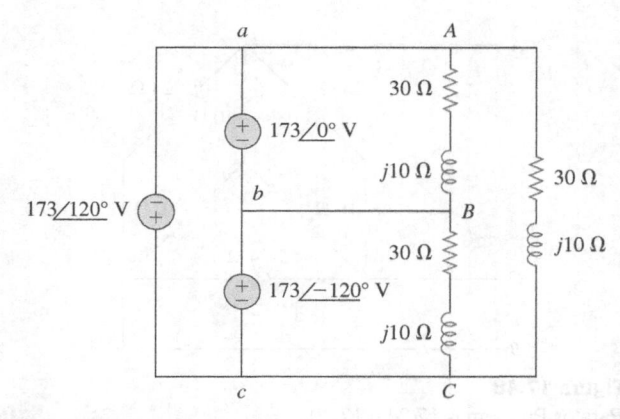

Figura 17.46
Para o Problema 17.20.

17.21 Consulte o circuito Δ-Δ mostrado na Figura 17.47. Encontre as correntes de linha e de fase. Assuma que a impedância da carga é $2 + j9\Omega$ por fase.

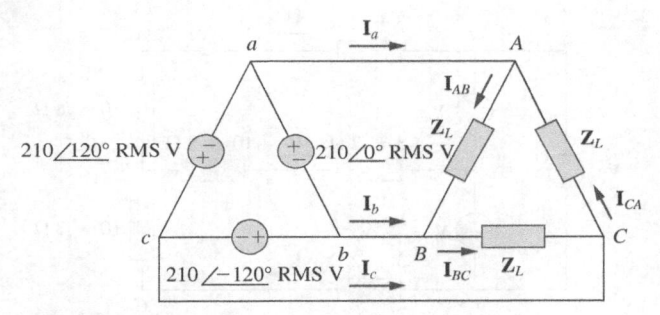

Figura 17.47
Para o Problema 17.21.

17.22 Um sistema trifásico balanceado com uma tensão de linha de 208 V RMS alimenta uma carga conectada em delta com $Z_p = 25\underline{/60°}\ \Omega$. (a) Encontre as correntes de linha. (b) Determine a potência total fornecida à carga utilizando dois wattímetros conectados às linhas A e C.

17.23 Uma fonte conectada em delta tem tensão de fase $V_{ab} = 416\underline{/30°}$ V e sequência de fase positiva. Se essa fonte for ligada a uma carga balanceada conectada em delta, encontre as correntes de linha e de fase. Considere a impedância da carga por fase igual a $60\underline{/30°}\ \Omega$ e impedância por fase da linha igual a $1 - j1\ \Omega$.

17.24 Consulte a carga trifásica mostrada na Figura 17.48. Seja $V_{AB} = 120\underline{/0°}$ V, $V_{BC} = 120\underline{/-120°}$ V e $V_{CA} = 120\underline{/120°}$ V.

(a) Calcule V_{an}, V_{bn} e V_{cn}.
(b) Determine I_{an}, I_{bn} e I_{cn}.

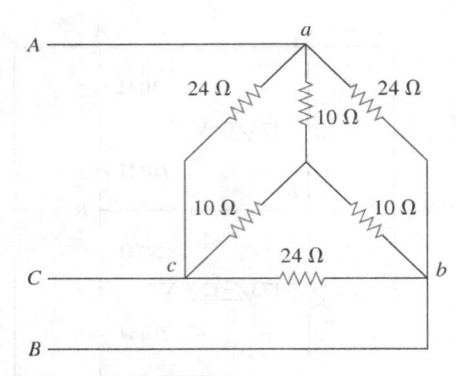

Figura 17.48
Para os Problemas 17.24 e 17.30.

Seção 17.7 Conexão delta-estrela balanceada

16.25 No circuito da Figura 17.49, se $\mathbf{V}_{ab} = 440\underline{/10°}$, s$\mathbf{V}_{bc} = 440\underline{/250°}$ e $\mathbf{V}_{ca} = 440\underline{/130°}$ V, encontre as correntes de linha.

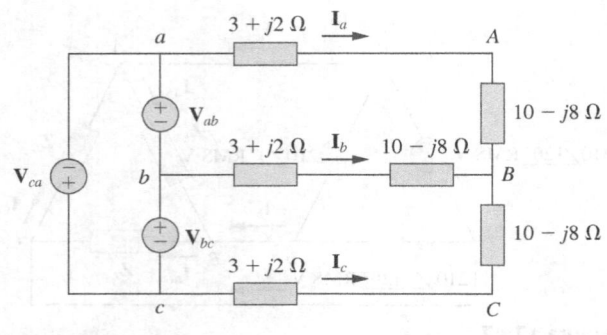

Figura 17.49
Para o Problema 17.25.

17.26 Para o circuito balanceado na Figura 17.50, $\mathbf{V}_{ab} = 125\underline{/0°}$ V. Encontre as correntes de linha $\mathbf{I}_{aA}$, $\mathbf{I}_{bB}$ e $\mathbf{I}_{cC}$.

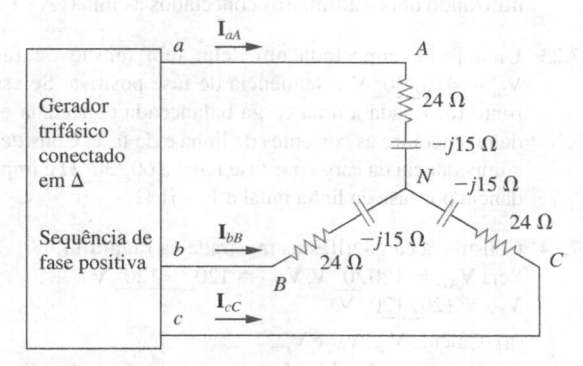

Figura 17.50
Para o Problema 17.26.

17.27 Em um circuito trifásico balanceado Δ-Y, a fonte está conectada na sequência positiva com $\mathbf{V}_{ab} = 220\underline{/20°}$ V e $\mathbf{Z}_Y = 20 + j15\ \Omega$. Encontre as correntes de linha.

17.28 Um gerador conectado em delta supre uma carga balanceada conectada em estrela com impedância de $30\underline{/-60°}\ \Omega$. Se a tensão de linha do gerador tem magnitude de 400 V e está na sequência positiva, encontre a corrente $\mathbf{I}_L$ e tensão de fase $\mathbf{V}_p$ na carga.

17.29 Um sistema delta-estrela é mostrado na Figura 17.51. Encontre a magnitude da corrente de linha.

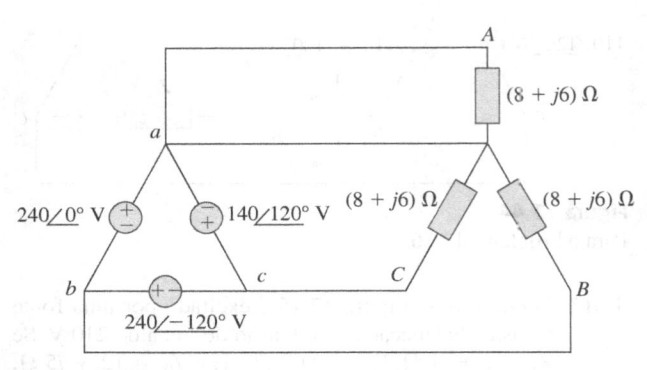

Figura 17.51
Para o Problema 17.29.

Seção 17.8 Potência em um sistema balanceado

17.30 Para o sistema na Figura 17.48 (Problema 17.24), encontre:
(a) a potência entregue à carga em estrela de 10 Ω.
(b) a potência entregue à carga em delta de 24 Ω.

17.31 Determine a máxima potência instantânea fornecida por um gerador trifásico se cada enrolamento de fase entrega uma média de 4 kW. Assuma uma carga trifásica balanceada.

17.32 Uma carga balanceada em estrela absorve uma potência total de 5 kW com fator de potência 0,6 atrasado, quando conectada à tensão de linha de 240 V. Encontre a impedância de cada fase e potência complexa total da carga.

17.33 Uma carga balanceada conectada em estrela absorve 50 kVA com fator de potência 0,6 atrasado, quando a tensão de linha é 440 V. Encontre a corrente de linha e a impedância por fase.

17.34 Uma fonte trifásica entrega 4800 VA a uma carga conectada em estrela com uma tensão de fase de 208 V e um fator de potência de 0,9 atrasado. Calcule a corrente e a tensão de linha da fonte.

17.35 Uma carga balanceada conectada em estrela com impedância por fase de $10 - j6\ \Omega$ está conectada a um gerador trifásico balanceado com tensão de linha de 220 V. Determine a corrente de linha e a potência complexa absorvida pela carga.

17.36 Encontre a potência real absorvida pela carga na Figura 17.52.

Figura 17.52
Para o Problema 17.36.

17.37 As três cargas trifásicas seguintes conectadas em paralelo são alimentadas por uma fonte trifásica balanceada.

Carga 1: 250 kVA, *fp* 0,8 atrasado
Carga 2: 300 kVA, *fp* 0,95 adiantado
Carga 3: 450 kVA, *fp* unitário

Se a tensão de linha é 13,8 kV, calcule a corrente de linha e o fator de potência da fonte. Assuma que a impedância da linha é nula.

Seção 17.9 Sistemas trifásicos desbalanceados

17.38 Para o circuito na Figura 17.53, $Z_a = 6 - j8\ \Omega$, $Z_b = 12 + j9\ \Omega$ e $Z_c = 15\ \Omega$. Encontre as correntes de linha $\mathbf{I}_a$, $\mathbf{I}_b$ e $\mathbf{I}_c$.

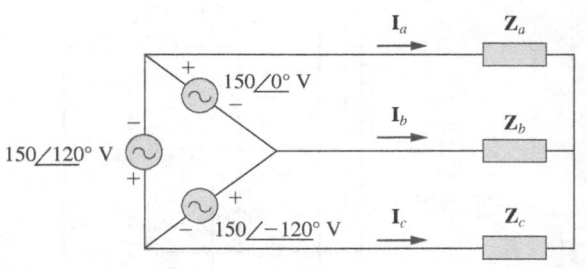

Figura 17.53
Para o Problema 17.38.

17.39 Uma carga conectada em delta cujas impedâncias das fases são $\mathbf{Z}_{AB} = 50\ \Omega$, $\mathbf{Z}_{BC} = -j50\ \Omega$ e $\mathbf{Z}_{CA} = j50\ \Omega$ é alimentada por uma fonte trifásica balanceada conectada em estrela com $V_p = 100$ V. Encontre as correntes de fase.

17.40 Consulte o circuito desbalanceado na Figura 17.54. Calcule: (a) as correntes de linha, (b) a potência real absorvida pela carga, (c) a potência complexa total suprida pela fonte.

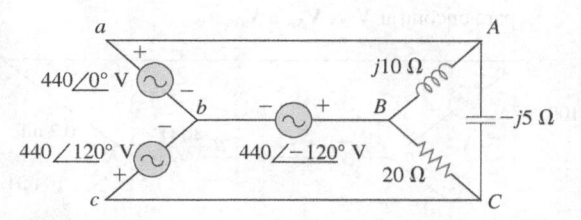

Figura 17.54
Para o Problema 17.40.

17.41 Determine as correntes de linha para o circuito trifásico da Figura 17.55. Seja $\mathbf{V}_a = 110\underline{/0°}$, $\mathbf{V}_b = 110\underline{/-120°}$, $\mathbf{V}_c = 110\underline{/120°}$ V.

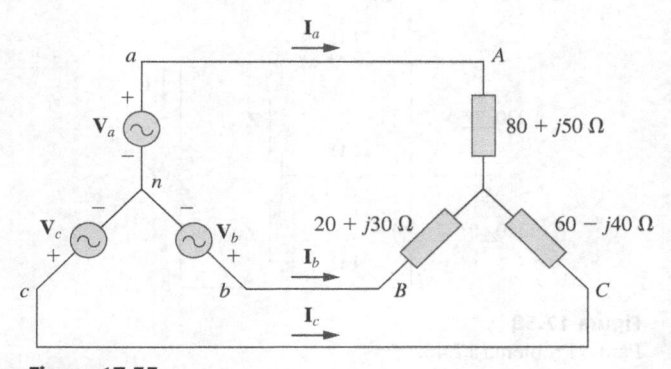

Figura 17.55
Para o Problema 17.41.

17.42 Um sistema trifásico a quatro fios com $V_L = 120$ V alimenta uma carga desbalanceada conectada em estrela com $Z_A = 4\underline{/90°}\ \Omega$, $Z_B = 10\underline{/60°}\ \Omega$, $Z_C = 8\underline{/0°}\ \Omega$. Calcule as correntes nas quatro linhas.

17.43 Encontre a potência complexa entregue à carga trifásica no sistema estrela-estrela mostrado na Figura 17.56.

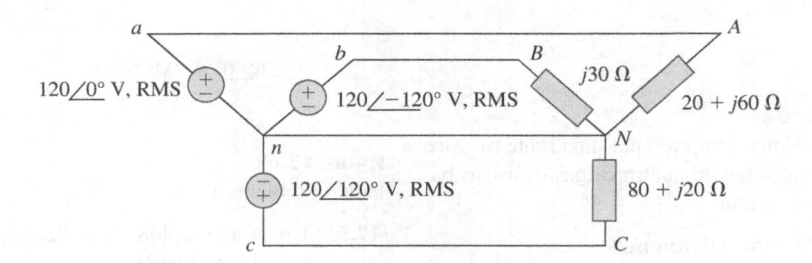

Figura 17.56
Para o Problema 17.43.

Seção 17.10 Análise computacional

17.44 Resolva o Problema 17.11 utilizando o PSpice.

17.45 A fonte na Figura 17.57 é balanceada e exibe uma sequência de fase positiva. Se $f = 60$ Hz, utilize o PSpice para encontrar V_{AN}, V_{BN} e V_{CN}.

Figura 17.57
Para o Problema 17.45.

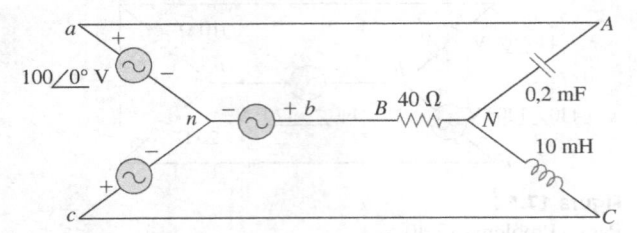

17.46 Utilize o PSpice para determinar I_o no circuito monofásico a três fios da Figura 17.58. Seja $Z_1 = 15 - j10$ Ω, $Z_2 = 30 + j20$ Ω e $Z_3 = 12 + j5$ Ω.

Figura 17.58
Para o Problema 17.46.

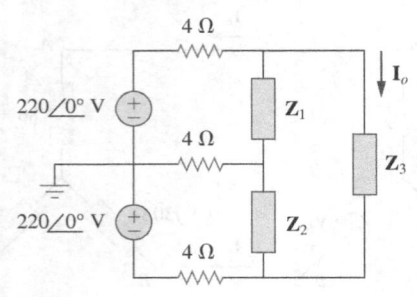

17.47 O circuito na Figura 17.59 opera em 60 Hz. Utilize o PSpice para encontrar a corrente I_{ab} na fonte e a corrente I_{bB}.

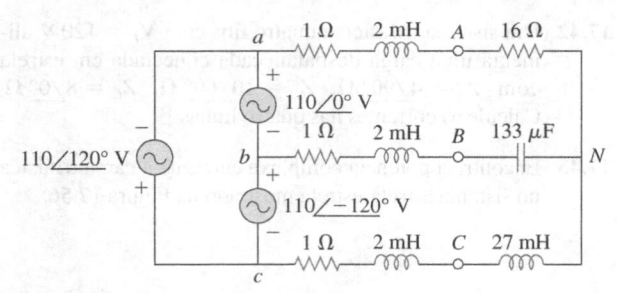

Figura 17.59
Para o Problema 17.47.

Seção 17.11 Aplicações

17.48 Um centro profissional é suprido por uma fonte trifásica balanceada. O centro possui quatro cargas trifásicas balanceadas, como se segue:

Carga 1: 150 kVA com fp 0,8 atrasado
Carga 2: 100 kW com fp unitário
Carga 3: 200 kVA com fp 0,6
Carga 4: 80 kW e 95 kVAR (indutivo)

Se a impedância da linha é $0,02 + j0,05$ Ω por fase e a tensão de linha na carga é 480 V, encontre a magnitude da tensão de linha na fonte.

17.49 O método dos dois wattímetros fornece $P_1 = 1200$ W e $P_2 = -400$ W para um motor trifásico funcionando em uma linha de 240 V. Assuma que o motor é uma carga conectada em estrela que drena uma corrente de linha de 6 A. Calcule o fp do motor e sua impedância por fase.

17.50 Para o circuito apresentado na Figura 17.60, encontre as leituras dos wattímetros.

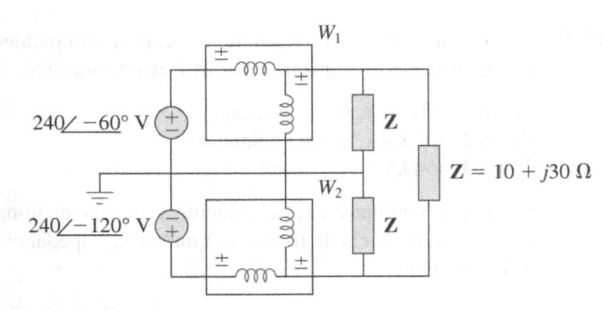

Figura 17.60
Para o Problema 17.50.

17.51 Estime as leituras dos wattímetros para cada circuito na Figura 17.61.

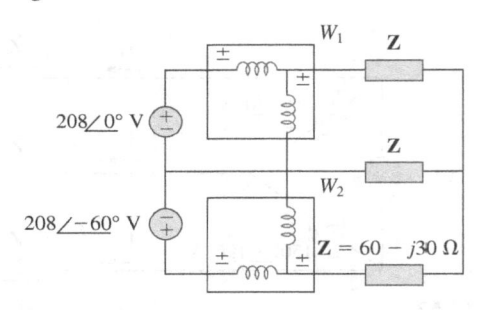

Figura 17.61
Para o Problema 17.51.

17.52 Para o sistema monofásico a três fios na Figura 17.62, encontre as correntes I_{aA}, I_{bB} e I_{nN}.

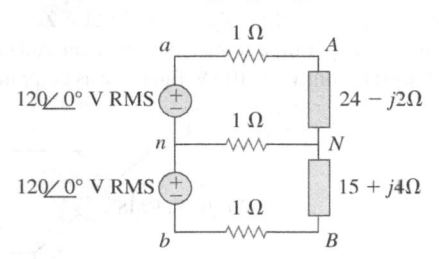

Figura 17.62
Para o Problema 17.52.

17.53 Uma fonte de 408 V é utilizada para alimentar uma planta industrial trifásica que consome 160 kVA com fator de potência de 0,8 atrasado. Encontre: (a) a corrente em cada linha, (b) a potência total entregue e (c) a potência reativa total na carga.

capítulo 18
Transformadores e circuitos acoplados

Aquele que não acrescenta para a sua aprendizagem, a diminui.

—Talmud

Desenvolvendo sua carreira

Carreira em sistemas de controle

A análise de circuitos é também importante na área de controle de sistemas. Um sistema de controle é projetado para regular o comportamento de uma ou mais variáveis de alguma forma desejada. Muitos sistemas de controle são baseados em sensores. Os sistemas de controle desempenham um papel importante em nossa vida cotidiana. Por exemplo, eletrodomésticos como sistemas de aquecimento e de ar condicionado, termostatos controlados por chave, lavadoras e secadoras, controladores de cruzeiro de automóveis, elevadores, semáforos, fábricas e sistemas de navegação, todos utilizam sistemas de controle. Os sistemas de controle são utilizados em vários campos. Na indústria aeroespacial, por exemplo, a orientação precisa de sondas espaciais, a grande variedade de modos de operação do ônibus espacial e a capacidade de manobrar veículos espaciais remotamente a partir da Terra exigem o conhecimento de sistemas de controle. No setor industrial, operações repetidas de linhas de produção são cada vez mais realizadas por robôs, que são sistemas de controle programáveis concebidos para imitar os humanos e operar por horas sem fadiga. Do agronegócio moderno ao tratamento de esgoto, de metrôs a passarelas, nenhum campo de atuação moderna opera sem alguma dependência de sistemas de controle.

Transformadores montados em um poste.
©Sarhan M. Musa

A tecnologia de controle de engenharia integra teoria de circuitos e teoria de comunicação. Não é limitada a alguma disciplina específica de engenharia, mas pode envolver ambiental, química, aeronáutica, engenharia mecânica, civil e engenharia elétrica. Por exemplo, uma tarefa típica para um técnico de sistema de controle pode ser a de concepção de um regulador de velocidade para um disco compacto. Outra pode ser a de desenvolver um sistema de sensor a terahertz (THz) capaz de identificar remotamente objetos suspeitos quando ocultados sob pessoas ou dentro de bagagens e capaz de identificar espectralmente explosivos e drogas. (Esse sistema poderia ser baseado em tecnologia de ondas contínuas em THz.)

Um completo entendimento de técnicas de sistemas de controle é essencial para tecnologistas eletricistas e é de grande valor no desenvolvimento de sistemas de controle para executar uma tarefa desejada.

18.1 Introdução

Os circuitos que estudamos até agora podem ser considerados como *condutivamente acoplados* porque um circuito afeta a malha vizinha por meio da condução de corrente através de um fio. Quando duas ou mais malhas com ou sem contato entre elas afetam a outra através de um campo magnético gerado por uma delas, elas são ditas *magneticamente acopladas*.

O transformador é um dispositivo elétrico que tira proveito dos princípios do acoplamento magnético. Utiliza bobinas magneticamente acopladas para transferir energia de um circuito para outro sem uma conexão elétrica com fio. Os transformadores são importantes elementos de circuito. Eles são utilizados em sistemas de potência para aumentar ou diminuir o nível de tensão ou corrente CA. São utilizados em circuitos eletrônicos como nos receptores de rádio e televisão para casamento de impedância e isolar uma parte do circuito de outra, bem como para aumentar ou abaixar os nível de tensão e corrente CA.

Iremos começar com o conceito de indutância mútua e introduzir a convenção do ponto usada para determinar as polaridades de tensão de componentes indutivamente acoplados. Consideraremos o transformador linear, o transformador ideal e autotransformador ideal. Finalmente, como importantes aplicações de transformadores, veremos transformadores como dispositivos isoladores e casadores e seu uso em sistemas de distribuição de energia elétrica.

18.2 Indutância mútua

Quando duas bobinas estão perto uma da outra, a variação da corrente em uma bobina afeta a corrente e a tensão na segunda bobina. Isso é quantificado na propriedade chamada de *indutância mútua*. A indutância mútua de dois circuitos é dependente do arranjo geométrico de ambos os circuitos. Vamos primeiro considerar um único indutor com N espiras. Quando uma corrente i flui através da bobina, um fluxo magnético ϕ é produzido ao redor dela, como ilustrado na Figura 18.1. De acordo com a lei de Faraday, a tensão v induzida na bobina é proporcional ao número de espiras N e à taxa de variação do fluxo magnético ϕ; isto é,

$$v = N\frac{d\phi}{dt} \quad (18.1)$$

Mas o fluxo ϕ é produzido pela corrente i, então qualquer mudança no fluxo é provocada pela variação na corrente. Por isso a Equação (18.1) pode ser escrita como

$$v = N\frac{d\phi}{di}\frac{di}{dt} = L\frac{di}{dt} \quad (18.2)$$

em que $L = N(d\phi/di)$ é a indutância do indutor. A Equação (18.2) é a relação tensão-corrente para o indutor. A indutância L é usualmente chamada de autoindutância porque relaciona a tensão induzida na bobina pela corrente variando no tempo na mesma bobina.

> **Autoindutância** é a habilidade do fio em induzir tensão em si mesmo, medida em henry (H).

Agora consideraremos duas bobinas com autoindutâncias L_1 e L_2, que estão próximas uma da outra, como mostrado na Figura 18.2. A bobina 1 possui N_1 espiras, enquanto a bobina 2 possui N_2 espiras. Por questões de simplicidade, iremos assumir que o segundo indutor não possui corrente. O fluxo magnético ϕ_1 emanado na bobina 1 possui dois componentes: uma componente ϕ_{11} atua

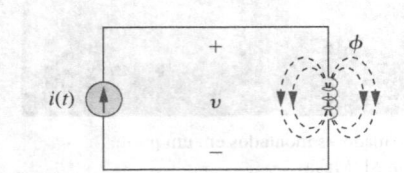

Figura 18.1
Fluxo magnético produzido por uma única bobina de N espiras.

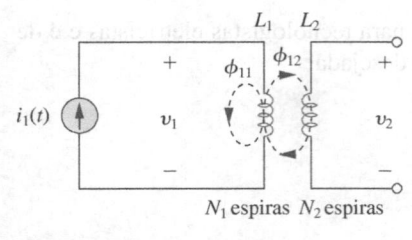

Figura 18.2
Indutância mútua M_{21} da bobina 2 em relação a bobina 1.

somente na bobina 1, e outro componente ϕ_{12} atua em ambas as bobinas. Por isso,

$$\phi_1 = \phi_{11} + \phi_{12} \tag{18.3}$$

Embora as duas bobinas sejam fisicamente separadas, elas são ditas *magneticamente acopladas*. Como todo o fluxo ϕ_1 atua na bobina 1, a tensão induzida na bobina 1 é

$$v_1 = N_1 \frac{d\phi_1}{dt} = N_1 \frac{d\phi_1}{di_1} \frac{di_1}{dt} = L_1 \frac{di_1}{dt} \tag{18.4}$$

em que $L_1 = N_1 d\phi_1/di_1$ é a autoindutância da bobina 1. Somente o fluxo ϕ_{12} atua na bobina 2, então, a tensão induzida na bobina 2 é

$$v_2 = N_2 \frac{d\phi_{12}}{dt} = N_2 \frac{d\phi_{12}}{di_1} \frac{di_1}{dt} = M_{21} \frac{di_1}{dt} \tag{18.5}$$

em que $M_{21} = N_2(d\phi_{12}/di_1)$ é conhecida como *indutância mútua* da bobina 2 em relação à bobina 1. O subscrito 21 indica que a indutância M_{21} relaciona a tensão induzida na bobina 2 e a corrente na bobina 1. Por isso, a *tensão mútua* do circuito aberto (ou tensão induzida) na bobina 2 é

$$\boxed{v_2 = M_{21} \frac{di_1}{dt}} \tag{18.6}$$

Agora admitiremos a hipótese de uma corrente i_2 fluir na bobina 2, enquanto a bobina 1 não possui corrente, como mostrado na Figura 18.3. O fluxo magnético ϕ_2 produzido pela bobina 2 compreende o fluxo ϕ_{22} que atua somente na bobina 2 e o fluxo ϕ_{21} que atua em ambas as bobinas. Por isso,

$$\phi_2 = \phi_{21} + \phi_{22} \tag{18.7}$$

Todo o fluxo ϕ_2 atua na bobina 2, então, a tensão induzida na bobina 2 é

$$v_2 = N_2 \frac{d\phi_2}{dt} = N_2 \frac{d\phi_2}{di_2} \frac{di_2}{dt} = L_2 \frac{di_2}{dt} \tag{18.8}$$

em que $L_2 = N_2(d\phi_2/di_2)$ é a autoindutância da bobina 2. Como somente ϕ_{21} atua na bobina 1, a tensão induzida na bobina é

$$v_1 = N_1 \frac{d\phi_{21}}{dt} = N_1 \frac{d\phi_{21}}{di_2} \frac{di_2}{dt} = M_{12} \frac{di_2}{dt} \tag{18.9}$$

em que $M_{12} = N_1(d\phi_{21}/di_2)$ é a indutância mútua da bobina 1 em relação à bobina 2. Por isso, a tensão induzida no circuito aberto na bobina 1 é

$$\boxed{v_1 = M_{12} \frac{di_2}{dt}} \tag{18.10}$$

Pode ser demonstrado que M_{12} e M_{21} são iguais; isto é,

$$M_{12} = M_{21} + M \tag{18.11}$$

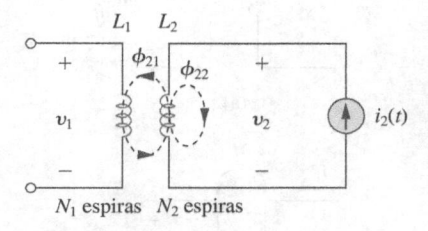

Figura 18.3
Indutância mútua M_{12} da bobina 1 em relação à bobina 2.

e nos referimos a M como a indutância mútua entre duas bobinas. Como a autoindutância L, a indutância mútua M é medida em henrys (H). Tenha em mente que o acoplamento mútuo somente existe quando os indutores ou bobina estão relativamente próximos e os circuitos são alimentados por fontes variáveis no tempo. Recordamos que os indutores atuam como curto-circuito em CC.

Dos dois casos nas Figuras 18.2 e 18.3, concluímos que tensão mútua resulta de uma tensão induzida por uma corrente variante no tempo em outro circuito. A indutância mútua é a propriedade de um indutor produzir uma tensão como reação de uma corrente variando no tempo em outro circuito. Por isso,

indutância mútua é a habilidade de o indutor induzir uma tensão em um indutor vizinho, medida em henrys (H).

Embora a indutância mútua M seja sempre uma quantidade positiva, a tensão mútua $M(di/dt)$ pode ser negativa ou positiva, assim como a tensão induzida $L(di/dt)$. Entretanto, ao contrário da tensão induzida $L(di/dt)$, cuja polaridade é determinada pelo sentido da corrente e pela referência de polaridade da tensão (de acordo com a convenção passiva), a polaridade da tensão mútua $M(di/dt)$ não é facilmente determinada pelos seus quatro terminais envolvidos. A escolha da polaridade correta para $M(di/dt)$ é realizada pelo exame da orientação ou caminho particular em que ambas as bobinas estão fisicamente enroladas e aplicando a lei de Lenz em conjunto com a regra da mão direita. Como não é conveniente mostrar os detalhes construtivos das bobinas em um diagrama esquemático de um circuito, aplicamos a convenção dos pontos na análise de circuitos. Por essa convenção, um ponto é colocado na extremidade de cada uma das bobinas magneticamente acopladas para indicar a direção do fluxo magnético, se a corrente entra no terminal com o ponto na bobina. Isso é ilustrado na Figura 18.4. Os pontos aparecem em transformadores reais. Dado um circuito, os pontos já são colocados ao lado de cada bobina de modo que não precisamos nos preocupar em como colocá-los. Os pontos são utilizados juntamente à convenção dos pontos para determinar a polaridade da tensão mútua. A convenção dos pontos é apresentada a seguir:

se uma corrente **entrar** pelo terminal com um ponto em uma bobina, a referência de polaridade da tensão mútua na segunda bobina é **positiva** no terminal com ponto na segunda bobina.

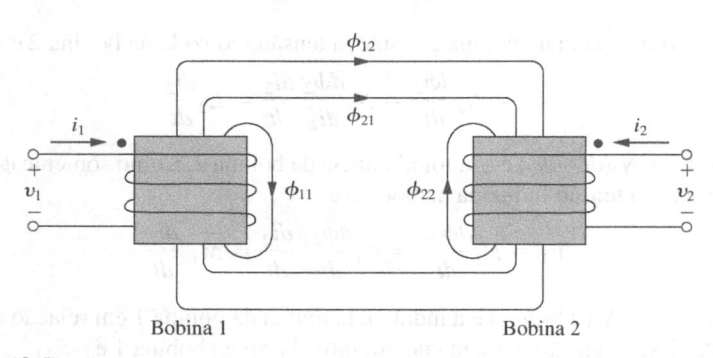

Figura 18.4
Ilustração da convenção do ponto.

Alternativamente,

se a corrente **deixar** o terminal com ponto em uma bobina, a referência de polaridade da tensão mútua na segunda bobina é **negativa** no terminal com ponto na segunda bobina.

Por isso, a polaridade da tensão mútua depende do sentido da corrente de indução e dos pontos nas bobinas acopladas. A aplicação da convenção dos pontos é ilustrada nos quatro pares de bobinas mutualmente acopladas na Figura 18.5. Para as bobinas acopladas na Figura 18.5(a), o sinal da tensão mútua v_2 é

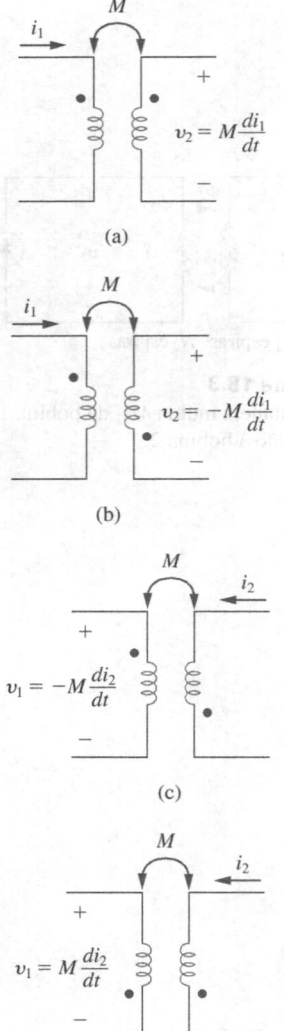

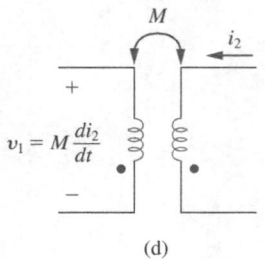

Figura 18.5
Exemplos ilustrando como aplicar a convenção do ponto.

determinado pela polaridade de v_2 e o sentido de i_1. Como i_1 entra no terminal com ponto na bobina 1 e v_2 é positivo no terminal com ponto na bobina 2, a tensão mútua é $+M(di_1/dt)$. Para as bobinas na Figura 18.5(b), a corrente i_1 entra no terminal com ponto na bobina 1 e v_2 é negativo no terminal com ponto na bobina 2. Portanto, a tensão mútua é $-M(di_1/dt)$. O mesmo raciocínio pode ser aplicado nas bobinas das Figuras 18.5(c) e 18.5(d). A Figura 18.6 também mostra a convenção do ponto para bobinas acopladas em série. Para as bobinas na Figura 18.6(a), a indutância total é

$$L = L_1 + L_2 + 2M \quad \text{(Conexão em série aditiva)} \quad (18.12)$$

Para as bobinas na Figura 18.6 (b),

$$L = L_1 + L_2 - 2M \quad \text{(Conexão em série subtrativa)} \quad (18.13)$$

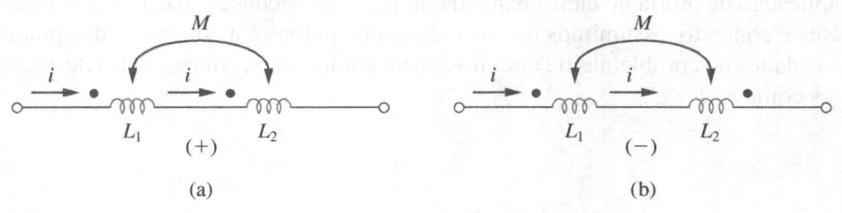

Figura 18.6
Convenção do ponto para bobinas em série; o sinal indica a polaridade da tensão mútua: (a) conexão em série aditiva; (b) conexão em série subtrativa.

Para a conexão em série aditiva, a magnitude do campo da bobina adiciona-se ao da outra bobina de modo que o acoplamento é aditivo. Para conexões em série subtrativa, o campo magnético de uma bobina é oposto ao da outra de modo que o acoplamento é subtrativo.

Agora que sabemos como determinar a polaridade da tensão mútua, estamos preparados para analisar circuitos envolvendo indutância mútua. Como primeiro exemplo, considere o circuito na Figura 18.7. Aplicando a LKT na bobina 1, temos

$$v_1 = i_1 R_1 + L_1 \frac{di_1}{dt} + M \frac{di_2}{dt} \quad (18.14a)$$

Para a bobina 2, a LKT fornece

$$v_2 = i_2 R_2 + L_2 \frac{di_2}{dt} + M \frac{di_1}{dt} \quad (18.14b)$$

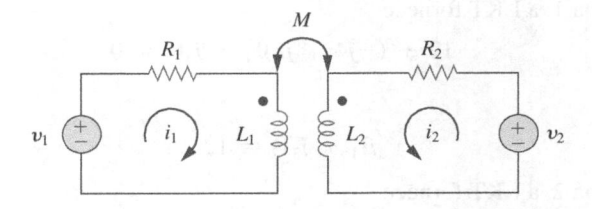

Figura 18.7
Análise no domínio do tempo para um circuito contendo bobinas acopladas.

A Equação (18.14) pode ser escrita no domínio da frequência como

$$\mathbf{V}_1 = (R_1 + j\omega L_1)\mathbf{I}_1 + j\omega M\mathbf{I}_2 \qquad (18.15a)$$

$$\mathbf{V}_2 = j\omega M\mathbf{I}_1 + (R_2 + j\omega L_2)\mathbf{I}_2 \qquad (18.15b)$$

Como um segundo exemplo, considere o circuito na Figura 18.8. Analisando-o no domínio da frequência, aplicamos a LKT na bobina 1,

$$\mathbf{V} = (\mathbf{Z}_1 + j\omega L_1)\mathbf{I}_1 - j\omega M\mathbf{I}_2 \qquad (18.16a)$$

Para a bobina 2, a LKT produz

$$0 = -j\omega M\mathbf{I}_1 + (\mathbf{Z}_L + j\omega L_2)\mathbf{I}_2 \qquad (18.16b)$$

As Equações (18.15) e (18.16) são resolvidas da forma usual a fim de determinar as correntes.

Para concluir esta seção, deve-se dizer que neste nível introdutório nós não estamos preocupados com a determinação da indutância mútua das bobinas e colocação de seus pontos. Assim como R, L e C, os cálculos de M envolvem a aplicação de teoria de eletromagnetismo para propriedades físicas das bobinas. Neste contexto, assumimos que as indutância mútuas e a colocação dos pontos são dados dos problemas de circuitos assim como outros componentes de circuitos como R, L e C.

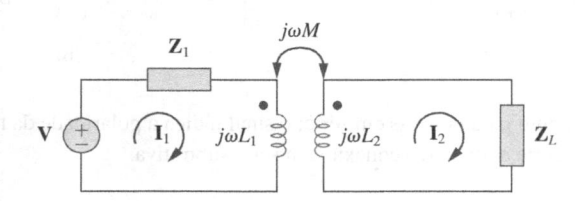

Figura 18.8
Análise no domínio da frequência do circuito contendo bobinas acopladas.

Exemplo 18.1

Calcule o fasor corrente $\mathbf{I}_1$ e $\mathbf{I}_2$ no circuito da Figura 18.9.

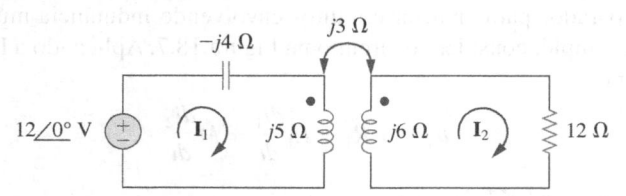

Figura 18.9
Para o Exemplo 18.1, Problema Prático 18.6 e Problema 18.20.

Solução:
Para a bobina 1, a LKT fornece

$$-12 + (-j4 + j5)\mathbf{I}_1 - j3\mathbf{I}_2 = 0$$

ou

$$j\mathbf{I}_1 - j3\mathbf{I}_2 = 12 \qquad (18.1.1)$$

Para a bobina 2, a LKT fornece

$$-j3\mathbf{I}_1 + (12 + j6)\mathbf{I}_2 = 0$$

ou

$$\mathbf{I}_1 = (12 + j6)\mathbf{I}_2/j3 = (2 - j4)\mathbf{I}_2 \quad (18.1.2)$$

Substituindo isso na Equação (18.1.1), obtemos

$$(j2 + 4 - j3)\mathbf{I}_2 = (4 - j)\mathbf{I}_2 = 12$$

ou

$$\mathbf{I}_2 = \frac{12}{4 - j} = 2{,}91\underline{/14{,}04°}\ \text{A}$$

Das Equações (18.1.2) e (18.1.3)

$$\mathbf{I}_1 = (2 - j4)\mathbf{I}_2 = (4{,}472\underline{/-63{,}43°})(2{,}91\underline{/14{,}04°}) = 13\underline{/-49{,}4°}\ \text{A}$$

Problema Prático 18.1

Determine a tensão $\mathbf{V}_0$ no circuito da Figura 18.10.

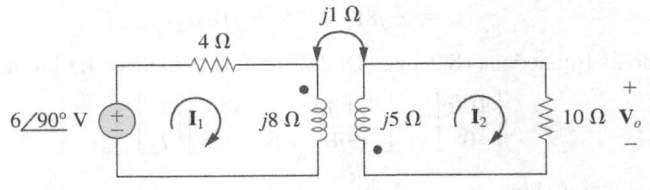

Figura 18.10
Para o Problema Prático 18.1.

Resposta: $0{,}6\underline{/-90°}\ \text{V}$

Exemplo 18.2

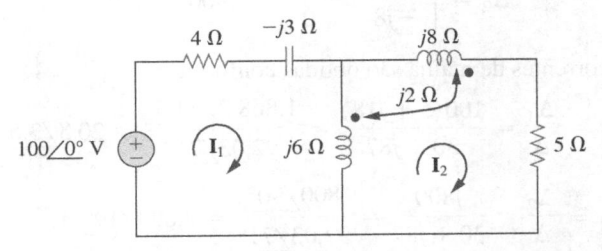

Calcule a corrente de malha no circuito mostrado na Figura 18.11.

Figura 18.11
Para o Exemplo 18.2.

Solução:
A chave para analisar um circuito magnético acoplado é conhecer a polaridade da tensão mútua. Precisamos aplicar a regra do ponto primeiramente. Na Figura 18.11, supomos que a bobina 1 seja aquela cuja reatância é 6 Ω e a bobina 2 seja aquela cuja reatância é 8 Ω. Para descobrir a polaridade da tensão mútua na bobina 1 devido à corrente $\mathbf{I}_2$, observamos que $\mathbf{I}_2$ deixa o terminal com ponto da bobina 2. Como estamos aplicando a LKT no sentido horário, implica que a referência de polaridade da tensão mútua na bobina 1 é positiva no terminal com ponto da bobina. Por isso, a tensão mútua é negativa de acordo com a convenção do ponto – isto é, $-j2\mathbf{I}_2$.

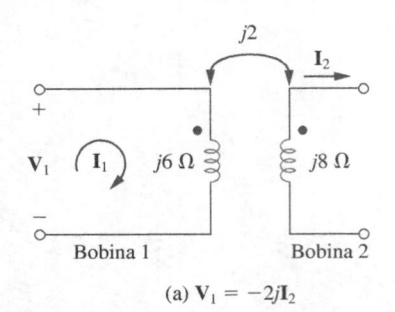

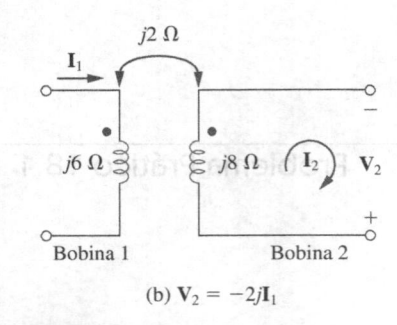

Figura 18.12
Para o Exemplo 18.2; redesenhando as porções relevantes do circuito na Figura 18.11 para encontrar as tensões mútuas pela conexão do ponto.

(a) $V_1 = -2jI_2$

(b) $V_2 = -2jI_1$

De outro modo, é talvez melhor descobrir a tensão mútua redesenhando as porções relevantes do circuito, como mostrado na Figura 18.12(a), onde fica claro que a tensão mútua é $V_1 = -2jI_2$, como obtido anteriormente.

Portanto, para a malha 1, a LKT fornece

$$-100 + I_1(4 - j3 + j6) - j6I_2 - j2I_2 = 0$$

ou

$$100 = (4 + j3)I_1 - j8I_2 \qquad (18.2.1)$$

Similarmente, para descobrir a tensão mútua na bobina 2 devido à corrente I_1, considere a porção relevante do circuito, como mostrado na Figura 18.12(b). Aplicando a convenção do ponto obtemos a tensão mútua como $V_2 = -2jI_1$. Além disso, a corrente I_2 vê as duas bobinas acopladas em série na Figura 18.11, porque ela deixa os terminais com pontos nas duas bobinas, Equação (18.12) aplicada. Portanto, para a malha 1, a LKT fornece

$$0 = -2jI_1 - j6I_1 + (j6 + j8 + j2 \times 2 + 5)I_2$$

ou

$$0 = -j8I_1 + (5 + j18)I_2 \qquad (18.2.2)$$

Colocando as Equações (18.2.1) e (18.2.2) na forma matricial, obtemos

$$\begin{bmatrix} 100 \\ 0 \end{bmatrix} = \begin{bmatrix} 4 + j3 & -j8 \\ -j8 & 5 + j18 \end{bmatrix} \begin{bmatrix} I_1 \\ I_2 \end{bmatrix}$$

Os determinantes são:

$$\Delta = \begin{vmatrix} 4 + j3 & -j8 \\ -j8 & 5 + j18 \end{vmatrix} = 30 + j87$$

$$\Delta_1 = \begin{vmatrix} 100 & -j8 \\ 0 & 5 + j18 \end{vmatrix} = 100(5 + j18)$$

$$\Delta_2 = \begin{vmatrix} 4 + j3 & 100 \\ -j8 & 0 \end{vmatrix} = j800$$

Assim, as correntes de malha são obtidas conforme

$$I_1 = \frac{\Delta_1}{\Delta} = \frac{100(5 + j18)}{30 + j87} = \frac{1.868,2\underline{/74,5°}}{92,03\underline{/71°}} = 20,3\underline{/3,5°} \text{ A}$$

$$I_2 = \frac{\Delta_2}{\Delta} = \frac{j800}{30 + j87} = \frac{800\underline{/90°}}{92,03\underline{/71°}} = 8,693\underline{/19°} \text{ A}$$

Problema Prático 18.2

Determine os fasores correntes I_1 e I_2 no circuito da Figura 18.13.

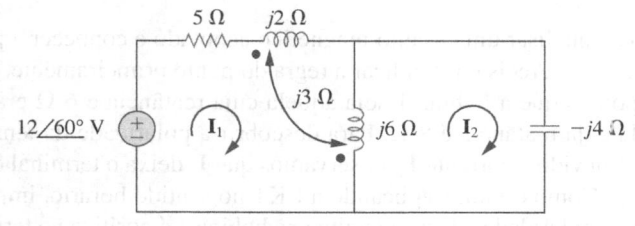

Figura 18.13
Para o Problema Prático 18.2.

Resposta: $2,15\underline{/86,56°}$; $3,23\underline{/86,56°}$ A

18.3 Energia em um circuito acoplado

No Capítulo 10, foi mostrado que a energia armazenada em um indutor é dada por

$$w = \frac{1}{2}Li^2 \qquad (18.17)$$

em que L é a autoindutância e i é a corrente instantânea. Para determinar a energia armazenada nas bobinas acopladas magneticamente, considere o circuito na Figura 18.14. A energia instantânea armazenada no circuito possui a expressão geral

$$w = \frac{1}{2}L_1 i_1^2 + \frac{1}{2}L_2 i_2^2 \pm M i_1 i_2 \qquad (18.18)$$

O sinal positivo é selecionado para uma indutância mútua se ambas as correntes entram ou partem dos terminais com pontos nas bobinas; o sinal negativo é selecionado nos outros casos.

A indutância mútua não pode ser maior do que a média geométrica da autoindutância das bobinas, isto é,

$$M \leq \sqrt{L_1 L_2} \qquad (18.19)$$

A relação entre a indutância mútua M e o limite é especificada pelo *coeficiente de acoplamento k* dado por

$$k = \frac{M}{\sqrt{L_1 L_2}} \qquad (18.20)$$

ou

$$\boxed{M = k\sqrt{L_1 L_2}} \qquad (18.21)$$

em que $0 \leq k \leq 1$ ou de forma equivalente $0 \leq M \leq \sqrt{L_1 L_2}$. O coeficiente de acoplamento é a fração do fluxo total emanado por uma bobina que atua na outra. Por exemplo, na Figura 18.2,

$$k = \frac{\phi_{12}}{\phi_1} = \frac{\phi_{12}}{\phi_{11} + \phi_{12}} \qquad (18.22)$$

e na Figura 18.3,

$$k = \frac{\phi_{21}}{\phi_2} = \frac{\phi_{21}}{\phi_{21} + \phi_{22}} \qquad (18.23)$$

Se todo o fluxo produzido por uma bobina atua na outra bobina, então $k = 1$ e temos 100% de acoplamento, ou as bobinas são consideradas *perfeitamente acopladas*. Portanto,

> o **coeficiente de acoplamento** k é uma medida do acoplamento magnético entre duas bobinas; $0 < k < 1$.

Para $k < 0,5$, a bobina é considera *levemente acoplada*, e para $k > 0,5$, é considerada *fortemente acoplada*.

O valor de k depende da proximidade das suas bobinas, seus núcleos, orientação de uma bobina em relação à outra e seus enrolamentos. A Figura 18.15 mostra enrolamentos levemente acoplados e enrolamento altamente acoplados. Além disso, transformadores com núcleo de ar utilizados em circuitos de radiofrequência são levemente acoplados, enquanto transformadores de nú-

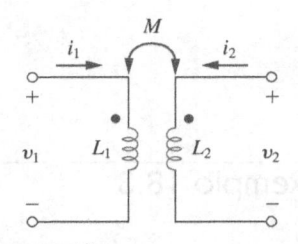

Figura 18.14
O circuito para obtenção de energia armazenada no circuito acoplado.

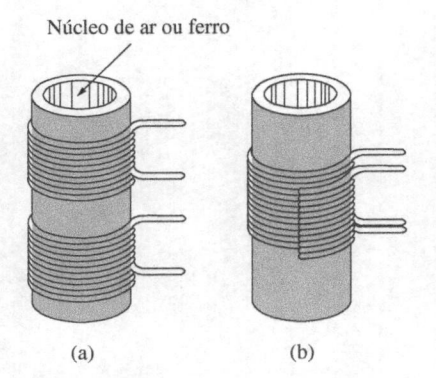

Figura 18.15
Enrolamento: (a) levemente acoplado; (b) fortemente acoplado.

Exemplo 18.3

Considere o circuito na Figura 18.16. Determine o coeficiente de acoplamento. Calcule a energia armazenada nos indutores acoplados no tempo $t = 1$ s se $v = 60\cos(4t + 30°)$ V.

Solução:
O coeficiente de acoplamento é

$$k = \frac{M}{\sqrt{L_1 L_2}} = \frac{2,5}{\sqrt{20}} = 0,56$$

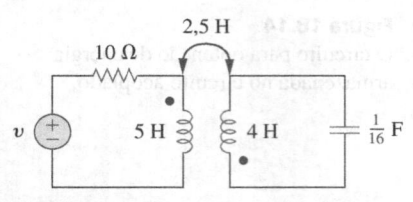

Figura 18.16
Para o Exemplo 18.3.

indicando que os indutores são fortemente acoplados. Para encontrar as correntes requeridas no cálculo da energia armazenada, precisamos obter o circuito equivalente no domínio da frequência.

$$60\cos(4t + 30°) \Rightarrow 60\underline{/30°}, \quad \omega = 4 \text{ rad/s}$$
$$5\text{ H} \Rightarrow j\omega L_1 = j20\ \Omega$$
$$2,5\text{ H} \Rightarrow j\omega M = j10\ \Omega$$
$$4\text{ H} \Rightarrow j\omega L_2 = j16\ \Omega$$
$$\frac{1}{16}\text{ F} \Rightarrow \frac{1}{j\omega C} = -j4\ \Omega$$

O equivalente no domínio da frequência é mostrado na Figura 18.17. Agora aplicamos a análise de malhas. Para a malha 1,

$$(10 + j20)\mathbf{I}_1 + j10\mathbf{I}_2 = 60\underline{/30°} \quad (18.3.1)$$

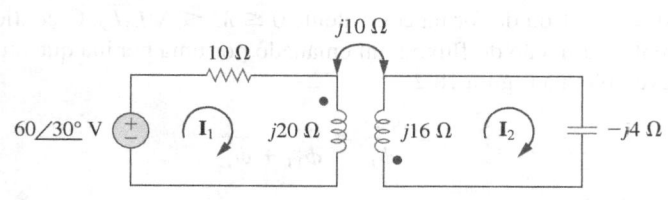

Figura 18.17
Equivalente no domínio da frequência do circuito na Figura 18.16.

Para a malha 2,

$$j10\mathbf{I}_1 + (j16 - j4)\mathbf{I}_2 = 0$$

ou

$$\mathbf{I}_1 = -1,2\mathbf{I}_2 \quad (18.3.2)$$

Substituindo isso na Equação (18.3.1), temos

$$\mathbf{I}_2(-12 - j14) = 60\underline{/30°} \quad \Rightarrow \quad \mathbf{I}_2 = 3,254\underline{/-199,4°}$$

e

$$\mathbf{I}_1 = -1,2\mathbf{I}_2 = 3,905\underline{/-19,4°}\text{ A}$$

No domínio do tempo,

$$i_1(t) = 3,905\cos(4t - 19,4°), \quad i_2(t) = 3,254\cos(4t - 199,4°)$$

No tempo $t = 1$ s, $4t = 4$ rad $= 229{,}2°$, e

$$i_1 = 3{,}905 \cos(229{,}2° - 19{,}4°) = -3{,}389 \text{ A}$$
$$i_2 = 3{,}254 \cos(229{,}2° - 199{,}4°) = 2{,}824 \text{ A}$$

A energia total armazenada nos indutores acoplados é

$$w = \frac{1}{2}L_1 i_1^2 + \frac{1}{2}L_2 i_2^2 + M i_1 i_2$$
$$= \frac{1}{2}(5)(-3{,}389)^2 + \frac{1}{2}(4)(2{,}824)^2 + 2{,}5(-3{,}389)(2{,}824) = 20{,}73 \text{ J}$$

Problema Prático 18.3

Para o circuito na Figura 18.18, determine o coeficiente de acoplamento e a energia armazenada nos indutores acoplados em $t = 1{,}5$ s.

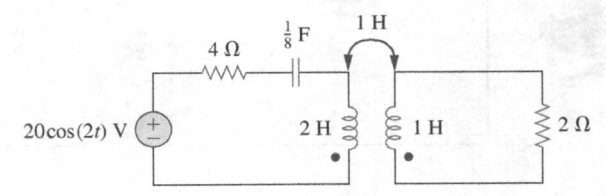

Figura 18.18
Para o Problema Prático 18.3.

Resposta: 0,7071; 9,85 J

18.4 Transformadores lineares

Como mostrado na Figura 18.19, a bobina que é diretamente conectada à fonte de tensão é chamada de *enrolamento primário*. A bobina conectada à carga é chamada de *enrolamento secundário*. As resistências R_1 e R_2 são incluídas nas perdas (dissipação de potência) das bobinas. Os transformadores são classificados como lineares se as bobinas são enroladas em um material magnético linear – um material no qual a permeabilidade magnética é constante. Tais matérias incluem ar, plástico, baquelite e madeira. De fato, muitos materiais são magneticamente lineares (Materiais não lineares incluem o ouro e o aço). Os transformadores lineares são, muitas vezes, chamados de *transformadores de núcleo de ar*, embora nem todos sejam de núcleo de ar. Encontram aplicações em conjuntos de rádios e TVs. A Figura 18.20 retrata os diferentes tipos de transformadores.

> Um **transformador** é geralmente um dispositivo a quatro terminais compreendendo duas (ou mais) bobinas magneticamente acopladas utilizadas para aumentar ou reduzir o nível de tensão.

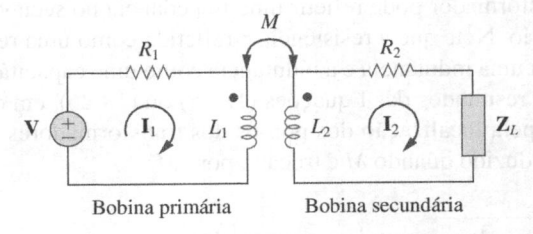

Figura 18.19
Um transformador linear.

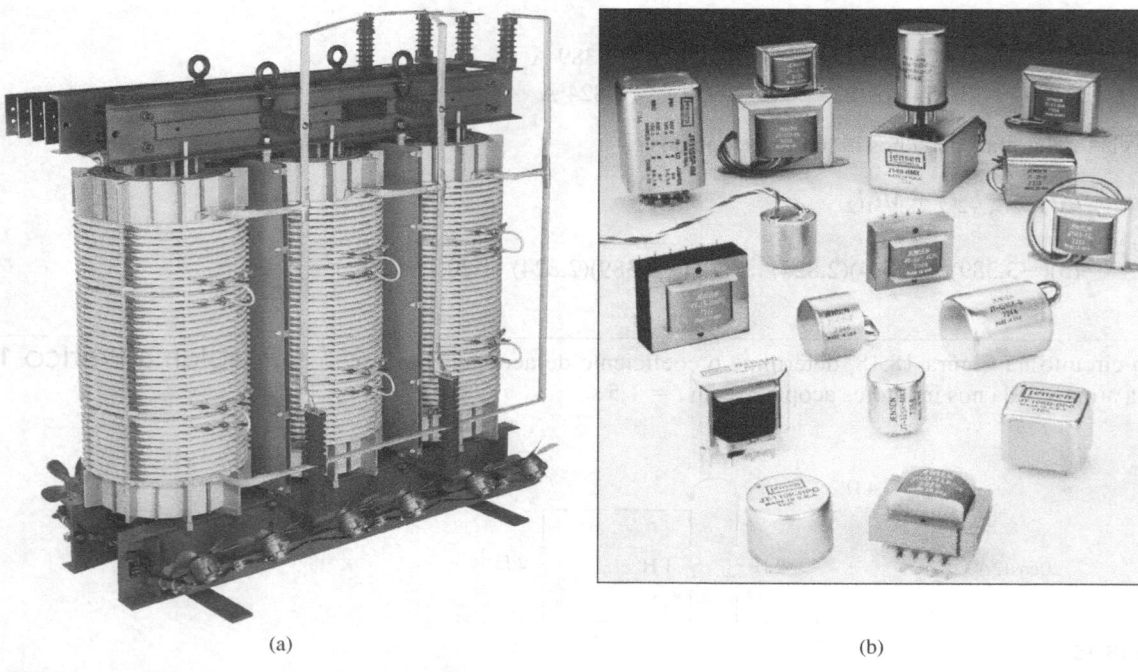

Figura 18.20
Diferentes tipos de transformadores: (a) transformador de potência a seco com enrolamento de cobre; (b) transformadores de áudio.
(a) © Companhia de serviço Elétrico (b) © Transformadores Jensen, Inc.

Gostaríamos de obter a impedância Z_{ent} quando vista pela fonte porque Z_{ent} governa o comportamento do circuito primário. Aplicando a LKT nas duas malhas da Figura 18.19, obtemos

$$\mathbf{V} = (R_1 + j\omega L_1)\mathbf{I}_1 - j\omega M\mathbf{I}_2 \quad \text{(18.24a)}$$

$$0 = -j\omega M\mathbf{I}_1 + (R_2 + j\omega L_2 + \mathbf{Z}_L)\mathbf{I}_2 \quad \text{(18.24b)}$$

Na Equação (18.14b), expressamos $\mathbf{I}_2$ em termos de $\mathbf{I}_1$ e substituímos na Equação (18.14b). Determinamos a impedância como

$$\mathbf{Z}_{ent} = \mathbf{V}/\mathbf{I}_1 = R_1 + j\omega L_1 + \frac{\omega^2 M^2}{R_2 + j\omega L_2 + \mathbf{Z}_L} \quad \text{(18.25)}$$

Notamos que a impedância compreende dois termos. O primeiro termo ($R_1 + j\omega L_1$) é a impedância primária. O segundo termo é devido ao acoplamento entre o enrolamento primário e secundário. É como se essa impedância fosse refletida no primário. Portanto, é conhecida como impedância refletida[1] Z_R; isto é,

$$\mathbf{Z}_R = \frac{\omega^2 M^2}{R_2 + j\omega L_2 + \mathbf{Z}_L} \quad \text{(18.26)}$$

Um transformador pode refletir uma impedância no secundário dentro do circuito primário. Note que a resistência é refletida como uma resistência, a capacitância com uma indutância e a indutância como uma capacitância. Isso pode ser notado dos resultados das Equações (18.25) ou (18.26), em que o resultado não é afetado pela localização dos pontos dos transformadores, pois o mesmo resultado é produzido quando M é trocado por $-M$.

---
[1] Nota: Alguns autores chamam-na de impedância acoplada.

A pequena experiência adquirida nas Seções 18.2 e 18.3 em análise de circuitos magnéticos acoplados é suficiente para convencer que a análise de tais circuitos não é fácil. Por essa razão, é algumas vezes conveniente trocar um circuito magneticamente acoplado por um circuito equivalente que não envolve acoplamento magnético. Queremos trocar o transformador linear na Figura 18.21 por um circuito equivalente T ou Π, um circuito que não deve ter indutâncias mútuas.

O relacionamento tensão-corrente para as bobinas primária e secundária é dado pela matriz de equações

$$\begin{bmatrix} V_1 \\ V_2 \end{bmatrix} = \begin{bmatrix} j\omega L_1 & j\omega M \\ j\omega M & j\omega L_2 \end{bmatrix} \begin{bmatrix} I_1 \\ I_2 \end{bmatrix} \quad (18.27)$$

Figura 18.21
Determinando o circuito equivalente de um transformador linear.

Por inversão de matriz (ver o Apêndice A), a Equação (18.17) pode ser escrita como

$$\begin{bmatrix} I_1 \\ I_2 \end{bmatrix} = \begin{bmatrix} \dfrac{L_2}{j\omega(L_1 L_2 - M^2)} & \dfrac{-M}{j\omega(L_1 L_2 - M^2)} \\ \dfrac{-M}{j\omega(L_1 L_2 - M^2)} & \dfrac{L_1}{j\omega(L_1 L_2 - M^2)} \end{bmatrix} \begin{bmatrix} V_1 \\ V_2 \end{bmatrix} \quad (18.28)$$

Nosso objetivo é combinar as Equações (18.27 e 18.28) com as equações correspondentes das redes T e Π.

Para o circuito T (ou Y) da Figura 18.22, a análise de malhas fornece as equações terminais como

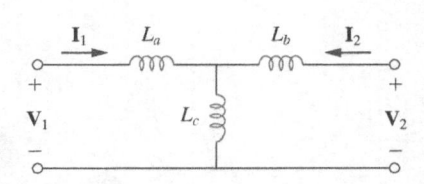

Figura 18.22
Um circuito T equivalente.

$$\begin{bmatrix} V_1 \\ V_2 \end{bmatrix} = \begin{bmatrix} j\omega(L_a + L_c) & j\omega L_c \\ j\omega L_c & j\omega(L_b + L_c) \end{bmatrix} \begin{bmatrix} I_1 \\ I_2 \end{bmatrix} \quad (18.29)$$

Se os circuitos nas Figuras 18.21 e 18.22 são equivalentes, as Equações (18.27) e (18.29) precisam ser iguais. Igualando os termos na matriz de impedâncias das Equações (18.27) e (18.29) leva a

$$\boxed{L_a = L_1 - M, \quad L_b = L_2 - M, \quad L_c = M} \quad (18.30)$$

Para o circuito Π (ou Δ) na Figura 18.23, a análise nodal fornece as equações terminais como

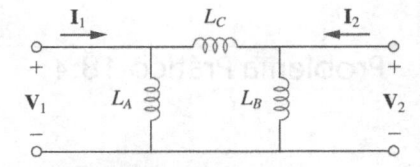

Figura 18.23
Um circuito Π equivalente.

$$\begin{bmatrix} I_1 \\ I_2 \end{bmatrix} = \begin{bmatrix} \dfrac{1}{j\omega L_A} + \dfrac{1}{j\omega L_C} & -\dfrac{1}{j\omega L_C} \\ -\dfrac{1}{j\omega L_C} & \dfrac{1}{j\omega L_B} + \dfrac{1}{j\omega L_C} \end{bmatrix} \begin{bmatrix} V_1 \\ V_2 \end{bmatrix} \quad (18.31)$$

Dos termos das matrizes de admitância das Equações (18.28) e (18.31), obtemos

$$\boxed{L_A = \dfrac{L_1 L_2 - M^2}{L_2 - M}, \quad L_B = \dfrac{L_1 L_2 - M^2}{L_1 - M}, \quad L_C = \dfrac{L_1 L_2 - M^2}{M}} \quad (18.32)$$

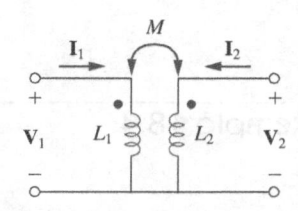

Note que nas Figuras 18.22 e 18.23, os indutores não são magneticamente acoplados. Também deve ser notado que mudando a localização de alguns dos pontos na Figura 18.21 pode causar de M tornar-se $-M$. Como o Exemplo 18.6 mostra, o valor negativo para *M* é fisicamente irrealizável, mas o modelo equivalente é ainda matematicamente válido.

Exemplo 18.4

No circuito da Figura 18.24, calcule a impedância de entrada e a corrente $\mathbf{I}_1$. Considere $\mathbf{Z}_1 = 60 - j100\ \Omega$, $\mathbf{Z}_2 = 30 + j40\ \Omega$ e $\mathbf{Z}_L = 80 + j60\ \Omega$.

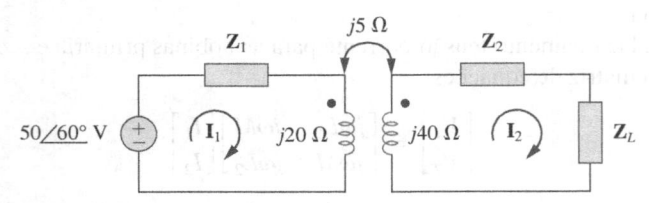

Figura 18.24
Para o Exemplo 18.4.

Solução:
A partir da Equação (18.25),

$$\mathbf{Z}_{ent} = \mathbf{Z}_1 + j20 + \frac{(5)^2}{j40 + \mathbf{Z}_2 + \mathbf{Z}_L}$$

$$= 60 - j100 + j20 + \frac{25}{110 + j140}$$

$$= 60 - j80 + 0{,}14\underline{/-51{,}84°} = 60{,}09 - j80{,}11$$

$$= 100{,}14\underline{/-53{,}1°}\ \Omega$$

Portanto,

$$\mathbf{I}_1 = \mathbf{V}/\mathbf{Z}_{ent} = \frac{50\underline{/60°}}{100{,}14\underline{/-53{,}1°}} = 0{,}5\underline{/113{,}1°}\ \text{A}$$

Problema Prático 18.4

Encontre a impedância de entrada do circuito da Figura 18.25 e a corrente fornecida pela fonte de tensão

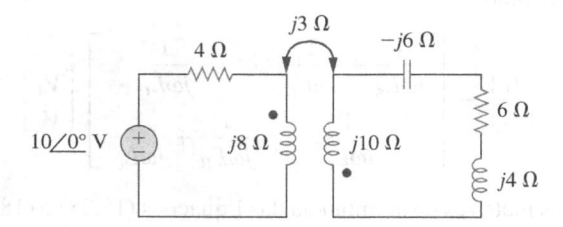

Figura 18.25
Para o Problema Prático 18.4.

Resposta: $8{,}58\underline{/58{,}05°}\ \Omega$; $1{,}165\underline{/-58{,}05°}\ \text{A}$

Determine o circuito T equivalente do transformador linear na Figura 18.26(a). **Exemplo 18.5**

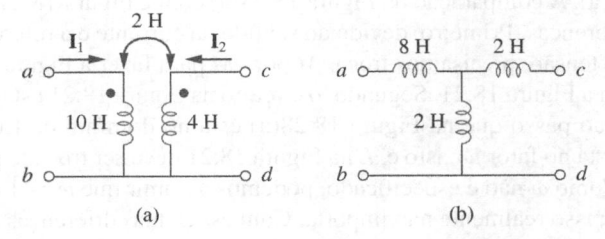

Figura 18.26
Para o Exemplo 18.5 e para o Problema Prático 18.5: (a) transformador linear, (b) circuito T equivalente.

Solução:
Dado que $L_1 = 10$ H, $L_2 = 4$ H e $M = 2$ H, o circuito T equivalente possui os seguintes parâmetros

$$L_a = L_1 - M = 10 - 2 = 8 \text{ H}$$
$$L_b = L_2 - M = 4 - 2 = 2 \text{ H}$$
$$L_c = M = 2 \text{ H}$$

Então, o circuito T equivalente é mostrado na Figura 18.26(b). Assumimos o sentido da corrente e a referência de polaridade de tensão nos enrolamentos primário e secundário conforme a Figura 18.21. Caso contrário, precisaríamos trocar M com –M, como no Exemplo 18.6 ilustrado anteriormente.

Problema Prático 18.5

Para o transformador linear na Figura 18.26(a), encontre o circuito Π equivalente.

Resposta: $L_A = 18$ H; $L_B = 4{,}5$ H; $L_C = 18$ H

Exemplo 18.6

Determine $\mathbf{I}_1$, $\mathbf{I}_2$ e $\mathbf{V}_0$ na Figura 18.27 (mesmo circuito para o Problema Prático 18.1) usando o circuito T equivalente para o transformador linear.

Solução:
Observe que o circuito na Figura 18.27 é o mesmo que da Figura 18.10, exceto que o sentido da corrente $\mathbf{I}_2$ foi trocado, justamente para fazer com que o sentido da corrente para as bobinas magneticamente acopladas ficasse conforme a Figura 18.21.

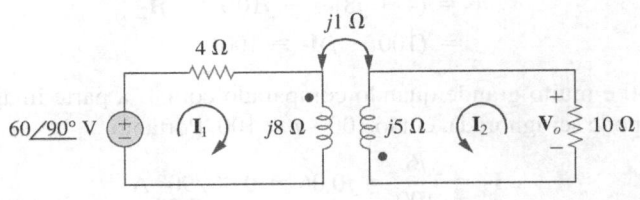

Figura 18.27
Para o Exemplo 18.6.

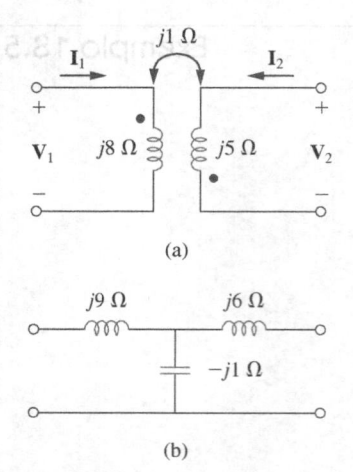

Figura 18.28
Para o Exemplo 18.6: (a) circuito para as bobinas acopladas da Figura 18.27; (b) circuito equivalente T.

Precisamos trocar as bobinas magneticamente acopladas pelo circuito equivalente T. A porção relevante do circuito na Figura 18.27 é mostrada na Figura 18.28(a). A comparação da Figura 18.28(a) com a Figura 18.21 mostra que há duas diferenças. Primeiro, devido ao sentido da corrente e a referência de polaridade da tensão, precisamos trocar M por $-M$ para fazer a Figura 18.28(a) de acordo com a Figura 18.21. Segundo, o circuito na Figura 18.21 está no domínio do tempo, ao passo que na Figura 18.28(a) está no domínio da frequência. A diferença está no fator $j\omega$; isto é, L na Figura 18.21 deve ser trocado por $j\omega L$ e M por $j\omega M$. Como ω não é especificado, podemos assumir que $\omega = 1$ ou qualquer outro valor; isso realmente não importa. Com essas duas diferenças em mente,

$$L_a = L_1 - (-M) = 8 + 1 = 9 \text{ H}$$
$$L_b = L_2 - (-M) = 5 + 1 = 6 \text{ H}$$
$$L_c = -M = -1 \text{ H}$$

Portanto, o circuito equivalente T para as bobinas acopladas é mostrado na Figura 18.28(b). Inserindo o circuito equivalente T da Figura 18.28(b) para substituir as duas bobinas na Figura 18.17, obtém-se o circuito equivalente na Figura 18.29 que pode ser resolvido utilizando análise nodal ou de malha. Se aplicarmos a análise de malha, obtemos

$$j6 = \mathbf{I}_1(4 + j9 - j1) + \mathbf{I}_2(-j1) \quad (18.6.1)$$

e

$$0 = \mathbf{I}_1(-j1) + \mathbf{I}_2(10 + j6 - j1) \quad (18.6.2)$$

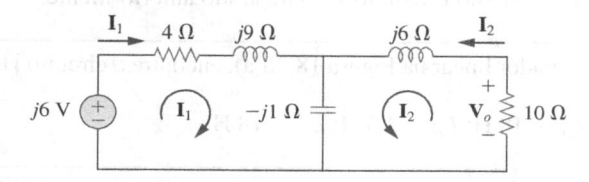

Figura 18.29
Para o Exemplo 18.6.

A partir da Equação (18.6.2),

$$\mathbf{I}_1 = \frac{(10 + j5)}{j} \mathbf{I}_2 = (5 - j10)\mathbf{I}_2 \quad (18.6.3)$$

Substituindo a Equação (18.6.3) na Equação (18.6.1), obtemos

$$j6 = (4 + j8)(5 - j10)\mathbf{I}_2 - j\mathbf{I}_2$$
$$= (100 - j)\mathbf{I}_2 \cong 100\mathbf{I}_2$$

Como 100 é muito grande quando comparado com 1, a parte imaginária de $(100 - j)$ pode ser ignorada, então $100 - j \cong 100$. Portanto,

$$\mathbf{I}_2 = \frac{j6}{100} = j0{,}06 = 0{,}06\underline{/90°} \text{ A}$$

A partir da Equação (18.6.3),

$$\mathbf{I}_1 = (5 - j10)j0{,}06 = 0{,}6 + j0{,}3 \text{ A}$$

e

$$\mathbf{V}_o = -10\mathbf{I}_2 = -j0{,}6 = 0{,}6\underline{/-90°} \text{ V}$$

Isso concorda com a resposta do Problema Prático 18.1. Naturalmente, o sentido de I_2 na Figura 18.10 é oposto ao da Figura 18.27. Isso não irá afetar V_0, mas o valor de I_2 neste exemplo é o negativo do I_2 do Problema Prático 18.1. A vantagem de utilizar o modelo equivalente T para as bobinas magneticamente acopladas é que na Figura 18.29 não precisamos nos incomodar com o ponto sobre as bobinas acopladas.

Problema Prático 18.6

Resolva o problema no Exemplo 18.1 (ver a Figura 18.9) usando o modelo equivalente T para as bobinas magneticamente acopladas.

Resposta: $13\underline{/-49{,}4°}$ A; $2{,}91\underline{/14{,}04°}$ A

18.5 Transformadores ideais

Um transformador é considerado ideal se possui as seguintes propriedades:

1. Bobinas possuem reatâncias muito grandes – isto é, $L_1, L_2, M \to \infty$
2. Coeficiente de acoplamento é igual à unidade – isto é, $k = 1$
3. Bobinas primárias e secundárias são sem perdas – isto é, $R_1 = 0 = R_2$

> Um **transformador ideal** é uma unidade de acoplamento sem perdas em que as bobinas primária e secundária têm autoindutâncias infinitas.

Um transformador ideal é um acoplamento perfeito ($k = 1$). Consiste em duas (ou mais) bobinas com um grande número de espiras enroladas em um núcleo comum de alta permeabilidade. Devido à alta permeabilidade do núcleo, o fluxo magnético atua em todas as espiras das bobinas, resultando em um acoplamento perfeito.

Para ver como um transformador ideal é o caso limite de dois indutores acoplados, em que as indutâncias se aproximam do infinito e o acoplamento é perfeito, vamos reexaminar o circuito na Figura 18.14. No domínio da frequência,

$$\mathbf{V}_1 = j\omega L_1 \mathbf{I}_1 + j\omega M \mathbf{I}_2 \qquad (18.33a)$$

$$\mathbf{V}_2 = j\omega M \mathbf{I}_1 + j\omega L_2 \mathbf{I}_2 \qquad (18.33b)$$

A partir da Equação (18.33a), $\mathbf{I}_1 = (\mathbf{V}_1 - j\omega M \mathbf{I}_2)/j\omega L_1$. Substituindo isto na Equação (18.33b) obtemos

$$\mathbf{V}_2 = j\omega L_2 \mathbf{I}_2 + \frac{M\mathbf{V}_1}{L_1} - \frac{j\omega M^2 \mathbf{I}_2}{L_1} \qquad (18.34)$$

Mas $M = \sqrt{L_1 L_2}$ para um acoplamento perfeito ($k = 1$). Portanto,

$$\mathbf{V}_2 = j\omega L_2 \mathbf{I}_2 + \frac{\sqrt{L_1 L_2}\,\mathbf{V}_1}{L_1} - \frac{j\omega L_1 L_2 \mathbf{I}_2}{L_1} = \sqrt{\frac{L_2}{L_1}}\,\mathbf{V}_1 = n\mathbf{V}_1 \qquad (18.35)$$

em que $n = \sqrt{L_2/L_1}$ é chamado de *relação de espiras*. Como $L_1, L_2, M \to \infty$ de tal forma que n permanece o mesmo, as bobinas acopladas tornam-se um transformador ideal. O transformador ideal desconsidera perdas por aquecimento resistivo na bobina primária e assume que um acoplamento ideal para a bobina secundária (isto é, sem perdas magnéticas).

Transformadores de núcleo de ferro são uma boa aproximação de transformadores ideais; eles são usados principalmente em sistemas de potência e também em eletrônica.

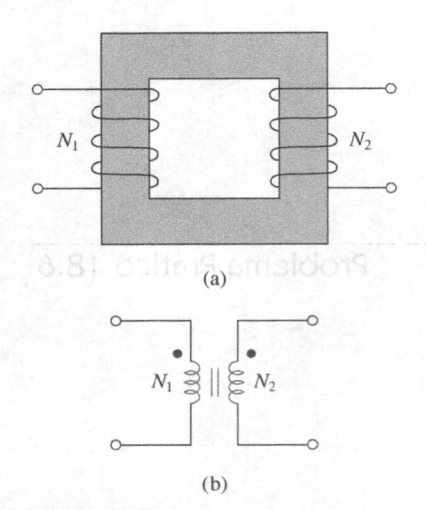

Figura 18.30
(a) Transformador ideal; (b) símbolo para um transformador ideal.

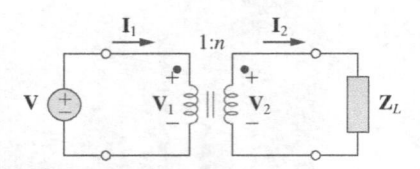

Figura 18.31
Relação quantitativa entre o primário e o secundário em um transformador ideal.

A Figura 18.30(a) mostra um transformador ideal típico; o símbolo para um transformador ideal é visto na Figura 18.30(b). As linhas verticais entre as bobinas indicam um núcleo de ferro, em oposição aos núcleos de ar usados nos transformadores lineares. O enrolamento primário possui N_1 espiras, enquanto o enrolamento secundário possui N_2 espiras.

Quando uma tensão senoidal é aplicada no enrolamento primário como mostrado na Figura 18.31, o mesmo fluxo magnético ϕ flui através de ambos os enrolamentos. De acordo com a lei de Faraday, a tensão no enrolamento primário é

$$v_1 = N_1 \frac{d\phi}{dt} \tag{18.36}$$

enquanto no enrolamento secundário é

$$v_2 = N_2 \frac{d\phi}{dt} \tag{18.37}$$

Dividindo a equação (18.37) pela Equação (18.36), obtemos

$$\frac{v_2}{v_1} = \frac{N_2}{N_1} = n \tag{18.38}$$

em que n é a *relação de espiras* ou *relação de transformação*. Podemos usar os fasores tensão $\mathbf{V}_1$ e $\mathbf{V}_2$ em vez dos valores instantâneos v_1 e v_2. Portanto, a Equação (18.38) pode ser escrita como

$$\boxed{\frac{\mathbf{V}_2}{\mathbf{V}_1} = \frac{N_2}{N_1} = n} \tag{18.39}$$

Por razões de conservação de potência, a energia fornecida para o circuito primário precisa ser igual à energia absorvida pela linha secundária porque não há perdas em um transformador ideal. Isso implica que

$$v_1 i_1 = v_2 i_2 \tag{18.40}$$

Na forma fasorial, a Equação (18.40) combinada com a Equação (18.39) torna-se

$$\frac{\mathbf{I}_1}{\mathbf{I}_2} = \frac{\mathbf{V}_2}{\mathbf{V}_1} = n \tag{18.41}$$

mostrando que as correntes primária e secundária são relacionadas pela relação de espiras de maneira inversa a das tensões. Portanto,

$$\boxed{\frac{\mathbf{I}_2}{\mathbf{I}_1} = \frac{N_1}{N_2} = \frac{1}{n}} \tag{18.42}$$

Quando $n = 1$, geralmente chamamos o transformador de *transformador de isolação*. A reação ficará clara na Seção 18.9.1. Se $n > 1$, temos um transformador elevador porque a tensão é incrementada do primário para o secundário ($\mathbf{V}_2 > \mathbf{V}_1$). Por outro lado, se $n < 1$, o transformador é um transformador abaixador porque a tensão é reduzida do primário para o secundário ($\mathbf{V}_2 < \mathbf{V}_1$). Assim,

um **transformador abaixador** é aquele cuja tensão no secundário é menor do que a tensão no primário.

Um **transformador elevador** é aquele cuja tensão no secundário é maior do que a tensão no primário.

As relações dos transformadores são usualmente especificadas como V_1/V_2. Um transformador com relação 2400/120 V pode ter 2400 V no primário e 120 no secundário – isto é, um transformador abaixador. Tenha em mente que as relações de tensão são em RMS.

As concessionárias de energia frequentemente geram eletricidade em uma tensão conveniente e utilizam um transformador elevador para aumentar a tensão de modo que a potência possa ser transmitida em alta tensão e baixa corrente em linhas de transmissão, resultando em significativa redução de custos. A redução de custos vem da baixa potência dissipada como perda ôhmica na linha de transmissão. Perto de consumidores residenciais, transformadores abaixadores são utilizados para abaixar a tensão para 120 V. A Seção 18.8.3 será elaborada sobre isso.

É importante que conheçamos como conseguir a polaridade correta das tensões e o sentido das correntes para um transformador na Figura 18.31. Se a polaridade de V_1 ou V_2 ou o sentido de I_1 ou I_2 é alterado, n nas Equações (18.38) até (18.42) precisa ser substituído por $-n$. As duas regras simples para seguir são:

1. Se V_1 e V_2 são positivos ou ambos negativos nos terminais com ponto, use $+n$ na Equação (18.39). Caso contrário use $-n$.
2. Se I_1 e I_2 entram ou ambas deixam os terminais com pontos, use $-n$ na Equação (18.42). Caso contrário, use $+n$.

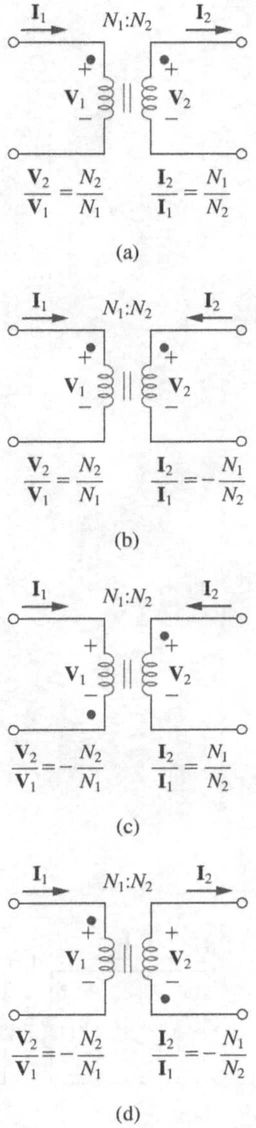

As regras são demonstradas com os quatro circuitos na Figura 18.32.

Usando as Equações (18.39) e (18.42), podemos sempre expressar V_1 em termos de V_2 e I_1 em termos de I_2 ou vice-versa, isto é,

$$V_1 = V_2/n \quad \text{ou} \quad V_2 = nV_1 \quad (18.43)$$

$$I_1 = nI_2 \quad \text{ou} \quad I_2 = I_1/n \quad (18.44)$$

A potência complexa no enrolamento primário é

$$\boxed{S_1 = V_1 I_1^* = (V_2/n)(nI_2)^* = V_2 I_2^* = S_2} \quad (18.45)$$

Mostrando que a potência complexa fornecida no primário é entregue ao secundário sem perdas. O transformador não absorve potência. Naturalmente, esperamos isso porque o transformador ideal é sem perdas. A impedância de entrada vista pela fonte na Figura 18.31 é encontrada a partir das Equações (18.43) e (18.44) como

$$Z_{ent} = \frac{V_1}{I_1} = \frac{1}{n^2}\frac{V_2}{I_2} \quad (18.46)$$

É evidente da Figura 18.31 que $V_2/I_1 = Z_L$, de modo que

$$\boxed{Z_{ent} = \frac{Z_L}{n^2}} \quad (18.47)$$

$\dfrac{V_2}{V_1} = \dfrac{N_2}{N_1} \qquad \dfrac{I_2}{I_1} = \dfrac{N_1}{N_2}$

(a)

$\dfrac{V_2}{V_1} = \dfrac{N_2}{N_1} \qquad \dfrac{I_2}{I_1} = -\dfrac{N_1}{N_2}$

(b)

$\dfrac{V_2}{V_1} = -\dfrac{N_2}{N_1} \qquad \dfrac{I_2}{I_1} = \dfrac{N_1}{N_2}$

(c)

$\dfrac{V_2}{V_1} = -\dfrac{N_2}{N_1} \qquad \dfrac{I_2}{I_1} = -\dfrac{N_1}{N_2}$

(d)

Figura 18.32
Circuitos típicos ilustrando a polaridade de tensão e o sentido da corrente corretos em um transformador ideal.

A impedância de entrada é também chamada de impedância refletida porque parece como se a impedância da carga fosse refletida para o lado primário.[2] Essa habilidade do transformador para transformar uma dada impedância em outra impedância fornece um meio de *casamento de impedância* para conseguir a máxima transferência de potência. A ideia de casamento de impedância é muito útil na prática e será discutida com mais detalhes na Seção 18.8.2.

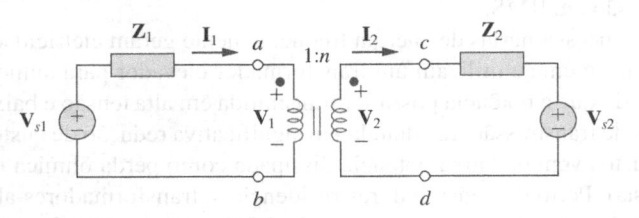

Figura 18.33
Circuito de um transformador ideal para se determinar o circuito equivalente.

Na análise de um circuito contendo um transformador ideal, é uma prática comum eliminar o transformador pela reflexão da impedância e fontes de um lado para o outro do transformador. No circuito da Figura 18.33, supondo que queremos refletir o lado secundário do circuito para o lado primário. Encontramos o equivalente de Thévenin do circuito para o lado direito dos terminais *a-b*, como mostrado na Figura 18.34(a). Obtemos V_{Th} com a tensão de circuito aberto nos terminais *a-b*, como mostrado na Figura 18.34(a). Como os terminais *a-b* estão abertos, $I_1 = 0 = I_2$ de modo que $V_2 = V_{s2}$. Portanto, a partir da Equação (18.43),

$$\mathbf{V}_{Th} = \mathbf{V}_1 = \frac{\mathbf{V}_2}{n} = \frac{\mathbf{V}_{s2}}{n} \qquad (18.47)$$

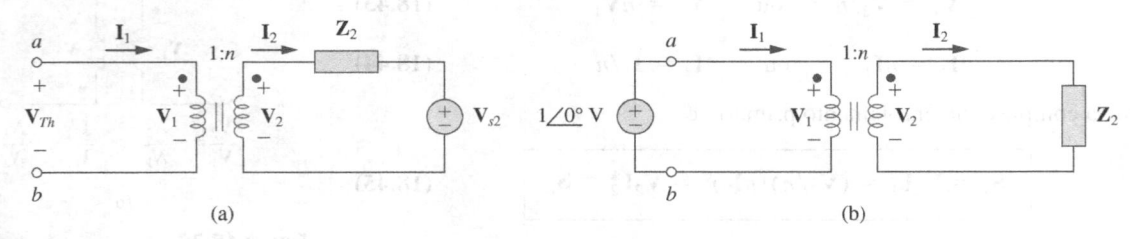

Figura 18.34
Obtendo V_{th} para o circuito na Figura 18.33, (b) obtendo Z_{Th} para o circuito na Figura 18.33.

Para conseguir $\mathbf{Z}_{Th}$, removemos a fonte de tensão no enrolamento primário e inserimos uma tensão unitária nos terminais *a-b*, como mostrado na Figura 18.34(b). A partir da Equação (18.47), $I_1 = nI_2$ e $V_1 = V_2/n$, de modo que

$$\mathbf{Z}_{Th} = \mathbf{V}_1/\mathbf{I}_1 = \frac{\mathbf{V}_2/n}{n\mathbf{I}_2} = \frac{\mathbf{Z}_2}{n^2}, \quad \text{em que} \quad \mathbf{V}_2 = \mathbf{Z}_2\mathbf{I}_2 \qquad (18.49)$$

que é o que deveríamos esperar da Equação (18.47). Uma vez que V_{Th} e Z_{Th} foram obtidos, adicionamos o equivalente de Thévenin para a parte do circuito na Figura 18.33, à direita dos terminais *a-b*. O resultado é retratado na Figura 18.35. Podemos também refletir o lado primário do circuito na Figura 18.33 para o lado secundário. O circuito equivalente é mostrado na Figura 18.36.

A regra geral para eliminar o transformador e refletir o circuito secundário para o primário é: dividir a impedância do secundário por n^2, dividir a tensão do secundário por n, e multiplicar a corrente do secundário por n.

---

[2] Nota: Observe que um transformador ideal reflete a impedância com o quadrado da relação de espiras.

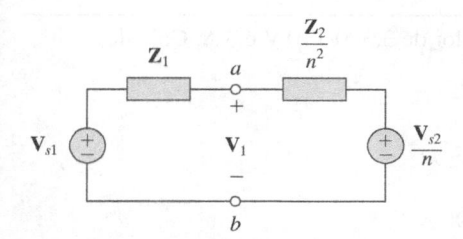

Figura 18.35
Circuito equivalente para a Figura 18.33 obtido pela reflexão do circuito secundário para o lado primário.

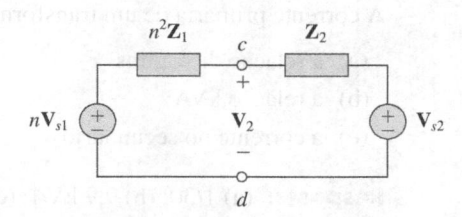

Figura 18.36
Circuito equivalente para a Figura 18.33 obtido pela reflexão do circuito primário para o lado secundário.

De acordo com a Equação (18.45), a potência se mantém a mesma se calculada no lado primário ou secundário. Deve-se salientar que essa abordagem reflexiva só se aplica quando não há nenhuma conexão externa entre os enrolamentos primário e secundário. Quando temos uma conexão externa entre os enrolamentos primário e secundário, simplesmente utilizamos a análise regular de malhas ou nodal. Exemplos de circuito onde há uma conexão externa entre o enrolamento primário e o secundário estão nas Figuras 18.39 e 18.40. Também deve ser observado que se a localização dos pontos na Figura 18.33 é alterada, podemos ter que substituir n por $-n$ para obedecer à regra do ponto, como afirmado anteriormente e ilustrado na Figura 18.32.

Exemplo 18.7

Um transformador de 2.400/120 V, 9,6 kVA possui 50 espiras no lado secundário. Calcule:

(a) A relação de espiras
(b) O número de espiras no lado primário
(c) A relação de corrente para o primário e o secundário

Solução:
(a) Esse é um transformado abaixador porque $V_1 = 2.400$ V $> V_2 = 120$ V.

$$n = \frac{V_2}{V_1} = \frac{120}{2.400} = 0,05$$

(b)
$$n = \frac{N_2}{N_1} \quad \Rightarrow \quad 0,05 = \frac{50}{N_1}$$

ou

$$N_1 = \frac{50}{0,05} = 1.000 \text{ espiras}$$

(c) Portanto, $S = V_1 I_1 = V_2 I_2 = 9,6$ kVA

$$I_1 = \frac{9.600}{V_1} = \frac{9.600}{2.400} = 4 \text{ A}$$

$$I_2 = \frac{9.600}{V_2} = \frac{9.600}{120} = 80 \text{ A}$$

ou

$$I_2 = \frac{I_1}{n} = \frac{4}{0,05} = 80 \text{ A}$$

Problema Prático 18.7

A corrente primária de um transformador de 3.300/110 V é 3 A. Calcule:

(a) a relação de espiras

(b) a relação kVA

(c) a corrente no secundário

Resposta: (a) 1/30; (b) 9,9 kVA; (c) 90 A

Exemplo 18.8

Para o circuito do transformador ideal da Figura 18.37, encontre:

(a) a corrente da fonte I_1

(b) a tensão de saída V_O

(c) a potência complexa fornecida pela fonte

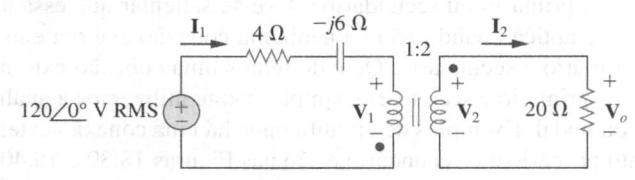

Figura 18.37
Para o Exemplo 18.8.

Solução:

(a) A impedância de 20 Ω pode ser refletida para o lado primário, e obtemos

$$Z_R = \frac{20}{n^2} = \frac{20}{4} = 5 \text{ Ω}$$

Portanto,

$$Z_{ent} = 4 - j6 + Z_R = 9 - j6 = 10,82\underline{/-33,69°} \text{ Ω}$$

$$I_1 = \frac{120\underline{/0°}}{Z_{ent}} = \frac{120\underline{/0°}}{10,82\underline{/-33,69°}} = 11,09\underline{/33,69°} \text{ A}$$

(b) Como I_1 e I_2 deixam os terminais com pontos,

$$I_2 = -\frac{1}{n}I_1 = -5,545\underline{/33,69°} \text{ A}$$

$$V_o = 20I_2 = 110,9\underline{/213,69°}$$

(c) A potência complexa fornecida é

$$S = V_s I_1^* = (120\underline{/0°})(11,09\underline{/-33,69°}) = 1.330,8\underline{/-33,69°} \text{ VA}$$

Problema Prático 18.8

No circuito do transformador ideal da Figura 18.38, encontre V_0 e a potência complexa fornecida pela fonte.

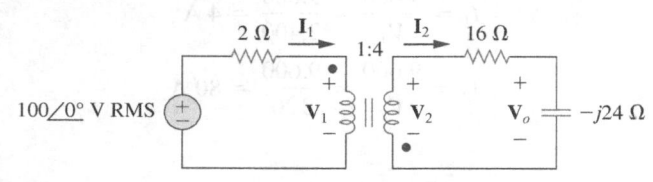

Figura 18.38
Para o Problema Prático 18.8.

Resposta: $178,9\underline{/116,56°}$ V; $2.981,5\underline{/-26,56°}$ VA

Calcule a potência fornecida ao resistor de 10 Ω no circuito do transformador ideal da Figura 18.39.

Exemplo 18.9

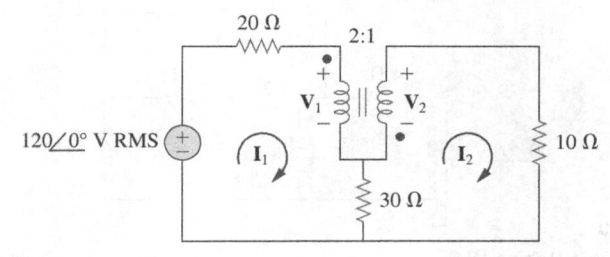

Figura 18.39
Para o Exemplo 18.9.

Solução:
A reflexão do lado primário ou do lado secundário não pode ser realizada com esse circuito, pois há uma conexão direta entre os lados primário e secundário pelo resistor de 30 Ω. Aplicamos a análise de malhas. Para a malha 1,

$$-120 + (20 + 30)\mathbf{I}_1 - 30\mathbf{I}_2 + \mathbf{V}_1 = 0$$

ou

$$50\mathbf{I}_1 - 30\mathbf{I}_2 + \mathbf{V}_1 = 120 \quad (18.9.1)$$

Para a malha 2,

$$-\mathbf{V}_2 + (10 + 30)\mathbf{I}_2 - 30\mathbf{I}_1 = 0$$

ou

$$-30\mathbf{I}_1 + 40\mathbf{I}_2 - \mathbf{V}_2 = 0 \quad (18.9.2)$$

Nos terminais do transformador,

$$\mathbf{V}_2 = -\frac{1}{2}\mathbf{V}_1 \quad (18.9.3)$$

$$\mathbf{I}_2 = -2\mathbf{I}_1 \quad (18.9.4)$$

(Observe que $n = 1/2$). Temos agora quatro equações e quatro incógnitas, mas nosso objetivo é determinar $\mathbf{I}_2$. Então colocamos $\mathbf{V}_1$ e $\mathbf{I}_1$ em termos de $\mathbf{V}_2$ e $\mathbf{I}_2$ nas Equações (18.9.1) e (18.9.2). A Equação (18.9.1) torna-se

$$-55\mathbf{I}_2 - 2\mathbf{V}_2 = 120 \quad (18.9.5)$$

A Equação (18.9.2) torna-se

$$15\mathbf{I}_2 + 40\mathbf{I}_2 - \mathbf{V}_2 = 0 \quad \Rightarrow \quad \mathbf{V}_2 = 55\mathbf{I}_2 \quad (18.9.6)$$

Substituindo a Equação (18.9.6) na Equação (18.9.5),

$$-165\mathbf{I}_2 = 120 \quad \Rightarrow \quad \mathbf{I}_2 = -\frac{120}{165} = -0{,}7272 \text{ A}$$

A potência absorvida pelo resistor é

$$P = (-0{,}7272)^2(10) = 5{,}3 \text{ W}$$

Problema Prático 18.9

Encontre V_0 no circuito da Figura 18.40.

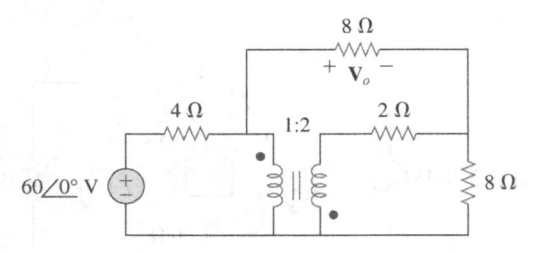

Figura 18.40
Para o Problema Prático 18.9.

Resposta: 24 V

18.6 Autotransformadores ideais

Diferentemente dos transformadores convencionais de dois enrolamentos que temos considerado até agora, um *autotransformador* possui um enrolamento contínuo simples com um ponto de conexão chamado de *tap* entre o lado primário e secundário. Em geral, o *tap* é ajustado de forma a proporcionar a relação desejada de espiras para elevar ou abaixar o nível de tensão. Desse modo, a tensão variável é fornecida à carga conectada ao autotransformador. Um autotransformador é utilizado para fazer uma fonte CA ajustável. Portanto,

> um **autotransformador** é um transformador em que enrolamentos primário e secundário são um único enrolamento.

Figura 18.41
Um autotransformador típico.
© Todd Systems, Inc., Younkers, NY

Um autotransformador típico é mostrado na Figura 18.41. Como mostrado na Figura 18.42, o autotransformador pode operar no modo elevador e abaixador. Sua maior vantagem sobre o transformador de dois enrolamentos é sua habilidade de transferir maior potência aparente, o que será demonstrado no Exemplo 18.10. Outra vantagem é que o autotransformador é menor e mais leve do que um transformador equivalente de dois circuitos. No entanto, como os enrolamentos primário e secundário são um enrolamento, a *isolação elétrica* (conexão elétrica indireta) é perdida. (Vamos ver como a propriedade de isolamento elétrico no transformador convencional é empregada de forma prática na Seção 18.8.1.) A falta de isolação elétrica entre o enrolamento primário e secundário é a maior desvantagem do autotransformador.

Algumas equações que derivamos para transformadores ideais também podem ser aplicadas aos autotransformadores ideais. Para o circuito autotransformador abaixador na Figura 18.42(a), a Equação (18.39) fornece

$$\frac{V_1}{V_2} = \frac{N_1 + N_2}{N_2} = 1 + \frac{N_1}{N_2} \quad (18.50)$$

Como em um autotransformador ideal, não há perdas, a potência complexa permanece a mesma nos enrolamentos primário e secundário:

$$S_1 = V_1 I_1^* = S_2 = V_2 I_2^* \quad (18.51)$$

A Equação (18.51) também pode ser expressa em valores RMS como

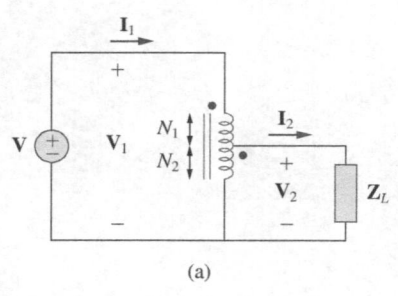

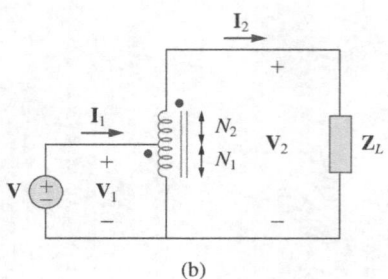

$$V_1 I_1 = V_2 I_2$$

Figura 18.42
(a) Autotransformador elevador; (b) autotransformador abaixador.

ou

$$\frac{V_2}{V_1} = \frac{I_1}{I_2} \tag{18.52}$$

Portanto, a relação de corrente é

$$\frac{I_1}{I_2} = \frac{N_2}{N_1 + N_2} \tag{18.53}$$

Para o circuito autotransformador elevador da Figura 18.42(b),

$$\frac{V_1}{N_1} = \frac{V_2}{N_1 + N_2}$$

ou

$$\boxed{\frac{V_1}{V_2} = \frac{N_1}{N_1 + N_2}} \tag{18.54}$$

A potência complexa dada pela Equação (18.51) é igualmente aplicável para o autotransformador elevador, de modo que a Equação (18.52) também se aplica. Portanto, a relação de corrente é

$$\frac{I_1}{I_2} = \frac{N_1 + N_2}{N_1} = 1 + \frac{N_2}{N_1} \tag{18.55}$$

A maior diferença entre os transformadores convencionais e autotransformadores é que os lados primário e secundário não são somente magneticamente acoplados, mas também condutivamente acoplados. O autotransformador pode ser usado em vez de um transformador convencional quando uma isolação elétrica não é requerida.

Quanto maior relação de espiras, menos econômico o autotransformado se torna. Como resultado, autotransformadores com relação de espiras maior que 2 são raramente utilizados. Os autotransformadores de grande porte são utilizados para interconectar sistemas de potência de alta tensão. Os de pequeno porte são utilizados na partida de motores. Também são usados na transmissão de voz ou de sinais sonoros.

Exemplo 18.10

Compare as potências nominais do transformador de dois enrolamentos na Figura 18.43(a) e o do autotransformador na Figura 18.43(b).

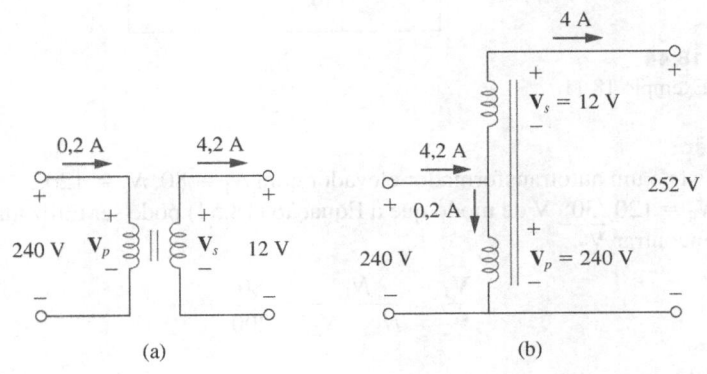

Figura 18.43
Para o Exemplo 18.10.

Solução:

Embora os enrolamentos primário e secundário de um autotransformador sejam juntos como um enrolamento contínuo, eles estão separados na Figura 18.43 para maior clareza. Observamos que a corrente e a tensão de cada enrolamento do autotransformador na Figura 18.43(b) são as mesmas do transformador de dois enrolamentos na Figura 18.43(a). Isso é a base de comparação se suas potências nominais.

Para o transformador de dois enrolamentos, a potência nominal é

$$S_1 = 0{,}2(240) = 48 \text{ VA}$$

ou

$$S_2 = 4(12) = 48 \text{ VA}$$

Para o autotransformador, a potência nominal é

$$S_1 = 4{,}2(240) = 1.008 \text{ VA}$$

ou

$$S_2 = 4(252) = 1.008 \text{ VA}$$

que é 21 vezes a potência nominal do transformador de dois enrolamentos.

Problema Prático 18.10

Consulte a Figura 18.43. Se o transformador de dois enrolamentos é 60 VA com relação 120/10 V, qual é a potencia nominal do autotransformador.

Resposta: 780 VA

Exemplo 18.11

Consulte o circuito autotransformador na Figura 18.44. Calcule:

(a) I_1, I_2 e I_0 se $Z_L = 8 + j6 \ \Omega$; e

(b) a potência complexa fornecida para a carga.

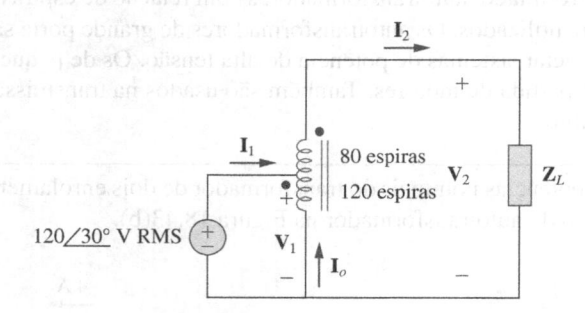

Figura 18.44
Para o Exemplo 18.11.

Solução:

(a) Este é um autotransformador elevador com $N_1 = 80$, $N_2 = 120$, $V_1 = 120\underline{/30°}$ V de modo que a Equação (18.54) pode ser utilizada para encontrar V_2.

$$\frac{V_1}{V_2} = \frac{N_1}{N_1 + N_2} = \frac{80}{200}$$

ou

$$V_2 = \frac{200}{80} V_1 = \frac{200}{80} (120\underline{/30°}) = 300\underline{/30°} \text{ V}$$

$$I_2 = V_2/Z_L = \frac{300\underline{/30°}}{8+j6} = \frac{300\underline{/30°}}{10\underline{/36,87°}} = 30\underline{/-6,87°} \text{ A}$$

Mas

$$I_1/I_2 = \frac{N_1 + N_2}{N_1} = \frac{200}{80}$$

ou

$$I_1 = \frac{200}{80}I_2 = \frac{200}{80}(30\underline{/-6,87°}) = 75\underline{/-6,87°} \text{ V}$$

No *tap*, a LKC fornece

$$I_1 + I_o = I_2$$

ou

$$I_o = I_2 - I_1 = 30\underline{/-6,87°} - 75\underline{/-6,87°} = 45\underline{/173,13°} \text{ A}$$

(b) A potência complexa fornecida pela carga é

$$S_2 = V_2 I_2^* = |I_2|^2 Z_L = (30)^2(10\underline{/36,87°}) = 9\underline{/36,87°} \text{ kVA}$$

Problema Prático 18.11

No circuito autotransformador na Figura 18.45, encontre as correntes I_1, I_2 e I_0. Considere $V_1 = 1.250$ V e $V_2 = 800$ V.

Resposta: 12,8 A; 20 A; 7,2 A

18.7 Análise computacional

O PSpice analisa circuitos magneticamente acoplados exatamente como circuitos indutores, exceto que a convenção dos pontos precisa ser seguida. No PSpice Schematic, o ponto (não mostrado) é sempre próximo do pino 1, que é o terminal da esquerda do indutor quando o indutor com o nome *L* é colocado (horizontalmente) sem girá-lo no diagrama esquemático. Portanto, o ponto ou pino 1 será a parte inferior depois da rotação em sentido anti-horário, porque a rotação é sempre ao redor do pino 1. Uma vez que os indutores magneticamente acoplados são arranjados com a convenção dos pontos em mente e seus atributos são definidos em henrys, utilizamos o símbolo de acoplamento KBREAK para definir o acoplamento. Para cada par de indutores acoplados, considere os seguintes passos:

1. Selecionar **Place/Part** e o tipo K_LINEAR.
2. **DCLICK** e colocar o símbolo K_LINEAR sobre o diagrama esquemático, conforme mostrado na Figura 18.46. (note que K_LINEAR não é um componente e, portanto, não possui pinos.)
3. **DCLICKL** sobre COUPLING e defina o valor do coeficiente de acoplamento *k*.
4. **DCLICKL** sobre a caixa com K (o símbolo de acoplamento) e digitar os nomes de referência para os indutores acoplados como valores de L*i*, *i* = 1, 2,...,6. Por exemplo, se os indutores L20 e L23 são acoplados, definimos L1 = L20 e L2 = L23. L1 e pelo menos outro L*i* precisam ter valores atribuídos; outros valores L*i* podem ficar em branco.

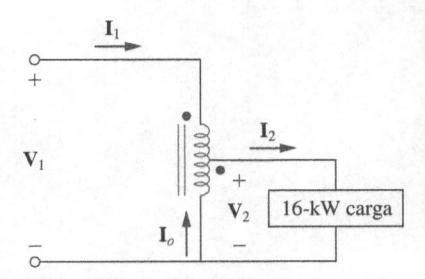

Figura 18.45
Para o Problema Prático 18.11.

Figura 18.46
K_Linear para definição do acoplamento.

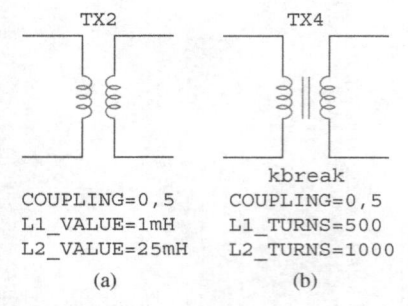

```
         TX2                TX4
      ┌───────┐          ┌───────┐

      COUPLING=0,5       kbreak
      L1_VALUE=1mH       COUPLING=0,5
      L2_VALUE=25mH      L1_TURNS=500
                         L2_TURNS=1000
          (a)                (b)
```

Figura 18.47*
(a) Transformador linear
XFRM_LINEAR;
(b) Transformador ideal
XFRM_NONLINEAR.

No passo 4, até seis indutores acoplados com acoplamento igual podem ser especificados.

Para os transformadores de núcleo de ar, o nome do componente é XFRM_LINEAR. Pode ser inserido no circuito selecionando **Place/Part** e então digitando o nome do componente ou selecionando o nome do componente na biblioteca *analig.slb*. Como mostrado na Figura 18.47(a), os principais atributos do transformador linear são os coeficientes de acoplamento k e os valores das indutâncias L1 e L2 em henrys. Se a indutância mútua M é especificada, seu valor precisa ser utilizado juntamente com L1 e L2 para calcular k. Tenha em mente que o valor de k deve estar entre 0 e 1.

Para um transformador ideal, o nome do componente é XFRM_NONLINEAR e está localizado na biblioteca ANALOG. Pode ser selecionado clicando em **Place/Parte** e, em seguida, digitando o nome do componente. Seus atributos são o coeficiente de acoplamento e o número de espiras associados com L1 e L2, conforme ilustrado na Figura 18.47(b). O valor do coeficiente do acoplamento mútuo precisa estar entre 0 e 1. Embora tenha sido mencionado na Seção 18.5 que $k = 1$ para um transformador ideal, o PSpice permite um k variando entre 0 e 1.

O PSpice possui algumas configurações adicionais de transformadores que não serão discutidas aqui.

Exemplo 18.12

Utilize o PSpice para encontrar i_1, i_2 e i_3 no circuito mostrado na Figura 18.48.

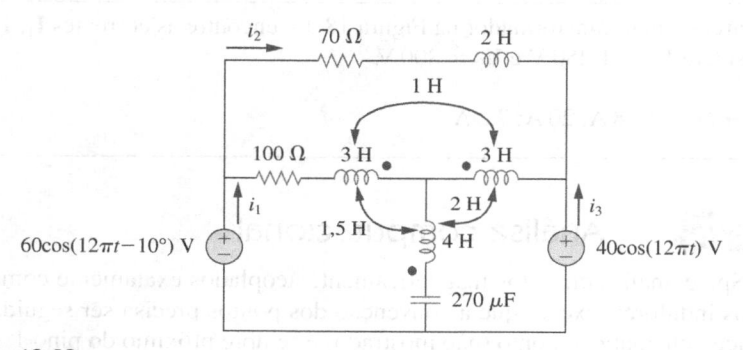

Figura 18.48
Para o Exemplo 18.12.

Solução:
Os coeficientes de acoplamento dos três indutores acoplados são determinados como se segue.

$$k_{12} = \frac{M_{12}}{\sqrt{L_1 L_2}} = \frac{1}{\sqrt{3 \times 3}} = 0{,}3333$$

$$k_{13} = \frac{M_{13}}{\sqrt{L_1 L_3}} = \frac{1{,}5}{\sqrt{3 \times 4}} = 0{,}433$$

$$k_{23} = \frac{M_{23}}{\sqrt{L_2 L_3}} = \frac{2}{\sqrt{3 \times 4}} = 0{,}5774$$

A frequência de operação f é obtida da Figura 18.48 como

$$\omega = 12\pi = 2\pi f \quad \Rightarrow \quad f = 6 \text{ Hz}.$$

---

* N. de T.: O PSpice representa o ponto como separador decimal, por isso esse separador decimal será mantido nas entradas e saídas do programa.

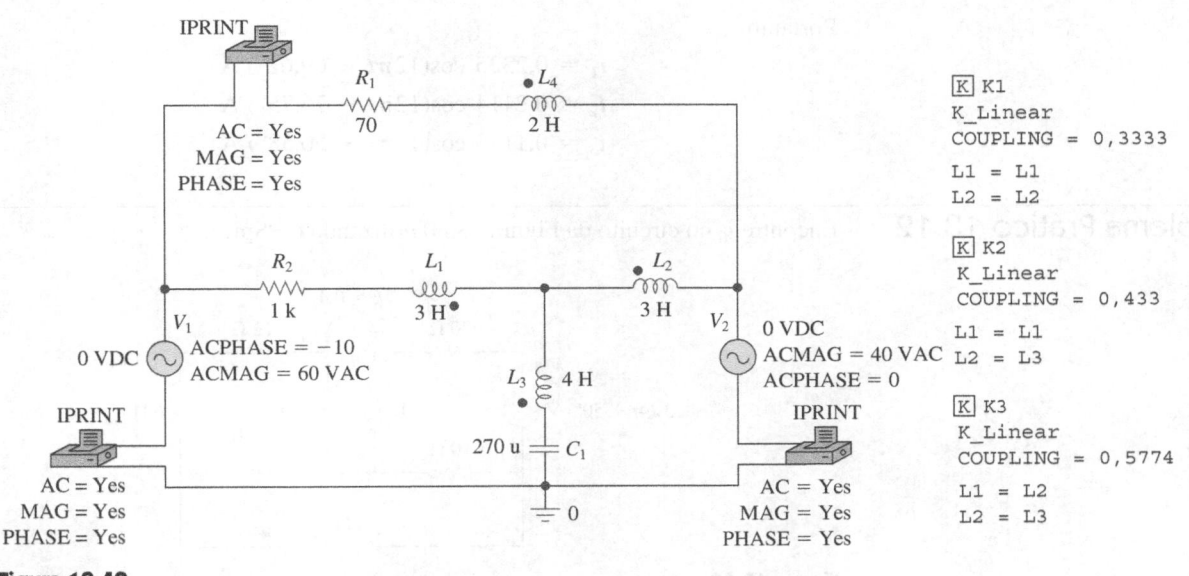

Figura 18.49
Diagrama esquemático do circuito na Figura 18.48.

O esquemático do circuito é retratado na Figura 18.49. Três pseudocomponentes IPRINT são inseridos nos ramos apropriados para obter as correntes requeridas i_1, i_2 e i_3. Observe que a convenção dos pontos é respeitada. Para L2, o ponto está no pino 1 (terminal esquerdo) e, portanto, colocado sem rotação. Para L1, tendo em vista que o ponto fique do lado direito do indutor, este deve ser girado em 180°. Para L3, o indutor precisa ser girado em 90° de modo que o ponto ficará na parte inferior. Note que o indutor de 2 H (L4) não é acoplado.

Depois de desenhar o circuito como na Figura 18.49 e salvá-lo como exem1812.dsn, selecionamos **PSpice/New Simulation Profile**, o que leva à caixa de diálogo Nova Simulação (New Simulation). Digitamos "exem1812" como nome do arquivo e clicamos em *Create*. Isso conduz à caixa de diálogo Configurações da Simulação (*Simulation Settings*). Na caixa de diálogo Configurações da Simulação, selecionamos *AC Sweep/Noise* em *Analysis Type* e selecionamos *Linear* em *AC Sweep Type*. Digitamos 6 em *Start Freq*, 6 em *Final Freq* e 1 como *Total Points*.

Simulamos o circuito selecionando **PSpice/Run**. Obtemos o arquivo de saída selecionando **PSpice/View Output file**. O arquivo de saída inclui os seguintes resultados:

```
FREQ          IM(V_PRINT3)      IP(V_PRINT3)
6.000E+00     2.335E-01         -6.962E+01

FREQ          IM(V_PRINT1)      IP(V_PRINT1)
6.000E+00     2.114E-01         -7.575E+01

FREQ          IM(V_PRINT2)      IP(V_PRINT2)
6.000E+00     1.143E-01         -5.058E+01
```

A partir disso, obtemos

$$\mathbf{I}_1 = 0{,}2335 \underline{/-69{,}62°}$$

$$\mathbf{I}_2 = 0{,}2114 \underline{/-75{,}75°}$$

$$\mathbf{I}_3 = 0{,}1143 \underline{/-50{,}58°}$$

Portanto,

$$i_1 = 0{,}2335\ \cos(12\pi t - 69{,}62°)\ A$$
$$i_2 = 0{,}2114\ \cos(12\pi t - 75{,}75°)\ A$$
$$i_3 = 0{,}1143\ \cos(12\pi t - 50{,}58°)\ A$$

Problema Prático 18.12

Encontre i_0 no circuito da Figura 18.50 utilizando o PSpice.

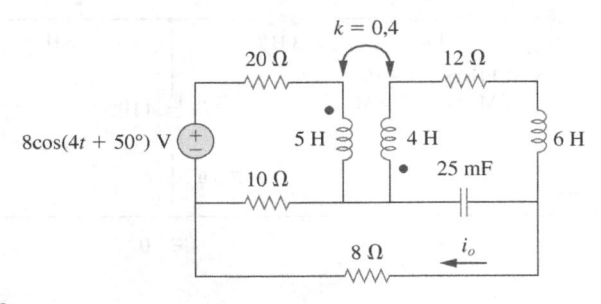

Figura 18.50
Para o Problema Prático 18.12.

Resposta: $0{,}1006\ \cos(4t + 68{,}52°)\ A$

Exemplo 18.13

Encontre V_1 e V_2 no circuito transformador ideal da Figura 18.51 utilizando o PSpice.

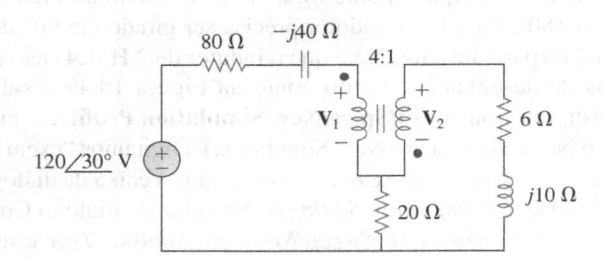

Figura 18.51
Para o Exemplo 18.13.

Solução:
Como de costume, assumimos $\omega = 1$ e encontramos os valores correspondentes de capacitância e indutância dos elementos.

$$j10 = j\omega L \quad \Rightarrow \quad L = 10\ H$$
$$-j40 = \frac{1}{j\omega C} \quad \Rightarrow \quad C = 25\ mF$$

A Figura 18.52 mostra o diagrama esquemático. Para o transformador ideal, definimos o fator de acoplamento como 0,999 e o número de espirar como 400.000 e 100.000.[3] Os dois pseudocomponentes VPRINT2 são conectados nos terminais do transformador para obter V_1 e V_2.

---

[3] Relembre: Tenha em mente que para um transformador ideal, as indutâncias dos enrolamentos primário e secundário são muito grandes.

```
                        L1_TURNS = 400000
                        L2_TURNS = 100000
                        COUPLING = 0,999
```

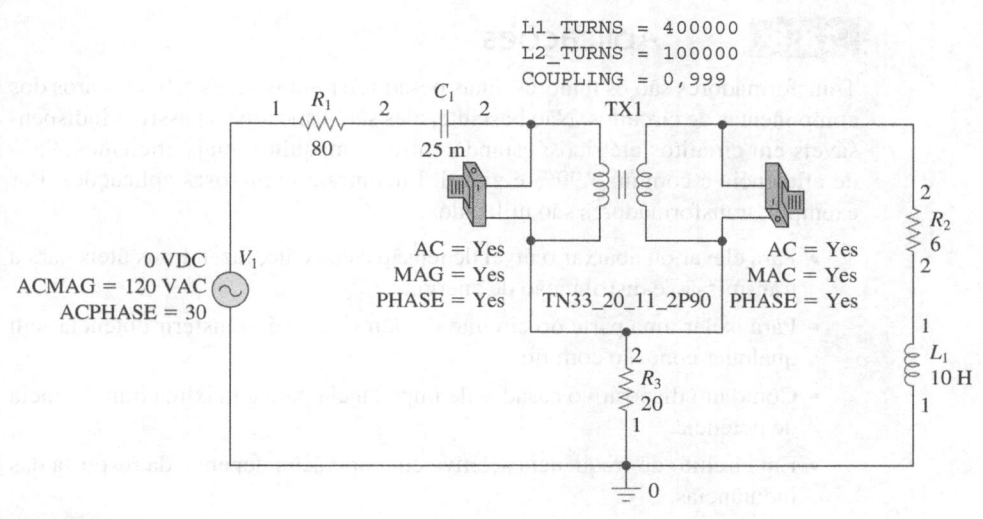

Figura 18.52
Diagrama esquemático do circuito na Figura 18.51.

Após ter desenhado o circuito na Figura 18.52 e salvo como exem1813.dsn, selecionamos **PSpice/New Simulation Profile**, o que conduz à caixa de diálogo Nova Simulação (*New Simulation*). Digitamos "exem1813" como nome do arquivo e clicamos em *Create*, levando à caixa de diálogo *Simulation Settings*. Na caixa de diálogo *Simulation Settings*, selecionamos *AC Sweep/Noise* em *Analysis Type* e selecionamos *Linear* em *AC Sweep Type*. Digitamos 0,1592 em *Start Freq*, 0,1592 em *Final Freq* e 1 como *Total Points*.

Simulamos o circuito selecionando **PSpice/Run**. Obtemos o arquivo de saída selecionando **PSpice/View Output file**. O arquivo de saída inclui os seguintes resultados:

```
FREQ          VM(C,A)        VP(C,A)
1.592E-01     1.212E+02      -1.435E+02

FREQ          VM(B,C)        VP(B,C)
1.592E-01     2.775E+02      2.789E+01
```

Com base nesses resultados, obtemos

$$\mathbf{V}_1 = -V(C, A) = 121{,}2\,\underline{/36{,}5°}\ \text{V}$$
$$\mathbf{V}_2 = V(B, C) = 277{,}5\,\underline{/27{,}89°}\ \text{V}$$

Problema Prático 18.13

Obtenha $\mathbf{V}_1$ e $\mathbf{V}_2$ no circuito da Figura 18.53 utilizando o PSpice.

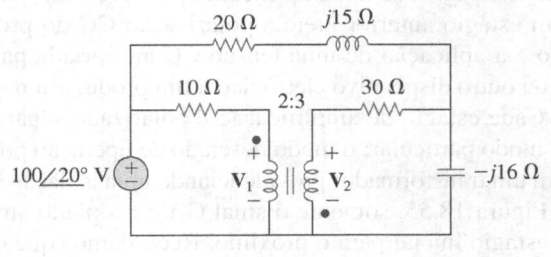

Figura 18.53
Para o Problema Prático 18.13.

Resposta: $63{,}1\,\underline{/28{,}65°}$ V; $94{,}64\,\underline{/-151{,}4°}$ V

18.8 †Aplicações

Transformadores são os maiores, mais pesados e muitas vezes os mais caros dos componentes de circuitos. Não bastante, eles são dispositivos passivos indispensáveis em circuitos elétricos, estando entre as máquinas mais eficientes; 95% de eficiência é comum e 99% é viável. Encontram numerosas aplicações. Por exemplo, transformadores são utilizados:

- Para elevar ou abaixar o nível de tensão e corrente, fazendo-os úteis para a transmissão e distribuição de energia.
- Para isolar uma parte do circuito de outra – isto é, transferir potência sem qualquer conexão com fio.
- Como um dispositivo casador de impedância para a máxima transferência de potência.
- Em circuito de frequência seletiva cuja operação depende da resposta das indutâncias.

Devido aos diversos usos de transformadores, há vários projetos especiais de transformadores – transformadores de tensão, transformadores de corrente, transformadores de potência, transformadores de distribuição, transformadores casadores de impedância, transformadores de áudio, transformadores monofásicos, transformadores trifásicos, transformadores retificadores, transformadores inversores e outros semelhantes – somente alguns são discutidos neste capítulo.[4] Nesta seção, iremos considerar três importantes aplicações de transformadores: como dispositivo de isolação, como dispositivo casador e como sistema de distribuição de energia.

18.8.1 Transformador como dispositivo de isolação

É dito que a isolação elétrica existe entre dois dispositivos quando não há conexão elétrica entre eles. No transformador, a energia é transferida por acoplamento magnético, sem uma conexão elétrica entre o circuito primário e o circuito secundário. Agora iremos considerar três exemplos práticos de como tiramos vantagem dessa propriedade.

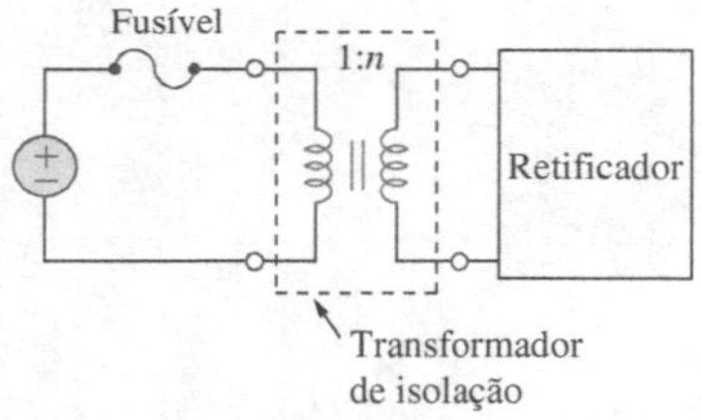

Considere o circuito na Figura 18.54. Um retificador é um circuito eletrônico que converte uma tensão CA em tensão CC. Um transformador é frequentemente utilizado para acoplar a tensão CA do retificador. O transformador atende a dois propósitos. Primeiro, eleva ou abaixa a tensão. Segundo, provê uma isolação elétrica entre a fonte de alimentação CA e o retificador, reduzindo, assim, o risco de choque no manuseio de dispositivos eletrônicos.

Como segundo exemplo, um transformador é frequentemente utilizado para acoplar dois estágios de um amplificador para prevenir que qualquer tensão CC de um estágio anterior afete a polarização CC do próximo estágio. A polarização é a aplicação de uma tensão CC apropriada para o transistor amplificador ou outro dispositivo eletrônico a fim produzir um modo desejado de operação. Cada estágio de amplificação é polarizado separadamente para operar de um modo particular; o modo desejado de operação poderia ser comprometido sem um transformador providenciando uma isolação CC. Conforme mostrado na Figura 18.55, somente o sinal CA é acoplado através do transformador do estágio inicial para o próximo. Recordamos que o acoplamento

Figura 18.54
Um transformador usado para isolar um fonte CA de um retificador.

---
[4] Nota: Para mais informações sobre vários tipos de transformadores, um bom texto é W. M. Flanagan, *Handbook of Transformer Design and Application*, 2nd ed., New York: McGraw-Hill, 1993.

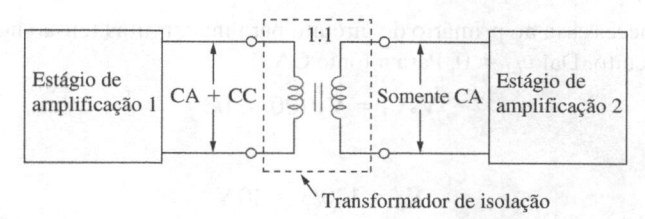

Figura 18.55
Um transformador fornecendo isolação CC entre dois estágios de amplificação.

magnético não existe com uma fonte de tensão CC. Os transformadores são utilizados em receptores de rádio e TVs para acoplar os estágios de amplificação de alta frequência. Quando o único propósito de um transformador é fornecer isolação, sua relação de espiras n é unitária. Portanto, um transformador de isolação possui $n = 1$.

Como terceiro exemplo, considere a medição de tensão de linhas de 13,2 kV. Obviamente não é seguro conectar um voltímetro diretamente em linhas de alta tensão. Um transformador pode ser usado para isolação elétrica da linha de potência do voltímetro e para abaixar a tensão para um nível seguro. Como mostrado na Figura 18.56. Uma vez que o voltímetro é usado para medir a tensão secundária, a relação de espiras é utilizada para determinar a tensão da linha no lado primário.

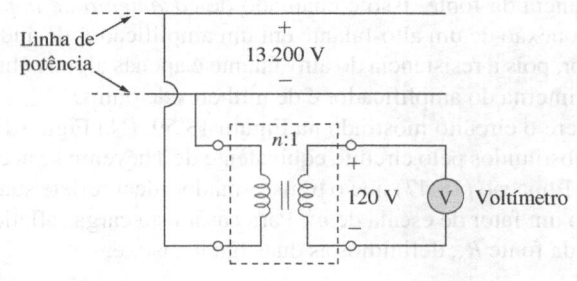

Figura 18.56
Um transformador fornecendo isolação entre a linha de potência e o voltímetro.

Determine a tensão na carga da Figura 18.57.

Exemplo 18.14

Solução:
Podemos aplicar o princípio da superposição para encontrar a tensão na carga. Consideramos $v_L = v_{L1} + v_{L2}$, onde v_{L1} é devido à fonte CC e v_{L2} é devido à fonte CA. Consideramos as fonte CC e CA separadamente, como mostra a Figura 18.58. A tensão na carga devido à fonte CC é zero porque uma tensão variável no

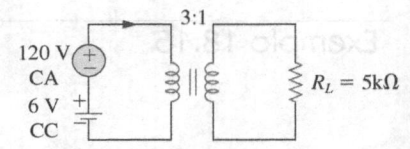

Figura 18.57
Para o Exemplo 18.14.

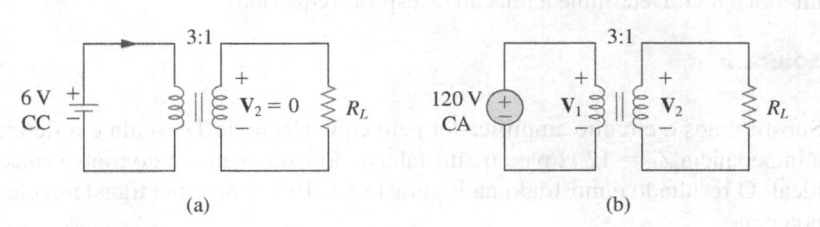

Figura 18.58
Para o Exemplo 18.14: (a) fonte CA; (b) fonte CC.

tempo é necessária no primário do circuito para induzir uma tensão no secundário do circuito. Daí $v_{L1} = 0$. Para a fonte CA,

$$V_2V_1 = V_2/120 = 1/3$$

ou

$$V_2 = 120/3 = 40 \text{ V}$$

Portanto, a tensão na carga devido à tensão CA é $V_{L2} = 40$ VCA ou $v_{L2} = 40 \cos(\omega t)$; isto é, somente a tensão CA é passada para a carga pelo transformador. Esse exemplo mostra como um transformador fornece isolação CC.

Problema Prático 18.14

Consulte a Figura 18.56. Calcule a relação de espiras requerida para abaixar a tensão de linha 18,2 kV para um nível seguro de 120 V.

Resposta: 110

18.8.2 Transformador como dispositivo casador

Lembramos que para a máxima transferência de potência, a carga resistiva R_L precisa estar casada com a resistência R_s. Na maioria dos casos, as duas resistências não são casadas; ambas são fixas e não podem ser alteradas. Contudo, um transformador com núcleo de cobre pode ser usado para casar a resistência para a resistência da fonte. Isso é chamado de *casamento de impedância*. Por exemplo, a conexão de um alto-falante em um amplificador de áudio requer um transformador, pois a resistência do alto-falante é apenas alguns ohms, enquanto a resistência interna do amplificador é de milhares de ohms.

Considere o circuito mostrado na Figura 18.59. (Na Figura 18.59, V_S e R_S podem ser substituídos pelo circuito equivalente de Thévenin se necessário.) Recordamos da Equação (18.47) que o transformador ideal reflete sua carga para o primário com um fator de escala de n^2. Para casar esta carga refletida R_L/n^2 com a resistência da fonte R_S, definimos as duas iguais; isto é,

$$R_s = \frac{R_L}{n^2}$$

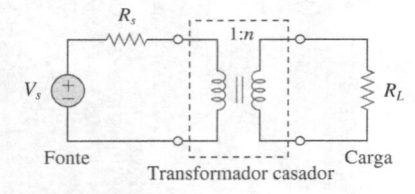

Figura 18.59
Transformador utilizado como um dispositivo casador.

A Equação (18.56) pode ser satisfeita pela própria seleção da relação de espiras n. A partir da Equação (18.56), notamos que um transformador abaixador ($n < 1$) é necessário como dispositivo de casamento quando $R_S > R_L$ e um elevador ($n > 1$) é necessário quando $R_S < R_L$.

Exemplo 18.15

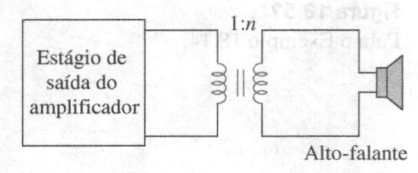

O transformador ideal na Figura 18.60 é utilizado como casador de um circuito amplificador de um alto-falante para atingir a máxima potência de transferência. A impedância de Thévenin (ou saída) do amplificador é 128 Ω, e a impedância interna é 8 Ω. Determine a relação de espiras requerida.

Solução:

Substituímos o circuito amplificador pelo equivalente de Thévenin e refletimos a impedância $Z_L = 12$ Ω para o alto-falante do lado primário do transformador ideal. O resultado é mostrado na Figura 18.61. Para a máxima transferência de potência,

$$Z_{Th} = \frac{Z_L}{n^2}$$

Figura 18.60
Utilizando um transformador ideal para casar o alto-falante do amplificador; para o Exemplo 18.15.

ou
$$n^2 = \frac{Z_L}{Z_{Th}} = \frac{8}{128} = \frac{1}{16}$$

Portanto a relação de espiras é $n = ¼ = 0,25$.

Utilizando $P = I^2R$, podemos mostrar que, de fato, a potência entregue para o alto-falante é muito maior do que sem o transformador ideal. Sem o transformador ideal, o amplificador é diretamente conectado com o alto-falante. A potência entregue para o alto-falante é

$$P_L = \left(\frac{V_{Th}}{Z_{Th} + Z_L}\right)^2 Z_L = 432,5 V_{Th}^2 \ \mu W$$

com o transformador no lugar, as correntes primária e secundária são

$$I_p = \frac{V_{Th}}{Z_{Th} + Z_L/n^2}, \qquad I_s = \frac{I_p}{n}$$

Daí,

$$P_L = I_s^2 Z_L = \left(\frac{V_{Th}/n}{Z_{Th} + Z_L/n^2}\right)^2 Z_L = \left(\frac{n V_{Th}}{n^2 Z_{Th} + Z_L}\right)^2 Z_L$$
$$= 1.953 V_{Th}^2 \ \mu W$$

Confirmando o que dizemos anteriormente.

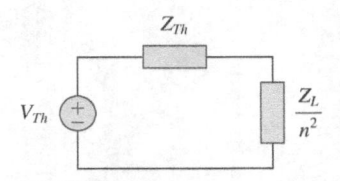

Figura 18.61
Circuito equivalente para o circuito na Figura 18.60; para o Exemplo 18.15.

Calcule a relação de espiras de um transformador ideal requerida para casar uma carga de 1 kΩ com uma fonte com impedância interna de 25 kΩ. Encontre a tensão na carga quando a fonte de tensão é 30 V.

Resposta: 0,2; 3 V

Problema Prático 18.15

18.8.3 Distribuição de energia

Um sistema de potência consiste basicamente em três partes: geração, transmissão e distribuição. A concessionária de energia elétrica opera uma planta que gera vários milhares de megavolts-ampères (MVA) em uma tensão típica de aproximadamente 18 kV. Conforme ilustrado na Figura 18.62, os transformadores trifásicos elevadores são utilizados para alimentar as linhas de transmissão com a potência gerada.

Por que precisamos do transformador? Suponha que devemos transmitir 100.000 VA em uma distância de 50 km. Como $S = VI$, utilizando uma tensão de linha de 1.000 V implica que a transmissão carregará 100 A, e isso requer uma linha de transmissão de grande diâmetro. Se, por outro lado, utilizamos uma tensão na linha de 10.000 V, a corrente será somente 10 A. Uma corrente menor reduz o tamanho do condutor, produzindo uma considerável economia com a redução de perdas I^2R. Para minimizar perdas, um transformador elevador[5] é requerido. Sem o transformador, a maioria da potência gerada seria perdida

---
[5] Nota: Alguém pode perguntar, "Como o aumento da tensão não aumenta a corrente, assim aumentando as perdas I^2R?" Tenha em mente que $IV_l = V_l^2/R$, em que V_l é a diferença de potencial entre o ponto inicial e final da linha. A tensão que é elevada no começo da linha é V, não V_l. Se o final da linha recebe V_R, então $V_l = V - V_R$. Como V e V_R são próximos um do outro, V_l é muito pequeno quando V é elevado.

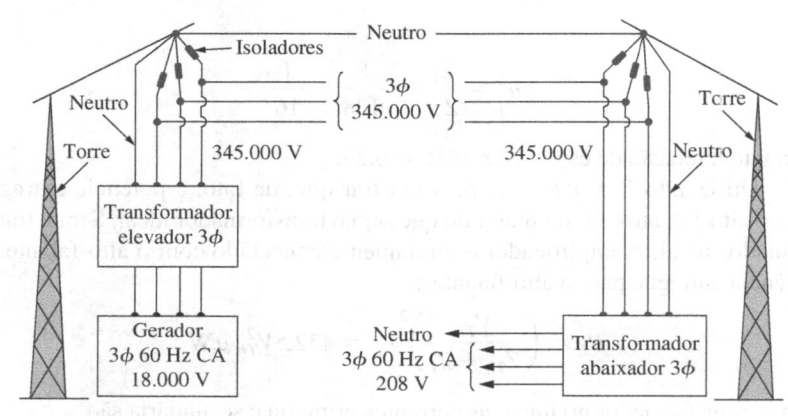

Figura 18.62
Um sistema de distribuição de energia típico.

na linha de transmissão. A habilidade do transformador para elevar ou abaixar a tensão e distribuir potência economicamente é uma das maiores razões para geração CA ao invés da CC. Portanto, para uma dada potência, quanto maior a tensão, melhor. Hoje, 1MV é a maior tensão em uso; o nível pode aumentar com o resultado de pesquisas e experimentos.

Além da planta geradora, a energia é transmitida por milhares de quilômetros através de uma rede elétrica chamada de rede de energia. A energia trifásica na rede de energia é transmitida pelas linhas de transmissão sobre torres de aço, que possui uma variedade de tamanhos e formas. As (condutores de alumínio, aço reforçado) linhas típicas possuem no geral diâmetros em torno de 40 mm e podem transportar corrente de até 1.380 A.

Em subestações, os transformadores de distribuição são utilizados para abaixar a tensão. O processo de abaixamento é usualmente realizado em estágios. A energia pode ser distribuída ao longo de uma região seja por cabos aéreos ou subterrâneos. As subestações distribuem a energia para consumidores residenciais, comerciais e industriais. No final do sistema, um consumidor residencial é eventualmente suprido com 120/240 V, enquanto consumidores industriais e comerciais são alimentados com tensões maiores como 460/208 V. Os consumidores residenciais são normalmente supridos por transformadores de distribuição, em geral montados sobre postes de concessionárias de energia ou subterrâneos. Quando a corrente contínua é necessária, a corrente alternada é convertida para CC de forma eletrônica.

Exemplo 18.16

Um transformador de distribuição é utilizado para alimentar uma casa como na Figura 18.63. A carga consiste em oito lâmpadas de 100 W, uma TV de 350 W e um fogão elétrico de 15 kW. Se o lado secundário do transformador possui 7 espiras, calcule:

(a) o número de espiras do enrolamento primário
(b) a corrente I_p no enrolamento primário.

Solução:

(a) A localização dos pontos sobre os enrolamentos não é importante porque somente estamos interessados nas magnitudes das variáveis envolvidas. Como

$$\frac{N_p}{N_s} = \frac{V_p}{V_s}$$

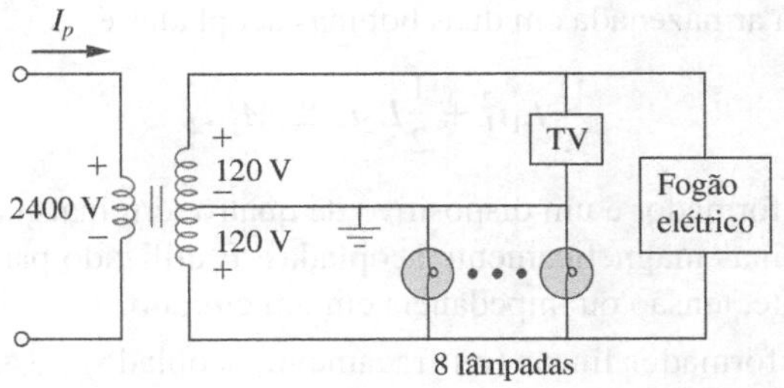

Figura 18.63
Para o Exemplo 18.16 e para o Problema Prático 18.16.

Obtemos

$$N_p = N_s \frac{V_p}{V_s} = 72 \times \frac{2.400}{240} = 720 \text{ espiras}$$

(b) A potência total absorvida pela carga é

$$S = 8 \times 100 + 350 + 15.000 = 16{,}15 \text{ kW}$$

Mas,

$$S = V_p I_p = V_s I_s$$

de modo que

$$I_p = \frac{S}{V_p} = \frac{16.150}{2.400} = 6{,}729 \text{ A}$$

Problema Prático 18.16

No Exemplo 18.16, se as oito lâmpadas de 100 W são substituídas por doze lâmpadas de 60 W, se o fogão elétrico é substituído por um ar-condicionado de 4,5 kW, qual é (a) a potência total fornecida e (b) a corrente I_p no enrolamento primário?

Resposta: (a) 5,57 kW; (b) 2,321 A

18.9 Resumo

1. Duas bobinas são consideradas mutualmente acopladas se o fluxo magnético emanado de uma passa através da outra. A impedância mútua entre as duas bobinas é dada por.

$$M = k\sqrt{L_1 L_2}$$

em que k é o coeficiente de acoplamento, $0 < k < 1$.

2. Se v_1 e i_1 são a tensão e a corrente na bobina 1, enquanto v_2 e i_2 são a tensão e a corrente na bobina 2, então

$$v_1 = L_1 \frac{di_1}{dt} + M \frac{di_2}{dt}$$

e

$$v_2 = L_2 \frac{di_2}{dt} + M \frac{di_1}{dt}$$

Portanto, a tensão induzida na bobina acoplada consiste em uma tensão autoinduzida e tensão mútua.

3. A polaridade da tensão mútua induzida é determinada pela convenção do ponto.

4. A energia armazenada em duas bobinas acopladas é

$$\frac{1}{2}L_1 i_1^2 + \frac{1}{2}L_2 i_2^2 \pm M i_1 i_2$$

5. Um transformador é um dispositivo de quatro terminais contendo duas ou mais bobinas magneticamente acopladas. É utilizado para alterar o nível de corrente, tensão ou impedância em um circuito.

6. Um transformador linear (ou fracamente acoplado) possui suas bobinas enroladas em um material magnético linear. Pode ser substituída por uma rede equivalente T ou Π para propósitos de análise.

7. Um transformador ideal (ou núcleo de ferro) é um transformador sem perdas ($R_1 = R_2 = 0$) com coeficiente de acoplamento unitário e indutância infinita ($L_1, L_2, M \to \infty$).

8. Para um transformador ideal,

$$\mathbf{V}_2 = n\mathbf{V}_1, \qquad \mathbf{I}_2 = \mathbf{I}_1/n, \qquad S_1 = S_2, \; Z_R = \frac{Z_L}{n^2}$$

em que $n = N_2/N_1$ é a relação de espiras, N_1 é o número de espiras do enrolamento primário, e N_2 é o número de espiras do enrolamento secundário. O transformador eleva a tensão primária quando $n > 1$, abaixa a tensão quando $n < 1$ ou funciona como dispositivo de isolação quando $n = 1$.

9. Um autotransformador é um transformador com um único enrolamento comum para o circuito primário e secundário.

10. O PSpice é uma ferramenta muito útil para análise de circuitos magneticamente acoplados.

11. Transformadores são necessários em todos os estágios do sistema de distribuição de energia.

12. Utilizações importantes dos transformadores em aplicações eletrônicas são os dispositivos de isolação elétrica e os dispositivos para casamento de impedância.

Questões de revisão

18.1 Consulte as duas bobinas magneticamente acopladas da Figura 18.64(a). A polaridade da tensão mútua é:

(a) Positiva (b) Negativa

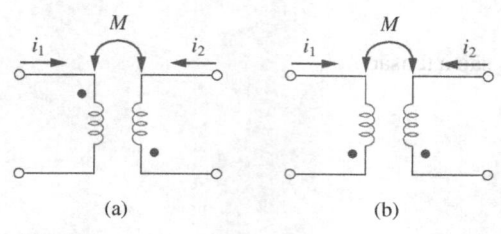

Figura 18.64
Para as Questões de Revisão 18.1 e 18.2.

18.2 Para as duas bobinas magneticamente acopladas da Figura 18.64(b), a polaridade da tensão mútua é:

(a) Positiva (b) Negativa

18.3 O coeficiente de acoplamento para as duas bobinas sendo $L_1 = 2$ H, $L_2 = 8$ H e $M = 3$ H é:

(a) 0,1875 (b) 0,75 (c) 1,333 (d) 5,333

18.4 Um transformador é utilizado como abaixador ou elevador:

(a) tensão CC (b) tensão CA (c) tensão CC e CA

18.5 Se um resistor é conectado no lado secundário de um transformador com relação de espiras de 10, a fonte "vê" uma carga refletida de:

(a) 10 kΩ (b) 1 kΩ (c) 100 Ω (d) 10 Ω

18.6 O transformador ideal na Figura 18.65(a) possui $N_2/N_1 = 10$. A relação V_2/V_1 é:

(a) 10
(b) 0,1
(c) −0,1
(d) −10

Figura 18.65
Para as Questões de Revisão 18.6 e 18.7.

18.7 Para o transformador ideal na Figura 18.65(b), $N_2/N_1 = 10$. A relação I_2/I_1 é:
(a) 10   (b) 0,1   (c) $-0,1$ (d) -10

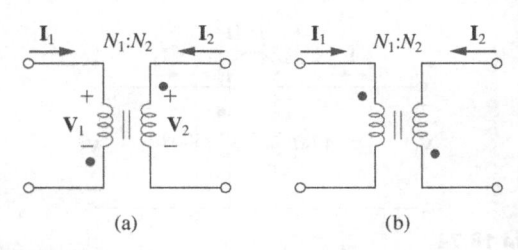

18.8 Um transformador ideal tem tensões nominais de 25000/240 V. Que tipo de transformador é esse?
(a) Elevador   (b) Abaixador   (c) Isolador

18.9 A fim de casar a impedância interna da fonte de 500 Ω com uma carga de 15 Ω, o que é necessário?
(a) um transformador linear elevador
(b) um transformador linear abaixador
(c) um transformador ideal elevador
(d) um transformador ideal abaixador
(e) um autotransformador

18.10 Qual desses transformadores pode ser utilizado como um dispositivo de isolação?
(a) um transformador linear
(b) um transformador ideal
(c) um autotransformador
(d) todos

Resposta: 18.1 b, 18.2 a, 18.3 b, 18.4 b, 18.5 c, 18.6 d, 18.7 b, 18.8 b, 18.9 d, 18.10 b

Problemas

Seção 18.2 Indutância mútua

18.1 Para as três bobinas acopladas na Figura 18.66, calcule a indutância total.

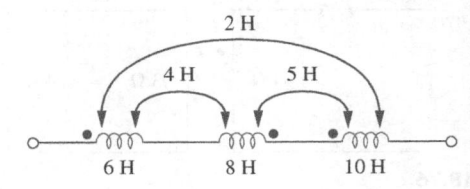

Figura 18.66
Para o Problema 18.1.

18.2 Determine a indutância total dos três indutores conectados em série na Figura 18.67.

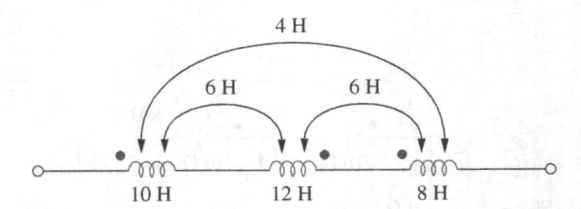

Figura 18.67
Para o Problema 18.2.

18.3 Duas bobinas conectadas em série aditiva possuem uma indutância total de 250 mH. Quando conectadas na configuração em série subtrativa, as bobinas possuem uma indutância total de 150 mH. Se a indutância de uma bobina (L_1) é três vezes a da outras, encontre L_1, L_2 e M. Qual é o coeficiente de acoplamento?

18.4 Duas bobinas são mutuamente acopladas, com $L_1 = 25$ mH, $L_2 = 60$ mH e $k = 0,5$. Calcule a indutância equivalente máxima possível se:
(a) as duas bobinas são conectadas em série
(b) as duas bobinas são conectadas em paralelo

18.5 Determine V_1 e V_2 em termos de I_1 e I_2 no circuito da Figura 18.68.

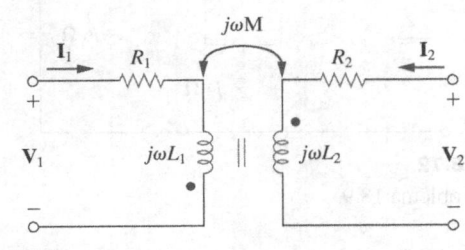

Figura 18.68
Para o Problema 18.5.

18.6 Encontre V_0 no circuito da Figura 18.69.

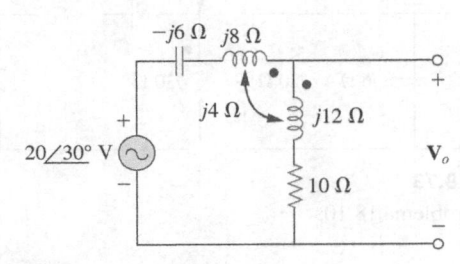

Figura 18.69
Para o Problema 18.6.

18.7 Obtenha V_0 no circuito da Figura 18.70.

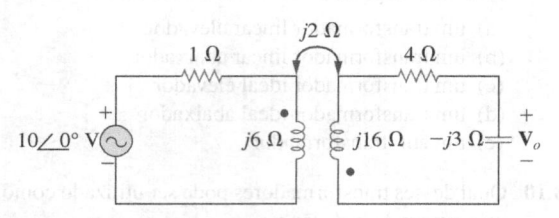

Figura 18.70
Para o Problema 18.7.

18.8 Encontre V_x na rede mostrada na Figura 18.71.

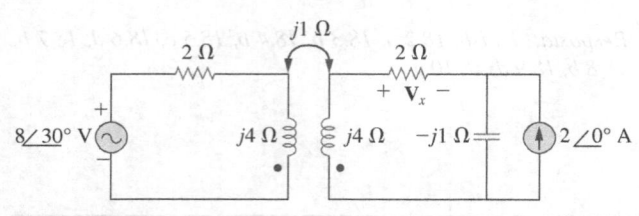

Figura 18.71
Para o Problema 18.8.

18.9 Calcule a impedância equivalente no circuito da Figura 18.72.

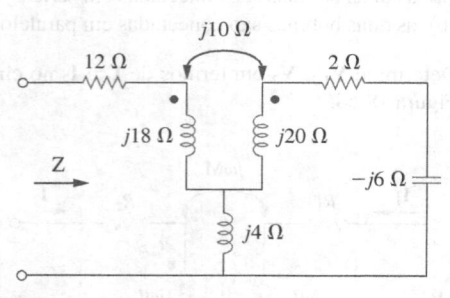

Figura 18.72
Para o Problema 18.9.

18.10 Determine a impedância de entrada nos terminais *a-b* do circuito mostrado na Figura 18.73.

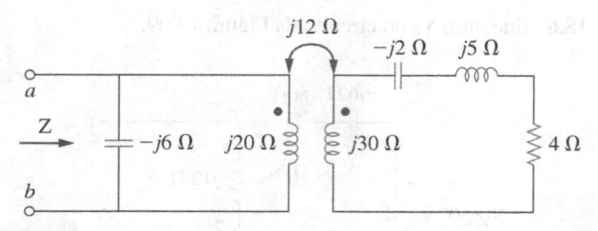

Figura 18.73
Para o Problema 18.10.

18.11 Determine um circuito *T*-equivalente que possa ser utilizado para substituir o transformador na Figura 18.74.

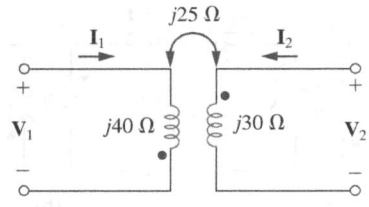

Figura 18.74
Para o Problema 18.11.

18.12 Utilize a análise de malhas para obter I_1 e I_2 no circuito da Figura 18.75.

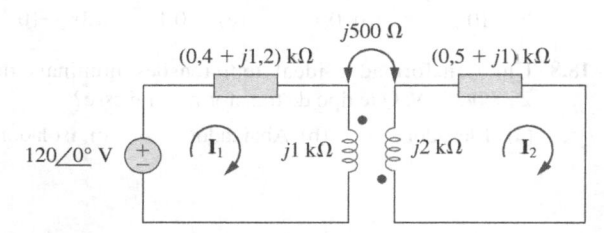

Figura 18.75
Para o Problema 18.12.

18.13 Encontre I_1, I_2 e V_0 no circuito da Figura 18.76.

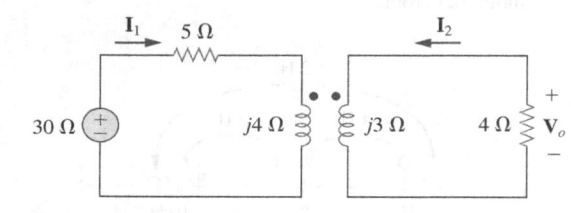

Figura 18.76
Para o Problema 18.13.

Seção 18.3 Energia em um circuito acoplado

18.14 Determine as correntes I_1, I_2 e I_3 no circuito da Figura 18.77. Encontre a energia armazenada nas bobinas acopladas em $t = 2$ ms. Considere $\omega = 1.000$ rad/s.

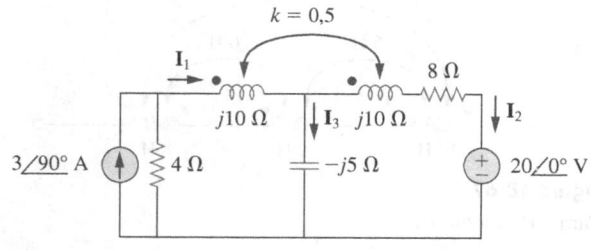

Figura 18.77
Para o Problema 18.14.

18.15 Encontre I_1 e I_2 no circuito na Figura 18.78. Calcule a potência absorvida pelo resistor de 4 Ω.

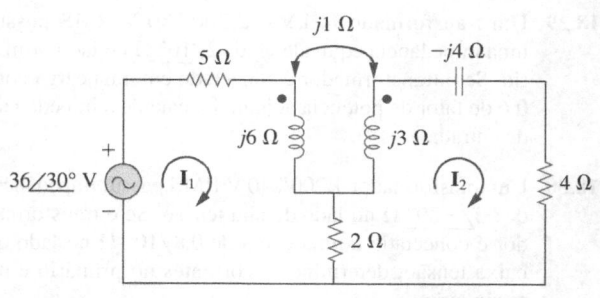

Figura 18.78
Para os Problemas 18.15 e 18.49.

18.16 Se $M = 0,2$ H e $v_S = 12\cos(10t)$ V no circuito da Figura 18.79, encontre i_1 e i_2. Calcule a energia armazenada nas bobinas acopladas em $t = 15$ ms.

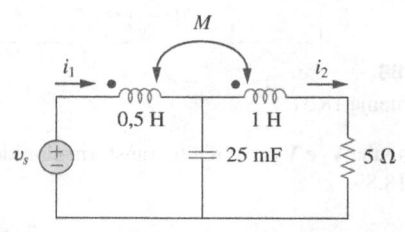

Figura 18.79
Para o Problema 18.16.

18.17 No circuito na Figura 18.80,
(a) encontre o coeficiente de acoplamento
(b) calcule v_0
(c) determine a energia armazenada nos indutores acoplados em $t = 2$s.

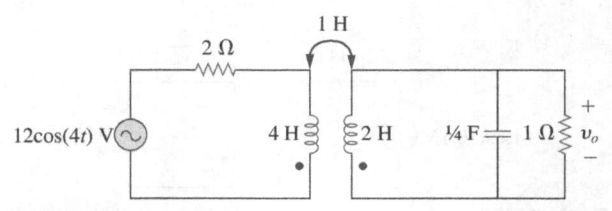

Figura 18.80
Para o Problema 18.17.

18.18 Encontre $\mathbf{I}_0$ no circuito da Figura 18.81. Mude o ponto do enrolamento da direita e calcule $\mathbf{I}_0$ novamente.

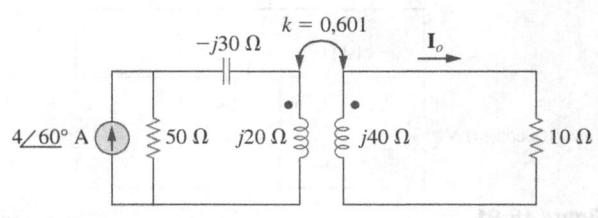

Figura 18.81
Para o Problema 18.18.

18.19 Determine o coeficiente de acoplamento para duas bobinas com indutâncias de $L_1 = 5$ mH, $L_2 = 2,4$ mH, e $M = 3,2$ mH.

Seção 18.4 Transformadores lineares

18.20 Refaça o Exemplo 18.1 utilizando o conceito de impedância refletida.

18.21 No circuito da Figura 18.82, encontre o valor do coeficiente de acoplamento k que irá dissipar 320 W em um resistor de 10 Ω. Para esse valor de k, encontre a energia armazenada na bobina acoplada em $t = 1,5$ ms.

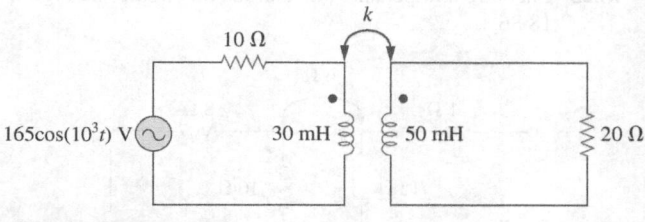

Figura 18.82
Para o Problema 18.21.

18.22 (a) Encontre a impedância de entrada do circuito da Figura 18.83 utilizando o conceito de impedância refletida.
(b) Obtenha a impedância de entrada pela substituição do transformador linear pelo equivalente T.

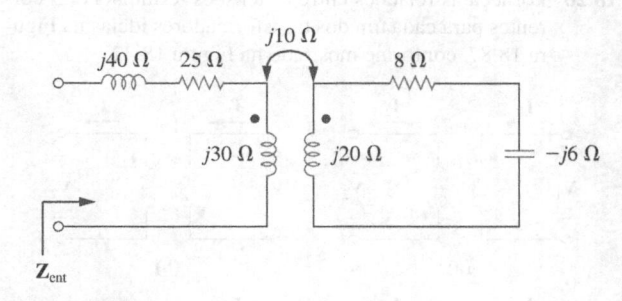

Figura 18.83
Para o Problema 18.22.

18.23 Para o circuito na Figura 18.84, encontre:
(a) o circuito equivalente T
(b) o circuito equivalente Π

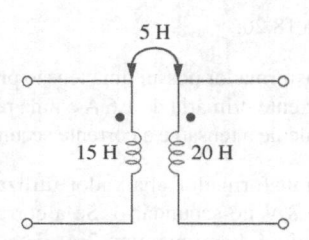

Figura 18.84
Para o Problema 18.23.

18.24 Determine a impedância de entrada do circuito do transformador de núcleo de ar na Figura 18.85.

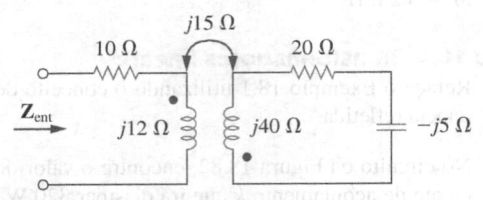

Figura 18.85
Para o Problema 18.24.

18.25 Encontre a impedância de entrada do circuito na Figura 18.86.

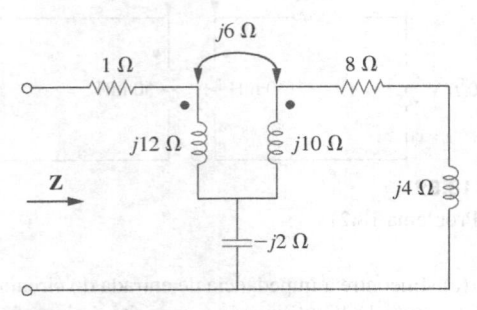

Figura 18.86
Para o Problema 18.25.

Seção 18.5 Transformadores ideais

18.26 Forneça as relações entre as tensões terminais e as correntes para cada um dos transformadores ideias na Figura 18.87, conforme mostrado na Figura 18.32.

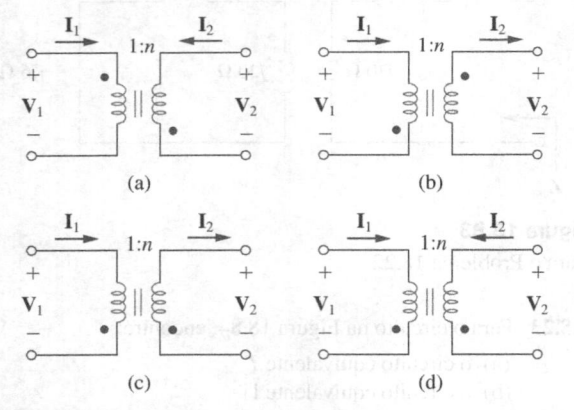

Figura 18.87
Para o Problema 18.26.

18.27 Um transformador possui uma tensão primária de 210 V, uma corrente primária de 1,6 A e uma relação de espiras de 2. Calcule a tensão e a corrente secundária.

18.28 Certo transformador abaixador utiliza 120 V no primário e 8 V no secundário. Se a corrente nominal no secundário é de no máximo 2 A, determine a corrente nominal no primário.

18.29 Um transformador 4 kVA, 2.300/230 V RMS possui uma impedância equivalente de $2\underline{/10°}\ \Omega$ no lado primário. Se o transformador é conectado em uma carga com 0,6 de fator de potência adiantado, calcule a impedância de entrada.

18.30 Um transformador 1.200/240 V RMS possui impedância de $60\underline{/-30°}\ \Omega$ no lado de alta tensão. Se o transformador é conectado a uma carga de $0,8\underline{/10°}$-Ω no lado de baixa tensão, determine as correntes no primário e no secundário.

18.31 Determine I_1 e I_2 no circuito da Figura 18.88.

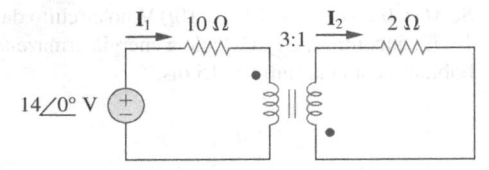

Figura 18.88
Para o Problema 18.31.

18.32 Obtenha V_1 e V_2 no circuito transformador ideal da Figura 18.89.

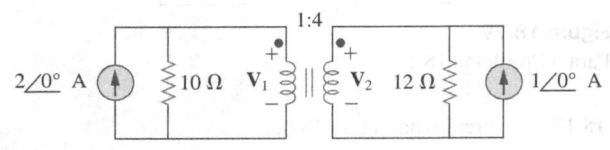

Figura 18.89
Para o Problema 18.32.

18.33 Para o circuito na Figura 18.90, encontre o valor da potência absorvida pelo resistor de 8 Ω.

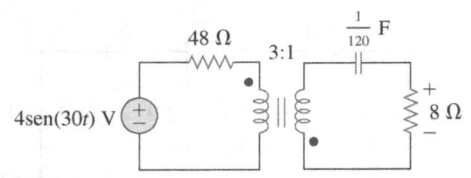

Figura 18.90
Para o Problema 18.33.

18.34 Para o circuito na Figura 18.91, encontre V_0. Mude o ponto do lado secundário e encontre V_0 novamente.

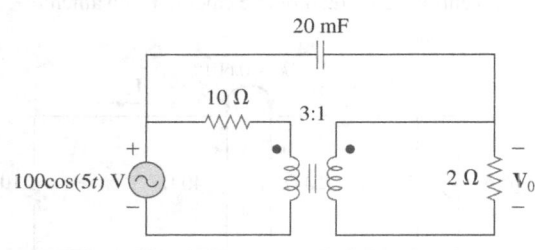

Figura 18.91
Para o Problema 18.34.

18.35 Encontre I_x no transformador ideal da Figura 18.92.

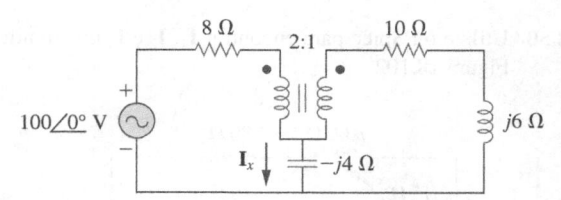

Figura 18.92
Para o Problema 18.35.

18.36 Para o circuito na Figura 18.93 determine a relação de espiras que irá provocar a máxima transferência de potência média para a carga. Calcule a máxima potência média.

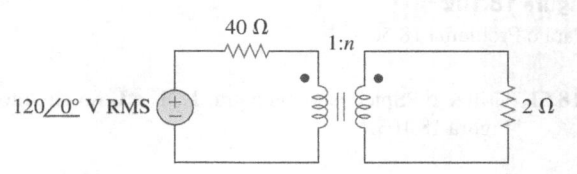

Figura 18.93
Para o Problema 18.36.

18.37 Consulte a rede na Figura 18.94. (a) Encontre n para a máxima potência fornecida para carga de 200 Ω. (b) Determine a potência na carga de 200 Ω se $n = 10$.

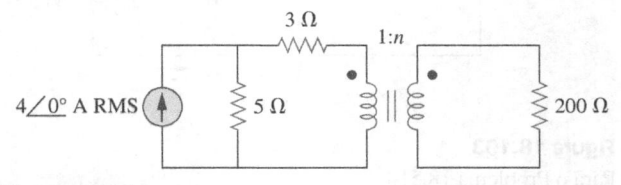

Figura 18.94
Para o Problema 18.37.

18.38 Um transformador é utilizado para casar um amplificador com uma carga de 8 Ω como mostrado na Figura 18.95. O equivalente de Thévenin do amplificador é: $V_{Th} = 10$ V, $Z_{Th} = 128$ Ω.
   (a) Encontre a relação de espiras requerida para máxima transferência de potência.
   (b) Determine as correntes primária e secundária.
   (c) Calcule as tensões primária e secundária.

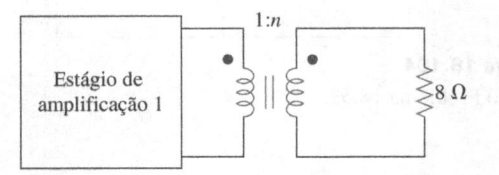

Figura 18.95
Para o Problema 18.38.

18.39 Na Figura 18.96 determine a potência média entregue para Z_S.

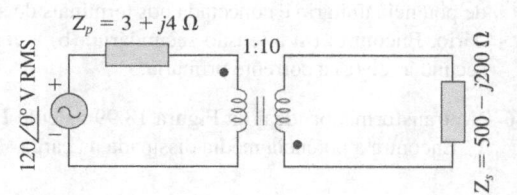

Figura 18.96
Para o Problema 18.39.

18.40 Encontre a potência absorvida pelo resistor de 10 Ω no transformador ideal da Figura 18.97

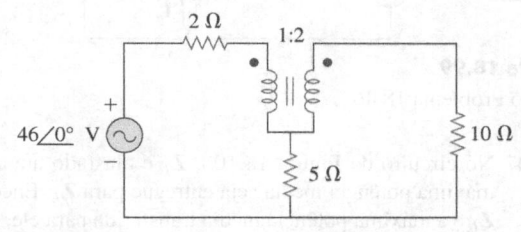

Figura 18.97
Para o Problema 18.40.

18.41 Um transformador ideal é utilizado para casar uma carga resistiva de 8 Ω com uma fonte com resistência interna de 96 Ω. (a) Determine a relação de espiras. (b) Qual é a tensão na carga quando a tensão da fonte é 6V?

18.42 Um transformador de bell possui 200 espiras no lado primário e 35 espiras no lado secundário. Se o bell consome 0,2 A de uma linha de 120 V, qual é (a) a corrente secundária, (b) a tensão secundária e (c) a potência entregue para o secundário?

18.43 Encontre a corrente I no circuito da Figura 18.98.

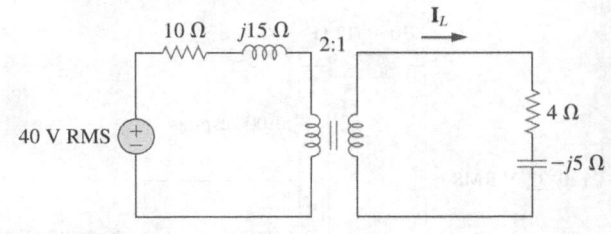

Figura 18.98
Para o Problema 18.43.

Seção 18.6 Autotransformadores ideais

18.44 Um autotransformador ideal com relação de espiras elevadora de 1:4 possui seu secundário conectado a uma carga de 120 Ω e o primário em um fonte de 420 V. Determine a corrente primária.

18.45 Um autotransformador com um *tap* em 40% é alimentado por uma fonte de 400 V, 60 Hz e é utilizado como abaixador. Uma carga de 5 kVA operando com um fator de potência unitário é conectada nos terminais do secundário. Encontre: (a) a tensão secundária, (b) a corrente secundária e (c) a corrente primária.

18.46 No transformador ideal da Figura 18.99 calcule I_1, I_2 e I_0. Encontre a potência média dissipada na carga.

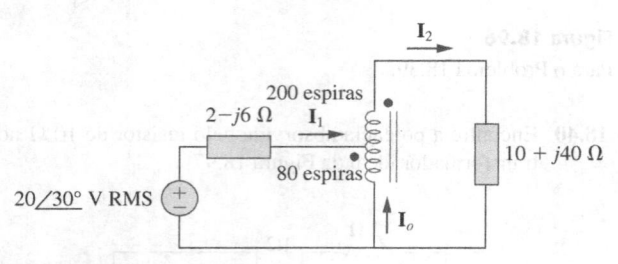

Figura 18.99
Para o Problema 18.46.

*18.47 No circuito da Figura 18.100, Z_L é ajustado até que a máxima potência média seja entregue para Z_L. Encontre Z_L e a máxima potência média transferida para ele. Considere $N_1 = 600$ espiras e $N_2 = 200$ espiras.

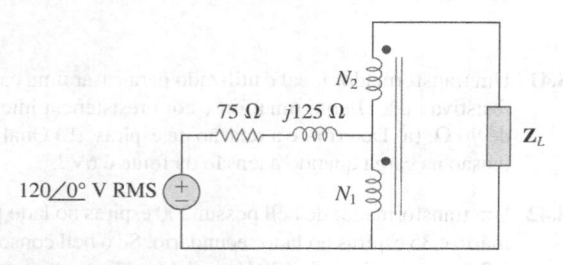

Figura 18.100
Para o Problema 18.47.

18.48 No circuito transformador ideal mostrado na Figura 18.101, determine a potência média entregue à carga.

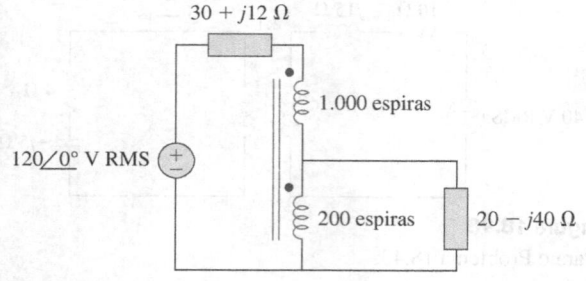

Figura 18.101
Para o Problema 18.48.

Seção 18.7 Análise computacional

18.49 Refaça o Problema 18.15 utilizando o PSpice.

18.50 Utilize o PSpice para encontrar I_1, I_2 e I_3 no circuito da Figura 18.102.

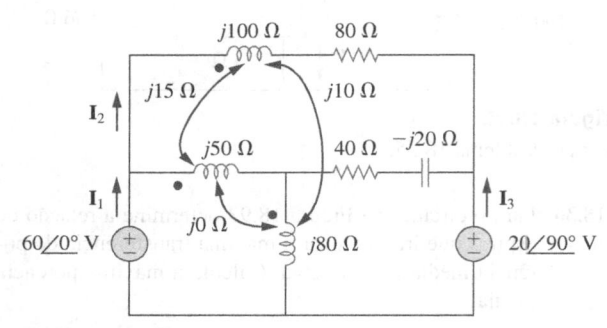

Figura 18.102
Para o Problema 18.50.

18.51 Utilize o PSpice para encontrar I_1, I_2 e I_3 no circuito da Figura 18.103.

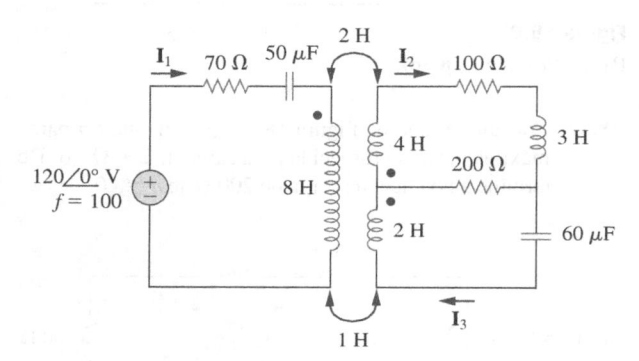

Figura 18.103
Para o Problema 18.51.

18.52 Utilize o PSpice para encontrar V_1, V_2 e I_0 no circuito da Figura 18.104.

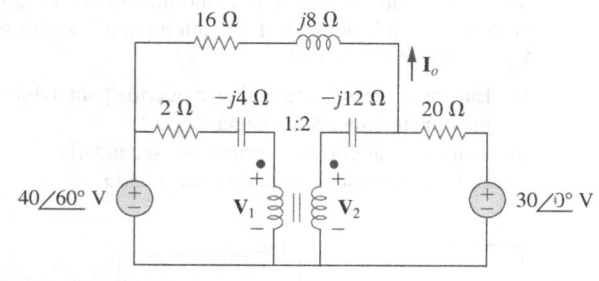

Figura 18.104
Para o Problema 18.52.

Seção 18.8 Aplicações

18.53 Um circuito amplificador estéreo com uma impedância de saída de 7,2 kΩ será casado com um alto-falante com impedância de entrada de 8 Ω por um transformador cujo lado primário possui 3.000 espiras. Calcule o número de espiras requerido pelo lado secundário.

18.54 Um transformador tendo 2.400 espiras no primário e 48 espiras no secundário é utilizado como um dispositivo casador de impedância. Qual é o valor refletido da carga de 3 Ω conectada no secundário?

18.55 Um receptor de rádio possui uma resistência de entrada de 300 Ω. Quando é conectado diretamente a um sistema de antena com impedância de 75 Ω, uma incompatibilidade ocorre. Com a inserção de um transformador casador de impedância à frente do receptor, uma máxima potência pode ser conseguida. Calcule a relação de espiras requerida.

18.56 Um transformador abaixador com uma relação de espiras $n = 0,1$ fornece 12,6 V RMS para uma carga resistiva. Se a corrente primária é 2,5 A RMS, qual potência é entregue para a carga?

18.57 Um transformador de potência de 240/120 V RMS apresenta 10 kVA de potência nominal. Determine a relação de espiras, a corrente no primário e a corrente no secundário.

18.58 Um transformador de 4 kVA, 2400/240 V RMS possui 250 espiras no lado primário, Calcule: (a) a relação de espiras, (b) o número de espiras no lado secundário e (c) as correntes no primário e no secundário.

18.59 Um transformador de distribuição de 2500/240 V RMS possui uma corrente nominal de 75 A. (a) Encontre a potência nominal em kVA e(b) calcule a corrente no secundário.

18.60 Uma linha de transmissão de 4.800 V alimenta um transformador de distribuição com 1.200 espiras no primário e 28 espiras no secundário. Quando uma carga de 10 Ω é conectada ao secundário, encontre: (a) a tensão secundária, (b) as correntes primária e secundária e (c) a potência fornecida para carga.

18.61 Dez lâmpadas em paralelo são alimentadas por um transformador de 7200/120 V como mostrado na Figura 18.105, na qual as lâmpadas são modeladas por resistores de 144 Ω. Encontre: (a) relação de espiras n e (b) a corrente através do enrolamento primário.

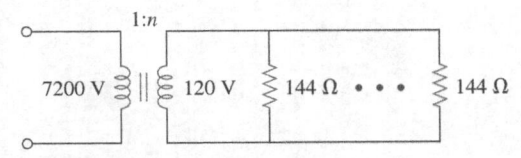

Figura 18.105
Para o Problema 18.61.

18.62 Uma impedância de saída de um amplificador eletrônico é casada com uma carga de 8 Ω. Se o enrolamento secundário possui 80 espiras, quantas espiras o primário deve ter?

18.63 Uma cafeteira europeia opera com uma linha de 240 V (RMS) para obter 940 W. (a) Como você operaria a cafeteria em sua casa com 120 V(RMS)? (b) Encontre a corrente que será consumida da linha de 120 V.

apêndice A

Equações simultâneas e inversão de matriz

Na análise de circuitos, frequentemente encontramos um conjunto de equações simultâneas tendo a forma

$$a_{11}x_1 + a_{12}x_2 + \cdots + a_{1n}x_n = b_1$$
$$a_{21}x_1 + a_{22}x_2 + \cdots + a_{2n}x_n = b_2$$
$$\vdots \qquad \vdots \qquad \vdots$$
$$a_{n1}x_1 + a_{n2}x_2 + \cdots + a_{nn}x_n = b_n$$

(A.1)

em que há n variáveis desconhecidas $x_1, x_2, ..., x_n$ a serem determinadas. A Equação (A.1) pode ser reescrita na forma matricial como

$$\begin{bmatrix} a_{11} & a_{12} & \cdots & a_{1n} \\ a_{21} & a_{22} & \cdots & a_{2n} \\ \vdots & \vdots & \cdots & \vdots \\ a_{n1} & a_{n2} & \cdots & a_{nn} \end{bmatrix} \begin{bmatrix} x_1 \\ x_2 \\ \vdots \\ x_n \end{bmatrix} = \begin{bmatrix} b_2 \\ b_2 \\ \vdots \\ b_n \end{bmatrix}$$

(A.2)

Essa equação matricial pode ser posta na forma compacta como

$$\mathbf{AX} = \mathbf{B}$$

(A.3)

em que

$$\mathbf{A} = \begin{bmatrix} a_{11} & a_{12} & \cdots & a_{1n} \\ a_{21} & a_{22} & \cdots & a_{2n} \\ \vdots & \vdots & \cdots & \vdots \\ a_{n1} & a_{n2} & \cdots & a_{nn} \end{bmatrix}, \quad \mathbf{X} = \begin{bmatrix} x_1 \\ x_2 \\ \vdots \\ x_n \end{bmatrix}, \quad \mathbf{B} = \begin{bmatrix} b_1 \\ b_2 \\ \vdots \\ b_n \end{bmatrix}$$

(A.4)

$\mathbf{A}$ é uma matriz quadrada ($n \times n$), enquanto $\mathbf{X}$ e $\mathbf{B}$ são matrizes colunas.

Existem muitos métodos para resolver a Equação (A.1) ou (A.3). Dentre esses incluem substituição, eliminação de Gauss, regra de Cramer, inversão de matriz e análise numérica.

A.1 Regra de Cramer

Em muitos casos, a regra de Cramer pode ser utilizada para resolver equações simultâneas que encontramos na análise de circuito. A regra de Cramer estabelece que a solução da Equação (A.1) ou (A.3) é

$$\boxed{\begin{aligned} x_1 &= \frac{\Delta_1}{\Delta} \\ x_2 &= \frac{\Delta_2}{\Delta} \\ &\vdots \\ x_n &= \frac{\Delta_n}{\Delta} \end{aligned}}$$

(A.5)

em que Δ's são os determinantes dados por

$$\Delta = \begin{vmatrix} a_{11} & a_{12} & \cdots & a_{1n} \\ a_{21} & a_{22} & \cdots & a_{2n} \\ \vdots & \vdots & \cdots & \vdots \\ a_{n1} & a_{n2} & \cdots & a_{nn} \end{vmatrix}, \quad \Delta_1 = \begin{vmatrix} b_1 & a_{12} & \cdots & a_{1n} \\ b_2 & a_{22} & \cdots & a_{2n} \\ \vdots & \vdots & \cdots & \vdots \\ b_n & a_{n2} & \cdots & a_{nn} \end{vmatrix}$$

$$\Delta_2 = \begin{vmatrix} a_{11} & b_1 & \cdots & a_{1n} \\ a_{21} & b_2 & \cdots & a_{2n} \\ \vdots & \vdots & \cdots & \vdots \\ a_{n1} & b_n & \cdots & a_{nn} \end{vmatrix}, \ldots, \Delta_n = \begin{vmatrix} a_{11} & a_{12} & \cdots & b_1 \\ a_{21} & a_{22} & \cdots & b_2 \\ \vdots & \vdots & \cdots & \vdots \\ a_{n1} & a_{n2} & \cdots & b_n \end{vmatrix}$$

(A.6)

Observe que Δ é o determinante da matriz **A** e Δ_k é o determinante da matriz formada pela substituição da *k-ésima* coluna de **A** por **B**. É evidente da Equação (A.5) que a regra de Cramer é aplicada somente quando $\Delta \neq 0$. Quando $\Delta = 0$, o conjunto de equações não tem solução única, porque as equações são linearmente dependentes.

O valor do determinante Δ, por exemplo, pode ser obtido pela expansão da primeira linha:

$$\Delta = \begin{vmatrix} a_{11} & a_{12} & a_{13} & \cdots & a_{1n} \\ a_{21} & a_{22} & a_{23} & \cdots & a_{2n} \\ a_{31} & a_{32} & a_{33} & \cdots & a_{3n} \\ \vdots & \vdots & \vdots & \cdots & \vdots \\ a_{n1} & a_{n2} & a_{n3} & \cdots & a_{nn} \end{vmatrix}$$

(A.7)

$$= a_{11}M_{11} - a_{12}M_{12} + a_{13}M_{13} + \cdots + (-1)^{1+n}a_{1n}M_{1n}$$

em que M_{ij} é o determinante de uma matriz $(n-1) \times (n-1)$ formada pela eliminação da *i-ésima* linha e *j-ésima* coluna. O valor de Δ pode também ser obtido pela expansão da primeira coluna:

$$\Delta = a_{11}M_{11} - a_{21}M_{21} + a_{31}M_{31} + \cdots + (-1)^{n+1}a_{n1}M_{n1} \quad \text{(A.8)}$$

Agora, desenvolveremos fórmulas específicas para calcular o determinante de matrizes 2×2 e 3×3, devido às suas frequentes ocorrências neste livro. Para uma matriz 2×2,

$$\Delta = \begin{vmatrix} a_{11} & a_{12} \\ a_{21} & a_{22} \end{vmatrix} = a_{11}a_{22} - a_{12}a_{21} \quad \text{(A.9)}$$

Para uma matriz 3×3,

$$\Delta = \begin{vmatrix} a_{11} & a_{12} & a_{13} \\ a_{21} & a_{22} & a_{23} \\ a_{31} & a_{32} & a_{33} \end{vmatrix} = a_{11}(-1)^2\begin{vmatrix} a_{22} & a_{23} \\ a_{32} & a_{33} \end{vmatrix} + a_{21}(-1)^3\begin{vmatrix} a_{12} & a_{13} \\ a_{32} & a_{33} \end{vmatrix}$$

$$+ a_{31}(-1)^4\begin{vmatrix} a_{12} & a_{13} \\ a_{22} & a_{23} \end{vmatrix}$$

(A.10)

$$= a_{11}(a_{22}a_{33} - a_{32}a_{23}) - a_{21}(a_{12}a_{33} - a_{32}a_{13})$$
$$+ a_{31}(a_{12}a_{23} - a_{22}a_{13})$$

Um método alternativo de obter o determinante de uma matriz 3×3 é pela repetição das primeiras duas linhas e multiplicando os termos da diagonal como se segue

$$\Delta = \begin{vmatrix} a_{11} & a_{12} & a_{13} \\ a_{21} & a_{22} & a_{23} \\ a_{31} & a_{32} & a_{33} \\ a_{11} & a_{12} & a_{13} \\ a_{21} & a_{22} & a_{23} \end{vmatrix} \quad (A.11)$$

$$= a_{11}a_{22}a_{33} + a_{21}a_{32}a_{13} + a_{31}a_{12}a_{23} - a_{13}a_{22}a_{31} - a_{23}a_{32}a_{11} - a_{33}a_{12}a_{21}$$

Em resumo:

> a solução de equações lineares simultâneas pela regra de Cramer resume em encontrar
>
> $$x_k = \frac{\Delta_k}{\Delta}, \quad k = 1, 2, \ldots, n \quad (A.12)$$
>
> em que Δ é o determinante da matriz **A** e Δ_k é o determinante da matriz formada pela substituição da *k-ésima* coluna de **A** por **B**.

Você pode achar desnecessário utilizar a regra de Cramer descrita neste apêndice, em virtude da disponibilidade de calculadoras, computadores e softwares, como o MATLAB, o qual, pode ser utilizado facilmente para solucionar sistemas de equações lineares. Mas, no caso de necessitar solucionar o sistema manualmente, o material abordado neste apêndice se torna muito útil. De qualquer forma, é importante conhecer as bases matemáticas utilizadas pelas calculadoras e pelos pacotes de softwares.

Pode-se utilizar outros métodos, tais como inversão de matriz e eliminação. Somente o método de Cramer é abordado aqui em razão de sua simplicidade e também devido à disponibilidade de calculadoras eficazes.

Exemplo A.1

Resolva as equações simultâneas

$$4x_1 - 3x_2 = 17, \qquad -3x_1 + 5x_2 = -21$$

Solução:
O conjunto de equações dado é posto na forma matricial como

$$\begin{bmatrix} 4 & -3 \\ -3 & 5 \end{bmatrix} \begin{bmatrix} x_1 \\ x_2 \end{bmatrix} = \begin{bmatrix} 17 \\ -21 \end{bmatrix}$$

Os determinantes são calculados como

$$\Delta = \begin{vmatrix} 4 & -3 \\ -3 & 5 \end{vmatrix} = 4 \times 5 - (-3)(-3) = 11$$

$$\Delta_1 = \begin{vmatrix} 17 & -3 \\ -21 & 5 \end{vmatrix} = 17 \times 5 - (-3)(-21) = 22$$

$$\Delta_2 = \begin{vmatrix} 4 & 17 \\ -3 & -21 \end{vmatrix} = 4 \times (-21) - 17 \times (-3) = -33$$

Daí,
$$x_1 = \frac{\Delta_1}{\Delta} = \frac{22}{11} = 2, \qquad x_2 = \frac{\Delta_2}{\Delta} = \frac{-33}{11} = -3$$

Problema Prático A.1

Encontre a solução das seguintes equações simultâneas:
$$3x_1 - x_2 = 4, \qquad -6x_1 + 18x_2 = 16$$

Resposta $x_1 = 1{,}833;\ x_2 = 1{,}5$

Exemplo A.2

Determine x_1, x_2 e x_3 para as seguintes equações simultâneas:
$$25x_1 - 5x_2 - 20x_3 = 50$$
$$-5x_1 + 10x_2 - 4x_3 = 0$$
$$-5x_1 - 4x_2 + 9x_3 = 0$$

Solução:
Na forma matricial, o conjunto de equações dado torna-se
$$\begin{bmatrix} 25 & -5 & -20 \\ -5 & 10 & -4 \\ -5 & -4 & 9 \end{bmatrix} \begin{bmatrix} x_1 \\ x_2 \\ x_3 \end{bmatrix} = \begin{bmatrix} 50 \\ 0 \\ 0 \end{bmatrix}$$

Aplicamos a Equação (A.11) para encontrar os determinantes. Isso requer que repitamos as duas primeiras linhas da matriz. Assim,

$$\Delta = \begin{vmatrix} 25 & -5 & -20 \\ -5 & 10 & -4 \\ -5 & -4 & 9 \end{vmatrix}$$

$$= 25(10)9 + (-5)(-4)(-20) + (-5)(-5)(-4)$$
$$- (-20)(10)(-5) - (-4)(-4)25 - 9(-5)(-5)$$
$$= 2.250 - 400 - 100 - 1.000 - 400 - 225 = 125$$

Semelhantemente,

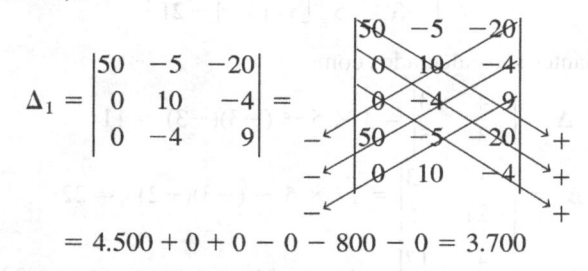

$$\Delta_1 = \begin{vmatrix} 50 & -5 & -20 \\ 0 & 10 & -4 \\ 0 & -4 & 9 \end{vmatrix}$$

$$= 4.500 + 0 + 0 - 0 - 800 - 0 = 3.700$$

$$\Delta_2 = \begin{vmatrix} 25 & 50 & -20 \\ -5 & 0 & -4 \\ -5 & 0 & 9 \end{vmatrix} =$$

$$= 0 + 0 + 1.000 - 0 - 0 + 2.250 = 3.250$$

$$\Delta_3 = \begin{vmatrix} 25 & -5 & 50 \\ -5 & 10 & 0 \\ -5 & -4 & 0 \end{vmatrix} =$$

$$= 0 + 1.000 + 0 + 2.500 - 0 - 0 = 3.500$$

Assim, encontramos

$$x_1 = \frac{\Delta_1}{\Delta} = \frac{3.700}{125} = 29,6$$

$$x_2 = \frac{\Delta_2}{\Delta} = \frac{3.250}{125} = 26$$

$$x_3 = \frac{\Delta_2}{\Delta} = \frac{3.500}{125} = 28$$

Obtenha a solução do conjunto de equações:

Problema Prático A.2

$$3x_1 - x_2 - 2x_3 = 1$$
$$-x_1 + 6x_2 - 3x_3 = 0$$
$$-2x_1 - 3x_2 + 6x_3 = 6$$

Resposta: $x_1 = 3 = x_3; x_2 = 2$.

A.2 Inversão de matriz

O sistema de equações lineares na Equação (A.3) pode ser resolvido pela inversão da matriz. Na equação matricial $\mathbf{AX} = \mathbf{B}$, podemos inverter $\mathbf{A}$ para obter $\mathbf{X}$, i.e.,

$$\mathbf{X} = \mathbf{A}^{-1}\mathbf{B} \tag{A.13}$$

em que $\mathbf{A}^{-1}$ é a inversa de $\mathbf{A}$. A inversão da matriz é necessária em outras aplicações além de sua utilização para resolver um sistema de equações.

Por definição, a inversa da matriz $\mathbf{A}$ satisfaz

$$\mathbf{A}^{-1}\mathbf{A} = \mathbf{A}\mathbf{A}^{-1} = \mathbf{I} \tag{A.14}$$

em que $\mathbf{I}$ é uma matriz identidade. $\mathbf{A}^{-1}$ é dada por

$$\mathbf{A}^{-1} = \frac{\text{adj } \mathbf{A}}{\det \mathbf{A}} \tag{A.15}$$

em que adj $\mathbf{A}$ é a adjunta de $\mathbf{A}$ e det $\mathbf{A} = |\mathbf{A}|$ é o determinante de $\mathbf{A}$. A adjunta de $\mathbf{A}$ é a transposta dos cofatores de $\mathbf{A}$. Suponha que tenhamos uma matriz $\mathbf{A}$ $n \times n$ como

$$\mathbf{A} = \begin{bmatrix} a_{11} & a_{12} & \cdots & a_{1n} \\ a_{21} & a_{22} & \cdots & a_{2n} \\ \vdots & & & \\ a_{n1} & a_{n2} & \cdots & a_{nn} \end{bmatrix} \tag{A.16}$$

Os cofatores de $\mathbf{A}$ são definidos como

$$\mathbf{C} = \text{cof}(\mathbf{A}) = \begin{bmatrix} c_{11} & c_{12} & \cdots & c_{1n} \\ c_{21} & c_{22} & \cdots & c_{2n} \\ \vdots & & & \\ c_{n1} & c_{n2} & \cdots & c_{nn} \end{bmatrix} \tag{A.17}$$

em que o cofator c_{ij} é o produto de $(-1)^{i+j}$ e o determinante da submatriz $(n-1) \times (n-1)$ é obtido pela eliminação da *i-ésima* linha e *j-ésima* coluna de $\mathbf{A}$. Por exemplo, eliminando a primeira linha e a primeira coluna de $\mathbf{A}$ na Equação (A.16), obtemos o cofator c_{11} como

$$c_{11} = (-1)^2 \begin{vmatrix} a_{22} & a_{23} & \cdots & a_{2n} \\ a_{32} & a_{33} & \cdots & a_{3n} \\ \vdots & & & \\ a_{n2} & a_{n3} & \cdots & a_{nn} \end{vmatrix} \tag{A.18}$$

Uma vez que os cofatores foram encontrados, a adjunta de A é obtida como

$$\text{adj}(\mathbf{A}) = \begin{bmatrix} c_{11} & c_{12} & \cdots & c_{1n} \\ c_{21} & c_{22} & \cdots & c_{2n} \\ \vdots & & & \\ c_{n1} & c_{n2} & \cdots & c_{nn} \end{bmatrix}^T = \mathbf{C}^T \tag{A.19}$$

em que T denota a transposta.

Além de usar os cofatores para encontrar a adjunta de $\mathbf{A}$, eles também podem ser utilizados para encontrar o determinante de $\mathbf{A}$, o qual é dado por

$$|\mathbf{A}| = \sum_{j=1}^{n} a_{ij} c_{ij} \tag{A.20}$$

em que i é sempre um valor de 1 a n. Substituindo as Equações (A.19) e (A.20) na Equação (A.15), obtemos a inversa de $\mathbf{A}$ como

$$\boxed{\mathbf{A}^{-1} = \frac{\mathbf{C}^T}{|\mathbf{A}|}} \tag{A.21}$$

Para uma matriz 2×2, se

$$\mathbf{A} = \begin{bmatrix} a & b \\ c & d \end{bmatrix} \tag{A.22}$$

sua inversa é

$$\mathbf{A}^{-1} = \frac{1}{|\mathbf{A}|} \begin{bmatrix} d & -b \\ -c & a \end{bmatrix} = \frac{1}{ad - bc} \begin{bmatrix} d & -b \\ -c & a \end{bmatrix} \quad \text{(A.23)}$$

Para uma matriz 3 × 3, se

$$\mathbf{A} = \begin{bmatrix} a_{11} & a_{12} & a_{13} \\ a_{21} & a_{22} & a_{23} \\ a_{31} & a_{32} & a_{33} \end{bmatrix} \quad \text{(A.24)}$$

primeiro, obtemos os cofatores como

$$\mathbf{C} = \begin{bmatrix} c_{11} & c_{12} & c_{13} \\ c_{21} & c_{22} & c_{23} \\ c_{31} & c_{32} & c_{33} \end{bmatrix} \quad \text{(A.25)}$$

em que

$$c_{11} = \begin{vmatrix} a_{22} & a_{23} \\ a_{32} & a_{33} \end{vmatrix}, \quad c_{12} = -\begin{vmatrix} a_{21} & a_{23} \\ a_{31} & a_{33} \end{vmatrix}, \quad c_{13} = \begin{vmatrix} a_{21} & a_{22} \\ a_{31} & a_{32} \end{vmatrix},$$

$$c_{21} = -\begin{vmatrix} a_{12} & a_{13} \\ a_{32} & a_{33} \end{vmatrix}, \quad c_{22} = \begin{vmatrix} a_{11} & a_{13} \\ a_{31} & a_{33} \end{vmatrix}, \quad c_{23} = -\begin{vmatrix} a_{11} & a_{12} \\ a_{31} & a_{32} \end{vmatrix}, \quad \text{(A.26)}$$

$$c_{31} = \begin{vmatrix} a_{12} & a_{13} \\ a_{22} & a_{23} \end{vmatrix}, \quad c_{32} = -\begin{vmatrix} a_{11} & a_{13} \\ a_{21} & a_{23} \end{vmatrix}, \quad c_{33} = \begin{vmatrix} a_{11} & a_{12} \\ a_{21} & a_{22} \end{vmatrix}$$

O determinante da matriz 3 × 3 pode ser encontrado utilizando a Equação (A.11). Aqui, queremos usar a Equação (A.20), i.e.,

$$|\mathbf{A}| = a_{11}c_{11} + a_{12}c_{12} + a_{13}c_{13} \quad \text{(A.27)}$$

A ideia pode ser estendida para $n > 3$, mas lidamos principalmente com matrizes 2 × 2 e 3 × 3 neste livro.

Exemplo A.3

Utilize a inversão de matriz para resolver as equações simultâneas
$$2x_1 + 10x_2 = 2, \quad -x_1 + 3x_2 = 7$$

Solução:
Primeiro, expressamos as duas equações na forma matricial como

$$\begin{bmatrix} 2 & 10 \\ -1 & 3 \end{bmatrix} \begin{bmatrix} x_1 \\ x_2 \end{bmatrix} = \begin{bmatrix} 2 \\ 7 \end{bmatrix}$$

ou

$$\mathbf{AX} = \mathbf{B} \longrightarrow \mathbf{X} = \mathbf{A}^{-1}\mathbf{B}$$

em que

$$\mathbf{A} = \begin{bmatrix} 2 & 10 \\ -1 & 3 \end{bmatrix}, \quad \mathbf{X} = \begin{bmatrix} x_1 \\ x_2 \end{bmatrix}, \quad \mathbf{B} = \begin{bmatrix} 2 \\ 7 \end{bmatrix}$$

O determinante de $\mathbf{A}$ é $|\mathbf{A}| = 2 \times 3 - 10(-1) = 16$, então, a inversa de $\mathbf{A}$ é

$$\mathbf{A}^{-1} = \frac{1}{16} \begin{bmatrix} 3 & -10 \\ 1 & 2 \end{bmatrix}$$

Então,

$$\mathbf{X} = \mathbf{A}^{-1}\mathbf{B} = \frac{1}{16}\begin{bmatrix} 3 & -10 \\ 1 & 2 \end{bmatrix}\begin{bmatrix} 2 \\ 7 \end{bmatrix} = \frac{1}{16}\begin{bmatrix} -64 \\ 16 \end{bmatrix} = \begin{bmatrix} -4 \\ 1 \end{bmatrix}$$

que é, $x_1 = -4$ e $x_2 = 1$.

Problema Prático A.3

Resolva as seguintes equações por inversão de matriz.
$$2y_1 - y_2 = 4, \quad y_1 + 3y_2 = 9$$

Resposta: $y_1 = 3; y_2 = 2$.

Exemplo A.4

Determine x_1, x_2 e x_3 para as seguintes equações simultâneas utilizando inversão de matriz.

$$x_1 + x_2 + x_3 = 5$$
$$-x_1 + 2x_2 = 9$$
$$4x_1 + x_2 - x_3 = -2$$

Solução:
Na forma matricial, as equações se tornam

$$\begin{bmatrix} 1 & 1 & 1 \\ -1 & 2 & 0 \\ 4 & 1 & -1 \end{bmatrix}\begin{bmatrix} x_1 \\ x_2 \\ x_3 \end{bmatrix} = \begin{bmatrix} 5 \\ 9 \\ -2 \end{bmatrix}$$

ou

$$\mathbf{AX} = \mathbf{B} \longrightarrow \mathbf{X} = \mathbf{A}^{-1}\mathbf{B}$$

em que

$$\mathbf{A} = \begin{bmatrix} 1 & 1 & 1 \\ -1 & 2 & 0 \\ 4 & 1 & -1 \end{bmatrix}, \quad \mathbf{X} = \begin{bmatrix} x_1 \\ x_2 \\ x_3 \end{bmatrix}, \quad \mathbf{B} = \begin{bmatrix} 5 \\ 9 \\ -2 \end{bmatrix}$$

Agora, encontramos os cofatores

$$c_{11} = \begin{vmatrix} 2 & 0 \\ 1 & -1 \end{vmatrix} = -2, \quad c_{12} = -\begin{vmatrix} -1 & 0 \\ 4 & -1 \end{vmatrix} = -1, \quad c_{13} = \begin{vmatrix} -1 & 2 \\ 4 & 1 \end{vmatrix} = -9$$

$$c_{21} = -\begin{vmatrix} 1 & 1 \\ 1 & -1 \end{vmatrix} = 2, \quad c_{22} = \begin{vmatrix} 1 & 1 \\ 4 & -1 \end{vmatrix} = -5, \quad c_{23} = -\begin{vmatrix} 1 & 1 \\ 4 & 1 \end{vmatrix} = 3$$

$$c_{31} = \begin{vmatrix} 1 & 1 \\ 2 & 0 \end{vmatrix} = -2, \quad c_{32} = -\begin{vmatrix} 1 & 1 \\ -1 & 0 \end{vmatrix} = -1, \quad c_{33} = \begin{vmatrix} 1 & 1 \\ -1 & 2 \end{vmatrix} = 3$$

A matriz adjunta de $\mathbf{A}$ é

$$\text{adj } \mathbf{A} = \begin{bmatrix} -2 & -1 & -9 \\ 2 & -5 & 3 \\ -2 & -1 & 3 \end{bmatrix}^T = \begin{bmatrix} -2 & 2 & -2 \\ -1 & -5 & -1 \\ -9 & 3 & 3 \end{bmatrix}$$

Podemos encontrar o determinante de $\mathbf{A}$ utilizando qualquer linha ou coluna de $\mathbf{A}$. Como um elemento da segunda linha é zero, podemos aproveitar isso para encontrar o determinante como

$$|\mathbf{A}| = -1c_{21} + 2c_{22} + (0)c_{23} = -1(2) + 2(-5) = -12$$

Assim, a inversa de **A** é

$$\mathbf{A}^{-1} = \frac{1}{-12}\begin{bmatrix} -2 & 2 & -2 \\ -1 & -5 & -1 \\ -9 & 3 & 3 \end{bmatrix}$$

$$\mathbf{X} = \mathbf{A}^{-1}\mathbf{B} = \frac{1}{-12}\begin{bmatrix} -2 & 2 & -2 \\ -1 & -5 & -1 \\ -9 & 3 & 3 \end{bmatrix}\begin{bmatrix} 5 \\ 9 \\ -2 \end{bmatrix} = \begin{bmatrix} -1 \\ 4 \\ 2 \end{bmatrix}$$

isto é, $x_1 = -1, x_2 = 4, x_3 = 2$.

Problema Prático A.4

Resolva as seguintes equações utilizando inversão de matriz

$$y_1 - y_3 = 1$$
$$2y_1 + 3y_2 - y_3 = 1$$
$$y_1 - y_2 - y_3 = 3$$

Resposta: $y_1 = 6;\ y_2 = -2;\ y_3 = 5$.

apêndice B
Números complexos

A habilidade de lidar com números complexos é muito útil em análise de circuitos e em engenharia elétrica em geral. Os números complexos são, em particular, úteis na análise de circuitos CA. Novamente, embora calculadoras e programas computacionais estejam agora disponíveis para lidar com números complexos, é ainda aconselhável para o aluno estar familiarizado com como lidar com números complexos manualmente.

B.1 Representação dos números complexos

Um número complexo z pode ser escrito na forma *retangular* como

$$z = x + jy \tag{B.1}$$

em que $j = \sqrt{-1}$; x é a parte real de z, enquanto y é a parte imaginária de z; isto é,

$$x = \text{Re}(z), \quad y = \text{Im}(z) \tag{B.2}$$

O número complexo z é mostrado no plano complexo na Figura B.1. Como $j = \sqrt{-1}$,

$$\begin{aligned}\frac{1}{j} &= -j \\ j^2 &= -1 \\ j^3 &= j \cdot j^2 = -j \\ j^4 &= j^2 \cdot j^2 = 1 \\ j^5 &= j \cdot j^4 = j \\ &\vdots \\ j^{n+4} &= j^n \end{aligned} \tag{B.3}$$

O plano complexo se parece com espaço bidimensional de coordenadas curvilíneas, mas não é.

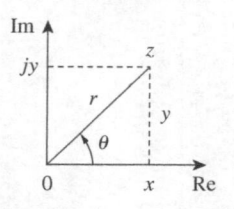

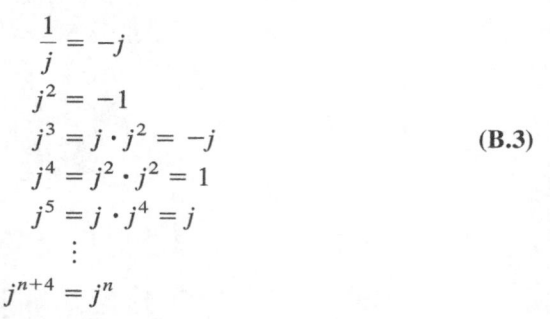

Figura B.1
Representação gráfica de um número complexo.

Uma segunda forma de representar o número complexo z é especificando sua magnitude r e o ângulo de fase θ que ele forma com o eixo real, como na Figura B.1. Isso é conhecido como forma *polar*, a qual é dada por

$$z = |z|\underline{/\theta} = r\underline{/\theta} \tag{B.4}$$

em que

$$r = \sqrt{x^2 + y^2}, \quad \theta = \text{tg}^{-1}\frac{y}{x} \tag{B.5a}$$

ou

$$x = r\cos\theta, \quad y = r\,\text{sen}\,\theta \tag{B.5b}$$

isto é,

$$z = x + jy = r\underline{/\theta} = r\cos\theta + jr\,\text{sen}\,\theta \quad \text{(B.6)}$$

Na conversão da forma retangular para a forma polar utilizando a Equação (B.5), devemos ter o cuidado em determinar o valor correto de θ. Existem quatro possibilidades:

$$z = x + jy, \qquad \theta = \text{tg}^{-1}\frac{y}{x} \qquad \text{(1º quadrante)}$$

$$z = -x + jy, \qquad \theta = 180° - \text{tg}^{-1}\frac{y}{x} \qquad \text{(2º quadrante)}$$

$$z = -x - jy, \qquad \theta = 180° + \text{tg}^{-1}\frac{y}{x} \qquad \text{(3º quadrante)} \quad \text{(B.7)}$$

$$z = x - jy, \qquad \theta = 360° - \text{tg}^{-1}\frac{y}{x} \qquad \text{(4º quadrante)}$$

Assumindo que x e y são positivos.

A terceira maneira de representar o número complexo z é a forma *exponencial*:

$$z = re^{j\theta} \quad \text{(B.8)}$$

Isso é o mesmo que a forma polar porque utilizamos a mesma magnitude r e o ângulo θ.

As três formas de representação de um número complexo são resumidas como segue:

Na forma exponencial, $z = re^{j\theta}$, tal que $dz/d\theta = jre^{j\theta} = jz$

$$\boxed{\begin{array}{ll} z = x + jy, \quad (x = r\cos\theta, y = r\,\text{sen}\,\theta) & \text{Forma retangular} \\[4pt] z = r\underline{/\theta}, \quad \left(r = \sqrt{x^2 + y^2},\, \theta = \text{tg}^{-1}\dfrac{y}{x}\right) & \text{Forma polar} \\[4pt] z = re^{j\theta}, \quad \left(r = \sqrt{x^2 + y^2},\, \theta = \text{tg}^{-1}\dfrac{y}{x}\right) & \text{Forma exponencial} \end{array}} \quad \text{(B.9)}$$

Exemplo B.1

Expresse os seguintes números complexos na forma polar e exponencial:
(a) $z_1 = 6 + j8$, (b) $z_2 = 6 - j8$, (c) $z_3 = -6 + j8$, (d) $z_4 = -6 - j8$.

Solução:
Observe que escolhemos intencionalmente esses números complexos para ficarem nos quatro quadrantes, conforme mostrado na Figura B.2.

(a) Para $z_1 = 6 + j8$ (1º quadrante),

$$r_1 = \sqrt{6^2 + 8^2} = 10, \qquad \theta_1 = \text{tg}^{-1}\frac{8}{6} = 53{,}13°$$

Daí, a forma polar é $10\underline{/53{,}13°}$, e a forma exponencial é $10e^{j53{,}13°}$.

(b) Para $z_2 = 6 - j8$ (4º quadrante),

$$r_2 = \sqrt{6^2 + (-8)^2} = 10, \qquad \theta_2 = 360° - \text{tg}^{-1}\frac{8}{6} = 306{,}87°$$

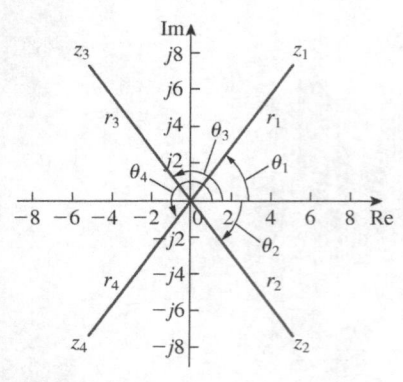

Figura B.2
Para o Exemplo B.1.

de modo que a forma polar é $10\underline{/306,87°}$ e a forma exponencial é $10e^{j306,87°}$. O ângulo θ_2 pode também ser $-53,13°$, conforme mostrado na Figura B.2, de modo que a forma polar se torna $10\underline{/-53,13°}$ e a forma exponencial se torna $10e^{-j53,13°}$.

(c) Para $z_3 = -6 + j8$ (2° quadrante),

$$r_3 = \sqrt{(-6)^2 + 8^2} = 10, \qquad \theta_3 = 180° - \text{tg}^{-1}\frac{8}{6} = 126,87°$$

Assim, a forma polar é $10\underline{/126,87°}$, e a forma exponencial é $10e^{j126,87°}$.

(d) Para $z_4 = -6 - j8$ (3° quadrante),

$$r_4 = \sqrt{(-6)^2 + (-8)^2} = 10, \qquad \theta_4 = 180° + \text{tg}^{-1}\frac{8}{6} = 233,13°$$

de modo que a forma polar é $10\underline{/233,13°}$, e a forma exponencial é $10e^{j233,13°}$.

Problema Prático B.1

Converta os seguintes números complexos para as formas polar e exponencial:
(a) $z_1 = 3 - j4$; (b) $z_2 = 5 + j12$, (c) $z_3 = -3 - j9$; (d) $z_4 = -7 + j$.

Resposta: (a) $5\underline{/306,9°}$, $5e^{j306,9°}$; (b) $13\underline{/67,38°}$, $13e^{j67,38°}$; (c) $9,487\underline{/251,6°}$, $9,487e^{j251,6°}$; (d) $7,071\underline{/171,9°}$, $7,071e^{j171,9°}$

Exemplo B.2

Converta os seguintes números complexos para a forma polar: (a) $12\underline{/-60°}$, (b) $-50\underline{/285°}$, (c) $8e^{j10°}$, (d) $20e^{-j\pi/3}$.

Solução:
(a) Utilizando a Equação (B.6),

$$12\underline{/-60°} = 12\cos(-60°) + j12\,\text{sen}(-60°) = 6 - j10,39$$

Observe que $\theta = -60°$ é igual a $\theta = 360° - 60° = 300°$.

(b) Podemos escrever

$$-50\underline{/285°} = -50\cos 285° - j50\,\text{sen}\,285° = -12,94 + j48,3$$

(c) Semelhantemente,

$$8e^{j10°} = 8\cos 10° + j8\,\text{sen}\,10° = 7,878 + j1,389$$

(d) Finalmente,

$$20e^{-j\pi/3} = 20\cos(-\pi/3) + j20\,\text{sen}(-\pi/3) = 10 - j17,32$$

Problema Prático B.2

Encontre a forma retangular dos seguintes números complexos: (a) $-8\underline{/210°}$, (b) $40\underline{/305°}$, (c) $10e^{-j30°}$, (d) $50e^{j\pi/2}$.

Resposta: (a) $6,928 + j4$; (b) $22,94 - j32,77$; (c) $8,66 - j5$; (d) $j50$

B.2 Operações matemáticas

Dois números complexos $z_1 = x_1 + jy_1$ e $z_2 = x_2 + jy_2$ são iguais se e somente se suas partes reais e imaginárias são iguais.

$$x_1 = x_2, \qquad y_1 = y_2 \tag{B.10}$$

O complexo conjugado do número complexo $z = x + jy$ é

$$z^* = x - jy = r\underline{/-\theta} = re^{-j\theta} \tag{B.11}$$

Assim, o complexo conjugado de um número complexo é encontrado pela substituição de j por $-j$.

Dado dois números complexos $z_1 = x_1 + jy_1 = r_1\underline{/\theta_1}$ e $z_2 = x_2 + jy_2 = r_2\underline{/\theta_2}$, a soma deles é

$$z_1 + z_2 = (x_1 + x_2) + j(y_1 + y_2) \tag{B.12}$$

e a diferença é

$$z_1 - z_2 = (x_1 - x_2) + j(y_1 - y_2) \tag{B.13}$$

Enquanto é mais conveniente realizar a adição e a subtração de números complexos na forma retangular, o produto e o quociente de dois números complexos são mais bem feitos na forma polar ou exponencial. Para o produto,

$$z_1 z_2 = r_1 r_2 \underline{/\theta_1 + \theta_2} \tag{B.14}$$

Alternativamente, utilizando a forma retangular,

$$\begin{aligned} z_1 z_2 &= (x_1 + jy_1)(x_2 + jy_2) \\ &= (x_1 x_2 - y_1 y_2) + j(x_1 y_2 + x_2 y_1) \end{aligned} \tag{B.14}$$

Para o quociente,

$$\frac{z_1}{z_2} = \frac{r_1}{r_2} \underline{/\theta_1 - \theta_2} \tag{B.16}$$

Alternativamente, utilizando a forma retangular,

$$\frac{z_1}{z_2} = \frac{x_1 + jy_1}{x_2 + jy_2} \tag{B.17}$$

Racionalizamos o denominador multiplicando tanto o numerador quanto o denominador por z_2^*.

$$\frac{z_1}{z_2} = \frac{(x_1 + jy_1)(x_2 - jy_2)}{(x_2 + jy_2)(x_2 - jy_2)} = \frac{x_1 x_2 + y_1 y_2}{x_2^2 + y_2^2} + j\frac{x_2 y_1 - x_1 y_2}{x_2^2 + y_2^2} \tag{B.18}$$

Utilizamos a notação sem negrito para os números complexos – porque eles não são dependentes do tempo ou da frequência – enquanto utilizamos a notação em negrito para fasores.

Exemplo B.3

Se $A = 2 + j5$; $B = 4 - j6$, encontre: (a) $A^*(A + B)$, (b) $(A + B)/(A - B)$.

Solução:

(a) Se $A = 2 + j5$, então $A^* = 2 - j5$ e

$$A + B = (2 + 4) + j(5 - 6) = 6 - j$$

de modo que

$$A^*(A + B) = (2 - j5)(6 - j) = 12 - j2 - j30 - 5 = 7 - j32$$

(b) Semelhantemente,
$$A - B = (2 - 4) + j(5 - -6) = -2 + j11$$

Então,
$$\frac{A + B}{A - B} = \frac{6 - j}{-2 + j11} = \frac{(6 - j)(-2 - j11)}{(-2 + j11)(-2 - j11)}$$
$$= \frac{-12 - j66 + j2 - 11}{(-2)^2 + 11^2} = \frac{-23 - j64}{125} = -0{,}184 - j0{,}512$$

Problema Prático B.3

Dado que $C = -3 + j7$ e $D = 8 + j$, calcule:
(a) $(C - D^*)(C + D)$, (b) D^2/C^*, (c) $2CD/(C + D)$

Resposta: (a) $-103 - j26$; (b) $-5{,}19 + j6{,}776$; (c) $6{,}045 + j11{,}53$

Exemplo B.4

Calcule:

(a) $\dfrac{(2 + j5)(8e^{j10°})}{2 + j4 + 2\underline{/-40°}}$ (b) $\dfrac{j(3 - j4)^*}{(-1 + j6)(2 + j)^2}$

Solução:
(a) Como existem termos na forma polar e exponencial, pode ser melhor expressar todos os termos na forma polar:
$$2 + j5 = \sqrt{2^2 + 5^2}\underline{/\text{tg}^{-1}5/2} = 5{,}385\underline{/68{,}2°}$$
$$(2 + j5)(8e^{j10°}) = (5{,}385\underline{/68{,}2°})(8\underline{/10°}) = 43{,}08\underline{/78{,}2°}$$
$$2 + j4 + 2\underline{/-40°} = 2 + j4 + 2\cos(-40°) + j2\,\text{sen}(-40°)$$
$$= 3{,}532 + j2{,}714 = 4{,}454\underline{/37{,}54°}$$

Assim,
$$\frac{(2 + j5)(8e^{j10°})}{2 + j4 + 2\underline{/-40°}} = \frac{43{,}08\underline{/78{,}2°}}{4{,}454\underline{/37{,}54°}} = 9{,}672\underline{/40{,}66°}$$

(b) Podemos calculá-los na forma retangular porque todos os termos estão nessa forma. Mas
$$j(3 - j4)^* = j(3 + j4) = -4 + j3$$
$$(2 + j)^2 = 4 + j4 - 1 = 3 + j4$$
$$(-1 + j6)(2 + j)^2 = (-1 + j6)(3 + j4) = -3 - 4j + j18 - 24$$
$$= -27 + j14$$

Então,
$$\frac{j(3 - j4)^*}{(-1 + j6)(2 + j)^2} = \frac{-4 + j3}{-27 + j14} = \frac{(-4 + j3)(-27 - j14)}{27^2 + 14^2}$$
$$= \frac{108 + j56 - j81 + 42}{925} = 0{,}1622 - j0{,}027$$

Calcule essas frações complexas:

Problema Prático B.4

(a) $\dfrac{6\underline{/30°} + j5 - 3}{-1 + j + 2e^{j45°}}$ (b) $\left[\dfrac{(15 - j7)(3 + j2)^*}{(4 + j6)^*(3\underline{/70°})}\right]^*$

Resposta: (a) $3{,}387\underline{/-5{,}615°}$; (b) $2{,}759\underline{/-287{,}6°}$

B.3 Fórmula de Euler

A fórmula de Euler é um resultado importante em variáveis complexas. Ela é derivada da expansão em série de Taylor de e^x, $\cos\theta$ e $\sen\theta$. Sabemos que

$$e^x = 1 + x + \frac{x^2}{2!} + \frac{x^3}{3!} + \frac{x^4}{4!} + \cdots \qquad \text{(B.19)}$$

Substituindo x por $j\theta$, tem-se

$$e^{j\theta} = 1 + j\theta - \frac{\theta^2}{2!} - j\frac{\theta^3}{3!} + \frac{\theta^4}{4!} + \cdots \qquad \text{(B.20)}$$

Também,

$$\cos\theta = 1 - \frac{\theta^2}{2!} + \frac{\theta^4}{4!} - \frac{\theta^6}{6!} + \cdots$$

$$\sen\theta = \theta - \frac{\theta^3}{3!} + \frac{\theta^5}{5!} - \frac{\theta^7}{7!} + \cdots \qquad \text{(B.21)}$$

de modo que

$$\cos\theta + j\sen\theta = 1 + j\theta - \frac{\theta^2}{2!} - j\frac{\theta^3}{3!} + \frac{\theta^4}{4!} + j\frac{\theta^5}{5!} - \cdots \qquad \text{(B.22)}$$

Comparando as Equações (B.20) e (B.22), concluímos que

$$\boxed{e^{j\theta} = \cos\theta + j\sen\theta} \qquad \text{(B.23)}$$

Isso é conhecido como fórmula de Euler. A forma exponencial de representar um número complexo como na Equação (B.8) é baseada na fórmula de Euler. Da Equação (B.23), observe que

$$\boxed{\cos\theta = \text{Re}(e^{j\theta}), \qquad \sen\theta = \text{Im}(e^{j\theta})} \qquad \text{(B.24)}$$

e que

$$|e^{j\theta}| = \sqrt{\cos^2\theta + \sen^2\theta} = 1$$

Substituindo θ por $-\theta$ na Equação (B.23), obtém-se

$$e^{-j\theta} = \cos\theta - j\sen\theta \qquad \text{(B.25)}$$

Adicionando as Equações (B.23) e (B.25), tem-se

$$\boxed{\cos\theta = \frac{1}{2}(e^{j\theta} + e^{-j\theta})} \qquad \text{(B.26)}$$

Subtraindo a Equação (B.25) da Equação (B.23), tem-se

$$\operatorname{sen}\theta = \frac{1}{2j}(e^{j\theta} - e^{-j\theta}) \qquad \text{(B.27)}$$

Identidades úteis

As seguintes identidades são úteis para lidar com números complexos. Se $z = x + jy = r\underline{/\theta}$, então

$$zz^* = x^2 + y^2 = r^2 \qquad \text{(B.28)}$$

$$\sqrt{z} = \sqrt{x+jy} = \sqrt{re^{j\theta/2}} = \sqrt{r}\underline{/\theta/2} \qquad \text{(B.29)}$$

$$z^n = (x+jy)^n = r^n\underline{/n\theta} = r^n e^{jn\theta} = r^n(\cos n\theta + j\operatorname{sen} n\theta) \qquad \text{(B.30)}$$

$$z^{1/n} = (x+jy)^{1/n} = r^{1/n}\underline{/\theta/n + 2\pi k/n} \qquad \text{(B.31)}$$
$$k = 0, 1, 2, \ldots, n-1$$

$$\ln(re^{j\theta}) = \ln r + \ln e^{j\theta} = \ln r + j\theta + j2k\pi \qquad \text{(B.32)}$$
$$(k = \text{inteiro})$$

$$\begin{aligned}
\frac{1}{j} &= -j \\
e^{\pm j\pi} &= -1 \\
e^{\pm j2\pi} &= 1 \\
e^{j\pi/2} &= j \\
e^{-j\pi/2} &= -j
\end{aligned} \qquad \text{(B.33)}$$

$$\begin{aligned}
\operatorname{Re}(e^{(\alpha+j\omega)t}) &= \operatorname{Re}(e^{\alpha t}e^{j\omega t}) = e^{\alpha t}\cos\omega t \\
\operatorname{Im}(e^{(\alpha+j\omega)t}) &= \operatorname{Im}(e^{\alpha t}e^{j\omega t}) = e^{\alpha t}\operatorname{sen}\omega t
\end{aligned} \qquad \text{(B.34)}$$

Exemplo B.5

Se $A = 6 + j8$, encontre: (a) $\sqrt{A}$, (b) A^4.

Solução:
(a) Primeiro, converta **A** para a forma polar:

$$r = \sqrt{6^2 + 8^2} = 10, \qquad \theta = \operatorname{tg}^{-1}\frac{8}{6} = 53{,}13°, \qquad A = 10\underline{/53{,}13°}$$

Então,

$$\sqrt{A} = \sqrt{10}\underline{/53{,}13°/2} = 3{,}162\underline{/26{,}56°}$$

(b) Como $A = 10\underline{/53{,}13°}$,
$$A^4 = r^4\underline{/4\theta} = 10^4\underline{/4 \times 53{,}13°} = 10.000\underline{/212{,}52°}$$

Problema Prático B.5

Se $A = 3 - j4$, encontre: (a) $A^{1/3}$ (raiz cúbica) e (b) $\ln A$.

Resposta: (a) $1{,}71\underline{/102{,}3°}$, $1{,}71\underline{/222{,}3°}$, $1{,}71\underline{/342{,}3°}$;
(b) $1{,}609 + j5{,}356 + j2n\pi$ $(n = 0, 1, 2, \ldots)$

apêndice E

MATLAB

O MATLAB tornou-se uma poderosa ferramenta de profissionais técnicos em todo o mundo. O termo MATLAB é uma abreviação para Matrix LABoratory, implicando que o MATLAB é uma ferramenta computacional que utiliza matrizes e vetores para realizar análises numéricas, processamento de sinais e tarefas científicas. Como o MATLAB utiliza matrizes como seus blocos fundamentais, expressões matemáticas envolvendo matrizes podem ser escritas simplesmente como se escreve no papel. O MATLAB está disponível para os sistemas operacionais Macintosh, Unix e Windows. Uma versão para estudante do MATLAB está disponível para computadores pessoais (PC). Uma cópia do MATLAB pode ser obtida de

The Mathworks, Inc.
3 Apple Hill Drive
Natick, MA 01760-2098
Tel.: (508) 647-7000
Website: http://www.mathworks.com

Uma breve introdução ao MATLAB é apresentada neste apêndice, sendo suficiente para resolver os problemas neste livro. Mais a respeito do MATLAB pode ser encontrado em livros sobre MATLAB e na ajuda *online*. A melhor forma de aprender o MATLAB é utilizando-o após ter aprendido o básico.

E.1   Fundamentos do MATLAB

A janela de comando (*Command window*) é primeira área onde você interage com o MATLAB. Posteriormente, aprenderemos como utilizar o editor de texto para criar arquivos M "*.m", os quais permitem a execução de uma sequência de comandos. Por enquanto, focamos em como trabalhar com a janela de comando. Primeiramente, aprendemos como utilizar o MATLAB como uma calculadora.

Utilizando o MATLAB como uma calculadora

Os seguintes operadores algébricos são utilizados no MATLAB:

+ Adição
− Subtração
* Multiplicação
∧ Exponenciação
/ Divisão à direta (a/b significa $a \div b$)
\ Divisão à esquerda (a\b significa $b \div a$)

Para começar a trabalhar com o MATLAB, utilizaremos esses operadores. Digitamos os comandos no *prompt* do MATLAB ">>" na janela de comando (corrigimos qualquer erro desfazendo o que foi digitado, e pressionamos a tecla Enter. Por exemplo,

```
>> a = 2; b = 4; c = -6;
>> dat = b^2 - 4*a*c
dat =
    64
>> e = sqrt(dat)/10
e =
    0.8000
```

O primeiro comando atribui os valores 2, 4 e −6 às variáveis a, b e c, respectivamente. O MATLAB não responde, pois essa linha termina com um ponto e vírgula. O segundo comando define *dat* igual a $b^2 - 4ac$ e o MATLAB retorna a resposta 64. Finalmente, a terceira linha define *e* igual à raiz quadrada de *dat* é divide por 10. O MATLAB imprime a resposta 0,8. Outras funções matemáticas, listadas na Tabela E.1, podem ser utilizadas de forma semelhante à função *sqrt* utilizada aqui. A Tabela E.1 fornece apenas uma pequena amostra das funções do MATLAB. Outras funções podem ser obtidas da ajuda *online*. Para obter ajuda, digite

```
>> help
```

Uma lista de tópicos aparecerá. Para um tópico específico, digite o nome do comando. Por exemplo, para obter ajuda sobre "log na base 2", digite

```
>> help log2
    Tente os seguintes exemplos
>> 3^(log10(25.6))
>> y = 2*sin(pi/3)
>> exp(y+4-1)
```

TABELA E.1 Funções elementares típicas

Função	Comentário
abs(x)	Valor absoluto ou a magnitude de um complexo x
acos, acosh(x)	Funções inversas do cosseno e do cosseno hiperbólico de x, em radianos
acot, acoth(x)	Funções inversas da cotangente e da cotangente hiperbólica de x, em radianos
angle(x)	Ângulo de fase (em radianos) de um número complexo x
asin, asinh(x)	Funções inversas do seno e do seno hiperbólico de x
atan, atanh(x)	Funções inversas da tangente e da tangente hiperbólica de x, em radianos
conj(x)	Conjugado complexo de x
cos, cosh(x)	Cosseno e cosseno hiperbólico de x, em radianos
cot, coth(x)	Cotangente e cotangente hiperbólica de x, em radianos
exp(x)	Exponencial de x
fix	Arredonda em direção a zero
imag(x)	Parte imaginária de um número complexo x
log(x)	Logaritmo natural de x
log2(x)	Logaritmo de x na base 2
log10(x)	Logaritmo comum (base 10) de x
real(x)	Parte real de um número complexo x
sin, sinh(x)	Seno e seno hiperbólico de x
sqrt(x)	Raiz quadrada de x
tan, tanh	Tangente e tangente hiperbólica de x

Além de operar com funções matemáticas, o MATLAB permite trabalhar facilmente com vetores e matrizes. Um vetor é uma matriz especial com uma coluna ou uma linha. Por exemplo,

```
>> a = [1 -3 6 10 -8 11 14];
```

é um vetor linha. Definir uma matriz é semelhante a definir um vetor. Por exemplo, uma matriz 3 × 3 é inserida como

```
>> A = [1 2 3; 4 5 6; 7 8 9]
```

ou

```
>> A = [1 2 3
        4 5 6
        7 8 9]
```

Além das operações aritméticas que podem ser realizadas em uma matriz, as operações na Tabela E.2 podem ser usadas.

Utilizando as operações na Tabela E.2, podemos manipular matrizes como se segue:

```
>> B = A'
B =
     1    4    7
     2    5    8
     3    6    9
>> C = A + B
C =
     2    6   10
     6   10   14
    10   14   18
>> D = A^3 - B*C
D =
   372   432   492
   948  1131  1314
  1524  1830  2136
>> e = [1 2; 3 4]
e =
     1    2
     3    4
>> f = det(e)
f =
    -2
>> g = inv(e)
g =
   -2.0000  1.0000
    1.5000 -0.5000
>> H = eig(g)
H =
   -2.6861
    0.1861
```

Observe que nem todas as matrizes podem ser invertidas. Uma matriz pode ser invertida somente se seu determinante é diferente de zero. Matrizes, variáveis e constantes especiais são listadas na Tabela E.3. Por exemplo, digite

```
>> eye(3)
ans =
     1    0    0
     0    1    0
     0    0    1
```

TABELA E.2 Operações matriciais

Operação	Comentário
A'	Encontra a transposta da matriz A
det(A)	Calcula o determinante da matriz A
eig(A)	Determina os autovalores da matriz A
diag(A)	Encontra os elementos da diagonal da matriz A

TABELA E.3 Matrizes, variáveis e constantes especiais

Matriz, variável, constante	Comentário
eye	Matriz Identidade
ones	Uma matriz de 1
zeros	Uma matriz de 0
i ou j	Unidade imaginária ou raiz quadrada de -1
pi	3,142
NaN	Não é um número
inf	infinito
eps	Um número muito pequeno, 2.2e - 16
rand	Número aleatório

Para obter uma matriz identidade 3×3.

Plotando gráficos

Plotar gráficos utilizando o MATLAB é fácil. Para um gráfico dimensional, utilize o comando *plot* com dois argumentos como se segue:

```
>> plot(xdata, ydata)
```

em que `xdata` e `ydata` são vetores de mesmo comprimento contendo os dados a serem plotados.

Por exemplo, suponha que queiramos plotar `y = 10*sen(2*pi*x)` de 0 até `5*pi`. Utilizaremos os seguintes comandos:

```
>> x = 0:pi/100:5*pi;    % x é um vetor, 0 <= x <=
                           5*pi, incrementos de pi/100
>> y = 10*sin(2*pi*x);   % cria o vetor y
>> plot(x,y)             % cria o gráfico
```

Com isso, o MATLAB responde com o gráfico na Figura E.1.

O MATLAB permitirá plotar múltiplos gráficos juntos e distingui-los com diferentes cores. Isso é obtido com o formato `plot(xdata, ydata, 'cor')`, em que a cor é indicada pelas letras mostradas na Tabela E.4.

Por exemplo,

```
>> plot(x1, y1, 'r', x2, y2, 'b', x3, y3, '--');
```

TABELA E.4 Várias cores e tipos de linha

y	Amarelo	.	Ponto
m	Magenta	o	Círculo
c	Ciano	3	Sinal de multiplicação
r	Vermelho	1	Sinal de soma
g	Verde	-	Sólido
b	Azul	*	Estrela
w	Branco	:	Pontilhado
k	Preto	-.	Traço-e-ponto
		--	Tracejado

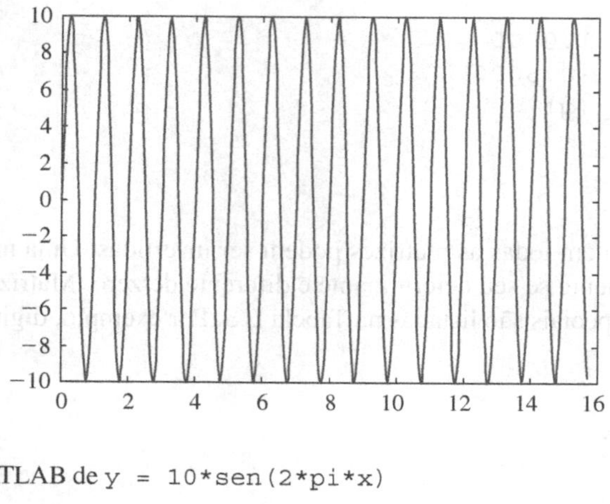

Figura E.1
Gráfico do MATLAB de `y = 10*sen(2*pi*x)`

plotará (x1,y1) em vermelho, (x2, y2) em azul e (x3,y3) com linha tracejada, todos no mesmo gráfico.

O MATLAB também permite utilizar uma escala logarítmica. Ao invés de utilizar o comando *plot*, utilizamos

loglog log(y) *versus* log(x)
semilogx y *versus* log(x)
semilogy log(y) *versus* x

Gráficos tridimensionais são desenhados utilizando a função *mesh* e *meshdom* (*mesh domain*). Por exemplo, para desenhar o gráfico de z = x*exp(2x^2 - y^2) sobre o domínio -1 < x, y < 1, digitamos os seguintes comandos:

```
>> xx = 1: .1: 1;
>> yy = xx;
>> [x,y] = meshgrid(xx,yy);
>> z = x.*exp(-x.^2 - y.^2);
>> mesh(z)
```

(O ponto utilizado em x. e y. permite a multiplicação elemento por elemento). O resultado é mostrado na Figura E.2.

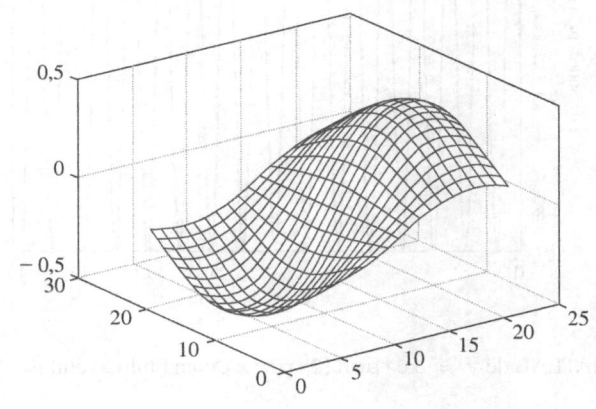

Figura E.2
Um gráfico tridimensional.

Programando em MATLAB

Até então, utilizamos o MATLAB como uma calculadora. Você pode também utilizar o MATLAB para criar seus próprios programas. A linha de edição de comando no MATLAB pode ser inconveniente se você tem várias linhas para executar. Para evitar esse problema, você pode criar um programa que é uma sequência de declarações a serem executadas. Se você estiver na janela de comando, clique File/New/M-files para abrir um novo arquivo no *Editor/Debugger* do MATLAB ou um simples editor de texto. Digite o programa e salve-o em um arquivo com extensão ".m", melhor dizendo, nome_do_arquivo.m; é por essa razão que é chamado de arquivo M. Uma vez que o programa esteja salvo como um arquivo M, saia da janela do *Debugger*. Você está agora de volta à janela de comando. Digite o arquivo sem a extensão ".m" para obter os resultados. Por exemplo, o gráfico feito na Figura 2 pode ser melhorado pela adição do título e rótulos, e ser digitado como um arquivo M chamado exemplo1.m.

```
x = 0: pi/100: 5*pi;            % x é um vetor, 0 <= x <= 5*pi, incrementos de pi/100
y = 10*sin(2*pi*x);             % cria o vetor y
plot(x,y);                      % cria o gráfico
xlabel('x (em radiano)');       % rotula o eixo x
ylabel('10*sin(2*pi*x)')        % rotula o eixo y
title('Um função seno');        % dá título ao gráfico
grid                            % adiciona a grade
```

Uma vez que o arquivo foi salvo como `exemplo1.m` e você tenha saído do editor, digite

```
>> exemplo1
```

na janela de comando e pressione <enter> para obter o resultado mostrado na Figura E.3.

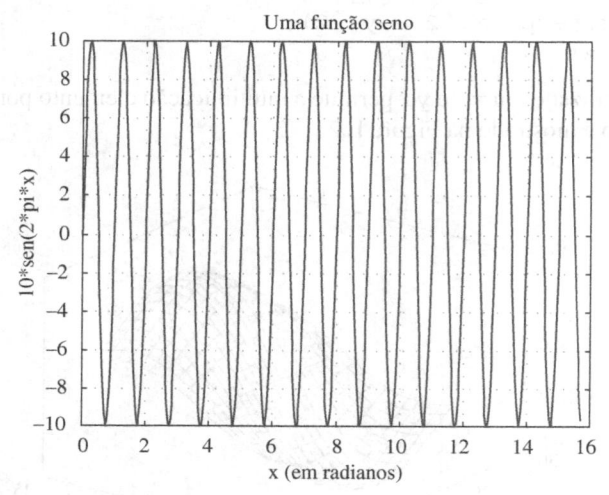

Figura E.3
Gráfico do MATLAB de `y = 10*sen(2*pi*x)` com título e rótulos.

Para permitir o controle de fluxo em um programa, certos operadores relacionais e lógicos são necessários. Eles são mostrados na Tabela E.5. Talvez, o controle de fluxo mais utilizado seja `for` e `if`. O comando `for` é utilizado para criar um laço ou um procedimento repetitivo e tem a forma geral

```
for x = vetor
    [comandos]
end
```

O comando `if` é utilizado quando uma determinada condição precisa ser atendida antes de uma expressão ser executada. Ele tem a forma geral

```
if expressão
    [comandos se a expressão for verdadeira]
else
    [comandos se a expressão for falsa]
end
```

Por exemplo, suponha que tenhamos um vetor `y(x)` e queiramos determinar o mínimo valor de `y` e seu correspondente índice `x`. Isso pode ser feito criando-se um arquivo M como mostrado aqui.

TABELA E.5 Operadores relacionais e lógicos

Operador	Observação
<	Menor que
<=	Menor ou igual
>	Maior que
>=	Maior ou igual
==	Igual
~=	Diferente
&	E
|	Ou
~	Não

```
% exemplo2.m
% Este programa encontra o mínimo valor de y e seu
  correspondente índice x
x = [1 2 3 4 5 6 7 8 9 10] %n-ésimo termo em y
y =
y = [3 9 15 8 1 0 -2 4 12 5];
min1 = y(1); for k = 1:10
   min2 = y(k);
   if (min2 < min1)
       min1 = min2
       xo = x(k)
   else
       min1 = min1;
   end
end
diary
min1, xo
diary off
```

Observe a utilização dos comandos `for` e `if`. Quando esse programa é salvo como exemplo2.m, executamos o mesmo na janela de comando e obtemos o mínimo valor de y como -2 e o correspondente valor de x como 7, como esperado.

```
>> exemplo2
min1 =
  -2
xo =
   7
```

Se não estivermos interessados no índice correspondente, podemos fazer a mesma coisa utilizando o comando

```
>> min(y)
```

As seguintes dicas são úteis para trabalhar efetivamente com o MATLAB:

- Comente seu arquivo M adicionando linhas começando com o caractere %.
- Para ocultar a saída, termine cada comando com um ponto-e-vírgula; você pode remover o ponto-e-vírgula quando estiver depurando o arquivo.
- Pressione as setas para cima e para baixo para recuperar o último comando executado.
- Se sua expressão não cabe em uma linha, utilize três pontos no final da linha e continue na próxima linha. Por exemplo, o MATLAB considera

```
y = sin(x + log10(2x + 3)) + cos(x+ ...
log10(2x + 3));
```

como uma única linha de expressão.
- Tenha em mente que os nomes das variáveis e das funções são sensíveis às letras em maiúscula/minúscula.

Resolvendo equações

Considere o sistema geral de n equações simultâneas:

$$a_{11}x_1 + a_{12}x_2 + \cdots + a_{1n}x_n = b_1$$
$$a_{21}x_1 + a_{22}x_2 + \cdots + a_{2n}x_n = b_2$$
$$\vdots$$
$$a_{n1}x_1 + a_{n2}x_2 + \cdots + a_{nn}x_n = b_n$$

ou na forma matricial

$$AX = B$$

em que

$$A = \begin{bmatrix} a_{11} & a_{12} & \cdots & a_{1n} \\ a_{21} & a_{22} & \cdots & a_{2n} \\ \cdots & \cdots & \cdots & \cdots \\ a_{n1} & a_{n2} & a_{n3} & a_{n4} \end{bmatrix} \quad X = \begin{bmatrix} x_1 \\ x_2 \\ \cdots \\ x_n \end{bmatrix} \quad B = \begin{bmatrix} b_1 \\ b_2 \\ \cdots \\ b_n \end{bmatrix}$$

A é uma matriz quadrada e conhecida como matriz dos coeficientes, enquanto X e B são vetores, X é o vetor solução que estamos procurando. Existem duas formas de obter X no MATLAB. Primeiro, podemos utilizar o operador barra invertida (\), de modo que

```
X = A\B
```

Segundo, podemos obter X como

$$X = A^{-1}B$$

que em MATLAB é o mesmo que

```
X = inv(A)*B
```

Exemplo E.1

Utilize o MATLAB para resolver o Exemplo A.2 no Apêndice A.

Solução:
Do Exemplo A.2, obtemos a matriz A e o vetor B, e entramos com eles no MATLAB como segue.

```
>> A = [25 -5 -20; -5 10 -4; -5 -4 9]
A =
  25 -5 -20
  -5 10 -4
  -5 -4  9
>> B = [50 0 0]'
B =
  50
   0
   0
>> X = inv(A)*B
X =
  29.6000
  26.0000
  28.0000
>> X = A\B
X =
  29.6000
  26.0000
  28.0000
```

Assim, $x_1 = 29,6$, $x_2 = 26$ e $x_3 = 28$.

Problema Prático E.1

Resolva o Problema Prático em A.2 utilizando o MATLAB.

Solução: $x_1 = x_3 = 3$; $x_2 = 2$

E.2 Análise de circuito CC

Não há nada de especial em aplicar o MATLAB aos circuitos CC resistivos. Aplicamos as análises de malha e nodal como de costume para resolver as equações simultâneas utilizando o MATLAB, conforme descrito na Seção E.1. Os Exemplos E.2 até E.5 ilustram isso.

Utilize a análise nodal para encontrar as tensões nodais no circuito da Figura E.4.

Exemplo E.2

Solução:
No nó 1,

$$2 = \frac{V_1 - V_2}{4} + \frac{V_1 - 0}{8} \rightarrow 16 = 3V_1 - 2V_2 \quad \text{(E2.1)}$$

No nó 2,

$$3I_x = \frac{V_2 - V_1}{4} + \frac{V_2 - V_3}{2} + \frac{V_2 - V_4}{2}$$

Mas

$$I_x = \frac{V_4 - V_3}{4}$$

de modo que

$$3\left(\frac{V_4 - V_3}{4}\right) = \frac{V_2 - V_1}{4} + \frac{V_2 - V_3}{2} + \frac{V_2 - V_4}{2} \rightarrow \quad \text{(E.2.2)}$$
$$0 = -V_1 + 5V_2 + V_3 - 5V_4$$

No nó 3,

$$3 = \frac{V_3 - V_2}{2} + \frac{V_3 - V_4}{4} \rightarrow 12 = -2V_2 + 3V_3 - V_4 \quad \text{(E.2.3)}$$

No nó 4,

$$0 = 2 + \frac{V_4 - V_2}{2} + \frac{V_4 - V_3}{4} \rightarrow -8 = -2V_2 - V_3 + 3V_4 \quad \text{(E.2.4)}$$

Combinando as Equações (E.2.1) a (E.2.4), tem-se

$$\begin{bmatrix} 3 & -2 & 0 & 0 \\ -1 & 5 & 1 & -5 \\ 0 & -2 & 3 & -1 \\ 0 & -2 & -1 & 3 \end{bmatrix} \begin{bmatrix} V_1 \\ V_2 \\ V_3 \\ V_4 \end{bmatrix} = \begin{bmatrix} 16 \\ 0 \\ 12 \\ -8 \end{bmatrix}$$

ou

$$\mathbf{AV} = \mathbf{B}$$

Agora, utilizamos o MATLAB para determinar as tensões nodais combinadas em um vetor **V**.

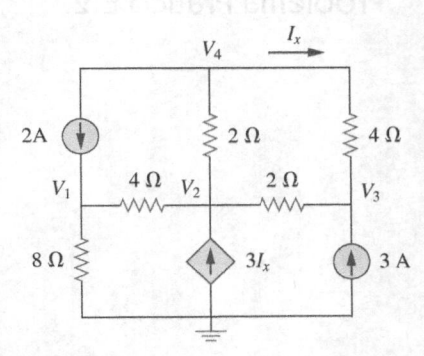

```
>> A = [ 3 -2  0  0;
        -1  5  1 -5;
         0 -2  3 -1;
         0 -2 -1  3];
```

Figura E.4
Para o Exemplo E.2.

```
>> B = [16  0  12  -8]';
>> V = inv(A)*B
V =
   -6.0000
  -17.0000
  -13.5000
  -18.5000
```

Daí, $V_1 = 6{,}0$; $V_2 = -17$; $V_3 = -13{,}5$ e $V_4 = 18{,}5$ V.

Problema Prático E.2

Encontre as tensões nodais no circuito na Figura E.5 utilizando o MATLAB.

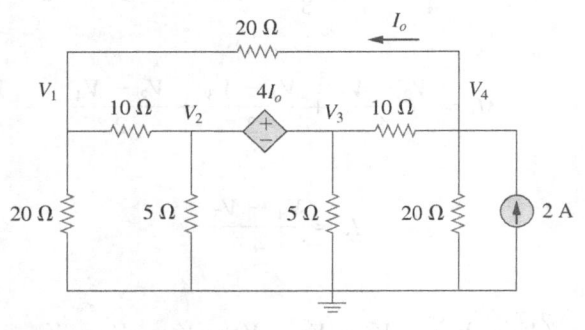

Figura E.5
Para o Problema Prático E.2.

Resposta: $V_1 = 14{,}55$; $V_2 = 38{,}18$; $V_3 = -34{,}55$; $V_4 = 3{,}636$ V.

Exemplo E.3

Utilize o MATLAB para encontrar as correntes de malha no circuito na Figura E.6.

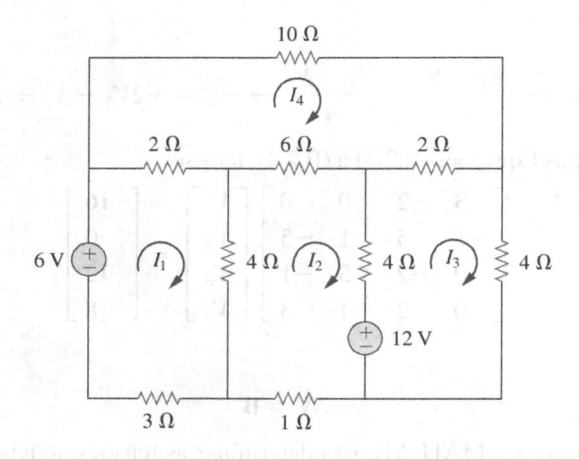

Figura E.6
Para o Exemplo E.3.

Solução:
Para as quatro malhas

$$-6 + 9I_1 - 4I_2 - 2I_4 = 0 \longrightarrow 6 = 9I_1 - 4I_2 - 2I_4 \quad \text{(E.3.1)}$$

$$12 + 15I_2 - 4I_1 - 4I_3 - 6I_4 = 0 \longrightarrow$$
$$-12 = -4I_1 + 15I_2 - 4I_3 - 6I_4 \quad \text{(E.3.2)}$$

$$-12 + 10I_3 - 4I_2 - 2I_4 = 0 \longrightarrow 12 = -4I_2 + 10I_3 - 2I_4 \quad \text{(E.3.3)}$$

$$20I_4 - 2I_1 - 6I_2 - 2I_3 = 0 \longrightarrow 0 = -2I_1 - 6I_2 - 2I_3 + 20I_4 \quad \text{(E.3.4)}$$

Colocando as Equações (E.3.1) a (E.3.4) juntas na forma matricial, temos

$$\begin{bmatrix} 9 & -4 & 0 & -2 \\ -4 & 15 & -4 & -6 \\ 0 & -4 & 10 & -2 \\ -2 & -6 & -2 & 20 \end{bmatrix} \begin{bmatrix} I_1 \\ I_2 \\ I_3 \\ I_4 \end{bmatrix} = \begin{bmatrix} 6 \\ -12 \\ 12 \\ 0 \end{bmatrix}$$

ou **AI** = **B**, em que o vetor **I** contém as correntes de malha desconhecidas. Agora, utilizamos o MATLAB para determinar **I** como segue:

```
>> A = [9 -4  0 -2; -4 15 -4 -6;
        0 -4 10 -2; -2 -6 -2 20]
A =
     9   -4    0   -2
    -4   15   -4   -6
     0   -4   10   -2
    -2   -6   -2   20
>> B = [6 -12 12 0]'
B =
     6
   -12
    12
     0
>> I = inv(A)*B
I =
    0.5203
   -0.3555
    1.0682
    0.0522
```

Assim, $I_1 = 0{,}5203$, $I_2 = -0{,}3555$; $I_3 = 1{,}0682$ e $I_4 = 0{,}0522$ A.

Encontre as correntes de malha no circuito na Figura E.7 utilizando o MATLAB.

Problema Prático E.3

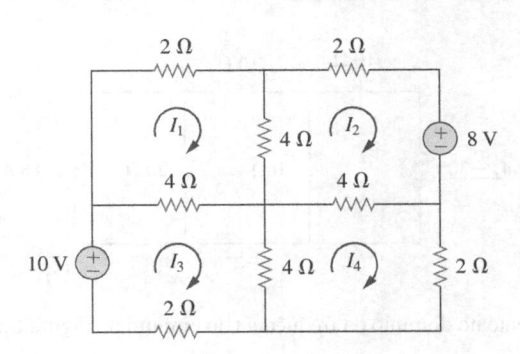

Figura E.7
Para o Problema Prático E.3.

Resposta: $I_1 = 0{,}2222$; $I_2 = -0{,}6222$; $I_3 = 1{,}1778$; $I_4 = 0{,}2222$ A.

E.3 Análise de circuito CA

Utilizar o MATLAB na análise de circuitos CA é semelhante à forma como o MATLAB é utilizado para análise de circuitos CC. Primeiramente, devemos aplicar a análise nodal ou de malha e, em seguida, utilizar o MATLAB para resolver o sistema de equações. Entretanto, o circuito está no domínio da frequência, e teremos que lidar com fasores ou números complexos. Então, além do que aprendemos na Seção E.3, precisamos entender como o MATLAB lida com números complexos.

O MATLAB expressa os números complexos da forma usual, exceto pelo fato de que a parte imaginária pode ser tanto j quanto i representando $\sqrt{-1}$. Assim, $3 - j4$ pode ser escrito em MATLAB como `3 - j4, 3 - j*4, 3 - i4` ou `3 - i*4`. Aqui estão outras funções complexas:

`abs(A)`	Valor absoluto da magnitude de A
`angle(A)`	Ângulo de A, em radianos
`conj(A)`	Conjugado de A
`imag(A)`	Parte imaginária de A
`real(A)`	Parte real de A

Tenha em mente que um ângulo em radianos deve ser multiplicado por $180/\pi$ para ser convertido em graus, e vice-versa. Também, o operador de transposição (') retorna o transposto do conjugado, enquanto a transposição com um ponto (. ') transpõem uma matriz sem aplicar o conjugado.

Exemplo E.4

No circuito da Figura E.8, seja $v = 4\cos(5t - 30°)$ V e $i = 0,8\cos(5t)$ A. Encontre v_1 e v_2.

Solução:
Como de costume, convertemos o circuito no domínio do tempo para seu equivalente no domínio da frequência.

$$v = 4\cos(5t - 30°) \longrightarrow \mathbf{V} = 4\underline{/-30°}, \quad \omega = 5$$
$$i = 0,8\cos(5t) \longrightarrow \mathbf{I} = 8\underline{/0°}$$
$$2\text{ H} \longrightarrow j\omega L = j5 \times 2 = j10$$
$$20\text{ mF} \longrightarrow \frac{1}{j\omega C} = \frac{1}{j10\ \Omega \times 10^{-3}} = -j10$$

Assim, o circuito equivalente no domínio da frequência é mostrado na Figura E.9. Agora, aplicamos a análise nodal.

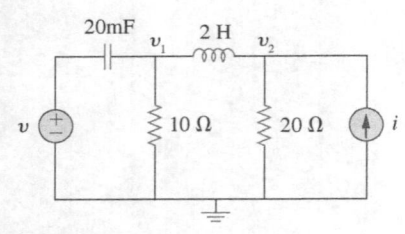

Figura E.8
Para o Exemplo E.4.

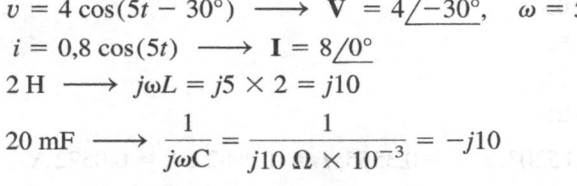

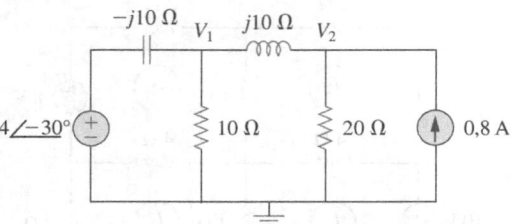

Figura E.9
Circuito equivalente no domínio da frequência do circuito na Figura E.8.

No nó 1,

$$\frac{4\underline{/-30°} - V_1}{-j10} = \frac{V_1}{10} + \frac{V_1 - V_2}{j10} \longrightarrow 4\underline{/-30°} = 3{,}468 - j2 \quad \text{(E4.1)}$$
$$= -jV_1 + V_2$$

No nó 2,

$$0{,}8 = \frac{V_2}{20} + \frac{V_2 - V_1}{j10} \longrightarrow j16 = -2V_1 + (2+j)V_2 \quad \text{(E.4.2)}$$

As Equações (E.4.1) e (E.4.2) podem ser colocadas na forma matricial como

$$\begin{bmatrix} -j & 1 \\ -2 & (2+j) \end{bmatrix} \begin{bmatrix} V_1 \\ V_2 \end{bmatrix} = \begin{bmatrix} 3{,}468 - j2 \\ j16 \end{bmatrix}$$

ou **AV = B**. Utilizamos o MATLAB para inverter **A** e multiplicar a inversa por **B** para obter **V**.

```
>> A = [-j 1; -2 (2+j)]
A =
   0 - 1.0000i  1.000
  -2.0000       2.0000 + 1.000 i
>> B = [(3.468 - 2j) 16j].' %observe a transposição com o ponto
B =
   3.4680 - 2.0000i
   0 + 16.0000i
>> V = inv(A)*B
V =
   4.6055 - 2.4403i
   5.9083 + 2.6055i
>> abs(V(1))
ans =
   5.2121
>> angle(V(1))*180/pi %converte o ângulo em
   radianos para graus
ans =
   -27.9175
>> abs(V(2))
ans =
   6.4573
>> angle(V(2))*180/pi
ans =
   23.7973
```

Assim,

$$V_1 = 4{,}6055 - j2{,}4403 = 5{,}212\underline{/-27{,}92°}$$
$$V_2 = 5{,}908 + j2{,}605 = 6{,}457\underline{/23{,}8°}$$

No domínio do tempo,

$$v_1 = 4{,}605 \cos(5t - 27{,}92°)\,\text{V}, \qquad v_2 = 6{,}457 \cos(5t + 23{,}8°)\,\text{V}$$

Problema Prático E.4

Calcule v_1 e v_2 no circuito na Figura E.10 dado $i = 4\cos(10t + 40°)$ A e $v = 12\cos(10t)$ V.

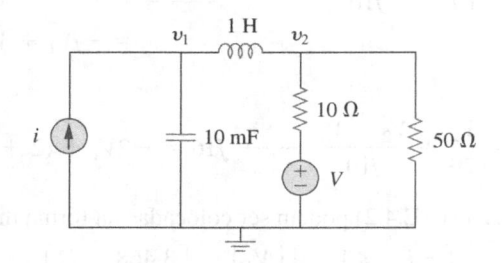

Figura E.10
Para o Problema Prático E.4

Resposta: $63,58\cos(10t - 10,68°)$ V; $40\cos(10t - 50°)$ V.

Exemplo E.5

No sistema trifásico desbalanceado mostrado na Figura E.11, encontre as correntes I_1, I_2, I_3 e I_{Bb}. Seja

$$Z_A = 12 + j10\ \Omega, \qquad Z_B = 10 - j8\ \Omega, \qquad Z_C = 15 + j6\ \Omega$$

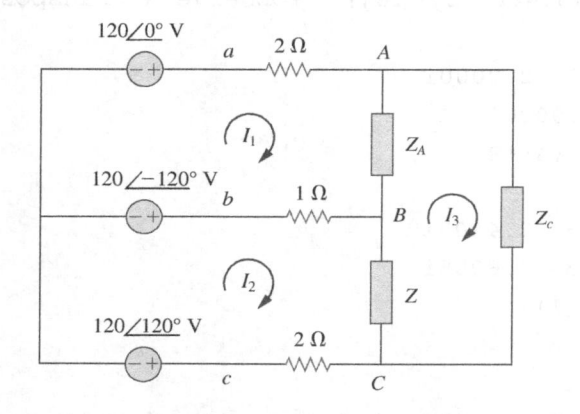

Figura E.11
Para o Exemplo E.5.

Solução:
Para a malha 1,

$$120\underline{/-120°} - 120\underline{/0°} + I_1(2 + 1 + 12 + j10) - I_2 - I_3(12 + j10) = 0$$

ou

$$I_1(15 + j10) - I_2 - I_3(12 + j10) = 120\underline{/0°} - 120\underline{/-120°} \quad \textbf{(E.5.1)}$$

Para a malha 2,

$$120\underline{/120°} - 120\underline{/-120°} + I_2(2 + 1 + 10 - j8) - I_1 - I_3(10 - j8) = 0$$

ou

$$-I_1 + I_2(13 - j8) - I_3(10 - j8) = 120\underline{/-120°} - 120\underline{/120°} \quad \textbf{(E.5.2)}$$

Para a malha 3,

$$I_3(12 + j10 + 10 - j8 + 15 + j6) - I_1(12 + j10) - I_2(10 - j8) = 0$$

ou

$$-I_1(12 + j10) - I_2(10 - j8) - I_3(37 + j8) = 0 \quad \textbf{(E.5.3)}$$

Na forma matricial, podemos expressar as Equações (E.5.1), (E.5.2) e (E.5.3) como

$$\begin{bmatrix} 15 + j10 & -1 & -12 - j10 \\ -1 & 13 - j8 & -10 + j8 \\ -12 - j10 & -10 + j8 & 37 + j8 \end{bmatrix} \begin{bmatrix} I_1 \\ I_2 \\ I_3 \end{bmatrix} = \begin{bmatrix} 120\underline{/0°} - 120\underline{/-120°} \\ 120\underline{/-120°} - 120\underline{/120°} \\ 0 \end{bmatrix}$$

ou

$$\mathbf{ZI} = \mathbf{V}$$

Entramos com as matrizes **Z** e **V** no MATLAB para obtermos **I**.

```
>> z = [(15 + 10j) -1 (-12 - 10j);
        -1 (13 - 8j) (-10 + 8j);
        (-12 - 10j) (-10 + 8j) (37 + 8j)];
>> c1=120*exp(j*pi*(-120)/180);
>> c2=120*exp(j*pi*(120)/180);
>> a1=120 - c1; a2=c1 - c2;
>> V = [a1; a2; 0]
>> I = inv(z)*V
I =
   16.9910 - 6.5953i
   12.4023 - 16.9993i
    5.6621 - 6.0471i
>> IbB = I(2) - I(1)
IbB =
   -4.5887 - 10.4039i
>> abs(I(1))
ans =
   18.2261
>> angle(I(1))*180/pi
ans =
   -21.2146
```

```
>> abs (I(2))
ans =
    21.0426
>> angle(I(2))*180/pi
ans =
   -53.8864
>> abs(I(3))
ans =
    8.2841
>> angle(I(3))*180/pi
ans =
   -46.8833
>> abs(IbB)
ans =
    11.3709
>> angle(IbB)*180/pi
ans =
  -113.8001
```

Assim, $I_1 = 18{,}23\underline{/-21{,}21°}$, $I_2 = 21{,}04\underline{/-58{,}89°}$, $I_3 = 8{,}284\underline{/-46{,}88°}$, e $I_{bB} = 11{,}37\underline{/-113{,}8°}$ A.

Problema Prático E.5

No sistema trifásico estrela-estrela desbalanceado na Figura E.12, encontre as correntes de linha I_1, I_2 e I_3 e a tensão de fase V_{CN}.

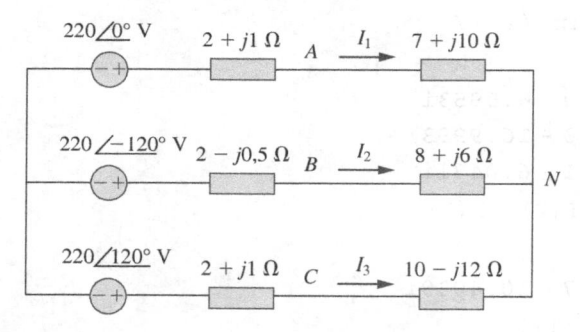

Figura E.12
Para o Problema Prático E.5.

Resposta: $22{,}66\underline{/-26{,}54°}$ A; $6{,}036\underline{/-150{,}48°}$ A; $19{,}93\underline{/138{,}9°}$ A; $94{,}29\underline{/159{,}3°}$ V

E.4 Resposta em frequência

A resposta em frequência envolve plotar gráficos da magnitude e da fase da função de transferência $H(s) = D(s)/N(s)$ ou obter os diagramas de Bode da magnitude e da fase de $H(s)$. Uma forma trabalhosa de obter os gráficos é gerar os dados utilizando um laço com o comando `for` para cada valor de $s = j\omega$ para uma dada faixa de ω e, então, plotar os dados conforme fizemos na Seção E.1. Entretanto, há uma maneira fácil que nos permite utilizar um dos comandos do MATLAB: `freqs` e `bode`. Para cada comando, devemos primeiramente especificar `H(s)` como `num` e `den`, em que `num` e `den` são vetores dos coeficientes do numerador $N(s)$ e do denominador $D(s)$ em ordem decrescente das potências, i.e., do termo de maior potência para o termo constante. A forma geral da função `bode` é

```
bode(num, den, faixa);
```

em que "`faixa`" é o intervalo de frequência especificado para o gráfico. Se a variável "`faixa`" é omitida, o MATLAB automaticamente seleciona a faixa de frequência. A "`faixa`" pode ser linear ou logarítmica. Por exemplo, para $1 < \omega < 1.000$ rad/s com 50 pontos, podemos especificar uma "`faixa`" linear como

```
faixa = linspace(1, 1000, 50);
```

Para uma "`faixa`" logarítmica com $10^{-2} < \omega < 10^4$ rad/s e 100 pontos, podemos especificar a "`faixa`" como

```
faixa = logspace(-2, 4, 100);
```

Para a função `freqs`, a forma geral é

```
hs = freqs(num, den, faixa);
```

em que `hs` é resposta em frequência (geralmente complexa). Ainda precisamos calcular a magnitude em decibéis como

```
mag = 20*log10(abs(hs))
```

e a fase em graus como

```
fase = angle(hs)*180/pi
```

e gerar os gráficos, enquanto a função Bode os faz de uma única vez. Ilustraremos com um exemplo.

Exemplo E.6

Utilize o MATLAB para obter os diagramas de Bode de

$$G(s) = \frac{s^3}{s^3 + 14,8s^2 + 38,1s + 2554}$$

Solução:
Com a explicação dada anteriormente, desenvolvemos o código em MATLAB como mostrado aqui.

```
% para o exemplo e.6
num=[1 0 0 0];
den = [1 14.8 38.1 2554];
w = logspace(-1,3);
bode(num, den, w);
title('Diagrama de Bode para um filtro passa-alta')
```

Executando o programa são produzidos os diagramas de Bode na Figura E.13. É evidente do gráfico da magnitude que $G(s)$ representa um filtro passa-alta.

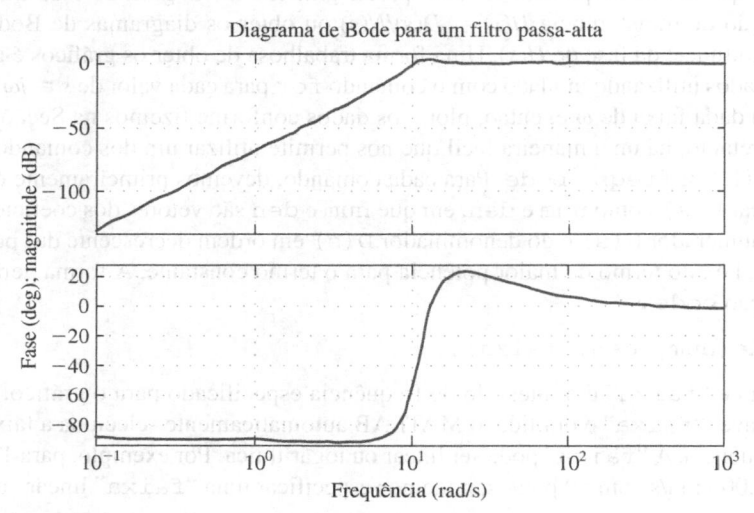

Figura E.13
Para o Exemplo E.6.

Problema Prático E.6

Utilize o MATLAB para determinar a resposta em frequência de

$$H(s) = \frac{10(s+1)}{s^2 + 6s + 100}$$

Resposta: Ver a Figura E.14.

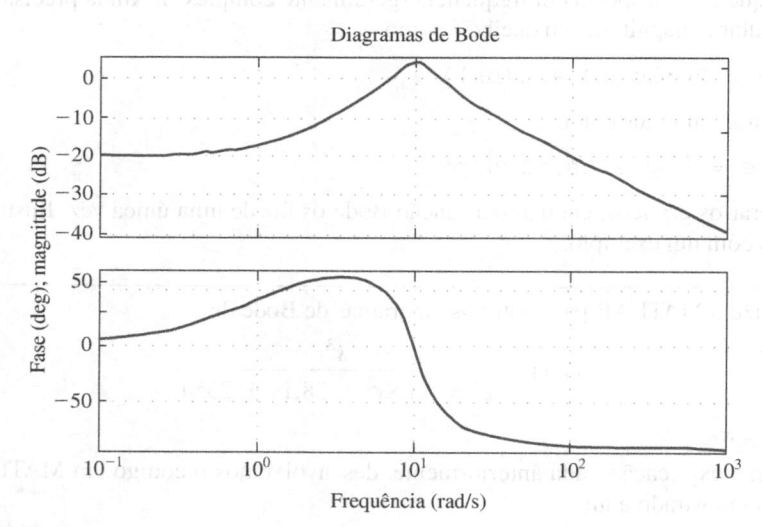

Figura E.14
Para o Problema Prático E.6.

apêndice G

Respostas dos problemas ímpares

Capítulo 1

1.1 (a) 13,716 m, (b) 3,658 m, (c) 5148,8 m, (d) 0,010668 m

1.3 23,872 kW

1.5 (a) $4,5 \times 10^{-3}$, (b) $9,26 \times 10^{-3}$, (c) $7,421 \times 10^{3}$, (d) $26,356 \times 10^{6}$

1.7 (a) $1,26 \times 10^{-4}$, (b) $9,8 \times 10^{4}$, (c) $5,0 \times 10^{-7}$

1.9 (a) $1,2 \times 10^{10}$, (b) $2,24 \times 10^{-8}$, (c) $5,625 \times 10^{11}$, (d) $1,25 \times 10^{5}$

1.11 (a) 24, (b) 0,8411 rad ou 48,19°

1.13 (a) 0,99, (b) 9666,8

1.15 (a) −0,10384 C, (b) −0,19865 C, (c) −3,941 C, (d) −26,08 C

1.17 16,02 C

1.19 3,6 A

1.21 2,0833 ms

1.23 162,5 ms

1.25 $V_{ab} = -3$ V
$V_{bc} = 8$ V
$V_{ac} = 5$ V
$V_{ba} = 3$ V

1.27 0,333 A

1.29 10,8 V

1.31 0,333 A

1.33 0,375 A

1.35 (a) 15 V, (b) −5 V

1.37 4,56 kW

1.39 3 mC

1.41 500 C; 6kJ

1.43 Deve-se notar que essas são somente respostas típicas.
(a) Lâmpada 60 W, 100 W
(b) Rádio 4 W
(c) TV 110 W
(d) Refrigerador 700 W
(e) PC 120 W
(f) Impressora 18 W
(g) Forno micro-ondas 1000 W
(h) Liquidificador 350 W

1.45 21,6 centavos

1.47 (a) 0,1667 A; (b) 175,2 kWh; (c) $21,02

1.49 $ 0,1355

1.51 0,96 kWh; 8,16 centavos

1.53 14.000 ft-lb/s; 25,45 hp

1.55 (a) 14,11 MJ, (b) $1,18

1.57 6 C

1.59 −961,2 J

1.61 16,667 A

1.63 1,728 MJ

1.65 (a) 0,54 C, (b) 2,16 J

Capítulo 2

2.1 1,131 Ω

2.3 8,13 μΩ

2.5 3,427 m

2.7 $6,6 \times 10^{-6}$ Ωm

2.9 Se diminuirmos o comprimento do condutor, sua resistência reduz devido à relação entre resistência e comprimento.

2.11 0,61

2.13 O gráfico em (c) representa a lei de Ohm.

2.15 3,2 mA

2.17 40 A

2.19 162 V

2.21 428,57 Ω

2.23 Para V = 10, 4 A
Para V = 20, 16 A
Para V = 50, 100 A

2.25 (a) 40 V, o terminal superior do resistor é positivo.
(b) 0,2 V, o terminal inferior do resistor é positivo.
(c) 12 mV, o terminal superior do resistor é positivo.

2.27 (a) 0,4 S, (b) 25 μS, (c) 83,33 nS

2.29 20,83 μS

2.31 0,8 V

2.33 AWG #1 será apropriado.

2.35 (a) 144 CM
(b) 78.540 CM

2.37 (a) 0,62 MΩ ± 10%
(b) 50 kΩ ± 5%

2.39 (a) Verde, vermelho, preto.
(b) Laranja, vermelho, marrom.
(c) Azul, cinza, vermelho.
(d) Laranja, vermelho, verde.

2.41 (a) valor máximo de 0,682 MΩ e valor mínimo de 0,558 MΩ.
(b) valor máximo de 52,5 kΩ e valor mínimo de 47,5 kΩ.

2.43 0,25 V.

2.45 Você conecta os terminais da lâmpada ao ohmímetro. Se o ohmímetro apresentar uma leitura de resistência infinita, isso significa que há um circuito aberto e a lâmpada está queimada.

2.47 O voltímetro é conectado sobre R_1, conforme na Figura G.1.

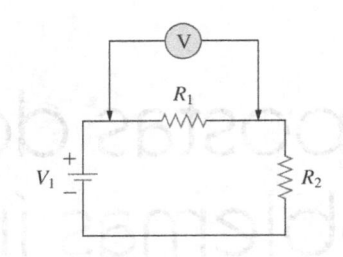

Figura G.1
Para o Problema 2.47.

2.49 O ohmímetro é conectado conforme a Figura G.2.

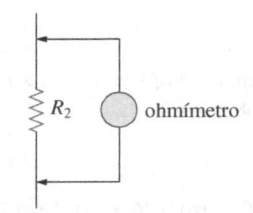

Figura G.2
Para o Problema 2.49.

2.51 O choque elétrico é causado por uma corrente elétrica passando através do corpo.

Capítulo 3

3.1 0,3611 W

3.3 40 s

3.5 60,48 kWh

3.7 (a) 0,0031 kWh, (b) 0,36 kWh, (c) 160 kWh

3.9 18,75 s

3.11 1,682 A

3.13 116,071 V

3.15 86,4 Ah

3.17 (a) 30 A, (b) 3,6 kW, (c) 204,84 Btu/min

3.19 10 W

3.21 1,55 A

3.23 $P_{10} = 40$ W
$P_{12} = 48$ W
$P_{20} = 80$ W

3.25 2,828 mA; 141,42 V

3.27 5,801 MJ

3.29 A potência aumentou 8 vezes em relação ao valor original.

3.31 Para R_1, 162 W
Para R_2, 259 W

3.33 (a) 120 W, (b) −60 W

3.35 22,36 mA

3.37 (a) 14,23 W – pode ser danificado
(b) 8 μW – bem
(c) 32 w – pode ser danificado

3.39 105,83 V

3.41 $ 38,25

3.43 93,83%

3.45 56,82%

3.47 1,802 hp

3.49 13,33%

3.51 $36,86

3.53 56%

3.55 (a) 80%,
(b) 6 kJ,
(c) A maior parte é convertida em energia térmica.

3.57 (a) 52,22%; (b) 1.433,4 W

3.59 (a) 2400 W, (b) 1119 W, (c) 46,6%, (d) 1281 W,
(e) 72/89 Btu/min

Capítulo 4

4.1 6 ramos, 6 nós e 1 laço

4.2 9 nós, 7 laços e 14 ramos

4.5 350 Ω

4.7 2,2 kΩ

4.9 235 kΩ

4.11 7,136 MΩ

4.13 $R_1 = 5,333$ Ω
$R_2 = 2,667$ Ω

4.15 4 Ω ou 16 Ω

4.17 15 mA

4.19 $I_x = 0,5$ mA
$P_8 = 2$ mW
$P_{10} = 2,5$ mW
$P_{12} = 3$ mW

4.21 20 V

4.23 20 V, 20 Ω

4.25 0,1143 mA, 2,286 V

4.27 0,2286 A

4.29 1,8 mA, 7 V

4.31 (a) 1,667 A, (b) 1,63 V, (c) y

4.33 −10 V

4.35 8

4.37 O circuito simplificado é mostrado na Figura G.3.

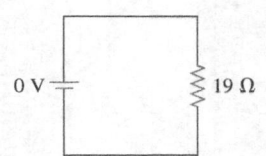

Figura G.3
Para o Problema 4.37.

4.39 4 V

4.41 9,333 kΩ

4.43 (a) Para o valor mínimo, 41,74 V
Para o valor máximo, 67,83 V
(b) Para o valor mínimo é 0 V
Para o valor máximo é 40 V

4.45 9,202 V

4.47 $V_1 = 16,32$, $V_2 = 12,48$, $V_3 = 0,98$ V

4.49 $V_1 = 1,74$ V, $V_2 = 21,74$ V

4.51 62,442 V

4.53 4 V

4.55 1,2 A

4.57 10 Ω

4.59 Na posição 1: 3 mA
Na posição 2: 3,593 mA
Na posição 3: 5 mA

4.61 (a) 0,2 A, (b) 112 V, (c) 22,4 W

4.63 (a) 1 A, (b) 0,3 V, (c) 11,7 V, (d) 0,3 W, (e) 11,7 W, (f) 97,5%

Capítulo 5

5.1 4 A

5.3 $I_1 = 6$ A, $I_2 = 14$ A, $I_3 = 4$ A

5.5 $I_1 = 7$ A, $I_2 = -5$ A

5.7 3 A

5.9 8 mA

5.11 10 Ω

5.13 (a) 33,275 Ω, (b) 8,0385 kΩ, (c) 0.4028 MΩ

5.15 2,12 S

5.17 31.58 Ω

5.19 8 Ω

5.21 5 kΩ

5.23 100 Ω

5.25 A1 lê: 138 mA
A2 lê: 130 mA

5.27 Para R_1: 1,915 mA; 17,235 mW
Para R_2: 4,091 mA; 36,82 mW
Para R_3: 5 mA; 45 mW
Para R_4: 2,727 mA; 24,545 mW

5.29 (a) 2,1 A, (b) 120 V, (c) 252 W

5.31 (a) 6 V, (b) 3 W, (c) 3 W

5.33 4,033 Ω, 12,1 V

5.35 $I_1 = 7,5$ A
$I_2 = 2,5$ A

5.37 $I_1 = 1,0527$ A
$I_2 = 1,3157$ A
$I_3 = 2,6314$ A

5.39 $I_{100} = 25$ mA
$I_{300} = 75$ mA
$I_{600} = 150$ mA

5.41 (a) 55,1 mS,
(b) 18,15 Ω, 6,614 A, 300 W

5.43 $I_1 = 5,555$ mA
$I_2 = 8,333$ mA
$I_3 = 11,111$ mA

5.45 (a) 4,396 Ω,
(b) 0,2275 S,
(c) $I_T = 27,3$ A, $I_x = 15$ A

5.47 $I_1 = 6,857$ A
$I_2 = 3,428$ A
$I_3 = 1,714$ A

5.49 8,4 A

5.51 $I_1 = 5$ A e $I_2 = 4$ A.

5.53 $I_{12} = 4$ A, $I_8 = 6$ A, $I_4 = 12$ A, $I_2 = 24$ A

5.55 $V_1 = 20$ V
$V_2 = 30$ V
$V_3 = 0$ V
$V_4 = 10$ V

5.57 (a) R_2 está aberto
(b) R_1 está aberto
(c) R_3 está aberto

5.59 Sob condição normal de operação, 0,2857 A
Sob condição anormal de operação, 0 A

5.61 195 W

5.63 $I_1 = 1,29$ A
$I_2 = 1,5$ A
$I_3 = 1,8$ A
$I_T = 4,6$ A

5.65 $P_{máx} = 2,469$ kW
$P_{mín} = 600$ W

Capítulo 6

6.1 R_1 e R_2 estão em paralelo
R_3 e R_4 estão em série.
R_5 e R_6 estão em paralelo.

6.3 34.5 Ω

6.5 50 Ω

6.7 20 Ω

6.9 13,94 Ω

6.11 0,1 A

6.13 3 A

6.15 8 V

6.17 $V_2 = 4$ V
$V_{10} = 20$ V
$V_4 = 6$ V
$V_7 = 3,5$ V
$V_5 = 2,5$ V

6.19 $V_{10} = 20$ V
$V_3 = 4$ V
$V_{12} = 16$ V

6.21 0,133 mA

6.23 (a) 0 Ω, (b) 1.429 Ω

6.25 4 V

6.27 52,976 kΩ

6.29 (a) 14,17 Ω,
(b) 16,94 A

6.31 $I_7 = I_{50} = 0,15$ A
$I_{46} = 0,075$ A
$I_{15} = 0,075$ A
$I_{20} = 0,06$ A
$I_{30} = I_{10} = I_{40} = 0,015$ A

6.33 0,5 V

6.35 $I_1 = I_2 = \frac{1}{2}I_0$
$I_3 = I_4 = \frac{1}{4}I_0$
$I_6 = I_5 = \frac{1}{8}I_0$

6.37 2 V, $\frac{1}{3}$ Ω

6.39 −4,8 A

6.41 6 mV

6.43 (a) 24 V, (b) 18 V

6.45 (a) 10,4 V, (b) 12 V, (c) 13,08%

6.47 68 V

6.49 $V_1 = 25,71$ V, $V_2 = 5,153$ V, $V_3 = 3,857$ V

6.51 990,8 mA

6.53 14,47 V

6.55 14,472 V

6.57 (a) 4,949 kΩ,
(b) $I_1 = 5,365$ mA, $I_2 = 1,247$ mA.

6.59 2 kΩ

6.61 6.667 V

6.63 Sem carga, 83,33 Ω
Com carga, 83,54 Ω

Capítulo 7

7.1 (a) 62, (b) −306

7.3 $I_1 = 1,2143$ A, $I_2 = -1,5714$ A

7.5 1,5 A

7.7 $i_1 = -0,4286$ A, $i_2 = 0,4286$ A

7.9 1,188 A

7.11 $i_1 = 5,25$ mA, $i_2 = 8,5$ mA, $i_3 = 10,25$ mA

7.13 $I_a = 530$ mA
$I_b = 90$ mA
$I_c = 0,170$ mA

7.15 $I_1 = 2,462$ A, $I_2 = 0,1538$ A

7.17 $29I_1 - 8I_2 - 7I_3 = 10$
$-4I_2 + 10I_4 = -12$
$-3I_2 - I_3 + 4I_5 = 12$

7.19 33,78 V, 10,667 A

7.21 $i_1 = 3,5$ A, $i_2 = -0,5$ A, $i_3 = 2,5$ A

7.23 −2,286 V

7.25 $V_1 = 24$, $V_2 = 8$ V, $V_3 = 0$ V

7.27 20 V

7.29 571 mA

7.31 $V_1 = 18$ V, $V_2 = 26$ V

7.33 37 V

7.35 $V_1 = 5,9296$ V, $V_2 = 7,5377$ V

7.37 $V_1 = 10$ V
$V_4 = 5$ V
$V_3 = 4,884$ V
$V_2 = 6,628$ V

7.39 $V = 2{,}004$ V
$I = 3{,}6673$ A

7.41 $V_1 = 9{,}143$ V, $V_2 = -10{,}286$ V
$P_{8\Omega} = 10{,}45$ W
$P_{4\Omega} = 94{,}37$ W
$P_{2\Omega} = 52{,}9$ W

7.43 39,67 mA

7.45 $\begin{bmatrix} 6 & -2 & 0 \\ -2 & 12 & -2 \\ 0 & -2 & 7 \end{bmatrix} \begin{bmatrix} i_1 \\ i_2 \\ i_3 \end{bmatrix} = \begin{bmatrix} 12 \\ 8 \\ -20 \end{bmatrix}$
$P_{8\Omega} = 2{,}73$ W

7.47 $\begin{bmatrix} 1050 & -150 & -800 \\ -150 & 990 & -600 \\ -800 & -600 & 2150 \end{bmatrix} \begin{bmatrix} i_1 \\ i_2 \\ i_3 \end{bmatrix} = \begin{bmatrix} 24 \\ -10 \\ 10 \end{bmatrix}$

7.49 $V_1 = 2{,}333$ volts, $V_2 = 3{,}275$ volts
$V_3 = 2{,}745$ volts

7.51 $\begin{bmatrix} 0{,}6 & -0{,}5 & 0 & 0 \\ -0{,}5 & 1 & -0{,}25 & -0{,}25 \\ 0 & -0{,}25 & 0{,}25 & 0 \\ 0 & -0{,}25 & 0 & 1{,}25 \end{bmatrix} \begin{bmatrix} V_1 \\ V_2 \\ V_3 \\ V_4 \end{bmatrix} = \begin{bmatrix} 3 \\ 2 \\ -1 \\ -5 \end{bmatrix}$

7.53 (a) $R_1 = R_2 = R_3 = 4\ \Omega$,
(b) $R_1 = 18\ \Omega$, $R_2 = 6\ \Omega$, $R_3 = 3\ \Omega$

7.55 (a) 142,32 Ω, (b) 33,33 Ω

7.57 0,9974 A

7.59 $-0{,}8095$ A

7.61 $i_1 = 99{,}61$ mA, $i_2 = 31{,}84$ mA, $i_3 = 42{,}3$ mA

7.63 $V_1 = 12{,}35$ V; $V_2 = 8{,}824$ V; $V_3 = 4{,}824$ V e
$V_4 = -2{,}235$ V.

7.65 20 V

7.67 10,69 V

7.69 1,5 V

7.71 $I_B = 0{,}61\ \mu$A
$V_0 = 49$ mV
$V_{CE} = 8{,}341$ V

Capítulo 8

8.1 0,1 A, 1 A

8.3 1,5 A

8.5 5 A

8.7 3 A

8.9 5,8876 mA

8.11 3,875 A, 45,05 W

8.13 $-8{,}48$ V

8.15 15,2 V

8.17 3 A

8.19 555,5 mA

8.21 -125 mV

8.23 3 V

8.25 1,6 A

8.27 28 ohms, 92 V

8.29 500 mA

8.31 $R_{Th} = 28$ ohms, $V_{Th} = -160$ volts, $V_x = -48$ V

8.33 $R_{Th} = 10$ ohms, $V_{Th} = 0$ volts, $I_x = 0$ A

8.35 $R_N = 3$ ohms, $I_N = 2$ A

8.37 $R_N = 10$ ohms, $I_N = -0{,}4$ A, $I = 2{,}4$ A

8.39 $R_{Th} = 21{,}667\ \Omega$
$V_{Th} = 1{,}5$ V
$R_N = 21{,}667\ \Omega$
$I_N = 69{,}23$ mA

8.41 (a) $R_{Th} = 3{,}636\ \Omega$
$V_{Th} = 60$ V
$I_N = 16{,}501$ A
$R_N = 3{,}636\ \Omega$,
(b) $R_{Th} = 195{,}35\ \Omega$
$V_{Th} = 398{,}15$ V
$R_N = R_{Th} = 195{,}35\ \Omega$
$I_N = 2{,}04$ A

8.43 V_L varia de 1,445 V a 2,399 V

8.45 $V_{Th} = 9{,}45$ V
$R_{Th} = R_{\text{norton}} = 1{,}31\ \Omega$
$I_{\text{norton}} = 7{,}21$ A

8.47 $R_{Th} = 2$ k ohms
$V_{Th} = -160$ V

8.49 $R_{Th} = 10$ ohms
$V_{Th} = 166{,}67$ V
$I_N = 16{,}667$ A
$R_N = 10$ ohms

8.51 625 mW

8.53 (a) $R_{Th} = 12$ ohms
$V_{Th} = 40$ V,
(b) 2 A,
(c) 12 ohms,
(d) 33,33 watts

8.55 10 V

8.57 6,469 V

8.59 0,1793 A

8.61 10,4 mA

8.63 0,2 A

8.65 0,1667 A

8.67 (a) 2,4 A, (b) 2,4 A, (c) Sim

8.69 $V_{Th} = 6$V, $R_{Th} = 13\,\Omega$
$I_N = 68$ mA, $G_N = 44$ mS

8.71 (a) $V = 60$ V
(b) $V = 60$ V, confirmando o teorema da reciprocidade

8.73 $V_{Th} = 8$V, $R_{Th} = 9{,}5\,\Omega$

8.75 $R_{Th} = 28\,\Omega$
$V_{Th} = 92$ V

8.77 $R_{Th} = R_N = 13{,}333\,\Omega$
$V_{Th} = 34$ V
$I_N = 2{,}55$ A

8.79 $V_{Th} = 12$ V, $R_{Th} = 8$ ohms

8.81 (a) $V_{Th} = 24$ V, $R_{Th} = 30$ kΩ
(b) 9,6 V

Capítulo 9

9.1 (a) 0,000268 μF, (b) 45.000 pF, (c) 2,4 pF

9.3 22,5 V

9.5 15 μF

9.7 O segundo capacitor (C_2) tem 25 vezes a energia armazenada no primeiro capacitor (C_1).

9.9 106,1 nF

9.11 (a) 88,42 pF, (b) 12 kV/m, (c) 10,61 nC

9.13 375 kV/m

9.15 3

9.17 $C_2 = 6C_1$

9.19 (a) 120 mF, (b) 7,5 mF

9.21 20 μF

9.23 10 μF

9.25 4 mF

9.27 (a) 35 μF,
(b) $Q_1 = 0{,}75$ mC
$Q_2 = 1{,}5$ mC
$Q_3 = 3$ mC,
(c) 393,8 mJ

9.29 (a) 200 μF, (b) 10 mC, (c) 200 V

9.31 $C_1 = 5{,}52$ nF, $C_2 = 2{,}76$ nF, $C_3 = 55{,}2$ nF

9.33 5,455 μF

9.35 1,15 MF

9.37 480 mA

9.39 $I_1 = {}^5\!/_3$ A
$I_2 = {}^{10}\!/_3$ A

9.41 $i(t) = \begin{cases} 32\text{ A}, & 0 < t < 1\text{ ms} \\ 0, & 1 < t < 3\text{ ms} \\ -32\text{ A}, & 3 < t < 4\text{ ms} \end{cases}$

9.43 $i(t) = \begin{cases} 800\,\mu\text{A}, & 0 < t < 1 \\ 0, & 1 < t < 2 \\ -800\,\mu\text{A}, & 2 < t < 3 \end{cases}$

9.45 (a) 10 ms, (b) 6 s

9.47 $4e^{-12{,}5t}$ V

9.49 $20e^{-t/2}$ V

9.51 $12 - 12e^{-t/0{,}6}$ V, $0{,}3e^{-t/0{,}6}$ mA

9.53 $v_c(t) = 15(1 - e^{-t/\tau})$ V, $t = 5{,}333$ ms

9.55 5,545 s

9.57 10,75 ms

9.59 (a) 1,2 μF, (b) $V_1 = 7,2$ V, $V_2 = 4,8$ V, (c) 0,83 μs

9.61 200 ms

9.63 A tensão $v(t)$ sobre o resistor R_1 fica como mostrado na Figura G.4.

9.65 A tensão $v(t)$ sobre o capacitor é mostrada na Figura G.5

9.67 A tensão $v(t)$ sobre o capacitor é mostrada na Figura G.6.

9.69 $v(t) = V(2)$ está plotado na Figura G.7

9.71 O capacitor está curto-circuitado.

9.73 8 grupos em paralelo com cada grupo composto por 2 capacitores em série.

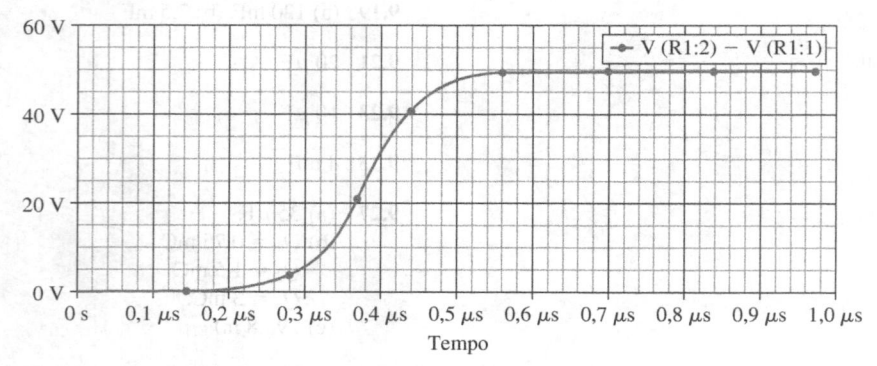

9.75 (a) 1250 μF, (b) 400 J

Figura G.4
Para o Problema 9.63.

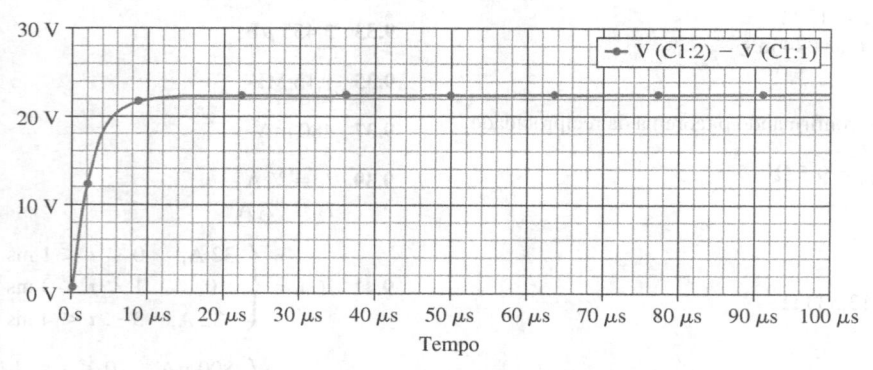

Figura G.5
Para o Problema 9.63.

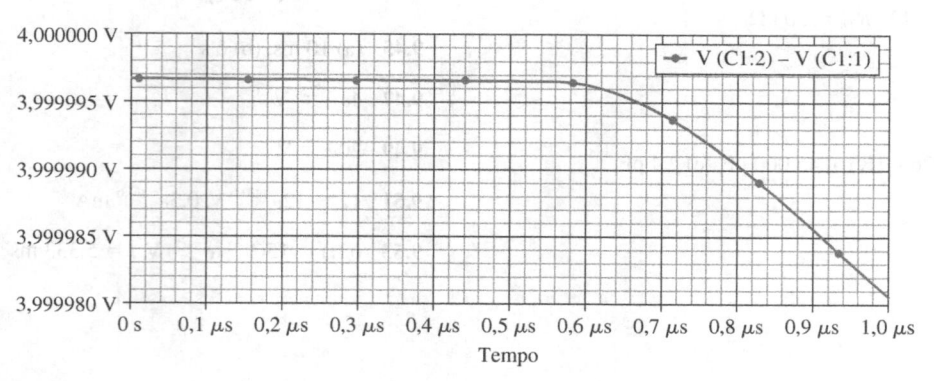

Figura G.6
Para o Problema 9.67.

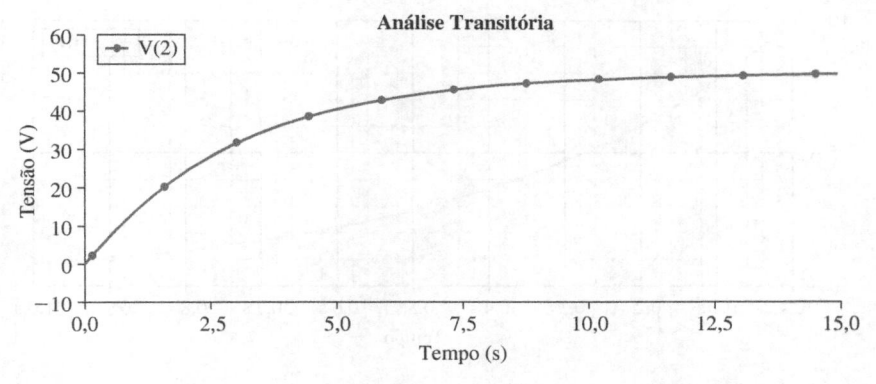

Figura G.7
Para o Problema 9.69.

Capítulo 10

10.1 30 mV

10.3 50 espiras

10.5 2,4 V

10.7 Plotado como na Figura G.8

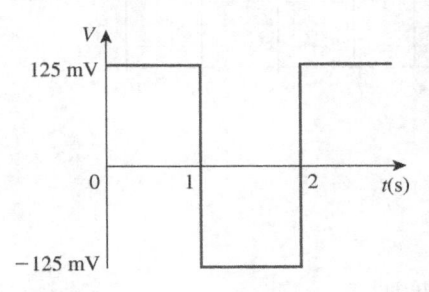

Figura G.8
Para o Problema 10.7.

10.9 160 mH

10.11 30 H

10.13 48 mV

10.15 3,25 mH

10.17 142

10.19 903

10.21 0,625 A/s

10.23 1,118 A

10.25 $v = 6$ V
$i_1 = i_2 = 2$ A

10.27 $i_{L_1} = i_{L_2} = 3$ A
$v_{C_1} = 18$ V
$v_{C_2} = 0$ V

10.29 160 µH

10.31 12,5 mH

10.33 0,8 H

10.35 $\dfrac{5}{8}L$

10.37 (a) 0,8187, (b) 0,8187, (c) 0,1355

10.39 $4\,e^{-2t}$ A

10.41 3,14 ms

10.43 $-2\,e^{-16t}$ V

10.45 (a) 20 ms, (b) 80 mH, 4 Ω

10.47 $v_o = 2\,e^{-4t}$ V, $t > 0$
$v_x = 0{,}5\,e^{-4t}$ V, $t > 0$

10.49 6.52 µs

10.51 (a) 50 mA, (b) 45.6 mH, (c) 380 µs

10.53 $i(t)$ mostrado na Figura G.9.

10.55 A tensão no capacitor $v(t)$ é mostrada na Figura G.10.

10.57 A corrente no indutor $i_o(t)$ é mostrada na Figura G.11.

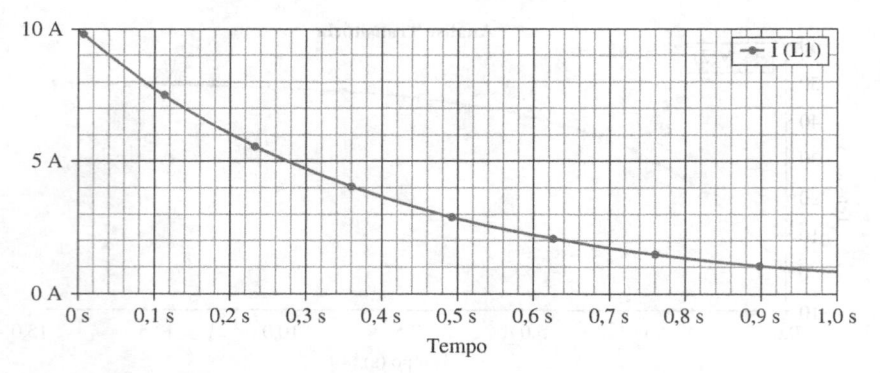

Figura G.9
Para o Problema 10.53.

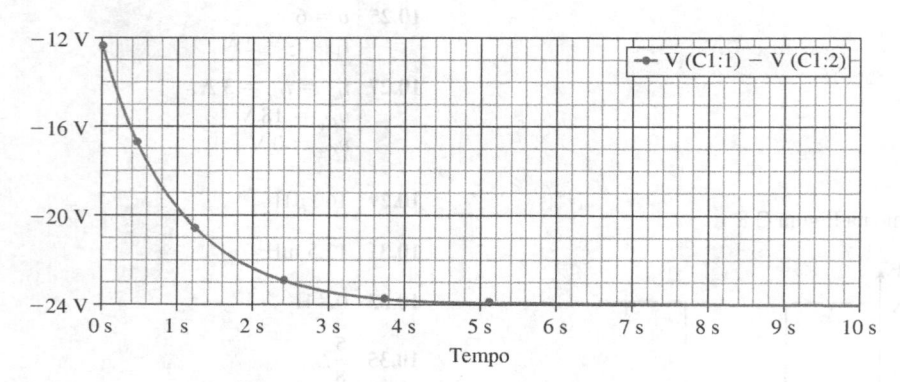

Figura G.10
Para o Problema 10.55.

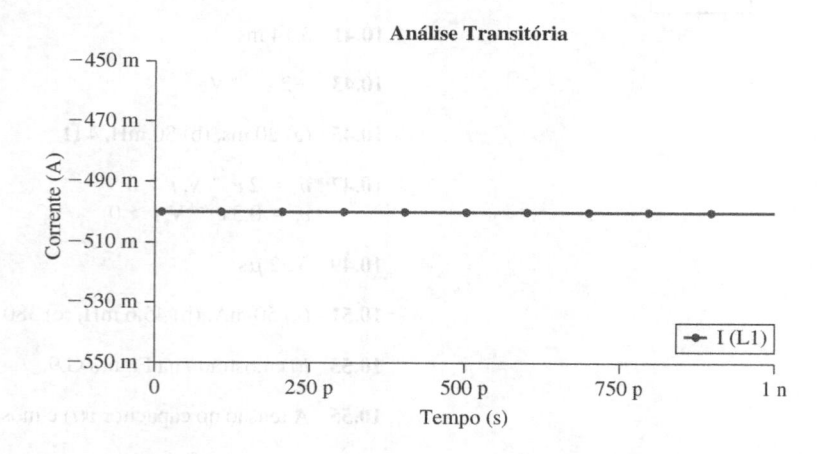

Figura G.11
Para o Problema 10.57.

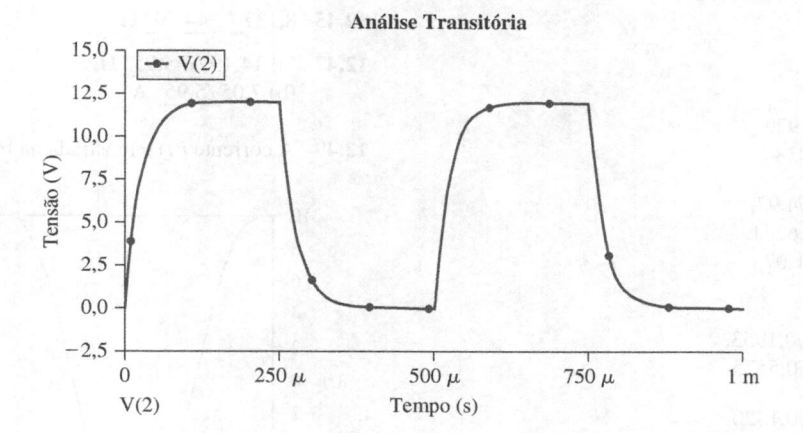

Figura G.12
Para o Problema 10.59.

10.59 $v_o(t)$ é mostrado na Figura G.12.

10.61 0,441 A

10.63 1,271 Ω

Capítulo 11

11.1 2,4 V

11.3 $i(0) = 24$ mA
$i(10$ ms$) = -19,415$ mA
$i(40$ ms$) = -19,421$ mA

11.5 Em $t = 2$ ms, 6,846 V
Em $t = 14,5$ ms, $-7,289$ V
Em $t = 25,2$ ms, $-0,7515$ V

11.7 (a) 36°,
(b) 154,29°,
(c) 135,68°,
(d) 257,83°

11.9 (a) 2.5 Hz,
(b) 500 Hz,
(c) 33,33 kHz

11.11 (a) 10 s,
(b) 0,1 Hz,
(c) 3

11.13 50 Hz

11.15 12,5 Hz

11.17 1570,8 rad/s

11.19 (a) 10^3 rad/s, (b) 159,2 Hz, (c) 6,283 ms,
(d) 2,65 V

11.21 (a) $4\cos(\omega t - 120°)$,
(b) $-2\cos(6t + 90°)$,
(c) $-10\cos(\omega t + 110°)$

11.23 (a) $8\,\text{sen}(7t + 105°)$,
(b) $10\cos(3t + 5°)$

11.25 (a) 200,
(b) 82,92 Hz,
(c) 12,06 ms,
(d) 25°

11.27 (a) $i(t)$ está adiantado de $v(t)$ em 20°.
(b) $v_2(t)$ está adiantado de $v_1(t)$ em 170°.
(c) $y(t)$ está adiantado de $x(t)$ em 9,24°.

11.29 3,535 V

11.31 (a) 7,071 V,
(b) 1,414 mA

11.33 $V_{\text{méd}} = 8,333$ V
$V_{\text{RMS}} = 9,574$ V

11.35 3,266 V

11.37 (a) 9 Ω,
(b) 13,3 A

11.39 Um osciloscópio é calibrado para volts/divisão na escala vertical e segundos/divisão na escala horizontal. A tensão é lida diretamente da escala vertical. Para medir frequência, primeiramente, obtemos o período da escala horizontal. O período é calculado como segue.
$T = $ (divisão/ciclo) $\times$ (tempo/divisão) e $f = 1/T$

Capítulo 12

12.1 (a) $3 + j9$,
(b) $39 + j43$,
(c) $10,250 + j2,929$,
(d) $2,759 - j1,038$

12.3 (a) $-0,4243 + j4,97$,
(b) $0,4151 - j0,6281$,
(c) $109,25 - j31,07$

12.5 (a) $-56 + j33$,
(b) $-0,3314 + j0,1953$,
(c) $-0,6372 - j0,5575$

12.7 (a) $-1,2749 + j0,1520$,
(b) $-2,0833$,
(c) $35 + j14$

12.9 (a) $40 \cos(\omega t - 60°)$,
(b) $38,36 \cos(\omega t + 96,8°)$,
(c) $6 \cos(\omega t + 80°)$,
(d) $11,5 \cos(\omega t - 52,06°)$

12.11 (a) $20\underline{/-60°}$,
(b) $5\underline{/340°}$

12.13 $13,75 \cos(377t)$ A

12.15 $15,08\ \Omega,\ 7,295$ A

12.17 $v(t) = 2\ \text{sen}(10^6 t - 65°)$ V

12.19 O elemento é um resistor com $R = 6,5\ \omega$.

12.21 $69,82$ V

12.23 $i(t) = 2,1466\ \text{sen}(1000t + 66,56°)$ A

12.25 $i(t) = 4,472 \cos(3t - 18,43°)$ A,
$v(t) = 17,89 \cos(3t - 18,43°)$ V

12.27 $i_o(t) = 3,328 \cos(2t + 33,69°)$ A

12.29 $i_s(t) = 25 \cos(2t - 53,13°)$ A

12.31 $263,9$ mA

12.33 $54,18\underline{/-67,19°}\ \Omega$

12.35 $0,3171 - j0,1463$ S

12.37 $1 + j0,5\ \Omega$

12.39 $19 - j5\ \Omega,\ 1,527\underline{/104,7°}$ A

12.41 $0,4724 + j0,219$ S

12.43 $7,567 + j0,5946\ \Omega$

12.45 $8,137\underline{/-44,69°}\ \Omega$

12.47 (a) $14,19\underline{/-5,95°}\ \Omega$,
(b) $7,05\underline{/5,95°}$ A

12.49 A corrente $i(t)$ é mostrada na Figura G.13.

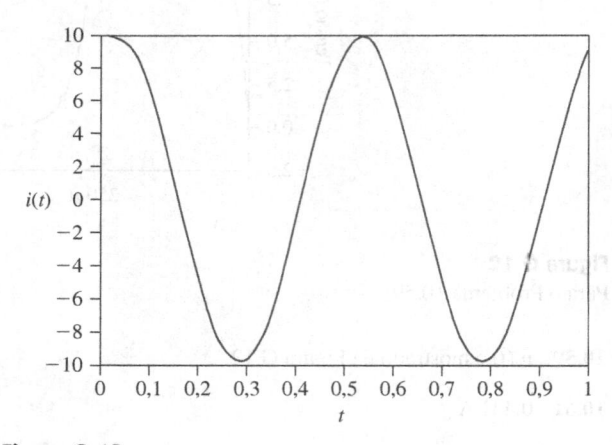

Figura G.13
Para o Problema 12.49.

12.51 $-1,2832 + 8,0232i$

12.53 $v_o(t) = -5 \cos(2t)$ V

12.55 $i_x(t) = 2,12\ \text{sen}(5t + 32°)$ A

12.57 Isso é alcançado pelo circuito RL mostrado na Figura G.14.

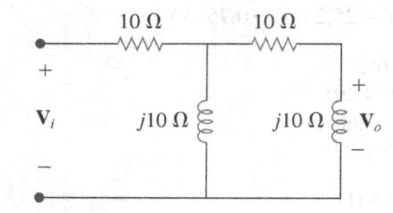

Figura G.14
Para o Problema 12.57.

12.59 (a) O deslocamento de fase é $51,49°$ atrasado.
(b) $1,5915$ MHz

12.61 $0,1\ \mu$F

12.63 $104,17$ mH

12.65 (a) $471,4\underline{/13,5°}\ \Omega$,
(b) $0,2121\underline{/61,5°}$

Capítulo 13

13.1 $i_o(t) = 1{,}414\cos(2t + 45°)$ A

13.3 $\mathbf{I}_1 = 4{,}67\underline{/-20{,}17°}$ A
$\mathbf{I}_2 = 1{,}79\underline{/37{,}35°}$ A

13.5 $I_1 = 0{,}3814\underline{/109{,}6°}$ A
$I_2 = 0{,}3443\underline{/124{,}4°}$ A
$I_3 = 0{,}1455\underline{/-60{,}42°}$ A
$I_x = 0{,}1005\underline{/48{,}5°}$ A

13.7 $39{,}5\cos(10^3 t - 18{,}43°)$ mA

13.9 $I_1 = 4{,}547\underline{/-50{,}06°}$ A
$I_2 = 2{,}206\underline{/-36{,}03°}$ A

13.11 $14{,}377\underline{/-57{,}77°}$ A

13.13 $124{,}08\underline{/-154°}$ V

13.15 $29{,}36\underline{/62{,}88°}$ A

13.17 $\mathbf{V}_1 = 22{,}87\underline{/132{,}27°}$ V
$\mathbf{V}_2 = 27{,}87\underline{/140{,}6°}$ V

13.19 $13{,}775\underline{/99{,}94°}$ V

13.21 $3{,}632\underline{/77{,}45°}$ A

13.23 $V_0 = 27{,}27\underline{/2{,}882°}$ V
$I_1 = 695\underline{/-27{,}88°}$ mA
$I_2 = 33{,}3\underline{/36{,}38°}$ mA

13.25 $8 + 1{,}5811\cos(4t - 71{,}57°)$ A

13.27 $9{,}902\cos(2t - 129{,}17°)$ A

13.29 $10 + 21{,}47\operatorname{sen}(2t + 26{,}56°) + 10{,}73\cos(3t - 26{,}56°)$ V

13.31 $0{,}7911\cos(10t + 21{,}47°) + 0{,}2995\operatorname{sen}(4t + 176{,}6°)$ A

13.33 $9{,}37\underline{/-128{,}66°}$ V

13.35 $3{,}615\cos(10^5 t - 40{,}6°)$ V

13.37 $(3{,}529 - j5{,}883)$ V

13.39 $4{,}98\cos(4t - 175{,}25°)$ V

13.41 $\mathbf{Z}_N = \mathbf{Z}_{Th} = 5{,}423\underline{/-77{,}47°}\ \Omega$
$\mathbf{I}_N = 3{,}578\underline{/18{,}43°}$ A
$\mathbf{V}_{Th} = 19{,}4\underline{/-59°}$ V

13.43 $\mathbf{Z}_{Th} = 11{,}18\underline{/26{,}56°}\ \Omega$
$\mathbf{V}_{Th} = 55{,}9\underline{/71{,}56°}$ V

13.45 $\mathbf{Z}_N = 44{,}72\underline{/63{,}43°}\ \Omega$
$\mathbf{I}_N = 3\underline{/60°}$ A

13.47 $\mathbf{Z}_N = \mathbf{Z}_{Th} = 11{,}243 + j1{,}079\ \Omega$
$\mathbf{V}_{Th} = 4{,}945\underline{/-69{,}76°}$ V
$\mathbf{I}_N = 0{,}4378\underline{/-75{,}24°}$ A

13.49 $\mathbf{Z}_N = \mathbf{Z}_{Th} = 0{,}67\underline{/129{,}56°}\ \Omega$
$\mathbf{V}_{Th} = 29{,}79\underline{/-3{,}6°}$ V
$\mathbf{I}_N = 44{,}46\underline{/-133{,}16°}$ A

13.51 $9{,}8686\underline{/-19{,}84°}$ V

13.53 $\mathbf{V}_1 = 28{,}91\underline{/135{,}4°}$ V
$\mathbf{V}_2 = 49{,}18\underline{/124{,}1°}$ V

13.55 $6{,}639\cos(10^3 t - 160°)$ V

13.57 $\mathbf{V}_1 = 15{,}91\underline{/169{,}6°}$ V, $\mathbf{V}_2 = 5{,}172\underline{/-138{,}6°}$ V,
$\mathbf{V}_3 = 2{,}27\underline{/-152{,}4°}$ V

Capítulo 14

14.1 $p(t) = 800 + 1600\cos(100t + 60°)$ W, $P = 800$ W

14.3 Potência média absorvida pela fonte = $-7{,}5$ W.
Para o resistor de 4 Ω, a potência média absorvida é 5 W.
Potência média absorvida pelo indutor = 0 W.
Para o resistor de 2 Ω, a potência média absorvida é 2,5 W.
Potência média absorvida pelo capacitor = 0 W.

14.5 $P_{1\Omega} = 1{,}4159$ W
$P_{3H} = P_{0{,}25F} = 0$
$P_{2\Omega} = 5{,}097$ W

14.7 (a) $12{,}798 + j49{,}6\ \Omega$,
(b) 90,08 W

14.9 $Z_L = 20\ \Omega$, $P_{\text{máx}} = 31{,}25$ W

14.11 Potência aparente = 275,6 VA
fp = 0,1876 (atrasado)

14.13 (a) $P_{j30\Omega} = 0 = P_{-j40\Omega}$
$P_{10\Omega} = 8{,}665$ W
$P_{50\Omega} = 46{,}03$ W
$P_{20\Omega} = 87{,}86$ W
(b) 177,8 VA
(c) fp = 0,8015 (atrasado)

14.15 Potência real = 1320 W
Potência reativa = 900 VAR
Potência aparente = 1597,6 VA

14.17 $8{,}158\underline{/78{,}23°}$ VA

14.19 (a) 3600 VA, (b) 0,8233, (c) 2353 VAR

14.21 Potência média = 32,5 kW,
Potência reativa = 38 kVAR

14.23 (a) Potência complexa = 112 + j194 VA
Potência média = 112 W
Potência reativa = 194 VAR
(b) Potência complexa = 226,3 − j226,3
Potência média = 226,3 W
Potência reativa = −226,3 VAR
(c) Potência complexa = 110,85 + j64
Potência média = 110,85 W
Potência reativa = 64 VAR
(d) Potência complexa = 7,071 + j7,071 kVA
Potência média = 7,071 kW
Potência reativa = 7,071 kVAR

14.25 (a) 30,98 − j23,23 Ω, (b) 10,42 + j13,89 Ω,
(c) 0,8 + j1,386

14.27 (a) 0,9845 atrasado,
(b) 35,55 /55,11° A.

14.29 (a) 1600 VA,
(b) 1,1314 KW,
(c) 1,1314 KVAR,
(d) O triângulo de potência é mostrado na Figura G.15.

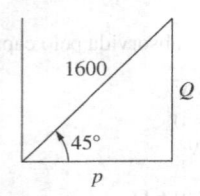

Figura G.15
Para o Problema 14.29.

14.31 6,167 + j3,561 Ω.

14.33 (a) 0,4429 + j0VA; (b) 0,98 W; (c) 2000 − j5 Ω.

14.35 Para a fonte de 40 V, 140 − j20 VA.
Para o capacitor, −j250 VA.
Para o resistor, 290 VA.
Para o indutor, j130 VA.
Para a fonte de j50 V, −150 + j100 VA.

14.37 7,098 /32,29°, 0,8454 (atrasado)

14.39 (a) 0,6402 (atrasado), (b) 295,1 W, (c) 130,4 μF

14.41 10.33 μF

14.43 (a) 12,21 kVA,
(b) 50,86 /−35° A,
(c) 4,083 kVAR, 188,03 μF,
(d) 43,4 /−16,26° A

14.45 172,8 W

14.47 $ 76,26

14.49 (a) $120.000, (b) $0,10 por kWh

14.51 (a) Potência aparente = 12 kVA.
Potência complexa = 9,36 + j7,51 kVA
(b) 2,866 + j2,3 Ω

14.53 547,3 W

Capítulo 15

15.1 $\mathbf{Z}(\omega_0) = 2$ kΩ
$\mathbf{Z}(\omega_0/4) = 2 - j0{,}75$ kΩ
$\mathbf{Z}(\omega_0/2) = 2 - j0{,}3$ kΩ
$\mathbf{Z}(2\omega_0) = 2 + j0{,}3$ kΩ
$\mathbf{Z}(4\omega_0) = 2 + j0{,}75$ kΩ

15.3 $R = 10$ Ω, $L = 16$ H, $C = 25$ μF,
$LB = 0{,}625$ rads

15.5 0,7861 rad/s

15.7 (a) 2,513 krad/s,
(b) $\omega_1 = 48$ krad/s
$\omega_2 = 51{,}51$ krad/s,
(c) 200 Ω

15.9 251,3 rad/s, 8,66

15.11 78,18 nF

15.13 (a) 25 μF, (b) 1, (c) 2 krad/s

15.15 $8{,}796 \times 10^6$ rad/s

15.17 56,84 pF, 14,21 μH

15.19 $R = 40$ Ω
$C = 10$ μF
$L = 2{,}5$ μH
$LB = 2{,}5$ krad/s
$\omega_1 = 198{,}75$ krad/s
$\omega_2 = 201{,}25$ krad/s

15.21 4841 rad/s

15.23 (a) $\omega_0 = 1{,}5811$ rad/s
$Q = 0{,}1976$
$LB = 8$ rad/s
(b) $\omega_0 = 5$ krad/s
$Q = 20$
$LB = 250$ rad/s

15.25 298,4 μH, 21,22 pF

15.27 8,443 mH

15.29 O diagrama esquemático é mostrado na Figura G.16.

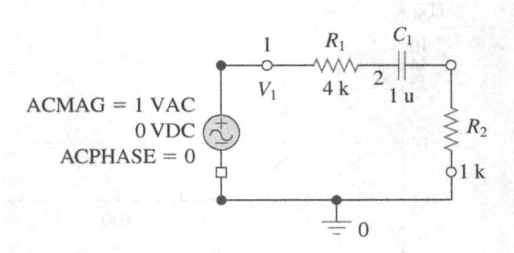

Figura G.16
Para o Problema 15.29.

15.31 O diagrama esquemático é mostrado na Figura G.17.

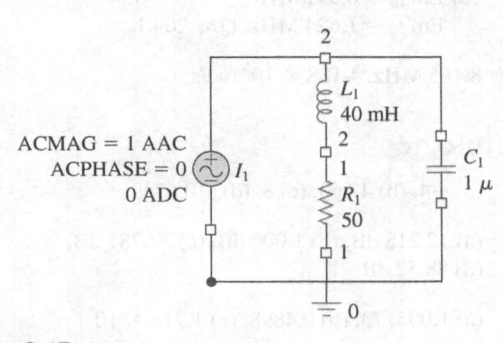

Figura G.17
Para o Problema 15.31.

15.33 A resposta em frequência (magnitude e fase) é mostrada na Figura G.18.

15.35 Os gráficos da magnitude e da fase são mostrados na Figura G.19.

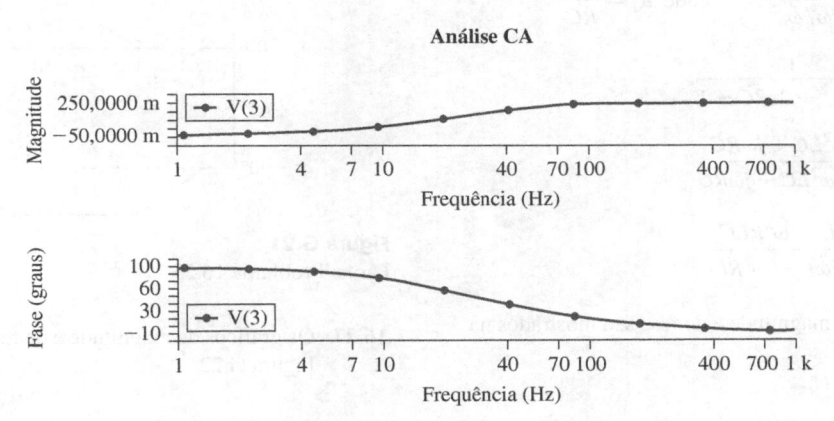

Figura G.18
Para o Problema 15.33.

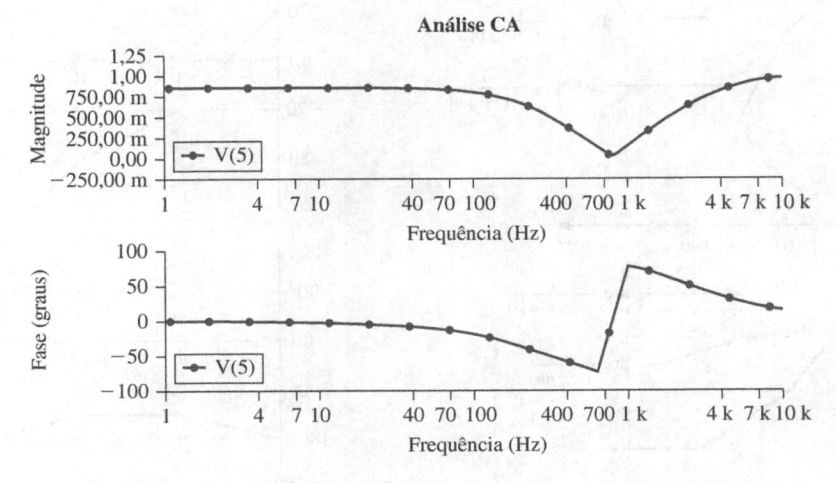

Figura G.19
Para o Problema 15.35.

15.37 (a) $0{,}541$ MHz $< f_0 <1{,}624$ MHz,
(b) Em $f_0 = 0{,}541$ MHz, $Q = 67{,}98$
Em $f_0 = 1{,}624$ MHz, $Q = 204{,}1$

15.39 $8{,}165$ MHz, $4{,}188 \times 10^6$ rad/s

Capítulo 16

16.1 (a) -4, (b) $4{,}663$, (c) 8, (d) $-0{,}6749$

16.3 (a) 12.218 dB, (b) $1{,}000$ dB, (c) $37{,}781$ dB, (d) $88{,}52$ dB

16.5 (a) $1{,}005773$, (b) $0{,}4898$, (c) $1{,}718 \times 10^5$

16.7 $43{,}8$ dB

16.9 $0{,}3162$ mW, $3{,}981$ mW, 10 W

16.11 $11{,}4 \times 10^{-9}$ nW, $29{,}4$ dB

16.13 $-13{,}98$ dB

16.15 $\mathbf{H}(\omega) = \dfrac{j\omega/\omega_0}{1 + j\omega/\omega_0}$, onde $\omega_0 = \dfrac{1}{RC}$

16.17 $\mathbf{H}(s) = \dfrac{1}{s^2 R^2 C^2 + 3sRC + 1}$

16.19 $\mathbf{H}(\omega) = \dfrac{-\omega^2 LC + j\omega RC}{1 - \omega^2 LC + j\omega RC}$

16.21 $\mathbf{H}(\omega) = \dfrac{j\omega L - \omega^2 RLC}{R + j\omega L - \omega^2 RLC}$

16.23 Os gráficos de magnitude e de fase são mostrados na Figura G.20.

16.25 Os gráficos de magnitude e de fase são mostrados na Figura G.21.

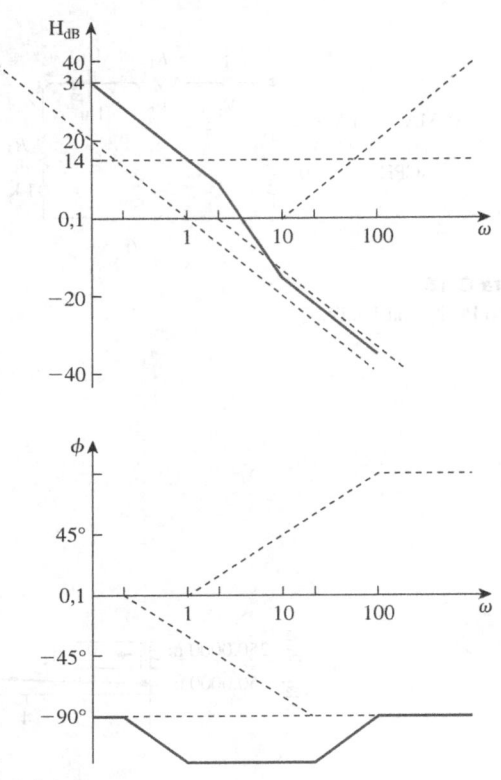

Figura G.21
Para o Problema 16.25.

16.27 Os gráficos de magnitude e de fase são mostrados na Figura G.22

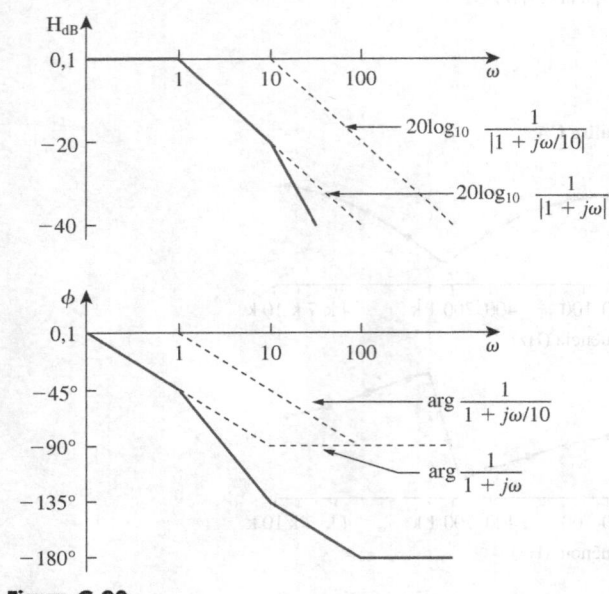

Figura G.20
Para o Problema 16.23.

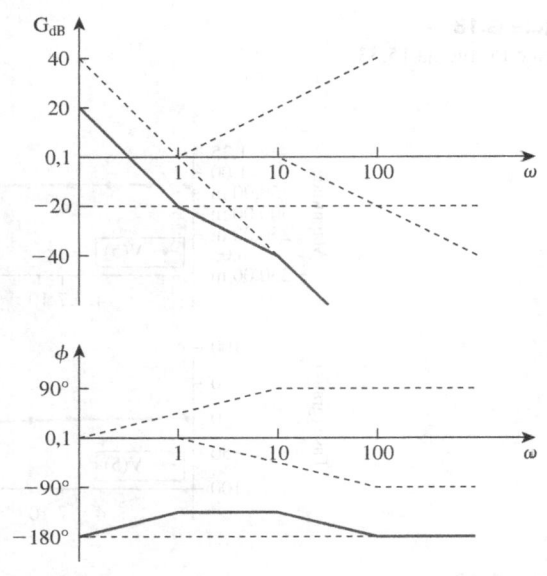

Figura G.22
Para o Problema 16.27.

16.29 Os gráficos de magnitude e de fase são mostrados na Figura G.23.

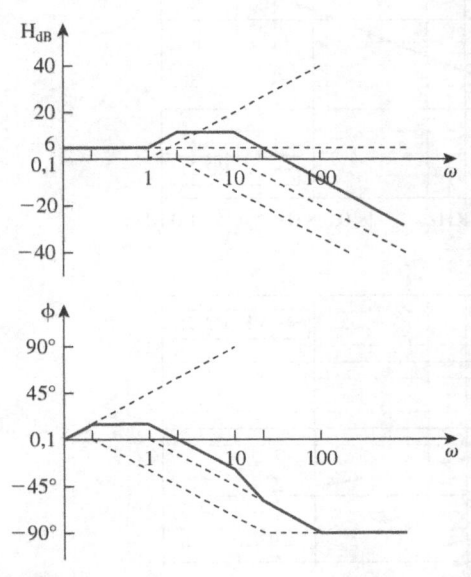

Figura G.23
Para o Problema 16.29.

16.31 Os gráficos de magnitude e de fase são mostrados na Figura G.24.

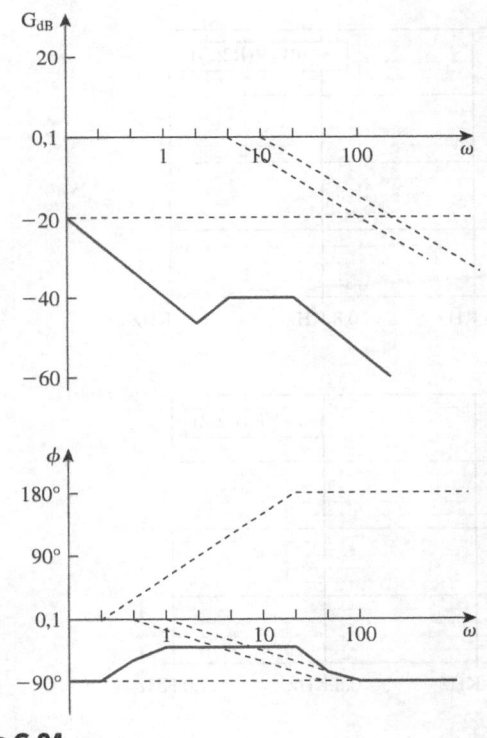

Figura G.24
Para o Problema 16.31.

16.33 (a) O diagrama de Bode é mostrado na Figura G.25(a):

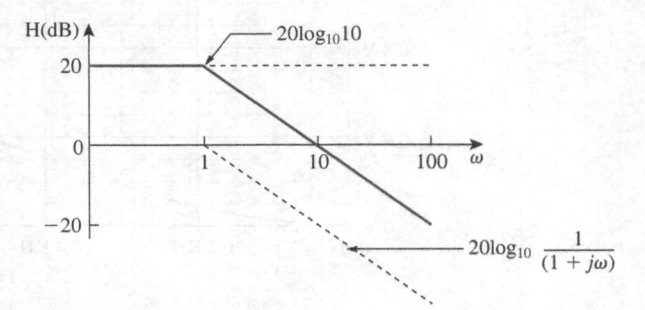

Figura G.25(a)
Para o Problema 16.33(a).

(b) O diagrama de Bode é mostrado na Figura G.25(b).

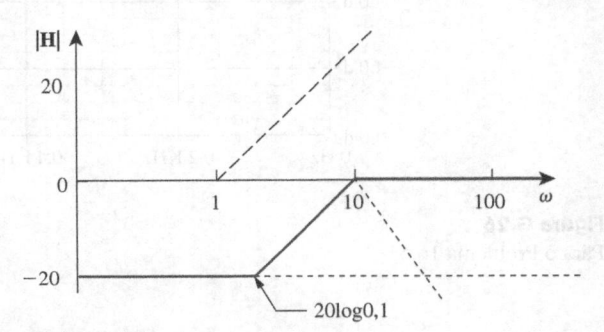

Figura G.25(b)
Para o Problema 16.33(b).

16.35 $\mathbf{H}(\omega) = \dfrac{\mathbf{V}_o}{\mathbf{V}_i} = \dfrac{R}{R + j\omega L - \omega^2 RLC}$

16.37 Esse é um circuito filtro passa-alta; 318,3 Hz.

16.39 25,13 kΩ

16.41 265,3 kΩ

16.43 (a) $0,5 \times 10^6$ rad/s,
(b) $\omega_1 = 490$ krad/s,
$\omega_2 = 510$ krad/s,
(c) 25

16.45 111,8 krad/s. Esse é um filtro passa-faixa.

16.47 $10,22 \times 10^6$ rad/s

16.49 $-28,0$ dB

16.51 Os gráficos de magnitude e de fase são mostrados na Figura G.26.

16.53 Os gráficos de magnitude e de fase são mostrados na Figura G.27.

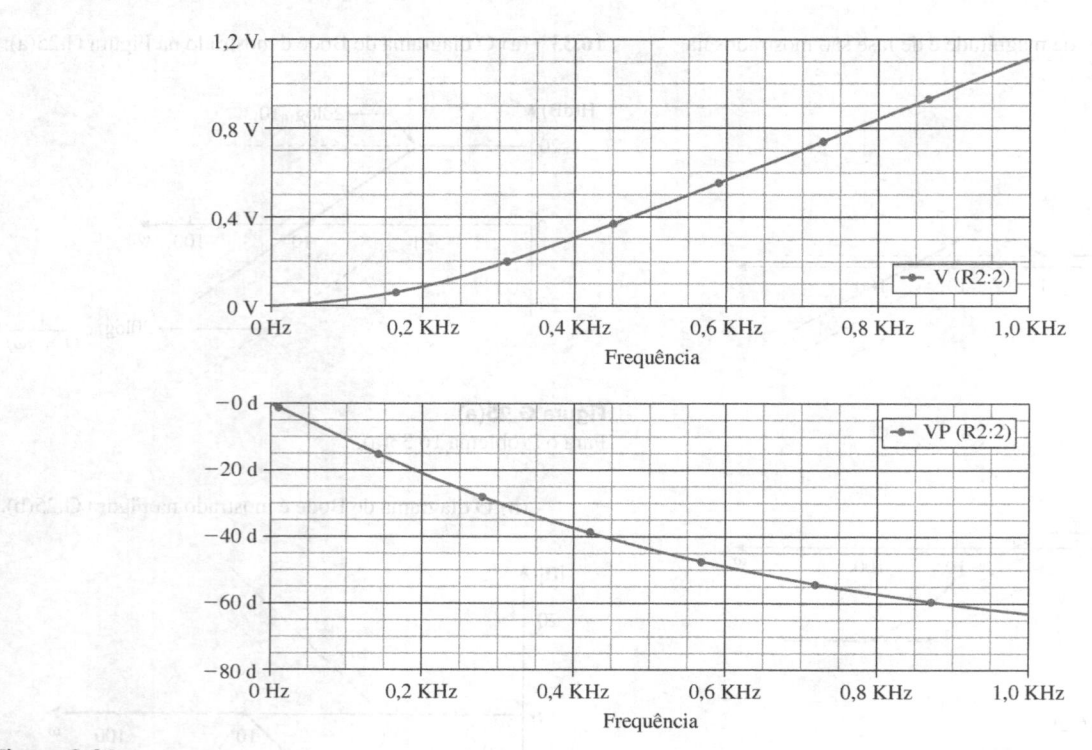

Figura G.26
Para o Problema 16.51.

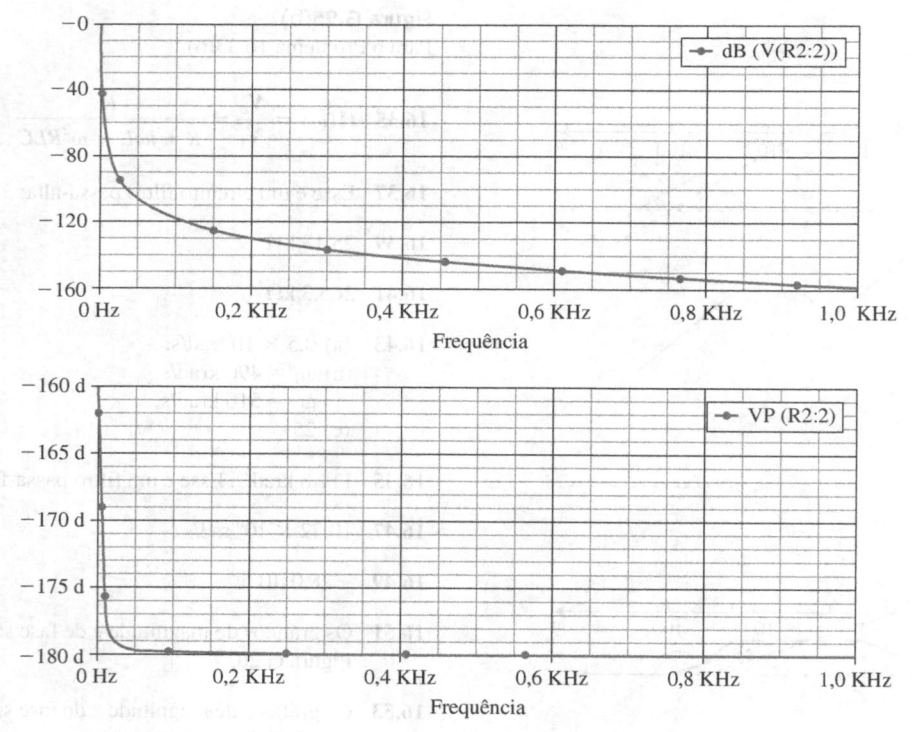

Figura G.27
Para o Problema 16.53.

16.55 A magnitude da resposta em frequência é mostrada na Figura G.28.

16.57 O gráfico da magnitude é mostrado na Figura G.29.

16.59 $114{,}55 \times 10^6$ rad/s

16.61
$$H(\omega) = \frac{s^3 L R_L C_1 C_2}{(sR_i C_1 + 1)(s^2 L C_2 + sR_L C_2 + 1) + s^2 L C_1 (sR_L C_2 + 1)}$$

em que $s = j\omega$

16.63 $1{,}061$ kΩ

16.65 O gráfico da magnitude V_o é mostrado na Figura G.30.

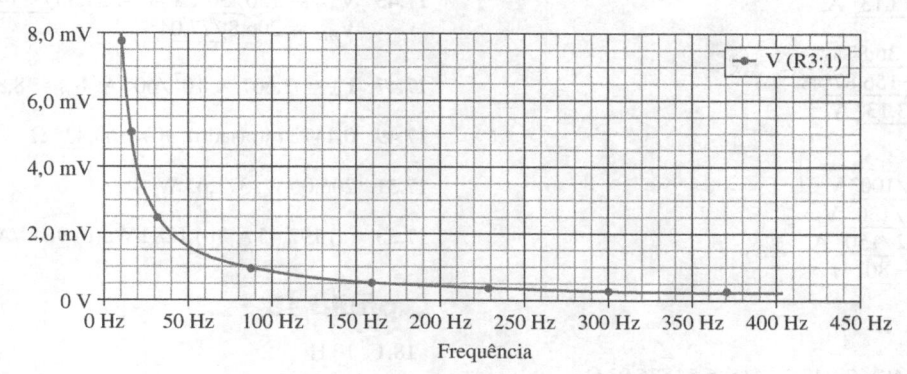

Capítulo 17

17.1 (a) $\mathbf{V}_{an} = 231\underline{/-30°}$ V
$\mathbf{V}_{bn} = 231\underline{/-150°}$ V
$\mathbf{V}_{cn} = 231\underline{/-270°}$ V,
(b) $\mathbf{V}_{an} = 231\underline{/30°}$ V
$\mathbf{V}_{bn} = 231\underline{/150°}$ V
$\mathbf{V}_{cn} = 231\underline{/-90°}$ V

Figura G.28
Para o Problema 16.55.

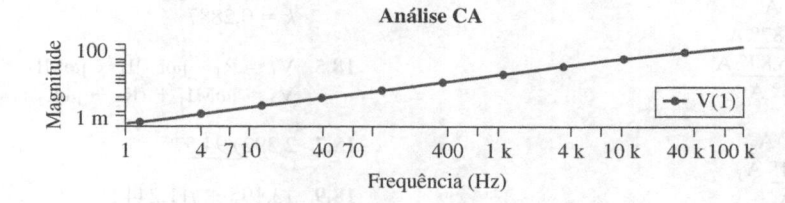

Figura G.29
Para o Problema 16.57.

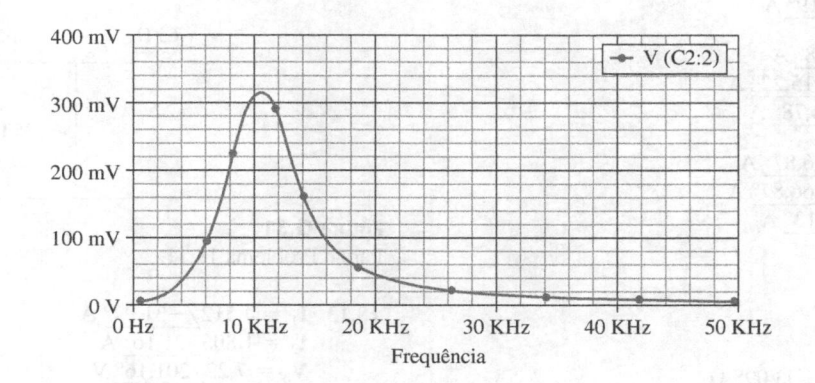

Figura G.30
Para o Problema 16.65.

17.3 Uma sequência abc, $208\underline{/250°}$ V

17.5 $440\underline{/210°}$ V

17.7 254,03 V

17.9 (a) $\mathbf{V}_{BN} = 230\underline{/-105°}$ V
$\mathbf{V}_{CN} = 230\underline{/135°}$ V,
(b) $\mathbf{V}_{AB} = 398,37\underline{/45°}$ V
$\mathbf{V}_{BC} = 398,37\underline{/-75°}$ V
$\mathbf{V}_{CA} = 398,37\underline{/165°}$ V

17.11 $\mathbf{I}_a = 44\underline{/53,13°}$ A
$\mathbf{I}_b = 44\underline{/-66,87°}$ A
$\mathbf{I}_c = 44\underline{/173,13°}$ A

17.13 $\mathbf{I}_a = 4,8\underline{/-36,87°}$ A
$\mathbf{I}_b = 4,8\underline{/-156,87°}$ A
$\mathbf{I}_c = 4,8\underline{/83,13°}$ A
$\mathbf{I}_n = 0$ A

17.15 $\mathbf{V}_{an} = 127\underline{/100°}$ V
$\mathbf{V}_{AB} = 220\underline{/130°}$ V
$\mathbf{I}_{AC} = 17,32\underline{/150°}$ A
$\mathbf{Z} = 12,7\underline{/-80°}$ Ω

17.17 13,66 A

17.19 (a) 75 A(RMS), (b) 43,3 A, (c) $5,54\underline{/36,9°}$ Ω

17.21 $\mathbf{I}_{AB} = 14\underline{/-36,87°}$ A
$\mathbf{I}_{BC} = 14\underline{/-156,87°}$ A
$\mathbf{I}_{CA} = 14\underline{/83,13°}$ A
$\mathbf{I}_a = 24.25\underline{/-66,87°}$ A
$\mathbf{I}_b = 24.25\underline{/-186,87°}$ A
$\mathbf{I}_c = 24.25\underline{/53,13°}$ A

17.23 $\mathbf{I}_a = 11,24\underline{/-31°}$ A
$\mathbf{I}_b = 11,24\underline{/-151°}$ A
$\mathbf{I}_c = 11,24\underline{/89°}$ A
$\mathbf{I}_{AB} = 6,489\underline{/-1°}$ A
$\mathbf{I}_{BC} = 6,489\underline{/-121°}$ A
$\mathbf{I}_{CA} = 6,489\underline{/119°}$ A

17.25 $\mathbf{I}_a = 17,74\underline{/4,78°}$ A
$\mathbf{I}_b = 17,74\underline{/-115,22°}$ A
$\mathbf{I}_c = 17,74\underline{/124,78°}$ A

17.27 $\mathbf{I}_a = 5,081\underline{/-46,87°}$ A
$\mathbf{I}_b = 5,081\underline{/-166,87°}$ A
$\mathbf{I}_c = 5,081\underline{/73,13°}$ A

17.29 13,856 A

17.31 12 kW

17.33 65,61 A; $2,323 + j3,098$ Ω

17.35 6,732 A; $1359,2 - j2175$ VA

17.37 39,19 A; 0,9982 (atrasado)

17.39 $\mathbf{I}_{AB} = 3,464\underline{/30°}$ A
$\mathbf{I}_{BC} = 3,464\underline{/0°}$ A
$\mathbf{I}_{CA} = 3,464\underline{/60°}$ A

17.41 $\mathbf{I}_a = 1,9585\underline{/-18,1°}$ A, $\mathbf{I}_b = 1,4656\underline{/-130,55°}$ A,
$\mathbf{I}_c = 1,947\underline{/117,8°}$ A

17.43 $\mathbf{I}_{aA} = 1,9\underline{/-71,6°}$ A RMS
$\mathbf{I}_{bB} = 4\underline{/-210°}$ A RMS
$\mathbf{I}_{cC} = 1,5\underline{/106°}$ A RMS
Potência complexa total = $111,5 + j563,2$ VA

17.45 $\mathbf{V}_{AN} = 150\underline{/50°}$, $\mathbf{V}_{CN} = 54,33\underline{/-148,6°}$,
$\mathbf{V}_{BN} = 206,8\underline{/77,04°}$

17.47 $\mathbf{I}_{ab} = 3,667 \times 10^7\underline{/60°}$ A, $\mathbf{I}_{bB} = 8,822\underline{/-67,61°}$ A

17.49 0,4472 (atrasado), $40\underline{/-63,43°}$ Ω

17.51 206,06 W; 371,65 W

17.53 (a) 192,45 A; (b) 128 kW; (c) 96 kVAR

Capítulo 18

18.1 10 H

18.3 $L_1 = 150$ mH
$L_2 = 50$ mH
$M = 25$ mH
$k = 0,2887$

18.5 $V_1 = R_1 + j\omega L_1)I_1 - j\omega M I_2$
$V_2 = j\omega M I_1 + (R_2 + j\omega L_2)I_2$

18.7 $2,392\underline{/94,57°}$

18.9 $13,195 + j11,244$ Ω

18.11 O circuito T é mostrado na Figura G.31.

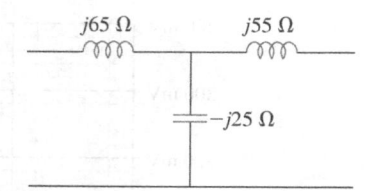

Figura G.31
Para o Problema 18.11.

18.13 $\mathbf{I}_1 = 4,512\underline{/-31,97°}$ A
$\mathbf{I}_2 = 1,805\underline{/21,16°}$ A
$\mathbf{V}_o = 7,22\underline{/201,16°}$ V

18.15 $I_1 = 4,254\underline{/-8,51°}$ A, $I_2 = 1,5637\underline{/27,52°}$ A
Potência absorvida pelo resistor de 4 Ω é 4,89 watts.

18.17 (a) 0,3535, (b) 321,7 cos(4t + 57,6°) mV, (c) 1,168 J

18.19 0,9238

18.21 0,984, 112,35 mJ

18.23 (a) $L_a = 10$ H
$L_b = 15$ H
$L_c = 5$ H
(b) $L_A = 18,33$ H
$L_B = 27,5$ H
$L_C = 55$ H

18.25 $9,219 \underline{/79,91°}$ Ω

18.27 420 V, 0,8 A

18.29 $1,324 \underline{/-53,05°}$ k ohms

18.31 $I_1 = 0,5$ A e $I_2 = -1,5$ A

18.33 36,71 mW

18.35 $1,923 \underline{/157,4°}$ A

18.37 (a) 5, (b) 8 watts

18.39 1059 watts

18.41 (a) 0,2887; (b) 1,732 V

18.43 $4,28 \underline{/10,89°}$ A

18.45 (a) 160 V; (b) 31,25 A; (c) 12,5 A

18.47 $(1,2 - j2)$ kΩ; 5,333 watts

18.49 $I_1 = 4,253 \angle -8,53°$; $\underline{/I_2} = 1,564 \underline{/27,49°}$
Potência absorvida pelo resistor de 4 Ω = 4,892 W

18.51 $I_1 = 6\underline{/89,8}$ mA; $I_2 = 4,003 \times 10^{-5} \underline{/-1,42°}$ A;
$I_3 = 1,204 \times 10^{-7} \underline{/-95,78°}$ A

18.53 100 espiras

18.55 0,5

18.57 $n = 0,5$
Corrente no primário = 41,67 A
Corrente no secundário = 83,33 A

18.59 (a) 1875 kVA, (b) 7812 A

18.61 (a) 1/60, (b) 139 mA

18.63 (a) 2, (b) $I_1 = 7,83$ A
Corrente no secundário $I_2 = 3,92$ A

Capítulo 19

19.1 $[z] = \begin{bmatrix} 4 & 1 \\ 1 & 1,667 \end{bmatrix}$ Ω

19.3 $[z] = \begin{bmatrix} 1,775 + j4,26 & -1,775 - j4,26 \\ -1,775 - j4,26 & 1,775 - j5,739 \end{bmatrix}$ Ω

19.5 Um circuito T é apropriado para calcular o parâmetro z.
$R_1 = 6$ Ω
$R_2 = 2$ Ω
$R_3 = 4$ Ω

19.7 (a) 24 Ω, (b) 192 W

19.9 $[z] = \begin{bmatrix} 50 & 50 \\ 30 & 54 \end{bmatrix}$ Ω

19.11 $[y] = \begin{bmatrix} s + 0,5 & -0,5 \\ -0,5 & 0,5 + 1/s \end{bmatrix}$ S

19.13 Uma rede é apropriada, como mostrado a seguir
$Z_1 = 4$ Ω, $Z_2 = 4$ Ω, 8 Ω

19.15 (a) $\mathbf{V}_1 = 22$ V
$\mathbf{V}_2 = 8$ V
(b) $\mathbf{V}_1 = 22$ V
$\mathbf{V}_2 = 8$ V

19.17 $[y] = \begin{bmatrix} 0,24 & -0,17 \\ -0,6 & 1,05 \end{bmatrix}$ S

19.19 $[h] = \begin{bmatrix} 10\ \Omega & 1 \\ -1 & 0,05\ S \end{bmatrix}$

19.21 $[h] = \begin{bmatrix} 3,0769 + j1,2821 & 0,3846 - j0,2564 \\ -0\,3846 + j0,2564 & 0,0769 + j0,2821 \end{bmatrix}$

19.23 (a) 0,2941; (b) $-1,6$; (c) 7,353 mS; (d) 40 Ω

19.25 $[z] = \begin{bmatrix} R_1 + R_2 & R_2 \\ R_2 & R_2 + R_3 \end{bmatrix}$

$\Delta_z = (R_1 + R_2)(R_2 + R_3) - R_2^2$
$= R_1 R_2 + R_2 R_3 + R_3 R_1$

$[h] = \begin{bmatrix} \dfrac{\Delta_z}{z_{22}} & \dfrac{z_{12}}{z_{22}} \\ \dfrac{-z_{21}}{z_{22}} & \dfrac{1}{z_{22}} \end{bmatrix}$

$= \begin{bmatrix} \dfrac{R_1 R_2 + R_2 R_3 + R_3 R_1}{R_2 + R_3} & \dfrac{R_2}{R_2 + R_3} \\ \dfrac{-R_2}{R_2 + R_3} & \dfrac{1}{R_2 + R_3} \end{bmatrix}$

Assim,

$$h_{11} = R_1 + \frac{R_2 R_3}{R_2 + R_3}, \quad h_{12} = \frac{R_2}{R_2 + R_3} = h_{21},$$

$$h_{22} = \frac{1}{R_2 + R_3}$$

como pedido.

19.27 (a) $[y] = \begin{bmatrix} (0{,}4 + j0{,}2) & (0{,}4 - j0{,}4) \\ (0{,}1 + j0{,}1) & (0{,}1 + j0{,}3) \end{bmatrix}$

(b) $[h] = \begin{bmatrix} (2 - j) & (-0{,}4 + j1{,}2) \\ (0{,}3 + j0{,}1) & (0{,}3 + j0{,}1) \end{bmatrix}$

19.29 (a) $[z] = \begin{bmatrix} 11 & 5 \\ -5 & 2{,}5 \end{bmatrix} \Omega$

(b) $[y] = \begin{bmatrix} 1 & -2 \\ -2 & 4{,}4 \end{bmatrix} S$

19.31 (a) $[y] = \begin{bmatrix} \dfrac{10}{46} & \dfrac{-2}{46} \\ \dfrac{-2}{46} & \dfrac{5}{46} \end{bmatrix}$

(b) $[h] = \begin{bmatrix} \dfrac{46}{10} & \dfrac{2}{10} \\ \dfrac{-2}{10} & \dfrac{1}{10} \end{bmatrix}$

19.33 $[z] = \begin{bmatrix} 3{,}5 & 1{,}5 \\ 1{,}5 & 3{,}5 \end{bmatrix} \Omega$

$[y] = \begin{bmatrix} 0{,}35 & -0{,}15 \\ -0{,}15 & 0{,}35 \end{bmatrix} S$

$[h] = \begin{bmatrix} 2{,}86 & 0{,}43 \\ -0{,}43 & 0{,}29 \end{bmatrix}$

19.35 0,09375

19.37 $[h] = \begin{bmatrix} \dfrac{1}{6}\Omega & \dfrac{1}{2} \\ -\dfrac{1}{2} & \dfrac{9}{2} S \end{bmatrix}$

19.39 $[h] = \begin{bmatrix} 0{,}9488\underline{/-161{,}6°} & 0{,}3163\underline{/18{,}42°} \\ 0{,}3163\underline{/-161{,}6°} & 0{,}9488\underline{/-161{,}6°} \end{bmatrix}$

19.41 $[z] = \begin{bmatrix} 4{,}669\underline{/-136{,}7°} & 2{,}53\underline{/-108{,}4°} \\ 2{,}53\underline{/-108{,}4°} & 1{,}789\underline{/-153{,}4°} \end{bmatrix}$

19.43 $-1442, 63{,}18$ dB

19.45 (a) $-156{,}2$; (b) $76{,}3$; (c) $\cong 1{,}2$ kΩ; (d) $114{,}3$ kΩ

19.47 $A_v = -17{,}74$
$A_i = 144{,}5$
$Z_{ent} = 31{,}17$ kΩ
$Z_{saída} = -6{,}148$ MΩ

Índice

A

Adjunta de A, 576
Admitância, 313-315, 329-330
Alternador, 454
Ampère, André-Marie, 1
Amperímetro, 36
Análise de malhas, 139-145, 173-175, 335-339, 356-357
Análise de malhas com fontes de corrente, 145-147
Análise de potência CA
    conservação da potência CA, 378-381, 392-393
    correção do fator de potência, 381-383, 393
    custo de consumo da eletricidade, 375-387
    fator de potência, 371-374, 390-391
    máxima transferência de potência média, 368-371, 390
    medida de potência, 383-385
    potência aparente, 371-374, 390-391
    potência complexa, 374-388, 391-392
    potência instantânea, 365-368, 389
    potência média, 365
    resumo, 384-388
Análise nodal, 148-155, 175-177, 339-343, 358-359
    com fontes de tensão, 155-158
Análise nodal *versus* de malha, 161-162
Análise senoidal em regime permanente, 334-362
    análise computacional, 353-354, 362
    análise de malha, 335-339, 356-357
    análise nodal, 339-343, 358-359
    circuito equivalente de Norton, 348-353, 360-362
    circuito equivalente de Thévenin, 348-353, 360-362
    resumo, 355
    teorema da superposição, 343-346, 359-360
    transformação de fonte, 346-348, 360
Ângulo do fator de potência, 372
Aterramento, 69-70, 148
Aumento de tensão, 11
Autoindutância, 496
Autotransformador, 512, 518
Autotransformador abaixador, 512
Autotransformador elevador, 512-513
Autotransformador ideal, 518-521, 537-538

B

Bell, Alexander Graham, 416-417
Bitolas de fios no padrão americano (AWG), 29
Bode, Hendrik W., 416

C

CA, 9
Calculadora TI-89 Titanium, 6, 639W-654W
    baterias, 639W
    contraste da tela, 639W
    ligar, 639W
    matrizes, 646W-649W
    realização de cálculos, 645W-646W
    resolvendo equações e sistemas de equações lineares, 649W-654W
    teclado, 640W-644W
    tela inicial da calculadora, 644W-645W
Calculadoras científicas, 6-7, 18
Campo elétrico, 228-231, 253-254
Capacitância, 227
    análise computacional, 243-247, 258-259
    aplicações, 248-251, 259
    Multsim, 246-247
    PSpice, 243-246
    relação corrente-tensão, 236-239, 256
    resumo, 252
Capacitor cerâmico, 231-232
Capacitor de poliéster, 231-232
Capacitor eletrolítico, 231-232
Capacitor Trimmer, 231-232
Capacitor variável, 231-232
Capacitores, 226-228, 253
    carga e descarga, 239-243, 256-258
    solução de problemas, 247-248, 259
Capacitores e indutores
    capacitores em série e em paralelo, 233-236, 254-256
    indutores, 262-264, 279-280
    indutores em série e em paralelo, 267-269, 280-282
Carga balanceada, 456
Carga de capacitores, 239-243, 256-258
Carga elétrica, 8-10, 18-19
Carga resistiva, 366
Carreira. *Ver também* Desenvolvendo sua carreira
    desenvolvendo, 82
    engenharia de software, 334
    engenheiro de computação, 181
    instrumentação eletrônica, 108
    sistemas de comunicação, 540
    sistemas de controle, 495
    sistemas de potência, 363
Casamento de impedância, 515, 528-529
CC, 9
CC em regime permanente, 264-266, 280
cd (candela), 3
Chassi como terra, 69
Choque elétrico, 37-38
Ciclo de carga, 239-240
Ciclo de descarga, 240-243
Circuito aberto, 26
Circuito com alto Q, 400
Circuito *crossover*, 444-445
Circuito de ignição automotiva, 276-277
Circuito defasador RC, 323-325
Circuito em escada, 115-117, 132
Circuito equivalente, 87, 191
Circuito equivalente de Norton, 348-353, 360-362
Circuito equivalente de Thévenin, 191, 348-353, 360-362
Circuito heteródino, 410
Circuito magneticamente acoplado
    autotransformador ideal, 518-521, 537-538
    convenção dos pontos, 498-499
    distribuição de potência, 529-531
    energia em um circuito acoplado, 503-505, 534-535
    indutância mútua, 496-502, 533-534
    transformador como dispositivo casador, 528-529
    transformador como dispositivo de isolação, 526, 528
    transformadores lineares, 505-511, 535-536
Circuito RL sem fonte, 270
Circuito transistor CC, 169-171

Circuitos
    cascata, 555W
    função, 422
Circuitos com relé, 275-276
Circuitos de atraso, 249-250
Circuitos de duas portas, 541W-570W
    análise computacional, 557W-560W, 569W-570W
    aplicações, 561W-564W, 570W
    circuito recíproco, 543W
    circuito simétrico, 543W
    definição, 541W
    parâmetros de admitância, 545W-548W, 567W
    parâmetros de impedância, 541W-545W, 566W-567W
    parâmetros híbridos, 548W-552W, 567W-568W
    PSpice, 557W-560W
Circuitos em cascata, 545W
Circuitos em paralelo, 83-84
    análise computacional, 95-96, 106
    aplicações, 98-99, 107
    fontes de corrente, 86-87, 102
    Multisim, 95-96
    PSpice, 95
    resumo, 100
    solução de problemas, 96-98, 106-107
Circuitos em série, 59-81
    análise computacional, 70-72, 79-80
    aplicações, 73, 80-81
    Multisim, 72
    PSpice, 70-72
    resumo, 74
Circuitos série-paralelo, 108-135
    análise computacional, 123-125, 134-135
    aplicações, 125-126, 135
    Multisim, 123-125
    PSpice, 123
    resumo, 126-127
Circuitos trifásicos, 452-494
    análise computacional, 477-481, 494
    aplicações, 481-488, 494
    conexão delta-delta balanceada, 464-465, 491-492
    conexão delta-estrela balanceada, 465-468, 492
    conexão estrela-delta balanceada, 461-463, 491
    conexão estrela-estrela balanceada, 457-461, 490-491
    instalação residencial, 486-488
    medição de potência trifásica, 481-485
    potência em sistemas equilibrados, 468-473, 492-493
    PSpice, 477-481
    resumo, 488-489
    sistema trifásico desbalanceado, 473-477, 493
    tensão trifásica balanceada, 455-457, 490
Coeficiente de acoplamento, 503
Cofatores de A, 576
Combinação de impedâncias, 315-320, 330-332

Conceitos básicos, 1-20
    Resumo, 16-17
Condutância, 27, 42, 314
Condutância equivalente, 88, 89
Conexão delta-delta balanceada, 464-465, 491-492
Conexão delta-estrela balanceada, 465-468, 492
Conexão estrela-delta balanceada, 461-463, 491
Conexão estrela-estrela balanceada, 457-461, 490-491
Conservação da potência CA, 378-381, 392-393
Conta de energia, 16
Convenção do ponto, 498-499
Convenção do sinal, 146-147, 155
Convenção passiva do sinal, 48
Correlação do fator de potência, 381-383, 393
Corrente, 8-10, 18-19
Corrente alternada (CA), 286-570W
Corrente contínua (CC), 1-285
Corrente elétrica, 8-10, 18-19
Coulomb, 8
Curto-circuito, 26
Custo do consumo de energia, 375-387

D

dB, 417
Decibel (dB), 417
Defasadores, 323-325
Descarga de capacitores, 239-243, 256-258
Desenvolvendo sua carreira
    códigos de ética, 303
    fazer perguntas, 82
    melhorar suas habilidades de comunicação, 395
Determinante de A, 576
Diagrama de Bode, 417, 425-433, 448
Diferença de potencial, 10
Disjuntores, 54
Distribuição de potência, 529-531
Divisor de corrente, 91-94, 104-106, 317
Divisor de tensão, 316

E

Edison, Tomas, 452
Efeitos de carregamento dos instrumentos, 119-123, 133-134, 191
Eficiência, 50-51, 58
Elemento, 2
Eletrônicos, 108
Energia, 13-14, 19, 44-58
    armazenamento, 264-266, 280
    resumo, 54-55
Enrolamento primário, 505
Enrolamento secundário, 505
Equação do produto sobre a soma, 88
Escala decibel, 417-422, 444-448
Estator, 454
Excitação, 182
Expoentes, 5

F

Faraday, Michael, 225, 261
Fasores, 304-311, 328-329
Fasores e impedância
    análise computacional, 321-323, 332
    aplicações 323-327, 332-333
    MATLAB, 321
    PSpice, 321-323
    resumo, 327
Fator de potência, 371-374, 381-391
Fator de potência adiantado, 372
Fator de potência atrasado, 372
Fator de qualidade, 399-401, 413
Fatores de conversão, 4
Fazer perguntas, 82
Filtro de Notch, 436
Filtro passa-alta, 434-435
Filtro passa-baixa, 434-435
Filtro passa-faixa, 434-436
Filtro rejeita-faixa, 434, 436-437
Filtros, 433-438, 449-450
Filtros e diagramas de Bode
    análise computacional, 438-442, 450
    aplicações, 442-445, 450-451
    Multisim, 441-442
    PSpice, 438-440
    resumo, 446
Fios circulares, 28-30, 42
Fluxo de corrente negativo, positivo, 8-9
Fontes de corrente, em circuitos em paralelo, 86-87, 102
Fontes dependentes, 118-119, 133
Fórmula de Euler, 585 a 586
Franklin, Benjamin, 9, 225
Frequência de corte, 427
Frequência de rejeição, 436
Frequências de meia potência, 397
Função de transferência, 422-425, 448
Fusíveis, 51

G

G, 159
Ganho de corrente base-comum, 170
Ganho de corrente emissor-comum, 170
Gerador de tensão CA, 288-289, 300
Gerador trifásico, 454-455
GFCIs, 54, 487
Graus (de ângulos), 308

H

Henry, Joseph, 260-261
Hermeticamente acoplado, 503
Hertz, Heinrich Rudorf, 287

I

Impedância, 313-315, 329-330
Impedância refletida, 506, 514
Indução eletromagnética, 261-262, 279
Indutância, 260-285
    análise computacional, 272-274, 283-285
    aplicações, 275-277, 284-285

Multisim, 273-274
PSpice, 272-273
resumo, 277-278
transitórios em circuito *RL*, 269-272, 282-283
Indutância mútua, 496-502, 533-534
Indutivo, 313
Indutores, 262-264, 279-280
Indutores em série e em paralelo, 267-269, 280-282
Inspeção, 158-162, 177-178
Instalação elétrica residencial monofásica a três fios, 486
Instalação em diagrama de uma sala, 487
Instalação residencial, 486-488
Interconexão de circuitos, 554W-557W, 569W
Interruptor de corrente de fuga para terra (GFCIs). 54, 487
Inversão de matrizes, 575-579
Isolação elétrica, 518

J

Joule, James Prescott, 44-45

K

K, 3
kg, 3
Kirchhoff, Gustav Robert, 59

L

Laço, 60-62, 75
Largura de banda, 397
Lei da conservação de carga, 8
Lei de Faraday, 261, 512
Lei de Kirchhoff para corrente (LKC), 84-86, 101-102
Lei de Kirchhoff para tensão (LKT), 74
Lei de ohm, 25-27, 41
Lenz, Heinrich, 260
Levemente acoplado, 503
LKC, 84-86, 101-102
LKT, 74
Logaritmo, 426

M

m, 3
Malha, 139
MATLAB, 621 a 638
    análise de circuito CA, 632-637
    análise de circuitos CC, 628-631
    calculadora, 621-624
    funções matemáticas elementares, 622
    fundamentos, 621-629
    gráficos, 624-625
    matrizes especiais, variáveis, constantes, 624
    operações com matrizes, 623
    operadores relacionais/lógicos, 626-627
    programando, 625-626
    resolvendo equações, 627-629

resposta em frequência, 636-638
    tipos de cores e linhas, 624-625
Máxima transferência de potência, 200-202, 221
Máxima transferência de potência média, 368-371, 390
Medida de potência, 383-385
Medida de potência trifásica, 481-485
Medidor watt-hora, 53-54
Medidores *True* RMS, 299
Método dos dois wattímetros, 482
Método dos três wattímetros, 481
Métodos de análise, 136-180
    análise computacional, 166-168, 180
    análise de malha *versus* nodal, 161-162
    análise de malhas, 155-158
    análise de malhas com fontes de corrente, 145-147
    análise nodal, 148-155, 175-177
    análise nodal com fontes de tensões, 155-158
    aplicações, 169-171
    circuito CC com transistor CC, 169-171
    inspeção, 158-162, 177-178
    Multisim, 167-168
    PSpice, 166-167
    resumo, 171
Millman, Jacob, 202
Misturador de frequência, 410
Modelagem de fonte, 212-214, 224
Multímetro, 36
Multisim, 611W-620W
    análise transitória, 614W-617W
    com análise CA, 616W-620W
    com capacitância, 246-247
    com circuito série-paralelo, 123-125
    com circuitos em paralelos, 95-96
    com filtros e diagramas de Bode, 441-442
    com indutância, 273-274
    com métodos de análise, 167-168
    com teorema de circuitos, 211-212
    na criação de circuitos, 612W-615W
    tela, 611W-613W

N

Não planar, circuito, 139
Nó, 60-62, 75
Nó de referência, 148
Norton, E. L., 196
Notação científica e de engenharia, 4-6, 18
Números complexos, 580-586
    conjugado complexo, 583
    fasores, 304-311, 328-329
    fórmula de Euler, 585-586
    operações matemáticas, 583-586
    representação, 580-582

O

Ohm, Georg Simon, 21-22
Ohmímetro, 36
Operações matemáticas, 583-585
Orientações de segurança, sistemas elétricos, 37-39, 43, 487

Oscilador local, 410
Osciloscópio, 298-299, 302

P

Paralelo, 61
Parâmetros
    admitância, 545W-548W, 567W
    definidos, 541W
    emitância, 546W
    h, 549W
    híbrido, 548W-552W, 567W-568W
    impedância, 541W-545W, 566W-567W
    parâmetros y, 546W
    parâmetros z, 542W
    relação entre, 552W-554W, 568W-569W
Perfeitamente acoplado, 503
Permeabilidade, 263
Planar, circuito, 139
Polos/zeros quadráticos, 427-428
Ponte CA, 325-327
Ponte de Wheatstone, 125-126, 135
Porta, 541W
Potência, 13-14, 19, 44-58
    aplicações, 53-54, 58
    resumo, 54-55
Potência aparente, 371-374, 390-391
Potência complexa, 374-378, 391-392
Potência em sistemas trifásicos balanceados, 468-473, 492-493
Potência instantânea, 364-368, 389
Potência máxima, 201
Potência média, 364
Potência real, 378
Potência reativa, 375, 378
Potenciômetro (pot), 31
Prefixos SI, 3-4
Princípio da divisão de corrente, 91
Propriedade da linearidade, 182-184, 216
Pseudocomponentes, 607W
PSpice
    análise CA, 605W-610W
    análise de circuitos, 100-102, 166-167
    análise nodal CC, 593W-594W
    análise transitória, 598W-605W
    circuitos trifásicos, 477-481
    criando um circuito, 588W-593W
    design center para Windows, 587W-588W
    pseudocomponentes, 607W
    pseudocomponentes print e plot, 614W-615W
    resposta em frequência, 605W-610W
    varredura CC, 594W-598W
    verificando teorema de circuitos, 208-210, 223-224

Q

Queda de tensão, 11

R

Radianos (de ângulos), 308
Ramo, 60-62, 75
Reatância, 313

Receptor de rádio, 409-411
Receptor super-heteródino, 410
Rede de energia, 530
Regra de Cramer, 572 a 575
Regra do divisor de corrente (RDC), 91
Rejeição de largura de banda, 436
Relação corrente-tensão, 236-239, 256
Relação de espiras, 511-512
Relação de fasores para elementos de circuitos, 311-313, 329
Relação de transformação, 512
Relação entre tensão e corrente, 312
Relações de fase, 292-294, 301-302
Reostato, 31
Representação em frequência, 307
Representação instantânea, 307
Representação no domínio do tempo, 307
Representação no domínio fasorial, 307
Resistência, 21-43, 313
Resistência equivalente
 resistores em paralelo, 87-91, 102-104
 resistores em série, 62-64, 75-76
Resistência total, 62
Resistividade, 22
Resistor, 23
 código de cores, 33-35, 42-43
 potência nominal, 49-50, 57
 tipos, 30-32
 valores-padrão, 35-36
Resistor linear, não linear, 31
Resistores em paralelo, 87-91, 102-282
Resistores em série, 62-64, 75-76
Resposta (saída), 182
Resposta em frequência
 circuito crossover, 444-445
 escala decibel, 417-422, 447-448
 gráfico de Bode, 417, 425-433, 448
 receptor de rádio, 409-411
 ressonância em série, 396-399, 413
 ressonância paralela, 401-404, 413-414
 telefone de discagem por tom, 422-425, 448
Ressonância, 395, 415
 resumo, 411-412
Ressonância em paralelo, 401-404, 413-414
Ressonância em série, 396-399, 413
Rigidez dielétrica, 230
Rotor, 454

S

s, 3
Seletividade, 400
Senoide, definição, 288
Senoides, 290-292, 301
Sequência abc positiva, 455
Sequência acb negativa, 456
Sequência de fase, 456
Séries, 61
Siemens, Ernst Werner von, 21
Sintonização agrupada, 410
Sistema de potência residencial 120/240, 486
Sistema trifásico desbalanceado, 473-477, 493
Sistemas de controle, 495
Solução de problemas
 capacitores, 247-248, 257
 circuitos em paralelo, 96-98, 106-107
Steinmetz, Charles Proteus, 287, 304
Supermalha, 145
Supernó, 155
Superposição, 184-187, 216-217
Susceptância, 314

T

Tap, em um autotransformador, 518
Telefone de discagem por tom, 443-444
Tensão, 10-12, 19
Tensão de linha, 458
Tensão e corrente CA, resumo, 299-300
Tensão mútua, 497
Tensões de fase, 455
Tensões trifásicas balanceadas, 455-457, 490
Teorema da máxima transferência de potência média, 369
Teorema da reciprocidade, 206-208, 223
Teorema da substituição, 204-206, 223
Teorema da superposição, 343-346, 359-360
Teorema de circuitos
 análise computacional, 208-212, 223-224
 aplicações, 212-214, 224
 modelagem de fonte, 212-214, 224
 Multisim, 211-212
 PSpice, 208-210, 223-224
 resumo, 214-215
 substituição, 204-206, 223
 superposição, 184-187, 216-217
 transferência de potência máxima, 200-202, 221
 transformação de fonte, 187-191, 217-218
Teorema de Millman, 202-204, 222
Teorema de Norton, 196-200, 218-221
Teorema de Thévenin, 162-196, 218-221
Teoria de circuito, 2
Terra, 69
Tesla, Nikola, 452
Thévenin, M. Leon, 191
Topologia de circuito, 60
Toque, 403
Transformação estrela-delta, 162-166, 178-179
Transformações de fonte, 187,191, 217-218, 346-348, 360
Transformador
 abaixador, 512
 como dispositivo de casamento, 528, 529
 como dispositivo de isolação, 526-528
 distribuição, 530
 elevador, 512
 isolação, 512
 núcleo de ar, 505
Transformador ideal, 511-518, 536-537
Transformador linear, 505-511, 535-536
Transformadores e circuitos acoplados
 análise computacional, 521-525, 538
 aplicações, 526-531, 538-539
 resumo, 531-532
Transistor de efeito de campo (FETs), 169
Transistor de junção bipolar (TJB), 169
Transistor npn, 170
Transistores, 169
Transitórios em circuitos RL, 269-272, 282-283
Transmissão de energia elétrica, 364
Triângulo de potência, 376

U

Unidade de Flash, 250-251
Unidades centrais de processamento (CPUs), 387
Unidades SI, 3-4

V

Valor efetivo, 295
Valor médio quadrado (RMS), 296
Valor RMS, 294-297, 302
Valores médios, 294-297, 302
VAR, 375
Volta, Alessandro Antonio, 1, 11
Volt-ampère reativo (VAR), 375
Voltímetro, 36

W

Watt, James, 44-45
Wattímetro, 53-54

Z

Zero, 184